U0925006

李正邦　院士

年轻时的李正邦

工作中的李正邦

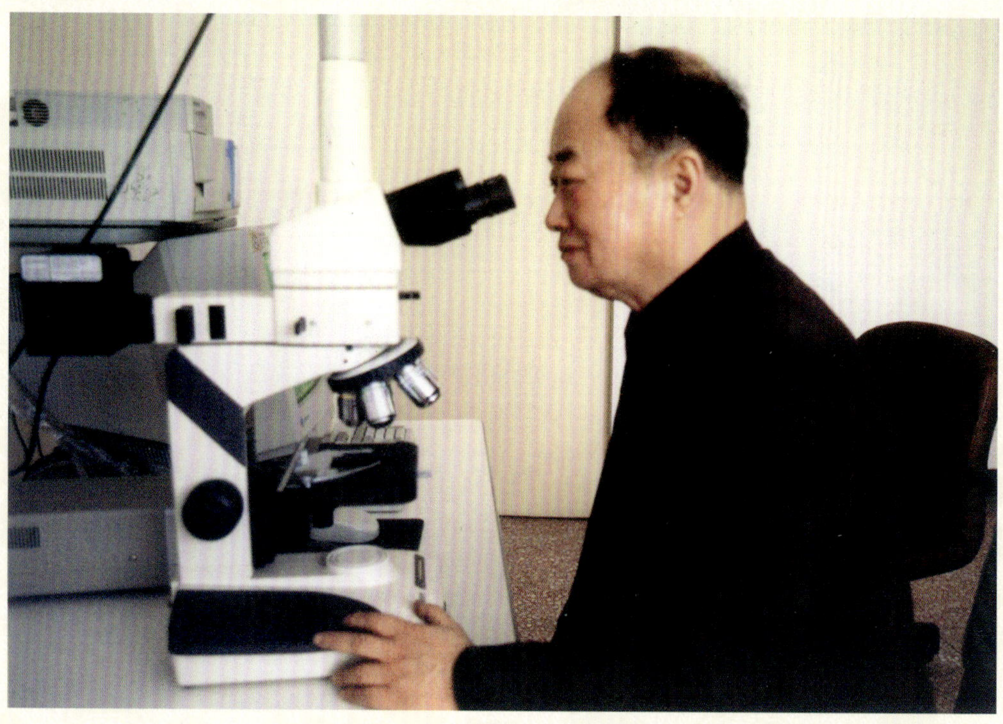

钢铁研究总院总部

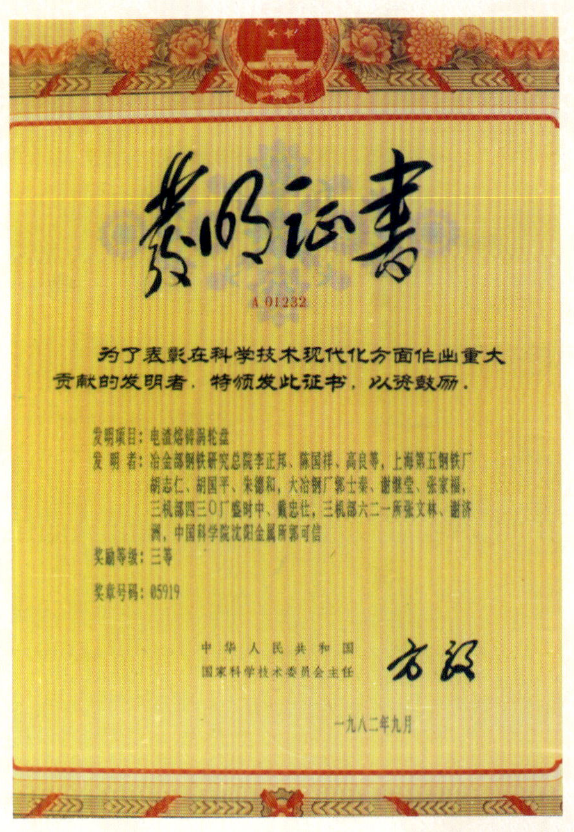

发明证书

A 01232

为了表彰在科学技术现代化方面作出重大贡献的发明者，特颁发此证书，以资鼓励。

发明项目：电渣熔铸涡轮盘

发 明 者：冶金部钢铁研究总院李正邦、陈国祥、高良等，上海第五钢铁厂胡志仁、胡国平、朱德和，大冶钢厂郭士秦、谢继堂、张家福，三机部四三〇厂盛时中、戴忠仕，三机部六二一所张文林、谢济洲，中国科学院沈阳金属所郭可信

奖励等级：三等

奖章号码：05919

中华人民共和国
国家科学技术委员会主任 方毅

一九八二年九月

国家发明奖证书和奖章

美国真空学会奖牌

近期著作

中国工程院 院士文集

Collections from Members of the Chinese Academy of Engineering

李正邦文集

A Collection from Li Zhengbang

本书编委会 编

北 京
冶金工业出版社
2014

内 容 提 要

本书收录了中国工程院李正邦院士及其科研团队自1959年至今所发表的部分学术论文，按照研究领域划分为电渣冶金、直接合金化、纯净钢、渣系和合金钢等四个部分进行编排，通过回顾李正邦院士为我国科学事业做出的卓越贡献，展示了李正邦院士的学术思想与创新精神。读者可从中体会到李正邦院士系统的科研脉络，感受到李正邦院士严谨的学术风格和极高的学术造诣，希冀本书对读者的科研创新有所启发。

本书可供冶金领域相关科研、生产、管理人员阅读。

图书在版编目(CIP)数据

李正邦文集/《李正邦文集》编委会编．—北京：冶金工业出版社，2014.5

(中国工程院院士文集)

ISBN 978-7-5024-6535-3

Ⅰ.①李… Ⅱ.①李… Ⅲ.①钢铁冶金—文集 Ⅳ.①TF4－53

中国版本图书馆CIP数据核字(2014)第091572号

出 版 人 谭学余
地　　址 北京北河沿大街嵩祝院北巷39号，邮编100009
电　　话 (010)64027926 电子信箱 yjcbs@cnmip.com.cn
责任编辑 刘小峰 美术编辑 彭子赫 版式设计 孙跃红
责任校对 李 娜 刘 倩 责任印制 牛晓波
ISBN 978-7-5024-6535-3
冶金工业出版社出版发行；各地新华书店经销；三河市双峰印刷装订有限公司印刷
2014年5月第1版，2014年5月第1次印刷
787mm×1092mm 1/16；40.25印张；4彩页；980千字；629页
260.00元

冶金工业出版社投稿电话：(010)64027932 投稿信箱：tougao@cnmip.com.cn
冶金工业出版社发行部 电话：(010)64044283 传真：(010)64027893
冶金书店 地址：北京东四西大街46号(100010) 电话：(010)65289081(兼传真)
(本书如有印装质量问题，本社发行部负责退换)

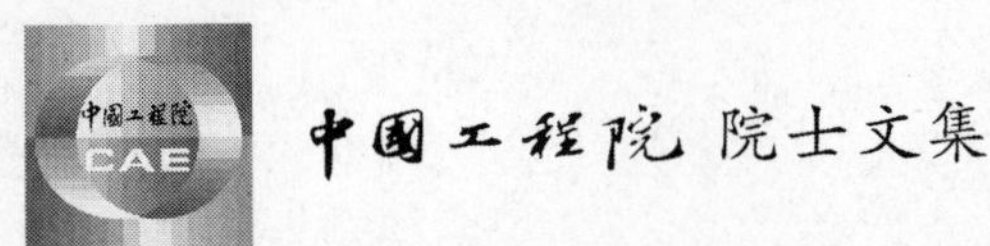

《李正邦文集》编委会

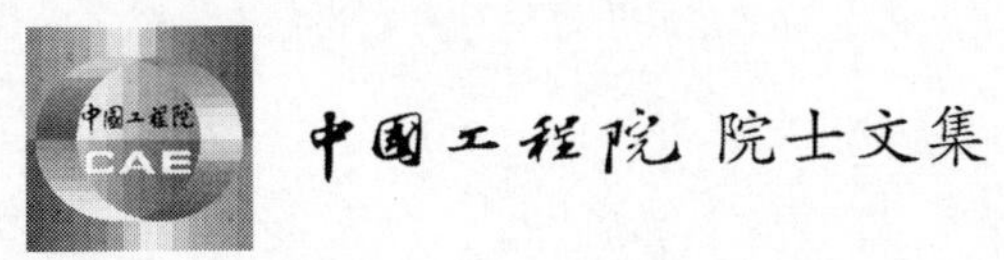

《中国工程院院士文集》总序

2012年暮秋，中国工程院开始组织并陆续出版《中国工程院院士文集》系列丛书。《中国工程院院士文集》收录了院士的传略、学术论著、中外论文及其目录、讲话文稿与科普作品等。其中，既有院士们早年初涉工程科技领域的学术论文，亦有其成为学科领军人物后，学术观点日趋成熟的思想硕果。卷卷文集在手，众多院士数十载辛勤耕耘的学术人生跃然纸上，透过严谨的工程科技论文，院士笑谈宏论的生动形象历历在目。

中国工程院是中国工程科学技术界的最高荣誉性、咨询性学术机构，由院士组成，致力于促进工程科学技术事业的发展。作为工程科学技术方面的领军人物，院士们在各自的研究领域具有极高的学术造诣，为我国工程科技事业发展做出了重大的、创造性的成就和贡献。《中国工程院院士文集》既是院士们一生事业成果的凝炼，也是他们高尚人格情操的写照。工程院出版史上能够留下这样丰富深刻的一笔，余有荣焉。

我向来认为，为中国工程院院士们组织出版院士文集之意义，贵在“真、善、美”三字。他们脚踏实地，放眼未来，自朴实的工程技术升华至引领学术前沿的至高境界，此谓其“真”；他们热爱祖国，提携后进，具有坚定的理想信念和高尚的人格魅力，此谓其“善”；他们治学严谨，著作等身，求真务实，科学创新，此谓其“美”。《中国工程院院士文集》集真、善、美于一体，辩而不华，质而不俚，既有“居高声自远”之澹泊意蕴，又有“大济于苍生”之战略胸怀，斯人斯事，斯情斯志，令人阅后难忘。

读一本文集，犹如阅读一段院士的“攀登”高峰的人生。让我们翻开《中国工程院院士文集》，进入院士们的学术世界。愿后之览者，亦有感于斯文，体味院士们的学术历程。

2012年7月

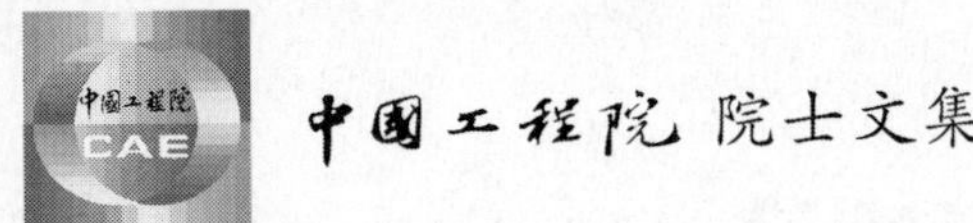

前　言

中国工程院院士李正邦是我国电渣冶金的开拓者和奠基人，在国内外特种冶金领域享有盛誉。他在电渣冶金领域有系统的、创造性的科研成就，为我国电渣工业的节能、环保、大幅度提高生产率和确保优异冶金质量做出了重要贡献。

李正邦先生长期从事电渣冶金方面的研究与开发工作，设计了国内第一批工业电渣炉，生产出无发纹钢、高温合金，并在液渣启动、液位控制、连续抽锭和二次冷却上有所创新。率先开发了电渣熔铸技术，研制成功内燃机曲轴、飞机发动机涡轮盘等产品。在电渣冶金理论方面，首先发现电渣重熔提纯净化发生在自耗电极端头液膜形成过程的机理，获得国际公认并被广泛引用。近年来在超纯净钢、零夹杂钢、氧化物直接合金化生产合金钢以及氮冶金等方面有新的突破。

在电渣冶金领域，李正邦先后获得国际奖2项，国家技术发明奖3项，国家科技进步奖5项，国家科技大会奖2项及国家星火科技奖1项，以及其他省部级技术进步奖15项。先后培养博士与博士后27名，累计出版学术专著7部，发表学术论文315篇，被授权发明专利12项。

为弘扬和传承李正邦先生的学术创新精神，回顾李正邦先生为我国科学事业做出的卓越贡献，我们按照研究领域划分编排，将先生的部分论文结集成《李正邦文集》，以供学术交流与参考。

谨以此书向中国工程院20周年院庆表示祝贺！

本书编委会

2014年4月

目　录

院士传略

学术论文选登

电渣冶金

直接合金化

洁净钢

渣系、合金钢等

附　录

院士传略

●李正邦简介

李正邦，钢铁冶金专家，中国工程院院士。1958 年毕业于哈尔滨工业大学机械系。1988 年被授予国家级有突出贡献的中青年专家；1990 年被国务院学位委员会批准为博士生导师；1999 年当选为中国工程院院士。曾任中国电冶金学会会长、中国电渣冶金协调委员会主任委员、中国铸造学会副理事长、中国钨业协会副理事长、特钢学会常务理事兼特种冶金及炉外精炼学术委员会主任、国家自然科学基金评审委员、《中国冶金百科全书·钢铁冶金卷》特种冶金分支主编。长期从事电渣冶金方面的研究与开发，设计了国内第一批工业电渣炉，生产出无发纹钢及高温合金产品，并在液渣启动、液位控制、连续抽锭和二次冷却上有所创新。率先开发出电渣熔铸技术，研制成功发动机涡轮盘、潜望镜管、火炮身管及炮尾、飞机起落架、曲轴等产品。首先发现电渣重熔提纯净化发生在电极端头的机理，为电渣冶金奠定了基础，得到国际公认并被广泛引用。开发了以白云石为基的无氟渣，电渣重熔效率提高 1 倍，电耗降低 48%，炉前大气的含氟量、含尘量达标。提出了采用酸性渣改变钢中夹杂物形态，从而提高轴承钢疲劳寿命的新工艺。开展了由钨精矿、钼精矿、氧化钒等矿物直接合金化代替铁合金冶炼合金钢的基础研究和工业试生产。先后获得国际奖 2 项，国家发明奖 3 项，国家科技进步奖 5 项，科技大会奖 2 项，国家星火奖 1 项。获得国家发明专利 12 项，发表学术论文 300 余篇，出版学术著作、译著 10 余部。

李正邦传略*

一、个人成长经历

李正邦，江苏省南京市人，1933年5月7日出生于一个典型的知识分子家庭，父母都任教于当时坐落在南京的金陵大学。1937年抗日战争全面爆发之际，金陵大学由南京迁往四川成都，年幼的李正邦跟随父母一同前往，西迁路上的颠簸和辗转过程中的各种艰难险阻，深深地印刻在李正邦的脑海中。其父李方训是留美归国的著名化学家，新中国成立后中国科学院第一届学部委员（院士），他倡导并致力于“教育救国”、“科学救国”，并在平常的教学和科研的过程中身体力行，无论条件多么艰难，环境多么恶劣，他始终坚定自己的信念不动摇。父亲对信念的不懈坚持对年幼的李正邦产生了深刻的影响，深深地烙刻在李正邦的脑海中，父亲成为他以后做人做事的楷模和榜样！

抗日战争胜利后，李正邦一家由成都返回南京。李正邦通过努力考入南京著名的金陵中学。在金陵中学学习期间他不仅成绩非常优秀，而且先后担任过班长、学生会学习部长等职务，在担任这些职务的过程中充分锻炼了他的组织能力，为今后他在工作中表现出的出色组织能力打下了坚实的基础。1952年秋李正邦考入哈尔滨工业大学机械系，进入大学学习后，他深深感到新中国成立后百废待兴，工业基础薄弱，急需大量的科技人才来支持和推动国家的发展。在六年的大学求学生涯过程中，他以父亲为榜样，抱着“科学救国”的信念，刻苦学习专业知识，广泛阅读各种书籍，因此多次获得“全优生”称号。由于大学期间成绩优秀，1957年春李正邦提前毕业并调入师资研究生班跟随苏联教授高达尔斯基（Гадалский）学习冶金物理化学，同时参与“电渣焊”课题的相关研究工作。1958年李正邦毕业后分配到冶金部建筑研究院装备所工作，承担“800轨梁轧机”电渣焊工程的课题，在这

* 原文为《中国科学技术专家传略》撰写，林功文执笔。

期间继续接受高达尔斯基教授的指导。

由于苏联对中国技术援助仅限于电渣焊，电渣重熔技术属于保密禁区，对中国实行严格保密。为了掌握电渣重熔技术，李正邦带领课题组其他成员刻苦钻研，不断摸索，终于冲破苏联对电渣重熔的技术封锁，于1958年建立了中国第一台电渣炉，并于12月9日凌晨冶炼出质量优良的高速钢。该成果发表于《焊接》杂志国庆10周年特刊，此举开创了中国电渣冶金时代，由于反响巨大，12月9日后来被冶金部定为中国电渣冶金诞生日。李正邦从此步入了电渣冶金的新天地，在其后来的研究过程中，对电渣重熔设备不断进行改善和完善，对电渣重熔技术不断进行改进和创新。李正邦于1960年负责设计创建了国内第一代工业电渣炉，他先后承担了重庆特钢、大冶钢厂等钢厂建立电渣车间的任务，生产出工具钢、模具钢、航空轴承钢、无发纹钢、高温合金等一系列高规格产品，并于1965年作为发明人之一被授予国家发明奖。1964年初，李正邦带着电渣冶金专业组和科研设备从冶金部建筑研究院调入钢铁研究总院，担任电渣冶金专业组组长，继续全身心地投入到电渣冶金的研究之中，并于1988年晋升为该院炼钢室副主任、教授级高级工程师。“文化大革命”期间，他抓住经过电渣重熔的金属材料具有金属纯净、组织致密、成分均匀、表面光洁的特点，继续坚持电渣冶金的研究工作，打破当时的常规思维，提出利用电渣重熔以铸代锻的技术创新观点，率先设计出了专用电渣熔铸炉，利用电渣熔铸研制成功出火炮身管及炮尾、潜望镜管、曲轴、飞机起落架等铸坯，因此在1978年获得了两项“全国科技大会奖”。1972年，李正邦承担了用电渣熔铸制备大型喷气式飞机发动机涡轮盘的任务，他提出立式电渣熔铸方案将涡轮盘制成，装机试用后非常成功，这在航空工业史上是一次具有重要意义的创举。1982年召开的国际高温合金会议上报道了这一重大成果，引起了海内外同行和专家的极大关注，轰动一时，由于贡献突出，该项目荣获当年国家发明奖。1980年，我国的电渣冶金工业化生产已初具规模，具有一定的生产能力，但当时整个电渣行业面临的主要问题是生产过程中能耗过高，生产车间有害气体污染严重。为了解决厂里需要迫切解决的节能降耗、防止污染问题，李正邦带领团队技术骨干不断研究探索，终于成功开发出以天然炉料白云石为基的无氟渣。无氟渣的投入使用，使电渣重熔生产率提高了一倍，电耗降低至原来的一半，炉前大气氟含量大幅降低，使氟含量不大于1mg/m^3。由于无氟渣优势显著，研制成功后即在全国范围内推广，该项目于1990年获国家发明奖。1982年，李正邦承担了大尺寸（≥100mm）优质高速钢研制的国家攻关项目，他不仅系统地建立了电渣重熔过程热传递模型，而且与现代凝固理论相联系，控制钢中碳化物的分布与颗粒大小，使电渣高速钢质量达到国际先进水平，使我国的大尺寸高速钢由依赖进口转为向国外出口。1986年该项目获冶金科技进步一等奖。

早在1961年，李正邦就已发现钢中夹杂物在电渣重熔过程中的去除主要发生在电极端头的机理。为了验证自己的发现，他采用灵敏度极高的同位素（$Zr^{95}O_2$）作指示剂进行实验，最后证实了在电渣重熔过程中钢中夹杂物去除主要发生在自耗电极端头熔化阶段的机理。李正邦对这一机理进行了系统总结，并于1988年在第九届国际真空冶金会议上做了报告，得到国内外同行和专家广泛关注和公认。在进行电渣冶炼对钢中夹杂物的去除研究过程中，他发现通过改变自耗电极冶炼的脱氧制度和采用酸性渣重熔两者相结合的方式，可以将钢中生成的三氧化二铝型脆性夹杂物转变成硅酸盐类型塑性夹杂物，从而可以大幅提高轴承钢GCr15的疲劳寿命。在1996年我国铁路提速之时，利用该技术生产的机车弹簧疲劳寿命显著提高。在20世纪90年代初，李正邦开展了利用精矿直接还原代替铁合金进行合金钢冶炼的实验研究，1998年他率研究梯队来到重庆特殊钢铁公司，利用钨精矿、钼精矿、氧化钒矿直接合金化代替铁合金冶炼高速钢进行了工业试验，结果令人满意，试验取得了成功，并获国家发明专利。这一成果的运用使高速钢生产利润翻一番，现已在重庆东华特钢公司等企业推广应用。2003年李正邦承担了“973”课题“零夹杂钢研究”，他带领自己的博士生、博士后刻苦攻关，对夹杂物的形成机理、改性和去除进行了系统和深入的理论研究，最后采用真空感应炉—真空电弧重熔的方法成功冶炼出了超纯42CrMo，钢中氧含量仅为0.0002%～0.0004%，在780MPa负荷下，疲劳寿命由10^7次提高到10^9次，使42CrMo钢的寿命大大提高，性能更加优异。中国电渣冶金至今已经走过了半个多世纪的风雨历程，李正邦为中国的特种钢冶炼发展做出了重大的贡献。

二、主要研究成果和学术成就

1. 在我国首先建立电渣炉，发展和推广电渣重熔技术

电渣重熔（electroslag remelting，ESR）是利用炉渣作为电阻和提纯剂，

熔渣和钢液的精炼及钢锭结晶都在一个水冷结晶器中进行，从而达到一种可控制钢锭结晶的冶金方法，是生产优质合金钢及超级合金的重要手段。1958年李正邦在电渣焊基础上建立了我国第一台电渣炉，并熔炼出优质高速钢，该成果在《焊接》杂志1959年国庆十周年特刊上发表。1960年，李正邦设计了我国第一批工业电渣炉，成功生产出航空轴承钢、无发纹钢、高温合金等其他特殊合金，同国外技术相比，他设计的电渣炉在电渣重熔液渣启动、连续抽锭、液位控制、二次冷却等方面都有新的突破和创新。1965年李正邦等人发明的“电渣冶炼合金钢”被授予国家发明奖。此后他担任全国电渣冶金协调委员会主任委员，开始向全国推广电渣重熔技术，并生产出243种优质合金钢与超级合金。后来他又设计了10吨三相电渣炉、15吨双极板坯电渣炉及凝壳式有衬电渣炉，为我国电渣冶金奠定了基础，使我国电渣冶金技术水平、电渣钢的产量及质量跃居世界前列。1982年，李正邦出席了第七届国际真空冶金会议，在会议上他对我国电渣冶金进行了总结与概述，获得国际同行们的赞誉与敬佩。1988年在美国召开的第九届国际真空冶金会议上，特授予李正邦奖牌及证书，以肯定并表彰他在电渣冶金技术发展上做出的贡献。苏联米多瓦尔（B. I. Medovar）院士于1990年编著的《电渣金属质量》一书中有4处引述李正邦的研究成果。

2. 探明电渣重熔去夹杂物的机理等一系列理论，并应用于生产实践

（1）发现电极端头提纯效应，探明电渣重熔去夹杂机理。

在很长一段时间内电渣重熔去夹杂原理都以乌克兰科学院拉达什（U. V. Latash）院士为首的国外学者所提出的观点为准，即夹杂物从金属熔池浮升进入渣相，而且通过斯托克斯公式说明减慢重熔速度可以保证去夹杂提纯的成效。然而在1961年李正邦根据钢中含氧量、含硫量和夹杂物的金相定位分析，发现电渣重熔去除夹杂物主要发生在电极熔化端头，并测得此阶段去除氧化物夹杂量约占总去除量的78%。一向治学严谨的李正邦又经过多次实验证明了这个结论的正确性，基于这些研究结论他撰写论文并发表于《钢铁》（1966年第1期）。拉达什院士在1970年著《电渣重熔》一书时就引述了李正邦的观点，但是他认为金相法测定夹杂物不够精确。为此，李正邦用具有高灵敏度的同位素$Zr^{95}O_2$作指示剂，进一步证实了电渣重熔去除夹杂物主要发生在自耗电极端头的熔滴形成阶段，在此阶段$Zr^{95}O_2$夹杂物的去除量占总去除量的2/3，而夹杂物向炉渣过渡是由于炉渣对夹杂物的吸附和

熔解所引起的，是界面能的作用引起的自发过程。该成果发表于《钢铁》(1980 年第 1 期)，被英国《钢铁工程师》(1982 年第 12 期）所转载，被美国、日本、苏联及瑞典学者的专著所引用。1988 年在第九届国际真空冶金会议上李正邦对这一成果做了系统报告，美国真空冶金学会主席巴特(G. K. Bhat）博士当场十分激动地表示："从此去夹杂物机理之争可以结束!"该理论的应用不仅大幅度提高了我国电渣重熔的生产率，而且确保了产品优异的冶金质量。

(2）成功研究无氟渣，实现电渣重熔无污染。

一直以来世界各国电渣重熔通用渣是巴顿电焊研究院的 ANΦ－6 渣，该渣含有高达 70% 的 CaF_2，在熔炼过程中会产生大量的有害气体（HF、SiF_4、AlF_3、SF_6、TiF_4 等)，不仅危及操作人员健康，而且污染环境，因此各国的相关科学家都在尝试研制一种新的无污染、高效的冶金渣。李正邦带领课题组在此领域取得了丰硕的成果，他们在研究渣的物理化学性能的基础上，研究出无氟渣（$CaO-MgO-Al_2O_3$)，使炉前氟及灰尘散发量大为减少，并且解决了无氟渣引燃困难及重熔钢中球状夹杂物的问题，在长城钢厂实现了无污染电渣重熔。该项成果获中国冶金部科技进步奖。

(3）提出渣池高电阻与渣皮绝缘原则，大幅度降低重熔电耗。

电耗高、生产率低是世界各国电渣炉普遍存在的问题，一般电耗在 1400～1800kW·h/t，离美国国家材料咨询局提出的 1200kW·h/t 的目标还有一段距离。在 20 世纪 70 年代李正邦开始着手这方面的研究，通过计算得到结论：在输入功率 P_s 恒定情况下，增大填充比 K，可以增大电极端吸热、减少辐射热损失，不仅提高熔化速度 v_M(t/h)，而且提高了热效率 η_H；通过提高熔渣比电阻 r_s，可提高渣池有效电阻 $R_s(\Omega)$，进而提高了电效率 η_E。为了验证此结论，李正邦等人在本溪钢铁公司现场进行试验将电渣重熔填充比 K（面积比）由 0.25 增大到 0.61，采用低氟、高电阻的五元渣（40% CaO－3% MgO－40% Al_2O_3－2% SiO_2－15% CaF_2）取代低电阻的 ANΦ－6 渣（70% CaF_2－30% Al_2O_3)，重熔渗碳轴承钢 G20CrNi2MoA，结果显示熔化速度由 3kg/min 提高到 6.21kg/min，而且比电耗由 1775kW·h/t 降至 936kW·h/t。同时为了解决分流问题，在设定渣成分时偏离共晶点，利用渣皮凝固过程选择结晶形成绝缘的渣皮，从而防止并联电路出现 R_s 的减小及无功消耗的增大，在一定程度上也降低了比电耗。该成果"低氟低电耗电渣重熔渣系"获 1990 年国家发明四等奖。1982 年在东京召开的第七届国际真空冶金会议上李正邦发表了这一成果，震惊了所有的同行。巴顿电焊研究院直接把他的报告翻译成俄文，并全文转载于俄文书籍《电渣重熔》文集（1984 年第 8 期）。此成果于 20 世纪 80 年代在我国电渣重熔炉上得到应用，使我国电渣重熔电耗跃居国际先进水平。

（4）改变钢中脆性夹杂物，提高钢的疲劳寿命。

电渣重熔不仅对钢具有提纯净化作用，而且可以控制夹杂物成分及形态，进而可以提高钢的物理性能和机械性能。李正邦在研制精密仪表轴承钢过程中，发现在电极冶炼过程中用 Si－Mn－Ca 和 Al－Mn－Si 进行脱氧，可以形成低熔点、具有聚集倾向的大颗粒原始夹杂物，在重熔过程中易于被炉渣所吸收，可以更好地去除夹杂物并提高精炼效果。所以在电极冶炼过程中采用 Si－Ca 和 Si－Fe 脱氧，然后用酸性渣（$CaF_2-SiO_2-Al_2O_3-CaO$）重熔，这样钢中夹杂物主要成分就是 $CaO\cdot SiO_2$ 和 $Al_2O_3\cdot SiO_2$，轴承钢中的夹杂物由原来的三氧化二铝型脆性夹杂物变为硅酸盐型塑性夹杂物，可以使 GGr15 轴承钢的疲劳寿命提高 92%。李正邦把此成果撰写成论文发表于《钢铁》（1983 年第 5 期），被英国《钢铁工程师》（1986 年第 2 期）译成英文并全文转载。该成果于 1986 年在美国召开的真空冶金会议上发表，受到国际同行的认同和好评。

1996 年我国铁路主干线开始提速，出现机车、车辆弹簧过早折断的难题。李正邦分析认为是弹簧钢中脆性夹杂物在表层形成微裂纹引发疲劳断裂，于是提出用超高功率电弧炉冶炼－钢包精炼炉 LFV－连铸工艺流程，采用超低氧、夹杂物变性处理工艺，使钢中脆性夹杂物（刚玉 Al_2O_3 型）变为塑性夹杂物（钙斜长石型 $CaO\cdot Al_2O_3\cdot SiO_2$ 及硅灰石 $CaO\cdot SiO_2$），生产制造出的弹簧的疲劳寿命超过 100 万次，完全满足提速的要求，为提速解决了一大难题，受到铁道部及国家发改委嘉奖。

（5）进一步证实电渣重熔过程界面的电毛细震荡。

苏联院士 Есин 发现“电毛细效应”，即交流电引起钢－渣界面张力 $\sigma_{m.s}$ 周期性变化，促进炉渣吸附和溶解钢中夹杂物。但俄罗斯院士巴宁（Панин）用 X 射线透视电渣过程未发现振荡现象，因此国外冶金专著不再提及电毛细振荡。李正邦凭借多年从事电渣冶金研究积累的经验，指导研究生利用透明容器当结晶器，用巴氏合金做电极，在导电水溶液中通交流电，用高速摄影技术记录了界面振荡现象。这一发现被报道之后，国内外同行重新用电毛细振荡解释冶金过程。

3. 在我国率先研究成功电渣熔铸技术

作为我国电渣冶金的奠基人，李正邦一直从事电渣冶金事业，他发现电渣钢金属纯净、组织致密、成分均匀、铸锭表面光洁而且具有良好的塑性。于是在1967年提出电渣熔铸的思想，并于两年后在美国匹兹堡召开的第二届国际电渣重熔会议上发布这方面的消息。李正邦对金属微合金化、电渣熔铸成型技术、热处理制度、凝固控制等都进行了深入研究，在他的指导下生产出来的电渣熔铸件性能远远超过同钢种电炉钢锻件，采用电渣熔铸技术生产的金属毛坯，不仅可以省去庞大的锻压设备，节省空间，而且节约工时，缩短了生产周期，提高了金属利用率。他先后在火炮身管及炮尾、飞机起落架、航空发动机涡轮盘、轧辊、曲轴、模块、连杆及复合装甲板的熔铸毛坯上取得很大成功。他撰写的《电渣熔铸工艺及电渣直接成型技术》获1978年全国科学大会奖及1980年国防科委科研成果一等奖。

作为航空发动机重要部件的涡轮盘，对钢材的要求异常严格。苏联制造“轰6”飞机发动机涡轮盘是用3.6万吨水压机锻压才得到的。李正邦凭着自己扎实的理论知识和丰富的现场经验提出立式熔铸方案，让柱状晶方向平行于主受力方向，并通过多年研究探明了合金化及热处理工艺与铸态结构及合金性能的内在联系。由该熔铸方案生产制造的涡轮盘，已经在发动机机车和飞机上试用，结果证实这种熔铸方案是可行的。该项成果于1980年获国防科委成果一等奖，1982年“电渣熔铸涡轮盘”获国家发明三等奖。1988年在第九届国际真空冶金会议上李正邦发表了该项成果，立即引起同行们的轰动和极大兴趣。加拿大米切尔（A. Mitchell）教授评价说：“这是重大突破，获得如此优异性能，妙就妙在金属纯净与凝固控制，还是中国人聪明!”这是世界航空工业上的创举。

李正邦还注重技术的外延，在生产材料为36XS、HK40的耐热合金弯管时用有衬凝壳的电渣炉熔炼，获得纯净的钢水，然后注入脱蜡模，可以使生产的弯管表面更加光洁、性能更为优良，各项性能指标均达到世界领先水平。另外，李正邦的应用热应变模型及金属液位探测技术和电渣熔铸潜望镜管坯（2Cr18Ni9Ti），于1978年获得全国科学大会奖。

4. 建立电渣重熔热传递模型及应用电化学效应，实现微合金化

李正邦对电渣重熔过程热传递模型进行了深入研究，在计算两相区温度

梯度 G、铸锭凝固过程温度场、局部凝固时间 LST 时，通过比较联系 LST 与凝固理论，发现 LST 与标志铸锭的显微偏析的晶轴间距 d 之间有着密切的关系，可以通过一个关系式来表达，应用该关系式可以很准确地预测铸锭显微结构及显微偏析。后来又经过理论推断和生产实践证实该公式不仅适用于电渣重熔，而且对真空电弧重熔、电子束重熔及连续铸锭也适用。1982 年他在承担“优质大断面高速钢”攻关项目时，就是根据上述关系式在设定 M2 高速钢铸锭莱氏体网距及碳化物颗粒度条件后求得了局部凝固时间 LST。然后根据热传递模型反推出边值条件，再根据边值条件确定电渣重熔工艺。在此工艺条件下生产出的高速钢达到国际水平，使得我国大断面高速钢由进口变为出口。在 1990 年第十届国际真空冶金会议上李正邦发表的论文《电渣重熔高速钢影响凝固质量因素》受到国际同行的重视，美国《金属文献》介绍并收录了该论文。“高质量大断面高速钢”在 1986 年获冶金部科技进步一等奖。

我们知道，微量元素往往是易氧化元素及易挥发活性元素（Mg、Ca、Zr、B、Ce、La、Y 等），但在凝固过程中它起孕育生核、改善晶界状态及显微结构的作用，因此提高微合金化元素收得率可以改善钢及合金的使用性能。李正邦提出将渣中微量元素氧化物利用电化学效应电解从而达到向合金中过渡的目的，后来在他的技术指导下长城钢厂电渣重熔生产高温合金 GH36 时，将镁含量控制在 0.004% ~0.006% 范围，检测结果表明该成果改善了合金晶界状态，达到了晶界强度与晶内强度相互匹配，使材料制品的持久寿命得到提高，材料缺口的敏感性得到改善。该成果荣获 1986 年国家科技进步三等奖和冶金部科技进步一等奖。

5. 开展氧化物矿直接还原冶炼合金钢技术

一直以来铁合金都是冶炼合金钢必不可少的原料，生产铁合金的原料是钨精矿、氧化钼矿、钒渣、氧化铬矿。20 世纪 90 年代初，李正邦提出由精矿直接还原代替铁合金冶炼合金钢的设想，即用氧化物矿取代铁合金直接冶炼合金钢，这在合金钢冶炼工艺上是重大的革新，具有缩短工艺流程、节约能源和降低成本的重要意义，受到国家自然科学基金的资助。李正邦多年致力于氧化物矿直接还原合金化的热力学、动力学的基础研究，开发了铁浴还原、低温快速还原、碱度动态控制、阻尼剂抑制钼挥发等多项技术。1998 年他带着自己的科研队伍到重庆特殊钢公司进行了工业试验，选择 M2 高速钢作为试验产品，M2高速钢合金元素有W、Mo、Cr、V四种，而且含量高达17%，试验使用的白钨矿粉和氧化钼块料占炉料总量的22.3%，试验结果表明，冶炼出来的M2钢材质量良好，各项指标均能达标。这种方法不仅使成本降低了7000元/吨，高速钢生产利润翻一番，而且降低了能耗、缩短了生产流程、改善了环境。目前该成果已经被国家列为重点成果项目在全国进行推广，在重庆东华特钢公司、江苏天工集团公司和江苏福达特钢公司已经用于实际生产。2002年通过国家鉴定，2003年列入“863”课题，并获国家发明专利（专利号ZL001299824）。时任国务院副总理曾培炎对这项成果特作批示，而且在国务院办公厅《互联网信息》刊登公布，该成果更是被《世界金属导报》评为世界炼钢与连铸十大要闻。

学术论文选登

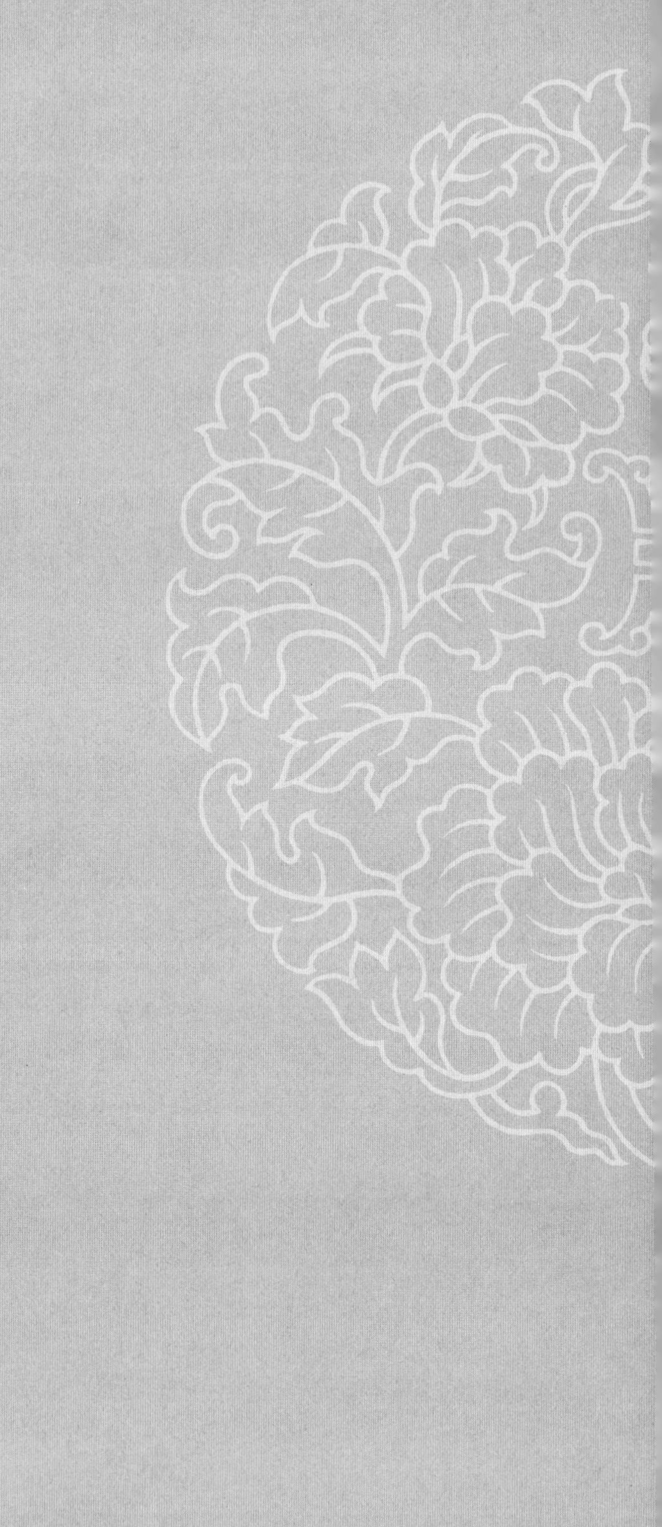

利用电渣焊法减小铸钢件冒口*

铸钢件浇铸后，发生很大的凝固收缩。为了不使铸件出现缩孔、疏松等缺陷，都要用冒口来补充铸件的收缩。但冒口补给效率很低，通常只有10%～20%的钢水填充到铸件中，这样要求冒口体积大，一般占铸件重30%～40%。因而浪费了很多金属，增加了铸件成本，另外在清理铸件割除冒口时，要消耗大量氧气和乙炔。

减少冒口的金属的消耗，在苏联曾用过电弧加热法，但既不能提高金属质量也不能保证化学成本的均匀性。目前较先进的方法是利用电渣焊法来减小冒口，对收缩量小的薄壁铸件几乎可以完全取消冒口，并能提高铸件金属的质量。

冶金建筑研究院和衡阳冶金机械修造厂在今年二月对这种新工艺进行了研究，经过几次试验，效果良好。

利用电渣焊减小冒口的方法如图1所示。当液体金属注入铸型后，立即将地线插入浇口内。同时在铸件液面上撒一层焊药，插入碳棒（或金属棒）引弧，待焊药熔化后就形成渣池，并在铸件补缩过程中不断加入焊药，保持一定的渣池深度。因渣池具有一定电阻，电流流过就产生焦耳热，即：

$$Q = 0.24I^2R$$

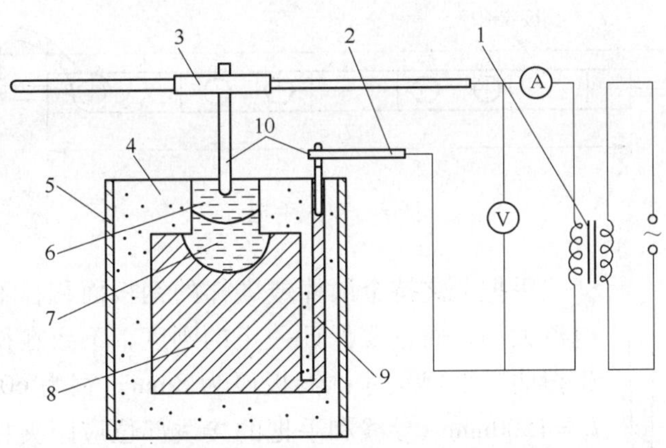

图1　用电渣焊方法缩小冒口示意图

1—变压器；2—地线接板；3—操作手把；4—砂型；5—砂箱；6—渣池；
7—液体金属；8—已凝固金属；9—浇口；10—碳棒或金属棒

利用这种热使铸件上部保持较高的温度，不致凝固或结壳。当铸件凝固收缩时，

* 本文由冶金建筑研究院焊接组和衡阳冶金机械修造厂共同撰写。原发表于《焊接》，1959，(11)：25～27。

上部液态金属既能不断补给，保证铸件没有缩孔现象，杂质也能浮上来。

补给金属的来源有两种方式：第一种是用碳棒作为电极，全部依靠在冒口部分储存的液体金属补给铸件；第二种方式是一部分由储存液体金属补给（用碳棒作为电极），一部分在电渣过程中由金属棒不断熔化补给（用金属棒作电极）。这两种补给方式以第二种较合适，因为冒口不需很大，而前一种方法要较高的冒口，而且很容易结壳，消耗浇铸金属也较多。

当铸件一次结晶大部分结束后，就可断电提起电源。这时剩余液态部分很少（不大的液态熔池），收缩量也不会很大。

电源可采用普通电焊变压器或发电机。焊机容量根据所需功率决定，如一台焊机不够可用几台型号相同的焊机并联。我们试验用的电源设备是土变压器❶。

操作时，由于浇注的液体金属和渣池的辐射热，操作人员劳动条件不好，因而必须采用专门手把。手把要长一些，在手把上套胶皮管或木套。铸件小时可由一人操作（手把如图 2 所示），铸件大时由两人操作（手把见图 3）。

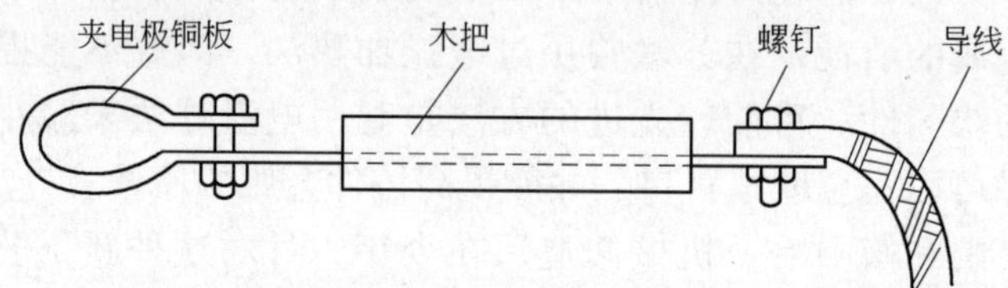

图 2　单人手把

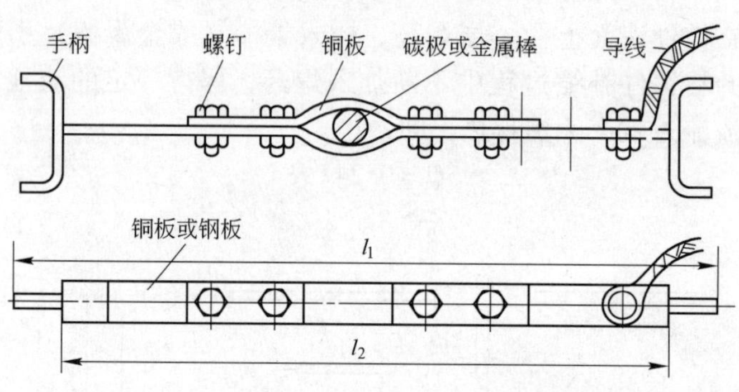

图 3　双人手把

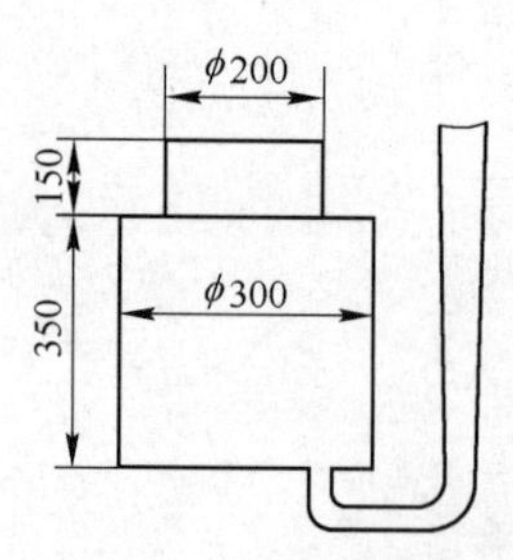

图 4　试件构造图

手把上夹持金属棒或碳棒的钢板面积，不仅要考虑通过的电流大小，而且要保证一定的刚度，不致在操作时因受热而发生扭曲。手把尺寸：铜板厚为 8mm，宽为 60mm；$l_2 = 900$mm；$l_1 = 1500$mm。导线和手把的接线部位应距夹持碳极或金属极部位远一些，否则导线及接头可能被冒口的大量辐射热烧坏。

我们曾进行了几次试验，试验对象采取实体收缩量大的铸件。

试件为 $\phi 300$mm × 350mm 的圆柱体，重 190kg；冒口尺寸为 $\phi 200$mm × 150mm，重 34kg（见图 4）。填充金属棒选用 $\phi 25$mm

❶　土变压器构造请参阅《焊接》1959 年 7 期 8 页《钢 3 钢板涂锰硅代替合金钢板极电渣焊》一文。

的螺纹钢筋。焊药用 AH－348A。

第一次试验未成功，铸件有缩孔（见图 5）。原因是规范用大了（电压 33～34V，电流 1240～2000A），而地线截面又小，接头处接触不良，另外受辐射热等影响，因此电渣过程后不久地线就烧断。这时铸件尚未完全结晶和凝固，断电后冒口处不能保持高温而结壳，致使铸件产生了缩孔。

图 5　试件剖面
（铸件内有缩孔）

第二次也未试验成功，原因是浇铸时疏忽。因根据铸件重量将钢水分为三小包，但第二包浇完后，第三包钢水来不及供应，耽误了几分钟，这时上部已开始凝固结壳，虽然立即采用了电渣加热，但最终无效，中部产生了缩孔。

第三次试验吸取了前几次的经验教训，增大了地线导线面积，地线接板增长，使接头少受辐射热影响，并用金属棒代替碳棒插到浇口里。

填补冒口时先用碳棒插入渣池中，保持和提高液体金属温度，随后用钢筋熔化补给。填补规范如下：碳棒直径 50mm；钢筋直径 25mm；电压 35V；电流 300～400A；填补时间 62min；渣池深度 80mm。电渣填补的试件剖面如图 6 所示，内部无缩孔、疏松等缺陷。填补后剩下的冒口大小如图 7 所示。按图 7 所示位置在冒口处和铸件上部分取了两个试样作金相磨片；观察显微组织。

图 6　试件剖面宏观组织

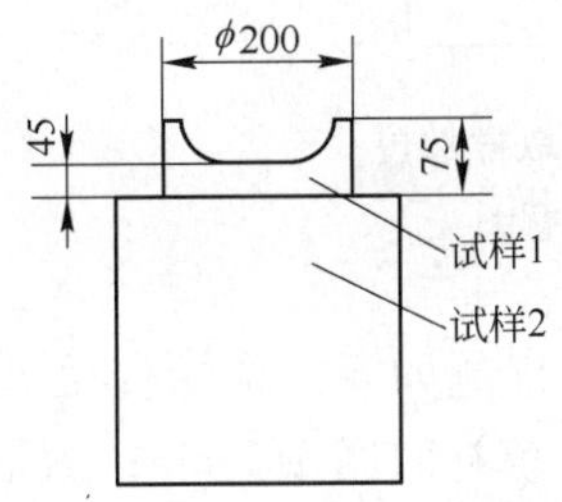

图 7　电渣填补的试件剖面

试样 1 的组织见图 8，基体是珠光体，铁素体呈粗针状过热组织。试样 2 的显微组织见图 9，基体为珠光体及较粗的铁素体。在显微镜下观察时，铸件外层晶粒较细，中心部分则晶粒粗大。

铸件化学成分分析结果列于表 1，取样部位见图 10。从表中可看出，成分基本是均匀的，尤其是铸件本体。冒口部分由于电渣填补时用碳棒加热，使碳量增多。顶部硫、磷高一些，这是由于杂质析集的缘故。

在前次试验的基础上，进行了更大铸件的填补试验。试件为直径 520mm、高 1200mm 的轧辊零件，如图 11 及图 12 所示。铸件重 1420kg。根据上述第三次试验初步结果，铸件凝固收缩率为 9%，因此其收缩量为 1420×9%＝138kg。冒口尺寸确定为

ϕ300mm × 350mm，重 190kg。

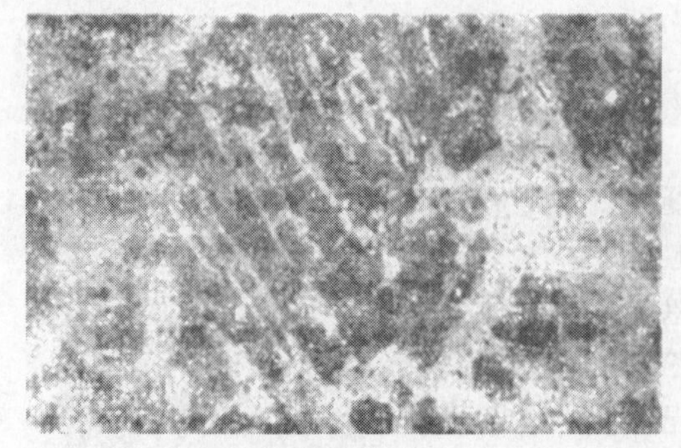

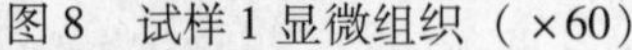

图 8　试样 1 显微组织（×60）

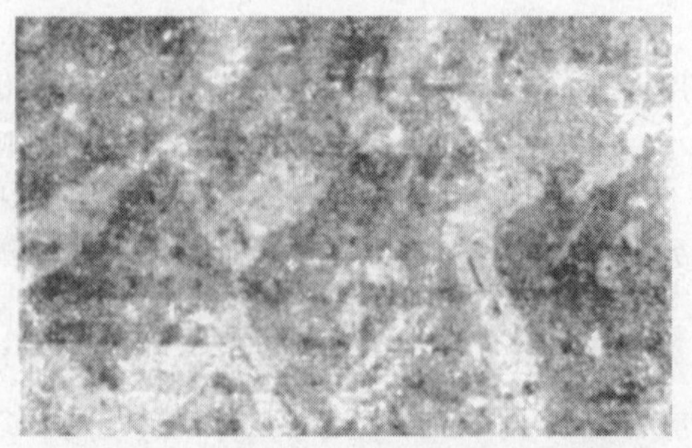

图 9　试样 2 显微组织（×60）

操作过程和前几次一样，浇铸后相继在浇口内插入金属地线棒，在冒口内插入碳棒引弧造渣，待发现液面下沉时再换金属棒，中间也可浇注一些液体金属。当铸件大部分已凝固或液面再下沉时，减小规范，以减少最后存留的液体，不致弧坑很大。

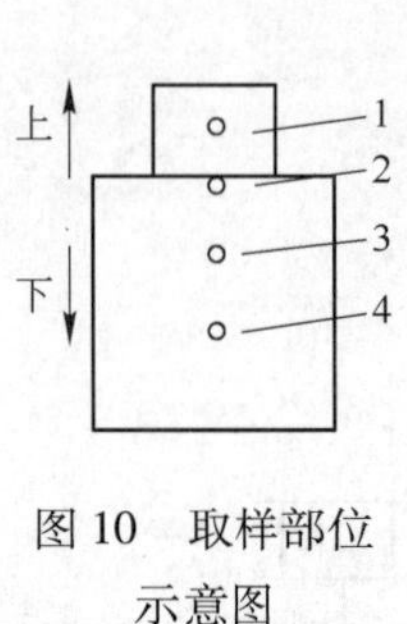

图 10　取样部位示意图

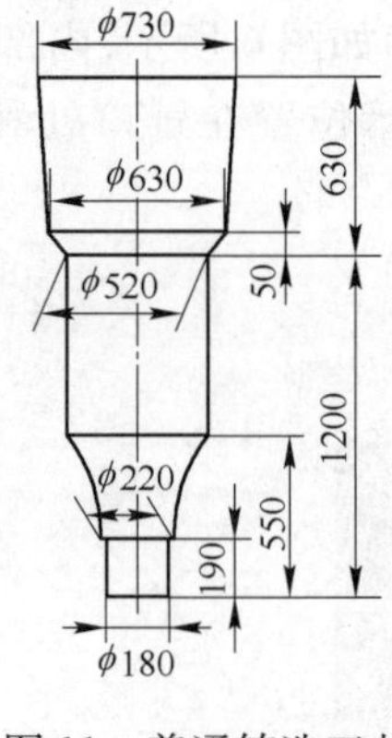

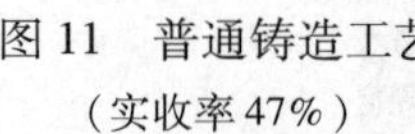

图 11　普通铸造工艺（实收率 47%）

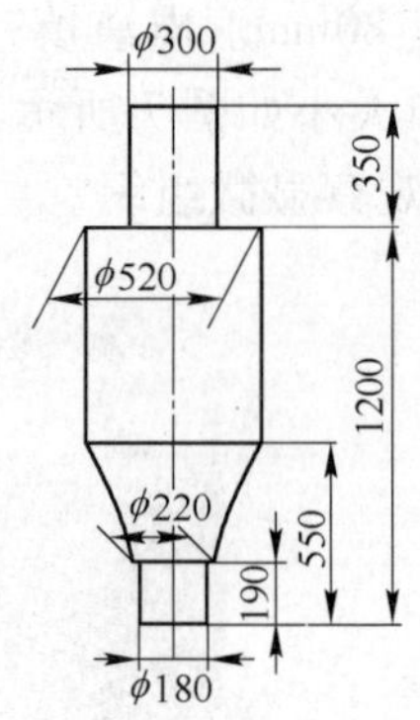

图 12　电渣填补工艺（实收率 88%）

铸件填补规范如下：碳棒直径 70mm；钢棒直径 25mm 两根；电压 32 ~ 33V；电流 800 ~ 1000A；填补时间 152min；渣池深度 80mm；焊药用 AH – 348A。

根据铸件大小，希望电流达到 1300 ~ 1400A，但实际维持在 800A 左右。由于电流小，使填补时间增长不少。

轧辊铸件的试验结果表明：用一般工艺方法铸造时，铸件实收率为 47%；用电渣填补法铸造时，铸件实收率为 88%。两者对比，用新法铸造的实收率提高约一倍。

通过试验得出下列简单结论：用电渣填补法缩小铸件冒口简单而可靠，经济效果好，平均每吨铸件能节约 130 元左右。铸件越大，则经济效果越好。这种方法应用到合金钢铸件及大型轧辊的铸造上，将具有更大的经济意义。

参考文献

[1] Всесоюэпое научное инженерно – техничеcкое общество сварщиков（ВНИТОС）：Справочцые матери – алы для сварщиков，Машгиэ，1951.

［2］Л. М. Макара, В. Ф. Грабин, И. В. Новшков. Околошовные трещинш и механические свойства сварных соелинений при электрошлаковой сваркс срелце－легированиых сталей［J］. Автоматическвя сварка, 1956,（4）.
［3］俞尚智，秦福相，Ю. Н. 郭达尔斯基．电渣焊接的实质及其优点［J］．焊接，1958，（10）.
［4］Ю. Н. Готалъский. Некоторые сеобености элект－рошлаковой сварки легированиых сталей［J］. ЛДНТП, 1957.
［5］Ю. Н. 郭达尔斯基．关于电渣焊焊剂［J］．焊接，1959，（4）.

高速钢的电渣熔炼试验*

目前，在许多机械制造工厂都感到高速钢、工具钢等供应困难，根据这种情况，我们研究了用电渣法熔炼高速钢。熔炼对象为苏联牌号 ЭИ－290 高速钢。本试验工作承衡阳冶金机械修造厂大力支持，谨致以谢意。

熔炼方法如图 1 所示。熔炼是在水冷却铜套中进行的，利用渣池发出的电阻热来融化填充金属及涂在其上的铁合金。金属熔化与钢锭结晶凝固同时进行。熔炼用设备及工艺都很简单、经济，大小工厂均可根据生产需要，小量冶炼各种牌号的高速钢及工具钢。

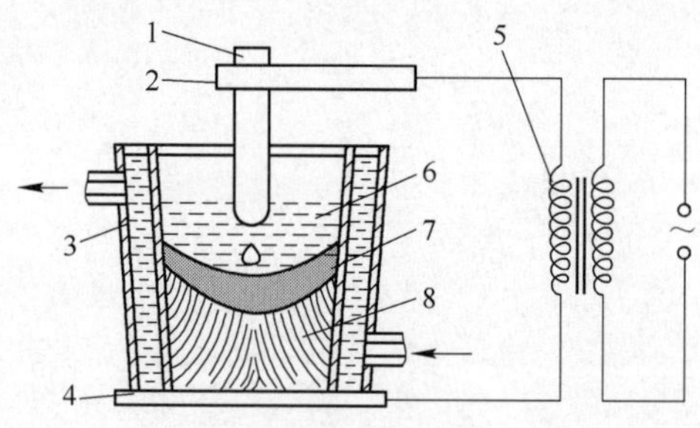

图 1　熔炼方法示意图

1—填充金属棒；2—导线板或手把；3—水冷却铜套；4—石墨垫板；
5—变压器；6—渣池；7—金属熔池；8—已凝固的钢锭

1　熔炼设备

1.1　焊机

起初利用自动焊机的 ТСД－1000－3 型变压器，后期用自制的土变压器（如图 2 所示），外特性是刚性的。

1.2　水冷却铜套

铜套可用铜板焊成或浇铸。内壁有锥度以便钢锭方便地从模中取出。材料用黄铜、紫铜皆可。铜套的尺寸可根据所需熔炼的钢锭大小决定。图 3 为试验用的水套。

1.3　操作工具及机械

可用手把人工操作或以升降机构送进填充金属，后者的劳动条件好，工艺规范也比较稳定。最初八次试验是以手工操作的，操作用手把见图 4。后期采用板极电渣焊送

* 本文由冶金建筑研究院焊接组撰写。原发表于《焊接》，1959，(10)：38～40。

进机构（丝杠传动机构）操作。

图2　土变压器

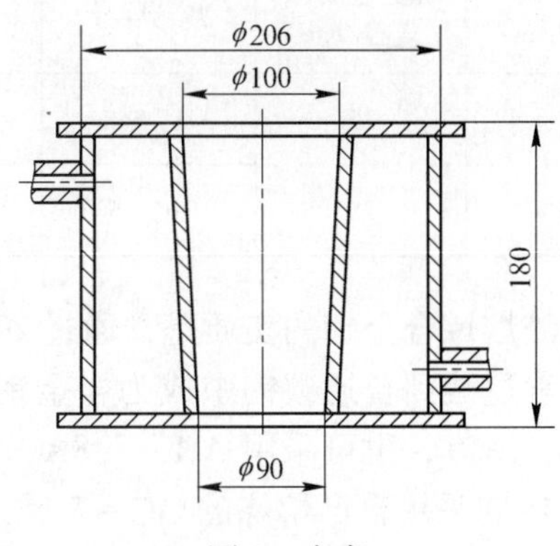

图3　水套

2　工艺过程及规范

2.1　配料

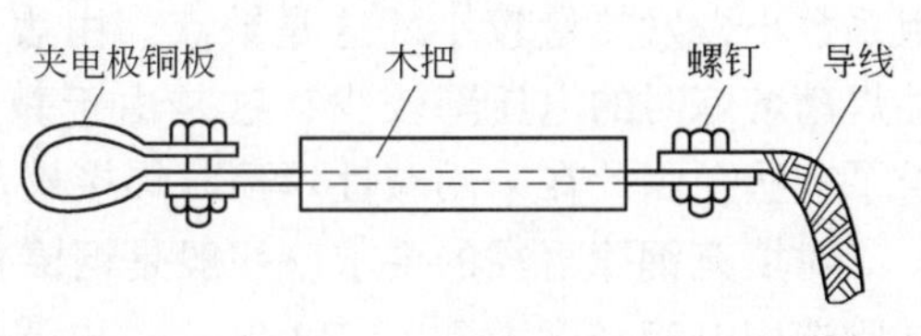

图4　手把

填充金属用热轧钢5螺纹钢筋，在其上涂以铁合金。根据高速钢ЭИ－290成分（表1），按下式进行配方计算。

表1　ЭИ－290高速钢成分　（%）

成　分	C	Cr	W	Mo	V
含　量	0.9～1.05	3.6～4.3	2.6～3.3	2.6～3.3	1.5～2.0

$$G_n = \frac{G \cdot \varepsilon}{K \cdot \eta}$$

$$G = G'\ (1 + \rho\%)$$

式中　G_n——须加入的某种铁合金量；

G——要求熔炼的高速钢重量；

ε——高速钢中对某合金元素的要求含量；

K——铁合金中的合金元素含量；

η——合金元素过渡系数；

G'——填充钢棒熔化重量；

ρ——高速钢中各合金元素总含量。

将各种铁合金碎成过60～80孔/吋筛的粒度，混合均匀，以水玻璃做黏合剂均匀地涂到钢棒上。待烘干或自然干燥后，便可装到升降机构或手把上进行熔炼。

2.2　熔炼

将金属棒与石墨底板接近，发生电弧后，慢慢加入焊药。当渣池形成，熔炼过程随即开始。熔炼过程须维持一定的规范。操作者通过观察电压表的读数来控制填充金属棒的送进速度。试验用规范见表2。

表2　熔炼规范

钢锭平均直径/mm	填充金属棒直径/mm	焊药牌号	电压/V	电流/A	渣池深度/mm	水温/℃
95	25	AH－348A	30～31	1000	40	50
95	25	ЭС－5	28～29	1000	40	50

电渣熔炼合金钢的实质是，通过2000℃的高温渣池，使各种铁合金的填充料熔化，合金元素过渡到普通碳钢中成为合金钢。所采用的焊药种类及性能很重要，以碱性焊药熔炼较适宜，也可采用 AH－348A、AH－22、AH－8 等牌号焊药。先期会用 AH－348A，后期采用自己熔炼的 ЭС－5 碱性焊药（CaF_2－CaO 渣系，CaF_2＝80%，CaO＝20%）。ЭС－5 碱性焊药能减少合金元素的烧损，并有强烈的去氧脱硫作用，能使金属含硫量降低5～6倍，对熔炼合金钢具有良好的效果。在试验过程中发现，碱性焊药电阻系数小，发热量较小，这是缺点。由表2可知，当两种焊药采用同样电流时，用碱性焊药熔炼时的电压降较少，这是由于碱性焊药发热量稍低的缘故。这样，焊接时间长了一些，因此在采用碱性焊药时焊接规范应大一些。

对填充钢棒直径的要求，一般是钢棒直径可为钢锭直径（水套直径）的1/3～1/4。试验选用电流密度为2～2.2A/mm^2。电流过小易夹渣，使钢锭外形不光滑。

3　试验结果及分析

3.1　化学成分

将炼出的高速钢经退火后（退火温度为860℃），转孔取样进行化学分析。表3为试验中某几次的化验结果。由表3得知，成分符合 ЭИ－290 要求。钢锭各部分合金元素的含量基本是均匀的。

表3　化学分析结果　（%）

序　号	取样部位	C	Cr	W	Mo	V
1	中心	0.83	6.21	2.79	2.53	1.36
	上部	1.03	6.00	2.79	2.55	1.71
	下部	1.12	5.97	2.75	2.51	1.66
2	中心	0.88	5.64	3.08	2.68	1.96
	上部	0.94	6.09	2.81	2.79	1.71
	中部	1.23	5.81	3.15	2.49	1.76
	下部	1.34	5.81	3.21	2.54	1.51
3	顶部	0.72	3.59	3.14	2.57	1.31
	中上部	1.01	4.17	4.03	3.00	1.73
	中下部	1.01	4.75	4.16	2.90	1.82
	底部	1.36	4.46	4.39	2.89	1.82
4	上部	1.04	4.31	4.70	3.65	1.836
	中部	0.965	3.93	4.15	3.55	1.498
	下部	1.13	3.94	4.30	3.37	1.69

通过数次试验得知，各合金元素过渡系数为：钼 0.7；钒 0.7；钨 0.7 ~ 0.8；铬 0.9 ~ 0.95。

合金元素的损失由搅拌和涂料时的损失以及熔炼过程中的损失两方面造成。各合金元素中以铬的过渡系数较大。钢锭中碳的分布尚不够均匀，底部含碳量偏高，可能由于铜套底部为石墨垫块，在熔炼过程中因渗碳而造成。

3.2 金相组织

图 5 是熔炼出的钢锭宏观组织，结晶具有从上至下的方向性，这就避免了一般铸造中所易产生的缺陷（如中间组织疏松、轴向晶间裂纹、元素偏析、缩孔等）。这种情况的出现，无疑也改善了热加工时的塑形。

图 6 是熔炼的高速钢显微组织。左面为高速钢经锻造后的显微组织，显示出了奥氏晶界，晶粒细小，基体为马氏体及残余奥氏体，晶界上尚残留初生碳化物共晶组织（细小莱氏体），表示锻造还不够完善。右面是另一次熔炼的高速钢经锻造、淬火及三次回火后的显微组织，基体是较粗的马氏体及残余奥氏体（白色），在某些部分基体上有少量细小的碳化物呈带状分布，但并不严重。

图 5　钢锭宏观组织

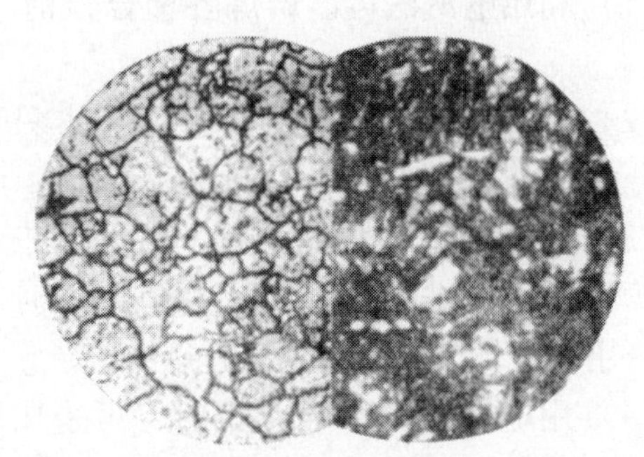

图 6　高速钢显微组织（×700）

3.3 锻造性能及热处理

为了检查熔炼的高速钢的切割性能，将铸锭（图 7）先在汽锤上锻成长条，再用手锤打成刀子或刀片，并经热处理及研磨。锻造及热处理规范见表 4。

图 7　铸锭

表4　锻造及热处理规范

锻造温度/℃	刀具淬火温度/℃	回　火	
		温度/℃	次　数
900～1100	1160～1200	570	3

3.4　刀具切割性能

将打成的各种刀具与 ЭИ－290 高速钢刀具进行切割性能的比较。切割性能及工艺指标均较同规格 ЭИ－290 的为高，详见表5。

表5　刀具切割性能比较

编　号	硬度（HRC）		走刀量 /mm	吃刀量 /mm	工件外径 /mm	转速 /（r·min⁻¹）
	淬火后	三次回火后				
ЭИ－290	58～60	62	≤0.3	≤3	—	—
试验－1	62～63	65	0.3～0.4	3	72	95
试验－2	63～64	67	0.34	3	80	118

4　结论

（1）利用电渣法可以熔炼各种合金钢。本试验炼出的高速钢成分均匀，切割性能良好。

（2）熔炼方法及设备较简单，成本只有一般高速钢的四分之一。

（3）如要熔炼较大的钢锭，可采用三相电源及三个金属棒料同时送进熔化。为了避免熔炼时石墨垫板的渗碳，可用水冷铜套代替（图8）。

（4）用电渣法熔炼合金钢时，可采用一般电渣焊焊药，如 AH－8、AH－348A 等，但以碱性渣系的焊药为佳，能提高合金钢质量。

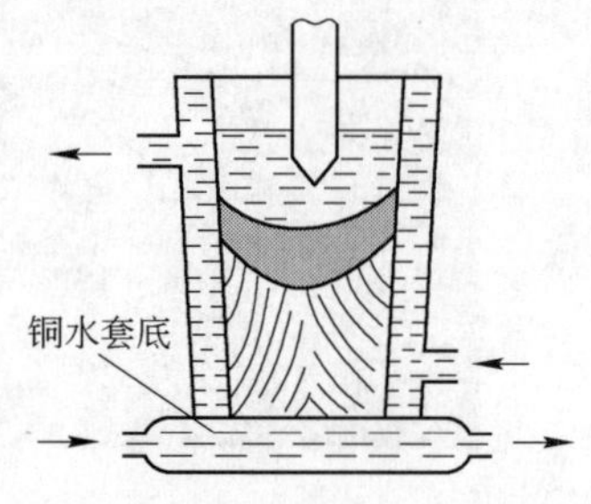

图8　铜水套底

参考文献

［1］Б. Б. Патон，Б. И. Медовер. Элсктрошлаковый переплав сталей и сплавов в медном водаохлаждаемон кристаллизаторе［J］. Автоматическая сварка，1958，（11）.

［2］Руководство ло злектрошлаковой сварке Машгиз，1956.

［3］Ю. А. Стребоген，Ю. В. Латам，Б. И. Медовар. Обессеривание сварочной ванны при электродуговойиэлектрошлаковой сварке［J］. Автоматическая сварка，1957，（4）.

［4］Влияние состава шлака на плавление электрода больщого сечения при электрода больщого сечения при электрошлаковсм процессе［J］. Автоматическая свсрка，1958，（12）.

电渣重熔滚珠轴承钢工艺参数对去除夹杂物的影响*

现代工业的发展，对轴承要求日益严格，为了保证轴承在高速、高负荷条件下工作，要求轴承材料具有良好抗疲劳性能及耐磨性能。

直接关系着轴承的抗疲劳性和耐磨性的是钢材的纯度，以及粗细的均匀性。文献［1，2］证实钢中非金属夹杂物的聚集是导致疲劳破坏的根源，特别是氧化铝、氮化钛等脆性夹杂物，所以控制轴承材料夹杂物是保证轴承质量的关键，近代精密轴承要求氧化物、硅酸盐，按 Diergarten 评级法不超过 0.5 级。

显然上述要求，已非一般冶炼方法所能满足。今年国内外冶金工作者试图通过电渣重熔途径解决精密轴承的生产问题[3~5]，取得一定的成果，但问题仍未能完全解决。苏联电渣重熔的滚珠轴承钢ⅢX15，仍出现大于 15μm 的球状夹杂物[5~7]。国内电渣滚珠轴承钢在使用上耐磨性能较差，同时还存在链状分布的夹杂物[8]。

为了进一步探索提高电渣重熔滚珠轴承钢质量的新途径，我们就电渣重熔夹杂物去除过程进行了研究，查明电渣提纯主要发生阶段，并以此为依据研究了不同渣系、电制度、电极冶炼终脱氧制度，并在此基础上提出合理工艺，经生产考验效果良好。

1 实验所用的设备及条件

我们的实验是在两种炉子上进行的。炉子的特点及实验条件如下：

（1）20kg 小型电渣炉

HG－1000 电渣焊机改装。变压器容量为 160kV·A。

工艺制度：自耗电极 ϕ20mm×2　　结晶器 ϕ100mm

渣系 MgO 3%＋CaO 5%＋Al_2O_3 32%＋CaF_2 60%　　重 1.5kg

冷却水温 60～70℃　　电流 800～900A

电压 40～42V

（2）500kg 工业电渣炉

设备型式：双电极送进机构交替工作，连续抽锭式。

变压器容量：240kV·A。

工艺制度：结晶器 ϕ240mm　　自耗电极 ϕ85mm

电流 3000～4500A　　电压 45～55V

渣重 19kg　　冷却水温 60℃

* 本文合作者：李谊大、叶耀武、宋志昌。原发表于《钢铁》，1966，（1）：20～24。

2 实验结果与讨论

2.1 电渣重熔的提纯过程

探明电渣重熔构成提纯作用的原因及其发生过程，对我们制定电渣重熔工艺、改进电渣钢质量具有重要意义，为此我们首先就这个问题进行了研究。

关于电渣提纯的机理，观点还不统一。Ю. В. Латам、Б. И. Медовар[5,9] 等认为，电渣重熔夹杂物去除主要是自金属熔池的浮升。W. Richling、И. А. Гаревский[10,11] 等认为，夹杂物的去除是熔滴自电极末端向金属熔池过渡过程的渣洗作用。В. В. Панип[1,2] 实验证明电渣重熔去硫过程主要发生在电极熔化末端。

为了探明这一过程的实质，我们进行了实验，首先对电极熔化末端进行分析，按实验条件（1）进行了冶炼，通入氩气保护，然后突然停电，将电极迅速提出渣面，冷却后，用阳极切割机自中心沿纵向切开电极熔化末端，用 Oberhoffer 试剂腐蚀显示出熔化部分铸态结晶区，划出熔化及未熔化区分界线，对全部视场中的非金属夹杂物进行分析，用较 ϕ20mm 自耗电极放大 20 倍的纸将全部非金属夹杂物实录下来，计算出熔化区、未熔化区单位面积夹杂物面积（$\mu m^2/mm^2$）及单位面积夹杂数量（个/mm^2）。其结果见表 1、图 1 及图 2。

表 1　单位面积夹杂物数量和面积

编号	单位面积夹杂物数量/（个·mm^{-2}）			单位面积夹杂物面积/（$\mu m^2 \cdot mm^{-2}$）		
	未熔化区	熔化区	变化率/%	未熔化区	熔化区	变化率/%
No. 1	4. 576	2. 909	-36. 6	0. 7385	0. 3013	-59. 3
No. 2	2. 959	1. 301	-56	0. 488	0. 1934	-64. 6
No. 3				0. 630	0. 170	-73. 0
No. 4	6. 631	2. 047	-69	0. 937	0. 281	-70
No. 5	3. 175	1. 40	-43	0. 891	0. 117	-86. 6
No. 6	5. 071	2. 301	-54. 6	1. 104	0. 203	-81. 6
平　均			-51. 7			-72. 5

由表 1 可见，在电渣过程中，在电极熔化末端阶段，夹杂物总量的 72. 5% 已去除，而一般电渣重熔夹杂物去除率仅在 40% ~80%，由此可见提纯主要发生在电极末端。

为了验证金属熔池中夹杂物浮升对提纯的影响，我们改变了结晶器尺寸获得不同的结晶速度，进行分析对比，结果见表 2。

由表 2 可见，随着钢锭结晶速度的减慢，钢锭中的氧化物、硫化物夹杂没有改善，仅点状硅酸盐夹杂物评级有所降低。所以我们认为，夹杂物自金属熔池的浮升不是去除的主要过程，但元素在熔池中氧化而新生成的夹杂物，特别是其中的硅酸盐类大尺寸夹杂物去除的途径仍是靠浮升。

电极熔化末端去除夹杂物的物理化学条件最好，我们认为是由于下列几个因素造成的：

（1）在电极熔化末端熔滴形成过程钢渣作用最充分。在电极末端锥体逐渐消熔的过程中几乎任何一部分金属都有机会和渣相接触，任何一部分夹杂物都有可能暴露到表面，便于熔渣吸收。

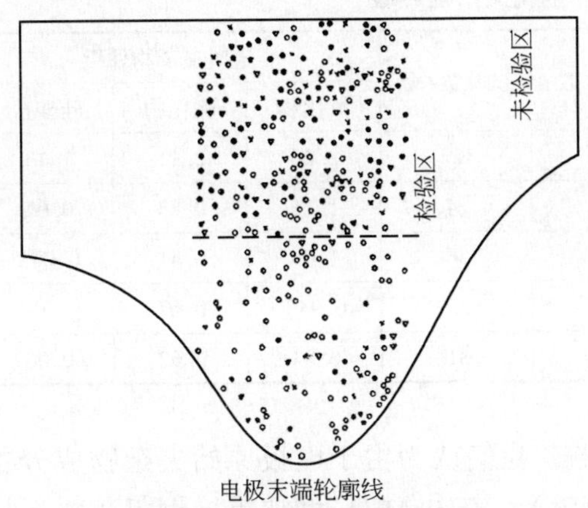

图 1　电极末端夹杂物分布图

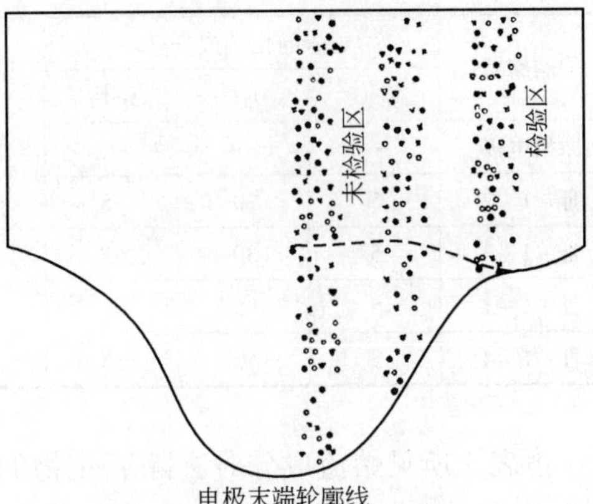

图 2　电极末端夹杂物分布图

表 2　非金属夹杂物评级

炉　号	铸锭结晶速度 /(m·h⁻¹)	试片数/个	非金属夹杂物的评级		
			氧化物	硫化物	硅酸盐
2-96	0.172	17	1.03	0.5	0.0294
2-106	0.48	17	0.65	0.5	0.1157

(2) 在电极熔化末端熔滴形成的时间虽不及熔池存在时间长，但仍然比熔滴过渡时间长。我们用示波器测得在电极熔化末端熔滴形成过程一般为 0.23 ~0.37s，而熔滴通过渣池时间，按黏滞液体自由落体中公式计算为 0.08 ~0.11s。

(3) 电极熔化末端温度最高，我们用钨—钼热电偶测得电极端头附近温度在 1810 ~1840℃左右。

(4) 电极熔化端头部分首先和熔渣作用，原始夹杂含量最高。

至于夹杂物为炉渣所吸收的过程，起决定性作用的一个环节可能是炉渣对夹杂物的吸附。一般来说，钢液和夹杂物之间界面张力 $\sigma_{渣—夹杂}$越大，炉渣和夹杂物之间界面张力 $\sigma_{渣—夹杂}$越小，夹杂物越易为炉渣所吸附。

在我们的研究条件下，钢液是固定的滚珠钢，所以为了促进夹杂进入熔渣，只能从改变冶炼渣成分，改变电极原始夹杂物性质种类，改善钢渣接触条件着手。

2.2　熔渣成分对去除夹杂物的影响

在实验过程中，我们曾选择 4 种渣系进行实验，对原始电极及重熔金属取样，进行夹杂物评级对比。

采用 4 种渣系进行电渣重熔，非金属夹杂物评级普遍下降，其中Ⅲ -1 -1 号渣 $CaO-Al_2O_3-CaF_2$ 最佳，为此我们又进行调整，实验结果见表 3。由表 3 可见，随渣中 Al_2O_3 增加，氧化物、硫化物评级都依次下降。

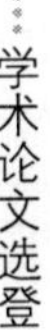

表 3　电渣重熔后的非金属夹杂物评级

炉渣编号	炉渣的化学成分/%			试验炉数	试片数/个	非金属夹杂物评级		
	CaO	Al_2O_3	CaF_2			氧化物	硫化物	硅酸盐
原始电极	—	—	—	7	122	2.26	2.11	1.13
Ⅲ-1-2	5	20	75	3	24	1.21	0.83	0.04
Ⅲ-1-3	5	30	65	1	56	1.09	0.41	0.083
Ⅲ-1-1	5	35	60	10	59	0.946	0.67	0.047
Ⅲ-1-4	5	40	55	4	31	0.84	0.62	0.06

由表 3 所见熔渣成分对去除氧化物的影响，我们认为由于电极原始夹杂物成分主要是 Al_2O_3（$Al_2O_3$61% + $SiO_2$4.8% + FeO 7.1%），渣中 Al_2O_3 增加重熔钢氧化物平均评级下降，是否可以认为这是由于渣中 Al_2O_3 增加，使钢中夹杂物和炉渣界面张力减少，故有利于炉渣对夹杂的“吸着作用”。此外 Al_2O_3 增加，炉渣电阻增加，使渣温上升，对去除夹杂物动力学条件也有利。熔渣Ⅲ-4-1 脱硫效果最好，主要是渣中含 CaC_2，增加了熔渣还原性。

2.3　电规范对去除夹杂物的影响

我们有目的地调整了熔炼电规范，观测其对去除夹杂物的影响，结果见表 4。

由表 4 可见，在选择的任何电规范条件下重熔，氧化物评级普遍下降。随着电流的增加和电压的降低，氧化物评级下降更为显著。这种现象是无法用夹杂物自熔池浮升的观点加以解释的，因为已经证实[7]：随电渣重熔电流的增加和电压的降低，金属熔池形状趋向深凹，可以设想势必不利于浮升。此外，电流增大（在电压不变情况下），自耗电极熔化速度加快，即意味着钢锭结晶速度加快，自然也不利于浮升。

表 4　熔炼电规范对氧化物评级的影响

编　号	熔炼电规范		试验炉数	检验试片数/个	氧化物夹杂评级	电极锥头表面积/mm^2
	电流/A	电压/V				
Э-1	3000	50	59	555	1.48	7650
Э-2	3500	55	12	108	1.54	7500
Э-3	3500	50	41	402	1.08	9640
Э-4	3000	45	3	28	1.01	10640
Э-5	3500	45	10	94	0.946	11650
Э-6	4000	45	26	78	0.68	12900
Э-7	4500	45	5	—	—	14820
原　始	—	—	7	122	2.26	—

实验还使用了八线示波器，发现尽管随电流的增加熔滴过渡频率增加，但随电流、电压的增加，电极熔化速度也增加，两种因素相抵消，所以熔滴尺寸、熔滴和熔渣接触的比面积几乎不变，如图 3 及图 4 所示。可见上述结果，用熔滴过渡渣洗是去除夹杂的主要过程，这一观点也是无法解释的。

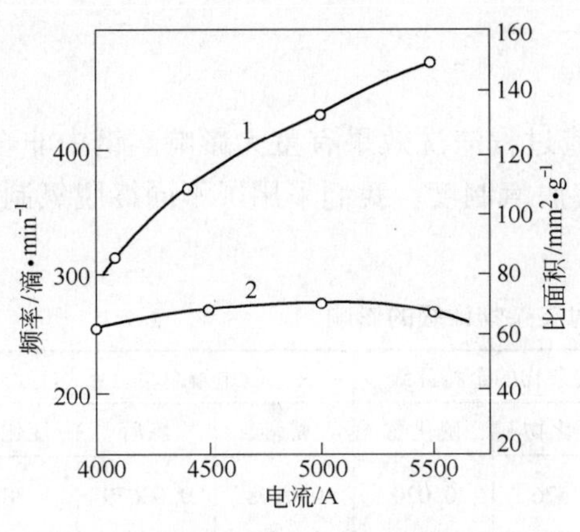

图 3 电流和熔滴过渡频率及熔滴比面积的关系（电压 50V）
1—频率曲线；2—比面积曲线

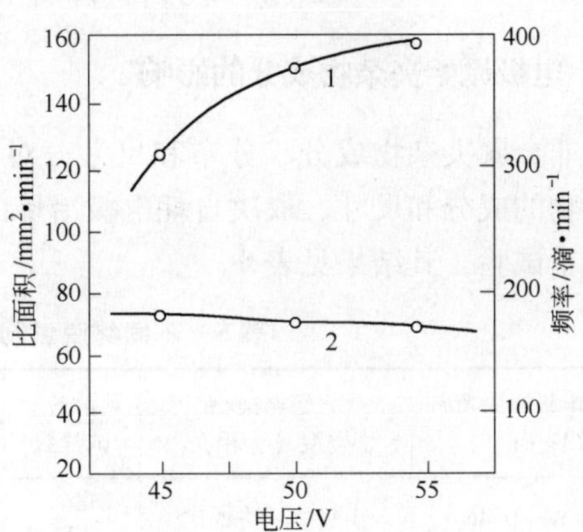

图 4 电压和熔滴过渡频率及熔滴比面积的关系（电流 4500A）
1—频率曲线；2—比面积曲线

我们统计实验结果中发现了一个明显的规律，即随电流的增加，电压的降低，电极浸在渣池中的锥头面积发生显著增加，同时氧化物评级也显著下降（见图 5 ~ 图 7）。这一结果和电极熔化末端渣洗是去除夹杂物主要过程的论点是相符合的。当然也不能推荐过度增大电极插入深度，否则会造成短路、电渣过程不稳定等现象。实验证实，当电极周边插入熔渣的深度（见图 8）在 10mm 左右，是相宜的。

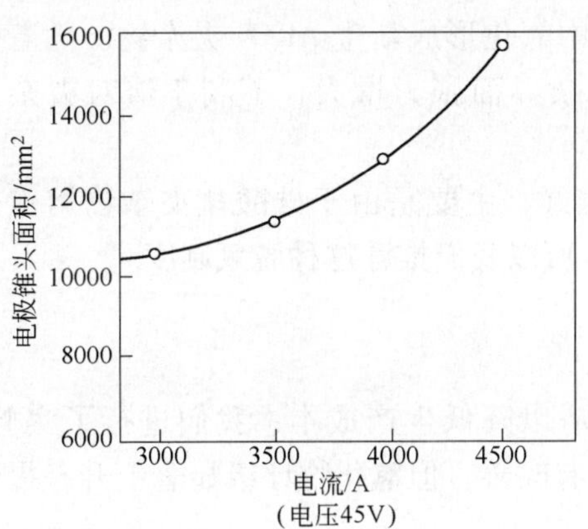

图 5 电流和电极锥头表面积关系

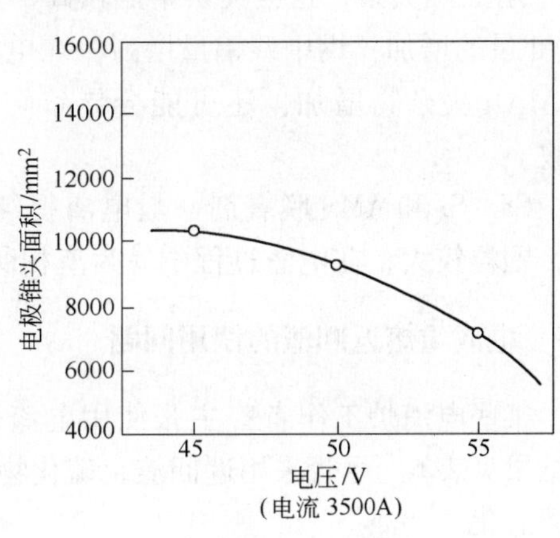

图 6 电压和电极锥头表面积关系

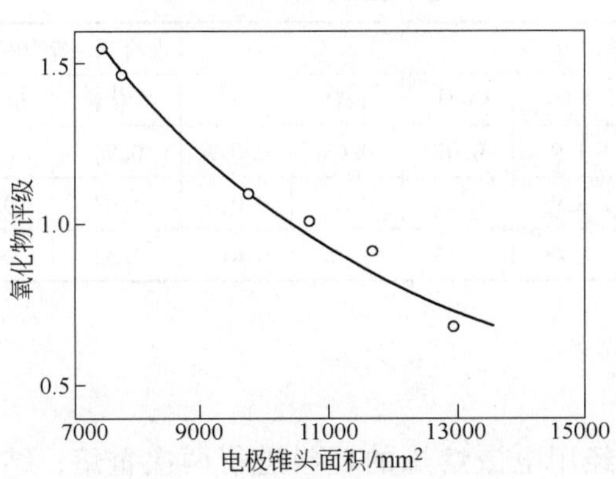

图 7 电极锥头面积和氧化物评级的关系

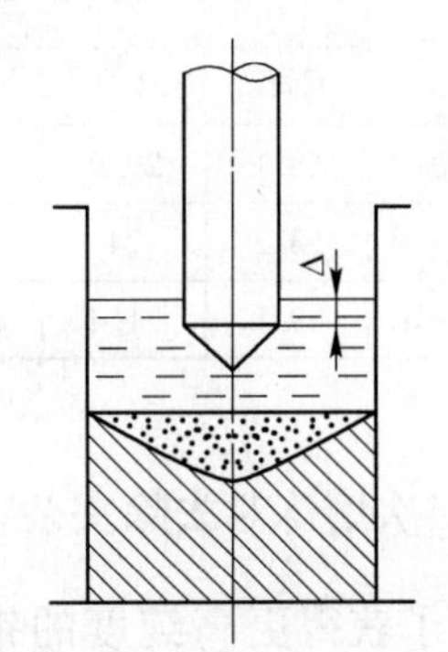

图 8 电极熔炼电极插入深度

2.4 电极原始夹杂物成分的影响

非金属夹杂物成分、分布和尺寸，对电渣过程渣洗效果有重大影响。钢中非金属夹杂物的成分和尺寸，取决自耗电极冶炼的终脱氧制度。我们采用了不同终脱氧制度，进行了试验，其结果见表5。

表5 不同终脱氧制度时夹杂物评级的影响

自耗电极终脱氧剂 /(kg·t^{-1})	原始夹杂物类型（金相）	炉数/试片数	夹杂物的金相评级		夹杂物电解总量（平均）/%		
			氧化物	硫化物	炼前	炼后	变化率
加Al 0.46	铝酸盐+铬铁矿	46/180	0.576	0.020	0.0108	0.00679	-38%
加Al 0.78	铝酸盐为主	17/75	0.680	0.020	—	—	—
加Al 1	铝酸盐+刚玉	12/60	0.962	0.020	0.011	0.0099	-10%
AMS 10	铝硅酸盐+锰橄榄石	26/92	0.783	0.022	0.0099	0.00553	-42%
Ca-Si 1	钙硅酸盐	3/45	0.643	0.018	0.013	0.0053	-59%

由表5可见，随终脱氧用Al量增加，氧化物评级增高，这可能是由于形成氧化铝（α-刚玉）夹杂，这类夹杂熔点较高，质点较小，不易为熔渣所吸收，同时随终脱氧插Al量的增加，钢中残铝量增高，在电渣过程中氧化形成新生Al_2O_3夹杂物。随着钢中Al_2O_3夹杂物增加，还可能会导致炉渣和夹杂界面张力增大，不利于渣对夹杂的吸收。

Ca-Si和AMS脱氧剂一般电渣提纯效果较好，主要是由于硅酸盐夹杂物熔点较低，颗粒较大，在电渣过程中易为渣相所吸收，所以我们推荐这种脱氧制度。

2.5 电渣重熔返回渣的使用问题

某些电渣炉工作者曾主张使用电渣炉返回渣以降低生产成本，我们进行了实验，其结果见表6。尽管采用返回渣，硫化物夹杂略有改善，但氧化物评级显著上升，提纯效果恶化。

表6 使用电渣炉返回渣对夹杂物评级的影响

使用次数	炉渣的化学成分/%								非金属夹杂物的评级	
	CaF_2	Al_2O_3	CaO	MnO	SiO_2	Cr_2O_3	FeO	S	氧化物	硫化物
经一次使用	58.1	29.9	10.03	0.29	1.9	0.07	0.68	0.017	0.94	0.66
经二次使用	53.2	24	16.03	0.37	4.9	0.09	0.81	0.010	1.07	0.37
经三次使用	49.1	21.4	19.11	0.86	7.73	0.13	1.16	0.010	1.32	0.42

2.6 二次熔炼对去除夹杂物的影响

为了获得更高纯度的钢材，我们曾经用电渣熔炼的坯料进行两次重熔，结果见表7。

表 7　二次重熔对夹杂物评级的影响

重熔次数	炉渣的成分/%			试片数/个	非金属夹杂物的评级			夹杂物总量/%
	CaO	Al_2O_3	CaF_2		氧化物	硫化物	硅酸盐	
一次重熔	5	35	60	9	0.64	0.66	0	0.00491
二次重熔	5	35	60	17	0.67	0.54	0.13	0.0059
三次重熔	20		80	19	0.69	0.41	0.07	0.0053

由表 7 可见，二次重熔对于电渣钢氧化物夹杂未获改善，这可能是当钢中夹杂物降到一定限度，即氧化物 0.5 级左右，夹杂物总量 0.005% 左右，冶炼提纯过程趋向平衡。

3　结论

（1）电渣重熔滚珠轴承钢中非金属夹杂物的去除，按具体冶金条件分析，在电极熔化末端、熔滴过渡、金属熔池三区都存在，而以电极熔化末端熔滴形成过程为主。

（2）对于电渣重熔滚珠轴承钢，渣系选择以 $CaO-Al_2O_3-CaF_2$ 渣系为基础，适当提高 Al_2O_3 含量可以进一步加强电渣提纯效果。

（3）电流、电压的选择以保证一定电极插入深度和一定的电极熔化末端锥头面积为原则。

（4）自耗电极原始夹杂物成分对电渣精炼提纯效果有重大影响，使用 Ca－Si、AMS 脱氧剂，能形成低熔点，大颗粒原始夹杂物，在重熔过程更易为渣相所吸收。

（5）使用返回渣电渣重熔对去除氧化物夹杂不利。

（6）当金属夹杂物已降到一定限度，即使多次重熔，其夹杂物含量也没有变化，这一限度一般在夹杂物总量 0.005% 左右。

参 考 文 献

[1] E. E. Thomas. Metal Progress, 1963, 84 (2): 88～91.

[2] R. F. Jofnos, J. F. Sewell. Journal of Iron and Steel Institute, 1960, 96 (4): 411～414.

[3] 李正邦，高亚光．电渣冶炼在我国的发展，1963 年 7 月．

[4] Ivo Peterman, Ivan Kaoik. Hutnicke Listy, 1960, (11): 837～851.

[5] Б. И. Медовар, Ю. В. Латащ и др.. Элетрощлаковый переплав, Металлургиэдлт, 1963.

[6] А. Ф. Трегубенко, В. Г. Спранский. Автоматическая сварка, 1954, (4).

[7] С. А. Лейбензон, А. Ф. Трегубенко. Проивводствостали методом электрощпакового переплава, Металлугиэдат, 1962.

[8] 大连钢厂．生产技术动态，1964，(10).

[9] Ю. В. Латащ. Б. И. Медовар. Автоматическая сварка. (9).

[10] W. Richling. Neue Hutte, 1961, (9).

[11] И. А. Гаревский, Ю. А. Щулье. Сталь, 1962, (1).

[12] В. В. Панин. Металлугия и горне дело, 1963, (6).

电渣重熔去除夹杂的机理*

在现代电冶金中，电渣重熔是有效地去除钢中非金属夹杂物主要手段之一。但电渣重熔去除夹杂物机理的研究还存在着分歧。电渣重熔有三个阶段：（1）电极端头熔滴形成期；（2）熔滴滴落穿过渣池阶段；（3）铸锭顶端液态金属熔池凝固阶段。为了查明哪一阶段是精炼主要阶段，我们制取了自耗电极原始金属；电极端头金属熔化薄膜，渣池中的金属熔滴及凝固铸锭金属试样。用金相法、化学分析法及放射性同位素（$Zr^{95}O_2$）方法测定各阶段提纯效果及夹杂物去向。研究得出结论：电渣重熔去除钢中非金属夹杂物主要发生在电极熔化端头。上述结论在工业试验中得到进一步验证。

1 前言

电渣重熔净化金属、特别是显著去除非金属夹杂物已是公认的事实，但对其机理，各研究者持有不同观点。电渣重熔过程大致分三个阶段：（1）在自耗电极末端金属熔化聚集成滴；（2）金属熔滴脱离电极落下，穿过渣池；（3）落下的金属熔滴在铸锭上端形成金属熔池（见图1）。查明哪一阶段是提纯净化的主要过程，可为合理制定电渣重熔工艺提供可靠的科学根据。

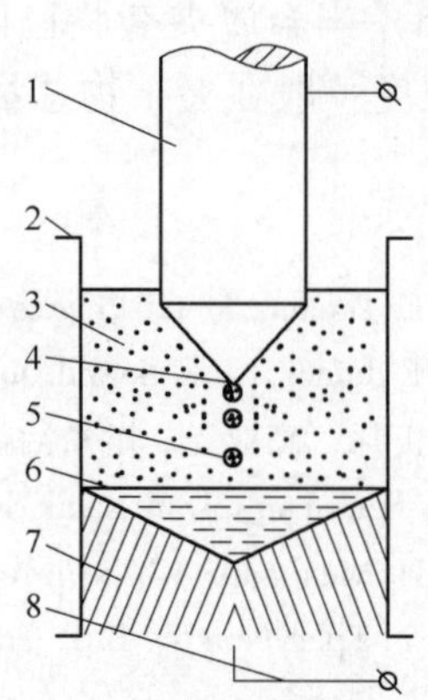

图1 电渣重熔示意图

1—自耗电极；2—结晶器；3—渣池；4—电极末端；5—金属熔滴；6—金属熔池；7—铸锭；8—接电源

苏联 Ю. В. Латаш[1]和日本真殿统[2]认为，电渣重熔去除夹杂物的主要原因是夹杂物自金属熔池浮升进入渣池。他们引用 Stokes 公式来说明，主张减慢重熔速度以保证质量。这一观点被美国 G. K. Bhat[15]和英国 G. Hoyle[16]加以引用。另外苏联 И. А. Гаревский[3]、民主德国 W. Richling[4]等认为电渣重熔去除夹杂作用主要发生在熔滴穿过渣池阶段，主张细化熔滴。联邦德国 T. El. Gammal[17]、日本长谷川正义[18]甚至研究电流变频细化熔滴。我国电渣工作者曾乐、李正邦等早在 1961 年就提出电渣重熔去除非金属夹杂物主要发生在电极熔化末端熔滴形成阶段[5]，他们以金相法统计电极末端熔化区，以及铸锭中夹杂物面积及单位面积夹杂物个数为基础得出结论。随后，我国朱觉、傅杰截取出重熔过程中的金属熔滴，进一步完善了这一论点[6]。苏联 Г. А. Вачугова[12]、瑞典 O. Jarleborg[8]等的研究工作进一步证实此观点，而研究方法也同样是采用金相统计夹杂物方法，这些方法不够精确之处是自耗电极端头熔化区、金属熔滴及金属熔池试样被制取后在速冷情况下，试样金属中含过饱和的[O]。作者在复验上述试验结果时，将速冷试样经高温退火（1050℃保温 3h）再进行

* 本文合作者：周文辉、李谊大。原发表于《钢铁》，1980，15（1）：20～26。

非金属夹杂物金相定量，发现其含量比未退火试样高13.7%。

近年B. M. Дъяконов[10]用数学模型方法研究电渣过程液态金属层中夹杂物的去除；W. Thomas用数学模型研究电极端头形状对电渣重熔热过程的影响[22]；B. Л. Шевцов对电渣重熔过程电极端头熔化薄层温度做了估定[23]；J. P. Hajra从热力学及动力学观点探讨了夹杂物在电极末端钢渣界面排向渣相的条件[7]。这些研究都有助于我们进一步探明电渣重熔去夹杂机理。为了进一步较精确地查明电渣重熔去除非金属夹杂物主要发生阶段及机理，本研究进行了以下三部分试验：

Ⅰ. 测定了电渣重熔三阶段——电极熔化末端、熔滴转移及金属熔池的钢——渣接触比面积和其作用时间。对电极熔化末端，熔滴转移及金属熔池的试样经长时间退火处理，使夹杂物充分析出，消除文献［5］、［6］、［12］试验方法上的缺陷，并辅以钢中［O］、［S］含量变化的分析。

Ⅱ. 采用具有较高灵敏度的放射性指示剂研究电渣重熔过程，测定以$Zr^{95}O_2$为代表的氧化物夹杂在电渣重熔过程中的去向。

Ⅲ. 在工业电渣炉上进行验证试验。

2　试验条件及结果

2.1　第一部分试验

2.1.1　试验条件

冶炼设备：50kg电渣炉。变压器容量100kV·A。

重熔工艺：自耗电极为ϕ50mm×1700mm的GCr15钢（电炉冶炼，终脱氧制度加Al量1kg/t）。使用$CaF_2$70%+$Al_2O_3$30%渣料2.5kg，液渣引燃。冶炼电流2000A，工作电压37V，冷却水温小于等于45℃。

分析方法：在显微镜下放大100倍，进行非金属夹杂物金相定量，借助目镜测微计测量夹杂物直径。线状夹杂物忽略圆钝的两端，按长方形计算，每个试样观测10个视场，取平均值。金属和夹杂物质量比近似取3。用真空熔融测定法进行气体分析。

2.1.2　试验结果

2.1.2.1　三阶段冶金条件对比

用SC－Ⅰ八线示波器测出熔滴过渡频率（滴/s）。再根据熔化速度（g/s）算出滴重及钢渣接触比面积（mm^2/g）。电极熔化末端，在氩气保护下停电快速提升，实测得表面积。从熔滴滴落频率推算出熔滴形成时间。金属熔池形状用硫印法测定。按流体力学关于液态介质中下落粒子的重力，下落速度及黏滞力平衡概念列出的公式计算液滴下落速度ω（cm/s），再推算滴落时间。

$$g(\rho_1-\rho_2)\frac{\pi d^3}{6}-\varepsilon\frac{\pi d^2}{4}\cdot\rho_2\frac{\omega^2}{2}=\rho_1\frac{\pi d^3}{6}\cdot\frac{\mathrm{d}\omega}{\mathrm{d}t}$$

式中　g——重力加速度；

ρ_1——金属密度；

ρ_2——渣的密度；

d——熔滴直径；

ω——下落速度；

ε——阻力系数。

测试及计算结果见表1。

表1　三阶段冶金条件

部　位	钢渣接触界面积/mm^2	钢渣重/g	比面积/($mm^2 \cdot g^{-1}$)	作用时间/s
电极熔化端头	2780	3.15	880	0.257
熔滴	272	3.15	86.4	0.113
金属熔池	11300	2420	4.6	198

2.1.2.2　三阶段提纯净化效果对比（见表2）

表2　三阶段提纯净化效果对比

部位＼项目	夹杂物金相定量			钢中含氧量		钢中含硫量	
	试样数	视场数	含量/%	试样数	含量/%	试样数	含量/%
原始电极	3	30	0.01830	3	0.0063	3	0.032
电极端头滴①	3	30	0.00590	2	0.0033	3	0.013
渣池中的熔滴	6	60	0.00434	6	0.0024	6	0.010
金属熔池	6	60	0.00411	6	0.0021	6	0.009

① 电极端头钢中含氧量、含硫量试样为小勺接取刚脱落的滴。电极端头金相试样为未脱落滴。用 Obenhoffer 试剂浸蚀电极末端显示出熔化区。夹杂物金相定量试样经1050℃退火。

2.2　第二部分试验

利用放射性同位素研究重熔过程的提纯净化。

2.2.1　试验条件

设备与前同。电极材料分别为10kg感应炉熔炼的硅钢（C 0.10%，Si 1.0%）及轴承钢（GCr15）。出钢前将1.5g金属Zr^{95}（比放射性强度为5mCi/g）以脱氧剂形式加入8kg钢水中，形成$Zr^{95}O_2$为代表的氧化物夹杂，铸成电极。重熔采用$Al_2O_3$30%＋$CaF_2$70%渣系，重熔工艺参数见表3。

表3　重熔工艺参数

炉　号	几何尺寸/mm		渣量/kg	引燃方法	电制度		冷却水出口温度/℃
	结晶器	电极			电流/A	电压/V	
73	ϕ120	ϕ40	2.5	液渣法	1600	40	<45
74	ϕ120	ϕ40	2.5	液渣法	1600	40	<45
75	ϕ74	ϕ40	1.0	液渣法	1000	34	<45

2.2.2　试验方法及结果

（1）测定钢中$Zr^{95}O_2$夹杂物被渣吸收过程。

从重熔开始后间隔一定时间蘸取渣样，测定其放射性强度。渣中$Zr^{95}O_2$随重熔进程变化关系如表4和图2所示。

由于Zr^{95}同时放射β和γ射线，表4、图2为经0.2mm铝片过滤后钟罩形薄窗β和计数管测定结果。实测中装入量大大超过饱和量（装入量大于400mg，饱和量为60mg），所测计数与装入量无关，仅由渣中的$Zr^{95}O_2$的比强度而定。

表4　渣中放射性强度随时间的变化关系

分子——放射强度，脉冲/min；分母——取样时间，分：秒

炉号＼次序	1	2	3	4	5	6	7	8	9	10	11	12	13
73	757/0	3089/1′50″	4605/3′15″	5797/4′34″	7544/6′40″	8172/8′15″	8328/9′35″	8944/10′10″					
74	1035/0	2364/1′30″	3703/3′40″	5099/6′20″	6245/8′25″	6739/9′55″	6824/10′25″	7250/11′30″					
75	1354/0	2257/1′30″	3005/2′50″	3711/4′30″	4370/6′	5257/7′35″	5353/9′	5631/10′35″	6677/12′35″	7355/14′35″	7891/16′45″	8217/19′	8594/19′40″

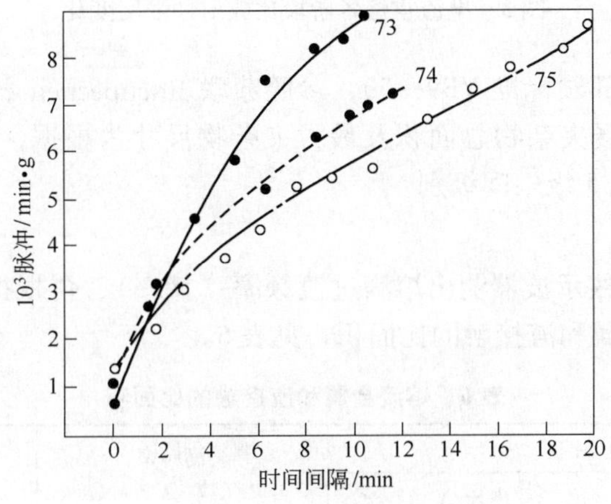

图2　渣中放射性强度随时间变化关系

（2）采用电解法分离夹杂物，测量其放射性强度，以研究电渣重熔过程各阶段钢中 $Zr^{95}O_2$ 夹杂变化规律。沉淀物经处理后的结果列于表5和图3。

表5　电解分离夹杂物的放射性测量

测定项目＼部位	原始电极	电极末端熔滴	金属熔池	重熔钢锭 头	重熔钢锭 中	重熔钢锭 尾
电解金属重量/g	20.9119	5.7921	5.6205	21.414	21.4477	21.4392
沉淀总量/g	1.675	0.4073	0.1212	2.4473	2.4859	2.4675
实测沉淀重量/g	0.0386	0.0323	0.0297	0.0388	0.0402	0.0378
实测沉淀放射性强度/（脉冲·min^{-1}）	1275	525	559	97	91	88
比放射性强度/（脉冲·min^{-1}·g^{-1}）	2650	1147	405	285	264	268

2.3　第三部分工业试验

2.3.1　试验条件

冶炼设备：500kg 双支臂电极交替连续抽锭式，变压器容量为350kV·A。

基本工艺：电极尺寸为 ϕ85mm×1.5m，结晶器内径为240mm，高为400mm。钢种为GCr15。采用 $CaF_2$60% + $Al_2O_3$35% + CaO5% 渣系，渣池深140mm。冷却水出口温度为45～60℃。连续抽锭，锭重420kg。

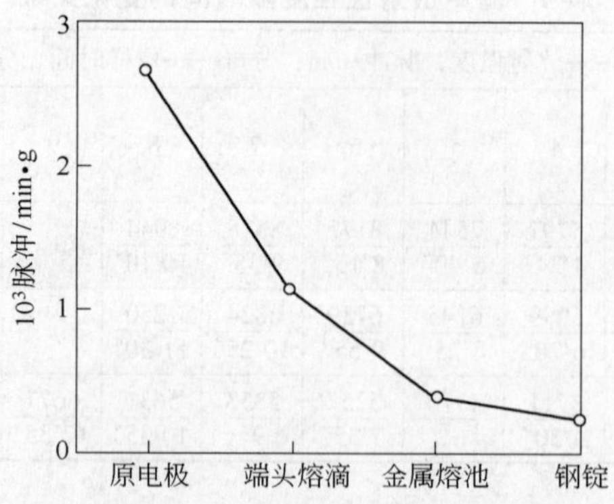

图3 电渣重熔各阶段比放射性强度变化

检验方法：根据部颁标准 YB9—59，参照苏联 Днепреспеп сталъ 工厂提出的电渣钢标准，以最严重视场夹杂物总面积及最大夹杂物尺寸为根据，对我国部颁标准补充了0.5级、1.5级、2.5级中间级别。

2.3.2 试验结果

(1) 用 SC－I 八线示波器测出熔滴过渡频率（滴/s），再根据熔化率（g/s）算出滴重，换算出熔滴金属和渣接触的比面积，见表6。

表6 熔滴金属和渣接触的比面积

冶炼电制度		熔滴频率/(滴·s^{-1})	比面积/($mm^2·g^{-1}$)
电流/A	电压/V		
4000	50	5.1	45.2
4500	50	6.8	47.09
5000	50	7.4 及 8.2	48 及 52.3
5500	50	8.8	50
4500	45	5	45.01
4500	50	6.8	47.09
4500	55	8.4	50

(2) 测定熔化速度及电极锥头表面积变化对电渣重熔去夹杂净化的影响。调节重熔电规范获得不同的重熔速度及不同的电极锥头表面积，结果见表7及图4。

表7 不同电规范对氧化物评级的影响

重熔电规范		熔化速度/(kg·min^{-1})	电极锥头表面积/mm^2	氧化物夹杂金相评级		
电流/A	电压/V			炉数	试样数	平均评级
3000	50	0.888	7650	59	555	1.48
3500	55	1.411	7500	12	108	1.546
3500	45	1.155	9640	41	402	1.08
3000	45	0.803	10640	3	28	1.01
3500	45	1.128	11650	10	94	0.946
4000	45	1.300	12900	8	64	0.537
4500	45	1.705	14820	5	—	

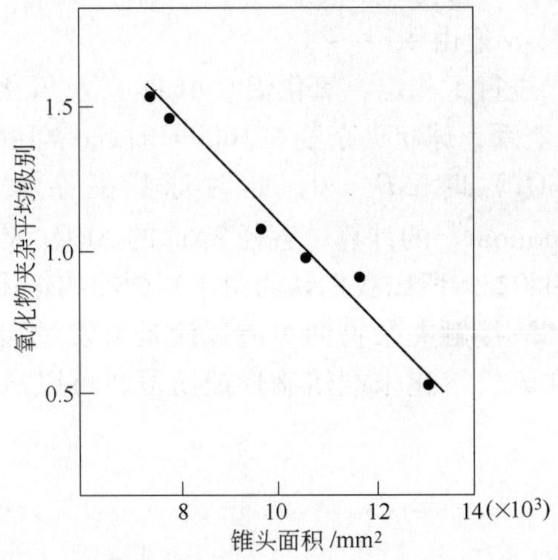

图 4　不同锥头面积对氧化物夹杂平均级别的影响

3　结果讨论

由表 2 可见电渣重熔过程电极端熔滴形成阶段去除氧化物夹杂占总去除量的 76%；去除氧占总去除量的 72%，脱硫占总去除量的 82.5%。这一现象在利用放射性同位素进行的实验中得到证实。由表 5 及图 3 可见，电极端头熔滴形成阶段去除 $Zr^{95}O_2$ 夹杂物约占总去除量的 2/3，其余 1/3 发生在以后两阶段。

综上所述，可得出结论：电渣重熔提纯净化作用主要发生在电极熔化末端熔滴形成阶段。这一论断可以由钢—渣反应物理化学条件得到解释。结合电渣重熔具体情况，从热力学观点分析一个球状夹杂物穿过钢—渣界面的条件。如图 5 所示，当球状夹杂物从金属向炉渣过渡无限小 Δh 时，具有 $\sigma_{金-夹}$ 界面张力的 $2\pi r\Delta S_1$，具有 $\sigma_{渣-夹}$ 界面张力的 $2\pi r\Delta S_2$ 表面消失，同时出现具有 $\sigma_{渣-夹}$ 界面张力的 $2\pi r\Delta S_1$ 表面，其相应自由能变化为：

$$\Delta E = (\sigma_{渣-夹} - \sigma_{金-夹})2\pi r\Delta S_1 - \sigma_{金-渣}2\pi r\Delta S_2$$

$$\therefore \Delta S_2 = \Delta S_1 \cos\alpha$$

代入得 $\Delta E = 2\pi r_1 \Delta S_1(\sigma_{渣-夹} - \sigma_{金-夹} - \sigma_{金-渣}\cos\alpha)$。

夹杂物向炉渣过渡的自发过程必须使 $\Delta F < 0$，则要求：

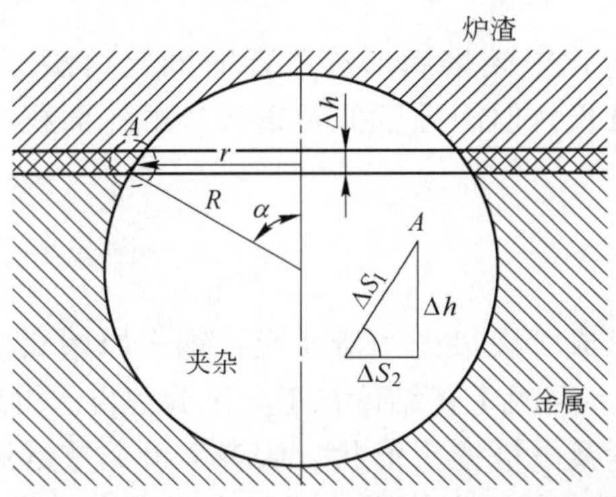

图 5　球形夹杂物在金属－炉渣界面上运动时表面能的变化

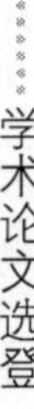

$$\sigma_{渣-夹} - \sigma_{金-夹} - \sigma_{金-渣}\cos\alpha < 0$$

α 从 0 变化到 180°，则 $\cos\alpha$ 值由 +1 ~ −1。

Д. Я. Поволоцкий[20] 进行了测定，氧化铝（Al_2O_3）及氧化硅（SiO_2）夹杂物，相应于 $CaF_2 - CaO - Al_2O_3$ 渣系，球状夹杂物在1600℃时，$\alpha = 144° \sim 156°$（对 Al_2O_3）及 $\alpha = 126° \sim 134°$（对 SiO_2）时 $\Delta E = 0$，此时球状夹杂大半已进入渣相。根据 A. Mitchell[21] 及 B. A. Воронов[19] 的计算，直径 2μm 的 Al_2O_3 夹杂物在 АНФ−6 渣中时（1518℃），溶解时间仅 0.02s。所以我们认为由于界面能的作用，加上炉渣对夹杂物的溶解，因此只有夹杂物和渣接触夹杂物向炉渣过渡是自发过程。是什么因素促使电渣重熔提纯净化主要发生在电极熔化末端熔滴形成阶段，可以从电渣重熔动力学条件加以分析。

3.1 转移距离短

自耗电极沿表面逐渐熔化，沿锥面形成薄膜，其厚度远比金属熔滴半径小，远比金属液态熔池深度小，其钢渣接触面积远比熔滴及金属熔池大，而且金属自耗电极在电渣重熔过程中逐层熔化，熔化金属再沿锥头滑移，可以大致认为，任何部分夹杂物都有可能和熔渣接触，和渣相进行反应。文献［8］及文献［9］，从电渣重熔炉渣吸收夹杂物的热力学分析得出结论，认为电渣重熔炉渣吸收夹杂物是自发过程；B. M. Дъяконов[10] 认为构成过程的限制环节，直接影响提纯净化效果的是夹杂物在液态金属内部通过紊流传递向钢渣界面转移，更有力地支持上述结论。

3.2 钢渣充分接触

由表 1 可以清楚地看到电极端头钢渣接触比面积是金属熔滴的 10.2 倍，是金属熔池的 191 倍。

3.3 反应温度高

在熔滴形成的末端，由于电磁引缩效应，在端头形成缩颈，端头电流密度最大，具有尖端放电特征，P. O. Mellberg[11] 测得渣池温度达 1825℃，D. A. R. Kay[14] 推测电极端头附近温度将达 1900 ~ 2000℃左右，由此可知该部位渣过热 700℃左右，钢过热 500℃左右，钢渣充分过热是促进反应的有利条件。

3.4 反应作用时间较长

电渣重熔过程电极熔化末端熔滴形成阶段时间比熔滴穿过渣池滴落时间长 2.27 倍。金属熔池存在时间虽长，但因温度低及钢渣接触比面积小、熔池深等抵消了这一有利因素。

3.5 反应最先进行

电极熔化末端熔滴形成阶段最先和渣反应，钢中原始夹杂物含量高，客观上有助于夹杂去除。由表 7、图 4 可见上述结论在工业试验中再次得到验证，试验调节重熔电规范获得不同的重熔速度及电极锥头形状，从表 7 可见重熔速度和重熔去除夹杂物效果无直接关系，而电极锥头面积直接影响重熔去除夹杂效果，几乎随锥头面积扩大，钢中氧化物评级的下降与其呈直线关系。反证了金属熔池浮升不是去除夹杂物主要因素，如表7中当重熔速度高达1.3kg/min时，氧化物夹杂平均级别反而最低。当然电规范的变化还会引起熔滴频率的变化，但因熔化速度也随之变化，对熔滴尺寸的影响往往相抵消，故熔滴尺寸，熔滴阶段钢渣反应比面积（mm^2/g）变化甚微，不足以对提纯效果发生实质性的影响，如表6所示。

综上所述，控制电极锥头形状是保证提纯净化效果的关键所在，实际生产中也往往以此为选择工艺参数的判据，有经验的电渣重熔工作者常以提升电极，观察锥头，判断重熔工艺是否正常。

由表4、图2可见，钢中非金属夹杂物去向是为炉渣所吸收，通称“渣洗”作用。对于引起渣洗的原因有不同观点，传统的观点是用界面能变化来解释这一现象[8,12]，新的观点认为还包括渣对夹杂物的溶解[13]及化学作用[14]，这些观点有待进一步深入研究。

4 结论

（1）电渣重熔在电极末端熔滴形成阶段、金属熔滴穿过渣池阶段及金属熔池阶段都具有提纯作用，但以电极熔化末端为主。

（2）电渣重熔电极末端锥头形状及表面积大小是选择合理工艺的判据。

（3）电渣重熔钢中非金属夹杂物的去向是为炉渣所吸收。构成吸收的机理是界面现象，还是同化溶解，还是电化学作用，有待进一步探明。

参考文献

[1] Латащ. Ю. В，Медовар Б. И. и др.，Автоматицеская сварка，1960，(9)：17~23.

[2] 真殿统，Second International Symposium on Electroslag Remelting Technology Symposium proceeding part，Pittsburgh，1969，Sep：23~25.

[3] Гаревскнх И. А.，Шулъте Ю. А. Сталъ，1962，(1)：39~42.

[4] Richling W.，Neue Hutte，1961：565~572.

[5] 李正邦等，钢铁，1966，(1)：20~24.

[6] 傅杰，钢铁学院研究生论文，1964，11.

[7] Hajra J. P.，J. Electrochem. Soc. India，1973，(2)：86~91.

[8] Jarleborg O.，Clean Steel，1，(1971)，54~65.

[9] 李正邦等，钢铁研究院论文集，GY-65-177.

[10] Дъяконов В. М.，Вацугон Г. А.，ИЗВ ВУЗ Черная Металлургия，1976，(4)：71~74.

[11] Mellberg P. O.，Proceedings of the fourth international Symposium on Electroslag Remelting Processes：13~25.

[12] Латащ Ю. В.，Медовар Б. И.，Электрошлаковий переплав，1970：31~37.

[13] Поволоций Д. Я.，ИЗВ ВУЗ Черная Металлургия，1976，(4)：71~74.

[14] Kay D. A. R.，Pomfret，R. J.，JISI，209 (1971)，12.

[15] Bhat G. K.，First international Symposium on electroslag Cosumable electrode Remelting and Casting technology，Pittsburgh，1967.

[16] Hoyle G.，‘Electroslag refining’ Bisra open rep，1966，MG/A/416/66.

[17] Gammal T. El.，Proceedings of the fourth international Symposium on ESR Processes：45~54.

[18] 长谷川正義，鉄と鋼，1976，(2)：201~209.

[19] Воронов В. А.，ИЗВ АН СССР Металлы，1975，(3).

[20] Поволоций Д. Я.，ИЗВ АН СССР МетАллы，1971，(12)：14~21.

[21] Mitchell A., Barel B., Metallurgical Transations, 1, 1970, (8): 2253 ~ 2256.
[22] Thomas W., Proceeding of the 5th International Conference on VAM and ESR Processes, Munich, 1977: 161 ~ 164.
[23] Щевцов В. Л., Проблемы ЭлектрошлакоъоЙ Техкологии, киев 1978: 56 ~ 61.

Mechanism of Removal of Non-metallic Inclusions in the ESR Process

Li Zhengbang Zhou Wenhui Li Yida

ESR is one of the most effective means of removing non-metallic inclusion from steel. Much controversy exists regarding the mechanism of slag removal in ESR process.

The ESR process consists of three stages: (1) Formation of dropets on the electrode tip; (2) Droplets falling through the slag; (3) Collection of the metal in a pool at the top of the ingot.

In order to find out which is the main step in the refining process, samples are taken from the solid electrode, the molten film on the electrode tip, metal droplets in the slag layer and the final ingot, and quantitative determination of inclusions made by metallographic, chemical and radioisotopic (indicator $Zr^{95}O_2$) methods.

From the results obtained it is concluded that the removal of non-metallic inclusions occurred mainly at the electrode tip.

Results of experiments on industrial furnaces have confirmed the above conclusion.

降低电渣重熔电耗的途径*

电渣重熔具有许多突出的优越性，诸如提高金属的致密度、纯洁度和均匀性等，从而得到高质量和高性能的金属材料。但是，这种精炼方法存在着的一个普遍性的问题，就是电耗太高。

按照理论计算，重熔一吨钢仅需要电 400kW · h 左右，但实际消耗却远远超过这个数字。苏联 Диепро 特殊钢厂两吨电渣炉的电耗为 1400kW · h/t；英国的 Duckworth 统计结果为 1200 ~ 1600kW · h/t；联邦德国 Heraeus 公司为 1200 ~ 1500kW · h/t；美国一般在 1058 ~ 1323kW · h/t 左右，仅个别钢种（M2 高速钢）达到 849kW · h/t。我国的电耗则更为突出，竟高达 1700 ~ 2150kW · h/t。近年来，经不断研究改进，采取一系列措施，降到一般钢种为 896 ~ 941kW · h/t。M2 高速钢达到 839kW · h/t。因此要推广采用电渣重熔这项先进工艺，如何降低电耗，确是一个重要问题。这里结合我国的具体情况，提出几点简易可行的降低电耗措施。

1 降低电耗措施

1.1 提高充填比

提高充填比，由于扩大了电极在渣中的吸热面积，并减少了热损失，因而能够加速熔化速率，明显地降低重熔电耗。如 1t 工业电渣炉（内径 360mm），充填比由 0.24 提高到 0.61 后，比电耗可由 1700 ~ 1800kW · h/t 降低到 1200 ~ 1300kW · h/t，而电渣重熔钢的冶炼质量不变。同时，由于重熔时间大大缩短，生产效率也随之提高。

那么，充填比提高到多大为好呢？我国的电渣炉型普遍较小，锭型多在 1 ~ 2.5t 范围内。在这种情况下，充填比可以提高到以不妨碍顺利操作和重熔安全为限。

还应该指出，充填比提高，有利于使用一整根铸造电极，从而可以避免由于交换电极操作不当而引起的质量缺陷。

1.2 采用高电阻渣系

采用高电阻渣系（保持充填比不变），由于渣池发出的焦耳热增多，并减少了热损失，因而加快熔化速率，明显降低重熔电耗。表 1 是在实验室条件下在电极直径（75mm）和结晶器直径（120mm）相同时，用两种渣系重熔 45 号钢得到的电耗结果。

工业 1t 电渣炉的生产实践也表明：采用高电阻渣 L－4 也可使重熔电耗由 1700 ~ 1800kW · h/t 降低到 1200 ~ 1300kW · h/t，而电渣钢的冶金质量也同原工艺处于同一水平。

---

* 本文合作者：姜晋文、杨德琦、张家雯。原发表于《新技术新工艺》，1982，(3)：2 ~4。

表1　渣系对重熔电耗的影响

电渣锭型 /kg	熔渣		输入功率 /(kV·A)	比电耗 /(kW·h·t^{-1})
	渣系	比电导（1830℃）/($\Omega^{-1}\cdot cm^{-1}$)		
50	通用渣 AHΦ－6	4.50	70～80	1180
50	高电阻渣 L－4	2.76	70～80	856

1.3　减小渣池深度

减小渣池深度，由于减少被冷却水带走的热量，因此这也是降低重熔电耗，并具有普遍使用价值的有效措施之一。表2是在两种不同渣量（严格讲应该是渣池深度）条件下，重熔1t 30CrMnSiA钢电渣锭型的电耗结果。

表2　渣量（渣池深度）对重熔电耗的影响

熔渣制度		几何尺寸		平均比电耗 /(kW·h·t^{-1})
渣系	渣量/kg	电极直径/mm	结晶器直径/mm	
AHΦ－6	35	180	360	1725
AHΦ－6	30	180	360	1171

渣池深度减少到多少为好，对1t电渣炉经试验，可减少到23kg（相当于渣池深度80mm左右），不仅降低了重熔电耗，而且对电渣钢的冶金质量也并无不利的影响。实验同时还表明，充填比提高后，由于电极端头变平，更有利于减小渣池深度。但渣池深度减小到一定程度后，电极埋入困难。这时，为了保持电渣重熔过程稳定，可以降低电压。

1.4　减小网路电阻

减小网路电阻是一条显而易见而又行之有效的措施。这一措施包括：根据设备条件，尽可能增大辅助电极的导电面积，选用电阻较小的材料，以及将其卡得短到能满足重熔行程需要即可；辅助电极与电极之间焊实，电缆不与导电铜板连接，而直接接到水冷底座上；尽可能减少短网长度，减少接触点，接触点能焊接的尽量焊接，不能焊接的要挂锡；尽量采用无级连续调压以及避免渣池对电极台车导线的热辐射等。

2　降低电耗的重熔工艺实践

为了大幅度降低重熔电耗，根据我国现有电渣设备的特点，采用大充填比（0.61）与高电阻渣系相匹配的重熔工艺，得到了预期的效果。

高电阻渣L－4的化学成分和有关物理性能见表3，为了便于比较，表中还列举了AHΦ－6渣系的相应数据。

表3　L－4渣系的化学成分和物理性能

渣系	组分/%				熔点 /℃	黏度 (1600℃) /(Pa·s)	比电导（1850℃）/($\Omega^{-1}\cdot cm^{-1}$)
	CaO	Al_2O_3	MgO	CaF_2			
AHΦ－6	—	30	—	70	1450	0.016	4.50
L－4	30	50	5	15	1390	0.080	2.76

2.1 重熔电耗

G20CrNi2MoA 几个批量的重熔 1t 电渣锭型，在渣量（32kg）和结晶器直径（360mm）相同时，电耗如表 4 所示。为了便于比较，表中还列举了小充填比配合 AHΦ－6 渣系重熔工艺的相应统计结果。两种工艺条件下的其他测试结果列入表 5。

表 4　G20CrNi2MoA 的重熔电耗

工艺要点	重熔炉数	渣系	电极直径/mm	充填比	电力		平均比电耗 /(kW·h·t^{-1})
					电流/A	电压（炉口）/V	
小充填比 AHΦ－6 渣	64	AHΦ－6	175	0.24	6250～6500	42	1775
大充填比高电阻渣	2	L－4	280	0.61	7000～7500	42	912
	16	L－4	280	0.61	7000～7500	39～43	936
	7	L－4	280	0.61	7000～7500	39～43	941
	26	L－4	280	0.61	7000～7500	39～43	937

表 5　两种工艺条件下的钢—渣接触面积等有关测试结果

工艺条件	渣池温度/℃	熔化速率 /(g·s^{-1})	熔滴过渡频率 /(滴·s^{-1})	熔滴重量/g	比面积 /(mm^2·g^{-1})	渣皮厚度 /mm	铸锭表面成型
充填比 0.24AHΦ－6 渣	1718	50	6.1	8.2	15.4	0.9～2.3	良
充填比 0.61L－4 渣	1765	103.5	15	6.9	16.2	0.4～1	好

扩大品种试验也得到了同一水平的电耗结果，1Cr13 共重熔 12 炉，平均电耗为 938kW·h/t；M2 高速钢由于熔点较低，比重较大，因而电耗还要低些，共重熔 5 炉，平均电耗达到 839kW·h/t。

从上面这些电耗结果可以看出，大充填比与高电阻渣相匹配的重熔工艺，不仅电耗的降低幅度大，而且工艺稳定，再现性好。同时，由于冶炼时间缩短，生产率还能提高 34.8%。

在上述工艺条件的基础上，再将渣量减少，电耗又得到进一步降低。表 6 是 G20CrNi2MoA 渣量由 32kg 减少到 26kg 的重熔 1t 电渣锭型电耗结果。

表 6　G20CrNi2MoA 在小渣量条件下的重熔电耗

熔渣制度		电极直径 /mm	结晶器直径 /mm	充填比	电力		平均比电耗 /(kW·h·t^{-1})
渣系	渣量/kg				电流/A	炉口电压/V	
L－1	26	280	360	0.61	7000～7500	42	896

2.2 冶金质量

大充填比与高电阻渣相匹配的重熔工艺，不仅获得了优异的电耗指标，而且电渣钢的冶金质量仍然优异。表 7、表 8 列举了渗碳轴承钢 G20CrNi2MoA 采用 0.61 充填比和 L－4 渣系的重熔工艺，得到的部分生产检验结果。

表 7　电渣钢锭的化学成分　（%）

成 分	C	Si	Mn	P	S	Cr	Ni	Mo	残余 Al
自耗电极	0.22	0.24	0.60	0.01	0.005	0.59	1.86	0.25	0.04
重熔	0.21	0.2	0.57	0.009	0.006	0.61	1.84	0.24	0.03
钢锭	0.21	0.24	0.59	0.009	0.006	0.6	1.82	0.24	0.03
重熔	0.21	0.22	0.58	0.009	0.004	0.59	1.82	0.24	0.03
钢锭	0.20	0.23	0.59	0.009	0.005	0.6	1.82	0.24	0.03

注：第一行数值为尾部成分，第二行为头部成分。

表 8　G20CrNi2MoA 电渣钢机械性能

工艺条件	电渣锭重/t	电渣钢锭直径/mm	机械性能（平均值）			
			$\sigma/(\mathrm{kgf\cdot mm^{-2}})$	ψ/%	δ/%	$a_K/(\mathrm{kgf\cdot m\cdot cm^{-2}})$
0.24 充填比 AHΦ－6 渣	1	120	115.3	58	14.8	15.4
0.61 充填比 L－4 渣	1	120	136	50.4	13.3	11
0.61 充填比 L－4 渣(小量)	1	120	123.4	53.4	13.6	12.4

密度是更直接反映钢的致密度的一个物理量，钢中的氧含量和氧化物夹杂总量是衡量其纯洁度的重要指标。二次晶轴间距大小是衡量显微偏析的尺度，它越小，即意味着显微偏析越小，则钢的成分和组织就越均匀。表 9 的测定结果表明：0.61 充填比和 L－4 渣系相匹配的重熔工艺的这些指标均优于 0.24 充填比和 AHΦ－6 渣系配合的相应指标。

表 9　两种工艺条件下电渣钢的密度、夹杂物等对比

工艺条件	密度 $/(\mathrm{g\cdot cm^{-3}})$	氧化物夹杂量/%	氧含量/%	二次晶轴平均间距/μm	锭型中心凝固速度 $/(\mathrm{mm\cdot min^{-1}})$
0.24 充填比 AHΦ－6 渣	7.56239	0.0086	0.0044	124.6	4.14
0.61 充填比 L－4 渣	7.57464	0.0064	0.0033	113.4	8.16

从上述一系列结果可以看到，大充填比和高电阻渣系相匹配的电渣重熔新工艺，可以显著降低重熔电耗。对 1t 电渣锭，一般钢种能降低到 912～941kW·h/t，M2 高速钢能降到 839kW·h/t；如再适当减小渣池深度，则重熔电耗还可进一步降低。同时，生产率能提高 34.8%。此外，由于新工艺的金属液滴细化，结晶条件良好，钢锭表面光滑，因此其电渣钢的冶金质量优异，起码同小充填比配合 AHΦ－6 渣系的重熔工艺处于同一水平。

电渣熔铸30CrMnSiNiA钢性能的研究*

摘　要　本文叙述了电渣熔铸30CrMnSiNiA异型铸件质量性能及模拟寿命。试验结果表明，电渣熔铸异型铸件性能全部满足技术要求，达到或超过锻造毛坯的性能。

电渣熔铸铸件具有如此的优异性能是由于它致密，完全消除缩孔和疏松，夹杂物、有害气体、有害元素纯净，成分及组织均匀。电渣熔铸件内部质量的改善主要是由于钢—渣精炼反应和强制冷却凝固。

作者研究证实电渣熔铸是生产异型机械部件毛坯、实现以铸代锻的重要途径。

现代尖端技术的出现，以及工业设备的大型化，不仅对金属材料品种的需要不断扩大、质量要求日益严格，而在毛坯尺寸日益增大、毛坯形状日趋复杂、保证优质的前提下，提供巨型、异型、中空、复合等的优质毛坯，显然是传统工艺所无法满足的。

电渣重熔的金属纯净、组织致密、成分均匀，近年来进一步扩大到铸造领域里去，发展成为电渣熔铸。

近年来国内外冶金工作者及机械制造工作者对电渣熔铸的研究和使用非常重视[1~4]。国内外研制工作表明电渣铸态金属常规机械性能，已达到或超过同钢种电炉钢锻材性能水平[5~7]。但对于电渣铸态金属织构的研究以及电渣铸件的实际使用寿命研究还十分缺乏。

本文针对30CrMnSiNiA钢的两种不同尺寸电渣熔铸异型构件（见图1）和同钢种电炉钢锻件进行了反映材料实际承受能力、特殊性能对比以及模拟构件工作情况的寿命等一系列试验，并探讨了电渣熔铸金属优异性能的内在原因。

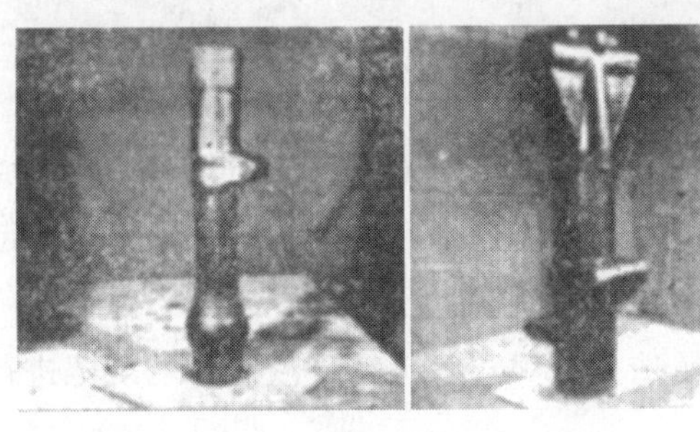

图1　电渣熔铸异型铸件

1　热处理对机械性能影响的研究

电渣铸态组织和锻材组织有本质差异，故需要采取不同热处理工艺，使铸态电渣钢获得优良性能。在使用上充分发挥其潜力，首先对电渣铸钢进行正火处理以细化铸

---

* 本文合作者：张家雯、黄国强。原发表于《钢铁》，1982，17（8）：48~54。

态粗大组织，消除晶粒趋向性（见图2），提高塑性、韧性，消除魏氏组织（结果见表1），而后又进行了不同淬火工艺的试验。对电渣铸钢进行一般淬火工艺和等温淬火工艺的比较，发现等温淬火可以提高电渣铸钢塑韧性，但强度稍有下降（见表2）。

表1　正火处理对机械性能的影响

研究金属	正火		淬火			回火			机械性能				
	温度/℃	时间/min	温度/℃	时间/min	冷却	温度/℃	时间/min	冷却	σ_b /(kgf·mm^{-2})	δ /%	ψ /%	a_K /(kgf·m·cm^{-2})	HB
未正火	—	—	890	60	油	300	180	空	174	8	33.2	3.7	2.85
正火	930	180	890	60	油	300	180	空	168.5	9	42.5	6.0	2.90

表2　淬火工艺对机械性能的影响

研究金属	淬火			回火			机械性能				
	温度/℃	时间/min	冷却	温度/℃	时间/min	冷却	σ_b /(kgf·mm^{-2})	δ /%	ψ /%	a_K /(kgf·m·cm^{-2})	HB
一般淬火	930	60	油	300	180	空	171	9.84	42.8	4.4	2.85
等温淬火	900	60	空	245	180	空	163.1	10.7	43.5	6.85	2.90
	265	120	盐炉								

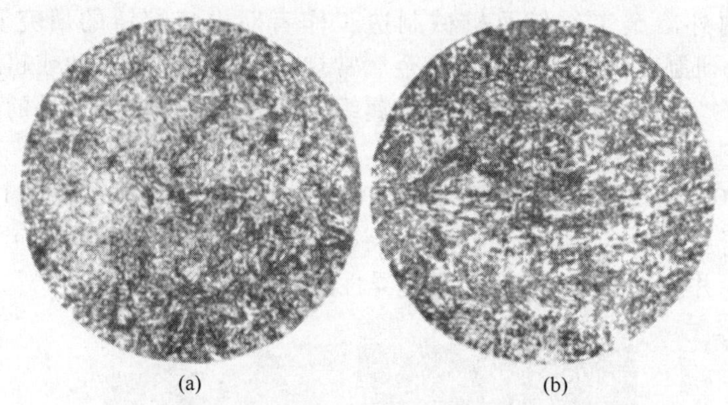

(a)　　(b)

图2　电渣熔铸30CrMnSiNiA铸件显微组织（×500）

（a）经正火处理，马氏体较细，黑白均匀；（b）未经正火处理，保持铸造特征晶粒趋向性，回火马氏体中残余奥氏体较多

经反复试验确定电渣铸造30CrMnSiNiA铸件按表3的规范进行热处理。

表3　电渣铸造30CrMnSiNiA铸件热处理规范

预处理									等温淬火（盐炉）			回火（空气炉）		
退火			正火			软化退火								
温度/℃	时间/min	冷却	温度/℃	时间/min	冷却	温度/℃	时间/min	冷却	温度/℃	时间/min	冷却	温度/℃	时间/min	冷却
700	180	炉冷	930	180	炉冷	670	180	炉冷	900	60	空冷	245	180	空冷
									265	20	空冷			

2 性能研究

2.1 机械性能

从表4中看出异型30CrMnSiNiA铸件的机械性能超过了技术条件的要求，它的纵向、横向、弦向性能比较接近（取样部位见图3），而与电炉钢的轧材比较，σ_b 和 ψ 值稍低而 δ 和 a_K 较之要高。而小批量工业生产得出的统计数据同样看出铸件机械性能达到了技术条件的要求。

表4 30CrMnSiNiA 电渣重熔起落架不同取样部位常规性能比较

研究项目	区域	方向	机械性能								备注
			σ_b /(kgf·mm^{-2})	δ /%	ψ /%	a_K /(kgf·m·cm^{-2})	HB	HRC	$\psi_{纵}/\psi_{横}$	$a_{K,纵}/a_{K,横}$	
技术条件			≥160	≥10	≥40	≥6	≤2.9		≤1.8	≤3	YMTY 2862-53
电炉钢轧材			167.0	10.0	47.0	7.5	—		1.4	2.1	
电渣铸件（不同部位参见图3）	Ⅰ	纵	163.0	11.0	51.5	9.2	—	48.5			
	Ⅱ	纵	162.5	12.4	45.8	7.6	—	48.1			
	Ⅲ	纵	162.5	11.5	48.0	7.9	—	48.2			
	Ⅳ	弦	164.0	10.8	45.1	7.1	—	48.5			
		弦	161.0	11.0	42.7	6.4	—	48.0			
		横	165.5	10.4	40.7	6.2	—	49.0			
		横	162.5	11.7	45.6	7.6	—	48.0			
	Ⅴ	弦	162.5	11.3	43.1	8.2	—	48.1			
		横	162.5	10.6	44.9	6.8	—	48.2	1.1	1.18	平均值
	中上	内	165.5	10.4	33.1	5.16	—	49.1			
	中上	外	166.5	10.6	37.8	6.08	—	49.4			
	中下	内	167.0	9.7	33.2	5.1	—	49.2			
	中下	外	167.5	9.2	30.7	5.3	—	49.5			
电渣熔铸小批生产	上、端	纵	162.0	12.0	42.0	8.6	2.90				共十三炉 26个试样

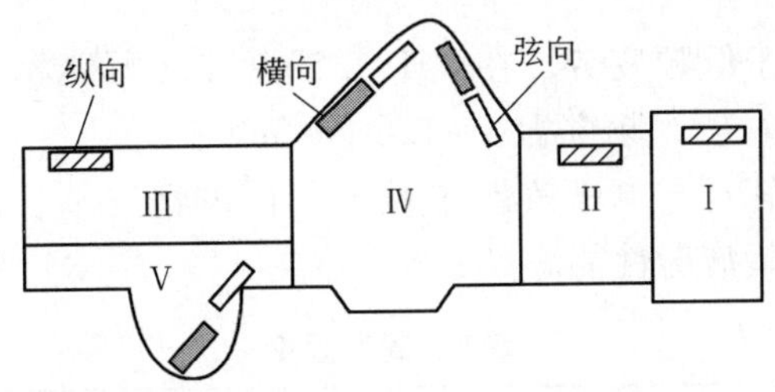

图3 取样部位示意图

2.2 低温冲击

试验是在I-30设备上进行，把试样放在有干冰酒精的保温瓶中，保温一定时间后，迅速取出装在冲击机上。结果见表5。

表5　冲击韧性

研究项目	部　位	温度/℃	a_K/(kgf·m·cm^{-2})
电渣 ϕ120mm 铸件	边缘	−60	5.18～7.04
	中心	−60	6.18～6.70
电炉钢轧材		−60	5.85
苏　联	锻件	−50	5.03～5.73
		−40	7.80～8.47

2.3　缺口敏感

试验是在12t万能材料试验机上按航空金属材料及半成品手册的实验方法进行。结果见表6。

表6　缺口敏感性比较

热片角度	0°	4°		8°	
机械性能	σ_{bH} /(kgf·mm^{-2})	σ_{bH} /(kgf·mm^{-2})	η/%	σ_{bH} /(kgf·mm^{-2})	η/%
电渣铸件	222.2	204.4	7.93	186.2	16.1
电炉钢轧材	220.0	203.6	7.45	192.6	12.45

2.4　脆性强度

试验是在60t万能材料机上按航空手册标准进行。结果见表7。

表7　脆性强度　(kgf/mm^2)

电炉钢轧材	电渣铸件	
	油冷	空冷
111.5	114	113

2.5　周期强度（专门的试验方法）

周期强度试验相当于低频疲劳，在VH－255型25t万能材料机上进行。根据起落架的受力情况选用4个 K 值，频率为6～12cycle/min。

由表8可见电炉钢轧材与电渣铸件在 K 值不同的情况下，进行周期强度试验，表明电渣铸件有更佳抗低频疲劳性能。

表8　周期强度

频率/(cycle·min^{-1})	6～12	6～12	6～12
K	0.8	0.7	0.6
电炉钢轧材/cycle	2612	3270	4476
电渣铸件/cycle	2654	3602	5703

2.6 多次冲击

实验方法是根据材料强度塑性指标确定了 4 个冲击能量（见表 9），冲击能量是根据偏心轮距调定的整数指标计算的，冲击速度每分钟 450 次，设备为 DC－150，结果见表 9。

在低能量冲击时，电炉钢轧材的多次冲击数要比电渣铸件稍高，但高能量冲击时，电渣铸件的冲击次数要比轧材的高。

表 9　断裂周期

冲击能量/(kg·cm)	断裂周期/cycle	
	电炉钢轧材	电渣铸件
14.65	17869	16650
22.30	11250	10625
30.23	3772	4086
41.26	1562	1961

2.7 断裂韧性

断裂韧性如表 10 所示。由表 10 看出电渣铸材的 K_{IC} 值超过了电炉锻材值，电渣锻材的潜力那就更大了。

表 10　断裂韧性

研究金属	电炉锻件	电渣铸件	电渣锻件
$K_{IC}/(kg \cdot mm^{-3/2})$	261	450.0	477.0

2.8 静力试验

根据构件使用受力状态，将负荷分解到 X、Y、Z 轴坐标上，实验规定加负荷达 100% 铸件未破坏为合格，通过三次静力实验，加载分别为 138% 和 140% 铸件均没有破坏，超过了技术条件要求。

2.9 落震寿命

根据构件受力状态，模拟所受冲击震动负荷，要求寿命大于 6000 次，一般铸件寿命为 17000 次左右，而电渣熔铸件达 21270 次未破坏。

3 结果的讨论

由第二节所列研究数据看出，电渣熔铸 30CrMnSiNiA 铸件的低温冲击、周期强度、脆性强度、多次冲击、断裂韧性均超过同钢种电炉钢锻件。电渣铸件机械性能的异向性和缺口敏感性远比电炉钢锻件小。电渣铸件常规机械性能也达到锻件技术条件要求。特别是模拟构件实际工作情况的静力试验和落震试验电渣铸件远超过电炉钢锻件。电渣熔铸件实际落震寿命相当于设计要求的 3.5 倍，与电炉钢锻件相比，提高了 25%。

为什么电渣熔铸材料具有如此优异的性能，作者认为这是由电渣铸钢的金属纯净、组织致密、成分均匀等内在原因所造成的。

电渣熔铸是将熔化、精炼、浇铸、凝固集中在一个水冷铜模内，同时进行钢渣界面强烈渣洗，这样能有效地去除钢中有害元素、非金属夹杂物和气体。由表11～表13的数据可见，电渣熔铸30CrMnSiNiA钢通过熔铸过程精炼反应，钢中硫去除了70%，夹杂物总量去除了76%，钢中氧去除了72%，金属达到相当纯净的程度。

表11　有害气体含量　（%）

研究金属 \ 元素	S	P
原始电极钢	0.010	0.016
电渣熔铸件	0.003	0.014
变化率	-70	-12.5

表12　非金属夹杂物含量

研究金属	非金属夹杂物（氧化物）/%					氮化铝/%	[O]/%
	总量	夹杂物成分					
		SiO_2	Al_2O_3	MgO	FeO		
原始电极	0.01175 0.01261	6.0 4.2	77 73	16.0 15.8	微 微	0.00560 0.00228	0.0053
电渣熔铸金属	0.00285 0.00282 0.00266	31.0 20.0 10.5	63 68 62	5.6 6.5 19	2.2 2.2 2	0.00120 0.00085 0.00044	0.0017 0.0013
平均变化率/%	-76					-78.9	-72

表13　非金属夹杂物评级

研究金属	试样/个	非金属夹杂物评级	
		氧化物	硫化物
原始电极	10	$\frac{1\sim2}{1.3}$	$\frac{0.5\sim1.5}{0.8}$
电渣铸件	36	$\frac{0.5\sim1}{0.513}$	0.5

电渣熔铸过程本身兼有发热冒口作用，凝固铸件上端有金属液态熔池及发热的渣池，既保温又有足够液态金属供填充补缩，同时在电渣熔铸过程中，铸锭结晶前沿，固液两相区在大气压力$P_{大气}$、液态金属静压力$d_{金}\rho_{金}$、渣池静压力$d_{渣}\rho_{渣}$和轴向电动力下产生压力。

$$P_{铸}=P_{大气}+d_{渣}\rho_{渣}+d_{金}\rho_{金}+\frac{F}{S_{铸}}$$

式中　$P_{铸}$——电渣熔铸压力，kgf/cm^2；

$d_{渣}$，$d_{金}$——渣池深度及金属熔池深度，cm；

$\rho_{渣}$，$\rho_{金}$——炉渣及液态金属的比重，kgf/cm^3；

F——轴向电动力，kgf；

$S_{铸}$——铸件横截面积，cm^2。

电渣熔铸电极端头呈锥形，由于导电截面变化产生轴向电动力，这个力可以用以下公式[3]计算：

$$F = 5.1 \times 10^{-9} \ln \frac{S_1}{S_2} I^2 \quad (单位：kgf)$$

式中 I——电流，A；

S_1——电极原横截面积，cm^2；

S_2——电极尖端截面积，cm^2。

所以电渣熔铸结晶前沿所受压力大于 1 个大气压，这有利于消除铸态金属疏松，提高金属致密性。由表 14 可见电渣铸件 30CrMnSiNiA 钢 38 个试样一般疏松，中心疏松及液析全是 0.5 级。由表 15 可见电渣铸态金属密度不仅高于电炉钢铸锭，而且达到电炉钢锻件水平。

表 14　电渣铸件疏松评级和液析评级

研究金属	试样数/个	疏松评级		液析评级
		一般	中心	
电炉钢锻件	10	0.5~1.0	0.5~1.0	0.5~1.5
电渣铸件	36	0.5	0.5	0.5

表 15　电渣铸态金属的密度

电炉钢铸锭 /(g·cm⁻³)	电炉钢锻材 /(g·cm⁻³)	电渣铸态金属/(g·cm⁻³)			
		中部	中上	中下	下部
7.78	7.822	7.822~7.823	7.808~7.834	7.822~7.833	7.823

电渣熔铸在水冷铜模中凝固受强制冷却作用，能有效地消除铸件化学成分偏析和组织偏析，由表 16 的作者分析数据表明，电渣熔铸高 1.4m，平均直径 ϕ280mm 的 30CrMnSiNiA 异型铸件不同部位化学成分是较均匀的。

表 16　电渣铸件的化学成分

部位	电渣铸件化学成分/%								
	C	Mn	Si	P	S	Cr	Ni	Al	Cu
上	0.32	1.14	1.04	0.015	0.004	1.02	1.69	0.023	0.14
中	0.31	1.16	1.04	0.016	0.004	0.98	1.69	0.025	0.14
下	0.30	1.18	1.04	0.015	0.004	0.96	1.69	0.014	0.14
上耳	0.29	1.20	1.04	0.015	0.004	0.96	1.66	0.018	0.13
下耳	0.30	1.17	1.04	0.015	0.003	0.97	1.69	0.018	0.14

反映铸件微观结构的标尺是二次晶轴间距，由表 17 可见电渣熔铸件二次晶轴间距比普通铸件小得多，这是由于电渣熔铸结晶前沿两相区局部冷却速度 R_c(℃/min) 及温度梯度 G(℃/cm) 远远大于普通铸锭，而温度梯度 G 和冷却速度 R_c 与二次晶轴间距有

着内在联系。根据 Flemings[8] 和铃木章[9] 研究认为存在以下关系，即：

$$d_{\mathrm{II}} = aR_c^{-b} = a\ (G \cdot v_s)^{-b}$$

式中 d_{II}——晶轴间距，μm；

R_c——冷却速度，℃/min；

G——温度梯度，℃/cm；

v_s——铸件凝固速度，cm/min；

a——常数；

b——常数，$b = 1/3 \sim 1/2$。

表 17　二次晶轴间距

研究金属	二次晶轴间距/μm
普通铸锭	184 ~ 203
电渣熔铸件	86 ~ 92

因此电渣熔铸 30CrMnSiNiA 铸件二次晶轴间距比普通铸锭小一倍。而二次晶轴间距直接关系显微偏析，影响材料使用性能。

因电渣熔铸成分均匀，钢中氧及非金属夹杂物大量减少，从而使位错不被钉扎，滑移过程得以顺利进行，因此塑性高，韧性储备大。

4　结论

（1）电渣熔铸 30CrMnSiNiA 钢，常规机械性能、反映材料实际承受能力的特殊性能以及模拟构件工作情况的寿命试验的各项指标均达到或超过同钢种电炉钢锻件的水平，证实在重要构件生产中采用电渣熔铸，实现以铸代锻切实可行。

（2）电渣熔铸金属性能优异，是由于熔铸过程高温渣洗和强制冷却作用促成铸件金属纯净、组织致密、成分均匀等内在因素的影响。

（3）电渣熔铸组织和锻材组织有本质差异，故需要采取不同的热处理工艺，使铸态电渣钢获得优良性能，在使用上充分发挥其潜力。

（4）关于电渣铸钢的精细结构及微量元素对铸件性能的影响，有待进一步深入研究。

参 考 文 献

[1] Paton B. E. Proceedings of the Fifth International Symposium on Electroslag and other Special Melting Technologies，1974：239 ~ 250.

[2] Бречак А. М.. Проблемы электрошлаковой технологин，1978：7 ~ 25.

[3] 李正邦等. 电渣熔铸. 北京：国防工业出版社，1981.

[4] Bhat G. K.. Proceedings of Fourth International Symposium on Electroslag Remelting Processes，Tokyo，1973：196 ~ 199.

[5] Paton B. E.，Medovar，B. I.. Clean Steel，1971，(2)：45 ~ 66.

[6] Саенко，В. Я.，Проблемы спедиалвной электрометаллургии，1978，(8)：23 ~ 30.

[7] Keln H. J.. Proceeding of the 5th International Conference on VAM and ESR Processes.

[8] Flemings M. C.. Solidification processing，1974：148.

[9] 鈴木章. 日本金属学会誌，1968，(32)：1301 ~ 1305.

A Study on the Properties of Electroslag Cast 30CrMnSiNiA Steel

Li Zhengbang[1] Zhang Jiawen[1] Huang Guoqiang[2]

(1. Central Iron and Steel Research Institute; 2. Daye Steel Works)

Abstract The quality, properties and simulated service life of shaped electroslag castings of 30CrMnSiNiA steel were described in this paper. The test results show that the properties of electroslag castings can fulfill all technical requirements and are compared to or even superior to those of the forged billets.

The contributing factors to the excellent properties of electroslag castings are: its density, completely free from shrinkhole and porosity, reducing of the inclusions, undesirable elements and undesirable gases, and homogeneity of the structure and chemical composition.

The improvement of the interior qualities of electroslag casting for this steel is mainly due to the refining reaction of the metal – slag interface and intensive cooling of the castings.

It is confirmed that the electroslag casting is an important way to produce shaped billets of machine parts in place of forgings.

自耗电极原始夹杂物成分对电渣重熔精炼效果的影响*

摘　要　研究工作选用滚珠轴承钢进行，冶炼采用十种不同终脱氧制度（Al 0.5kg/t、Al 1kg/t、Al 1.5kg/t、Ca 1kg/t、Mn 1kg/t、Ca－Si 1kg/t、Si－Mn－Ca 7kg/t、AMS 10kg/t、Ce－La 0.5kg/t 及不进行终脱氧），使铸造电极获得不同类型的原始夹杂物。试验结果表明：电渣重熔过程去除非金属夹杂物受到电极中原始夹杂物成分及尺寸的影响。因此，电渣钢中非金属夹杂物的总量、形态及化学成分在一定范围内可精确控制。一般地说，低熔点、大颗粒原始夹杂物通过电渣重熔易去除，因为它们易于扩散到钢渣界面，与炉渣接触后为炉渣所吸收。

实验表明：自耗电极钢冶炼用 Si－Mn－Ca 及 AMS 脱氧具有最好精炼效果。在工业炉上的生产结果证实了上述结论。

关于电渣重熔过程金属提纯净化的本质，国内外多数冶金工作者认为主要是渣洗作用，包括渣对钢中夹杂物吸附和溶解[1~3]。直接影响渣洗的因素是：渣系的成分和配比，夹杂物的成分及尺寸。如众所周知，钢中非金属夹杂物的类型、成分、尺寸往往取决于冶炼终脱氧制度。

ФайысовичЛ. И. [4]发现电渣重熔 36ХНГМФАР 钢，自耗电极采用碱性平炉钢与酸性平炉钢，电渣重熔后钢中夹杂物类型、性质显著不同，并导致性能上的差异。Rehak B. [5]曾在炼制冷轧轧辊用钢 CSN19.426 时采用两种不同的脱氧制度（加 Ca－Si 2.25kg/t 及加 Al 1.15kg/t），获得不同的重熔精炼效果。Пупынина С. М. [6]冶炼 1Х16Н15М3ЪР 钢自耗电极时采用了 Al、Si 及 CaSi 三种脱氧剂。这些工作多限于重熔前后夹杂物定量及定性分析，对于自耗电极原始夹杂物对提纯净化影响的规律性及内在原因未能进一步探明，所试终脱氧制度有限。至今国内外电渣钢实际生产上，自耗电极用钢冶炼仍用 Al 终脱氧，而 Al 脱氧产物刚玉是典型脆性夹杂物。

为了进一步提高电渣钢的纯洁性，查明电渣重熔去夹杂物的机理，选择对纯洁性要求高的精密轴承钢 ZGCr15 作为代表，自耗电极冶炼采用十种不同的终脱氧制度，对电渣重熔前后夹杂物成分、数量及尺寸进行了较精确的定量及定性分析。对于自耗电极原始夹杂物对提纯净化的影响，并对其规律性及内在原因进行了初步探讨。并结合生产，在工业电渣炉上进行了验证性试验。

1　试验条件及方法

1.1　50kg 电渣炉试验部分

1.1.1　自耗电极冶炼

冶炼钢种：ZGCr15。

* 本文合作者：周文辉、王庆和。原发表于《钢铁》，1983，18（5）：13～20。

冶炼设备：60kW 高频感应炉，炉衬用镁砂打结，容量 30kg。

基本工艺：采用含碳 0.5% ~1% 的碳钢作炉料。炉料化清后进行碳的预调整，加入硅铁及锰铁，用 Ca－Si 进行预脱氧，加入高碳铬铁。当铬铁完全熔化后，升温至 1600℃左右，插入脱氧剂进行终脱氧。

终脱氧制度：Al 0.5kg/t；Al 1kg/t；Al 1.5kg/t；Ca－Si 1kg/t；Ca 1kg/t；Ca－Mn－Si 7kg/t；AMS 10kg/t；Mn 1kg/t；Ce－La 0.5kg/t。

1.1.2　电渣重熔

重熔设备：50kg 电渣炉，容量 100kV·A。

重熔工艺：自耗炉电极 ϕ45mm×1750mm，表面砂磨光，结晶器内径 ϕ100mm，所使用的渣系为：CaF_2 70% + Al_2O_3 30%，渣重 3kg，用热渣法引燃，冶炼电流 1800A，炉口电压 36V，冷却水温≤45℃。

1.2　工业电渣炉试验部分

1.2.1　自耗电极冶炼

冶炼钢种：ZGCr15。

冶炼设备：5t 电弧炉。

冶炼工艺（终脱氧制度）：加 Al 0.46kg/t；Al 0.78kg/t；Al 1kg/t；AMS 10kg/t；Ca－Si 1kg/t。

1.2.2　电渣重熔

重熔设备：500kg 电渣炉双电极送进机构交替工作。连续抽锭式，变压器 240kV·A。

重熔工艺：结晶器直径 240mm；自耗电极 ϕ85mm×85mm，渣系 CaO 5% + Al_2O_3 30% + CaF_2 65%，渣量 18kg，液渣引燃，冶炼电流 4000A，炉口电压 42V，冷却水温≤60℃。

1.3　分析检验方法

1.3.1　非金属夹杂物定性

用 MNM－8 型金相显微镜，试片放大倍率 500 倍，用明视场、暗视场在偏光下观察夹杂物。

1.3.2　非金属夹杂物定量

在显微镜放大 115 倍，借助于目镜测微计测量夹杂物的直径。线状夹杂物忽略其圆钝的两端，按长方形计算，每个试片观测 10 个视场，取平均值，金属和夹杂物比重近似取 3。

1.3.3　非金属夹杂物电解

试样在 3% $FeSO_4 \cdot 7H_2O$、1% NaCl、0.2% $NaKC_4H_4O_6 \cdot 2H_2O$ 水熔炼中电解 60h，电解选用 0.025A/cm^2 的电流密度。非金属夹杂物和残余碳化物一起用铜氨盐和高锰酸钾洗涤后，残留夹杂物进行微量分析。

1.3.4　夹杂物金相评级

根据部颁标准 YB 9—59，参照苏联 Днепреспец сталь 工厂提出的电渣钢标准，以最严重视场夹杂物总面积及最大夹杂物尺寸为根据。对我国部颁标准补充了 0.5、1.5、

2.5 级中间级别。

2 试验结果

在高频感应炉内冶炼自耗电极，前后采用了 10 种终脱氧制度，每一种脱氧制度在 50kg 电渣炉上进行两炉重熔试验。共进行了 20 炉，其电渣重熔前后非金属夹杂物的定性试验、电解法及金相法定量测定，以及钢中气体含量全部数据的平均值列于表 1 及表 2。

表 1 非金属夹杂物金相检验

自耗电极终脱氧制度	金相法定性		夹杂平均尺寸/μm^2		非金属夹杂物定量/%		
	原始	重熔后	原始	重熔后	原始	重熔后	变化率
不加脱氧剂	复杂铁锰硅酸盐 HFeO · MMnO · PSiO	锰硅酸盐 $MnO \cdot SiO_2$ 氧化铬 Cr_2O_3					
Al 0.5kg/t	铝硅酸盐 $3Al_2O_3 \cdot 2SiO_2$	氧化硅 SiO_2 铝氧土 Al_2O_3	29.8	25.4	0.0183	0.00417	-74
Al 1kg/t	铝硅酸盐 $3Al_2O_3 \cdot 2SiO_2$ 铝氧土 Al_2O_3	氧化硅 SiO_2 铝氧土 Al_2O_3			0.0211	0.00703	-68
Al 1.5kg/t	铝氧土 Al_2O_3	铝氧土 Al_2O_3 +少量氧化硅 SiO_2	14	13.4	0.0037	0.00245	-21.7
Ca 1kg/t	钙硅酸盐 $CaO \cdot SiO_2$ 铬铁矿 $FeO \cdot Cr_2O_3$	钙硅酸盐 $CaO \cdot SiO_2$ 铬铁矿 $FeO \cdot Cr_2O_3$	111.6	14.4	0.022	0.00272	-87.5
Mn 1kg/t	复合的铬锰硅酸盐 $Cr_2O_3 \cdot 2MnO \cdot SiO_2$	复合铬钙硅酸盐 $Cr_2O_3 \cdot CaO \cdot SiO_2$	37.0	5.757	0.00463	0.00438	-534
混合稀土 0.5kg/t	稀土硫氧化合物 RE_2O_2S	稀土氧化物 $REAl_2O_3$	66.2	3.675	0.00654	0.00538	-18.9
Ca-Si 1kg/t	钙硅酸盐 $CaO \cdot SiO_2$ 氧化硅 SiO_2	氧化硅 SiO_2	20	18.3	0.0046	0.0034	-25.6
Si-Mn-Ca 7kg/t	铝硅酸盐 $Al_2O_3 \cdot 2SiO_2$ 钙硅酸盐 $CaO \cdot SiO_2$	锰硅酸盐 $2MnO \cdot SiO_2$ 细小氧化物 Me_xO_y	114	16.9	0.018	0.0035	-80.6
AMS 10kg/t	铝硅酸盐 $Al_2O_3 \cdot 2SiO_2$ 锰橄榄石 $2MnO \cdot SiO_2$	蔷薇辉石 $MnO \cdot SiO_2$	121	15.6	0.0173	0.0033	-80.9

表 2　钢中非金属夹杂物电解定量和气体含量

自耗电极终脱氧制度	非金属夹杂物电解定量/%			钢中气体的分析/%					
				氧气分析			氮气分析		
	原始	重熔后	变化率	原始	重熔后	变化率	原始	重熔后	变化率
不加脱氧剂	0.0269	0.0205	-31.2	0.0131	0.011	-15.4	0.014	0.0089	-36.4
Al 0.5kg/t	0.0248	0.0101	-59	0.0096	0.0041	-56	0.0031	0.0023	-25.8
Al 1kg/t	0.0254	0.0107	-58	0.0086	0.0057	-33.8	0.0033	0.00215	-37.9
Al 1.5kg/t	0.0246	0.0157	-22.6	0.0116	0.0089	-23.2	0.0045	0.0033	-28.9
Ca 1kg/t	0.0234	0.0069	-70.5	0.0099	0.0047	-52.5	0.0074	0.0039	-47.4
Mn1kg/t	0.0254	0.0056	-77.9	0.0113	0.0031	-72.6	0.0097	0.0032	-67
混合稀土 0.5kg/t	0.0192	0.0021	-89	0.0093	0.0018	-80.6	—	—	—
Ca-Si 1kg/t	0.0118	0.0077	-34.8	0.0069	0.0053	-9.7	0.0087	0.0046	-47
Si-Mn-Ca 7kg/t	0.0301	0.0049	-84.5	0.0195	0.00315	-84	0.0198	0.0037	-81.5
AMS 10kg/t	0.0286	0.0046	-83.9	0.0140	0.0022	-84.2	0.0083	0.0035	-57.8

自耗电极采用不同终脱氧制度，获得不同成分、性质的夹杂物的金相照片见图 1。

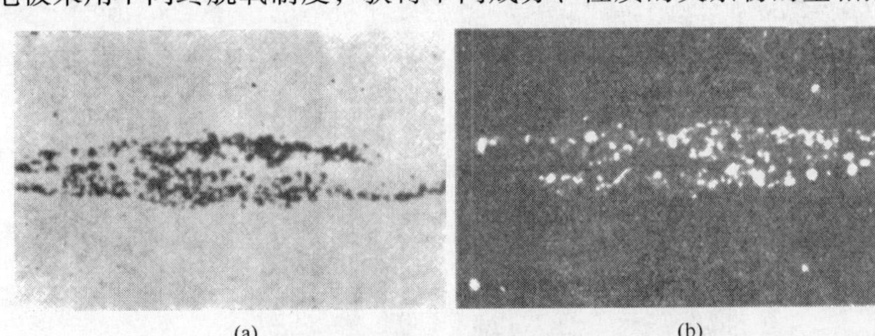

(a)　　(b)

(A) 自耗电极冶炼加 Al 1.5kg/t 脱氧原始夹杂物为铝氧土

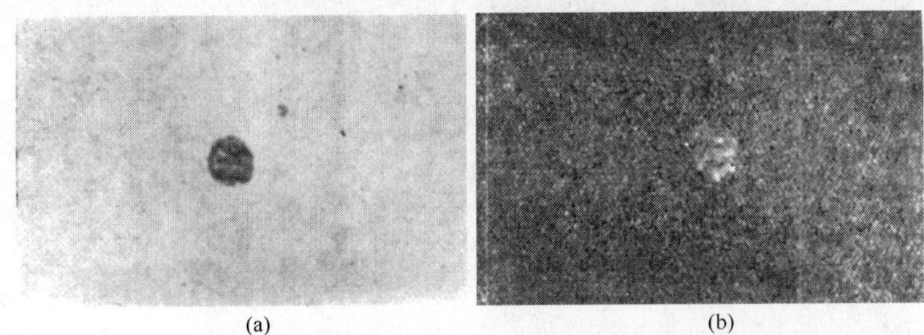

(a)　　(b)

(B) 自耗电极冶炼加 Ca 1kg/t 进行终脱氧原始夹杂物为钙硅酸盐

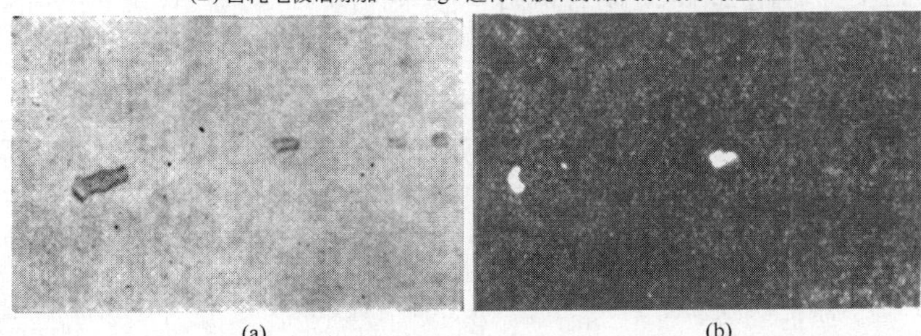

(a)　　(b)

(C) 自耗电极冶炼加 Ca-Mn-Si 7kg/t 进行终脱氧原始夹杂物为铝硅酸盐

图 1　非金属夹杂物金相照片（×500）

（a）明视场；（b）暗视场

经电渣重熔后非金属夹杂物类型、数量、尺寸及分布的变化见图2。

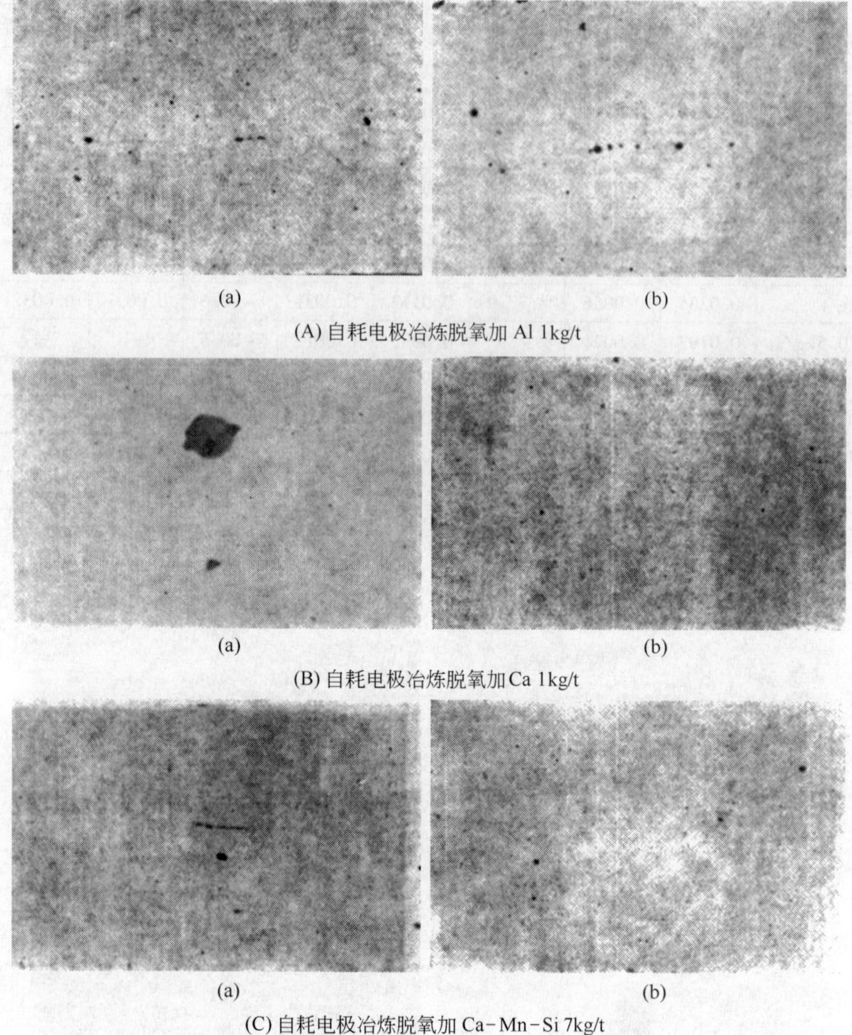

(a) (b)

(A) 自耗电极冶炼脱氧加 Al 1kg/t

(a) (b)

(B) 自耗电极冶炼脱氧加 Ca 1kg/t

(a) (b)

(C) 自耗电极冶炼脱氧加 Ca-Mn-Si 7kg/t

图2　电渣重熔前后夹杂物的变化（×115）

（a）重熔前；（b）重熔后

为了验证实验室研究结果，结合试制 ZGCr15 精密轴承钢，在工业电渣炉上进行了114 炉试验，结果见表3。

表3　电渣重熔前后夹杂物总量与重熔后夹杂物金相评级

自耗电极终脱氧制度	原始夹杂物类型（金相）	重熔后夹杂物金相评级（平均）			电解夹杂物总量（平均）/%			
		炉数/试片数	氧化物	硫化物	试样数	重熔前	重熔后	变化率
Al 0.46kg/t	铝酸盐＋铬尖晶石	46/180	0.576	0.028	7	0.0108	0.00679	－38
Al 0.78kg/t	铝酸盐为主	17/75	0.680	0.026	0	—	—	—
Al 1kg/t	铝酸盐＋刚玉	12/60	0.962	0.020	3	0.0110	0.0099	－10

续表3

自耗电极终脱氧制度	原始夹杂物类型（金相）	重熔后夹杂物金相评级（平均）			电解夹杂物总量（平均）/%			
		炉数/试片数	氧化物	硫化物	试样数	重熔前	重熔后	变化率
AMS 10kg/t	铝硅酸盐＋锰橄榄石	$\frac{26}{90}$	0.783	0.020	4	0.0099	0.00553	－42
Ca－Si 1kg/t	钙硅酸盐	$\frac{3}{45}$	0.643	0.018	2	0.013	0.0053	－59

3 讨论

自耗电极的冶炼采用了十种不同的终脱氧制度。实验结果表明（见表1及表2）：经过电渣重熔质量都有所提高，然而提纯效果相差悬殊，就重熔精炼后钢中电解夹杂物总量和氧含量而言，混合稀土（Ce－La）、Ca－Mn－Si以及AMS（Al－Mn－Si）脱氧为最佳，除不加脱氧剂的外，以用Al脱氧为最差。由表1可见，随着终脱氧加Al量的增加，提纯效果恶化，重熔金属夹杂物总量（电解分析）、氧气含量全面提高。由表1同时可以看出，原始夹杂物含量多少，对重熔金属纯洁性无重大影响，例如用稀土（Ce－La），Ca－Mn－Si及AMS脱氧，原始夹杂物含量很高，重熔后反而更为纯净。

由表1还可看出，电解分析氧化物夹杂总量和气体分析氧含量基本上是相符的，而金相夹杂物总量和电解数据稍有差别，我们考虑这是分析方法差异所致。在放大115倍的情况下观察金相，尺寸在2μm以下的夹杂物全被忽略。所以我们认为夹杂物电解分析较为准确，以下讨论夹杂物的总量均以电解分析数据为根据。

在试验条件下，电极及结晶器几何尺寸、重熔电规范、渣成分及重量均不变，所以可以认为各炉试验的钢渣接触面积和钢渣接触时间是相同的。至于电渣炉自耗电极不同终脱氧制度的影响，只能通过夹杂物性质对钢渣反应的影响去考虑。

通过金相观察发现：轴承钢自耗电极冶炼，终脱氧加Al 1kg/t以上，非金属夹杂物以铝氧土为主，呈碎屑状，成群分布，夹杂物平均尺寸较小。而用Ca－Mn－Si、Ca及AMS终脱氧，夹杂物以钙硅酸盐、铝硅酸盐为主，钙硅酸盐呈球状，尺寸较大；铝硅酸盐呈菱形，尺寸也较大（见图1及图2）。

Case S. I等人主张用铝终脱氧[7]。然而传统的观点认为：用铝脱氧会形成固体脱氧产物——刚玉（Al_2O_3），呈细小颗粒弥散钢中。因为夹杂物聚结过程是一自发过程，它使总界面缩小，减少了界面自由能，传统的观点认为：只有液相夹杂物之间才发生聚结过程，所以脱氧产物熔点较低的，夹杂物才聚结增长。其次，颗粒间相互碰撞的频率和强度，对聚结过程也有一定影响[15]。

通过实验观察，认为后一种观点更符合我们的实际情况，关于夹杂物熔点见表4。对照表1、表3可以看出，熔点较低的硅酸盐夹杂物，尺寸一般较大。

表4 夹杂物的熔点

夹杂物名称	化 学 式	熔点/℃	参考文献
铝氧土	Al_2O_3	2020	[8]
铝硅酸盐	$3Al_2O_3 \cdot 2SiO_2$	1860	[8]

续表4

夹杂物名称	化学式	熔点/℃	参考文献
铝硅酸盐	$Al_2O_3 \cdot 2SiO_2$	1550	[8]
方石英	SiO_2	1610	[8]
钙硅酸盐	$CaO \cdot SiO_2$	1540	[8]
铬铁矿	$FeO \cdot Cr_2O_3$	2180	[8]
锰硅酸盐	$2MnO \cdot SiO_2$	1300	[9]
氧化铈	Ce_2O_3	1687	[10]

由表1、表2及图3可以看出，随着自耗电极原始夹杂物平均面积增大，电渣重熔非金属夹杂物（氧化物）的去除率显著提高。由图3可以看出，曲线接近0点斜率较大。说明在平均面积小于80μm^{2}时，夹杂物面积对提纯效果影响较大；当夹杂物大于80μm^{2}以后，曲线平直。这说明夹杂物大到一定程度就可充分为炉渣所吸收，所以继续强调增大原始夹杂物尺寸意义不大。为什么大颗粒夹杂物较细小夹杂物在电渣重熔过程中更易于去除？这正是本文要探讨的问题。文献［3］已证实电渣重熔过程中去除非金属夹杂物主要发生在电极末端熔滴形成阶段。电极端头夹杂物去除过程可以精确划为三个区段：

（1）非金属夹杂物从电极端头液态金属薄膜层内向钢渣界面转移；

（2）钢渣界面上非金属夹杂物为炉渣所吸附和溶解；

（3）夹杂物溶解产物离开钢渣界面向渣池内部扩散。

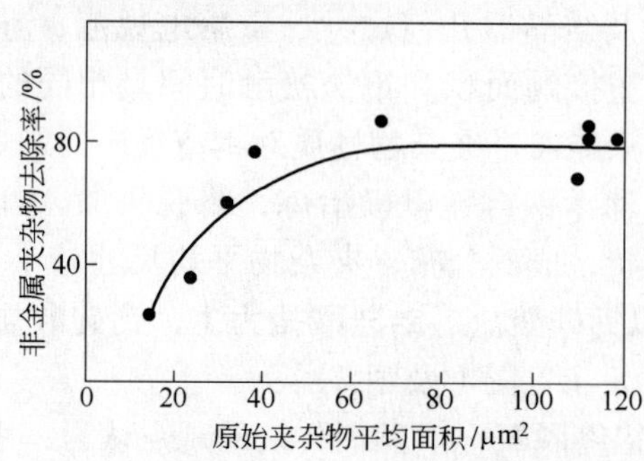

图3　原始夹杂物平均尺寸对重熔夹杂物去除率的影响

电渣重熔时，电磁力作用引起渣池强烈搅拌，使溶解的非金属夹杂物在渣池中剧烈运动，因而溶解的非金属夹杂物的物质传递取决于对流扩散，妨碍它运动的阻力很小，所以第三环节不是限制性环节。

钢—渣界面上非金属夹杂物为炉渣吸附和溶解的热力学条件如下所述。

Jarleborg O.[11]认为：电渣重熔过程炉渣吸附钢中夹杂过程，由于渣和夹杂物互溶性良好$\sigma_{渣—夹杂} \approx 0$；$\sigma_{渣—夹杂}$远大于$\sigma_{钢—渣}$，所以$\sigma_{渣—夹杂} + \sigma_{钢—渣} - \sigma_{钢—夹杂} < 0$，即自由能的变化$\Delta F < 0$。因此炉渣吸附非金属夹杂物是自发过程。

Поволоцин Д. Я.[12]具体计算球状氧化铝（Al_2O_3）和氧化硅（SiO_2），被CaF_2 -

$CaO-Al_2O_3$ 吸附是自发过程，必须 $\Delta F<0$，则要求有：

$$\sigma_{渣—夹杂}-\sigma_{钢—夹杂}-\sigma_{钢—渣}\cos\alpha<0$$

在渣和夹杂刚接触时 $\alpha=0°$，$\cos\alpha=1$。

在夹杂完全进入渣相时 $\alpha=180°$，$\cos\alpha=-1$。

作者计算球状夹杂物在1600℃时，$\alpha=144°\sim156°$（对 Al_2O_3）及 $\alpha=126°\sim134°$（对 SiO_2）对应 $\Delta F=0$。此时夹杂物大半（2/3～3/4）进入渣相。作者认为反应的下一步是夹杂物通过溶解完全进入渣相。Mitchell A.[2] 及 Воронов В. А.[13] 计算夹杂物在渣中溶解极为迅速，直径 2μm 的 Al_2O_3 夹杂在 $CaF_2-Al_2O_3$ 渣中（1518℃）溶解仅需0.02s。

综上所述，我们认为由于界面能的作用，加上炉渣对夹杂的溶解，只要夹杂物和渣相接触，就能被炉渣吸收，所以第二环节是自发过程，也不是限制性环节。

电渣重熔过程，电极端头熔化的金属，沿锥头滑移（见图4），具有分层和波纹特征，基本上属于层流。液态金属薄膜层厚50～200μm[14]，远大于夹杂物直径。特别是夹杂物没有自发由液态金属薄层内向钢—渣界面移动的动力。而且由于夹杂物在液态金属层内浮升的作用，使夹杂物向内移动。显然可以认为夹杂物由液态金属层内向钢—渣界面转移是限制性环节。在液态金属流沿锥头向下滑移时，受重力作用，密度比钢液小的夹杂物会滞后于金属流，如此增加了夹杂物和渣相接触的概率，夹杂物颗粒越大滞后越大，和渣相接触概率也增大了，这就是为什么低熔点大颗粒夹杂在电渣重熔过程比高熔点弥散分布的小颗粒夹杂更易为渣所吸收的原因。

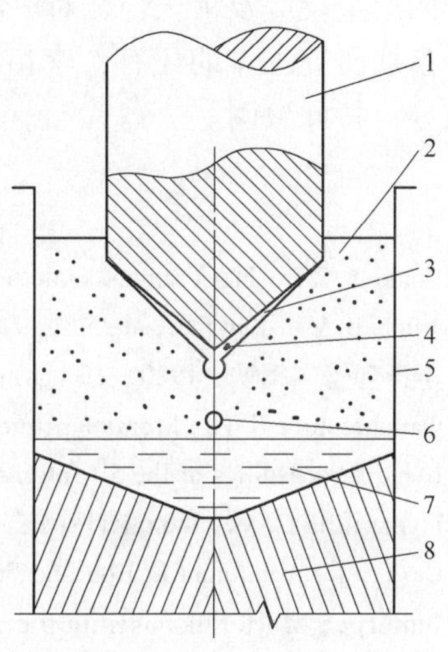

图4　电渣重熔过程原理图

1—自耗电极；2—渣池；3—液态金属层；4—夹杂物；5—结晶器；6—熔滴；7—金属熔池；8—铸锭

由表1及表2可见，重熔前后非金属夹杂物类型、成分是不同的，这是由于大部分原始夹杂物在电渣重熔过程中电极端头熔滴形成阶段已去除，一部分残留夹杂物随金属液态进入渣池，炉渣和夹杂物边缘作用，导致夹杂物具有复杂结构。研究工作发现电渣钢夹杂物中心和边缘成分不同，这种复杂结构是电炉钢夹杂物特征。炉渣对电极中夹杂物化学活性越大，夹杂物结构变化越大。其次，还有一部分不稳定氧化物高温分解，呈合金元素和［O］溶合。在金属熔池中，随温度下降，钢中［O］的溶解度下降，重新氧化，形成新生夹杂物。新生夹杂物成分由钢中元素的活度及其与氧结合力所决定。如电渣重熔加 Al 1.5kg，重熔钢中残余铝高达0.07%，在金属熔池凝固阶段，细小分散的氧化铝夹杂上浮困难，残存钢中。

工业试验再次证实，用Al脱氧的电极，电渣重熔提纯效果最差，并随加Al量增多而恶化；而用Ca－Si及AMS脱氧的电极，重熔提纯效果较好。验证了上述“低熔点大颗粒原始夹杂物在电渣重熔过程易去除”的论点。

关于不进行终脱氧重熔效果恶化的原因，可以认为是不稳定夹杂物 MnO·FeO 会增加钢对夹杂物的润湿作用，$\sigma_{钢—夹杂}$ 较小。同时一部分夹杂物高温分解，形成［O］溶于钢中，无法通过渣洗作用去除。

4 结论

（1）电渣重熔自耗电极原始夹杂物的类型、成分和尺寸对重熔提纯效果具有重大影响，所以恰当选择自耗电极冶炼方式和脱氧制度，可以有目的地控制电渣重熔钢纯净度及夹杂物成分和类型。

（2）研究发现：电渣重熔电极的冶炼若采用 Ca－Mn－Si 及 AMS（Al－Mn－Si）复合脱氧剂，形成的原始夹杂物是稳定的硅酸盐，熔点较低，具有较大聚集趋向，经电渣重熔过程易去除。

（3）研究表明：用铝终脱氧，特别当加 Al 量在 1kg/t 以上时，原始夹杂物为高熔点铝矾土，细小分散，在电渣重熔过程难为渣所吸收。

（4）自耗电极的冶炼若用稀土合金脱氧，重熔精炼效果优异，关于稀土元素电渣过程的冶金反应及稀土合金对电渣钢质量的影响有待进一步深入研究。

参加研究工作的还有：李谊大、阎禄令、黄景魁同志，本研究工作得到邵象华主任指导，特此致谢。

参考文献

［1］Волков С. Е. . Неметаллические включения н ДеФекты в элёктрошлаковом слитке，1979：9～12.
［2］Mitchell A. ，Barel B. . Metallurgical Transations，1970，（1）：2253～2256.
［3］李正邦等．钢铁，1980，15（1）：20～26.
［4］Файынсович Л. И. . Металлургнческая н горнорудная промышленность，1964，（5）：18～21.
［5］Rehak Proceedings of the 5th International Conference on VAM and ESR Processes，1976：147～152.
［6］Пупынина С. М. . Бюл. ИН－Та. Черметинформацця，1972，（2）：37～39.
［7］Case S. I. . Aluminum in Iron and Steel，NewYork，John Wiloy and Sons，Inc. ，1953.
［8］Виноград М. И. . Включения в стали и ее свойства，Москва，Металлу-ргня，1963.
［9］Червяков А. Н. . Металлографическое определение вклчений в стали，Москва，Металлургия，1953.
［10］四川大学化学系．稀有元素物理化学及热力学性质手册［M］．北京：科学出版社，1960.
［11］Jarleborg O. . Clean Steel，Stockholm，IVA，1971，（1）：54～57.
［12］Поволоцин Д. Я. . ИЗВ ВУЗ Ч ерная металлургия，1971，（12）：14～21.
［13］Воронов В. А. . ИЗВ АН СССР Металлы，1975，（3）：62～68.
［14］Fraser M. E. ，Mitchell A. . Ironmaking and Steelmaking，1976，（3）：5.
［15］北京钢铁学院．普通电冶金学［M］．北京：中国工业出版社，1962.

The Influence of Composition of Inclusions in Consumable Electrode on the Effect of Electroslag Remelting

Li Zhengbang　Zhou Wenhui　Wang Qinghe

（Central Iron and Steel Research Institute）

Abstract　The ball－bearing steel ZGCr15 was used for the study. The steel was deoxidized in nine different ways（Al 0. 5kg/t，Al 1kg/t，Al 1. 5kg/t，Ca 1kg/t，Mn 1kg/t，Ca－Si 1kg/t，Si－

Mn – Ca 7kg/t, AMS 10kg/t, Ce – La 0. 5kg/t) and some heats without any addition of deoxidant in order to obtain different types of inclusions in casted consumable electrode. The tests show that the removal of nonmetallic inclusions by the ESR process is influenced by the composition and the sire of original inclusions in the consumable electrode, thus the total amount, shape and chemical composition of the nonmetallic inclusions in the ESR steel can be precisely controlled within certain limits. Generally the original inclusions with lower melting point and larger size can be easily removed by electroslag refining because they are ready to be transferred into the metal – slag interface and dissolved by the slag contacted.

Experiments show that the best refining effect was obtained, when the consumable electrode steel was deoxidized with Si – Mn – Ca and AMS, and industrial production has confirmed the above conclusion.

低氟渣及无氟渣电渣重熔研究*

摘　要　传统的电渣重熔工艺存在着污染环境和比电耗过高的弊病。本工作探索到 L－4 和 F－3（48% CaO、48% Al_2O_3、4% MgO）两种新渣系，将其在不同条件下进行了炉气中含氟量、比电耗和熔速的实测；并就采用新渣系重熔时沿锭高方向化学元素及渣成分、电渣锭高、低倍和机械性能、钢中氧和氧化物夹杂含量、氢行为、电渣锭密度和二次晶轴间距等进行了测定，证实了低、无氟渣的优越性。

文中对采用新渣系能降低比电耗和提高熔速的原因进行了讨论，并给出了实测结果，对新工艺条件下电极端头形状的形成机理给予了定性分析，还导出了相应的计算渣池电阻的数学公式，即：

$$R_{锥头} = 2\rho h^2 / \pi l_0 d^2 \left[\frac{h}{l_0} + \ln l_0 + \ln(l_0 + h) \right]$$

$$R_{平头} = 4\rho H / \pi d^2$$

$$R_{凹形} = \rho h / \pi \left[\ln\left(H + a + \frac{bd^2}{4} \right) + \ln\ (H + a) \right]$$

1　前言

电渣重熔是在强制的水冷结晶器中进行、有熔渣参与反应并靠渣阻热进行重熔重铸，从而达到最大的渣－金属反应界面和顺序凝固的目的，可生产性能优异的金属及合金，也为获得优质大型锻件提供了必要条件。然而传统的电渣重熔工艺存在着污染环境和比电耗过高的弊病。

通常使用的 AHΦ－6 渣（70% CaF_2 + 30% Al_2O_3），在电渣重熔过程中，CaF_2 可与其他许多物质反应，生成含氟气体。常见的反应有：

$$2CaF_2 + Si \rightleftharpoons 2Ca + SiF_4 \uparrow$$

$$2CaF_2 + Ti \rightleftharpoons 2Ca + TiF_4 \uparrow$$

$$3CaF_2 + 2Al \rightleftharpoons 3Ca + 2AlF_3 \uparrow$$

$$CaS + 3CaF_2 + 4Fe_3O_4 \rightleftharpoons 4CaO + 12FeO + SF_6 \uparrow$$

$$2CaF_2 + 2H_2O \rightleftharpoons 2CaO + 4HF \uparrow$$

$$2CaF_2 + C \rightleftharpoons 2Ca + CF_4 \uparrow$$

氟化钙在电渣重熔过程中放出的毒物种类及数量列于表 1。经调查和研究证实，由氟化钙所产生的毒物对人乃至动物会产生一系列生理性障碍和器质性病变[1~4]。

电渣重熔比电耗偏高是一个普遍性的问题。苏联的 Днепро 钢厂 2t 电渣炉的电耗为 1400kW · h/t；英国 Birlec 公司制造的电渣炉为 1200～1600kW · h/t；西德 Herae-

* 本文合作者：茅洪祥。原发表于《钢铁研究总院学报》，1983，3（4）：597～611。

us 公司设计与制造的电渣炉为 1200～1500kW·h/t；我国的平均比电耗为 1952kW·h/t。由文献［1］提供的理论计算为 421kW·h/t。因此我国电渣炉的电热效率仅为 21.11%。

表 1　氟化钙在电渣重熔过程中产生的毒物种类及数量

毒物种类	100kg 氟化钙产生的最大量/mg	极限允许值 /(mg·m^{-3})	稀释至极限允许值所需的空气量/m^3
Pb	100000	0.15	7×10^5
HF	360000	2	2×10^4
Be	100	0.002	5×10^4
SO_2	200000	13	2×10^4
As	5000	0.5	1×10^4

基于改善电渣重熔对环境的污染和降低比电耗这一目的，一些国家进行了这方面的研究[5~9]。他们的试验虽初步达到了上述目的，然而在选择更为理想的渣系配比及应用新渣系后所产生的一系列重熔工艺参数和钢质量等的特征性变化方面尚未进行深入探讨。本工作旨在摸索适合我国条件的新渣系，并结合目前广泛采用的大填充比新工艺[10]，进行比较系统的试验研究，期望实现既节电又无污染的电渣冶金新技术。

2　研究方法

选择试验渣系的原则是尽量不用或少用 CaF_2（<20%），避免污染；在许可的条件下尽可能增大渣阻，以提高熔速，降低比电耗。我们参考了渣系相图，结合实践经验，对三种无氟渣，四种低氟渣的性质进行了测定。熔点、黏度和表面张力分别用高温显微镜、旋转黏度计和最大气泡法测得；电导值由实测数据计算得到。随后将七种试验渣与 AHΦ－6 进行试验室条件下重熔工艺特性和质量等进行全面对比。

试验在 50kg 电渣炉上进行，重熔钢种为 45 钢，输入功率 70～80kV·A，结晶器 ϕ120mm，电极 ϕ70mm，液渣引燃，试验结果列于表 2。经综合对比确认，L－4 和 F－3 是两个比较好，且值得进行工业试验的渣系。首先进行了工业性全面对比，并在此基础上进行批量试验和其他有关测试，最后进行重熔过程炉气中含氟量的测定。

3　试验条件及结果

3.1　试验室条件下的试验研究

3.1.1　三种渣系比电耗与熔速的对比

三种渣系比电耗与熔速的对比试验结果列于表 3。

3.1.2　三种渣系提纯效果的对比

为考核新渣系对重熔钢提纯效果的影响，特选用北京特钢厂在电弧中用铝脱氧生产的 GCr15，试样由 ϕ100mm 锻成 ϕ45mm 的自耗电极。原始电极的检验结果和试验室的重熔条件及重熔后的检验结果见表 4、表 5。

表 2　试验室条件下渣系选择实验结果对比

渣　号	化学成分/%					熔点/℃	黏度（1600℃）/(Pa·s)	比电导（1850℃）/($\Omega^{-1}\cdot cm^{-1}$)	过程稳定性	铸锭表面质量	熔池形状		熔速/($kg\cdot min^{-1}$)	比电耗/($kW\cdot h\cdot t^{-1}$)	表面张力/($dyn\cdot cm^{-1}$)
	CaO	Al_2O_3	MgO	SiO_2	CaF_2						深度/mm	圆柱形高/mm			
AHΦ－6	—	30	—	—	70	1450	0.016	4.5	稳定	良好	60	18	0.72	1480	252
L－1	30	40	15	—	15	1297	—	—	不稳	良好	89	28	1.05	1035	—
L－2	40	40	—	10	10	1292	—	—	不稳	有沟纹	90	16	0.886	1010	—
L－3	25	40	17	—	18	1254	—	—	稳定	不光洁	120	19	0.816	1300	—
L－4	$CaO-Al_2O_3-MgO-15\%CaF_2$					1390	0.08	2.76	稳定	光洁	75	30	1.04	856	429
F－1	50	50	—	—	—	1333	—	—	稳定	良好	86	25	1.14	970	—
F－2	42	52	—	6	—	1306	—	—	不稳	不光洁	82	15	1.09	1090	—
F－3	48	48	4	—	—	1400	0.02	2.97	稳定	良好	60	12	1.08	1013	327

表 3　三种渣系比电耗与熔速的对比试验结果

渣　号	重熔钢种	重熔时间/min	锭重/kg	电制度		铸锭外观	熔速/($kg\cdot h^{-1}$)	平均电耗/($kW\cdot h\cdot t^{-1}$)	备　注
				电流/A	电压/V				
L－4	GCr15	15	13	1100/1300	43	光洁	52	956.6	L－4 渣比
AHΦ－6	GCr15	32	16	1400/1500	38	光洁	30.3	1554	AHΦ－6 渣降低
F－3	GCr15	21	17.4	1700/1800	43	光洁	49.7	1234	597.4kW·h/t

表 4　原始电极高低倍检验结果

钢　种	带　状	淬火网状	液　析	夹　杂　物			备　注
				氧化物	硫化物	点状	
GCr15	2	1	0	2.5	1	1.5	这批钢的检验结果明显不符合 YB 9—68 的规定
	1.5	1	0	4	2	2.5	
	1	1	0.5	3	2.5	1.5	
	2	1	0.5	1.5	2	2	
	1	1	0	1.5	0.5	0	

表 5　重熔条件及重熔后高低倍检验结果

钢种	渣号	电制度		高　低　倍						备　注
							夹　杂　物			
		电流/A	电压/V	带状	液析	淬火网状	氧化物	硫化物	点状	
GCr15	AHΦ－6	1500	35	1	0	1	0.5	0.5	0	采用三种渣系重熔后电渣锭的高低倍检验结果相同，均符合 YB9—68 的要求
				1	0	1	0.5	0.5	0	
				1	0	1	0.5	0.5	0	
				1	0	1	0.5	0.5	0	
GCr15	L－4	1300	45	1	0	1	0.5	0.5	0	
				1	0	1	0.5	0.5	0	
				1	0	1	0.5	0.5	0	
				1	0	1	0.5	0.5	0	
GCr15	F－3	1400	40	1	0	1	0.5	0.5	0	
				1	0	1	0.5	0.5	0	
				1	0	1	0.5	0.5	0	
				1	0	1	0.5	0.5	0	

3.1.3　三种渣系重熔过程氢行为的试验

电渣重熔过程“吸氢”是一个致命的弱点。新渣系中增加了易于水化的 CaO 以后，重熔钢能否满足含氢量的要求显然是个疑虑。为此选用四种配比的渣系，其重熔工艺条件相同，仅渣料的烘烤时间不同。

在重熔过程中用 ϕ5mm 的石英玻璃管从熔池中沿锭高的下、中、上三个部位吸取金属样，当即淬水冷却固氢，然后保存在干冰桶内防止氢气逸出。用“真空熔融气相色谱仪”分析。结果列于表 6。

由此试验结果可知：即便含有大量易水化的 CaO 的 F－3 渣系，只要在使用前充分烘烤脱水，钢中含氢量并不高于其他渣系，甚至有达到比 AHΦ－6 渣含氢更低的可能。四种渣系在重熔过程中氢的含量均有沿锭高方向减少的趋势，唯 AHΦ－6 渣的下降趋势不明显。这一现象也许如文献［7］所述，重熔时气相中的氢通过熔渣往金属熔池的传递能力，氟化物基渣比氧化物渣要大。因此在氢分压大的条件下重熔时，氧化物渣系就具有优越性。

3.1.4　三种渣系重熔前后化学元素及炉渣成分变化规律

以重熔 GCr15 钢为例进行的对比结果列于表 7。从表 7 可以看出，三种渣系条件

表 6　不同渣系条件下重熔过程中熔池含氢量①

渣　号	渣配比/%				钢中含氢量/(mL·$100g^{-1}$)			备　注
	CaF_2	Al_2O_3	CaO	MgO	下	中	上	
F－3	—	48	48	4	1.26	1.10	1.11	渣料烘烤 600℃，6h
—	—	60	35	5	2.28	2.30	1.94	渣料烘烤 600℃，4h
AHΦ－6	70	30	—	—	1.51	1.48	1.46	渣料烘烤 600℃，4h
L－4	$15CaF_2-Al_2O_3-CaO-MgO$				2.68	2.18	1.32	渣料烘烤 600℃，4h

① 为三个试样的算术平均值。

表 7　三种渣系条件下重熔前后化学元素及渣成分变化

渣　号		化学成分/%								渣成分/%						
		C	Si	Mn	S	P	N	Cr	Al	SiO_2	Al_2O_3	MgO	TCa①	P	S	F
AHΦ－6	重熔前	0.96	0.19	0.20	0.009	0.008	0.010	1.46	<0.03	4.55	27.43	2.32	40.25	0.010	0.061	22.0
	重熔后	0.94	0.18	0.19	0.008	0.007	0.0094	1.46	<0.03	6.94	25.69	2.13	40.60	0.010	0.034	23.5
	变化率/%	－2.1	－5.26	－5	－11.11	－12.5	－6	0	—	＋53	－6	－8	＋0.9	0	－44	＋7
L－4	重熔前	0.97	0.19	0.20	0.009	0.007	0.011	1.43	<0.03	1.61	48.66	7.58	29.40	0.010	0.033	6.3
	重熔后	0.95	0.15	0.19	0.008	0.007	0.0098	1.30	<0.03	4.42	46.48	6.89	30.34	0.010	0.019	7.0
	变化率/%	－2.1	－21	－5	－11.11	0	－10.93	－9.1	—	＋175	－4	－9	＋3	0	－42	＋11
F－3	重熔前	0.95	0.20	0.20	0.007	0.01	0.01	1.46	<0.03	4.18	46.43	8.63	29.93	0.010	0.090	—
	重熔后	0.93	0.15	0.19	0.006	0.007	0.0093	1.45	<0.03	8.83	40.53	7.25	30.79	0.010	0.038	—
	变化率/%	－2.1	－25	－5	－14.29	－30	－15.45	－0.68	—	＋111	－13	－16	＋3	0	－58	

① TCa 为渣中总 Ca 量。

下，各种元素的变化趋势基本一致，只有 L－4 和 F－3 渣系的 Si 和 Cr 的烧损稍大。同时也可看到，L－4 和 F－3 渣在重熔后渣中 SiO_2 含量明显高于 AHΦ－6 渣。这个结果与化学元素的变化规律相符。

3.2 工业条件下的试验研究

3.2.1 工业条件下三种渣系对比电耗的影响

用 G20CrNi2MoA 钢，在本钢 1t 电渣炉上进行。变压器容量为 1800kV · A，用石墨电极在结晶器内化渣，液渣引燃。结果列于表 8。

表 8 工业条件下三种渣系对比电耗影响的对比

锭型 /t	渣制度		几何尺寸			电制度			锭表	比电耗 /(kW · h · t^{-1})	备 注
	渣号	渣量 /kg	结晶器直径 /mm	电极直径 /mm	填充比	输入功率 /kW	电流 /A	电压 /V			
1	AHΦ－6	32	360	286	0.61	272/280	8500	32/33	良	1284	L－4 渣比 AHΦ－6 渣比电耗降低 372kW · h/t
1	L－4	32	360	286	0.61	315/323	7500	42/43	优	912	
1	F－3	32	360	286	0.61	285/300	7500	38/40	良	995	

3.2.2 三种渣系在不同填充比条件下熔速实测的回归处理

采用与 3.2.1 同样的试验条件，测定了大、小两种填充比条件下三种渣系对熔速的影响，并回归处理，其结果列于表 9 和图 1。

表 9 不同填充比的回归处理结果

渣 系	填充比	回归方程 $y = a + bt$	相关系数	剩余标准离差
AHΦ－6	0.24	$y = -11.22 + 1.52t$	0.9997	3.66
	0.61	$y = -49.28 + 4.58t$	0.995	50.97
L－4	0.24	$y = -9.09 + 1.73t$	0.9996	4.27
	0.61	$y = -40.83 + 5.63t$	0.997	21.62
F－3	0.24	$y = -8.33 + 1.62t$	0.9997	2.44
	0.61	$y = -39.39 + 5.08t$	0.59	323.52

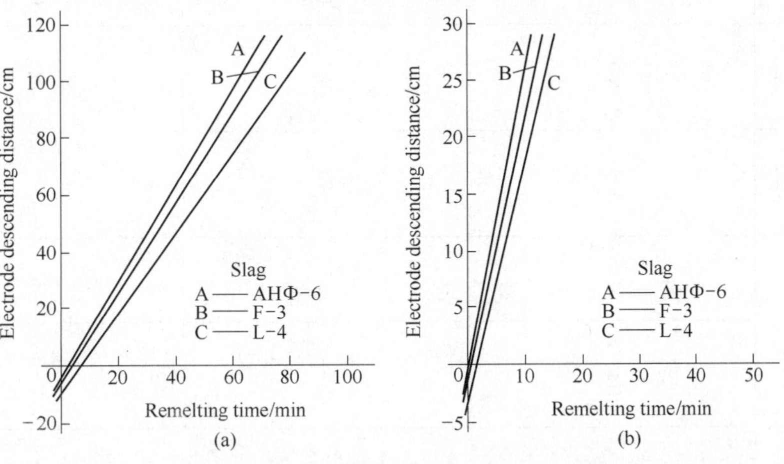

图 1 电极下降速度与熔化时间的关系

（a）低充填比；（b）高充填比

表 10　三种渣系条件下重熔过程沿锭高方向化学元素和渣成分的变化

钢种	渣　号	渣量/kg	几何尺寸			电制度		试样编号	化学成分/%							渣成分/%				
			电极直径/mm	结晶器直径/mm	填充比	电流/A	电压/V		C	Si	Mn	Cr	Ni	Mo	Al	SiO_2	Al_2O_3	TCa①	MgO	P
G20Cr Ni2MoA	AHΦ-6	32	175	360	0.24	6250/6500	64	电极	0.21	0.29	0.61	0.60	1.82	0.25	0.023	—	—	—	—	—
								5-1	0.21	0.21	0.55	0.58	1.84	0.23	—	0.70	30.27	32.95	0.75	<0.005
								5-2	0.21	0.24	0.58	0.59	1.82	0.23	0.0097	2.60	26.25	33.38	0.65	<0.005
								5-3	0.21	0.25	0.58	0.58	1.83	0.24	0.0077	4.15	25.95	33.98	0.65	0.009
								5-4	0.21	0.25	0.60	0.58	1.84	0.24	—	5.80	25.41	33.70	0.76	<0.005
								5-5	0.21	0.24	0.58	0.58	1.84	0.24	—	—	—	—	—	—
	L-4	32	175	360	0.24	5500	64	电极	0.21	0.30	0.61	0.59	1.82	0.23	0.022	—	—	—	—	—
								1-1	0.21	0.27	0.58	0.58	1.90	0.24	0.015	1.88	50.08	26.19	3.83	0.008
								1-2	0.19	0.19	0.57	0.59	1.86	0.24	0.010	3.70	48.64	25.73	4.80	<0.005
								1-3	0.21	0.22	0.60	0.58	1.84	0.24	0.0078	5.50	46.21	26.47	4.57	0.010
								1-4	0.21	0.23	0.59	0.59	1.83	0.25	0.0072	6.75	42.19	25.50	4.00	<0.005
								1-5	0.21	0.24	0.60	0.59	1.83	0.25	—	6.80	43.50	24.87	4.09	<0.005
	F-3	32	175	360	0.24	5000/5500	64	电极	0.21	0.30	0.61	0.59	1.84	0.22	0.022	—	—	—	—	—
								4-1	0.21	0.17	0.57	0.58	1.88	0.24	0.014	2.10	46.15	32.46	4.46	<0.005
								4-2	0.21	0.23	0.60	0.59	1.84	0.24	0.020	4.90	44.58	31.20	4.29	0.010
								4-3	0.21	0.22	0.59	0.59	1.84	0.24	0.013	7.15	44.06	30.44	4.26	<0.005
								4-4	0.21	0.25	0.60	0.59	1.83	0.24	0.014	8.45	43.05	29.85	4.34	<0.005
								4-5	0.20	0.23	0.58	0.59	1.83	0.23	—	9.25	43.41	29.63	4.19	<0.005

① TCa 表示渣中的总 Ca 量。取样编号从锭底往上依次为 1～5。

在工业条件下不同填充比三种渣系实测电极下降速度对时间的回归处理得到的变化趋势一致，进而又证实 AHΦ－6 渣的熔速最低，F－3 渣居中，L－4 的熔速最高。

3.2.3　三种渣系重熔过程沿锭高方向化学元素及渣成分变化的规律

为进一步了解渣系改变对重熔过程中化学元素及渣成分的变化规律，工业条件下测得的结果如表 10。

3.2.4　在工业条件下用三种渣系重熔得到的电渣钢成品化学成分对比

重熔钢的化学成分能否满足要求是至关重要的。为此采用随机抽样检验的办法，得到了三种渣系重熔后成品钢的化学成分与原始电极的比较，结果见表 11。

表 11　三种渣系在工业条件下得到的电渣钢化学成分对比

试验炉号	渣系	钢　种	化学成分/%									备　注
			C	Si	Mn	P	S	Cr	Ni	Mo	残余 Al	
自耗电极	—	G20CrNi2MoA	0.22	0.24	0.60	0.010	0.005	0.59	1.86	0.25	0.04	
0D117－1	AHΦ－6	G20CrNi2MoA	0.21	0.26	0.57	0.010	0.004	0.61	1.84	0.24	0.04	每炉的第一行数字为电渣锭尾部分析结果；第二行数字为头部分析结果
			0.20	0.24	0.58	0.009	0.006	0.61	1.84	0.25	0.03	
0D117－2	AHΦ－6	G20CrNi2MoA	0.20	0.23	0.55	0.009	0.004	0.60	1.82	0.23	0.03	
			0.20	0.23	0.57	0.009	0.005	0.60	1.82	0.24	0.03	
0D117－3	L－4	G20CrNi2MoA	0.21	0.20	0.57	0.009	0.006	0.61	1.84	0.24	0.03	
			0.21	0.24	0.59	0.009	0.006	0.60	1.82	0.24	0.03	
0D117－4	L－4	G20CrNi2MoA	0.21	0.22	0.58	0.009	0.004	0.59	1.82	0.24	0.03	
			0.20	0.23	0.59	0.009	0.005	0.60	1.82	0.24	0.03	
0D117－5	F－3	G20CrNi2MoA	0.21	0.19	0.58	0.010	0.006	0.60	1.84	0.24	0.03	
			0.21	0.21	0.60	0.009	0.005	0.61	1.82	0.23	0.03	
0D117－6	F－3	G20CrNi2MoA	0.21	0.19	0.57	0.009	0.006	0.60	1.84	0.24	0.05	
			0.21	0.19	0.58	0.009	0.007	0.61	1.82	0.25	0.05	

由表 11 可知，用 L－4 和 F－3 渣进行电渣重熔与 AHΦ－6 渣同样可以满足钢的化学成分范围。除 Si 的烧损略大一些外，其他元素的变化范围与 AHΦ－6 渣基本一致。因此 L－4 和 F－3 渣完全可适用于一般钢种（除含大量易氧化元素的钢种外）的电渣重熔。

3.2.5　工业条件下重熔钢的检验

新渣系在试验室条件下采用 GCr15 钢，经电渣重熔，从高、低倍检验结果的对比，可清楚地看到，它并不亚于采用 AHΦ－6 渣（见表 5）。然而在工业条件下改变重熔钢种将会如何呢？为此以批量生产的 G20CrNi2MoA 钢进行了抽检，结果列于表 12 和表 13。

从对比中看到，新渣系的重熔钢高、低倍与原工艺基本一致；而机械性能，前者的强度大些，其韧性指标略有降低。至于钢中氧和氧化物夹杂总量，新渣系略显优越性。

表 12 高低倍及机械性能检验结果

试验炉号	锭型/t	电渣材直径/mm	低倍				高倍			机械性能（平均值）			
			一般疏松	中心疏松	偏析	断口	脆性夹杂	塑性夹杂	晶粒度	σ_b/(kgf·mm^{-2})	ψ/%	δ/%	a_K/(kgf·m·cm^{-2})
原工艺	1	85	0×8	0×8	0×7 0.5×1	—	1.5×2 1.0×2 0.5×4	1.0×2 0.5×6	7 6~7	111.7	57.8	16.6	15.0
0D117$^{-1}_{-2}$	1	85	0×4	0×4	0×4	好	0.5×3 1.0×1	0.5×4	7 6~7	114.0	58.5	15.3	12.9
0D117$^{-3}_{-4}$	1	85	0×4	0×4	0×4	好	0.5×2 1.0×1 1.0×1	0.5×4	7	115.0	56.0	14.7	13.1
0D117$^{-5}_{-6}$	1	85	0×4	0×4	0×4	好	0.5×2 1.0×2	0.5×4	7	113.0	57.7	14.6	13.3

表 13 钢中氧和氧化物夹杂含量比较

工艺要点	氧化物夹杂总量/%	夹杂物成分/%					氧含量/%	备注
		Al_2O_3	MnO	MgO	FeO	SiO_2		
原工艺	0.0080	0.0065	0.0001	0.0004	0.00005	0.0005	0.0044	
0.61 填充比 + AHΦ-6 渣系	0.00062	0.0053	0.0001	0.0001	0.00002	0.0004	0.0036	
0.61 填充比 + L-4 渣系	0.00064	0.0047	—	0.0004	0.00004	0.0004	0.0033	

3.3 工业条件下的其他有关测试

3.3.1 电渣重熔过程炉气中含氟量的测定

试验条件由表 14 列出。以相等的时间进行取样，用氟离子选择性电极法测定炉气中总氟量，其结果列于表 15。三种渣系条件下炉气中含氟量的平均比为 F-3：L-4：AHΦ-6 = 1：1.47：4.03。可见低、无氟渣在改善环境方面的显著效果。从数据处理中得到，炉气中的含氟量基本上遵循正态分布规律变化。

表 14 炉气中含氟量测定的试验条件

重熔钢种	渣号	渣量/kg	几何尺寸			变压器容量/(kV·A)	最大工作电流/A	锭重/kg	引燃方法
			结晶器直径/mm	电极直径/mm	填充比				
G20CrNi2MoA	AHΦ-6	4	150	70	0.22	700	10000	90	液渣引燃
	L-4	4	150	70	0.22	700	10000	90	液渣引燃
	F-3	4	150	70	0.22	700	10000	90	液渣引燃

表 15　不同渣系条件下炉气中含氟量测定比较　（mg/m^3）

渣号	炉号	空白	1	2	3	4	5	6	平均
F－3	611	2.00	4.00	—	4.44	—	3.78	2.14	3.59
F－3	731	—	3.16	—	4.12	—	2.86	2.42	3.14
L－4	601	—	4.20	4.24	—	4.36	3.28	3.14	3.84
L－4	661	3.60	5.78	8.22	8.26	4.36	4.28	3.80	6.07
AHΦ－6	651	1.33	23.00	26.67	26.22	19.77	19.11	14	21.46
AHΦ－6	621	—	26.44	16	18.22	18.44	22.22	10.48	18.63

3.3.2　电渣重熔过程分流的测试

电渣重熔时，正常的回路工作电流经由电极→熔渣→金属熔池→凝固锭子→底水箱。然而在实际的重熔过程中，往往出现电极→渣面→结晶器壁→凝固锭子→底水箱这样的非正常回路，称为分流。分流不仅使电能损失，而且使渣面温度升高，造成熔渣的某些组元挥发，改变了渣的组成和物理化学特性。当重熔含 Al、Ti 等易氧化元素的钢种时，容易造成成分的偏差[11]。熔渣组分对产生分流有很大的影响[12]。我们进行了工业条件下的测试，测试条件及结果见表 16。结果表明，L－4 渣比 AHΦ－6 渣的分流小得多，而 F－3 渣的分流最大。

表 16　分流测定的条件及结果

钢　种	渣号	工作电流/A	工作电压/V	变压器容量/(kV·A)	最大二次电流/A	电极直径/mm	结晶器直径/mm	填充比	结晶器与底水箱绝缘电阻/kΩ	分流值
G20CrNi2MoA	L－4	5500	64	1800	19600	175	360	0.24	80	5～110
	F－3	5500	64	1800	19600	175	360	0.24	75	375～590
	AHΦ－6	6250/6500	64	1800	19600	175	360	0.24	50	200～400

3.3.3　电渣锭二次晶轴间距的测定

对两种工艺条件下重熔的电渣锭稳定区的相应熔池部位，并在距硫印轮廓线底约 10mm 处取样，经 Stead 试剂腐蚀后放大 20 倍下用图像仪自动测定，其结果见表 17。由表可见，新工艺的二次晶轴间距的平均值比原工艺减少 11.2μm，钢锭的偏析度小，成分及组织也比较均匀。

表 17　两种工艺条件下电渣锭二次晶轴间距测定结果

工艺条件	钢　种	二次晶轴间距/μm									平均值/μm
		1	2	3	4	5	6	7	8	9	
0.24 填充比＋AHΦ－6 渣系	G20CrNi2MoA	72	132	171	149	139	148	158	90	62	124.6
0.61 填充比＋L－4 渣系		88	113	130	114	108	117	107	151	93	113.4

3.3.4　电渣锭密度的测定

钢的密度直接影响它的物理性能。为验证新工艺的可信度，对两种工艺条件下重熔的电渣锭的相应部位（钢锭半径的 1/2 处）取样，用静水力学法测定，其结果见表 18。可见用新工艺重熔得到的电渣锭的密度比原工艺略有提高。

表 18　两种工艺条件下电渣锭密度测定结果

工艺条件	测定部位	密度/($g \cdot cm^{-3}$)
0.24 填充比 + AHΦ-6 渣系	半径的1/2处	7.56239
0.61 填充比 + L-4 渣系	半径的1/2处	7.57464

4　讨论

4.1　采用高电限的低、无氟渣进行电渣重熔能明显降低比电耗并提高熔速

采用高电限的低、无氟渣进行电渣重熔能明显降低比电耗，提高熔速是由于：

(1) 新旧渣系的渣阻和黏度不同（见表2）。新渣系可改变渣池的温度场和渣池与结晶器壁间的对流换热系数 α。这样可减少冷却水从渣池与结晶器接触面处带走的热量 Q_Σ（见图2）[13]。依据文献［13］的数据并结合工业试验，按对流换热的牛顿定律[14]可得：

$$\overline{Q}_\Sigma = \alpha \cdot F(\bar{t}_f - t_w) \cdot t/860W$$

式中　$\bar{t}_f$——渣池平均温度，℃；

t_w——冷却水出口温度，℃；

α——对流换热系数，kcal/($m^2 \cdot h \cdot$℃)；

F——对流换热面积，m^2；

t——重熔时间，h；

W——重熔锭质量，t。

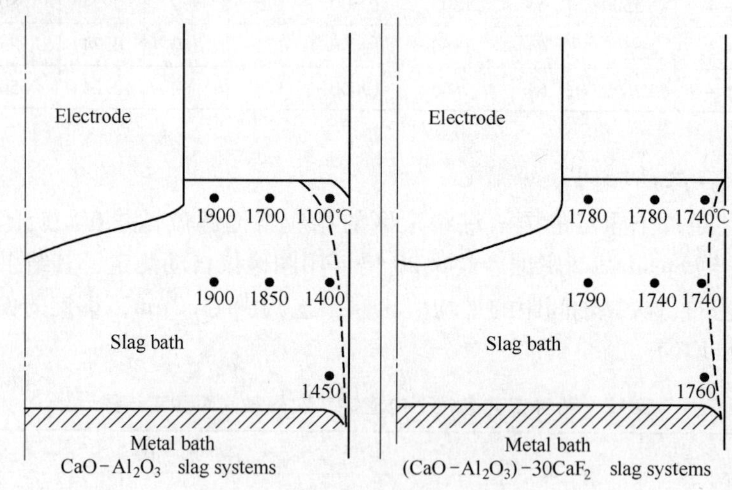

图2　渣池中的温度分布

计算结果列于表19。由计算结果表明，L-4 渣与 AHΦ-6 渣相比，仅通过渣池和结晶器壁间由冷却水带走的热损差达 813kW·h/t。在实际重熔过程中，有：

$$\overline{Q}_\Sigma = C \cdot q(\overline{T}_1 - T_0) \times 10^6/860W$$

式中　C——水的比热，cal/(g·℃)；

q——冷却水流量，m^3/h；

$\overline{T}_1$——冷却水出口平均温度；

T_0——冷却水入口温度，℃；

t——重熔时间，h；

W——重熔锭质量，t。

统计结果列于表20。可以看出，从结晶器壁由冷却水带走的热量 AHΦ－6 渣比 L－4渣多 882kW·h/t；与按文献［13］数据计算的结果（813kW·h/t）很接近，并与实际记录电耗差值 645kW·h/t 相差不大。新渣系降低比电耗得到了验证。

表19　不同渣系条件下冷却水带走热量概略计算结果比较

钢种	渣系	t_f/℃				t_w/℃	对流换热系数 a /(kcal·m^{-2}·h^{-1}·℃$^{-1}$)	冶炼时间/h	渣池深度/m	几何尺寸			F/m^2	$\overline{\theta}_\Sigma$/(kW·h·t^{-1})	实际记录电耗/(kW·h·t^{-1})
		1	2	3	$\overline{t}_f$					电极直径/mm	结晶器直径/mm	填充比			
G20CrNi2MoA	L－4	1100	1400	1450	1317	48	504	4.5	0.11	175	360	0.24	0.124	415	1235
	AHΦ－6	1745	1740	1760	1747	55	936	5.38	0.11	175	360	0.24	0.124	1228	1775

表20　不同渣系条件下冷却水带走热量的实测结果对比

钢　种	渣号	渣量/kg	锭重/kg	冶炼时间/min	入水温度/℃	测量次数	累积温度	平均出水温度/℃	$\overline{\theta}_\Sigma$/(kW·h·t^{-1})	实际记录电耗/(kW·h·t^{-1})
G20CrNi2MoA	L－4	4	87	58	26	7	197	28.1	217	1377
	F－3	4	90	65	26	10	304	30.4	493	1720
	AHΦ－6	4	88	80	26	10	338	33.8	1099	2022

（2）电渣重熔过程中，渣阻热可表示为：

$$Q_{ESR}=0.24I_{ESR}^2\cdot R_{ESR}$$

新渣系 R_{ESR} 大，在相同工作电流下发热也大。如保证获得相同熔速，可减少 I_{ESR}，从而减少网路无功功率损失。经工业实测并计算表明，用新渣系重熔时的网路无功损耗只占 AHΦ－6 渣的 6% 左右。

（3）新渣系的渣阻大，在保证与 AHΦ－6 渣等渣阻的条件下，可减少渣量，缩小渣池与结晶器壁的接触面积，热损也减少。即：

$$R_{ESR}=\frac{L}{x\cdot S}$$

式中　L——渣池深度；

x——熔渣的电导率；

S——结晶器内腔截面积。

在满足相等渣阻的前提下，新渣系与结晶器壁的接触面积仅为 AHΦ－6 渣的 61% 左右。同时因渣阻增大后，即便在减少渣量的情况下，重熔过程中易于通过调节极间距来改变渣阻，达到满足最大功原理的要求，使设备在最佳状态工作。

4.2　电极端头形状形成浅析和渣池电阻

系统试验证实了新渣系对降低比电耗和提高熔速的显著作用。借鉴文献［10］的资料，将新渣系与大填充比结合，应用到工业中的效果更佳。在工艺条件改变的情况下，我们观察到了电极端头形状呈锥形、平面、内凹形的有趣现象。小填充比时电极端头呈锥形，显然电极外围的温度比内部高，电极周边刚同渣池接触时，就几乎立即开始熔化。这是由于：（1）渣池的辐射加热。当小电极接触渣面时，电极四周会受到更多的辐射热。（2）交流电的集肤效应。小填充比时电极周边的电流密度要比大填充比的电流密度大得多。电极按由外向内递降的电流密度加热，有利于锥头的形成。（3）自感磁场的电磁搅拌作用。电流通过渣池受自感磁场的作用，引起环形搅拌。小填充比有强的搅拌作用，电极周边的搅动快，而中心与渣接触处几乎处于静止状态，这种倒锥形体的搅拌机械力和因这种搅拌速度的差异，造成电极周边传热作用比中心强的联合作用，也同样利于锥头的形成。

而在大填充比高电阻渣的条件下，渣池的温度场发生了变化。由文献［13］知，在低、无氟渣的情况下，渣池与结晶器附近处的温度比中心低得多；又大填充比的电极端头呈多奶头细滴滴落，熔滴易于过热。因此熔池的温度由中心往外递降，电极外围处于低温区，由于集肤效应，使电极的电流密度由外向内递降，电极自身产生的电阻热也按此规律变化，这些因素的综合作用就使电极端头呈平面。若电极埋入渣池过深，使热量更易集中，渣池径向温度梯度更大，且新渣系的黏度大，大填充比的熔池搅拌又差，因而使电极中心部位受热条件较好，就出现电极呈内凹的削球体。

电渣重熔过程电极端头形状的改变必然影响渣池电阻。渣池电渣是一个具有特殊功能的电热转换器。因此确定渣池电阻是实现电渣重熔自控的重要特征参数。三种电极端头下的渣池有效电阻分别为 $R_{锥}$、$R_{平}$ 和 $R_{凹}$。其计算公式为：

$$R_{锥} = 2\rho h^2/\pi l_0 d^2\left[\frac{h}{l_0} + \ln l_0 + \ln(l_0 + h)\right]$$

$$R_{平} = \frac{1}{G} = 4\rho H/\pi d^2$$

$$R_{凹} = \frac{1}{G} = \rho h/\pi\left[\ln\left(H + a + \frac{bd^2}{4}\right) - \ln(H + a)\right]$$

式中 d——电极直径；

h——电极锥形端头高度；

H——极间距；

ρ——电阻率；

a，b——常数。

5 结语

（1）使用L-4和F-3渣系进行电渣重熔可降低电耗350～550kW·h/t，并加快熔速，提高生产率，如将其结合大填充比进行电渣重熔，可使比电耗的下降幅度更大。

（2）使用低、无氟渣进行电渣重熔减轻乃至杜绝了对环境的污染。

（3）经多方面系统检测和鉴定确认，采用新渣系钢性能指标的再现性好，质量可靠。

（4）新渣系氧化性强，易造成易氧化性元素烧损。

（5）新渣系，尤其F-3渣引燃困难，重熔过程中有雷击般的响声。

参 考 文 献

[1] W. E. Duckworth. Electroslag Refining, London, 1969: 47.

[2] 裘家豪，顾庆超．元素与人 [M]．南京：江苏科技出版社，1979：58 ~61.

[3] 北京医学院．金属中毒 [M]．北京：人民卫生出版社．

[4] 健民，等．环境保护 [M]．北京：科学出版社，1979.

[5] T. E. Gammal. Proceedings of the 5th International Conference on VAM and ESR Processes, 1976: 141 ~144.

[6] G. Pateisky. Proceedings of the 5th International Conference on VAM and ESR Processes, 1976: 145 ~146.

[7] 成田贵一，等．鉄と鋼，1977，63 (12)：178 ~180.

[8] B. H. 梅达瓦尔，等．电渣重熔，北京冶金研究所译，1963，11：53.

[9] G. Rehak. Proceedings of the 5th International Conference on VAM and ESR Processes, 1976: 147 ~152.

[10] R. J. Roberts. 2nd International Symposium on ESR Technology Symposium Proceeding, Pittsburgh, 1969: 23.

[11] 傅杰，等．金属学报，1981，(17)：394 ~401.

[12] 成田贵一，等．鉄と鋼，1980，66 (4)：134.

[13] 草道龙彦，等．鉄と鋼，1980，66：1640 ~1649.

[14]《机械工程手册》编辑委员会，机械工程手册 (第 1 篇) [M]．北京：机械工业出版社，1982：1 ~224.

A Metallurgical Study on Low Fluorine and Fluorine-free Slag for Electroslag Remelting

Mao Hongxiang Li Zhengbang

Abstract Traditional electroslag remelting technology has the disadvantages of polluting environment and extremely high specific power consumption. In this research work two new slag systems, i. e. L-4 and F-3 have been developed. It has been proved that the new systems have a lot of advantages by measuring and analysing the fluorine content in furnace gas during the remelting process, the specific power consumption and melt rate, and by determining the variation of the chemical elements and slag composition along the ingot longitudinal axis, the mechanical properties, the oxygen and oxide inclusion, the behaviors of hydrogen, the densities, and so on.

In this paper, the reasons for decreasing the specific power consumption and for raising the melt rate were fully discussed in adopting the new slag systems; the mechanism of the formation of the different electrode tip shape for the new technology was qualitively analysed and the formula for calculating the slag resistance (impedance) was derived as follows:

$$R_{\text{conical}} = 2\rho h^2/\pi l_0 d^2 \left[\frac{h}{l_0} + \ln l_0 + \ln(l_0 + h) \right]$$

$$R_{\text{flat}} = 4\rho H/\pi d^2$$

$$R_{\text{concave}} = \rho h/\pi \left[\ln\left(H + a + \frac{bd^2}{4} \right) + \ln\ (H + a) \right]$$

渣系及充填比对电渣重熔电耗的影响*

摘　要　在工业电渣炉上进行了提高充填比、配合高电阻渣的实验。结果分析表明：在一定范围内提高充填比并运用低氟或无氟渣，可以显著降低电耗，明显提高熔化速率。对1t电渣锭充填比由0.24提高到0.605并换高氟渣（70% CaF_2 + Al_2O_3）为低氟渣（15% CaF_2 - CaO - Al_2O_3 - MgO），比电耗平均可以降低839kW·h/t，达到936kW·h/t。由于大充填比的电极端头变平，金属液滴细化，结晶条件良好，因此电渣钢的冶金质量仍然优异。

1　引言

电渣重熔能有效地提高金属的纯净度，改善铸锭结晶，因此在优质合金钢及超级合金的生产中获得了广泛应用。但是这种精炼方法在世界上存在着一个普遍性的问题，就是电耗较高，见表1。我国的电渣炉，由于短网的布置不够合理及充填比比较低等，以至于电耗问题尤其突出，竟高达1700～2150kW·h/t[5]。这不仅影响了生产成本，而且在能源紧张的今天，还势必影响电渣重熔的扩大应用和技术发展。因此，尽快降低我国的重熔电耗，便是当务之急。

表1　世界各国电渣重熔电耗指标

国　家	公司及厂名	锭型/mm	比电耗/(kW·h·t⁻¹)	数据来源
苏联	Красный Октябрь	550×550 650×650	1620～1720	文献［1］
联邦德国	Thyssen	直径520	1300～1400	文献［2］
日本	神户制钢所	直径750	1500	文献［3］
瑞典	Bofors	直径800	1310	文献［4］
美国	Consarc	直径300	1058	文献［5］

本文作者曾按下列公式[5]对1t工业纯铁的熔化、过热所需要的电能进行了计算，即：

$$W = \frac{1}{55.847}\left(\int_{293}^{2000} C_p \mathrm{d}T + L_t + L_f\right) \times 10^6 = 412(\mathrm{kW \cdot h/t})$$

式中　C_p——铁的热容，J/(K·mol)；

T——绝对温度，K；

L_t——铁的相变潜热，J/mol；

L_f——铁的熔化潜热，J/mol。

看来，1t工业纯铁的熔化、过热所需要的电能仅为412kW·h/t。由此可见，在保证电渣重熔冶金质量的前提下，进一步降低电耗是大有潜力可挖的。

---

* 本文合作者：张家雯、王庆和、阎禄令、高文明、杨海森、姜晋文、杨德琦、崔文波、陶润波、阎英林。原发表于《特殊钢》，1983，(3)：32～46。

降低电耗的途径很多，文献［5］曾作过详细论证，大体分类如下：

炉型方面：三相电渣炉，双极串联 Pifilar 炉及同轴电渣炉。

机械方面：炉口接触式导电。

渣系方面：高电阻渣。

工艺方面：大充填比。

电气方面：饱和电抗器带负荷无级调压。

每种方法，既有它的优越性，又有其局限性。如三相炉及双极串联炉仅局限于生产大锭及板坯，炉口导电及同轴电渣炉都牵涉较复杂的设备机构。

Roberts[6]曾用提高充填比来增加电极自渣中的吸热和减少渣池表面的热辐射，从而降低了电耗。美国的 Wallace - Murray 公司 Simonds 厂曾采用具有精确测试和控制的同轴电渣炉，并将充填比由 0.25 提高到 0.66 后，电耗便由 1227kW · h/t 降到849kW · h/t[7]，即每吨钢降低了 325kW · h。Gammal 等[8]，Pateisky[9]和成田贵一[10]曾用高电阻的无氟渣（$CaO - Al_2O_3$ 及 $CaO - Al_2O_3 - MgO$）以增加渣池的发热量来降低电耗。结果表明：不仅每吨钢的电耗比通用渣（$70\% CaF_2 - Al_2O_3$）降低 200kW · h 左右，而且还能有效地防止污染。

我国的电渣炉，由于受到轧机开坯尺寸的限制，锭型多在 1 ~ 2.5t（ϕ360 ~ 600mm）范围内，而且变压器的二次电压缺少较低的电压级（50V 以下），工作电流又往往接近额定值。为了降低电耗，提高充填比是一种有效途径，但是，由于电极横截面积成倍提高（2.5 ~ 3 倍），要维持电渣过程稳定，则必须保持电极的埋入深度，为此需要加大电流或降低电压。然而这两个方面都受到固有设备的限制。当然可以采用 2t 电渣炉重熔 1t 锭型，这又势必影响钢锭的成材率和批量。经过综合分析全面权衡，作者认为采用高电阻的无氟渣或低氟渣、配合大充填比的技术措施是适合的。它不仅可以大幅度降低电耗，还能发挥现有设备的潜力。

2 试验条件及结果

2.1 在高电阻渣条件下充填比对电耗的影响

为了比较高电阻的低氟渣（$CaF_2 - CaO - Al_2O_3 - MgO$）和电阻较低的通用渣（$70\% CaF_2 - Al_2O_3$）在不同充填比的条件下电耗的变化，在 50kg 电渣炉上进行了探索性试验，结果如图 1 所示。

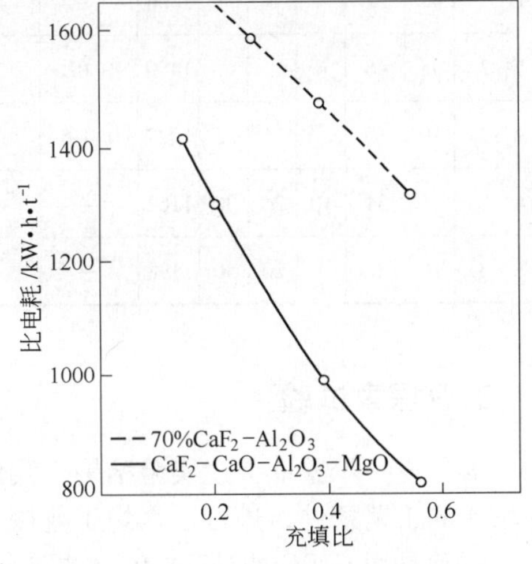

图 1 不同渣系条件下充填比对重熔电耗的影响

（电度表接变压器出端，系二次电耗）

由图可见，在高电阻低氟渣的情况下，充填比对电耗的影响更为显著，降低幅度大，变化率高。这表明：采用通用渣，而通过扩大充填比来提高热效率的作用，对高电阻渣也同样适用，其作用来得更强，降低电耗的效果更显著。

2.2 渣系的选择

为了选择适合的高电阻渣系，我们对三种无氟渣、四种低氟渣和三种酸性渣进行了实验。渣的熔点和黏度分别用高温显微镜和旋转式黏度仪测定；电导值是根据实测数据换算求得的；表面张力是用最大气泡法测定的。重熔试验是用45钢在50kg电渣炉上进行的，以考核不同渣系电渣重熔的过程稳定性、铸锭表面质量、熔池深度和形状以及熔速和比电耗等。输入功率70～80kV·A；液渣引燃；电极直径75mm，结晶器内径120mm。金属熔池用硫印法测定。其结果如表2所示。

由表2可见，各项指标综合比较，以高电阻无氟渣F－3和高电阻低氟渣L－4最佳。这两种渣系的重熔过程稳定，铸锭成型良好，电耗低，金属熔池底部平坦。

表2　渣系选择实验结果

渣　号	化学成分/%					熔点/℃	黏度(1600℃)/(Pa·s)	比电导(1850℃)/(Ω^{-1}·cm^{-1})	表面张力(1600℃)/(dyn·cm^{-1})	过程稳定性	铸锭表面质量	熔池形状		熔速/(kg·min^{-1})	比电耗/(kW·h·t^{-1})
	CaO	Al_2O_3	MgO	SiO_2	CaF_2							深度/mm	圆柱形高/mm		
AHΦ－6		30			70	1450	0.016	4.5	252	稳定	良好	60	18	0.72	1480
L－1	30	40	15		15	1297	—	—	—	不稳	良好	89	28	1.05	1035
L－2	40	40		10	10	1292	—	—	—	不稳	有沟纹	90	16	0.886	1010
L－3	25	40	17		18	1254	—	—	—	稳定	不光洁	120	19	0.816	1300
L－4	30	50	5		15	1390	0.08	2.76	429	稳定	光洁	75	30	1.04	856
F－1	50	50				1333	—	—	—	稳定	良好	86	25	1.14	970
F－2	42	52		6		1306	—	—	—	不稳	不光洁	82	15	1.09	1090
F－3	48	48	4			1400	0.02	2.97	327	稳定	良好	60	12	1.08	1013
A－1	10	10		25	55	1129	0.048	—	—	稳定	良好	45	7	0.756	1500
A－2		34	10	26	30	1162	—	—	—	不稳	有渣沟	33	8	—	995
A－3	10	6	4	20	50	1198	—	—	—	正常	不良	39	6	0.6	1970

3　工业探索试验

为了进一步验证上述实验结果，我们采用AHΦ－6、L－4和F－3三种渣系配合大充填比的工艺条件，进行了六炉工业探索试验。

试验是用G20CrNi2MoA在1t电渣炉上进行的。变压器容量为1800kV·A（电度表接变压器一次端）。用石墨电极在结晶器内化渣，液渣引燃，固定式熔炼。冶炼终了前，逐步减少功率以便补缩，时间不小于15min。六支电渣锭均产成同一规格材，并逐支加倍检验。结果如表3～表5所示。

由表3可见，同为AHΦ－6渣系，仅充填比由0.24提高到0.605，电耗就由1775kW·h/t降到1284kW·h/t，高电阻无氟渣（F－3）配合大充填比，电耗降到995kW·h/t。最佳条件还是高电阻低氟渣（L－4）与大充填比相配合，重熔电耗竟降低到912kW·h/t，然而由表4、表5可见，在新工艺获得优异的经济技术指标的同时，却仍能保持电渣钢优异的质量和性能。

表3　工业探索试验的电耗及有关测试结果

试验炉号	锭型/t	熔渣制度		几何尺寸			电力制度			电耗①/(kW·h·t^{-1})	渣池②温度/℃	渣皮③厚度/mm	铸锭表面成型	电极端头形状
		渣系	渣量/kg	电极直径/mm	结晶器直径/mm	充填比	输入功率/kW	电流/A	炉口电压/V					
原工艺	1	AHΦ-6	32	175	360	0.24	273	6250~6500	42	1775	1718	0.9~2.3	良	顶角110°~120°
0D117$^{-1}_{-2}$	1	AHΦ-6	32	280	360	0.605	272~280	8500	32~33	1284	1750	0.7~1.5	良	平头
0D117$^{-3}_{-4}$	1	L-4	32	280	360	0.605	315~323	7500	42~43	912	1765	0.4~1.0	优	平头④
0D117$^{-5}_{-6}$	1	F-3	32	280	360	0.605	285~300	7500	38~40	995	1760	0.3~0.5	良	平头

① 系一次端电耗，包括短网及变压器的有功损耗。

② 系距结晶器内壁15mm左右，插入渣池50mm处的平均温度。

③ 系用工具显微镜测量。

④ 电极插入渣池深度约为6~10mm。

表4　电渣钢锭的化学成分结果

试验炉号	渣系	充填比	化学成分/%									备注
			C	Si	Mn	P	S	Cr	Ni	Mo	残余Al	
—	—	—	0.22	0.24	0.60	0.010	0.005	0.59	1.86	0.25	0.04	自耗电极
0D117-1	AHΦ-6	0.605	0.21 0.20	0.26 0.24	0.57 0.58	0.010 0.009	0.004 0.006	0.61 0.61	1.84 1.84	0.24 0.25	0.04 0.03	每炉的第一行数字为电渣锭的尾部成分，第二行为头部成分
0D117-2	AHΦ-6	0.605	0.20 0.20	0.23 0.23	0.55 0.57	0.009 0.009	0.004 0.005	0.60 0.60	1.82 1.82	0.23 0.24	0.03 0.03	
0D117-3	L-4	0.605	0.21 0.21	0.20 0.24	0.57 0.59	0.009 0.009	0.006 0.006	0.61 0.60	1.84 1.82	0.24 0.24	0.03 0.03	
0D117-4	L-4	0.605	0.21 0.20	0.22 0.23	0.58 0.59	0.009 0.009	0.004 0.005	0.59 0.60	1.82 1.82	0.24 0.24	0.03 0.03	
0D117-5	F-3	0.605	0.21 0.21	0.19 0.21	0.58 0.60	0.010 0.009	0.006 0.005	0.60 0.61	1.84 1.82	0.24 0.23	0.03 0.03	
0D117-6	F-3	0.605	0.20 0.21	0.19 0.19	0.57 0.58	0.009 0.009	0.006 0.007	0.60 0.61	1.84 1.82	0.24 0.25	0.05 0.05	

表5　工业探索试验的检验结果

试验炉号	锭型/t	电渣材直径/mm	低倍				高倍			机械性能（平均值）			
			一般疏松	中心疏松	偏析	断口	脆性夹杂	塑性夹杂	晶粒度	σ_b/(kg·mm^{-2})	ψ/%	δ/%	a_K/(kgf·m·cm^{-2})
原工艺①	1	85	0×8	0×8	0×7 0.5×1	—	1.5×2 1.0×2 1.5×4	1.0×2 0.5×6	7 6~7	111.7	57.8	16.6	15.0

续表 5

试验炉号	锭型/t	电渣材直径/mm	低倍				高倍			机械性能（平均值）			
			一般疏松	中心疏松	偏析	断口	脆性夹杂	塑性夹杂	晶粒度	σ_b/(kg·mm^{-2})	ψ/%	δ/%	a_K/(kgf·m·cm^{-2})
$0D117^{-1}_{-2}$	1	85	0×4	0×4	0×4	均好	0.5×3 1.0×1	0.5×4	7 6~7	114.0	58.5	15.3	12.9
$0D117^{-3}_{-4}$	1	85	0×4	0×4	0×4	均好	0.5×2 1.0×1 1.5×1	0.5×4	7	115.0	36.0	14.7	13.1
$0D117^{-5}_{-6}$	1	85	0×4	0×4	0×4	均好	0.5×2 1.0×2	0.5×4	7	113.0	57.7	14.6	13.3

① 8 母炉，按母炉号组批检验。

4　批量试验及有关测试

4.1　批量试验

为了考核高电阻低氟渣配合大充填比重熔工艺的稳定性和再现性，我们用 G20CrNi2MoA 钢进行了两个批号的批量试验。试验条件，除仅采用高电阻低氟渣（L-4）一种渣系成分外，其余均同工业探索试验，并各连续生产 16 炉和 26 炉。同时，我们还进行了减少渣量（至 26kg）试验。结果如表 6 和表 7 所示。

表 6　批量试验的电耗结果

工艺要点	重熔炉数	熔渣制度		几何尺寸			电力制度		熔化速率/(kg·min^{-1})	电耗/(kW·h·t^{-1})
		渣系	渣量/kg	电极直径/mm	结晶器直径/mm	充填比	电流/A	炉口电压/V		
原工艺	64	AHΦ-6	32	175	360	0.24	6250~6500	42	3.00	1775
大充填比+高电阻渣系	16	L-4	32	280	360	0.605	7000~7500	42	6.21	936
大充填比+高电阻渣系	26	L-4	32	280	360	0.605	7000~7500	42	—	937
大充填比+高电阻渣系+小渣量	3	L-4	26	280	360	0.605	7000~7500	42	6.34	896

表 7　批量试验的检验结果

工艺要点	检验炉数		电渣锭型/t	电渣材直径/mm	低倍				高倍			机械性能（平均值）			
	电炉	电渣炉			一般疏松	中心疏松	偏析	淬火断口	脆性夹杂	塑性夹杂	晶粒度	σ_b/(kg·mm^{-2})	ψ/%	σ/%	a_K/(kgf·m·cm^{-2})
原工艺	7①	96	1	120	0×6 0.5×1	0×7	0×5 0.5×1 1.0×1	—	0.5×2 1.0×5	0.5×5 1.0×5	7, 7~6	115.3	58.0	14.8	15.4

续表 7

工艺要点	检验炉数		电渣锭型/t	电渣材直径/mm	低倍				高倍			机械性能（平均值）			
	电炉	电渣炉			一般疏松	中心疏松	偏析	淬火断口	脆性夹杂	塑性夹杂	晶粒度	σ_b/(kg·mm^{-2})	ψ/%	σ/%	a_K/(kgf·m·cm^{-2})
大充填比＋高电阻渣系	3	16②	1	120	0×16	0×16	0×3 0.5×13	均好	0.5×6 1.0×10	0.5×14 1.0×2	8～7， 7～8 7,7～6	136.0	50.4	13.3	11.0
大充填比＋高电阻渣系	2	26	1	120	0×4	0×4	0.5×4	—	0.5×3 1.0×1	0.5×4	7，7	117.8	52.2	14.9	13.2
大充填比＋高电阻渣系＋小渣量	1	3③	1	120	0×6	0×6	0.5×6	均好	0.5×3 1.0×3	0.5×6	8～7， 7～8 7,7～8	123.4	53.1	13.6	12.4

① 按母炉号组批检验。
② 逐支检验。
③ 逐支加倍检验。

由表 6 可知，两个批号的批量试验的电耗水平是一致的。可见新工艺是稳定的，再现性很高，而减少渣量（至 26kg），电耗又继续下降到 896kW·h/t，然而，两种渣量情况下电渣钢的质量和性能均能保持原工艺的水平。

现场观察及测量表明：新工艺的钢锭表面光滑，渣皮厚度仍为 0.4～1.0mm 左右。在上述工作的基础上，我们又进行了扩大品种试验，结果如表 8 所示。

表 8　扩大品种试验的结果

重炉钢种	炉数	熔渣制度		几何尺寸			电力制度		平均比电耗/(kW·h·t^{-1})
		渣系	渣量/kg	电极直径/mm	结晶器直径/mm	充填比	电流/A	炉口电压/V	
M2	5	L－4	32	280	360	0.605	7000～7500	42	839
1Cr13	12	L－4	32	280	360	0.605	7000～7500	42	938

可见，新工艺具有广泛的适用性，重熔低碳的不锈钢 1Cr13 和高碳的高速钢 M2 都能大幅度降低电耗。特别是重熔 M2 钢，电耗竟降低到 839kW·h/t，低于国外最先进指标——美国 Wallace－Murray 公司 Simonds 厂所达到的 849kW·h/t 的水平。

4.2　其他有关测试分析

为了进一步考核新工艺的冶金质量，我们对两种工艺条件下钢的密度、钢种的氧含量和氧化物夹杂总量，以及二次晶轴间距等进行了测定。

密度，是更直接反映钢的致密度的一个物理量。我们对 G20CrNi2MoA 在两种工艺条件下重熔的电渣锭的相应部位（均为半径 1/2 处）上取样，用静水力学法测定，并根据文献［11］的公式可得：

$$\rho = \frac{m}{m_1 - m_2}(\delta - \lambda) + \lambda$$

式中 ρ——密度，g/cm³；

m——试样在空气中称量的质量，g；

m_1——试样同悬样线一起在空气中称量的质量，g；

m_2——试样同悬样线一起放入水中称量的质量，g；

δ——测定温度下水的密度，g/cm³；

λ——测定温度下空气的密度，g/cm³。

求得的密度结果如表9所示。

表9 两种工艺条件下电渣锭密度结果

工艺条件	测定部位	密度/(g·cm⁻³)
0.24充填比+AHΦ-6渣系	电渣锭中上部的半径1/2处	7.56239
0.61充填比+L-4渣系	电渣锭中上部的半径1/2处	7.57464

由表9可见，用新工艺重熔的电渣锭，比原工艺致密。

钢中的氧含量和氧化物夹杂总量是衡量钢的纯洁度的重要指标之一，我们在两种工艺条件下的同一规格材上取样，用真空熔融法和电解分析法分别对它们进行了测定，结果如表10所示。

表10 钢中的氧和氧化物夹杂含量

工艺要点	氧化物夹杂总量/%	夹杂物成分/%					氧含量/%
		Al_2O_3	MnO	MgO	FeO	SiO_2	
原工艺	0.0080	0.0065	0.00001	0.0004	0.00005	0.0005	0.0044
0.605充填比+AHΦ-6渣	0.0062	0.0053	0.00001	0.0001	0.00002	0.0004	0.0036
0.605充填比+L-4渣	0.0064	0.0047	—	0.0004	0.00004	0.0004	0.0033

由表10可见，无论氧含量，还是氧化物夹杂总量，新工艺并不示弱，反而显得略好。

二次晶轴间距的大小，是衡量显微偏析的尺度，它越小，意味着显微偏析越小，则钢的成分及组织就越均匀。我们在两种工艺条件下重熔G20CrNi2MoA的电渣锭的相应部位，并各距熔池底部轮廓线10mm处沿柱状晶方向（见图2）取样，经过Stead试剂腐蚀后在20倍的倍率下用图像仪自动测定了二次晶轴间距，结果如表11所示。

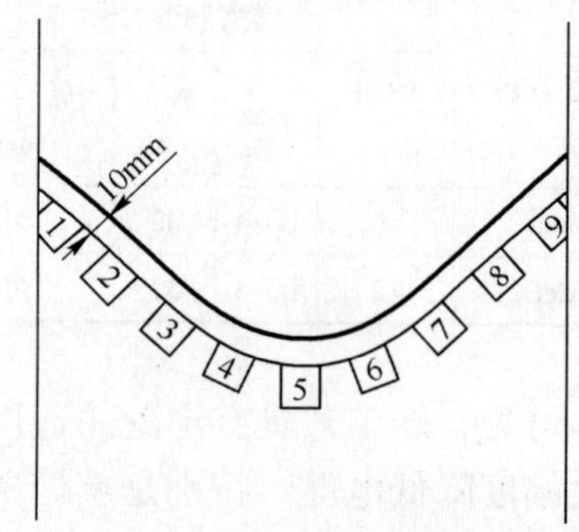

图2 测定二次晶轴间距取样部位示意图

表11 两种工艺条件下电渣锭的二次晶轴间距测定结果①

工艺条件	二次晶轴间距②/μm										电渣锭中心凝固速度/(mm·min⁻¹)
	1	2	3	4	5	6	7	8	9	平均值	
0.24充填比+AHΦ-6渣	72	132	171	149	139	148	158	90	62	124.6	4.14
0.605充填比+L-4渣	88	113	130	114	108	117	107	151	93	113.4	8.16

① 奥地利的W. 霍尔兹格鲁伯对电炉钢锭的测定结果为450~750μm，平均为630μm。

② 每个试样均为13~16次测量结果的平均值。

由表 11 可见，新工艺的二次晶轴间距的平均值比原工艺的减少 11.2μm，这即意味着新工艺的显微组织比原工艺均匀。

为了揭示新工艺尽管熔化速率加快，但是其冶金质量仍同原工艺处于同一水平的本质，我们又进行了一系列有关测试工作，包括两种充填比在重熔过程中的电极端头形状；用 SC20 型光线示波器测定了熔滴过渡频率，并进行了有关计算；在重熔过程中用加 W 粉和硫化铁粉的方法记录了熔池形状等。

其结果如表 3、图 3、图 4 和表 12 所示。

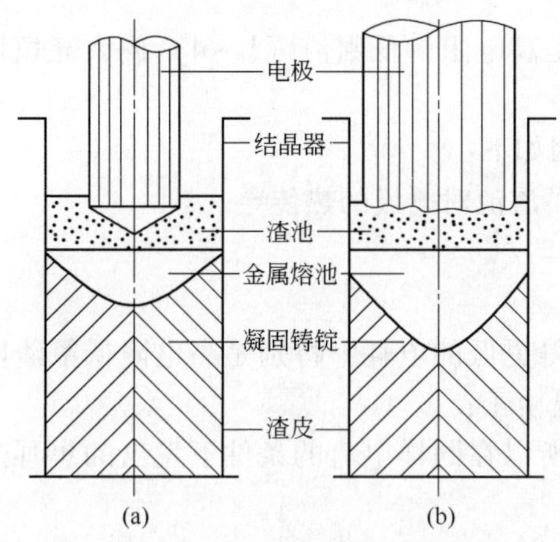

图 3　不同充填比的电渣重熔示意图

（a）小充填比；（b）大充填比

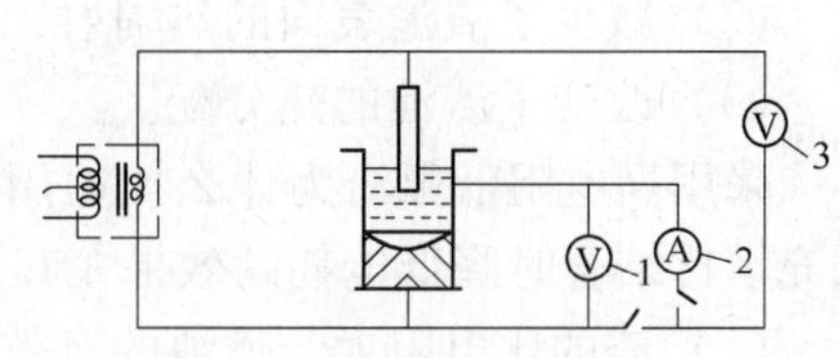

图 4　电路图

1—结晶器—底水箱电压表；
2—短路电流表；3—炉口电压表

表 12　工艺参数对熔化速率和钢—渣接触面积的影响

工艺要点	渣系	几何尺寸			电力制度		熔化速率 /(g·s⁻¹)	熔滴过渡频率 /(滴·s⁻¹)	熔滴质量 /g	比面积 /(mm²·g⁻¹)
		结晶器直径 /mm	电极直径 /mm	充填比	电流 /A	炉口电压 /V				
原工艺	AHΦ-6	360	175	0.24	6250~6500	42	50.0	6.1	8.20	15.4
大充填比+高电阻渣系	L-4	360	280	0.605	7000~7500	42	103.5	15.0	6.90	16.2

由这些图、表可见，大填充比配合高电阻低氟渣电渣重熔的电流波形是标准的正弦波。这表明电渣过程稳定，而且是电阻过程，无电弧放电引起的波形畸变。熔滴过渡频率显著增加，但时间间隔不太均匀。由于熔化速率加快和熔滴过渡频率增加这两种因素互相抵消，以至于熔滴的平均尺寸变化不大，钢—渣接触的比面积相差甚微。

此外，我们还对不同渣系条件下的分流进行了测定。

分流测定是在 1t 工业电渣炉上用 G20CrNi2MoA 对三种渣系（AHΦ-6，L-4 和 F-3），充填比均为 0.24 的条件下进行的，并在 50kg 电渣炉上用示波器对分流的波形进行了观测，测定所用的原理性线路图及计算公式如下：

$$I_{分流} = \frac{U_{炉口} - U_{结一底}}{U_{炉口}} \cdot I_{短路}$$

测定结果如下：

渣系	分流（A）
AHΦ－6	200～400
F－3	370～590
L－4	5～100

可见，L－4渣系的分流最小，波形观察表明，分流中有直流分量，使波形畸变。

5 讨论

5.1 关于电耗问题的讨论

采用大充填比，重熔电耗显著降低，特别是高电阻的低氟渣（L－4）同大充填比相配合，重熔电耗几乎降低了一半。

提高充填比为什么能显著降低电耗呢？原因如下：

（1）扩大了电极在渣中的吸热面积，增加了渣池对电极的热传导；

（2）减少了渣池表面的热辐射；

（3）改变了渣池的热分配。

采用高电阻低氟渣为什么比通用渣可以获得更低的电耗？特别是高电阻低氟渣同大充填比结合时降低电耗的效果尤其显著？这是由于：

（1）渣的比电阻大，渣池的有效电阻大，所以在同样电流的条件下发出的焦耳热就大，这样，便提高了渣池温度；同时，高电阻低氟渣（L－4）的渣池和电极之间的热传导系数比AHΦ－6稍大。所有这些因素都有利于对电极的热传导。

（2）在输入功率P恒定的条件下，因为$P=I^2R$，这样，渣的有效电阻大，就可以减小电流，从而减少网路电阻的有功消耗，降低了总电耗。

（3）在电压恒定的条件下，采用高电阻低氟渣可以缩小电极端头至金属熔池之间的距离，因此减少了渣池的热损失。

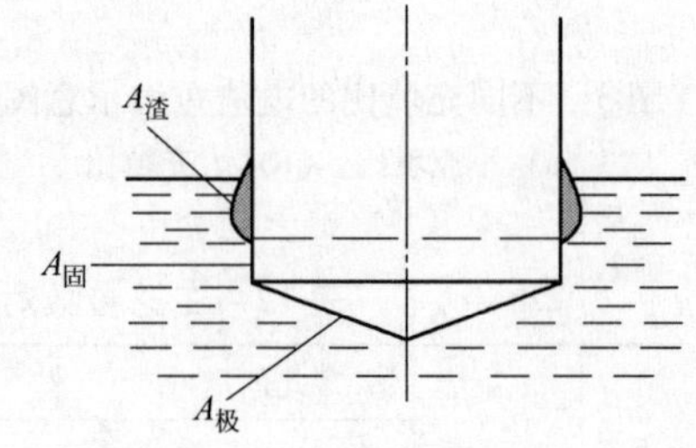

图5 电极端头在渣中吸热的三个区域

$A_{渣}$—附有渣皮的电极表面积，m^2；$A_{固}$—不附渣皮的电极表面积，m^2；$A_{极}$—熔化端头面积，m^2

Mitehell[12]和Медовар[13]等人将电极在渣池中的吸热面积分为三个区域（图5），并提出电极吸热的计算公式如下：

$$Q_{渣-极}=\frac{A_{渣}\lambda_{渣}(t_{渣}-T_{极})}{\delta_{渣}}+\alpha_{渣-极}[A_{固}(T_{渣}-T_{极})+A_{熔}(T_{渣}-t_{固})] \quad (1)$$

式中 $Q_{渣-极}$——电极自渣中吸热，kcal/h；

$\lambda_{渣}$——渣皮导热系数，$\lambda_{渣}=0.6\sim1.1$kcal/(m·h·℃)；

$\delta_{渣}$——渣皮厚，m；

$t_{渣}$——渣的熔点，℃(AHΦ－6为2450℃，L－4为1390℃)；

$T_{极}$——电极温度，℃；

$T_{渣}$——渣温，℃；

$t_{固}$——电极金属的熔点，℃(G20CrNi2MoA为2490℃)；

$\alpha_{渣-极}$——渣和电极间的热传导系数，kcal/(m^2·h·℃)（AHΦ－6渣，$\alpha_{渣-极}=5.4\times10^3$ kcal/(m^2·h·℃)；L－4渣，$\alpha_{渣-极}=6\times10^3$ kcal/(m^2·

h · ℃))。

将表 2 及其他有关数据代入式（1）即可得到：

小充填比（0.24） + АНФ－6 渣：$Q_{渣-极}=54910\text{kcal/h}$

大充填比（0.605） + АНФ－6 渣：$Q_{渣-极}=98993\text{kcal/h}$

大充填比（0.605） + L－4 渣：$Q_{渣-极}=130570\text{kcal/h}$

可见，充填比由 0.24 提高到 0.605，电极的吸热增加 80%；再采用高电阻低氟渣，则吸热增加 138%。

充填比增大，不仅电极吸热成倍增加，而且辐射面积也相对减少，其公式如下：

$$Q_{辐} - Б\varepsilon_{np}\left[\left(\frac{T_{渣}}{100}\right)^4 - \left(\frac{T_0}{100}\right)^4\right]\frac{\pi}{4}(D_{结}{}^2 - D_{极}{}^2) \tag{2}$$

式中 $Q_{辐}$——渣池辐射热，kcal/h；

$Б$——黑体辐射系数，为 4.96 kcal/(h · m^2 · K^4)；

ε_{np}——遮掩系数，取 $\varepsilon_{np}=0.8$；

$T_{渣}$，T_0——渣温，室温，K；

$D_{结}$，$D_{极}$——结晶器和电极直径，m。

将有关数据代入式（2）即可得到：

小充填比（0.24） + АНФ－6 渣：$Q_{辐}=51800\text{kcal/h}$

大充填比（0.605） + АНФ－6 渣：$Q_{辐}=23000\text{kcal/h}$

大充填比（0.605） + L－4 渣：$Q_{辐}=21000\text{kcal/h}$

计算结果表明：充填比由 0.24 提高到 0.605，辐射热减少 55.6%；若用高电阻低氟渣（L－4）配合大充填比（0.605）则辐射热减少 59.5%。由于电极吸收热及辐射热的变化，因此改变了渣池的热分配（表 13 和图 6）。

表 13　不同条件的渣池热分配计算结果

渣池热量去向	计算公式	小充填比 + АНФ－6	大充填比 + АНФ－6	大充填比 + L－4
电极吸热	公式（1）	54910kcal/h	98993kcal/h	130570kcal/h
向结晶器传热	$Q_{渣-结}=A_{结}\ \alpha_{渣-结}\ (t_{渣}-T_{结})$ ($\alpha_{渣-结}\approx 3.3\times10^3$ kcal/(m^2 · h · ℃))	111800kcal/h	101900kcal/h	92000kcal/h
向金属熔池传热	$Q_{渣-金}=A_{金}\ \alpha_{渣-金}\ (t_{渣}-T_{金})$ ($\alpha_{渣-金}=3.5\times10^3$ kcal/(m^2 · h · ℃))	33500kcal/h	33500kcal/h	33500kcal/h
热辐射	公式（2）	51800kcal/h	23000kcal/h	21000kcal/h

这些计算足以说明了大充填比配合高电阻低氟渣系之所以能够加快电极熔化速度，进而降低电耗的根本原因。

5.2　其他有关收益

采用高电阻的低氟或无氟渣同大填比相配合，不仅可以显著地降低电耗，而且在技术上还能带来以下好处：

（1）避免了采用高电阻的无氟渣或低氟渣时所必须使用的过高的工作电压。

$$R=\frac{L}{XA} \tag{3}$$

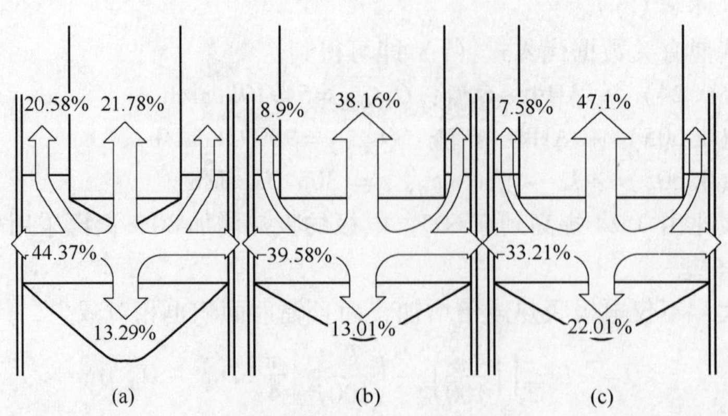

图6 电渣重熔的渣池热分配

（a）0.24 充填比 + AHΦ −6 渣；（b）0.605 充填比 + AHΦ −6 渣；（c）0.605 充填比 + L −4 渣

$$U = RI \tag{4}$$

$$P = UI \tag{5}$$

式中 R——渣池的有效电阻，Ω；

L——电极端头至金属液面间的距离，cm；

X——渣的电导率，$\Omega^{-1} \cdot cm^{-1}$；

A——导电面积，cm^2；

U——渣池的电压，V；

I——熔炼电流，A；

P——渣池的输入功率，W。

式（4）代入式（5）得：

$$U^2 = RP \tag{6}$$

式（3）代入式（6）得：

$$U^2 = \frac{PL}{XA} \tag{7}$$

$$U = \sqrt{\frac{PL}{XA}} \tag{8}$$

根据文献［4］的数据，在1850℃时无氟渣（$CaO-Al_2O_3$）的 $X = 2.2\Omega^{-1} \cdot cm^{-1}$，而通用渣（$CaF_2-Al_2O_3-CaO$）的 $X = 4.5\Omega^{-1} \cdot cm^{-1}$。如果电渣重熔的几何尺寸（$A$）、渣池深度（从而决定 L）和输入功率（P）均不变，而且原用 $CaF_2-Al_2O_3-CaO$ 渣重熔时的渣池电压为40V，则换用无氟渣（$CaO-Al_2O_3$）并将有关数据代入式（8）计算出的工作电压升高至58V，因此影响炉前的操作安全。然而，如果充填比提高2.5～3倍，则导电面积 A 扩大1.8～2倍（因小充填比是锥面，大充填比是平面），足以抵消 X 降低引起的电压变化，即：

$$\frac{\partial U}{\partial X}dX = \frac{-\partial U}{\partial X}dA \tag{9}$$

（2）避免了采用大充填比时为保持电极的正常插入深度而使用过大的工作电流或过低的工作电压。

由式（3）和式（4）得到：

$$\frac{U}{I}=\frac{L}{XA} \tag{10}$$

如果渣的成分不变（X 不变），而充填比增大（A 增大）时，要保持电极在渣中有正常的插入深度，一种途径是降低渣池电压。为此，必须增大变压器的变压比。这样，便影响到变压器的功率因数。另一种途径是加大电流，提高渣池的输入功率。这样，将增加短网的有功消耗和无功消耗。众所周知，输入功率成倍提高，电极熔化速率剧增，这势必使金属熔池过深，从而导致结晶条件恶化。

5.3 电极端头形状

用小充填比进行电渣重熔，电极熔化端呈锥形，而大充填比呈平头，甚至内凹。这反映了两种工艺条件下的电极等温线的差异。对于小充填比，电极端头外周温度比中心高，其原因如下：

（1）集肤效应。小充填比电极的电流密度比大充填比大得多。电极受到强烈的电阻加热，再加上涡流的集肤效应，因而电极的加热集中在其外周。

（2）自感磁场的电磁搅拌作用。电流通过渣池，因受自感磁场的作用而引起环形搅拌。小充填比具有强的搅拌作用，电极周边渣的搅动相当快，而在中心，渣几乎处于静止状态。这种搅拌速度的差异，必然造成电极周边的传热作用比中心强得多。

（3）接受辐射热。小电极接近渣池时，电极周边将接受更多的辐射热。大充填比电渣重熔，上述作用都很微弱，再加上电极中心接受渣池更多的热量，因此，电极端头呈平头，甚至呈内凹形。

5.4 熔池形状

采用高电阻低氟渣 L－4＋大充填比 $K=0.605$ 重熔，金属熔池变深的原因是由于电极熔化速度加快，单位时间内熔滴带入金属熔池热增加所致。

5.5 渣皮厚度

从表 3 可以看到，高电阻的低氟渣、无氟渣配合大充填比的渣皮较薄。其原因是渣成分更接近共晶点及高温锥体的范围比小充填比大，于是三相区的温度比小充填比高，同时，沿结晶器内壁有圆柱形金属液头冲刷渣皮，使之较薄。这对形成光滑的钢锭表面更为有利。

5.6 关于电渣钢质量和性能的讨论

对于大充填比或高电阻渣系的每一种工艺条件，由于它们都能单独而明显地提高熔化速率，因而人们不禁要担心电渣钢的质量问题，特别当这两种对质量似乎都不利的因素相结合时，则更是这样。然而，我们的工作表明：这种担忧是可以解除的。

从上述检验结果可以清楚看到，采用大充填比配合高电阻渣系并不影响电渣钢的冶金质量，而是同小充填比配合 АНФ－6 渣系的水平相当。这是为什么？

有关测试数据及前述的讨论告诉我们，大充填比的电极端部呈平头，其上分布着许多“乳头”，熔滴从多处形成和滴落，因此有利于它的细化，同时，大充填比配合高电阻渣系重熔，其渣池温度比小充填比配合 АНФ－6 渣重熔时高得多，因此渣的黏度小，钢—渣界面张力小，这也有利于熔滴细化。由于这些有利因素综合作用的结果，终将导致熔滴钢—渣界面的比面积稍有增加。示波器的测定及其计算结果完全证实了这一分析。因而，尽管熔化速率加快，但是并不影响渣洗去夹杂效果。即使有部分夹杂随熔滴进入金属熔池，但因电渣重熔是一个在高温下的连续过程，一面结晶，一面熔化，铸锭上端有金属熔池，因此也不影响浮升去除效果。还是由于这后一个特点，从而也保证了钢锭的结晶质量。所以，新工艺重熔的电渣钢，其冶金质量和原工艺是处于同一水平的。

关于熔速加快，引起凝固结晶条件变化，是否对铸锭冶金质量带来不利影响，我们还可以通过以下公式和经验数据获得解答。

从表 7 可知，新工艺的熔化速率为 6.21kg/min。假定重熔处于准稳态，熔池形状不变，则铸锭凝固速度为 8.0mm/min。它接近于用 Wahlster[14] 经验公式求出的正常熔化速度，而远小于增子升等人[15]用下列公式求得的电渣重熔钢锭的极限凝固速度：

$$vD = 1\text{cm}^2/\text{s} \tag{11}$$

式中 v——极限凝固速度，cm/s；

D——电渣锭直径，cm。

将有关数据代入式（11），从而得到 $v = 1.67\text{mm/min}$。

反映铸锭微观结构的尺度是二次晶轴间距。Flemings[16] 指出，二次晶轴间距同结晶前沿凝固速度和温度梯度存在下列关系：

$$d_{\mathrm{II}} = aR_c^{-b} = a(Gv_s)^{-b}$$

式中 d_{II}——晶轴间距，μm；

R_c——冷却速度，℃/min；

G——温度梯度，℃/cm；

v——铸锭凝固速度，cm/min；

a——常数；

b——常数，$b = 1/3 \sim 1/2$。

通常，重熔达到一定高度，便进入准稳态，熔化速度 $v_M \approx v_s$。熔化速度越快，熔池越深，两相区越深，结晶前沿温度梯度越小。当 $\frac{\partial d_{\mathrm{II}}}{\partial G}dG < \frac{\partial d_{\mathrm{II}}}{\partial v_s}dv_s$ 时，二次晶轴间距变大，而当 $\frac{\partial d_{\mathrm{II}}}{\partial v_s}dv_s < \frac{\partial d_{\mathrm{II}}}{\partial G}dG$ 时，二次晶轴间距减小。然而，我们的观察统计表明：本试验原工艺熔速为 3.00kg/min，而新工艺为 6.21kg/min；熔速虽然大，但二次晶轴间距反而略有减小。这说明结晶处于 $\frac{\partial d_{\mathrm{II}}}{\partial v_s}dv_s < \frac{\partial d_{\mathrm{II}}}{\partial G}dG$ 的条件，所以显微组织均匀，同时，新工艺熔化速度加快，金属熔池变深，结晶前沿静压力加大，所以电渣锭的组织致密。

6 结论

综上所述，可以得出如下结论：

（1）采用高电阻的低氟渣和无氟渣，配合大充填比的电渣重熔，可以显著降低电耗，明显提高生产率。

（2）高电阻渣同大充填比相结合，既解决了高电阻渣使用电压过高引起的安全问题，又解决了大充填比需用低电压引起变压器效率问题。特别结合国内电渣炉的现状，变压器缺乏低压级，工作电流富余不大，采用这项新技术后，既不需要减小锭型，又不需要大范围变动参数（电流 I 及渣池电压 U）。

（3）大充填比重熔，电极端头变平，金属液滴细化，结晶条件良好，铸锭表面光滑，因此电渣钢的冶金质量仍然优异。

（4）关于大充填比电渣重熔的电极端头反应、铸锭结晶特征、显微组织等，有待于进一步深入研究。

本研究得到邵象华、知水、吕福顺和徐景春同志指导，特此致谢。对于茅洪祥、毛文浦、卞立志、许萍和周巨芬等广大工程技术人员和工人师傅的热情支持也深表谢意。

参 考 文 献

[1] Эуев А. С.，Макухо В. Д.，Катаев В. М.，и КРасс М. А.. Сталь，1980，(2)：109.

[2] Pateisky G.. Proceedings of the 5th International Conferenee on VAM and ESR Proeesses，1979：145 ~ 146.

[3] Miura M.. 2nd International Symposium on Electroslag Remelting Teehnology Symposium Proeeding，Pittsburgh，1969，sept 23，part Ⅲ.

[4] Arwidson S. G.. Eleetroslag refing，1673：157 ~ 162.

[5] 李正邦，电渣炉的热效率，1972.

[6] Robert S R. J.. 2nd International Symposiumon Eleetroslag Remelting Tcehnology Symposium proeeding，pittsbuigh，1969，Sept23. part Ⅲ.

[7] Luchok J.，Roberts R. J.. proeeedings of the 5th International Symposiumon Electroslag Remelting Processes，Tokyo，1973，June7 − 8：149.

[8] Gammal T. El，Hajduk. M.. Proeeedings of the 5th International Conference on VAM and ESR Processes，1976：141.

[9] Pateisky G.. Proceedings of the 5th Internationa Conference on VAM and ESR Processes，1976：145.

[10] 成田贵一，等．铁与钢，63（1977），178；64（1978），1568；65（1979）128.

[11] Гулцов И. Т. и др.. Металловёдение и термическая обработка，Металлургиэдат，1956：159.

[12] Mitehell A.，Joshi S.. Metallurgical Trans.，1973，(4)：631.

[13] Медовар Б. И.. Тепловые процесы при электрощлаковом переплаве，1978：41.

[14] Wahlster M.. 技术座谈纪要，1977：10.

[15] 增子升，佐野信雄．铁与钢，1975，(61)：2544.

[16] Flemings M. C.. Solidification Processing，1974：148.

控制电渣重熔高速钢凝固质量的研究*

摘 要 实验中通过测量铸锭的二次晶轴间距、莱氏体网络尺寸及计算局部凝固时间考察了熔化速度、熔池深度对电渣重熔高速钢凝固质量的影响。由热平衡推导将影响局部凝固时间的因素概括为熔速和钢锭直径，并得出了电渣重熔高速钢的局部凝固时间、熔速和钢锭直径间的回归方程为：

$$t_r = 0.24 + 1.28 \times 10^{-3} \frac{D^2}{v_z^2} + 2.28 \times 10^{-5} D^4 v_z$$

局部凝固时间取得最小值时的熔速为：

$$v_z^* = (112.28/D^2)^{1/3}$$

通过工厂实验得出了控制局部凝固时间，改善高速钢的凝固质量，可以提高钢材的质量，通过不同重熔工艺的比较得出在电渣重熔过程中影响熔速的主要因素是输入功率。

1 前言

随着工业技术的发展，对大型刀具的需要量日益增加，对材料质量的要求日趋严格。近年来电渣重熔技术开始用于高速钢的生产，证明采用电渣重熔可以明显地改善高速钢材的质量。

电渣重熔首先要制备电极，在重熔过程中要消耗大量的电能，这就使高速钢经电渣重熔后成本增加。关于电渣重熔法生产高速钢的经济效果，不同的作者持有不同的看法，这一问题已成为在高速钢生产中广泛采用电渣重熔的主要障碍[1]。高速钢经电渣重熔后使钢材的质量得到改善、金属收得率提高、钢材使用寿命延长，这些改进有可能补偿电渣重熔的附加费用，这样保证电渣重熔高速钢的质量对于提高生产的经济效益有重大意义。

本研究的目的在于通过实验考查电渣重熔高速钢凝固质量的变化规律，探索控制电渣重熔高速钢凝固质量的途径，以期通过选择电渣重熔的工艺参数来有效地控制高速钢锭的凝固质量。

2 实验

2.1 实验设备及材料

实验分别在实验室和工厂进行。

实验设备采用50kg电渣炉，变压器输出功率100kV·A，最大输出电流2000A。

实验电极材料采用M2高速钢，造渣料分别为AHΦ－6渣和L－4渣。

工厂实验是在重庆特殊钢厂进行。

* 本文合作者：车向前。原发表于《钢铁研究总院学报》，1987，7（51）：37～45。

2.2 实验过程

实验室实验中选择熔速为目标参数，考察工艺参数的变化对熔速的影响，以二次晶轴间距和莱氏体网络尺寸表示铸锭的凝固质量，通过熔速的变化考察对铸锭的凝固质量带来的影响。

安排了九炉实验，各炉的工艺参数及得到的熔速见表1。

表1 实验工艺参数及熔化速度

炉号	充填比	渣系	输入功率/VA	输入电流/A	二次电压/V	平均熔速			
						v_m		v_E /(mm·min^{-1})	v_z /(mm·min^{-1})
						(kg·min^{-1})	(mm·min^{-1})		
06	50/120	AHΦ-6	40600	1400	31	0.53	29.0	23.6	5.4
03	50/120	AHΦ-6	46800	1800	29	0.68	37.5	30.5	7.0
04	50/120	AHΦ-6	59200	1600	40	0.72	40.3	33.2	7.1
05	50/120	AHΦ-6	70200	1800	42.5	0.83	46.7	38.4	8.3
18	60/120	AHΦ-6	66500	1900	37.5	0.80	32.2	23.9	8.3
19	60/100	AHΦ-6	65700	1800	38	0.88	35.4	21.6	13.8
20	60/100	L-4	46800	1300	38	0.84	35.2	21.5	13.7
21	60/140	L-4	50700	1300	40	0.61	25.1	20.0	5.1
22	60/140	AHΦ-6	61200	1800	37.5	0.71	29.0	23.0	6.0

注：1. 充填比为电极直径 d 与结晶器直径 D 之比。

2. 二次电压为变压器输出端电压。

在各炉重熔的前期、中期、后期分三批加入FeS，通过硫印显示熔池，见图1。沿熔池截取金相试样，在平行一次枝晶生长面上用图像分析仪测量二次晶轴间距，在垂直一次枝晶生长面上用光学显微镜测量莱氏体网络尺寸。

工厂实验考察重熔时熔速不同对钢材质量的影响。

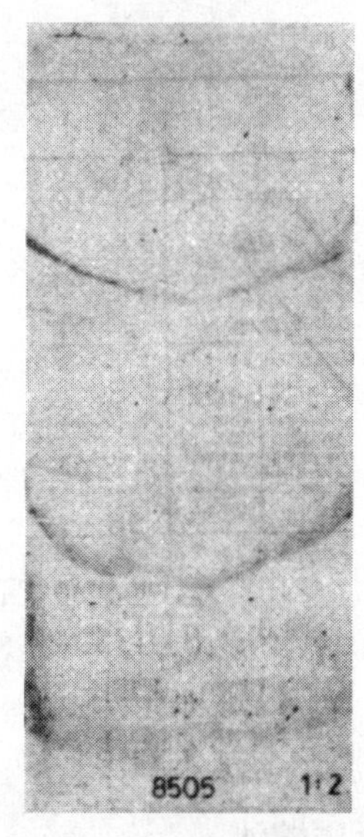

图1 钢锭硫印图

2.3 实验结果

处理实验数据，采用标准差 S 衡量钢锭径向上二次晶轴间距 d_{II} 的波动，表示组织的不均匀性。采用文献［2］引用的晶轴间距和局部凝固时间的曲线求局部凝固时间 t_r。从硫印测量熔池深度，各项结果见表2。工厂实验得到的钢材碳化物不均匀度随熔速和锻压比的变化曲线见图2和图3。

表 2　实验结果

炉　号	v_z /(mm · min^{-1})	H /mm	d_{II}/μm			d_L/μm
			边	1/2 半径	中心	边
06	5.4	30				
03	7.0	40	30.9	36.4	46.9	76.9
04	7.1	30	27.4	38.1	40.2	71.4
05	8.3	35	27.3	33.2	43	62.5
18	8.3	42	36.3	41.8	41.9	62.5
19	13.8	45	27.1	30.2	37.4	62.5
20	13.7	50	31.1	37.0	42.0	62.5
21	5.1	37	37.6	45.7	52.9	66.67
22	6.0	33	43.8	47.9	55.9	83.3

炉　号	d_L/μm		S	t_r/min		
	1/2 半径	中心		边	1/2 半径	中心
06						
03	76.9	66.7	8.1	0.21	0.45	1.00
04	76.9	62.5	6.9	0.15	0.52	0.67
05	71.4	76.9	7.9	0.17	0.34	0.73
18	71.4	71.4	3.2	0.46	0.70	0.70
19	58.8	50.0	5.3	0.20	0.29	0.49
20	71.4	66.7	5.4	0.25	0.59	0.71
21	90.9	76.9	7.7	0.49	0.97	1.45
22	90.9	83.3	6.2	0.81	1.10	2.20

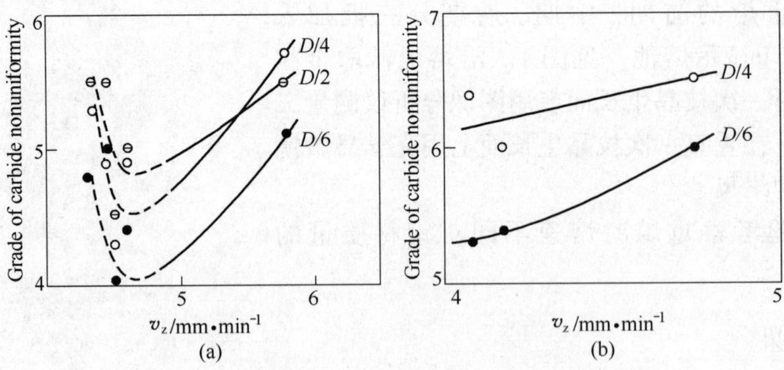

图 2　钢材碳化物不均匀度随熔速的变化

（a）$D=380$mm，锻压比 13.1；（b）$D=450$mm，锻压比 5.1

3　讨论

3.1　金属熔池

在电渣重熔中，熔池深度是一个重要的目标参数，它影响铸锭的质量。关于熔池

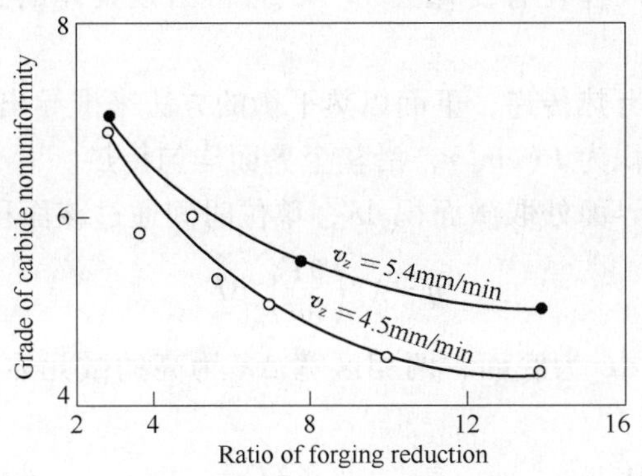

图 3　钢材碳化物不均匀度随锻压比变化

深度和工艺参数的关系有专著进行了论述[3]，文献［4］用数学模型计算得出了熔池深度随熔速增大而近似呈直线增大。我们实验的结果和前人得出的结论一致。

金属熔池深度对铸锭质量的影响与铸锭的直径有关，一般认为合理的熔池深度应小于铸锭的半径[3]，为了获得较好的铸锭质量而研究熔池深度应和钢锭直径结合起来。我们取熔池深度 H 与铸锭直径 D 之比 H/D 为一个参数，做 H/D 与熔速 v_z 的关系曲线，见图 4。采用线性回归得到：

$$H/D = 0.08 + 0.03v_z \tag{1}$$

式中，v_z 的单位取 mm/min，该回归方程相关系数 0.96，剩余标准离差 0.03。

做二次晶轴间距的标准差 S 和参数 H/D 的变化曲线，见图 5，看出随 H/D 增大即随熔池深度增加，S 增加，说明组织的不均匀性增加，随充填比 d/D 增大，S 减小，说明组织的不均匀性降低。得出：金属熔池深度影响铸锭组织的均匀性，为了得到良好的组织均匀性，需控制较浅的熔池；采用大充填比时，由于能够得到良好的熔池形状[5]，使钢锭组织的均匀性得到改善。

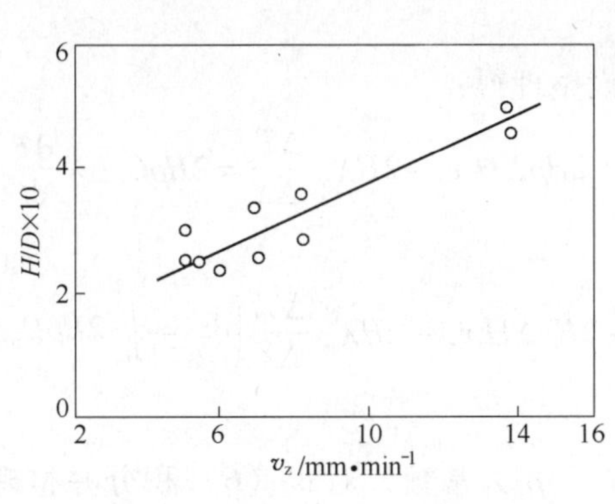

图 4　H/D 与 v_z 的变化关系

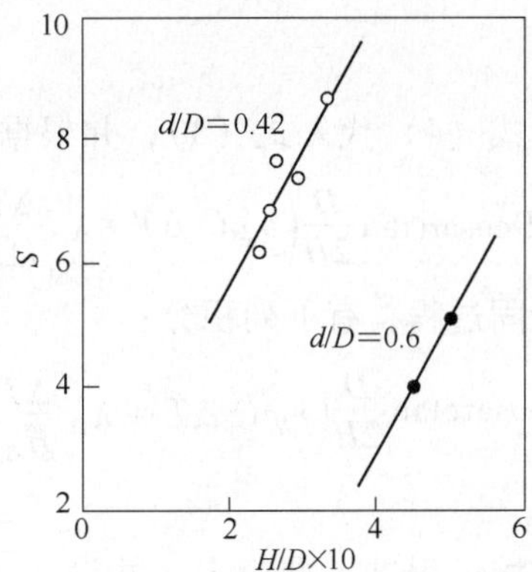

图 5　S 与 H/D 的变化关系

3.2　局部凝固时间

局部凝固时间是重要的凝固过程参数，Flemings 给出了局部凝固时间和晶轴间距间的关系[6]，这样可以通过控制局部凝固时间来控制凝固质量。有人已经意识到了局部

凝固时间和熔化速度之间存在有变化关系[7]，若得出该具体的关系就可以根据所要求的铸锭质量来控制熔速。

凝固过程始终存在有热传递，下面以热平衡的方法来推导出局部凝固时间。

设凝固前沿界面面积为 $F(\mathrm{cm}^2)$，沿整个界面均匀传热。

在两相区和固相的界面处取微面积 $\mathrm{d}F$，单位时间通过该面积的热流为：

$$q=\lambda_{\mathrm{m}}\left(\frac{\partial T}{\partial n}\right)_{\mathrm{m}}\mathrm{d}F \tag{2}$$

在两相区中取以微面积 $\mathrm{d}F$ 为底面，两相区宽 ΔX 为高的微元体 $\mathrm{d}V=\Delta X\mathrm{d}F$，对该微元体作热平衡，可得：

$$\frac{Q}{F}\mathrm{d}F+\rho\Delta H_{\mathrm{f}}v_{\mathrm{r}}\mathrm{d}F-\lambda_{\mathrm{m}}\left(\frac{\partial T}{\partial n}\right)_{\mathrm{m}}\mathrm{d}F=\rho C_{\mathrm{p}}\mathrm{d}V\frac{\mathrm{d}T}{\mathrm{d}t} \tag{3}$$

Q 为进入熔池的总热量，包括熔化的金属熔滴带入熔池的热和通过渣池—金属界面传入熔池的热，可以写为：

$$Q=\frac{\pi}{4}d^2v_{\mathrm{m}}\rho C_{\mathrm{P}}(T_{\mathrm{sl}}-T_{\mathrm{m}})+\frac{\pi}{4}D^2\left[\lambda_{\mathrm{sl}}\left(\frac{\partial T}{\partial n}\right)_{\mathrm{sl}}+q_{\mathrm{sl}}\right] \tag{4}$$

对式（3）、式（4）假设：

$$\left(\frac{\partial T}{\partial n}\right)_{\mathrm{m}}\approx\frac{\Delta T_{\mathrm{f}}}{\Delta X}$$

$$\Delta T=T_{\mathrm{sl}}-T_{\mathrm{m}}$$

$$\left(\frac{\partial T}{\partial n}\right)_{\mathrm{sl}}=\frac{\Delta T}{H_{\mathrm{sl}}}$$

再假设熔池底面可视为圆锥体，则：

$$F=\frac{\pi DH}{2\cos\arctan\dfrac{D}{2H}}$$

$$v_{\mathrm{m}}=\frac{D^2}{d^2}v_{\mathrm{z}}$$

又有：

将式（4）代入式（3），并根据以上假设整理得：

$$D\cos\arctan\frac{D}{2H}\left(v_z\rho C_{\mathrm{p}}\Delta T+\lambda_{\mathrm{sl}}\frac{\Delta T}{H_{\mathrm{sl}}}+q_{\mathrm{sl}}\right)+2H\rho\Delta H_{\mathrm{f}}v_{\mathrm{r}}-2H\lambda_{\mathrm{m}}\frac{\Delta T_1}{\Delta X}=2H\rho C_{\mathrm{p}}\Delta X\frac{\mathrm{d}T}{\mathrm{d}t} \tag{5}$$

考虑凝固过程，有下列积分：

$$\int_0^{t_{\mathrm{r}}}\left[D\cos\arctan\frac{D}{2H}\left(v_z\rho C_{\mathrm{p}}\Delta T+\lambda_{\mathrm{sl}}\frac{\Delta T}{H_{\mathrm{sl}}}+q_{\mathrm{sl}}\right)+2H\rho\Delta H_{\mathrm{f}}v_{\mathrm{r}}-2H\lambda_{\mathrm{m}}\frac{\Delta T_{\mathrm{f}}}{\Delta X}\right]\mathrm{d}t=\int_{T_1}^{Ts}2H\rho C_{\mathrm{p}}\Delta X\mathrm{d}T \tag{6}$$

假设重熔过程进入准稳态，并设 λ_{m}，λ_{sl}，C_{p}、ρ 为常数，对式（6）积分并整理，得局部凝固时间的表达式，即：

$$t_{\mathrm{r}}=\frac{2H\Delta X\rho(\Delta H_{\mathrm{f}}+C_{\mathrm{p}}\Delta T_{\mathrm{f}})}{2H\lambda_{\mathrm{m}}\dfrac{\Delta T_{\mathrm{f}}}{\Delta X}-D\cos\arctan\dfrac{D}{2H}\left(v_z\rho C_{\mathrm{p}}\Delta T+\lambda_{\mathrm{sl}}\dfrac{\Delta T}{H_{\mathrm{sl}}}+q_{\mathrm{sl}}\right)} \tag{7}$$

上式中分子是金属本身凝固前沿两相区的热特性，分母第一项表示散热条件，第二项表示供热条件，可知凝固过程中供热条件和散热条件的变化影响局部凝固时间。

分析式（7），熔池深度、两相区宽度均受重熔过程中熔速的影响，也可以认为渣池与金属熔池平均温度差、对流给热速度均与熔速有关，这样可以将影响局部凝固时间的因素概括为熔速和钢锭直径。

对实验数据进行处理，得出以回归方程表示的局部凝固时间 t_r(min) 和熔速 v_z (cm/min)，钢锭直径 D(cm) 间的关系，即：

$$t_r = 0.24 + 1.28 \times 10^{-3}\frac{D^2}{v_z^2} + 2.28 \times 10^{-5} D^4 v_z \tag{8}$$

该方程的全相关系数为0.82。

由式（8）求得局部凝固时间在

$$v_z^* = (112.28/D^2)^{1/3} \tag{9}$$

处取得唯一极小值。

分析式（7）~式(9) 得出：在电渣重熔中局部凝固时间并不是随熔化速度的减小而单调减小，而是随熔速增大呈现先减小再增大，取得一个最小值，这样在电渣重熔中就存在一个最佳熔速的问题，其合理的最小熔速应是极值点熔速。局部凝固时间随钢锭直径而变，为了获得良好的结晶组织，要求有一定的局部凝固时间，此时不能随意扩大钢锭直径，否则有可能无论熔速怎样变化也达不到所要求的局部凝固时间；同时，对于一定直径的钢锭，局部凝固时间取一最小值，若要进一步细化晶粒组织，不采用其他措施而只靠调整熔速有可能不易实现。

3.3 莱氏体网格尺寸

对表2中的莱氏体网格尺寸取径向平均值 $\bar{d}_L$，对局部凝固时间也取径向平均值 $\bar{t}_r$，做 $\bar{d}_L$ 和 $\bar{t}_r$ 关系图，见图6，莱氏体网络的照片见图7。

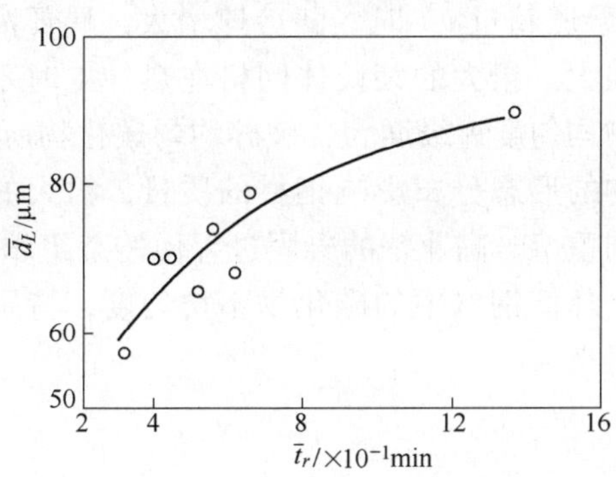

图6 $\bar{d}_L$ 和 $\bar{t}_r$ 的变化关系

由图6看出随钢锭局部凝固时间增大，莱氏体网格尺寸增大。由图7看出莱氏体网格形态的变化，当局部凝固时间较小时，晶界析出的共晶莱氏体细小，所形成的网格尺寸也小，当局部凝固时间增大时，析出的共晶莱氏体粗大，形成的网格尺寸也粗大。这些说明了局部凝固时间对凝固质量的影响。

对高速钢材来说碳化物不均匀度是一项重要的质量指标，它直接影响钢材的性能及使用寿命。莱氏体中的共晶碳化物难溶于奥氏体中，因而无法通过热处理改变其形态[8]，热加工变形可以破碎莱氏体网络，破碎的碳化物随变形量的不同有可能仍以网

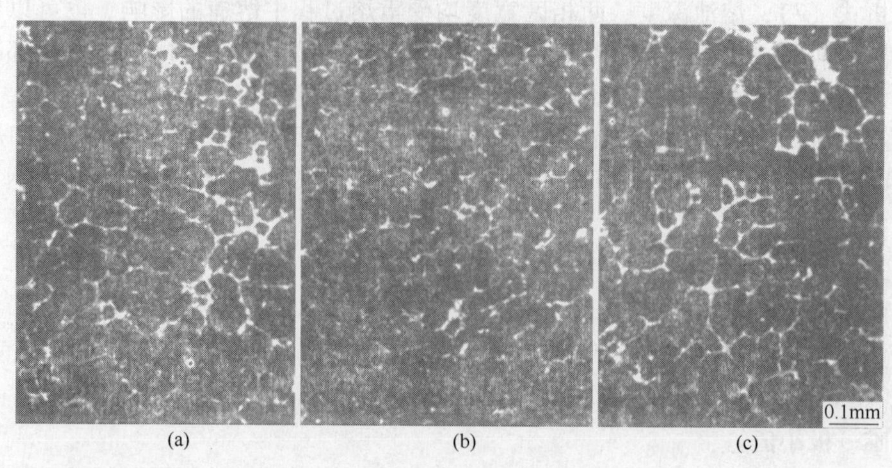

图7　共晶莱氏体网格（×100）

（a）$t_r=0.81\text{min}$；（b）$t_r=0.49\text{min}$；（c）$t_r=1.10\text{min}$

状或条带状的形式出现，沿金属的变形方向排列，造成钢材中碳化物分布的不均匀。

由钢材的碳化物不均匀度随熔速的变化曲线（图2）看出，在不同的锻压比时，随重熔时融化速度提高，钢材碳化物不均匀度的评级均提高。由钢材的碳化物不均匀度随锻压比的变化曲线（图3）看出，随锻压比增加，碳化物不均匀度评级降低，随熔速增加，为获得同样级别的碳化物不均匀度需要增加锻压比。

由式（9）估算电渣重熔 ϕ380mm 和 ϕ450mm 钢锭的极值点熔速得：

$D=380\text{mm}$，$v_z^*=4.3\text{mm/min}$

$D=450\text{mm}$，$v_z^*=3.8\text{mm/min}$

参照图6、图7，当熔速超过 v_z^* 时，随熔速增大，局部凝固时间增大，造成铸态组织中共晶莱氏体网格粗大。粗大的莱氏体网格在热加工时不易破碎均匀，出现了随熔速增大，钢材中碳化物均匀度评级增大，破碎均匀碳化物所需的锻压比增大。得出：高速钢铸态组织中碳化物的形态分布影响钢材的质量，粗大的碳化物网格不易破碎均匀；选择合理的熔速控制重熔时高速钢的凝固过程使铸态组织中莱氏体网格尺寸减小，共晶莱氏体减薄，有利于降低钢材中的碳化物不均匀度，特别是对锻压比受限制的产品，控制凝固质量更有意义。

3.4　熔速

电渣重熔时熔化速度影响熔池深度和局部凝固时间从而影响铸锭的凝固质量和钢材的质量。这样，控制合理的熔速在电渣重熔生产中就非常重要了。采用极差分析的方法对表1中的数据进行分析，得到输入功率的变化造成熔速的变化最大，可以认为输入功率是影响熔速的主要因素。在电渣重熔中要实现合理的熔速，关键是选择输入功率。

4　结论

（1）电渣重熔中熔化速度影响熔池深度及局部凝固时间，从而影响铸锭的凝固质量，影响熔速的主要因素是输入功率。

（2）铸锭组织的均匀性受熔池深度的影响，随熔池深度增加，组织的不均匀性增加，当采用大充填比时，同样的熔池深度可使组织的均匀性得到改善。

（3）熔池深度 H 与铸锭直径 D、熔化速度 v_z 间的关系可用回归方程表示，即：

$$H/D = 0.08 + 0.03v_z$$

（4）在电渣重熔中有一最佳的熔速，对高速钢来说局部凝固时间 t_r 和熔速 v_z、钢锭直径 D 间的关系可用下述回归方程表示，即：

$$t_r = 0.24 + 1.28 \times 10^{-3}\frac{D^2}{v_z^2} + 2.28 \times 10^{-5}D^4 v_z$$

局部凝固时间取得最小值时的熔速为：

$$v_z^* = (112.28/D^2)^{1/3}$$

该回归方程对于指导电渣重熔高速钢生产有一定意义。

（5）高速钢锭的凝固质量影响钢材的质量，铸态组织中粗大的莱氏体网格不易破碎均匀，易造成钢材中碳化物不均匀度提高，改善高速钢的凝固质量可以提高钢材质量。

符号总表

d——电极直径

D——钢锭直径

H——金属熔池深度

v_z——钢锭液面上升速度

t_r——局部凝固时间

λ_m——金属凝固两相区的导热系数

λ_{sl}——熔渣的导热系数

$\left(\frac{\partial T}{\partial n}\right)_m$——金属凝固两相区温度梯度

$\left(\frac{\partial T}{\partial n}\right)_{sl}$——渣池温度梯度

T_s——金属固相线温度

ΔX——金属两相区宽

ΔH_f——金属熔化潜热

v_r——局部凝固速度

C_p——金属的热容

$\left(\frac{dT}{dt}\right)$——温度变化速度

v_m——电极熔化速度

T_{sl}——渣池平均温度

T_m——金属熔池平均温度

q_{sl}——对流传热速度

ΔT_f——金属固液相线温度差

T_l——金属液相线温度

ρ——金属密度

H_{sl}——渣池深度

参 考 文 献

[1] 李正邦．特殊钢，1984，(5)：43.

[2] Per-Olov Mellberg，Hans Sandberg，Scand. J.. Metal，1973，(2)：83.

[3] 李正邦，等．电渣熔铸［M］．北京：国防工业出版社，1981.

[4] A. S. Ballantyne，A. Mitchell. Ironmaking & Steelmaking，1977，(4)：222.

[5] J. Luchok，R. J. Roberts. Proceedings of the Fourth International Symposium on Electro-slag Remelting Processes，Tokyo，June，1973：149.

[6] M. C. Flemings. 凝固过程［M］．关玉龙等译．北京：冶金工业出版社，1981.

[7] A. S. Ballantyne，et al. Proeeedings of the Fifth International Conference Vacuum Metallurgy and Electro-slag Remelting Processes，Oct.，1976：181.

[8] 章守华．合金钢［M］．北京：冶金工业出版社，1981.

Study of Controlling Solidification Quality of High Speed Steel in Electroslag Remelting Process

Che Xiangqian Li Zhengbang

Abstract Influences of melting rate and depth of metal pool on the solidification of electroslag remelting high speed steels have been investigated by measuring the secondary dendrite arm spacing and the ledeburite meshes and also by calculating the values of local solidification time. The factors which influence the local solidification time can be approximately summarized into melting rate and ingot diameter through thermal equilibrium calculation and the regression relationship between the local solidification time of electroslag remelting high speed steel ingot, the ingot diameter and the melting rate at which the remelting is in process is obtained as follows,

$$t_r = 0.24 + 1.28 \times 10^{-3} \frac{D^2}{v_z^2} + 2.28 \times 10^{-5} D^4 v_z$$

For the melting rate at which the local solidification time is minimum, there is

$$v_z^* = (112.28/D^2)^{1/3}$$

The experiments in the steel works show that the quality of high speed steel products gets better as a result of an improvement on the solidification quality of high speed steel ingots by controlling the local solidification time. Through comparing different electroslag processes it is indicated that the main factor which influences the melting rate is power input.

大填充比电渣重熔热平衡与凝固研究*

摘　要　研究了大充填比电渣重熔工艺对渣池热平衡和锭凝固结构的影响。大充填比的电磁搅拌作用明显减弱，电磁搅拌对导热的影响可以用文中提出的经验公式来估计。建立了一种与工艺操作条件相联系的计算方法，能对熔速、电耗、渣温作出计算。金属熔池形状、二相区宽度、局部凝固时间的计算机模拟也与工艺条件相联系。对试验电渣炉和工业电渣炉的计算均获得与实际操作相当一致的结果。应用模型提出了直径 360mm 的 G20CrNi2MoA 钢锭大充填比操作的最佳工艺条件选择范围。

1　前言

自耗电极截面积与结晶器截面积之比，即所谓充填比，对电渣重熔过程有较大影响。文献［1］报道了直径 360mm 的 G20CrNi2MoA 钢锭，大充填比熔炼功率与小充填比相近条件下取得的明显节电效果及良好的锭质量。Luchok 和 Roberts[2] 报道了在相同熔速下，直径 400mm 的 M2 高速钢锭，大充填比操作的节电效果，小充填比熔炼产生的凝固缩孔也消除了。对于直径 1000mm 的大型电渣锭，R. Schumann[3] 认为充填比增加过多，将引起熔速过快或渣温过低，提出最大允许充填比为 0.49。从目前文献的研究情况来看，主要限于实际的观测结果及定性分析方面，缺乏定量的理论分析。为了根据钢锭质量要求来选择最佳工艺条件，找出操作参数与熔炼结果之间的定量关系是必要的。经验的回归模型因缺乏通用性而受到应用上的限制。最新的理论模型已能模拟渣池和金属熔池的速度场和（或）温度场分布，进而推算出各种熔炼结果。但这种模拟与电渣炉的实际操作条件缺乏直接联系，在应用上存在困难。从工程应用角度来说，希望能直接从多种操作参数的不同变化来预测和对比不同的熔炼结果，以找出与某尺寸钢锭对应的最佳工艺条件来。本文试图在这方面做出努力。

2　实验部分

试验室试验在钢研院电渣组 50kg 电渣炉上进行。工业试验在 447 厂 4t 电渣炉进行。另外还收集了部分工厂生产数据及文献资料。用于分析的工艺操作条件及设备情况见表 1。

3　理论分析与计算

针对所研究问题的不同特点，模型分为研究整体性质的渣池热平衡和研究局部性质的钢锭凝固两部分。但两部分是关联的，渣池向金属熔池传递的热流是渣池热平衡的一部分，而且与电磁搅拌有关的参数估计都是基于同样的熔炼条件，因而所有计算结果都是从同一工艺操作条件得出。在电渣重熔过程中，当锭的凝固高度达到 1 ~ 2 倍

* 本文合作者：郑天河。原发表于《钢铁研究学报》，1989，1（s1）：163 ~ 171。

锭直径时，过程趋于动态平衡。本文的分析均基于这一准稳态假设下进行。

表1　不同工艺与设备的电渣炉实际操作条件

编号 No.	钢号	充填比	模半径/m	渣池电压/V	电流/A	功率/kW	流量/kg	渣型	设备
1	G	0.24	0.18	43	6500	280	32	AHΦ-6	A
2	G	0.62	0.18	32	9250	296	32	AHΦ-6	A
3	G	0.24	0.18	53	5500	292	32	L-4	A
4	G	0.62	0.18	42	7250	305	32	L-4	A
5	P	0.324	0.325	42	15000	630	150	AHΦ-6	B
6	P	0.324	0.325	51	12000	612	150	L-4	B
7	P	0.284	0.068	40	1800	73	3.4	AHΦ-6	C
8	P	0.36	0.060	36	2050	74	2.4	AHΦ-6	C
9	P	0.284	0.068	42	1700	71	3.2	L-4	C
10	P	0.36	0.060	38	1600	61	2.4	L-4	C
11	P	0.574	0.048	36	1500	54	1.5	L-4	C
12	G	0.62	0.18	32	6000	192	32	AHΦ-6	A*
13	G	0.62	0.18	36	5500	198	32	L-4	A*

注：G—G20CrNi2MoA；P—PCrNi3MoVA；

A—本钢一分厂1t电渣炉，变压器容量1800kVA；

B—447厂4t电渣炉，变压器容量1650kVA；

C—钢研电渣组50kg试验炉，变压器容量100kVA；

A*—仿A的假设工艺，与小充填比保持相同熔速的大充填比操作。

3.1　渣池热平衡与电极熔化

3.1.1　*以渣池为体系的能量平衡*

为了研究熔速、电耗、渣平均温度这样一些整体性质，将渣池看作一个体系来建立能量平衡，即作了渣池平均温度的假定。渣池作为一个电阻性负载而产生焦耳热，需满足的两个基本关系是热力学第一定律与欧姆定律。准稳态下渣池的能量守恒要求电压与电流的乘积，即渣池输入功率，要与散热功率平衡，即：

$$P_{\ln} = Q_r + Q_d + Q_p + Q_m + Q_e \quad (\text{单位:W}) \tag{1}$$

式中，$P_{\ln}$为渣池功率；Q_r为渣自由表面的辐射散热；Q_d为金属熔滴穿过渣池时的吸热；Q_p、Q_m、Q_e分别为渣池向金属熔池、结晶器、电极端面的传热。对于欧姆定律，要求电压与电流的比值与渣池电阻对应，在电渣炉中渣池电阻与极间距有关，即：

$$L = A_{\text{eff}} \cdot \sigma_s \cdot \frac{U}{I} \quad (\text{单位:m}) \tag{2}$$

式中，L为极间距，即电极端面至金属液面距离；σ_s为渣电导率；U和I分别为渣池电压和电流；A_{eff}为渣池有效导电截面，在假定电极端面与金属熔池之间的渣池构成一导电圆锥台时，可导出：

$$A_{\text{eff}} = \pi R_m^2 \sqrt{F} \quad (\text{单位:m}^2) \tag{3}$$

式中，R_m为结晶器半径；F为充填比，即电极截面积/结晶器截面积。

电极埋入深度和渣帽高度根据式（2）中L的计算及渣量确定。假定电极埋入渣下部分为一圆锥体，以此计算电极端面传热面积。

用于熔化电极的热量包括三部分：（1）电极端面吸收的热，见式（1）中的 Q_e，具体计算见3.1.4。（2）电极表面吸收的辐射热，是式（1）中 Q_r 的一部分，见3.1.2中的分析。（3）电极通过电流时的焦耳热，可用欧姆定律作简化计算。电极吸收总热量得出后，熔速和单位电耗的计算可按文献［1］方法进行。

3.1.2 热辐射

渣自由表面的辐射受到模壁和电极表面的反射，真正的热损失是模壁和间隙空间吸收的热。将渣自由表面、模内壁、电极表面、环形间隙面看作一封闭的辐射体系。除了电极表面有沿高度方向的温度分布外，其他三个表面的温度看作是均一分布的。电极表面的温度分布可用数值方法求解以定常速度下降的电极热传导偏微分方程做出。已知各表面温度，有效辐射就可得出[8]：

$$B_i = \varepsilon_i \sigma T_i^4 + (1-\varepsilon_i)\sum_{j=1}^{n} F_{i-j} B_j \quad (\text{单位}:\mathrm{W \cdot m^{-2}}) \tag{4}$$

式中，B_i 为 i 表面有效辐射，即 i 面本身辐射与对所有其他表面辐射的反射之和；ε_i 为 i 面黑度系数；σ 为 Stefan-Boltzmann 常数；T_i 为 i 面温度；F_{i-j}为 i 面对 j 面的角度系数。若电极轴向分格数为 m，解一个 $n = m+3$ 元的线性方程组 B_i 就可求出。各表面净热流由此可得[8]：

$$q_i = \varepsilon_i \left(\sigma T_i^4 - \sum_{j=1}^{n} F_{i-j} B_j\right) \quad (\text{单位}:\mathrm{W \cdot m^{-2}}) \tag{5}$$

实际上所要求的 q_i 是求解电极温度分布时的辐射边界条件。可以看出这是一个迭代的计算过程。

3.1.3 熔滴过程

式（1）中熔滴吸热 Q_d 的计算根据文献［4，7，10］推荐的方法做出，熔滴过渡过程的计算除了求出 Q_d 外，还有一个目的是求出熔滴抵达渣—金属界面时的终温，因为在渣池传热计算3.1.4中将熔滴终温看作界面的定性温度，金属熔滴直径是从熔滴过渡频率试验记录推算得出，其值约1.2cm。

3.1.4 渣池传热与传热系数估计

传热计算的关键是传热系数的合理估计。传热系数的定义式为：

$$Q_i = A_i h_i (T_s - T_i) \quad (\text{单位}:\mathrm{W}) \tag{6}$$

式中，下标 i=p，m，e 分别表示渣—金属熔池界面，模界面，电极界面；Q_i 为界面热流，A_i 为界面面积；h_i 为传热系数；T_s 为渣平均温度；T_i 为界面定性温度。金属熔池界面取熔滴终温，模和电极界面分别取渣熔点和金属熔点。

h_i 与渣池搅拌程度及渣本身物性参数有关。忽略自然对流传热的影响，只考虑电磁搅拌作用引起的受迫对流传热。选用反映电磁力/黏滞力的 Hartmann 准数表征渣池运动特性。根据单相交流电渣炉电流密度变化的特点，推导出 Hartmann 数的表达式为：

$$Ha = \frac{\mu_m}{\pi} \cdot I \cdot \left(\frac{1}{F} - 1\right) \cdot \left(\frac{\sigma_s}{\mu_s}\right)^{\frac{1}{2}} \tag{7}$$

式中，μ_m 为磁导率；I 为电流；F 为充填比；σ_s，μ_s 分别为渣的电导率和黏度，均与渣温有关。Nusselt 数表示总传热速率/传导传热速率，表达式为：

$$Nu = \frac{h_i H_s}{K_{s1}} \tag{8}$$

式中，H_s 为定性长度，采用了渣帽高度；K_{s1} 为渣导热系数。应用渣池热平衡模型，找出能使计算值与实际测量的熔速、渣温、极间距同时相符的传热系数。据此得出了 $Nu-Ha$ 关系式为：

$$Nu = \alpha_i Ha^{0.18} \tag{9}$$

从试验中发现上式系数0.18为一常数，α_i 视不同界面及渣型不同而异，见图1。渣电导率和黏度与温度的关系易于获得。渣导热系数的温度关系式几乎未见，只能根据文献数据选择其一。但这种假定只影响经验系数 α_i 的确定，并不影响 h_i 的计算。有了经验式（9），实际上只要有一个试验工艺点就可确定 α_i，从而得出 h_i。但对渣温变化敏感的渣系，使用式（9）要谨慎。如L－4渣试验电渣炉比工业炉高300℃，这时要重新确定 α_i，见图1及表1。

整个渣池热平衡计算中渣温是待定的，而式（1）中5个部分的热流计算都需知道渣温，所以采用迭代的方法。整个过程编制成计算机程序，预先赋渣温一初始值，循环计算直到满足给定精度为止。模型的输入参数为充填比、电压、电流、模半径、渣量，输出结果为熔速、电耗、渣温等。渣型和钢种的物性参数作为数据块子程序与主程序连接，以便替换方便，计算结果与实测值的比较见表2。其吻合程序从图2可直观看出。计算所用数据见表3。

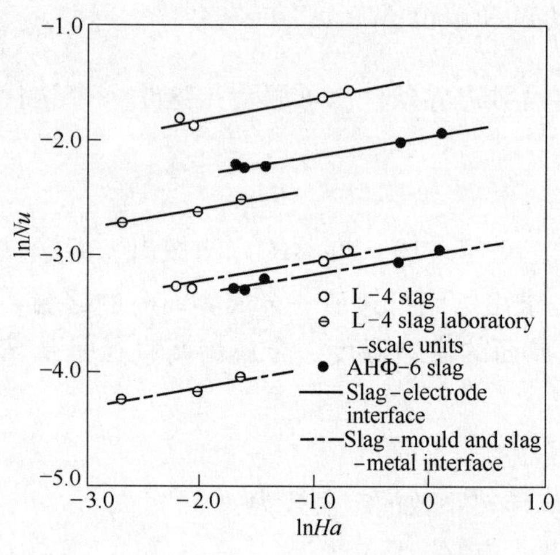

图1　电磁搅拌对导热系数的影响

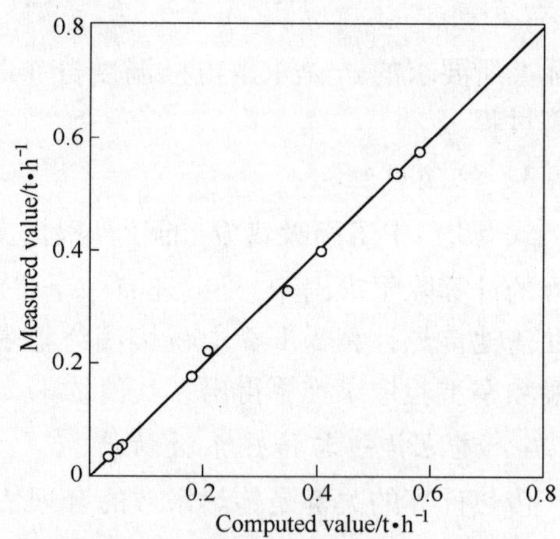

图2　熔速的计算值与实测值比较

表2　不同工艺与设备的电渣炉操作实际与预测值及渣池传热系数

编号 No.	熔速/(t·h⁻¹) 计算/实测	电耗/(kW·h·t⁻¹) 计算/实测	平均渣温/℃ 计算/实测	传热系数/(kW·m⁻¹·K⁻¹)	
				渣/电极	渣/模
1	0.175/0.18	1886/2000	1718/1720	7.33	2.72
2	0.35/0.33	1129/1280	1753/1765	5.90	2.19
3	0.21/0.22	1581/1420	1682/—	11.17	2.65
4	0.41/0.40	899/918	1703/1693	8.76	2.08
5	0.54/0.54	1582/1589	1712/—	5.50	2.04

续表 2

编号 No.	熔速/($t \cdot h^{-1}$) 计算/实测	电耗/($kW \cdot h \cdot t^{-1}$) 计算/实测	平均渣温/℃ 计算/实测	传热系数/($kW \cdot m^{-1} \cdot K^{-1}$)	
				渣/电极	渣/模
6	0.58/0.58	1299/1425	1646/—	8.02	1.94
7	0.039/0.038	2163/2155	1755/1747	7.44	2.76
8	0.045/0.047	1943/1920	1809/1827	8.26	3.07
9	0.058/0.054	1400/1429	1999/2000	6.24	1.30
10	0.060/0.058	1172/1200	2005/—	6.04	1.26
11	0.063/0.066	970/857	2151/2042	5.24	1.10
12	0.20/—	1179/—	1665/—	5.09	1.89
13	0.22/—	1059/—	1620/—	7.91	1.88

注：1. 工艺操作条件见表 1 中相对应的编号。

2. 传热系数是从经验式（9）中作出，计算中假定了渣—金属熔池界面传热系数与渣—模界面相同。

表 3 符号与数值表

符 号	意 义	单 位	数 值
σ_s	渣电导率 AHΦ－6：$\ln\sigma_s = 1770 - 23540/T$ L－4：$\ln\sigma_s = 9.554 - 7900/T$	$Q^{-1} \cdot m^{-1}$	
μ	渣黏度 AHΦ－6 L－4：$\ln\mu_s = -8.587 + 11700/T$	$kg \cdot m^{-1} \cdot s^{-1}$	0.04
K_{sl}	渣导热系数	$W \cdot m^{-1} \cdot K^{-1}$	6.92
C_{psl}	渣热容	$J \cdot kg^{-1} \cdot K^{-1}$	1255
T_{sm}	渣熔点 AHΦ－6 L－4	K	 1598 1525
ρ_s	渣密度	$kg \cdot m^{-3}$	2500
γ	渣—钢界面张力	$N \cdot m^{-1}$	1.0
K_l	液态金属有效导热系数		
K_{ml}	液态金属分子导热系数	$W \cdot m^{-1} \cdot K^{-1}$	20
K_m	液固二相区导热系数		25～60
K_s	固态金属导热系数		25
C_{pl}	液态金属热容		660
C_{pm}	液固二相区热容	$J \cdot kg^{-1} \cdot K^{-1}$	550
C_{ps}	固态金属热容		550
ρ	金属密度	$kg \cdot m^{-3}$	7800
λ	金属凝固潜热	$J \cdot kg^{-1}$	272.000
T_{sm}	金属液相线温度		1771
T_c	包晶反应开始温度		1743
T_{ss}	金属固相线温度		1703
T_o	纯铁熔点		1811

续表3

符　号	意　义	单　位	数　值
k_1	δ相溶质分配系数		0.2
k_α	γ相溶质分配系数		0.3
μ_m	磁导率	$H \cdot m^{-1}$	1.26×10^{-6}
Nu	Nusselt 数（总传热速率/传导传热速率）		
Ha	Hartmann 数（电磁力/黏滞力）		
σ	Stefan-Boltzmann 常数	$W \cdot m^{-2} \cdot K^{-4}$	5.67×10^{-8}
ε_s	渣自由表面黑度系数		0.8
ε_E	电极表面黑度系数		0.4
ε_G	间隙空间面黑度系数		1.0
Q_1	熔化单位金属所需能量	$J \cdot kg^{-1}$	1.08×10^6
$h(z)$	随熔池深度变化的锭—模传热系数	$W \cdot m^{-2} \cdot K^{-1}$	
h_b	锭—底板传热系数	$W \cdot m^{-2} \cdot K^{-1}$	100

3.2　钢锭凝固

3.2.1　凝固模型

钢锭凝固的传热计算是求出熔池形状、二相区宽度、局部凝固时间、二次枝晶间距这样一些局部性质，因而用表示微元体热平衡的热传导偏微分方程来描述[4]，即：

$$r\rho C_{p1} v_z \frac{\partial T}{\partial Z} = \frac{1}{\partial r}\left(K_i r \frac{\partial T}{\partial r}\right) + \frac{\partial}{\partial z}\left(K_i r \frac{\partial T}{\partial Z}\right) + rS_T \quad (\text{单位}: J \cdot m^{-2}) \tag{10}$$

式中，下标 $i=1$，m，s 分别表示金属液相、二相区、固相；Z 和 r 分别为轴向与径向坐标；ρ、C_{p1}、K_i 分别为金属密度、热容、导热系数；S_T 为单位体积金属释放的凝固潜热[4]：

$$S_T = v_z \rho \lambda \frac{\partial f_s}{\partial Z} = v_z \rho \lambda \frac{\partial f_s}{\partial T}\frac{\partial T}{\partial Z} \quad (\text{单位}: J \cdot m^{-3}) \tag{11}$$

式中，v_z 为金属液面移动速度；λ 为单位重量凝固潜热。

已有不少文献用差分方法求出了锭的温度场数值解，进而得到熔池形状等各种结果[4,5,9,10]。

从实际工艺操作条件来做出参数估计及确定边界条件，是模型达到工程实用的关键，而这方面工作尚有待发展。从前述渣池热平衡模型中，熔速计算已能从工艺操作条件获得，因而式（10）、式（11）中的 v_z 可以推算。另外渣—金属界面的传热条件也从热平衡计算中获得，这样问题已得到部分解决。

3.2.2　金属熔池有效导热系数的估计

在目前文献所发表的凝固模型中，均引进了有效导热系数来等效液态熔池的对流传热和传导传热的综合作用。不同熔炼条件下熔池搅拌程度的差异，使有效导热系数在很大的范围内变化。仍假定电磁力是熔池运动的主要驱动力，忽略自流对流的影响。将文献［4~7］发表的渣池紊流黏度/分子黏度，或紊流导热系数/分子导热系数的计算结果（取等值线图中的中间值）与 Ha 准数作对比，两者的对数值之间有很强的相关性。金属熔池的搅拌作用减弱，取渣池强度的$\frac{1}{3}$这一经验系数[4]，据此可导出金属熔池有效导热系数的经验估计式为：

$$\frac{K_l}{K_{ml}}=0.022\left[1\cdot\left(\frac{1}{\mathrm{F}}-1\right)\right]^{0.64} \tag{12}$$

式中，K_l 为有效导热系数；K_{ml}为分子导热系数。

两相区导热系数难以准确估计。考虑到搅拌作用的影响，在计算中设其值随熔池深度的减少而线性增加。

3.2.3　凝固潜热

凝固潜热的释放速率对凝固条件有较大影响。文献［4，5，10］在计算中设凝固分数 f_s 随温度线性变化。文献［9］应用非平衡凝固的溶质分配方程导出用于计算潜热的等效热容。本文根据所研究钢种的凝固特点，假定包晶反应前属平衡凝固，反应后属非平衡凝固，导出 f_s-T 关系式。从而求出式（11）中的$\frac{\partial f_s}{\partial T}$。

3.2.4　锭—模传热边界条件

假定锭完全凝固后传热系数不再变化，未凝固部分沿熔池深度线性变化。根据部分钢锭的熔池硫印与预测的金属熔池形状相互验证，可以推测出传热系数的大小。硫印试验较少，尚不足以做出传热系数与操作条件之间的定量分析。这方面工作有待进一步研究。从少数试验结果看，熔池上部传热系数与搅拌程度有关，见图 3 和图 4 的对比。

4　结果与讨论

结合应用模型预测与试验测定，对大充填比工艺做了分析。与小充填比工艺的比较可在相同熔速或相同功率两种模式下讨论。

4.1　大充填比对热平衡的影响

大充填比操作在两种模式下电极吸热所占百分比都提高了。电极端面受热面积的增加和渣自由表面辐射热损失的减少，是节电的主要原因。以相同功率熔炼，大充填比的渣温与小充填比相近。以相同熔速熔炼，渣温降低。见表 2 中 No. 12 和 No. 13 的预测。

4.2　大充填比对凝固的影响

同功率下大充填比工艺的金属熔池较深，但 LST（局部凝固时间）减少；同熔速下金属熔池较浅平，但 LST 延长。图 3 ~ 图 7 为部分预测与试验结果。LST 预测值的验证可以用二次枝晶间距 d 的测定值在相应部位的对比进行。对于 G20CrNi2MoA 钢直径 360mm 锭，在半径处 d 测定值最大，这与 LST 的预测是对应的，见图 7。LST 对 d 的影响可用 Flemings 经验式表示。将沿锭径向变化的 LST 和 d 一一对应后，可得出：

$$\ln(d/\mu\mathrm{m})=1.949+0.488\ln\mathrm{LST} \tag{13}$$

预测计算还显示出该锭存在一个与最短 LST 对应的熔速，约在 0.3t/h 处，见图 8。为同时获得适当的渣温，大充填比操作可以在超过这一熔速的一定范围内选择工艺操作参数，使锭表面和内部质量达到某种最佳配合。

试验工作在钢研院电渣组杨海森等协助下完成，在此致谢。

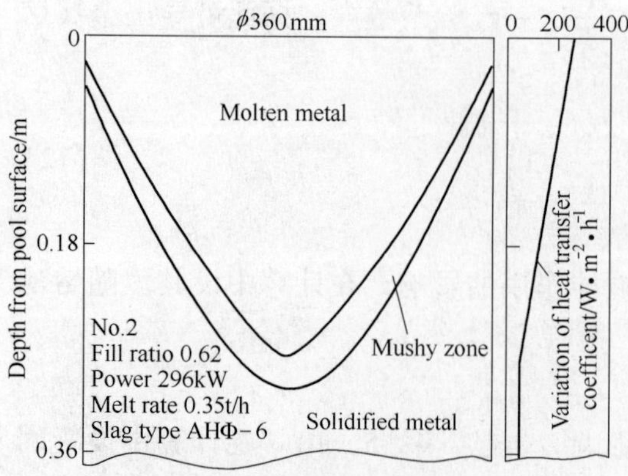

图 3　金属熔池形状的计算结果

（G20CrNi2MoA 锭，直径 360mm，大充填比熔炼，与小充填比相同功率）

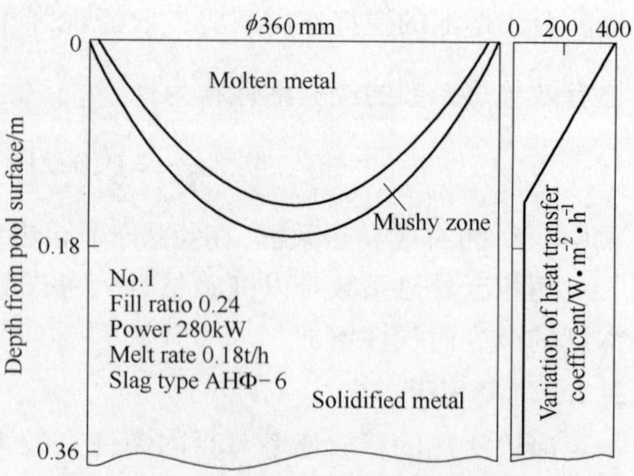

图 4　金属熔池形状的计算结果

（G20CrNi2MoA 锭，直径 360mm，小充填比熔炼）

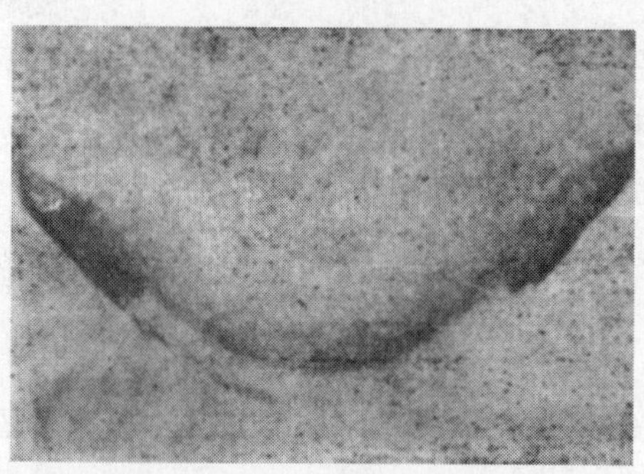

图 5　硫印显示的熔池形状

（预测结果见图 3，操作条件见表 1，No. 2）

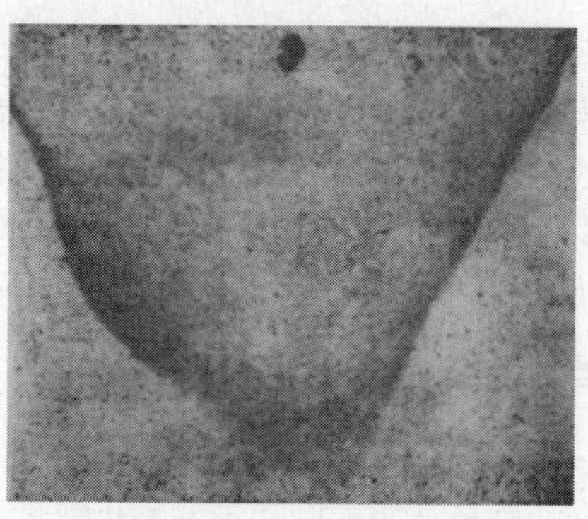

图 6　硫印显示的熔池形状

（预测结果见图 4，操作条件见表 1，No. 1）

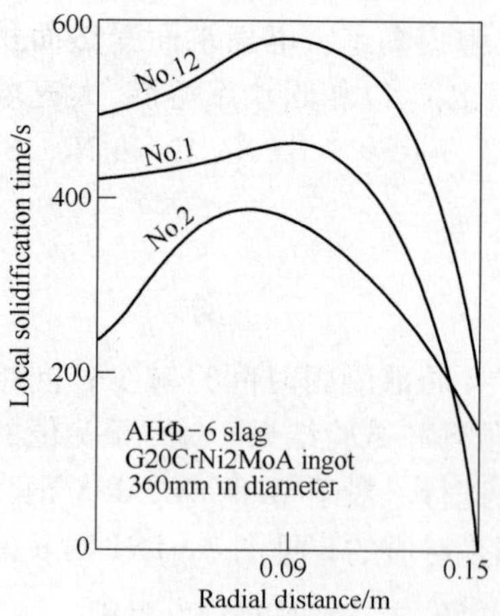

图 7　填充比对局部凝固时间的影响

（工艺条件见表 1）

No. 12—大充填比熔炼，与 No. 1 相同熔速；No. 1—小充填比熔炼；No. 2—大充填比熔炼，与 No. 1 相同功率

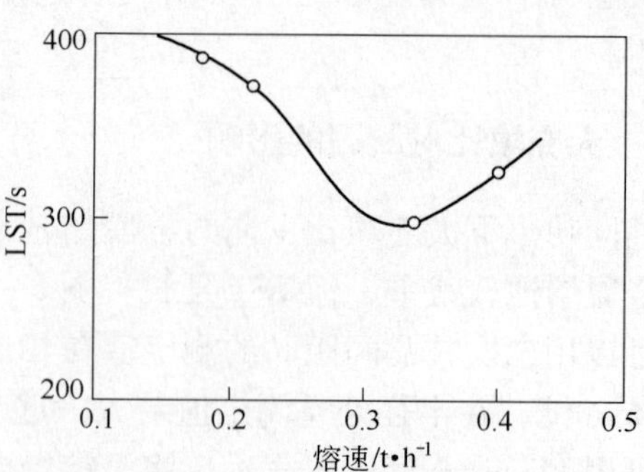

图 8　局部凝固时间随熔速的变化

（G20CrNi2MoA 重熔钢锭，直径 360mm）

参 考 文 献

[1] Li Zhengbang. Proc. 7th ICVM, Iron and Steel Institute of Japan, Tokyo, 1982: 1486.

[2] J. Luchok, R. J. Roberts. Proc. 4th. Int. Symo. on Electroslag Melting Processes, Iron and Steel Institute of Japan, Tokyo, 1973: 149.

[3] R Schumann. Proc. 5th Int. Symo. on Electroslag and Other Special Melting Technologies, Carnegie - Mellon Institute, Pittsburgh, 1974: 180.

[4] M. Choudhary, J. Szekely. Metallurgical Transactions, 1980, 11B (3): 439.

[5] M. Choudhary, J. Szekely. Ironmaking and Steelmaking, 1981, 5 (5): 225.

[6] A. H. Dilawari, J. Szekely. Metallurgical Transactions, 1977, 8B (2): 227.

[7] A. H. Dilawari, J. Szekely. Metallurgical Transactions, 1978, 9B (3): 77.

[8] J. Mendrykowski, J. J. Poveromo, J. Szekely, A. Mitchell. Metallurgical Transactions, 1972, (3): 1761.

[9] 陈绍隆，姜兴渭．东北工学院学报，1986，(3)：22.

[10] 唐铁驯，姜兴渭．东北工学院学报，1985，(4)：78.

Heat Balance and Solidification in ESR Using High Fill Ratio

Zheng Tianhe　Li Zhengbang

Abstract Effects of high fill ratio melt on the thermal energy balance of the slagpool and the structure of the ingot in the ESR are investigated. The influence of magnetohydrodynamic stirring on heat transfer, which is decreased apparently because of high fill ratio, could be described by the empirical formulations presented in this paper. A model associated with operating conditions has been developed in the work for the calculations of the melt rate, specific power consumption and average slag temperature. The prediction of the metal pool profile, width of the mushy zone and local solidification time is also connected with technical conditions during computerization. The computed results are in good agreement with experimental measurement obtained by both the industrial - scale ESR units and the laboratory - scale installations. The range of the optimum technical condition using fill ratio has been represented according to the model prediction for the 360mm diameter G20CrNi2MoA ingot.

无氟渣电渣重熔及铸锭的凝固组织*

摘 要 采用不含氟组元的无氟渣：CaO 50%，Al_2O_3 50%及 CaO 48%，Al_2O_3 48%，MgO 4%的渣系进行电渣重熔，由于渣比电阻高，可以提高电效率，降低电耗，消除氟的污染。通过对铸锭组织结构的检测，证明无氟渣电渣重熔铸锭的二次枝晶间距与 AHΦ－6 渣相比略有减小。所以，无氟渣电渣重熔铸锭偏析程度小，组织致密、均匀。

关键词 渣系；电渣重熔；铸态组织

1 前言

采用无氟渣电渣重熔旨在保证钢锭质量的前提下，降低电渣重熔电耗、提高生产率，彻底消除氟的污染。

众所周知，电渣重熔法炼钢是生产优质合金钢及超级合金的重要手段之一。在电渣重熔过程中熔渣具有十分重要的作用，除了作为自耗电极的热源外还可以控制金属的化学成分、精炼钢液、去除非金属夹杂物。

目前，国内外长期广泛地使用苏联牌号 AHΦ－6 渣（$CaF_2$70%，$Al_2O_3$30%）进行电渣重熔。它具有较好的综合工艺性能及一定的脱硫、去除夹杂的能力，满足了电渣重熔炼钢的要求。但是以 CaF_2 为基的高氟渣仍存在一定缺点，即电导率高，熔渣发热量不足；重熔过程中熔渣成分不稳定，影响重熔工艺的稳定性；由于含有大量 CaF_2，在熔炼过程中有 HF、SiF_4、AlF_3 等大量易挥发含氟气体逸出，严重地污染环境，危害人体健康等。为改善高氟渣对环境的污染和降低电渣钢的电耗，世界各国进行了研究。联邦德国、日本、苏联、捷克等国家有关方面的报道认为，使用无氟渣可使熔速加快，电耗降低；用无氟渣重熔的合金结构钢及奥氏体不锈钢铸锭成型良好，表面光洁，去硫效果好，钢中铝的烧损也比用 $CaF_2-Al_2O_3$ 渣时少，合金结构钢中的延伸性硫化物及氧化物也显著降低。

冶金部钢铁研究总院于 1980 年开始从事这方面的研究工作，并在工业生产条件下进行了大量的工作，现已收到明显效果。

2 无氟渣成分设计及物化性能的测定

为了杜绝氟对环境的污染，并且在允许范围内尽量增加渣比电阻，利用较大的渣阻热来达到加快熔速，降低电耗的目的，作者根据有关资料及氧化物二元系相图，选择了以性质相近来源丰富的 CaO 代替 CaF_2 的 $CaO-Al_2O_3$ 为基的氧化物渣系。CaO 及 Al_2O_3 配比为 1：1 时恰好是 12 CaO · 7Al_2O_3 的共晶成分。这样，在高温下可形成稳定的共晶化合物而不分解。这对稳定电渣重熔过程中的渣成分及保证工艺过程稳定是有利的。考虑在渣中加入少量 MgO 及 SiO_2，以取代一部分 CaO 及 Al_2O_3。因 SiO_2 可减少

* 本文合作者：张家雯、杨海森、郭元枢、胡荣。原发表于《钢铁研究学报》，1990，2（2）：1～8。

渣的透气性，使钢中氮、氢、氧的含量降低。而少量的 MgO 加入可提高熔渣在高温下的黏度，在渣池表面形成一层半凝固膜，减少渣池吸氢及渣中变价氧化物向金属熔池传递氧的可能性。而且半凝固膜的形成又使渣池表面温度降低，减少渣池向环境的热辐射损失，起到降低电耗的作用。根据以上原则，选择四种不同成分的无氟渣，并在实验室条件下测定了渣的物化性能。

由表 1 可见无氟渣的熔点低，有利于在铸锭表面形成薄而均匀的渣皮，保证铸锭成型质量；无氟渣的黏度高，导热性差，可减少渣池热损失；无氟渣电导率低，如F－1 渣的电导率仅是 AHΦ－6 渣的二分之一，从而大大提高了渣阻，增加了熔渣的发热量。因此，无氟渣可满足电渣重熔炼钢的要求。

表 1　渣成分及物化性能

渣　号	化学成分/%					熔点/℃	黏度（1600℃）/(Pa·s)	比电导（1850℃）/$(S \cdot cm^{-1})$	表面张力（1600℃）/$(N \cdot cm^{-1})$
	CaO	Al_2O_3	MgO	SiO_2	CaF_2				
AHΦ－6	—	30	—	—	70	1450	0.16×10^{-1}	4.5	242×10^{-5}
F－1	50	50	—	—	—	1333	0.85×10^{-1}	2.24	—
F－2	42	52	—	6	—	1306	—	—	—
F－3	48	48	4	—	—	1400	0.2×10^{-1}	2.97	499×10^{-5}
F－4	50	47	—	3	—	1377	2.0×10^{-1}	—	—

3　无氟渣电渣重熔的特点

3.1　提高熔速降低电耗（见表 2）

无论是 30kg 小锭型还是 1t 的大锭型，使用无氟渣电渣重熔时，与用 AHΦ－6 渣比较，均提高熔化速度，缩短冶炼时间，降低比电耗。

表 2　不同渣系电渣重熔熔速及电耗

钢　种	渣号	几何尺寸/mm		锭型/kg	电制度		熔速/$(kg \cdot min^{-1})$	电耗/$(kW \cdot h \cdot t^{-1})$
		电极	结晶器		电压/V	电流/A		
H0Cr19Ni9	AHΦ－6	ϕ70	ϕ140	30	38	2100	0.83	1200
	F－1	ϕ70	ϕ140	30	44	1800	1.17	920
	F－3	ϕ70	ϕ140	30	40	1800	1.25	833
	F－4	ϕ70	ϕ140	30	40	1800	1.19	994
1Cr25Ni20Si2	AHΦ－6	ϕ180	ϕ360	1000	62	6750	3.21	—
	F－3	ϕ180	ϕ360	1000	65	6500	4.75	—
0Cr2lNi6Mn9N	AHΦ－6	ϕ180	ϕ360	1000	64	6500	3.42	—
	F－3	ϕ180	ϕ360	1000	61	6100	3.89	—

3.2　消除氟的污染（见表 3）

无氟渣从根本上杜绝了氟对环境的污染，这是任何净化设备所不能做到的。

表 3　无氟渣与高氟渣电渣重熔废气排放测量结果

渣　系	气氟/(mg · m⁻³)	尘氟/(mg · m⁻³)	烟尘/(mg · m⁻³)
AHΦ－6	29.28	41.03	372.4
F－3	0.07	2.08	159.9

3.3　无氟渣电渣重熔电压的选择

无氟渣的电导率低，用于电渣重熔时，往往需要较高的工作电压，因为：

$$R=\frac{L}{X\cdot A},\quad U=R\cdot I,\quad P=U\cdot I \tag{1}$$

则：

$$U^2=\frac{PL}{X\cdot A}\qquad U=\sqrt{\frac{PL}{X\cdot A}}$$

式中　R——渣池有效电阻；

L——电极端至金属液面距离；

X——渣电导率；

A——导电面积；

U——渣池电压；

I——熔炼电流；

P——渣池输入功率。

根据表 1 中的数据，在 1850℃时，AHΦ－6 渣电导率为 4.5s/cm，无氟渣 F－1 为 2.24S/cm。若电渣重熔的导电面积，极间距及渣池输入功率都不变，采用 AHΦ－6 渣，渣池重熔电压为 40V，若换用 F－1 渣时，计算工作电压升至 57V。在原有设备上，炉前操作不安全，因此需采用低电导高阻渣配合大充填比。因为充填比 K（K＝电极截面积/结晶器截面积）增大，A 增大。如果锭型不变，若让 K 扩大 3 倍，A 的增加便足以抵消 X 减少所引起 U 的变化。这样做既可以进一步降低电耗，又可以利用原有设备来采用低电压进行高电阻无氟渣的电渣重熔。

4　无氟渣电渣重熔铸锭的凝固组织

电极金属熔化及熔融金属凝固在结晶器内同时进行，电极金属熔化时形成小熔池，因受结晶器强制冷却作用，一般来说铸锭成分均匀，显微偏析小。采用无氟渣电渣重熔时，电极熔化速度快，在同样的散热条件下金属熔池加深，两相区加深，温度梯度减少。二次晶轴间距是研究显微组织的标尺，二次晶轴间距越小，显微偏析越小，成分越均匀。因此，作者在研究中比较了无氟渣重熔铸锭和高氟渣重熔铸锭的二次晶轴间距。

4.1　试样的制备

试验钢种为 0Cr17Ni6Mn6Mo，在变压器容量为 1800kVA 的 1t 电渣炉上用电弧炉钢铸造电极进行重熔，重熔参数见表 4。

冶炼后期，向熔池内加入 W 粉，以显示金属熔池形状。铸锭经退火后，沿铸锭中心线纵剖，酸浸显示低倍组织及熔池形状，然后沿着距离金属熔池型线 10mm 的位置切取小试样测量二次枝晶间距，见图 1。

表 4　0Cr17Ni6Mn6Mo 钢重熔参数

炉号	渣制度	电制度		几何尺寸/mm		平均熔化速度	
	化学成分/%	电压/V	电流/A	铸锭	电极	kg/h	cm/min
1112	CaO 48，Al_2O_3 48，MgO4	62	6700	$\phi360$	$\phi180$	253	0.52
1113	CaF_2 70，Al_2O_3 30	62	6700	$\phi360$	$\phi180$	204	0.42

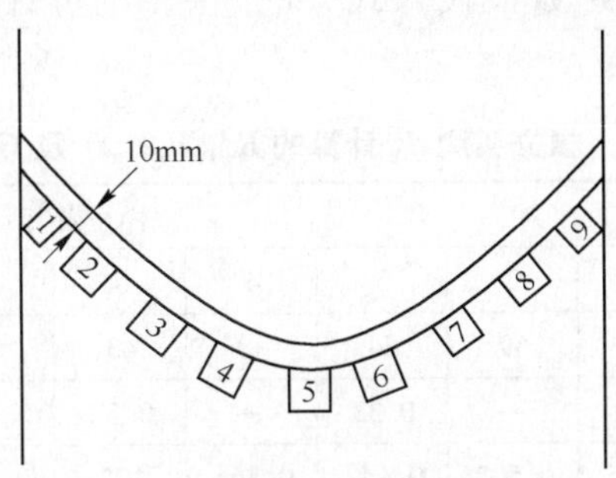

图 1　测量二次枝晶间距取样图

4.2　枝晶间距的测量及其他凝固变量的计算

用硫酸铜试剂显示树枝晶，直接在低倍显微镜下观察（见图 2）。沿树枝晶一次轴方向测量二次枝晶间距，每次测量连续的 5 根二次枝晶间距，然后取平均值。测量结果见表 5。

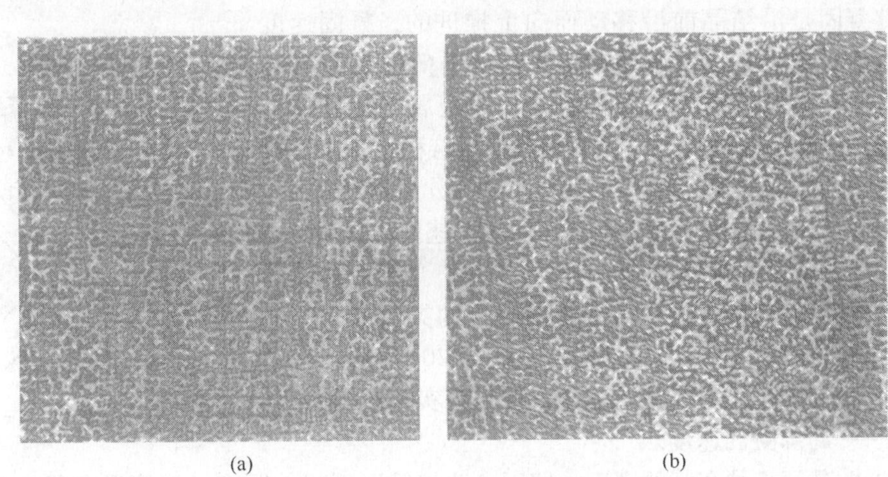

图 2　与柱状晶生长方向平行截面的树枝晶（铸锭直径 1/4 处）（×10）

（a）无氟渣；（b）含氟渣

表 5　铸锭的二次枝晶间距　（μm）

炉　号	渣　系	试样位置①								
		1	2	3	4	5	6	7	8	9
1112	无氟渣	72	112	124	139	135	124	108	91	61
1113	高氟渣	73	119	129	138	158	125	—	118	80

① 试样位置见图 1。

树枝晶的二次晶轴间距与凝固区的平均冷却速度的经验公式为：

$$d_{\mathrm{II}} = aR_{\mathrm{c}}^{b} \tag{2}$$

式中 d_{II}——树枝晶的二次晶轴间距，μm；

R_{c}——平均冷却速度，℃/min；

a，b——与合金有关的常数，实测不锈钢的 $a=610$，$b=0.4$。

将各点实测的二次枝晶距数值代入式（2）中，则可计算出各点的平均冷却速度 R_{c}，见表6。

表6　根据实测 d_{II} 计算的 R_{c}，v_{r}，X_{r} 及 G 值

炉号	项目	试样位置①								
		1	2	3	4	5	6	7	8	9
1112	R_{c}/(℃·min^{-1})	209	69	54	40	43	54	76	116	316
	v_{r}/(cm·min^{-1})	0.33	—	0.33	—	0.52	—	0.33	—	0.33
	X_{r}/cm	0.165	0.502	0.642	0.866	127	0.642	0.455	0.298	0.109
	G/(℃·cm^{-1})	636	209	163	121	82	163	230	352	936
1113	R_{c}/(℃·min^{-1})	202	49	59	41	29	53	—	61	160
	v_{r}/(cm·min^{-1})	0.356	—	—	0.384	0.42	0.384	—	—	0.356
	X_{r}/cm	0.185	0.763	0.634	0.983	1.52	0.761	—	0.613	0.240
	G/(℃·cm^{-1})	568	138	166	107	691	138	—	171	438

① 试样位置见图1。

铸锭凝固是沿结晶前沿移动而向上推进的，凝固速度就是结晶前沿推进速度。结晶前沿是沿着与等温面垂直的方向，也就是沿温度梯度的方向推进，而金属熔池底部的形状，是由等温面勾画出的。图3是电渣重熔稳定状态下凝固过程示意图。局部任一点上升速度的纵向分量 v（即熔化速度）是相等的，但是垂直于相界面的凝固速度应该为：

$$v_{\mathrm{r}} = v \cdot \cos\theta \tag{3}$$

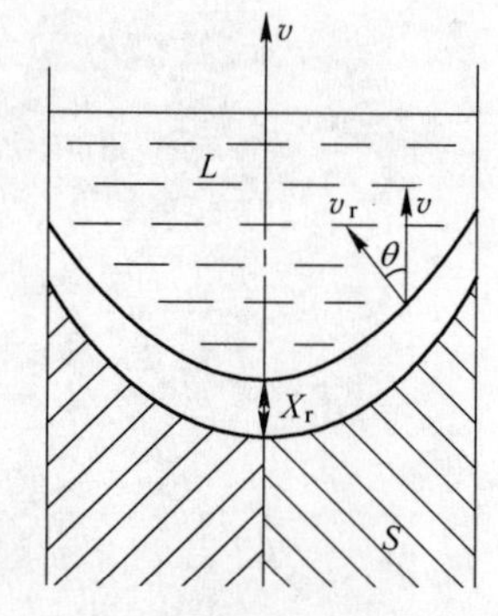

图3　重熔凝固过程示意图

式中 θ——凝固速度方向与液面上升速度的夹角（无氟渣重熔为45°～50°，АНФ－6为30°左右，从铸锭纵剖，低倍柱状晶与纵轴夹角实测数据）；

v_{r}——局部凝固速度。

图中 X_{r} 是两相共存区的宽度，即固、液相等温面间的距离。而等温面移动的速度与局部凝固速度相等，所以有：

$$X_{\mathrm{r}} = t_{\mathrm{r}} \cdot v_{\mathrm{r}} \tag{4}$$

$$t_{\mathrm{r}} = \Delta t / R_{\mathrm{c}} \tag{5}$$

式中 t_{r}——枝晶在两相区停留时间（局部凝固时间）；

Δt——本钢种固液相等温线差（不锈钢约为105℃）。

将式（5）代入式（4），得：

$$X_{\mathrm{r}} = \frac{\Delta t}{R_{\mathrm{c}}} \cdot v_{\mathrm{r}} \tag{6}$$

凝固前沿的温度梯度（G）也就是两相区的温度梯度，即：

$$G = \Delta t / X_r \tag{7}$$

用式(7)、式(6)、式(3)、式(2)便可根据所测各点枝晶间距算出两种渣系电渣重熔铸锭相应各点的 R_c、v_r、X_r 及 G(见表6)。这些值分别与铸锭直径的关系见图4～图8。

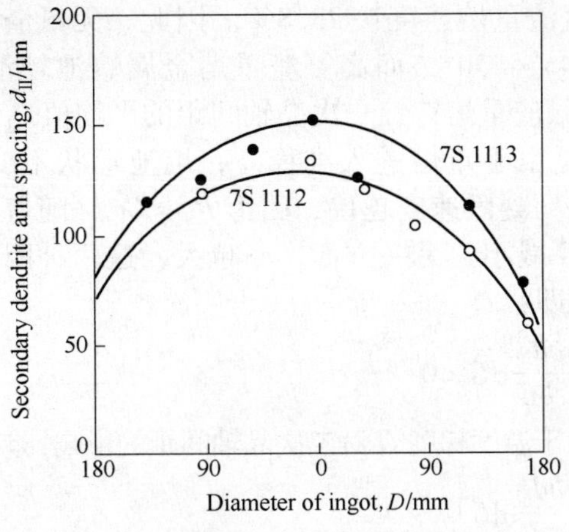

图4　二次树枝晶间距与铸锭直径的关系

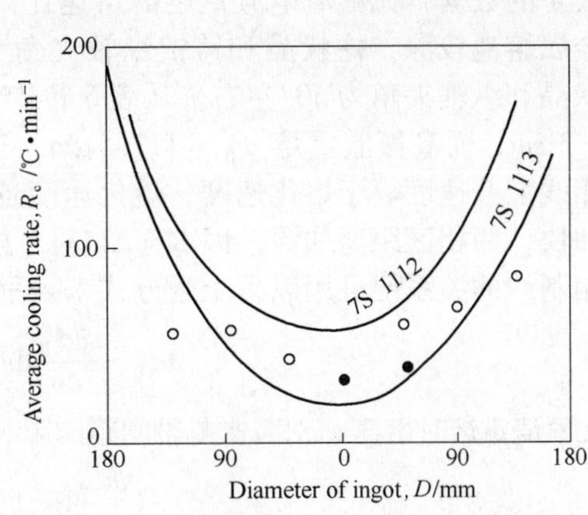

图5　平均冷却速度与铸锭直径的关系

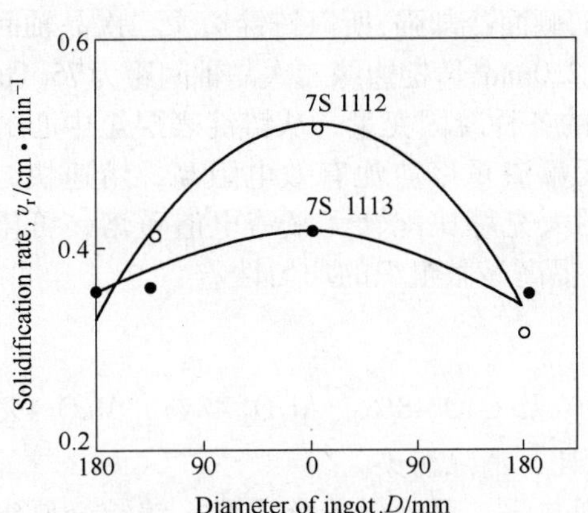

图6　凝固速度与铸锭直径的关系

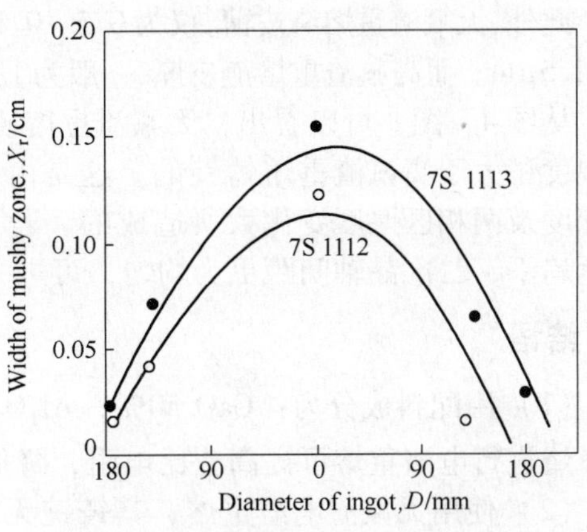

图7　固—液两相距离与铸锭直径的关系

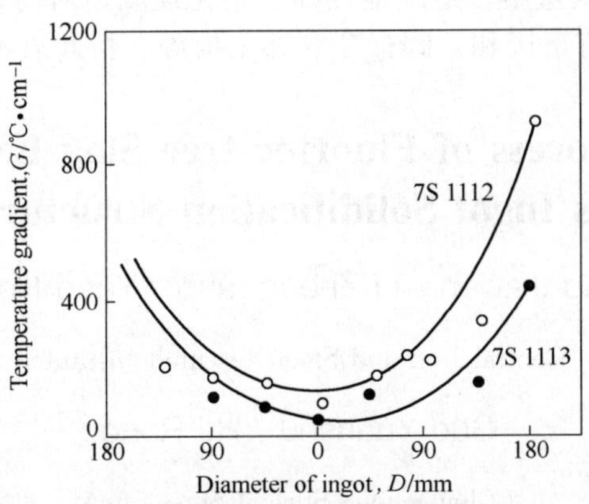

图8　凝固前沿温度梯度与铸锭直径的关系

5 讨论

采用无氟渣及高氟渣电渣重熔的同钢种铸锭，虽然输入功率、冷却条件及重熔充填比相同，但是由于无氟渣有较高的比电阻，因而提高了重熔的热效率及电效率。根据表4的数据，无氟渣电渣重熔的熔速比高氟渣重熔速度快23.8%。因此，无氟渣重熔金属熔池较深，柱状晶和铸锭纵轴夹角为45°~50°，而高氟渣重熔金属熔池较浅，柱状晶和纵轴夹角为30°左右。从表5得知无氟渣重熔铸锭二次晶轴间距的平均值d_{II} = 107.3μm，而高氟渣重熔 d_{II} = 117.5μm。这是由于重熔进入准稳态，熔池形状不变，液相线上升速度等于熔化速度，熔化速度越快、凝固速度越快，因为 $R_c = Gv_r$，随着熔速加快，两相区距离加深，因 $G = \Delta t/X_r$，故 G 减小。另一方面，v_r 越大，这两种因素互相制约的关系便可用以下全微分式来表示，即：

$$\mathrm{d}d_{\mathrm{II}} = \frac{\partial d_{\mathrm{II}}}{\partial v_r}\mathrm{d}v_r + \frac{\partial d_{\mathrm{II}}}{\partial G}\mathrm{d}G < 0$$

用无氟渣重熔时熔速 v_r 对二次晶轴间距的影响大于温度梯度 G 对二次晶轴间距的影响，即：

$$\left|\frac{\partial d_{\mathrm{II}}}{\partial v_r}\mathrm{d}v_r\right| > \left|\frac{\partial d_{\mathrm{II}}}{\partial G}\mathrm{d}G\right|$$

$$\mathrm{d}d_{\mathrm{II}} < 0$$

故二次晶轴间距 d_{II} 减小。

此外，无氟渣重熔渣皮薄，仅为0.5~0.1mm，侧面冷却强，所以铸锭边缘二次晶轴间距为61.5μm。而高氟渣重熔渣皮厚，一般为1.0~2.0mm，铸锭边缘二次晶轴间距为75.1μm。

从图4~图8可以看出，无氟渣重熔铸锭的各种凝固变量，从铸锭表层至中心的变化幅度稍大于高氟渣重熔铸锭的。这是由于无氟渣重熔渣池有效电阻高，熔速快，熔池深度及两相区厚度变化大所造成的。若采用大充填比配合无氟渣电渣重熔，可望熔池达扁平，二次晶轴间距更为均匀，可进一步提高显微组织的均匀性。

6 结语

（1）用配料成分为：CaO 50%，Al_2O_3 50%及CaO 48%，Al_2O_3 48%，MgO 4%的无氟渣进行电渣重熔可提高渣比电阻，降低电耗，消除污染。

（2）使用无氟渣电渣重熔，其铸锭无宏观缺陷，可确保冶金质量，铸锭金属组织均匀致密。

（3）无氟渣配合大充填比，可进一步降低电耗，提高生产率，发挥现有设备的潜力。

（4）采用无氟渣电渣重熔，适度地提高了熔化速度，对铸锭的显微结构更有利。

参加此项工作的还有王庆和、阎禄令、郭玉梅等。特此表示感谢。

The Process of Fluorine-free Slag ESR and its Ingot Solidification Structure

Zhang Jiawen　Li Zhengbang　Yang Haisen

(Central Iron and Steel Research Institute)

Guo Yuanshu　Hu Rong

(Changcheng Special Steel Co.)

Abstract　There is no fluorine pollution generated in the process of fluorine - free slag electroslag remelting using the slag system 50% CaO – 50% Al_2O_3 and 48% CaO – 48% Al_2O_3 – 4% MgO. Because of high resistance of the slag, the energy efficiency of the ESR process can be increased so that the power consumption of the process can be decreased. The structural examinations on the ingots have shown that the secondary dendrite arm spacings are less in the fluorine-free slag ESR process than that in the process with АНФ – 6 slag. The ingots produced by the fluorine-free slag ESR process have the structure with depressed segregation and higher density and homogeneity.

Key words fluorine – free slag; electroslag remelting; as – cast structure

电渣熔铸 3Cr2W8V 模块*

摘　要　本文主要研究用同钢种废旧模具电渣熔铸 3Cr2W8V 模块，证实了电渣熔铸模块的金属纯净，组织致密，成分均匀，各向同性，表面光洁，模具实际使用寿命超过锻件 15% ~20%。在电渣熔铸过程中控制自耗电极熔化末端锥头形状，扩大钢渣接触面积，可以加强精炼效果。选用紫铜制作结晶器工作面，改变结晶器结构，使冷却水保持紊流状态，控制工艺参数，使渣皮厚度≤1mm，是保证熔铸模块成分与组织均匀的关键。对电渣熔铸模块采取必要的预处理——均匀化退火或正火，可以进一步提高模具的使用性能。

关键词　电渣熔铸；模具；自耗电极；结晶器；预处理

1　前言

采用精锻、挤压、冲压、压铸等无切削加工工艺取代传统的机床切削加工可提高生产率，改善产品质量，降低成本，实现毛坯精化，加速产品的更新换代。早在 1983 年，美国和日本模具工业总产值就超过各自国内机床的总产值。根据国际生产技术协会预测，21 世纪初，机械零件粗加工的 75%，精加工的 50% 将使用模具加工[1]。

我国模具钢生产工艺落后，产量不足，规格也不尽合理，棒材占 90% 以上，缺少模块方钢及扁材。利用棒材生产模具材料的利用率仅 60% 左右，而用模块制作模具材料的利用率可达 90% 以上。

本研究提出利用废旧 3Cr2W8V 模具，经电渣精炼，直接熔铸出模块，模块经适当热处理，制成模具铸态使用。

因废旧模具表面有氧化层，如何发挥电渣过程的精炼能力，保护合金元素不烧损是本研究的关键之一。

电渣熔铸已是一项成熟的技术，采用电渣熔铸实现以铸代锻，在国内外已广为使用[2~4]，但在国内外尚未见有关电渣熔铸莱氏体过共析 3Cr2W8V 钢的报道。在电渣熔铸过程中如何控制凝固条件，强化冷却，以使显微组织均匀，使电渣熔铸模块达到或超过锻制模块标准，使用寿命达到或超过锻造模块制作的模具将是本研究的核心。

2　研究方法

模块在单相单立柱固定式电渣炉上熔炼。变压器为 630kV · A 的磁性调压器，工作电压 9 ~90V，最大工作电流 6400A。

结晶器用厚 12mm 的紫铜板做工作面，水缝宽度为 10mm，保证在水压≥0. 3MPa，流速≥3m/s，雷诺数 Re≥2300 的条件下使冷却水处于紊流状态。熔铸渣系用综合工艺性能好，脱硫、去除夹杂物能力强的 70% CaF_2 +30% Al_2O_3 的二元渣。

* 本文合作者：杨海森。原发表于《钢铁研究学报》，1992，4（4）：19 ~26。

电渣熔铸工艺参数根据回归法获得的经验式计算输入功率 P_w、输入电流 I_w 和电压 U_w，为满足 3Cr2W8V 钢对显微结构的要求，对经验式中的某些系数进行了调整。补缩阶段保持渣池电阻 R_s 恒定的情况下，逐步减少输入功率。

图 1 为电渣熔铸模块的生产工艺流程。

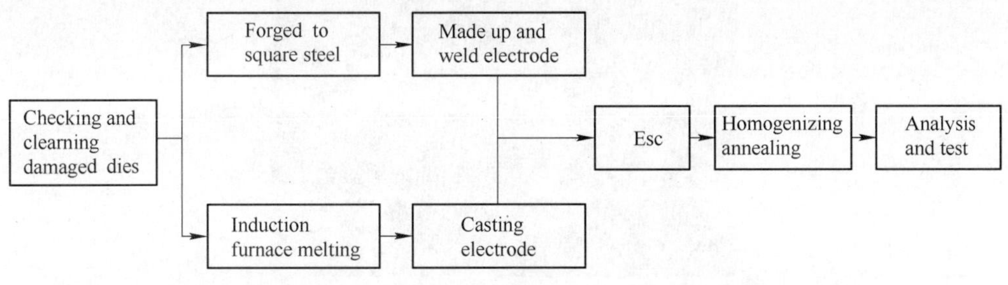

图 1　电渣熔铸模块的生产工艺流程

Fig. 1　The technological process of producing die blank by ESC

在研究过程中，对电渣熔铸过程中的电流、电压波形、熔滴滴落频率及钢—渣接触面积、金属熔池形状、电极端头形状、渣皮厚度 δ 及熔铸模块表面光洁度、成分、组织及性能进行了检验和分析，对模块制成模具后的使用情况进行了跟踪。

3　试验结果

3.1　电压及电流波形

用 SC10 光线示波器对电渣熔铸过程中的电流和电压示波照相，结果见图 2。由图 2 可见波形未发生畸变，证明电渣熔铸过程是一正常的电阻过程。但电流波形不是标准正弦波，这是由磁性调压器引起的。

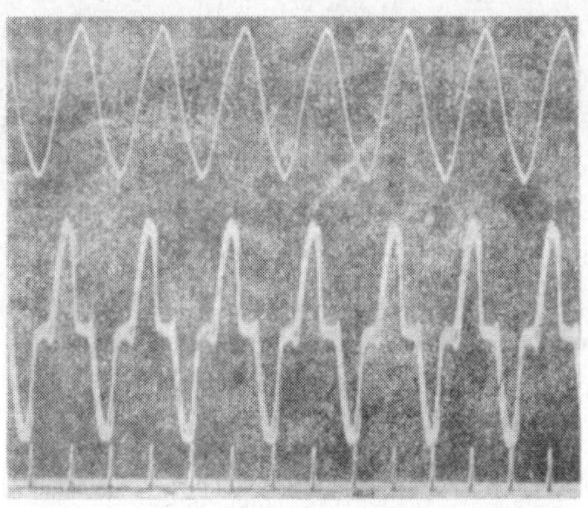

图 2　模块熔铸过程中电流和电压的波形

Fig. 2　The current and voltage wave form of ESC process

3.2　熔滴滴落频率及钢—渣接触面积

用示波器照相，测每分钟电流峰数，计算熔滴滴落频率，根据熔化速度设定熔滴为圆球形，计算出钢—渣界面反应的比面积，熔滴滴落频率见图 3。由图 3 可看出熔滴

滴落频率约 210 滴/min，熔化率为 100kg/h，钢—渣接触比面积约 63.3m^2/t。

图 3　金属熔滴滴落频率

Fig. 3　Frequency of droplet

3.3　金属熔池形状

用硫印法测定金属熔池形状，试验条件为：自耗电极 ϕ100mm，熔铸成 ϕ160mm × 600mm 模块。渣量 4.5kg、渣成分为 70% CaF_2 + 30% Al_2O_3，电规范：I_w = 3500A，U_w = 47V。在熔铸过程中，每隔一定时间加入 20g FeS，借助硫印显示熔池形状，照片见图 4。

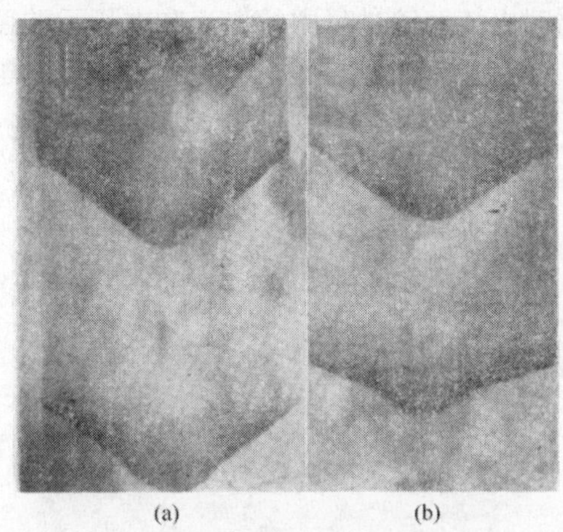

(a)　(b)

图 4　模块熔池形状硫印图

（a）上部；（b）下部

Fig. 4　Die blank metal pool profile

反映金属熔池形状通常用金属熔池形状系数来表示，即：

$$F = \frac{h}{d} \tag{1}$$

式中　F——金属熔池形状系数；

h——金属熔池深度，mm；

d——模块直径，mm。

实测得金属熔池形状系数由下至上逐渐递增，变动于0.32～0.36之间。

3.4 电极端头形状

在中小充填比（即 $k\approx0.24\sim0.40$）的电渣熔铸过程中，锥头形状是工艺参数是否匹配及熔铸过程是否稳定的判据。

电渣熔铸过程中，在Ar气保护下，停电并快速把电极提出渣面进行拍照和实测，测得锥头夹角为120°，圆柱体插入深度约5mm（见图5）。

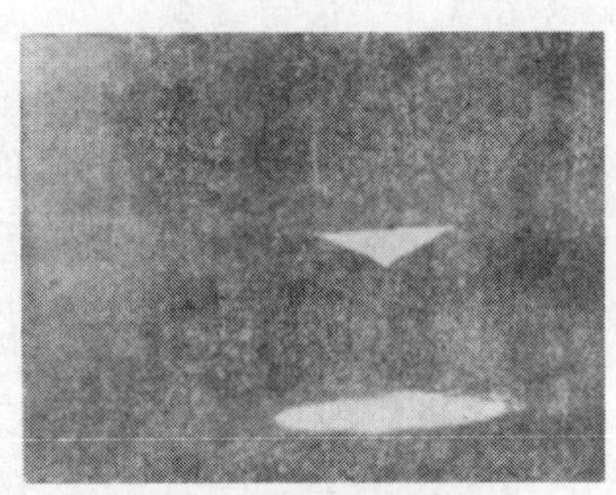

图5 自耗电极锥头形状

Fig. 5 The shape of consumable electrodetip

3.5 渣皮厚度及熔铸模块表面光洁度

用工具显微镜测量渣皮厚度，观测不同成分熔渣及不同材料结晶器工作面对熔铸模块表面渣皮厚度及表面光洁度的影响，结果见表1。

表1 渣熔点及结晶器材料对渣皮厚度的影响

Tab. 1 Effect of slag melting point and mold material on slag skin thickness

渣成分/%			T_M①/℃	黏度②/(Pa·s)	结晶器材料	渣皮厚度/mm	模块表面质量
CaF_2	Al_2O_3	CaO					
70	30	—	1320～1340	0.03	T1 紫铜	$\frac{0.71\sim0.93}{0.80}$	良好
70	30	—	1320～1340	0.03	A3 钢板	$\frac{0.89\sim1.54}{1.3}$	一般
65	25	10	1240～1250	0.025	T1 紫铜	$\frac{0.40\sim0.62}{0.51}$	优良

① 渣的实际熔点。

② 1600℃。

3.6 熔铸模块成分及性能

3.6.1 自耗电极和熔铸模块头、尾的化学成分（见表2）

3.6.2 超声波探伤

用WT—2032型超声波探伤仪按JB 2674—80《合金钢锻制模块技术条件》进行探伤，使用2.5MHzϕ20mm直探头，未发现缺陷。

表2 自耗电极与模块成分

Tab. 2 Composition of consumable electrode and die blank (%)

合金元素	C	Si	Mn	P	S	Cr	W	V	Sn	O	N
自耗电极	0.37	0.27	0.24	0.027	0.026	2.42	7.77	0.33	0.0086	0.0053	0.0162
模块头部	0.37	0.15	0.22	0.017	0.014	2.42	7.76	0.30	0.0025	0.0017	0.0081
模块尾部	0.35	0.24	0.12	0.017	0.008	2.37	7.71	0.29	—	—	—
变化率/%	-2.7	-27	-25.9	-37	-57.69	-1.03	-4.5	-10.6	-70.9	-67.9	-64.7

3.6.3　金相分析

3.6.3.1　低倍组织

模块解剖后用10%硝酸水溶液侵蚀，结果见图6和图7。由纵、横向剖面低倍酸浸试样可见熔铸模块组织致密，无疏松、气孔和偏析等宏观缺陷，也未见异常组织，表明组焊电极熔化过程中未发生掉块现象，纵向低倍照片显示出明显有规则排列的柱状晶。

图6　ϕ160mm模块（中部）纵向低倍组织

Fig. 6　The vertical section macrostructure of ϕ160mm die blank（middle）

图7　ϕ160mm模块（上部）横向低倍组织

Fig. 7　The cross section macrosturcture of ϕ160mm die blank（upper）

3.6.3.2　高倍组织

对3Cr2W8V模块进行退火，退火工艺为820℃，保温2h炉冷。取金相试样。试样用4%苦味酸+4%硝酸酒精侵蚀，放大500倍检查高倍组织，由图8可见组织为球状珠光体+粒状碳化物，金相评级≤3级。

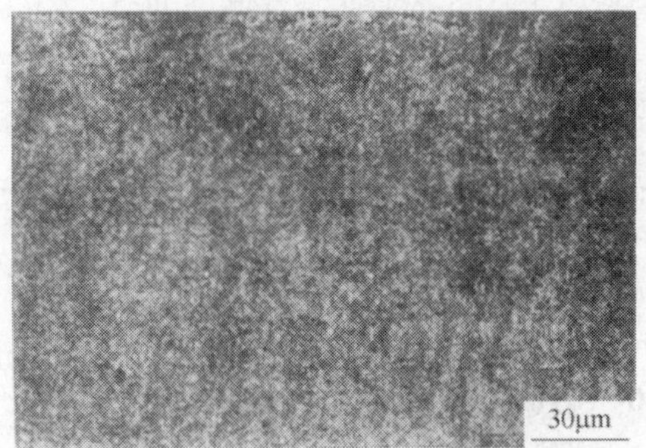

图8　模块退火组织（×500）

$\left(\frac{1}{4}\text{直径处；HB}=249\right)$

Fig. 8　Microstructure of annealed die blank

3.6.4　模块力学性能

对电渣熔铸模块纵、横向及锻材纵向各取冲击试样8个，拉伸试样4个，试样粗加工后进行热处理，热处理规范如下：

（1）淬火温度1030℃，油冷；

（2）回火温度620℃，空冷；

（3）回火次数2次。

模块力学性能测试结果列于表3。

表3　电渣熔铸模块与锻材力学性能

Tab. 3　Wechanical properties of ESC die blank and forging materials

试验金属	取样方向	σ_b/MPa	δ_5/%	ψ/%	a_K/(J·cm^{-2})
锻材	纵	1225	3.3	—	36.3
铸造	纵	1570	2.8	5.5	91.3
铸造	横	1550	2.8	5.5	92.5

3.6.5 电渣熔铸模块使用性能（见表4）

表4 电渣熔铸模块使用性能

Tab.4 Properties of ESC die blanks

模具种类	电渣熔铸模块与锻件使用寿命对比
手术器械模具	比锻材寿命提高20%
自行车曲轴锻模	模具寿命比锻件提高16.7%，成品率提高10%
活络扳手锻模	模具寿命提高45%~100%，使用中不易粘模
铜闸阀压铸模	模具寿命比锻材提高15%~20%
轴承套圈热挤压模	模具寿命比锻材提高14%~17%

4 讨论

4.1 电渣熔铸模块的凝固控制

热作模具钢3Cr2W8V含有相当数量的合金元素，属于莱氏体过共析钢，共晶碳化物含量为10%~13%。钢的显微偏析、碳化物的不均匀度、碳化物的颗粒度直接关系到模具的使用性能及寿命。

电渣熔铸过程将熔化、精炼、铸造成形集中在水冷结晶器（即水冷铜模）内进行。在水冷结晶器内，铸件在凝固过程中受强制冷却，冷却速度越快，越能有效地防止偏析，获得成分和组织均匀的铸件。

M. C. Flemings等以枝晶间距标志合金的显微偏析，关系如下[5]：

$$d = bR_c^{-n} = b(Gv_r)^{-n} \tag{2}$$

式中 d——枝晶间距，μm；

R_c——局部冷却速度，℃/min；

G——温度梯度，℃/mm；

v_r——局部凝固速度，mm/min；

b——系数，由合金成分确定。

由式（2）可见，要提高电渣熔铸块显微组织的均匀性，必须加快局部冷却速度，提高凝固前沿的温度梯度和局部凝固速度。

为了提高铸件的冷却速度，采用紫铜做结晶器工作面，冷却水层厚度仅10mm，保证$Re \geqslant 2300$，使冷却水处于紊流状态，结晶器出水温度始终≤45℃。

结晶器与铸件之间有渣皮。早年，W. E. Duckworth在《电渣精炼》一书中强调了渣皮的隔热作用[6]，认为渣皮的隔热作用使热流主要向底水箱方向传导，促使铸锭结晶趋向纵轴方向。铃木章[7]、G. Hoyle[2]及李正邦等人的研究[8]证明，减薄渣皮厚度，加强铸锭径向散热，可以减少两相区宽度，提高凝固前沿的温度梯度，减小晶轴间距，有利于改善铸锭显微偏析。

K. C. Mill等人认为[9]，70% CaF_2 + 30% Al_2O_3 渣不处于共晶点上，是过共晶熔体，由于渣原料中含有一定量的CaO和SiO_2，渣的实际熔点才降至1320~1340℃（见表1）。当用紫铜板做结晶器工作面时，渣壳冷凝迅速，渣壳中因选择性结晶而富集的高熔点组元Al_2O_3较少，所以与金属熔池接触而被熔削成0.8mm的渣壳，而采用A3钢板做结晶器工作面，散热条件差，延缓了渣壳形成过程，渣壳中富集了高熔点的 Al_2O_3，在同样输入功率下，渣皮变厚（$\delta = 1.3$mm）。

根据文献[6]引用的渣系相图可知，65% CaF_2 + 25% Al_2O_3 + 10% CaO 成分接近 CaF_2 - 3CaO · 5Al_2O_3 二元系的共晶点，熔点较低（1240 ~ 1250℃）。由于成分接近共晶点，渣皮中高熔点组元少，易被过热金属熔消。渣皮薄至 0.51mm 时，铸件表面更为光洁。其原理示于图 9。由图 9 可知，电渣熔铸铸件表面附着的渣皮厚度随渣的熔点而变化，当选用渣的熔点由 t_1 降至 t_2 时，渣皮厚度由 δ_1 降至 δ_2。增加输入功率使渣池温度分布由 $A-A$ 升至 $B-B$，渣皮厚度将由 δ_2 减薄至 δ_3。由此可见，渣皮厚度不仅与渣的熔点有关，而且也受渣池温度分布的影响。选用黏度低、流动性好的渣系使渣池温度分布均匀很有必要。

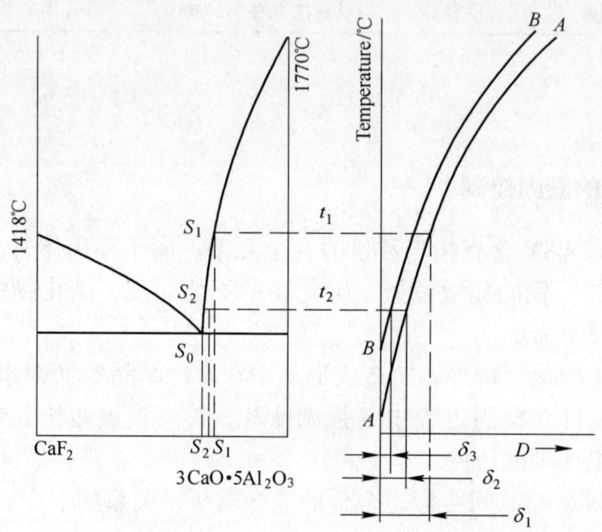

图 9　渣熔点及电渣熔铸温度场与渣皮厚度的关系

S—固相线；D—距结晶器壁的距离，mm

Fig. 9　Relation between slag skin thickness and slag melted point and temperature field of ESC

4.2　电渣熔铸模块使用寿命分析

由表 4 可见，电渣熔铸模块实际使用寿命比同钢种锻件提高 15% ~20%。这是由于电渣熔铸模块金属纯净，组织致密，成分均匀，无各向异性。从表 4 还可看出，同样的电渣熔铸模块以金陵机械厂活络扳手锻压模寿命提高最为显著，其原因是该厂在模具淬火前进行了预处理——均匀化退火，加热温度为 1050℃，保温 1.5h，因此显微组织更均匀，这一规律在文献［3］中也有论述。

5　结论

（1）利用废旧模具钢经电渣熔铸生产优质模块，可回收有价金属，节约资源，并具有一定的经济价值。

（2）3Cr2W8V 电渣熔铸模块因金属纯净，组织致密，成分均匀，各向同性，表面光洁，实际使用寿命普遍超过同钢种锻件的 15% ~20%。

（3）电渣熔铸过程中，控制自耗电极熔化末端锥头形状，使钢—渣充分接触。保证精炼效果，是电渣熔铸生产模块选择工艺的依据。

（4）电渣熔铸3Cr2W8V模块，选用紫铜制作结晶器工作面，冷却水保持紊流状态（$Re \geqslant 300$），控制工艺使渣皮厚度$\delta \leqslant 1$mm是保证铸件成分与组织均匀的关键。

（5）为进一步提高电渣熔铸模具钢的使用寿命，对铸件采用必要的预处理——均匀化退火或正火十分必要。

参考文献

[1] 李正邦，等. 电渣熔铸［M］. 北京：国防工业出版社，1981：1~2.

[2] Hoyle G.. Electroslag Processes Principles and Practice［M］. London and New York：Applied Science Publishers，1983：56~59.

[3] Paton B. E，et al. Electroslag Casting［M］. Kijev Naukova Dumka，1980（Paramettent Russian/English）.

[4] Li Zhengbang，Zhang Jiawen. Proceedings of 9th ICVM on Specia1Melting，USA，1988：770~780.

[5] Flemings M. C.. Solidification Processing［M］. New York：McGraw-Hill Book Co.，1974：148.

[6] Duckworth W. E.，et al. Electroslag Refining［M］. London：Chapman and Hall，1969：83~87.

[7] 铃木章. 鉄と鋼，1979，65（4）：124.

[8] 李正邦，等. 钢铁研究总院论文集（第一分册），1979，79~89.

[9] Mill K. C.. Int. Met. Rev.，1981，26（1）：21~22.

Producing Die Blank of 3Cr2W8V Steel by ESC Technology

Yang Haisen　Li Zhengbang

（Central Iron and Steel Research Institute）

Abstract The paper studied a method for using damaged dies to produce die blanks by electroslag shaped casting. It is shown that the products of electroslag shaped casting are provided with good purity，high density，uniform distribution of elements，isotropy and smooth surface，the service life of which is 15% to 20% longer than that of the conventional forging products. The smelting quality can be improved by controlling the shape of consumable electrode tip，which affects the area of the slag/metal interface in electroslag shaped casting process. The mould used in the process is made of red copper and the motion of water in the jacket is maintained in a state of turbulent flow. It is essential to control the thickness of slag crust formed on the mould wall no more than 1mm in order to obtain the casting products with excellent uniformity in regard to chemical composition and structure. The properties of the dies can be improved through pretreatment：high temperature annealing or normalizing.

Key words electroslag shaped casting；die；consumable electrode tip；mould；pretreatment

孕育剂对电渣重熔高速钢组织的影响*

摘　要　本文研究在电渣重熔过程中加入孕育剂对高速钢铸态和钢材组织的影响。孕育剂可以明显地细化晶粒；强碳化物形成元素会使高速钢铸态组织中碳化物数量和尺寸增加，若将其以高熔点化合物的形式加入，则可避免其对碳化物析出的不利影响；加入不同孕育剂对高速钢铸态组织均匀性的不同影响取决于加入孕育剂后金属凝固时晶粒的粗化倾向；孕育剂使铸态组织中的碳化物在变形加工中易于破碎均匀，提高了钢材中碳化物分布的均匀性。

1　前言

电渣重熔技术已经用于大截面高速钢的生产以满足对工具材料质量日益严格的要求。高速钢含有相当数量的碳及碳化物形成元素，在凝固过程中沿晶界析出莱氏体共晶碳化物形成网络，必须经过变形加工破碎碳化物网，使碳化物在钢中均匀分布。对于大断面的高速钢，碳化物在晶界的析出尤为严重，电渣重熔能够改善高速钢的凝固质量，但对于大断面的高速钢仍需施以足够量的锻压比[1]。然而，若能改善高速钢的铸态凝固组织，改善碳化物的析出形态，则可为变形加工均匀碳化物提供良好的基础，减少变形量。

根据电渣重熔中控制铸锭凝固过程的主要工艺参数是熔化速度和铸锭直径[2]，重熔中的熔化速度和铸锭直径与铸锭的局部凝固时间的关系[3,4]；柱状晶晶轴间距与局部冷却速度间的关系[5]；并利用有关数据[6]，可得出对于M2高速钢凝固的局部凝固时间 t_r 与莱氏体网格间距 d_L 间的关系为：

$$d_L = 21.7t_r^{0.29} \tag{1}$$

为获得较细的结晶组织，希望局部凝固时间尽量短。而研究发现局部凝固时间随熔化速度的变化有一最小值，且该最小值随铸锭直径而变[4]。这就是说通过电渣重熔的熔化速度来改变局部凝固时间以控制凝固组织、减小晶粒度，对于一定直径的铸锭是有限度的。大截面钢锭中心局部凝固时间的最小值往往大于所要求的数值。有人提出为获得M2的最佳铸态组织，其局部凝固时间应小于2000s[7]。而直径大于400mm的铸锭在电渣重熔中的中心最小局部凝固时间大于2000s。因此，要得到最佳的铸态组织，必须采用其他辅助的方法。

在液态金属中加入形核剂（孕育剂）促进液态金属的非均质形核，降低形核功，可提高形核率，从而细化晶粒。本文通过实验，研究了孕育剂对高速钢铸态组织、碳化物尺寸和钢材组织的影响。

2　孕育剂的选择

关于电渣重熔高速钢加孕育剂的报道很少。本着沸点较高的孕育剂在电渣重熔过

* 本文合作者：车向前、张家雯。原发表于《钢铁》，1993，28（2）：5，20~24。

程中能够进入渣池形成高熔点化合物并可能以细颗粒状进入金属熔池的原则，再参考电炉冶炼用孕育剂[8]，选择了电渣重熔高速钢的孕育剂。

3　实验

3.1　实验室实验

在变压器容量100kV · A，最大输出电流2000A的50kg电渣炉中，以表1所示的工艺参数对M2高速钢进行电渣重熔。在重熔过程中连续均匀地往渣池加孕育剂（粒度<0.37mm）。

表1　电渣重熔工艺参数

渣　系		D/mm	d/D	I/A	U/V	冷却水温度/℃	
CaF_2/%	Al_2O_3/%					入口	出口
70	30	100	0.4	1100	34	室温	45

注：D为钢锭直径；d为电极直径；I、U为熔炼电流和电压。

在铸锭上沿金属熔池截取试样，在径向的边，1/2半径、中心部位分别检测一次晶轴间距（莱氏体网格尺寸）、共晶碳化物厚度、碳化物数量。采用标准差S衡量铸锭径向上一次晶轴间距及碳化物尺寸的波动，表示组织的不均匀性，标准差的定义为[10]：

$$S = \sqrt{\frac{1}{h-1}\sum_{i=1}^{n}(x_i - \bar{x})^2} \tag{2}$$

实验结果见表2，莱氏体网格的形态见图1。

表2　实验结果

炉号	孕育剂	共晶碳化物厚/μm 碳化物数量/%				莱氏体网格尺寸/μm			
		边	1/2半径	中心	S	边	1/2半径	中心	S
01	不加	5.68/6.40	5.05/6.93	7.14/8.59	1.07/1.14	77.37	81.6	87.92	5.31
02	Ti			6.41/8.79		64.44	57.03	62.56	3.85
03	Zr	6.39/10.22	6.62/10.09	8.84/12.69	1.31/1.47	57.56	57.85	58.59	0.53
04	Nb	4.79/5.72	4.44/6.09	4.42/4.08	0.21/1.07	55.17	61.74	66.59	5.73
05	Ce - La	6.14/8.59	7.26/9.96	7.46/11.10	0.71/1.26	68.13	61.08	62.17	3.80
06	TiC	4.75/5.96	4.35/6.76	4.96/7.28	0.31/0.66	64.75	58.58	60.29	3.19
07	ZrC	4.90/7.15	4.99/6.43	6.09/8.37	0.66/0.98	65.68	67.59	66.00	1.02
08	Ti - Ce	5.58/7.90	6.17/9.55	5.58/6.66	0.34/1.45	64.12	62.04	67.87	2.95
09	Ti - B	6.00/11.34	5.05/9.41	8.56/11.96	1.82/1.33	48.89	48.33	49.32	0.59

3.2　工厂生产性实验

为考察在电渣重熔过程中加入孕育剂在实际生产中对高速钢材组织的影响效果，进行了加孕育剂Ti的生产性实验。实验设备为2000kg电渣炉，变压器容量1800kV · A，最大输出电流20kA；钢种为M2；电渣重熔工艺参数见表3。

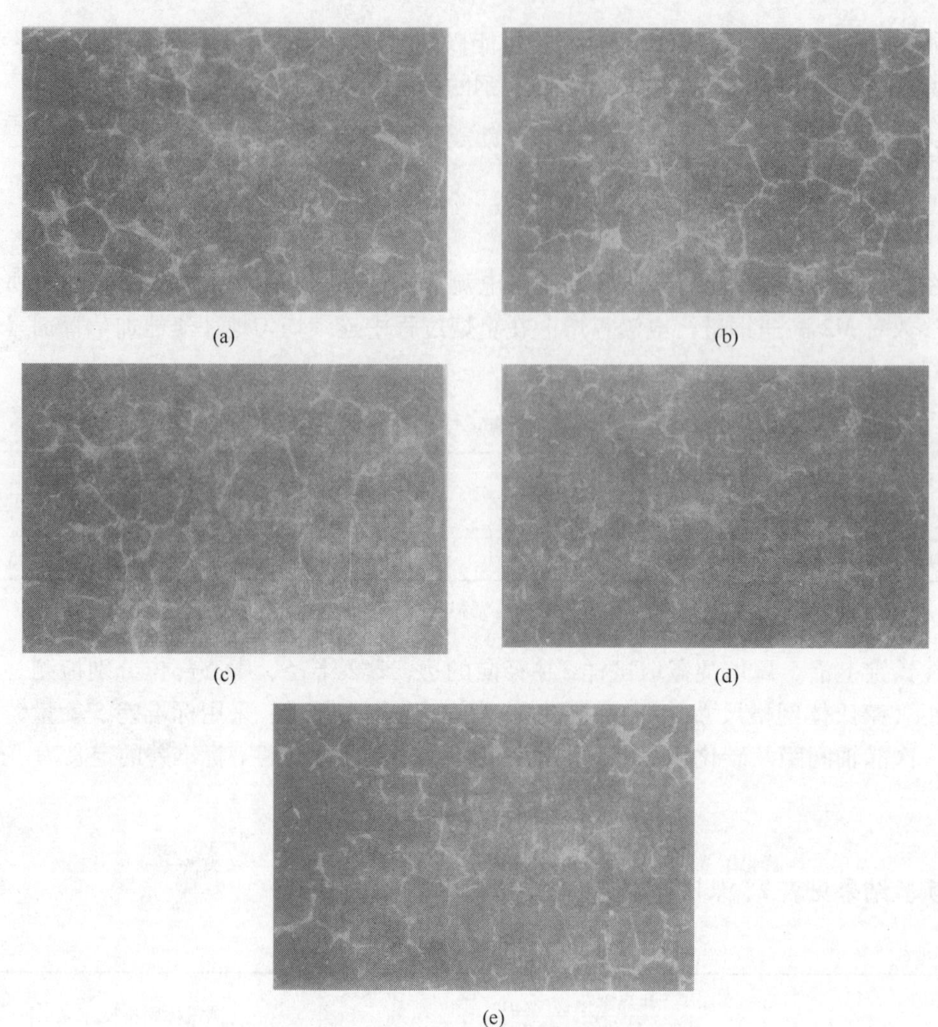

(a) (b) (c) (d) (e)

图1 高速钢铸态组织中莱氏体网格形态

(a) 未加孕育剂；(b) 加孕育剂 Ti；(c) 加孕育剂 Zr；(d) 加孕育剂 TiC；(e) 加孕育剂 ZrC

表3 电渣重熔工艺参数

渣系		D/mm	I/A	U/V	孕育剂
CaF_2/%	Al_2O_3/%				
70	30	590	8500	64 ~ 67	Fe - Ti

钢锭变形加工，在锻材上沿径向不同部位进行了碳化物评级，结果见表4。

表4 钢材碳化物不均匀度评级

炉号	D/mm	孕育剂	含量/%	$D_{材}$/mm	碳化物评级		
					$D_{材}/2$	$D_{材}/4$	$D_{材}/8$
1 - 001	590			180	8	7.5	7
				160	8	7	7
1 - 002	590	Ti	0.06	180	7.5	7	7
				160	6	6.5	6

4 讨论

4.1 孕育剂对晶粒度的影响

铸锭上各相应位置的一次晶轴间距明显减小。晶轴间距平均值的变化见表5。

表5 加孕育剂后一次晶轴间距的变化

炉 号	01	02	03	04	05	06	07	08	09
莱氏体网格尺寸平均值/μm	82.30	61.34	58.00	61.17	63.79	61.21	66.42	64.68	48.85
变化量/%		-25.5	-29.5	-25.7	-22.5	-25.6	-19.3	-21.4	-40.6

加入的合金元素生成了高熔点化合物，在重熔过程中这些细小的粒子弥散地分布在金属熔池中充当了金属结晶的晶核，在金属相中非均质形核，大大降低了所需要的形核功，使形核率增加，从而细化了晶粒。

实验锭直径100mm，锭型较小，铸锭内部的冷却强度很大，由 Flemings 公式[5]可算得铸锭中心的冷却速度约为1.55℃/s。在这样的凝固条件下，金属本身的形核率就较高，不加孕育剂时铸锭最大的晶粒尺寸小于90μm。在这种小的锭型中加入孕育剂都使晶粒尺寸明显减小（减小率20%以上）。可以推断，在较大的锭型中，加入孕育剂必然会有更好的细化晶粒的效果。

对于复合孕育剂 Ti-B（表2中09炉号），由于钛形成的高熔点粒子作为晶核，促进了形核，而从晶粒中析出的硼又阻碍晶粒长大，所以细化晶粒的效果就更加明显。可以得出，以形核元素和阻晶粒长大元素组合而成的复合孕育剂有较好的细化晶粒效果。

4.2 孕育剂对碳化物的影响

加入孕育剂后，凝固组织中的碳化物数量和共晶碳化物厚度发生了变化，其平均值见表6。

表6 加孕育剂后碳化物数量、碳化物厚度的变化

炉 号	01	03	04	05	06	07	08	09
碳化物数量平均值/%	7.31	11.00	5.30	9.88	6.67	7.32	8.04	10.90
变化率/%		+50	-27	+35	-9	0	+10	+49
共晶碳化物厚平均值/μm	5.96	7.28	4.54	6.95	4.69	5.33	5.78	6.54
变化率/%		+22	-24	+17	-21	-11	-3	+10

Zr、Ti、Ce、La 等均是强碳化物形成元素，在电渣重熔过程中加入渣池后生成氧化物的同时部分溶入金属中，在凝固过程中以碳化物的形式析出，导致组织中析出碳化物的数量和碳化物厚度增加。这些强碳化物形成元素生成的碳化物多以稳定的 MC 形式存在，MC 碳化物在淬火加热时能阻止奥氏体晶粒长大，但若过量则会影响回火时二次硬化效果。故要控制合理的孕育剂加入量。若将强碳化物形成元素以高熔点化合物的形式加入，使其只充当晶核则不会造成碳化物量的增加（见06号、07号实验）。TiC 熔点3290K[9]，加入渣池后以 TiC 或 TiO 颗粒进入金属熔池充当晶核。ZrC 熔点3805K[9]，

加入渣池后以 ZrC 或 ZrO_2 颗粒进入金属熔池充当晶核。Ti 和 Zr 不进入金属，所以不影响凝固组织中的碳化物含量。但由表 2 的标准差可看出，在析出碳化物数量增加的同时，钢锭径向析出碳化物数量的不均匀性也增加，说明凝固过程中碳化物偏析严重。

因此，在选择孕育剂时要考虑孕育剂元素对碳化物的影响。对于强碳化物形成元素，若以其高熔点化合物的形式加入便可避免对碳化物析出的不利影响。

4.3 孕育剂对晶粒组织均匀性的影响

加入孕育剂后，晶粒度的均匀性有所改善，各孕育剂对晶粒度的均匀性有不同的影响（见表 2）。在凝固过程中会发生枝晶间距的粗化[5]，表现在铸锭径向晶轴间距逐渐增大，其结果造成铸锭径向组织不均匀。

式（3）表述了凝固组织的晶粒尺寸和凝固参数间的关系[5]，即：

$$d = bR_c^{-n} \tag{3}$$

式中 d——凝固组织的晶粒尺寸，μm；

R_c——局部冷却速度，℃/s；

b，n——常数。

K. Gunji 等人[6]得到对 M2 高速钢一次晶轴间距 d_L 和局部冷却速度间的关系为：

$$d_L = 100R_c^{-0.29}$$

在实验中各炉次的工艺参数相同，可以认为各炉次相应位置的局部冷却速度 R_c 相同，则可得到加入各孕育剂后式（3）中的 b、n 值。

由局部凝固时间 t_r 与 R_c 的关系 $t_r = \Delta T/R_c$ 可将式（3）变形为 t_r 和 d_L 间的关系，即：

$$\ln d_L = B + n\ln t_r \tag{4}$$

式中，B、n 为常数。

由式（4）可得加入孕育剂后一次晶轴间距与局部凝固时间的变化关系（图 2）。

图 2 中直线的斜率表示凝固过程中枝晶长大粗化的倾向。斜率越大枝晶粗化的倾向越大。在加入孕育剂后若枝晶有较大粗化倾向，则增大了铸锭径向组织的不均匀性。对较大的铸锭，由于径向局部凝固时间相差较大，若加孕育剂使金属枝晶的粗化倾向增大，则在铸锭的中心部分枝晶间距甚至会超过不加孕育剂的铸锭，这显然失去了加孕育剂的意义。所以加入孕育剂后金属凝固过程中枝晶的粗化倾向也是选择孕育剂时应考虑的。

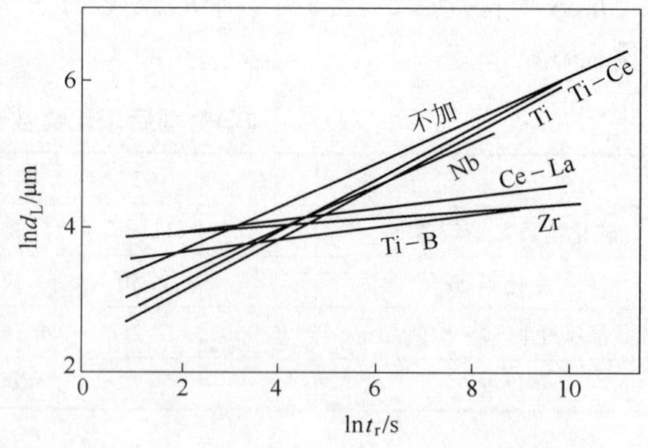

图 2 不同孕育剂对一次晶轴间距与局部凝固时间关系的影响

4.4 孕育剂对钢材质量的影响

表 4 表明加入孕育剂后铸态组织中晶粒细化，有利于变形加工破碎均匀碳化物，即使加入强碳化物形成元素，在铸态组织中析出的碳化物数量和尺寸有所增加，由于晶粒较细，仍使碳化物易破碎均匀。

5 结论

（1）电渣重熔高速钢加孕育剂是细化高速钢晶粒的一个有效手段。电渣重熔大尺寸钢锭生产大断面高速钢材时，加孕育剂对改善铸锭凝固质量并提高钢材质量有重要意义。

（2）若孕育剂是强碳化物形成元素，会造成铸锭凝固组织中碳化物数量和尺寸增加，并产生较大的碳化物偏析。若将强碳化物形成元素以高熔点化合物的形式加入，则可避免其对碳化物析出的不利影响。

（3）加入孕育剂微合金化后，金属凝固时枝晶粗化的倾向不同，若有较大的枝晶粗化倾向，则会影响孕育处理的效果。

（4）加孕育剂使高速钢铸态组织晶粒细化有利于变形加工破碎均匀碳化物，对于强碳化物形成元素，只要控制合理的加入量，仍可提高钢材质量。

参 考 文 献

[1] Sehlatter R. . Iron and Steel International, 1974, 47 (3): 197 ~ 204.

[2] Sjoberg B. , et al. Proceedings of the Fourth International Symposium on ESR Process, 1973, June, 7 – 8: 218 ~ 228.

[3] Mitehell A. , Bellatyne A. S. . Proceedings of the Sixth International Vacuum Metallurgy Conference, 1979, April: 569 ~ 593.

[4] 车向前，李正邦. 钢铁研究总院学报，1987，7（增刊），37 ~ 45.

[5] Flemings M. C. . Solidification Processing [M] . New York: McGraw – Hill, 1974.

[6] Gunji K, et al. Trans. ISIJ, 174: 257 ~ 266.

[7] Ballantyne A. S. , Mitehell. A. . Proceedings of International Conference on Solidification, Sheffield, 1977.

[8] 重庆大学高速钢科研组，近十年来与微合金化有关的高速钢专利，1983（资料）.

[9] 东北工学院，热力学数据表，1, 79（资料）.

[10] 中国科学院数学研究所. 常用数理统计方法 [M] . 北京：科学出版社，1979.

Influence of Inoculant on Structure of High Speed Steel Produced by ESR

Li Zhengbang Che Xiangqian Zhang Jiawen

(Central Iron and Steel Research Institute)

Abstract This paper deals with the influences of inoculant on the structures of high speeds steel ingot and rolled product. The results show that grain size of the ingot is greatly decreased after inoculation; carbide-forming inoculant increases the percentage and size of carbide compound of high melting point can avoided carbide separation; the structure uniformity of ingot with different inoculants is determined by the coarsening potential of the grains in solidification process and the distribution of carbides in the rolled products is improved by the inoculation in ESR process.

电渣精铸裂解炉弯管*

摘 要 本文介绍了电渣精铸裂解炉弯管的设备、工艺，并同传统的中频炉—砂型铸造工艺进行了比较。结果表明，电渣精铸可以明显改善耐热钢弯管的质量，并降低了成本。文章还分析了电渣精铸工艺可以获得高质量产品的原因。

关键词 电渣精铸；弯管；裂解炉；耐热钢；力学性能；废管利用

1 前言

石油化工用炉子大多由各种规格的直管通过90°弯管、180°弯管或Y型管连接成管排组成，弯管的寿命对炉管的正常运行起重要作用。对于裂解炉的弯管来说，使用条件比较苛刻，其工作温度范围一般在750～1120℃，管内压力为0.055～0.234MPa[1]，它要承受比直管更大的气流冲击和反复开、停车及清焦引起的热应力变化，并且要在复杂的介质气氛中长期工作。因此要求弯管具有较强的抗渗碳、耐高温、抗硫化、抗氧化及抗蠕变等能力，并要求弯管内外表面光洁、不粗糙及凹凸不平以减少活性硫及炭粒的黏附和沉积。

目前国内生产裂解炉弯管，多采用中频感应炉熔炼钢水，然后注入砂模中的工艺路线，由于中频感应炉精炼钢水能力不强，钢中硫、氧及非金属夹杂物含量较高，其产品的性能和稳定性受到影响。

本试验采用了电渣精铸新工艺，在电渣坩埚炉中进行精炼获得纯净的钢水，而后注入失蜡模中，由于钢水质量高，精密铸造又优于砂型铸造，所以可获得表面光洁度高、性能优良的产品。

2 电渣精铸弯管

2.1 电渣坩埚炉精炼原理

精铸弯管的主要设备是电渣坩埚炉，电渣坩埚炉冶炼过程示意于图1[2]。自耗电极可以直接使用旧炉管（直管），也可通过中频炉制备。对于那些成分偏离不大、变形不太严重的旧炉管，特别是制氢管、合成氨管，可直接制备成电极，由电渣坩埚炉精炼成钢水；对于那些成分不均匀、增碳较严重的旧炉管可先用中频炉熔化，调整成分，配制成电极，再由电渣坩埚炉精炼成钢水。

2.2 精铸弯管设备

车间内配备电渣坩埚炉一台，100kg和200kg中频炉各一台。电渣坩埚炉外貌示于图2。该电渣坩埚炉最大的优点是电源变压器采用了先进的磁性调压器，该调压器具有

---

* 本文合作者：林功文、杨海森、卞根兴。原发表于《钢铁研究学报》，1994，6（3）：19～26。

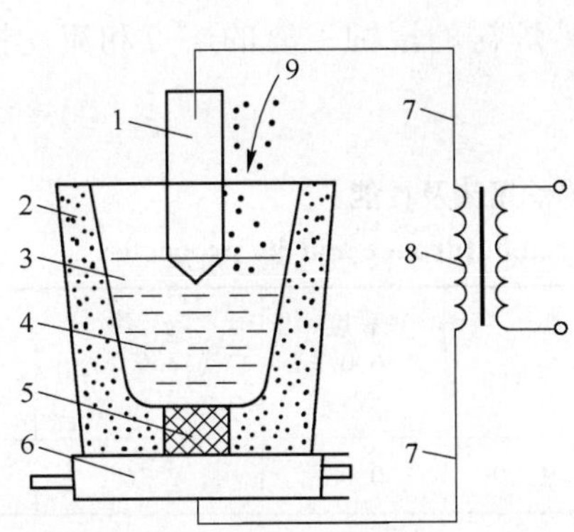

图 1　电渣坩埚炉冶炼过程示意图

1—自耗电极；2—坩埚炉；3—渣池；4—金属熔池；
5—炉底电极；6—底水盘；7—软电缆；
8—变压器；9—冷料

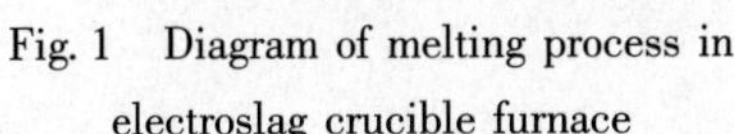

Fig. 1　Diagram of melting process in electroslag crucible furnace

图 2　电渣坩埚炉

Fig. 2　Photograph of electroslag crucible furnace

陡降的外特性，可以带负荷无级调整冶炼电压，在不加任何自动控制元器件的前提下，可实现恒电压、恒电流、恒功率控制，以及在功率递减情况下保持恒渣阻。因此冶炼控制方式可灵活多样，并可进一步实现自动化操作。

2.3　电渣精铸弯管工艺

图 3 为电渣精铸弯管工艺简图。

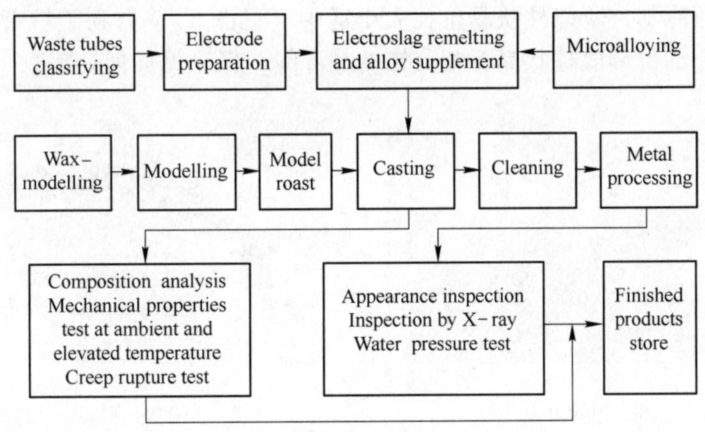

图 3　电渣精铸弯管工艺简图

Fig. 3　Process flow diagram of ESR - precision casting return bends

2.4　电渣精铸弯管用渣系

电渣坩埚炉熔炼过程中炉渣的性质对工艺过程的稳定性、耗电率、炉衬寿命、产品质量都有重大的影响。

本实验选用渣系的成分及各项物化性能见表1。该渣是碱性的四元渣，主要由高电阻值的 Al_2O_3、CaO、MgO 组成，其发热量大，从而使电极的熔化速度比较快；渣中 CaF_2 的含量较低，可以减少在高温下对镁砂炉衬的浸蚀；渣的熔点和流动性适中，完全可以满足精炼钢液的需要。

表1　电渣坩埚炉用渣及性能

Table 1　Slag for electroslag crucible furnace and its properties

化学成分/%				熔点/℃	黏度(1600℃)/MPa	电导率(1850℃)/($\Omega^{-1}\cdot cm^{-1}$)	表面张力(1600℃)/($N\cdot cm^{-1}$)
CaF_2	CaO	Al_2O_3	MgO				
15~20	25~30	45~50	5~10	1390	0.08	2.76	0.00429

3　电渣精铸弯管质量

采用上述精铸工艺，为辽化化工一厂和大庆石化总厂生产了一批180°乙烯裂解炉弯管。各项检验结果如下。

3.1　外观及几何尺寸

由图4外观照片可见，弯管内外表面光洁平整，没有任何缩孔、砂眼、裂纹等缺陷。对内径、外径及中心距检测结果符合图纸要求。

3.2　低倍金相检验

弯管横断面的低倍组织示于图5。一般说来，为了提高炉管的抗蠕变性能，希望其柱状晶发达些，但过于发达也将使晶界弱化。由于该精密铸造工艺设计是管内外同时向管壁中心进行冷却，所以柱状晶生长大小适中（见图5），有利于炉管蠕变性能的提高，虽然其中心部位形成柱状晶互相交错的晶界线，但未见任何缺陷。

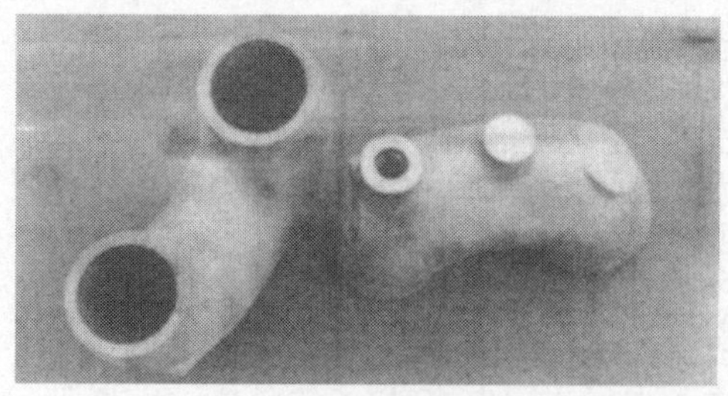

图4　180°弯管外观

Fig. 4　Appearance of 180° bends

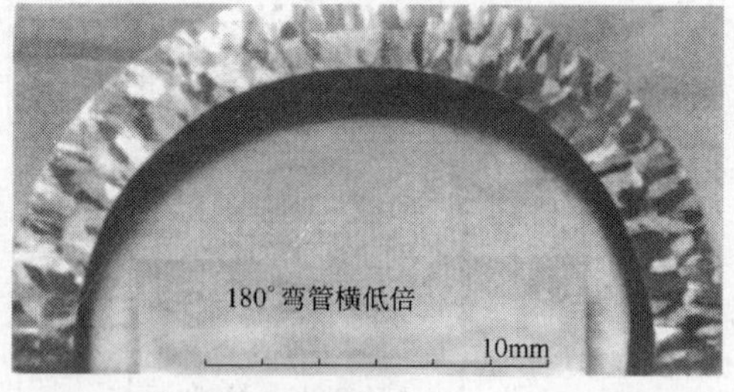

图5　180°弯管横断面的低倍组织

Fig. 5　Representative macrostructure of 180° bends

3.3　化学成分

该批弯管的材料为36XS（ZG4Cr25Ni35WNb）和HK40（ZG4Cr25Ni20），化学分析结果见表2。

表 2　180°弯管化学成分分析结果

Table 2　Chemical compositions of 180° bends　（%）

钢　种		C	Si	Mn	P	S	Cr	Ni	W
36XS	标准	0.35～0.50	1.4～2.1	≤1.5	≤0.03	≤0.03	23.0～27.0	33.0～37.0	1.0～2.0
	电渣精铸弯管	0.35～0.43	1.62～2.0	1.24～1.31	0.025～0.03	0.003～0.004	24.9～26.6	33.44～35.42	1.5～1.9
HK40	标准	0.35～0.45	1.4～2.0	≤1.5	≤0.03	≤0.03	24.0～27.0	19～22	—
	电渣精铸弯管	0.42	1.99	0.85	0.03	0.007	23.59	21.02	—
钢　种		Nb	Mo	Co	V	Al	Sn	N	
36XS	标准	1.0～2.0	≤0.5	≤0.25	≤0.1	≤0.05	≤0.01	≤0.1	
	电渣精铸弯管	0.68～2.8	0.1～0.27	0.086	0.052	0.033	0.0198	0.08	
HK40	标准	—	≤0.5	—	—	—	—	—	—
	电渣精铸弯管	—	0.036	—	—	—		—	—

3.4　室温力学性能

按照 GB 4338—84《金属高温拉伸试验方法》制备试样和试验。采用圆形比例试样，$d_0 = 10$mm。其结果列于表 3。

表 3　180°弯管室温力学性能

Table 3　Mechanical properties of 180° bends at room temperature

钢　种		σ_b/MPa	$\sigma_{0.2}$/MPa	δ_5/%	ψ/%
36XS	标准	≥448	≥221	≥8	
	电渣精铸弯管	435～500	249～295	9.0～12.0	11.4～12.0
HK40	标准	≥431	≥245	≥6	
	电渣精铸弯管	525～535	330～405	3.3～3.8	2.8～3.6

3.5　高温短时力学性能

试验温度 1050℃，结果列于表 4。

表 4　180°弯管高温短时力学性能（1050℃）

Table 4　Short－time mechanical properties of 180° bends at elevated temperature（1050℃）

钢　种		σ_b/MPa	$\sigma_{0.2}$/MPa	δ_5/%	ψ/%
36XS	标准	≥65	—	≥42	—
	电渣精铸弯管	68～71	50	46～49	64～66
HK40	标准（1093 ℃）	≥29	—	≥22	—
	电渣精铸弯管	56～58	—	44～46	72～77

3.6 持久试验

按 GB 6395—86《金属高温拉伸持久试验方法》制备试样和试验。采用圆形标准试样，直径为5mm，长度为25mm。试验结果见表5。

表5 180°弯管高温持久性能

Table 5 Results of stress rupture testing of 180° bends at elevated temperature

钢种		试验温度/℃	试验应力/MPa	破断时间/h	δ_5/%	ψ/%
36XS	标准	1100	16.7	≥100	—	—
	电渣精铸弯管	1050	21.0	445	16.56	38.91
HK40	标准	1050	21.0	≥50	—	—
	电渣精铸弯管	1050	21.0	110~131	—	—

3.7 渗透探伤

按 JB 6741—80 附录六对全部弯管坡口处及邻近25mm内外表面进行了着色探伤。所有样品均未见裂纹和线性缺陷。

3.8 X光探伤

对6个弯管中的3个按照 JISG 0581—84《铸钢件的射线检验和射线照片等级分类法》进行了X光探伤检验，结果是Ⅰ级片率达100%。

3.9 水压试验

水压试验压力达12MPa，试验用水的氯离子含量<0.002%，水温>5℃，保压时间15min。各弯管均无任何冒汗渗漏现象。

4 讨论与分析

4.1 电渣坩埚炉精炼效果

如前所述，裂解炉的弯管使用条件比较苛刻，美国对16个厂家28台乙烯装置弯管损坏情况进行了统计，其结果[1]是裂纹居弯管损坏频次之首。弯管在使用中之所以产生裂纹，除了与合金的化学成分和开停车热应力变化有关外，还与合金的纯净度有很大关系。如果钢中含有较多的氢、氧、氮等气体和非金属夹杂物，在钢液凝固时，这些气体或非金属夹杂物将在晶界析出，削弱了晶界强度，增加了形成裂纹的倾向性。特别是如果钢中硫含量高，晶界上低熔点的硫化物影响将更大，会造成钢的热脆性，大大降低钢的耐热性。

目前，国内生产弯管的钢水多由中频炉提供。中频炉精炼作用小，脱硫能力低，而且钢水中其他非金属夹杂物含量比较高，影响了弯管的冶金质量。同其他炼钢方法（如中频炉或小型电弧炉）相比，电渣坩埚炉炼钢显然要优越得多。电渣坩埚炉可以充分地精炼钢水，当金属熔滴从电极顶部脱落穿过渣池时，高碱度的渣与金属液滴的接触面积很大，可达$300m^2/t_{钢水}$[3]。普通电弧炉钢渣接触面积为$0.3\sim0.7m^2/t_{钢水}$，渣池的温度也很高，达1700~2000℃，通过渣的化学作用可以有效地去除钢水中有害元素

（硫、磷、铅、锑、铋、砷）；有害气体（氮、氢、氧）及非金属夹杂物（氧化物、氮化物）等。特别是去硫效果十分显著，去硫率可达80%以上，钢水可充分提纯净化。表6列出电渣坩埚炉熔炼前后不同牌号钢的化学成分的变化[4]。其中分子表示自耗电极元素含量，分母表示铸件元素含量。由表6可以看出，电渣坩埚炉精炼钢水中硫的含量平均减少57%～80%，而熔炼前后其他主要合金元素的含量几乎保持不变。正是由于高碱度渣的“渣洗”作用，保证得到高质量的产品。表7和表8列出用普通中频炉冶炼和用电渣坩埚炉冶炼浇铸出的弯管力学性能和持久性能的比较结果，显然电渣坩埚炉的数据占优势。

表6　电渣坩埚炉冶炼前后几种钢的化学成分（%）

Table 6　Chemical compositions of some steels before and after melting in electroslag crucible furnace（%）

钢　号	C	Mn	Si	P	S	Cr	Ni
38CrNi3Mo	0.40/0.39～0.41	0.32/0.28～0.30	0.38/0.30～0.32	0.011/0.010～0.012	0.007/0.003～0.004	0.97/0.97	3.1/3.0～3.2
12CrNi3A	0.11/0.10～0.12	0.41/0.38～0.40	0.32/0.28～0.30	0.018/0.016～0.017	0.008/0.003～0.004	0.90/0.90～0.92	3.3/3.2～3.4
20Cr13	0.19/0.20	0.40/0.38	0.23/0.20～0.21	0.030/0.023～0.026	0.025/0.004～0.006	12.9/13.0～13.2	未测定
22K	0.23/0.23～0.24	1.03/0.95	0.34/0.23～0.26	0.014/0.014～0.016	0.010/0.004～0.006	0.22/0.22	0.18/0.18～0.20
40Cr	0.38/0.36～0.40	0.78/0.69～0.78	0.22/0.17～0.18	0.021/0.018～0.021	0.016/0.005～0.008	0.94/0.94	未测定
ZG4Cr25Ni35	0.43/0.37～0.42	1.27/1.19～1.16	1.88/1.52～1.73	0.030/0.025～0.03	0.03/0.003～0.004	25.44/24.00～24.3	33.4/33.0～33.4
ZG4Cr25Ni20	0.37/0.40	1.04/0.85	1.54/1.31	0.030/0.030	0.030/0.007	26.34/25.59	21.4/21.02

表7　两种冶炼方法弯管的室温力学性能比较

Table 7　Comparison of mechanical properties at room temperature of bends produced using two melting processes

钢　种	冶炼方法	σ_b/MPa	$\sigma_{0.2}$/MPa	δ_5/%	ψ/%
36XS	电渣坩埚炉	435～500	249～295	9～12	11.4～12.0
	中频炉	392～481	313～341	8～13	—
HK40	电渣坩埚炉	525～535	330～405	3.3～3.8	2.8～3.6
	中频炉	392～476	296～318	10～10	—

表8　两种冶炼方法弯管的高温持久性能比较

Table 8　Property comparison of stress rupture testing at elevated temperature of bends produced using two melting processes

钢　种	冶炼方法	试验温度/℃	试验应力/MPa	破断时间/h	δ_5/%	ψ/%
36XS	电渣坩埚炉	1050	21.0	445	16.56	38.91
	中频炉	1100	16.7	108	—	—

电渣精铸的180°弯管1992年6月8日在辽化化工一厂F105炉装炉运转至今没出现任何问题，从冶炼工艺特点上分析，可以断定这些弯管的使用寿命肯定会长于用中频炉冶炼工艺浇出的弯管。

4.2 电渣精铸弯管熔模铸造工艺的特点

通常弯管铸型多采用黏土砂或树脂砂制成，而本试验采用的熔模铸造具有如下优点：

（1）铸件的表面光洁度高。一般黏土砂或树脂砂砂型耐火粉的基料是石英砂，所得铸件容易产生麻点及粘砂等表面缺陷。本试验选用刚玉粉做前几层型壳的涂料，与石英砂相比，电熔刚玉的熔点高，密度大，导热性好，热膨胀小，因此型壳在高温下热稳定性好、耐火度高。同时，它在高温下呈弱碱性或中性，在氧化剂、还原剂或各种金属液的作用下均不发生化学反应，因此铸件的光洁度高。但刚玉粉价格较高，为了降低成本，改用铝矾土作耐火涂料，同样取得了较好的效果。

（2）晶粒的大小和形状对金属材料的高温性能有很大的影响。当使用温度高于等强温度时，粗晶粒钢及合金有较高的抗蠕变能力与持久强度，但晶粒太大会使持久塑性和冲击韧性降低。另外，耐热钢及合金中晶粒度不均匀，会显著降低其高温性能，因为在大小晶粒交界处易出现应力集中而产生裂纹[5~7]。本试验采用的熔模铸造是在压制成型的180°弯管蜡模内外挂制耐火浆料，型壳较薄，又是空心的。控制适宜的浇铸温度，浇铸完毕后弯管内外壁同时冷却，由于温度梯度较大，柱状晶比较发达，几乎没有等轴晶，而且晶粒大小也比较均匀（见图5）。因钢水比较纯净，内外柱状晶交界处没有什么缺陷及其他异常组织，对弯管的性能不会有大的影响。

（3）熔模铸造型壳强度比黏土砂或树脂砂型壳高，在浇铸过程中不易产生掉砂现象，从而减少了铸件产生砂眼、夹砂等疵病；而且型壳要经高温焙烧，除去了铸型中的气化物、结晶水等，由于钢水质量好，铸件不会产生气孔等缺陷。

4.3 利用废旧炉管，降低了成本

目前在国内一些厂家采用中频炉—静态浇铸（或离心浇铸）、电弧炉—中频炉—静态浇铸（或离心浇铸）等方法利用旧合金炉管，由于受中频感应炉和电弧炉本身缺点的限制，使两种工艺路线存在一定的局限性。中频炉精炼钢水能力不强，只能吃精料，必须要清除旧炉管的渗碳、氧化层后熔化，旧炉管的加工和截短都存在一定的困难。电弧炉的主要缺点是与后步工序衔接困难，选用小容量电弧炉则操作困难，选用大容量炉则必须先浇成小锭，而后由中频炉重新熔化与浇铸工序匹配，很不经济。同中频炉和电弧炉相比，电渣坩埚炉有显著的优点。电渣坩埚炉设备简单、操作方便，其生产能力大小易于控制，同后步工序匹配容易、灵活。对于因氧化、裂纹或变形等原因报废的长炉管可直接用来当电极，短管或废屑在冶炼过程中可直接加入炉内。并可在炉内补加合金元素调整成分，高温熔融的渣对钢水进行精炼，获得纯净、成分合格的钢水，而后静态浇铸或离心浇铸。另外，电渣坩埚炉在熔炼过程中钢水上面有熔融态精炼渣覆盖，其合金收得率高，旧炉管中的贵重金属铬、镍等基本无烧损。因此，采用电渣坩埚炉—静态浇铸的工艺路线浇铸弯管可以说是一举两得，既利用了废旧炉管、降低了成本，又获得了性能优良的弯管。

5 结语

电渣精铸裂解炉弯管新工艺是利用电渣坩埚炉的化学作用精炼钢水，降低有害元素、有害气体及非金属夹杂物含量，可获得硫含量低的纯净钢水，注入用铝矾土或电熔刚玉粉作型壳涂料的熔模中，由于 Al_2O_3 不易与耐热合金中的铝、钛、锰、镍等合金元素发生化学作用而造成粘砂、麻点，因此浇出的弯管表面光洁度高。对弯管进行的化学成分分析、金相检验、力学性能试验、探伤及水压试验所得结果全部合格。特别是持久性能在 1050℃温度、21MPa 试验应力条件下，破断时间可达 400h 以上。该工艺可以利用废旧炉管，而且产品质量好、成品率高，大大降低了成本。

参加本工作的还有张家雯、阎禄令、车向前、陈炳泉、万向东、蒲勤华等同志，特此致谢。

参 考 文 献

[1] 化工部化工机械研究院高温材料组资料. 乙烯炉高温合金渗碳机理及渗碳破坏研究. 北京：1987：1～2.

[2] 姜兴渭. 电渣炼钢—有衬电渣炉及其熔炼［M］. 北京：国防工业出版社，1987：5～66.

[3] 常鹏北. 有衬电渣炉冶金［M］. 昆明：云南人民出版社，1979：51～86.

[4] 巴顿 B E. 电渣炉熔炼及其新铸造技术的发展. 电渣重熔译文集 2［M］. 北京：冶金工业出版社，1990：47～55.

[5] 上海科学技术情报研究所. 高温合金及其铸造工艺［M］. 上海：上海科学技术情报研究所，1975：1～39.

[6] 王家炘，等. 金属的凝固及其控制［M］. 北京：机械工业出版社，1983：212～213.

[7] 撒利 A. 金属蠕变与耐热合金［M］. 北京：国防工业出版社，1959：143～165.

Manufacture of Return Bends for Cracking Furnace by ESR-precision Casting

Lin Gongwen[1] Li Zhengbang[1] Yang Haisen[1] Bian Genxing[2]

(1. Central Iron and Steel Research Institute;
2. High Technology Application Institute of South Yongtse)

Abstract This paper summarises the equipment and process of producing return bends used for the ethylene cracking furnace by ESR-precision casting. A comparison of this proeess is made with the conventional medium-frequeney induction melting-sand casting. The tests show that the new process can clearly improve the quality of the heat resistant bends and decrease the cost. The article also analyzes the reasons resulting in these advantages.

Key words ESR-precision casting; return bend; cracking furnace; heat resistant steel; mechanical properties; utilization of waste tubes

采用高电阻渣电渣重熔高速钢的研究*

摘　要　采用两种渣系进行电渣重熔高速钢的实验，比较了重熔过程的电耗。高电阻率的渣系，由于具有较高的热效率和电效率，可以使电渣重熔电耗降低，在保证钢锭质量的前提下，可以用较小的能量消耗获得较高的生产率。通过低倍及高倍检验研究了钢锭的凝固质量，对实验中重熔锭型（ϕ170mm）其较合理熔速为140kg/h。

关键词　电渣重熔；高电阻率渣系；电耗

1　前言

高速钢是工业生产中的一种重要钢种，随着机械制造技术的发展，对高速钢的质量要求日益严格。电渣重熔以其优良的冶金反应条件及独特的凝固结晶过程，可以有效地去除金属中的各种有害夹杂，改进金属的凝固质量。是生产优质高速钢的一种有效手段。然而，由于电渣重熔的电耗高，生产成本高，所以降低电耗一直是电渣重熔生产中的一个重要课题。降低电渣重熔电耗的途径之一是采用高电阻渣系，本文通过采用两种不同电阻率的渣系进行电渣重熔高速钢实验，研究了渣系对高速钢质量及电渣重熔电耗的影响。

2　实验

重熔实验钢种为W9Mo3Cr4V高速工具钢，采用的渣系见表1。重熔的电极直径为100mm，熔铸钢锭直径为170mm。各实验炉次的有关参数见表2。

表1　实验使用渣系

Tabel 1　Slag used in the experiments

渣　号	成分/%				熔点/℃	电阻率（1850℃）/$(\Omega^{-1}\cdot m^{-1})$
	CaF_2	Al_2O_3	CaO	MgO		
1	50～70	20～30	0～10		1230～1260	0.0030
2	10～25	45～60	20～30	0～8	1370～1390	0.0036

表2　实验参数

Tabel 2　Process parameters

实验号	渣　系	电压/V	电流/A	平均熔速/$(kg\cdot h^{-1})$	电耗/$(kW\cdot h\cdot t^{-1})$
1	1号渣	52	3600～4000	126	1431
2	1号渣	52	3600～4000	130	1460

* 本文合作者：车向前、何榜全、高彦彬。原发表于《钢铁》，1995，30（8）：26～30。

续表 2

实验号	渣 系	电压/V	电流/A	平均熔速 /(kg·h^{-1})	电耗 /(kW·h·t^{-1})
3	2 号渣	52	3200 ~ 3500	140	1105
4	2 号渣	52	3200 ~ 3400	140	1024
5	2 号渣	52	3300 ~ 3600	144	1148
6	1 号渣	52	3600 ~ 3800	110	

注：各炉次实验中使用的渣量相同。

3 实验检测及结果

对重熔的钢锭分别进行了低倍及高倍检验。低倍检验包括钢锭的横截面和纵剖面。高倍检验沿金属熔池取样，检测了一次晶轴间距和二次晶轴间距。高倍试样的取样方式及编号见图 1，检测结果见表 3。

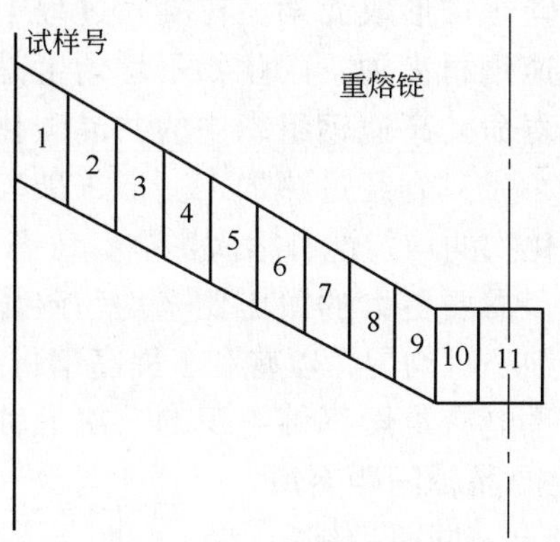

图 1 高倍检测取样示意图

Fig. 1 Location of the samples for the dendrite arm spacing test in the ingot

表 3 钢锭径向上晶轴间距分布

Tabel 3 Distribution of the dendrite arm spacing along the radial direction of ingot

渣 系	晶轴间距 /μm	位置 1	2	3	4	5	6	7	8	9	10	11	标准差
$CaF_2-Al_2O_3-CaO$	d_{I}	47.1	49.4	55.3	59.0	63.4	68.9	70.4	75.7	87.7	92.6	101.2	17.8
	d_{II}	42.0	44.5	48.4	63.5	63.5	62.3	66.6	65.1	70.7	65.8	67.9	10.0
$CaF_2-Al_2O_3-CaO-MgO$	d_{I}	41.0	41.5	41.0	50.3	55.3	55.9	62.4	66.5	62.0	69.3	77.3	12.3
	d_{II}	37.0	37.4	37.3	40.0	42.4	44.6	48.4	50.9	57.3	48.9	54.7	7.2

注：1. d_{I}、d_{II} 分别为一次晶轴间距和二次晶轴间距。

2. 在各位置上分别观察 15 个视场。

4 讨论

4.1 宏观组织

电渣重熔过程中金属熔池深度是一个重要的参数，它对钢锭的凝固质量有很大的影响，若金属熔池过深，在钢锭宏观组织中部容易出现疏松、偏析等缺陷。普遍认为金属熔池的深度不宜超过钢锭半径，而影响重熔过程金属熔池深度的直接因素是重熔过程的熔化速度[1]。

采用 $CaF_2-Al_2O_3-CaO-MgO$ 四元渣系，由于渣的电阻率相对提高，使得在同样电参数时渣池产生的热增加，电极的熔化速度加快，金属熔池变深，直接影响钢锭的凝固质量。从表 2 看到，采用四元渣系（2 号渣）重熔过程电极熔化速度提高。检验结果显示采用四元渣系的金属熔池略深于采用三元渣系（1 号渣）的金属熔池，接近钢锭的半径，采用两种渣系重熔得到的钢锭均具有良好的低倍质量，没有偏析、疏松等宏观缺陷，说明采用四元渣系重熔使得电极熔化速度提高，仍能保证良好的钢锭质量。

4.2 显微组织

高速钢含有较多的碳及碳化物形成元素。在凝固过程中形成碳化物分布在枝晶边界上构成碳化物网格。对高速钢材来说，碳化物不均匀度是一项重要的质量指标，它直接影响钢材的性能及使用寿命。高速钢组织中的共晶碳化物难溶于奥氏体中，因而无法通过热处理改变其形态[2]，只有经过热加工变形来破碎碳化物网。高速钢铸态组织中的碳化物网对钢材中碳化物的均匀性有很大影响，铸态组织中碳化物网格越粗大，在热加工时越不易破碎均匀，需要更大的锻压比来均匀碳化物[4]。因此在生产中希望高速钢铸态组织中碳化物网细小、均匀，以有利于提高钢材的质量。

由表 3 看到采用四元渣系电渣重熔钢锭组织的一次晶轴间距和二次晶轴间距均比采用三元渣系电渣重熔钢锭的晶轴间距有所减小，其减小量可达 11% 以上。同时钢锭径向上一次晶轴间距和二次晶轴间距的标准差均减小，钢锭径向上晶轴间距分布的标准差小说明钢锭径向组织均匀。电渣重熔中影响钢锭凝固质量的主要因素是熔化速度[3]。已经得出了电渣重熔的电极熔化速度对钢锭显微组织的影响规律[4,5]，图 2 是 A. Mitchell 和 A. S. Ballantyne 做出的钢锭局部凝固时间随电极熔化速度的变化曲线[6]，从该曲线看出局部凝固时间随熔速的变化有一极值点，取极小值。

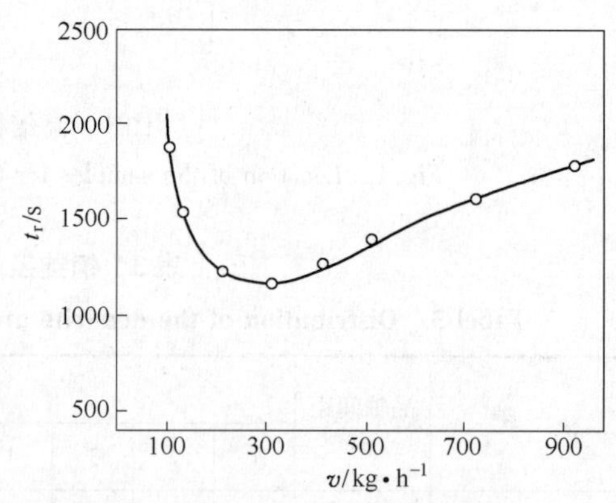

图 2　局部凝固时间 t_r 随熔速的变化[6]

Fig. 2　Relation between the local solidification time and the melting rate

局部凝固时间 t_r 和枝晶晶轴间距 d 的关系[7]为：

$$d = at_r^n$$

式中　a，n——常数。

这样，当电渣重熔过程中取某一熔速时，使得钢锭的局部凝固时间最小，获得最细的钢锭晶粒结构。由表 2、表 3 可知电渣重熔时电极熔化速度为 140kg/h 时钢锭的凝固质量明显优于熔速为 110kg/h 时的钢锭质量，无论是晶轴间距还是组织的均匀性均有所改善，说明对于所重熔的锭型（ϕ170mm）采用 140kg/h 的电极熔化速度可获得更好的显微组织。使用四元渣系使得钢锭显微质量有所改进的原因是重熔的熔化速度有所提高，使钢锭凝固的局部凝固时间接近极小值。在实际生产中是从钢锭的凝固质量和电渣重熔的生产率这两个因素综合考虑来选取重熔的最佳熔速，既可保证良好的钢锭凝固质量又可获得较高的生产率。从实验结果可看出，对于 ϕ170mm 的锭型，140kg/h 的熔速比 110kg/h 的熔速更接近于最佳熔速。

4.3 电耗

电渣重熔的电耗是影响电渣重熔钢成本的一个重要因素，故降低电渣重熔的电耗一直是电渣重熔生产中的一个重要课题。由表 2 看到采用四元渣系电渣重熔与采用三元渣系电渣重熔相比电耗明显降低，可降低 20% 以上。

电渣重熔的电耗取决于过程的电效率及热效率。电效率是有功功率和变压器输出功率之比。

有功功率即渣池产生的焦耳热，为：

$$P_w = I^2 R$$

式中 R——渣池电阻。

变压器输出功率为：

$$P = I^2(R + \sum r)$$

式中 $\sum r$——网路中的各种阻抗。

电效率为：

$$\eta = \frac{R}{R + \sum r}$$

当 R 增大时，η 增大，即增加渣池电阻可提高电效率。同时，由于有功功率提高，使渣池温度提高，增加了熔渣向电极的传热，使电极熔化速度提高，提高了热效率。由此得出提高渣池电阻可使电渣重熔的电效率和热效率提高，从而降低电耗。

由表 1 可知，四元渣系的电阻率高于三元渣系的电阻率，故在电渣重熔中有较高的电效率和热效率，采用四元渣系，在相同的条件下，会使电极的熔速加快，为了保证钢锭的凝固质量，避免由于熔速过快而造成钢锭的凝固缺陷，适当降低了输入的电流，由这两方面的原因使电耗降低。

4.4 两种渣系的比较

在电渣重熔中，影响钢锭质量的主要因素是电极熔化速度和钢锭直径，钢锭直径与产品的规格有关，而对于一定的钢锭直径与其质量相对应有一合理的熔化速度。电极熔化速度与输入功率成正比，当使用具有较高电阻率的渣系时，在较小的输入电流时也可获得较大的热功率，达到较大的熔化速度。由前边的分析看出，对于所重熔锭型（ϕ170mm）的高速钢，较好的电极熔化速度为 140kg/h 左右，当采用四元渣系时，由于其具有较高的电阻率，在较小的电流输入时就达到了这一熔速。从低倍和高倍检测看到钢锭获得了优良的凝固质量。采用三元渣系时，重熔过程电极熔化速度较低，若想增加熔速，必须增大输入电流，这无疑会进一步增加电耗。当重熔过程没有达到合理的熔化速度时，从实验结果看出，钢锭的凝固质量相对较差，并且较小的电极熔化速度，电渣重熔的生产率也低。采用高电阻率的渣系，可以在保证良好的钢锭质量前提下，用较小的能量消耗获得较高的生产率，这就是高电阻率渣系电渣重熔的优越性所在。

5 结论

（1）采用高电阻率的渣系电渣重熔，可以提高重熔过程的电效率和热效率，从而使电耗显著降低。

（2）采用高电阻率的渣系电渣重熔，在保证其重熔钢锭质量的前提下，以较小的能量消耗可获得较高的生产率。

（3）对于实验中所涉及的高速钢锭型（ϕ170mm），在电渣重熔中其较好的电极熔化速度为140kg/h左右，在该熔化速度时，钢锭具有优良的凝固质量。

致谢：河北省冶金研究所的张文华参加了实验；姚月岩、秦茶在钢锭的低倍检测工作中给予了帮助，谨致谢。

参考文献

[1] Ballantyne A. S., Mitchell A.. Ironmaking and Steelmaking, 1977, (4): 222～239.

[2] 章守华. 合金钢［M］. 北京：冶金工业出版社，1981.

[3] Sjǒberg B., Cederlund A., Engstrom G. H. Proceedings of the 4th International Symposium on ESR Processes, 1973, June: 7～8

[4] 车向前，李正邦. 钢铁研究总院学报，1987（增刊）：37～45.

[5] Ballantyne A. S., Kenneely R. J., Mitchell A.. Proceedings of the 5th International Conference on Vacuum Metallurgy and Electroslag Remelting Process, 1976 Oct: 11～15.

[6] Mitchell A., Ballantyne A. S.. Proceedings of the 6th International Conference on Vacuum Metallurgy, 1979: 1220～1228.

[7] Flemings M. C. 凝固过程［M］. 关玉龙等译. 北京：冶金工业出版社，1981.

Study on Use of High Resistance Slag in ESR Process for Producing High Speed Steel

Che Xiangqian　Li Zhengbang

(Central Iron and Steel Research Institute)

He Bangquan　Gao Yanbin

(Metallurgy Research Institute of Hebei Province)

Abstract Two kinds of slag were used in the experiments. The electric consumption between them was examined in ESR process. It is found that high resistance slag may reduce energy consumption and increase productivity because of its higher heat and electric efficiency. The solidification quality of the ingots remelted in the experiments was examined. It is obtained that the reasonable melting rate for the ingot of 170mm diameter is 140kg/h.

Key words ESR process; high resistance slag; energy consumption

毛坯生产新技术——近终成形*

摘　要　微电弧熔炼成形、电渣转注成形、喷射沉积成形、金属泥成形、电磁铸造成形及自蔓延成形等冶金新技术相继发展，形成材料制备科学的新分支——近终成形技术。目前近终成形正处于发展阶段，其领域的边界尚不分明，但毫无疑问它将是21世纪金属毛坯生产的新方向。

关键词　近终成形；电渣转注成形；喷射沉积成形；金属泥成形；电磁铸造成形；自蔓延成形

当前，正处于从20世纪跨入21世纪的时期，在这个划时代的前夜，由于高新技术进入产业，引发了“第三次产业革命”、“第四次浪潮”，出现了一系列令人瞩目的新动向。新材料是高新技术发展的基础，因材料制备科学备受重视，1990～1995年欧共体先进材料计划（简称EURAM）84个重点中，新金属材料研制经费占45%，1995年世界新材料贸易中新型钢制品占贸易额的47%。

由于高新技术在冶金领域中的发展，微电弧成形、电渣转注成形、喷射沉积成形、金属泥成形、电磁铸造成形及自蔓延成形相继定型，形成了材料制备科学的新分支——构件近终成形（Near Net Shape Components）。近终成形技术的特点：（1）一次成形，不再进行热加工，大量减少切削加工，甚至不进行切削加工，达到提高金属利用率、节约工时、缩短生产周期的效果；（2）近终成形将金属合成、精炼、凝固、成形集中于一道工序，是物性转变的最佳短流程，使金属性能大幅度提高。

20世纪80年代，各工业发达国家致力于发展连铸技术，在传统连铸的基础上开发了薄板坯连铸、薄带连铸、超小断面连铸及空心管坯连铸，形成近终形连铸（Near Net Shape Continuous Casting），它是近终成形的又一分支，本文限于篇幅暂不作介绍。

1　微电弧熔炼成形（Miniature Arc Melting Shape）

1983年Kussmaul在《焊接》杂志上发表论文[1]，报道采用氩弧自动焊机堆焊方法，无需大型炼钢炉、水压机及热处理设备，生产准备及制备时间仅用5个月，生产出外径ϕ5790mm，长10360mm，重量达350t的大型高压容器，引起同行的轰动。在1988年第9届国际真空冶金会议上，这一技术被定名“微电弧熔炼成形”，列入构件近终成形技术[2]。

微电弧熔炼成形是一项技术密集型的新工艺，用电脑控制焊接机械手，按所需构件尺寸及形状编制程序，发出指令，进行氩弧堆焊，焊丝是所制构件同成分的金属丝，通过微小电弧熔炼，堆焊成所需构件形状。电弧熔炼在惰性气体Ar的保护下，根据希维茨（Sieverts）定律，熔融金属中气体含量［N］、［H］、［O］与气氛中分压的平方

* 原发表于《特殊钢》，1996，17（6）：1～6。

根成正比，因为氩对气氛中 N、H、O 的稀释，促进堆焊金属中 N、H、O 的逸出，起精炼作用。构件成形是连续地、局部地，一层又一层地堆焊而成，具有可控热循环周期，对金属构件起扩散退火及正火效应，所以构件不仅尺寸精确，并且金属纯净，组织致密，成分均匀，性能优良。

早在 70 年代末，德国 Thyssen 公司与 Krupp 公司和瑞典 Sulzer 公司进行微电弧成形的联合开发，得到政府技术发展基金的资助，用氩弧堆焊方法生产了 Mn－Mo－Ni 钢（即 A508、A53）、Cr－Mo 钢（A－387）和 Ni－Cr 钢（3.51Ni－1.5Cr）的大型构件，性能全面超过同钢种锻件。80 年代中期，德国 Mannesmann 公司用微电弧成形生产出弯管及异型喷嘴。80 年代末至 90 年代，美国俄亥俄州的 Babcock 公司和 Wilcox 公司开发出 B. W 系统，采用人工智能系统控制操作机械手，具有多根焊枪及焊丝输送系统；复合保护气体系统（$Ar+H_2$），具有氢原子焊功能，氢可对焊缝金属脱氧净化。由于气体保护焊优于埋弧堆焊，弧长及金属熔滴过渡引发的电流脉冲易于测定，叠加堆焊层更易控制，过程参数（运行速度、电压、电流、气体流量、缝间距）可精确控制。系统附喷雾冷却系统及自动化清渣装置。堆焊层间距、形状用激光定位达到对焊缝金属最后的调整。用 B. W 系统生产超级合金 A625 的筒体，A625 成分：60Ni－22Cr－10Mo－4（Nb＋Ta），这种合金具有裂纹敏感性，通过人工智能系统，找出焊缝尺寸及形状，某些元素如 S、P、Nb、Fe、C、Mn 含量与偏析是形成裂纹的重要因素，通过电脑机器人控制，消除裂纹敏感性，经 X 射线及超声波探伤未发现内在缺陷，成为无裂纹合金[2]。综合分析微电弧成形技术具有以下优越性：

（1）生产的灵活性：任何形状及体积的构件按编制程序输入电脑，焊接机器人即可操作。

（2）经济上的合理性：对于单件或数件的大型构件，无需大型炼钢炉、水压机、模具及退火炉，投资省，生产准备时间缩短，金属利用率高。

（3）质量的优越性：氩弧具有精炼作用，成形过程是顺序凝固，金属熔池浅及周期性热循环起自发热处理作用。

（4）品种的多样性：作者考虑用等离子弧作热源，堆焊药芯焊丝，可以生产难熔金属及其合金（W，Mo）；活性金属及其合金（Cr，Ti，Zr）的构件。

鉴于美国国家材料咨询委员会的建议：大于 100t 级的大构件推荐采用 B. W 系统生产，因此美国至今最大的电渣炉仅能重熔 92t 的钢锭。

2 电渣精铸（Electroslag Precision Casting）

传统电渣熔铸，由于自耗电极与结晶器之间要保持一定距离，限制铸件尺寸应大于 50mm、形状不能过于复杂。三维空间体不对称的曲面体是禁区。80 年代电渣熔铸有了新突破，电渣转注（Electroslag Pouring Casting）与电渣离心浇铸（Centrifugal Electroslag Casting）相继问世，电渣熔铸发展日新月异。

2.1 电渣转注（Electroslag Pouring Casting）

电渣转注系乌克兰巴顿电焊研究院的一项发明[3]，在 12 个国家拥有专利，其原理如图 1 所示。供铸件成形的固定式铸模 4，可移动的熔炼室 5（水冷铜模），在熔炼室内，自耗电极 1 通入电流，在渣池 2 中析出焦耳热，将电极熔化，熔化金属在熔炼室中集聚，转注入三面封闭的固定式铸模，液态金属在固定模及熔炼室水冷壁内凝固，

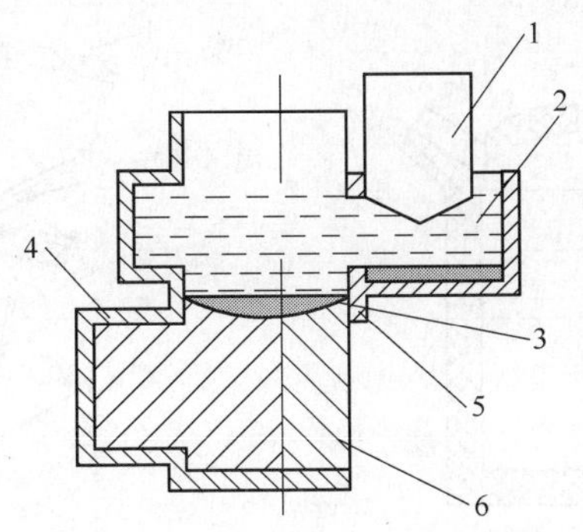

图 1　金属电渣转注原理图

1—自耗电极；2—渣池；3—金属熔池；4—固定式铸模；5—移动熔炼室；6—异型铸件

Fig. 1　Scheme of electroslag pouring casting principle

1—Consumable electrode；2—Slag pool；3—Metal pool；4—Fixed casting mould；5—Movable melting chamber；6—Shaped casting

形成铸件 6。

转注使液态金属与熔渣接触面积扩大，钢—渣反应时间增长，有利于钢中非金属夹杂物被炉渣吸附和溶解，有利于冷却过程钢中过饱和气体 N、H、O 形成气泡逸出。由于热源远离凝固前沿，使金属熔池变浅，两相区缩小，局部凝固时间（LST）缩短，使铸件枝晶间距缩小，显微偏析及碳化物不均度显著改善。

乌克兰布良什克机械厂熔铸低速大马力柴油机曲轴，即采用电渣转注法。

这一技术的难点是金属液位的检测，熔炼室移动过快必然漏钢，过慢又使铸模中的凝固外延到熔炼室，卡死熔炼室。作者曾试验过 3 种检测方法：（1）电磁液位测量方法——由于电磁的滞后现象及强电干扰误差达 ±10mm，所以无法应用；（2）同位素方法——Co^{60}、Cs^{132} 灵敏度高，测量误差≤ ±2mm，但因安全防护问题，应用有困难；（3）用铝探尺接触法测量，准确可靠，但需滤波处理，排除熔滴过渡电脉冲的干扰。

2.2　电渣离心浇铸（Centrifugal ESR Casting）

电渣离心浇铸是电渣坩埚炉精炼与离心浇铸动态凝固有机的结合，它是乌克兰巴顿电焊研究院的专利（前苏联专利 No264421）[4]。其原理如图 2 所示，在坩埚 1 内，自耗电极 2 电熔化，熔化金属受到炉渣精炼，当钢液聚集到一定数量，熔炼过程（a）结束，离心浇铸过程（b）即开始，离心铸机 5 转动，翻转坩埚到一定倾斜度，炉渣流入型筒，在内壁上结成渣壳，代替涂料，随后钢水在液渣覆盖下进入旋转的型筒，在离心力作用下抛向模壁，而比重较轻的熔渣在铸件内壁形成一层渣壳，起保温及润湿作用。

作者在实践中发现，加形核的孕育剂可不同程度地细化铸件的晶粒度，而离心铸造的“动态效应”（Dynamic Action）是最有效、最经济、最方便的方法。动态效应即在离心浇铸过程中，按程序加快转速，相对于型筒产生加速度，于是产生切向力，它作用在结晶前沿，引起枝晶折断、脱落，形成新核，达到细化晶粒的效果。

电渣离心铸造热强钢 13Cr11Ni2W2MoV 的性能全面超过轧材，见表 1[4]。

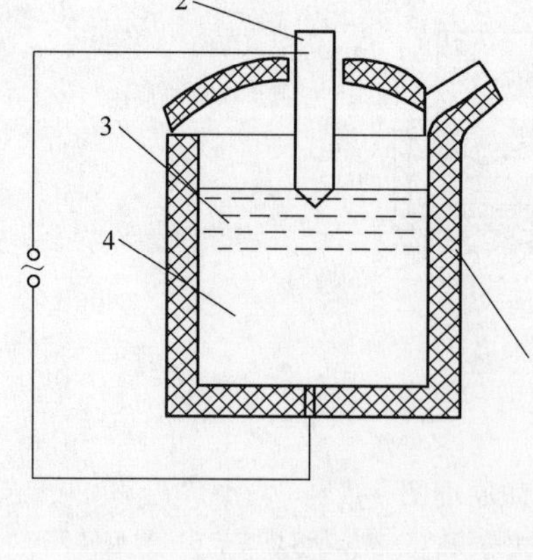

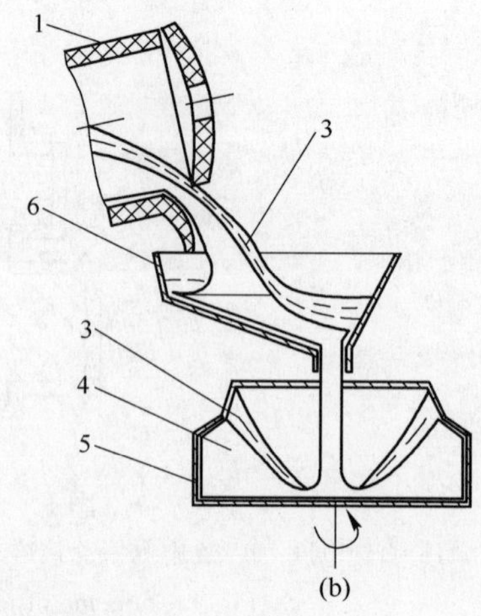

图 2　电渣离心浇铸原理图

（a）电渣熔炼过程；（b）电渣离心浇铸过程

1—坩埚炉；2—自耗电极；3—炉渣；4—熔化金属；5—型筒；6—流槽

Fig. 2　Scheme of electroslag centrifugal pouring casting principle

1—Crucible furnace；2—Consumable electrode；3—Slag；

4—Metal；5—Casting pattern；6—Pouring runner

表 1　13Cr11Ni2W2MoV 毛坯的高温性能

Table 1　High temperature properties of steel 13Cr11Ni2W2MoV blank

生产工艺	σ/MPa	σ_s/MPa	δ/%	ψ/%	K_{cu}/(J·cm^{-2})
OCT595－75	≥700	≥750	≥10	≥45	≥90
轧材	670～674	710～715	16.2～16.6	51～66	170～182
淬火＋回火	673	712	16.4	59.4	176
电渣离心铸造	695～725	755～775	14.0～15.0	62～73	157～191
均匀化＋淬火＋回火	716	765	14.6	70.0	176

冶金部钢铁研究总院已成功地将电渣离心浇铸用于炼镁还原罐的生产（3Cr24NiN，Cr28Ni6）及石油化工用合金炉管（ZG4Cr25Ni20，ZG4Cr25Ni35WN），取得了良好的经济效益。

3　喷射沉积成形（Osprey）

喷射成形技术是在粉末冶金惰性气体雾化制粉的基础上发展起来的一种近终成形技术。它既省去了传统的铸锭过程，又免除了粉末冶金、压制、烧结等多道工序。充分利用已精炼的液态金属，经雾化成液滴射流，使半凝固的颗粒在底衬上沉积，形成盘、棒、带、管等，其原理见图 3。雾化金属液滴在喷射及沉积中受到快速冷却，处于固液相间的半凝固状态，可有效地防止偏析，能生产出管、盘、带、棒等材料。

英国 Swansea 大学的 Singer 教授首先提出了喷射沉积概念，英国 Osprey 金属公司首先应用该原理生产出不锈钢制品，故通称 Osprey 技术。80 年代英国 Aurora 钢公司应用这一原理生产高速钢，又称 CSD 法（Controlled Spray Deposition），用此法生产 M2 高速钢，冷却速度达 10^3～10^4K/s，碳化物非常细小，尺寸为 2～3μm。制成的刀具工作寿

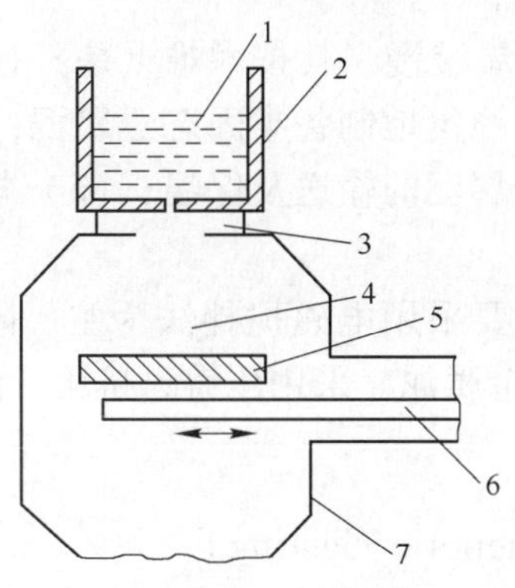

图3　喷射沉积成形

1—熔融金属；2—坩埚；3—雾化氮气喷嘴；4—喷射粉末；

5—粉末沉积基板；6—移动机构；7—沉积室

Fig. 3　Scheme of Osprey (spray deposition)

1—Smelting metal; 2—Crucible; 3—Argon jet; 4—Powder jet;

5—Sedimentary powder plate; 6—Telemechanism; 7—Sedimentary chamber

命比同钢种铸锭—锻造制品提高60%。美国麻省理工学院（MIT），以高压气雾化及超声雾化技术，利用细小、被快冷的液滴喷射制取铝、镁合金，该工艺通称LDC法(Liquid Dynamic Compaction)，用此法生产的Al-Li合金（Al-4Li-1Cu-0.2Zr）获得强度、延伸率及缺口性能良好的材料，特别是快速冷却避免了Al-Li合金中粗大的金属间化合物的析出，防止合金脆化。LDC法生产的Al-Li合金，用于航空发动机结构件，可减重15%[5]。美国General Electric公司用Osprey专利生产镍基高温合金Rene95及Inco-100的涡轮盘[6]。

喷射沉积成形的技术关键是熔融金属经高压雾化成微小弥散的液态颗粒，以高速喷射到水冷基板上，进行沉积，可能出现以下3种情况：（1）液态金属在基板上沉积前已完全凝固，只能得到粉末，不能形成致密的沉积层；（2）金属熔滴，在喷射过程中仍保持在液相线温度以上，基板上形成金属熔池，构件为铸态组织；（3）处于上述两状态之间，在基板上获得半凝固状态颗粒，或在与基板接触时金属颗粒来不及形核和结晶，温度降至液相线以下成为过冷体，从而在基板上获得快速冷却的沉积物。喷射沉积成形另一关键问题是存在3%~15%的孔隙度，必须补以热等静压、等温锻造及热轧等工序，解决这两大关键问题是当代喷射沉积成形研究者努力的方向。作者认为增加喷射动能是解决孔隙形成的有效途径。

作者认为应用喷射沉积成形技术，在射流中掺入稳定的陶瓷化合物可制取金属基复合材料。喷射沉积成形也是制取多层不同成分金属复合材料的有效途径。

4　金属泥成形（Metal Mud Shape）

美国麻省理工学院Fleming教授率先开发金属泥成形。80年代日本耗资30亿日元，成立Rheo Technology公司致力于开发金属泥成形技术。目前有色金属及其合金半固态金属泥制备与成形技术较成熟，已定型生产。如Alumax Thixomat Inc等公司用金属泥成形技术生产铝、镁、合金汽车零件。实践表明，金属泥成形的优越性是：生产周期短；消除了铸件疏松、缩孔、气孔及宏观偏析；能耗小，工模具损耗小；规格与品种的灵活性好，无需大型锻压设备[7]。

黑色金属的金属泥成形进展缓慢，其技术难点是：（1）选择金属限于固相线与液相线温度区间较大；（2）连续稳定地制备半固态金属泥；（3）准确控制熔体温度、固相比率及分布；（4）半固态金属泥的输送及保温；（5）模具工作负荷减小，但接触温度升高，使工作寿命下降。

目前制备半固态金属泥主要采用电磁搅拌法为主。同时探索非均匀形核法、应变诱导熔体活化的 SIMA 法制备金属泥。采用压铸、挤压、注射、模压等方法对半固态金属泥进行加工。

5　电磁铸造（Electro－magnetic Casting）

电磁铸造是无铸模连续铸造，完全摆脱了传统的“铸造”概念，液体金属不与铸模接触，而是在电磁场约束下，液体金属保持自由表面状态下凝固成形，其表面光洁似镜面，在强磁场下凝固，金属凝固组织与结构得到改善。电磁铸造是金属凝固学与电磁流体力学的交叉。

电磁铸造是苏联的发明，美国、法国相继引进了这一技术，其水平及生产规模均超过了独联体国家。瑞士铝公司1990 年用电磁铸造法生产了80 万吨铝合金锭。世界上一些大型制铝公司如凯撒铝公司、雷诺铝公司及瑞士制铝公司均实现了一台电源同时铸造多根铸锭，铸造过程用计算机控制。

生产铝或铝合金板材、型材、箔材及大型铝铸锭，传统方法是连续铸锭 DC 法，DC 法生产的铝锭易形成偏析瘤、冷隔、拉伤等缺陷，铸锭内部也存在成分偏析和晶粒粗大等问题，因此在压力加工前必须进行铣面加工，对软铝合金表面切削 5～10 mm，对硬铝合金表面切削 15～25mm。此外，DC 法铝锭热轧易产生裂边问题，必须进行切边。电磁铸造铝锭表面光洁，无上述缺陷，完全省去铣面和切边工序，不但节约能耗和工时，同时保存快速凝固表面的优良组织。

早在70 年代，冶金部钢铁研究总院即开展了悬浮熔炼的研究。大连理工大学铸造工程中心，在金俊泽教授领导下，于 1989 年采用电磁铸造，研制成功了 120mm × 50mm × 1m 铝的扁锭[8]。

黑色金属电磁铸造是探索方向，电磁铸造的关键部位——半悬浮液柱中的物理现象十分复杂，那里有强磁场感应的高密度电流、电磁搅拌引进的熔体流动、凝固造成的溶质再分配、感应加热和液柱表面强迫冷却的热交换等，与传统重力铸造和连续铸锭有重大区别，铸件成形过程受温度场、应力场、流速场及浓度场的综合影响，控制参数繁多，某一环节失控势必影响铸件成形凝固组织及材料的性能。

6　自蔓延成形（SHS）

现代自蔓延合成法起始于苏联，苏联科学家在火箭固体燃料反应产物中发现有应用价值的难熔材料，受此启示，他们利用自蔓延合成法制出 TiB_2，并开展自蔓延反应原理，参与反应物及生成物相图分析、合成工艺、反应热力学等研究工作，在 80 年代进入了工业生产阶段，生产难熔材料及硬质合金，制备出 50 余种材料[9]。美国、日本等国于 80 年代开展自蔓延合成法的研究，并取得成效[10]。

自蔓延合成高温熔体的产生是由于反应生成热 ΔH。

$$\mathrm{M + AO \longrightarrow A + MO} + \Delta H$$

式中，M 为还原剂金属；AO 为金属或非金属氧化物；MO 为反应产物。

所选择 M 必须是其氧化物 MO 生成自由能 ΔF 小于 AO 生成自由能，这是必要条件。其次还原剂不仅要有强还原能力，其本身必须有较高的沸点，钙（沸点 1494℃）、镁（沸点 1105℃）沸点较低，高温汽化时被大量消耗，同时还原产物 MO 熔点不宜过高，否则还原物 MO 不易与液态还原产物 A 分离。CaO（熔点 2580 ℃）、MgO（熔点 2800℃）、ZrO_2（熔点 2700℃）都熔点过高，所以 Ca、Mg、Zr 作为还原剂被排除，Al 沸点较高（沸点 2060℃），而产物 Al_2O_3 熔点又偏低（熔点 2051℃），同时 Al 价格低廉，在还原剂中被优先选取，上述反应式可写成：

$$AO + Al \longrightarrow A + Al_2O_3 + \Delta H$$

所以自蔓延高温合成反应通称“铝热反应”。自蔓延高温合成法可用于生产难熔材料：Mo_2C、Cr_3C_2、WC、VC、MoB、CrB、$MoSi_2$、WSi_2 及 VN，也可生产硬质合金：WC + Mn；Cr_2C_3 + Mo；WC + Co；MoB + Ni；$TiSi_2$ + Mo_2C + Ni；VC + Ni + Mn。自蔓延技术还可以用于放射性废料固体封存处理和焊接，即传统的“铝热焊”。

1981 年日本首先采用自蔓延法制备陶瓷内衬钢管，其原理如图 4 所示，在钢管内填充混合均匀的 Fe_2O_3 和 Al 粉，钢管以一定角速度旋转，然后用氧—乙炔火焰点燃，引发铝热反应，其反应式如下：

$$2Al + Fe_2O_3 \longrightarrow Al_2O_3 + 2Fe + 836kJ$$

处于熔融状态的铁水、氧化铝在离心力 $F = m\omega^2 r$（m—质量；ω—角速度；r—管内径）的作用下被压向钢管内壁形成复合层，由管内向外形成：氧化铝层—铁层—基体钢管。针对氧化铝层因燃烧温度不够高（2400K），熔化时间短（2 ~ 3s），而产生致密性不足，因此在反应物料中加入致密化助剂（如 SiO_2、MgO、SiN）。

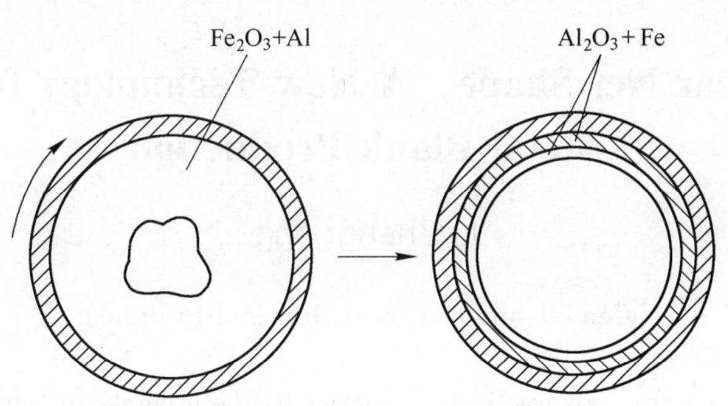

图 4　自蔓延制备陶瓷内衬复合管

Fig. 4　Composite tube with ceramic lining for SHS

7　结论

（1）微电弧熔炼成形可生产单件或数件大型构件（≥100t），无需大型炼钢炉、水压机、模具及退火炉，投资省，生产准备时间缩短，金属利用率高。

（2）电渣转注扩大了传统电渣熔铸产品，使精细尺寸、形状复杂的毛坯能够生产，特别是三维空间的曲轴及不规则曲面体的涡轮叶片。

（3）电渣离心浇铸是电渣精炼与动态凝固的结合，产品致密，特别是应用“动态效应”可进一步细化铸件晶粒。

（4）喷射沉积成形不仅是粉末冶金的革新，而且是生产高速钢细化碳化物颗粒度、生产高温合金涡轮盘消除 Laves 相的有效方法，特别是 Al－Li 合金的制备，为轻型航空发动机材料的制备开辟了新途径。

（5）金属泥成形及电磁铸造在有色金属毛坯生产中已成功地应用，至于黑色金属领域尚有待开拓。

（6）自蔓延成形不仅是生产难熔材料及硬质合金的有效方法，而且可以制备金属—陶瓷复合材料，特别是制备陶瓷内衬的钢管更有应用价值。

参考文献

[1] Kussmaul K., et al. Welding Journal, 1983, (Sept): 17～24.

[2] Weber C. M., Dingman B. M.. Proc. 9th International Vacuum Metallurgy Conference on Special Melting Bhat G K, New Jersey: Noyes Publications, 1989: 801～821.

[3] Патон В. Е., Медовар В. И.. Проблемы Электрсшлаковсй Технологии, Киев Науковадумка, 1988: 267～268.

[4] Патон В. Е., Медовар В. И.. Электрсшлоковая Плавка и Разливка Металла, Киев Наукова думка, 1988: 23～32, 136～161.

[5] Lavernia E. J.. International Journal of Powder Metallurgy, 1986, 22 (1): 9.

[6] Fielder H. C.. Journal of Metals 1987, 39 (6): 28.

[7] 李正邦．金属泥成形研究．国家高科技办，1995：57～66.

[8] 金俊泽．电磁铸造优质铸坯成型机理及控制技术研究．国家自然科学基金委员会，1993：84～91.

[9] Gridr J. F. Cer. Eng. Sci, Proc., 1982, 3: 519～532.

[10] Miyamoto O.. Journal of Material Research, 1986, 1: 7～9.

Near Net Shape: A New Technology for Metal Blank Production

Li Zhengbang

(Central Iron and Steel Research Institute)

Abstract A new branch: near net shape technology has been developed with the developing of new metallurgical including miniature arc melting shape, electroslag pouring casting, Osprey, metal mud shape, electro-magnetic casting and SHS (Self-propagating High-temperature Synthesis). There is no doubt that the near net shape technology being developed will be an important method to produce metal blank in the next century.

Key words near net shape; electroslag pouring casting; osprey; metal mud shape; electro-magnetic casting; SHS

电渣重熔钢中非金属夹杂物含量及成分的控制*

摘　要　在电渣重熔过程中，控制自耗电极冶炼的脱氧制度并配合电渣重熔渣系的选择，可以有目的地控制电渣重熔钢中非金属夹杂物的含量和成分。对于滚珠轴承钢 ZGCr15，当自耗电极用钢采用 Si－Fe、Si－Ca 脱氧并用酸性渣重熔可以获得最佳精炼效果，使钢中夹杂物转变为硅酸盐类塑性夹杂物。上述结论在工业生产中已得到验证。

关键词　电渣重熔；脱氧制度；渣系；非金属夹杂物

1　前　言

电渣重熔过程提纯净化的本质主要是渣洗作用，包括渣对钢中夹杂物的吸附和溶解[1~3]。直接影响精炼效果及钢中夹杂物成分的因素是渣系的成分和配比、原始夹杂物的成分及尺寸。

Л. И. Фаибисович[4] 在电渣重熔 36CrNiMnMoVNb 钢时，采用碱性平炉钢及酸性平炉钢作自耗电极重熔后发现，因钢中夹杂物类型的显著不同而导致钢性能上的差异。B. Rehak[5] 冶炼冷轧辊用钢 CSN 19・426 时采用不同终脱氧剂，电渣重熔采用不同渣系得到不同的精炼效果。O. Jarleborg[6] 也发现电渣钢中非金属夹杂物成分受原始电极终脱氧制度及重熔时所用渣系的影响，但这些工作多限于重熔前后夹杂物的定量及定性分析，对于自耗电极原始夹杂物及渣系成分对提纯净化影响的规律及其内在原因并未探明。

本试验选用钢种为精密轴承钢 ZGCr15，化学成分（%）为：C 0.95～1.05，Mn 0.2～0.4，Si 0.15～0.35，Cr 1.3～1.65，S≤0.02，P≤0.027。自耗电极冶炼采用不同终脱氧制度，对电渣重熔前后钢中夹杂物的成分、数量及尺寸进行了较精确的定性及定量分析，并在工业电渣炉上进行了生产验证。

2　试验条件及方法

2.1　试验室试验

2.1.1　自耗电极冶炼

冶炼设备：60 kW 高频感应炉；

冶炼终脱氧制度：Al 0.5kg/$t_{钢}$、Al 1kg/$t_{钢}$、Al 1.5kg/$t_{钢}$、Si－Ca 1kg/$t_{钢}$、Si－Ca 1.2kg/$t_{钢}$、AMS（Al－Mn－Si）10kg/$t_{钢}$、Si－Mn－Ca 7kg/$t_{钢}$、Mn 1kg/$t_{钢}$、Ce－La 0.5kg/$t_{钢}$、Ca 1kg/$t_{钢}$、Mn－Fe 1.5kg/$t_{钢}$、Si－Fe 2kg/$t_{钢}$，共 12 种。

2.1.2　电渣重熔

电渣炉：容量 50 kg；变压器容量 100 kV・A；

* 本文合作者：张家雯、车向前。原发表于《钢铁研究学报》，1997，9（2）：7～12。

电渣重熔工艺：自耗电极直径 40 ~ 45mm，结晶器内径 100mm，电流 1600 ~ 1800A，电压 42 ~ 46V，渣系成分列于表 1，液渣引燃。

表 1 试验室电渣重熔渣系成分

Table 1 Composition of slags

渣 系	组元/%				
	CaF_2	Al_2O_3	SiO_2	CaO	MgO
SR - 37	70	30	—	—	—
SRA - 3	20	—	40	40	—
SRA - 4	55	10	25	10	—
SRA - 5	30	30	10	25	5

2.2 工业电渣炉试验

2.2.1 自耗电极冶炼

冶炼设备：5t 电弧炉；

脱氧制度：还原期用 Si - Ca 渣预脱氧，出钢前终脱氧分别加入 Al 0.46kg/$t_{钢}$、Al 0.78kg/$t_{钢}$、Al 1kg/$t_{钢}$、AMS 10kg/$t_{钢}$、Si - Ca 1kg/$t_{钢}$，共 5 种。

2.2.2 电渣重熔

电渣炉：500 kg 双臂交替抽锭式，变压器容量 360kV · A；

电渣重熔工艺：结晶器内径 240mm，自耗电极尺寸 85mm × 85mm，渣系成分 CaF_2 65% - Al_2O_3 30% - CaO 5%，液渣引燃，电流 4000A；炉口电压 42V。

3 试验结果

用高频感应炉冶炼自耗电极，采用 12 种终脱氧制度，50 kg 电渣炉重熔前后非金属夹杂物的定性及定量检验结果列于表 2（表中值为平均值）。

表 2 50kg 电渣炉重熔前后非金属夹杂物的金相检验结果

Table 2 Composition, average size and content of nonmetallic inclusions before and after ESR

自耗电极终脱氧制度	夹杂物种类		夹杂物平均尺寸/μm		数量/%	
	原 始	重熔后	原始	重熔后	原始	重熔后
不加脱氧剂	复杂铁锰硅酸盐（$hFeO \cdot mMnO \cdot pSiO_2$）	蔷薇辉石（$MnO \cdot SiO_2$） 氧化铬（Cr_2O_3）				
Al 0.5kg/$t_{钢}$	莫来石（$Al_2O_3 \cdot 2SiO_2$）	氧化硅（SiO_2） 刚玉（Al_2O_3）	29.8	2.540	0.01830	0.00417
Al 1kg/$t_{钢}$	莫来石（$Al_2O_3 \cdot 2SiO_2$） 刚玉（Al_2O_3）	氧化硅（SiO_2） 刚玉（Al_2O_3）			0.02110	0.00703

续表2

自耗电极终脱氧制度	夹杂物种类		夹杂物平均尺寸/μm		数量/%	
	原 始	重熔后	原始	重熔后	原始	重熔后
Al 1.5kg/$t_{钢}$	刚玉（Al_2O_3）	刚玉（Al_2O_3） 氧化硅（SiO_2）	14.0	13.400	0.00370	0.00245
Ca 1kg/$t_{钢}$	硅灰石（$CaO \cdot SiO_2$） 铬铁矿（$FeO \cdot Cr_2O_3$）	硅灰石（$CaO \cdot SiO_2$） 铬铁矿（$FeO \cdot Cr_2O_3$）	111.6	14.400	0.02200	0.00272
Mn 1kg/$t_{钢}$	复合铬锰硅酸盐（$Cr_2O_3 \cdot 2MnO \cdot SiO_2$）	复合铬钙硅酸盐（$Cr_2O_3 \cdot CaO \cdot SiO_2$）	37.9	5.757	0.00463	0.00438
Ce - La 0.5kg/$t_{钢}$	稀土硫氧化合物（RE_2O_2S）	稀土氧化物（REO）	66.2	3.675	0.00664	0.00538
Si - Ca 1kg/$t_{钢}$	硅灰石（$CaO \cdot SiO_2$） 氧化硅（SiO_2）	石英（SiO_2）	20.0	18.300	0.00460	0.00340
Si - Mn - Ca 7kg/$t_{钢}$	莫来石（$Al_2O_3 \cdot 2SiO_2$） 硅灰石（$CaO \cdot SiO_2$）	蔷薇辉石（$MnO \cdot SiO_2$） 细小氧化物($Me_x \cdot O_y$)	114.0	16.900	0.01800	0.00350
AMS 10kg/$t_{钢}$	莫来石（$Al_2O_3 \cdot 2SiO_2$） 锰橄榄石（$2MnO \cdot SiO_2$）	蔷薇辉石（$MnO \cdot SiO_2$）	120.0	15.600	0.01730	0.00330

自耗电极冶炼采用不同终脱氧制度后，钢中夹杂物成分、性质（见图1）及尺寸（见表2）发生了变化。

为了控制ZGCr15钢中非金属夹杂物成分，电极冶炼采用Si - Fe、Si - Ca、Mn - Fe脱氧剂脱氧，然后用酸性渣重熔，结果列于表3。自耗电极原始夹杂物平均尺寸对电渣重熔去除夹杂率影响见图2。为了验证试验室研究结果，结合ZGCr15钢试制，在工业电渣炉上共进行114炉试验，试验结果见表4。

表3 酸性渣电渣重熔前后钢中非金属夹杂物金相检验结果

Table 3 Composition, average size and content of nonmetallic inclusions before and after ESR with acid slag

自耗电极终脱氧制度	渣系	夹杂物种类		夹杂物平均尺寸/μm		数量/%		
		原 始	重熔后	原始	重熔后	原始	重熔后	变化率
Mn - Fe 1.5kg/$t_{钢}$	SRA - 3	蔷薇辉石（$MnO \cdot SiO_2$）	硅灰石（$CaO \cdot SiO_2$）	15.5	10.40	0.0075	0.0040	-46.6
Mn - Fe 1.5kg/$t_{钢}$	SRA - 5	蔷薇辉石（$MnO \cdot SiO_2$）	复杂铁锰硅酸盐（$FeO \cdot MnO \cdot SiO_2$） 硫化铁（FeS）	15.5	9.71	0.0075	0.0040	-46.6

续表3

自耗电极终脱氧制度	渣系	夹杂物种类		夹杂物平均尺寸/μm		数量/%		
		原　始	重熔后	原始	重熔后	原始	重熔后	变化率
Si - Fe 2kg/$t_{钢}$	SRA - 4	铁橄榄石 ($2FeO \cdot SiO_2$)	莫来石 ($Al_2O_3 \cdot 2SiO_2$)	12. 0	10. 50	0. 0075	0. 0038	-49. 3
Si - Ca 1. 2kg/$t_{钢}$	SRA - 3	硅灰石 ($CaO \cdot SiO_2$)	硅灰石 ($CaO \cdot SiO_2$)	11. 45	9. 71	0. 0081	0. 0037	-54. 3
Si - Ca 1. 2kg/$t_{钢}$	SRA - 5	硅灰石 ($CaO \cdot SiO_2$)	复杂硅酸钙 ($mCaO \cdot nSiO_2$)	11. 45	12. 00	0. 0081	0. 0029	-63. 3

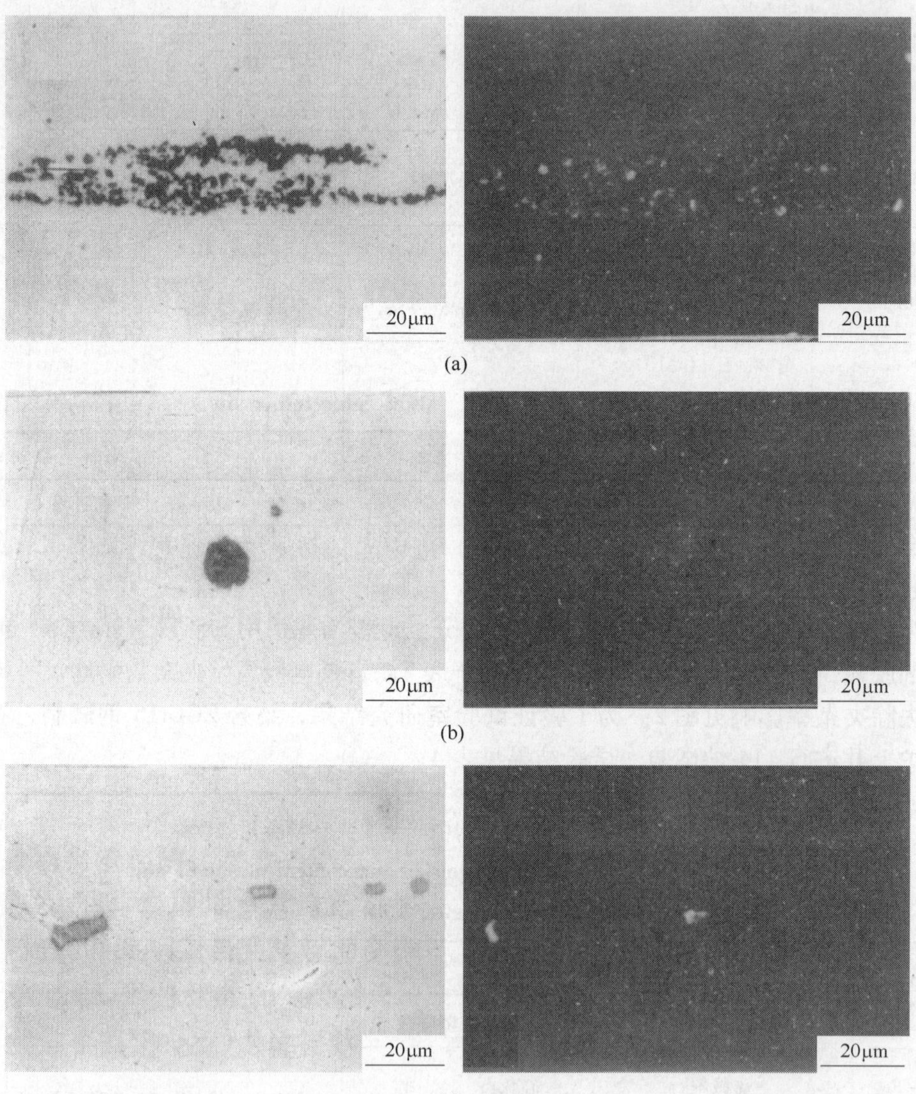

图1　不同终脱氧制度的原始非金属夹杂物明场（左）和暗场（右）金相照片

（a）刚玉（加 Al 1. 5kg/$t_{钢}$）；（b）硅灰石（加 Ca 1kg/$t_{钢}$）；（c）莫来石（加 Si - Mn - Ca 7kg/$t_{钢}$）

Fig. 1　Pictures of nonmetallic inclusions in the steel produced by different deoxidation processes

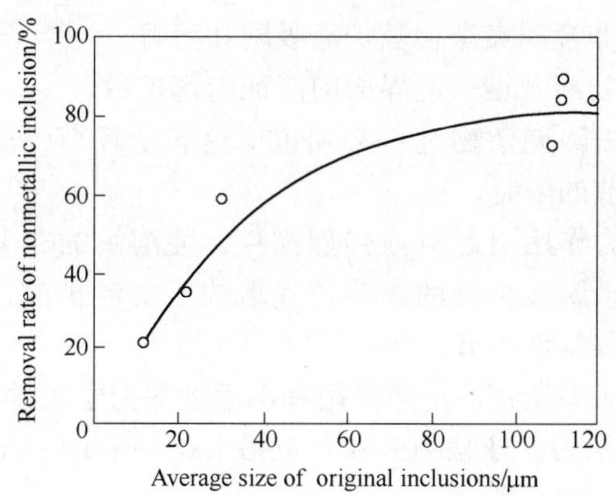

图 2　原始夹杂物的平均尺寸对电渣重熔去除夹杂率的影响

Fig. 2　Effect of average size of original inclusions on removal rate of inclusion during remelting

表 4　500kg 工业电渣炉 ZGCr15 钢精炼结果

Table 4　Nonmetallic inclusions in ZGCr15 bearing steel remelted in an 500 kg industrial ESR furnace

自耗电极终脱氧制度	原始夹杂物种类（金相）	重熔后夹杂物金相评级①				电解夹杂物总量/%			
		炉数	试片数	氧化物	硫化物	试样数	重熔前	重熔后	变化率
Al 0.46kg/$t_{钢}$	莫来石 + 铬尖晶石	46	180	0.576	0.028	7	0.0108	0.00679	-38
Al 0.78kg/$t_{钢}$	莫来石为主	17	75	0.680	0.026	0			
Al 1kg/$t_{钢}$	莫来石 + 刚玉	12	60	0.962	0.020	3	0.0110	0.00990	-10
AMS 10kg/$t_{钢}$	莫来石 + 锰橄榄石	26	90	0.783	0.020	4	0.0099	0.00553	-42
Ca - Si 1kg/$t_{钢}$	硅灰石	13	45	0.643	0.018	2	0.0130	0.00530	-59

① 平均值。

4　讨论

金相检验结果表明（见表 2），重熔后就钢中夹杂物总量和氧含量而言，Si - Mn - Ca 及 AMS 为脱氧剂的终脱氧制度最佳。铝为终脱氧剂时，加入量为 0.5kg/$t_{钢}$ 的效果最佳，随着终脱氧加铝量的增加，提纯效果恶化，重熔金属夹杂物总量及氧含量提高。同时可以看出，原始夹杂物含量的多少对重熔金属纯洁性无重大影响，例如用 Si - Mn - Ca 及 AMS 终脱氧时，虽然原始夹杂物含量很高，但重熔后钢反而更为纯净。由图 2 还可见，原始夹杂物的平均尺寸越大，重熔去除夹杂率越高。

金相观察发现，ZGCr15 钢自耗电极冶炼的终脱氧加铝量大于 1kg/$t_{钢}$ 时，非金属夹杂物以氧化铝为主，呈碎屑状，成群分布，夹杂物平均尺寸较小，而用 Si - Mn - Ca、Ca 及 AMS 终脱氧时，夹杂物以莫来石和硅灰石为主，硅灰石呈球状，尺寸较大。莫来石呈菱形，尺寸也较大（见图 1）。传统观点认为，夹杂物的聚集取决于其熔点，用铝脱氧会形成固体脱氧产物刚玉弥散于钢中。

由表 2 及图 2 可以看出，随着自耗电极原始夹杂物平均尺寸的增大，电渣重熔非金属夹杂物的去除率显著提高。文献［3］已证实电渣重熔过程中去除非金属夹杂物主要发生在电极端头熔滴形成阶段。电极端头夹杂物去除过程可以精确划为 3 个区段：

（1）非金属夹杂物从电极端头液态金属薄膜层内向钢—渣界面转移；

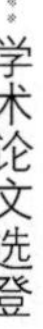

（2）钢—渣界面上非金属夹杂物被炉渣吸附和溶解；

（3）夹杂物溶解产物离开钢—渣界面向渣池内部扩散。

电渣重熔电极端头去除夹杂物过程必须包括这 3 个环节，而去除夹杂物反应速度仅受其中最缓慢一个环节的限制。

电渣重熔时，电磁力作用引起渣池强烈搅拌，使溶解的非金属夹杂物在渣池中剧烈运动，因而溶解的非金属夹杂物的物质传递取决于对流扩散，妨碍其运动的阻力很小，所以第三环节不是限制性环节。

钢—渣界面上非金属夹杂物被炉渣吸附和溶解的热力学条件如下：

Д. Я. Поволоции[7]认为，球状刚玉和石英被 $CaF_2-CaO-Al_2O_3$ 吸附是自发过程，必须满足自由能变化 $\Delta G<0$，则：

$$\sigma_{渣—夹杂物}-\sigma_{钢—夹杂物}-\sigma_{钢—渣}\cdot\cos\alpha<0$$

式中 σ——界面张力；

α——球状夹杂物与渣相的接触角（即进入渣相的深度），(°)。

渣和夹杂物刚接触时，$\alpha=0°$，$\cos\alpha=1$；夹杂物完全进入渣相时，$\alpha=180°$，$\cos\alpha=1$。

作者计算出1600℃时球状夹杂物进入渣相的深度为，刚玉：$\alpha=144°\sim150°$；石英：$\alpha=126°\sim134°$，$\Delta G=0$。

此时夹杂物大部分（2/3～3/4）进入渣相。作者认为下一步夹杂物通过溶解完全进入渣相。G. Hoyle[2]及 B. Л. Воронов[8]认为夹杂物在渣中溶解极为迅速，直径 2μm 的刚玉型夹杂物在 $CaF_2-Al_2O_3$ 渣中（1518℃）溶解仅需 0.02 s，所以第二环节是自发过程，不是限制性环节。

电渣重熔是用电极端头熔化金属，熔化的金属液滴沿锥形端头滑移时，因具有分层和波纹特征，所以基本上属于层流。液态金属薄膜层厚 50～200μm[9]，远大于夹杂物直径。特别是夹杂物没有自发由液态金属薄层内向钢—渣界面移动的动力，而且由于夹杂物在液态金属层内浮升的作用，使夹杂物向钢液移动。由此可以认为夹杂物由液态金属层内向钢—渣界面移动是限制性环节。在液态金属流沿锥形端头向下滑移时受重力作用，密度较钢液小的夹杂物会滞后于金属流，因此增加了夹杂物和渣相的接触概率。夹杂物颗粒越大，滞后越大，和渣相接触概率也增大，这就是为什么低熔点大颗粒夹杂物在电渣重熔过程中比高熔点弥散分布的小颗粒夹杂物更容易被渣吸附的原因。

由表 2 可见，重熔前后非金属夹杂物的类型、成分是不同的，大部分原始夹杂物在电渣重熔过程的电极端头熔滴形成阶段已被去除，一部分残留夹杂物随金属液进入渣池，由于炉渣和夹杂物边缘作用，导致夹杂物具有复杂结构。这种复杂结构是电渣钢夹杂物的特征，炉渣对钢中夹杂物化学活性越大，夹杂物结构变化越大。其次还有一部分不稳定氧化物在高温下分解呈合金元素和[O]溶于钢中。在金属熔池中，随温度下降，[O]的溶解度下降，重新氧化，形成新生夹杂物。新生夹杂物成分由钢中元素的活度及其与氧的结合力所决定。如电渣重熔的自耗电极钢加铝 1.5kg/$t_{钢}$，重熔钢中残余铝量高达 0.07%，在金属熔池凝固阶段，细小、分散的刚玉型夹杂物因上浮困难，残留于钢中。

由表 3 可见，原始电极冶炼采用 Si－Fe、Mn－Fe 及 Si－Ca 脱氧，电渣重熔采用酸性渣（碱度小于 1），即 CaF_2-SiO_2-CaO 系、$CaF_2-SiO_2-CaO-Al_2O_3$ 系、$CaF_2-SiO_2-CaO-Al_2O_3-MgO$ 系，重熔后 ZGCr15 钢中夹杂物以硅酸盐为主，这表明电渣重熔可以进一步控制夹杂物成分，改变钢中以刚玉为主的脆性夹杂物为以硅酸盐为主的塑性夹杂物，提高了 ZGCr15 钢的疲劳寿命。

工业试验再次证实（见表4），用铝脱氧的电极，电渣重熔提纯效果最差，并随加铝量的增加而恶化，而用 Si－Ca 及 AMS 脱氧的电极，重熔提纯效果最好。还进一步证实了低熔点大颗粒原始夹杂物在电渣重熔过程中易去除的论点。

5 结论

（1）电渣重熔自耗电极原始夹杂物的类型、成分和尺寸对重熔提纯效果具有重大的影响。通过选择自耗电极冶炼脱氧制度及重熔渣系，可以有目的地控制钢的纯净度及夹杂物成分和类型。

（2）电渣重熔 ZGCr15 钢的电极冶炼采用 Si－Mn－Ca 及 AMS 复合脱氧剂后，形成的原始夹杂物是稳定的硅酸盐，其熔点较低，具有较大聚集趋向，经电渣重熔易去除。

（3）用铝终脱氧，特别是加铝量大于 $1kg/t_{钢}$ 时，原始夹杂物为高熔点细小分散的刚玉，在电渣重熔时很难被渣吸附。此外，增加终脱氧加铝量会使钢中残余铝含量提高，重熔时易二次氧化，形成新生夹杂物。

（4）电渣重熔自耗电极冶炼采用 Si－Fe、Si－Ca 脱氧后，脱氧产物为硅酸盐，采用酸性渣电渣重熔后，ZGCr15 钢可以获得以硅酸盐为主的塑性夹杂物，从而有利于钢疲劳寿命的提高。

参 考 文 献

[1] Патон БЕ，Медовар БИ. Металлургия Электрошлакого Процесса. Киев：Наукова Думка，1986：29.
[2] Hoyle G. Electroslag Processes Principles and Practice [M]. London and New York：Applied Science Publishers，1983：28.
[3] Li Zhengbang. Advance in Special Electrometallurgy，1989，5（4）：269.
[4] Фаибисович ЛИ. Металлургическаяи Горнорудная Промышленность，1964，（5）：18.
[5] Rehak B. A Contribution to the Study of the Behaviour of Non－metallic Inclusions in Electroslag Remelting Process. In：Proceeding of the 5th International Conference on VAM and ESR Processes，Hanau，Leybold－Hereaus，1977：147.
[6] Jarleborg O. Clean Steel，Stockholm IVA，1971，1：54.
[7] Поволоции ДЯ. ИЗВ ВУЗ Горная Металлургия，1971，（12）：14.
[8] Воронов ВЛ. ИЗВ АН СССР Металлы，1975，（3）：62.
[9] Fraser M E，Mitehell A. Ironmaking and Steelmaking，1976，（3）：5.

Control of Content and Composition of Nonmetallic Inclusion in ESR Steel

Li Zhengbang Zhang Jiawen Che Xiangqian

（Central Iron and Steel Research Institute）

Abstract During ESR，the content and composition of nonmetallic inclusions can be controlled by choosing proper smelting and deoxidation parameters with right fluxes. For ball－bearing steel ZGCr15 the best refining effect can be obtained when the consumable electrode is remelted and deoxidized with Si－Fe，Si－Ca under acidic slag. The inclusions in the steel are of ductile silicate. The technology developed has been proved in production.

Key words electroslag remelting；deoxidation technology；slag system；nonmetallic inclusion

电渣重熔铸锭中微量元素镁的控制*

摘　要　在高温合金中控制微量元素镁，特别是电渣铸锭中的含量及其均匀性是工艺上的难题。在电渣重熔过程中选用 $CaF_2-CaO-MgO-Al_2O_3$ 四元渣系，使渣碱度 $B_M \geqslant 2.5$，自耗电极的铝含量为0.10%～0.18%，重熔过程采用递减功率工艺等措施，使电渣重熔铸锭中镁含量均匀地控制在最佳范围。

关键词　电渣重熔；微量元素镁；渣系；碱度

1　前言

GH2036C 合金是时效沉淀化型的铁基变形高温合金。在 650℃ 条件下使用存在缺口敏感问题，致使缺口持久寿命偏低，国内某厂电炉冶炼 GH2036C 合金缺口合格率仅 25%（标准要求：650℃，38kg/mm²，持久寿命值 $L_H \geqslant 35h$）。断口观察有时以沿晶界断裂为主，有时又以穿晶断裂为主，这说明 GH2036C 合金晶内强度与晶界强度未能良好匹配。文献［1］报道镍基高温合金中加镁可以脱氧，去除硫、磷，净化晶界；改变碳化物的形态及分布，控制晶界滑移，镁偏聚于晶界及碳化物相界增加界面结合力等。本研究探索在 GH2036C 合金中适量加入镁以改善晶界，细化、弥散碳化物，达到晶内强度和晶界强度良好匹配，以提高合金缺口持久寿命。

Mg 的蒸气压较高，且与氧的亲和力强，由于真空挥发作用，在真空电弧重熔要保持镁含量稳定、均匀是困难的[2]。电渣重熔可以获得金属纯净、组织致密、成分均匀的铸锭，而且可以通过钢—渣反应控制，调整钢中活性元素。日本泽繁树在小型试验炉上，电渣重熔镍基高温合金 Hastellog X，探索通过含 MgF_2 及 MgO 组元，由渣向钢过渡 Mg，然而，该实验是在直径 ϕ50mm 小锭上进行的，同时在文献上对 Mg 在钢中存在状态（是离子状态或原子状态）及对性能的影响未作报道[3]。

GH2036C 是不含 Al、Ti 的铁基合金，在电渣重熔过程中精确控制合金中镁含量是工艺上的难题。本研究试图通过电渣重熔渣系及配比、重熔电制度及自耗电极成分控制合金中镁含量，使之达到最佳范围。

2　试验条件及方法

2.1　试验室部分

（1）在 50kg 感应炉上用返回法熔炼合金，出钢前加 Ni－Mg 合金，铸成直径 ϕ50mm、长 1.5m 的电极。

（2）在 50kg 电渣炉上进行电渣重熔；结晶器内径 ϕ100mm，选用 $CaF_2-CaO-MgO-Al_2O_3$ 及 $CaF_2-CaO-MgF_2-Al_2O_3$ 两种渣系，不同配比，重熔电流 1600～

* 本文合作者：张家雯。原发表于《钢铁》，1997，32（5）：25～29，43。

1800A；重熔电压在 34 ~ 37V；冷却水温≤45℃。

（3）用原子吸收光谱分析法测定合金中镁含量。

2.2 工业试验部分

（1）在 3t 电弧炉上冶炼 GH2036C 合金，出钢前 8min，在炉内加铝终脱氧，按 1.2kg/t 量加入，出钢前 3min 加 Ni－Mg 合金，浇铸成 1.16t 圆锭，再锻成 ϕ350mm 的自耗电极。

（2）电渣重熔在 2.5t 双臂电渣炉上进行，变压器容量 1800kV·A，结晶器内径 ϕ550mm，填充比 $K=0.405$。渣系为 $CaF_2-CaO-MgO-Al_2O_3$；$CaF_2-CaO-MgF_2-Al_2O_3$；渣量 100kg；重熔电流 10000 ~ 13000A；炉口电压 38 ~ 45V；冷却水温≤45℃。渣化清后对渣池吹氩气搅拌（2 个大气压，2min），加强脱气。

重熔过程连续对渣池加铝粉脱氧，加铝量按 0.6kg/t 计算。

2.3 配制成分

渣系在试验中配制了五种成分，见表 1。

表 1　渣成分及性能

Table 1　Composition and properties of slag

渣　号	渣组成/%					渣计算碱度	渣黏度（1600℃）/(mPa·s)
	CaF_2	Al_2O_3	CaO	MgO	MgF_2		
S_1	65	30	—	5	—	0.38	62.214
S_2	30	40	17	13	—	1.50	72.869
S_3	55	25	10	10	—	1.60	63.645
S_4	55	20	7	18	—	2.50	72.025
S_5	60	15	—	15	10	2.00	72.843

渣系碱度计算公式为：

$$B_M=\frac{mCaO+mMgO+0.5(mMnO+mFeO)}{mSiO_2+0.5(mAl_2O_3+mTiO+mZrO_2)}$$

式中，m 为每个组分质量百分数。

渣系 1600℃时黏度在碳管炉中用旋转柱体法测量。

3　试验结果

（1）实验室 50kg 电渣炉采用不同成分，不同碱度的 5 种渣系重熔 GH2036C 合金，重熔前后微量元素 Al 和 Mg 的收得率见表 2。

（2）在实验室研究的基础上选用两种不同成分不同碱度渣系重熔对结果的影响，以及采用恒定功率、递减功率操作工艺对合金中镁含量和均匀性的影响。结果见表 3。

表 2　渣化学成分对镁收得率的影响（%）

Table 2　Influence of chemical composition of slag on Mg recovery rate（%）

渣系	[Mg]		回收率	[Al]		回收率
	电极	铸锭		电极	铸锭	
S_1	0.007	0.0007	10.00	0.057	0.048	84.2
S_2	0.007	0.0010	14.28	0.085	0.076	89.4
S_3	0.006	0.0010	16.70	0.076	0.045	59.2
S_4	0.005	0.0018	36.00	0.130	0.042	32.3
S_5	0.017	0.0070	41.20	0.130	0.030	43.3

表 3　2.5t 电渣炉重熔 GH2036C 合金、渣系及工艺对镁含量的影响

Table 3　Influence of slag and technology on Mg content in 2.5t electroslag furnace remelted GH2036C alloy

序号	渣系	碱度	工艺特点	取样位置		化学成分/%					铸锭 Σ[Mg]	$\frac{[Mg]_{铸锭}}{[Mg]_{电极}}$/%	极差
						C	Mn	Si	Al	Mg			
1	S_2	1.50	功率恒定	电极		0.36	8.55	0.85	0.17	0.0070	0.001	14.28	
				铸锭	下	0.37	8.06	0.77	0.16	0.0018			
					中	0.37	7.73	0.84	0.17	0.00075			
					上	0.37	7.73	0.85	0.17	0.00055			
2	S_4	2.50	功率恒定	电极		0.35	8.65	0.56	0.19	0.0135	0.0045	33.33	0.0052
				铸锭	下	0.37	8.09	0.50	0.16	0.0075			
					中	0.37	7.78	0.50	0.16	0.0034			
					上	0.37	8.56	0.56	0.15	0.0025			
3	S_4	2.50	功率递减	电极		0.36	8.55	0.85	0.16	0.0080	0.00453	56.62	0.0063
				铸锭	下	0.37	8.20	0.59	0.15	0.0086			
					中	0.37	8.20	0.79	0.15	0.0023			
					上	0.37	8.56	0.40	0.17	0.0027			
4	S_4	2.50	功率递减	电极		0.35	8.65	0.56	0.19	0.0135	0.0043	31.85	0.0007
				铸锭	下	0.37	8.56	0.40	0.16	0.0043			
					中	0.365	8.56	0.49	0.16	0.0047			
					上	0.365	8.44	0.53	0.15	0.0040			
5	S_4	2.50	功率递减	电极		0.36	8.06	0.55	0.19	0.0225	0.0081	36.0	0.0012
				铸锭	下	0.365	8.20	0.36	0.16	0.0076			
					中	0.36	8.20	0.45	0.16	0.0079			
					上	0.365	8.20	0.52	0.15	0.0088			
6	S_5	2.0	功率递减	电极		0.35	8.56	0.65	0.17	0.0120	0.00413	34.40	0.0009
				铸锭	下	0.37	8.32	0.64	0.14	0.0036			
					中	0.37	8.53	0.67	0.14	0.0045			
					上	0.37	8.56	0.66	0.15	0.0043			

续表3

序号	渣系	碱度	工艺特点	取样位置		化学成分/%					铸锭 Σ [Mg]	$\frac{[Mg]_{铸锭}}{[Mg]_{电极}}$/%	极差
						C	Mn	Si	Al	Mg			
7	S_5	2.0	功率递减	电极		0.35	8.56	0.65	0.17	0.0070	0.0027	38.57	0.0008
				铸锭	下	0.36	8.32	0.56	0.14	0.0030			
					中	0.37	7.85	0.61	0.15	0.0022			
					上	0.37	8.55	0.63	0.14	0.0030			

4 结果的讨论

Ю. В. Латаш 曾指出[4]，在电渣重熔过程中，钢中的［Al］、［Ti］、［Si］和渣中的（CaF_2）反应，生成气相产物｛AlF_3｝，｛TiF_4｝，｛SiF_4｝并生成［Ca］。本文作者曾探索是否可以通过此途径获得［Ca］以还原 Mg，使以下反应(MgO)+[Ca]═(CaO)+[MgO]向右进行。但作者通过热力学数据，导出电渣重熔条件下还原［Ca］反应自由能的变化 ΔG。

$$3(CaF_2)+2[Al]=3[Ca]+2\{AlF_3\}$$

$$\Delta G^{\ominus}=343211-34.99T(\text{J/mol})$$

$$1775\text{K}\leqslant T\leqslant 2000\text{K}$$

$$2(CaF_2)+[Si]=2[Ca]+\{SiF_4\}$$

$$\Delta G^{\ominus}=334770-65.38T(\text{J/mol})$$

$$1775\text{K}\leqslant T\leqslant 2500\text{K}$$

热力学分析判断，Mg 几乎不可能借助上述反应由渣中向液态金属过渡。

因此本研究选择在自耗电极冶炼过程加入适量的 Mg，在电渣重熔过程中防止 Mg 的氧化和挥发，以保持合金中镁含量的稳定和均匀。

众所周知，Mg 和 O 的亲和力极强，在电渣重熔中钢液中含有［O］，渣中含有不稳定氧化物，以及变价氧化物的传递供氧作用，钢中的 Mg 不氧化是不可能的，因此要保证合金中镁含量稳定、均匀的办法是抑制氧化反应，并由渣中还原 Mg 使之达到平衡。

因此本研究在电渣重熔 GH2036C 合金时，保证自耗电极适当的铝含量，重熔渣系含有适量的 MgO 或 MgF_2。

含 MgO 渣系已在电渣重熔中使用，苏联 AH-291 渣（$18CaF_2-25CaO-17MgO-40Al_2O_3$）用于重熔高强结构钢[4]；美国 Y3A 渣（$30CaF_2-17CaO-13MgO-40Al_2O_3$）[5]成功地用于重熔高温合金（Rene41，Udimet700，Inco713C）及马氏体时效钢（含 Ni 18%）。因此作者选用了 $CaF_2-CaO-MgO-Al_2O_3$ 渣系。

以往含 MgF_2 的渣系用于重熔有色金属，如 20%～30% MgF_2－80%～70% CaF_2 的渣系用于重熔铜合金，由于 MgF_2 沸点偏低，蒸气压高，热稳定性差，易水解，有毒，故黑色金属电渣重熔不采用[5]。日本泽繁树重熔高温合金 Hastelloy X，选用 $CaF_2-Al_2O_3-MgF_2$ 渣系[3]，效果较好。这是由于 F^- 离子和 Mg^{2+} 离子间耦合松懈得多，置换反应更易进行，所以本研究同时试验了 $CaF_2-Al_2O_3-CaO-MgF_2$ 渣系。

在 GH2036C 自耗电极中适当含 Al 的条件下（$0.13\%\leqslant[Al]\leqslant 0.18\%$），采用 $CaF_2-CaO-MgO-Al_2O_3$。渣系重熔，钢液温度 $T>1800$K 时，钢中的 Al 是可以起着

保持 Mg 不氧化的作用。根据 J. F. Elliott 的热力学数据[6]：

$$\frac{4}{3}Al_{(l)} + O_{2(g)} = \frac{2}{3}Al_2O_{3(s)}$$

$$\Delta G = -165000 J/mol$$

$$T = 2000K$$

$$2Mg_{(g)} + O_{2(g)} = 2MgO_{(s)}$$

$$\Delta G = -152600 J/mol$$

$$T = 2000K$$

可见重熔过程中铝是起着保护镁的作用。

由表 1、表 2 可见 $CaF_2 - CaO - MgO - Al_2O_3$ 渣系，不同配比导致渣碱度 B_M 的变化，对电渣重熔 GH2036C 合金，Mg 的收得率具有显著的影响。由图 1 可见渣的碱度 B_M 越大，电渣重熔 GH2036C 合金 Mg 的收得率越高。

表 2、表 3 及图 1 表明，无论在试验炉上重熔小锭，还是在工业炉上重熔大锭，随着渣碱度的增大，Mg 的收得率均显著提高。如在 50kg 试验炉上重熔 GH2036C 小钢锭，当采用 S_2 渣重熔碱度 $B_M = 1.5$ 时，收得率仅为 14.28%，而当采用 S_4 渣碱度提高到 $B_M = 2.5$ 时，镁的收得率为 36%。在工业炉上重熔大锭反映同样的规律，当 $B_M = 1.5$ 时，Mg 的收得率为 14.28%，当 B_M 提高到 2.5 时，Mg 的收得率为 33.3% ~56.62%。这是由于合金中镁含量基于以下反应和镁氧化反应之间的平衡：

$$\frac{2}{3}[Al] + (MgO) = [Mg] + \frac{1}{3}(Al_2O_3)$$

$$\Delta G = 24870 - 3.936T + RT\ln\frac{a_{[Mg]} \cdot a_{(Al_2O_3)}^{1/3}}{a_{[Al]}^{2/3} \cdot a_{(MgO)}}$$

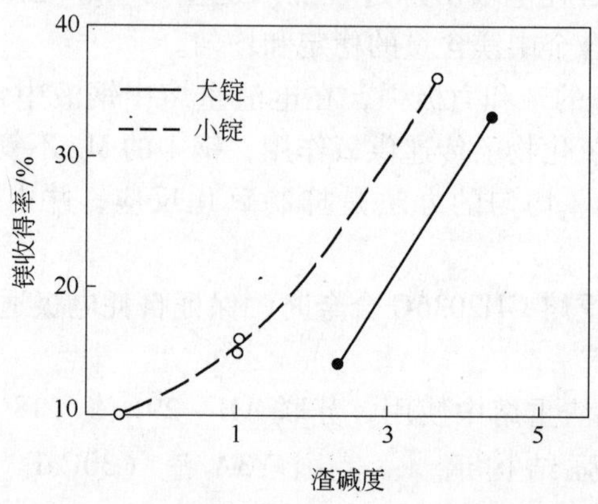

图 1　$CaF_2 - Ca - MgO - Al_2O_3$ 渣系碱度 B_M 对电渣重熔 GH2036C 合金 Mg 收得率的影响

Fig. 1　Influence of B_M basicity of $CaF_2 - CaO - MgO - Al_2O_3$ slag on Mg recovery rate in ESR GH2036C alloy

渣的碱度越大，渣中 MgO 的活度 $a_{(MgO)}$ 则越大，渣 Al_2O_3 的活度 $a_{(Al_2O_3)}$ 则越小。反应自由能的变化 ΔG 的负值越大，有利于反应进行。

GH2036C 含有相当数量的 Mn（7.5% ~9.5%），氧化锰 Mn_xO_y，不仅是变价氧化物，而且对 Mg 而言又是不稳定氧化物，重熔过程 Mn 氧化形成低价氧化物 MnO 进入渣相，在渣池表面吸收大气中的氧，形成高价氧化物 Mn_2O_3 转移到钢—渣界面，使氧进入金属相，起着传递供氧作用，加强了 Mg 的氧化。表 3 序号 1 炉反应就是这种情况，采用恒功率重熔渣池表面温度逐渐上升，合金中 Mn 有明显烧损，Mg 的收得率很低。

氧化锰 Mn_xO_y 传递供氧的机理见图 2。

因此作者认为电渣重熔 GH2036C 合金应注意控制渣池表面温度，并对渣池不断加铝粉脱氧。

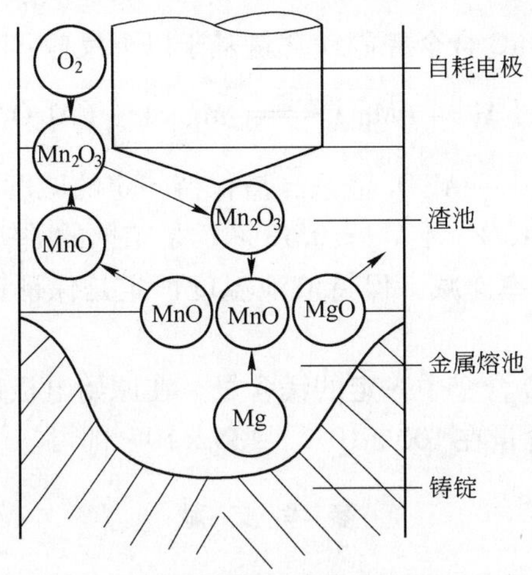

图 2　氧化锰传递供氧机理图

Fig. 2　Mechanism of manganese oxide transmit oxygen

电渣重熔过程中，渣的成分在变化，渣的温度在变化，如何保证钢中活性元素沿铸锭从头到尾分布均匀是技术上的难题。电渣重熔含 Mg 的 GH2036C 合金同样要解决铸锭中沿铸锭头尾均匀的问题。

由表 3 可见，序号 2 炉和序号 4 炉渣系成分及电极成分都一样；序号 2 炉采用恒定功率工艺，镁沿铸锭变化很大，极差达 0.0052，而序号 4 炉在保持渣池电阻 R_s 不变的前提下，采用输入功率递减工艺，达到渣池温度恒定，铸锭中镁含量从头到尾均匀分布，极差仅为 0.0007。

关于电极原始镁含量，对铸锭镁含量的影响也是需要研究的问题。由图 3 可见，

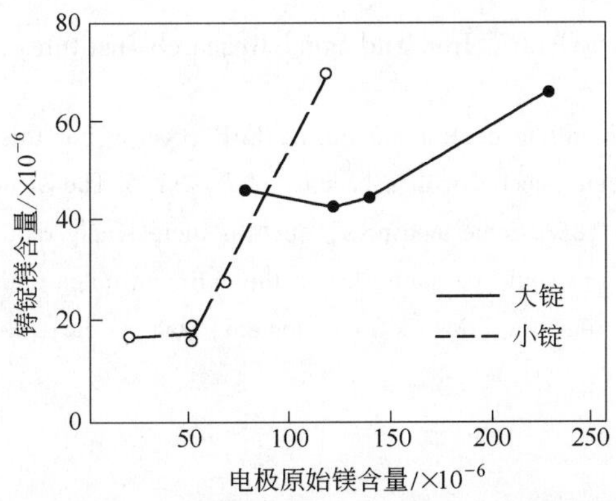

图 3　电极原始镁含量对重熔后铸锭镁含量的影响

Fig. 3　Influence of content [Mg] in the electrode on content [Mg] ingot after ESR

在电极原始镁含量较高时，对铸锭镁含量有明显影响，但电极镁含量降到一定程度则对铸锭中的镁含量影响不大，如大锭中［Mg］$<135\times10^{-6}$后，继续降低镁含量，铸锭中镁含量基本不变。反应在图上曲线出现平直段，这表明 Mg 在钢渣反应中趋向平衡。因此，制备 GH2036C 电极无需过多加 Mg，从而节约合金元素，简化冶炼工艺。

5 结论

（1）电渣重熔 GH2036C 合金控制镁含量基于以下反应：

$$\frac{2}{3}[\mathrm{Al}]+(\mathrm{MgO})=\!=\!=[\mathrm{Mg}]+\frac{1}{3}(\mathrm{Al_2O_3})$$

因此选用 $CaF_2-CaO-MgO-Al_2O_3$ 渣系，渣保持一定的碱度 $B_M\geqslant2.5$，制备原始电极要求含有一定残铝量（$0.10\%\leqslant[\mathrm{Al}]\leqslant0.18\%$）是工艺的关键。

（2）重熔过程输入功率递减，保持渣池温度恒定是保证铸锭镁含量上下均匀的有效措施。

（3）为保证 GH2036C 合金中一定的镁含量，在原始电极冶炼过程中无需过多地加入 Mg，控制电极原始镁含量在 $100\times10^{-6}\sim135\times10^{-6}$即可。

参 考 文 献

［1］徐志超，马培立．高温合金中微量元素的作用与控制［M］．北京：冶金工业出版社，1987：13.

［2］Топимив В В. Иосдедаванмемех на Низма Влияния Магния на Структуру Нсводства. Стади，1978，11：1047～1051.

［3］泽繁树．Ni 合金のユレケトロスラケ熔解れねる活性元素の挙动［J］．鉄の鋼，1977，13：2198～2207.

［4］Медовар Б П，Латаш Ю В. Злектрошлаковый Переплав. Москва：Мстатургюдата，1963：56～59.

［5］李正邦．电渣熔铸［M］．北京：国防工业出版社，1981：42.

［6］Dukworth W E. Electroslag Refining［M］. London：Chaman and Hall Ltd，1969：69～71.

Control of Mg as Trace Element in the ESR Ingot

Li Zhengbang　Zhang Jiawen

（Central Iron and Steel Research Institute）

Abstract　It is very difficult to control Mg during ESR process. For this purpose $CaF_2-CaO-MgO-Al_2O_3$ slag has been selected with a basicity of $B_M\geqslant2.5$. The electrodes to be melted shall have $0.10\%\leqslant[\mathrm{Al}]\leqslant0.18\%$. Some measures, such as increasingly reduced power input shall be adopted, so that Mg content could be controlled in the optimum range uniformly.

Key words　electroslag remelting; Mg as trace element; slag system; basicity

动态效应对电渣离心浇铸耐热合金凝固组织的影响*

摘　要　在离心浇铸金属凝固过程中，采用动态效应的方法可以达到细化晶粒的目的。本文研究了在电渣离心浇铸耐热钢炉管金属凝固过程中，采用动态效应后凝固组织的特征，并进一步探讨了动态效应作用的机理。

关键词　电渣离心浇铸；动态效应；耐热合金；凝固组织

1　前言

离心铸造奥氏体耐热钢炉管的耐热性与其晶粒度有密切的关系[1]，有研究表明，当加载方向与柱状晶轴向垂直时，铸造组织为柱状晶的材料的蠕变裂纹扩展抗力低于等轴晶材料[2]。在实际使用中也发现，柱状晶十分发达的裂解炉炉管因环向裂纹、纵向裂纹损坏的频次比蠕胀损坏的频次还要多[3]。需要指出的是，在一般离心浇铸旋转条件下，对奥氏体耐热钢来说，通常都获得柱状晶比较发达的铸态组织，甚至于热处理后也仍保持着粗大状态[4]。因此，如何在金属凝固过程中控制晶粒结构并细化晶粒就显得十分重要和有意义。

影响柱状晶向等轴晶转变的主要参数有浇铸温度（过热度）、成分（浓度及合金元素类型）、几何尺寸（直径和厚度）、热流（冷却强度）、传输（自然或强制）等。而动态效应就是依靠传输即输入外力的方法，强制未凝固金属流动，达到控制晶粒结构的目的。所谓动态效应就是在离心浇铸金属凝固过程中，即在固液两相金属共存状态下，在一定的限度内以一定的规律升高或降低铸模的旋转速度，利用旋转速度改变过程中的加速度对结晶前沿产生的切向力，改变金属液运动状态，并使枝晶折断、脱落，从而细化了晶粒。

2　实验方法

将耐热钢经有衬坩埚炉熔炼获得纯净的钢水，在快速浇铸和单向凝固的条件下，注入铸型中，并以一定的加速度连续地改变型筒的旋转速度，直到金属完全凝固。脱模后，对金属管材的横断面取样，进行了低倍和高倍腐蚀，观察了宏观和显微组织，并评定了晶粒度。试验钢种及铸管规格见表1。其中编号1、2、4、5采用了动态效应，3、6未采用动态效应。

3　试验结果

表2列出了试验的主要参数，图1示出了宏观组织照片，图2示出显微组织照片，图3示出了等轴晶晶粒度评定结果。

* 本文合作者：林功文、程鸣涛。原发表于《钢铁》，1997，32（7）：22～25。

表1　试验铸管的成分和规格

Table 1　The composition and standard of test tube

铸管编号	化学成分/%						铸管规格/mm（外径×内径×长度）
	C	Cr	Ni	Si	Mn	N	
1	0.50	28.37	16.48	0.87	2.64		$\phi325\times\phi265\times2500$
2	0.47	28.76	16.36	0.83	2.72		
3	0.47	28.91	17.26	1.46	2.50		
4	0.33	24.34	8.01	1.27	1.12	0.29	$\phi339\times\phi279\times2600$
5	0.40	23.65	7.11	1.13	1.07	0.27	
6	0.30	23.10	7.01	1.40	1.41	0.20	

表2　试验的主要参数

Table 2　The main parameter of test

铸管编号	浇铸速度/($kg\cdot s^{-1}$)	升速过程中加速度/($m\cdot s^{-2}$)	降速过程中加速度/($m\cdot s^{-2}$)	相应的金相组织
1	43	0.29	-0.014	图1（a）
2	70	0.36	-0.019	图1（c）
3	20	0	0	图1（e）
4	38	0.22	-0.013	图1（b）
5	58	0.25	-0.015	图1（d）
6	19	0	0	图1（f）

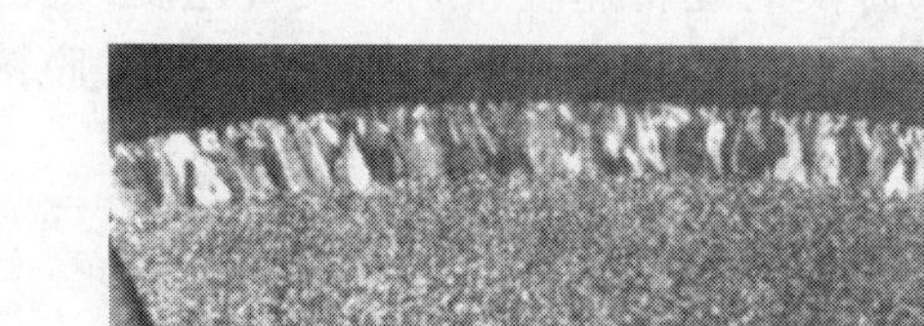

(a)

(b)

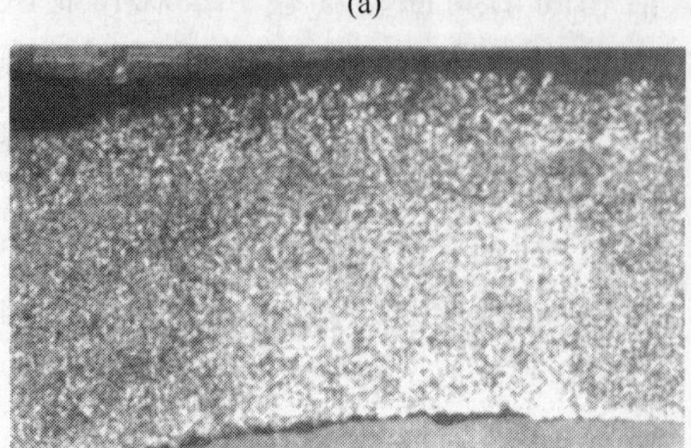

(c)

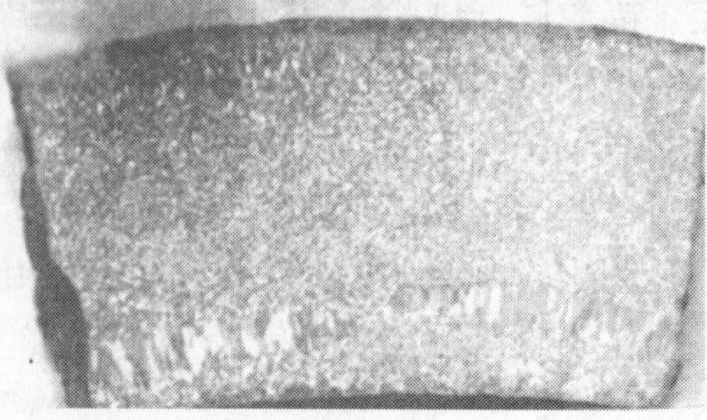

(d)

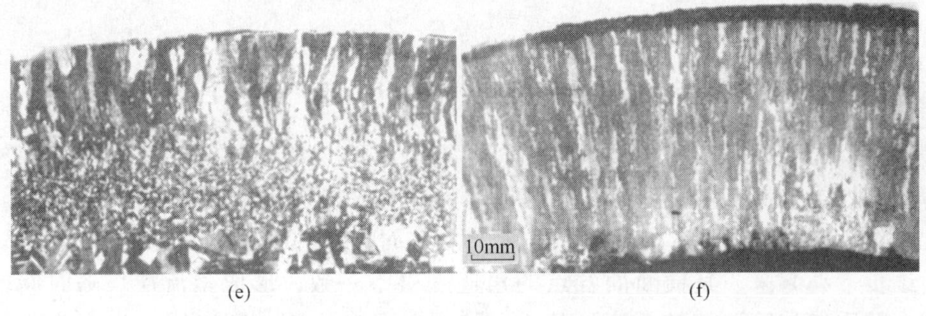

(e) (f)

图 1　动态效应对铸管宏观组织的影响

Fig. 1　Influence of the dynamic action on macrostructures

(a), (b), (c), (d) 采用动态效应；(e), (f) 未采用动态效应

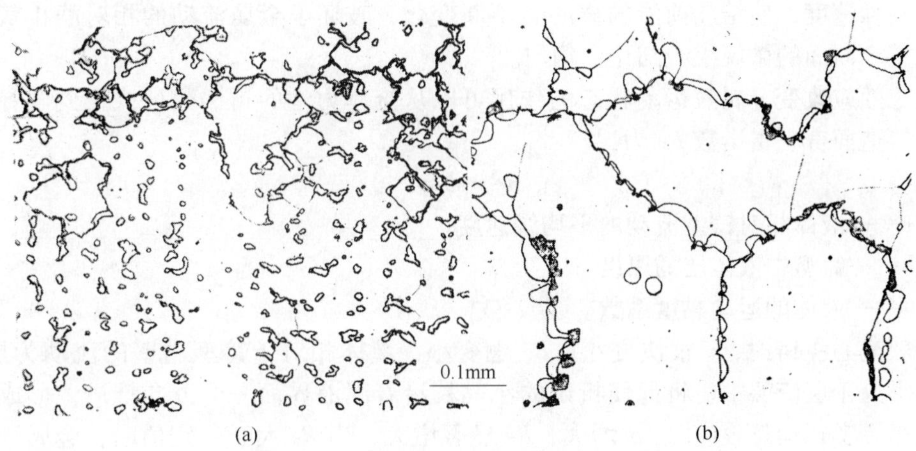

(a) (b)

图 2　动态效应对铸管显微组织的影响

Fig. 2　Influence of the dynamic action on morphology

(a) 采用动态效应；(b) 未采用动态效应

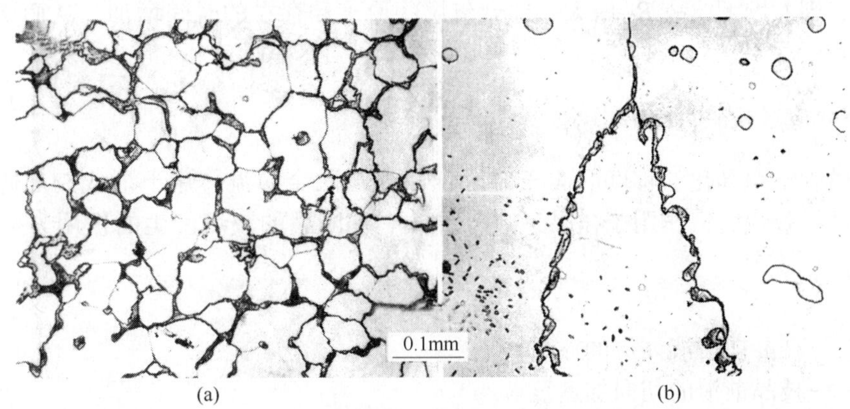

(a) (b)

图 3　动态效应对等轴晶晶粒度的影响

Fig. 3　Influence of the dynamic action on degree of equiaxed grains

(a) 采用动态效应；(b) 未采用动态效应

4 讨论

4.1 动态效应改变了金属液的运动状态

进入铸型的金属液，由于惯性作用，不能马上以与铸型相同的角速度一起旋转，靠近铸型的外层金属液因易受到铸型的拖动力，能较快与铸型旋转速度一致，金属液与铸型相对流动速度较小，出现较薄的层流层，而内层的金属液只能靠外层金属液的黏性力逐步带动起来，其横断面各点的角速度很不一致，形成紊流层。随时间推移，越来越多的质点与铸型旋转速度一致，层流层也逐渐增厚，紊流层向自由表面减薄，再过一段时间后，全部与铸型处于相对静止状态，无相对运动。

离心铸造时，如果采用固定的旋转速度，铸型与金属液经过短暂时间很快处于相对静止状态，又由于冷却时的热流是单向的，所以易于形成粗大的柱状晶组织。但如果以一定的规律连续改变铸型的转速，即采用动态效应的方法，则旋转速度改变过程中产生的加速度，使结晶前沿的离心力不断变化，破坏了金属流动的相对静止状态而使铸件整个断面的微观组织细化、均匀。

动态效应改变金属液运动状态的作用可以从流体力学的雷诺数公式得到解释，对于离心铸造而言，雷诺数 Re 为：

$$Re = vb/\nu \tag{1}$$

式中 v——液体相对铸型流动的平均线速度；

b——铸型中液体层的厚度；

ν——液体的运动黏度系数。

一般离心浇铸时，v 很快变小，Re 也变小，液体相对于铸型内壁的流动为层流，结晶前沿处于层流层中，将促使析出的小晶粒沿着固液界面一个方向推进，形成倾斜的柱状晶。实行动态效应时，v 增大，Re 显著增大，当 Re 大于一定值时，金属液相对于型壁形成紊流层，此时结晶前沿在紊流层中，异相质点的正常浮沉受到阻碍，温度不同的质点在整个紊流层中混乱地运动，缩小了各液层的温度差，加速了枝晶的熔断，使柱状晶向等轴晶转化。另外，析出的密度较大的晶粒也很分散，在紊流层中形成新的晶核，从而扩大了等轴晶区。由于采取快速浇铸和单向凝固措施，金属液的流量和总量增加，则 b 增大，故 Re 增大，即紊流层的厚度和存在的时间增加，从而更利于晶粒的细化。

4.2 动态效应对枝晶折断的影响

离心铸管组织细化的程度取决于结晶前沿在熔融金属流作用下形成枝晶碎片的数目。实施动态效应时，作用于枝晶顶点并导致它们断裂的液流产生的作用力 F 可用下式表示：

$$F = m \cdot a \tag{2}$$

式中 m——枝晶前沿液体层的质量；

a——枝晶前沿的切向加速度。

a 取决于液体层的角加速度及其重心到旋转轴的距离，即：

$$a = \omega_a \cdot R \tag{3}$$

式中 ω_a——枝晶前沿液体层的角加速度；

R——枝晶前沿液体层重心到旋转轴的距离。

如果枝晶前沿液体层在 Δt 时间内，相对于凝固层运动的角速度变化为 $\Delta\omega$，那么则有：

$$\omega_a = \Delta\omega / \Delta t \quad (4)$$

将式（2）、式（3）、式（4）联立，可以得到下式：

$$F = \Delta w / \Delta t \cdot R \cdot m \quad (5)$$

当 F 大于足以使结晶前沿枝晶折断的某一数值时，结晶前沿将形成枝晶碎片，F 越大，枝晶碎片就越多，这些碎片成为形核核心，并在紊流层中剧烈运动，均匀散布在整个未凝固枝晶顶点金属液中，为等轴晶的生长创造了极其有利的条件。

计算 F 和 m 是非常困难的，但 $\Delta\omega$、Δt、R 是可以控制的，因此有：

$$a = \Delta w / \Delta t \cdot R \quad (6)$$

也就是说，以一定的规律改变型筒旋转速度，利用旋转速度改变过程中的加速度对结晶前沿产生的切向力，可以使枝晶折断、脱落，从而使整个断面微观组织细化、均匀。

如前所述，产生动态效应的作用有一临界加速度值，不同的钢种枝晶的强度极限不同，因而产生动态效应作用的临界加速度值也不同，只有超过了该临界加速度值，才能产生细化晶粒的效果。由式（6）还可以看出，铸管直径不同，组织细化的临界加速度值也不同，管径越大，产生动态效应效果所需的临界加速度值也越大。另外，铸型旋转角速度变化越大，变化的时间间隔越短，则变化的加速度越大，晶粒细化的程度就越显著。但是，如果旋转加速度过高，晶粒间易产生微裂纹，因此升高或降低铸模的旋转速度必须控制在一定限度内。

试验结果充分说明了采用动态效应细化晶粒的效果。当不采用动态效应（即普通离心浇铸）时，铸管的柱状晶均十分发达（图 1e 和图 1f），而且 3 号铸管（图 1e）为典型的双向凝固组织，外壁和内壁同时向中心凝固，中心为等轴晶（偏内壁）。采用动态效应的铸管，晶粒被细化，浇铸速度越快，加速度越大，细化程度越明显（图 1c 和图 1d）。1 号和 4 号铸管存在一定厚度的柱状晶（图 1a 和图 1b）是由于人为地控制了施加旋转加速度开始的时间的缘故。另外，1、2、4、5 号铸管（图 1a，b，c，d）在浇铸过程中施加了保护剂，对内壁起到了保温作用，延缓了金属液处于非凝固状态的时间，铸管在单向凝固的条件下结晶，铸管内壁光滑、无疏松、无裂纹。

图 2 示出了采用动态效应和未采用动态效应的铸管的显微组织，从照片可以清楚地看到，采用动态效应后，枝晶折断、形成大量碎片的现象。

图 3 示出了采用动态效应的铸管和未采用动态效应的铸管晶粒度评级结果，图 3a 为 4 级，图 3b 为 0 级，采用动态效应的铸管组织明显得到细化。

采用动态效应的方法，无需添加任何新的设备，便可以获得单一组织（全部柱状晶或全部等轴晶）和多种非单一组织（柱状晶和等轴晶有多种不同比例和大小）的晶粒结构，可以为不同使用要求的铸管选择合理的宏观组织，动态效应是一种控制离心铸管凝固组织最有效、最方便、最经济的方法。

5　结论

（1）所谓动态效应就是在离心浇铸金属凝固过程中，在一定的限度内，以一定的规律升高或降低铸模的旋转速度，利用旋转速度改变过程中的加速度对结晶前沿产生的切向力，使枝晶折断、脱落，增加新晶核，达到控制晶粒结构的目的。

（2）在电渣离心浇铸过程中采用动态效应的方法可以显著地改变金属的运动状态，扩大了紊流区，细化了晶粒。

（3）动态效应的方法是控制晶粒结构最有效、最方便、最经济的方法。

参考文献

［1］朱日彰．耐热钢和高温合金［M］．北京：化学工业出版社，1996：1.

［2］朱世杰．晶粒形状和碳化物对 HK40 蠕变裂纹扩展的影响［J］．金属学报，1990，(26)：3.

［3］Paton B E. Metal Solidification during Centrifugal Electroslag Casting by Using Dynamic Action. 10th ICVM Featuring Special Melting and Metallurgical Coatings. Beijing，1990：58 ~ 59.

［4］Moller G E，Warren C W. Survey of Tube Experience in Ethylene and Olefins Pyrolysis Furnaces. T—5B6 Task Group Preliminary Report. Materials Performance，1981，(October)：27 ~ 37.

Influence of Dynamic Action on Solidification Structure of Heat Resisting Alloy during Centrifugal Electroslag Casting

Lin Gongwen　Li Zhengbang　Cheng Mingtao

(Central Iron and Steel Research Institute)

Abstract　A method of dynamic action was used during the solidification of the alloy in centrifugal casting. Thus，the structure of the alloy was fined. In this paper，the solidification structure of heat resisting alloy cast with dynamic action during centrifugal electroslag casting is studied，and the mechanism of dynamic action is investigated.

Key words　centrifugal electroslag casting；dynamic action；heat resisting alloy；solidification structure

电渣离心铸管动态效应的研究*

摘　要　在电渣离心浇铸耐热钢管凝固过程中，采用动态效应的方法，可以达到细化晶粒的目的。文中介绍了采用动态效应后，铸管凝固组织的特征，并进一步研究了动态效应对铸管力学性能、密度及成分偏析等方面的影响。

关键词　电渣熔铸；离心铸造；动态效应

1　前言

电渣离心浇铸是电渣熔铸向纯净化成型(clean net shape)方向发展的一项值得重视的新技术[1]。它通过电渣坩埚炉精炼,获得高温优质钢水,然后注入离心旋转的金属型中,生产各种轴对称的中空异型铸件。由于它将电渣冶金和离心铸造二者工艺上的优点有机地结合在一起,因此铸件的内在质量和表面质量均优于同类钢普通离心铸件。

离心铸管的性能与其凝固后的晶粒结构有密切关系[2,3]。在电渣离心浇铸过程中，对尚未凝固的金属液施以外力，强制未凝固金属流动，即采用动态效应（dynamic action）[4]的方法，比通过控制浇铸温度、加入孕育剂等措施效果明显好得多。这对奥氏体耐热钢的离心铸造而言，意义很大。因为非奥氏体钢的铸造组织可以经过热处理使晶粒细化，而奥氏体钢由于合金元素含量高，通常都获得柱状晶比较发达的铸态组织，即使热处理，晶粒依然粗大。

所谓动态效应，系在离心浇铸金属凝固过程中，即在固、液两相金属共存状态下，在一定的限度内，以一定的规律升高或降低铸型的旋转速度，利用旋转速度改变过程中加速度对结晶前沿产生的切向力，改变金属液的运动状态，并使枝晶折断、脱落，增加了新晶核，达到控制晶粒结构的目的。该切向力越大，晶粒就越细，其表达式为：

$$F = m \cdot a$$

由 $a = \omega_\alpha \cdot R$，$\omega_\alpha = \Delta\omega/\Delta t$，得到：

$$F = m \cdot R \cdot \Delta\omega/\Delta t \tag{1}$$

式中　F——切向力；

m——枝晶前沿液体层的质量；

a——枝晶前沿液体层切向加速度；

ω_α——枝晶前沿液体层角加速度；

R——枝晶前沿液体层重心至转轴距离；

$\Delta\omega$——铸型角速度变化；

Δt——铸型加速度改变的时间间隔。

计算 F 和 m 非常困难，但 $\Delta\omega$、Δt、R 是可以控制的，因此有：

---

* 本文合作者：林功文、程鸣涛。原发表于《铸造》，1998，(1)：4~8。

$$a = \Delta\omega / \Delta t \cdot R \tag{2}$$

也就是说，根据结晶前沿切向加速度的大小，便可以判断凝固组织的细化程度。

我们在电渣离心浇铸耐热钢管凝固过程中，采用动态效应的方法，细化了铸管凝固组织的晶粒结构，并进一步研究了动态效应对铸管力学性能、密度及成分偏析等的影响。

2 试验方法

将耐热钢经有衬电渣炉熔炼，获得纯净钢水，在快速浇铸和单向凝固的条件下，注入铸型中。对不同的铸管采用不同的加速度，连续地改变型筒的旋转速度，直到金属完全凝固。脱模后，从铸管的热端横向截取100mm 的一段，经加工后进行金相检测（低倍），然后沿径向截取试样，一部分用作室温和高温力学性能测试，另一部分用作金相显微和电镜试样。取样部位见图 1。试验用合金的成分为（质量分数）：0.4% ~ 0.5% C、0.8% ~ 1.3% Si、1.5% ~ 2.5% Mn、27% ~ 29% Cr、15% ~ 17% Ni。试验铸管的规格（外径 × 内径 × 长度）为 339mm × 279mm × 2600mm。

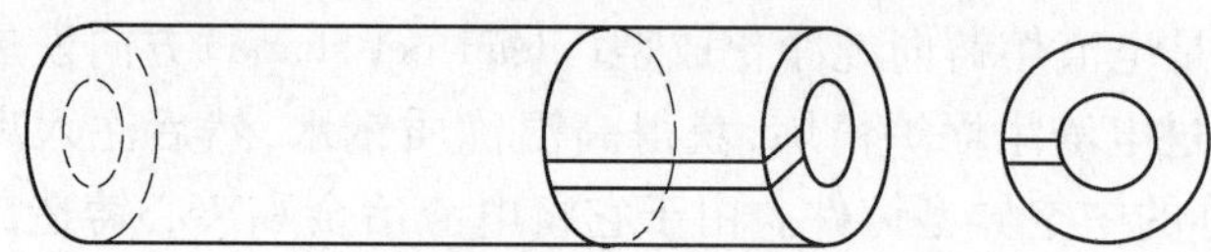

图 1 取样部位示意图

Fig. 1 Diagram of sample position

3 试验结果及讨论

3.1 动态效应对凝固组织的影响

从图 2 可见动态效应对铸管宏观组织的影响。表 1 给出了获得该宏观组织的旋转

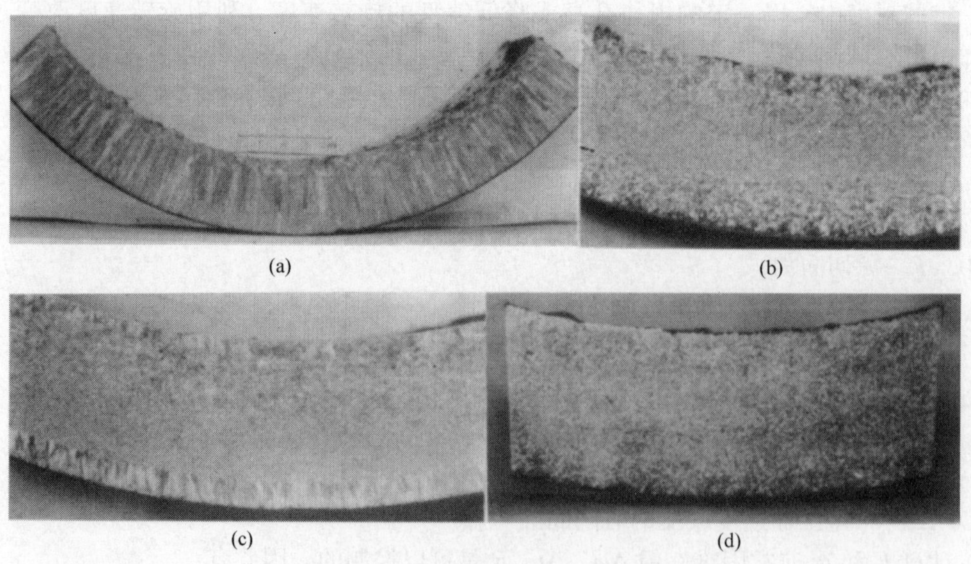

(a) (b) (c) (d)

图 2 动态效应对铸管宏观组织的影响

Fig. 2 Influence of the dynamic action on macrostructrue

参数。试验结果充分说明了采用动态效应细化晶粒的效果，当不采用动态效应时，铸管的柱状晶十分发达（图2（a））；采用动态效应的铸管，晶粒被细化，加速度越大，细化程度越明显；图2（c）所示铸管存在一定厚度的柱状晶，这是由于人为地控制了施加旋转加速度开始时间的缘故。

表1 试验用旋转参数

Table 1 The whirl parameter of test

编 号	正加速度/($m \cdot s^{-2}$)	负加速度/($m \cdot s^{-2}$)
图2(a)	0	0
图2(b)	0.25	-0.012
图2(c)	0.29	-0.014
图2(d)	0.36	-0.019

图3所示为采用动态效应后铸管的显微组织。从图中可见到，采用动态效应后枝晶折断、形成大量碎片的现象。

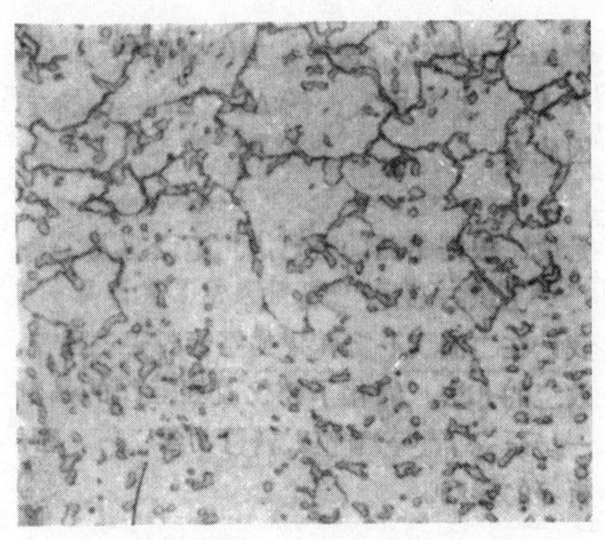

图3 动态效应对铸管显微组织的影响（×100）

Fig. 3 Influence of the dynamic action on morphology

从图4可见，采用动态效应的铸管（图4（a））和未采用动态效应的铸管（图4（b））晶粒度评级结果：前者为4级，后者为0级。显然，动态效应使铸管组织显著细化。

在离心铸造时，若采用固定旋转速度，铸型与金属液经过短暂时间便很快处于相对静止状态，又由于冷却时的热流是单向的，所以易于形成粗大的柱状晶组织。如果以一定的规律连续地改变铸型的转速，即采用动态效应的方法，则旋转速度改变过程中产生的加速度，使作用于结晶前沿的作用力 F 不断变化，破坏了金属液流动的相对静止状态，金属液相对型壁形成紊流层，当作用于枝晶顶点液流的作用力 F 大于足以使结晶前沿枝晶折断的某一数值时，结晶前沿将形成枝晶碎片（见图3），F 越大，枝晶碎片就越多，这些碎片成为形核核心，并在紊流层中剧烈运动，均匀散布在整个未凝固的金属液中。

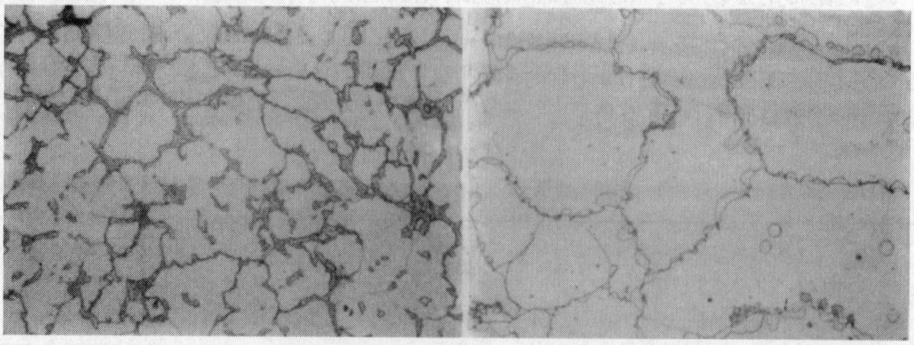

图 4　动态效应对铸管晶粒度的影响（×100）

Fig. 4　Influence of the dynamic action on grain degree

（a）采用动态效应；（b）未采用动态效应

3. 2　动态效应对合金力学性能的影响

动态效应对合金室温和高温（1050℃）力学性能有显著影响，详见图 5、图 6 和图 7。随切向加速度的增加，合金力学性能得到明显改善，特别是高温抗拉强度和屈服强度及持久强度均明显提高。切向加速度越大，晶粒越细，晶界结合面越小，且大量均匀的细晶粒其晶界可阻止位错的运动，使裂纹不易传播，从而使铸件在断裂前能随较大的塑性变形。总之，动态效应使铸管组织晶粒细化，铸件不仅强度高、韧塑性也好。

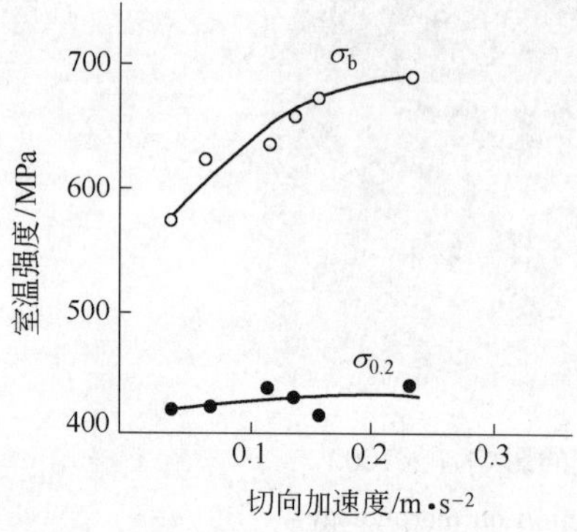

图 5　动态效应对铸管室温力学性能的影响

Fig. 5　Influence of dynamic action on mechanical properties at room temperature

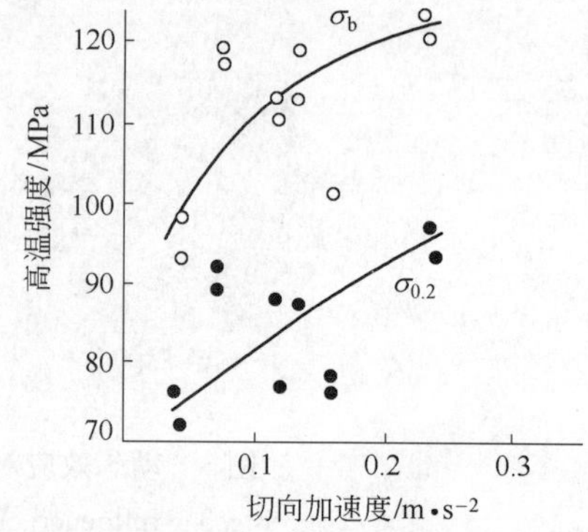

图 6　动态效应对铸管高温力学性能的影响

Fig. 6　Influence of the dynamic action on mechanical properties at high temperature

须指出的是，切向速度也不宜过高，否则晶粒间易产生微裂纹（见图 8），因此，升高或降低铸型的旋转速度必须控制在一定限度内才好。

3. 3　动态效应对铸管密度的影响

动态效应对合金密度的影响规律如图 9 所示。从图可见，动态效应的应用使铸管密度值有所增加。铸件的密度是由凝固过程中的补缩条件决定的，补缩良好，就可以消除集中缩孔和分散疏松。因为动态效应使金属液紊流区扩大，液体各层间的温度梯度减小，延长了凝固时间，又由于在浇铸过程中向自由表面施加了专利保护剂，创造了

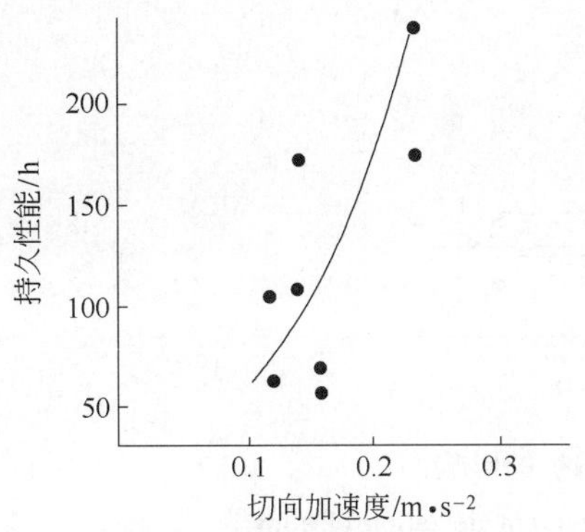

图 7　动态效应对铸管持久性能的影响（21MPa、1050℃下）

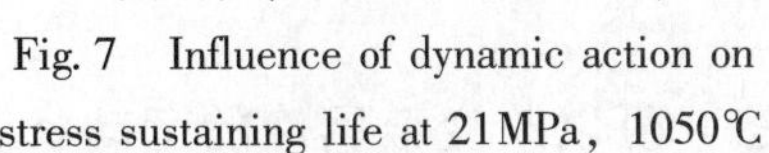
Fig. 7　Influence of dynamic action on stress sustaining life at 21MPa，1050℃

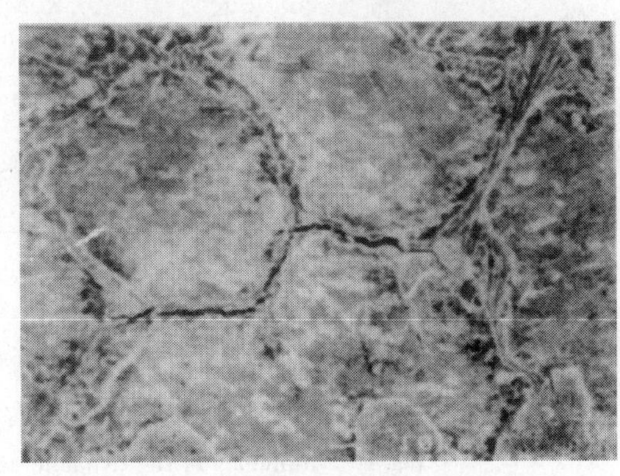

图 8　晶界的微裂纹（×500）

Fig. 8　Fine crack on crystal boundary

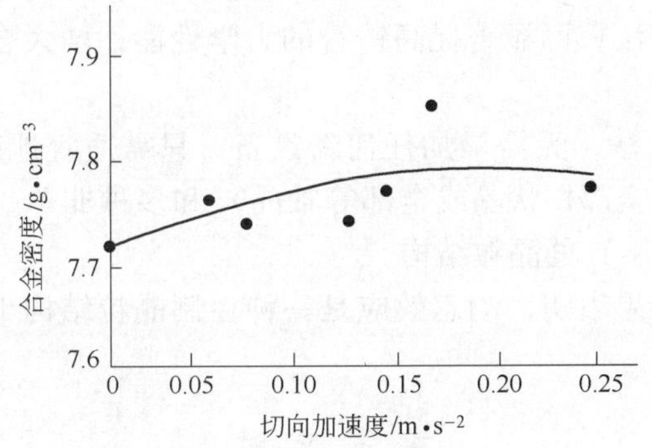

图 9　动态效应对铸管密度的影响

Fig. 9　Influence of the dynamic action on alloy density

理想顺序凝固条件，在离心力作用下，补缩更容易实现，因而铸管组织更加致密。从图 2 低倍照片也可看出，铸管内壁光滑、无疏松、无裂纹。

3.4　动态效应对合金成分分布的影响

耐热钢成分中含有较多的密度较大的 Cr、Ni 等元素。采用动态效应后，由于旋转速度的变化，人们对合金成分分布是否均匀十分关注。用 JSM－6400 型扫描电镜上配备的 link exl 型 X 射线能谱仪对铸管内外壁的化学成分进行了定量计算，可以得到 Cr、Ni 在离心铸造中的偏析值，动态效应对合金成分分布的影响规律见图 10。结果表明，未采用动态效应时，成分偏析较严重，而采用动态效应后，成分偏析反而减少。这是因为在电渣离心浇铸过程中采用动态效应后，由于未凝固金属液与已凝固金属间的相对运动加剧，扩大了紊流区，并使金属液层间的温度梯度得以减小；另外，因为枝晶被破碎后成为大量细小的形核核心，利于等轴晶的形成，阻止了成分偏析的发生，从而使铸管内外壁的成分分布趋于均匀。

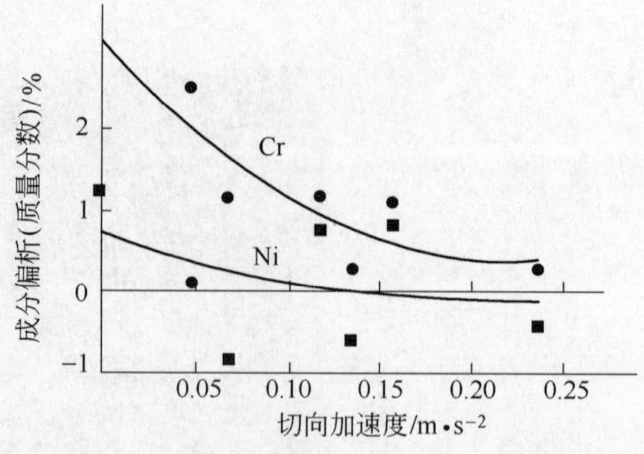

图10 动态效应对铸管成分偏析的影响

Fig. 10 Influence of the dynamic action on content deviation of alloy

4 结论

（1）在电渣离心浇铸过程中采用动态效应的方法，可以改变金属液的运动状态，扩大紊流区，并使枝晶折断、脱落，从而达到细化晶粒的目的。

（2）采用动态效应法，可显著提高铸管的力学性能，增大合金密度，且不引起合金成分的偏析。

（3）采用动态效应法，无需增加任何新设备，只需适宜地改变铸型的旋转速度，便可以获得单一组织（全部柱状晶或全部等轴晶）和多种非单一组织（柱状晶和等轴晶有多种不同比例和大小）的晶粒结构。

（4）试验研究的结果表明，动态效应是一种控制晶粒结构十分方便、有效又经济的方法。

参考文献

[1] 李正邦．电渣冶金原理［M］．北京：冶金工业出版社，1996.

[2] 朱日彰，等．耐热钢和高温合金［M］．北京：化学工业出版社，1996.

[3] 朱世杰，等．晶粒形状和碳化物对HK40蠕变裂纹扩散的影响［J］．金属学报，1990，26：3.

[4] Paton B E. Metal solidification during centrifugal electroslag casting by using dynamic action. 10th ICVM featuring special melting and metallurgical coatings. June 11 ~ 15，1990，Beijing，China.

Study on Dynamic Effect of Centrifugally Electroslag Cast Iron

Lin Gongwen Li Zhengbang Cheng Mingtao

(Central Iron and Steel Research Institute)

Abstract The grain refinement of the heat - resisting steel pipe can be achieved using the method of dynamic effect during the solidification of steel in centrifugally electroslag casting. The feature of cast pipe structure in the use of dynamic effect was presented and the influence of the dynamic effect on mechanical properties, alloy density and its compositional segregation was also studied further.

Key words electroslag casting; centrifugally casting; dynamic action

电渣离心浇铸炼镁还原罐*

摘　要　概述了电渣离心浇铸炼镁还原罐的原理、工艺和特点，并分析了新工艺获得高质量产品的原因。

关键词　电渣离心浇铸；炼镁还原罐；坩埚炉；保护剂；动态效应

有色工业用炼镁还原罐一般在1170～1200℃高温，2～10Pa的真空度，重油、天然气、煤气或煤等各种外热条件下长期使用，要求它必须具有良好的抗氧化、抗热腐蚀、高温强度、高气密性、良好的焊接性能和加工性能等。还原罐的寿命是皮江法炼镁生产的限制性环节。目前我国还原罐的使用寿命与日本、加拿大、美国（平均8～10个月）相比，有很大差距，其主要原因是生产还原罐的工艺比较落后。

生产炼镁还原罐的传统工艺是中频感应炉熔炼钢水，注入型筒离心浇铸而成，它存在以下缺点：(1) 中频炉精炼钢水能力差，钢中硫、氧、非金属夹杂物含量高。(2) 在浇铸过程中未采取保护措施，钢水易于二次氧化，铸管内壁极易形成疏松、气孔、针孔、夹渣等铸造缺陷。(3) 一般采用固定转速，对奥氏体耐热钢来说，通常都获得柱状晶比较发达的铸态组织。(4) 回收旧管必须截管，十分麻烦，而且反复回收后，由于钢水得不到净化而效果不佳，再生管寿命往往逐次降低。

本文采用了电渣离心浇铸新工艺生产炼镁还原罐，即将废旧还原罐作电极，经有衬坩埚炉熔炼，获得纯净的钢水，在专用保护剂的保护下，注入铸型，并以一定的加速度连续地改变型筒的旋转速度，直到金属完全凝固。该工艺将电渣精炼，动态凝固及成型铸造有机地结合起来，使上述老工艺中存在的缺点完全避免，这条成熟、先进、可行的工艺，为合金钢铸管的生产开辟了一个新天地。

采用该工艺生产的4Cr28Ni15和3Cr24Ni7N还原罐在山西、湖北等地使用，厂方反映良好，同钢种的还原罐的平均使用寿命，新工艺比旧工艺提高了35%以上。

1　电渣离心浇铸还原罐

1.1　工艺

图1为电渣离心浇铸还原罐工艺简图。

1.2　精炼原理

电渣精炼的主要设备是电渣坩埚炉，冶炼过程如图2所示[1]，用回收的旧还原罐作自耗电极，由变压器—短网—自耗电极—渣池—金属熔池—底电极—底水箱形成回路，当电流通过渣池时析出电阻热，自耗电极的端头浸入过热的渣池吸热熔化形成熔

* 本文合作者：林功文、杨海森、程鸣涛。原发表于《特种铸造及有色合金》，1998，(3)：49～52。

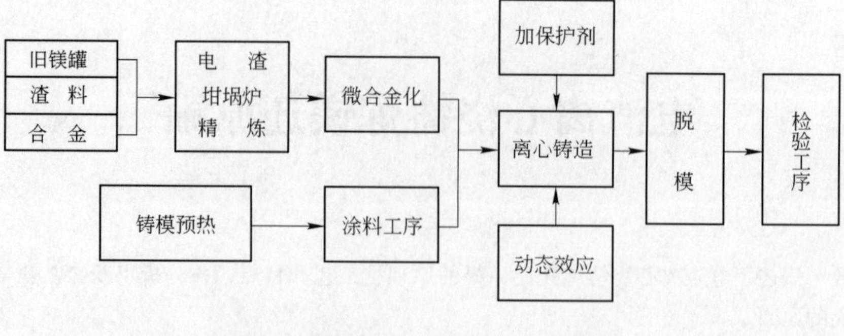

图 1 电渣离心浇铸还原罐工艺简图

Fig. 1 Process flow diagram of the reduction tank by centrifugal electroslag casting

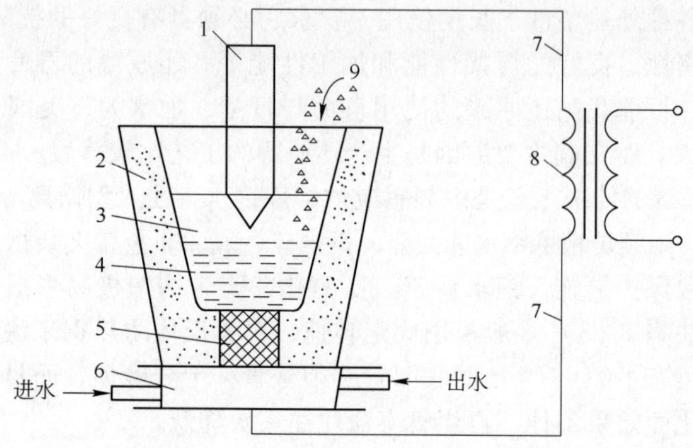

图 2 电渣坩埚炉冶炼过程示意图

Fig. 2 Diagram of melting process in electroslag crucible furnace

1—自耗电极；2—坩埚炉；3—渣池；4—金属熔池；5—炉底电极；
6—底水箱；7—软电缆；8—变压器；9—冷料

滴，熔滴滴落穿过渣池在炉底汇成金属熔池，直到达到所需金属重量。耐火材料打结的炉衬具有较好的保温性能，渣池温度又很高，熔池具有很高的过热度，冶炼过程中可不断加入块状合金料降温和调整成分，出钢前可进行扒渣和脱氧操作。

1.3 渣系

电渣坩埚炉精炼用熔渣的性质对工艺过程的稳定性、耗电量、炉衬寿命、产品质量都有重大影响，本工艺所选渣系成分及各项物化性能见表 1。该渣由高阻值的 Al_2O_3、CaO、MgO 组成，其发热量大，从而电极的熔化速度比较快；渣中 CaF_2 的含量较低，

表 1 电渣坩埚炉用渣及性能

Table 1 Slag and its properties for electroslag crucible furnace

化学成分（质量分数）/%				熔点 /℃	黏度（1600℃）/(Pa·s)	电导（1850℃）/($\Omega^{-1}\cdot cm^{-1}$)	表面张力（1600℃）/($\times 10^{-3}N\cdot m^{-1}$)
CaF_2	CaO	Al_2O_3	MgO				
15 ~ 20	25 ~ 30	45 ~ 50	5 ~ 10	1390	0.08	2.76	4.29

可以减少在高温下对镁砂炉衬的侵蚀；渣的熔点和流动性适中，完全可以满足精炼的需要。

2　性能

采用该工艺生产的还原罐脱硫效果、凝固组织、常温及高温力学性能见表2、图3、图4。

表2　电渣坩埚炉精炼的脱硫效果

Table 2　Effect on desulphidation in electroslag crucible

炉　号	1	2	3	4	5	6	7
冶炼前硫含量/%	0.018	0.010	0.014	0.010	0.014	0.007	0.010
冶炼后硫含量/%	0.006	0.005	0.005	0.003	0.007	0.003	0.003
脱硫率/%	66.7	50.0	64.3	70.0	50.0	57.1	70.0

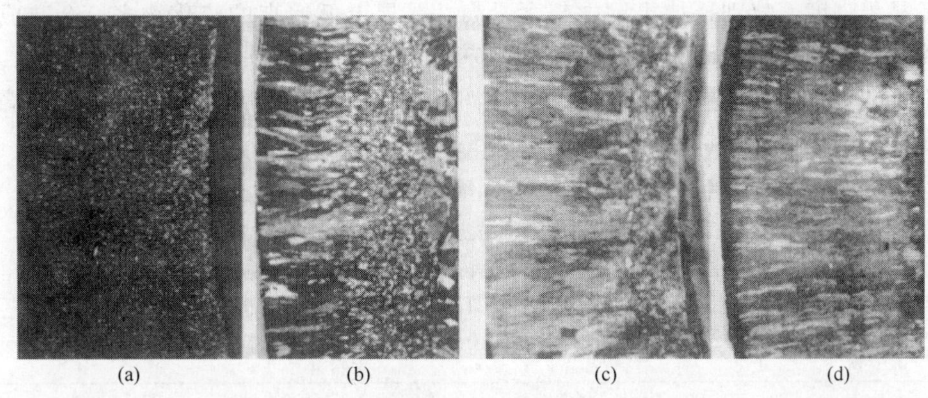

图3　两种工艺生产还原罐凝固组织的比较（×1）

Fig. 3　Comparison of macrostructres between two different processes

（a）4Cr28Ni15，新工艺；（b）4Cr28Ni15，老工艺；

（c）3Cr24Ni7N，新工艺；（d）3Cr24Ni7N，老工艺

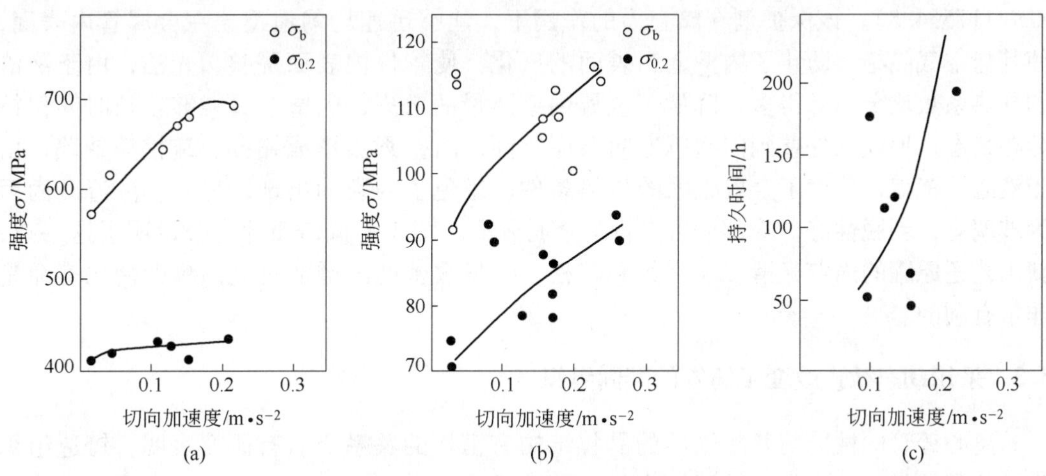

图4　动态效应对还原罐力学性能的影响

Fig. 4　Influence of dynamic action on mechanical properties of the tank

（a）对室温抗拉强度、屈服强度的影响；（b）对高温（1050℃）抗拉强度、屈服强度的影响；（c）对高温（1050℃，21MPa 应力下）持久寿命的影响

3 讨论与分析

3.1 通过电渣坩埚炉获得纯净的钢液

电渣坩埚炉可以充分地精炼钢液，电极熔化在端头汇聚成滴，熔滴脱落穿过渣池时，高碱度的渣与金属液滴的接触面积很大，端头可达 $300m^2/t$（钢水），熔滴可达 $50m^2/t$（钢水）[2]，而普通电弧炉钢渣接触面积仅为 $0.3 \sim 0.7m^2/t$（钢水）。渣池的温度也很高，达1700～2000℃，通过渣的化学作用可以有效地去除钢中的有害元素（硫、磷、铅、锑、铋、砷），有害气体（氮、氢、氧）及非金属夹杂物（氧化物、氮化物）等，特别是去硫效果十分显著，如表2所示，去硫率可达50%～70%。还原罐在较恶劣的工作条件下使用，寿命与合金的纯净度有很大关系。如果钢中含有较多的氢、氧、氮等气体和非金属夹杂物，在钢液凝固时，这些气体和非金属夹杂物将在晶界析出，削弱了晶界强度，特别是如果钢中硫含量高，晶界上低熔点的硫化物多，会造成钢的热脆性，大大降低钢的耐热性。一般中频炉冶炼钢水硫的含量多为0.03%左右，而电渣炉冶炼的钢水硫含量可降至0.003%～0.007%，由于硫的含量低，晶界强度高，因此还原罐的力学性能比较高，见表3。

表3 两种冶炼方法4Cr28Ni15还原罐室温力学性能的比较

Table 3 Comparision of mechanical properties of 4Cr28Ni15 tank at room temperature between two different processes

冶炼方法	σ_b/MPa	$\sigma_{0.2}$/MPa	δ_5/%
中频	490	235	8.3
电渣	575～690	415～425	9～14

3.2 使用内壁保护剂提高还原罐的致密度

本工艺在离心浇铸过程中，用特殊的方法在自由表面加入专用保护剂（专利号ZL94117554.5），该保护剂在离心力的作用下，能够迅速均匀地覆盖在金属管内表面，使其与空气隔绝，防止了内壁金属表面的氧化，使管件内表面平整、光洁；由于液渣的导热系数比金属低得多，降低了金属内壁热量的散失，内壁金属能够较长时间保持熔融状态，形成从外壁到内壁单方向顺序凝固，内壁则不形成缩孔、疏松等缺陷；由于液渣的覆盖，改善了金属凝固的传热条件，避免了内裂的出现；另外，液渣凝固后为玻璃态，剥脱性好，冷却后可自行与金属分离。图3的低倍照片充分说明了这一点，新工艺还原罐的内壁光滑、无裂纹和疏松。管材致密度的增加对提高罐的使用寿命是非常有利的。

3.3 采用动态效应改变了铸管的凝固组织

离心铸管的性能与其凝固后的晶粒结构有密切的关系[3]。有研究表明，铸造组织为柱状晶的材料蠕变裂纹扩展抗力低于等轴晶材料[4]。在实际使用中也发现，柱状晶十分发达的炉管因环向裂纹损坏的频次比蠕胀损坏的频次还要多[5]。在电渣离心浇铸过程中，采用动态效应的方法[6]，可以获得单一组织（全部柱状晶或全部等轴晶）和多种非单一组织（柱状晶和等轴晶有多种不同比例和大小）的凝固组织（见图3）。

所谓动态效应[5]就是在离心浇铸金属凝固过程中，即在固液两相金属共存的状态下，在一定的限度内，以一定的规律升高或降低铸模的旋转速度，利用旋转速度改变过程中的加速度对结晶前沿产生的切向力，改变金属液的运动状态，并使枝晶折断、脱落，达到控制晶粒结构的目的。

3.3.1　动态效应改变了金属液的流动状态

一般离心铸造时，因采用固定旋转速度，金属液流动速度很快与铸型一致，金属液相对于铸型内壁的流动为层流，结晶前沿处于层流层中，将促使析出的小晶粒沿着固液界面一个方向推进，形成倾斜的柱状晶。实施动态效应时，旋转速度改变过程中产生的加速度，使结晶前沿金属液的运动不断加强，金属液相对于铸型壁形成紊流层，结晶前沿处于紊流层中，温度不同的质点在整个紊流层中混乱地运动，缩小了各液层的温度差，促使两相区增厚，加速了枝晶的熔断，使柱状晶向等轴晶转化。另外，由于采取快速浇铸和单向凝固，金属液的流量和总量增加，即紊流层的厚度和存在的时间增加，从而更利于晶粒的细化。

3.3.2　动态效应使凝固前沿枝晶折断

实施动态效应时，旋转速度改变过程中的加速度对枝晶顶点产生切向力，当该切向力大于足以使结晶前沿枝晶折断的某一数值时，结晶前沿将形成枝晶碎片（见图5），该切向力越大，枝晶碎片就越多，这些碎片成为形核核心，并在紊流层中剧烈运动，均匀散布在整个未凝固顶点金属液中，为等轴晶的生长创造了极其有利的条件。

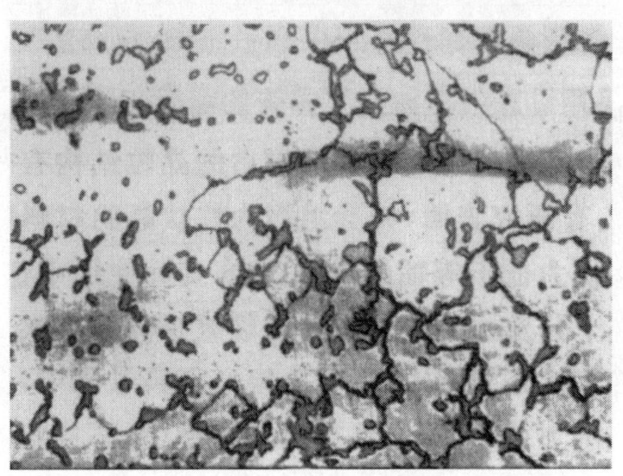

图5　枝晶前沿的折断和脱落（×100）

Fig. 5　Break and drop of dendrite front（×100）

动态效应切向加速度与管材料的各项力学性能的关系见图4。

3.4　利用废旧镁罐降低了成本

该工艺可以去除旧镁罐在使用过程中被污染的杂质，并可无需切割而整管回收，铸成的新管性能不降低，从而大大降低了生产还原罐的成本，提高了市场的竞争能力，这是其他工艺所做不到的。

4　结论

电渣离心浇铸炼镁还原罐新工艺是利用电渣坩埚炉精炼废旧还原罐，获得有害元素含量低，特别是硫含量低的纯净钢水，在离心浇铸过程中，采用了施加专用内壁保护剂、动态效应等新方法，从而获得了性能好、质量高的炼镁还原罐，并大大降低了生产成本。

参 考 文 献

[1] 姜兴渭．电渣炼钢——有衬电渣炉及其熔炼［M］．北京：国防工业出版社，1987：5～66.

[2] 常鹏北．有衬电渣炉冶金［M］．昆明：云南人民出版社，1979：51～86.

[3] 朱日彰．耐热钢和高温合金［M］．北京：化学工业出版社，1996：66～88.

[4] 朱世杰．晶粒形状和碳化物对 HK40 蠕变裂纹扩散的影响［J］．金属学报，1990，26（3）：231～233.

[5] Moller G E, Warren CW. Surver of Tube Experience in Ethylence and Olefins Pyrolysis Furnaces. T－5B6 Task Group Preliminary Report. Materials Performance, 1981 (10): 27～37.

[6] Paton B E. Metal Solidification during Centrifugal Electroslag Casting by Using Dynamic Action. 10th ICVM Featuring Special Melting and Metallurgical Coatings. Beijing, 1990: 58～59.

Manufacture of the Reduction Tank for Magnesium Making by Centrifugal Electroslag Casting

Lin Gongwen　Li Zhengbang　Yang Haisen　Cheng Mingtao

(Central Iron and Steel Research Institute)

Abstract Principle, technique and characteristics of manufacture of the reduction tank for magnesium making by centrifugal electroslag casting were summarized, and the article also analyzed the reasons why new process results in the advantages with high quality.

Key words centrifugal electroslag casting; reduction tank for magnesium making; electroslag crucible furnace; protective agent; dynamic action

电渣重熔体系渣池运动分析及数学模型发展*

摘　要　对电渣重熔过程中渣池运动的驱动力进行了分析，并对电渣重熔体系的数学模型进行了回顾和评价。结果表明，引起渣池运动的因素主要包括渣池中的电磁力和渣池温度不均匀分布而产生的对流运动；电极端部形状对渣池电磁场分布有一定影响，进而影响渣池的运动。最后提出了改进和渣池运动数学模型。

关键词　电渣重熔；电磁力；浮力；流场；温度场；数学模型

1　前言

电渣重熔法是用水冷铜模将自耗电极在熔渣中熔炼，快速凝固成钢的方法[1]。其结构示意图见图1。钢的质量好，成分均匀，组织致密，表面光洁夹杂少。这是由电渣重熔的冶金特点决定的，其特点是：金属熔池始终在液态渣层下进行与大气隔绝；液态金属在铜制水冷结晶器中凝固不与耐火材料接触；反应温度高；渣池强烈搅拌等等。很显然渣池运动和渣池温度对钢锭质量有很大的影响。

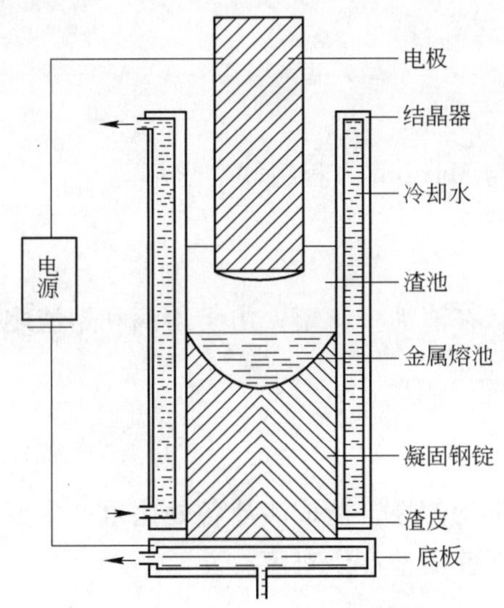

图1　电渣重熔法结构示意图

2　电渣重熔过程中渣池运动分析

在电渣重熔过程中渣池进行强烈搅拌，经分析可能是以下作用力对渣池的综合作用的效果。

*　本文合作者：郭培民、张家雯。原发表于《钢铁研究》，1999，(4)：15～19。国家自然科学基金资助项目。

2.1 电动力

电极端头呈锥状，由于导电截面的变化产生的轴向电动力。此力可用下式计算[2]：

$$F = 5.1 \times 10^{-6} I^2 \ln\left(\frac{S_1}{S_2}\right) \tag{1}$$

式中 F——电动力；

S_1, S_2——导体相应两个截面面积；

I——电流。

2.2 电磁力

在电渣重熔过程中，当工作电流从电极经熔渣和金属熔池流向铸锭时，在重熔体系内产生一对应的磁场，在电场与磁场相互作用下产生电磁力 F_b。即：

$$F_b = J \times B \tag{2}$$

对于具有各向同性的运动中的介质，有：

$$J = \sigma(E + V \times B) \tag{3}$$

$$B = \mu H \tag{4}$$

式中 J——电流密度；

B——磁感应强度；

μ——磁导率；

V——速度；

E——电场强度；

H——磁场强度。

电磁力通过上述方程与 Maxwell 方程组联合求解。

2.3 重力

金属熔滴受重力作用，在渣池中滴落，由于熔滴和熔渣之间存在附着力、摩擦力，将带动渣池运动。

2.4 渣的对流

由于渣池温度分布的不均匀性，造成渣池各处比重产生变化。比重较的渣将上浮，比重较大的就下沉，从而促使渣池产生对流。

2.5 气体逸出和膨胀的推动力

在电渣重熔过程中，当钢中的气体由金属熔池进入渣池逸出时，气体在渣池中膨胀。这一过程必然促使渣池膨胀而产生推动力，加剧渣池的搅拌。

3 电渣重熔体系的数学模型发展

为了更好了解电渣重熔过程中主要参数与生产指标的关系，研究电渣重熔体系内在规律，建立电渣重熔系统数学模型是一个经济省时的有效途径。为此，国内外冶金学者通过研究，取得一定的研究成果。

3.1 电渣重熔体系内热分布数学模型

A. H. Dilawari 和 J. Szekely[3] 曾对电渣精炼过程中电流 – 电压关系和生成热模式进行了计算。由于电渣重熔体系磁雷诺数很小，因此将 $J=\sigma(E+V\times B)$ 简化成：

$$J=\sigma E \tag{5}$$

并给定假设：(1) 轴对称体系；(2) 只有渣中存在压降；(3) 渣—金属界面平，位置固定；(4) 由于凝固的渣层，结晶器可认为是绝缘的。根据这些假设，可得方程：

$$\frac{\partial}{\partial\gamma}\left(\gamma\sigma\frac{\partial\phi}{\partial\gamma}\right)+\frac{\partial}{\partial z}\left(\gamma\sigma\frac{\partial\phi}{\partial z}\right)=0 \tag{6}$$

和

$$q=\sigma\left[\left(\frac{\partial\phi}{\partial\gamma}\right)^2+\left(\frac{\partial\phi}{\partial z}\right)^2\right] \tag{7}$$

式中 q——渣池的电阻热；

σ——电导率；

ϕ——电位场。

再结合边界条件，使用有限差分法便可求出渣池中电位分布和发热量分布。

文献［4］根据上述方法，建立渣池发热分布的数学模型。此模型考虑了渣壳的导电行动，并对影响渣池发热过程的诸因素进行讨论。

文献［5］针对电极熔化建立熔化过程模型。此模型在假设电极为半无限长的基础上，建立电极微元体热平衡方程式，求出电极表面热损以及渣通过电极的热损。通过求解找出提高电极熔化速度、降低电耗和提高生产率的方法。

文献［6］利用前人有关成果建立电渣重熔过程中金属熔池形状的数学模型。针对金属熔池和铸锭，通过假定：(1) 轴对称体系；(2) 渣—金界面为水平面；(3) 金属熔池中的对流作用以有效导热来估算，确定导热微分方程为：

$$\rho C_p V_z\frac{\partial T}{\partial z}=\frac{1}{\gamma}\frac{\partial}{\partial\gamma}\left(K\gamma\frac{\partial T}{\partial\gamma}\right)+\frac{\partial}{\partial z}\left(K\frac{\partial T}{\partial z}\right)+S_T \tag{8}$$

式中 T——温度；

ρ——密度；

C_p——定压比热；

V_z——铸造速度；

K——导热系数；

S_T——内热源。

结合适当边界条件，便可应用有限差分法求解得到金属熔池的形状。

3.2 电渣重熔体系内磁场的数学模型

由于电磁力是引起电渣重熔熔体运动的重要驱动力，因此文献［7］专门对电渣重熔体系磁场进行了研究。根据假设：(1) 二维轴对称体系；(2) 位移电流可忽略不计；(3) 熔渣及金属熔体中感应电场忽略不计；(4) 熔渣及金属有关参数恒定，且具有均匀性和各向同性；(5) 把电极和结晶器视作无限长导体。利用式 (5) 和式 (6) 与 Maxwell 方程组联解可得：

$$\frac{1}{\gamma}\frac{\partial}{\partial\gamma}\left(\gamma\frac{\partial\widehat{H}_\theta}{\partial\gamma}\right)+\frac{\partial^2\widehat{H}_\theta}{\partial z^2}=j\sigma\omega\mu\widehat{H}_\theta \tag{9}$$

式中 H_θ——θ 方向的磁场强度；

$\hat{H}_\theta$——H_θ 的最大值；

ω——电流角频率。

再根据相应的边界条件，使用有限差分法，可得到电渣重熔体系磁场分布。结果表明，磁场强度的幅值在电极内沿端部锥体形成方向不断增大，接近锥顶处达最大值。在渣池、金属熔液两相区和铸锭中沿轴向向下逐渐减小；沿半径方向，在电极和渣池内呈现一峰值，在液、固金属区内则单调增大至边界条件限定值。

3.3 电磁力作用下的渣池运动数学模型

文献［8］对电渣重熔体系内熔渣流场进行数学模拟。作者忽略了诸多作用力对渣池流场的影响，仅认定电磁力是引起运动的主要驱动力。同时，根据其假设，得到如下通式：

$$a_\varphi\left[\frac{\partial}{\partial z}\left(\varphi\frac{\partial\psi}{\partial\gamma}\right)-\frac{\partial}{\partial\gamma}\left(\varphi\frac{\partial\psi}{\partial z}\right)\right]-\frac{\partial}{\partial z}\left[b_\varphi\gamma\frac{\partial}{\partial z}(C_\varphi\varphi)\right]-\frac{\partial}{\partial\gamma}\left[b_\varphi\gamma\frac{\partial}{\partial\gamma}(C_\varphi\varphi)\right]-\gamma S_\varphi=0 \quad (10)$$

式中 φ——通用变量；

S_φ——源项；

ψ——流函数。

$a_\varphi,b_\varphi,C_\varphi$——分别为相关变量系数，其值见文献［8］。

再根据渣池流场的边界条件，运用有限差分法求解，可得渣池中的流场分布，其中电磁场使用文献［7］中的有关公式和边界条件计算。渣中流场如图 2 所示。

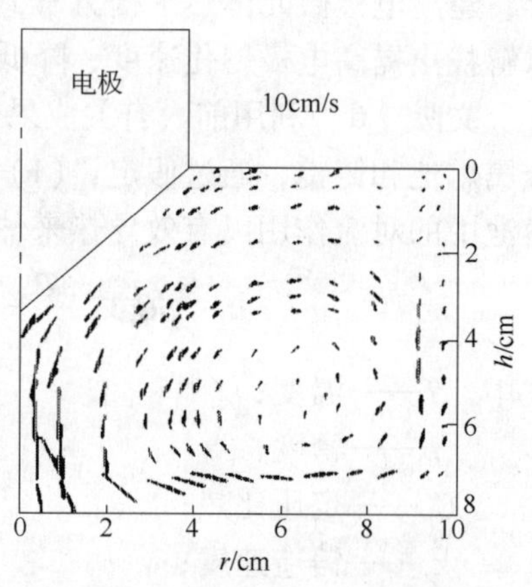

图 2　电渣重熔体系渣池的速度场

从计算可知，在电磁力作用下，电渣重熔体系渣池内形成沿结晶器壁向上，经熔渣自由表面和电极端部锥面后沿体系对称轴向下循环流动的两个旋涡。重熔电流、填充比及电极端面形状对体系内渣池的流场均有影响，其中电极端面形状影响较大。由于未考虑到渣池中温度不均所引起的渣池对流对流场的影响，其计算结果明显高于文献［9］中的渣池运动速度。

3.4 电磁力与浮力共同作用下的渣池运动数学模型

Szekely 等[10~12]对电渣重熔体系中渣池流动数学模型进行了多年研究。从开始只考虑电渣重熔体系的电磁力，到后来加上温度不均匀分布引起的浮力对渣池的作用，再考虑到金属熔滴在渣池中的行为。在给出了相应的流体运动、热传递和电磁力微分方程后，便结合适当的边界条件，用有限差分法求解渣池流场和温度场及金属熔池的形状。并分析了工艺参数对它们的影响。电渣重熔过程中渣池温度场如图 3 所示，渣池流场如图 4（a）和（b）所示。

从图 3 可见，渣池中温度很不均匀，在电极下方不远处熔渣温度最高，离开这个区域，熔渣温度降低。从图 4（a）和（b）可见，当填充比不同时，渣池的流向明显不同。当填充比较小时，旋涡方向是逆时针的。而当填充比较大时，则旋涡方向是顺

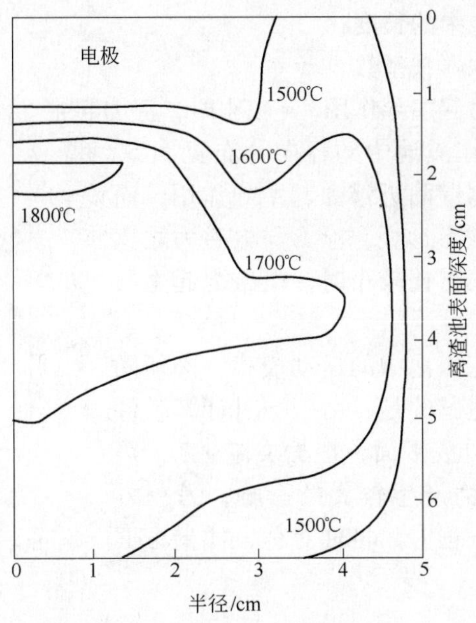

图 3　电渣重熔体系渣池温度场

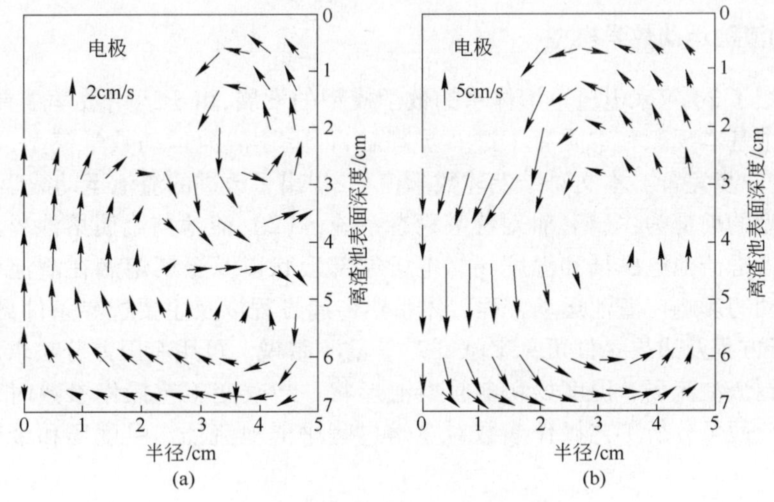

图 4　电渣重熔体系渣池速度场

（a）$A_t/A_m=0.325$；（b）$A_t/A_m=0.09$

时针的。电磁力趋于逆时针旋涡（见图 2）时浮力更趋于顺时针旋涡。当填充比较小时，电磁力起主导作用；而当填充比较大时，浮力则起主导作用。因此，电渣重熔体系中的流动状态与渣池电磁力及浮力的综合作用密切相关。作者使用一无量纲数 x 来比较渣池中电磁力与浮力的关系，见公式（11）。

$$x=\frac{\mu I^2\left(1-\frac{A_e}{A_m}\right)}{4\Pi A_e L\rho\beta g\Delta T} \tag{11}$$

式中　A_e——电极主体断面积；

A_m——结晶器断面积；

L——电极在渣池中的长度；

β——熔渣的体积膨胀系数。

当x较高时，电磁力起主导作用；x较小时，浮力起主导作用。

浮力与电磁力比值在渣池中的径向分布见图5。从图中可见，靠近结晶器壁附近浮力起主导作用，而在结晶器中心至结晶器壁不远处，浮力与电磁力之比与填充比密切相关。当填充比较小时，电磁力起主导作用。

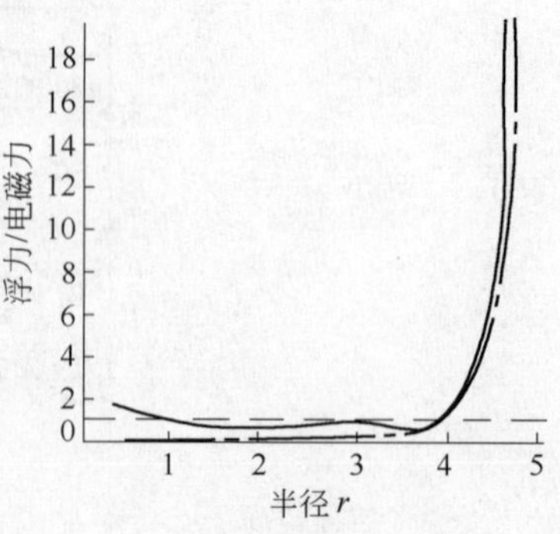

图5　浮力与电磁力比值在渣池中的径向分布

因此可知，为了确定渣池中的运动模式，必须同时考虑电磁力和浮力。遗憾的是，由于当时计算条件所限，作者将电极端部看成平面，根据文献［7］可知，这将对渣池中电磁力产生较大的影响；另一方面，作者在推导电磁场方程时，将轴对称、柱坐标下的电磁场方程错写成：

$$\frac{\partial}{\partial\gamma}\left(\frac{1}{\gamma}\frac{\partial(\gamma\widehat{H}_\theta)}{\partial\gamma}\right)+\frac{\partial^2\widehat{H}_\theta}{\partial z^2}=j\sigma\omega\mu\widehat{H}_\theta$$

因此，再一次影响磁场计算的准确性进而影响整个渣池的运动分布[7]。

3.5　改进的渣池运动数学模型

前面介绍了20年来电渣重熔体系的数学模型的发展，由于运用数学工具，人们对电渣重熔体系中基本现象和本质有了进一步理解，但上述渣池运动数学模型，尚存在较大不足，还需进一步完善。本文总结上述数学模型，提出了改进的渣池运动数学模型。

数学模型的前提为：(1) 轴对称准稳态系统；(2) 渣池与金属熔池界面为一水平面。本模型考虑渣池电磁场和温度场、电极端部形状以及金属熔滴在渣池中的滴落行为对渣池运动的影响。渣池运动方程、体系热传递方程以及主要边界条件见文献［11，12］，电磁场方程及边界条件可见文献［7］，兹不赘说。可用有限差分法求解上述方程组，以便得到渣池流场、温度场和金属熔池形状。当改变工艺操作参数时，重新求解上述方程组，便可分析工艺操作参数对重熔过程中渣池流场、温度场和金属熔池形状的影响。

4　结论

通过分析电渣重熔过程中渣池运动的驱动力以及20年来有关渣池运动的数学模型可以得到：

(1) 引起渣池运动的因素主要包括渣池中的电磁力和渣池温度不均匀分布而产生的对流运动；

(2) 电极端部形状对渣池电磁场分布有一定影响，进而影响渣池的运动；

(3) 提出了改进的电渣重熔体系中渣池运动数学模型，此模型同时考虑渣池电磁场和温度场以及电极端部形状和金属熔滴在渣池中的滴落行为对渣池运动的影响。

参考文献

［1］陈家祥．钢铁冶金学（炼钢部分）［M］．北京：冶金工业出版社，1990：254.

[2] 李正邦，等. 电渣熔铸理论与实践 [M]. 北京：高新技术应用出版社，1996：10.
[3] Dilawari A. H., Szekely J.. Ironmaking and Steelmaking. 1977 (5)：308.
[4] 姜周华，姜兴渭. 东北工学院学报，1988，(1)：63.
[5] 陆锡才. 东北工学院学报，1985，(1)：51.
[6] 唐铁川，姜兴渭. 东北工学院学报，1985，(3)：78.
[7] 魏季和，任永莉. 金属学报，1995，31 (2)：51.
[8] 魏季和，任永莉. 金属学报，1994，30 (11)：481.
[9] 魏季和，Mitchell A. 金属学报，1984，20 (5)：261.
[10] Dilawari. A. H, Szekely. J.. Metall. Trans. 1977, (8B)：227.
[11] Dilawari. A. H, Szekely. J.. Metall. Trans. 1978, 9B (1)：77.
[12] Dilawari. A. H, Szekely. J.. Metall. Trans. 1980, 11B (3)：439.

Analysis of Slag Bath Flow and Development of Mathematical Model in ESR System

Guo Peimin　Zhang Jiawen　Li Zhengbang

(Central Iron and Steel Research Institute)

Abstract Driving forces of slag bath flow in ESR process have been analyzed and mathematical models in ESR system reviewed and evaluated. The results show that factors driving slag bath flow include the electro-magnetic force of slag bath and convective flow cavsed by nonuniformity of temperature in the slag bath and that the shape of the electrode tip has an effect on the electro-magentic field distribution in the slag bath, thus affecting slag bath flow. Finally an improved mathematical model of slag bath flow is put forward.

Key words ESR; electro-magnetic force; buoyancy force; flow field; temperture field; mathematical model

电渣重熔体系影响渣池运动因素的解析*

摘　要　对影响电渣重熔体系渣池运动的因素进行了分析与计算，同时建立了渣池速度场与温度场耦合的数学模型。计算结果表明：电磁力是渣池运动的主要驱动力；此外，渣池温度分布不均匀产生的浮力对渣池运动的影响也很显著；而电动力及金属熔滴在渣池中下落产生的摩擦力对渣池运动的影响相对较小。

关键词　电渣重熔；流场；电磁力；电动力；浮力

在电渣重熔体系中，由于渣池运动对重熔钢锭质量影响较大，因而国内外许多学者使用数值模拟手段对渣池运动规律进行了研究[1~7]。然而，由于影响渣池运动的因素较多，许多研究者进行了大幅度简化，如文献［3，4］认为影响渣池运动的主要因素是电磁力，并依此进行了数值计算；美国麻省理工学院的 Szekely 教授等认为影响因素主要是电磁力和渣池温度分布不均匀所产生的浮力[7]。本文作者已在文献［8］中指出上述模拟研究中存在一定缺陷，需要改进。文献［9］虽对渣池搅拌力进行了分析，认为至少有 4 ~5 种因素对渣池运动有影响，但是只对作用力作了定性描述，缺乏量化标定；另一方面，由于数据来自不同的参考文献，所以标定作用力的单位也不统一。渣池受力状态的含糊不清或过多忽略势必影响对电渣重熔过程运动场的求解，进而对渣池与金属熔池间的动量传输、能量传输及质量传输的解析也有所影响。因此进一步探明电渣重熔渣池受力情况，标定作用力很有必要。

1　电渣重熔过程中影响渣池运动的因素

在电渣重熔过程中，渣池受到强烈搅拌，经分析搅拌力是以下因素对渣池的综合作用结果：

（1）电磁力。在电渣重熔过程中，当工作电流从电极经熔渣和金属熔池流向铸锭时，在重熔体系内产生一个对应的磁场，电场与磁场相互作用而产生电磁力。

（2）电动力。电极端头呈锥状，导电截面积的变化会产生轴向电动力。

（3）金属熔滴在渣池中下落。金属熔滴受重力作用在渣池中下落，由于熔滴和熔渣之间存在附着力和摩擦力，因而带动渣池运动。

（4）渣的对流。渣池温度分布的不均匀性造成渣池各部位比重不同。比重较小的渣上浮，比重较大的渣下沉，从而使渣池产生对流。

2　力的计算

为了比较上述 4 种因素对渣池运动的影响程度，对这些因素产生的几种力进行定量计算。

---

* 本文合作者：郭培民、张家雯。原发表于《钢铁研究学报》，2000，12（6）：7 ~10。国家自然科学基金资助项目（59674031）。

2.1 电磁力

$$F_b = J \times B \tag{1}$$

对于具有各向同性的运动中的介质，存在以下关系：

$$J = \sigma(E + v \times B) \tag{2}$$

$$B = \mu H \tag{3}$$

式中 J——电流密度；

B——磁感应强度；

E——电场强度；

v——熔渣速度；

H——磁场强度；

μ——磁导率；

σ——电导率。

因此，为了计算电磁力，必须计算 J 和 H。在图 1 所示的电渣重熔体系及 $r-z$ 坐标系中，有 $\hat{H}_r = \hat{H}_z = 0$，且 $\hat{H}_\theta$ 与 θ 无关。将 $\hat{H}_\theta$ 分为实数和虚数两部分处理，可得到磁场传输方程，即：

$$\frac{1}{r}\frac{\partial}{\partial r}\left| r\frac{\partial \hat{H}_{\theta R}}{\partial r}\right| + \frac{\partial}{\partial z}\left|\frac{\partial \hat{H}_{\theta R}}{\partial z}\right| = -\sigma\omega\mu\hat{H}_{\theta I} \tag{4}$$

$$\frac{1}{r}\frac{\partial}{\partial r}\left| r\frac{\partial \hat{H}_{\theta I}}{\partial r}\right| + \frac{\partial}{\partial z}\left|\frac{\partial \hat{H}_{\theta I}}{\partial z}\right| = \sigma\omega\mu\hat{H}_{\theta R} \tag{5}$$

式中 $\hat{H}$——H 的幅值；

$\hat{H}_r, \hat{H}_\theta, \hat{H}_z$——$\hat{H}_\theta$ 在 r，θ，z 方向的分量；

$\hat{H}_{\theta R}, \hat{H}_{\theta I}$——$\hat{H}_\theta$ 的实数部分与虚数部分；

ω——电流角频率。

电流密度可通过式（6）求得：

$$\left.\begin{aligned} \hat{J}_r &= -\frac{\partial \hat{H}_\theta}{\partial_z} \\ \hat{J}_z &= \frac{\partial \hat{H}_\theta}{\partial r} + \frac{\hat{H}_\theta}{r} \\ \hat{J}_\theta &= 0 \end{aligned}\right| \tag{6}$$

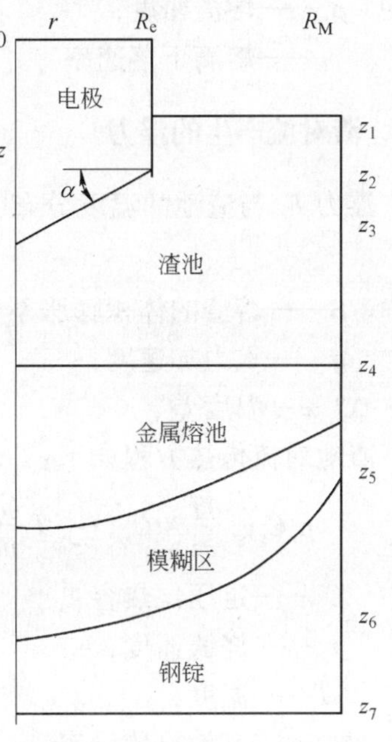

图 1 电渣重熔体系及 $r-z$ 坐标系示意图

R_e—电极半径；R_M—结晶器半径

Fig. 1 Schematic of ESR system and $r-z$ coordinate system

式中 $\hat{J}$——J 的幅值；

$\hat{J}_r, \hat{J}_\theta, \hat{J}_z$——$\hat{J}$ 在 r，θ，z 方向的分量。

因此，电磁力在 r，θ，z 3 个方向的分量为：

$$\left.\begin{aligned} F_r &= -\frac{1}{2}\mu R_e(\hat{H}_\theta \cdot \bar{\hat{J}}_z) \\ F_z &= -\frac{1}{2}\mu R_e(\hat{H}_\theta \cdot \bar{\hat{J}}_r) \\ F_\theta &= 0 \end{aligned}\right| , \tag{7}$$

式中 $R_e(\hat{H}_\theta \cdot \bar{\hat{J}}_z)$——$\hat{H}_\theta \cdot \bar{\hat{J}}_z$ 的实数部分；

$R_e(\hat{H}_\theta \cdot \bar{\hat{J}}_r)$——$\hat{H}_\theta \cdot \bar{\hat{J}}_r$ 的实数部分。

2.2 电动力

电动力可用下式计算[9]：

$$F = 5.0 \times 10^{-8} I^2 \ln \left| \frac{S_1}{S_2} \right| \tag{8}$$

式中 F——电动力；

I——电流；

S_1, S_2——电极和结晶器的截面积。

2.3 金属熔滴下落产生的摩擦力

假定金属熔滴为球形，根据熔滴的平均直径 d_p，可计算摩擦力 F_d：

$$F_d = 0.173 \rho_s d_p^2 v_f^2 \tag{9}$$

式中 ρ_s——熔渣密度；

v_f——熔滴下落速率。

2.4 渣对流产生的浮力

浮力 F_f 与渣池的温度分布密切相关。

$$F_f = \rho_s \beta g \Delta T \tag{10}$$

式中 β——熔渣的体积膨胀系数；

g——重力加速度；

ΔT——温度差。

渣池对流传热方程如下：

$$r\rho_s C_p v_c \frac{\partial T}{\partial z} + C_p \left| \frac{\partial}{\partial z} \left| T \frac{\partial \psi}{\partial r} \right| - \frac{\partial}{\partial r} \left| T \frac{\partial \psi}{\partial z} \right| \right| = \frac{\partial}{\partial r} \left| K_{eff} r \frac{\partial T}{\partial r} \right| + \frac{\partial}{\partial z} \left| K_{eff} \frac{\partial T}{\partial z} \right| + rS_T \tag{11}$$

式中 C_p——定压比热容；

v_c——浇铸速度；

T——温度；

K_{eff}——有效热传导率；

S_T——方程的源项；

ψ——流函数。

S_T 的求解方程及其他相关方程见文献［7］。从式（11）可见，渣池温度与渣池速度分布有关，渣池速度方程如下：

$$r^2 \left| \frac{\partial}{\partial z} \left| \frac{\xi}{r} \frac{\partial \psi}{\partial r} \right| - \frac{\partial}{\partial r} \left| \frac{\xi}{r} \frac{\partial \psi}{\partial r} \right| \right| - \frac{\partial}{\partial z} \left| r^3 \frac{\partial}{\partial z} \left| \mu_{eff} \frac{\xi}{r} \right| \right| - \frac{\partial}{\partial r} \left| r^3 \frac{\partial}{\partial r} \left| \mu_{eff} \frac{\xi}{r} \right| \right|$$

$$- \left| r\mu R_e(\hat{H}_\theta \cdot \bar{\hat{J}}_r) + r^2 \rho_s \beta g \left| \frac{\partial T}{\partial r} \right| \right| = 0 \tag{12}$$

式中 ξ——涡量；

μ_{eff}——熔渣的有效黏度。

ξ 与 ψ 之间存在如下关系：

$$\xi + \frac{\partial}{\partial z}\left|\frac{1}{\rho_s r}\frac{\partial \psi}{\partial z}\right| + \frac{\partial}{\partial r}\left|\frac{1}{\rho_s r}\frac{\partial \psi}{\partial r}\right| = 0 \tag{13}$$

3 渣池速度场与温度场的数学模型

渣池温度场、速度场以及磁场需要通过数学模型来计算求解。电渣重熔体系的示意图见图1，并给出如下假定：

（1）渣池运动属于轴对称准稳态系统；

（2）渣池与金属熔池的界面为一水平面；

（3）除熔渣密度外，将熔渣及金属各有关物理性能参数视为常数，且认为它们具有均匀性和各向同性。

相应的电磁场边界条件、流场边界条件及温度场边界条件见文献［3，4，7］。μ_{eff} 通过 $k-c$ 双方程求解。

本模型所用主要参数确定如下：电极端部锥角度40°、电流3000A、电极半径0.038m、结晶器半径0.100m、渣池深度0.08m、电极在渣池中的浸入深度（不包括尖锥高度）0.002m、模糊区的最大深度0.02m、金属熔池的最大深度0.04m、电流角频率314rad/s，其他参数见文献［3，4，7］。

用控制体积法将微分方程和边界条件离散化，用高斯—赛德尔超松弛迭代法求解差分后的离散方程。网格划分为40×20。在接近界面处将网格适当加密，并用壁函数处理近壁区各节点。计算程序在Turbo C 2.0环境下编制，计算误差小于0.005。

4 计算结果与分析

由于电磁力、浮力等存在于渣池中，渣池不同部位力的大小是变化的，不易直接对它们进行比较，因此改用平均作用力。

4.1 平均电磁力

渣池中平均电磁力 $\bar{F}_b$ 可通过下式求得：

$$\bar{F}_b = \frac{\int \sqrt{F_r^2 + F_z^2}\mathrm{d}V}{V} = 1200\mathrm{N \cdot m^{-3}} \tag{14}$$

式中 V——熔渣的体积。

4.2 平均电动力

根据电极截面积和结晶器截面积，得到平均电动力 $\bar{F}$ 的计算公式为：

$$\bar{F} = \frac{5.0\times10^{-8} I^2 \ln\left(\frac{S_1}{S_2}\right)}{V} = 171\mathrm{N \cdot m^{-3}} \tag{15}$$

4.3 平均摩擦力

金属熔滴在渣池中下落产生的平均摩擦力 $\bar{F}_d$ 可通过下式计算得到：

$$\bar{F}_d = \frac{0.173 n\rho_s d_p^2 v^2}{V} = 114\mathrm{N \cdot m^{-3}} \tag{16}$$

渣池中熔滴数 n 可用下式计算：

$$n = \frac{3v_c \tau}{2\pi d_p^3 \rho_L} \tag{17}$$

式中 ρ_L——金属熔滴的密度；

τ——熔滴在渣池中的停留时间。

4.4 平均浮力

渣池中平均浮力 $\bar{F}_f$ 可由下式计算得到：

$$\bar{F}_f = \frac{\int \rho_s \beta g \Delta T \mathrm{d}r}{R_M} = 520\mathrm{N} \cdot \mathrm{m}^{-3} \tag{18}$$

4.5 分析

根据上述计算结果（$\bar{F}_b = 1200\mathrm{N} \cdot \mathrm{m}^{-3}$，$\bar{F} = 171\mathrm{N} \cdot \mathrm{m}^{-3}$，$\bar{F}_d = 114\mathrm{N} \cdot \mathrm{m}^{-3}$，$\bar{F}_f = 520\mathrm{N} \cdot \mathrm{m}^{-3}$）可见，电磁力对渣池的作用最大，而电动力和熔滴在渣池中下落产生的摩擦力对渣池运动影响不大，渣池温度不均匀造成的浮力对渣池运动的影响也较大，特别是在渣池温度梯度大的地方，其影响程度可能超过电磁力，此结果与文献［7］相近。

5 结论

（1）建立的渣池速度场与温度场耦合数学模型可用于定量计算影响渣池运动的4种力（电磁力、电动力、摩擦力和浮力）。

（2）对渣池运动贡献最大的力是电磁力；渣池温度分布不均匀而引起的渣池对流对渣池运动的影响也很显著；电动力及金属熔滴在渣池中下落产生的摩擦力的影响相对较小。

参考文献

［1］Dilawari A H, Szekely J. Calculation of Current-Voltage Relationships and Heat-Generation Patterns in Electroslag Refining Process［J］. Ironmaking and Steelmaking. 1977，(5)：308～316.

［2］姜周华，姜兴渭．电渣重熔系统渣池发热分布的数学模型［J］．东北工学院学报，1988，(1)：63～68.

［3］魏季和，任永莉．电渣重熔体系内磁场的数学模拟［J］．金属学报，1995，31B（2）：51～57.

［4］魏季和，任永莉．电渣重熔体系内熔渣流场的数学模拟［J］．金属学报，1994，30B(11)：481～490.

［5］Dilawari A H, Szekely J. A Mathematical Model of Slag and Metal Flow in the ESR Process［J］. Metall Trans，1977，8B（2）：227～236.

［6］Dilawari A H, Szekely J. Heat Transfer and Fluid Flow Phenomena in Electroslag Refining［J］. Metall Trans，1978，9B（1）：77～83.

［7］Choudhary M，Szekely J. The Modeling of Pool Profiles，Temperature Profiles and Velocity Fields in ESR System［J］. Metall Trans，1980，11B（3）：439～447.

［8］郭培民，张家雯，李正邦．电渣重熔体系渣池运动分析及数学模型发展［J］．钢铁研究，1999，(4)：15～19.

［9］李正邦，洪彦若，张祖贤，等．电渣熔铸理论与实践［M］．北京：高新技术应用出版社，1996.

Analysis on Factors Influencing Slag Flow in ESR System

Guo Peimin Zhang Jiawen Li Zhengbang

(Central Iron and Steel Research Institute)

Abstract The factors influencing slag flow in ESR system were analyzed and calculated. The velocity field and temperature field coupling mathematical model was established. The results showed that the electro-magnetic force is the main driving force for the flow formation in the ESR slag pool. The temperature difference in the slag pool creates a convective flow in the system, which has substantial influence on slag flow. The electric force and friction produced during the molten droplets falling through the slag pool have less influence on slag flow.

Key words ESR; velocity flow; electro-magnetic force; electric force; buoyancy force

电渣重熔体系电毛细振荡的研究*

摘　要　分析了电毛细振荡产生的机理和电渣重熔过程中去硫、去氧和去夹杂行为。通过交、直流两用电渣炉试验证实了交流电渣重熔过程存在电毛细振荡现象，并且交流电渣炉去硫和去夹杂效果优于直流正接和直流反接电渣炉。

关键词　电渣重熔；振荡；交流；直流

1　前言

在电渣重熔过程中，当交流电通过液态金属与炉渣分界面时，金属—炉渣界面发生强烈振荡，称为电毛细振荡。由于极性交变，随着两个相界面上电位差的变化，界面张力发生剧烈变化[1]。

O. A. Есин[2]认为电毛细振荡强化钢渣反应，促进炉渣吸附和溶解钢中夹杂物，促使气体由金属向渣中转移。但 B. B. Паин[3]用 X 射线光透视电渣重熔过程渣池未发现交流电激起钢渣界面振荡，因此交流电渣重熔过程是否存在电毛细振荡成为冶金界争论的焦点之一。本研究小组利用玻璃容器当结晶器，用 Wood 合金作自耗电极，在导电水溶液中通交流电，用高速摄影技术发现界面振荡现象，界面振荡频率与交流电频率一致。并在交、直流两用电渣炉上进行了热态试验，旨在研究电毛细振荡对钢锭冶金质量的作用。

2　电毛细振荡理论分析

当金属液与熔渣接触时，有带电荷的质点在两相界面上形成带相反符号的、以相界面为介电质的双电层。当双电层的静电势改变时，金属液表面的电荷密度将发生变化，从而引起界面张力变化。

由吉布斯方程可得：

$$\Gamma_i = -\frac{a_i}{RT}\frac{\partial\sigma}{\partial a_i}$$

化学势方程为：

$$\mu_i = \mu_i^{\ominus} + RT\ln a_i$$

可得：

$$-\mathrm{d}\sigma = \Gamma_i \mathrm{d}\mu_i \tag{1}$$

把式（1）分离可得：

$$-\mathrm{d}\sigma = \sum\Gamma_{i(\mathrm{m})}\mathrm{d}\mu_{i(\mathrm{m})} + \sum\Gamma_{i(\mathrm{s})}\mathrm{d}\mu_{i(\mathrm{s})} + q\mathrm{d}E \tag{2}$$

对于直流电，式（2）可化为：

$$-\mathrm{d}\sigma = \sum\Gamma_{i(\mathrm{m})}\mathrm{d}\mu_{i(\mathrm{m})} + \sum\Gamma_{i(\mathrm{s})}\mathrm{d}\mu_{i(\mathrm{s})} \tag{3}$$

* 本文合作者：张家雯、郭培民。原发表于《钢铁》，2000，35（5）：23~25。国家自然科学基金资助项目。

从式（3）可见，界面张力取决于渣金界面离子吸附数量和状态。对于一定组成的熔渣、金属液，界面张力保持一定值。

对于交流电，令 $E = E_A\cos(\omega t)$，式（2）可化为：

$$-\mathrm{d}\sigma = \sum\Gamma_{i(\mathrm{m})}\mathrm{d}\mu_{i(\mathrm{m})} + \sum\Gamma_{i(\mathrm{s})}\mathrm{d}\mu_{i(\mathrm{s})} + qE_A\mathrm{d}\cos(\omega t) \tag{4}$$

从式（4）可见，界面张力随时间成周期性变化，变化频率与交流电频率相关。当交流电周期性变化时，引起界面张力也周期性变化，促使界面周期性振荡。

3 试验及结果分析

试验在120kV·A、结晶器直径为100mm的电渣炉上进行。试验用70% CaF_2 - 30% Al_2O_3 和80% CaF_2 - 20% CaO渣系，分别采用交流电、直流正接和直流反接等方式进行试验（直流正接即重熔锭为正极，直流反接即重熔锭为负极）。

3.1 去硫

电渣重熔过程中去硫主要发生在以下阶段：

（1）电极熔化末端，熔滴形成阶段；

（2）金属熔滴穿过渣层进入金属熔池阶段；

（3）金属熔池和渣池界面；

（4）硫自渣相向气相转移过程。

前三个阶段均发生在渣金界面上。去硫反应可写成：

$$[S] + (O^{2-}) = (S^{2-}) + [O]$$

对于直流电来说，还要发生电解反应。

直流反接：$$[S] + 2e = (S^{2-})$$

直流正接：$$(S^{2-}) = [S] + 2e$$

然而在电渣重熔过程中，由于渣池在自耗电极与金属熔池之间，当金属熔池与熔渣之间处于反接时，自耗电极熔化形成的液态薄层与熔渣之间则处于正接状态。因此当金属熔池与熔渣间通过电解去硫时，自耗电极熔化形成的薄层与熔渣之间则通过电解增硫，最终的电解去硫作用还要看上述两个环节的综合效果。另一方面，去硫效率还与动力学条件有关，由于通直流电，渣金界面张力变化甚小，界面不发生振动，因此反应速率受到一定影响，脱硫难达到平衡状态。

对于交流电，由于交流电周期性变化，引起电极熔化末端液态金属层与熔渣之间、金属熔滴与熔渣之间以及金属熔池与渣池之间等渣金交界处的界面张力也周期性变化，促使界面周期性振荡，加强了传质过程、扩大了界面反应面积，因此反应容易达到平衡状态。

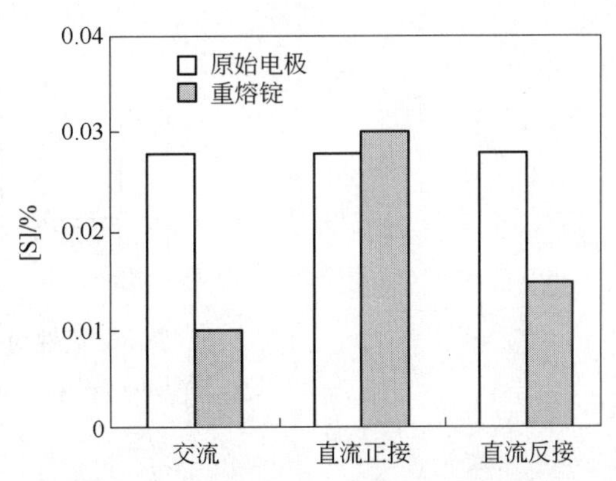

图1　极性对去［S］的影响

Fig. 1　Effect of polarity on desulphation

从图1可见，交流重熔去硫效果最佳，

直流正接效果最差。

3.2 去氧

去氧在电渣重熔过程中较难解决，特别当无惰性气氛保护时，重熔钢锭往往增氧。为探讨电毛细振荡对去氧作用，在自耗电极中配加部分 Al，渣系采用 70% CaF_2 –30% Al_2O_3，结果如图 2 所示。从图 2 中可见，直流反接能去除少量氧；直流正接反而增氧，钢中[Al]也增加，这表明渣中 Al_2O_3 被电解成 Al 进入钢液中；只有在交流电作用下，由于电渣重熔体系中渣金界面上的电毛细振荡而加强了脱氧反应：$2[Al]+3[O]=Al_2O_{3(s)}$。

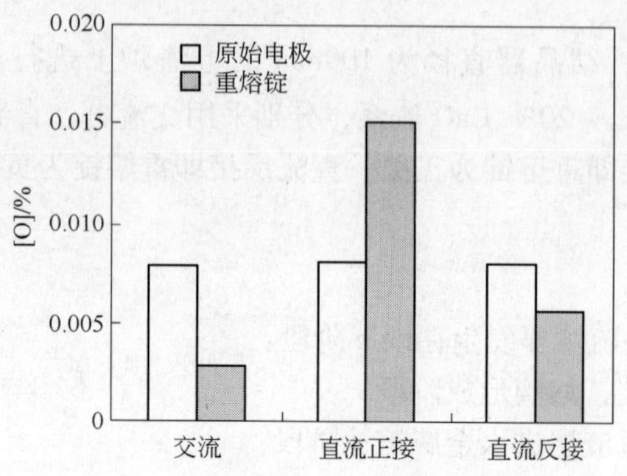

图 2 极性对去［O］的影响

Fig. 2 Effect of polarity on deoxidation

3.3 Al_2O_3 夹杂的去除

电渣重熔的特点之一就是去除自耗电极中的夹杂。夹杂通过吸附进入渣中。对于直流正接，由于渣中的 Al_2O_3 被电解成 Al 进入钢液中，［Al］和［O］反应生成新的细小 Al_2O_3 夹杂，由于钢液的定向凝固，Al_2O_3 留在钢锭中，导致钢中夹杂增多，见图 3。而交流电渣重熔，由于渣金界面的电毛细振荡加快了 Al_2O_3 向渣中转移，因此钢中 Al_2O_3 夹杂也最少。

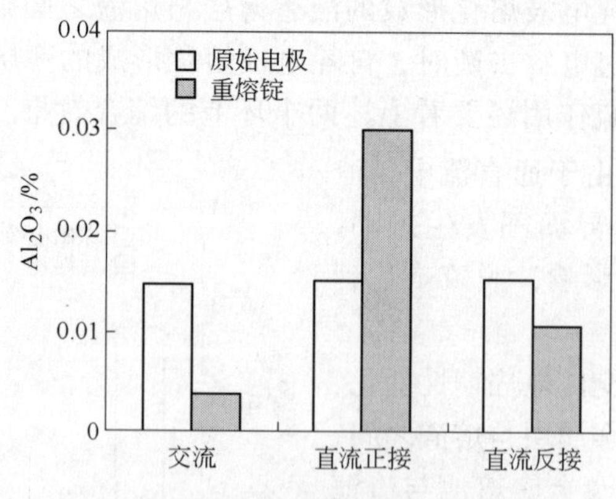

图 3 极性对去夹杂的影响

Fig. 3 Effect of polarity on inclusion removal

4 结论

（1）通过理论分析可得，电渣重熔过程中交流极性周期性变化产生了电毛细振荡。

（2）用交流电毛细振荡理论分析了电渣重熔过程中去硫、去氧和去夹杂行为。

（3）通过交、直流两用电渣炉的试验进一步证实了交流电渣重熔中电毛细振荡的存在，而且得到交流电渣炉去硫和去夹杂效果优于直流正接和直流反接电渣炉。

参 考 文 献

[1] 李正邦. 电渣熔铸理论与实践. 北京：高新技术应用出版社，1996.

[2] Есин ОА. Электрокапи ллярные Яв ления при Высоких Температурах. ДАН СССР 83，1952.

[3] Паин В В. изв. АН СССР ОТН. Мета ллургия и Горное Дело，1963，(6).

Study on Electro-Capillary Oscillation in ESR System

Zhang Jiawen　Guo Peimin　Li Zhengbang

(Central Iron and Steel Research Institute)

Abstract　The mechanism of electro-capillary oscillation generation and desulphurization, deoxidation and inclusion removal are analyzed. The phenomenon of electro-capillary oscillation in alternate current eletroslag remelting process has been proved by experiment on an alternate/direct current electroslag furnace. The effect of desulphurization and inclusion removal in alternate current electroslag furnace is better than that in direct current electro-slag furnace connected positively or in reverse.

Key words　ESR；electro-capillary oscillation；alternate current；direct current

电渣重熔过程中金属凝固的控制方法*

摘　要　分析了表征凝固质量的各种参数及凝固过程参数对凝固质量的影响。讨论了电极熔化速度与凝固质量之间的关系，及如何计算合理的熔化速度。通过数学模拟计算凝固过程的温度场，进而计算二次枝晶间距是获得合理凝固组织的有效手段。

关键词　电渣重熔；凝固；熔速；局部凝固时间；数学模型

任何金属生产工艺的目的都是为了提高金属纯净度、控制凝固质量[1]。在目前的冶炼工艺中，电渣重熔可以很好地满足以上要求。电渣重熔是集精炼、凝固于一体的一种冶炼方法，它可以有效地去除钢中的非金属夹杂物，减少硫的含量；可以有效地控制结晶方向，获得趋于轴向的结晶组织[2]。

由于现代炼钢工艺的进步，硫及夹杂物的控制已经不是电渣生产中的主要矛盾。如何控制凝固，获得合理组织，成为电渣工作者中最为关心的问题。

1　凝固质量参数

在描述凝固质量的时候，常用一次枝晶间距 d_{I} 及二次枝晶间距 d_{II} 的大小来表示。枝晶间距对铸件性能的影响是由于枝晶间偏析，减小枝晶间距可以减轻树枝晶间偏析[3]。因此，在电渣钢锭中，尽可能地减小枝晶间距，从而减少显微偏析。

对于电渣铸锭描述其凝固质量的另一个参数是枝晶生长方向。电渣铸锭是定向的柱状晶生长。其生长方向是温度梯度的方向，这样，电渣铸锭中枝晶的生长方向垂直于等温面。

2　凝固过程参数

凝固过程参数包括：重熔速度，局部凝固速度，局部冷却速度，局部两相区宽度，局部凝固时间，局部温度梯度。

电渣重熔稳定状态凝固是随着凝固前沿的移动而向前推进。虽然局部上升速度的纵向分量是相等的，但是局部凝固速度却显然不同。如图 1 所示。

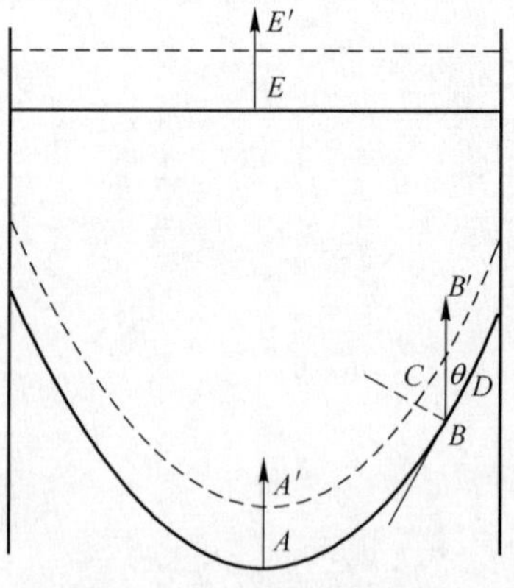

图 1　电渣重熔锭的界面形状

（虚线为液相线，实线为固相线）

凝固速度是垂直于界面的速度（BC），所以，钢锭纵断面的局部凝固速度可以用凝固前沿及电极的重熔速度（或液面上升速度）来推算。

重熔速度（液面上升速度）为：$AA' = BB' = EE' = v$。

---

* 本文合作者：常立忠。原发表于《炼钢》，2007，23（4）：56～58，62。

局部凝固速度为：$BC = BB' \times \sin\theta = v_r$，$\theta$ 是局部界面的切线与界面运动方向 BB' 的交角。

其他各参数之间的关系如下[4~5]：

$$T = X/v_r$$
$$T = (t_L - t_S)/R_c$$
$$G = (t_L - t_S)/X$$
$$R_c = GV_r$$

式中，v_r 为局部凝固速度，mm/min；X 为两相区距离，mm；t_L 为液相线温度,℃；t_S 为固相线温度,℃；R_c 为局部冷却速度,℃/min；G 为温度梯度,℃/mm；T 为局部凝固时间，min。

3　凝固过程参数对凝固质量的影响

局部凝固时间（T）标志合金在固液两相区的停留时间，即合金完成凝固所消耗的时间，它是评定合金显微结构的重要判据，它决定合金一次晶轴间距 d_{I}、二次晶轴间距 d_{II}。

Flemings[6] 指出，局部凝固时间 T 或局部冷却速度和枝晶晶轴间距 d 的关系为：

$$d = bR_c^{-n} = b(Gv_r)^{-n}$$
$$\log d = k_1 + k_2 \log T$$

式中，d 为晶轴间距，μm；R_c 为局部冷却速度,℃/min；b 为常数，由合金成分决定；n 为系数，由合金成分确定，对一次晶轴间距为 1/2，对二次晶轴间距为 1/2 ~ 1/3；k_1，k_2 为常数，由合金成分确定；T 为局部凝固时间，min。

因此，只要控制局部凝固时间，就可以控制枝晶间距的大小，进而控制电渣锭的凝固组织。

不同合金的系数 b、n 见表 1。

表 1　不同合金 Flemings 公式系数 b、n

钢种合金成分	研究对象	b	n
M2 高速钢	d_L①	100	0.29
M2 高速钢	d_{II}	100	0.28
CrMo 钢（Cr = 1.17%，Mo = 0.25%）	d_{II}	710	0.39
不锈钢（Cr = 26.13%，Ni = 21.24%）	d_{II}	610	0.40
碳钢（C = 0.88%）	d_{II}	840	0.44

① d_L 为莱氏体网格间距。

4　通过工艺参数（熔速）控制电渣锭的凝固质量

电渣重熔过程中，钢锭的凝固和电极的熔化是同时进行的，当电极熔化速度不变时，能够获得稳定的凝固过程。因此，可以根据熔炼参数推测电渣钢锭的局部冷却状况及纵断面的低倍组织。

在电渣重熔过程中，工艺参数有输入功率、电流、电压、铸锭、充填比、渣量、成分等。控制过程的主要参数是熔速（铸锭规格一定的情况下）[7~8]，已经得出了电渣重熔的电极熔化速度对钢锭凝固显微组织的影响规律[9~12]，如图 2 所示。

从图2中可以看出，在AB段，随着熔速的增加，局部凝固时间减小；在BC段，随着熔速的增加，局部凝固时间也增加，B点为合适的熔速，此时，局部凝固时间最小，枝晶间距也最小。

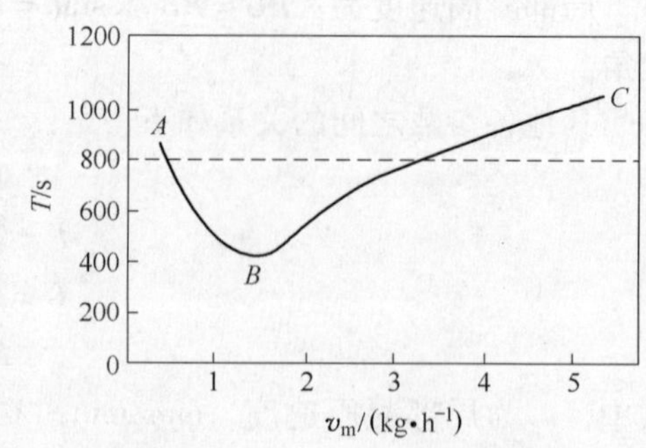

图2　渣重熔 Inconel 718 合金熔速 v_m 与局部凝固时间的关系（$D=300$mm）

但是在生产过程中，常常把熔池形状作为控制的目标参数。因为熔池形状对凝固质量有着重要的影响。它影响着枝晶生长的方向。因为枝晶的生长方向垂直于等温面，这样液态金属的结晶沿着熔池底部曲面的法线方向生长，熔池的形状和深度直接决定着结晶方向。为了保证电渣重熔锭的高质量，最为希望的是金属熔池不仅倾斜度要小，而且要比较浅平。

霍伊尔[13]提出控制金属熔池形状的要求是：

（1）铸锭中心金属熔池深度不大于铸锭半径，即$h_m \leqslant D/2$（D为铸锭半径），结晶前沿轮廓应是粗略的抛物面，柱状晶垂直于固液相界面生长，柱状晶方向与液面上升方向（纵轴方向）夹角$\theta \leqslant 45°$，以保证铸锭凝固质量。

（2）金属熔池上部圆柱形段的高度$h \leqslant 10$mm以保证铸锭表面光洁。

所以，只要控制好熔速，就能得到比较合理的熔池形状。熔速的控制方法通常有以下几种。

4.1　根据熔池深度确定最大熔铸速度

根据增子升公式[14]，保证金属熔池深度$h \leqslant D/2$（D为铸锭半径），柱状晶方向与液面上升方向（纵轴方向）夹角$\theta \leqslant 45°$，可得：

$$vD \leqslant 0.4$$

式中，v为熔铸的最大速度，cm/s；D为铸锭的当量直径，cm。

4.2　根据相关公式计算[15]

最佳熔速v与熔池深度h，熔池角α，柱状晶夹角β，结晶器直径D有如下关系：

$$v = aD^{1.23}$$

式中，a为常数，其值与α，β，h有关，可由表2查出。

表2　常数a计算数值表

α	β	h	a
126.87	53.13	1/4D	0.04
112.60	67.40	1/3D	0.05
90.00	90.00	1/2D	0.06
73.74	106.26	2/3D	0.07
67.38	112.62	3/4D	0.08
64.00	116.00	4/5D	0.09

我国钢铁研究总院李正邦院士，在重熔飞机发动机涡轮盘及熔铸耐热合金 HP50 炉

管时，曾分别用增子升公式及 Flemings 公式计算工艺参数，确定最佳熔速。

5　通过铸锭的温度场计算局部凝固时间进而控制凝固质量

为了更准确地控制电渣锭的凝固过程，科研工作者在数学模型方面做了很多工作[16~21]，为预测电渣锭的凝固质量提供基础。

对于圆柱形电渣锭，其数学模型如下：

$$\rho C_{\mathrm{P}} v_{\mathrm{z}} \frac{\partial t}{\partial z} = \frac{1}{r}\frac{\partial}{\partial r}\left(kr\frac{\partial t}{\partial r}\right) + \frac{\partial}{\partial z}\left(k\frac{\partial t}{\partial z}\right) + S_{\mathrm{Y}}$$

式中，ρ 为密度，kg/m^3；C_P 为热容，J/(kg·℃)；v_z 为钢锭上涨速度，m/s；t 为温度,℃；k 为导热系数，$W/(m^2 \cdot K)$；S_Y 为内热源（凝固潜热），J/m^3；r 为半径，m；z 为纵坐标，m。

求解该数学模型可得到重熔开始阶段和达到稳定后各种不同熔速下的温度场。

对某一合金而言，它的液相线温度和固相线温度是已知的，根据计算得到的温度场分布图，即可求得铸锭各点两相区距离，再除以凝固速度，就能求得局部凝固时间。最后再根据 Flemings 公式，计算出二次枝晶间距，观察是否满足要求。如果二次枝晶间距过大，则调整工艺条件，重新计算温度场分布，再求二次枝晶间距，直到满足要求为止。

日本新日铁八幡钢厂曾经建造 40t 的板锭电渣炉，利用数学模型成功的计算出了板锭的温度场[21]。

前苏联 Medovar 等也同样利用数学模型成功的计算出了重熔大板锭过程中的温度场[23]。

6　结论

铸锭凝固质量优良是电渣重熔的重要特点。在工艺上选择适当的熔速，就可以得到合理的凝固组织。为了准确地控制凝固，应该首先计算凝固过程的温度场，进而计算二次枝晶间距。通过枝晶间距反过来调整工艺参数，这样就可以更好地控制凝固。

参 考 文 献

[1] 李正邦．电渣冶金原理及应用［M］．北京：冶金工业出版社，1996.

[2] 姜周华．电渣冶金的物理化学及传输现象［M］．沈阳：东北大学出版社，2000.

[3] A S Ballantyne，R J Kennedy，A Mitchell. The influence of melting rate on structure in VAR and ESR ingots.［C］//Proceedings of the 5th Inter. Conf. on Vacuum Metallurgy and Electroslag Remelting Processes. Oct. 1976：181～183.

[4] H Takada，Y Fukuhara，M Miura. An evaluation of the electroslag remelting ingot，Second Inter［C］//Symp on ESR Technology，Sep. 1969.

[5] P O Mellberg，H Sandberg. Solidification studied by ESR remelting of high-speed steel scand［J］. J. Metallurgy. 1973，2（2）：83～86.

[6] Flemings. M C. 凝固过程［M］．关玉龙，屠宝洪，许诚信，译．北京：冶金工业出版社．1981.

[7] 鈴木章，鈴木武，長岡，等．炭素含有量の なる炭素鋼の2 次デ ン ド ライトァーム の間隔について［J］．日本金学会誌，1968，(32) 12：1301.

[8] 鈴木章，長岡．鋼の デ ン ド ライト形 お よ びァーム の間隔についで［J］．日本金属学会誌，

1969, (33) 6: 658.

[9] B Sjoberg, A Cederlund, C－H Englsyom. The influence of ESR melting rate on and ingot size on some important prop-erties of tool steels proceedings of the 4th inter [C] //Symp on ESR Processes,. June, 1973.

[10] 车向前，李正邦，何榜全，等．采用高电阻渣电渣重熔高速钢的研究［J］．钢铁，1995，30（8）：27～30.

[11] 车向前，李正邦．控制电渣重熔高速钢凝固质量的研究［J］．钢铁研究学报，1987，（增刊）37～45.

[12] 李正邦．电渣熔铸理论与实践［M］．北京：高新技术应用出版社，1996.

[13] Hoyle, G. Electroslag process principles and practice [M]. Applied Science Publishers, London: 1983.

[14] 増子升，佐野信雄．限界凝固速度にもとづくESR炉スケール.ァツプに関すゐ考察［J］．鉄と鋼．1975，61（11）：2544～2551.

[15] 陆锡才，李连智，姜兴渭．电渣重熔过程控制参数的确定［J］．沈阳：东北工学院学报，1983，35（2）：105～115.

[16] K M Kelkar, J Mokl, S V Patankar, et al. Computational modeling of electroslag remelting processes [J]. JOURNAL DE PHYSIQUE IV, 2004, 120: 421～428.

[17] Guo Peimin, Zhang Jiawen, Li Zhengbang. Development of mathematical model of slag flow field and temperature field in ESR system [J]. Iron & Steel Res, Int, 2000, 7 (2): 27～31.

[18] 陈元元，刘喜海，李宝宽．电渣重熔钢锭凝固过程数学模拟软件［J］．钢铁研究学报，2005，17（6）：30～33.

[19] 唐铁驯，姜兴渭．电渣重熔过程中金属熔池形状的数学模拟［J］．东北工学院学报，1985，44（3）：78～82.

[20] 陈绍隆，姜兴渭．电渣重熔凝固过程的动态控制［J］．东北工学院学报，1986，48（3）：22～28.

[21] 大河平和男，佐藤宣雄，清水高治，等．スラブ型40tESRにおける精錬効果と品質にっぃて［J］．鉄と鋼，1977，63（13）：2208～2223.

[22] B. I. Medovar. Temperature fields of large slab ingots [C] //Proceedings of the 5th Inter. Conf on Vacuum Metallurgy and Electroslag Remelting Processes. Oct. 1976: 153～156.

Method of Controlling Solidification Quality in Electroslag Remelting Process

Chang Lizhong　Li Zhengbang

(Central Iron and Steel Research Institute)

Abstract The different parameters symbolizing solidification quality and effect of solidification process parameters on solidification quality are analyzed. Relation between melting rate and solidification quality and how to obtain the reasonable melting rate is discussed. It's an effective method to obtain reasonable solidification structure by computing temperature field and the secondary dendrite arm spacing using mathematical model.

Key words electroslag remelting; solidification; melting rate; local solidification time; mathematical model

电渣重熔过程中氢行为的分析及控制*

摘　要　分析了电渣重熔过程中氢的行为，分别从大气湿度、渣中的水分、电极的氢含量及炉渣成分的角度讨论了对铸锭中氢行为的影响，并提出了相应的控制措施。

关键词　电渣重熔；氢；炉渣

电渣重熔作为一种精炼手段，在生产优质钢方面具有独特的优点。它以其优良的冶金反应条件及独特的凝固结晶过程，可以有效地去除金属中的各种有害夹杂，改善金属的凝固质量。但是，在电渣重熔过程中，对于氢情况却相反，不但不能有效地去除，而且还存在着增氢现象，特别是对于大型铸锭，这一现象更加严重。众所周知，氢在钢中有很大的危害，可以产生白点等缺陷，严重影响着钢材的性能。因此，必须弄清楚电渣重熔过程中氢的行为，找出相应的控制方法。

1　电渣重熔过程中氢的传递

在电渣重熔过程中，铸锭中氢的增加受到大气－炉渣界面的影响。在大气－炉渣界面上形成的边界层中，大气中水蒸气与渣中的氧离子反应形成的 OH^- 通过边界层的扩散决定着钢中氢的变化。而氢在炉渣与液态金属中的分配基本上处于平衡状态，这主要是电极熔化形成的小液滴表面积很大，能够与炉渣充分地接触，因此氢在这两者之间基本上处于平衡状态。

氢的反应模型如下[1]。

（1）在大气—炉渣界面上，存在着如下的反应：

$$\{H_2O\} + O^{2-} \rightleftharpoons 2(OH^-)^i \tag{1}$$

$$a^i_{(OH^-)} = \sqrt{P_{H_2O} \cdot a_{O^{2-}} \cdot k_1} \tag{2}$$

如果渣中含有水分，也会发生这样的反应。

（2）在炉渣—液体金属之间，存在下列反应：

$$2(OH^-) + Fe^{2+} \rightleftharpoons Fe + 2[O] + 2[H] \tag{3}$$

$$a_{(OH^-)} = a_H \cdot a_O / \sqrt{k_2 \cdot a_{Fe^{2+}}} \tag{4}$$

$$Fe^{2+} + O^{2-} \rightleftharpoons Fe + O \tag{5}$$

$$k_0 \cdot a_{O^{2-}} = a_O \tag{6}$$

在气—渣界面上，OH^- 的传递速率 η：

$$\eta = k \cdot \beta \cdot (S - s)(a^i_{(OH^-)} - a_{(OH^-)}) \tag{7}$$

$$\beta = w(OH^-)/a_{(OH^-)}$$

* 本文合作者：常立忠。原发表于《钢铁研究》，2007，35（3）：24~26。

式中 k——传质常数；

S——结晶器的截面积；

s——电极的截面积。

大气中的湿度或者炉渣中水分的高低决定了 OH^- 的传递速率，也就决定了铸锭中的 $w(H)$。

氢在电渣重熔过程中的传递行为如图 1 所示。因此，电渣过程中氢的来源可以归纳为：(1) 电极中的氢；(2) 渣中吸收的水分；(3) 大气中的水分；(4) 电极和结晶器冷表面上冷凝的水分。

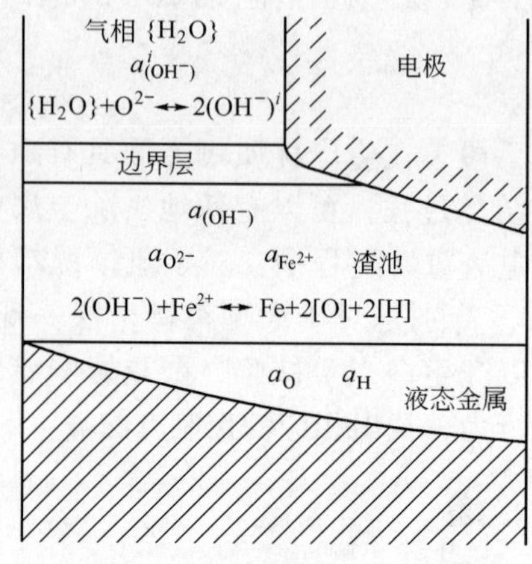

图 1　电渣重熔过程中氢的传递行为

2　电极中氢含量对铸锭中氢含量的影响

H. Jaeger[2] 通过试验得出了电极中 $w(H)$ 与铸锭中 $w(H)$ 的关系，如图 2 所示。

从图 2 中可以看出，当电极中的 $w(H)$ 小于 7×10^{-6} 时，重熔过程铸锭中的 $w(H)$ 会增加，而当电极中的 $w(H)$ 大于 7×10^{-6} 时，这时电渣过程就是脱氢过程，重熔锭中的 $w(H)$ 就会减少。

在一般的炼钢过程中，电极经过脱气以后，$w(H)$ 都比较低，不会超过 7×10^{-6}，因此，电渣过程实际上就是一个增氢的过程。对于氢敏感的钢来说，这一点是非常不利的。

3　大气湿度、炉渣湿度对铸锭氢含量的影响

T. Niimi[3] 曾经研究了大气中不同的水分压下铸锭中的 $w(H)$。

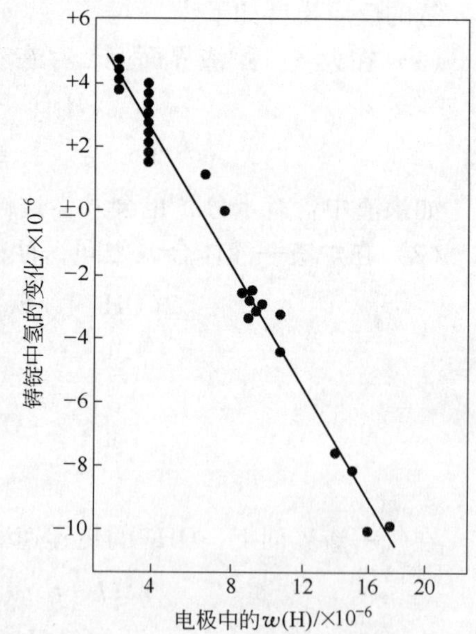

图 2　电极 $w(H)$ 对铸锭 $w(H)$ 的影响

(大气水量 $20g/m^3$)

发现在重熔过程中，金属熔池中的 $w(H)$ 是渣池上面水的蒸汽压的函数。$w(H)$ 与蒸汽压的平方根成比例关系。当 $\sqrt{P_{H_2O}}$ 为 532 ~ 665Pa

时，w(H) 也是 $4\times10^{-6}\sim5\times10^{-6}$。随着 P_{H_2O} 的降低，w(H) 也随之降低。因此，为了防止重熔过程中氢的增加，减少空气中的水分（干燥空气或者其他气体保护重熔）是有效的措施。

日本新日铁公司在重熔 40t 板锭时，曾对铸锭中氢的行为进行了仔细的研究，分 3 种情况对氢进行了分析：

（1）在保护气体下重熔（新渣），用氩气或者氮气做保护气氛；

（2）用返回渣进行重熔（CaF_2-Al_2O_3-CaO-SiO_2 四元渣系）；

（3）在保护气体下用返回渣重熔。

结果如图 3 所示，在冶炼开始阶段，铸锭中的 w(H) 较高，经过一段时间以后，w(H)达到一个稳定的状态。在气体保护下（新渣）重熔时，金属熔池中初始 w(H) 最高，冶炼完成以后，w(H) 仍然高于 2×10^{-6}。用返回渣重熔时次之，而在气体保护下用返回渣重熔时效果最佳，初始的 w(H) 就控制得较低，最终的 w(H) 可以控制在 1×10^{-6} 以内，这足以满足大多数钢的需求。因此除了控制大气中的湿度以外，在重熔之前尽可能地去除渣中的水分是非常重要的。

德国在用电渣重熔 165t 重的圆锭时，由于采取了适当的工艺措施，相对于电极而言，铸锭中的 w(H) 几乎没有增加[4]。

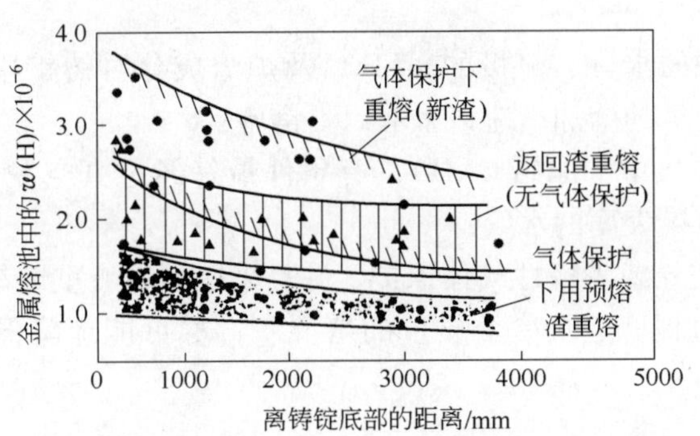

图 3 不同情况下重熔时金属熔池中 w(H) 的比较

4 炉渣成分对铸锭中 w(H) 的影响

炉渣中不同的成分会对铸锭中的 w(H) 产生很大的影响。当渣中含有 CaO 时，渣中自由氧离子活度较高，并且 CaO 是易吸水物质，与大气中的水蒸气，结晶器壁上的冷凝水及渣中结晶水反应形成负离子 OH^- 溶于渣中，再进一步生成［H］溶于钢中。如图 4 所示，随着渣中 w(CaO) 的增加，铸锭中 w(H) 也增加，而渣中含有适当的 SiO_2 时，则起到防氢的作用[5]。因此，在电渣重熔过程中，搞清楚组元的成分对氢行为的影响至关重要。

文献［6，7］中也介绍了渣中不同成分对氢的影响，如图 5 所示。

在该渣系中靠近高碱度即高 w(CaO) 浓度的区域具有高的水容量，而当 w(SiO_2) 浓度增加时水容量减少。因此当渣中的 w(CaO) 含量高时，必然增大渣的水容量，从而增加铸锭的氢含量 w(H)。在生产中，应该尽量控制渣中石灰的用量，特别是在潮湿地区。

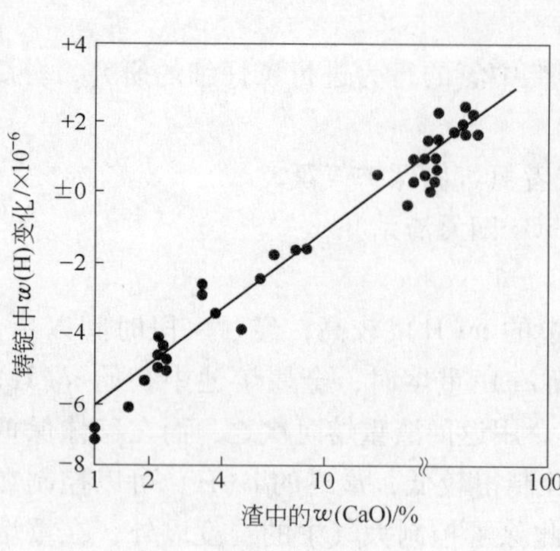

图4 渣中 w(CaO) 对铸锭中氢的影响

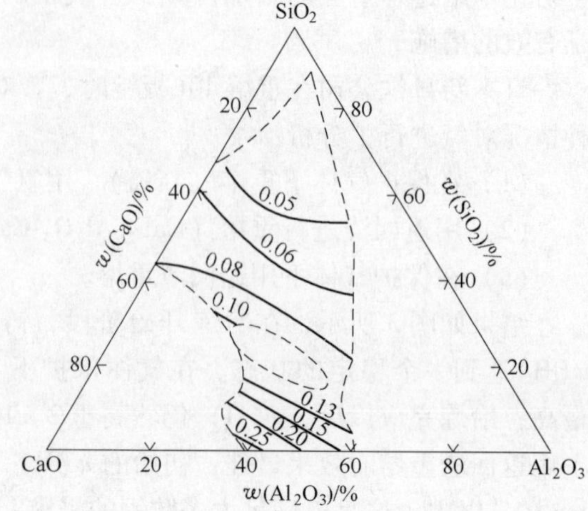

图5 1550℃ Al_2O_3-CaO-SiO_2 渣系的水容量

5 结论

大气湿度、渣中的水分、电极的 w(H) 及炉渣成分对铸锭中的氢有重要的影响。为了防止重熔过程中氢的增加，应该采取以下措施：

（1）尽量降低电极中的原始 w(H)，有条件最好经过真空脱气，在重熔之前充分的烘烤电极，去除电极表面的水气；

（2）采用干燥空气或者惰性气体保护，并且采用预熔渣重熔是一种有效的手段；

（3）在不影响过程稳定及冶金质量的情况下，尽可能地降低炉渣中的石灰用量，减少其水容量。

参考文献

［1］李正邦. 电渣熔铸理论与实践［M］. 北京：高新技术应用出版社，1996.

［2］H. Jaeger，G. Kuehnelt，H. Straube. Investigation regarding the control of hydrogen and aluminum contents in ESR Ingots［C］. Proceedings of the 5th Inter. Sysmposim on Electroslag and Other Special Melting Technologies. Pittsburgh，American，American Society for Metals and Vacuun Metallurgy Division，America Vacuun Society，October 16－18，1974，306～322.

［3］T. Niimi，M. Miura，S. Matumoto，et al. An evaluation of the ESR large ingot［C］. Proceedings of the 4th Inter. Sysmposim on Electroslag Melting Process. Tokyo，Japan，the Iron and Steel Institute of Japan，June 7－8，1973，322～336.

［4］M. Nishiwaki，T. Yamaguchi etc. Operation of Large Bifilar ESR Furnace for Slab production and Quality of Slabs and Heavy Plates Produced［C］. Proceedings of the 5th Inter. Conference on Vacuum Metallurgy and ESR Processes. Pittsburgh，American，American Society for Metals and Vacuun Metallurgy Division，America Vacuun Society，October 16－18，1974，197～200.

［5］高彦彬. SiO_2 在电渣重熔的渣中的作用［J］. 工业加热，1994，117（1）：9～12.

［6］姜周华. 电渣冶金的物理化学及传输现象［M］. 沈阳：东北大学出版社，2000.

［7］G. 霍伊尔，电渣重熔原理与实践［M］. 陆锡才，赵渭国，译. 沈阳：东北工学院出版社，1990.

Analysis and Control of Hydrogen in Electroslag Refining Process

Chang Lizhong　Li Zhengbang

(Central Iron and Steel Research Institute)

Abstract　Based on an analysis of hydrogen behavior in electroslag refining process, effects of air humidity, water content in slag, hydrogen content in electrode and slag component on hydrogen behavior in ingot are discussed. Measures for controlling hydrogen in ingot are put forward.

Key words　electroslag refining; hydrogen; slag

电渣重熔板锭过程中温度场的动态模拟*

摘　要　根据钢的电渣重熔过程的特点，建立了板锭电渣重熔的非稳态模型，以模拟在不同重熔速度下板锭重熔过程的温度场和分析影响金属熔池深度的因素。模拟结果表明：横截面尺寸400mm×2000mm，20t板锭重熔过程中，当重熔速度3～5mm/min时，重熔速度越大，熔池深度越深；当重熔锭的高度达到铸锭厚度的2倍左右时，系统处于准稳定状态，熔池深度不再变化。

关键词　电渣重熔；板锭；温度场；非稳态模型；熔池

随着造船业、特种机械制造业、锅炉制造业及其他工业的迅速发展，需要大量的优质轧制厚板，用电渣重熔可获得具有高度各向同性的机械性能及特殊性能的厚板[1]。

电渣重熔后的钢锭之所以有优良的性能,一个重要原因就是它具有良好的凝固组织。如何确保在重熔过程中获得好的凝固组织,关键是选择合理的重熔速度,进而控制熔池深度,局部凝固时间,获得较小的二次枝晶间距。但是,如何选取合理的重熔速度是一个关键问题。如果采用试验的方法,对大的板锭进行解剖,成本是非常高的,也不太现实。因此,如果能通过数值模拟的方法计算出板锭重熔过程中的温度场,就具有重大的意义。

在国内，目前还没有关于板锭重熔过程中温度场模拟的相关文献。在国外，日本新日铁曾经重熔40t的板锭时，进行过相关的模拟[2,3]；前苏联巴顿电焊研究所也进行过板锭的数学模拟[4]。

通过计算板锭电渣重熔的温度场分布、熔池深度，从而找出板锭的凝固规律，预测板锭的凝固特征，为工业生产提供依据。

1　板坯结晶器凝固传热的数学模型

1.1　模型假设条件

（1）模型假设为二维传热，只在厚度方向与纵向传热；

（2）假设渣—金界面为平面；

（3）渣—金界面的温度为一定值；

（4）忽略液相内的对流，以一个适当的传热系数来等效；

（5）固态、液态钢的热物理参数为常数。

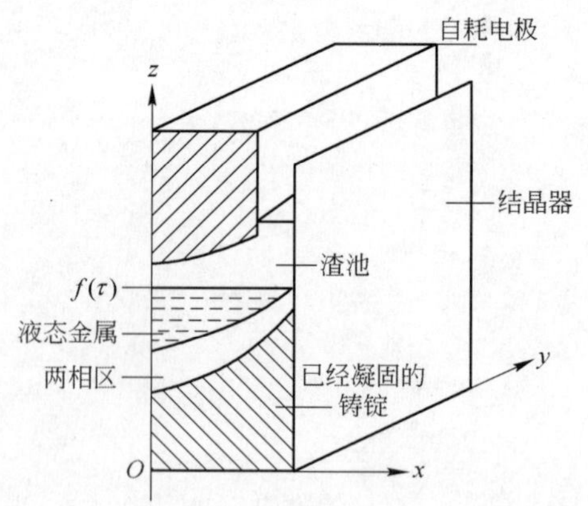

图1　板锭电渣重熔模型图

Fig. 1　Scheme for model of ESR of slab ingot

1.2　凝固传热模型

板锭电渣重熔示意图如图1所示。

* 本文合作者：常立忠。原发表于《特殊钢》，2007，28（5）：34～36。

凝固模型如下：

$$\rho c^{*}\frac{\partial t}{\partial \tau}=\frac{\partial}{\partial x}\left(\lambda^{*}\frac{\partial t}{\partial x}\right)+\frac{\partial}{\partial z}\left(\lambda^{*}\frac{\partial t}{\partial z}\right)+L \tag{1}$$

式中 λ^{*}——导热系数，W/(m·℃)，金属熔池及两相区的导热系数以有效导热系数来估计；

L——凝固潜热，W/m³，只有在两相区才有此项，假设在两相区内固相率f_s与温度成线性关系，$\frac{\partial f_s}{\partial t}=-\frac{1}{t_l-t_s}$，那么两相区内的凝固潜热以有效热容来估计，即$c^{*}=c+\frac{L}{t_l-t_s}$，$t\in(t_s,t_l)$，$t_l$为液相线温度,℃，$t_s$为固相线温度,℃，$c$为常数，在液相及固相区仍以液、固态的热容计算；

ρ——密度，kg/m³；

t——温度,℃；

τ——时间，s；

x——$0<x<l_x/2$，l_x为铸锭的宽度，m；

z——$0<z<f(\tau)$，$f(\tau)$为金属熔池（渣—金界面）的位置，随着重熔的进行不断变化。

2 边界条件与初始条件

2.1 铸锭上面边界条件

铸锭上面边界条件,即渣池-金属熔池界面。进入金属熔池的热量由两部分组成,即：

$$q=q_{sl}+q_r \tag{2}$$

式中 q——进入金属熔池的总热量；

q_{sl}——由渣传入熔池的热量；

q_r——电极下部熔化形成的金属液滴进入熔池的热量。

这两项可表示如下：

$$q_r=M\cdot c[t_k-t(x,z,\tau)] \tag{3}$$

$$q_{sl}=h_{sl}[t_{sl}-t(x,z,\tau)] \tag{4}$$

式中 M——金属熔滴的质量，kg；

c——质量热容，J/(kg·℃)；

t_k——金属熔滴的温度,℃；

t_{sl}——渣温,℃；

h_{sl}——渣—金之间的传热系数，W/(m²·℃)。

因此，在$z=f(\tau)$（渣池—金属熔池界面）位置的边界条件表示如下：

$$-\lambda\frac{\partial t}{\partial z}\Big|_{z=f(\tau)}=h_{sl}[t_{sl}-t(x,z,\tau)]+M\cdot c[t_k-t(x,z,\tau)] \tag{5}$$

假设液滴的过热度为100℃，渣—金界面的温度为1650℃，渣—金界面的传热系数为2840W/(m²·℃)。

2.2 铸锭下部边界条件

$$-k\frac{\partial t}{\partial z}=h_b(t-t_b),z=0 \tag{6}$$

式中 t_b——冷却水的温度,℃;

h_b——铸锭与底板的传热系数。

2.3 铸锭侧面边界条件

$$0 < z < f(\tau)$$
$$-\lambda \frac{\partial t}{\partial x} = h_{tw}(t - t_w) \tag{7}$$

式中 h_{tw}——结晶器与铸锭间有效传热系数,W/(m^2·℃);

t_w——冷却水温度,℃;

$f(\tau)$——铸锭高度,m。

公式(7)为在厚度方向上的传热。

2.4 中心线为边界的边界条件

按轴对称选取中心线为边界,在此边界上无热流。

$$0 < z < f(\tau),\ x = 0$$
$$-\lambda \frac{\partial t}{\partial x} = 0 \tag{8}$$

2.5 初始条件

假设在初始时间,结晶器内已经有了一层钢液,为一等温体。

3 计算方法

在本次计算中,采用有限差分法对传热方程离散求解,网格划分为10mm×10mm,每1s计算一次。在电渣重熔过程中,铸锭是不断增长的,因此重熔过程中的移动边界(渣—金界面)问题,采用以下方法解决:锭子的增长(电极不断的熔化)可以看作是若干时间后增加了一排新的格子。采用Visual Basic作为计算工具,进行模拟。

4 结果与讨论

所模拟板锭的横截面尺寸为400mm×2000mm,锭重为20t。采用3个不同的重熔速度(3mm/min、4mm/min、5mm/min)进行,计算不同时刻(铸锭高度)金属熔池的深度及对熔池深度的影响因素,钢种为45号钢。

在3、4、5mm/min的重熔速度下,当重熔锭的高度为500mm、1000mm、1500mm时,铸锭厚度为400 mm的熔池形状如图2所示。

从图2可以看出,在重熔开始阶段,熔池深度较浅;随着重熔的进行,熔池深度逐渐增加,当重熔进行到一定程度时,熔池形状基本保持不变;并且随着重熔速度的提高,熔池深度加深,这也说明熔炼速度是影响熔池形状的主要因素。这可以从图3更明显的看出来。

从图3可以看出,当铸锭高度达到铸锭厚度的2倍左右时,熔池深度处于准稳定状态,几乎不再变化,或者变化很小;并且随着重熔速度的增加,熔池深度也增加。这说明在重熔开始阶段,可以采用较大的重熔速度,因为这时熔池深度较浅;随着重熔的进行,应该采用递减功率操作,适当地降低重熔速度,防止形成深的熔池,恶化

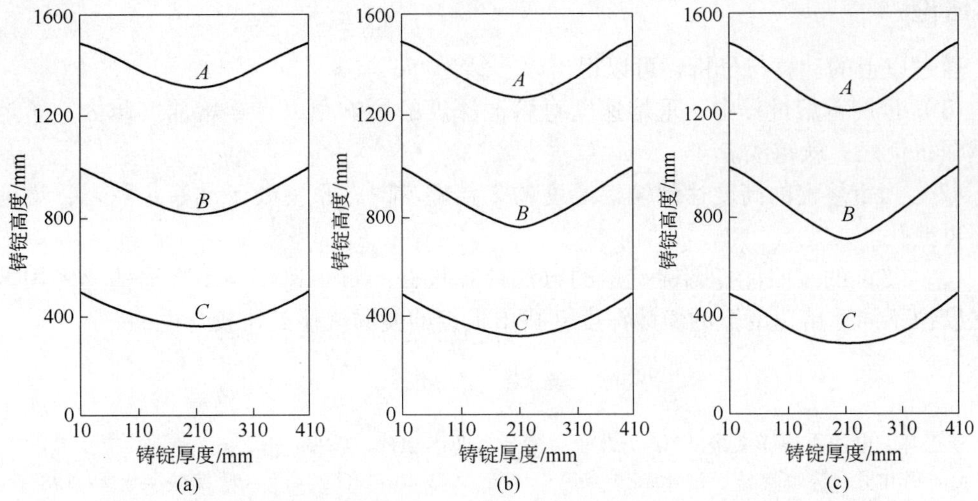

图 2　400mm 厚板锭的熔池形状：重熔速度 3mm/min（a），4mm/min（b）和 5mm/min（c）；铸锭高度/mm：$A-1500$，$B-1000$，$C-500$

Fig. 2　Metal pool shape for remelting 400mm thickness slab ingot with remelting speed 3mm/min（a），4mm/min（b）and 5mm/min（c）；at height of slab ingot 1500mm $-A$，1000mm $-B$，500mm $-C$

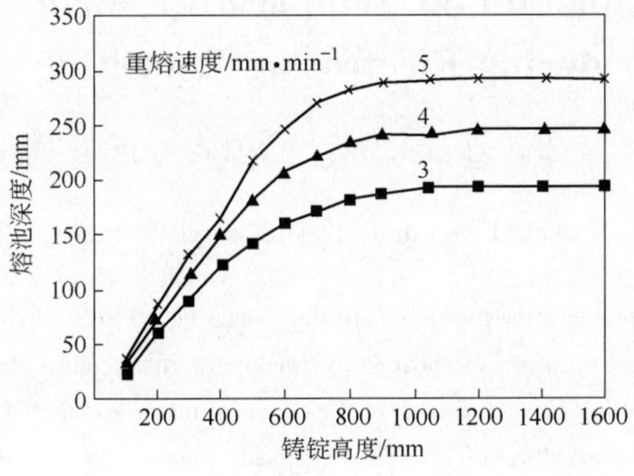

图 3　板锭不同重熔速度、高度下的熔池深度

Fig. 3　Metal pool depth at various remelting height with different remelting speed of slab ingot

铸锭的凝固组织。

电渣重熔锭之所以优于一般的铸锭，关键就在于它的凝固组织。而控制重熔过程中的熔池深度是获得优良凝固组织的关键。对于普通的圆锭重熔，重熔速度可以参考相关的公式，而对于板锭，一般是把板锭的横截面等价为同面积的圆，从而计算重熔速度；这是很不合理的，原因在于板锭与圆锭的冷却条件不同。新日铁重熔 40t 板锭时[2,3]，所采用的重熔速度，是按照经验公式计算的重熔速度的 2 倍。因此，按照计算圆锭的公式来计算板锭的重熔速度是不合适的。最好的方法就是按照数值方法，模拟不同重熔速度下的熔池深度，找出板锭的凝固规律，这也是本计算的原因所在。当然，对于某一厚度的铸锭，究竟什么样的熔池深度较合适，这需要试验的配合。

5 结论

通过以上的计算与分析，可以得出以下结论：

（1）板锭重熔过程中，重熔速度对熔池深度的影响很大，重熔速度越大，熔池深度越深；反之，就越浅。

（2）当重熔锭的高度达到铸锭厚度的 2 倍左右时，系统处于准稳定状态，熔池深度不再变化。

（3）传统的按照计算圆锭重熔的方法计算板锭的重熔速度是不合适的，采用数值方法模拟不同重熔速度下的熔池深度，找出板锭的凝固规律是比较合适的。

参 考 文 献

[1] 李正邦．电渣重熔译文集［M］．北京：冶金工业出版社，1990.

[2] 大河平和男，佐藤宣雄，清水高治，等．スラブ型 40tESRにおける精煉效果と品質にっぃて［J］．鉄と鋼，1977，63（13）：2208.

[3] Nishiwaki M.，Yamaguchi，T. Koba M. et al. Operation of Large Bifilar ESR Furnace for Slab production and Quality of Slabs and Heavy Plates Produced. Proceedings of the 5th Inter. Conference on Vacuum Metallurgy and ESR Processes. Munich，Germany，1976：197.

[4] Medovar B. I. Temperature Fields of Large Slab Ingots. Proceedings of the 5th Inter. Conference on Vacuum Metallurgy and ESR Processes. Munich，Germany，1976：153.

Dynamic Simulation on Temperature Field of Slab Ingot during Electroslag Remelting

Chang Lizhong　Li Zhengbang

（Central Iron and Steel Research Institute）

Abstract　According to characteristics of electroslag remelting（ESR）of steel，the unsteady state model for ESR slab ingot has been established to simulate the temperature field of slab ingot during ESR with diferent remelting speed and analyze the effect factors on metal pool depth. Simulation results showed that during remelting of 20t slab ingot with cross-section size 400mm × 2000mm and remelting speed 3-5mm/min，with increasing remelting speed the depth of metal pool increased and as height of remelted ingot was about up to double of ingot thickness the system was in quasi-steady state then the depth of metal pool was unchanging.

Key words：electrosalg remelting；slab ingot；temperature field；quasi-steady model；metal pool

电渣重熔板锭的温度场计算*

摘　要　建立了电渣重熔板锭过程的非稳态模型，计算了板锭重熔过程中的温度场，得到不同熔速、不同重熔时刻的熔池深度；分析了影响熔池深度的主要因素及板锭的凝固规律，计算表明：熔速是影响熔池深度的最大因素，当铸锭到达一定高度时，系统处于准稳定状态，熔池深度不再变化。同时铸锭底部的冷却条件对熔池深度影响不大。

关键词　电渣重熔；板锭；温度场；熔池深度

1　前言

随着造船业、核机械制造业、锅炉制造业及其他工业的迅速发展，需要大量的优质轧制厚板，人们公认只有用电渣重熔的方法才能获得具有高度各向同性的机械性能及特殊性能的厚板[1]。

在选择板锭电渣炉及计算熔炼参数时，最重要的一点就是板锭凝固过程的热参数，如：金属熔池的形状和深度，两相区的宽度及已凝固区域的温度场。然而，要获得这些信息，特别是对大尺寸的板锭是非常困难的，而且成本也非常高。因此，采用数学模拟的方法获得上述信息具有巨大的价值。

在国内，有不少电渣领域的学者计算了电渣过程中的温度场，但是他们主要是针对圆锭计算的，而且多从静态的方面考虑，还没有人专门针对板锭进行过计算。在国外，日本新日铁八幡钢厂曾经建造 40t 的板锭电渣炉，利用数学模型计算了板锭的温度场[2,3]。苏联 Medovar 等也曾经利用数学模型计算了大板锭重熔过程中的温度场[4]。

笔者通过计算板锭电渣炉重熔过程的温度场、熔池深度,从而找出板锭的凝固规律,预测板锭的凝固特征,为工业生产提供一些依据。

2　板锭结晶器凝固传热的数学模型

2.1　模型假设条件

（1）模型假设为二维传热，只在厚度方向与纵向传热；

（2）假设渣—金界面为平面；

（3）渣—金界面的温度为一定值；

（4）忽略液相内的对流；

（5）固态钢、液态钢的热物理参数为常数。

2.2　凝固传热模型

模型示意图如图 1 所示。

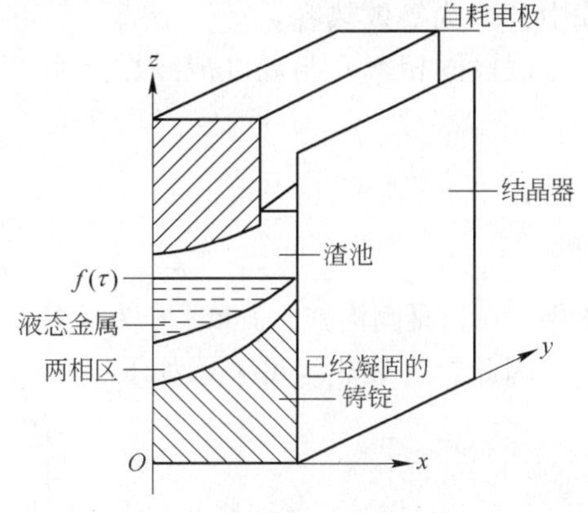

图 1　电渣重熔模型

Fig. 1　Scheme for mathematical description

* 本文合作者：常立忠。原发表于《钢铁钒钛》，2007，28（4）：62～66。

数学模型如下：

$$\rho c^* \frac{\partial t}{\partial \tau} = \frac{\partial}{\partial x}\left(\lambda^* \frac{\partial t}{\partial x}\right) + \frac{\partial}{\partial z}\left(\lambda^* \frac{\partial t}{\partial z}\right) + L \tag{1}$$

式中 t——温度，℃；

τ——时间，s；

x——$0 < x < l_x/2$，l_x 为铸锭的宽度，m；

z——$0 < z < f(\tau)$，$f(\tau)$ 为金属熔池（渣—金界面）的位置，随着重熔的进行不断变化；

λ^*——导热系数，W/(m·℃)；

c^*——金属的比热，J/(kg·℃)；

L——凝固潜热，W/m³；

ρ——密度，kg/m³。

2.3 相关参数的处理

2.3.1 关于凝固潜热的处理

电渣过程传热比一般的传热问题更复杂的原因之一是：铸锭在凝固过程中要放出凝固潜热，这种潜热的放出是在一定温度区间内放出。根据潜热与温度的关系，可以把其以内热源项的形式表现在传热方程式中。由于内热源是温度的函数，给传热方程的求解增加了很大的难度。所以在数值解中，往往需要设法将其消去。

在此次计算中，采用等效比热法处理潜热。

凝固潜热可表示如下：

$$q_v = \rho L \frac{\partial f_s}{\partial \tau} = \rho L \frac{\partial f_s}{\partial t}\frac{\partial t}{\partial \tau} \tag{2}$$

将式（2）代入式（1），得到：

$$\rho\left(c - L\frac{\partial f_s}{\partial t}\right)\frac{\partial t}{\partial \tau} = \frac{\partial}{\partial x}\left(\lambda \frac{\partial t}{\partial x}\right) + \frac{\partial}{\partial z}\left(\lambda \frac{\partial t}{\partial z}\right) \tag{3}$$

即：

$$\rho c^* \frac{\partial t}{\partial \tau} = \frac{\partial}{\partial x}\left(\lambda \frac{\partial t}{\partial x}\right) + \frac{\partial}{\partial z}\left(\lambda \frac{\partial t}{\partial z}\right)$$

式中，c^* 为等效热容。

假设固相率 f_s 与温度成线性关系，则：

$$f_s = \frac{t_l - t}{t_l - t_s}$$

$$\frac{\partial f_s}{\partial t} = -\frac{L}{t_l - t_s} \tag{4}$$

式中，L 为凝固潜热，J/kg；t_l 为液相线温度，℃；t_s 为固相线温度，℃。

因此，等效热容可表示如下：

$$c^* = \begin{cases} c_l, t \geqslant t_l \\ c + \dfrac{L}{t_l - t_s}, t \in (t_s, t_l) \\ c_s, t \leqslant t_s \end{cases}$$

2.3.2 关于导热系数的处理

在导热方程中，忽略了铸锭上部液态钢液的流动。如果忽略其对流换热，只考虑静止钢液的导热，就会与实际的热交换有较大的出入，所以在实际计算中应该考虑液态金属对流换热的影响。在一般情况下，用相当于静止钢液导热系数的 m 倍来综合考虑对流换热的作用，即：

$$\lambda_{eff}=m\lambda_l, m=2\sim5 \tag{5}$$

对于固液两相区，树枝晶的生长削弱了钢水的对流运动，所以两相区的等效导热系数应处于固相和液相之间。在此采用以下办法：

$$\lambda_d=0.5m\lambda_l \tag{6}$$

因此，等效导热系数可表示如下：

$$\lambda^*=\begin{cases} m\lambda_l, t\geqslant t_l \\ 0.5m\lambda_l, t\in(t_s,t_l) \\ \lambda_s, t\leqslant t_s \end{cases}$$

3 边界条件与初始条件

3.1 铸锭上面边界条件

铸锭上面边界条件，即渣池—金属熔池界面。

进入金属熔池的热量由两部分组成，即：

$$q=q_{sl}+q_r$$

式中 q——进入金属熔池的总热量；

q_{sl}——由渣传入熔池的热量；

q_r——电极下部熔化形成的金属液滴进入熔池的热量。

这两项可表示如下：

$$q_r=Mc[t_k-t(x,z,\tau)]$$

$$q_{sl}=h_{sl}[t_{sl}-t(x,z,\tau)]$$

式中 M——金属熔滴的质量，kg；

c——比热，J/(kg · ℃)；

t_k——金属熔滴的温度，℃；

t_{sl}——渣温，℃；

h_{sl}——渣—金之间的传热系数，W/(m^2 · ℃)。

因此，在 $z=f(\tau)$（渣池—金属熔池界面）位置的边界条件表示如下：

$$-\lambda\frac{\partial t}{\partial z}\Big|_{z=f(\tau)}=h_{sl}[t_{sl}-t(x,z,\tau)]+Mc[t_k-t(x,z,\tau)] \tag{7}$$

假设液滴的过热度为100℃，渣—金界面的温度为1650℃，渣—金界面的给热系数为2840W/(m^2 · ℃)。

3.2 铸锭下部边界条件

$$-k\frac{\partial t}{\partial z}=h_b(t-t_b), z=0 \tag{8}$$

式中 t_b——冷却水的温度，℃；

h_b——冷却水与底板的给热系数。

3.3 铸锭侧面边界条件

$$0<z<f(\tau)$$
$$-\lambda\frac{\partial t}{\partial z}=h_{tw}(t-t_w) \tag{9}$$

式中 h_{tw}——结晶器侧面与冷却水的有效给热系数，W/(m^2·℃)；

t_w——冷却水温度，℃；

$f(\tau)$——铸锭高度，m。

式（9）为在厚度方向上的传热。

3.4 中心线为边界的边界条件

按轴对称选取中心线为边界，在此边界上无热流。

$$0<z<f(\tau),\ x=0$$
$$-\lambda\frac{\partial t}{\partial x}=0 \tag{10}$$

3.5 初始条件

假设在初始时间，结晶器内已经有了一层钢液，为一等温体。

4 计算方法

在本研究中，采用有限差分法对传热方程离散求解。

在电渣重熔过程中，铸锭是不断增长的，因此重熔过程中的移动边界（渣—金界面）问题，采用以下方法解决：锭子的增长（电极不断地熔化）可以看作是若干时间后增加了一排新的格子。

采用 Visual Basic 作为计算工具，进行模拟。

5 结果与讨论

计算分别采用三种不同厚度的板锭进行，即 50mm、250mm、400mm。每个厚度采用三个不同的熔速进行，计算不同重熔时刻（铸锭高度）金属熔池的深度及对熔池深度的影响因素，钢种为45 号钢。

对于 50mm 厚的板锭，网格大小 5mm × 5mm，每 0.5s 计算一次。熔速分别取20mm/min，30mm/min，40mm/min 进行计算，计算结果见图 2。从图 2 可以看出，随着重熔速度的增加，熔池深度明显增加，但是当铸锭高度达到铸锭厚度的 2 倍左右时，熔池深度处于准稳定状态，几乎不再变化，或者变化很小。为了进一步观察这种规律，变化底部的换热系数（改变冷却条件），观察其对熔池深度的影响。

从图 3 可以看出，改变底部的换热系数，分别采用 226W/(m^2·℃)、180W/(m^2·℃)、100W/(m^2·℃)，在开始重熔阶段，随着换热系数的增加，熔池深度减小，随着重熔过程的进行，熔池深度逐渐变得相同。即底部的冷却条件对熔池深度影响不大。对于熔速为 30mm/min、40mm/min 两种情况，有相似的结果。

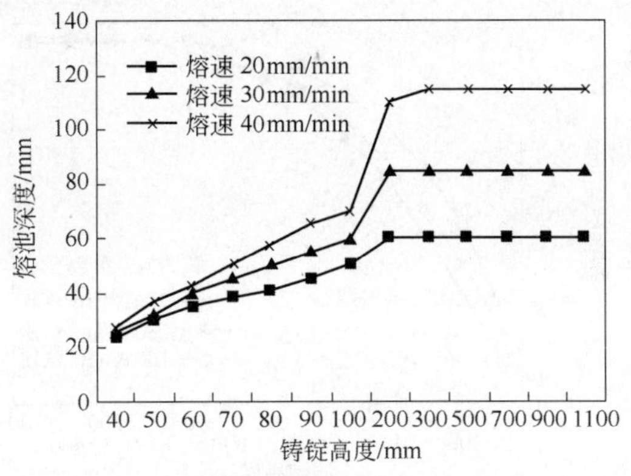

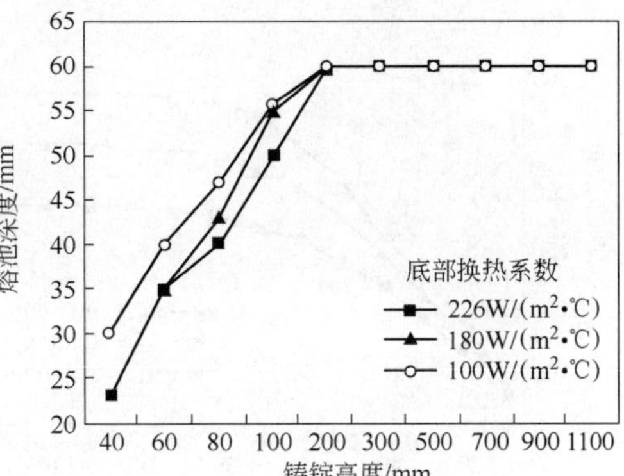

图 2　50mm 厚板锭不同重熔速度、不同重熔高度下的熔池深度

Fig. 2　Pool depth at different ingot height with different melting velocity for 50mm slab ingot

图 3　50mm 厚板锭不同的底部换热系数对熔池深度的影响（熔速 20mm/min）

Fig. 3　Effect of cooling condition on pool depth for 50mm slab ingot

为了更进一步说明上述规律，针对 250mm、400mm 两个厚度的铸锭进行了计算。

对于 250mm 厚的板锭，网格大小 10mm × 10mm，每 1s 计算一次。熔速分别为 4mm/min，5mm/min，6mm/min。计算结果如图 4、图 5 所示。

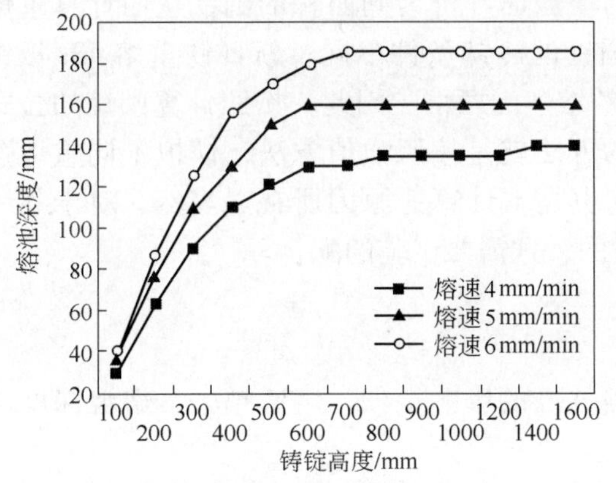

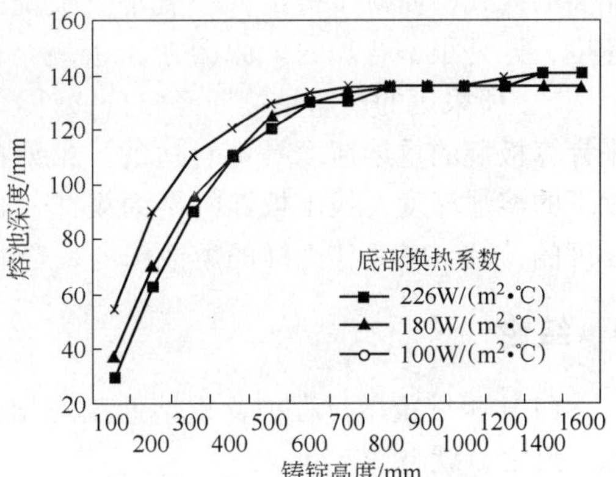

图 4　250mm 厚板锭不同的重熔高度下的熔池深度

Fig. 4　Pool depth at different ingot height with different time melting velocity for 250mm slab ingot

图 5　250mm 厚板锭不同的底部换热系数对熔池深度的影响（熔速 4mm/min）

Fig. 5　Effect of cooling condition on pool depth for 250mm slab ingot

对于 400mm 厚的板锭，网格大小 10mm × 10mm，每 1s 计算一次。熔速分别为 3mm/min，4mm/min，5mm/min。计算结果如图 6、图 7 所示。

从图 4 和图 6 可以看出，板锭不论是 250mm 厚，还是 400mm 厚，当铸锭达到一定高度时（铸锭厚度的 2 倍左右时），熔池深度达到 140mm（250mm 厚板锭）和 190mm（400mm 厚板锭）左右，几乎不再变化，达到稳定状态。并且随着熔速的提高，熔池深度明显变深，即熔速对熔池深度的影响最大。

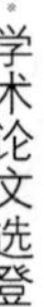

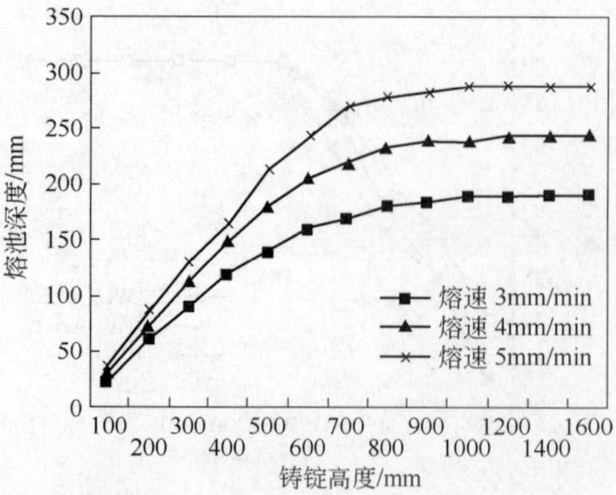

图 6　400mm 厚板锭不同重熔速度、不同重熔高度下的熔池深度

Fig. 6　Pool depth at different ingot height with different melting velocity for 400mm slab ingot

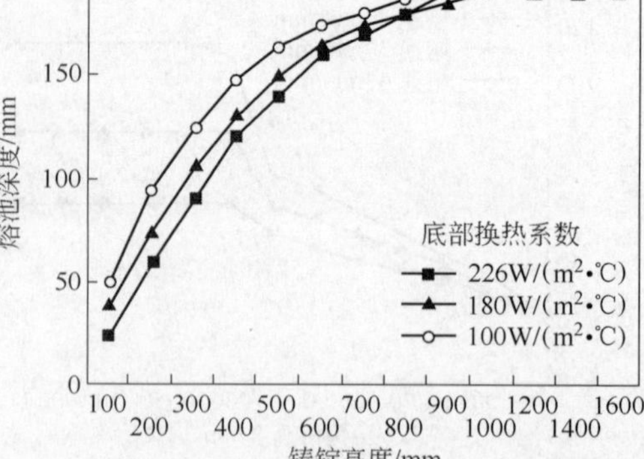

图 7　400mm 厚板锭不同的底部换热系数对熔池深度的影响（熔速 3mm/min）

Fig. 7　Effect of cooling condition on pool depth for 400mm slab ingot

从图 5 和图 7 可以看出，不论底部的冷却条件如何，铸锭达到稳态以后，熔池深度都一样（对于同样熔速）。对于其他的重熔速度也呈现出同样的规律。

电渣重熔锭之所以优于一般的铸锭，关键就在于它的凝固组织。而控制重熔过程中的熔池深度是获得优良凝固组织的关键。对于普通的圆锭重熔，重熔速度可以参考相关的公式，而对于板锭，一般是把板锭的横截面等价为同面积的圆，从而计算重熔速度，这是很不合理的。原因在于板锭与圆锭的冷却条件不同。新日铁重熔 40t 板锭时[2,3]，所采用的熔速是按照经验公式计算的熔速的两倍。因此，按照计算圆锭的公式来计算板锭的重熔速度是不合适的。最好的方法就是按照数值方法，模拟不同重熔速度下的熔池深度，找出板锭的凝固规律，这也是本计算的原因所在。当然，对于某一厚度的铸锭，究竟什么样的熔池深度是合适的，这需要试验的配合。

6　结论

（1）板锭重熔过程中，重熔速度对熔池深度的影响很大，熔速越大，熔池深度越深；反之，就越浅。

（2）当重熔锭的高度达到铸锭厚度的两倍左右时，系统处于准稳定状态，熔池深度不再变化。

（3）重熔锭底部的冷却情况对熔池深度影响不大，当铸锭达到一定高度时，不论底部冷却条件如何，熔池深度几乎都不再变化。

（4）按照传统的计算圆锭重熔的方法计算板锭的重熔速度不合适，采用数值方法模拟不同重熔速度下的熔池深度、找出板锭的凝固规律是比较合适的。

参 考 文 献

[1] 李正邦．电渣重熔译文集［M］．北京：冶金工业出版社，1990：110～124.

[2] 大河平和男，佐藤宣雄，清水高治，等．スラブ型 40tESRにおける精炼效果と品质につぃて［J］．鉄と鋼，1977，63（13）：2208～2223.

[3] Nishiwaki M，Yamaguchi T，Koba M，et al. Operation of Large Bifilar ESR Furnace for Slab Production

and Quality of Slabs and Heavy Plates Produced [A]. Proceedings of the 5th Inter. Conference on Vacuum Metallurgy and ESR Processes [C]. Munich, Germany, 1976: 197 ~ 200.
[4] Medovar. B. I. Temperature Fields of Large Slab Ingots [A]. Proceedings of the 5th Inter. Conference on Vacuum Metallurgy and ESR Processes [C]. Munich, Germany, 1976: 153 ~ 156.

Computation on Temperature Fields of Electroslag Remelting (ESR) Slab Ingot

Chang Lizhong Li Zhengbang

(Central Iron and Steel Research Institute)

Abstract An unsteady-state model of electroslag remelting (ESR) slab ingot is established, and the temperature field of slab ingot is calculated. The metal pool depth at different height of ingot is obtained with different melting velocity. The factors influencing the pool depth and the solidification behavior of ingot are discussed. The results show that melting velocity is the most important influence factor for the pool depth, the system is in the quasi-steady state and the pool depth doesn't change when the ingot gets to a certain height. Meanwhile, the cooling conditions in the bottom of ingot have little effect on the pool depth.

Key words electroslag remelting; slab ingot; temperature field; metal pool depth

电源频率对电渣重熔锭质量的影响*

摘　要　研究了不同频率对电渣锭质量的影响。研究结果发现：电源频率的降低导致了渣池电磁搅拌的强烈，促进了渣池的温度均匀，因而降低了金属熔池深度；随着电源频率的降低，铸锭中的氧含量明显增高，这主要是由于在渣池中的部分氧化物发生了电解反应，导致了氧进入钢中，增加了钢中的夹杂物含量。

关键词　电渣重熔；电源频率；氧含量；电化学反应

在电渣重熔过程中，主要是采用单相的供电方式（部分采用三相）；当重熔很大的钢锭（最大的锭子单重达到200t）时，熔炼电流很大，达到几万安培，这样不可避免地会导致电网的三相不平衡，为了解决这一问题，有的电渣炉就采用低频操作（德国1974年建造的50t电渣炉采用0～10Hz频率进行重熔[1,2]）。

采用单相电渣重熔很大的锭子时，还存在一个严重的缺点：随着电流强度的增大，短网压降 ΔU 也增大，很明显地降低了单极电渣炉的功率因数 $\cos\varphi$，其中：

$$\Delta U = \sqrt{(IR)^2 + (LX)^2}$$

$$X = 2\pi fL$$

式中，f 为频率；L 为电感。

因此，如果能够降低频率 f，也就能够降低短网压降 ΔU，提高功率因数。所以采用低频供电的方式，也可以解决电耗大的问题。虽然采用低频操作有这些优点，但是低频对于铸锭的质量（特别是夹杂物）有怎样的影响缺少详细报道。本研究的目的在于研究频率对铸锭质量的影响，主要包括钢锭成分，夹杂物、凝固质量等的影响。

1　实验设备

实验用电渣重熔炉变压器功率为125kV·A。结晶器是直径为100mm，高为250mm的固定式水冷铜制结晶器，最大能够重熔15kg的铸锭。根据所定电流以手动方式升降电极。电渣炉为单立柱单相电渣炉。自耗电极直径为50mm。

实验用电渣炉与一般电渣炉的不同之处在于添加了一个变频设备，从而使工频电渣炉变成了低频电渣炉。实验装置如图1所示。

2　实验方案及过程参数

为了研究频率对电渣锭的质量影响情况，在渣系、钢种固定的情况下，只改变频率，观察对铸锭质量的影响。

实验用电极为CrNiMo钢。采用转炉冶炼，经LF＋VD精炼，然后再进行连铸。在连铸坯上切下部分坯料再锻造成 ϕ50mm 的圆棒作电极用。

* 本文合作者：常立忠、杨海森。原发表于《钢铁》，2008，43（9）：33～37。

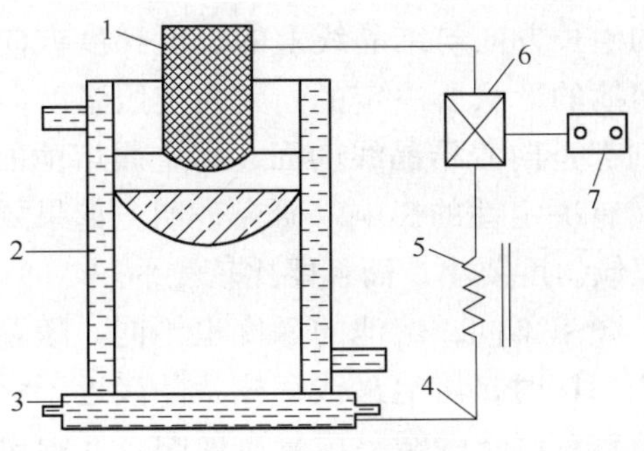

图 1　低频电渣炉

Fig. 1　Scheme of low – frequency AC electro – slag remelting furnace

1—电极；2—结晶器；3—底水箱；4—短网；5—变压器；6—低频电源；7—低频电源控制柜

在电渣重熔之前，将电极的表面进行打磨，去掉氧化铁皮，以减少对实验结果的影响。实验采用冷启动法，实验过程均没有添加任何脱氧剂。

渣系采用 $CaF_2 - Al_2O_3 - CaO - SiO_2$ 四元渣系，渣量为 1.2kg。

实验过程参数如表 1 所示。

表 1　不同频率下重熔时的电参数

Table 1　Electrical parameters of remelting with different frequency

重熔工艺	电压/V	电流/kA	渣系
2.5Hz，空气	38 ~ 40	1600	$CaF_2 - Al_2O_3 - CaO - SiO_2$ 四元渣系
5.0Hz，空气	38 ~ 40	1600 ~ 1800	
7.5Hz，空气	37 ~ 40	1400 ~ 1600	
50.0Hz（工频），空气	41 ~ 43	1400 ~ 1600	

3　实验结果及讨论

3.1　低倍组织

将在不同频率下重熔的铸锭（空气下）从中心纵剖，经打磨、酸浸以后，观察其凝固组织，如图 2 所示。

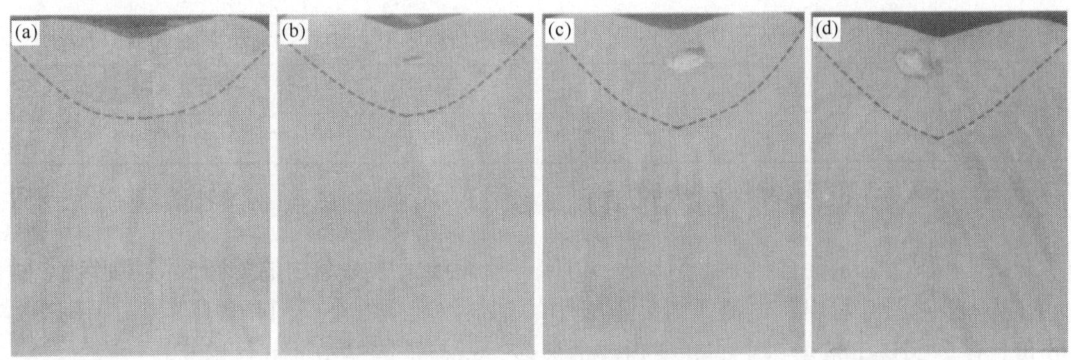

图 2　纵向低倍组织

Fig. 2　Longitudinal macrostructure of ESR ingots

(a) 2.5 Hz；(b) 5.0 Hz；(c) 7.5 Hz；(d) 50.0 Hz

众所周知，柱状晶的生长方向与结晶线上的温度梯度方向相一致[3]，这就是说柱状晶生长方向是由金属熔池的形状所决定的，因为按照温度向量的方向生长的树晶主轴在结晶过程的任何时刻都是向着结晶线的面，即金属熔池的底。因此，金属熔池的深度对电渣锭的结晶质量有决定性的影响。研究表明，如果要得到高质量的铸锭，最为希望的是金属熔池不仅倾斜度要小，而且要比较浅平。

从图 2 中可以看出，频率不同，熔池的深度也不同。随着频率的增加，熔池深度也逐渐变深。当频率为 2.5Hz 时，熔池最浅，柱状晶接近于纵向生长；在工频下重熔时，熔池较深。这说明频率对铸锭的结晶质量有影响，低频比高频更容易获得高质量的铸锭（从凝固方面考虑）。

低频条件下重熔的钢锭熔池深度较浅的原因主要从渣池的运动情况来分析。对渣池运动起主要作用的是电流通过渣池过程中产生的电磁力。随着频率的降低，在同样的电流强度下产生的搅拌更强烈。由于渣池的强烈搅拌，导致了渣池内温度分布趋向均匀。搅拌越强烈，渣池温度就越均匀，这样金属熔池的温度也就相对变得均匀，从而降低了金属熔池的深度。

3.2 夹杂物（氧、氮）

为了研究不同频率对钢中夹杂物的影响，对重熔前后钢中的氧、氮含量进行了分析，用扫描电镜观察夹杂物的具体形貌及其成分，取样位置为电渣锭的中部。表 2 为在空气中电渣重熔前后铸锭中氧、氮含量的变化。

从表 2 中可以看出，氮含量基本上没有变化（轻微的变化可能是由于误差或取样位置的原因），但是氧的含量有明显的变化，且有很强的规律性，即随着频率的降低，氧含量明显增高。当频率为 2.5Hz 时，氧含量相对于电极增加了 5 倍多，是工频下重熔的 3 倍。与此对应，铝也大量烧损。

表 2　空气中电渣重熔前后铸锭中氧、氮含量的变化（体积分数）

Table 2　[O] and [N] in the ingots before and after ESR

重熔工艺	氧含量/10^{-6}	氮含量/10^{-6}	Al_s/%
电极	18	40	0.0280
2.5Hz	90	43	<0.0050
5.0Hz	64	44	0.0074
7.5Hz	53	43	0.0068
50.0Hz	36	40	0.0110

注：为了更好地说明问题，也列出了酸溶铝的含量。

图 3 ~ 图 5 分别为电极、2.5Hz 及 50Hz 下重熔的钢中夹杂物的分布及具体形貌。

从图 3 ~ 图 5 看出，电渣重熔后电极中的夹杂物变得细小，但是数量变多，呈弥散分布。在 2.5Hz 下重熔钢中的夹杂物数量最多，这与重熔锭中的氧含量高相一致。

众所周知，在工频下电渣过程一般是脱氧的过程，其原因主要在于：熔滴在穿过渣池的过程中，炉渣对铸锭中夹杂物（氧化物夹杂）的吸附与溶解，从而导致了铸锭中氧含量的减少。但是如果在重熔中吸收了外来的氧（电极氧化及空气直接传氧），并且这些氧超过了炉渣因为吸附夹杂物而减少的氧，那么电极就会出现增氧现象。特别是在本次试验中，电极中的氧含量已经很低，而且又是在空气中重熔，且没有添加任何脱氧剂，因此，工频下重熔的钢中氧含量相对较高。

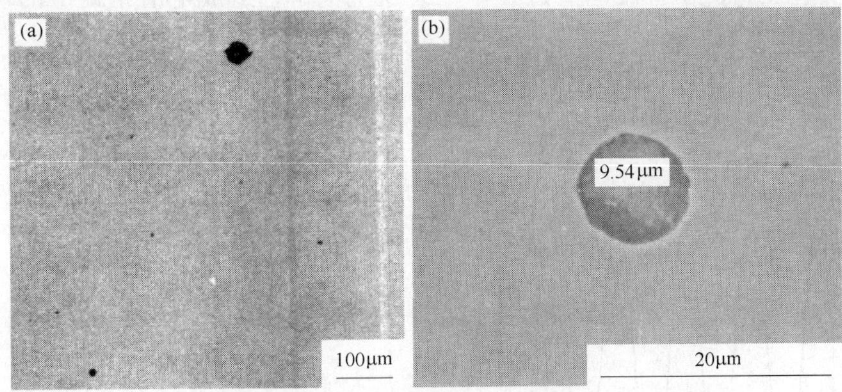

图 3　电极中的夹杂物

Fig. 3　Non – metallic inclusions of electrode

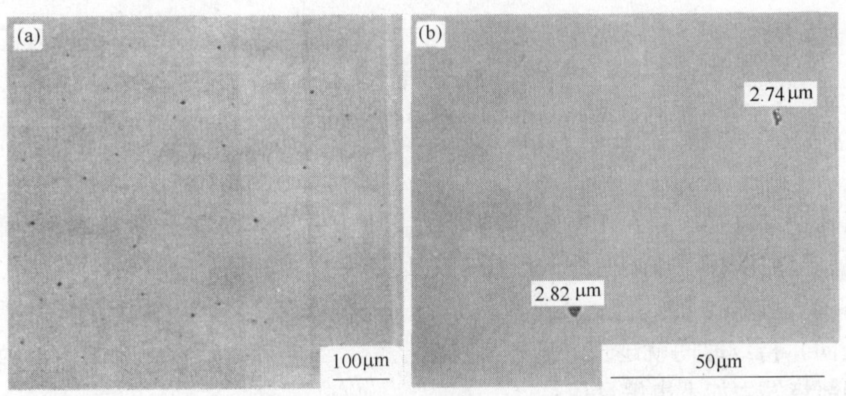

图 4　2. 5Hz 下重熔钢中的夹杂物

Fig. 4　Non – metallic inclusion of the ingot remelted with frequency of 2. 5Hz

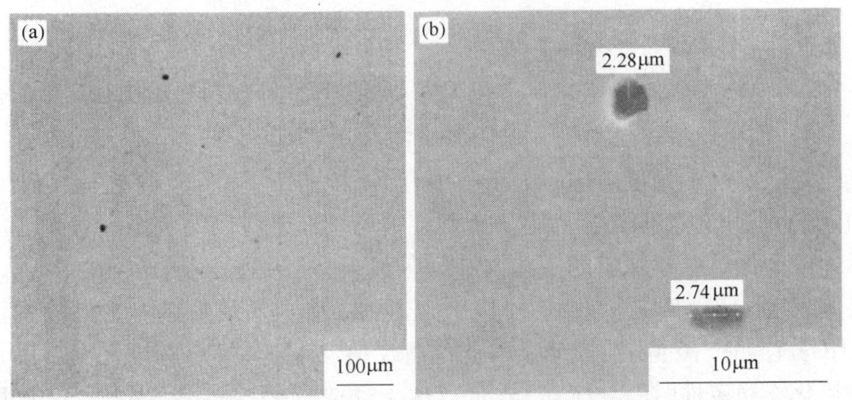

图 5　50Hz 下重熔钢中的夹杂物

Fig. 5　Non – metallic inclusions of the ingot remelted with frequency is 50Hz

如果频率没有对电渣过程产生影响，那么在不同的频率下重熔锭中的氧含量应该一样。但是，氧含量随着频率发生了变化，这就有可能是在电渣过程发生了电解，炉渣中的氧进入钢液所致。

已有实验证明，在直流电渣过程中，会发生电解，造成电渣钢锭中的氧含量增加[3,4]。同样在低频情况下也发生了电解。

低频与工频下的电源波形图如图6所示。

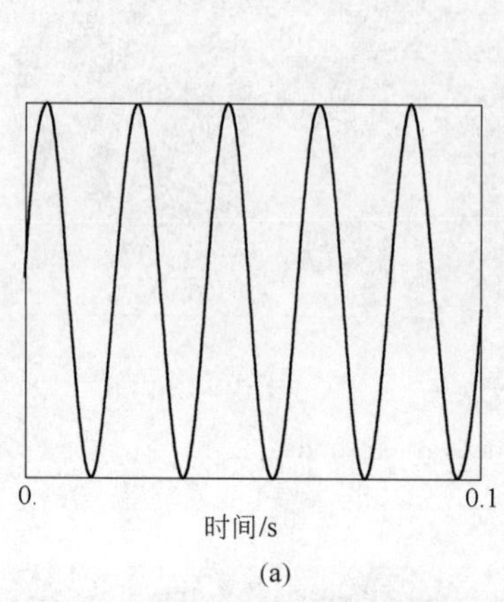

(a)

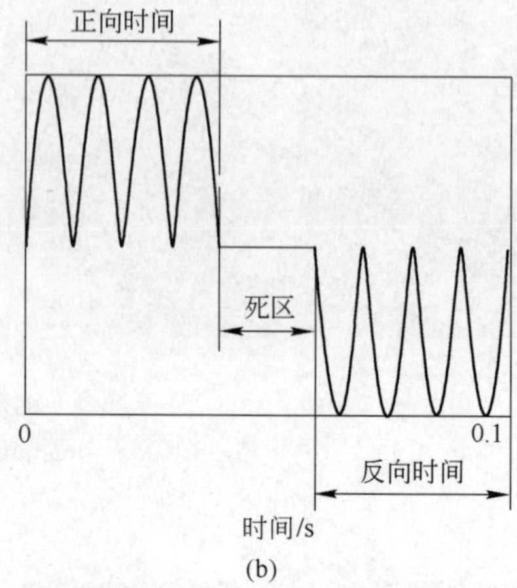

(b)

图6　不同频率下的波形

Fig. 6　Waveshape of currents with different frequency

(a) $f=50$Hz（工频）；(b) $f=10$Hz（低频）

从图6中可以看出，在工频下重熔时，由于电源的正负极交替很快，电解过程来不及发生。当在低频下重熔时，假设频率为10Hz时，电源的正向（反向）电流持续时间为50ms，是工频下的5倍，在这段时间内，电解就已经部分发生。同样，频率越低，正向（反向）持续时间就越长，越容易发生电解。当电极为负极，金属熔池为正极时，在电极端部将发生如下电解反应：

$$Si^{4+}+4e = Si \quad (1)$$

$$Mn^{2+}+2e = Mn \quad (2)$$

$$Fe^{2+}+2e = Fe \quad (3)$$

$$Ca^{2+}+2e = Ca \quad (4)$$

$$Al^{3+}+3e = Al \quad (5)$$

从氧化物稳定性的角度考虑，如果渣中有Fe^{2+}、Mn^{2+}和Si^{4+}存在，反应（1）~反应（3）应该首先发生。但是，为了防止钢锭中增氧，电渣用的渣系一般是还原渣，尽可能地不加或少加这些不稳定的氧化物（FeO/MnO）。一些渣系中也添加SiO_2，但是一般很少（本实验中为5%），因此，可以认为上述3个电解反应基本上不能发生。由于CaO和Al_2O_3是渣系中的主要成分，因此电解反应（4）、（5）应该发生。但是，当考虑到两种氧化物稳定性时，反应（5）可以优于反应（4）发生。因此，电解反应主要是渣池中的氧化铝的分解。Al可以进入电极端部的熔滴中。但是在本次实验中，由于没有采取保护措施，因此这些铝又被空气中的氧所氧化（表2）。

在熔渣—金属熔池界面处（正极）发生以下反应：

$$O^{2-} - 2e \xlongequal{} O \quad (6)$$

电解生成的氧进入金属熔池，造成钢锭增氧。反应机理如图 7 所示。同样，当电极为正极，金属熔池为负极时，发生类似的电解过程。

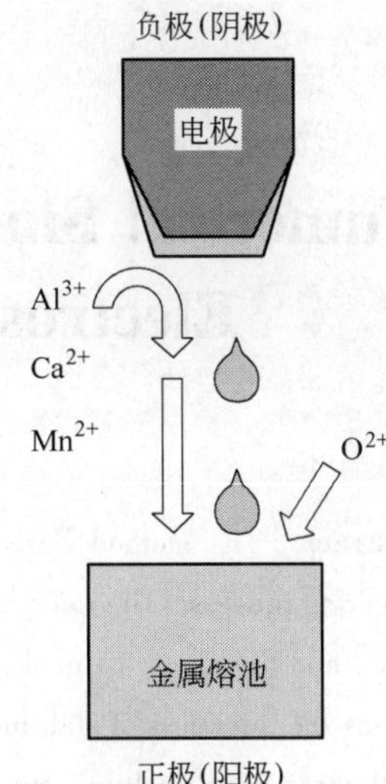

图 7　电渣过程渣池部分氧化物电解示意图

Fig. 7　Schematic of electrolytic dissociation of oxides in the slag bath

4　结论

（1）随着频率的降低，由于搅拌的强烈，促进了渣池温度的均匀，从而降低了金属熔池的深度。

（2）随着电源频率的降低，重熔锭中的氧含量增加，这主要是由于渣池中的部分氧化物在重熔过程中发生了电解，导致了氧进入钢中；但是产生的夹杂物是在凝固过程中产生的，弥散、细小。

（3）从实验看，低频对于铸锭的结晶组织是有好处的，但是它会提高铸锭中的氧含量，因此，对于采用低频操作（或准备采用）的电渣炉，必须对其做全面的衡量。

参 考 文 献

[1] Rohde L, Lohr D. Operational Results of the 50 Ton ESR Plant of Thyssen Henrichshiitte AG [A]. Proceedings of the 5th Inter. Conf. on Vacuum Metallurgy and Electroslag Remelting Processes [C]. Munich: LEYBOLD－HERAEUS GmbH and Co. KG, 1976.

[2] Watkins E J, Tihansky E L. Production of a 304 Stainless Steel Nuclear Reator Forging From a Very Large Electroslag Refined Ingot. Steel Forgings, ASTM STP 903, E. G. Nisbett and A. S. Melilli, Eds., American Society for Testing and Materials, Philadelphia, 1986. 439.

[3] Kawakami M, Takenaka T, lshikawa M. Electrode Reactions in Dc Electroslag Remelting of Steel Rod [J]. Ironmaking and Steelmaking, 2002, 29 (5): 287.

[4] Chumanov I V, Pyatygin D A. DC Electroslag Remelting with Rotating Consumable Electrode [J]. Steel in Translation, 2006, 39 (3): 39.

Effect of AC Frequency on Quality of ESR Ingot

Chang Lizhong　Yang Haisen　Li Zhengbang

(Central Iron and Steel Research Institute)

Abstract　The effect of power frequency on quality of ESR ingot was studied. The results show, with the decrease the power frequency, electro-magnetic force became more violent, and the temperature in the slag bath became more homogeneous, so the depth of the molten pool was decreased; electrochemical reactions were occurred in slag pool with the decrease of the frequency, the atomic oxygen was dissolved in the molten metal pool and the non-metallic inclusion content was increased.

Key words　electroslag remelting; power frequency; oxygen; electrolytic reactions

Numerical Simulation of Temperature Fields in Electroslag Remelting Slab Ingots*

Abstract The method based on transient heat transfer model is adopted to simulate electroslag remelting process. The calculated results of the model show that the process is in the quasi-steady state, and the shape of pool remains unchanged when the height of ingot is approximately 2.5 - 3times the thickness of slab ingot. The change in the shape of pool is found to be strongly dependent on the pattern of melting rate, and hence, the power input; the depth of the molten pool increases with the increase in melting speed. It is concluded that a transient heat transfer model has to be used to obtain reliable input information for the entire operating time.

Key words ESR; slab ingot; mathematical model; shape of molten metal pool

1 Introduction

With the development of ship-building industry, nuclear and heat power engineering and some other branches of industries in China, a large-sized plate of high quality is required. It has been universally recognized that the application of the electroslag remelting (ESR) is rational for the production of large slab ingot [1,2].

ESR slab ingot with such excellent quality mainly lies in its solidification structure. The key to obtain good solidification structure is the selection of rational remelting speed. For the selection of suitable remelting speed, the information with regard to the thermal state of the ingot being solidified, such as, shape and depth of molten metal pool, extension of mushy zone and temperature field in the part of the ingot already solidified, is of significant importance. However, such information is very difficult to obtain experimentally, as it is expensive and labor-consuming. The methods of mathematical simulation are of special interest, because they can simulate all the above-mentioned parameters at minimum time and investment.

In China, there are few references about the mathematical simulation for slab ingot, and in abroad, Nippon Steel Corporation had simulated temperature fields of a 40t slab ingot [3]. Medovar [4] had ever simulated temperature fields of slab ingot.

At present, there are several steelmaking plants in China that built large ESR furnace for slab ingots. The furnace can produce slabs with the thickness of 400mm.

The objective of this article is to simulate the temperature field of slab ingot, the shape of molten metal pool and extension of mushy zone, and to control the solidification structure of slab ingot.

---

* 本文合作者：常立忠。原发表于“Acta Metallurgica Sinica (English Letter)”，2008，21 (4)：253 ~ 259。

2 Description of Mathematical Modeling

2.1 Assumptions of modeling

(1) Two-dimensional heat transfer for the model;

(2) Interface of slag- metal is horizontal;

(3) Temperature of slag is a constant;

(4) Convection in the molten metal pool is ignored;

(5) Physical parameters in the solid metal and molten metal are constant.

2.2 Description of solidification model[5~8]

Considering the dependence of thermal-physical properties on temperature and generation of latent heat of solidification within the temperature range, mathematical model can be expressed by equation:

$$\rho c_p \frac{\partial t}{\partial \tau} = \frac{\partial}{\partial x}\left(\lambda \frac{\partial t}{\partial x}\right) + \frac{\partial}{\partial z}\left(\lambda \frac{\partial t}{\partial z}\right) \tag{1}$$

where ρ is density, c_p is heat capacity, t is temperature, τ is time and λ is thermal conductivity.

The most common method to simulate the generation of latent heat of solidification involves the artificial increase of specific heat within the liquidus and solidus temperature range, so that:

$$c_p = c_{p,m} + \frac{L}{t_l - t_s} \quad (t_s < t < t_l) \tag{2}$$

where c_p is atomic heat capacity of metal, L is latent heat of solidification, t_l is liquidus temperature and t_s is solidus temperature.

An effective thermal conductivity is used to account for the effect of convection motion in the liquid metal pool[9]:

$$k_{eff} = k_m(1 + A) \tag{3}$$

where k_m is the atomic thermal conductivity of metal. A is constant, usually fell in the range of 2 - 5. $x - 0 < x < l_x/2$, l_x is width of narrow face, m; z - $0 < z < f(\tau)$, $f(\tau)$ is position of level of molten metal pool mirror at the moment of time t. The schematic diagram of ESR slab ingot is shown in Fig. 1.

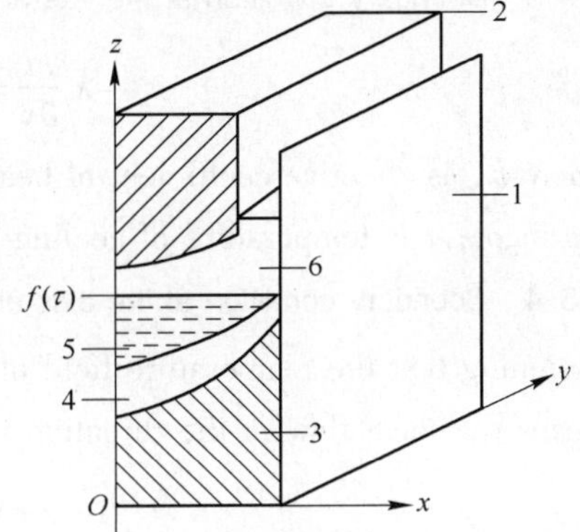

Fig. 1 Schematic diagram for mathematical description

1—Mould; 2—Consumable electrode; 3—Solidified ingot; 4—Mushy zone; 5—Molten metal pool; 6—Slag pool

2.3 Boundary and initialization conditions

2.3.1 Boundary condition at liquid metal-slag interface

The equation of balance of heat flows will be expressed as follows[9]:

$$q = q_{sl} + q_r \tag{4}$$

where q is total heat flows entering in the molten metal pool; q_{sl} is heat flow entering in the molten metal pool from slag pool; q_r is heat flow brought with the electrode metal drops.

These two components will be expressed as follows:

$$q_r = mc[t_k - t(x,z,\tau)] \quad (5)$$

$$q_{sl} = h_{sl}[t_{sl} - t(x,z,\tau)] \quad (6)$$

where m is weight of metal drops, kg; C specific heat, J/(kg · ℃); t_k temperature of metal drops, ℃; t_{sl} temperature of slag pool, ℃; h_{sl} coefficient of heat - exchange between slag and metal pool.

Thus, the final boundary condition at $z = f(\tau)$ is as follows:

$$-\lambda \left.\frac{\partial t}{\partial z}\right|_{z=f(\tau)} = h_{sl}[t_{sl} - t(x,z,\tau)] + Mc[t_k - t(x,z,\tau)] \quad (7)$$

The temperature of slag is assumed to be 1650℃. Coefficient of heat - exchange between slag and metal pool is assumed to be equal to 2840W/(m^2 · ℃) and temperature of cooling water is 20℃.

2.3.2 Boundary condition at the bottom of the ingot

$$-k\frac{\partial t}{\partial z} = h_b(t - t_b), z = 0 \quad (8)$$

where t_b is temperature of cooling water, ℃; h_b effective coefficient of heat-exchange between cooling water and bottom plate.

2.3.3 Boundary condition at the lateral surface of the ingot

$$-\lambda\frac{\partial t}{\partial x} = h_{tw}(t - t_w),\ 0 < z < f(\tau) \quad (9)$$

where h_{tw} is effective coefficient of heat - exchange between cooling water and lateral surface of the ingot; t is temperature of cooling water, ℃; $f(\tau)$ is ingot height.

2.3.4 Boundary condition at the axis of the ingot

Assuming that the temperature field of the ingot is symmetric with respect to plane $x = 0$. This means that heat flow in the direction normal to this plane is zero.

$$0 < z < f(\tau),\ x = 0 \quad -\lambda\frac{\partial t}{\partial x} = 0 \quad (10)$$

2.3.5 Initial condition

In the initial moment of time it is assumed that there is already a small layer of the deposited metal, having T_0 temperature.

2.4 Computation method

In this article, finite difference method is used to solve the mathematical equation. Because of the strong temperature dependence on thermal conductivity and heat capacity, it is desirable to limit the size of the integration time step. Time step was 1 s and a 10 mm × 10 mm grid size was used.

The growth of ingot is considered by adding a new grid row after several time increments.

The program for computer was compiled in the language "Visual Basic" . CrNiMo steel is simulated and the thermal-physical parameters used are shown in Table 1.

Table 1 Thermal-physical parameters of CrNiMo steel

Thermal-physical parameters	Symbols	Values
Liquidus/℃	T_1	1499
Solidus/℃	T_s	1460
Thermal conductivity of molten metal/W · m^{-1} · K^{-1}	λ_l	15. 48
Thermal conductivity of solid metal/W · m^{-1} · K^{-1}	λ_s	29. 4
Atomic heat capacity of molten metal/J · kg^{-1} · K^{-1}	$c_{p,l}$	840
Atomic heat capacity of solid metal/J · kg^{-1} · K^{-1}	$c_{p,s}$	680
Density of molten metal/kg · m^{-3}	ρ_l	7000
Density of solid metal/kg · m^{-3}	ρ_s	7400
Latent heat of solidification/J · kg^{-1}	Δh	2.72×10^5

3 Results and Discussion

Fig. 2 shows the calculated shape of molten metal pool at various ingot heights while melting rate is 3 mm/min (1100kg/h), and Fig. 3 shows the depth of calculated pool and thickness of mushy zone as functions of time and ingot height.

As can be seen from Fig. 2, at the initial stage, because of the strong cooling effect from bottom, the depth of pool is shallow, the thickness of mushy zone is thin, and U - shape pool is formed. With the increase in ingot height, as the cooling effect from bottom becomes weak, V-shape pool is gradually formed and depth of pool increases. The thermal condition in ESR system can be reproducible in time after the ingot has grown to a length approximately 2. 5 - 3 times higher than the thickness of slab ingot.

Fig. 3 shows that the depth of liquidus rapidly increases from zero to approximately 220 mm within 300 min, which corresponds to the heights of ingot from 0 to approximately 1000 mm; the solidus temperature rapidly increases from zero to approximately 260 mm within 300 min, which corresponds to the heights of ingot from 0 to about 1000 mm. At the initial stage, the isotherm velocity of the liquidus temperature rapidly increases than that of the solidus temperature, which shows that thickness of mushy zone increases with time. When the height of ingot is approximately 2. 5 - 3 times the thickness, the two isotherm velocities are at the same time, thickness of mushy zone does not change.

Fig. 4 and Fig. 5 show the calculated shape of molten metal pool, depth of pool and thickness of mushy zone while melting rate is 4 mm/min (1500 kg/h) . Fig. 6 and Fig. 7 show the calculated shape of molten metal pool, depth of pool and thickness of mushy zone while melting rate is 5 mm/min (1900 kg/h) .

As can be seen from Fig. 2 to Fig. 7, with the increase in melting speed, the depth of molten metal pool also increases. The depth of pool reaches 400 mm and thickness of mushy zone is 130 mm while melting rate is 1900 kg/h.

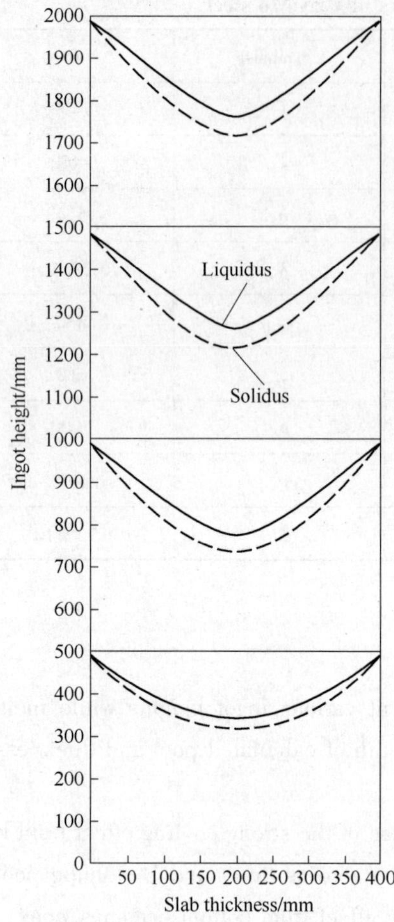

Fig. 2 Pool shape at various ingot heights ($v = 1100$kg/h)

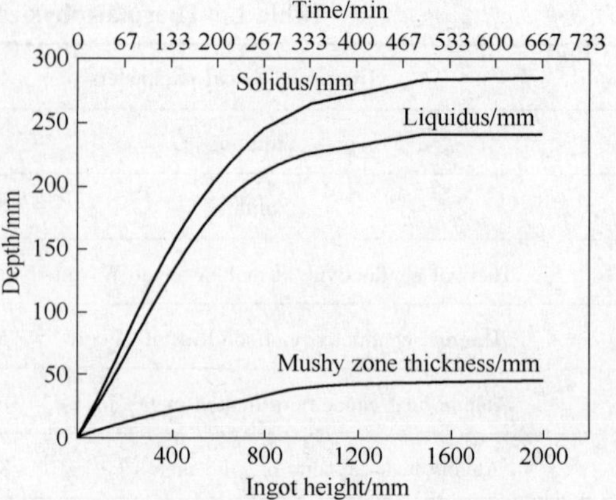

Fig. 3 Calculated pool depth and mushy zone thickness as functions of time and ingot height ($v = 1100$ kg/h)

In general, solidification proceeds perpendicularly to the liquid-solid interface. The depth and shape of the molten metal pool as established and maintained during the remelting operation will be of paramount influence on the as-cast structure of the remelted ingot, such as center looseness, macro segregation, inclusion removal, impact strength and so on. Any parameters influencing the thermal balance of the process have an influence on the melting rate of the consumable electrode that affects the shape of the molten metal pool and consequently the as-cast structure of the ingot.

The depth of molten metal pool can be varied with varying melting rate of ingot. Hence it is probable to reduce the depth of metal pool to any extent by decreasing the melting rate. However, it is not the case in practice. That is, if melting rate is too low, it will cause difficulties in melting. Particularly, a thick slag blanket will be formed that not only retard the solidification of ingot but also roughen the surface of ingot. Melting rate cannot be too low, but too high melting rate will deteriorate the crystallization quality.

So, based on the calculated pool shape (depth), the reasonable processing parameter (melting rate) can be constituted in the course of the remelting. At the initial stage, the depth of pool is shallow at the different melting rates (3 mm/min, 4 mm/min, 5 mm/min). When system is in the quasi-steady state, the depth of pool is too deep with melting rate 5 mm/min. So, melting rate of 5 mm/min can be adopted at the initial stage and can be gradually lowered to the extent of 3 mm/min or 4 mm/min finally, while system is in the quasi-steady state.

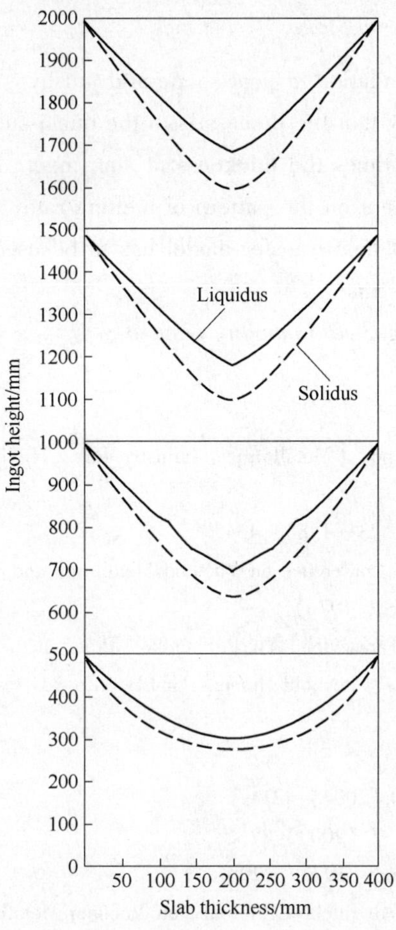

Fig. 4　Pool shape at various ingot heights ($v = 1500$ kg/h)

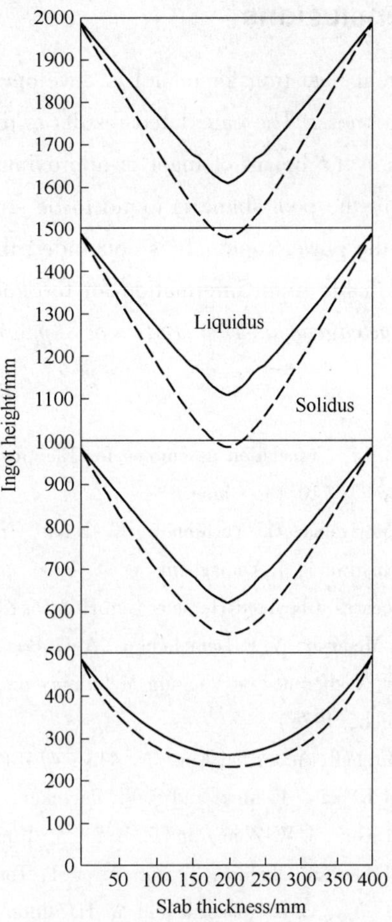

Fig. 6　Pool shape at various ingot heights ($v = 1900$ kg/h)

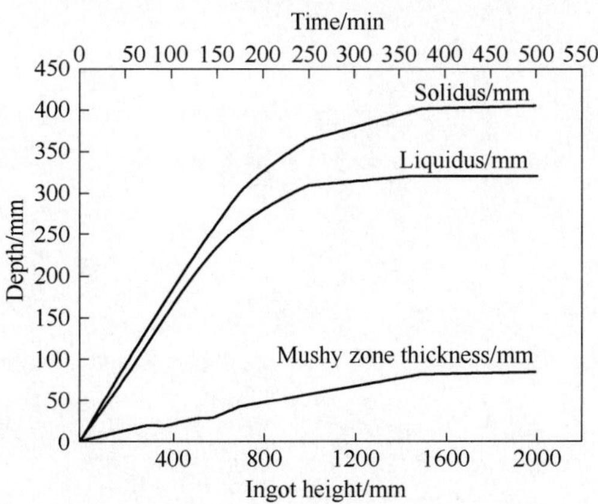

Fig. 5　Calculated pool depth and mushy zone thickness as functions of time and ingot height ($v = 1500$ kg/h)

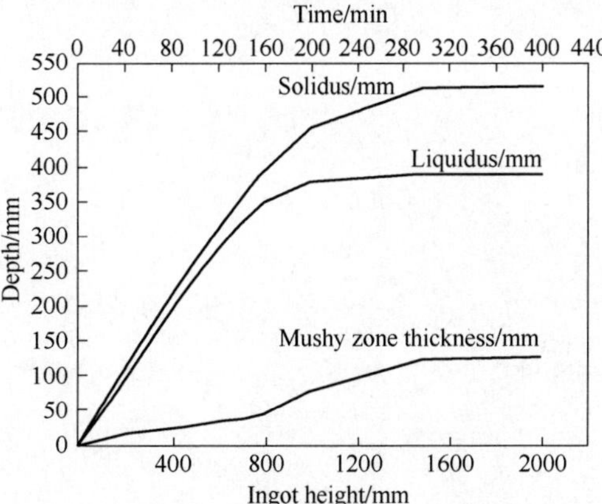

Fig. 7　Calculated pool depth and mushy zone thickness as functions of time and ingot height ($v = 1900$ kg/h)

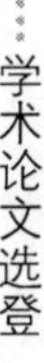

4 Conclusions

A transient heat transfer model is developed for the calculation of pool shape and mushy zone thickness. The calculated results of the model show that the process is in the quasi-steady state when the height of ingot is approximately 2.5 ~ 3 times the thickness of slab ingot. The change in the pool shape is found to be strongly dependent on the pattern of melting rate, and hence, the power input. It is concluded that a transient heat transfer model has to be used to obtain reliable input information for the entire operating time.

Acknowledgements-This study was supported by Angang Steel Company Limited.

References

[1] Z. B. Li, Translation assembles for Electroslag remelting 2nd. (Metallurgical Industry Pub., Beijing, 1990) p. 110 (in Chinese).

[2] K. Moriyama, H. Yoshimura, K. Kaku, Transactions ISIJ. 23 (1983) 434.

[3] M. Nishiwaki, T. Yamaguchi, et al, Proc. of the 5th Inter. Conference on Vacuum Metallurgy and ESR Processes (Leybold-Heraeus GmbH &Co. KG Press, Munich, 1976).

[4] B. I. Medovar, V. F. Demchenko, A. G. Bogachenko, N. I. Tarasevich, Yu. P. Shtanko. Proc. of the 5th Inter. Conference on Vacuum Metallurgy and ESR Processes (Leybold-Heraeus GmbH &Co. KG Press, Munich, 1976).

[5] A Mitchell, Mater Sci Eng. A. 413 - 414 (2005) 10.

[6] K. M Kelkar, J. Mokl and S. V. Patankar, J. Phys. IV120 (2004) 421.

[7] P. M. Guo, J. W. Zhang and Z. B. Li, J. Iron Steel Res. Int. 7 (2000) 27.

[8] Y. Hirose, K. Okohira, T. Shimizu et al, Tetsu-to-Hagane, 63 (1977) 2208.

[9] K. O. Yu, C. B. Adasczik and W. H. Sutton, Proc. of the 7th Inter. Conference on Vacuum Metallurgy ISIJ, Tokyo, 1982.

氩气保护对低合金钢电渣重熔锭质量的影响*

摘　要　试验了15kg电渣炉在 CaF_2-Al_2O_3-CaO-SiO_2 渣系下，氩气流量25L/min的全氩气保护和大气重熔低合金钢（电极含0.030%[Al_s]、0.29%[Si]、20×10^{-6}T[O]）Al、Si的烧损和夹杂物的变化。结果表明，大气重熔时，电渣锭T[O]增加至36×10^{-6}，[Al_s]、[Si]分别降至0.011%和0.17%；氩气保护重熔时，电渣锭T[O]为24×10^{-6}，[Al_s]、[Si]分别为0.024%和0.28%；与大气重熔相比，氩气保护重熔锭中夹杂物尺寸小，分布均匀、弥散。

关键词　电渣重熔；氩气保护；易氧化元素；夹杂物

如何保护易氧化元素，尽可能减少其在重熔过程的烧损是电渣重熔的一个重要课题[1,2]。如果在生产过程中，对电渣炉进行密闭保护，则是一种比较理想的办法[3~5]。

1　实验设备

实验用15kg电渣重熔炉变压器功率为125kV·A。固定式水冷铜制结晶器为ϕ100mm×250mm。重熔过程中电流为1600~1800A，电压为38~42V，水温60~70℃。

全氩气保护电渣炉示意图见图1。不锈钢保护罩下部固定在结晶器上部，保护罩上部位于假电极与真电极的焊接处上面，为了防止空气从假电极与保护罩之间的空隙中进入保护罩，在假电极与保护罩之间采用氩封装置。为了尽可能地避免空气氧化，氩气流量设为25L/min。

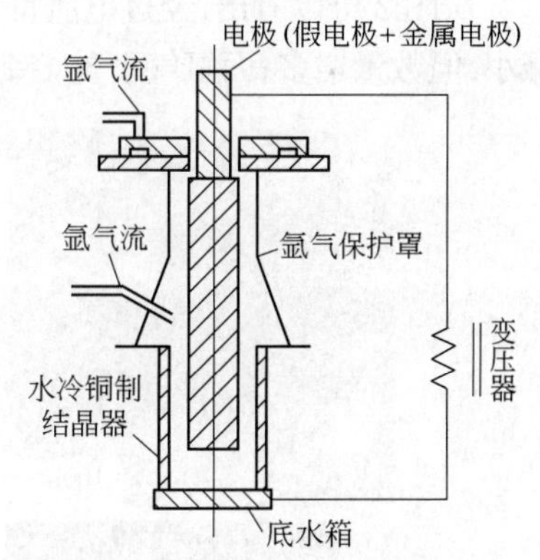

图1　氩气保护电渣重熔炉

Fig. 1　Schematic of argon atmosphere ESR furnace

2　实验过程

为了准确理解电渣重熔过程中不同气氛对易氧化元素的烧损情况，分别在空气中和氩气气氛下进行重熔实验。

实验渣系为 CaF_2-Al_2O_3-CaO-SiO_2 四元渣系。

实验用电极为低合金钢，其主要成分(%)为0.05~0.1C、0.2~0.4Si、0.3~0.5Mn、0.3~0.5Cr、0.3~0.5Mo。另外还含少量的Al和Ti。采用转炉冶炼，经LF+VD精炼，然后再进行连铸。在连铸坯上切下部分坯料再锻造成ϕ50mm的圆棒作电极用。

在电渣重熔之前，将电极的表面进行打磨，去掉氧化铁皮，以减少对实验结果的影响。实验采用冷启动法。在实验之前，炉渣在马弗炉中烘烤，烘烤温度700~900℃，时间10h左右。

* 本文合作者：常立忠、杨海森。原发表于《特殊钢》，2009，30（4）：59~60。

3 实验结果与分析

表 1 为在同一渣系下（CaF_2-Al_2O_3-CaO-SiO_2），在空气和氩气中进行重熔后，电渣锭中易氧化元素的烧损情况。

表 1 钢中氧和易氧化元素含量：电极，空气中重熔，氩气保护重熔

Table 1 Content of oxygen and active metal in steel: electrode; remelted in air atmosphere; remelted in argon atmosphere

重熔气氛	$T[O]/10^{-6}$	Al_s/%	Ti/%	Si/%
电极	20	0.030	0.009	0.29
空气中重熔	36	0.011	0.009	0.17
氩气保护重熔	24	0.024	0.014	0.28

从表 1 可以看出，在空气中重熔时，Si、Al 严重烧损，氧含量增高；在氩气保护下重熔时，Al 的烧损显著减少，Si 基本上没有烧损；Ti 的含量稍微增加（相对于电极），这是由于导电渣中含有 TiO_2 所致，这也说明当钢中含有适当的 Al 时，且 Ti 含量较低时，对 Ti 起到了保护作用，Ti 就不会被氧化。

从图 2 可以看出，经过电渣重熔以后（不论是空气中还是氩气中重熔），夹杂物尺寸明显减小，但数量增多；而氩气下重熔锭中的夹杂物尺寸比空气中重熔锭中的夹杂物尺寸更小。

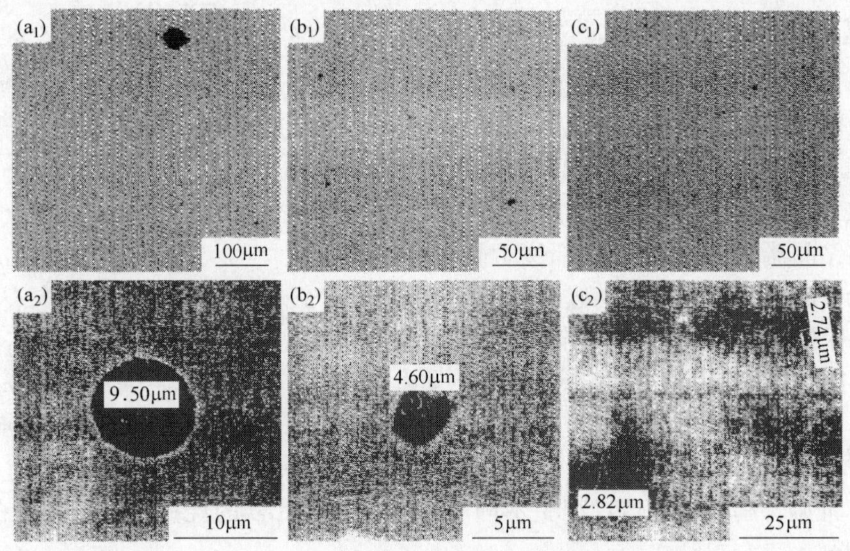

图 2 试验低合金钢中夹杂物形貌

（a_1，a_2）电极；（b_1，b_2）空气中重熔电渣锭；（c_1，c_2）氩气保护重熔电渣锭；

（a_1，b_1，c_1）光学显微镜，（a_2，b_2，c_2）扫描电镜

Fig. 2 Morphology of inclusions in test low alloy steel

(a_1, a_2) electrode; (b_1, b_2) ESR ingot remelted in air atmosphere; (c_1, c_2) ESR ingot remelted in argon atmosphere; (a_1, b_1, c_1) optical; (a_2, b_2, c_2) SEM

在图像分析仪下观察夹杂物的面积、个数分布，见表 2。从表 2 看出，在氩气保护下重熔的铸锭中，夹杂物所占面积较少（0.036%），而空气中重熔则较多（0.038%）；但在氩气下夹杂物颗粒数（713 个）反而比空气中多（568 个），这说明氩气下夹杂物

的尺寸更小，其平均尺寸比空气中重熔的夹杂物尺寸小了1/3。

表2 氩气保护重熔和空气中重熔钢中夹杂物面积及个数分布图

Table 2 Distribution of number and area of inclusions in steel remelted in argon atmosphere and in air atmosphere

项 目	氩气保护重熔	空气中重熔
夹杂物面积比/%	0.036	0.038
夹杂物颗粒数/个	713	568
单个夹杂物面积比/%	5×10^{-5}	6.7×10^{-5}

4 结论

（1）在空气中重熔时，Al、Si 的烧损很大；在氩气保护下重熔时，Al 烧损较少，Si 几乎没有烧损；不论在空气中还是氩气下重熔，Ti 都没有烧损。

（2）相比于空气中重熔，氩气下重熔铸锭中夹杂物面积变小，但颗粒数变多，分布均匀、弥散。

参考文献

[1] Bandyopadhyay T R, Krishna Rao P, Prabhu N. Effect of Inoculation during Eleetroslag Refining on Grain Size of 15CDV6 and Modified 15CDV6 Steels. Ironmaking and Steelmaking[J],2006,33(4):331.

[2] Bandyopadhyay T R, Krishna Rao P, Prabhu N. Development of Ultra-high Strength Steel Through Electroslag Remelting with Inoculation. Ironmaking and Steelmaking [J], 2006, 33 (4): 337.

[3] Ballantyne A S, Allvac. The Capabilities and Benefits of Argon Shrouding during Electroslag Remelting. Medovar Memorial Symposium, 2001: 113.

[4] Ryabtsev A. The Development of the Technology of High Quality Ingots Manufacturing From Metals with High-reaction Ability (Cr, Ti and oth) and Alloys on Their Base with Using of the Method of Electroslag Remelting Under "Active" Ca-Containing Fluxes. Medovar Memorial Symposium, 2001: 79.

[5] Alghisi D, Milano M, Pazienza L. The Electroslag Rapid Remelting Process under Protective Atmosphere of 145 mm Billets. Medovar Memorial Symposium, 2001: 97.

Effect of Argon Atmosphere on Quality of Electroslag Remelting Ingot of Low Alloy Steel

Chang Lizhong Yang Haisen Li Zhengbang

(Central Iron and Steel Research Institute)

Abstract Loss of [Al_s] and [Si] and change of inclusions in low alloy steel (electrode - 0.030% [Al_s], 0.29% [Si], 20×10^{-6} T[O]) remelted by a 15 kg electroslag remelting (ESR) furnace with CaF_2-Al_2O_3-CaO-SiO_2 slag system in argon atmosphere with argon flow rate 25 L/min and in air atmosphere have been studied. Results showed that remelted in air atmosphere, T[O] of ESR ingot increased to 36×10^{-6}, while [Al_s] and [Si] decreased respectively to 0.011% and 0.17%; remelted in argon atmosphere, T[O] of ESR ingot was 24×10^{-6}, [Al_s] and [Si] were respectively 0.024% and 0.28%. As compared with that remelted in air atmosphere, the size of inclusions in ingot remelted in argon atmosphere was minor and the distribution of inclusions was more homogeneous and dispersed.

Key words ESR; argon atmosphere; active metal; inclusion

电渣重熔过程中的氧行为研究*

摘　要　分析了电渣重熔过程中氧的行为，结果发现：当电极中的氧含量较低时，电渣过程实际上是一个增氧过程，增氧的程度与重熔渣系密切相关；通过理论分析与实验发现，Al－O之间的反应是电渣重熔过程中的控制反应，电极中铝含量及渣 Al_2O_3 含量决定了锭中的氧含量。因此，在生产中为了获得较低的氧含量，应该减少渣中 Al_2O_3 的活度，同时在重熔过程中向渣池连续添加合适的脱氧剂。

关键词　电渣重熔；氩气保护；氧；渣系；渣金反应

电渣重熔在生产优质钢时的突出优点之一就是可以降低电极中的杂质元素含量，提高电渣锭的纯净度。

不论现在还是过去，电渣重熔过程可以脱硫已经得到证实。而电渣过程脱氧则出现了一些新情况，很多情况下发现经过电渣重熔以后，重熔锭中的氧含量反而增高。

在过去，由于炼钢水平落后，钢中氧含量较高。在这种情况下，经过电渣重熔以后，由于电极中氧化物夹杂的去除[1~2]而导致了氧含量的降低。随着炼钢技术的进步，电极中的氧含量可以控制到很低的水平，大幅降低了其中氧化物夹杂的含量。这样的电极在电渣重熔后，有时不但不能降低氧的含量，反而会出现一定的增高。通过作者调查发现，不论是小锭还是重达几十吨的大锭，目前都存在这种问题。这种现象与电渣重熔过程可以去除夹杂物这一理论相悖。

为查明在电极氧含量较低的情况下（$w(\mathrm{O})<20\times10^{-6}$），电渣重熔过程中氧的行为及其规律，2007年9月至2008年6月进行了在全氩气保护下采用不同渣系进行了电渣重熔实验，从物理化学过程着手，分析并找出影响氧行为的控制因素，为更好地控制电渣锭中的氧含量指明方向。

1　实验设备

实验用电渣重熔炉变压器功率为125kV·A。结晶器是直径为100mm，高为250mm的固定式水冷铜制结晶器，最大能够重熔15kg的铸锭。根据所定电流以手动方式升降电极。电渣炉为单立柱单相电渣炉。重熔过程中电流为1600~1800A，电压为38~42V。

实验装置（气氛保护电渣炉）如图1所示。

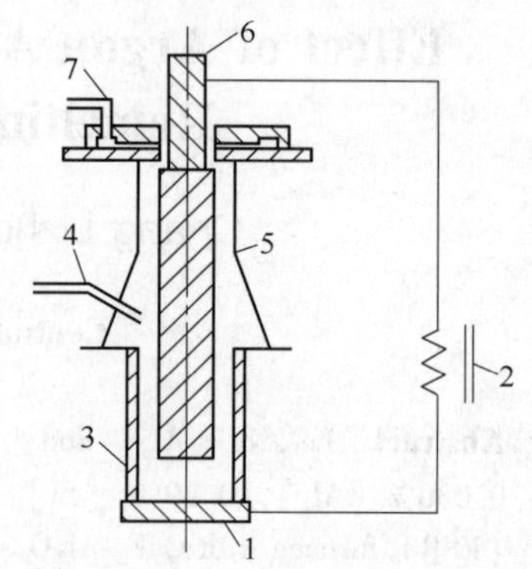

图1　气氛保护电渣炉

1—底水箱；2—变压器；3—水冷铜制结晶器；4，7—氩气流；5—氩气保护罩；6—电极（假电极＋金属电极）

为了更准确地分析，采用全氩气保护，如图1所示。气体保护罩用不锈钢制作，对电极完全密封，

* 本文合作者：常立忠、杨海森。原发表于《炼钢》，2010，26（5），46~50。

防止空气对其氧化。保护罩下部固定在结晶器上部，保护罩上部位于假电极与真电极的焊接处上面，为了防止空气从假电极与保护罩之间的空隙中进入保护罩，在假电极与保护罩之间采用氩封装置。

为了尽可能避免空气氧化，将氩气流量设为25L/min。

2 实验方案

为了准确理解电渣重熔过程中氧（夹杂物）的行为，采用不同的渣系，进行了电渣重熔实验。为排除空气对实验结果的影响，实验在全氩气气氛下进行。

采用4种渣系进行实验：分别为：（1）四元渣系1（50% $CaF_2-Al_2O_3-CaO-SiO_2$）；（2）四元渣系2（50% $CaF_2-Al_2O_3-CaO-SiO_2$）；（3）五元渣系1（50% $CaF_2-Al_2O_3-CaO-SiO_2-5\%MgO$）；（4）五元渣系2（50% $CaF_2-Al_2O_3-CaO-SiO_2-5\%MgO$）。以上成分配比均为质量百分比。

各个渣系的不同之处在于：五元渣系添加了MgO，而四元渣系没有；四元渣系1与四元渣系2的碱度不同，五元渣系也一样。

实验用电极为CrNiMo低合金钢。采用转炉冶炼，经LF + VD精炼，然后再进行连铸。在连铸坯上切下部分坯料再锻造成ϕ50mm的圆棒作电极用。

在电渣重熔之前，将电极的表面进行打磨，去掉氧化铁皮，以减少对实验结果的影响。实验采用冷启动法，重熔过程没有添加任何脱氧剂。

3 实验结果与讨论

3.1 氩气保护及不同渣系下重熔锭中的氧含量

为了研究氩气保护下不同渣系对电渣钢中氧的影响，对重熔前后钢中的氧进行了分析。为了进一步说明问题，同时也分析了重熔锭中的Si和Al的变化。

从表1可以看出，经过电渣重熔以后，锭中的氧含量都比电极中的氧高，同时不同渣系氧的增量不同。四元渣系1重熔后的氧含量最低，但是也比电极中的高出6×10^{-6}，同时铝含量也最高，重熔过程烧损最小。这也说明当电极中氧含量比较低的情况下，电渣重熔过程实际上变成了增氧的过程。可以想象，如果在大气下重熔，电渣锭中的氧含量将更高。

表1 不同渣系重熔后铸锭中O、Al、Si的变化

渣 号	$w_B/\%$			$w(T、O)/10^{-6}$
	Al_s	Al_t	Si	
四元渣系-1	0.024	0.0270	0.28	24
四元渣系-2	0.016	0.0190	0.29	41
五元渣系-1	0.016	0.0210	0.29	37
五元渣系-2	0.004	0.0075	0.30	53

注：电极中$w(O)=(18\sim20)\times10^{-6}$，$Al_s$表示酸溶铝，$Al_t$为全铝。

由于实验是在完全氩气气氛下进行，可以排除大气中氧的影响，并且也没有添加脱氧剂。因此电渣锭中氧含量的增量可以认为取决于渣系的选择。

3.2 结果分析与讨论

从上面的分析结果可以看出，在不同渣系下重熔的钢锭中，氧、铝含量发生了较大的变化。下面主要讨论熔渣与电极中金属元素之间反应的可能性，从中发现影响电渣重熔过程中氧行为的关键因素。

各个元素与氧反应的平衡常数如下[3]：

$$2[\mathrm{Al}]/3+[\mathrm{O}]=\!=\!=(\mathrm{Al_2O_3})/3$$

$$\lg K_1=19440/T-6 \tag{1}$$

$$[\mathrm{Si}]/2+[\mathrm{O}]=\!=\!=(\mathrm{SiO_2})/2$$

$$\lg K_2=15112.5/T-5.78 \tag{2}$$

$$\frac{2}{3}[\mathrm{Al}]+\frac{1}{2}(\mathrm{SiO_2})=\!=\!=\frac{1}{3}(\mathrm{Al_2O_3})+\frac{1}{2}[\mathrm{Si}]$$

$$\lg K_3=4327.5/T-0.22 \tag{3}$$

上述反应的吉布斯自由能通过下式计算得：

$$\Delta G=-RT\ln K_i \tag{4}$$

式（4）中，R 为气体常数，取 8.314；T 为温度，K；K_i 为各个反应的平衡常数。

另外，文献［4］测量了渣池的温度（类似的渣系及结晶器直径）。他们采用 W-Re 热电偶进行测温，发现在渣池径向方向温度变化很小。因此，可以认为渣池的温度是均匀的。在本文中假设渣池的温度为 1800 ℃。

为了考察熔渣与钢液之间的反应，首要的问题就是确定熔渣组元与钢液中元素的活度。钢中元素的活度由下式求得：

$$a_i=f_i x_i \tag{5}$$

式（5）中，f_i 为活度系数；x_i 为钢液中某元素的质量分数，%。

活度系数的计算应该考虑到不同元素的相互影响，当元素含量比较低时，活度系数可近似为1。因此，铸锭中一些质量分数小于 0.1% 的易氧化元素，如铝、钛等，活度可以近似等于其质量分数。

但是硅的含量较高，需要考虑不同元素对其活度系数的影响。根据公式：

$$\lg f_{\mathrm{Si}}=e_{\mathrm{Si}}^{\mathrm{Al}}[\%\mathrm{Al}]+e_{\mathrm{Si}}^{\mathrm{C}}[\%\mathrm{C}]+e_{\mathrm{Si}}^{\mathrm{Si}}[\%\mathrm{Si}]+e_{\mathrm{Si}}^{\mathrm{Mn}}[\%\mathrm{Mn}]+e_{\mathrm{Si}}^{\mathrm{Ni}}[\%\mathrm{Ni}]+e_{\mathrm{Si}}^{\mathrm{Cr}}[\%\mathrm{Cr}]+e_{\mathrm{Si}}^{\mathrm{Mo}}[\%\mathrm{Mo}]+e_{\mathrm{Si}}^{\mathrm{V}}[\%\mathrm{V}]+e_{\mathrm{Si}}^{\mathrm{Ti}}[\%\mathrm{Ti}]$$

$$f_{\mathrm{Si}}=1.840 \tag{6}$$

为了计算熔渣各个组元的活度，假设 CaF_2 是中性的，不参与反应，文献［5］认为把 CaF_2-CaO-Al_2O_3-SiO_2 视为 CaO-Al_2O_3-SiO_2 处理，文献［6］引用此观点，得到了合理的工艺参数；在高温时，可以认为不同组元之间的结合力是很弱的（由于渣池温度很高），炉渣符合 Raoult 定律。

根据以上假设，采用 3 个常用的熔渣模型进行计算[7]：

（1）每个炉渣组元保持了氧化物的特征，其活度等于组元的摩尔分数；

（2）炉渣由阳离子和阴离子组成。阴离子只有 O^{2-}，其活度等于 1；每个组元的活度等于其阳离子的含量；

（3）炉渣由阳离子和阴离子组成。阴离子除了 O^{2-} 外，还有其他的复杂阴离子，比如 SiO_4^{4-}。

在模型（3）中，渣系组元的活度由下式计算。

$$CaO \Longrightarrow Ca^{2+} + O^{2-},\ a_{CaO} = (a_{Ca^{2+}})(a_{O^{2-}}) \tag{7}$$

$$Al_2O_3 \Longrightarrow 2Al^{3+} + 3O^{3-},\ a_{Al_2O_3} = (a_{Al^{3+}})^2(a_{O^{2-}})^3 \tag{8}$$

$$MgO \Longrightarrow Mg^{2+} + O^{2-},\ a_{MgO} = (a_{Mg^{2+}})(a_{O^{2-}}) \tag{9}$$

$$SiO_2 + 2O^{2-} \Longrightarrow SiO_4^{4-},\ a_{SiO_2} = (a_{SiO_4^{4-}})/(a_{O^{2-}})^2 \tag{10}$$

表2、表3为根据上述3个模型计算的不同渣系各组元的活度值。另外，活度的计算没有考虑渣池温度的影响，因为温度对活度的影响不是太大[8]。

表2　根据不同活度模型计算的四元渣系各组元的活度

渣　号	模型	a_{CaO}	$a_{Al_2O_3}$	a_{SiO_2}
四元渣系1	1	0.615	0.270	0.114
	2	0.484	0.181	0.09
	3	0.486	0.167	0.104
四元渣系2	1	0.521	0.358	0.121
	2	0.384	0.278	0.089
	3	0.386	0.259	0.097

表3　根据不同活度模型计算的五元渣系各组元的活度

渣　号	模型	a_{CaO}	$a_{Al_2O_3}$	a_{SiO_2}	a_{MgO}
五元渣系1	1	0.469	0.258	0.109	0.164
	2	0.373	0.168	0.087	0.131
	3	0.374	0.155	0.100	0.131
五元渣系2	1	0.355	0.259	0.221	0.165
	2	0.282	0.170	0.175	0.131
	3	0.271	0.125	0.324	0.126

从上表的结果可以看出，采用模型（2）和模型（3）计算的活度值相差不大。在目前的热力学研究中，经常采用模型（3）来计算熔渣的活度。许多文献采用这种模型来计算活度。因此，本次计算也采用模型（3）的计算结果。

图2为计算的反应（1）在1800℃下，在不同渣系中，电极中［Al］和［O］与熔渣组元的平衡图，并与测量值相比较。

特别需要说明的是：根据相关的研究结果[9,10]，电极中的夹杂物在电渣重熔过程中已被熔渣所吸收，重熔锭中的夹杂物是凝固过程所产生的夹杂物；同时，在一般炼钢工艺中，温度1600℃，$w(Al_s)=0.024\%$时，溶解氧质量分数为4×10^{-6}左右，而在电渣过程中，渣池温度大于1800℃，当温度为1800℃，$w(Al_s)=0.024\%$，$w[O]=50\times10^{-6}$。可以看出，电渣过程的平衡氧是普通炼钢炉中的10倍以上，也就是说电渣重熔过程中铝脱氧的能力大大下降，而Al_2O_3的分解趋势大大增加；如果考虑电渣过程中Al_2O_3活度小于1，两者氧含量的差距会缩小，但是无论怎样，电渣过程的平衡氧比普通炼钢炉的平衡氧高得多（电渣渣系中一般都含有较高的Al_2O_3）。因此，表1中所分析的w(T.O)可以认为是溶解氧。

根据反应（3），计算出在四元渣系2与五元渣系2下，熔渣组元与［Al］、［Si］之间平衡图，并与测量值相比较，见图3。

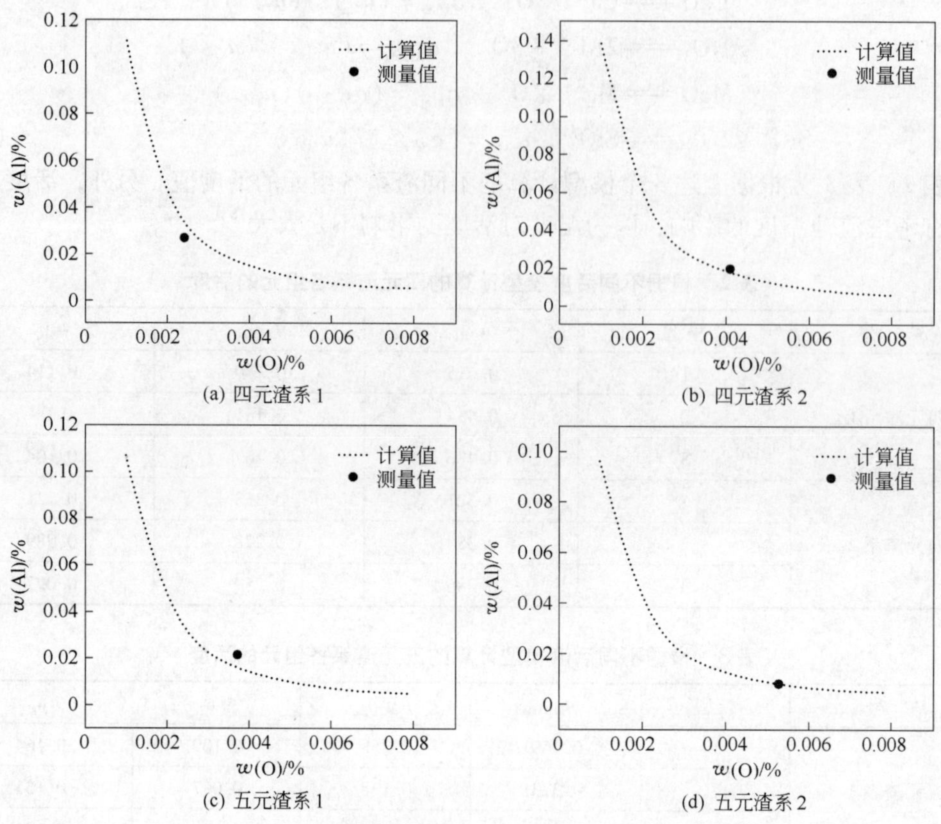

(a) 四元渣系 1　(b) 四元渣系 2

(c) 五元渣系 1　(d) 五元渣系 2

图 2　不同渣系重熔时［Al］-［O］的平衡图

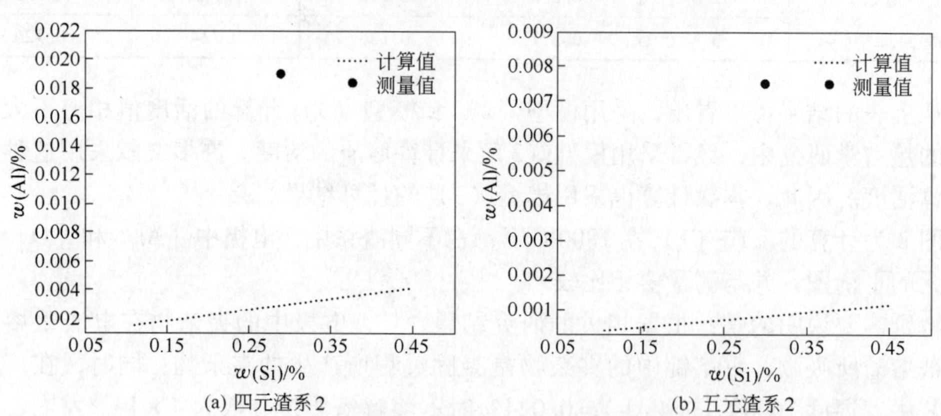

(a) 四元渣系 2　(b) 五元渣系 2

图 3　不同渣系重熔时［Al］-［Si］的平衡图

从图 2 可以看出，不论在何种渣系下重熔，测量值与计算的［Al］-［O］反应平衡值相一致，这就说明电渣锭中的氧是由金属中铝和渣系中的 Al_2O_3 所控制，这也与实验结果相吻合（实验中很明显地发现，随着熔渣中 Al_2O_3 含量的提高，重熔锭中的氧含量明显增高）。

为什么在炼钢水平较低、电极中氧含量较低的情况下，电渣过程可以脱氧，而现在却发生增氧的现象？最根本的一点就是电渣重熔过程中渣池温度太高。在普通炼钢炉中，熔渣温度较低，Al_2O_3 很稳定，不易发生分解；而电渣过程的温度比普通炼钢温度高200℃以上，造成了 Al_2O_3 的不稳定，容易分解。笔者经过计算发现，电渣过程中 Al-O 反应的平衡常数比普通炼钢炉中平衡常数高一个数量级。因此，熔渣中的 Al_2O_3 就成为电渣锭中氧的来源之一。

过去炼钢水平较低，电极中氧化物含量较高，且尺寸较大，在经过电渣重熔后，由于渣池对氧化物夹杂的吸附而造成的氧含量的降低足以抵消氧化物分解所造成的氧含量的增加，总的趋势仍为去氧过程；而随着炼钢技术的提高，电极中氧化物含量较少，在经过电渣重熔后，由于渣池对氧化物夹杂的吸附而造成的氧含量的降低不足以抵消氧化物分解所造成的氧含量的增加，总的趋势为增氧过程。

因此，在生产中为了获得较低的氧含量（特别是没有气体保护的情况下），应该减少渣中 Al_2O_3 的活度，同时在重熔过程中向渣池连续添加适当重熔脱氧剂。由于电渣的用渣系中一般都含较高的 Al_2O_3，因此，要获得极低的氧含量是困难的。这也说明在电渣重熔时，电极中的氧含量不需要降得过低。从图 3 可以看出，测量值与计算值相差甚远，说明 Al-Si 远没有达到平衡，Al 没有将渣中的 SiO_2 大量还原。因此，在工艺允许的情况下，是可以添加少量 SiO_2 的。

4 结论

（1）实验发现，当电极中的氧含量较低时，电渣冶金过程中实际上变成了增氧过程，增氧的程度与渣系的选择密切相关。在本实验情况下，氧质量分数最低为 24×10^{-6}，说明把电渣锭中的氧含量降低到较低水平是困难的；这也说明在电渣重熔时，电极中的氧含量不需要降得过低；

（2）通过渣—金之间的反应，可以得出：Al-O 之间的反应是电渣重熔过程中的控制反应，电极中铝含量及渣 Al_2O_3 含量决定了锭中的氧含量。因此，在生产中为了获得较低的氧含量，应该减少渣中 Al_2O_3 的活度，同时在重熔过程中向渣池连续添加合适的脱氧剂。

参考文献

[1] A Mitchell. Oxide inclusion behavior during consumable electrode remelting [J]. Ironmaking and Steelmaking, 1974, 3 (1): 172 ~ 178.

[2] 李正邦. 电渣重熔轴承钢 [J]. 钢铁, 1966, (1): 20 ~ 24.

[3] D. J. Naylor. Review of international activity on microalloyed engineering steels [J]. Ironmaking and Steelmaking, 1989, 16 (4): 246 ~ 252.

[4] S. F. Medina, M. P. de Andres. Electrical field in the resistivity medium (slag) of the ESR process influence on ingot production and quality [J]. Ironmaking and Steelmaking, 1987, 14 (3): 110 ~ 120.

[5] R. J. Hawkins, M. W. Davies. Thermodynamics of FeO - bearing, CaF_2-based slags [J]. Journal of the Iron and steel Institute, 1971, 209 (3): 226 ~ 230.

[6] 朱觉, 刘海洪, 孙舒冶. 电渣重熔大型钢锭脱氧制度的选择. 电渣冶金专辑, 1987, 4: 30 ~ 35.

[7] S. F. Medina, F. Lopez, A. G. Coedo. Manufacture by ESR of microalloyed steels with two precipitating metal elements [J]. Ironmaking and Steelmaking, 1997, 24 (4): 329 ~ 336.

[8] V. Presern, B. Korousic, J. W. Hastie. Thermodynamic conditions for inclusions modification in calcium treated steel [J]. Steel. Res., 1991, 62 (7): 289 ~ 295.

[9] 李正邦. 电渣熔铸 [M]. 北京: 国防工业出版社, 1981, 24.

[10] 周德光, 陈希春, 傅杰, 等. 电渣重熔与连铸轴承钢中的夹杂物 [J]. 北京科技大学学报, 2000, 22 (1): 26 ~ 29.

Study on Oxygen Behavior during Electroslag Remelting

Chang Lizhong   Yang Haisen   Li Zhengbang

(Central Iron and Steel Research Institute)

Abstract Oxygen behavior has been analysed during electroslag remelting. Results show that the oxygen has been increased during ESR when the oxygen in the electrode is low and the increment of the oxygen have close relations with the slag system. The findings through the experiment and theoretical analysis show that the reaction between [Al] and [O] is the control reaction and the content of [O] in the ingots is decided by [Al] in the electrode and Al_2O_3 in the slag pool. In order to obtain lower [O] in the ingots, the deoxidizers should be added in the slag pool continuously during ESR and lowering the activities of Al_2O_3 in the slag pool.

Key words electroslag remelting; argon shield; oxygen; slag; slag – metal reaction

用白钨矿、氧化钼和钒渣冶炼合金钢的热力学分析*

摘　要　运用热力学状态图、化学反应等温方程式及活度对利用白钨矿、氧化钼和钒渣冶炼合金钢的热力学过程进行了计算和分析。结果表明：炼钢过程中，［C］、［Si］和［Al］等都能将白钨矿、氧化钼和钒渣还原；而白钨矿、氧化钼和钒渣的回收率取决于炉渣碱度和氧化性、炼钢温度、反应气氛以及钢液中各元素的含量。

关键词　炼钢；白钨矿；氧化钼；钒渣；热力学

利用白钨矿、氧化钼和钒渣冶炼合金钢可以省去生产钨铁、钼铁和钒铁的工序，既可有效利用资源、减少污染，又可降低添加合金元素的成本，选择合适的冶炼工艺还可以缩短冶炼时间、减少吨钢耗电量，从而提高冶炼合金钢的经济效益。国外不少冶金工作者正在致力于此项研究[1~3]，对用白钨矿、氧化钼和钒渣冶炼合金钢进行了初步热力学分析，但是所给的化学反应式中物质状态不明确，化学反应的标准吉布斯自由能数据相差较大，依据这些数据制定的冶炼工艺不够合理，致使反应速度和合金收得率受到限制。为此，本文作者对用白钨矿、氧化钼和钒渣冶炼合金钢进行了热力学计算和分析，旨在为利用白钨矿、氧化钼和钒渣冶炼合金钢提供理论依据。

1　用氧化钼冶炼合金钢的热力学分析

氧化钼的主要成分是 MoO_3 和 MoO_2。MoO_3 的熔点较低，易蒸发。根据有关化学反应及反应标准吉布斯自由能 $\Delta G^{\ominus}$[4~8] 可以得到还原氧化钼的热力学反应标准吉布斯自由能。

1.1　$MoO_2(s)$ 还原的热力学

经式（1）~式（5）的计算可以得到还原剂［Fe］、［Mn］、［C］、［Si］和［Al］还原 $MoO_2(s)$ 的热力学数据。

$$MoO_2(s)+2[C]=\!=\!=[Mo]+2CO$$

$$\Delta G_1^{\ominus}=327022-301.43T \tag{1}$$

$$MoO_2(s)+[Si]=\!=\!=[Mo]+(SiO_2)$$

$$\Delta G_2^{\ominus}=-207000-1.56T \tag{2}$$

$$MoO_2(s)+4/3[Al]=\!=\!=[Mo]+2/3Al_2O_3(s)$$

$$\Delta G_3^{\ominus}=-477594+58.38T \tag{3}$$

* 本文合作者：郭培民、张和生。原发表于《钢铁研究学报》，1999，11（3）：14~18。

$$MoO_2(s) + 2[Mn] \Longrightarrow [Mo] + 2(MnO)$$

$$\Delta G_4^{\ominus} = -153674 + 13.35T \tag{4}$$

$$MoO_2(s) + 2[Fe] \Longrightarrow [Mo] + 2(FeO)$$

$$\Delta G_5^{\ominus} = 92942 - 99.61T \tag{5}$$

在标准状态下作为还原剂的［Fe］、［Mn］、［C］、［Si］和［Al］还原 $MoO_2(s)$ 的能力见图 1（a）。从图中可见，炼钢温度下，［Fe］、［Mn］、［C］、［Si］和［Al］在标准状态下都能将 $MoO_2(s)$ 还原，还原能力依次增强（［Si］在较低温度下还原能力大于［C］，但在较高温度下，还原能力小于［C］）。

然而，在实际炼钢过程中，反应一般不在标准状态下进行，因此必须根据实际反应的吉布斯自由能 ΔG 来判断反应进行的可能性。如[C]还原 $MoO_2(s)$时，反应的 ΔG_1 为：

$$\Delta G_1 = \Delta G_1^{\ominus} + RT\ln J = \Delta G_1^{\ominus} + RT\ln \frac{a_{[Mo]} \cdot a_{CO}^2}{a_{[C]}^2 \cdot a_{MoO_2(s)}}$$

$$= \Delta G_1^{\ominus} + RT\ln \frac{f_{[Mo]} w_{[Mo]} \cdot p_{CO}^2}{f_{[C]}^2 w_{[C]}^2 \cdot a_{MoO_2(s)} p}$$

冶炼 35CrMoV 钢，当炼钢温度为 1600℃时，由计算可得 $f_{[C]} = 1.04$ 和 $f_{[Mo]} = 0.98$，而 $a_{MoO_2(s)} = 1$，在常压下计算可得到 $\Delta G_1 = -235.6$kJ。因此冶炼 35CrMoV 钢时可用[C]还原 $MoO_2(s)$[9]。由上式还可看出，ΔG_1 与 $\Delta G_1^{\ominus}$、CO 分压 p_{CO}、[Mo]和[C]的含量以及活度系数 f 有关。降低 p_{CO} 和 $f_{[Mo]}$、提高 $f_{[C]}$ 都有利于[C]还原$MoO_2(s)$。经计算用[Si]、[Mn]等也可以还原 $MoO_2(s)$冶炼 35CrMoV 钢。由于(SiO_2)和(MnO)的活度 $a_{(SiO_2)}$、$a_{(MnO)}$与炉渣成分密切相关，因此炉渣成分对还原 $MoO_2(s)$影响较大。

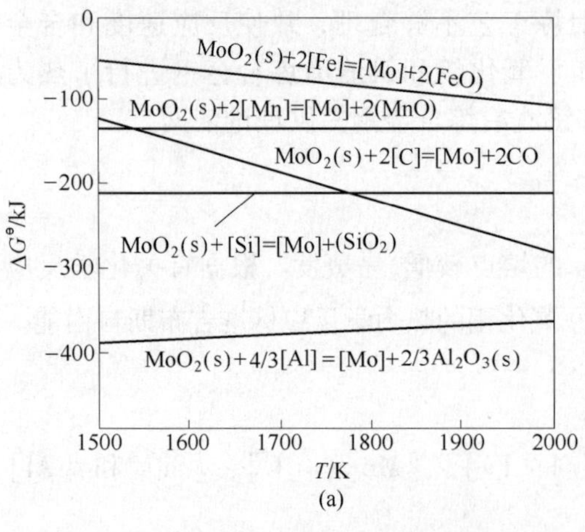

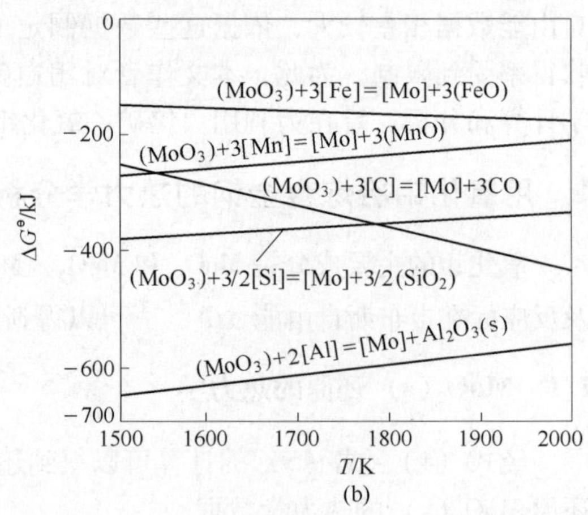

图 1　还原 $MoO_2(s)$（a）和（MoO_3）（b）的 $\Delta G^{\ominus}$-T 图

Fig. 1　$\Delta G^{\ominus} - T$ diagrams of reducing MoO_2（s）（a）and（MoO_3）（b）

1.2　（MoO_3）还原的热力学

经式（6）～式（10）的计算可以得到还原剂［C］、［Mn］、［Si］、［Al］和［Fe］还原（MoO_3）的热力学数据。

$$(MoO_3) + 3[C] \Longrightarrow [Mo] + 3CO$$

$$\Delta G_6^{\ominus} = 273888 - 352.78T \tag{6}$$

$$(MoO_3) + 3/2[Si] = [Mo] + 3/2(SiO_2)$$

$$\Delta G_7^{\ominus} = -527145 + 97.03T \tag{7}$$

$$(MoO_3) + 2[Al] = [Mo] + Al_2O_3(s)$$

$$\Delta G_8^{\ominus} = -933036 + 186.94T \tag{8}$$

$$(MoO_3) + 3[Mn] = [Mo] + 3(MnO)$$

$$\Delta G_9^{\ominus} = -447156 + 119.39T \tag{9}$$

$$(MoO_3) + 3[Fe] = [Mo] + 3(FeO)$$

$$\Delta G_{10}^{\ominus} = -77232 - 50.05T \tag{10}$$

在标准状态下，作为还原剂的［Fe］、［Mn］、［C］、［Si］和［Al］还原（MoO_3）的能力见图1（b）。显然，在炼钢温度下．上述反应的标准吉布斯自由能都小于0，因此在标准状态下，［Fe］、［Mn］、［C］、［Si］和［Al］都能将（MoO_3）还原。从图1（b）中可见，［Fe］、［Mn］、［C］、［Si］和［Al］在较低的温度下就能将（MoO_3）还原。在实际的炼钢过程中，反应一般不在标准状态下进行，因此必须根据反应的 ΔG 来判断反应进行的可能性。最终能否发生还原反应及反应平衡状态取决于炼钢温度、炉渣性质（碱度和氧化性）以及钢液中各物质含量。

从上述热力学分析可见，在炼钢温度下用［Fe］、［Mn］、［C］、［Si］和［Al］作为还原剂来还原氧化钼是完全可行的。反应的平衡状态取决于炉渣性质、钢液中各元素含量、反应气氛及炼钢温度。

2 用白钨矿冶炼合金钢的热力学分析

白钨矿的主要成分是 $CaWO_4$，熔点为1579℃，密度为5.456g/cm^3。根据有关化学反应及反应标准吉布斯自由能[4~8]可以得到还原白钨矿的热力学反应标准吉布斯自由能。

2.1 $CaWO_4$(s) 还原的热力学

经式（11）~式（15）的计算可得到还原剂［C］、［Si］、［Al］、［Mn］和［Fe］还原 $CaWO_4$(s) 的热力学数据。

$$2/3CaWO_4(s) + 2[C] = 2/3[W] + 2/3(CaO) + 2CO$$

$$\Delta G_{11}^{\ominus} = 449799 - 305.45T \tag{11}$$

$$2/3CaWO_4(s) + [Si] = 2/3[W] + 2/3(CaO) + (SiO_2)$$

$$\Delta G_{12}^{\ominus} = -84223 - 5.58T \tag{12}$$

$$2/3CaWO_4(s) + 4/3[Al] = 2/3[W] + 2/3(CaO) + 2/3Al_2O_3(s)$$

$$\Delta G_{13}^{\ominus} = -354817 + 54.36T \tag{13}$$

$$2/3CaWO_4(s) + 2[Mn] = 2/3[W] + 2/3(CaO) + 2(MnO)$$

$$\Delta G_{14}^{\ominus} = -30897 + 9.33T \tag{14}$$

$$2/3CaWO_4(s) + 2[Fe] = 2/3[W] + 2/3(CaO) + 2(FeO)$$

$$\Delta G_{15}^{\ominus} = 215719 - 103.63T \tag{15}$$

在标准状态下，作为还原剂的［Fe］、［Mn］、［C］、［Si］和［Al］还原 $CaWO_4$(s)的能力见图2（a）。从图中可见，炼钢温度下，［C］、［Si］和［Al］在标准

状态下能将 $CaWO_4(s)$ 还原；[Fe] 在标准状态下无法将 $CaWO_4(s)$ 还原；而 [Mn] 仅有微弱的还原能力。从图中同时可见，[C]、[Si] 和 [Al] 能在较低的温度下将 $CaWO_4(s)$ 还原。由于 $CaWO_4(s)$ 的密度低于钢液的密度，因此在电炉炼钢中，最好将白钨矿和硅铁放在炉底，使白钨矿在熔化上浮的同时与 [Si] 发生还原反应。这就是白钨矿采用硅辅助还原炉底装入法的理论依据[10]。

在实际炼钢过程中，还原剂对白钨矿的还原与反应状态有关。炉渣成分、钢液中各元素含量都对反应的程度有较大的影响。如用 Si 还原 $CaWO_4(s)$ 时其反应的吉布斯自由能 ΔG_{12} 为：

$$\Delta G_{12} = \Delta G_{12}^{\ominus} + RT\ln\frac{a_{(SiO_2)} \cdot a_{(CaO)}^{2/3} \cdot a_{[W]}^{2/3}}{a_{[Si]}}$$

$$= \Delta G_{12}^{\ominus} + RT\ln\frac{a_{(SiO_2)} \cdot a_{(CaO)}^{2/3} \cdot f_{[W]}^{2/3} \cdot w_{[W]}^{2/3}}{f_{[Si]} \cdot w_{[Si]}}$$

冶炼 W9Mo3Cr4V 钢，当炼钢温度为 1600℃时[11]，由计算可得 $f_{[Si]} = 1.59$，$f_{[W]} = 1.39$。根据活度图[12]可得 $a_{(SiO_2)} = 0.01$，$a_{(CaO)} = 0.11$，因此计算得到 $\Delta G_{12} = -151.2\text{kJ}$。同理，在炼钢温度为 1600℃且保持常压条件下，用 [C] 作为 $CaWO_4(s)$ 的还原剂冶炼 W9Mo3Cr4V 钢时的 $\Delta G_{11} = -111.7\text{kJ}$。这表明 [Si]、[C] 可作为还原剂还原 $CaWO_4(s)$ 冶炼 W9Mo3Cr4V 钢，而且 [W] 与还原剂的活 度、渣中 (SiO_2) 与 (CaO) 的活度以及炼钢温度对还原白钨矿有较大的影响。

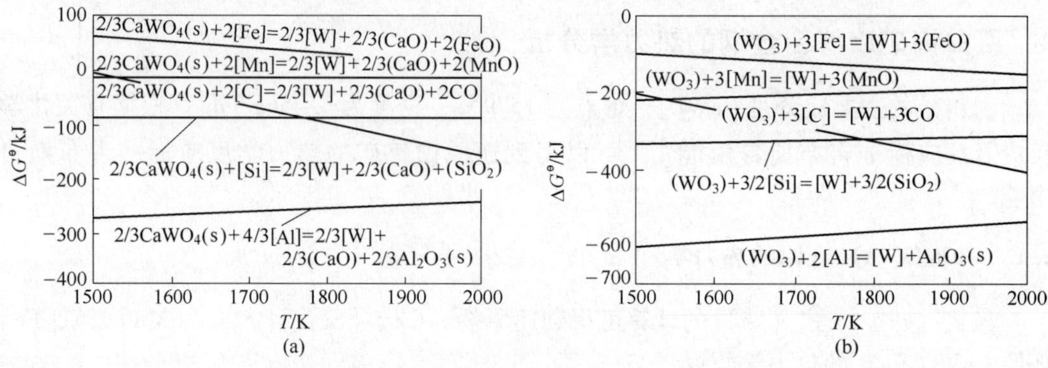

图 2　还原 $CaWO_4(s)$ (a) 和 (WO_3) (b) 的 $\Delta G^{\ominus}$-T 图

Fig. 2　$\Delta G^{\ominus} - T$ diagrams of reducing $CaWO_4$ (s) (a) and (WO_3) (b)

2.2　(WO_3) 还原的热力学

当 $CaWO_4(s)$ 被还原剂还原后，W 进入钢液中，但随着吹氧助熔（或在氧化期），部分 [W] 又被氧化成 WO_3 进入渣中。在还原期又需加脱氧剂对钢液脱氧，同时 (WO_3) 又被还原进入钢液中。用式 (16) ~ 式 (20) 可计算出以 [Fe]、[Si]、[C]、[Al] 和 [Mn] 作为还原剂还原 (WO_3) 的热力学数据。

$$(WO_3) + 3[Fe] = [W] + 3(FeO)$$

$$\Delta G_{16}^{\ominus} = 77030 - 118.47T \tag{16}$$

$$(WO_3) + 3/2[Si] = [W] + 3/2(SiO_2)$$

$$\Delta G_{17}^{\ominus} = -372883 + 28.61T \tag{17}$$

$$(WO_3) + 3[C] = [W] + 3(CO)$$

$$\Delta G_{18}^{\ominus} = 428150 - 421.2T \tag{18}$$

$$(WO_3) + 2[Al] = [W] + Al_2O_3(s)$$

$$\Delta G_{19}^{\ominus} = -778774 + 118.52T \tag{19}$$

$$(WO_3) + 3[Mn] = [W] + 3(MnO)$$

$$\Delta G_{20}^{\ominus} = -292894 + 50.97T \tag{20}$$

在标准状态下，作为还原剂的［Fe］、［Mn］、［C］、［Si］和［Al］还原（WO_3）的能力见图2（b）。从图中可见，在炼钢温度下，［Fe］、［Mn］、［C］、［Si］和［Al］在标准状态下都能还原（WO_3）。但在实际炼钢过程中，（CaO）与（WO_3）的结合降低了（WO_3）的活度系数，同时对于［Fe］还原（WO_3），如（FeO）的活度很低，则有利于（WO_3）的还原。因此，还原期脱氧有利于（WO_3）的还原。综上所述，控制好炉渣的性质（碱度和氧化性）对（WO_3）的还原有明显的作用。另外，如能降低p_{CO}，对提高钨的回收率也有利。

3 用钒渣冶炼合金钢的热力学分析

钒渣的主要成分为V_2O_5，V_2O_5的熔点为670℃。因此，钒渣加入钢液后很快熔化并与还原剂发生反应生成V进入钢液中。在酸性渣中，V的存在形式为V_2O_5，而在碱性渣中，则以V_2O_3形式存在。根据有关化学反应及反应标准吉布斯自由能[4~8]可以得到还原钒渣的热力学反应标准吉布斯自由能。

3.1 （V_2O_5）还原的热力学

经式（21）~式（25）的计算可得到还原剂［C］、［Si］、［Fe］、［Mn］和［Al］还原（V_2O_5）的热力学数据。

$$(V_2O_5) + 5[C] = 5(CO) + 2[V]$$

$$\Delta G_{21}^{\ominus} = 709010 - 619.15T \tag{21}$$

$$(V_2O_5) + 5/2[Si] = 5/2(SiO_2) + 2[V]$$

$$\Delta G_{22}^{\ominus} = -626045 + 130.53T \tag{22}$$

$$(V_2O_5) + 5[Fe] = 5(FeO) + 2[V]$$

$$\Delta G_{23}^{\ominus} = 123810 - 114.6T \tag{23}$$

$$(V_2O_5) + 5[Mn] = 5(MnO) + 2[V]$$

$$\Delta G_{24}^{\ominus} = -492730 + 167.8T \tag{24}$$

$$(V_2O_5) + 10/3[Al] = 5/3Al_2O_3(s) + 2[V]$$

$$\Delta G_{25}^{\ominus} = -1302530 + 280.38T \tag{25}$$

在标准状态下，作为还原剂的［Fe］、［Mn］、［C］、［Si］和［Al］还原（V_2O_5）的能力见图3（a）。从图中可见，炼钢温度下，［Fe］、［Mn］、［C］、［Si］和［Al］在标准状态下都能还原（V_2O_5），并且即使温度较低也能还原（V_2O_5）。这表明炼钢过程中加入钒渣后，钒渣在熔化的同时与［Fe］、［Si］、［Mn］和［C］等元素发生还原反应生成V进入钢液中。由于其$|\Delta G^{\ominus}|$很大，当反应达到平衡时，（V_2O_5）基本上被完全还原。

3.2 (V_2O_3) 还原的热力学

在炼钢温度下，[V] 很容易被重新氧化生成 V_2O_3 进入渣中。经式（26）~式（30）的计算可得到还原剂 [C]、[Si]、[Fe]、[Mn] 和 [Al] 还原 (V_2O_3) 的热力学数据。

$$(V_2O_3)+3[C]=\!=\!=2[V]+3CO$$

$$\Delta G_{26}^{\ominus}=751860-444.66T \tag{26}$$

$$(V_2O_3)+3/2[Si]=\!=\!=2[V]+3/2(SiO_2)$$

$$\Delta G_{27}^{\ominus}=-49173+5.15T \tag{27}$$

$$(V_2O_3)+3[Fe]=\!=\!=2[V]+3(FeO)$$

$$\Delta G_{28}^{\ominus}=400740-141.93T \tag{28}$$

$$(V_2O_3)+3[Mn]=\!=\!=2[V]+3(MnO)$$

$$\Delta G_{29}^{\ominus}=30816+27.51T \tag{29}$$

$$(V_2O_3)+2[Al]=\!=\!=2[V]+Al_2O_3(s)$$

$$\Delta G_{30}^{\ominus}=-455064+95.06T \tag{30}$$

在标准状态下，作为还原剂的 [Fe]、[Mn]、[C]、[Si] 和 [Al] 还原 (V_2O_3) 的能力见图3（b）。从图中可见，炼钢温度下，(FeO) 和 (MnO) 在标准状态下能将 [V] 氧化成 (V_2O_3)。因此，降低渣的氧化能力对提高钒的回收率意义很大。至于在还原期用硅铁还原 (V_2O_3)，由于 SiO_2 属于酸性氧化物，提高碱度会降低 (SiO_2) 的活度系数；而 V_2O_3 属于碱性氧化物，提高渣的碱度能提高 (V_2O_3) 的活度系数，因此提高渣的碱度有助于提高钒的回收率。因 Al 是强还原剂，无疑用 Al 作还原剂是较好的选择，但也要考虑钢种的需要和综合经济效益。另外降低 p_{CO} 也有利于提高钒的回收率。

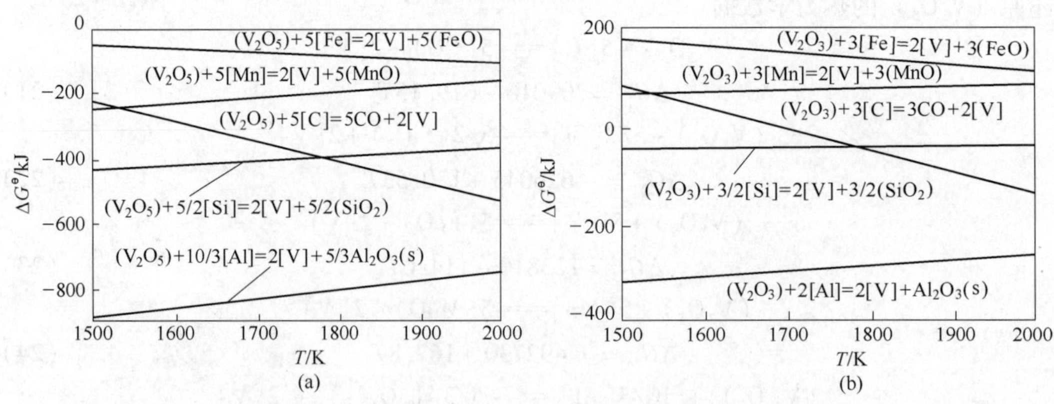

图3 还原 (V_2O_5)（a）和 (V_2O_3)（b）的 $\Delta G^{\ominus}$-T 图

Fig. 3 $\Delta G^{\ominus}-T$ diagrams of reducing (V_2O_5) (a) and (V_2O_3) (b)

综上所述，对于电炉炼钢，钒渣随炉料同时装入或在熔化期、氧化期加入时，钒渣很容易被还原成 V 进入钢液中，但由于此阶段 (FeO) 含量较高，[V] 重新被氧化进入渣中，因而流渣操作或者扒除氧化渣，会造成钒的回收率下降。因此作者认为在还原期加入钒渣或将钒渣和硅铁混合在一起加入钢包包底，可提高钒渣的利用率。

4 结论

（1）利用基本热力学数据得到用还原剂［Si］、［C］、［Mn］、［Fe］和［Al］还原氧化钼、白钨矿和钒渣的热力学数据。

（2）在炼钢温度下，用［Fe］、［Mn］、［C］、［Si］和［Al］还原氧化钼是完全可行的。反应的平衡状态取决于炉渣性质（氧化性和碱度）、钢液中各元素含量、反应气氛及炼钢温度。

（3）在炼钢温度下，［C］、［Si］和［Al］能够还原白钨矿。在白钨矿熔化上浮阶段，大部分白钨矿被还原成 W 进入钢液中。白钨矿的回收率取决于炉渣性质、反应气氛、炼钢温度和钢液中各元素含量。

（4）在炼钢温度下，用［Fe］、［Mn］、［C］、［Si］和［Al］很容易将钒渣还原。但［V］又容易重新被氧化进入渣中，因此建议在还原期或在钢包中加入钒渣为好。

参考文献

[1] Hoyle G. Electroslag processes principles and practice [M]. London: Applied science publishers. 1983.

[2] Остроский Л. Я. Известия Черная Металлия, 1993. (8): 34.

[3] 山瀬治．铁と钢，1988，74（2）：64.

[4] 李文超主编．冶金热力学［M］．北京：冶金工业出版社，1995.

[5] 梁英教，车荫昌主编．无机物热力学数据手册［M］．沈阳：东北大学出版社．1994.

[6] 陈家祥主编．钢铁冶金学（炼钢部分）［M］．北京：冶金工业出版社，1990.

[7] 陈襄武．钢铁冶金物理化学［M］．北京：冶金工业出版社，1990.

[8] 黄希祜．钢铁冶金原理［M］．北京：冶金工业出版社，1990.

[9] 张晶，陈立红．特殊钢，1998，19（3）：40.

[10] 赵沛主编．合金钢冶炼［M］．北京：冶金工业出版社，1992.

[11] 聂若新，李庆云．特殊钢，1987，8（2）：9.

[12] 曲英．炼钢学原理［M］．北京：冶金工业出版社，1994.

Thermodynamic Analysis of Smelting Alloy Steels with Scheelite, Molybdenum Oxide and Vanadium Slag

Li Zhengbang Guo Peimin Zhang Hesheng

(Central Iron and Steel Research Institute)

Abstract The thermodynamics on smelting alloy steels with scheelite, molybdenum oxide and vanadium slag is calculated and analysed by thermodynamic equilibrium diagram, isothermal equation of chemical reaction as well as activity. The results show that the scheelite, molybdenum oxide and vanadium slag can be reduced by [C], [Si], and [Al] during smelting steel, and that the yields of scheelite, molybdenum oxide and vanadium slag are determined by basicity and oxidizability of slag, temperature of molten steel, deoxidizing atomosphere and composition of molten steel.

Key words steelmaking; scheelite; molybdenum oxide; vanadium slag; thermodynamics

白钨矿和氧化钼直接还原合金化的理论分析及工业试验*

摘　要　对白钨矿和氧化钼直接还原合金化进行了热力学和动力学计算和分析。炼钢过程中，[C]、[Si]、[Al] 都能还原白钨矿和氧化钼。(WO_3) 和 (MoO_3) 还原过程的限制性环节分别是 WO_3 及 MoO_3 在熔渣中的扩散。并成功进行了全部用白钨矿和氧化钼冶炼高速钢 M2 (M2Al) 的工业试验。

关键词　白钨矿；氧化钼；直接还原；高速钢

1　前言

钨是我国具有优势的战略资源，其工业储量（占世界总储量的51.1%）、产量和出口量均居世界第一位。钼储量在世界上也名列前茅，在世界上具有举足轻重的地位和左右国际市场的能力。但近年我国钨钼业效益下降，经济上陷入困境，造成这严峻局面的因素很多，但最主要的原因还是资源出口，以出售精矿与中间产品为主，如 1997 年出口钨精矿及中间产品 APT 及钨酸占金额的 85.9%，深加工和再加工只占 14.1%。变原料出口为高速钢（如 M2、W9Mo3Cr4V1）及模具钢（如 H21、3Cr2W8V）钢材出口，或进一步深加工成刀具、模具出口，是可持续发展的战略方向。

我国钨精矿 50% 用于钨铁生产，钼矿 77% 用于钼铁生产。生产合金钢的传统流程是：矿山采选→矿热炉冶炼铁合金→电弧炉冶炼合金钢→炉外精炼→连铸或模铸。此流程两次消耗能源，资源消耗大，并且矿热炉造成环境污染严重。例如，电炉冶炼钨铁 W70A 本身耗电 3000kW·h/t，用 127kg FeSi75—A 耗电 1054kW·h/t，生产钨铁总电耗 4054kW·h/t，由于用焦炭还原 WO_3，生产 1t 钨铁产生约 300m^3 CO（CO 在空气中形成 CO_2），影响环境，加重温室效应。

近年国内外冶金界有识之士纷纷探索氧化物矿直接还原合金化工艺[1~5]，但单加入钨精矿，钨合金化极限量为 5%[4]，钨精矿与钼精矿混合加入，W + Mo 合金化极限量仅 4%[6]，继续增加氧化物矿量，冶炼时间增长，电耗剧增，合金收得率下降，得不偿失。因此，虽然我国钼的资源丰富，但用 MoO_3 直接合金化仅占 13%[6]，绝大多数含钼钢仍用钼铁冶炼。

为此，本文对白钨矿、氧化钼矿直接合金化进行热力学及动力学的计算与分析，同时进行了工业试验，为选择冶金反应器、确定工艺流程、设计软件提供依据。

2　用白钨矿和氧化钼冶炼工具钢的热力学分析

2.1　$CaWO_4$ 的还原热力学

白钨矿的主要成分[6] 是 $CaWO_4$，熔点为 1579℃，密度为 5.456g/cm^3。从 [C]、

* 本文合作者：郭培民、张和生、林功文、冯仲渝、邓旭初、李顺成、李崎。原发表于《钢铁》，1999，34 (10)：20~23。

[Si]、[Mn]、[Fe]、[Al] 还原白钨矿的热力学状态图可见[7]，在炼钢温度下，[C]、[Si] 和 [Al] 在标准状态下能将 $CaWO_4$ 还原，而 [Fe] 在标准状态下无法将 $CaWO_4$ 还原，[Mn] 则有微弱的还原能力。同时可见，[C]、[Si]、[Al] 能在较低的温度下将 $CaWO_4$ 还原。由于 $CaWO_4$ 的密度低于钢液的密度，因此，在电炉中，将白钨矿和还原剂硅放在炉底，在白钨矿熔化上浮的同时与还原剂硅发生还原反应。这就是白钨矿采用硅辅助还原炉底装入法的理论依据[8]。

2.2 MoO_3 的还原热力学

氧化钼的主要成分是 MoO_3，熔点较低，易挥发。从 [C]、[Si]、[Mn]、[Fe]、[Al] 还原氧化钼的热力学状态图可见[7]，在炼钢温度下，[Fe]、[Mn]、[C]、[Si]、[Al] 在标准状态下都能将（MoO_3）还原。同时可见，[Fe]、[Mn]、[C]、[Si]、[Al] 等还原剂在较低的温度下就能将（MoO_3）还原。

2.3 冶炼 M2 钢的实际自由能 ΔG 计算

在实际的炼钢过程中，反应一般不在标准状态下进行，因此必须用化学反应等温方程式 $\Delta G = \Delta G^{\ominus} + RT\ln J$ 与活度进行计算。最终能否发生还原反应及反应的平衡状态取决于炼钢温度、炉渣成分（碱度、氧化性等）和钢液中各物质含量。根据 M2 钢成分（表1）和炉渣成分（表2）能够计算出用 [C]、[Si]、[Mn]、[Fe] 和 [Al] 还原 $CaWO_4$、（WO_3）和（MoO_3）的实际反应自由能。从表3 可见，[Fe]、[Mn]、[C]、[Si] 和 [Al] 完全可以还原（WO_3）、（MoO_3）和 $CaWO_4$。

表1　M2 钢的成分

Table 1　Composition of M2 steel　（%）

元素	[C]	[Mn]	[Si]	[Al]	[V]	[Cr]	[W]	[Mo]
含量	0.85	0.20	0.30	0.20	2.0	4.0	6.0	5.0

表2　炉渣成分

Table 2　Composition of slag　（%）

组分	CaO	SiO_2	MgO	Al_2O_3	FeO	WO_3	MoO_3	MnO	V_2O_5	Cr_2O_3	其他
含量	48.0	22.0	10.0	7.0	5.0	2.0	1.5	1.0	0.5	1.0	2.0

表3　还原 $CaWO_4$、（WO_3）和（MoO_3）的 ΔG（T=1873K）

Table 3　ΔG of reducing $CaWO_4$,（WO_3）and（MoO_3）（T=1873K）　（kJ）

还原物质	还原剂				
	[Fe]	[Mn]	[C]	[Si]	[Al]
（WO_3）	-104.87	-157.44	-237.99	-299.75	-391.48
（MoO_3）	-144.59	-197.16	-277.71	-339.47	-432.05
$CaWO_4$(s)	-28.45	-57.87	-113.97	-152.75	-213.91

3 （WO_3）和（MoO_3）的还原动力学

（WO_3）还原过程是由多个环节组成的，主要包括（WO_3）扩散到反应界面、在界面发生还原反应以及反应产物［W］*扩散到钢液中等环节。还原过程的进程如下：

$$(WO_3)\xrightarrow[\text{扩散}]{\beta_s}(WO_3)^*\xrightarrow[\text{界面反应}]{k_c}[W]^*\xrightarrow[\text{扩散}]{\beta_m}[W]$$

根据双膜理论，经过推导得到：

$$-\frac{d(WO_3)}{dt}=k_s(WO_3) \tag{1}$$

$$\frac{(WO_3)}{(WO_3)_0}=\exp(-k_s t)=\exp\left(-\beta_s\frac{A}{V_s}t\right) \tag{2}$$

式中 β_m，β_s——在钢液及熔渣中的传质系数，m/s；

$(WO_3)^*$，$[W]^*$——反应界面上的 WO_3 及 W；

k_c——化学反应速率常数，m /s；

k_s——熔渣中扩散速率常数，s^{-1}；

A——反应面积，m^2；

V_s——熔渣体积，m^3；

t——反应时间，s。

从式(1)可见，(WO_3)还原过程的限制性环节是 WO_3 在熔渣中的扩散，还原进程与(WO_3)的传质系数及反应界面有关。从图 1 可见，当 $k_s=0.01min^{-1}$ 时，还原 80% (WO_3)需要时间约 165min；而当 $k_s=0.1min^{-1}$ 时，还原时间仅需要 17min。因此，提高 WO_3 在渣中的传质系数及增大渣金界面的面积对加速(WO_3)的还原进程很重要。

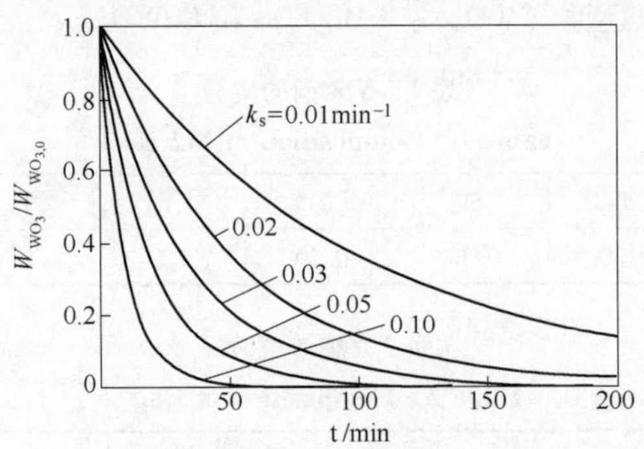

图 1 (WO_3) /$(WO_3)_0$ 与反应时间之间的关系

Fig. 1 Relation between (WO_3)/$(WO_3)_0$ and reaction time

同理，(MoO_3) 的还原过程也是由多个环节组成的，主要包括 (MoO_3) 扩散到反应界面、在界面发生还原反应以及反应产物扩散到钢液中等环节。经过推导分析，可得：

$$-\frac{d(MoO_3)}{dt}=k_s(MoO_3) \tag{3}$$

从式（3）可见，(MoO_3) 的还原过程的限制性环节是 MoO_3 在熔渣中的扩散，还原进程与 (MoO_3) 的传质系数及反应界面有关。

4 冶炼工艺要点

（1）冶炼过程中，应将白钨矿加在炉子中下部，熔化期末，也可利用喷粉工艺补加部分白钨矿。如果将白钨矿和氧化钼一同加入冶炼高速钢，白钨矿加入方法同前，而氧化钼可加在炉料底部，由于氧化钼熔点较低，在上浮阶段熔化而充分还原，同时由于氧化钼压在炉底冷料下，其挥发性得到抑制。

（2）为了控制渣量，应选择好还原剂硅铁和碳配比。

（3）为加速熔化，炉料熔化80%后吹氧助熔，吹氧时间虽短，但使钢液温度升高，对排除钢液中的气体和夹杂极为有利，钢液沸腾后产生的液体搅动可改善钨、钼还原的动力学条件。

（4）针对炉料中磷含量的不同可采用不同的冶炼方法。如果磷含量小于钢中目标磷含量，可采用不氧化法进行冶炼，取消氧化期从而缩短冶炼时间。如果磷含量较高，利用氧化法脱磷，预脱氧后应扒渣造新渣。

（5）还原期可在电炉炉底喷射惰性气体对钢水和熔渣进行充分搅拌，扩大渣金反应界面积，使还原反应充分进行。

（6）如果用直流电弧炉冶炼高速钢，在熔化期炉底接阳极，而当进入还原期时进行极性转换，炉底接阴极，使渣中 W^{6+}、Mo^{6+}、Mo^{4+} 等离子通过电解效应进入钢液中，钢液中的P、S、O形成阴离子进入渣中。同时借助K、Na、Ca金属的氟化物及氯化物，使氧化物充分离解，增强电解效应。

5　工业试验

工业试验在重庆特殊钢公司二炼钢厂进行。电炉公称容量10t，实际装入量超过20t，变压器容量5500kV·A。使用白钨矿粉、氧化钼块代替钨铁、钼铁冶炼M2Al和M 2高速工具钢，钨铁和钼铁仅在钢液成分微调时使用。白钨矿粉和氧化钼块占炉料总量的22.3%（即保证钢水进［W］和进［Mo］分别达到6%和5%），创造新纪录（前人同时加白钨矿和氧化钼块，钢液进W和Mo极限量不超过4%[5]）。硅铁和焦炭按一定比例配好，装料时与白钨矿粉及氧化钼块一同加入，保证熔化期白钨矿粉和氧化钼块能充分还原并把渣量控制在一定范围。从表4可见，［W］和［Mo］已达到目标要求。在实际操作过程中，由于渣量大，熔化期有部分熔渣自动从炉门流出，造成部分白钨矿和氧化钼损失。白钨矿中的钨和氧化钼中的钼的回收率分别为88%和93%。按照1998年原材料价格，全部使用白钨矿和氧化钼块代替钨铁和钼铁冶炼M2Al钢，考虑到全部使用白钨矿粉和氧化钼块冶炼M2Al钢需要额外增加还原剂和电耗的费用，冶炼1t M2Al钢降低成本3110元，经济效益显著。

表4　钢液成分

Table 4　Composition of molten steel　（%）

元素	［C］	［Si］	［Mn］	［P］	［S］	［Cr］	［W］	［Mo］	［V］
含量	1.10	0.14	0.10	0.027	0.032	3.85	6.00	5.04	1.76

6　结论

（1）利用热力学参数状态图、化学反应等温方程式对白钨矿和氧化钼直接合金化进行了热力学计算和分析。用［C］、［Si］等还原剂实现白钨矿和氧化钼块直接合金化是完全可行的。

（2）应用液液双膜理论对（WO_3）和（MoO_3）还原反应进行了动力学分析。

（WO_3）和（MoO_3）的还原过程的限制性环节分别是 WO_3 及 MoO_3 在熔渣中的扩散，还原进程与（WO_3）和（MoO_3）的传质系数及反应界面有关。

（3）进行了全部用白钨矿和氧化钼块代替钨铁和钼铁冶炼 M2Al 及 M2 工业试验，钢中进［W + Mo］达到11%，创造新记录，经济效益显著。

参 考 文 献

［1］Кутевих. Выплавка Быстрорежущей Стаплрьм ЭСприменением Мопи Бденового Концентрата［J］. Стапв, 1975,（1）: 40～43.

［2］山瀨治．福山製铁所における溶铣予备处理とレススうグ吹錬技术［J］．日本鋼管技報，1987，（118）: 1～7.

［3］Осмровский Д Я. Впияние Основности Щлаковото Расплава На Распредеиение Вопвфрама Мскду Металлом Ишпаком［J］. Известия Черная Металлия, 1993,（8）: 340～358.

［4］陈宗祥，李金荣．用白钨精矿代替钨铁炼钢的研究［J］．钢铁，1992，27（11）: 15～18.

［5］李文超，王俭，公茂秀．用氧化物矿直接还原、调整钢中合金成分的物理化学分析［J］．钢铁，1993，28（11）: 18～23.

［6］李金荣．电炉炼钢钨、钼混合氧化物直接还原合金化［J］．特殊钢，1997，18（1）: 40.

［7］李正邦，郭培民，张和生．用白钨矿、氧化钼和钒渣冶炼合金钢的热力学分析［J］．钢铁研究学报，1999，11（3）: 14～18.

［8］赵沛．合金钢冶炼［M］．北京：冶金工业出版社，1992.

Theoretic Analysis and Industrial Trial of Direct Reducing and Alloying of Scheelite and Molybdenum Oxide

Li Zhengbang[1]　Guo Peimin[1]　Zhang Hesheng[1]　Lin Gongwen[1]
Feng Zhongyu[2]　Deng Xuchu[2]　Li Shuncheng[2]　Li Qi[2]

（1. Central Iron and Steel Research Institute; 2. Chongqing Special Steel Corporation）

Abstract　Direct reducing and alloying of scheelite and molybdenum oxide is considered by thermodynamic and kinetic calculation and analysis in this paper. Scheelite and molybdenum oxide can be reduced by [C], [Si] and [Al] in the process of smelting steel. Diffusion of (WO_3) and (MoO_3) is the restrictive step in the process of reducing (WO_3) and (MoO_3). Industrial trial has been conducted successfully for smelting high-speed steel M2 (M2Al) with scheelite and molybdenum oxide completely.

Key words　scheelite; molybdenum oxide; direct reduction; high-speed steel

用白钨矿、氧化钼和钒渣冶炼 M2 钢的脱磷研究*

摘　要　运用热力学理论和通过工业试验对冶炼 M2 钢进行了脱磷研究。研究表明：用 CaO 渣系氧化脱磷时，[W]、[Mo] 不会氧化，但 [Cr]、[V] 氧化损失严重；用 BaO 渣系氧化脱磷时，[P] 先于 [Cr]、[V] 氧化；用 Ca、CaC_2、CaSi 可实现还原脱磷；还原法脱磷用于冶炼 M2 钢比冶炼不锈钢更有效。

关键词　炼钢；氧化脱磷；还原脱磷；M2 钢

1　前言

用白钨矿、氧化钼和钒渣取代钨铁、钼铁和钒铁冶炼合金钢符合当前炼钢工业技术发展方向，此工艺不仅缩短了工艺流程、节约了能源，而且提高了 W、Mo、V 的综合回收率、减少了对环境的污染，社会、经济效益显著。然而到目前为止，冶炼 M2 等工模钢时，选用优质白钨矿、氧化钼块和废钢等原料，磷含量低，基本上不存在脱磷问题，而钒渣只能实现低合金化，如用钒渣代替钒铁冶炼 M2 高速钢，将使钢中增磷约 0.01%（w）以上，因此研究脱磷对扩大原料使用范围、降低成本有着显著的社会经济效益。

2　CaO 渣系氧化脱磷研究

2.1　氧化脱磷

炼钢过程常用碱度、高氧化性渣进行氧化脱磷，见式（1）。从式（1）可计算出平衡常数 K 与温度之间的关系，见表 1。

$$2[P]+5(FeO)+4(CaO)=\!=\!=(4CaO\cdot P_2O_5)+5[Fe]$$

$$\Delta G_1^{\ominus}=-767166+288.3T^{[1]} \tag{1}$$

磷的分配比可用下式表示：

$$L_p=\frac{x_{P_2O_5}}{[\%P]^2}=Ka_{FeO}^5a_{CaO}^4 \tag{2}$$

表 1　反应温度对脱磷的影响

脱磷参数	T/K				
	1673	1723	1773	1823	1873
K	7.8×10^8	1.6×10^8	3.5×10^7	8.3×10^6	2.1×10^6
L_p	2700	480	94	20	4.5
$[\%P]_e$	0.0017	0.0040	0.0092	0.020	0.042

* 本文合作者：郭培民、张和生、林功文。原发表于《炼钢》，2000，16（1）：34～37。

从式（2）可见，a_{FeO}和a_{CaO}对L_P影响较大，高碱度和高氧化性渣脱磷效果较好。根据式（2）可计算出磷的分配比和反应平衡时的［%P］$_e$，计算所需熔渣成分见表2。从表1可见，温度对脱磷影响较大，合适的脱磷温度应低于1823K。

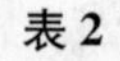

表2　熔渣主要成分（*w*）　　（%）

CaO	FeO	SiO_2	MgO	MnO	P_2O_5	Al_2O_3
45	19	15	9	6	2	3

2.2　保钨去磷

冶炼M2钢，熔化期末［W］约为6%（质量百分数）。（FeO）氧化［W］的反应如下所示。

$$[W]+3(FeO)═══(WO_3)+3[Fe]$$
$$\Delta G_2^{\ominus}=77030+118.47T^{[2]} \quad (3)$$

钨的分配比可用下式表示：

$$L_W=\frac{x_{WO_3}}{f_W[W]}=Ka_{FeO}^3 \quad (4)$$

将式（1）和式（4）合并可得：

$$2[P]+5/3(WO_3)+4(CaO)═══(4CaO\cdot P_2O_5)+5/3[W]$$
$$\Delta G_3^{\ominus}=-638783+90.85T \quad (5)$$

假定［%P］=0.03，［%W］=6，（%WO_3）=1，渣成分如表2所示。式（5）的实际反应自由能见表4。从表3、表4可见，（FeO）氧化脱磷时，［W］不会被氧化。

表3　反应温度对［W］氧化的影响

T/K	1673	1723	1773	1823	1873
K	1.65×10^{-4}	1.40×10^{-4}	1.21×10^{-4}	1.04×10^{-4}	9.11×10^{-5}
L_W	8.84×10^{-6}	6.62×10^{-6}	5.55×10^{-6}	4.46×10^{-6}	3.64×10^{-6}

表4　去磷保钨的Δ*G*

T/K	1673	1773	1873
Δ*G*/kJ	−179	−152	−124

2.3　保钼去磷

冶炼M2钢，熔化期末［Mo］约为5%（质量百分数）。（FeO）氧化［Mo］的反应如下所示[2]。

$$[Mo]+3(FeO)═══(MoO_3)+3[Fe]$$
$$\Delta G_4^{\ominus}=77232+50.05T \quad (6)$$

钼的分配比可用下式表示：

$$L_{Mo}=\frac{x_{MoO_3}}{f_{Mo}[Mo]}=Ka_{FeO}^3 \quad (7)$$

将式（1）和式（6）合并可得：

$$2[P]+5/3(MoO_3)+4(CaO)═══(4CaO\cdot P_2O_5)+5/3[Mo]$$

$$\Delta G_5^\ominus = -895886 + 204.9T \quad (8)$$

假定［%P］=0.03，［%Mo］=5，（$\%MoO_3$）=1，渣成分如表2所示。式（8）的实际反应自由能见表6。从表5、表6可见，（FeO）氧化脱时［Mo］不会被氧化。

表5 反应温度对［Mo］氧化的影响

T/K	1673	1723	1773	1823	1873
K	9.42×10^{-6}	1.14×10^{-5}	1.29×10^{-5}	1.49×10^{-5}	1.70×10^{-5}
L_{Mo}	5.04×10^{-7}	5.64×10^{-7}	5.92×10^{-7}	6.39×10^{-7}	6.80×10^{-7}

表6 去磷保钼的 ΔG

T/K	1673	1773	1873
ΔG/kJ	-275	-238	-201

2.4 保钒去磷

当用钒渣直接合金化冶炼 M2 等工具钢时，会使钢中增 P 0.01%以上。

由
$$4CaO + 2[P] + 5[O] = 4CaO \cdot P_2O_5$$
$$\Delta G_6^\ominus = -1336600 + 546.8T^{[3]} \quad (9)$$

和
$$2[V] + 3[O] = V_2O_3$$
$$\Delta G_7^\ominus = -810030 + 337.4T^{[3]} \quad (10)$$

可得：
$$4CaO + 2[P] + 5/3V_2O_3 = (4CaO \cdot P_2O_5) + 10/3[V]$$
$$\Delta G_8^\ominus = -13450 - 15.5T \quad (11)$$

冶炼 M2 钢，实际反应自由能：

$$\Delta G_8 = \Delta G_8^\ominus + RT\ln\frac{a_V^{10/3}}{a_P^2} = 13450 + 42.6T$$

因此,氧化脱磷时,钒比磷更易氧化。当 $T=1823$K,［%P］=0.03 时,钢液［%V］$_e$ = 0.28。由此可见,氧化脱磷时钒氧化很严重。

2.5 保铬去磷

［Cr］与［O］在碱性渣中的反应如下：
$$2[Cr] + 3[O] = Cr_2O_3$$
$$\Delta G_9^\ominus = -707800 + 303.7T^{[3]} \quad (12)$$

式（9）与式（12）相联可得：
$$4CaO + 2[P] + 5/3Cr_2O_3 = (4CaO \cdot P_2O_5) + 10/3[Cr]$$
$$\Delta G_{10}^\ominus = -156933 + 40.6T \quad (13)$$

冶炼 M2 钢，当 $T=1823$K，［%P］=0.03 时，$\Delta G=82604$J，因此脱磷时铬也将被氧化。

$$2[Cr] + 3(FeO) = 3[Fe] + Cr_2O_3$$
$$\Delta G_{11}^\ominus = -291070 + 134.0T \quad (14)$$

$$[\%\mathrm{Cr}]_e = \frac{\sqrt{\exp(\Delta G_{11}^{\ominus}/RT)}}{f_{\mathrm{Cr}} a_{\mathrm{FeO}}^{3/2}} = \frac{0.273}{a_{\mathrm{FeO}}^{3/2}}$$

很显然，当渣的氧化性高时，[%Cr] 将降低。用表 2 熔渣成分计算，可得：$[\%\mathrm{Cr}]_e = 1.32$。

2.6 工业试验

在 20t 电弧炉上，采用①返回料 + 部分白钨矿（或氧化钼块）+ 普通废钢 + 铁合金方案和②白钨矿 + 氧化钼 + 普通废钢 + 钒铁两种方案冶炼 M2 钢 20 余炉次。熔化期吹氧（60 ± 20）min。方案①中装料时配入 2.5% Cr 和 0.5% V，方案②装料时配入 2.5% Cr。氧化期末的钢液成分见表 7。可见，氧化期末钢液中 [W]、[Mo] 就已符合要求。在冶炼过程中，[W] 和 [Mo] 基本上不被氧化，而 [Cr]、[V] 分别从 2.5%、0.5% 降至 1.43%（方案②为 1.38%）、0.3%，并接近平衡值（$[\%\mathrm{Cr}]_e = 1.32$，$[\%\mathrm{V}] = 0.28$），与上述理论计算相吻合。

表 7　氧化期末钢液成分（w）　　(%)

钢液成分	[C]	[Si]	[Mn]	[P]	[S]	[Cr]	[W]	[Mo]	[V]
方案①	0.45	0.03	0.05	0.027	0.029	1.43	6.19	4.55	0.3
方案②	0.78	0.15	0.08	0.027	0.038	1.38	5.83	5.40	0.07

3 BaO 渣系氧化脱磷

从上可见，CaO 基渣氧化脱磷过程中，[V]，[Cr] 将不可避免地被氧化烧损。而 $3\mathrm{BaO}\cdot\mathrm{P_2O_5}$、$3\mathrm{Na_2O}\cdot\mathrm{P_2O_5}$ 比 $4\mathrm{CaO}\cdot\mathrm{P_2O_5}$ 稳定，$\mathrm{Na_2O}$ 侵蚀炉衬严重，因此试用 BaO 渣系进行氧化脱磷达到保铬、保钒目的。BaO 渣系去磷反应如下：

$$3\mathrm{BaO} + 2[\mathrm{P}] + 5[\mathrm{O}] = 3\mathrm{BaO}\cdot\mathrm{P_2O_5}$$

$$\Delta G_{12}^{\ominus} = -1613500 + 609.6T \quad (15)$$

[3]

式（10）和式（15）相联可得：

$$3\mathrm{BaO} + 2[\mathrm{P}] + 5/3\mathrm{V_2O_3} = 3\mathrm{BaO}\cdot\mathrm{P_2O_5} + 10/3[\mathrm{V}]$$

$$\Delta G_{13}^{\ominus} = -263450 + 47.3T \quad (16)$$

冶炼 M2 钢，$\Delta G_{13} = -263450 + 110.2T$，当 $T = 1823\mathrm{K}$，$\Delta G_{13}^{\ominus} = -62114\mathrm{J}$，因此，氧化脱磷时磷比钒先氧化。

将式（12）和式（15）相联可得：

$$3\mathrm{BaO} + 2[\mathrm{P}] + 5/3\mathrm{Cr_2O_3} = 3\mathrm{BaO}\cdot\mathrm{P_2O_5} + 10/3[\mathrm{Cr}]$$

$$\Delta G_{14}^{\ominus} = -433833 + 103.4T \quad (17)$$

冶炼 M2 钢，$\Delta G_{14} = -433833 + 193.9T$，当 $T = 1823\mathrm{K}$，$\Delta G_{14} = -79578\mathrm{J}$，因此，[P] 先于 [Cr] 氧化，从而达到保铬去磷任务。

因此，用 BaO 渣系进行氧化脱磷可实现去磷保铬、保钒。

4 还原脱磷

4.1 还原去磷的可能性

综上所述，CaO 基渣氧化脱磷过程中，[V]，[Cr] 将不可避免地被氧化烧损。用

BaO 基渣氧化脱磷虽然能保证［V］和［Cr］不先于［P］氧化，然而 BaO 资源在我国远不及 CaO 丰富，价格也高于 CaO，因此，BaO 基渣系用于工业生产中很少。因此还原脱磷工艺受到重视，而且也已用于不锈钢脱磷实践中。

为实现还原脱磷，必须保证很低的氧势（$P_{O_2}<2.23\times10^{-14}$Pa）[4]。Al、Ca、Mg 和 CaC_2 等还原脱磷的平衡氧势见表 8。可见，用 Al 作还原剂，达不到还原脱磷所需氧势，Ca、Mg、CaC_2 与 CaSi 等作还原剂可以达到还原脱磷所需氧势。Ca、CaC_2 与 CaSi 等与磷的反应及冶炼 M2 钢的［%P］$_e$ 值见表 9。可见，Ca、CaC_2 与 CaSi 作还原剂［%P］$_e$ 低于钢种所需要求。

表 8　Al 等还原剂与氧化反应的 $\Delta G^{\ominus}$ 及平衡氧分压[5,6]

反应式	$\Delta G^{\ominus}$/J·mol^{-1}	平衡氧分压（T=1823K）/Pa
$2[Al]+3/2O_2=Al_2O_3$	$-1556540+379.1T$	$[\%Al]=0.1, P_{O_2}=2.6\times10^{-11}$ $[\%Al]=1, P_{O_2}=2.9\times10^{-12}$
$Ca+1/2O_2=CaO$	$-640150+108.57T$	$P_{O_2}=4.5\times10^{-21}$
$Mg+1/2O_2=MgO$	$-609570+116.52T$	$P_{O_2}=1.7\times10^{-18}$
$CaC_2+1/2O_2=CaO+2[C]$	$519920+48.78T$	$a_c=1, P_{O_2}=2.0\times10^{-20}$
$CaSi+1/2O_2=CaO+[Si]$	$-550639+33.4T$	$a_{[Si]}=0.2, P_{O_2}=1.1\times10^{-24}$

表 9　冶炼 M2 钢还原去磷热力学[3]

反应式	$\Delta G^{\ominus}$/J·mol^{-1}	$[\%P]_e$（T=1823K）
$Ca+2/3[P]=1/3(Ca_3P_2)$	$-146730+55.8T$	0.012
$CaC_2+2/3[P]=1/3(Ca_3P_2)+2[C]$	$-26500-4T$	0.007
$CaSi+2/3[P]=1/3(Ca_3P_2)+[Si]$	$-57219-19.4T$	0.00002

4.2　还原剂的利用率

Ca、CaC_2、CaSi 在高温下易挥发，当［%C］低于 0.5 时，CaC_2 的分解速度很快[1]，钙受到很大的挥发损失，所以冶炼不锈钢时，CaC_2 的挥发损失竟达到 78.4%～88.9%，而用于脱磷的 CaC_2 只占 1.5% 左右，可见，CaC_2 的利用率极低[3]，且又出现增碳问题。因此冶炼不锈钢时，采用“电弧炉熔化→钢包喷粉脱磷→钢渣分离→电炉吹氧脱碳→还原→出钢”工艺，脱磷效果较好[4]，但工序流程太复杂。冶炼 M2 钢，由于钢中［C］含量较高（>0.5%），CaC_2 的挥发受到抑制，对还原脱磷有利；另外 M2 钢碳含量范围远比不锈钢含碳范围宽，增碳问题易解决。因此还原法脱磷用于冶炼 M2 钢比冶炼不锈钢更为有效。

钢液中存在［O］、［S］等元素，Ca、CaC_2、CaSi 等与［O］、［S］的结合力大于与［P］的结合力，因此，Ca、CaC_2、CaSi 将先于［O］、［S］结合，造成了它们的利用率不高。为此还原脱磷时，应先脱氧，而且还原脱磷时还需用氩气作保护以防空气中氧进入钢液中。

4.3　含 Ca_3P_2 渣的处理问题

为使还原脱磷法在生产中得到应用，必须解决含 Ca_3P_2 炉渣问题。Ca_3P_2 与水汽作用，能放出有剧毒的 PH_3 气体，造成公害。因此出钢时采用挡渣出钢，或偏心炉出钢将钢渣分离，然后在密封条件下对渣进行吹氧，将 Ca_3P_2 氧化成 $Ca_3(PO_4)_3$。

5 结论

通过理论计算与工业试验得到：

（1）采用 CaO 系渣氧化脱磷时，钨、钼不氧化，但铬、钒氧化严重。

（2）采用 BaO 渣系氧化脱磷，可以实现保铬去磷和保钒去磷。

（3）Ca、CaC_2 和 CaSi 等都能实现还原脱磷，还原法脱磷用于冶炼 M2 钢比冶炼不锈钢更有效。

（4）还原脱磷前，应注意先脱氧，并控制还原气氛。

（5）对 Ca_3P_2 渣应进行氧化处理。保持环保卫生。

参 考 文 献

[1] 黄希祜．钢铁冶金原理［M］．北京：冶金工业出版社，1990.

[2] 李正邦，郭培民，张和生．用白钨矿、氧化钼和钒渣冶炼合金钢的热力学分析［J］．钢铁研究学报，1998，11，(3)：14.

[3] 张德铭，张星，知水．不锈钢还原脱磷和氧化脱磷［C］．第六届全国炼钢学术会议论文集，1990.

[4] 知水，张秉英，高峰，等．不锈钢喷粉脱磷的工艺研究［C］．北京金属学会主编．学术会议论文集，1987.

[5] 陈家祥主编．钢铁冶金学（炼钢部分）［M］．北京：冶金工业出版社，1990.

[6] 梁英教，车荫昌主编．无机物热力学数据手册［M］．沈阳：东北大学出版社，1994.

Research on Dephosphorization during Smelting M2 Steel with Scheelite, Molybdenum Oxide and Vanadium Slag

Li Zhengbang　Guo Peimin　Zhang Hesheng　Lin Gongwen

(Central Iron and Steel Research Institute)

Abstract The research on dephosphorization during smelting M2 steel is carried out by thermodynamics and industrial trial, the result of which shows that [W] and [Mo] are not oxidized while [Cr] and [V] are oxidized and lost seriously when using CaO slag for oxidizing-dephosphorizing. [P] is oxidized preferentially to [Cr] and [V] when using BaO slag for oxidizing-dephosphorizing. So reducing-dephosphorizing is available when using Ca, CaC_2 or CaSi. Reducing dephosphorizing for smelting M2 steel is more effective than that for smelting stainless steel.

Key words steelmaking; oxidizing-dephosphorizing; reducing-dephosphorizing; M2 steel

用白钨矿冶炼合金钢的动力学分析*

摘　要　运用动力学理论对白钨矿粉的熔化还原过程和渣中 WO_3 的还原过程进行了计算和分析。结果表明：白钨矿粉在钢液中的熔化还原是白钨矿粉还原过程的关键环节。在高温电弧作用下，白钨矿粉的熔化还原速率很快。为了加速白钨矿粉的熔化还原，白钨矿粉应放在炉底并远离炉壁。渣中 WO_3 的扩散是其还原过程的限制性环节，它与渣中 WO_3 的传质系数及反应界面有关，改善渣的流动性及扩大反应界面能加快 WO_3 的还原过程。

关键词　炼钢；白钨矿；熔化；还原；动力学

利用白钨矿粉冶炼合金钢可省去生产钨铁的工序、节约能源、减少污染、降低生产成本，从而提高冶炼合金钢的经济效益，因此国内外许多冶金工作者致力于此项研究[1~5]。装料时白钨矿粉通常与硅铁等还原剂一同加入炉底。在电炉熔化期，白钨矿粉就开始被熔化还原。待废钢完全熔化时，白钨矿粉也已大部分被还原。因此研究白钨矿粉的熔化还原动力学，对提高还原反应速率以及提高白钨矿粉回收率有重要意义。

1　白钨矿粉的熔化动力学

装料时，白钨矿粉与硅铁混合加在炉底。通电后电极在“穿井”过程中将上部的部分废钢熔化，形成一定深度熔池。白钨矿粉的熔化可分为 3 种情况：（1）在电弧直接辐射下熔化；（2）远离电弧，只能靠对流传热熔化；（3）在电弧辐射和对流传热共同作用下熔化。白钨矿粉的熔化过程由预热期和紧接预热期之后的熔化期组成。预热期时间用 t_P 表示，熔化期时间用 t_S 表示。总熔化时间 $t = t_P + t_S$。

在预热期和熔化期内，白钨矿粉内部热传导可用 Fourier 公式表示[6]：

$$\frac{\partial T}{\partial \tau} = \frac{k}{\rho c_P}\left(\frac{\partial^2 T}{\partial r^2} + \frac{2\partial T}{r\partial r}\right) \tag{1}$$

预热期的边界条件：

$$a(T_e - T_O) + \sigma\varepsilon(T_e^4 - T_O^4) = k\left|\frac{\partial T}{\partial r}\right|_{r=r_0} \tag{2}$$

熔化期的边界条件：

在 $r = r$ 处，$T_0 = T_F$

$$\alpha(T_e - T_F) + \sigma\varepsilon(T_e^4 - T_F^4) = L_F\rho\frac{dh}{d\tau} + k\left(\frac{\partial T}{\partial r}\right)_{r=r} \tag{3}$$

式中　L_F——白钨矿的熔化热；

h——已熔化的厚度；

k——热传导率；

α——对流传热系数；

---

* 本文合作者：郭培民、林功文、张和生。原发表于《钢铁研究学报》，2000，12（4）：10~13。

ρ——密度；

r_0——白钨矿粉半径；

τ——反应时间；

c_P——定压比热容；

T_e——环境温度；

T_O——白钨矿粉边界温度

T_F——白钨矿熔化温度；

σ——黑体辐射常数；

ε——综合辐射系数；

T——温度。

在高温电弧作用下，取环境温度为2300K，ε 取0.9，白钨矿粉的粒度 $d = 0.1$mm，经计算白钨矿粉的熔化时间不超过0.5s。在三相电弧能辐射到的区域，白钨矿粉的熔化很快。而炉衬周边的白钨矿粉主要通过钢液对流传热的热量来熔化，由于白钨矿粉的熔点约1853K，普通废钢的熔点约1773K，因此当钢液平均温度低于白钨矿粉的熔点时，炉衬周边的白钨矿粉很难熔化。至于白钨矿粉在钢液中的上浮速率可表述为：

$$v = \frac{2}{9}\frac{(\rho_m - \rho_{CaWO_4})}{\eta_m} g r_0^2 = 0.0067\text{m/s}$$

式中 ρ_m——钢液密度；

ρ_{CaWO_4}——白钨矿粉密度；

η_m——钢液黏度。

假定白钨矿粉在钢液中的平均上浮距离为100mm，则上浮时间为15s，炉衬周边的白钨矿粉将上浮到渣中溶解或熔化。

2 白钨矿粉的还原动力学

在高温电弧作用下白钨矿粉很快熔化，钢中的硅扩散到白钨矿颗粒的边界与白钨矿粉发生还原反应，生成［W］和液态渣（$CaO + SiO_2$），由于液态渣脱离白钨矿颗粒的速率（约0.017m/s）远大于［Si］扩散到反应界面的速率（2.1×10^{-4}m/s），因此发生如下还原过程：

$$[\text{Si}] \xrightarrow[\text{扩散}]{\beta_{m1}} [\text{Si}]^* \xrightarrow[\text{界面反应}]{k_{化}} [\text{W}]^* \xrightarrow[\text{扩散}]{\beta_{m2}} [\text{W}]$$

高温下化学反应速率 $k_{化}$ 很快，界面反应不会成为限制性环节，因此还原速率由扩散来控制。

扩散过程的还原速率可表述为：

$$\bar{r}_1 = -\frac{dc_{[Si]}}{d\tau} = 4\pi r^2 \cdot \beta_{m1} \cdot (c_{[Si]} - c^*_{[Si]}) \tag{4}$$

$$\bar{r}_2 = \frac{3}{2}\frac{dc_{[W]}}{d\tau} = \frac{3}{2} 4\pi r^2 \cdot \beta_{m2} \cdot (c^*_{[W]} - c_{[W]}) \tag{5}$$

式中 $c_{[Si]}$，$c_{[W]}$——钢液中Si和W的质量摩尔浓度；

$c^*_{[Si]}$，$c^*_{[W]}$——反应界面上Si和W的质量摩尔浓度；

β_{m1}，β_{m2}——钢液中Si和W的传质系数。

而$\frac{c^*_{[W]}}{c^*_{[Si]}}=K$，根据准稳态原理，$\bar{r}=\bar{r}_1=\bar{r}_2$ 可得：

$$\bar{r}=\frac{4\pi r^2(c_{[Si]}-c_{[W]}/K)}{\frac{1}{\beta_{m1}}+\frac{1}{1.5K\beta_{m2}}} \tag{6}$$

根据硅还原白钨矿粉的标准吉布斯自由能计算可知，高温下 K 很大，因此式（6）可变为：

$$\bar{r}=4\pi r^2\beta_{m1}c_{[Si]} \tag{7}$$

用白钨矿粉还原率 R 来表示还原速率可得：

$$\bar{r}=2\pi r_0^3\frac{\rho}{M}\frac{dR}{d\tau} \tag{8}$$

$$r=r_0(1-R)^{1/3} \tag{9}$$

将式（8）和式（9）代入式（7）可得：

$$r_0\frac{\rho}{M}\frac{dR}{d\tau}=2(1-R)^{2/3}\beta_{m1}c_{[Si]} \tag{10}$$

当白钨矿粉完全还原时，对式（10）积分可得：

$$\tau=\frac{\rho r_0}{2M\beta_{m1}c_{[Si]}} \tag{11}$$

根据谢伍德准数可得 $\beta_{m1}=2.1\times10^{-4}$m/s，当硅含量为 0.4% 时，$\tau=4.5$s。从计算可知，在电弧高温作用下，白钨矿粉熔化还原时间很短。要想使白钨矿粉在上浮到渣中之前还原，装料时应尽可能将白钨矿粉远离炉壁。

3 渣中 WO_3 的还原动力学

从上述分析可知，在三相电弧高温所能辐射到的区域，白钨矿粉很容易被熔化还原，但是炉衬周边的白钨矿粉较难熔化。由于白钨矿粉上浮时间短，不少白钨矿粉上浮而进入渣中，依靠渣—金界面反应继续还原。

渣中 WO_3 的还原过程是由多个环节组成的，主要包括 WO_3 从渣中扩散到反应界面、在界面发生还原反应以及反应产物$[W]^*$扩散到钢液中等环节。还原的进程如下：

$$(WO_3)\xrightarrow[\text{扩散}]{\beta_S}(WO_3)^*\xrightarrow[\text{界面反应}]{k_{\text{化}}}[W]^*\xrightarrow[\text{扩散}]{\beta_m}[W]$$

高温下化学反应迅速，界面反应不会成为限制性环节，扩散过程的速率表达式为：

$$\bar{r}_1=-\frac{dc_{(WO_3)}}{d\tau}=\beta_S\cdot\frac{A}{V_S}\cdot(c_{(WO_3)}-c^*_{(WO_3)})=k_S\cdot(c_{(WO_3)}-c^*_{(WO_3)}) \tag{12}$$

$$\bar{r}_2=-\frac{dc_{[W]}}{d\tau}=\beta_m\cdot\frac{A}{V_m}\cdot(c^*_{[W]}-c_{[W]})=k'_m\cdot(c^*_{[W]}-c_{[W]}) \tag{13}$$

式中 $k_S=\beta_S\cdot\frac{A}{V_S}$；

$k'_m=\beta_m\cdot\frac{A}{V_m}$；

$c_{(WO_3)},c^*_{(WO_3)}$——WO_3 在渣中和反应界面上的质量摩尔浓度；

V_m,V_S——钢液和熔渣的体积；

A——反应面积；

β_m, β_S——钢液和熔渣内的传质系数。

利用准稳态原理，$\bar{r} = \bar{r}_1 = \bar{r}_2$ 可得：

$$\bar{r} = -\frac{dc_{(WO_3)}}{d\tau} = \frac{c_{(WO_3)} - c_{[W]}/K}{\frac{1}{k_S} + \frac{1}{k'_m \cdot K}} \tag{14}$$

由于钢液中的 C、Si 等元素与渣中 WO_3 反应的平衡常数很大，因此式（14）可变为：

$$-\frac{dW_{WO_3}}{d\tau} = k_S \cdot W_{WO_3} \tag{15}$$

$$\frac{W_{WO_3}}{W_{WO_{3,0}}} = \exp(-k_S\tau) = \exp\left|-\beta_S \cdot \frac{A}{V_S} \cdot \tau\right| \tag{16}$$

式中　W_{WO_3}——反应时间为 τ 时渣中 WO_3 的质量分数；

$W_{WO_{3,0}}$——渣中 WO_3 的初始质量分数。

从式（15）可见，渣中 WO_3 还原过程的限制性环节是 WO_3 在熔渣中的扩散，还原进程与 WO_3 在渣中的传质系数及反应界面有关。从图 1 可见，当 $k_s = 0.01\text{min}^{-1}$ 时，还原 80% 渣中的 WO_3 所需时间约 165min；而当 $k_s = 0.1\text{min}^{-1}$ 时，还原时间仅需要 17min。因此，提高 WO_3 在渣中的传质系数及增大渣—金界面的面积对加速渣中 WO_3 的还原进程很重要。

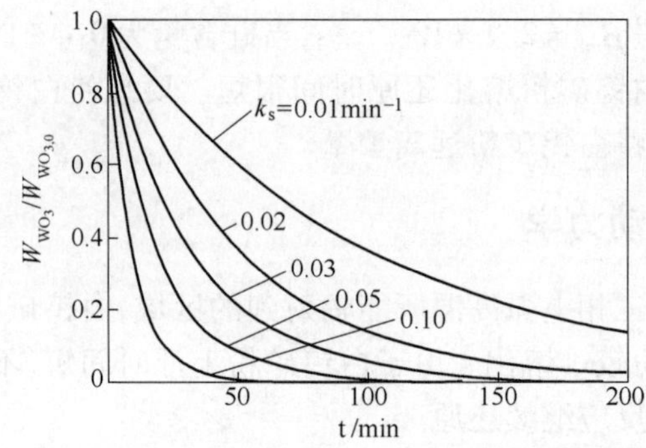

图 1　反应时间与 $W_{WO_3}/W_{WO_{3,0}}$ 的关系

Fig. 1　Relationship of reaction time and $W_{WO_3}/W_{WO_{3,0}}$

4　试验及工业验证

文献［2］曾在 30kg 高频炉上冶炼 M2 钢，发现：白钨矿粉加入量达到 3% 时，废钢完全熔化后仍剩下 25% 的白钨矿粉未被还原。本文作者在重庆 20t 电弧炉上全部采用白钨矿粉冶炼 M2 钢（钨含量为 6%），尽可能让白钨矿粉远离炉壁，并且通过 C－O 反应产生的大量 CO 气体来改善渣—金反应动力学条件。结果废钢熔化后白钨矿粉的还原率就高达 88%[7]，从而在试验及工业生产中证实了本文所述白钨矿粉熔化及还原的动力学理论。

5　结论

（1）白钨矿粉在钢液中的熔化还原是白钨矿粉还原过程的关键环节。在高温电弧作用下白钨矿粉的熔化还原速率很快。为了加速白钨矿粉的熔化还原，白钨矿粉应放在炉底并远离炉壁。

（2）渣中 WO_3 的还原是通过渣—金界面进行的，还原速率相对较慢，限制性环节是 WO_3 在熔渣中的扩散，还原进程与 WO_3 在渣中的传质系数及反应界面有关。改善渣的流动性和提高渣—金反应界面面积能加速渣中 WO_3 的还原。

参 考 文 献

[1] 聂若新，李庆云．用白钨精矿直接冶炼工模具钢［J］．特殊钢，1987，8（2）：9～16.

[2] 陈宗祥，李金荣．用白钨精矿代替钨铁炼钢的研究［J］．钢铁，1992，27（11）：15～18.

[3] 李金荣，毛杰．电炉炼钢钨、钼混合氧化物直接还原合金化［J］．特殊钢，1997，18（1）：40～44.

[4] Оомровский Д Я，Павлов А В，Гриорян И Х. Влияние Ооновности Щлаковото Раоплавана Раопреде ление Волвфрама МеЖду Мета ллом И Ш лаком［J］. Иэвестия Черная Мета ллия，1993，(8)：34～38.

[5] 山瀬治，福味純一，中村博已，等．福山製鉄所における溶跣予備处理としススうグ吹錬技術［J］. 日本鋼管技報，1987，(118)：1～7.

[6] 奥特斯 F. 钢冶金学［M］．倪瑞明，张圣弼，项长祥，译．北京：冶金工业出版社，1997.

[7] 李正邦，郭培民，冯仲渝，等．白钨矿、氧化钼直接合金化的理论分析及工业试验［J］．钢铁，1999，34（10）：20～23.

Kinetic Analysis of Smelting Alloy Steel with Scheelite

Guo Peimin　Li Zhengbang　Lin Gongwen　Zhang Hesheng

(Central Iron and Steel Research Institute)

Abstract　The processes of melting and reduction of scheelite powder and reduction of WO_3 were calculated and analyzed by means of kinetic theory. The results showed that melting and reduction of scheelite powder in molten steel are the key steps of reduction process for scheelite powder. The melting and reduction of scheelite acted by high-temperature electric arc are very fast. The sheelite powder should be added at the bottom of EAF far away the wall of furnace for accelerating the process of melting and reduction of scheelite powder. The diffusion of WO_3 is the restrictive step of reduction process of WO_3. The reduction process is related to coefficient of mass transfer of WO_3 and area of reaction interface. The improving fluidity of slag and enlarging area of reaction interface can accelerate reduction process of WO_3.

Key words　steelmaking; scheelite; melting; reduction; kinetics

成分对白钨矿渣系熔点的影响*

摘　要　根据测定白钨矿渣系的半球点温度，得出当 CaO 与白钨矿重量比为 0.187：1 时，白钨矿渣系半球点温度最低；随着白钨矿渣系中 SiO_2 和 Al_2O_3 含量的提高，白钨矿渣系的半球点温度上升；而增加 CaF_2 含量能降低白钨矿渣系的半球点温度。

关键词　白钨矿；渣系成分；熔点

白钨矿直接合金化冶炼含钨钢工艺有工序简便、减轻环境污染以及节约资源和能源等特点。国内外冶金工作者对白钨矿氧化物矿直接合金化工艺进行了研究[1~5]。白钨矿的熔点约为1579℃，比普通废钢的熔点（1500℃）高出近80℃，因此在电弧炉炼钢过程中废钢比白钨矿易熔化，除了高温电弧作用区域白钨矿易熔化还原外，远离电弧区（如炉壁附近）的白钨矿则难以熔化，这也是白钨矿难还原的原因之一。

白钨矿主要成分为 WO_3 和 CaO，本实验将测定白钨矿渣系熔点，得出各组分对其熔点的影响。

1　实验方法

实验中，将白钨矿（成分见表1）及化学纯的 CaO、SiO_2 和少量化学纯的 CaF_2、Al_2O_3 试剂放在玛瑙研钵中磨细并混匀，然后制成 ϕ3mm×30mm 的试样，将试样放入测定熔点装置中测定试样的半球点温度。通过改变 CaO、SiO_2、CaF_2、Al_2O_3 含量便可得到不同组分对白钨矿渣系熔点的影响。

表1　白钨矿主要成分

Table 1　Main Ingredient of scheelite　（%）

WO_3	CaO	SiO_2	P	H_2O	S
67.25	30.47	1.26	0.002	0.11	0.106

2　实验结果与讨论

2.1　CaO 含量对白钨矿渣系半球点温度的影响

当白钨矿与 SiO_2 比值一定时（SiO_2 配入量为 5%～6%），改变 CaO 加入量，当 CaO 配加量为 13.3% 时，白钨矿渣系半球点温度最低（1287℃）；随着 CaO 含量增加或减少，半球点温度升高；为使半球点温度低于 1400℃，CaO 含量为 7.0%～25%，见图 1（a）。CaO/WO_3 对半球点温度的影响见图 1（b），由图可见：当炉渣中 CaO/WO_3 = 0.7（对应于配加 13% CaO 渣系）时，渣系半球点温度最低，当此比值增大或降低，半球点温度都升高。

* 本文合作者：郭培民、林功文。原发表于《特殊钢》，2002，23（4）：16～19。

当不向白钨矿中加入 SiO_2 时，根据加入的 CaO 量对渣系熔点的变化规律得出：当配加的 CaO 为 15%左右时，渣系半球点温度仅 1250℃。此时渣系中 CaO/WO_3 比值也在 0.7 左右。

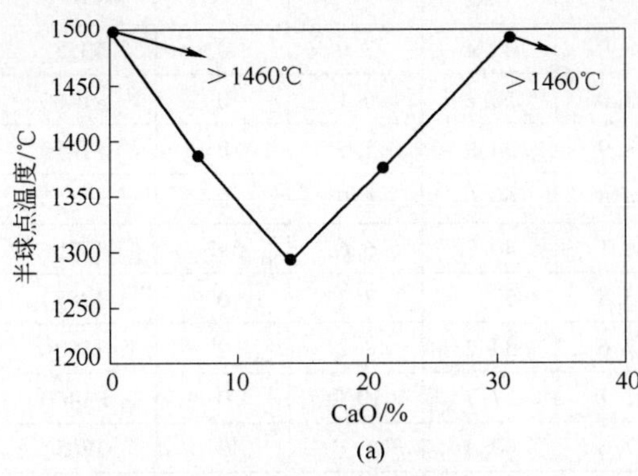

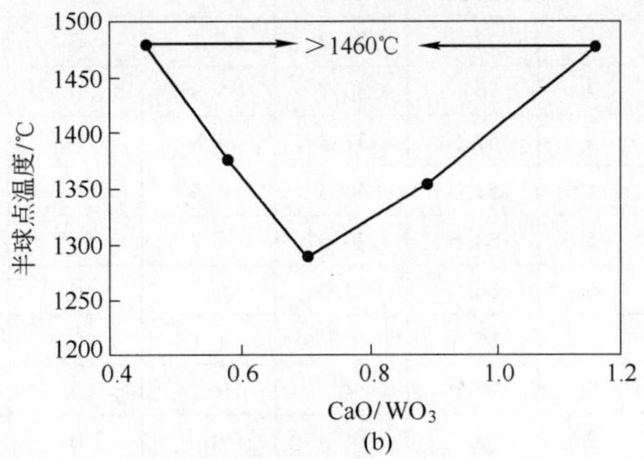

图 1　CaO 含量（a）和 CaO/WO_3（b）对白钨矿渣系半球点温度的影响

Fig. 1　Influence of CaO content (a) and CaO/WO_3 (b) on semi-sphere temperature of scheelite fluxes

2.2　SiO_2 含量对白钨矿渣系半球点温度的影响

当白钨矿与 CaO 比值一定时，随着 SiO_2 加入量的提高，白钨矿渣系半球点温度增高，但增高幅度不大（图 2）。可见白钨矿渣系中 CaO 含量对半球点温度的影响要比 SiO_2 含量的影响大。

2.3　Al_2O_3 含量对白钨矿渣系半球点温度的影响

Al_2O_3 对白钨矿渣系半球点温度的影响见图 3。当白钨矿、CaO、SiO_2 比值固定时，随 Al_2O_3 含量增加，白钨矿渣系半球点温度升高。从图 3 可见，对于低熔点 80% 白钨矿—13.3% CaO—6.7% SiO_2 渣系，当 Al_2O_3 含量达到 6.25% 时，半球点温度从 1287℃提高到 1385℃（表 2），可见，为降低白钨矿渣系的半球点温度，渣系中不宜添加 Al_2O_3。

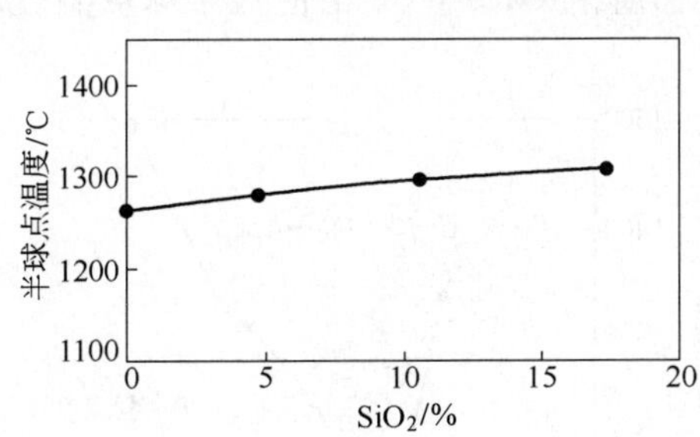

图 2　SiO_2 含量对白钨矿渣系半球点温度的影响

Fig. 2　Influence of SiO_2 content on semi-sphere temperature of scheelite fluxes

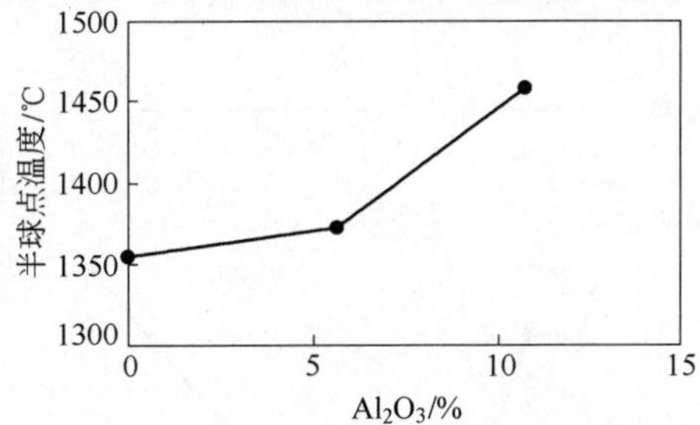

图 3　Al_2O_3 含量对白钨矿渣系半球点温度的影响

（白钨矿 72.7%，CaO 21.2%，SiO_2 6.1%）

Fig. 3　Influence of Al_2O_3 content on semi-sphere temperature of scheelite fluxes

(72.7% scheelite, 21.2% CaO, and 6.1% SiO_2)

表2 不含 CaF_2 的白钨矿渣系半球点温度

Table 2 Semi-sphere point temperature of scheelite fluxes non-containing CaF_2

序号	配料成分/%				炉渣主要成分/%				半球点温度/℃
	白钨矿	CaO	SiO_2	Al_2O_3	WO_3	CaO	SiO_2	Al_2O_3	
1	72.7	21.2	6.1	0	48.9	43.4	7.0	0	1355
2	64	30.7	5.3	0	43.0	50.2	6.1	0	>1460
3	57.8	37.3	4.8	0	38.9	54.9	5.5	0	>1460
4	51.0	44.5	4.5	0	34.3	60.0	4.9	0	>1460
5	68.6	20.0	5.7	5.7	46.1	40.9	6.6	5.7	1375
6	80.0	13.3	6.7	0	53.8	37.7	7.7	0	1287
7	85.7	7.1	7.1	0	57.6	33.2	8.2	0	1380
8	90.9	0	9.1	0	61.1	27.7	10.2	0	>1460
9	85.7	14.3	0	0	57.6	40.4	1.1	0	1265
10	84.4	15.6	0	0	56.8	41.3	1.1	0	1250
11	75.0	25.0	0	0	50.4	47.9	0.9	0	>1460
12	75.0	12.5	12.5	0	50.4	35.4	13.4	0	1301
13	70.6	11.8	17.6	0	47.5	33.3	18.5	0	1310
14	64.9	18.9	5.4	10.8	43.6	38.7	6.2	10.8	1455
15	75.0	12.5	6.25	6.25	50.4	35.4	7.2	6.25	1385
16	100	0	0	0	67.3	30.5	1.3	0	>1460

2.4 含 CaF_2 >5%的白钨矿渣系半球点温度

当渣系中 CaF_2 含量大于 5% 时，渣系的半球点温度远低于白钨矿的熔点 1579℃；而当碱度很高时（$R>10$），渣系半球点温度略高于 1350℃，见图 4（a）。由图 4（a）同时可见，在 $CaO/SiO_2<8$ 的情况下，渣系中 SiO_2 含量较低时，半球点温度较低。

2.5 含 3% ~4% CaF_2 的白钨矿渣系半球点温度

当白钨矿渣系中 CaF_2 含量在 3% ~4% 时，渣中 CaO/WO_3 比值对半球点温度的影

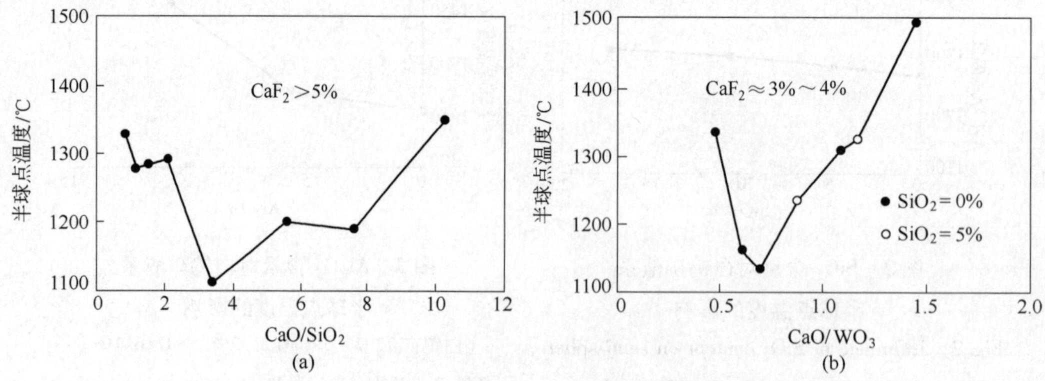

图4 CaO/SiO_2（a）和 CaO/WO_3（b）对白钨矿渣系半球点温度的影响

Fig. 4 Influence of CaO/SiO_2 (a) and CaO/WO_3 (b) on semi-sphere temperature of scheelite fluxes

响如图4（b）所示。当 $CaO/WO_3<0.7$ 时，半球点温度随 CaO/WO_3 比值升高而降低；而当 $CaO/WO_3>0.7$ 时，半球点温度随 CaO/WO_3 比值升高而升高。

2.6 CaF_2 含量对渣系半球点温度的影响

改变白钨矿渣系中 CaF_2 含量，半球点温度变化很大。对于碱度为3.5的渣系，当 CaF_2 含量从0变化到7.0%，半球点温度降低228℃，见图5。对于其他几个碱度的渣系，当不含 CaF_2 时，半球点温度超过1460℃。对于CaO含量超过30%的白钨矿渣系，即使 CaF_2 含量达到3.5%，渣系的半球点温度仍然较高，只有当 CaF_2 含量超过6%时，半球点温度才明显降低，见表3。

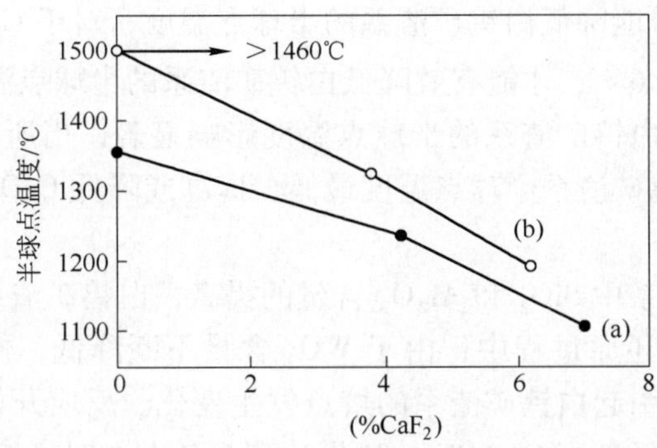

图5 CaF_2 含量对白钨矿渣系半球点温度的影响

（a）72.7%白钨矿，21.2% CaO，6.1% SiO_2；（b）64.0%白钨矿，30.7% CaO，5.3% SiO_2

Fig. 5 Influence of CaF_2 content on semi-sphere temperature of scheelite fluxes

(a) 72.7% scheelite, 21.2% CaO and 6.1% SiO_2; (b) 64.0% scheelite, 30.7% CaO, and 5.3% SiO_2

表3 含 CaF_2 渣系半球点温度

Table 3 Semi-sphere point temperature of scheelite fluxes containing CaF_2

序号	配料成分/%				炉渣成分/%				半球点温度/℃
	白钨矿	CaO	SiO_2	CaF_2	WO_3	CaO	SiO_2	CaF_2	
17	55.8	16.3	22.1	5.8	37.5	33.3	22.8	5.8	1308
18	50.5	24.2	20.0	5.3	34.0	39.6	20.6	5.3	1278
19	46.2	29.8	18.3	5.7	31.1	43.9	18.9	5.7	1281
20	41.4	36.2	16.4	6.0	27.8	48.8	16.9	6.0	1284
21	67.6	19.7	5.6	7.0	45.5	40.3	6.5	7.0	1109
22	60.0	28.8	5.0	6.2	40.4	47.1	5.8	6.2	1196
23	53.9	34.8	4.5	6.7	36.2	51.2	5.2	6.7	1184
24	47.5	41.6	4.0	6.9	31.9	56.1	4.6	6.9	1348
25	97.0	0	0	3.0	65.2	29.6	1.2	3.0	1335
26	87.0	9.7	0	3.3	58.5	36.2	1.1	3.3	1170
27	83.3	13.9	0	2.8	56.0	39.3	1.0	2.8	1140
28	67.7	29.1	0	3.2	45.5	49.7	0.9	3.2	1315
29	69.6	20.3	5.8	4.3	46.8	41.5	6.7	4.3	1237

续表

序号	配料成分/%				炉渣成分/%				半球点温度/℃
	白钨矿	CaO	SiO_2	CaF_2	WO_3	CaO	SiO_2	CaF_2	
30	61.5	29.4	5.1	3.8	41.4	48.1	5.9	3.8	1327
31	55.8	36.0	4.7	3.5	37.5	53.0	5.4	3.5	>1460
32	49.0	42.9	4.1	4.1	33.0	57.8	4.7	4.1	>1460
33	51.7	25.0	20.0	3.3	34.8	40.8	20.7	3.3	1360

3 结论

(1) 提高 CaF_2 含量能降低白钨矿渣系的半球点温度，对于 CaO 含量高的白钨矿渣系，CaF_2 含量只有大于6%，才能有效降低白钨矿渣系的半球点温度。

(2) CaO 加入量对白钨矿渣系的半球点温度影响显著，当所加 CaO 与白钨矿重量比为0.187：1时，白钨矿渣系半球点温度最低，提高或降低 CaO 加入量，半球点温度都将升高。

(3) 随着白钨矿渣系中 SiO_2 和 Al_2O_3 含量的提高，白钨矿渣系的半球点温度升高。

(4) 白钨矿在直接还原过程中，由于 WO_3 含量不断降低，使得 CaO/WO_3 比值不断升高，而比值的变化引起白钨矿渣系的熔点发生变化。反应开始前白钨矿熔点较高，随着反应进行，熔点降低，当 CaO/WO_3 比值达到0.7左右时，熔点最低，此后熔点又升高。

参考文献

[1] 陈宗祥，李金荣．用白钨精矿代替钨铁炼钢的研究［J］．钢铁，1992，27（11）：15.

[2] 李金荣，毛杰．电炉炼钢钨、钼混合氧化物直接还原合金化［J］．特殊钢，1997，18（1）：40.

[3] 李正邦，郭培民，张和生．用白钨矿、氧化钼和钒渣冶炼合金钢的热力学分析［J］．钢铁研究学报，1999，11（3）：14.

[4] 郭培民，李正邦，林功文．用白钨矿冶炼合金的动力学分析［J］．钢铁研究学报，2000，12（4）：15.

[5] 李正邦，郭培民，冯仲渝，等．白钨矿和氧化钼直接合金化的理论分析及工业试验［J］．钢铁，1999，34（10）：20.

Effect of Ingredient on Melting Point of Scheelite Fluxes

Guo Peimin Li Zhengbang Lin Gongwen

(Central Iron and Steel Research Institute)

Abstract Based on the measured semi-sphere points temperature of scheelite fluxes, it was obtained that as the mass ratio of CaO and scheelite was 0.187：1, the semi-sphere point temperature was lowest; with increasing the SiO_2 and Al_2O_3 content in fluxes, the semi-sphere point temperature of scheelite fluxes increased; and with increasing CaF_2 content, the semi-sphere point temperature of scheelite fluxes could be decreased.

Key words scheelite; fluxes ingredient; melting point

Activity Model and its Application in $CaO\text{-}FeO\text{-}SiO_2\text{-}MoO_3$ Quarternary System*

Abstract The activity model of $CaO\text{-}FeO\text{-}SiO_2\text{-}MoO_3$ quarternary system was established according to the coexistence theory of slag structure and the reduction thermodynamics of molybdenum oxide was discussed by applying this model. The activities of SiO_2 and MoO_3 decrease, while that of CaO increases with increasing the basicity of slag. Among SiC, [C] and [Si] reactants, the reducing capability of SiC is the strongest, while that of [C] is the poorest at a high temperature (about 1873 K). It is advantageous to increase the yield of molybdenum by increasing the content of [Si] or [C]. Controlling of basicity of slag can prevent the oxidation loss of molybdenum.

Key words activity model; molybdenum oxide; thermodynamics; direct reduction

1 Introduction

Tungsten and molybdenum are important strategic resources in China. China owns 3.8 million tons tungsten, which amounts to 65.5% of the total deposit of tungsten in the world. The deposit of molybdenum in China amounts to 8.6 million tons, and ranks the second in the world[1]. As is well known, resources are very important for development of national economy. On the other hand, environmental pollution is another important issue to development of national economy. Therefore, how to use resources well is very imperative to sustainable development of China.

A great part of the resources of tungsten and molybdenum are used in metallurgical industry. For example, ferrotungsten and ferromolybdenum are main alloy elements for making alloy steels, however ferrotungsten and ferromolybdenum come from ores of scheelite and molybdenum oxide respectively. High consumption of energy, serious environmental pollution and relatively low yields of tungsten and molybdenum will occur in the processes of making ferrotungsten and ferromolybdenum, which are disadvantageous to social and economic development of China.

We have developed the novel technology of making alloy steels with scheelite and molybdenum oxide instead of ferrotungsten and ferromolybdenum. In the past four years, this technology has produced significant social and economic benefits to Chongqing Special Steel Corporation and Jiangsu Tiangong Corporation, China[2-9].

In this paper, the activity model of quarternary system $CaO\text{-}FeO\text{-}SiO_2\text{-}MoO_3$ was introduced and applied to calculate the reduction thermodynamics of molybdenum oxide, which is important for researchers and operators to think over a suitable technological route.

* 本文合作者：郭培民、林功文。原发表于“Journal of University of Science and Technology Beijing”，2004，11 (5)：406～410。

2 Activity model of quarternary system $CaO\text{-}FeO\text{-}SiO_2\text{-}MoO_3$

Zhang *et al* calculated the activities of some systems such as $CaO\text{-}FeO\text{-}SiO_2$, $CaO\text{-}Al_2O_3\text{-}SiO_2$ and $FeO\text{-}MnO\text{-}MgO\text{-}SiO_2$ by using the coexistence theory of slag structure [10]. Their results were in a good agreement with the measured results. So, the activity model of $CaO\text{-}FeO\text{-}SiO_2\text{-}MoO_3$ was established according to the coexistence theory of slag structure in this paper.

In the condition of high temperature (about 1873 K), these components Ca^{2+}, Fe^{2+}, O^{2-}, SiO_2, MoO_3, $CaSiO_3$, Ca_2SiO_4, $CaMoO_4$, and Fe_2SiO_4 may exist in the quarternary system $CaO\text{-}FeO\text{-}SiO_2\text{-}MoO_3$[1]. Here, some labels are defined as following.

$b_1 = \sum x_{CaO}$, $b_2 = \sum x_{FeO}$, $a_1 = \sum x_{SiO_2}$, $a_2 = \sum x_{MoO_3}$, $x_1 = x_{CaO}$, $x_2 = x_{FeO}$, $y_1 = x_{SiO_2}$, $y_2 = x_{MoO_3}$, $z_1 = x_{CaSiO_3}$, $z_2 = x_{CaMoO_4}$, $w_1 = x_{Ca_2SiO_4}$, $w_2 = x_{Fe_2SiO_4}$, $N_1 = N_{CaO}$, $N_2 = N_{FeO}$, $N_3 = N_{SiO_2}$, $N_4 = N_{MoO_3}$, $N_5 = N_{CaSiO_3}$, $N_6 = N_{CaMoO_4}$, $N_7 = N_{Ca_2SiO_4}$, $N_8 = N_{Fe_2SiO_4}$, $\sum x$ = the total mole fraction in equilibrium.

Where x_i and N_i represent the mole fraction and the activity of component i in equilibrium respectively, a_i or b_i represents the total mole fraction of acid or basic oxide i before chemical reaction.

The following equations represent related chemical equations, where K_i and $\Delta G_i^\ominus$ represent the equilibrium constant and standard Gibbs energy of equation i, respectively.

$$\begin{cases} (Ca^{2+} + O^{2-}) + (SiO_2) = (CaSiO_3) \\ \Delta G_1^\ominus = -22476 - 38.52T^{[10]} \\ K_1 = \dfrac{N_5}{N_1 \cdot N_3} \\ N_5 = K_1 \cdot N_1 \cdot N_3 \end{cases} \tag{1}$$

$$\begin{cases} 2(Ca^{2+} + O^{2-}) + (SiO_2) = (Ca_2SiO_4) \\ \Delta G_2^\ominus = -100986 - 24.03T^{[10]} \\ K_2 = \dfrac{N_7}{N_1^2 \cdot N_3} \\ N_7 = K_2 \cdot N_1^2 \cdot N_3 \end{cases} \tag{2}$$

$$\begin{cases} 2(Fe^{2+} + O^{2-}) + (SiO_2) = (Fe_2SiO_4) \\ \Delta G_3^\ominus = -28596 + 3.35T^{[10]} \\ K_3 = \dfrac{N_8}{N_2^2 \cdot N_3} \\ N_8 = K_3 \cdot N_2^2 \cdot N_3 \end{cases} \tag{3}$$

$$\begin{cases} (Ca^{2+} + O^{2-}) + (MoO_3) = (CaMoO_4) \\ \Delta G_4^\ominus = -260743 + 45.17T^{[1]} \\ K_4 = \dfrac{N_6}{N_1 \cdot N_4} \\ N_6 = K_4 \cdot N_1 \cdot N_4 \end{cases} \tag{4}$$

According to the principle of mass equilibrium, the following relations can be obtained.

$$b_1 = x_1 + z_1 + z_2 + 2w_1 \tag{5}$$

$$b_2 = x_2 + 2w_2 \tag{6}$$

$$a_1 = y_1 + z_1 + w_1 + w_2 \tag{7}$$

$$a_2 = y_2 + z_2 \tag{8}$$

$$\sum x = 2(x_1 + x_2) + a_1 + a_2 \tag{9}$$

$$N_1 = \frac{x_1}{x_1 + x_2 + 0.5(a_1 + a_2)} \tag{10}$$

$$N_2 = \frac{x_2}{x_1 + x_2 + 0.5(a_1 + a_2)} \tag{11}$$

$$N_3 = \frac{y_1}{2(x_1 + x_2) + a_1 + a_2} \tag{12}$$

$$N_4 = \frac{y_2}{2(x_1 + x_2) + a_1 + a_2} \tag{13}$$

$$N_5 = \frac{z_1}{2(x_1 + x_2) + a_1 + a_2} \tag{14}$$

$$N_6 = \frac{z_2}{2(x_1 + x_2) + a_1 + a_2} \tag{15}$$

$$N_7 = \frac{w_1}{2(x_1 + x_2) + a_1 + a_2} \tag{16}$$

$$N_8 = \frac{w_2}{2(x_1 + x_2) + a_1 + a_2} \tag{17}$$

The activities of components in the molten slag such as CaO, SiO_2, FeO, MoO_3 and $CaMoO_4$ can be calculated by solving the above 17 equations. The schematic calculation route is shown in Fig. 1. N_i can be solved by using the following equations.

$$N_1 = \frac{b_1 \cdot (1 - N_1 - N_2)}{(a_1 + a_2) \cdot (0.5 + K_1 N_3 + K_4 N_4 + 2K_2 N_1 N_3)} \tag{18}$$

$$N_2 = \frac{b_2 \cdot (1 - N_1 - N_2)}{(a_1 + a_2) \cdot (0.5 + 2K_3 N_2 N_3)} \tag{19}$$

$$N_3 = \frac{a_1 \cdot (1 - N_1 - N_2)}{(a_1 + a_2) \cdot (1 + K_1 N_1 + K_2 N_1^2 + K_3 N_2^2)} \tag{20}$$

$$N_4 = \frac{a_2 \cdot (1 - N_1 - N_2)}{(a_1 + a_2) \cdot (1 + K_4 N_1)} \tag{21}$$

3 Analyses of the activities of various components in molten slag

3.1 Influence of the basicity of slag on the activities of various components

The influence of the basicity of slag on the activities of various components in the system CaO-SiO_2-MoO_3 is shown in Fig. 2. The activity of SiO_2 decreases with increasing the basicity of slag, because there is a strong affinity between CaO and SiO_2, especially for MoO_3, its activity decreases rapidly due to a very strong affinity between CaO and MoO_3. However, the activity of CaO increases with the basicity of slag. A peak value occurs for the activity of $CaMoO_4$: the

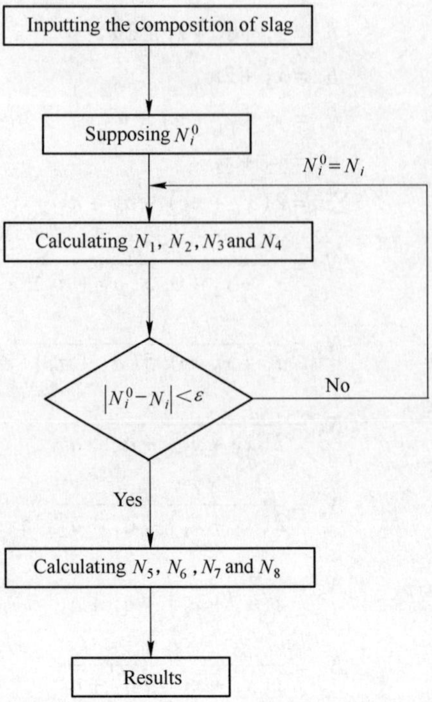

Inputting the composition of slag

Supposing N_i^0

$N_i^0 = N_i$

Calculating N_1, N_2, N_3 and N_4

$|N_i^0 - N_i| < \varepsilon$

No

Yes

Calculating N_5, N_6, N_7 and N_8

Results

Fig. 1 Schematic calculation route of the activities of CaO-FeO-SiO_2-MoO_3

activity increases with the basicity when basicity (x_{CaO}/x_{SiO_2}) <1.75, while the activity will decrease when the basicity >1.75.

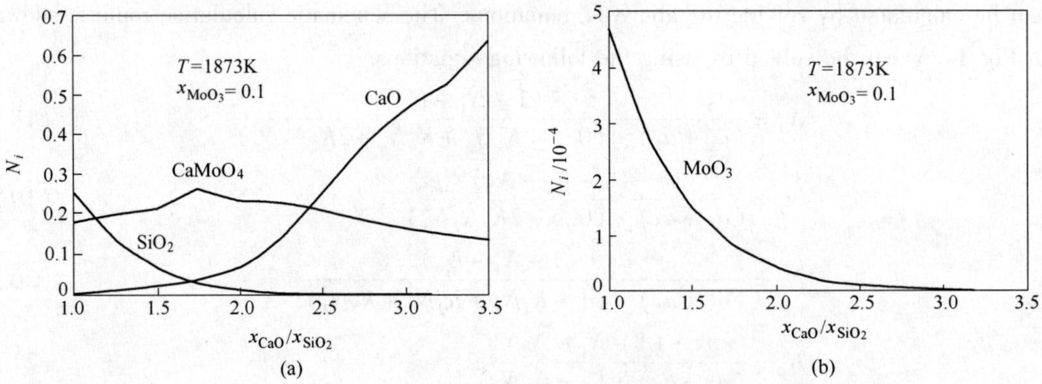

Fig. 2 Influence of the basicity on the activities of various components in the system $CaO - SiO_2 - MoO_3$

(a) CaO, $CaMoO_4$, and SiO_2; (b) MoO_3

3.2 Influence of the content of MoO_3 on the activities of various components

The influence of the content of MoO_3 on the activities of various components in the system CaO-SiO_2-MoO_3 is shown in Fig. 3. The activities of $CaMoO_4$ and SiO_2 increase, while that of CaO decreases with increasing the content of MoO_3, because MoO_3 belongs to acid oxide.

3.3 Influence of the content of FeO on the activities of various components

Calculation results show the maximum oxidizability of slag occurs when the basicity of slag is 1.75. As is shown in Fig. 4, the activity of FeO increases with the content of FeO, but those of CaO, SiO_2 and $CaMoO_4$ decrease slowly.

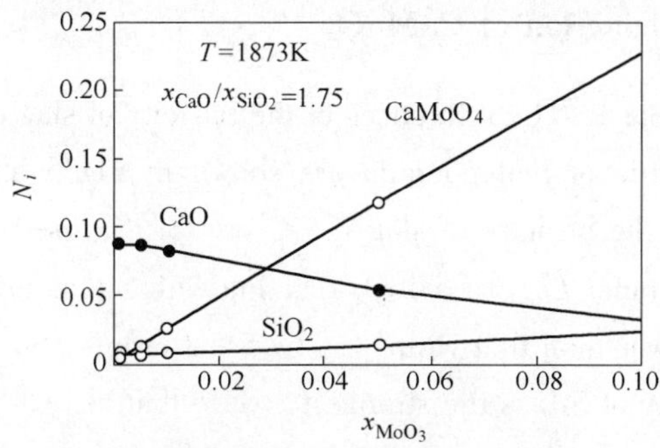

Fig. 3 Influence of the content of MoO_3 on the activities of various components in the system CaO-SiO_2-MoO_3

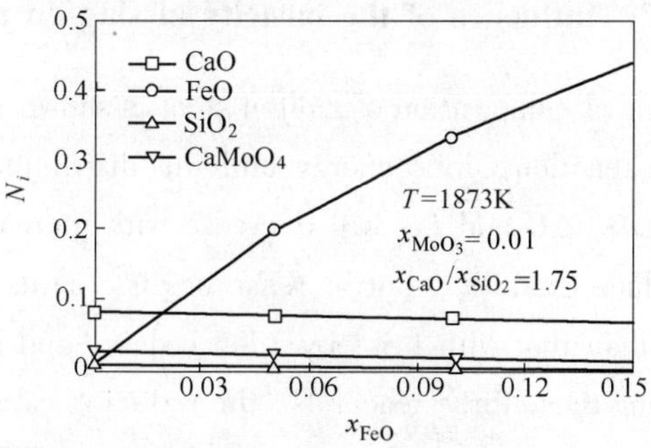

Fig. 4 Influence of the content of FeO on the activities of various components in the system CaO-SiO_2-FeO-MoO_3

4 Analyses of direct reduction process

From the above activity model, it is difficult for phase MoO_3 to exist in the molten slag at a high temperature (about 1873K), and it will react with CaO to form a new phase $CaMoO_4$. So, the reduction thermodynamics of $CaMoO_4$ will be discussed in this paper.

4.1 Reaction Gibbs energy (ΔG) and distribution ratio of molybdenum (L_{Mo})

The reaction Gibbs energy and the distribution ratio of molybdenum to these reactions between $CaMoO_4$ and carbon, silicon carbide or silicon at a high temperature are as following equations.

SiC

$$\Delta G = \Delta G^{\ominus} + RT\ln\left(\frac{N_{CaO} \cdot N_{SiO_2} \cdot a_{Mo}}{N_{CaMoO_4}}\right) \tag{22}$$

$$L_{Mo} = \frac{x_{CaMoO_4}}{[\%\,Mo]} = N_{CaO} \cdot N_{SiO_2} \cdot \frac{f_{Mo}}{\gamma_{CaMoO_4}} \cdot \exp\left(\frac{\Delta G^{\ominus}}{RT}\right) \tag{23}$$

[Si]

$$\Delta G = \Delta G^{\ominus} + RT\ln\left(\frac{N_{CaO} \cdot N_{SiO_2}^{3/2} \cdot a_{Mo}}{N_{CaMoO_4} \cdot a_{Si}^{3/2}}\right) \tag{24}$$

$$L_{Mo} = \frac{x_{CaMoO_4}}{[\%\,Mo]} = \frac{f_{Mo} \cdot N_{CaO} \cdot N_{SiO_2}^{3/2}}{\gamma_{CaMoO_4} \cdot a_{Si}^{3/2}} \cdot \exp\left(\frac{\Delta G^{\ominus}}{RT}\right) \tag{25}$$

[C]

$$\Delta G = \Delta G^{\ominus} + RT\ln\left(\frac{a_{Mo} \cdot N_{CaO}}{a_C^3 \cdot N_{CaMoO_4}}\right) \tag{26}$$

$$L_{Mo}=\frac{x_{CaMoO_4}}{[\%Mo]}=\frac{f_{Mo}\cdot N_{CaO}}{\gamma_{CaMoO_4}\cdot a_C^3}\exp\left(\frac{\Delta G^{\ominus}}{RT}\right) \quad (27)$$

where γ_{CaMoO_4} is the activity coefficient of $CaMoO_4$ in the molten slag, f_{Mo} is the activity coefficient of Mo in the molten steel, a_i is the activity of component i in the molten steel, and R is the gas constant.

4.2 Influence of the basicity of slag on the reduction of $CaMoO_4$

Typical composition of molten steel is shown in table 1. The influences of the basicity of slag on the reaction Gibbs energy and the distribution ratio of molybdenum are shown in Fig. 5 and Fig. 6. ΔG and L_{Mo} will decrease with increasing the basicity of slag if SiC or [Si] is used to reduce $CaMoO_4$, but increase if [C] as its reactant. L_{Mo} of $CaMoO_4$ reacting with SiC is lower than that with [Si] by 3 ~ 5 orders, and is lower than that with [C] by 5 ~ 8 orders. So among these three reactants, the reducing capability of SiC is the strongest, while that of [C] is the poorest at a high temperature (about 1873 K).

Table 1 Typical composition of high-speed tool steel (wt%)

C	Mn	Si	Al	V	Cr	W	Mo
0.85	0.20	0.30	0.20	2.0	4.0	6.0	5.0

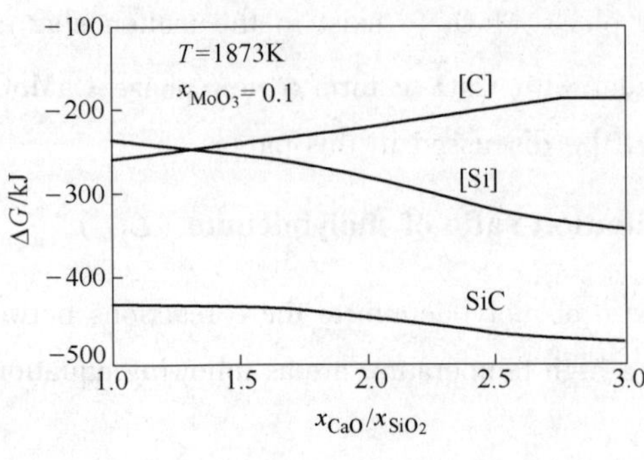

Fig. 5 Influence of slag basicity on ΔG

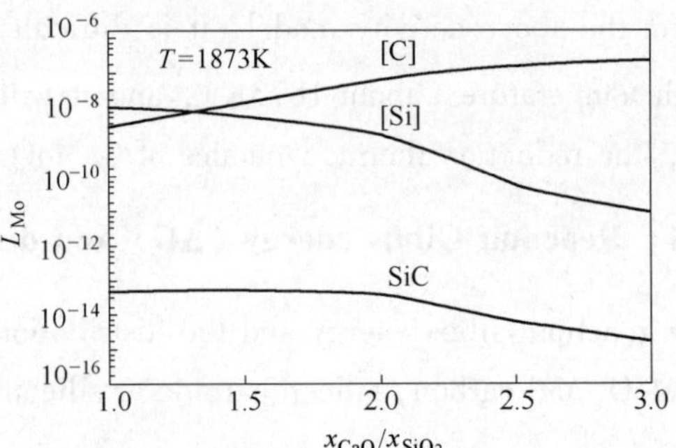

Fig. 6 Influence of slag basicity on L_{Mo}

4.3 Influence of the composition of molten steel on the reduction of $CaMoO_4$

As shown in Fig. 7 and Fig. 8, L_{Mo} will decrease with increasing the content of [Si] or [C], which shows that it is advantageous to increase the yield of molybdenum when increasing the content of [Si] or [C]. On the other hand, the reduction reaction will be accelerated when increasing the addition of reactant [Si] or [C]. So, a certain quantity of ferrosilicon or carbon is necessary for accelerating reaction and realizing a high yield of molybdenum during the process of reduction.

4.4 Influence of the oxidizability of slag on the yield of molybdenum

The chemical equation between [Fe] and ($CaMoO_4$) can be expressed as following.

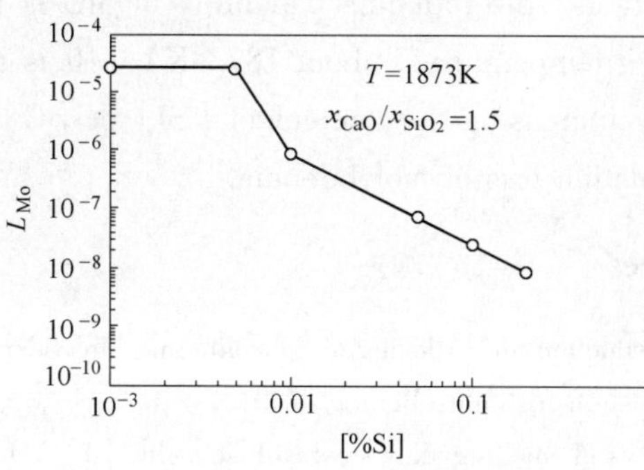

Fig. 7 Influence of [Si] on L_{Mo}

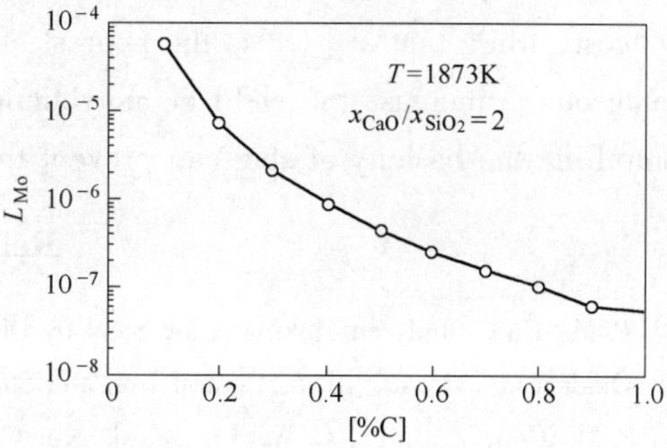

Fig. 8 Influence of [C] on L_{Mo}

$$3[Fe] + (CaMoO_4) \xlongequal{\quad} [Mo] + 3(FeO) + (CaO)$$

$$\Delta G^{\ominus} = 240403 - 138.83T \tag{28}$$

$$\Delta G = \Delta G^{\ominus} + RT\ln\left(\frac{N_{CaO} \cdot a_{Mo} \cdot N_{FeO}^3}{N_{CaMoO_4}}\right) \tag{29}$$

$$L_{Mo} = \frac{x_{CaMoO_4}}{[\%Mo]} = \frac{f_{Mo} \cdot N_{CaO} \cdot N_{FeO}^3}{\gamma_{CaMoO_4}} \exp\left(\frac{\Delta G^{\ominus}}{RT}\right) \tag{30}$$

The amount of slag is supposed as 100 kg/t during making W6Mo5Cr4V steel. In this case of $N_{FeO} = 0.2$, L_{Mo} is 0.001, and the loss of molybdenum is less than 1.6% even if N_{Cao} is as high as 0.6 (or the basicity of slag > 3.0), shown in Fig. 9. In the case of $N_{FeO} = 0.3$, $L_{Mo} = 0.001$ can also be obtained so long as N_{CaO} is less than 0.2 (or basicity of slag less than 2.0). So, it is necessary for operators to control the basicity of slag so as to prevent the oxidation loss of molybdenum.

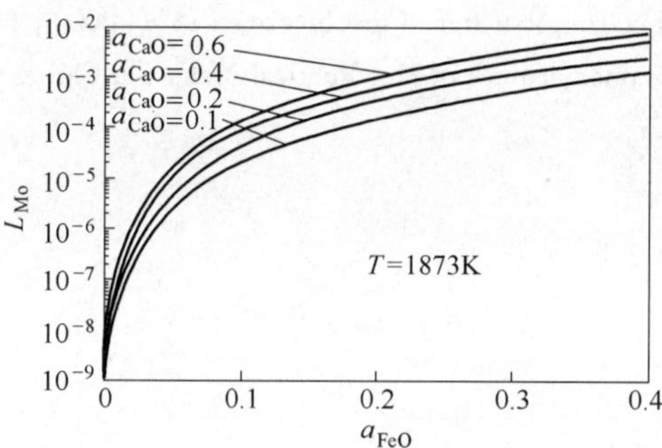

Fig. 9 Influence of N_{FeO} on L_{Mo}

5 Conclusions

In this paper, the activity model of CaO-FeO-SiO_2- MoO_3 quarternary system according to the coexistence theory of slag structure was established and applied to calculate the reduction thermodynamics of molybdenum oxide. The activities of SiO_2 and MoO_3 decrease, while that of CaO increases with increasing the basicity of slag. It is difficult for phase MoO_3 to exist in the molten slag at a high temperature (about 1873 K), and it will react with CaO to form a new phase $CaMoO_4$. Among SiC, [C] and [Si] reactants, the reducing capability of SiC is the strongest, while that of [C] is the poorest at a high temperature (about 1873 K). It is advantageous to increase the yield of molybdenum by increasing the content of [Si] or [C]. Controlling the basicity of slag can prevent the oxidation loss of molybdenum.

References

[1] P. M. Guo. Study on Making Alloy Steel by Direct Reduction and Alloying of Scheelite and Molybdenum Oxide (in Chinese) [D], Central Iron and Steel Research Institute, Beijing, 2001.

[2] P. M. Guo, Z. B. Li, G. W. Lin, et al. Kinetic analysis of smelting alloy steel with scheelite [J]. J. Iron Steel Res. (in Chinese), 12 (2001), No. 4, p. 10.

[3] Z. B. Li, P. M. Guo, H. S. Zhang. Thermodynamic analysis of smelting alloy steels with scheelite, molybdenum oxide and vanadium slag [J]. J. Iron Steel Res. (in Chinese), 11 (1999), No. 3, p. 14.

[4] Z. B. Li, P. M. Guo, H. S. Zhang, et al. Theoretic analysis and industrial trial of direct reducing and alloying of scheelite and molybdenum oxide [J], Iron and Steel (in Chinese), 34 (1999), No. 10, p. 20.

[5] Z. B. Li, P. M. Guo, H. S. Zhang, et al. Research on dephosphorization during smelting M2 steel with scheelite, molybdenum oxide and vanadium slag [J], Steelmaking (in Chinese), 2000, 16 (1): 34 ~ 37.

[6] P. M. Guo, Z. B. Li, G. W. Lin. Developing technology of direct alloying of scheelite, molybdenum oxide and vanadium slag [J], Special Steel (in Chinese), 21 (2000), No. 4, p. 23.

[7] P. M. Guo, Z. B. Li, G. W. Lin. Effect of ingredient on melting point of scheelite fluxes [J], Special Steel (in Chinese), 23 (2002), No. 4, p. 16.

[8] Z. B. Li, P. M. Guo, G. W. Lin, et al. Developing engineering of resource—technology of making alloy steels with oxide ores [J], China Tungsten Ind. (in Chinese), 16 (2001), No. 5, p. 45.

[9] G. W. Lin, P. M. Guo, Z. B. Li. A technology of Smelting tool steel and die steel with scheelite and molybdenum oxide [J], China Tungsten Ind. (in Chinese), 15 (2000), No. 4, p. 31.

[10] J. Zhang. Calculating Thermodynamics of Metallurgical Melts (in Chinese) [M]. Metallurgical Industry Press, Beijing, 1998.

钨钼钒氧化物矿直接合金化冶炼高速钢的理论及技术*

摘　要　对用白钨矿、氧化钼和 V_2O_5 直接合金化冶炼高速钢进行了热力学和动力学的计算和分析。在理论研究的基础上，进行了用白钨矿、氧化钼和 V_2O_5 直接合金化冶炼高速钢的工业试验。在工业试验中开发了装入制度、碱度控制、渣量控制等技术。工业试验获得成功，采用白钨矿、氧化钼、V_2O_5 冶炼 M2 高速钢合金化率达 13%，合金元素 W、Mo、V 的收得率分别达 95.25%、98.01%、90.72%；所获得的钢材质量良好。直接合金化工艺较铁合金冶炼 M2 高速钢成本降低 6813.5 元/t。

关键词　直接合金化；高速钢；氧化物矿

0　引言

钨、钼、钒元素是我国重要的战略资源，它们大部分都消耗在钢铁工业上，用于生产合金钢。长期以来，高速钢的冶炼采用加入铁合金进行合金化的生产方式，需要生产大量的铁合金。而铁合金的生产工艺落后，消耗大量的资源和能源，造成严重的环境污染。采用白钨矿、氧化钼和 V_2O_5 直接合金化冶炼高速钢可以省去生产钨铁、钼铁和钒铁的工序，消除铁合金生产带来的弊端，创造明显的经济效益和社会效益，为传统的高速钢生产工艺注入新的活力。国内外许多冶金工作者正在致力于此项研究，但到目前为止，由于对该工艺的理论研究还未透彻，尚存在一些技术上的问题，因此有必要进一步深入研究。

本文对钨钼钒氧化物矿直接合金化冶炼高速钢工艺进行理论研究，运用热力学原理对氧化物矿直接合金化冶炼高速钢工艺过程进行了系统的分析和计算，运用冶金动力学理论研究了该工艺过程的反应机理和速度控制环节，为实现钨钼钒氧化物矿直接合金化冶炼高速钢工艺的优化提供了理论依据。

1　钨钼钒氧化物矿直接合金化冶炼高速钢的热力学分析

白钨矿是以 $CaWO_4$ 结构形式存在，钼精矿中硫含量太高，经氧化焙烧后变成氧化钼，主要化学成分是 MoO_3。在本工艺中使用工业 V_2O_5，其纯度为 99%。为将氧化物矿还原，需要选择合适的还原剂。热力学计算能确定反应进行的方向和限度。在此研究不同的还原剂和 $CaWO_4$、MoO_3、V_2O_5 反应的标准吉布斯自由能变和实际自由能变，为选择还原剂提供依据。

根据文献［1］中的热力学数据，可以计算出高温状态下 $CaWO_4$ 还原反应的标准吉布斯自由能变：

---

* 本文合作者：周勇。原发表于《中国钨业》，2006，21（1）：13 ~ 18。国家自然科学基金资助项目（50374033），国家“863”高科技计划项目（2003AA33x030）。

$$CaWO_4(l)+3/2[Si]=\!=\!=[W]+(CaO)+3/2(SiO_2)$$

$$\Delta G_1^{\ominus}=-163873+11.89T \tag{1}$$

$$CaWO_4(l)+3[C]=\!=\!=[W]+(CaO)+3CO$$

$$\Delta G_2^{\ominus}=637160-437.94T \tag{2}$$

$$CaWO_4(l)+2[Al]=\!=\!=[W]+(CaO)+Al_2O_3(s)$$

$$\Delta G_3^{\ominus}=-569764+101.80T \tag{3}$$

$$CaWO_4(l)+SiC(S)=\!=\!=[W]+(CaO)+(SiO_2)+CO$$

$$\Delta G_4^{\ominus}=1811051-271.63T \tag{4}$$

高温状态下 MoO_3 还原反应的标准吉布斯自由能变：

$$MoO_3(l)+3/2[Si]=\!=\!=[Mo]+3/2(SiO_2)$$

$$\Delta G_5^{\ominus}=-527145+97.03T \tag{5}$$

$$MoO_3(l)+3[C]=\!=\!=[Mo]+3CO$$

$$\Delta G_6^{\ominus}=273888-352.78T \tag{6}$$

$$MoO_3(l)+2[Al]=\!=\!=[Mo]+Al_2O_3(s)$$

$$\Delta G_7^{\ominus}=-933036+186.94T \tag{7}$$

$$MoO_3(l)+SiC(s)=\!=\!=[Mo]+(SiO_2)+CO$$

$$\Delta G_8^{\ominus}=-154230-212.72T \tag{8}$$

V_2O_5 的还原为逐级还原：$V_2O_5\rightarrow VO_2\rightarrow V_2O_3\rightarrow VO\rightarrow V$，其中 $V_2O_5\rightarrow VO_2$ 和 $VO_2\rightarrow V_2O_3$ 的还原是非常容易的，在还原性气氛下，有下面的反应发生：

$$V_2O_5(s)+CO(g)=\!=\!=2VO_2(s)+CO_2(g)$$

$$\Delta G_9^{\ominus}=-177485+8.995T \tag{9}$$

$$2VO_2(s)+CO(g)=\!=\!=V_2O_3(s)+CO_2(g)$$

$$\Delta G_{10}^{\ominus}=-69375+10.88T \tag{10}$$

反应（9）、（10）在达到平衡状态时，体系 $P_{CO}/(P_{CO}+P_{CO_2})$ 和温度的关系如图 1 所示，可见极弱的还原性气氛就可以使还原进行下去，因此在电炉还原性气氛下，V_2O_5 将还原成 V_2O_3。本工艺在电炉还原期加入 V_2O_5，渣呈碱性，而在碱性渣中，V 以 V_2O_3 的形式存在。在高温状态下，仅需考虑 V_2O_3 与还原剂之间的平衡反应。

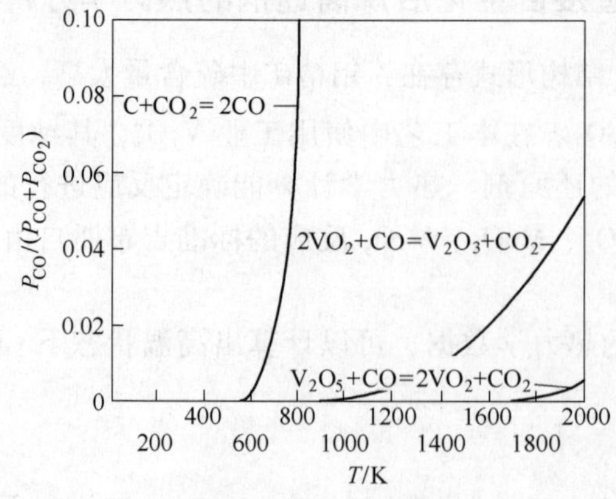

图 1　部分钒氧化物的稳定存在区域与温度和 $P_{CO}/(P_{CO}+P_{CO_2})$ 的关系

高温状态下 V_2O_3 还原反应的标准吉布斯自由能变：

$$V_2O_3(l) + 3/2[Si] = 2[V] + 3/2(SiO_2)$$

$$\Delta G_{11}^{\ominus} = -49173 + 5.15T \tag{11}$$

$$V_2O_3(l) + 3[C] = 2[V] + 3CO$$

$$\Delta G_{12}^{\ominus} = 751860 - 444.66T \tag{12}$$

$$V_2O_3(l) + 2[Al] = 2[V] + Al_2O_3(s)$$

$$\Delta G_{13}^{\ominus} = -455064 + 95.06T \tag{13}$$

$$V_2O_3(l) + SiC(s) = 2[V] + (SiO_2) + CO$$

$$\Delta G_{14}^{\ominus} = 295751 - 278.37T \tag{14}$$

根据上述热力学数据，可以绘出反应的热力学状态图，如图 2 所示。从图中可以看出，在炼钢温度下，[Si]、[C]、SiC、[Al] 在标准状态下都能将 $CaWO_4$、MoO_3 和 V_2O_3 还原，还原剂的还原能力依次增强。

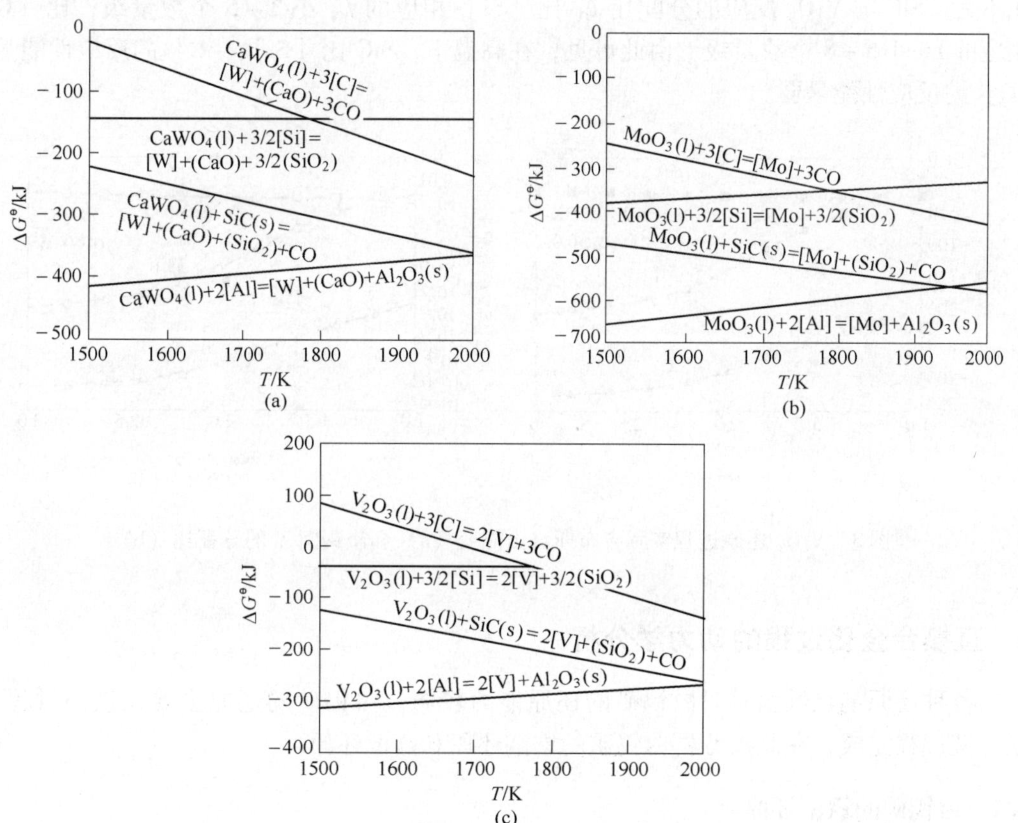

图 2　还原 $CaWO_4$、MoO_3 和 V_2O_3 的 $\Delta G^{\ominus}$-T

在实际炼钢过程中，还原反应的可能性与合金元素在渣钢间的分配比由实际反应的吉布斯自由能变决定。炉渣成分、钢液中各元素的含量都对反应的 ΔG 有较大的影响。下面以 V_2O_3 的还原为例来计算实际反应的吉布斯自由能变和渣钢间合金元素的分配比。如式(12)用[C]还原 $V_2O_3(l)$，其反应的实际吉布斯自由能变 ΔG_{12} 为：

$$\Delta G_{12} = \Delta G_{12}^{\ominus} + RT\ln \frac{a_v^2 P_{CO}^3}{a_{V_2O_3} a_C^3} \tag{15}$$

式（15）中 a_V 和 a_C 为钢液中 V、C 组分的活度。可以根据亨利定律求出。$a_{V_2O_3}$ 为渣中 V_2O_3 的活度，根据分子—离子共存理论[2] 建立了 $CaO-FeO-SiO_2-MoO_3$[3]、$CaO-FeO-SiO_2-V_2O_3$ 四元渣系活度计算模型来计算渣中组元的活度，P_{CO}为炼钢气氛 CO 的压力，设为 1 大气压。由式（15）计算得到渣中和钢液中钒的分配比 L_V 为：

$$L_V = \frac{x_{V_2O_3}}{[V]^2} = \frac{f_V^2}{r_{V_2O_3} a_C^3} \exp\left\{\frac{\Delta G_{12}^{\ominus}}{RT}\right\} \tag{16}$$

式（16）中 $x_{V_2O_3}$为渣中 V_2O_3 的摩尔分数，[V] 为 V 在钢液中的质量分数，f_V 为钢液中组元 V 的活度因子，$r_{V_2O_3}$为渣中 V_2O_3 的活度因子。根据式（15）和式（16）计算得到实际反应的吉布斯自由能变和渣钢间的合金元素的分配比如图 3 所示。从图 3（a）中可以看出，随着碱度的提高，SiC 和 [Si] 与 V_2O_3 反应的自由能下降，而 [C] 与 V_2O_3 反应的自由能没有明显变化趋势。从图 3（b）中也可以看出，SiC 和 [Si] 与 V_2O_3 反应时渣钢间 V 的分配比随碱度的提高而下降，而 [C] 与 V_2O_3 反应的分配比变化不大。SiC 与 V_2O_3 反应的分配比 L_V 比 [Si] 相应的 L_V 小 3～5 个数量级，比 [C] 相应的 L$_V$ 小 5～8 个数量级。由此可见，在高温下，SiC 比 [Si]、[C] 的反应性能强，[C] 的反应性能最弱。

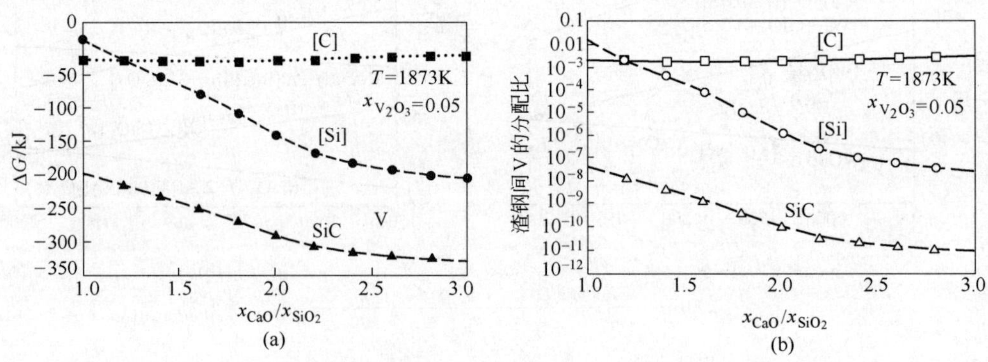

图 3　V_2O_3 还原过程实际吉布斯自由能变（a）和渣钢间 V 的分配比（b）

2　直接合金化过程的动力学分析

各种还原剂在低温时对白钨矿的还原能力较弱，白钨矿的还原主要在铁浴过程和液—液过程完成，在此仅分析白钨矿的铁浴还原和高温还原。

2.1　白钨矿的铁浴还原

由于白钨矿的熔点高于废钢的熔点，未熔化的白钨矿在钢液中上浮，钢液中的 [Si]、[C] 等元素扩散到白钨矿颗粒的边界与白钨矿发生铁浴还原反应，生成 [W] 进入钢液中。以硅还原白钨矿粉为例，其还原过程示意如下：

$$[Si] \xrightarrow[\text{扩散}]{\beta_{m1}} [Si]^* \xrightarrow[\text{界面反应}]{k_{化}} [W]^* \xrightarrow[\text{扩散}]{\beta_{m2}} [W]$$

经过推导得到：

$$r_0 \frac{\rho_{CaWO_4} dR}{M_{CaWO_4} d\tau} = 2(1-R)^{2/3} \beta_{m1} C_{[Si]} \tag{17}$$

式中　R——白钨矿的还原速率；

$C_{[Si]}$——钢液中［Si］的浓度；

β_{m1}，β_{m2}——分别是［Si］和［W］的传质系数。

当白钨矿粉完全还原时，对式（17）积分可得：

$$\tau = \frac{3\rho_{CaWO_4} r_0}{2M_{CaWO_4}\beta_{m1} C_{Si}} \tag{18}$$

从式（18）可以看出，［Si］的体积分数愈高，白钨矿粉粒度愈小，还原时间愈短，因此白钨矿粉铁浴还原的关键问题是如何保证白钨矿粉周围有足够的［Si］含量。如果还原剂硅铁不与白钨矿混合，造成钢液中硅浓度分布不均匀，当白钨矿粉周围［Si］浓度较低时，白钨矿粉的还原速度将受到很大影响。

2.2　白钨矿的液—液反应

由于白钨矿粉上浮时间短，不少白钨矿粉上浮进入渣中，依靠渣金界面反应继续还原。钢液中［Si］、［C］、［Cr］、［Al］等元素均可以还原 $CaWO_4$，渣中（$CaWO_4$）与钢液中某一元素的反应是由多个环节组成的，主要包括（$CaWO_4$）扩散到反应界面、在界面发生还原反应以及反应产物［W］* 扩散到钢液中等环节。还原过程的进程如下：

$$(CaWO_4)\xrightarrow[\text{扩散}]{\beta_S}(CaWO_4)^*\xrightarrow[\text{界面反应}]{k_{化}}[W]^*\xrightarrow[\text{扩散}]{\beta_m}[W]$$

根据双膜理论，经推导得到：

$$-\frac{d(CaWO_4)}{d\tau} = k_S(CaWO_4) \tag{19}$$

$$\frac{(CaWO_4)}{(CaWO_4)_0}\exp(-k_S\tau) = \exp(-\beta_S\frac{A}{V_S}\tau) \tag{20}$$

式中　V_S——熔渣的体积；

A——反应面积；

β_S——在熔渣内的传质系数；

τ——反应时间；

$(CaWO_4)_0$——反应初始时刻渣中（$CaWO_4$）的含量。

从式（20）可见，（$CaWO_4$）还原过程的限制性环节是 $CaWO_4$ 在熔渣中的扩散，还原进程与（$CaWO_4$）的传质系数及反应界面有关，而传质系数以及反应面积都与熔池流动状态相关。如图 4 所示，当炉渣中组分传质系数的数量级约为 $10^{-5} \sim 10^{-6}$m/s，熔池平静时，传质系数以及 A/V_S 都很小。以出钢量为 20t 的电弧炉为例，熔池直径为 2300mm，渣量以 5% 计算，可得 $A/V_S = 50\text{m}^{-1}$，令 $\beta_S = 1.0\times10^{-6}$m/s，计算可得 $k_S = 0.003\text{min}^{-1}$，由此可见熔池平静时，渣中 $CaWO_4$ 还原速度很慢。但是通过碳质原料作还原剂，还原过程中将产生大量 CO，使炉渣和金属液形成乳化液（大量金属小液滴与炉渣混在一起）以及产生泡沫渣，从而极大地提高钢渣反应面积，改善了动力学条件。此时，A/V_S 和 β_S 都与炉渣的泡沫化程度有关，令渣滴平均尺寸为 10mm，$\beta_S = 5\times10^{-6}$m/s，计算可得 $k_S = 0.009\text{min}^{-1}$，因此渣中 $CaWO_4$ 还原 90% 需要 26min。可见提高 $CaWO_4$ 在渣中的传质系数及增大渣金界面的面积对加速（$CaWO_4$）的还原进程很重要。当然电弧炉内 CO 反应不能过于强烈以防出现大沸腾现象和炉渣溢出炉门。

与白钨矿还原相似，氧化钼和 V_2O_5 也会发生铁浴还原以及高温液—液反应，分析

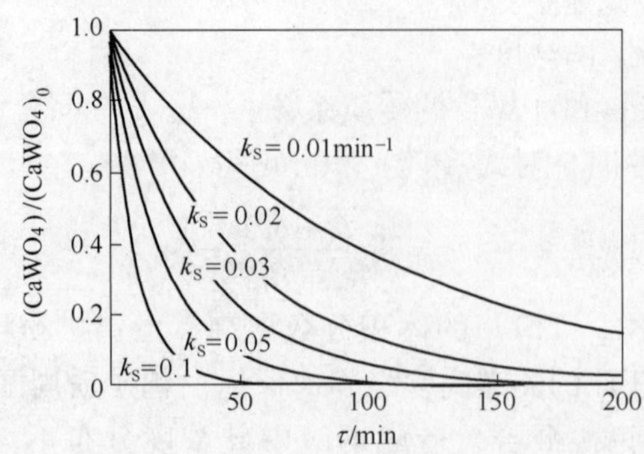

图 4 $(CaWO_4)/(CaWO_4)_0$ 与反应时间之间的关系

方法与白钨矿相似，在此不再赘述。

3 工业试验

为开发钨钼钒氧化物矿直接合金化冶炼高速钢工艺，钢铁研究总院在理论研究的基础上，与重庆特殊钢公司合作，进行了钨钼钒氧化物矿直接合金化冶炼高速钢的工业试验，取得了较好的效果，实现了在 20 t 工业电弧炉内完全用钨钼钒氧化物矿直接合金化冶炼 M2 高速钢，熔融还原合金化率达到 $w[W + Mo + V] = 13\%$。

3.1 工艺流程

本工业试验共进行了 2 炉，所采用的工艺流程如图 5 所示。

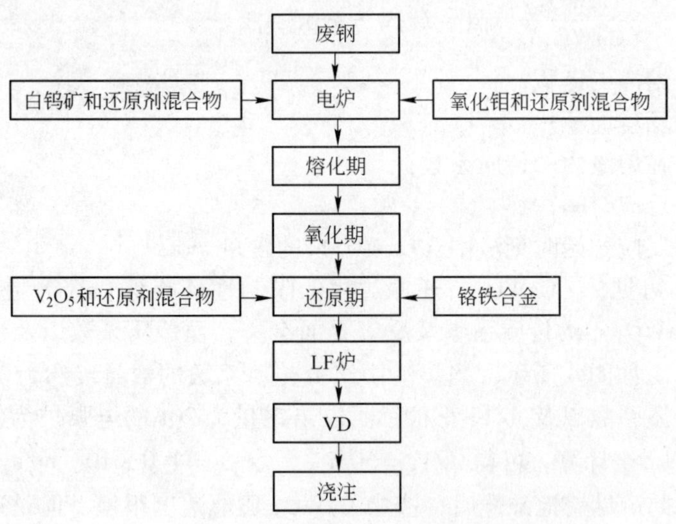

图 5 用钨钼钒氧化物矿直接合金化冶炼高速钢工艺流程

3.2 工艺特点

3.2.1 装入制度

白钨矿和氧化钼采用与还原剂混合的炉底装入法，选用 SiC 和 Fe-Si 作为还原剂，在熔化过程中 W、Mo 就开始还原，还原反应主要发生在熔化期，发生的还原反应包括固—固反应、液—固反应、铁浴还原反应和液—液反应，特点是边熔化边还原，反应平缓，容易操作。V_2O_5 在还原期初扒除氧化渣后加入，主要选用 SiC 作还原剂，并选用一定量的 Al 粉、电石作为辅助还原剂。

3.2.2 碱度控制

热力学计算表明，在熔化期和氧化期，适当的低碱度使渣中的 $CaWO_4$ 和 MoO_3 的活度较高。有利于降低渣金间合金元素的分配比，提高合金元素的收得率。而对于还原期则较高的碱度有利于渣中 V_2O_3 的还原。

3.2.3 渣量控制

渣量过大会降低合金元素的收得率，因为会有一定含量的合金元素氧化物残留在渣中。而且渣量过大会导致大沸腾和炉渣从炉门溢出。造成 W、Mo 元素的损失。本工艺充分利用白钨矿和氧化钼中的 CaO、SiO_2 等氧化物以及还原剂在还原过程中产生的 SiO_2 等形成炉渣，尽量少加或不加其他渣料，同时选择好还原剂配比（硅铁、碳、碳化硅等），使炉渣的碱度适宜，保持渣量在较低的水平。

3.3 工业试验结果及讨论

3.3.1 W、Mo、V 合金元素的收得率

W、Mo、V 合金元素的收得率如表 1 所示。传统工艺生产高速钢合金化时的合金元素 W、Mo、V 收得率分别为 98%、98%、90%。而冶炼铁合金时的合金元素 W、Mo、V 收得率[4] 分别为 97%、98%、98%，那么传统工艺生产高速钢时合金元素 W、Mo、V 综合收得率分别为 95%（98% ×97%）、96%（98% ×98%）、88.2%（90% ×98%）。可见直接合金化工艺合金元素的收得率优于传统工艺的合金元素综合收得率。

表 1 W、Mo、V 合金元素的收得率 （%）

炉 号	白 钨			氧 化 钼			五氧化二钒		
	配入	实际	收得率	配入	实际	收得率	配入	实际	收得率
8873-2	6.14	5.87	95.60	5.00	4.94	98.8	1.82	1.70	93.41
8874-2	5.50	5.22	94.91	4.32	4.20	97.22	1.92	1.69	88.02
平均收得率	95.25			98.01			90.72		

3.3.2 冶炼时间和冶炼电耗

两炉试验的冶炼时间平均为 283min，冶炼电耗平均为 585kW · h/t。而重庆特钢用返回法冶炼高速钢的冶炼时间平均值为 230min，冶炼电耗平均值为 480kW · h/t。直接合金化工艺的熔化期为 120min，比返回法冶炼工艺多 5min；氧化期为 35min，与返回法冶炼工艺相当；还原期为 128min，比返回法冶炼工艺多 48min。可见直接合金化冶炼高速钢工艺与传统的加铁合金进行合金化的返回法冶炼工艺相比，冶炼时间有所延长，冶炼电耗增加。这是因为用氧化物矿直接合金化。在传统工艺的基础上，使电弧炉新增了还原氧化物矿的冶金功能，这需要额外消耗还原剂，补充更多的电能，使用更多的时间来还原氧化物中的合金元素。但从整个生产高速钢的流程来考虑，包括考虑上游的铁合金生产所消耗的电能和使用的时间，则本工艺能节省时间和节约电能消耗。表 2 所示为综合考虑铁合金生产因素后，计算得到的传统工艺生产高速钢的综合冶炼时间和冶炼电耗。其计算方法是，为冶炼 20t M2 钢，需要加入一定量的钨铁、钼铁、

钒铁合金，生产这些铁合金的电耗以重点企业平均水平计算，铁合金冶炼时间用功率5000kV·A的矿热炉推算，将冶炼铁合金的时间和电耗也计算在生产高速钢的时间和电耗内，以便与直接合金化工艺从矿物到钢材的整个流程作对比分析。从冶炼时间和冶炼电耗的对比可以看出，直接合金化工艺节省冶炼时间497min，降低冶炼电耗657kW·h/t,直接合金化工艺的冶炼时间只占传统工艺综合冶炼的36.3%，冶炼电耗只占传统工艺综合冶炼的47.1%。

表2　传统工艺生产高速钢的综合冶炼时间和冶炼电耗

生 产 工 艺	冶炼时间/min	冶炼电耗/$kW \cdot h \cdot t^{-1}$
钨铁合金	155.4	215
钼铁合金	226.8	314
钒铁合金	168	233
电炉返回法冶炼	230	480
流程总计	780	1242

3.3.3　钢材质量

检验结果表明，采用氧化物矿直接合金化冶炼高速钢工艺所获得的80 mm方坯和105mm圆坯的低倍组织，均达到GB 9943—88中心疏松、一般疏松、偏析小于等于1级的要求，按ASTMA561进行评定，其疏松、偏析小于等于3级，也达到美国ASTMA600标准对低倍组织的要求。钢材的碳化物不均匀度完全达到GB 9943—88的要求，中间坯的碳化物不均匀度完全达到企业内控标准。成品钢材的非金属夹杂物评级结果表明，未发现钢的C、D类夹杂物，A、B类（粗、细系）夹杂均小于等于2级，完全达到ASTMA561标准。钢中氧的体积分数为55×10^{-6}，氮的体积分数为154×10^{-6}，与铁合金冶炼M2高速钢相当。

3.3.4　经济效益分析

用氧化物矿代替铁合金炼钢，经济效益主要体现在氧化物矿和铁合金之间的差价，按市场价计算为吨钢降低成本6813.5元。

4　结论

（1）对钨钼钒氧化物矿直接合金化冶炼高速钢进行了热力学分析，结果表明，[Si]、[C]、SiC、[Al] 在标准状态下都能将$CaWO_4$、MoO_3和V_2O_5还原，还原剂的还原能力依次增强。对还原剂与V_2O_5反应的实际自由能和渣钢间V的分配比的计算表明，随着碱度的提高，SiC和 [Si] 与V_2O_3反应的自由能和V的分配比下降，而 [C] 与V_2O_3反应的自由能和V的分配比没有明显变化趋势。可见，在高温下，SiC比[Si]、[C] 的反应性能强，[C] 的反应性能最弱。

（2）对钨钼钒氧化物矿直接合金化冶炼高速钢进行了动力学分析，结果表明，铁浴还原过程中，较细的矿物颗粒有利于提高还原速度；液—液反应过程中，碳质还原剂产生气体搅拌熔池，能增加传质系数和渣金界面的面积，从而提高还原速度。

（3）本次试验全部采用白钨矿、氧化钼、V_2O_5代替钨铁、钼铁、钒铁冶炼M2高速钢合金化率达13%，W收得率达95.25%，Mo的收得率达98.01%，V的收得率达90.72%；所获得的钢材的低倍组织与碳化物不均匀度、非金属夹杂物评级、钢中气体含量均达到技术标准要求；直接合金化工艺较铁合金冶炼 M2 高速钢成本降低 6813.5 元/t。

参考文献

[1] 梁英教，车荫昌. 无机物热力学数据手册［M］. 沈阳：东北大学出版社，1990.
[2] 张鉴. 冶金熔体的计算热力学［M］. 北京：冶金工业出版社，1998.
[3] Guo Peimin, Li Zhengbang, Lin Gongwen. Activity model and its application in CaO-FeO-SiO_2-MoO_3 quarternary system［J］. Journal of University of Science and Technology, 2004, 11 (5): 406 ~ 410.
[4] 许传才. 铁合金冶炼工艺［M］. 西安：西北大学出版社，1994.

Theory and Technology of Making High Speed Steel by Direct Alloying of Tungsten Molybdenum Vanadium Oxide Ore

Zhou Yong　Li Zhengbang

(Central Iron and Steel Research Institute)

Abstract　The process of making high speed steel by direct alloying of scheelite, molybdenum oxide and V_2O_5 is calculated and analyzed by thermodynamics and kinetics. The industrial test of making high speed steel by direct alloying using scheelite, molybdenum oxide and V_2O_5 is carried out based on theoretical research. The technologies of charging mode, basicity controlment and slag controlment are developed in industrial test. The industrial test is successful. The alloying rate of this industrial test which make M2 high speed steel by direct alloying totally using scheelite, molybdenum oxide and V_2O_5 reaches the level of 13%. Alloying element yield of W、Mo、V reaches the level of 95.25%、98.01% and 90.72% respectively. The quality of product is good. The cost of making M2 high speed steel by direct alloying technology decreasea by 6813.5 yuan/t compared with ferroalloy smelting technology.

Key words　direct alloying; high speed steel; oxide ore

钼酸钙直接还原动力学的研究*

摘　要　研究了碳与碳化硅两种还原剂对 $CaMoO_4$ 还原动力学的影响规律。结果表明：碳还原 $CaMoO_4$ 的反应级数为一级，反应表观活化能为 197kJ/mol，碳的还原性能优于碳化硅，更适宜还原钼酸钙。

关键词　钼酸钙；碳；碳化硅；还原动力学

钼精矿直接冶炼含钼合金钢工艺可省去钼铁生产工序，具有减轻环境负荷、节约能源和降低冶炼成本等特点。国内已有一些研究者研究了钼精矿直接冶炼含钼合金钢的工艺和相应的反应热力学[1~7]，但在动力学方面的研究甚少。本文将研究钼酸钙的还原动力学，为直接冶炼含钼合金钢工艺提供更深层次的理论基础和技术参数。

1　研究方法

实验中，使用了钼酸钙（成分见表1）、炭粉（分析纯）和碳化硅（成分见表2）。将30g 钼酸钙与5.2g 炭粉混匀，放入 MgO 坩埚中，然后将 MgO 坩埚置入碳管炉恒温区，按照20℃/min 速度从室温升到一定温度（1000～1400℃）并恒温一段时间（0～40min），最后随炉冷却，根据失重法确定样品的还原率。

为了研究碳化硅对钼酸钙还原的影响，将7.9g 碳化硅与30g 钼酸钙混匀，按照20℃/min 速度从室温升到一定温度（1000～1400℃）后断电，随炉冷却，然后通过失重法确定样品的还原率。

表1　钼酸钙主要成分　（%）

$CaMoO_4$	SiO_2	P	H_2O	S
91	8.7	0.012	0.5	0.018

表2　碳化硅主要成分　（%）

SiC	CaO	Al_2O_3	MgO	S	P	H_2O
66.06	28.48	1.83	0.97	0.046	0.020	0.5

2　实验结果与分析

2.1　碳作为还原剂

2.1.1　还原过程分析

碳与 $CaMoO_4$ 的反应式为：

$$CaMoO_4(s) + 3C(s) = CaO(s) + Mo(s) + 3CO \quad \Delta G^{\ominus} = 564350 - 499.84T$$

* 本文合作者：郭培民、赵沛。原发表于《中国钼业》，2006，30（4）：44～45，50。国家自然科学基金资助项目（50474006）。

当反应温度低于 $CaMoO_4$ 的熔点（~1378℃）时，固体碳与固体 $CaMoO_4$ 发生固固反应，由于碳与 $CaMoO_4$ 颗粒之间为点接触，一旦反应生成金属钼相，两者的接触即中断，单纯靠固固反应速度是很慢的，幸好还原反应产生出来的 CO 气体可与 $CaMoO_4$ 发生间接还原反应，间接还原反应产生出来的 CO_2 气体与碳发生气化反应产生 CO，这样就形成了连锁反应：

$$\begin{array}{c} CaMoO_4(s) + 3CO \Longrightarrow CaO(s) + Mo(s) + 3CO_2 \\ \uparrow \qquad\qquad\qquad\qquad \downarrow \\ 2CO \Longrightarrow C(s) + CO_2 \end{array}$$

从图 1 可见，在标准条件下（101.325kPa），碳的气化反应和 CO 还原 $CaMoO_4$ 反应曲线交于 A 点，当温度低于 A 点，碳的气化反应产生的 CO 浓度不能满足 CO 还原反应要求；当还原温度高于 A 点的温度，气化反应产生的 CO 浓度能够满足 CO 还原 $CaMoO_4$ 反应要求，因此反应还能按照气固反应进行。降低体系压力，A 点向低温移动，有利于气固反应的进行。

2.1.2 反应级数与表观活化能的确定

碳与 $CaMoO_4$ 反应的动力学数据如图 2 所示。可见，随着反应温度的提高，反应速度加快。当反应达到 1300℃时，仅 6min 的恒温时间，$CaMoO_4$ 的还原率就达到 97%。反应的表观反应活化能 E 为 197kJ/mol。根据实验数据，可得到碳还原 $CaMoO_4$ 的反应级数为一级，其反应速率常数 k 与温度 T 的关系（见图3）为：

$$\ln k = \frac{197000}{RT} + 13.5$$

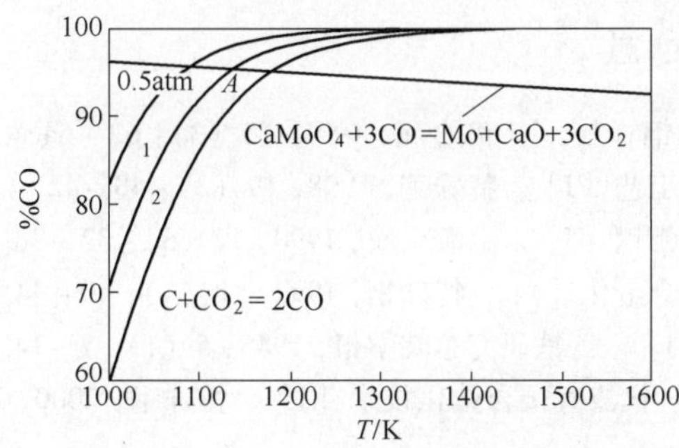

图 1 气化反应与 CO 还原 $CaMoO_4$ 反应的 CO 平衡图

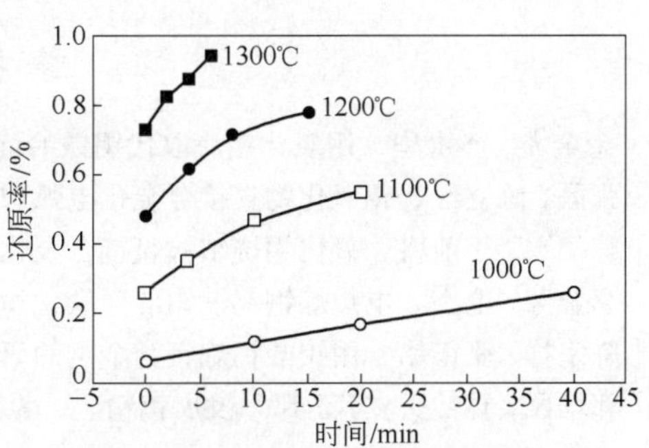

图 2 碳还原 $CaMoO_4$ 的还原率与还原温度及时间的关系

因此 $CaMoO_4$ 与炭粉发生直接还原反应的反应速率公式为：

$$k_s = \frac{d\psi}{d\tau} = \frac{d\varepsilon}{d\tau} = \exp\left(-\frac{197000}{RT} + 13.5\right) \cdot \varepsilon$$

式中，ψ 为反应物的转换率；ε 为未反应的量占初始量的比例；τ 为反应时间；R 为气体常数；k_s 为反应速率。

2.2 碳化硅作为还原剂

从图 4 可见，1100℃以下，碳化硅与 $CaMoO_4$ 反应速度很慢，温度升至 1200℃还原率也仅为 6%，这是因为碳化硅在较低温度下不活泼，导致动力学反应速度很慢。当温度达到 1300℃以上时，碳化硅的活性才有所提高，反应速度因此加快。从图 4 可见，碳化硅的还原性能劣于炭粉。

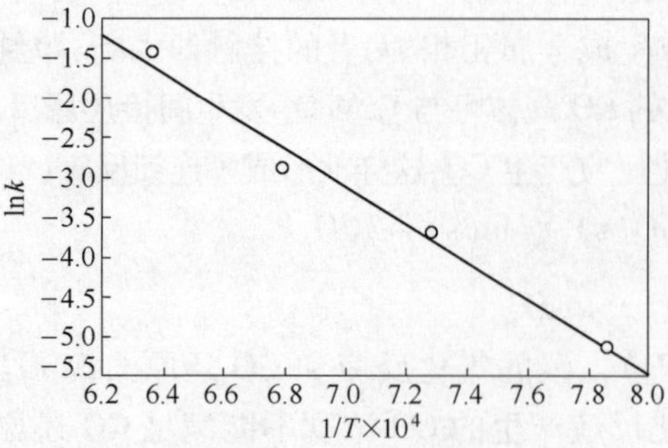

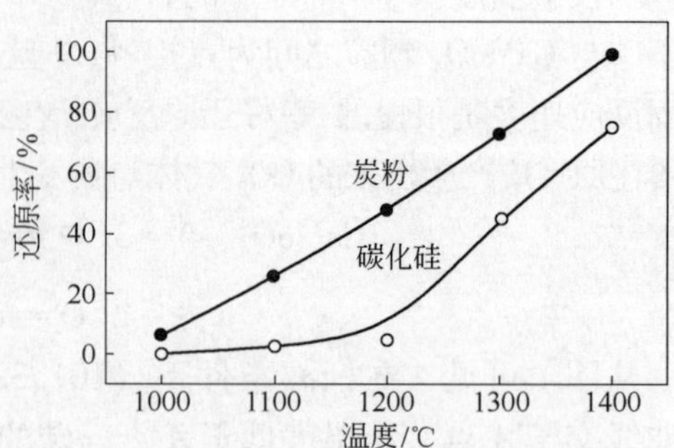

图3 ln$k$ 与 $1/T$ 关系

图4 炭粉与碳化硅还原性能的比较

3 结论

（1）碳还原 $CaMoO_4$ 的反应级数为一级，反应速率公式为：

$$k_s = \frac{d\psi}{d\tau} = \frac{d\varepsilon}{d\tau} = \exp\left(-\frac{197000}{RT} + 13.5\right) \cdot \varepsilon$$

（2）当反应温度低于碳的气化反应曲线和 CO 还原 $CaMoO_4$ 反应曲线交点温度时，反应为固固反应，当温度高于交点温度时，还可发生气固反应。

（3）炭粉的还原性能优于碳化硅。

参 考 文 献

[1] 余金龙，严永华．用氧化钼块取代钼铁冶炼工具钢［J］．上海金属，1991，13（3）：62～64.
[2] 张晶，陈立红．钼氧化物直接合金化电弧炉炼钢工艺［J］．特殊钢，1998，19（3）：40～42.
[3] 陈福兴，丁前盛．氧化钼烧结块直接合金化生产钼钢［J］．上海金属，1990，12（3）：32～36.
[4] 李金荣，毛杰．电炉炼钢钨、钼混合氧化物直接合金化［J］．特殊钢，1997，18（1）：40～44.
[5] 陈宗祥，张德铭．用钼酸钙炼钼合金钢的研究［J］．钢铁研究总院学报，1985，5（1）：7～14.
[6] 郭培民，林功文，李正邦．发展钨精矿、氧化钼、钒渣直接合金化技术［J］．特殊钢，2000，21（4）：23～25.
[7] 李正邦，郭培民，冯仲渝，等．白钨矿和氧化钼直接合金化的理论分析及工业试验［J］，钢铁，1999，34（10）：20～23.

Study on Kinetics of Direct Reduction of Calcium Molybdenate

Guo Peimin　Zhao Pei　Li Zhengbang

（State Key Laboratory for Advanced Iron and Steel Processes and Products，
Central Iron and Steel Research Institute）

Abstract　Influence of carbon and silicon carbide on kinetics of calcium molybdenate reduction was studied in this paper. The results show that the reaction between calcium molybdenate and carbon is of the first order，and activation energy is 197 kJ/mol. Reactivity of carbon is better than that of silicon carbide，more suitable for calcium molybdenate reduction.

Key words　calcium molybdenate；carbon；silicon carbide；kinetics of reduction

添加剂对氧化钼（MoO_3）高温挥发的影响*

摘　要　实验表明，从 600 ~ 1100℃加热 5 min 时，单纯块状氧化钼（MoO_3）挥发率达 30%，粉状氧化钼挥发率高达 40%。CaO 与 MoO_3 反应生成 $CaMoO_4$，从而降低 MoO_3 的活性，因此加入 CaO 可抑制氧化钼的挥发。随着 CaO 加入量的提高，氧化钼挥发率下降，当 CaO 加入量达 20%时，氧化钼挥发率降至 1.0%。白钨矿也能抑制氧化钼挥发，抑制效果低于 CaO。Al_2O_3 和 SiO_2 不能抑制氧化钼的挥发。

关键词　MoO_3；CaO；抑制挥发；直接合金化

氧化钼矿直接合金化冶炼含钼合金钢工艺具有简化工序、减轻环境负荷、节约能源和降低冶炼成本等特点，深受冶金工作者关注[1~8]。本实验研究了添加剂对氧化钼高温挥发的影响。

1　实验方法

实验中使用了氧化钼矿、白钨矿 2 种矿粉（成分见表 1）以及分析纯的 CaO、SiO_2 和 Al_2O_3 化学试剂。将一定量氧化钼及其他试剂按一定比例混匀，放入敞口硅炭管炉中，然后以 100℃/min 的速度从室温升至 1200℃，根据氧化钼失重可计算出氧化钼的挥发率。

表 1　氧化钼矿和白钨矿的成分

Table 1　Ingredient of molybdenum oxide and scheelite ores　（%）

矿　粉	WO_3	MoO_3	CaO	SiO_2	P	S
氧化钼矿	—	78.03	10.34	10.52	0.015	0.022
白钨矿	67.25	—	30.47	1.26	0.002	0.106

2　实验结果与分析

2.1　单纯氧化钼矿的挥发

实验中采用氧化钼粉和氧化钼块 2 种方案，结果见图 1。由图 1 可见，氧化钼在 600℃时已有一定的挥发，800℃以上挥发激烈。从 600℃到 1100℃，不到 5min 的时间内，块状氧化钼挥发率就已达到 30%，而粉状氧化钼挥发率高达 40%。从挥发率的曲线来看，曲线斜率随温度升高而急剧变大，这表明随着温度升高，氧化钼挥发速率变大。

2.2　添加剂对氧化钼矿挥发的影响

CaO 加入量对氧化钼挥发的影响见表 2。由表 2 可见，当不配加 CaO 时，氧化钼挥发很

* 本文合作者：郭培民、赵沛。原发表于《特殊钢》，2006，27（6）：30 ~ 31。国家自然科学基金资助项目（50474006），钢铁研究总院科技基金资助项目（事 04220700）。

图 1　温度和加热时间对氧化钼挥发率的影响

Fig. 1　Influence of temperature and heating time on volatilization of molybdenum oxide

严重，随着 CaO 配加量的增加，氧化钼挥发率降低，当 CaO 配加量超过 20%，可有效抑制氧化钼的挥发。这是因为 CaO 和 MoO_3 产生了较强的结合力使氧化钼的挥发得到抑制。

表 2　各种添加剂加入量对氧化钼挥发率的影响

Table 2　Influence of various addition agent added amount on volatilization of molybdenum oxide

（%）

添加剂	添加剂加入量			
	0%	10%	20%	30%
CaO	67.0	28.0	1.0	0.5
SiO_2	67.0	67.1	55.5	62.3
Al_2O_3	67.0	59.2	67.7	60.8
白钨矿	67.0	48.0	9.0	5.0

$$CaO(s) + MoO_3(s) = CaMoO_4(s)$$

$$\Delta G^{\ominus} = -167400 - 4.2T \tag{1}$$

从图 2 可见，$CaMoO_4$ 分解压很低，可忽略它的挥发。当氧化钼中不添加 CaO 时，由于氧化钼矿中本身就含有一定 CaO，因此它可固定一部分 MoO_3。利用表 1 中氧化钼矿的化学成分，可计算出氧化钼的最大挥发率为 65.9%；又如当氧化钼中添加 10%

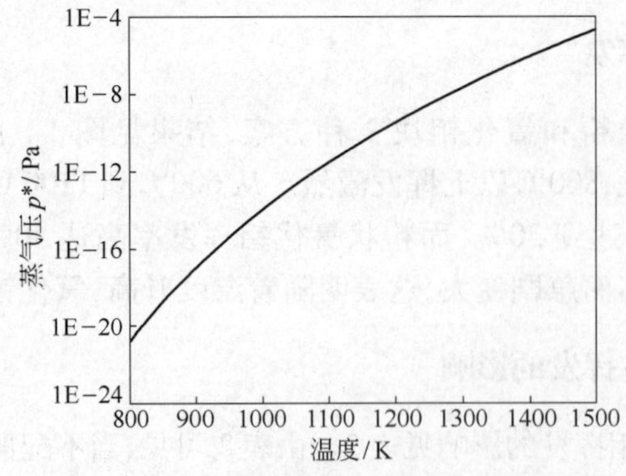

图 2　$CaMoO_4$ 分解的氧化钼蒸气压与温度之间的关系

Fig. 2　Relation between temperature and vapor pressure of molybdenum oxide decomposed from $CaMoO_4$

CaO，此时氧化钼的最大挥发率为 29.3%；而当 CaO 加入量达到 20%，理论上氧化钼将不挥发。这与表 2 中的结果相符合。

表 2 可见，SiO_2 对抑制氧化钼的挥发基本上无作用，这是因为 SiO_2 与 MoO_3 同属酸性氧化物，它们之间不能形成稳定的复合氧化物，因此不能固定 MoO_3。

Al_2O_3 难以与 MoO_3 形成复合氧化物，不能固定 MoO_3，因此 Al_2O_3 对抑制氧化钼的挥发基本上无作用（表 2）。

表 2 表明，随白钨矿加入量提高，氧化钼的挥发率降低，这说明了白钨矿对抑制氧化钼挥发有效果，这是因为 CaO 与 MoO_3 之间的结合力大于它与 WO_3 之间的结合力。它们之间的反应式如下[8]：

$$MoO_3(s) + CaO \cdot WO_3(s) = WO_3(s) + CaO \cdot MoO_3(s)$$

$$\Delta G^{\ominus} = -18900 - 4.83T$$

CaO 对抑制氧化钼挥发有效果，而含 CaO 物料最常用的为石灰，对于用白钨矿和氧化钼冶炼高速钢，如加入大量石灰将导致冶炼过程中渣量增加较多，因白钨矿约含 30% 的 CaO，其中的 CaO 能抑制氧化钼挥发，就可以不用加石灰。

3 结论

（1）CaO 可抑制氧化钼的高温挥发，它能固定 MoO_3，降低 MoO_3 的活性。随着 CaO 加入量的提高，氧化钼挥发率下降，当 CaO 加入量达到 20%，可完全抑制氧化钼的挥发。白钨矿也能抑制氧化钼的高温挥发，但效果略差于 CaO。

（2）Al_2O_3 和 SiO_2 对抑制氧化钼高温挥发无明显效果。

参考文献

[1] 余金龙，严永华．用氧化钼块取代钼铁冶炼工具钢［J］．上海金属，1991，13（3）：62.

[2] 张晶，陈立红．钼氧化物直接合金化电弧炉炼钢工艺［J］．特殊钢，1998，19（3）：40.

[3] 陈福兴，丁前盛．氧化钼烧结块直接合金化生产钼钢［J］．上海金属，1990，12（3）：32.

[4] 李金荣，毛杰．电炉炼钢钨、钼混合氧化物直接还原合金化［J］．特殊钢，1997，18（1）：40.

[5] 郭培民，李正邦，林功文．发展钨精矿、氧化钼、钒渣直接合金化技术［J］．特殊钢，2000，21（4）：23.

[6] 李正邦，郭培民，冯仲渝，等．白钨矿和氧化钼直接合金化的理论分析及工业试验［J］．钢铁，1999，34（10）：20.

[7] 李正邦，郭培民，张和生，等．白钨矿和氧化钼直接还原合金化冶炼高速钢［J］．特殊钢，1999，20（5）：26.

[8] 郭培民．白钨矿和氧化钼直接还原合金化冶炼合金钢的研究［D］．北京：钢铁研究总院，2001.

Influence of Addition Agent on Volatilization of Molybdenum Oxide（MoO_3）at High Temperature

Guo Peimin　Zhao Pei　Li Zhengbang

（State Key Laboratory for Advanced Iron and Steel Process and Materials, Central Iron and Steel Research Institute）

Abstract The test results showed that the volatilization rate of block pure molybdenum oxide

(MoO_3) in heating period from 600℃ to 1100℃ for 5 min was 30%, which of power was up to 40%. As CaO reacts with MoO_3 to form $CaMoO_4$ to decrease the activity of MoO_3, the added CaO could depress the volatilization of molybdenum oxide. With increasing added percent of CaO the volatilization of molybdenum oxide decreased, which decreased to 1.0% with added 20% CaO. The scheelite also could depress the volatilization of molybdenum oxide, of which the depression effect was inferior to that of CaO. Al_2O_3 and SiO_2 had no effect on depressed volatilization of molybdenum oxide.

Key words MoO_3; CaO; depression of volatilization; direct alloying

V_2O_5 直接合金化的热力学分析*

摘　要　运用HSC软件对 V_2O_5 直接合金化过程中 V_2O_5 和还原剂构成的多元、多相复杂反应体系进行还原成分的计算和分析。热力学计算结果表明，V_2O_5 碳热还原产物是V的碳化物；硅热还原体系中需配加CaO；铝热还原可以得到99%的还原率，Al的还原能力比C和Si都要强。V_2O_5 的硅铝热复合还原用少量的Al可得到高的还原率。计算结果与工业实践中电硅热法冶炼钒铁反映的热力学规律一致。

关键词　V_2O_5；直接合金化；碳热还原；硅热还原；铝热还原；热力学分析

0　引言

钒氧化物直接合金化是将钒氧化物和还原剂混合加入冶炼炉中，钒氧化物还原成钒转入钢中而达到合金化的目的。钒氧化物直接合金化可以省去专门冶炼钒铁合金的设备、降低能耗、减轻环境负荷，降低了钢的生产成本，是符合高效、低耗、资源综合利用、生态平衡和可持续发展等观念的炼钢新工艺，因此开展该领域的研究是很有意义的。对于 V_2O_5 直接合金化的基础理论研究工作的报道并不多，现有的研究报道对该过程的热力学分析并不透彻，仅仅分析 V_2O_5 和还原剂反应的标准吉布斯自由能变化，完全脱离了该过程中各种工艺参数对各反应过程的影响，如配碳量多少和碱度高低对产物状态和还原度的影响等，因而对 V_2O_5 直接合金化过程的预测无法以定性和定量的关系指导生产实际。本研究工作的重点是利用计算化学软件HSC对 V_2O_5 与多种还原剂构成的多元、多相复杂体系进行还原成分的计算机模拟，为合理确定还原工艺提供科学依据。

1　钒氧化物还原的热力学基础

1.1　钒氧化物的碳热还原

钒氧化物被C逐级还原的标准吉布斯自由能变化见式（1）~式（4）。

$$V_2O_5(s) + C(s) = 2VO_2(s) + CO(g)$$

$$\Delta G^\ominus = 49070 - 213.42T \tag{1}$$

$$VO_2(s) + 1/2C(s) = 1/2V_2O_3(s) + 1/2CO(g)$$

$$\Delta G^\ominus = 47650.25 - 79.433T \tag{2}$$

$$V_2O_3(s) + C(s) = 2VO(s) + CO(g)$$

$$\Delta G^\ominus = 239099.5 - 163.215T \tag{3}$$

$$VO(s) + C(s) = V(s) + CO(g)$$

---

* 本文合作者：周勇。原发表于《钢铁钒钛》，2006，27（4）：38~42。国家自然科学基金资助项目（50374033），国家高技术研究发展计划（"863"计划）项目（2003AA33X030）。

$$\Delta G^{\ominus} = 310300 - 165.81T \quad (4)$$

由于V与碳有较大的亲和力，反应中生成的炽热金属钒会立即与碳反应生成VC、V_2C。该反应的标准吉布斯自由能变化见式（5）~式（6）。

$$V(s) + C(s) = VC(s)$$

$$\Delta G^{\ominus} = -102100 + 9.58T \quad (5)$$

$$2V(s) + C(s) = V_2C(s)$$

$$\Delta G^{\ominus} = -146400 + 3.35T \quad (6)$$

在较高温度下，以上反应的标准吉布斯自由能变化都为负，从热力学角度看都可以发生，但反应（3）、（4）需要吸收大量的热量。

W. L. Worrel 和 Chipman[1] 所作的 V-C-O 三元系的 Pourbaix-Ellingham 图可以用来描述V的氧化物被C还原所需温度、压力及产物稳定存在的区域（见图1）。从图1可以看出，钒氧化物的碳热还原按式（7）~式（12）的顺序进行。在一定的温度、压力、配碳量条件下，体系中有钒的氧化物和钒的碳化物稳定存在，但从图1中不能得出定量的关系。

$$V_2O_5 + CO = 2VO_2 + CO_2 \quad (7)$$

$$2VO_2 + CO = V_2O_3 + CO_2 \quad (8)$$

$$V_2O_3 + 5C = 2VC + 3CO \quad (9)$$

$$2V_2O_3 + VC = 5VO + CO \quad (10)$$

$$VO + 3VC = 2V_2C + CO \quad (11)$$

$$VO + V_2C = 3V + CO \quad (12)$$

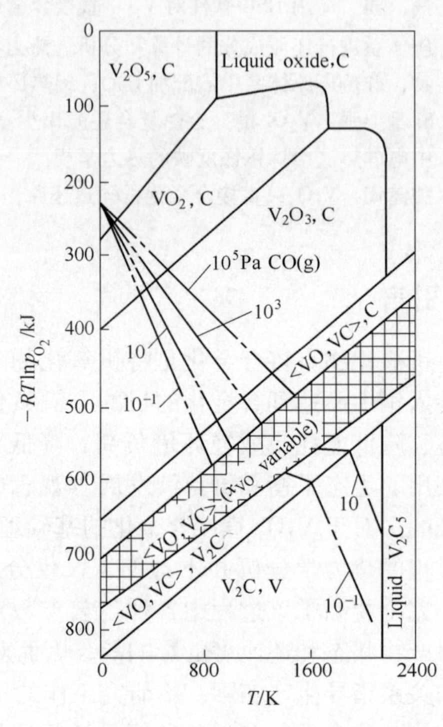

图1 V-C-O 三元系的 Pourbaix-Ellingham 图

Fig. 1 Pourbaix-Ellingham diagram of V-C-O ternary system

1.2 钒氧化物的金属热还原

利用基础热力学数据可以推导出钒氧化物被Si、Al还原的标准吉布斯自由能变化，见式（13）~式（20）。

$$V_2O_5(s) + 5/2Si(s) = 5/2SiO_2(s) + 2V(s)$$

$$\Delta G^{\ominus} = -747710 + 47.855T \quad (13)$$

$$VO_2(s) + Si(s) = SiO_2(s) + V(s)$$

$$\Delta G^{\ominus} = -198460 + 18.07T \quad (14)$$

$$V_2O_3(s) + 3/2Si(s) = 3/2SiO_2(s) + 2V(s)$$

$$\Delta G^{\ominus} = -154240.5 + 22.545T \quad (15)$$

$$VO(s) + 1/2Si(s) = 1/2SiO_2(s) + V(s)$$

$$\Delta G^{\ominus} = -27680 + 6.65T \quad (16)$$

$$V_2O_5(s) + 10/3Al(s) = 5/3Al_2O_3(s) + 2V(s)$$

$$\Delta G^{\ominus} = -1280000 + 132.1T \quad (17)$$

$$VO_2(s) + 4/3Al(s) = 2/3Al_2O_3(s) + V(s)$$

$$\Delta G^{\ominus} = -410433 + 18.07T \tag{18}$$

$$V_2O_3(s) + 2Al(s) = Al_2O_3(s) + 2V(s)$$

$$\Delta G^{\ominus} = -472200 + 75.67T \tag{19}$$

$$3VO(s) + 2Al(s) = Al_2O_3(s) + 3V(s)$$

$$\Delta G^{\ominus} = -401000 + 149.78T \tag{20}$$

上述反应标准吉布斯自由能变化都为负，从热力学角度看都可以发生。根据金属热法冶炼钒铁合金的经验，上述反应的反应热达到一定值后，反应能自发进行，反应放热能达到使炉料熔化、反应并渣铁分离的程度。用硅还原钒的氧化物时，由于热量不足，反应进行得缓慢而且不完全，必须外加热源，比如电能。用铝还原钒的氧化物时，自身的放热就可以维持反应的进行。而且由于铝热反应发热量有余，还需在炉料中加入惰性物料，以降低炉料发热量，保证反应平稳进行。同时铝热反应进行速度快，反应时间短，难以控制。实际铁合金冶炼中，用硅铁作初还原，用铝作终渣贫化。因此有必要做热力学平衡计算，探讨还原剂组合的还原效果。

2　计算原理

HSC（焓、熵和热容）软件是专门用于计算多元、多相、多个反应等复杂体系在不同条件（温度、压力、元素种类和数量等）下能生成的物质种类和它们的数量即体系的热化学平衡组分[2, 3]的计算化学软件。它的理论基础为体系总的吉布斯自由能最小法，推导如下：

设体系有 N_D 个独立组元和 N_U 个非独立组元，包括 N_e 种元素，分布在 P 个相中，进行了 R 次反应。

在第 j 相中，独立组元 D 和非独立组元 U 的摩尔数分别为 $M_{D,j}$、$M_{U,j}$，化学位分别为 $\mu_{D,j}$、$\mu_{U,j}$。则体系总的 Gibbs 自由能为：

$$G = \sum_{D=1}^{N_D} \sum_{j=1}^{P} M_{D,j} \mu_{D,j} + \sum_{U=1}^{N_U} \sum_{j=1}^{P} M_{U,j} \mu_{U,j} \tag{21}$$

根据物料平衡，第 e 种元素在体系中总摩尔数 M_e 应该等于各组元内该元素摩尔数之和：

$$M_e = \sum_{D=1}^{N_D} \sum_{j=1}^{P} M_{D,j} a_{D,e} + \sum_{U=1}^{N_U} \sum_{j=1}^{P} M_{U,j} a_{U,e} \tag{22}$$

式中　$a_{D,e}$，$a_{U,e}$——独立组元和非独立组元中第 e 种元素的原子数。

在恒温、恒压下，在物料平衡的前提下，体系平衡的条件应是总的 Gibbs 自由能达到最小值（即 $G \to G_{min}$）。应用 Langrange 不定因子法，求解式（21）、式（22）组成的方程组，可计算出独立组元和非独立组元的摩尔数 M_D、M_U，即可确定体系的平衡组成。

3　热力学平衡计算结果及分析

以工业纯 V_2O_5（$w(V_2O_5) \geq 99\%$）为直接合金化原料，用常规工业还原剂 C、SiC、Si、Al 还原 V_2O_5。温度设置为 1600℃，体系压力为 100kPa，采用 HSC 软件对各体系进行模拟，得到反应平衡后可能存在的组元及其摩尔数，从而得到不同体系的 V 还原回收率。

3.1　V_2O_5 的碳热还原

以 1mol V_2O_5 和 5mol 以上的 C 组成反应体系，在 1600℃、100kPa 气压下，在配碳

量改变的情况下，计算该体系的平衡组成，结果绘制在图 2 中。从图 2 可以看出，体系中的凝聚相主要有 $VC_{0.8}$、VC、V_2C，V 和少量的 V_2O_3，气相完全是 CO，在 4mol 到 5mol 之间，CO_2 的量可以忽略不计。随着 C 摩尔数的增加，VO 量逐渐减少，$VC_{0.8}$、VC 逐渐增加。在 5mol C 的情况下，VO 是 0.62798mol，V_2O_3 是 0.10526mol，假设 V 的碳化物都可以融入钢中，可以计算 V 的还原回收率是 58.1%，在 7mol C 时 V 的还原回收率是 96.8%，可见随着碳摩尔数的增加，体系中 V 氧化物量减少，V 的还原回收率提高。但体系中残留碳量逐渐增加，且到 7mol C 以后，随碳量的增加，VO 量的减少已很轻微，而残留碳量增加明显，此时大部分碳没有参加还原反应，而是在体系中积累，即再增加碳收效甚微。在这个体系中，金属钒生成量仅有 0.02mol，绝大部分钒以 V 的碳化物的形式存在，可见要用碳热还原法生产金属钒，必须改善反应 (4)、(11)、(12) 向右进行的热力学条件，将体系抽成真空，而这对于炼钢直接合金化过程而言是不可能实现的，因此只能希望该体系中生成的碳化钒能融入钢中。用碳热还原法还原 V_2O_5，体系中有与 V 化合态的碳，同时也有大量的残留未反应的碳，因此在炼钢直接合金化过程中需要考虑钢液增碳的后果。

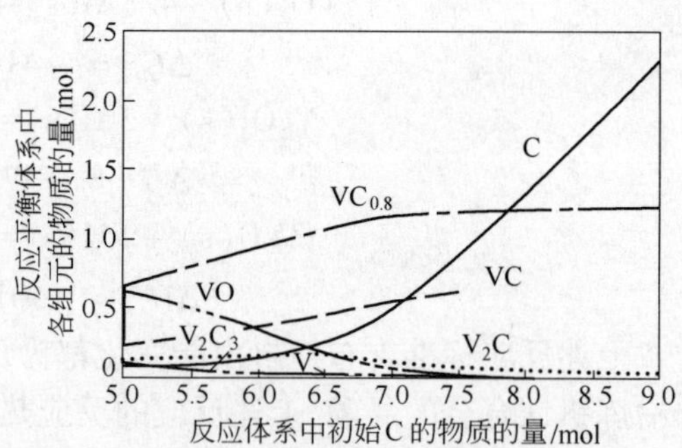

图 2　V-C-O 系的平衡成分模拟

Fig. 2　Simulation on equilibrium composition of V-C-O system

3.2　V_2O_5 的硅热还原

以 1mol V_2O_5 和 2.5mol Si 和 CaO 组成反应体系，在 1600℃、100kPa 气压下，在 CaO 量（渣碱度）改变的情况下，计算该体系的平衡组成，结果绘制于图 3 中。从图 3 可以看出，体系中的凝聚相主要有 V、VO、$2CaO \cdot SiO_2$、$CaO \cdot SiO_2$、$3CaO \cdot SiO_2$、CaO、SiO_2、Si。随着 CaO 摩尔数的增加，V、$2CaO \cdot SiO_2$、CaO、$3CaO \cdot SiO_2$ 逐渐增加，VO、SiO_2、Si 逐渐减少，$CaO \cdot SiO_2$ 先增后减。在 CaO 摩尔数为 0 时，体系中有 1mol VO，0.5mol Si，V 的还原回收率是 50%，而 C 在过量情况下的还原回收率可达 96.8%，可见在高温下，Si 的还原性能不如 C，原因是反应 (16) 在高温下不容易进行，但 Si 作为还原剂得到的是金属钒。在体系中配加 CaO，当 CaO 的摩尔数为 6 时（碱度约为 2.4），体系中有 1.82 mol V，V 的还原回收率是 91%，当 CaO 的摩尔数为 8 时（碱度约为 3.2），体系中有 1.87 mol V，V 的还原回收率是 93.5%，随着 CaO 摩尔数的增加，体系中 V 量增加，V 的还原回收率提高。同时体系中自由 CaO 逐渐增加。可见硅热还原时，体系中配加 CaO 对 V 的还原回收率的提高有至关重要的作用。这是因为，在有 CaO 存在的条件下，能发生下列式 (23) ~ 式 (25) 反应，从

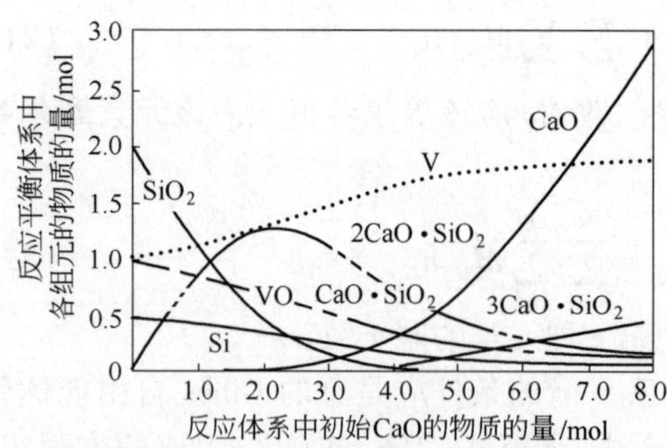

图 3　V-O-Si-CaO 系的平衡成分模拟

Fig. 3　Simulation on equilibrium composition of V-O-Si-CaO system

而改善了 V_2O_5 还原的热力学条件，增强了还原反应进行的趋势，同时，也降低了炉渣的熔点和黏度，改善了炉渣贫化的动力学条件[4]。

$$2VO(s) + Si(s) + CaO(s) \xlongequal{} CaO \cdot SiO_2(s) + 2V(s)$$

$$\Delta G^{\ominus} = -147860 + 15.8T \tag{23}$$

$$2VO(s) + Si(s) + 2CaO(s) \xlongequal{} 2CaO \cdot SiO_2(s) + 2V(s)$$

$$\Delta G^{\ominus} = -174160 + 2T \tag{24}$$

$$2VO(s) + Si(s) + 3CaO(s) \xlongequal{} 3CaO \cdot SiO_2(s) + 2V(s)$$

$$\Delta G^{\ominus} = -174160 + 6.6T \tag{25}$$

3.3 V_2O_5 的铝热还原

计算 V_2O_5 和 Al 在 1600℃、100kPa 气压下的平衡组成。V_2O_5 为 1mol，Al 从 2mol 增加到 4.5mol，计算该体系的平衡组成，结果绘制于图 4 中。从化学计量系数上看，反应（17）中 1mol V_2O_5 需要 3.33mol Al 作为还原剂，当 Al 在 2 ~ 3.33mol 范围，Al 量不足，Al 量超过 3.33mol 则为过量。图 4 所示体现了 V 氧化物逐级还原的特征，VO 最后被还原。Al 量为 3.33mol 时，V 为 1.90mol，V 的还原回收率为 95%。当 Al 量为 4.5mol 时，V 为 1.98mol，V 的还原回收率为 99%。可见 Al 的还原能力比 C 和 Si 都要强，从式（20）也可以看出，Al 对 VO 有很强的还原能力。

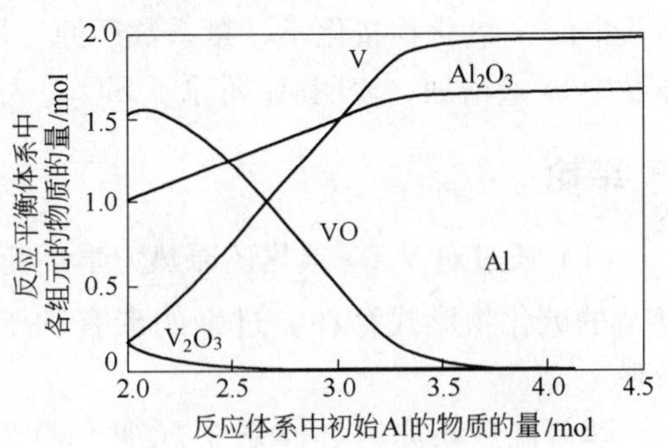

图 4　V-O-Al 系的平衡成分模拟

Fig. 4　Simulation on equilibrium composition of V-O-Al system

3.4 V_2O_5 的硅铝热复合还原

以 Si 作为初还原剂，用 Al 作终还原剂，考察 V 的还原回收率。V_2O_5 为 1mol，Si 为 2.5mol，CaO 为 8mol，Al 从 0mol 增加到 1mol，在 1600℃、100kPa 气压下计算该体系的平衡组成，结果列于表 1 中。当 Al 量增加时，V 的量也增加，V 的收得率从 93.2% 增加到 97.8%；体系中 Si 含量逐渐增加，可见过量的 Al 能将 SiO_2 还原，但体系中 VO 仍没有被彻底还原，说明 VO 是比较难还原的。这与工业实践中电硅热法冶炼

表 1　V-O-Si-Al 系的平衡成分模拟

Table 1　Simulation on equilibrium composition of V-O-Si-Al system　(mol)

序号	初始 Al	CaO	V	$2CaO \cdot SiO_2$	$3CaO \cdot SiO_2$	Si
1	1×10^{-6}	2.888	1.863	1.758	0.4386	0.0555
2	0.2	2.960	1.913	1.679	0.4194	0.1364
3	0.4	3.039	1.932	1.593	0.3991	0.2157
4	0.6	3.112	1.943	1.508	0.3783	0.2890
5	0.8	3.180	1.950	1.424	0.3573	0.3565
6	1.0	3.243	1.955	1.342	0.3364	0.4191

续表1

序号	$CaO \cdot Al_2O_3$	CaSi	$CaO \cdot SiO_2$	VO	$3CaO \cdot Al_2O_3$	$3CaO \cdot 2SiO_2$
1	3.127×10^{-9}	0.8464×10^{-2}	0.171	0.137	1.1×10^{-9}	9.9×10^{-7}
2	0.0594	0.03344	0.163	0.087	0.021	0.030
3	0.1189	0.06867	0.154	0.068	0.042	0.026
4	0.1782	0.1097	0.146	0.057	0.064	0.023
5	0.2374	0.1548	0.138	0.050	0.085	0.020
6	0.2965	0.2028	0.130	0.045	0.106	0.017

注：模拟体系中还有含量较少的残余 Al 以及 $2CaO \cdot Al_2O_3$、SiO_2、$CaSi_2$ 未列出。

钒铁所反映的热力学规律是一致的[5]。电硅热法冶炼钒铁使用硅铁作主要还原剂来还原 V_2O_5，当还原反应进行到一定程度后，再使用还原能力更强的铝来进一步还原炉渣中残余的钒氧化物，使炉渣中残余钒氧化物得到贫化。在用 Al 贫化炉渣时，Al 并没有将渣中的 V 氧化物按化学计量系数还原，即 Al 的利用率比较低。同时渣中 SiO_2 降低，体系中 Si 量增加，表明 Al 还原了 SiO_2。

4 结论

（1）通过对 V_2O_5 碳热还原热力学平衡成分的模拟，预测了平衡产物组成，钒主要以 V 的碳化物形式存在。过量的碳有利于提高 V 的还原回收率，但同时会造成钢液增碳。

（2）硅热还原时，体系中配加 CaO 对 V 的还原回收率的提高有至关重要的作用。

（3）铝热还原可以得到99%的还原率，可见 Al 的还原能力比 C 和 Si 都要强。

（4）V_2O_5 的硅铝热复合还原，以 Si 作为初还原剂，用 Al 作终还原剂，加少量的 Al 可得到高的还原率。所计算的结果与工业实践中电硅热法冶炼钒铁反映的热力学规律一致。

参 考 文 献

[1] Worrel W L, Chipman J. A Thermodynamic Analysis of the Ta - C - O, Cb - C - O and V - C - O systems [J]. Trans. AIME, 1964, 230: 1682 ~ 1686.

[2] Fu Nianxin, Zhang Shengbi. Computer Simulation on Thermodynamic Equilibrium Composition of Composite Pellet Reduction [J]. Journal of Iron and Steel Research, 1998, 10 (1): 1 ~ 5.
（傅念新，张圣弼．复合球团还原热力学平衡成分计算机模拟［J］．钢铁研究学报，1998，10（1）：1 ~ 5.）

[3] Li Wenbing, Yuan Zhangfu, Liu Jianxun, Xu Cong, Wei Qingsong. Thermodynamics on the Carbochlorination of Titanium-bearing Ores [J]. The Chinese Journal of Process Engineering, 2004, 4 (2): 121 ~ 123.
（李文兵，袁章福，刘建勋，徐聪，魏青松．含钛矿物加碳氯化反应的热力学分析［J］．过程工程学报，2004，4（2）：121 ~ 123.）

[4] Huang Daoxin. Extraction of Vanadium and Steelmaking [M]. Beijing: Metallurgical Industry Press, 2000, 80.
（黄道鑫．提钒炼钢［M］．北京：冶金工业出版社，2000，80.）

[5] Bai Fengren. Smelting Ferrovanadium with Special Lean Reductant [J]. Ferro - alloys, 1999, (2): 5 ~ 9.
(白凤仁. 使用专用贫化还原剂冶炼钒铁 [J]. 铁合金, 1999, (2): 5 ~ 9.)

Thermodynamic Analysis on Direct Alloying of V_2O_5

Zhou Yong　Li Zhengbang

(Central Iron and Steel Research Institute)

Abstract The equilibrium composition of V_2O_5 and reductant during direct alloying of V_2O_5 as a complex system composed of muti-component and multi-phase were simulated by HSC and then analyzed. The result of thermodynamic calculation shows that the reduced products of V_2O_5 carbothermic reduction is the carbide of vanadium. The system of silicothermic reduction should add CaO, aluminothermic reduction can reach a reduction rate of 99%, the reduction ability of Al is more effective than that of C and Si, the complex silicothermic and aluminothermic reduction can reach a high reduction rate by using a small quantity of Al, the calculation result is consistent with the thermodynamic law of the industrial practice of making ferrovanadium by electricity-silicothermic method.

Key words V_2O_5; direct alloying; carbothermic reduction; silicothermic reduction; aluminothermic reduction; thermodynamic analysis

碳、硅铁及碳化硅对白钨矿还原动力学的影响*

摘　要　在实验室用 15kW 炭管炉进行炭粉、硅铁粉（75% Si）、碳化硅粉对白钨矿粉（67.25% WO_3）还原动力学影响的研究。结果表明，碳还原白钨矿的反应级数为二级，反应表观活化能为 234.6kJ/mol；碳在较低温度下，反应性能差，当温度达到 1400℃时，反应剧烈；随温度升高，硅铁的还原性能比较平稳，反应产生 SiO_2，使渣量增加；碳化硅高温反应性能好（≥1400℃）；碳和硅铁适合较低合金化率（3% W），碳化硅适宜用于较高的合金化率（≥5% W）。

关键词　白钨矿；碳；硅铁；碳化硅；还原动力学

利用白钨矿粉冶炼合金钢，可省去生产钨铁的工序，节约能源，减少污染，降低生产成本，提高了冶炼合金钢的经济效益。钢铁研究总院等单位研究了白钨矿直接合金化的工艺和相关理论，但很少涉及白钨矿还原内在的动力学规律[1~5]。本实验将研究炭粉、硅铁和碳化硅还原白钨矿的动力学规律，为白钨矿直接冶金合金钢工艺提供更深层次的理论基础和技术参数。

1　研究方法

在实验室炭管炉（额定功率 15kW）中进行动力学实验。使用的原料包括白钨矿粉（成分见表 1）、炭粉（分析纯）、硅铁粉（75% Si）和碳化硅粉（成分见表 2）。

表 1　白钨矿主要成分

Table 1　Main ingredient of scheelite　（%）

WO_3	CaO	SiO_2	S	P	H_2O
67.25	30.47	1.26	0.106	0.002	0.11

表 2　碳化硅主要成分

Table 2　Main ingredient of silicon carbide　（%）

SiC	CaO	Al_2O_3	MgO	S	P	H_2O
66.06	28.48	1.83	0.97	0.046	0.020	0.50

为了研究炭粉与白钨矿的还原动力学，将 24g 白钨矿与 2.9g 炭混匀，放入 MgO 坩埚中（坩埚内径 50mm，高 110mm），然后将 MgO 坩埚置入炭管炉恒温区，以 30℃/min 速度从室温升到一定温度（1000～1500℃）并恒温一段时间（10～40min），断电后随炉冷却，根据失重法确定样品的还原率。

为了研究硅铁和碳化硅对白钨矿还原动力学的影响，将 4g 硅铁或 4.2g 碳化硅与

* 本文合作者：郭培民、赵沛。原发表于《特殊钢》，2007，28（2）：7～9。国家自然科学基金资助项目（50474006）。

24g 白钨矿混匀后放入 MgO 坩埚中，以 30℃/min 速度从室温升到一定温度（1000 ~ 1500℃）后断电，随炉冷却，然后通过 X 射线衍射定量分析法和失重法确定样品的还原率。

2 实验结果与分析

2.1 碳还原白钨矿

碳还原白钨矿的实验结果如图 1 和表 3 所示。可见，在一定温度下，随着恒温时间变长，白钨矿的还原率提高，但曲线趋于平缓。白钨矿与碳反应速率较小，1200℃恒温 40min，还原率才达到 35% 左右，随着反应温度升高，白钨矿的还原率迅速提高，这表明反应温度的升高加快了白钨矿的还原速率。当温度高于 1300℃后，反应速度明显加快，在 1370℃左右时，由于激烈反应产生大量 CO，使得白钨矿在坩埚中沸腾起来。可见，碳还原白钨矿，低温反应性能差，在高温下由于反应过于激烈容易使炉渣产生沸腾现象。

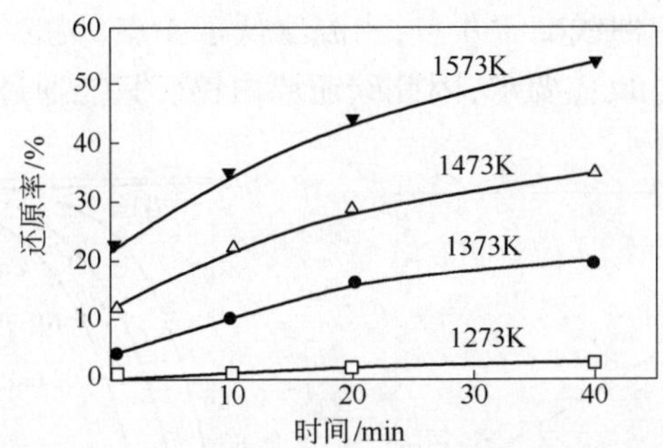

图 1　温度及时间对碳还原白钨矿还原率的影响

Fig. 1　Effect of temperature and time on yield of scheelite reduction by carbon

表 3　还原剂和还原温度对白钨矿还原率的影响

Table 3　Effect of reductant and reduction temperature on yield of scheelite reduction

（%）

还原温度/℃	炭　粉	硅　铁	碳化硅
1100	4	27	1
1200	12	34	4
1300	22	44	26
1400	47	48	46
1500	75	60	52

2.1.1　反应级数及表观活化能

研究表明，碳还原白钨矿的反应级数为二级，通过图 2 可得反应速率常数 k 与温度 T 的关系：

$$\ln k = -\frac{234600}{RT} + 15.13 \tag{1}$$

因此，白钨矿与炭粉发生直接还原反应的反应速率公式为：

$$\dot{r}=\frac{\mathrm{d}\Psi}{\mathrm{d}\tau}=-\frac{\mathrm{d}\varepsilon}{\mathrm{d}\tau}=\exp\left(-\frac{234600}{RT}+15.13\right)\cdot\varepsilon^{2} \qquad (2)$$

式中　Ψ——反应物的转换率；

ε——未反应的量占初始量的比例；

τ——反应时间；

R——气体常数；

$\dot{r}$——反应速率。

反应的表观反应活化能 E 为 234.6kJ/mol。

2.1.2　反应机理分析

根据盖斯定律和相关热力学数据[6]，得到 CO 与白钨矿的反应热力学数据：

$$3CO+CaWO_{4(s)}=\!=\!=W_{(s)}+CaO_{(s)}+3CO_2$$

$$\Delta G^{\ominus}=122410+30.27T$$

结合炭的气化反应（$C(s)+CO_2=\!=2CO$，$\Delta G^{\ominus}=172130-177.46T$），可得到炭的气化反应与 CO 还原 $CaWO_4$ 反应的平衡图，见图 3。在标准条件下（101.3kPa），炭的气化反应和 CO 还原 $CaWO_4$ 反应曲线交于 A 点，当温度低于 A 点，炭的气化反应产生的 CO 浓度不能满足 CO 还原 $CaWO_4$ 反应要求，因此碳还原白钨矿只能通过固—固反应进行。

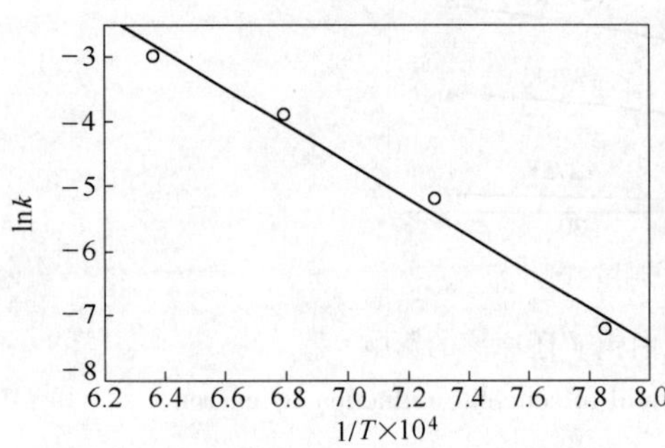

图 2　碳还原白钨矿时 lnk 与 1/T 的关系

Fig. 2　Relation between ln$k$ and 1/T for scheelite reduction by carbon

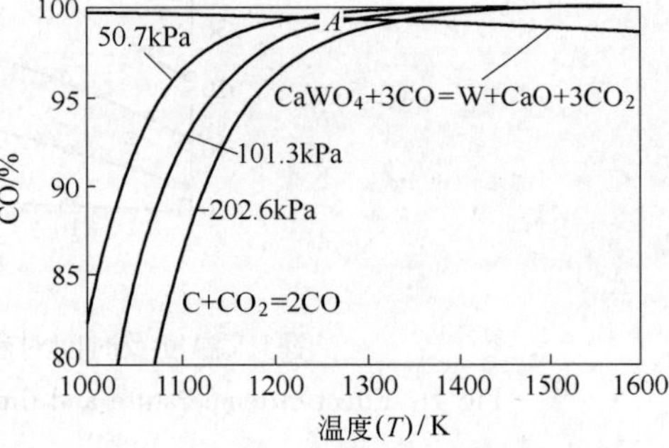

图 3　鲍氏气化反应与 CO 还原 $CaWO_4$ 反应的 CO 平衡图

Fig. 3　CO equilibrium cures of Boundouard reaction and reaction between $CaWO_4$ and CO

$$CaWO_{4(s)}+3C_{(s)}=\!=\!=CaO_{(s)}+W_{(s)}+3CO \qquad (3)$$

低温下反应物的晶格移动很慢，导致低温下反应速度很慢。

当还原温度高于 A 点的温度，气化反应产生的 CO 浓度能够满足 CO 还原 $CaWO_4$ 反应的要求，因此反应还能按照下述气—固反应进行。降低体系压力，A 点向低温移动，有利于气—固反应的进行。

$$CaWO_{4(s)}+\underset{\uparrow}{3CO}=\!=\!=CaO_{(s)}+W_{(s)}+\underset{\downarrow}{3CO_2}$$

$$2CO=\!=\!=\quad C_{(s)}\quad+\quad CO_2$$

由于 CO 还原 $CaWO_4$ 反应要求的 CO 浓度很高以及反应活化能很大，导致 1573K 以下，反应速度过慢。提高反应温度，反应速率常数增大，并且还原所需的 CO 浓度降低，因此有利于反应的进行。

2.2 硅铁还原白钨矿

根据X射线衍射定量分析,可计算出硅铁还原白钨矿的还原率,见表3。当反应温度较低时,硅铁的还原性能优于炭粉,这是因为硅与$CaWO_4$的反应属于放热反应($3/2Si_{(s)}+CaWO_{4(s)}=\!=\!=CaO_{(s)}+3/2SiO_{2(s)}+W_{(s)}$,$\Delta G^{\ominus}=-375140+14.01T$),反应所需的活化能较低。随着反应的进行,反应形成的SiO_2和CaO包覆在白钨矿的表面,形成阻碍层;由于反应属于固—固反应,原子的扩散成为反应限制性环节,随着反应温度的提高($T\geqslant1400℃$),硅铁熔化,反应从固—固反应转为液—固反应,动力学条件得到改善,反应速度加快。

2.3 碳化硅还原白钨矿

从表3可见,1100℃以下,碳化硅与白钨矿反应速度很慢,温度升至1200℃还原率也仅为4%,在此温度区域,比炭粉还原白钨矿时的还原率还要低。当温度达到1300℃以上时,碳化硅的活性才有所提高,反应速度因此加快。当温度达到1500℃,用碳化硅还原时,白钨矿的还原率超过50%。

2.4 还原剂的性能比较

从表3可见,炭在较低温度下,反应性能较差,但是当温度达到1400℃后,反应剧烈,由于反应产生大量的CO气体,能够搅拌钢液改善反应动力学条件。但如果合金化量较大(超过3%W时),剧烈搅拌钢液,容易引发大沸腾现象。

硅铁的还原性能比较平稳,是较适宜的还原剂;但是反应产生SiO_2,使渣量增加,不能搅拌钢液,适宜较低的合金化率(3%W),当合金化量超过5%W时,如完全使用硅铁作为还原剂,由于渣量很大,使电弧炉操作困难,冶炼时间延长。

碳化硅在较低的温度下,还原效果差,当温度$T\geqslant1400℃$后,碳化硅的活性提高,还原性能提高(表3)。与硅铁相比,碳化硅与白钨矿的反应过程产生CO气体,起到搅拌钢液效果,并且产生的渣量也少于硅铁;与炭粉相比,产生的气体量仅为炭粉与白钨矿反应产生气体量的1/3,不易引发大沸腾现象。因此碳化硅适宜用于较高的合金化率(≥5%W)。

3 结论

(1)碳还原白钨矿的反应级数为二级,反应速率公式为:

$$\dot{r}=\frac{\mathrm{d}\Psi}{\mathrm{d}\tau}=-\frac{\mathrm{d}\varepsilon}{\mathrm{d}\tau}=\exp\left(-\frac{234600}{RT}+15.13\right)\cdot\varepsilon^2$$

(2)当反应温度低于碳的气化反应曲线和CO还原$CaWO_4$反应曲线交点温度时,反应为固—固反应,当温度高于交点温度时,还可发生气—固反应。

(3)碳在较低温度下,反应性能较差,但是当温度达到1400℃后,反应剧烈,适用于低合金化率(3%W)。

(4)硅铁的还原性能比较平稳,反应产生SiO_2使渣量增加,适用于较低的合金化率(3%W)。

(5)碳化硅高温反应性能好,适用于较高的合金化率(≥5%W)。

参考文献

[1] 陈宗祥，李金荣．用白钨精矿代替钨铁炼钢的研究［J］．钢铁，1992，27（11）：15.
[2] 李金荣，毛杰．电炉炼钢钨、钼混合氧化物直接还原合金化［J］．特殊钢，1997，18（1）：40.
[3] 李正邦，郭培民，张和生．用白钨矿、氧化钼和钒渣冶炼合金钢的热力学分析［J］．钢铁研究学报，1999，11（3）：14.
[4] 郭培民，李正邦，林功文．用白钨矿冶炼合金的动力学分析［J］．钢铁研究学报，2000，12（4）：15.
[5] 李正邦，郭培民，冯仲渝，等．白钨矿和氧化铝直接合金化的理论分析及工业试验［J］．钢铁，1999，34（10）：20.
[6] 梁英教，车荫昌．无机物热力学数据手册［M］．沈阳：东北大学出版社，1994.

Effect of Carbon, Ferrosilicon and Silicon Carbide on Scheelite Reduction Kinetics

Guo Peimin Zhao Pei Li Zhengbang

(The State Key Laboratory for Advanced Iron and Steel Process and Products, Central Iron and Steel Research Institute)

Abstract The research of effect of carbon powder, Ferrosilicon (75% Si) powder and silicon carbide powder on scheelite (67.25% WO_3) powder reduction kinetics has been carried out by 15 kW carbon tube furnace in laboratory. The results showed that scheelite reduced by carbon was second order reaction and the apparent activation energy was 234.6kJ/mol; the reactivity of carbon was poor at low temperature but its reaction rate increased obviously at temperature up to 1400℃. The reactivity of ferrosilicon was steady with increasing temperature, and reaction product was SiO_2 to increase slag amount. The reactivity of silicon carbide was good at temperature ≥1400℃. Carbon and ferrosilicon are available for low alloying ratio (3% W) and silicon carbide is suitable for higher alloying ratio (≥5% W).

Key words scheelite; carbon; ferrosilicon; silicon carbide; reduction kinetics

白钨矿直接合金化过程中渣量控制*

摘　要　通过理论计算分析了白钨矿直接合金化过程中的渣量变化规律。为了降低冶炼过程渣量，应采取如下措施：选择好还原剂配比、实现白钨矿在冶炼前期的快速还原和使用部分返回钢冶炼。

关键词　白钨矿；直接合金化；渣量

1　前言

利用白钨矿粉冶炼合金钢可省去生产钨铁的工序、节约能源、减少污染、降低生产成本，从而提高冶炼合金钢的经济效益[1~5]。渣量是白钨矿直接还原冶炼合金钢工艺的敏感问题之一，当冶炼低钨钢种时，渣量不会很多；但是冶炼高速钢（如W6Mo5Cr4V、W9Mo3Cr4V等），如果白钨矿加入量较多时，渣量将会很大。渣量大将产生一系列问题，如电耗增加，炉衬侵蚀加重，工人劳动强度提高、冶炼时间延长，还会降低钨、钼元素的收得率。因此渣量的控制是白钨矿直接还原工艺的关键问题之一。笔者将通过理论分析研究白钨矿直接还原工艺中降低渣量的途径。

2　渣量计算过程

2.1　白钨矿中CaO、SiO_2渣量计算

白钨矿中主要成分有WO_3、CaO和SiO_2等。若全部用白钨矿代替钨铁实现合金化，冶炼1 t钢需要的白钨矿质量为：

$$m_{ore} = 10 \times \frac{W}{\eta} \times \frac{232}{184} \times \frac{100}{WO_3}$$

式中，m_{ore}为白钨矿的质量，kg；η为钨的收得率,%；W为钢中W的质量分数,%；WO_3为白钨矿中WO_3的质量分数,%。

白钨矿中CaO的质量为：

$$m_{CaO} = 10 \times \frac{W}{\eta} \times \frac{232}{184} \times \frac{CaO}{WO_3}$$

式中，m_{CaO}为白钨矿中CaO的质量，kg；CaO为白钨矿中CaO的质量分数,%。

白钨矿中SiO_2的质量为：

$$m_{SiO_2} = 10 \times \frac{W}{\eta} \times \frac{232}{184} \times \frac{SiO_2}{WO_3}$$

式中，m_{SiO_2}为白钨矿中SiO_2的质量，kg；SiO_2为白钨矿中SiO_2的质量分数,%。

* 本文合作者：郭培民。原发表于《中国钨业》，2007，22（2）：16~18。国家自然科学基金资助项目（50474006）。

2.2 硅铁作还原剂时渣量计算

硅与 WO_3 的反应简化成:

$$WO_3 + 3/2Si =\!=\!= W + 3/2SiO_2$$

还原所需硅铁的质量为:

$$m_{SiFe} = 10 \times \frac{W}{\eta} \times \frac{42}{184} \times \frac{1}{\eta_1}$$

式中,m_{SiFe}为硅铁的质量,kg;η_1 为硅铁中硅的质量分数,%。

还原反应产生 SiO_2 的质量为:

$$m'_{SiO_2} = 10 \times \frac{W}{\eta} \times \frac{42}{184} \times \frac{60}{28}$$

式中,m'_{SiO_2}为 SiO_2 的质量,kg。

电弧炉熔化期,假定吹氧助熔时吨钢的硅烧损质量为 $a_1$kg,则需要硅铁的质量为 a_1/η_1 kg。产生 SiO_2 的质量为 $60a_1/28$ kg。

电弧炉补炉料所需用的镁砂质量为 $a_2$kg/t 钢,镁砂中主要成分为 MgO 和 CaO。因此,冶炼 1t 含钨钢,CaO + MgO 的质量为:

$$m_{CaO+MgO} = m_{CaO} + a_2$$

SiO_2 的总质量为:

$$m_{SiO_2总} = m_{SiO_2} + m'_{SiO_2} + \frac{60}{28}a_1$$

此时炉渣碱度 $R = m_{CaO+MgO}/m_{SiO_2总}$,总渣量为 CaO、MgO 和 SiO_2 的质量之和,计算中忽略炉渣中其他成分(如 FeO、MnO 和 Al_2O_3 等)。

2.3 碳化硅作还原剂时渣量计算

SiC 与 WO_3 的反应简化为:

$$SiC + WO_3 =\!=\!= W + SiO_2 + CO$$

还原所需碳化硅的质量为:

$$m_{SiC} = 10 \times \frac{W}{\eta} \times \frac{40}{184} \times \frac{1}{\eta_2}$$

式中,m_{SiC}为碳化硅的质量,kg;η_2 为碳化硅中 SiC 的质量分数,%。

还原反应产生 SiO_2 的质量为:

$$m''_{SiO_2} = 10 \times \frac{W}{\eta} \times \frac{40}{184} \times \frac{60}{40}$$

式中,m''_{SiO_2}为 SiO_2 的质量,kg。

因此,冶炼 1t 含钨钢,SiO_2 的总质量为:

$$m_{SiO_2总} = m_{SiO_2} + m''_{SiO_2}$$

炉渣总质量为 CaO、MgO 和 SiO_2 的质量之和。

3 计算结果与分析

3.1 计算条件

硅铁中硅的质量分数为 75%,碳化硅中 SiC 质量分数为 66.06%,a_1 = 2kg/t 钢,

a_2 =5kg/t 钢，钨的收得率为 95%。白钨矿成分见表 1。

表 1　白钨矿化学成分 w(%)

名　称	WO_3	CaO	SiO_2
优质白钨矿	67.25	30.47	1.26
特级白钨矿	74.1	24.0	0.49

3.2　白钨矿加入量对渣量的影响

分别用硅铁和碳化硅作还原剂，白钨矿加入量分别使钢中钨的质量分数为 2%、4%、6% 和 8%，渣量计算如图 1 所示。从图 1（a）可见，当钢中进钨的量低于 4% 时，渣量低于 60kg/t 钢，而当钢中进钨的量超过 6% 时，渣量将大于 80kg/t 钢。电弧炉正常操作时渣量约为 50kg/t 钢，可在 30 ~ 70kg/t 钢范围内波动，当渣量超过 70kg/t 钢时，即所谓的"大渣量"，如果渣量超过 100kg/t 钢，则渣量过大，将给冶炼操作带来困难。因此对于 $w(WO_3)$ = 65% 左右的白钨矿，进钨的量应控制在 5% 以下为宜。

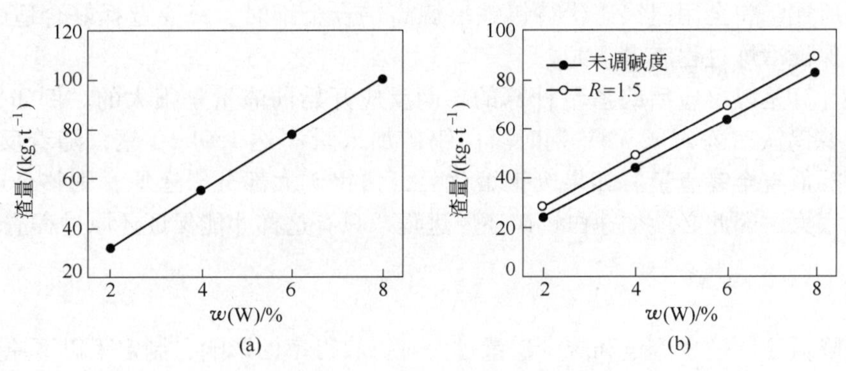

图 1　白钨矿加入量与渣量关系

（a）硅铁作还原剂；（b）碳化硅作还原剂

单独用碳化硅作还原剂，渣量比用硅铁时低，当 w(W) = 6% 时，渣量约 63kg/t 钢，在正常渣量范围内，见图 1（b）；但是炉渣碱度偏高（约为 2），比白钨矿在熔氧期所需的炉渣碱度（R 低于 1.5）要高，为此必须加硅铁调碱度到 1.5 左右，这时渣量又有所增加，渣量约 70kg/t 钢。

从上可见，单独使用硅铁或碳化硅作还原剂都不太适宜。因此如用硅铁作为主要还原剂，需配加部分炭粉作还原剂；如果用碳化硅作为主要还原剂，则应配加部分硅铁作还原剂，这样既可保证一定渣量，还可得到适宜的炉渣碱度。

3.3　白钨矿成分对渣量的影响

白钨矿成分对渣量也有较大的影响，用碳化硅作主要还原剂还原白钨矿的渣量变化见图 2。从图 2 可见，特级白钨矿的渣量远低于优质白钨矿的渣量，当 w(W) = 6% 时，渣量仅为 52kg/t 钢；w(W) = 8% 时，渣量不足 70kg/t 钢，比优质白钨矿渣量低 20kg/t 钢。因此用特级白钨矿即使冶炼 3Cr2W8V 等高钨钢种，渣量也不会大。

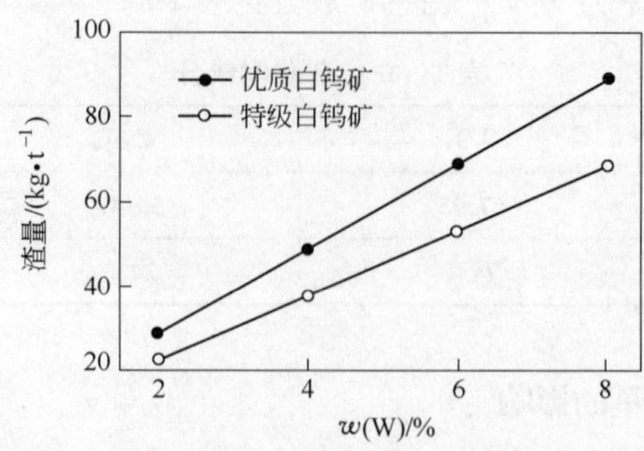

图2　白钨矿成分对渣量的影响

3.4　配合返回钢冶炼可降低渣量

对于 $w(WO_3)=65\%$ 左右的优质白钨矿，冶炼 3Cr2W8V 等高钨钢，渣量接近 90kg/t 钢。此时为了降低渣量，可选择返回钢冶炼工艺。若返回钢加入比例为 20%，渣量可降低到 70kg/t 钢，若冶炼 W6Mo5Cr4V 钢，渣量仅为 55kg/t 钢。

综上所述，完全用白钨矿代替钨铁冶炼高钨合金钢时。只要选择好合适的工艺参数，就可保证冶炼过程渣量不大。

上述计算是以反应后终渣量计算的，而反应开始前渣量是很大的。例如，完全用白钨矿代替钨铁冶炼 3Cr2W8V 钢时。白钨矿加入量高达 150kg/t 钢，随着反应进行，渣量逐渐降低直至终渣量。如果废钢熔化后，白钨矿大部分未还原，则整个还原过程渣量都将很大，因此必须加速白钨矿还原进程，只有这样才能保证还原过程渣量较少。

4　结论

为了降低还原过程渣量和减少渣量过大对钨收得率的影响，制定了以下原则：

（1）利用白钨矿中的 CaO、SiO_2 等氧化物以及还原剂在还原过程产生的 SiO_2 等氧化物形成炉渣，尽可能少加或不加其他渣料；

（2）选择好还原剂配比（硅铁、碳、碳化硅等），使炉渣的碱度适宜，并保持渣量不高；

（3）应实现白钨矿在冶炼前期的快速反应，这样可迅速降低还原过程渣量；另外，前期的快速反应也能使炉渣中 WO_3、含量迅速降低，这样即使部分炉渣流出炉门，也不会对钨、钼收得率有大的影响；

（4）可使用部分返回钢冶炼，既能减少渣量又能提高综合经济效益。

参考文献

[1] 林功文，郭培民，李正邦．白钨矿和氧化钼冶炼工模具钢技术［J］．中国钨业，2000，15（4）：31～33.

[2] 李正邦，郭培民，张和生．用白钨矿、氧化钼和钒渣冶炼合金钢的热力学分析［J］．钢铁研究学报，1999，11（3）：14～17.

[3] 郭培民，李正邦，林功文．用白钨矿冶炼合金的动力学分析［J］．钢铁研究学报，2000，12（4）：15～18.

[4] 李正邦，郭培民，冯仲渝，等．白钨矿和氧化钼直接合金化的理论分析及工业试验［J］．钢铁，

1999, 34 (10): 20 ~ 23.
[5] 郭培民，李正邦，林功文．成分对白钨矿渣系熔点的影响［J］．特殊钢，2002，23（4）：16 ~ 19.

Slag Amount Control during Direct Alloying of Scheelite

Guo Peimin Li Zhengbang

(Central Iron and Steel Research Institute)

Abstract Variation rule of slag amount during scheelite direct alloying is worked out by theoretical calculation. It is suggested that suitable ratio of reductants, fast reaction at early period of smelting process and addition of returning steel be applied for decreasing slag amount.

Key words scheelite; direct alloying; slag amount

$CaCO_3$ 和 MoO_3 固相反应机理研究*

摘　要　采用非等温热重分析法对碳酸钙与三氧化钼固相反应动力学进行了研究，由热重曲线及转化分数分别拟合选取的13种固相反应机理函数，通过Coats－Refern方程分别求得活化能和指前因子，根据动力学参数及线性相关性判定该固相反应机理函数。结果表明：碳酸钙和三氧化钼450℃开始反应，且速度较快，反应机理为随机成核随后生长，积分形式为$g(\alpha)=-\ln(1-\alpha)$，活化能和指前因子分别为170.2kJ/mol、$1.3\times10^7 s^{-1}$。

关键词　三氧化钼；合金化；固相反应；动力学

1　前言

我国采用三氧化钼冶炼含钼合金钢始于20世纪80年代[1-4]，但由于三氧化钼的挥发特性，钼的最终收得率较低。近年来针对三氧化钼的稳固化处理有一些相关研究[5-6]，主要是采用氧化钙和三氧化钼混合布料的方式进行合金化，提高了钼的收得率。国外研究者发现[7]，采用碳酸钙和三氧化钼混合焙烧预处理，利用二者低温固相反应生成稳定的钼酸钙，然后将混合物直接加入电炉利用钢液中C、Fe、Mn、Al、Si等元素还原是一种行之有效的合金化方法，采用这种方法极大地提高了钼的收得率。

关于碳酸钙和三氧化钼低温固相反应的机理性研究未见相关报道，本文采用热重分析法，利用Coats－Refern方程代入13种常见的固相反应机理动力学函数，研究了碳酸钙和三氧化钼固相反应机理及动力学行为，为三氧化钼的稳固化处理提供理论依据。

2　实验

2.1　实验原料

$CaCO_3$ 和 MoO_3 均为北京国药集团提供的AR级试剂，纯度为99%。配料前试剂在200℃条件下烘烤12小时，以去除水分。实验所需样品配比如表1所示。

表1　样品成分组成及失重量

Table 1　Composition of mixtures and final loss weight

No.	MoO_3/%	$CaCO_3$/%	Mixture weight/mg	Heating rate/(℃·min^{-1})	Final loss weight/%
1	59.02	40.98	8	5	23.2
2	59.02	40.98	9	10	18.1
3	59.02	40.98	8	15	17.4
4	—	100	8	10	42.5
5	100	—	7	10	87.7

* 本文合作者：朱航宇、杨海森。原发表于《过程工程学报》，2012，(2)：51～54。江苏省科技成果转化专项资金项目（BA2010139）。

2.2　实验方法及装置

TG 测定采用北京恒久科学仪器厂生产的 HTC－1/2 热重分析仪，实验条件为：氩气气氛，温度范围室温至 1200℃，升温速率、样品重量及配比见表 1。反应后样品采用 Philips APD－10 型 X 射线衍射分析仪进行物相及成分的半定量分析，衍射仪为 Cu 靶 K_α 射线、管电压 40kV、电流 40mA、波长 $\lambda_0 = 0.15406$nm、测角精度为 ±0.02°、扫描角度 20°～115°。

3　动力学方程的建立

碳酸钙和三氧化钼反应方程式如下：

$$CaCO_3 + MoO_3 \xlongequal{} CaMoO_4 + CO_2 \uparrow \tag{1}$$

25℃时标准吉布斯自由能及平衡常数分别为 $\Delta G^\ominus = -38.9$kJ、$K^\ominus = 6.58 \times 10^6$，可以看出低温条件下碳酸钙和三氧化钼反应可以进行且不可逆[8]。

固相反应速率可以表示为：

$$\frac{d\alpha}{dt} = kf(\alpha) \tag{2}$$

式中，$k = A\exp\left(-\frac{E}{RT}\right)$为反应速率；$f(\alpha)$ 为反应模型的微分形式。

对式（2）积分可得：

$$g(\alpha) = kt \tag{3}$$

$g(\alpha)$为反应模型的积分形式，选取的固相反应模型的积分及微分形式如表 2 所示[9]。

表 2　常用固—固相反应动力学方程

Table 2　Solid state reaction rate models

No.	Model	Symbol	Differential Form $f(\alpha)$	Integral Form $g(\alpha)$
	Nucleation models			
1	Power law	P2	$2\alpha^{1/2}$	$\alpha^{1/2}$
2	Power law	P3	$3\alpha^{2/3}$	$\alpha^{1/3}$
3	Power law	P4	$4\alpha^{3/4}$	$\alpha^{1/4}$
4	Avrami-Erofeev	A2	$2(1-\alpha)[-\ln(1-\alpha)]^{1/2}$	$[-\ln(1-\alpha)]^{1/2}$
5	Avrami-Erofeev	A3	$3(1-\alpha)[-\ln(1-\alpha)]^{2/3}$	$[-\ln(1-\alpha)]^{1/3}$
6	Avrami-Erofeev	A4	$4(1-\alpha)[-\ln(1-\alpha)]^{3/4}$	$[-\ln(1-\alpha)]^{1/4}$
	Diffusion models			
7	1-D diffusion	D1	$1/2\alpha^{-1}$	α^2
8	3-D diffusion-Jander eq.	D3	$3/2(1-\alpha)^{2/3}[1-(1-\alpha)^{1/3}]^{-1}$	$[1-(1-\alpha)^{1/3}]^2$
9	3-D Ginstling-Brounstein	D4	$3/2[(1-\alpha)^{-1/3}-1]^{-1}$	$1-2/3\alpha-(1-\alpha)^{2/3}$
	Reaction order and geometrical contraction models			
10	First order	F1	$1-\alpha$	$-\ln(1-\alpha)$
11	Second order	F2	$(1-\alpha)^2$	$(1-\alpha)^{-1}-1$
12	Contraction area(cylinder)	R2	$2(1-\alpha)^{1/2}$	$1-(1-\alpha)^{1/2}$
13	Contracting volume(sphere)	R3	$3(1-\alpha)^{2/3}$	$1-(1-\alpha)^{1/3}$

反应速率 k 分别代入式（2）、式（3）得：

$$\frac{\mathrm{d}\alpha}{\mathrm{d}t}=A\exp\left(-\frac{E}{RT}\right)f(\alpha) \tag{4}$$

$$g(\alpha)=A\exp\left(-\frac{E}{RT}\right)t \tag{5}$$

升温速率 $\beta=\frac{\mathrm{d}T}{\mathrm{d}t}$ 代入式（4）、式（5）得：

$$\frac{\mathrm{d}\alpha}{\mathrm{d}T}=\frac{A}{\beta}\exp\left(-\frac{E}{RT}\right)f(\alpha) \tag{6}$$

$$g(\alpha)=\frac{A}{\beta}\int_0^T \mathrm{e}^{\frac{-E}{RT}}\mathrm{d}T \tag{7}$$

令 $x=E/RT$，则式（7）转化为：

$$g(\alpha)=\frac{AE}{\beta RT}\int_x^\infty \frac{\mathrm{e}^{-x}}{x^2}\mathrm{d}x \tag{8}$$

式（8）可表示为：

$$g(\alpha)=\frac{AE}{\beta RT}p(x) \tag{9}$$

其中指数积分函数 $p(x)=\int_x^\infty \frac{\mathrm{e}^{-x}}{x^2}\mathrm{d}x$ 没有分析解，但是有很多近似解法。从式（9）可以看出，在升温条件下，可以根据选定温度 T 及该温度时选定模型的积分形式 $g(\alpha)$ 求得动力学参数 E 和 A。动力学数据处理的方法有很多，本文选取较为常用的 Coats-Redfern法[10]，则式（9）可以转变为

$$\ln\frac{g(\alpha)}{T^2}=\ln\left[\frac{AR}{\beta E}\left(1-\frac{2RT}{E}\right)\right]-\frac{E}{RT} \tag{10}$$

对一般的反应温区和大部分的 E 值而言，$E/RT\gg 1$，$1-2RT/E\approx 1$，所以方程（10）右端第一项可以看作常数，$\ln(g(\alpha)/T^2)$ 对 $1/T$ 作图，能得到一条直线。可以根据该直线的斜率 $-E/R$ 和截距求得反应活化能 E 和指前因子 A，其中线性关系较好者确定为该固相反应的模型。

4 结果与讨论

4.1 实验结果

在3种升温速率下，$CaCO_3$ 和 MoO_3 固相反应过程中失重与时间关系如图1所示。可以看出，随着反应时间的增加，二者固相反应失重量不断增大，最后趋于平缓；升温速率越高失重量的斜率越高，失重过程时间越短。

3种升温速率下，$CaCO_3$ 和 MoO_3 固相反应过程中失重与温度的关系如图2所示。可以看出，3条重量变化曲线趋势一致，虽然升温速率不同，但是失重开始的温度及整个失重的温度区间基本相同；当升温速率为5℃/min时，反应结束后失重量为23.2%远高于理论值（18.01%），这主要是 MoO_3 的挥发特性决定的，升温速率过慢，反应时间较长，MoO_3 在整个反应过程的挥发量就增大；而升温速率分别为10℃/min和15℃/min时，最终失重量差别不大，且接近于理论值，可见对于 $CaCO_3$ 和 MoO_3 固相反应，反应过程的失重量不仅与被加热温度有关，也与升温速率有一定关系，在研究其固相反应动力学时，升温速率不能过低。

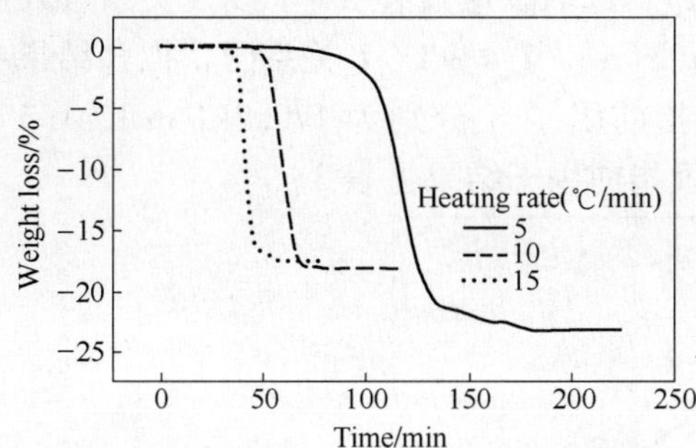

图 1　三种升温速率下失重—时间曲线

Fig. 1　Weight loss curves against time at three heating rates

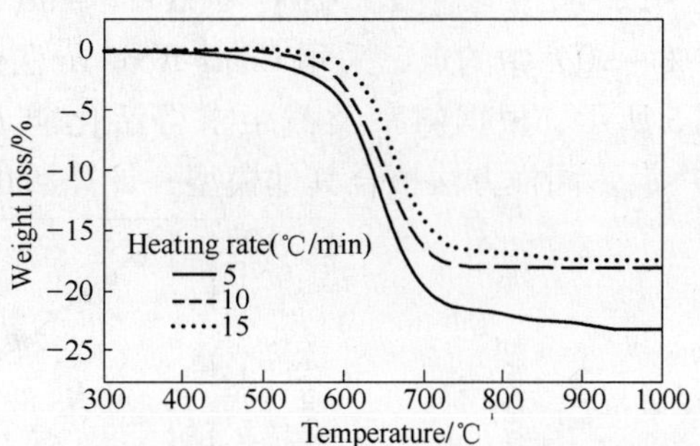

图 2　三种升温速率下失重—温度曲线

Fig. 2　Weight loss curves against temperature at three heating rates

图 3 分别为碳酸钙分解、三氧化钼升华及二者按摩尔比 1∶1 混合以 10℃/min 升温过程热重曲线，可以看出，$MoO_3$700℃开始微量升华，至其熔点 795℃左右升华加剧；$CaCO_3$ 分解温度区间为 600 ~ 800℃，800℃以后全部分解为 CaO，质量不再变化；$CaCO_3$ 和 MoO_3 混合样品 450℃左右开始反应并产生 CO_2 排出而引起失重，反应的主要温度区间在 450 ~ 720℃，二者开始反应温度低于碳酸钙分解及三氧化钼升华起始温度，在三氧化钼剧烈升华开始前反应已基本结束，在此升温速率下，最终失重量为 18.1%，与理论值（18.01%）相当，超出部分为 MoO_3 的微量升华及未完全反应的 $CaCO_3$ 的分解；反应产物 XRD 半定量分析结果表明 $CaMoO_4$ 含量在 99%左右以及微量 MoO_3，产物与钼酸钙标准样品基本吻合，如图 4 所示，可见 $CaCO_3$ 和 MoO_3 反应比较充分。

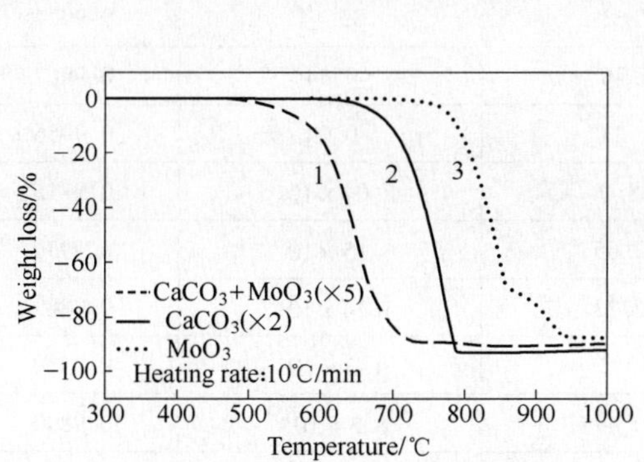

图 3　$CaCO_3$、MoO_3 及其混合物热重曲线

Fig. 3　TG curves of $CaCO_3$、MoO_3 and the mixture

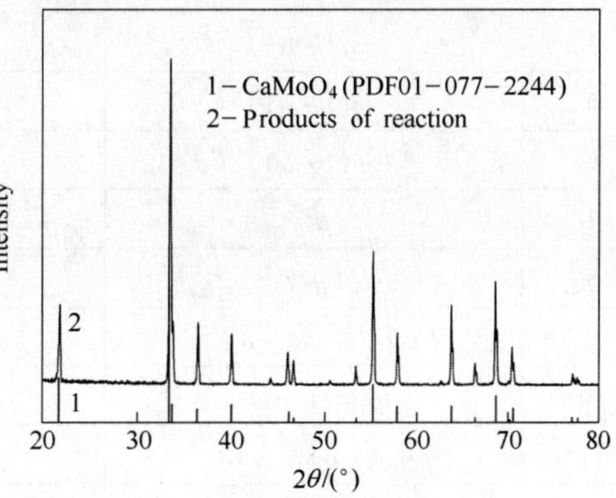

图 4　反应产物及钼酸钙标准样衍射图

Fig. 4　XRD pattern of products with $CaMoO_4$ characteristic

4.2　动力学分析

根据失重量可计算该反应转化分数与温度关系。

$$\alpha = \frac{m_0 - m}{m_0 - m_\infty} \times 100\% \tag{11}$$

式中，m_0 为反应初始质量；m_∞ 为最终质量；m 为反应某一时刻质量。

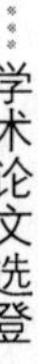

以表 1 中模型 10 为例，$g(\alpha) = -\ln(1-\alpha)$，选取反应过程 $\alpha \sim T$ 线性关系较好的 10% ~90% 中的点，采用 Coats-Redfern 法做 $\ln(g(\alpha)/T^2) \sim 1/T$ 关系图，拟合结果如图 5 所示，根据斜率及截距求得活化能 E 及指前因子 A 分别为 170.2kJ/mol、$1.3 \times 10^7 s^{-1}$。同样方法拟合其他模型并计算活化能及指前因子结果见表 3。

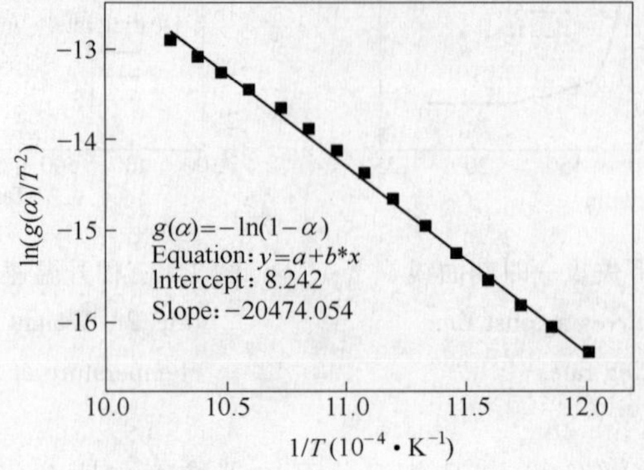

图 5　Coats-Redfern 法 $\ln(g(\alpha)/T^2) \sim 1/T$ 回归曲线

Fig. 5　Plot of $\ln(-\ln(1-\alpha)/T^2)$ against $1/T$

表 3　使用 Coats-Redfern 方程求得各反应模型动力学参数

Table 3　Arrhenius parameters fitted by Coats-Redfern equation

No.	Integral Form $g(\alpha)$	$E/(\text{kJ}\cdot\text{mol}^{-1})$	A/s^{-1}	r
1	$\alpha^{1/2}$	55.77	1.29	0.9578
2	$\alpha^{1/3}$	32.19	0.04	0.9430
3	$\alpha^{1/4}$	20.4	0.0057	0.9199
4	$[-\ln(1-\alpha)]^{1/2}$	77.63	39.14	0.9974
5	$[-\ln(1-\alpha)]^{1/3}$	46.76	0.44	0.9967
6	$[-\ln(1-\alpha)]^{1/4}$	31.33	0.04	0.9956
7	α^2	268.0	2.04×10^{12}	0.9715
8	$[1-(1-\alpha)^{1/3}]^2$	322.65	6.15×10^{14}	0.9930
9	$1-2/3\alpha-(1-\alpha)^{2/3}$	302.23	3.24×10^{13}	0.9869
10	$-\ln(1-\alpha)$	170.2	1.3×10^7	0.9980
11	$(1-\alpha)^{-1}-1$	230.47	8.3×10^{10}	0.9890
12	$1-(1-\alpha)^{1/2}$	146.35	1.93×10^5	0.9875
13	$1-(1-\alpha)^{1/3}$	153.84	3.9×10^5	0.9922

表 3 中动力学参数结果可以看出，模型 1 ~6 指前因子均较低，固相反应指前因子理论值应在 $10^6 \sim 10^{18}$ 之间[11]，因此不足以解释 $CaCO_3$ 和 MoO_3 反应机理。其中模型 10 线性相关系数较高，$CaCO_3$ 和 MoO_3 固相反应应为随机形核快速生长机理。文献［12］采用 Coats-Redfern 法计算动力学参数活化能（E）和指前因子（A）分别为 362.2 kJ/mol、$1.4 \times 10^{17}\ s^{-1}$ 与本文计算结果差别较大，主要原因是作者假定了 $CaCO_3$ 和 MoO_3 固相反应机理为扩散控制的 Ginstling-Brounshtein 模型，加之固相反应受颗粒大小、颗粒分布以及物料在坩埚中填充体积及深度等因素的影响，最终反应结果差别较大。本

工作采用 Coats-Redfern 方程代入 13 种常见的固—固相反应的动力学机理函数，研究在 $CaCO_3$ 分解及 MoO_3 升华存在的情况下二者固相反应动力学行为，根据判据确定最优的机理和动力学参数，因此本工作得出的结果更为合理。

由于三氧化钼的升华特性，根据动力学反应机理采用碳酸钙对三氧化钼稳固化处理时，通过采取控制焙烧温度、细化原料粒度等措施，可以加快反应速率，缩短处理时间，比如控制焙烧温度在 600 ~ 700℃之间，既能保证固相反应速率又避免了三氧化钼大量升华带来的损失。实际生产中，往往不可能控制均等的颗粒度，这时尽可能使物料混合均匀通过改变物料颗粒分布来提高反应速率。

5 结论

在实验室条件下采用热重分析法及 X 射线衍射法对碳酸钙和三氧化钼固相反应进行了动力学实验研究及反应机理分析，得出以下结论：

（1）在惰性气体保护下，温度区间由室温升至 1200℃、线性升温速率为 10℃/min 时，碳酸钙和三氧化钼反应开始温度为 450℃，主要反应温度区间为 450 ~ 720℃，整个反应过程失重由三部分组成：产物二氧化碳的排出、三氧化钼的微量升华及未完全反应的碳酸钙的分解。

（2）Coats-Redfern 方程拟合结果显示，碳酸钙和三氧化钼固相反应机理为随机形核快速生长，活化能 E 和指前因子 A 分别为 170.2kJ/mol、$1.3 \times 10^7 s^{-1}$。

（3）基于三氧化钼的升华特性，采用碳酸钙对三氧化钼稳固化处理时，控制温度在 600 ~ 700℃之间，既能保证固相反应速率又避免了三氧化钼大量升华带来的损失，通过细化原料粒度等措施，可以加快反应速率，缩短处理时间。

参考文献

[1] 李正邦．矿物直接合金化冶炼合金钢：理论与实践［M］．北京：冶金工业出版社，2007：20 ~ 22.

[2] 刘景生，李万青．用氧化钼压块代替钼铁冶炼低钼合金轧辊钢［J］．河北冶金，1998，8（2）：38 ~ 41.

[3] 黄德满．氧化钼在电弧炉炼钢中应用的工艺研究［J］．四川冶金，1996，18（2）：17 ~ 21.

[4] 余金龙，严永华．用氧化钼块取代钼铁冶炼工具钢［J］．上海金属，1991，13（3）：62 ~ 64.

[5] 郭培民，赵沛，李正邦．添加剂对氧化钼（MoO_3）高温挥发的影响［J］．特殊钢，2006，27（6）：30 ~ 31.

[6] 郭培民，李正邦，赵沛．矿物炼钢［M］．北京：化学工业出版社，2007：175 ~ 177.

[7] Gupta C K. Metallurgy：Principles and Practice［M］. Weinheim：Wiley-VCH，2003：378.

[8] Abdel-Rehim A M. Thermal Analysis and X-ray Diffraction of Synthesis of Powellite［J］. Journal of Thermal Analysis and Calorimetry，2004，76（2）：557 ~ 569.

[9] 罗世永，张家芸，周土平．固/固相反应动力学模型及其应用［J］．材料导报，2000，14（4）：6 ~ 7.

[10] Vyazovkin S，Wight C A. Model – free and Model – fitting Approaches to Kinetic Analysis of Isothermal and Nonisothermal Data［J］. Thermochimica Acta，1999，340（1）：53 ~ 68.

[11] Vyazovkin S，Wight C A. Isothermal and Nonisothermal Kinetics of Thermally Stimulated Reactions of Solids［J］. International Reviews in Physical Chemistry，1998，17（3）：407 ~ 433.

[12] Chintamani D. Kinetic of Solid State Reaction between $CaCO_3$ and MoO_3［J］. Thermochimica Acta，1989，144：363 ~ 367.

Mechanism of Solid State Reaction between $CaCO_3$ and MoO_3

Zhu Hangyu　Li Zhengbang　Yang Haisen

(Central Iron and Steel Research Institute)

Abstract Solid state reaction between calcium carbonate and molybdenum trioxide was studied using non-isothermal thermal analysis method. On the basis of TG curve and extent of reaction, the chosen thirteen solid reaction mechanism functions were fitted respectively. The Coats-Redfern method used for model fitting and kinetic parameter was calculated by slope and intercept. The results indicate that reaction between calcium carbonate and molybdenum trioxide begins at 450℃, reaction mechanism belongs to random nucleation and growth with integral form $g(\alpha) = -\ln(1-\alpha)$, the apparent activation energy was determined to be about 170.2 kJ/mol with pre-exponential factor about $1.3 \times 10^7\ s^{-1}$.

Key words molybdenum trioxide; alloying; solid reaction; kinetics

三氧化钼低温挥发性能及抑制挥发方法*

摘　要　选取碳酸钙、氧化钙及氧化镁作为添加剂，采用热重分析法及 X 射线衍射（XRD）分析对比了各添加剂对三氧化钼挥发的抑制效果。研究结果表明，碳酸钙和三氧化钼 500℃开始反应，至三氧化钼开始挥发前二者反应已基本完成，且反应速率大于三氧化钼的挥发速率；碳酸钙、氧化钙和氧化镁均能有效抑制三氧化钼的挥发，500～700℃温度区间抑制效果较好，其中碳酸钙对氧化钼挥发的抑制效果优于氧化钙及氧化镁。

关键词　三氧化钼；挥发；添加剂；低温

冶炼含钼合金钢的传统方法是将工业氧化钼冶炼成钼铁，然后在炼钢过程中加入钼铁进行合金化，此工艺流程能耗高，资源浪费大。由于工业氧化钼较之钼铁在价格、节能及环保方面的优势，近年来一些学者致力于研究将工业氧化钼代替钼铁直接加入到钢液进行合金化，且有一定工业应用。但三氧化钼易挥发，影响钼的最终收得率。

一般认为影响三氧化钼挥发的因素主要有：表面气流速率、挥发面积、温度等[1]。Zelikman[2] 认为三氧化钼的挥发率很大程度上取决于其表面的气流速率。近年来关于抑制三氧化钼挥发的添加剂有一些相关研究，一般认为碱金属和碱土金属能有效抑制氧化钼挥发[3]，原理是某些碱金属或碱土金属在三氧化钼开始挥发前和其反应形成稳定钼酸盐，这些钼酸盐在三氧化钼升华温度区间不易分解，并且在炼钢过程中易被还原成金属钼进入钢液；SiO_2 虽然与 MoO_3 不发生化学反应，但能影响 MoO_3 的升华速度[4]；CuO 和 Al_2O_3 对三氧化钼挥发无影响。

本文研究对比了 $CaCO_3$、CaO 和 MgO 对三氧化钼挥发的抑制效果。

1　试验材料与方法

添加剂及三氧化钼均为分析纯，纯度（质量分数,%，下同）为：MoO_3 99、CaO 98、$CaCO_3$ 99、MgO 98。分别将 CaO、$CaCO_3$、MgO 与 MoO_3 按摩尔比 1∶1 均匀混合并研磨，反应后称重并计算失重率。

试验分两部分：热重和等温条件下的试验。热重试验样品以研磨混匀后的粉状放入 Al_2O_3 坩埚内，采用 HTC－1/2 热重分析仪，升温速率 10℃/min，记录 25～1000℃升温过程样品的热重变化；恒温条件试验用样品使用研磨混匀后的粉状置于瓷坩埚内压实，待马弗炉升温至试验温度后放入样品，恒温 30min 后断电，样品随炉冷却至室温，取样并研磨，采用飞利浦 APD－10 型 X 射线衍射仪（XRD）进行定性及半定量分析。样品成分组成及反应后失重情况见表 1。

* 本文合作者：朱航宇、杨海森、刘吉刚。原发表于《钢铁研究学报》，2012，(7)：14～16。江苏省科技成果转化专项资金项目（BA2010139）。

表 1　样品成分组成及反应后的质量变化

Table 1　Composition of mixtures and the mass change after reaction

编　号	质量分数/%				样品质量 /mg	温度/℃	样品状态	失重/%
	MoO_3	CaO	MgO	$CaCO_3$				
TG－1	59.02	—	—	40.98	9.0	25～1200	粉状	18.1
TG－2	—	—	—	100	8.0			42.5
TG－3	72	28	—	—	8.2			9.3
TG－4	78.26	—	21.74	—	8.0			9.1
TG－5	100	—	—	—	7.0			87.7
T－1	72	28	—	—	7900	700	块状	2.5
T－2					8000	900		3.8
T－3	59.02	—	—	40.98	7900	700		19.0
T－4					7900	900		17.7
T－5	78.26	—	21.74	—	8000	700		1.2
T－6					8000	900		1.3

2　结果与分析

2.1　热重试验

$CaCO_3$、CaO 及 MgO 在升温过程中和 MoO_3 反应的热重分析结果如图 1 所示，从图中可以看出，三氧化钼 700℃ 微量失重，至熔点 800℃ 左右失重明显。CaO 和 MoO_3 混合物失重开始温度较低，约为 450℃，主要原因是 CaO 易潮解成 $Ca(OH)_2$，$Ca(OH)_2$ 在 400～500℃ 分解引起失重。$CaCO_3$ 和 MoO_3 500℃ 已开始反应，生成 CO_2 排出引起失重，至 $CaCO_3$ 分解及 MoO_3 升华温度前已完成反应，800℃ 左右有微量失重，原因是 $CaCO_3$ 的分解所致，之后质量不变，$CaCO_3$ 和 MoO_3 已全部转化为 $CaMoO_4$。$CaCO_3$ 和 MoO_3 反应如下：

$$CaCO_3 + MoO_3 \xlongequal{} CaMoO_4 + CO_2 \uparrow \tag{1}$$

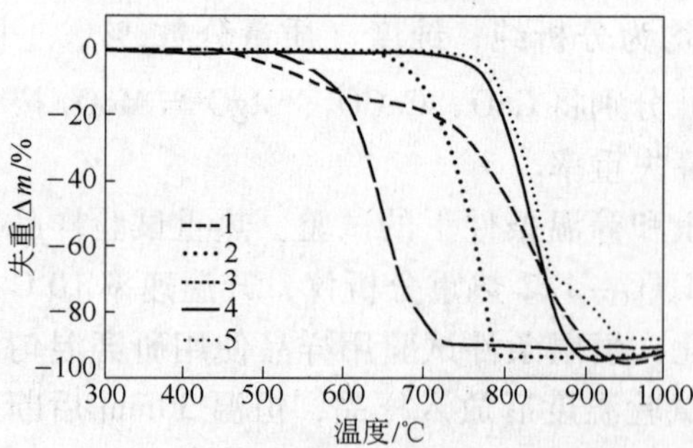

图 1　添加剂和 MoO_3 反应 TG 图

Fig. 1　TG curve of the reaction between MoO_3 and addition agent

1—$CaCO_3$ + MoO_3（5 倍失重）；2—$CaCO_3$（2 倍失重）；3—CaO + MoO_3（10 倍失重）；
4—MgO + MoO_3（10 倍失重）；5—MoO_3

根据文献［5］$CaMoO_4$ 和 $MgMoO_4$ 的生成温度分别为610℃和450℃，由图1可以看出，CaO、MgO 和 MoO_3 混合加热至1000℃后，最终失重达9%左右，原因是以粉状方式加入反应动力学条件不足。从理论上，$CaCO_3$ 和 MoO_3 充分反应 CO_2 完全排出，失重率应为18.03%，与试验结果较吻合。

2.2 恒温试验

恒温条件下以块状方式加入时，各样品最终失重率均较低，为2%左右。900℃时相比700℃失重较大，这是由于900℃时 MoO_3 的蒸气压较大，挥发更剧烈。对于 $CaCO_3$ 和 MoO_3，由于 $CaCO_3$ 的分解，CO_2 排出，增加 MoO_3 表面气流速度，也会加剧 MoO_3 的挥发。

700℃恒温30min的各添加剂与 MoO_3 反应产物的衍射图谱如图2所示，可以看出，700℃也即是三氧化钼开始挥发前，各钼酸盐已经生成，且生成速率大于三氧化钼的挥发速率。$CaCO_3$、CaO 和 MoO_3 反应产物的 XRD 图与 $CaMoO_4$ 标准卡片一致，前者未检出 MoO_3，后者有少量 MoO_3 未完全反应。MgO 与 MoO_3 反应后产物为 $MgMoO_4$ 和 $Mg_2Mo_3O_{11}$，700℃时 $MgMoO_4$ 较少，大部分为 $Mg_2Mo_3O_{11}$，而900℃反应后产物半定量分析结果显示 $MgMoO_4$ 较多，这是由于 MgO 和 $Mg_2Mo_3O_{11}$ 继续反应生成了 $MgMoO_4$。

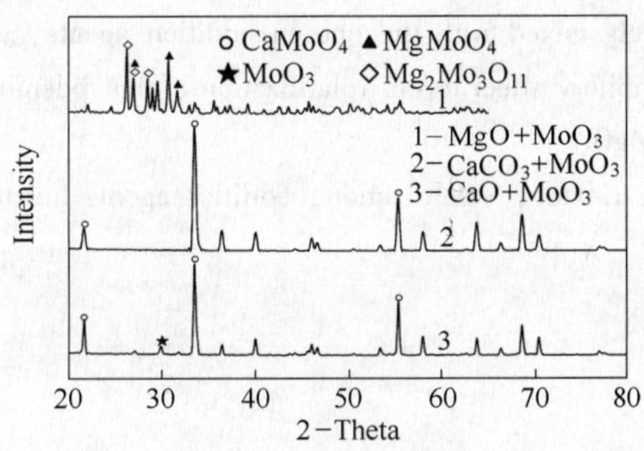

图2 700℃恒温反应产物的 XRD 图

Fig. 2 X-ray diffraction patterns of reaction products in 700℃

3 结论

（1）$CaCO_3$ 和 MoO_3 500℃开始反应，至700℃ MoO_3 开始升华前反应基本完成，且生成 $CaMoO_4$ 的速率远大于 MoO_3 的挥发速率。

（2）MgO 和 MoO_3 反应生成 $MgMoO_4$ 的中间产物为 $Mg_2Mo_3O_{11}$，$Mg_2Mo_3O_{11}$ 和未参与反应的 MgO 进一步反应生成 $MgMoO_4$。

（3）$CaCO_3$、MgO 和 CaO 均能有效抑制 MoO_3 的挥发，提高钼的收得率，并且低温条件下抑制效果优于高温。

参考文献

［1］Blackburn P E, Hoch M, Johnston H L. The Vaporization of Molybdenum and Tungsten Oxides［J］. The Journal of Physical Chemistry, 1958, 62（7）: 769.

［2］Zelikman A N. Metallurgy of Rare Metals［M］. Jerusalem: Israel Program for Scientific Translations, 1966.

[3] Kazenas E K. Thermodynamics of Double Oxide Evaporation [M]. Moscow: Nauka, 2004.
[4] 泽列克曼 A H, 克列茵 O E. 稀有金属冶金学 [M]. 北京：冶金工业出版社，1982.
[5] Yanushkevich T M, Zhukovitskii V M. Phase Diagram of the Molybdenum Trioxide-Calcium Oxide System [J]. Inorganic Chemistry, 1973, 18 (8): 1182.

Study on the Low Temperature Volatilization Property of Molybdenum Trioxide and the Method to Depress Volatilization

Zhu Hangyu　Li Zheng bang　Yang Haisen　Liu Jigang

(Central Iron and Steel Research Institute)

Abstract The volatilization of molybdenum trioxide and inhibitory effect of volatilization by using $CaCO_3$、CaO and MgO as addition agents were studied by thermogravimetric analysis (TG) and X-ray diffraction (XRD) respectively. Results confirm that starting reaction between calcium carbonate and molybdenum trioxide was at 500℃, finished before the temperature of molybdenum trioxide subliming, while reaction rate was faster than sublimation rate. Volatilization of molybdenum trioxide was depressed effectively mixed with the chosen addition agents, and the better temperature range is 500 ~ 700℃. Inhibitory effect to the volatilization of molybdenum trioxide by using $CaCO_3$ was better than CaO and MgO.

Key words molybdenum trioxide; volatilization; addition agent; low temperature

硅还原钨酸钙固相反应实验研究*

摘　要　为研究 $CaWO_4$ 与 Si 在直接合金化炼钢过程中的低温固相反应过程，采用差示热分析仪在10℃/min 恒速升温条件下对 $CaWO_4$ 与 Si 粉末混合物进行热分析实验，通过高温炉恒温实验对 $CaWO_4$ 与 Si 球团在1400℃恒温30min 的反应生成物及反应率进分析，结合熔点测试实验分析了球团在升温过程中的物理变化行为。实验结果表明，$CaWO_4$ 与 Si 在1400℃以下所发生的还原反应为全固相反应，反应生成物为 W、WSi_2、W_5Si_3、$Ca_3(Si_3O_9)$、SiO_2，$CaWO_4$ 球团在1400℃恒温30min 下的反应率达到93.41%，固相反应过程中 CaO 不能促进反应的进行；$CaWO_4$ 与 Si 1400℃以下恒速升温条件下表观反应符合 Avarami-Erofeev 方程，反应机理为随机形核和随后生长，表观反应动力学表达式为 $d\alpha/dt = 11.68e^{-51.75\times10^3/RT}\cdot 4(1-\alpha)[-\ln(1-\alpha)]^{3/4}$。

关键词　钨酸钙；硅还原；固相反应；热分析；动力学

1　前言

钨金属及其化合物由于具有高熔点、高硬度、耐磨、耐蚀等一系列特性，被广泛应用于从航空发动机、核爆防辐射容器、火箭方向舵平衡锤，到挖掘机、犁铧机械部件表面等特殊材料领域[1]。合金钢中钨主要以 M_6C、M_2C、MC 型碳化物形式存在；高温时，M_2C、MC 碳化物析出并保持非常细小的微粒，与钢中残余奥氏体分解共同作用引起二次硬化；M_6C 能够提高钢的耐磨性、高温淬透性，与位错交互作用形成大的固溶强化，提高马氏体高温稳定性，因此钨合金钢能够保持良好的红硬性[2]。

传统合金钢冶炼工艺钨铁制备冶炼时间长、能耗高、劳动强度大[3]，直接合金化工艺替代传统工艺冶炼含钨合金钢已成为一种趋势。李正邦[4~7]对白钨矿直接合金化过程中 $CaWO_4$ 与还原剂作用的热力学进行了分析，并通过高温炉实验对 $CaWO_4$ 还原动力学进行了简要分析。本文通过差示热分析法（DTA-Differential Thermal Analysis）对直接合金化过程中主要还原剂 Si 在升温过程中还原 $CaWO_4$ 的反应情况进行分析，结合 $CaWO_4$ 含硅球团高温还原实验物相及还原情况分析，对 Si 还原 $CaWO_4$ 固相反应动力学进行研究。

2　$CaWO_4$ 固相还原实验

实验材料选用 $CaWO_4$、Si 及 CaO 粉状分析纯试剂（中国国药集团上海试剂厂生产），国产 HJHTG1/2 型热重分析仪（温度灵敏度0.01 K）进行实验，热分析及球团高温炉实验 $CaWO_4$ 与 Si 量按照反应式1∶1配置。为研究 CaO 在 $CaWO_4$ 与 Si 固相反应过程中的作用，按照 Si 全部生成球团高温炉实验还原产物物相 Ca-Si-O 化合物配加了少

* 本文合作者：刘吉刚、刘彦华、杨海森、梁林宝。原发表于《特殊钢》，2013，34（1）：9～12。

量 CaO，与未配加 CaO 的 $CaWO_4$ 与 Si 混合物进行热分析实验对比，实验全程高纯氩气气氛，气流速率为 40mL/min，由室温升温至 1400℃，升温速率为 10℃/min，差示热（DTA）分析仪的数据采集间隔 1s，实验结束保存实验数据。

$CaWO_4$ 含硅球团实验在井式钼丝高温炉中进行，最高升温能力为 1650℃，炉内温度达到 1400℃时，将低温固结 $CaWO_4$ 含硅球团置于炉膛高温区，恒温 30min 后迅速取出空冷，通过 XRD 衍射进行物相及半定量分析。采用熔点分析仪对低温固结 $CaWO_4$ 含硅球团升温过程中物相进行观察，分析其升温过程中的物理变化行为。

3 实验结果与分析

3.1 非等温反应动力学基础

对于一个化学反应，其动力学方程的微分式可以表示为[8~11]：

$$\frac{\mathrm{d}\alpha}{\mathrm{d}t}=A\mathrm{e}^{-E/RT}f(\alpha) \tag{1}$$

其中 $$f(\alpha)=(1-\alpha)^n$$

式中 t——时间，s；

α——反应转化率，%；

E——表观反应活化能，$J\cdot mol^{-1}$；

A——频率因子或指前因子；

R——理想气体的气体常数，$J\cdot(mol\cdot K)^{-2}$；

T——温度，K；

n——反应级数；

$f(\alpha)$——反应机理函数微分形式。

在非等温分解反应过程中，升温速率可以表示如式（2），当升温速率恒定时，β 值为常数。

$$\beta=\frac{\mathrm{d}T}{\mathrm{d}t} \tag{2}$$

式中 β——升温速率，$℃\cdot min^{-1}$。

对于一组特定反应，通常认为其单位反应量所产生的热量（TA）变化是一致的，等速升温过程中某一温度 T（或时刻 t）转化率可以由式（3）表达：

$$\alpha=\frac{H_0-H_T}{H_0-H_\infty}=\frac{\Delta H_T}{\Delta H_\infty} \tag{3}$$

式中 H_0，H_T，H_∞——反应物初始生成焓，T 温度处物质总生成焓，反应结束处物质总生成焓，$J\cdot mol^{-1}$；

ΔH_T，ΔH_∞——反应物 T 温度处物质总焓变，反应结束处物质总焓变，$J\cdot mol^{-1}$。

由质量作用定律：

$$\frac{\mathrm{d}\alpha}{\mathrm{d}t}=k(1-\alpha)^n \tag{4}$$

式中 k——反应速率常数。

由 Arrhenius 方程 $k=A\mathrm{e}^{-E/RT}$ 及式（1）、式（2），式（4）可表达为：

$$\frac{d\alpha}{dT}=\frac{A}{\beta}e^{-E/RT}(1-\alpha)^n \tag{5}$$

采用 Leyko-Maciejewski-Szuniewicz（LMS）法对单条反应 TA 曲线进行求解，求解过程如下。

$$\left(\frac{d\alpha}{dT}\right)_i=\frac{A}{\beta}e^{-E/RT_i}f(\alpha_i)=e^{-E/RT_i}\cdot c \tag{6}$$

式中　i——T_i 时 TA 曲线的各项数据。

$$\ln\left(\frac{d\alpha}{dT}\right)_i=\ln c-\frac{E}{RT_i} \tag{7}$$

其中

$$c=\frac{A}{\beta}f(\alpha_i) \tag{8}$$

将由实验得到不同 α_i 对应的数据（$d\alpha/dT$）$_i$ 代入式（7），可以得到 $\ln(d\alpha/dT)_i$ - $1/T_i$ 的直线关系，并根据斜率求得表观反应活化能 E，截距为 c。

应用实验得到的数据对文献［8］所阐述的各机理函数 $f(\alpha)$ 进行尝试，得到最概然反应动力学机理函数。

3.2　$CaWO_4$ 固相还原过程

在恒定线性升温速率 10℃/min 条件下 $CaWO_4$ 与 Si 混合物含 CaO 及不含 CaO 的固相还原反应 DTA 曲线如图 1（a）所示，假定 1400℃实验结束时的反应率为 1，由此处理得到的固相反应还原率曲线如图 1（b）所示。

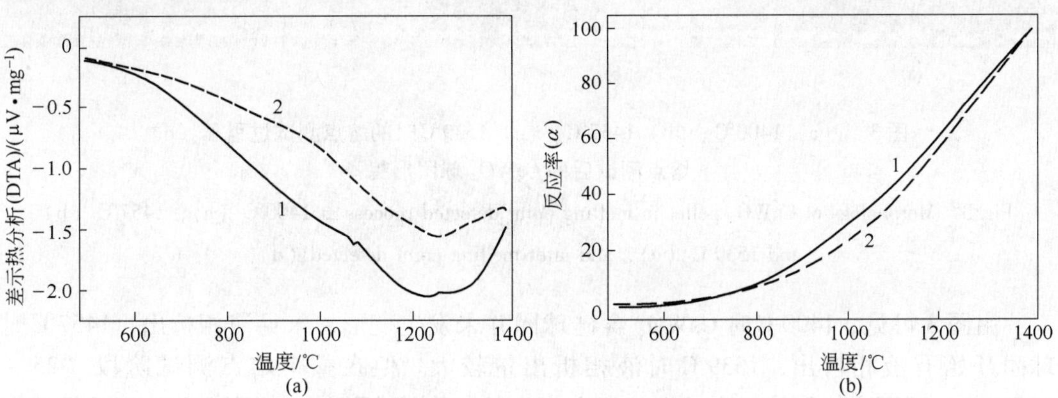

图 1　$CaWO_4$ 升温过程差示热分析（a）和反应率（b）曲线

1—不含 CaO；2—含 CaO

Fig. 1　Curves of differential thermal analysis (a) and reaction ratio (b) of $CaWO_4$ during heating process

1—without CaO；2—with CaO

$CaWO_4$ 含硅球团高温炉 1400℃恒温 30 min XRD 衍射图谱及半定量结果图 2 及表 1 所示。其中 $CaWO_4$ 球团还原率计算方法见式（9）：

$$\alpha=\frac{W_W+W_{WSi_2}+W_{W_5Si_3}}{W_W+W_{WSi_2}+W_{W_5Si_3}+W_{CaWO_4}} \tag{9}$$

式中　W_i——i 物质折算成 W 单质的含量。

$CaWO_4$ 与 Si 混合物按照上述实验比例配置，通过冷固结方法制备球团，熔点测试

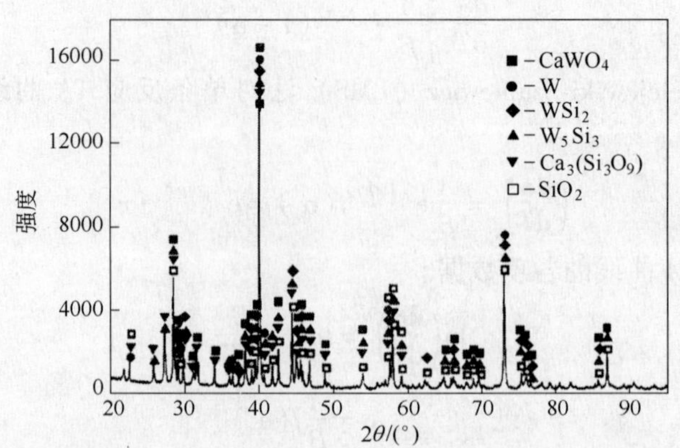

图2　1400℃ 30min $CaWO_4$ 球团 X-射线衍射图谱

Fig. 2　X-ray diffraction spectrums of $CaWO_4$ pellets at 1400℃ for 30min

过程及测试后球团形貌如图 3 所示，其中图 3（a，b，c）图片与实物比例为 20：1，图 3（d）图片与实物比例为 10：1。

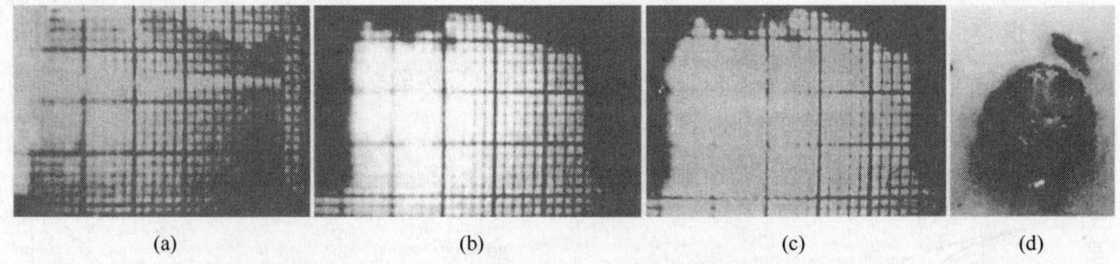

图 3　（a）1400℃；（b）1457℃；（c）1539℃时的熔点测试过程和（d）熔点测试后的 $CaWO_4$ 球团形貌

Fig. 3　Morphology of $CaWO_4$ pellet in melting point detected process at 1400℃（a），1457℃（b）and 1539℃（c），and after melting point detected（d）

由图 3 可见，1400℃时 $CaWO_4$ 含硅球团并未发生变形，未见液相析出，1457℃时球团开始有液相析出，1539℃时液相析出量较大。但在整个熔点测试阶段（25～1561℃），球团主体形状并未发生较大变化，即在升温过程中，当温度高于 1457℃球团部分物质开始发生分熔现象，熔点低的物质发生熔化并透过固相间隙流出球团，难熔物质[12]依然保持固相形态（见图 3（d））。通过熔点测试实验可知，在 1400℃以下，$CaWO_4$ 含硅球团内物质（反应物及生成物）均为固态，其发生的反应亦为全固相反应。

表 1　1400℃ 30min $CaWO_4$ 球团成分

Table 1　Ingredient of $CaWO_4$ pellet at 1400℃ for 30min　（%）

$CaWO_4$	W	WSi_2	W_5Si_3	$Ca_3(Si_3O_9)$	SiO_2	还原率 α
2	4	3	3	74	13	93.41

高温炉 1400℃保温 30min $CaWO_4$ 含硅球团还原实验结果表明，Si 还原 $CaWO_4$ 固相反应生成物有 W、WSi_2、W_5Si_3、$Ca_3(Si_3O_9)$、SiO_2，固相还原率达到93.41%，由此可知文献［8］中所介绍的直接合金化工艺炉底装入法，在电炉炉料熔化早期白钨矿已经

大部分被还原，后续操作需要继续提供强还原剂和采取防止钨金属的二次氧化措施。

由 $CaWO_4$ 与 Si 反应的热分析实验(图 1)可知,含 CaO 试样反应热峰值点出现温度滞后于不含 CaO 试样,且在 700℃后反应率有明显滞后,表明在低温(未达到自由 CaO 与反应生成的 SiO_2 结合)条件下,加入 CaO 并不能起到使其结合 SiO_2 降低还原反应自由能的作用,CaO 的加入反而降低了反应物的有效浓度,在一定程度上阻碍了还原反应的进行。

由高温球团还原实验物相分析、熔点测试实验及热分析实验可知，1400℃以下 $CaWO_4$ 含硅球团发生的还原反应表达式如式（10）~式（12）所示。

$$CaWO_{4(s)}+\frac{3}{2}Si_{(s)}=W(s)+\frac{1}{3}Ca_3(Si_3O_9)_{(s)}+\frac{1}{2}SiO_{2(s)} \tag{10}$$

$$CaWO_4(s)+\frac{7}{2}Si_{(s)}=WSi_{2(s)}+\frac{1}{3}Ca_3(Si_3O_9)_{(s)}+\frac{1}{2}SiO_{2(s)} \tag{11}$$

$$CaWO_{4(s)}+\frac{21}{10}Si_{(s)}=\frac{1}{5}W_5Si_{3(s)}+\frac{1}{3}Ca_3(Si_3O_9)_{(s)}+\frac{1}{2}SiO_{2(s)} \tag{12}$$

3.3 $CaWO_4$ 固相反应动力学

由 LMS 法对图 1（b）所示的实验数据进行处理，将实验得到的不同 α_i 对应数据 $(\mathrm{d}\alpha/\mathrm{d}T)_i$ 代入式（7），得到 $\ln(\mathrm{d}\alpha/\mathrm{d}T)_i-1/T_i$ 的直线关系，根据斜率求得表观反应活化能 $E=51.75\mathrm{kJ/mol}$，截距 $c=14.43$。

选择文献［8］所阐述的 41 种反应机理函数 $f(\alpha)$，应用实验得到的数据根据式（8）求得各机理函数 $f(\alpha)$ 对应的 A 值。将表观反应活化能 E、各 A 值及所对应 $f(\alpha)$ 代入式（1），求取 $(\mathrm{d}\alpha/\mathrm{d}t)_{cal}$，并将此值与实验值进行比较，其中方差最小者所对应的 $f(\alpha)$ 即为最概然动力学机理函数。

通过以上方法对实验数据进行处理，文献所阐述的 10 号 $f(\alpha)$ 函数得到的 $(\mathrm{d}\alpha/\mathrm{d}t)_{cal}$ 与实验 $\mathrm{d}\alpha/\mathrm{d}t$ 方差值最小，为 $s^2=1.8\times10^{-3}$，即 Avarami-Erofeev 方程为最概然动力学机理函数：

$$f(\alpha)=4(1-\alpha)[-\ln(1-\alpha)]^{3/4}$$

反应机理为随机形核和随后生长，所对应的 $\ln A=4.76$，因此，$CaWO_4$ 与 Si 固相表观反应动力学可以描述为：

$$\frac{\mathrm{d}\alpha}{\mathrm{d}t}=11.68\mathrm{e}^{-51.75\times10^3/RT}\cdot4(1-\alpha)[-\ln(1-\alpha)]^{3/4}$$

4 结论

（1）应用热分析法研究了恒速升温过程中 $CaWO_4$ 与 Si 固相反应情况，通过高温炉实验分析了 1400℃恒温 30 min $CaWO_4$ 含硅球团反应生成物物相及反应完成情况，熔点测试实验对球团在升温过程中的物理变化行为进行了分析。

（2）$CaWO_4$ 与 Si 在 1400℃以下所发生的还原反应为全固相反应，反应生成物为 W、WSi_2、W_5Si_3、$Ca_3(Si_3O_9)$、SiO_2，$CaWO_4$ 球团在 1400℃条件下恒温 30 min 反应率达到 93.41%，固相反应过程中 CaO 不能起到促进反应进行的作用。

（3）$CaWO_4$ 与 Si 1400℃以下恒速升温条件下表观反应符合 Avarami-Erofeev 方程机理函数，反应机理为随机形核和随后生长，表观反应动力学表达式为：

$$\frac{\mathrm{d}\alpha}{\mathrm{d}t}=11.68\mathrm{e}^{-51.75\times10^3/RT}\cdot4(1-\alpha)[-\ln(1-\alpha)]^{3/4}$$

参考文献

[1] 张启修，赵秦生，肖连生，等．钨钼冶金［M］．北京：冶金工业出版社，2005：1~25.

[2] 符寒光，邢建东．高速钢轧辊制造技术［M］．北京：冶金工业出版社．2007：67~109.

[3] 许传才．铁合金冶炼工艺学［M］．北京：冶金工业出版社，2008：251~266.

[4] 李正邦，矿物直接合金化冶炼合金钢—理论与实践［M］．北京：冶金工业出版社，2005：35~213.

[5] 郭培民，赵沛，李正邦．碳、硅铁及碳化硅对白钨矿还原动力学的影响［J］．特殊钢，2007，28（3）：7~9.

[6] 郭培民，李正邦，林功文．成分对白钨矿渣系熔点的影响［J］．特殊钢，2002，23（4）：16~19.

[7] 周勇，李正邦．电弧炉钨钼钒氧化物矿直接合金化冶炼高速钢工业试验［J］．特殊钢，2006，27（1）：42~44.

[8] 胡荣祖，史启祯．热分析动力学［M］．北京：科学出版社，2001：21~147.

[9] 殷敬华，莫志深．现代高分子物理学（下册）［M］．北京：科学出版社，2001：633~636.

[10] 张国春，焦宝娟，周春生，等．$C_8H_3O_6NNa_2 \cdot H_2O$ 脱水过程的热分析动力学［J］．西北大学学报（自然科学版），2011，41（3）：448~454.

[11] 谷双，陈纪忠．竹材热解失重动力学模型研究［J］．高校化学工程学报，2011，25(2)：232~235.

[12] 梁英教，车荫昌．无机物热力学数据［M］．沈阳：东北大学出版社，1993：102~419.

Experimental Study on Solid-Phase Reduction Reaction of Calcium Tungstate by Silicon

Liu Jigang[1] Li Zhengbang[1] Liu Yanhua[2] Yang Haisen[1] Liang Linbao[3]

（1. Central Iron and Steel Research Institute;

2. Beijing Nengtai Environmental Protection Group Corp.;

3. Jiangyin Changxing Vanadium-Nitrogen New Materials Co., Ltd.）

Abstract In order to study the solid-phase reduction process of $CaWO_4$ and Si at low temperature during steelmaking process by direct alloying, the thermo-analysis experiments on $CaWO_4$ and Si powder mixture have been carried out by using differential thermal analyzer with constant heating rate 10℃/min, the reaction products and reaction ratio of $CaWO_4$ and Si pellets at 1400℃ for 30 min are analyzed by high temperature furnace constant temperature test and combined with melting point measure test the behavior of physical change of pellets in heating process is analyzed. Experimental results show that the reduction reactions of $CaWO_4$ and Si occurred at less than 1400℃ are all solid-phase reaction, the products of reaction are W, WSi_2, W_5Si_3, $Ca_3(Si_3O_9)$ and SiO_2, the reduction ratio of $CaWO_4$ pellets at 1400℃ for 30min is up to 93.41%, and during solid-phase reaction process the CaO could not increase the reaction rate; with condition of constant heating rate at less than 1400℃, the apparent reaction of $CaWO_4$ and Si conforms to Avarami-Erofeev equation, the mechanism of reaction is random nucleation and subsequent growth, and the apparent reaction dynamical equation is $d\alpha/dt = 11.68e^{-51.75\times10^3/RT} \cdot 4(1-\alpha)[-\ln(1-\alpha)]^{3/4}$.

Key words calcium tungstate; reduction by silicon; solid-phase reduction; thermo-analysis; dynamics

钨酸钙球团碳化硅还原试验研究*

摘　要　采用高温炉恒温试验对不同时间、温度及还原剂配比条件下钨酸钙与碳化硅球团还原情况进行研究，结合熔点测试结果分析了球团在升温过程中的物理变化行为，得到各影响因素对球团还原的作用关系及钨直接合金化炼钢工艺的优化条件。结果表明，在1400～1500 ℃时，钨酸钙球团可以被碳化硅还原，还原产物为W、WC、$Ca_3(Si_3O_9)$及SiO_2，球团还原反应可能由固—固、固—液反应共同组成，在升温过程中也发生碳化硅相变和分解、还原剂的氧化及钨金属的二次氧化；在1400～1500 ℃和10～30min时，低温条件下适当延长反应时间、时间较短条件下适当增加反应温度及适当提高还原剂配比有利于提高球团还原反应率；钨直接合金化电炉炼钢工艺中，采取钨酸钙快速还原，防止钨金属二次氧化措施，可以实现钨酸钙在冶炼早期大部分被还原。

关键词　钨酸钙；球团；碳化硅；还原

钨金属及其化合物由于具有高熔点、高硬度、耐磨、耐蚀等一系列特性，应用领域广泛[1]。合金钢中钨主要以M_6C、M_2C、MC型碳化物形式存在，高温时，这些碳化物可以通过二次硬化或者固溶强化提高马氏体高温稳定性，使得钨合金钢能够保持良好的红硬性[2]。传统合金钢冶炼工艺钨铁制备冶炼时间长、高耗高污染、劳动强度大[3]，直接合金化工艺替代传统工艺冶炼含钨合金钢已成为一种趋势。李正邦[4~7]对白钨矿直接合金化过程中钨酸钙与还原剂作用的热力学进行了分析，并通过高温炉试验对钨酸钙还原动力学进行了简要分析。本文通过高温炉试验对直接合金化过程中主要还原剂之一的碳化硅在升温过程中还原钨酸钙的反应情况进行分析，结合钨酸钙球团升温过程中物相观察，研究碳化硅还原钨酸钙的影响因素，为直接合金化冶炼含钨合金钢工艺参数的制定提供参考。

1　钨酸钙球团碳化硅还原试验

试验材料选用钨酸钙、碳化硅粉状分析纯试剂，还原试验在井式钼丝高温炉中进行，最高升温能力1650 ℃，炉内温度达到试验设计值时，将低温固结钨酸钙球团置于炉膛恒温区，恒温一定时间后迅速取出空冷，通过XRD进行物相及半定量分析。考察时间（t）、温度（T）及还原剂配比（γ_{SiC}）对还原的影响。采用熔点分析仪对球团升温过程中物相进行观察，分析其升温过程中的物理变化行为。

2　试验结果与分析

2.1　钨酸钙球团反应物相及还原率

根据热力学手册[8]，钨酸钙熔点为1580 ℃，碳化硅为难熔物质，在2986 ℃时依

* 本文合作者：刘吉刚、刘彦华、杨海森、梁林宝。原发表于《有色金属（冶炼部分）》，2013，(3)：20～23。

然能够保持固相形态，根据文献报道，在升温过程中，碳化硅有少量固相分解反应发生，生成物为硅与碳。李正邦等[4,5]对直接合金化冶炼过程中钨酸钙多种状态下的还原热力学分析表明，在球团还原试验条件下，钨酸钙可以通过固—固、固—液反应被碳化硅及碳化硅分解所产生的硅、碳还原，生成金属钨或钨合金。

通过冷固结方法制备球团，熔点测试时，球团中钨酸钙与碳化硅混合物按照 $\gamma_{SiC}=1.2$ 比例配置。球团熔点测试试验表明，1370℃时钨酸钙球团未发生变形，未见软熔情况或液相析出，1385℃时球团开始发生软熔现象，1501℃时液相析出量较大，到熔点测试试验结束，钨酸钙球团已经完全坍塌，但熔点较高物质依然以固相形式保留在球团原位。通过熔点测试试验可知，在 1400 ~ 1500℃ 时，钨酸钙含碳化硅球团内物质（反应物及生成物）发生分熔现象，升温过程中，低熔点物质首先发生软熔，熔点较高物质保持固体形态不变，亦有可能部分难熔物质通过溶解而形成液相。因此，钨酸钙球团碳化硅还原反应可能由固—固、固—液反应共同组成。

钨酸钙球团碳化硅还原试验完成后，XRD 物相及半定量分析表明，球团中主要物相有 $CaWO_4$、W、WC、Si_5C_3、$Ca_3(Si_3O_9)$、Si 及 SiO_2。20 号试验（1500℃、10min、$\gamma_{SiC}=1.4$）钨酸钙球团还原后的 XRD 谱如图 1 所示。根据图 1 计算得到的球团成分为（%）：$Ca_3(Si_3O_9)$ 74、W 15、$CaWO_4$ 6、Si_5C_3 3、WC 1、Si 1，球团还原率 α 为 80.61%。球团 XRD 分析表明，反应生成物中含有 Si_5C_3、Si、WC，验证了文献热力学分析关于在球团还原过程中，有碳化硅分解及钨合金的生成反应发生的论述，也表明在升温过程中，碳化硅发生了相变反应。

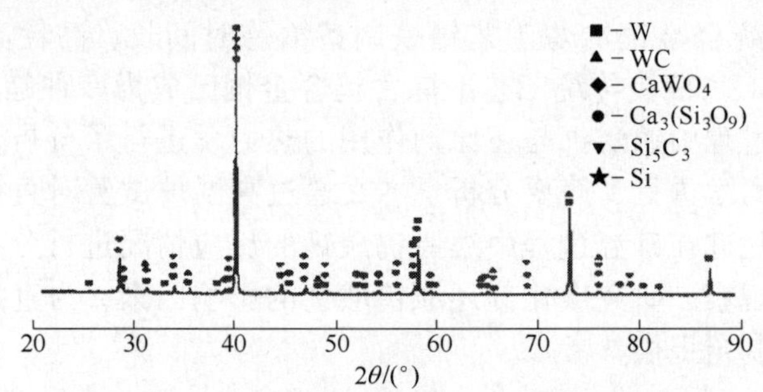

图 1　20 号试验钨酸钙球团的 XRD 谱

Fig. 1　XRD pattern of $CaWO_4$ pellet in test of No. 20

为获得各因素对球团还原的作用规律，考察了反应时间、温度及还原剂配比 γ_{SiC} 对钨酸钙球团碳化硅还原的影响，并通过 XRD 的物相及半定量分析结果按照式（1）计算球团的还原率。

$$\alpha=\frac{W_{W}+W_{WC}}{W_{W}+W_{WC}+W_{CaWO_4}} \tag{1}$$

式中，α 为球团还原率，%；W_i 为球团中 i 物质折算成钨的含量。

2.2　钨酸钙球团还原影响因素分析

2.2.1　反应时间

不同温度下反应时间对钨酸钙球团还原率 α 的影响如图 2 所示。

由图 2 可知，1400℃时，α 随着反应时间的增加而逐渐提高；1450℃时，α 与反应

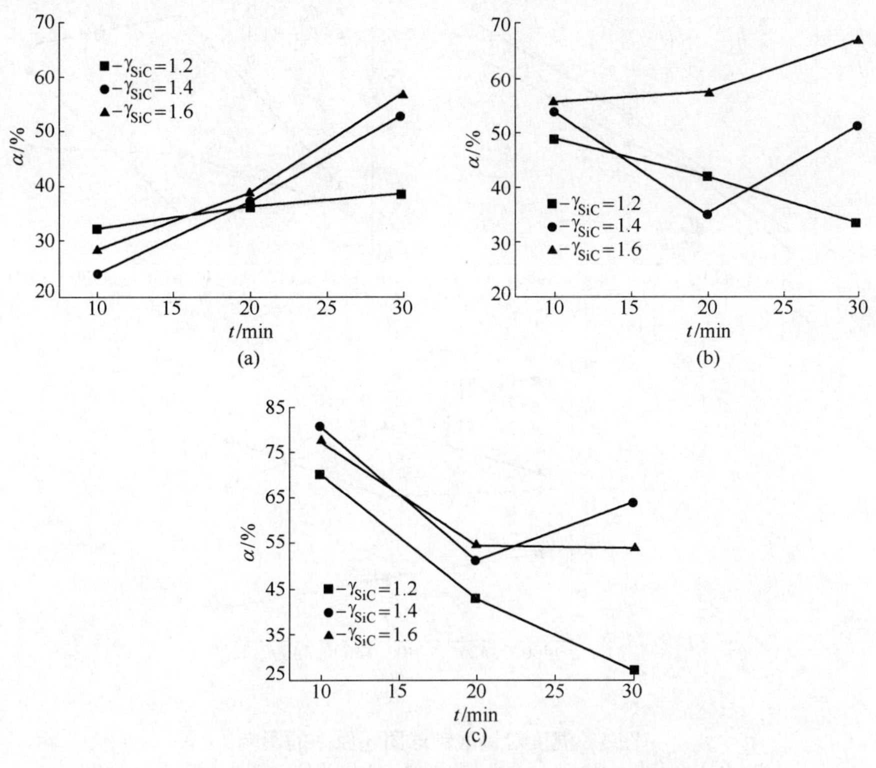

图2　不同温度下反应时间对钨酸钙球团还原率的影响

Fig. 2　Effect of reaction time on reduction rate of $CaWO_4$ pellet at different temperature

（a）1400℃；（b）1450℃；（c）1500℃

时间的关系无明显规律，γ_{SiC} = 1.6 的 α 随反应时间的增加有所提高，γ_{SiC} = 1.2 的 α 随反应时间的增加而持续下降，而 γ_{SiC} = 1.4 的 α 与时间关系较为杂乱；1500℃时，α 随着反应时间的增加总体来说有所下降，其中 γ_{SiC} = 1.2 时 α 下降最为迅速且幅度最大。因此，在低温条件下（1400℃），适当延长反应时间有利于提高球团还原反应率。

2.2.2　反应温度

反应温度对钨酸钙球团还原率的影响如图 3 所示。

由图 3 可知，在反应时间为 10min 时，随着反应温度的上升，α 提高速率较快，幅度较大；反应时间为 20min 时，随着反应温度的升高，总体上 α 呈增加的趋势，但不同温度下没有表现出增加的一致性；反应时间为 30min 时，α 无明显规律，γ_{SiC} = 1.2 球团的 α 随温度升高而持续下降，γ_{SiC} = 1.4 和 γ_{SiC} = 1.6 球团的 α 与时间关系无明显规律。因此，在反应时间较短的情况下（10min），适当提高反应温度，有利于提高球团还原率。

2.2.3　还原剂配比 γ_{SiC}

γ_{SiC}对钨酸钙球团还原率的影响如图 4 所示。

由图 4 可知，在各个反应温度及反应时间条件下，α 总体趋势是随着 γ_{SiC}的升高而增加的，但是不能保持增加的一致性。综合图 4 结果，适当提高还原剂配比可以提高球团还原率。

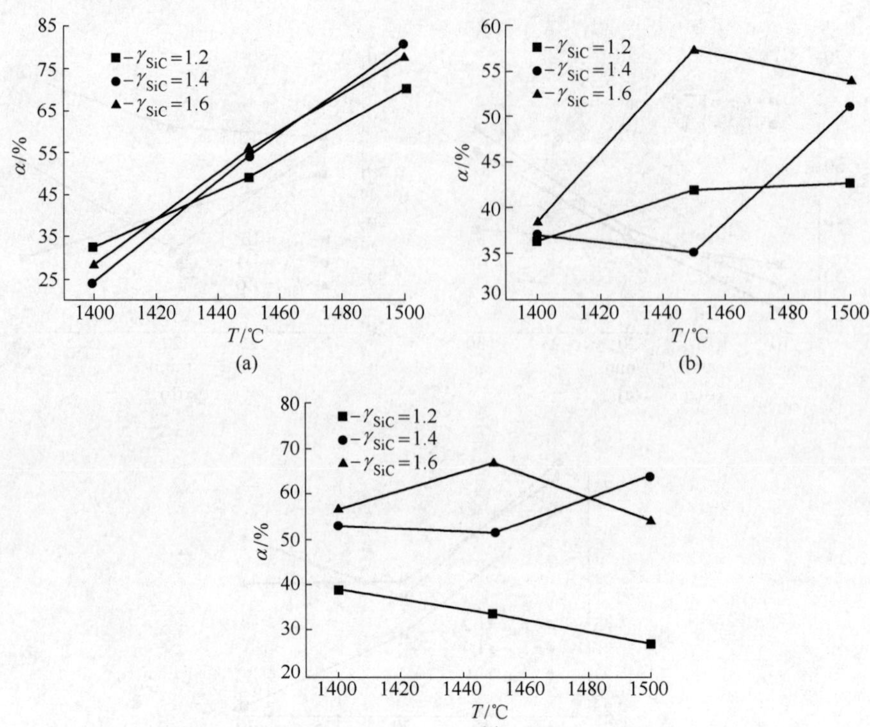

图 3　温度对钨酸钙球团还原率的影响

Fig. 3　Relationship between reduction rate of $CaWO_4$ pellet and temperature

（a）10min；（b）20min；（c）30min

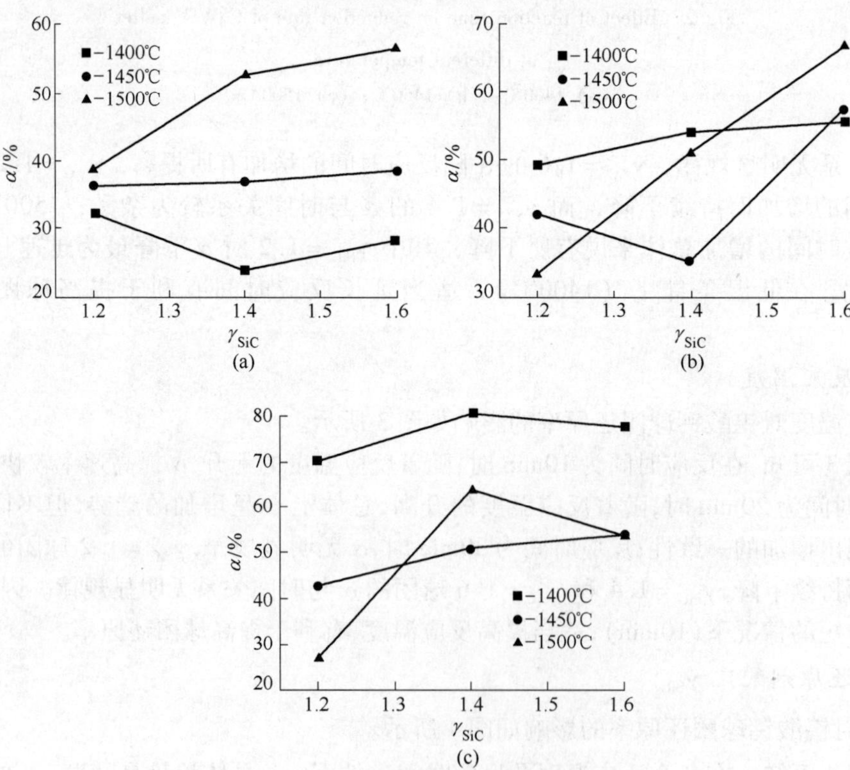

图 4　γ_{SiC}对钨酸钙球团还原率的影响

Fig. 4　Relationship between reduction rate of $CaWO_4$ pellet and γ_{SiC}

（a）10min；（b）20min；（c）30min

2.3 钨酸钙还原反应影响因素讨论

在钨酸钙球团碳化硅还原的同时，伴随着碳化硅及其分解产物的氧化[9,10]和已还原生成的金属钨的高温氧化。一方面，提高反应温度能够加快钨酸钙与碳化硅的还原化学反应速率（图3a和3b）；另一方面，在高温状态下，球团中低熔点物质发生分熔并伴随着反应物质（如钨酸钙）的溶解，液相形成及其逐渐从球团中的流出，减少了球团中反应物质的有效浓度和有效接触面积，降低了球团还原反应速度；液相的流出亦使球团中的难熔物质暴露于空气中，加剧了球团中的还原剂及反应产物钨的氧化。随着温度的升高和时间的延长，还原反应速度的降低程度就越高，碳化硅及钨的氧化量也就越大（图2c和图3c），而还原剂量的增加有利于提高球团的还原率和降低金属钨的氧化率（图4）。

因此，在采用炉底铺入法直接合金化电炉冶炼合金钢工艺中，采取适当提高还原剂配比、尽快布料利用炉底余热还原、炉底料压实气氛隔离、快速升温、尽量晚吹氧等措施，确保钨酸钙快速还原，防止钨金属二次氧化，能够实现高达80%以上的钨酸钙在低温下（<1500℃）完成还原。

3 结论

（1）钨酸钙球团在1400～1500℃可以被碳化硅还原，还原产物为W、WC、$Ca_3(Si_3O_9)$及SiO_2，碳化硅在升温过程中亦发生相变和分解反应生成Si_5C_3、Si和C，球团还原反应可能由固—固、固—液反应共同组成。

（2）在1400～1500℃条件下，钨酸钙球团发生分熔及溶解现象，降低了还原速率并加剧了还原剂的氧化和金属钨的二次氧化。1400～1500℃和10～30min时，低温条件下适当延长反应时间、时间较短条件下适当增加反应温度及适当提高还原剂配比均有利于提高球团还原率。

（3）采用炉底铺入法直接合金化电炉冶炼合金钢工艺中，可以采取适当提高还原剂配比、尽快布料利用炉底余热还原、炉底料压实气氛隔离、快速升温、尽量晚吹氧等措施，确保钨酸钙快速还原，防止钨金属二次氧化，实现钨酸钙在冶炼早期大部分还原。

参考文献

[1] 张启修，赵秦生，肖连生，等．钨钼冶金［M］．北京：冶金工业出版社，2005：1～25.
[2] 符寒光，邢建东．高速钢轧辊制造技术［M］．北京：冶金工业出版社，2007：67～109.
[3] 许传才．铁合金冶炼工艺学［M］．北京：冶金工业出版社，2008：251～266.
[4] 李正邦．矿物直接合金化冶炼合金钢——理论与实践［M］．北京：冶金工业出版社，2007：35～213.
[5] 郭培民，赵沛，李正邦．碳、硅铁及碳化硅对白钨矿还原动力学的影响［J］．特殊钢，2007，28（3）：7～9.
[6] 郭培民，李正邦，林功文．成分对白钨矿渣系熔点的影响［J］．特殊钢，2002，23（4）：16～19.
[7] 周勇，李正邦．电弧炉钨钼钒氧化物矿直接合金化冶炼高速钢工业试验［J］．特殊钢，2006，27（1）：42～44.
[8] 梁英教，车荫昌．无机物热力学数据［M］．沈阳：东北大学出版社，1993：102～419.

[9] 李跃进，杨银堂，贾护军，等．多晶碳化硅的氧化技术研究［J］．功能材料，2000，31（3）：142 ~ 143.

[10] 梅志，崔崑，顾明元，等．碳化硅氧化对硬铝基复合材料的力学性能的影响［J］．华中理工大学学报，1998，26（7）：94 ~ 96.

Study on Pellet Reduction of Calcium Tungstate with Carborundum

Liu Jigang[1] Li Zhengbang[1] Liu Yanhua[2] Yang Haisen[1] Liang Linbao[3]

(1. Central Iron and Steel Research Institute;
2. Beijing Nengtai Environmental Protection Group Corp.;
3. Jiangyin Changxing Vanadium-Nitrogen and New Materials Co., Ltd.)

Abstract The reduction of calcium tungstate pellet with carborundum under different reaction time, temperature, and dosage of reductant was studied through constant high temperature test and pellet melting point test. The relationship between the reduction rate and the above factors was analyzed and the optimum parameters of direct alloying steelmaking process were obtained. The results show that the reduction reactions, in solid-solid state or solid-liquid state, can occur at 1400 – 1500℃ with the products of W, WC, $Ca_3(Si_3O_9)$ and SiO_2. The reactions of carborundum phase transition and decomposition, oxidation of reductant and tungsten also occur in the heating process. At 1400 – 1500℃ with the duration of 10 – 30min, the reduction rate of the pellet can be improved with longer reaction time at low temperature or shorter time at a high temperature, and with increase in the dosage of reductant. The tungsten direct alloying can be achieved mainly in the early stage of steel making process by calcium tungstate reduce and avoid the oxidation of tungsten.

Key words calcium tungstate; pellet; carborundum; reduction

Carbothermic Reduction of MoO_3 for Direct Alloying Process*

Abstract The thermodynamics of Mo-O-C and Ca-Mo-O-C systems were studied in order to understand the carbothermic reduction of molybdenum trioxide, and kinetic studies were also carried out by means of thermogravimetric analysis under argon atmosphere with a heating rate of 10℃/min. Subsequently, reaction products at various temperatures were identified by X-ray diffraction (XRD) and the results confirmed the previous thermodynamics analysis. Meanwhile, it was found that intermediate products MoO_2 and $CaMoO_4$ appeared in the process of carbothermic reduction of MoO_3 with or without CaO, which were subsequently reduced to Mo or molybdenum carbide. An experimentally determined reaction mechanism was proposed and discussed. The reduction reaction of MoO_3 with carbon could be divided into two stages. The first stage includes the direct reaction between MoO_3 and carbon and the carbon gasification reaction. The second stage is the gas-solid reaction between CO and MoO_2, and the diffusion of gases through the surface of MoO_2 determines the overall reaction rate. The activation energies of the mixtures with or without CaO were estimated to be 56. 6kJ/mol and 52. 9kJ/mol, respectively.

Key words carbothemic reduction; molybdenum trioxide; stabilizing; calcium oxide

Ferromolybdenum alloy is widely used in the production of steels containing molybdenum. In recent years, metallurgists are trying to use molybdenum oxide concentrates as the agent in steelmaking process[1,2], since direct alloying by use of molybdenum oxide concentrates has clear economic superiority and molybdenum oxide concentrates melt in steel bath rapidly compared to ferromolybdenum. The main problem for direct alloying with molybdenum oxides is the sublimation of molybdenum trioxide, which leads to a low yield of Mo in the steelmaking process. Several investigations have been reported that alkalis and alkaline earth oxides as well as carbonates can restrain the evaporation of molybdenum trioxide, such as, CaO, MgO, $CaCO_3$, et al[3,4], and the reason is the formation of molybdates at about 600℃ which is far below clear evaporation point of molybdenum trioxide. These molybdates are stable at steelmaking temperature and can be easily reduced by relevant reductant in steelmaking process.

In the past, various methods to reduce molybdenum trioxide were proposed, such as, hydrogen reduction[5,6], metallothermic reduction[7-9] and carbothermic reduction[10]. Those methods are commonly adopted to produce molybdenum or ferromolybdenum. For direct alloying in electric arc furnace (EAF), molybdenum oxide concentrates mixed with carbon or silicon metal and scrap steel were located in furnace bottom. Molybdenum oxides were pre-reduced as temperature rising, but most importantly, molybdenum oxides can be reduced effectively by

* 本文合作者：朱航宇、杨海森、罗林根。原发表于“Journal of Iron and Steel Research (International)”, 2013, (10), 54 ~ 59. Item Sponsored by Science and Technology Achievement Special Foundation of Jiangsu of China (BA2010139).

many other elements in liquid steel after the scrap steel melting.

The purpose of the present study is to gain more understanding of the carbothermic reduction of MoO_3, and effect of CaO on restraining evaporation of MoO_3 is also discussed.

1 Thermodynamic

The main components of molybdenum oxide concentrate are MoO_3 and MoO_2. MoO_3 can be easily reduced to MoO_2 by carbon at 500-600℃[11] because of its high activity. The reaction can be written as follows:

$$2MoO_3 + C = 2MoO_2 + CO_2(g) \tag{1}$$

Consequently, the reduction of MoO_3 by carbon goes in 2 steps, reduction of MoO_3 to MoO_2, for the first step, and reduction of MoO_2 to Mo or molybdenum carbide, for the second step.

In the presence of CaO, the chemical combination between MoO_3 and CaO occurs at a low temperature, similarly due to the high activity of MoO_3, and the reaction can be written as follow:

$$MoO_3 + CaO = CaMoO_4 \tag{2}$$

Equilibrium relations in the carbothermic reduction of MoO_3 with or without CaO are complex, due to the various reaction paths and a large number of reduction products in Ca-Mo-O-C system. The following thermodynamic analysis was carried out by using relevant thermodynamic data[12].

1.1 Mo-O-C system

It is well accepted that carbothermic reduction of metal oxides includes two parts: indirect reduction and the carbon gasification reaction. Chemical reaction equations are represented as follows:

$$MO + CO(g) = M + CO_2(g) \tag{3}$$

$$CO_2(g) + C = 2CO(g) \tag{4}$$

Where MO is metal oxide and M is reduction product. CO_2 exists as an intermediate product. Carbon consumed the indirect reduction product (CO_2) and then was transformed to reductant (CO). Generally, the main reducing agent was CO in the process of reduction of metal oxides above 700℃[13].

From Mo-C binary phase diagram[14], the stable reduction species in MoO_2-C system are Mo, Mo_2C, MoC, respectively, and the carbonthermic reduction of MoO_2 should proceed by the following reactions:

$$MoO_2 + 2CO(g) = Mo + 2CO_2(g) \tag{5}$$

$$MoO_2 + 3CO(g) = 1/2Mo_2C + 5/2CO_2(g) \tag{6}$$

$$MoO_2 + 4CO(g) = MoC + 3CO_2(g) \tag{7}$$

$$Mo + CO(g) = 1/2Mo_2C + 1/2CO_2(g) \tag{8}$$

$$Mo_2C + 2CO(g) = 2MoC + CO_2(g) \tag{9}$$

and the carbon gasification reaction referred to reaction (4).

The predominance-area diagram of carbothermic reduction of MoO_2 is shown in Fig. 1, and the equilibrium CO ratio for the carbon gasification reaction is also included in the figure, where $P_{CO} + P_{CO_2} = 0.1$ MPa was considered and the activity of carbon is equal to 1. Thus, at 0.1 MPa, the right of this line is the reduction region, and in this area, MoO_2 can be reduced to Mo or molybdenum carbide by CO. At the same time, carbon exists in the left region which is the oxidation zone. Fig. 1 shows that simultaneous equilibrium among MoO_2, C, MoC occurs at 600℃, which means that MoO_2 can be reduced by carbon over this temperature to MoC only in a narrow region (600 – 650℃). Over 650℃, the reduction product will be Mo_2C which is more stable. The simultaneous equilibrium point among MoO_2, Mo_2C, Mo is 1060℃, and it can be seen that Mo could be produced over 1060℃ under certain CO ratio.

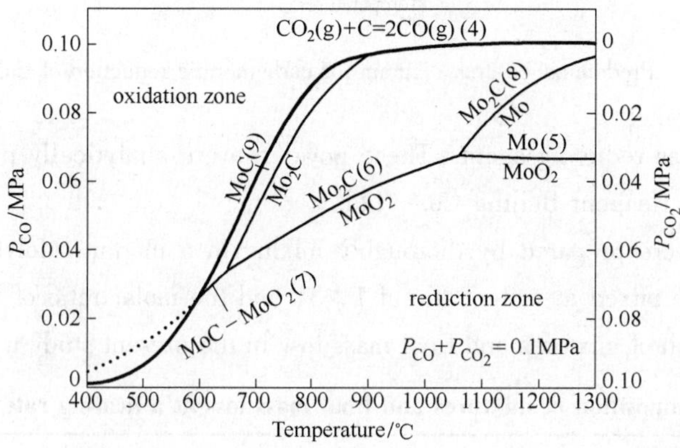

Fig. 1 Predominance-area diagram for carbothermic reduction of MoO_2

1.2 Ca-Mo-O-C system

A similar diagram for carbothermic reduction of $CaMoO_4$ is shown in Fig. 2. The relevant reactions are plotted:

$$CaMoO_4 + 3CO(g) \text{=\!=\!=} Mo + CaO + 3CO_2(g) \quad (10)$$

$$CaMoO_4 + 4CO(g) \text{=\!=\!=} 1/2Mo_2C + CaO + 7/2CO_2(g) \quad (11)$$

$$CaMoO_4 + 5CO(g) \text{=\!=\!=} MoC + CaO + 4CO_2(g) \quad (12)$$

The same as Mo-O-C system, Mo_2C could be produced in the temperature range of 820℃ to 1200℃ at 0.1 MPa, and $CaMoO_4$ can be reduced to Mo above 1200℃.

In this study, experiments have been carried out to research the carbothermic reduction of MoO_3 with or without CaO.

2 Experimental

2.1 Materials

Molybdenum trioxide, calcium oxide and activated carbon were used as raw materials. Calcium oxide powders (150μm, 99%) were preheated at 900℃ for 12h to remove residual H_2O and $CaCO_3$. Molybdenum trioxides (particle size −150 and +106μm, 99%) were dried at 200℃ for about 12h. Activated carbon (−75 and 48μm, fixed carbon 92.1%, purity higher than

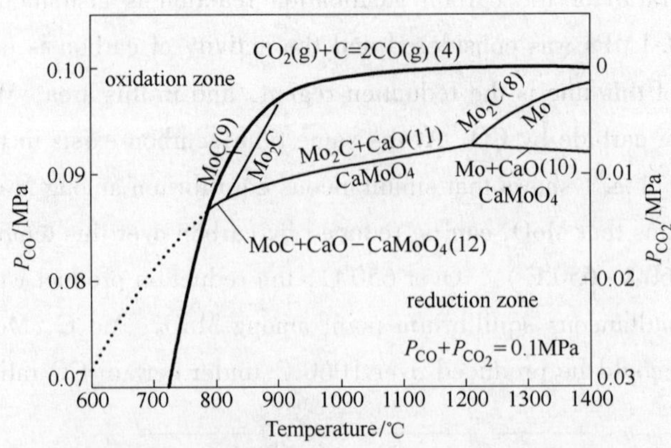

Fig. 2 Predominance-area diagram for carbothermic reduction of $CaMoO_4$

99.5%) were used as reducing agent. These powders were analytically pure and supplied by Sinopharm Chemical Reagent Beijing Co., Ltd.

Sample mixtures were prepared by thoroughly mixing in a mortar. Molybdenum trioxide and activated carbon were mixed at molar ratio of 1 : 3, and the molar ratio of MoO_3 : CaO : C was 1 : 1 : 3. Composition of mixtures and final mass loss in the present study was shown in Table 1.

Table 1 Composition of mixtures and final mass loss at a heating rate of 10℃/min

No.	w_{MoO_3}/%	w_{CaO}/%	w_C/%	Mixture mass/mg	Final mass loss/%
1	72	28	—	8.2	9.7
2	80	—	20	13.2	34.8
3	61	24	15	11.4	28.5

2.2 Experimental procedure

Isothermal experiments were carried out in a conventional $MoSi_2$ furnace. The sample mixtures were placed in a corundum crucible and then lowered to the constant temperature region of the furnace. Purified nitrogen was used in the furnace tube to ensure an inert atmosphere, and the flow rate was 5 L/min. Temperature of each reaction was measured by means of a platinum rhodium thermocouple located just below the corundum crucible which contained the sample. At the end of each experiment, X-ray diffraction measurement (PANalytical, X′ Pert Pro) was taken to identify the reduction products at room temperature using Cukα radiation.

The thermogravimetric (TG) experiments were performed in a thermogravimetric analysis balance (HENVEN HCT-1/2) with the accuracy of ±0.0001mg. Alumina crucibles of 5mm in inner diameter and 4mm in height were used. The TG analyses were carried out in Ar atmosphere and the flow rate was 40 mL/min. The samples were heated in a non-isothermal mode from room temperature up to 1200℃ at a heating rate of 10℃/min. The mass changes were recorded by computer per second in the process of reaction.

3 Results and Discussion

3.1 TG analysis

In Fig. 3, the mass loss of $CaO + MoO_3$, $MoO_3 + C$ and $CaO + MoO_3 + C$ mixtures in argon atmosphere at the heating rate of 10℃/min are presented. It can be observed that temperature has a very significant influence on the reaction.

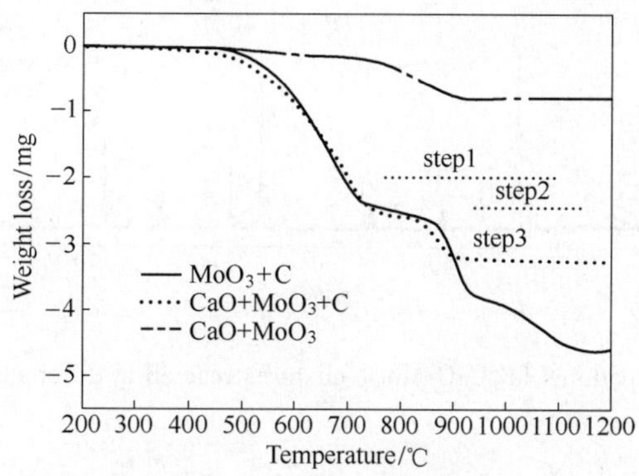

Fig. 3 Mass changes for reduction of MoO_3 with or without CaO

For $CaO + MoO_3$, there is a slight decrease in mass loss in the temperature range of 750℃ to 900℃ due to sublimation of MoO_3 which was unreacted with CaO. For both mixtures of $MoO_3 + C$ and $CaO + MoO_3 + C$, the reduction goes in 3 steps with the same starting temperature for the first step (500℃). In the case of $MoO_3 + C$ mixture, the first step can be inferred to the process of MoO_3 reduced to MoO_2 by carbon. The results are in agreement with other investigations which reported that MoO_2 was the intermediate product in the process of reduction of MoO_3 by carbon[10]. The second step is the sublimation of MoO_3 corresponding to TG curve of $CaO + MoO_3$. The third step starts above 900℃, which was attributed to the reduction of MoO_2 to Mo or molybdenum carbide.

In the case of $CaO + MoO_3 + C$ mixture, the first two stages are similar to the reaction of $MoO_3 + C$. The obvious difference is in step 3, for less mass loss in the entire reduction process. This is attributed to the reaction of CaO and MoO_3, the formation of $CaMoO_4$ stabilizes MoO_3 and prevents sublimation of MoO_3.

3.2 XRD analysis

3.2.1 $CaO + MoO_3$

The reacted samples were analyzed by XRD and the diffraction patterns obtained for samples reacted at 700℃ and 900℃ are shown in Fig. 4. This figure clearly shows the presence of $CaMoO_4$ and strong peaks for $CaMoO_4$ at 700℃ as well as 900℃. These findings indicate that the temperature of formation of $CaMoO_4$ was lower than evaporation of pure MoO_3 and the formation rate was higher than evaporation. The above-mentioned analysis confirms the preventable effect for sublimation of MoO_3 (sharply evaporate above 795℃) by CaO. The starting temperature of formation of $CaMoO_4$ observed by the current experiments is also in good agreement with that reported in literature[15] which is 610℃.

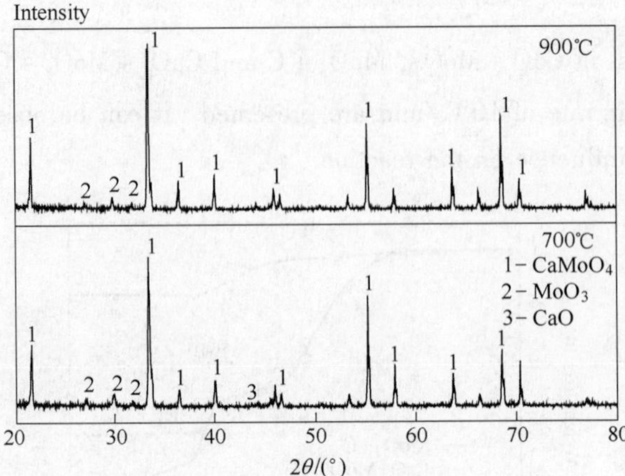

Fig. 4 X-ray diffraction patterns for $CaO\text{-}MoO_3$ mixtures reacted at different temperatures for 30 min

3.2.2 MoO_3 + C

Mixtures of MoO_3 and C at various temperatures were also analyzed by XRD. The results are shown in Fig. 5. At 800℃, strong peaks for MoO_3, MoO_2 and Mo_2C were identified. The major species were MoO_2 and partly unreacted MoO_3. It was detected that the formation of MoO_2 as intermediate species for the reduction of MoO_3 to Mo or Mo_2C. Moreover, at 1000℃, Mo_2C and a minor part of unreacted MoO_2 and MoO_3 were identified and the major species was reduction products Mo_2C. More amount of Mo was detected at 1200℃ compared with those products at lower temperature. At 1200℃, MoO_3 and MoO_2 were not detected, probably due to high activity of MoO_3 and the fast reduction rate of MoO_2 to Mo or Mo_2C.

3.2.3 CaO + MoO_3 + C

In the case of CaO + MoO_3 + C, the reaction products are shown in Fig. 6. At 800℃, $CaMoO_4$ was detected the same as mixtures of CaO + MoO_3. Meanwhile, the peaks for MoO_2, Mo_2C and unreacted MoO_3, CaO were observed. The main reduction products of CaO + MoO_3 + C at 1000℃ were Mo_2C compared to Mo at 1200℃, and that was in accordance with thermodynamics anslysis previous. It can be seen that CaO restrains volatilization of MoO_3 effectively and the reduction products were the same as MoO_3 + C, simultaneously $CaMoO_4$ was the intermediate product.

4 Reduction Kinetics

During the past years, a number of studies have been carried out on the carbothermic reduction of metal oxides[16-19]. Several mechanisms have been proposed to explain the interaction of metal oxide and carbon with the formation of solid metal or metal carbide, but some apparent contradictions in the experimental results have led to a number of different interpretations of the reaction mechanism.

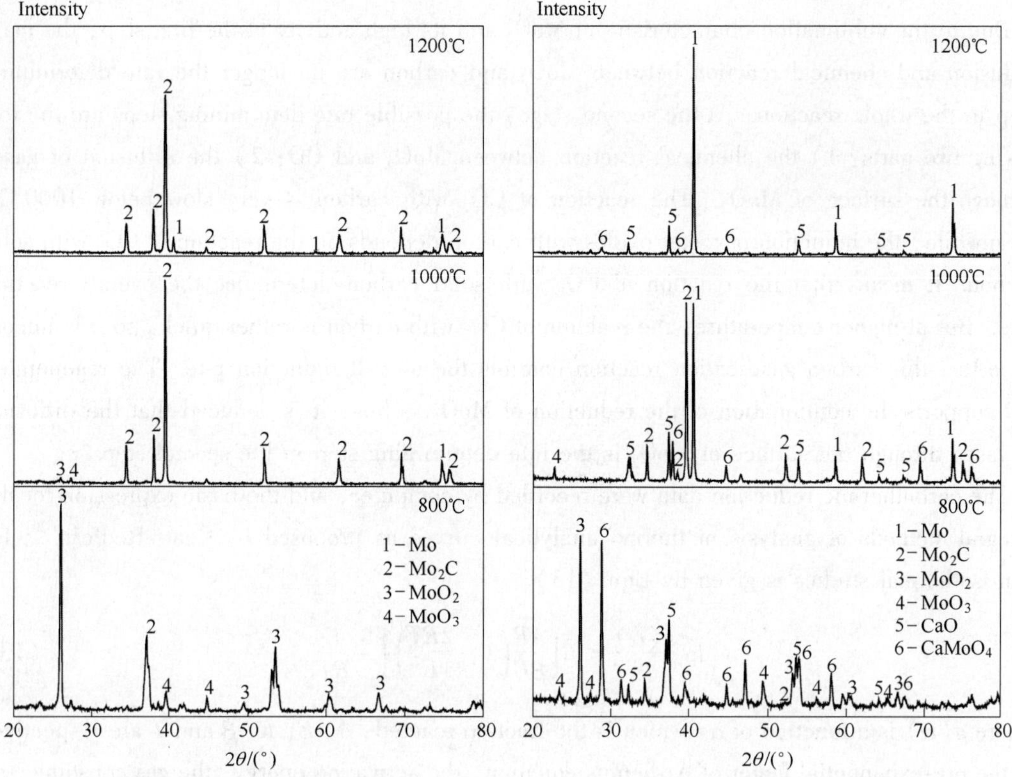

Fig. 5 X-ray diffraction patterns for MoO_3-C mixtures reacted at various temperature for 30 min

Fig. 6 X-ray diffraction patterns for CaO-MoO_3-C mixtures reacted at various temperatures for 30min

In this paper, the reduction of MoO_3 by carbon, there are some differences from the previous studies on the carbothermic reduction of metal oxides. Under the Ar atmosphere, the reduction of MoO_3 by carbon was carried out at above 795℃, the melting point of molybdenum trioxide, and MoO_3 will sublime sharply above its melting point.

Based on the thermal analysis results, the whole reduction process can be described as follows:

(1) At the beginning, MoO_3 is reduced to MoO_2 by carbon, and the reaction proceed at the surface of each MoO_3 resulting in the formation of coherent MoO_2 layer between MoO_3 and carbon. The following two processes take place simultaneously, the first one is diffusion of oxygen ion from MoO_3-MoO_2 interface towards MoO_2 interface, and the second one is the reaction of this oxygen with free carbon at the MoO_2-C interface. This step is the solid phase boundary reaction between MoO_3 and carbon particles, and the reaction rate depends on both particles size and relative proportion of the solid reactants.

(2) As the reduction progresses, the particle size of MoO_2 increases, and the contacting area between MoO_3 and carbon particle decreases. The solid phase boundary reaction between MoO_3 and carbon particles is no longer the main process. The carbon gasification reaction and the reduction of MoO_2 by CO become the main reaction process. Instantaneous reaction of MoO_2 and CO at the MoO_2 surface results in the formation of thin coherent Mo_2C or Mo layer on

the surface of MoO_2 particle.

Due to the sublimation characteristic of MoO_3 and its high activity at the first step, the mass diffusion and chemical reaction between MoO_3 and carbon are no longer the rate determining step in the whole reaction. At the second stage, the possible rate determining steps are the following two parts: 1) the chemical reaction between MoO_2 and CO; 2) the diffusion of gases through the surface of MoO_2. The reaction of CO_2 with carbon is very slow below 1000℃, meanwhile, the reduction of metal oxides with carbon depends on the reaction of CO_2 with solid carbon. It means that the reaction of CO_2 with solid carbon determines the overall reaction rate. But at higher temperature, the reaction of CO_2 with carbon is rather quick, so it is impossible that this carbon gasification reaction controls the overall reduction rate. The regenerated CO supports the continuation of the reduction of MoO_2. Thus, it is deduced that the diffusion of gases through the surface of MoO_2 is the rate determining step in the second step.

The carbothermic reduction data were recorded by computer, and the basic expression for the integral methods of analysis of thermo analytical curves as proposed by Coats-Redfern[20] for non-isothermal studies is given by Eqn. (13).

$$\ln\frac{g(\alpha)}{T^2}=\ln\left[\frac{AR}{\beta E}\left(1-\frac{2RT}{E}\right)\right]-\frac{E}{RT} \tag{13}$$

where $g(\alpha)$ is a function of α, which is the fraction reacted, A, E, R, β and T are respectively the pre-exponential factor of Arrhenius equation, the activation energy, the gas constant, the heating rate and the absolute temperature. The fraction reacted is given as follow:

$$\alpha=(W_0-W_t)/(W_0-W_f) \tag{14}$$

where W_0, W_t and W_f are initial mass, mass at time t and the final mass, respectively.

For the general chemical reaction, $1-2RT/E\approx 1$, that is to say $\ln(AR/\beta E)$ is constant for a given reaction at a constant heating rate, the plots of $\ln(g(\alpha)/T^2)$ versus $1/T$ should be a linear relationship, and the slope of the line gives the activation energy E.

The activation energy of both reactions were calculated, and the plots of $\ln(g(\alpha)/T^2)$ *vs* $1/T$ are shown in Fig. 7. The activation energy E of 52.9kJ/mol was obtained in the reaction without CaO and 56.6kJ/mol with CaO. Based on the argument, it appears in support of the diffusion of gases through the surface of MoO_2 as rate controlling step.

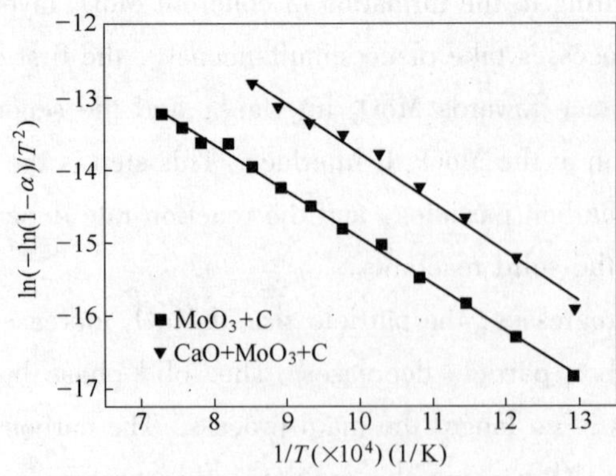

Fig. 7 Arrhenius plot for reduction of MoO_3 by carbon with or without CaO

The results of the present investigation have demonstrated feasibility of direct alloying by use of molybdenum oxide concentrates. MoO_3 can be stabilized by mixing with CaO, and for this reason, adding CaO as raw material is an effective way to improve Mo yield. For direct alloying by use of molybdenum oxide concentrates in EAF or induction furnace, before starting smelting, molybdenum oxide concentrates mixed with powdered carbon and lime were located in furnace bottom, and then scrap steel and other alloying materials were added into the furnace. As temperature rising molybdenum oxides were reduced to molybdenum or molybdenum carbide. After the scrap steel melting, molybdenum carbide or part unreduced molybdenum oxides can be reduced effectively by many other elements in liquid steel.

However, these studies focus on solid reaction, and only can be applied to prereduction in the process of temperature rising. Further studies are needed to determine the behavior of MoO_3 in liquid steel or slag.

5 Conclusions

Thermodynamic of $CaO + MoO_3$, $MoO_3 + C$ and $CaO + MoO_3 + C$ mixtures were studied, respectively. The results showed that, with the development of reduction, MoO_2 and $CaMoO_4$ appeared as the intermediates and the final reduction products were Mo or molybdenum carbide. Mixtures of $CaO + MoO_3$ are unstable and could react to form $CaMoO_4$ before the evaporation of MoO_3. From these findings, it is concluded that the reduction of MoO_3 with carbon in the presence of CaO probably results in a high yield of Mo in steelmaking process.

Reaction mechanism was proposed and discussed based on the thermogravimetry experiment. The reduction reaction of MoO_3 with carbon goes into two stages. The first stage includes the direct reaction between MoO_3 and carbon and the carbon gasification reaction. The second stage is the gas-solid reaction between CO and MoO_2, and the diffusion of gases through the surface of MoO_2 is the rate determining step through the overall reaction. In the case of $CaO + MoO_3 + C$, the reaction mechanism is similar to the reduction of MoO_3 with carbon. The only difference is the intermediate $CaMoO_4$. The activation energies of the mixtures with or without CaO were estimated to be 56. 6 kJ/mol and 52. 9 kJ/mol, respectively.

References

[1] Kulish V P, Golovin L P, Biryuk S N. Alloying of Steel with Molybdenum Concentrate [J] . Metallurgist, 1973, 16 (6): 399.

[2] Chychko A, Teng L, Seetharaman S. MoO_3 Evaporation Studies From Binary Systems towards Choice of Mo Precursors in EAF [J] . Steel Research International, 2010, 81 (9): 784.

[3] Saburi T, Murata H, Suzuki T, et al. Oxygen Plasma Interactions With Molybdenum: Formation of Volatile Molybdenum Oxides [J] . Journal of Plasma and Fusion Research, 2002, 78 (1): 3.

[4] Kirk-Othmer. Encyclopedia of Chemical Technology [M]. 5th ed. New York: Wiley-Interscience, 2007.

[5] Kennedy M J, Bevan S C. A Kinetic Study of the Reduction of Molybdenum Trioxide by Hydrogen [J] . Journal of the Less Common Metals, 1974, 36 (1): 23.

[6] Schulmeyer W V, Ortner H M. Mechanisms of the Hydrogen Reduction of Molybdenum Oxides [J] . International Journal of Refractory Metals and Hard Materials, 2002, 20 (4): 261.

[7] Gupta C K, Jena P K. Reduction of Molybdenum Trioxide by Aluminum [J] . Journal of the Less Com-

mon Metals, 1968, 14 (1): 148.

[8] Kirshenbaum A D, Beardell A J. Thermal Analysis of the Reaction of Molybdenum Trioxide with Various Metals [J]. Thermochimica Acta, 1972, 4 (3): 239.

[9] Jamshidi K, Abdizadeh H, Hanai K. Metallothermic Reduction of MoO_3 Through Making Ni-Mo Alloys by the ESR Method [J]. International Journal of Refractory Metals and Hard Materials, 2004, 22 (6): 243.

[10] Chaudhury S, Mukerjee S K, Vaidya V N, et al. Kinetics and Mechanism of Carbothermic Reduction of MoO_3 to Mo_2C [J]. Journal of Alloys and Compounds, 1997, 261 (1): 105.

[11] Manukyan K, Aydinyan S, Aghajanyan A, et al. Reaction Pathway in the MoO_3 + Mg + C Reactive Mixtures [J]. International Journal of Refractory Metals and Hard Materials, 2012, 31: 28.

[12] Speight J G. Lange's Handbook of Chemistry [M]. 16th ed. New: York: McGraw-Hill, 2005.

[13] Rao Y K, El-Rahaiby S K. Direct Reduction of Lead Sulfide With Carbon and Lime: Effect of Catalysts: Part Ⅰ Experimental [J]. Metallurgical and Materials Transactions, 1985, 16B (3): 465.

[14] Massalski T B. Binary Alloy Phase Diagrams [M]. 2nd ed. Ohio: ASM International, 1998.

[15] Yanushkevich T M, Zhukovitskii V M. Phase Diagram of the Molybdenum Trioxide-Calcium Oxide System [J]. Zhurnal Neorganicheskoi Khimii, 1973, 18 (8): 2234 (in Russian).

[16] Naiyang Ma, N. A. Warner. Smelting Reduction of Ilmenite by Carbon in Molten Pig Iron [J]. Canadian Metallurgical Quarterly, 1999, 38 (3): 165.

[17] Rao Y K, Chuang Y K. A Physico-Chemical Model for Reactions Between Particulate Solids Occurring Through Gaseous Intermediates—Ⅱ. General Solutions [J]. Chemical Engineering Science, 1974, 29 (9): 1933.

[18] Rao Y K. The Kinetics of Reduction of Hematite by Carbon [J]. Metallurgical and Materials Transactions, 1971, 2B (5): 1439.

[19] Hong L, Sohn H Y, Sano M. Kinetics of Carbothermic Reduction of Magnesia and Zinc Oxide by Thermogravimetric Analysis Technique [J]. Scandinavian Journal of Metallurgy, 2003, 32 (3): 171.

[20] Vyazovkin S, Wight C A. Model-Free and Model-Fitting Approaches to Kinetic Analysis of Isothermal and Nonisothermal Data [J]. Thermochimica Acta, 1999, 340 (1): 53.

超纯铁素体不锈钢精炼过程中的脱氮*

摘　要　分析了超纯铁素体不锈钢精炼过程中影响深脱氮的因素，指出在低碳范围内深脱氮主要决定于钢液气钢界面积、钢液搅拌强度和气相中的氮分压。SS－VOD、VOD－PB、VCR 法是精炼超纯铁素体不锈钢的有效方法。

关键词　超纯铁素体不锈钢；脱碳；脱氮；SS－VOD；VOD－PB；VCR

1　前言

间隙元素 C、N 在铁素体中的溶解度很低，如在室温下 Cr2b 铁素体不锈钢中 C、N 的溶解度分别小于 40ppm 和 60ppm[1]，过剩的 C 和 N 以碳化物（$(Cr, Fe)_{23}C_6$，$(Cr, Fe)_7C_3$）和氮化物（CrN、Cr_2N）的形式析出，恶化铁素体不锈钢的晶间腐蚀、低温冲击韧性、缺口敏感性和焊接等性能。当钢中 C、N 含量降低到极低水平时，即所谓超纯铁素体不锈钢（[C]＋[N]＜130～150ppm）或超高纯铁素体不锈钢（[C]＋[N]＜1000ppm），不锈钢的上述性能缺陷将大大改善。如 Cr19Mo2 铁素体不锈钢在不加稳定化元素 Ti、Nb 的情况下，当[C]＋[N]＜1000ppm 时不产生晶间腐蚀[2]。对 25%～26% Cr－Mo－Fe 铁素体不锈钢，当[C]＋[N]＜100～130ppm 时，焊接后不产生晶间腐蚀，[C]＋[N]＜60～80ppm 时可在恶劣的点蚀环境中使用，[C]＋[N]＜65ppm 时，不产生低温脆性[3]。

现有的不锈钢精炼方法，如 AOD、VOD、SS－VOD、VOD－PB、RH－OB、RH－KTB（KPB）、VODC、VCR 等，将 C 降到 50ppm 以下在技术上已不存在困难，但将 N 降到 50ppm 以下，却并非轻而易举。因此，超纯或超高纯铁素体不锈钢的生产中，脱氮比脱碳更困难。

2　影响不锈钢脱氮的因素

影响不锈钢脱氮的因素有钢中铬含量、钢中表面活性元素 O 和 S 的含量、反应温度、与气相接触的钢液表面积和气相氮分压 P_{N_2} 等。铬对氮的相互作用系数 $e_N^{Cr} = -0.47$[4]，钢中铬使 N 的活度下降，对脱氮不利，图 1 为钢中铬对脱氮的影响[5]。氮在钢中的溶解过程是放热反应，高温对吸氮不利，但钢水温度受耐火材料寿命和出钢温度的限制。表面活性元素氧对钢液脱氮和吸氮都不利。钢液比表面积和氮分压与冶炼方法有关，如吹氧脱碳速度、氩气搅拌强度和熔池表面的真空度等。

＊ 本文合作者：薛正良。原发表于《钢铁研究》，1998，(1)：7～10，29。

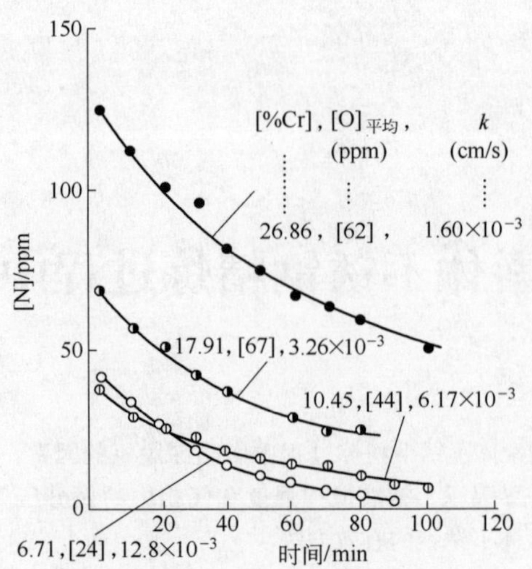

图1 钢中铬对脱氮的影响

3 真空下脱碳过程中的脱氮

3.1 钢中氮含量的变化

在真空条件下，脱氮速度，由液相侧传质和界面反应控制，脱氮速度可表达为[6]：

$$-\frac{\mathrm{d}[\mathrm{N}]}{\mathrm{d}t}=k\frac{A}{V}\{[\mathrm{N}]-[\mathrm{N}]_{\mathrm{I}}\} \tag{1}$$

式中 $[\mathrm{N}]$——时间 t 时钢液中氮的浓度,%；

$[\mathrm{N}]_{\mathrm{I}}$——气液界面上氮的浓度,%；

A，V——分别为气液界面积（cm^2）和钢液体积（cm^3）；

k——液相侧传质系数，$cm\cdot s^{-1}$。

气液界面氮浓度 $[\mathrm{N}]_{\mathrm{I}}$ 按 Sievert 定律为：

$$[\mathrm{N}]_{\mathrm{I}}=\sqrt{P_{\mathrm{N}_2}}[\mathrm{N}]_{\mathrm{e}} \tag{2}$$

式（2）中 $[\mathrm{N}]_{\mathrm{e}}$ 为 $P_{\mathrm{N}_2}=1\mathrm{atm}$（101.325kPa）时钢液中平衡氮量，可按下式计算[7]：

$$\lg[\mathrm{N}]_{\mathrm{e}}=-\frac{188}{T}-1.25-\left\{\left(\frac{3280}{T}-0.75\right)(0.13[\mathrm{C}]+0.047[\mathrm{Si}]+0.01[\mathrm{Ni}]-0.01[\mathrm{Mo}]-0.023[\mathrm{Mn}]-0.045[\mathrm{Cr}])\right\} \tag{3}$$

当 $t=0$ 时，钢液初始氮为 $[\mathrm{N}]_0$，对式（1）积分得：

$$\ln\frac{[\mathrm{N}]-[\mathrm{N}]_{\mathrm{I}}}{[\mathrm{N}]_0-[\mathrm{N}]_{\mathrm{I}}}=-k\frac{A}{V}\cdot t \tag{4}$$

$$[\mathrm{N}]=[\mathrm{N}]_{\mathrm{I}}+([\mathrm{N}]_0-[\mathrm{N}]_{\mathrm{I}})\mathrm{e}^{-k\frac{A}{V}t} \tag{5}$$

由式（4）、式（5）可见，当 $[\mathrm{N}]_0$ 一定时，钢中氮含量的变化主要决定于 $[\mathrm{N}]_{\mathrm{I}}$、$A$ 和 k。图 2 为 10kg 真空感应炉（VIF）中熔炼 17% Cr 不锈钢时氮的变化情况[8]。

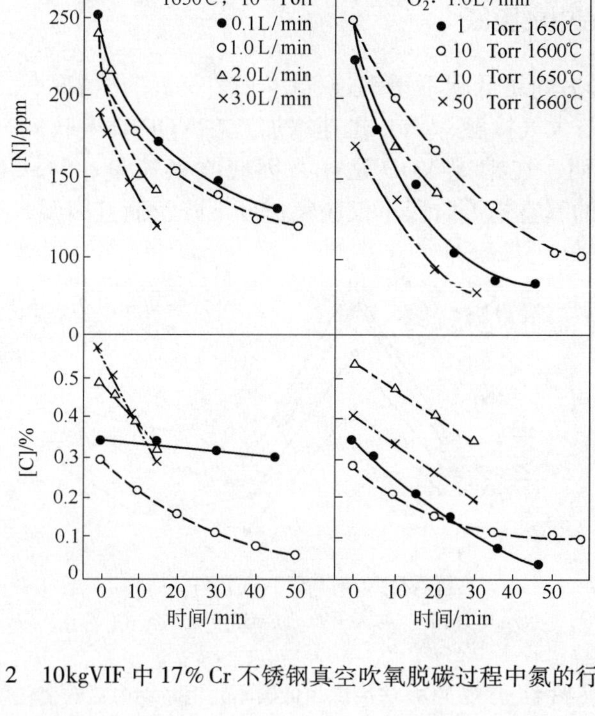

图 2　10kgVIF 中 17% Cr 不锈钢真空吹氧脱碳过程中氮的行为

3.1.1　气液界面上氮浓度 $[N]_I$

由式（2）、式（3）可见，气相氮分压 P_{N_2}、钢水温度和成分都对 $[N]_I$ 有影响。氮分压 P_{N_2} 一方面与体系真空度有关，另一方面与脱碳速率和底吹氩搅拌强度有关。当吹氧速率高，脱碳速度大时，产生的 CO 气泡量大，气泡中 P_{N_2} 就越低，因而钢中氮就越低，见图 3[8]。

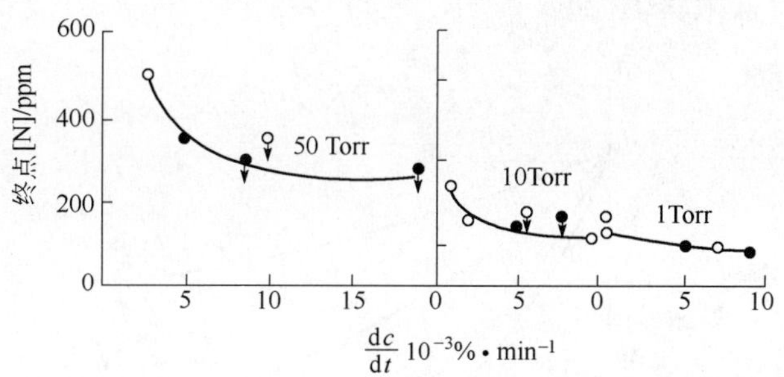

图 3　脱碳速率和真空度对 17% Cr 不锈钢终点氮含量的影响

○—1570～1610℃　●—1630～1660℃

由此可见，炉容比大的转炉型精炼炉（如 VODC 和 AOD－VCR）因吹氧脱碳速度大，在高碳区的脱氮量比钢包型精炼设备（如 VOD）大。

3.1.2　气液界面积 A 和液相侧氮的传质系数 k

气液界面积一方面决定于 CO 气泡发生量，即与供氧速度有关；另一方面决定于底吹氩流量。当钢中［C］＜0.1% 时，为避免铬氧化必须减少吹氧流量，这时 CO 气泡中的脱氮已不再重要，而主要决定于底吹氩的搅拌强度。低碳区的深脱氮，在强烈的氩气搅拌下，液相侧［N］的扩散阻力减小，k 值增加，对深脱氮是有利的。

3.2 VOD 精炼过程中的脱氮

图 4 为 VOD 法冶炼超低碳不锈钢过程中［N］的变化情况[8]，从 LD 转炉至 VOD 钢包过程中，钢水与大气接触，［N］迅速增加，在 VOD 真空吹氧脱碳过程中，［N］又很快下降。实践证明，在常规 VOD 法中，因底吹氩流量小（一般为 100～300 NL/min)，吹氧结束后的真空精炼阶段不仅脱氮速度下降，而且因漏入空气使氮回升。

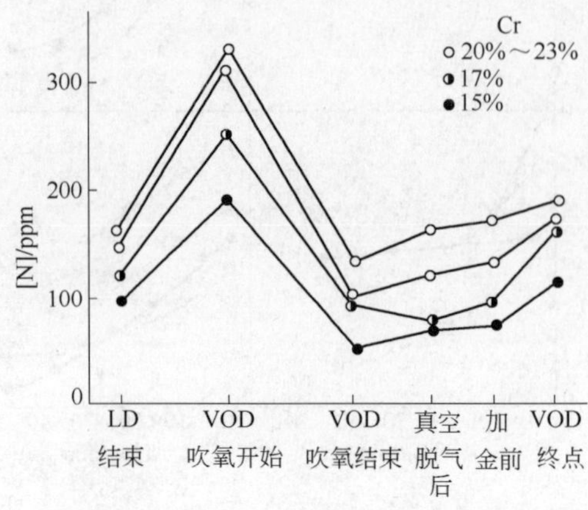

图 4　常规 VOD 法冶炼超低碳不锈钢时钢中氮的变化

在 VOD 钢包上将透气砖数量增加到 3～4 块后，底吹氩流量可增加到 1200 NL/min，这样形成的强搅拌 VOD（称 SS－VOD）比常规 VOD 在低碳区具有更高的脱碳速率，见图 5[9]。日本川崎钢铁公司 1976 年在西宫厂用 50t SS－VOD 设备精炼 16～18Cr 超纯铁素体不锈钢时用 1000NL/min 以上的大氩气流量强化钢水搅拌，使［C］降到 3～9ppm、［N］降到 30ppm。80 年代中期，他们用 SS－VOD 法生产出［C］+［N］≤100ppm 超高纯铁素体不锈钢[10]。

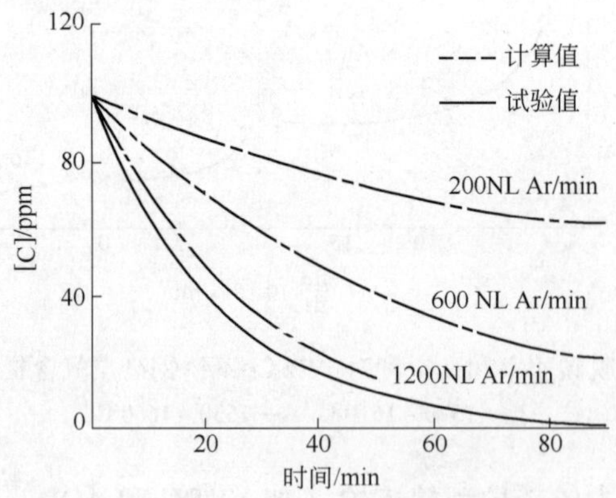

图 5　底吹氩流量对 VOD 低碳区脱碳的影响

3.3 VOD－PB 法中的脱氮

VOD－PB 法[11,12]是日本住友金属工业公司于 90 年代开发的一种从 VOD 顶部向钢水中吹入铁矿粉的粉体，以促进脱碳和脱氮反应的一种方法。氧化铁颗粒吹入钢水后分解出 O_2，在钢中形成细小的 CO 气泡核心，气液界面比 VOD 吹氧时大 2～5 倍，脱氮反应发生在 CO 气泡与金属界面上，其脱氮速度是 VOD 的 2 倍。用 VOD－PB 法冶炼 19% Cr 铁素体不锈钢时，［N］可降至 25ppm。1993 年住友金属工业公司在和歌山钢铁厂采用 VOD－PB 法大量生产 29Cr4Mo2Ni 超高纯铁素体不锈钢用于发电站的海水电容器管及汽车排气用管等，与 SS－VOD 法冶炼同钢种相比，［C］从 60ppm 降至 20ppm，［N］从 105ppm 降至 59ppm，［C］+［N］总量从 165ppm 降至 79ppm。

3.4 VCR 法中的脱氮

VCR 法是日本大同特殊钢公司发明，并于 1990 年 1 月投入运行的一种真空转炉精炼设备（Vacuum Converter Refiner），它实质上是给 AOD 转炉加上了真空功能。目前日本有 20t 和 70tVCR 设备各一台投入运行。图 6 为 VCR 设备简图[13]，其精炼工艺由 AOD 氩氧脱碳精炼阶段和 VCR 真空精炼阶段组成。AOD 精炼阶段发挥 AOD 强搅拌快速吹氧脱碳的优势，脱碳量 Δ［C］又比 VOD 法大。因此当［C］降至 0.1% 时，［N］也迅速下降，见图 7[16]。

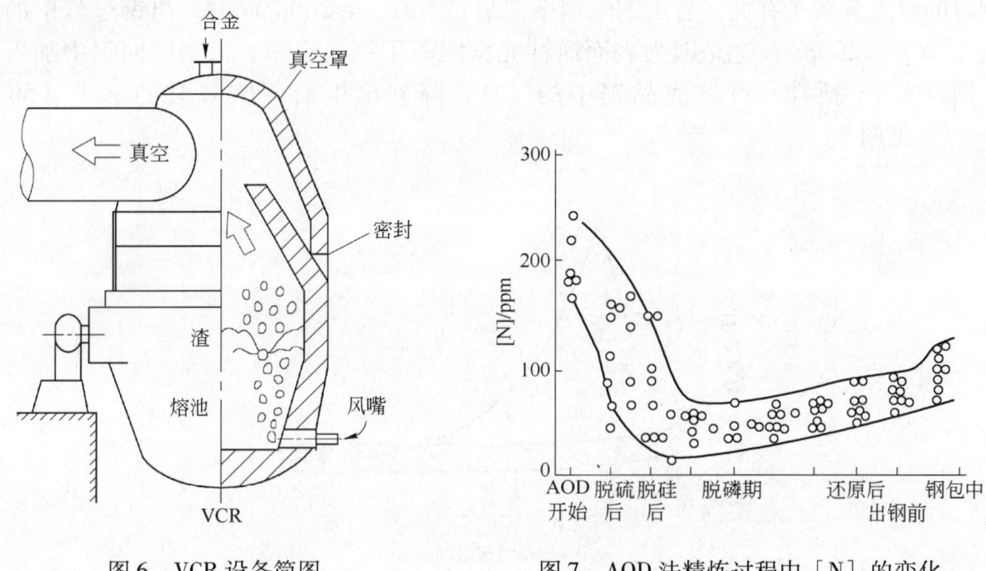

图 6 VCR 设备简图

图 7 AOD 法精炼过程中［N］的变化

纯 AOD 法吹炼时，在低碳区因 C—O 反应减弱，［N］就开始回升，而 VCR 精炼阶段不再吹氧，而是依靠钢中溶解氧和渣中化合氧在 150～20Torr 真空度下，用底部风嘴吹入流量达 300～400NL/(min·t）的氩气对溶池进行强烈搅拌，促使脱碳和脱氮[14,15]。VCR 法的底吹氩流量是 SS－VOD 法的 13～17 倍，低碳区的脱碳速度常数 k_C 是 AOD 法的 1.5～2 倍，炉内实际氮分压为 0.38Torr（0.0005atm），见图 8。由于有利的脱氮动力学和热力学条件，钢中［N］在真空精炼阶段仍不断下降。表 1 所示为经 10～20minVCR 精炼后，钢中的 C、N 含量[14]。

表 1 VCR 达到的 C、N 浓度 （ppm）

钢 种	13Cr	20Cr	18－8
［C］	20	20	20
［N］	20～40	70～90	60～80
［C+N］	40～60	90～110	80～100

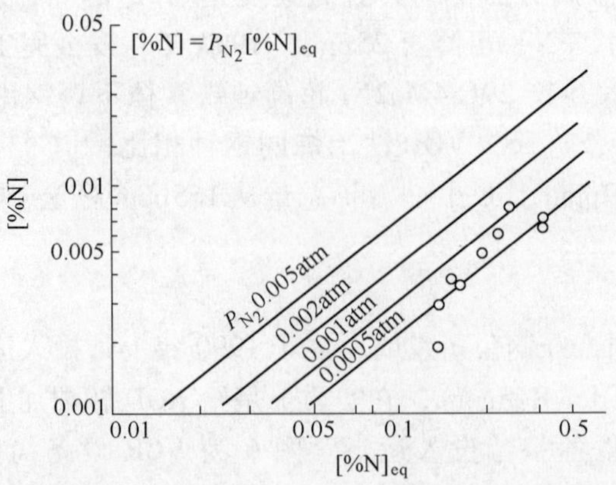

图 8　VCR 吹炼过程中炉内气相氮分压

VCR 精炼结束后，向浇钢钢包出钢过程中与大气接触会发生增氮现象，增氮量与出钢时的终点含氧量有关，若出钢时钢中总氧量［O］≥200ppm 时，出钢过程中的吸氮量 Δ[N] ＜20ppm，这是因为表面活性元素阻碍了钢液吸氮。出钢后向钢中加入硅铁，同时吹 Ar 搅拌，可使成品钢中的［O］降到出钢前不吹氧时的水平（50 ~ 70ppm），见图 9。

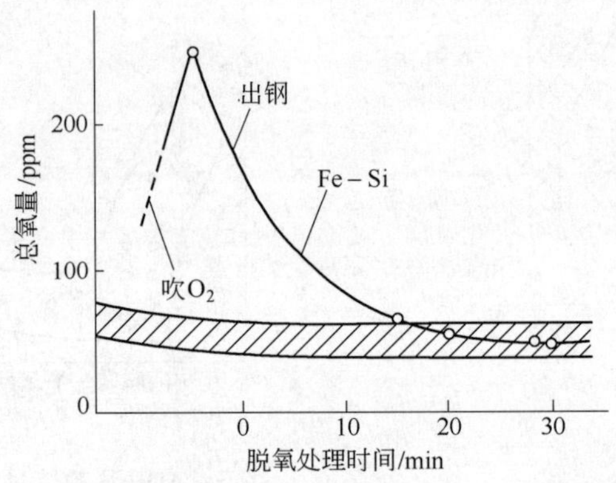

图 9　出钢前钢液中吹氧后钢包中氧含量变化

4　结语

（1）不锈钢精炼过程中的脱氮是与脱碳过程同时进行的，脱碳速度越高，脱碳量越大，脱氮量也就越大。

（2）在［C］<0.1% 的低碳范围内进行真空脱碳时，脱氮速度主要决定于底吹氩气的搅拌强度。常规 VOD 法吹氩强度小，因漏入空气有增氮倾向；SS - VOD 吹氩强度是常规 VOD 的 2 ~4 倍，真空吹氩搅拌时仍能脱氮；VOD - PB 法的脱碳机制不同于常规 VOD 的顶吹氧，其脱氮条件优于 SS - VOD。

（3）VCR 法低碳区精炼阶段的底吹氩搅拌强度是 SS - VOD 的 13 ~17 倍，强烈的搅拌大大增加了钢液比表面积，减少了气钢界面上［N］的传质阻力，气相中氮分压可降至 0. 38Torr，对冶炼超低碳、氮不锈钢十分有利。

参考文献

[1] 陆世英，张廷凯，等．不锈钢［M］．北京：原子能出版社，1995 年 9 月．

[2] 王欣增．铁素体不锈钢的开发与应用［J］．钢铁，1985，(12)：3．

[3] Yasushi Nakamura，et al. Removal of Nitrogen and Phosphorus from Ferrochrome Powder with Ca – $CaCl_2$ and Mg – $MgCl_2$ Mixtures［J］. Trans. ISIJ 1978，18：768.

[4] 曲英．炼钢学原理［M］．北京：冶金工业出版社，1980 年 12 月．

[5] 太原钢铁公司编译．减压下含铬钢水在低碳区的降氮法．含钛不锈钢连铸技术，太钢译文集：63 ~ 80.

[6] 徐匡迪．不锈钢精炼［M］．上海：上海科学技术出版社，1985 年 12 月．

[7] J Chipman，D A Corrigan. Trans. Met. Soc. AIME，1965，233：249.

[8] Hiroyuki Katayama，et al. Production of Extremely Low Carbon and Nitrogen Stainless Steel by VOD Process［J］. Trans. ISIJ，1978，18：761.

[9] W Pulvermacher，G Stolte，J Rushe. Production of High – Chrome Steel Vacuum Metallurgical Technology［J］. Steel Times，1987，215 (6)：267 ~ 274.

[10] Keich Yochoka，等．超低碳和氮的高铬铁素体不锈钢［J］．国外金属材料，1986，(11)：11 ~ 24.

[11] K Shinme，T Matsuo，H Yamaguchi，等．顶吹喷粉法除杂质［J］．国外钢铁，1994，(4)：21 ~ 26.

[12] Tsuda M，Yamauchi H，Kanekok，et al. Production of Ultra super purity ferritic stainless steel by the powder top blowing method under reduced pressure (VOD – PB)［C］. Electric Furnace Conference Proceedings，1992，(50)：259 ~ 262.

[13] Toshio Kishida，Hiromi Ushiyama，et al. Development of New Stainless Steelmaking Process［J］. Scand. J. Metallurgy. 1993，22 (3)：173 ~ 180.

[14] 森井廉，久村修山，等．Development of New Refining Process for Manufacture of Stainless Steel［J］. 电气制钢（日），1993，64 (1)：4 ~ 12.

[15] 稻恒佳夫，新贝元，等．Charactoristics and Operating Improvements of 70t VCR at chito plant，Daido Steel Co.，Ltd.［J］．电气制钢（日），1995，66 (1)：11 ~ 18.

[16] 毕传泰．超纯铁素体不锈钢的生产和应用［J］．钢铁，1996，31 (5)：74 ~ 79.

Denitriding in Refining of Ultra Low Carbon and Nitrogen Ferritic Stainless Steel

Xue Zhengliang[1]　Li Zhengbang[2]

(1. Wuhan Yejin University of Science and Technology;
2. Central Iron and Steel Research Institute)

Abstract The factors that affect ultra low carbon ferritic Stainless Steel refining are analysed. It's pointed that deep denitriding is mainly determined by specific area of gas – molten steel，bubbling mixing energy and nitrogen partial pressure in low carbon content region. SS – VOD，VOD – PB，VCR processes are effective processes of refining ultra low carbon and nitrogen ferritic stainless steel.

Key words Ultra low carbon ferritic stainless steel；decarburization；denitriding；SS – VOD；VOD – PB；VCR

弹簧钢超低氧精炼技术*

摘　要　综述了国内外清洁弹簧钢生产技术的发展，论述了钢中夹杂物变性工艺和机制，并提出需要进一步研究的问题。

关键词　清洁弹簧钢；二次精炼；非金属夹杂物；夹杂物变性

对弹簧钢疲劳寿命产生有害影响的非金属夹杂物主要是在材料热轧状态下不变形的脆性夹杂物，如刚玉、尖晶石、铝酸钙和方石英等。颗粒较大的脆性夹杂物尤其易成为疲劳裂纹源，尺寸较小的非金属夹杂物在一定范围内虽对裂纹的成核不起作用，但它有助于裂纹的扩展[1]。弹簧钢的疲劳极限与材料硬度之间的关系也受夹杂物存在的影响，特别是在高硬度范围内使用的弹簧钢，疲劳极限与硬度之间不再成线性关系[2,3]。当材料硬度超过 HV400 以后，细小的脆性夹杂物将成为疲劳源，降低材料的疲劳极限（见图1）[3]，而汽车悬挂弹簧通常在 HV430～535 硬度范围内使用。因此，降低钢中总氧量，从而降低夹杂物总量，就可以通过降低弹簧钢回火温度来提高其使用硬度，进而提高弹簧钢疲劳极限和提高弹簧抗弹性减退能力，这是生产超低氧弹簧钢的出发点。

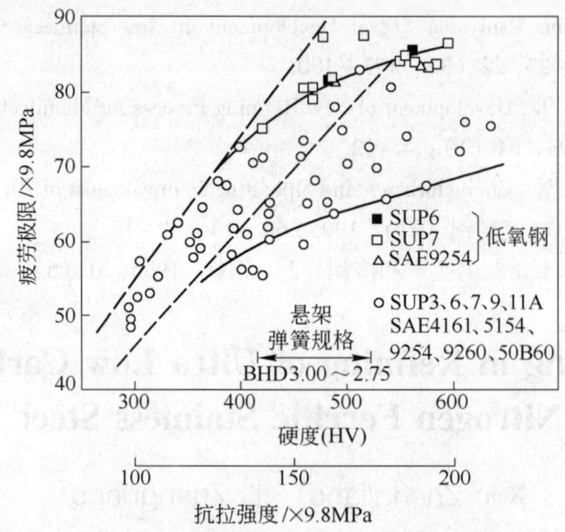

图 1　硬度对弹簧钢疲劳极限的影响

Fig. 1　Effect of hardness on fatigue property of spring steel

弹簧钢夹杂物变性技术是通过脱氧控制技术和合成渣二次精炼使钢中的夹杂物转变成热轧状态下具有可变形的塑性夹杂物，对材料的疲劳寿命不产生有害影响。相应的清洁弹簧钢生产方法也越来越受到人们的重视，就连对氧含量要求很严的轴承钢也采用无铝脱氧夹杂物变性技术[4]。

* 本文合作者：薛正良、张家雯。原发表于《特殊钢》，1998，19（3）：31～35。

1 超低氧（ULO）清洁弹簧钢生产工艺

超低氧钢的生产都是以铝作为终脱氧剂，根据铝脱氧活度积 $a_{Al}^2 a_O^3 = 2.5 \times 10^{-4}$（1600℃时）[5]，当钢中溶解铝量为 0.030% 时，钢水平衡氧含量可降到 3×10^{-6} 以下。因此，超低氧钢生产的关键是如何有效地将脱氧产物 Al_2O_3 从钢中排除。以及在浇铸过程中防止钢水二次氧化。图 2 是生产超低氧钢典型工艺流程[5]。一般用超高功率电弧炉（或 BOF）作初炼炉。出钢时用铝脱氧、除渣、钢包合成渣精炼和 RH 处理，最后连铸保护浇铸。钢包炉精炼渣为超高碱度合成渣[6]，$CaO/SiO_2 = 4 \sim 6$，渣中（%MnO +%FeO）应低于 1.0%，SiO_2 含量低于 10%。钢包炉精炼可以达到钢水升温、促进脱氧剂脱氧、吹氩搅拌促进夹杂物上浮和避免钢水二次氧化的目的；RH 处理主要是进一步促进夹杂物聚集和上浮、去氢和去氮，而真空下碳脱氧的作用是次要的。目前这种工艺流程已用来生产超低氧弹簧钢[2,10]、表面硬化钢[6~9]和轴承钢[11]等。图 3 为这一工艺生产的超低氧钢的总氧量分布[6]。

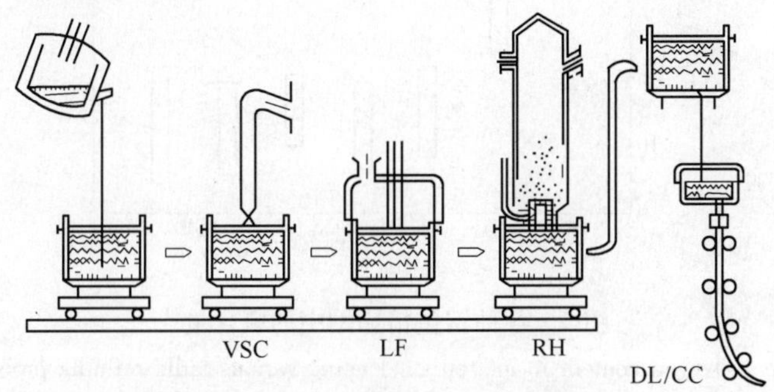

图 2 超低氧钢生产典型工艺流程

Fig. 2 Representative schematic diagram of ultralow oxygen steel production

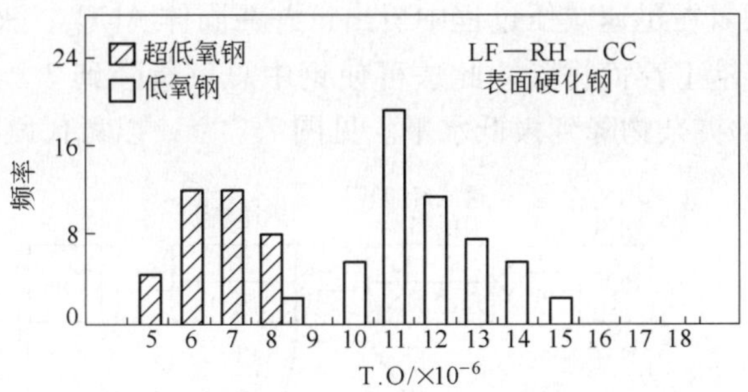

图 3 LF - RH - CC 工艺脱氧能力

Fig. 3 Deoxidation ability of LF - RH - CC process

单独使用 RH 装置处理的钢厂，如日本新日铁[10]和巴西 USIMINA 钢厂[13]，它们采用如图 4 所示的 RH - SCS（super - clean steel）法[12]，即在 RH 真空室内加入 CaO/CaF_3 合成渣进行处理，真空室内钢渣之间反应十分活跃，使钢液充分去硫、去气和夹杂物排除。图 5 表明这种处理方法与 VAD、ASEA - SKF 具有相同的去夹杂能力[13]。

日本钢管公司的超低氧钢精炼法，NK - PERM（Pressure Elevating and Reducing Method）生产工艺流程见图 6[14,15]，它是用 BOF 吹炼的钢水在带有加热功能的 NK - AP

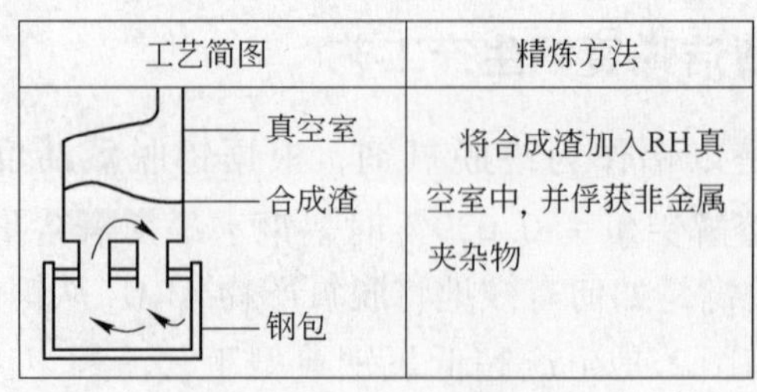

图4 RH－SCS工艺简图

Fig. 4 Schematic of RH－SCS refining process

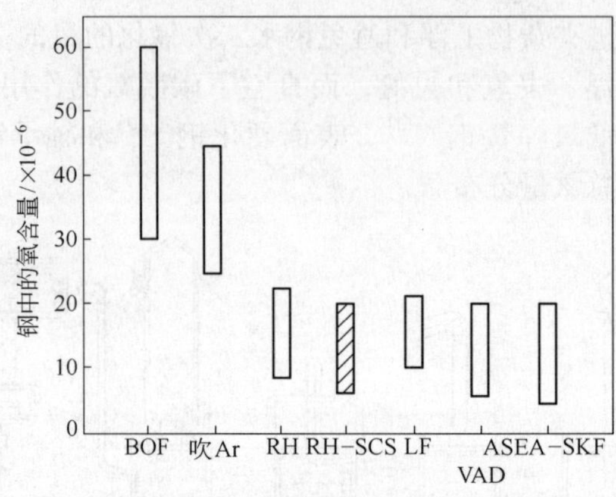

图5 各种钢包精炼钢中的氧含量

Fig. 5 Oxygen content in molten steel using various ladle refining process

钢包炉中用超高碱度合成渣（5%～15% CaF_2）精炼，同时用顶吹喷枪和包底透气砖吹氮，使钢中［N］达到 $100\times10^{-5}\sim400\times10^{-6}$，然后在 RH 真空循环脱气装置中脱气除夹杂。钢中过饱和的氮在迅速减压过程中析出，并在固体 Al_2O_3，夹杂物表面形成细小气泡，夹杂物随小气泡上浮而排除。此法可使钢中总氧量降到 $7\times10^{-6}\sim9\times10^{-6}$，特别是可将 2μm 以下的夹杂物降到极低水平。见图7[14,15]，以氮代氩降低了生产成本。

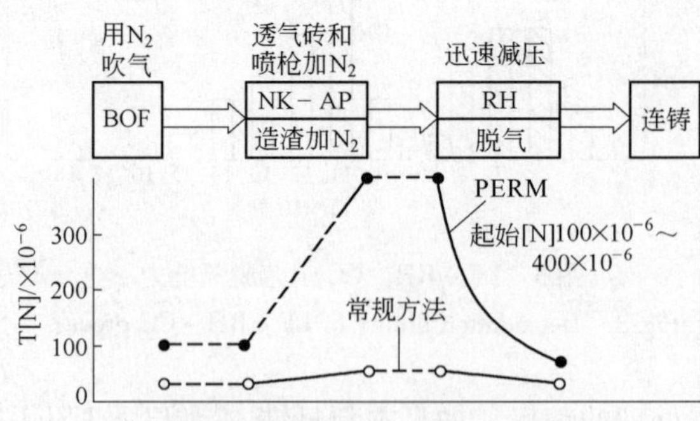

图6 NK－PERM法生产流程

Fig. 6 Flow sheet of NK－PERM process

L. Wang 等[16]根据 NK－PERM 法去夹杂机理，提出了在钢包下水口与长水口保护管之间引入氩气的方法来产生细小气泡促进夹杂物分离的设想，他们根据水力学模型测定了这一方法产生的气泡直径 <0.5～1.0mm，而用风嘴或喷枪吹气产生的气泡直径

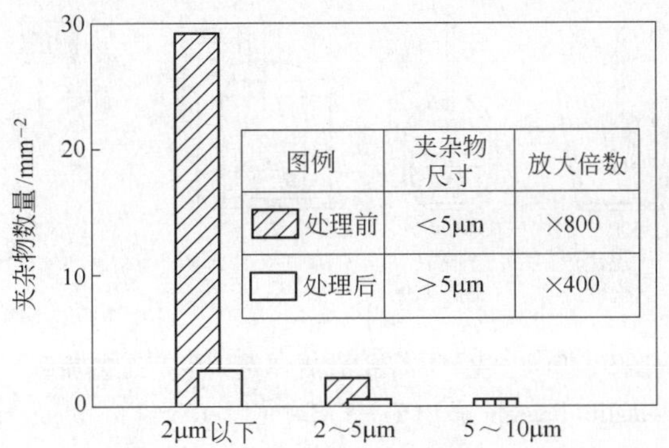

图 7 NK-PERM 处理前后夹杂物分布变化

Fig. 7 Change of distribution for inclusion before and after NK-PERM process

为 20mm 左右，透气砖产生的气泡直径为 10～20mm。

超低氧钢生产中为避免炉衬带入 Al_2O_3 夹杂物，要求钢包内衬使用含 Al_2O_3 量低的 CaO-MgO 质耐火材料。

2 夹杂物变性清洁钢的精炼技术

当钢水用铝脱氧时，脱氧产物主要是固态的 Al_2O_3，用钙处理的方法使其转变成铝酸钙的变性处理已在工业生产中广泛应用，解决了铝镇净钢连铸时水口堵塞问题。但铝酸钙仍属脆性夹杂物，对材料疲劳寿命有害。对弹簧钢来说，夹杂物变性处理的关键是使用铝含量尽量低的硅铁脱氧（脱氧控制技术），然后用低碱度渣在钢包炉（VAD、ASEA-SKF 等）中精炼（合成渣精炼技术），使钢中夹杂物组成控制在低熔点、且有良好变形性的组成范围内（夹杂物组成 $Al_2O_3$15%～25%，CaO/SiO_2=0.3～1.0）[5,17,18]，并通过吹氩或电磁搅拌使液态夹杂物聚集上浮。

清洁弹簧钢生产的典型工艺流程见图 8 和图 9。图 8 是日本神户制钢的 BOF—ASEA-SKF—CC 阀门弹簧钢生产工艺流程[19]，它以硅脱氧控制钢水氧活度并依靠 ASEA-SKF 钢包炉低碱度合成渣精炼使夹杂物变性。通过材料疲劳断裂检测疲劳断裂源处夹杂物组成，已转变成主要是富 SiO_2 的 $SiO_2-Al_2O_3$、$SiO_2-Al_2O_3-MgO$ 系夹杂。图 9 为 BOF—VAD—CC 超纯净弹簧钢生产工艺流程，日本住友金属采用这一工艺时在 VAD 中用 $CaO-SiO_2$ 系低碱度合成渣精炼，同时加钙促进夹杂物变性。通过这一工艺处理，夹杂物成分已由 VAD 精炼前的方石英转变成钙长石和假硅灰石，弹簧钢的氧含

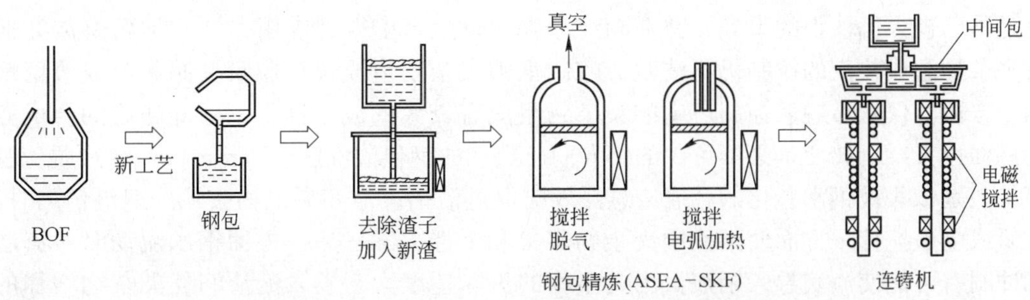

图 8 BOF—ASEA-SKF—CC 超纯净阀门弹簧钢生产流程

Fig. 8 BOF-ASEA-SKF-CC process of super clean spring steel for valve

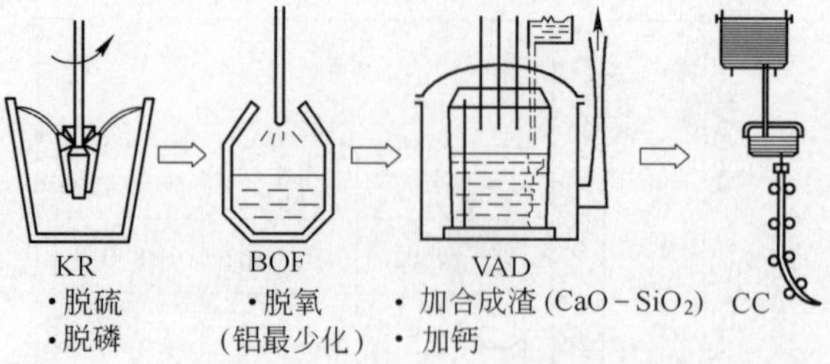

图9 BOF—VAD—CC 清洁弹簧钢生产工艺流程

Fig. 9 Schematic diagram of BOF—VAD—CC process for clean spring steel

量降到 20×10^{-6}[20]。

日本川崎和神户制钢分别采用 RH 和钢包炉进行夹杂物变性处理生产汽车轮胎钢丝。川崎采用在 RH 真空脱气装置中用组成为 $R=1.0$，$Al_2O_3=10\%$ 的渣料处理，钢中总氧量 $10\times10^{-6}\sim20\times10^{-6}$[17]；神户在钢包炉中用 $R=1.0$，$Al_2O_3=8\%$ 的合成渣处理时，夹杂物组成与钢液已达成平衡[8]。

硅脱氧的不足之处是钢中平衡氧量比较高，为了既使钢中总氧量下降到超低氧水平，又使夹杂物变性，我国大冶特殊钢公司采用铝脱氧和低碱度渣处理相结合的方法生产清洁轴承钢。他们用“50t EF—60t 钢包—下注 3 t 锭”工艺[21,22]，当钢中铝为 0.020% ~0.050% 时在钢包中用 $CaO/SiO_2=1.5\sim2.5$ 的熔渣吹氩搅拌精炼，钢液平衡 T·O 达 8.7×10^{-6}，B 类夹杂物最高级别为 2 级，平均 1.28 级，且不出现 C、D 类夹杂物。用“50tEF—60t VAD—IC”工艺[23]生产时，钢中残铝 0.025% ~0.035%。精炼渣 $CaO/SiO_2=2.0$ 时，钢中平均 T. O 为 12×10^{-6}，B 类夹杂物平均为 1.08 级，无 C、D 类夹杂物。实际上还没有足够证据表明夹杂物已变性，只是因为氧化物夹杂总量下降，硫化物相对比例升高。

若用“EF—LF—RH—CC”流程来生产弹簧钢就可以将钢水用硅脱氧，钢包炉低碱度渣精炼、吹氮搅拌促使夹杂物变性和上浮，RH 真空碳脱氧、过饱和和氮析出使仍未变性的 SiO_2 或 Al_2O_3 浮出并进一步促使液态夹杂物聚集上浮。

3 夹杂物变性

3.1 变性机理

用低碱度渣钢包炉精炼使硅脱氧产物转变成 $CaO-Al_2O_3-SiO_2$ 多元低熔点夹杂物，这是早已被人们认识的事实，并在超纯净弹簧钢生产中得到应用[19,20]。但精炼渣如何使夹杂物组成改变的机制仍不清楚。控制钢中夹杂物组成包括脱氧控制和合成渣精炼两个方面。仅依靠脱氧控制产生的夹杂物组成有较大的波动性[8]，因此随后的合成渣精炼促进夹杂物转变是必不可少的。人们已熟知的钢包渣洗法（Perrin Process）脱硫脱氧工艺是依靠被钢水乳化的合成渣悬浮效应促进渣钢反应和夹杂物去除。钢包精炼时，吹氩或电磁搅拌一方面使钢液中夹杂物聚集和上浮去除，另一方面钢水流动时对渣层的冲刷有可能使渣滴卷入钢液。当夹杂物的去除速度大于卷入的渣滴使夹杂物增加的速度时，钢中总氧量是下降的。这一过程可用图 10 来描述。经过二次精炼以后，钢中的夹杂物由 3 部分构成：脱氧产物、卷入钢中的残渣和变性夹杂物。随精炼时间延长，夹杂物中脱氧产物的比例越来越少，变性夹杂物的比例越来越高。这种夹杂物变性过程只对钢中一次脱氧产物和因钢液温度下降脱氧平稳移动产生的二次脱氧产物有效，它不能改变钢水凝固时产生的三次脱氧产物的成分。控制钢液中最终［Al］、［Ca］含量，使钢液凝固析出的三次脱氧产物为具有塑性组成的 $CaO - Al_2O_3 - SiO_2$ 多元低熔点夹杂物是现代夹杂物形态控制技术的关键。

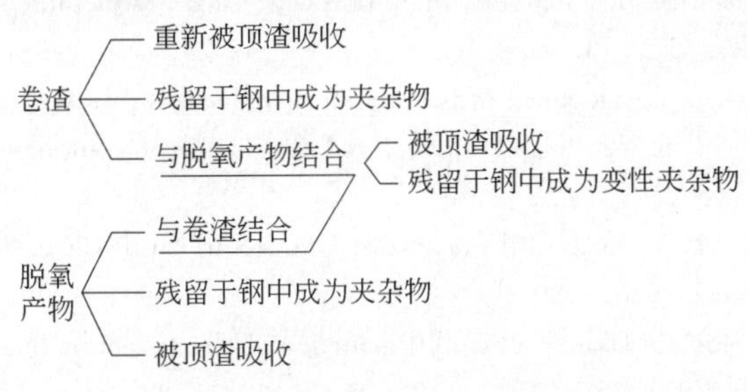

图 10　钢中夹杂物变性机制

Fig. 10　Mechanism of inclusion modification in molten steel

3.2　搅拌功率、搅拌时间对夹杂物变性的影响

通常二次精炼的搅拌功率控制在较低的范围以防止钢流卷渣，文献［24］认为吹氩搅拌时防止钢水卷渣的搅拌功率不应大于 50～100 W/t，大冶特钢公司的 60tVAD 精炼时搅拌功率为 30～50W/t[25]。从有利于夹杂物变性的角度看，似乎应适当提高搅拌功率造成一定量的卷渣，或者分段设置搅拌功率的大小，即开始以较高的功率搅拌钢水，使部分精炼渣卷入钢液促进夹杂物变性，然后再以较小的功率进行后搅拌（Post Stirring）或称清洗搅拌（Washing Stirring）促使夹杂物聚集和排除。

4　结语

（1）各种超低氧钢的精炼方法已在弹簧钢生产中得到应用，其特点是铝脱氧、高碱度渣精炼和 RH 脱气除夹杂处理。结合良好的连铸保护浇铸技术和 CaO－MgO 质耐火材料的应用，将钢中总氧量降到 10×10^{-5} 以下在技术上已不存在困难。

（2）使夹杂物变性的方法是清洁弹簧钢生产的有效途径。用铝含量低的硅铁脱氧以及钢包炉低碱度渣二次精炼是促使夹杂物变性的基本手段。若采用“LF—RH—CC”流程，应能得到更低氧含量、且夹杂物已变性的弹簧钢。

（3）需要进一步研究夹杂物的变性机制，精炼渣的组成、性质以及搅拌功率的大小对夹杂物变性和夹杂物排除过程中的作用。

参 考 文 献

［1］李为缪．钢中非金属夹杂物［M］．北京：冶金工业出版社，1988：246.

［2］Tomohito Itkobo. Yoko Ito，Hiroaki Hayashi. Effect of nonmetallic inclusions on fatigue properties of Ultra－clean Spring Steels. Denk Seko（Electric Furnace Steel），1986，57（1）：23.

［3］铃木三千彦，胁门惠洋．ばね材料の最近动向［J］．特殊钢（日），1989，38（7）：12.

［4］Tmery D，Bettinger R，et al. Alummium－free bearing steel［J］. Stabl and Einen，1997（8）：79

［5］Oeters F. Metallurgy of Steelmaking. 1994：16.

［6］Egocht J，Kumura T，et al. Slag metallurgy in high quality steel in AICHI steel works［C］. Steelmaking

Conference Proceedings, 1992: 639.

[7] Hirokt Obta, Hideaki Surto. Activities in $CaO - SiO_2 - Al_2O_3$ slags and deoxidation eqodbria of Si and Al [J]. Metallurgtcal and Materials Transaction, 1996, 27B: 943.

[8] Maeda S, Soepma T, Saho T, et al. Shape control of inclusion in wire rods for high tirecord by refining with synthetic slag [C]. Steelmaking Conference Proceedings, 1989: 379.

[9] 徐匡迪. 对炉外精炼钢的质量要求及其单元操作 [J]. 特殊钢. 1987, 8 (4): 1.

[10] Makoto Saitob, Ktyoshi Morn. Properties of ultra - low oxygen structural steel. Denki Seiko (Electic Furnace Steel). 1980, 51 (1): 4.

[11] Toshtkazu Uesugl. Recent development of bearing steel in Japan [J]. 鉄と鋼. 1988, (10): 1889.

[12] Oka E, Kurosu N, et al. New high - quality rod for suspension springs in automobiles [J]. Wire J. Int., 1986, (5): 57.

[13] De Souza Costa S L, et al. Clean steel practice at USIMINAS [C]. Clean Steel Proceedings of The 3rd Int. Conf. on Clean Steel. 1986: 289.

[14] Teruyki Hasegana, Shinichi Okimoto, et al. Production of clean steel by pressure elevating and reducing method [J]. NKK 技报, 1995, (151): 12.

[15] Matsuno H, Kikuchi Y, Komatso M, et al. Development of the ladle refining process for ultra clean steel by slag control and new deoxdation method [C]. Proceedings of The Second Canada - Japan Symposum on Modern Steelmaking and Cast Techniques. Torunto, Ontario, 1994: 129.

[16] Wang Laihua, Lee Hae - Geon, Hayes Peter. A new approach to molten steel refining using fine gas bubble [J]. ISIJ Int. 1996, 36 (1): 17.

[17] Shixsho Yotaka, Okano Shinobo, et al. Flox treatment with an object to minmize effects of inclusion in steel wire for tirecord use [J]. Trans. ISIJ. 1982, 22: B368.

[18] Bernard G, Riboud P V. Oxide inclusions plasticity [J]. Revue de Metallorgie - CIT. 1981, (5): 421.

[19] Kiyoshi Shiwaku, Juo koarai, et al. Super clean steel for valve spring [J]. R&D 神户制鋼技報, 1995, 55 (4): 78.

[20] Toshiaks Hagware, et al. Super - clean steel for valve spring quality [J]. Wire J. Int. 1991, (4): 31.

[21] 王昌生, 易继松, 等. 轴承钢非真空精炼工艺及其冶金效果 [J]. 特殊钢, 1992, 13 (1): 45.

[22] 王昌生, 易继松, 等. 非真空精炼轴承钢工艺在 50t 电弧炉上的应用 [J]. 冶钢科技, 1991, (1): 1.

[23] 王平, 易继松, 等. 50t EF - 60t VAD 轴承钢生产工艺和冶金质量 [J]. 特殊钢, 1991, 12 (5): 24.

[24] 王平, 张鉴, 马廷温. 精炼脱氧技术中几个混淆的概念和模糊问题 [J]. 炼钢, 1994, (6): 43.

[25] 易继松, 王平, 等. 60tVAD 精炼过程恒功率控制模型及生产应用 [J]. 特殊钢, 1992, 13 (3): 31.

Refining Technolongy of Ultra - Low Oxygen Spring Steel

Xue Zhengliang　Li Zhengbang　Zhang Jiawen

(Central Iron and Steel Research Institute)

Abstract The current development of production process for clean spring steel is reviewed in this paper. The technique and mechanism of modification of inclusion in steel are presented and the problems to be research are also pointed out.

Key words clean spring steel; secondary refining; non - metallic inclusion; inclusion modification

结晶器保护渣对超低碳钢增碳的影响*

摘　要　论述了连铸超低碳钢结晶器保护渣的特性和铸坯增碳机理，提出了选择保护渣的原则，并介绍了防止铸坯增碳的方法和经验。对降低超低碳钢在连铸过程中的增碳量具有一定的意义。

关键词　结晶器保护渣；超低碳钢；增碳；连铸

随着国民经济的飞速发展，尤其是汽车工业和能源工业的发展，对 IF 钢和无取向硅钢这类超低碳钢［C≤0.003%（质量分数，下同）］铸坯的表面和内部质量提出了更高、更严的要求，而这与连铸过程中使用的结晶器保护渣关系很大。

众所周知，结晶器保护渣在连铸工艺中起着至关重要的作用，它具有绝热、保温、吸收夹杂物、润滑和传热等功能，其性能直接影响铸坯的内、外质量及铸机生产率。但是，由于结晶器保护渣中含有作为熔速控制剂的碳，连铸过程中不可避免地会使铸坯表面和内部的碳含量增加。超低碳钢连铸工艺中最敏感、最棘手的问题就是保护渣对铸坯的增碳作用。连铸过程的增碳，往往将前面精炼的成果丧失殆尽，大大降低了 IF 钢的深冲和延伸性能，并会造成高牌号无取向硅钢降级使用。所以，连铸过程中防止铸坯增碳是整个冶炼工艺成功的关键。

1　超低碳钢在连铸过程中的增碳机理

一般情况下，如果保护渣熔化速度控制得当，在结晶器液面上会形成合理的 3 层结构，即粉渣层、烧结层和熔渣层。当钢液面波动小，钢—渣界面比较平静时，熔渣中碳的溶解度很低，故不会造成铸坯增碳。然而，在连铸超低碳钢时，确实存在增碳现象。这主要是在钢液面波动的情况下富碳层的存在造成的。虽然碳是高温下易溶于钢液中的元素，但它在熔渣层中的溶解度却很小（0.1%～0.2%），这与熔渣的碱度（$R = C/S$）和温度有关。由于在熔渣形成过程中渣料中炭粒密度的不同，上浮到熔渣层与烧结层的界面上，形成一层厚 0.3～3.0mm 的富碳层（见图 1），其碳含量最高可达保护渣原始碳含量的 6 倍左右，而且该富碳层具有非烧结特性，很容易与钢液混合[1]。

富碳层碳含量如此高，这些碳能否通过熔渣层及钢—渣界面进入钢液，这与碳的扩散系数有很大关系。有人曾推导出扩散进入钢中碳含量的简单计算式[2]为：

$$Q = A\left(C - \frac{1}{r}\right)\sqrt{\frac{D}{\pi\tau}}$$

式中　A——钢—渣界面面积；

　　C——富碳层中的碳浓度；

* 本文合作者：吴杰、林功文。原发表于《钢铁研究学报》，1999，11（1）：66～72。

r——碳在熔渣中的活度系数；

D——碳在熔渣中的扩散系数；

τ——扩散时间。

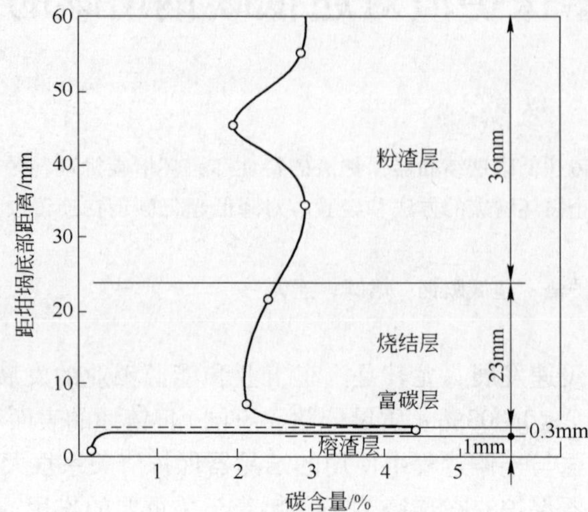

图1　碳含量和保护渣层的关系

Fig. 1　Distribution of carbon in the layers of the mold powder

由于 D 非常小，富碳层的碳通过扩散进入钢液的可能性同样非常小。

尽管碳在熔渣中扩散速度非常慢，但由于富碳层与钢液弯月面距离很近，而且碳在钢中溶解度较高，所以在浇铸超低碳钢时，一旦钢液面出现波动（这种现象也是客观存在的，尤其在换中间包、水口和改变拉坯速度等情况下），如果此时熔渣层厚度不够，极有可能造成富碳层卷入结晶器与铸坯间、富碳层与铸坯凝固层接触或富碳层与钢液弯月面接触，甚至钢液与保护渣粉末层及含碳渣块直接接触，这一切都会使铸坯增碳（见图2）[3]，这也是造成超低碳钢在浇铸过程中增碳的最主要原因。

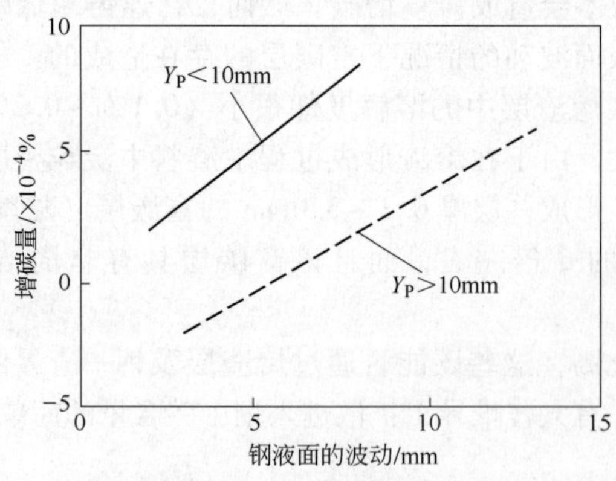

图2　铸坯增碳量与钢液面波动的关系

Fig. 2　Relationship between the carbureting of cast slab and the level fluctuation of molten steel

另外，以下两条原因也容易造成超低碳钢在浇铸过程中增碳：

(1) 开浇时粉渣层对铸坯的增碳作用。

开浇后，将粉渣加入结晶器，由于保护渣的熔化需一定时间，当熔渣层尚未形成时，粉渣与钢液接触，这时粉渣极有可能被流动的钢液卷走。由于粉渣中原始碳含量高于钢液碳含量，必然造成铸坯增碳。浇铸长度方向板坯表面碳含量的变化见图 3，在开浇时可观察到严重的增碳现象[4]。

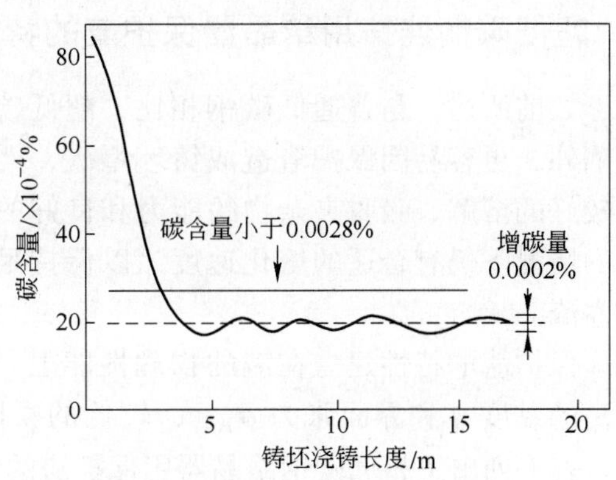

图 3　增碳量与铸坯浇铸长度的关系

Fig. 3　Relationship between the carbureting and the casting length of cast slab

(2) 保护渣的附着对铸坯的增碳作用。

在结晶器出口处，附着在铸坯表面的保护渣，在冷却过程中结晶硬化后呈烧结态无法剥离，从而被拉辊压入铸坯表层，发生渗碳而造成增碳，其热力学条件为：

$$C = [C]\Delta F = 8\,900 - 12.10T$$

式中　T——绝对温度。

可见，铸坯温度只要高于462.5℃，即红热的铸坯表面都可能渗碳。

图 4 为铸坯增碳相关原因综合示意图。

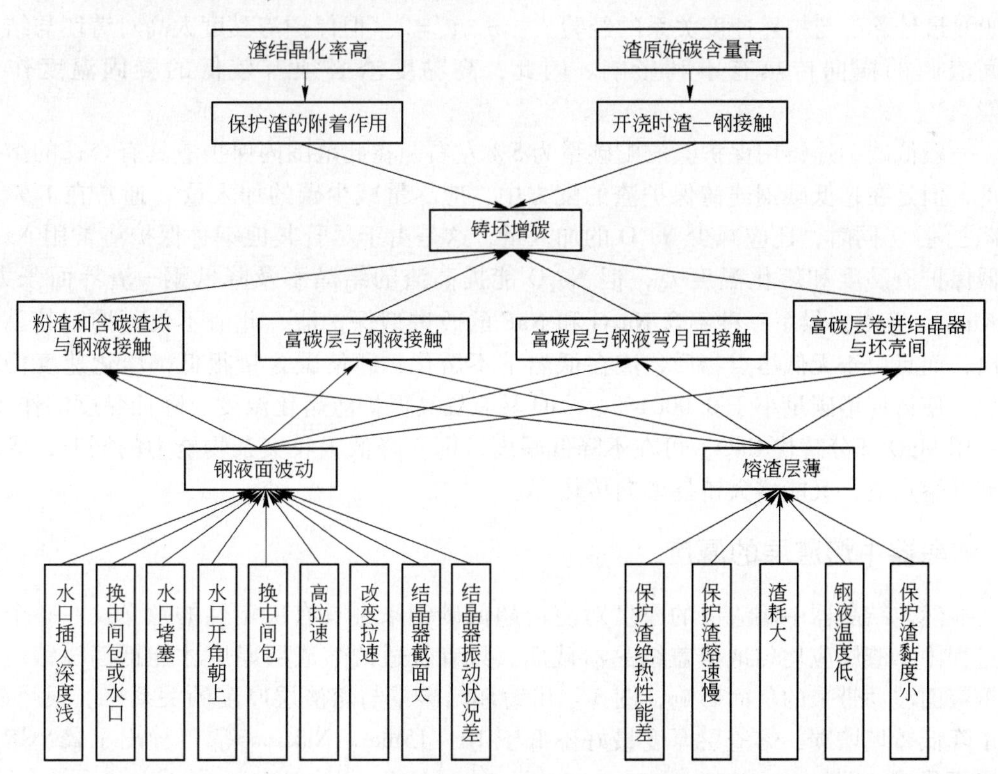

图 4　铸坯增碳相关原因综合示意图

Fig. 4　Schematic of the factors affecting the carbureting of cast slab

2 超低碳钢连铸用结晶器保护渣的特性

如前所述，与普通低碳钢相比，超低碳钢连铸时，除铸坯易产生一些常见的表面缺陷外，更容易因保护渣造成铸坯增碳，严重影响钢的成材率。这要求保护渣不仅要有较好的溶解、吸收夹杂物的能力和良好的绝热性能，还要求保护渣在配碳量尽可能低的情况下仍有合适的熔化速度，以保持足够的熔渣层厚度，才有可能避免铸坯增碳和卷渣。

保护渣的特性建立在渣的物理性能上。针对上述特点，超低碳钢用保护渣必须有较高的黏度 η 和界面张力 σ_{m-s}、较低的凝固温度 t_s 和结晶化率以及合适的熔化速度 v_m。表 1 列出了超低碳钢结晶器用保护渣的物理性能[5, 6]。

表 1 超低碳钢连接用结晶器保护渣的物理性能

Table 1 Physical properties of the mold powder used for ultra – low – carbon steel

v_c /(m · min^{-1})	η/Pa · s (1300℃)	t_s/℃	t_m/℃
0.8 ~ 1.2	0.15 ~ 0.40	950 ~ 1050	1000 ~ 1040
1.3 ~ 1.8	0.12 ~ 0.26	950 ~ 1000	980 ~ 1000

保护渣具有高黏度和高界面张力时，避免卷渣和铸坯粘渣[5]，尤其对无取向硅钢，保护渣黏度高还可以弥补低拉坯速度对熔渣层厚度的负面影响。因为拉坯速度低除了渣耗高外，铸坯纵向传热也低，热流量减小，导致熔渣层变薄。日本新日铁[7]提出1300℃最佳黏度与拉坯速度关系的经验式：$\eta \cdot v_c = 2$。但保护渣黏度太高对铸坯与结晶器间渣膜的横向传热有不利影响。因此，高黏度渣必须有较低的凝固温度作为补偿[8, 9]。

一般低碳钢连铸用保护渣的配碳量为5%左右，在此范围内保护渣具有合适的熔化速度，但是在超低碳钢连铸保护渣的配方中，应尽量减少碳的加入量（通常在 1 % ~ 3 %之间）。同时，还应减少 Na_2O 的加入量，这是由于尽管其他钢种保护渣常用 Na_2O 降低保护渣黏度和熔化温度 t_m，但 Na_2O 能提高渣的结晶率及降低钢—渣界面张力，A. Kusano 等[9]提供了一种不含 Na_2O 和 NaF 的改进型保护渣，此渣不仅可抑制其晶体析出，而且由于无低熔点物质，渣在低温下不熔化，即使碳含量很低，熔化速度仍较理想，使铸坯增碳量小于0.0001%。CaO 具有提高保护渣熔化温度、降低黏度的作用，如果用 MgO 部分替代 CaO，可在不降低碱度，即不降低吸收夹杂物能力的同时，既能得到低熔点渣，又能增大铸坯横向传热[8]。

3 结晶器中熔渣层的厚度

显然，结晶器中熔渣层的厚度对浇铸超低碳钢来说具有决定性的意义。在整个浇铸过程中，渣层应均匀地覆盖结晶器截面。只有合适的熔渣层厚度才能抵消浇铸过程中钢液面波动带来的负面影响，图 5 示出铸坯增碳量与熔渣层厚度的关系[3]。很明显，为了降低铸坯增碳，熔渣层厚度最好不低于 10 ~ 15mm。Nakano 等[10]导出了最小熔渣层厚度公式，即：

$$Y_P = S \cdot \sin\left(\frac{\pi N}{2}\right) - \left(\frac{500 N v_c}{f}\right) + \delta$$

式中　S——结晶器振幅，mm；

f——结晶器振动频率，C/min；

v_c——拉坯速度，m /min；

δ——钢液面波动，mm；

N——负滑脱率。

熔渣层厚度取决于钢水的传热量和保护渣的物理化学特性，而影响钢液传热量的主要因素是拉坯速度和钢液温度。随拉坯速度提高，钢液纵向热流密度增加，熔渣层变厚[11]（见图6），但是熔渣层厚度在整个结晶器截面上的分布是不均匀的[12]，熔渣层厚度随结晶器位置而变化，在接近结晶器壁处，熔渣层很薄，而且 Y_P（水口附近）$>Y_P$（宽面）$>Y_P$（窄面）。保护渣的熔化速度和黏度越高、熔点越低和绝热性能越好，熔渣层就越厚。

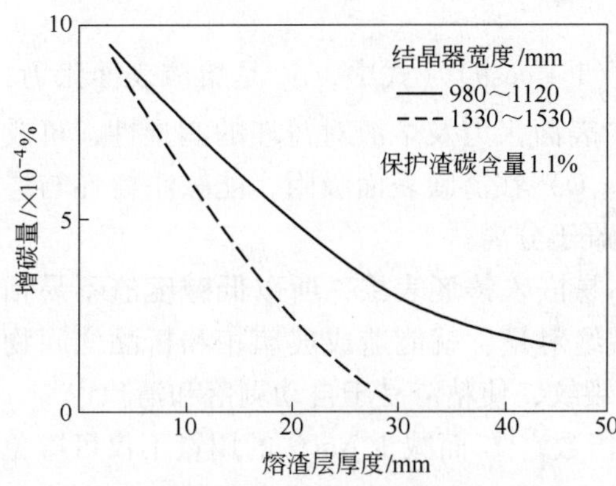

图5　增碳量和熔渣层厚度的关系

Fig. 5　Relationship between the carbureting and the thickness of molten slag layer

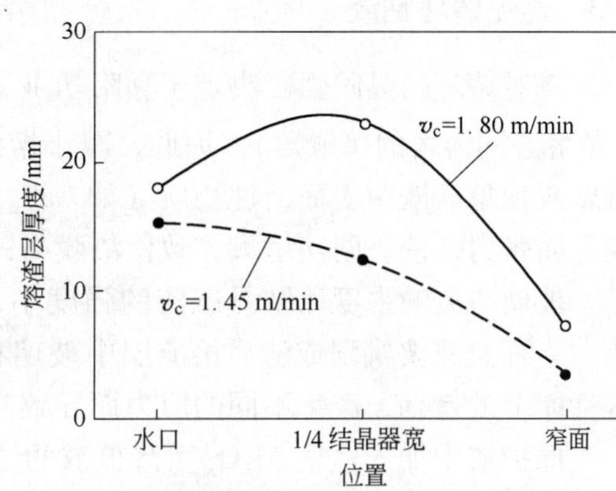

图6　熔渣层厚度随结晶器内位置的变化

（铸坯尺寸101. 6mm×1651. 0mm）

Fig. 6　Relationship between the thickness and location of molten slag layer

4　防止铸坯增碳的措施

众所周知，保护渣中的碳是控制保护渣熔化速度的最有效手段，单纯降低原始渣的碳含量，固然能降低铸坯增碳量，但由此会引起一系列不良后果，如粉渣层消耗加快、钢液散热严重、结晶器壁与铸坯间渣膜厚薄不均等。所以，结晶器保护渣中必须加入一定量的碳，加入量取决于浇铸条件和所采取的一些措施，不能一概而论。为了解决保护渣配碳和铸坯增碳这一矛盾，国内外学者作了大量工作，除了前面谈到的改善保护渣物理性能外，还提出了解决这一问题的具体方法。

4.1　保护渣中添加氧化剂

添加 MnO_2、Fe_2O_3 等氧化剂促使碳氧化，降低富碳层碳含量，使熔渣层增厚，可使铸坯增碳量降低 30% ~50%[1]。该措施的优点是无需大幅度降低保护渣的配碳量即可防止铸坯增碳，如美国内陆钢厂的超低碳保护渣中总碳含量 C_t = 2. 7%，MnO_2 和 Fe_2O_3 含量则高达 4. 6%（见表2）。考虑到这一措施会加速保护渣熔化，为保证保护渣的绝热性能，在渣中还适量添加了膨胀剂[5, 13]。

表 2　含氧化剂的保护渣的成分及物理性能

Table 2　Composition and physical properties of mold powder containing oxidant

成分/%						物理性能		
SiO_2 + Al_2O_3	CaO + MgO	Na_2O + K_2O + Li_2O	MnO_2 + Fe_2O_3	F	C_t	R	η/Pa·s (1300℃)	t_s/℃
41.5	36.5	5.8	4.6	5.4	2.7	0.84	0.30	1020

4.2　保护渣中添加强还原剂

当保护渣中加入 Ca－Si、Fe－Mn 和 Al 等强还原剂时，由于这些物质在熔融过程中优先与氧发生反应，保护了渣中的碳，避免了保护渣的过快熔化和碳烧损。如果原始渣中游离碳含量 C_{free} 仅为 1% 左右，在浇铸超低碳钢时，铸坯增碳程度非常小。

4.3　避免铸坯粘渣

渣对铸坯的黏附强度决定于黏附功 $W = \sigma_s(1 + \cos\theta)$（式中，$\sigma_s$ 是熔渣表面张力；θ 是熔渣同铸坯的接触角）。因此，减小熔渣的表面张力及熔渣对铸坯的润湿性，可改善粘渣现象。渣中表面活性物质（如 CaF_2、Na_2O）在渣膜表面吸附，能减小铸坯与渣膜界面张力，使黏附功增大，致使渣膜与铸坯难于分离。

玻璃态渣的强度比结晶态渣的强度小，不易嵌入铸坯表层，所以低碱度渣不易粘渣[6]。而且只要实现成渣后熔渣层中玻璃相占绝对量，就能造成玻璃相和析晶之间物理性能上的差别，产生不同的应力而导致产生裂纹，使粘渣易于自动剥落和清除[14]。

保护渣中加入适量 Al_2O_3 可降低渣的结晶指数[15]，而减少 Na_2O 的用量不仅可避免保护渣粘坯，还可降低渣皮的结晶率[8, 9, 16]。

4.4　改变保护渣配碳类型

燃烧温度低、易于氧化的碳有利于增加熔渣层厚度、减少富碳层碳含量[1]。按理说含有易于氧化炭黑的保护渣的熔化速度应该比含石墨或焦炭粉的保护渣熔化速度快，但实际上不是这样。因为在碳含量小于 2.5% 情况下，各种炭质材料对保护渣的影响程度相差不多（见图 7）[17]；其次，炭黑粒度非常小，在同样碳含量情况下，比石墨和焦

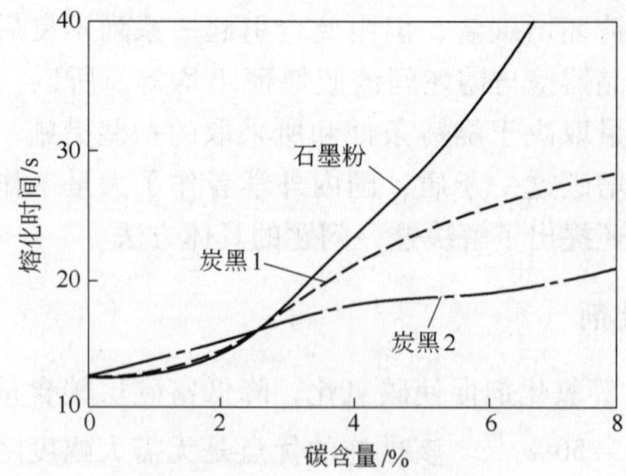

图 7　熔化时间与保护渣中碳含量的关系[17]

Fig. 7　Relationship between the carbon content in mold powder and melting time

炭粉能更好、更均匀地包裹基料粒子，起到很好的隔离作用。炭质材料的粒度越小，对熔化速度和熔渣层厚度的控制作用越强，而且熔渣层在异常情况下厚度波动很小。

当活性炭粒度足够小，其比表面积达到 800～1200m^2/g 时，它对保护渣熔化速度的控制能力非常强，即使碳含量在 1.0%～1.5%，仍具有理想的熔化速度[18]。如此低的碳含量，而且是快速燃烧型活性炭，对铸坯的增碳微乎其微[3]。

经过强酸处理后的鳞片石墨在高温下有很强的膨胀性能，含酸化石墨的保护渣具有很好的保温性及铺展性[13, 19]，能弥补低碳保护渣因熔化速度过快而造成保温性能不良的缺陷。

4.5 采用无碳保护渣

同石墨有类似结晶结构及物理性能的氮化物是碳的首选替代品，比如 BN 由于化学稳定性高，不受大多数熔融金属、炉渣和玻璃的浸润，而且硬度低，便于加工，故最有可能取代碳。BN 同炭黑性能比较结果见表 3。实验证明 BN 确实能起到骨架和隔离作用[20]。但 BN 在高温下氧化生成 B_2O_3，在还未起到隔离作用时就生成助熔剂。另外，BN 颗粒无法达到与炭黑一样细小的颗粒度，易促进保护渣烧结以及造成铸坯表面渗氮。所以，BN 的应用还有待于进一步开发。

表 3 BN 与炭黑性能比较

Table 3 Comparison of properties between BN powder and graphite powder

材 料	晶体结构	密度/$g \cdot cm^{-3}$	颗粒尺寸/μm	熔点/℃	纯 度
BN	六方晶系	2.26	0.5～3.0	3 000（升华）	>99.5
石墨	六方晶系	2.52		3 650	—

4.6 使用发热型开浇渣

针对开浇时粉渣与钢液接触致使铸坯增碳的问题，考虑使用在很短时间内就能均匀熔化的发热型开浇渣，给钢液弯月面区域提供热量，促使粉渣尽快熔化，迅速形成熔渣层，这不仅可避免铸坯增碳，还可减少铸坯表面缺陷以及抑制渣圈的形成。

市川健治等[21]开发的发热型保护渣特点如下：发热剂含量 33%、发热反应的起始温度为 560℃、总碳含量 1.2%、软化温度为 1035℃、发热值为 134J/g。Hylsa 钢厂薄板坯连铸机所用发热型开浇渣的性能及成分见表 4[15]。发热型开浇渣的发热剂由作为发热材料的硅系金属和作为氧化材料的氧化铁组成，它能迅速而稳定地导致发热反应，不存在未反应物。发热型开浇渣对铸坯头部碳含量的影响见图 8。

表 4 Hylsa 钢厂使用的发热型开浇渣的成分和物理性能

Table 4 Composition and physical properties of the exothermicmold powder used in Hylsa

成分/%						物理性能		
SiO_2	CaO	Al_2O_3	Na_2O	Fe_2O_3	F	C_{free}	t_m/℃	η/Pa·s (1300℃)
42.5	35.0	4.0	9.0	15.5	11.0	<1.0	1100	0.9

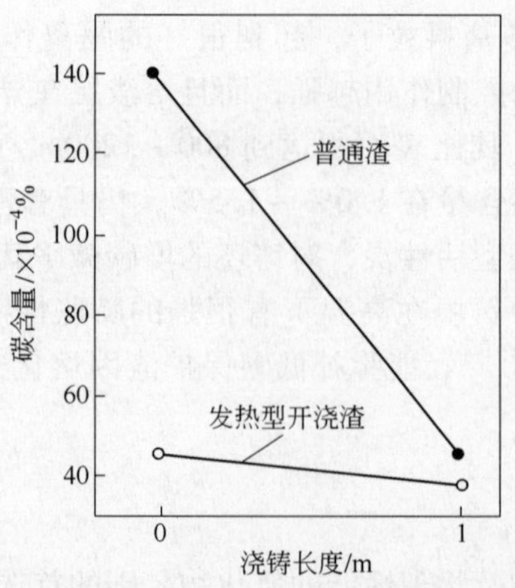

图 8　发热型开浇渣对铸坯头部碳含量的影响

Fig. 8　Influence of exothermic mold powder on the carbon content at the head of cast slab

4.7　其他措施

为了避免钢液从结晶器保护渣中增碳，除了上述具体措施外，还可采取改进保护渣制造工艺和在连铸操作过程中加渣方法等辅助措施。球状空心颗粒渣比其他类型渣可明显改善其绝热性能。在加渣操作中，自始至终向发亮和突然发亮的保护渣粉渣层添加足够量的新渣，即所谓的“暗作用原理”[22]，能保证保护渣均匀熔化并使钢液面具有足够的渣层厚度。另外，也有人提出在结晶器上加个盒子，始终使粉渣满至盒子表面[15]。因为一定厚度的粉渣层是一定厚度的熔渣层的保证；还有的厂家采用电磁闸来抑制钢液面波动[23]。

5　结语

（1）对钢液面波动造成的富碳层与钢液接触或富碳层卷进结晶器与铸坯间所引起的铸坯增碳，可用以下方法来解决：加大保护渣黏度和钢—渣界面张力、降低凝固温度，得到理想的熔渣层厚度；添加氧化剂促使保护渣熔化过程中碳氧化，同时配以膨胀剂增强保温效果；在低碳保护渣中加入适量强还原剂，防止渣中的碳氧化，保证其发挥控制熔化速度的作用；采用燃烧温度低、粒度小的活性炭减少富碳层碳含量等。

（2）对开浇时粉末层造成的铸坯增碳，可用 BN 代替碳作为保护渣，或采用低碳发热型开浇渣，在开浇初期较短时间内确保足够的熔渣层厚度，降低铸坯头部增碳量。

（3）对保护渣附着造成的铸坯增碳，可严格控制 Na_2O 的加入量，降低保护渣的结晶化率，避免铸坯粘渣。

参考文献

[1] Terada S, Kaneko S, Ishikawa T, et al. I & SM, 1991,（9）: 41.

[2] 贾强 . 四川冶金, 1987,（1）: 25.

[3] Yamasaki K. CAMP – ISIJ, 1990, 3: 181.

[4] Hakaru Nakato. Steelmaking Conference Proceedings, 1991, 74: 639.

[5] Skoczylas G. Steelmaking Conference Proceedings, 1996, 79: 269.

[6] Moore J A, Philips R J, Gibbs T R. Steelmaking Conference Proceedings, 1991, 74: 615
[7] Miles W J. Mining Engineering, 1990, (4): 345.
[8] Bommaraju R, Jackson T, Lucas J, et al. Steelmaking Conference Proceedings, 1992, 75: 23.
[9] Kusano A, Sato N, Okimori M, et al. Steelmaking Conference Proceedings, 1991, 74: 147.
[10] Nakano. Nippon Steel Technical Report, 1987, 34 (7): 21.
[11] Chiang L K. Steelmaking Conference Proceedings, 1994, 77: 19.
[12] Delhalle A, Larrecq M, Marioton J F, et al. Steelmaking Conference Proceedings, 1986, 69: 145.
[13] Diehl S, Moore J A, Philips R J. Steelmaking Conference Proceedings, 1995, 78: 351.
[14] 赵存忠. 炼钢, 1992, (3): 27.
[15] Neumann F. Steelmaking Conference Proceedings, 1996, 79: 249.
[16] 陈家祥. 连续铸钢手册 [M]. 北京: 冶金工业出版社, 1991.
[17] 吴夜明, 孙长悌. 钢铁, 1989, 24 (7): 17.
[18] Grimm. Casting powder for the continuous casting of steel and a process for the continuous casting of steel [P]. United States Patent, 4, 594, 105, 1986.
[19] 魏庆成, 韩刚, 甘永年, 等. 重庆大学学报, 1992, 15 (4): 54.
[20] 竹内英磨, 森 久, 西田祚章, ほか. 鉄と鋼, 1978, (10): 58.
[21] 市川健治. 国外钢铁, 1992, (2): 28.
[22] Sardemann J, Hans Schrewe. 国外钢铁, 1992, (12): 43.
[23] Rohde W, Flemming G. MPT International, 1995, (4): 82.

Influence of Mold Powder on Carbureting of Ultra – Low – Carbon Steel

Wu Jie　Li Zhengbang　Lin Gongwen

(Central Iron and Steel Research Institute)

Abstract The properties of mold powder and the carbureting mechanism of cast slab were described. The principles to select mold powder were proposed. Some methods and experience to prevent cast slab from carbureting were introduced. It will make a contribution to decreasing the carbureting of ultra – low – carbon steel during continuous casting.

Key words mold powder; ultra – low – carbon steel; carbureting; continuous casting

弹簧钢夹杂物形态控制*

摘　要　分析了高应力条件下弹簧疲劳断裂的主要原因以及用稀土控制弹簧钢夹杂物形态的局限性。指出了 $MnO-Al_2O_3-SiO_2$ 或 $CaO-Al_2O_3-SiO_2$ 三元塑性夹杂物的成分范围，并以 60Si2CrVA 为例确定与之相平衡的钢液脱氧条件，提出了相应的工艺措施。

关键词　弹簧钢；夹杂物形态控制；脱氧控制；二次精炼

1　钢中脆性夹杂物相是弹簧疲劳破损最主要的原因之一

夹杂物形态控制技术是现代洁净钢冶炼的主要内容之一，不同的钢种对夹杂物相的性质、成分、数量、粒度和分布有不同的要求。对承受拉、弯、压、扭、冲击等载荷的周期性交变应力作用的弹簧来说，疲劳断裂是其主要的破坏形式。而因皮下脆性夹杂物（如刚玉、尖晶石等）和点状不变形夹杂物（如硫化钙、铝酸钙等）作为疲劳裂纹源引发的疲劳裂纹的扩展，最终导致弹簧断裂所造成的弹簧失效已成为弹簧破损最主要的原因之一。弹簧钢的疲劳极限与材料硬度之间的关系（图 1[1]）受钢中夹杂物的影响，特别是在高应力条件下使用的弹簧钢，疲劳极限与硬度之间不再成线性关系，当材料硬度超过 HV400 以后，原来不成问题的显微夹杂物也将成为疲劳裂纹源，使材料的疲劳极限下降，而汽车悬挂弹簧通常在 HV430 ~ 535 范围内使用。此外，为满足车辆轻型化和节能的要求，需要提高悬挂弹簧的设计应力，以降低弹簧自身重量，

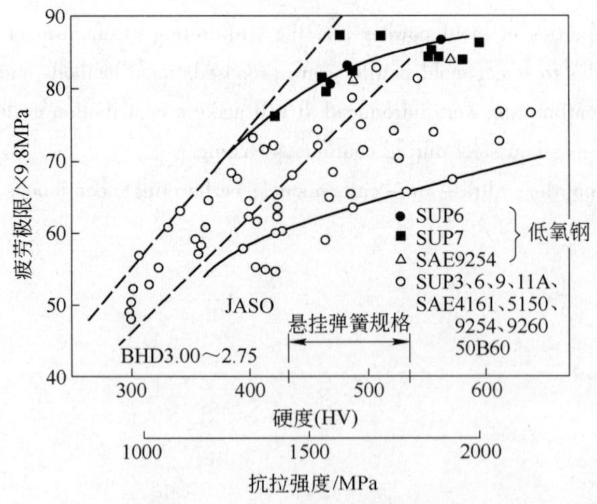

图 1　材料硬度对汽车悬挂弹簧疲劳性能的影响

Fig. 1　Effect of hardness on the fatigue properties of suspend springs

* 本文合作者：薛正良、张家雯。原发表于《钢铁》，1999，34（4）：20 ~ 23。国家自然科学基金资助项目。

见图 2[2]。铁路客货车的高速与重载，使机车轴箱圆柱螺旋弹簧及客货车转向架减振器弹簧的工作负荷大大增加，造成弹簧未到架（段）修期就提前折断的现象十分严重。

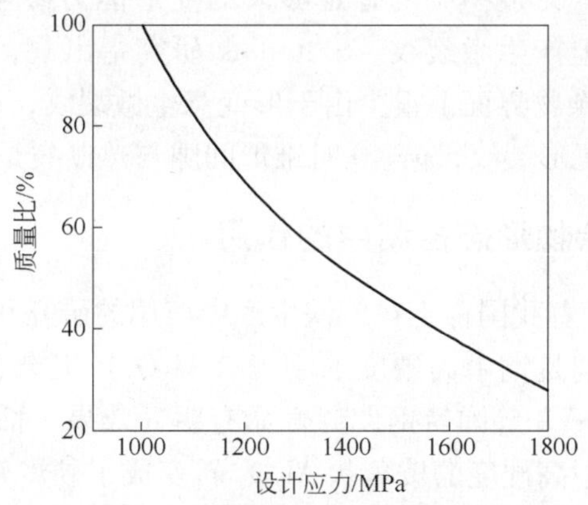

图 2　汽车悬挂弹簧设计应力与弹簧重量的关系

Fig. 2　Relationship between design stress of suspend spring in automobile and spring weight

弹簧钢冶炼过程中采用传统的铝终脱氧制度是钢中残存高硬度脆性夹杂物刚玉（Al_2O_3）和铝酸钙（mCaO·$n$$Al_2O_3$）的主要根源。这些脆性夹杂物在钢坯热加工时不能随钢基体一起流变，因而在夹杂物与钢基体的接触面上产生微裂纹。弹簧在交变应力的作用下微裂纹扩展，最终导致弹簧疲劳断裂。国外在洁净弹簧钢冶炼中采用两条工艺措施，其一是生产超低氧弹簧钢，即保证钢材总氧量小于 10×10^{-6}，同时通过增加吹氩透气砖数量、中间包设置陶瓷过滤器和良好的保护浇铸技术，使钢中大颗粒夹杂物有效去除；其二是采用脱氧控制与合成渣二次精炼相结合的夹杂物成分及形态控制技术，避免钢中形成有害夹杂物，同时能减小氧化物夹杂的粒度。夹杂物形态控制技术已应用于弹簧钢、轴承钢、重轨钢和帘线钢等的生产中。

2　夹杂物的变形能力

夹杂物的变形能力一般沿用 T. Malkiewicz 和 S. Rudnik[3] 提出的夹杂物变形性指数 ν 来表示，ν 为材料热加工状态下夹杂物的真实延伸率与基体材料钢的真实延伸率之比。夹杂物变形性指数 $\nu=0$ 时，表明夹杂物根本不能变形而只有金属变形，金属变形时夹杂物与基体之间产生滑动，因而界面结合力下降，并沿金属形变方向产生微裂纹和空洞，成为疲劳裂纹源；$\nu=1$ 时表示夹杂物与金属基体一起形变，因而变形后夹杂物与基体仍然保持良好的结合。R. Kiessling[4] 归纳了（Fe，Mn）O、Al_2O_3、铝酸钙、尖晶石型复合氧化物（AO·B_2O_3）、硅酸盐和硫化物的变形性指数与形变温度的关系，指出刚玉、铝酸钙、尖晶石和方石英等夹杂物在钢材常规热加工温度下为不变形的脆性夹杂物，而硫化锰在 −80 ~ 1260℃ 范围内的变形能力与钢基体相同，即 $\nu=1$。S. Ekerot 等测定了多种铁锰硅酸盐夹杂物的变形能力与形变温度的关系。G. Bernard[5] 给出了 $CaO-Al_2O_3-SiO_2$、$MnO-Al_2O_3-SiO_2$ 三元系夹杂物的变形能力，对于 $MnO-Al_2O_3-SiO_2$ 三元系夹杂物，具有良好变形能力的夹杂物组成分布在锰铝榴石（3MnO·Al_2O_3·$3SiO_2$）及其周围的低熔点区，在该区域内 $Al_2O_3/(Al_2O_3+SiO_2+MnO)$ 变化在

15% ~30%。而在 $CaO - Al_2O_3 - SiO_2$ 三元系夹杂物中，钙斜长石（$CaO \cdot Al_2O_3 \cdot 2SiO_2$）与鳞石英和假硅灰石（$CaO \cdot SiO_2$）相邻的周边低熔点区有良好的变形能力。

在钢材热轧状态下，夹杂物应具有足够大的变形能力参与到钢的塑性变形中去，以防止钢与夹杂物界面上产生微裂纹。S. Rudnik 研究指出[6]，夹杂物变形性指数 $\nu = 0.5 \sim 1.0$ 时，在钢与夹杂物界面上很少由于形变产生微裂纹，$\nu = 0.03 \sim 0.5$ 时，经常产生带有锥形间隙的鱼尾形裂纹，$\nu = 0$ 时锥形间隙与热撕裂是常见的。

3 稀土在弹簧钢夹杂物形态控制中的作用

20 世纪 70 年代，随着我国稀土在钢铁生产中应用的研究和推广，对弹簧钢进行稀土处理改变硫化物，特别是钢中高硬度的刚玉（Al_2O_3）夹杂物的形态、性质和分布，对提高 60Si2Mn、55SiMnVB 等弹簧钢疲劳寿命有明显效果。稀土使弹簧钢夹杂物变性的主要作用被认为是钢中高硬度的棱角状 Al_2O_3 转变成了硬度较低的稀土铝酸盐（$REAl_{11}O_{18}$、$REAlO_3$）、稀土氧硫化合物（RE_2O_2S、$REAlO_2S$ 等）[7]。

S. Malm[8]系统地研究了各种稀土夹杂物的变形能力，指出稀土铝酸盐 $REAl_{11}O_{18}$ 和 $REAlO_3$ 的性质与 Al_2O_3 十分相似，在钢中呈细串链状分布，无塑性的稀土铝酸盐夹杂物细颗粒呈串链状或单独存在，或与 MnS 一起构成复合夹杂物；稀土铝氧硫化物 RE_2O_2S 通常具有一定的变形能力（呈半塑性），且颗粒较稀土铝酸盐大，也呈串链状出现；含硅的稀土铝氧化合物 $RE(Al, Si)_{11}O_{18}$、$RE(Al, Si)O_3$ 具有较好的变形能力。由此可见，稀土的应用在一定程度上对脆性的 Al_2O_3 起了变性作用，改善了弹簧钢的疲劳性能，这充分说明夹杂物性质对弹簧疲劳寿命有着重大影响。用稀土使夹杂物变性的不足是各类稀土铝氧化物的密度大、熔点高，夹杂物不易上浮，浇钢时常堵塞水口。此外，稀土与各种耐火材料都能起化学反应侵蚀钢包内衬，稀土的加入方法也不尽合理。因此，用稀土来控制弹簧钢夹杂物形态的作用是十分有限的。

4 现代夹杂物形态控制技术在弹簧钢生产中的应用

控制钢液的脱氧条件，使钢液脱氧产物组成分布在多元塑性夹杂物区是夹杂物形态控制技术的关键。根据文献提供的 $CaO - Al_2O_3 - SiO_2$ 三元渣系在 1550℃的活度值和有关热力学资料[9~11]，可以计算出与 $CaO - Al_2O_3 - SiO_2$ 三元夹杂物平衡时钢液的 [O]、[Al]、[Ca] 浓度值。本文以 60Si2CrVA 为例，计算结果见图 3。从图 3 可以看出，为了获得目标组成范围的塑性夹杂物，钢液中铝含量应控制在 15×10^{-6}以下，钙含量小于 1×10^{-6}。

图 4 为 60Si2CrVA 用 FeSi75Al 0.5 合金化后 1550℃时钢液平衡铝、氧含量。此时钢中脱氧产物为刚玉或富含 Al_2O_3 的硅酸盐。因此，仅靠脱氧控制还不能达到控制夹杂物成分和形态的目的。钢水二次精炼的作用一方面是促使前期脱氧产物上浮，另一方面通过钢渣之间的反应，调整钢液中微量强脱氧元素的含量。图 5 为二次精炼渣成分对钢液平衡铝含量的影响。由此可见，通过控制适宜的精炼渣组成、精炼温度和精炼时间，能够使钢中 [Al] 降到目标控制范围。对二次精炼渣的要求是：(1) 渣的氧势低；(2) 低熔点和良好的造渣性能；(3) 对脱氧产物和少量初炼炉渣有强大的吸收能力；(4) 低的结晶倾向；(5) 凝固过程中无外来相析出，易玻璃化；(6) 本身具有良好的相对变形能力。

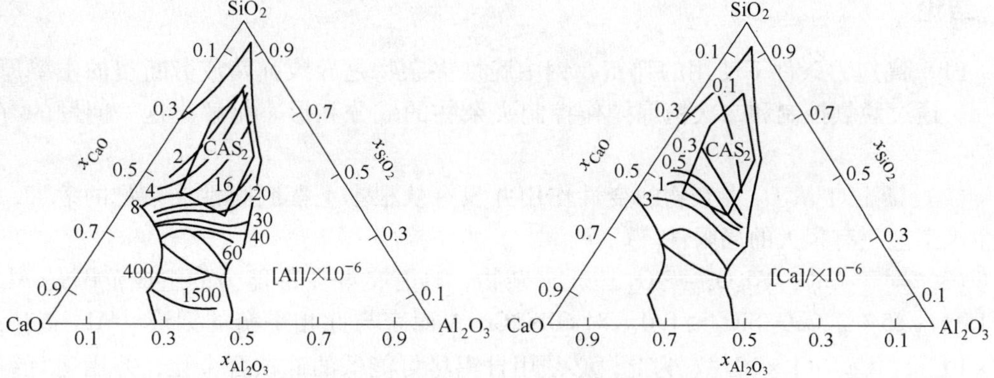

图 3　1550℃时 60Si2CrVA 钢液的等铝、钙线

Fig. 3　Iso –［Al and Ca］lines at 1550℃ for 60Si2CrVA

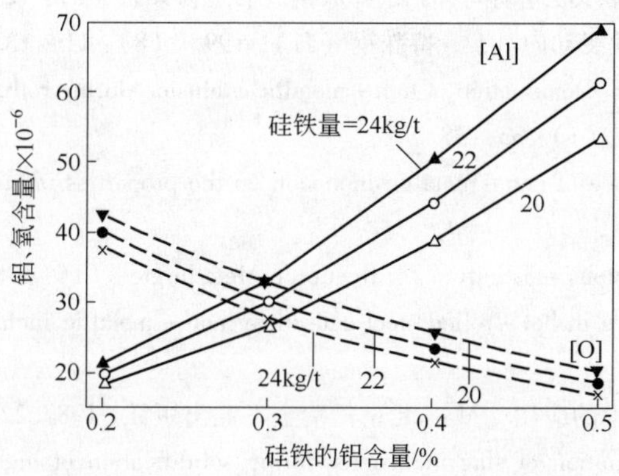

图 4　60Si2CrVA 合金化后钢液铝、氧含量

Fig. 4　［Al］–［O］ equilibrium for 60Si2CrVA after alloying

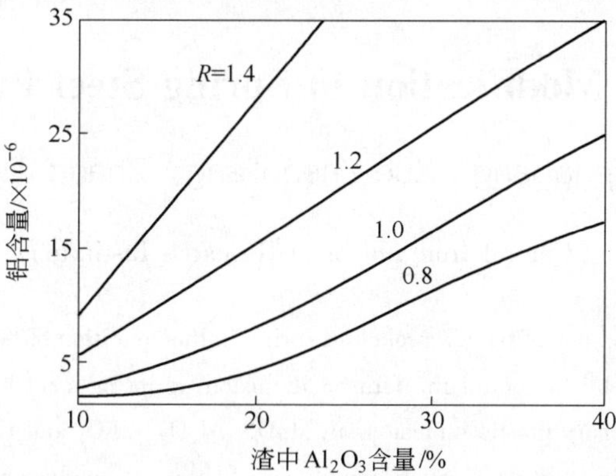

图 5　精炼渣组成（Al_2O_3、R）对钢液［Al］的影响

Fig. 5　Effect of Al_2O_3 and basicity of refining flux on［Al］

5 结论

（1）高应力条件下使用的弹簧，钢中脆性夹杂物是导致弹簧疲劳断裂的主要原因之一。通过脱氧控制和二次精炼操作控制夹杂物的成分和形态是解决这一问题的有效途径。

（2）稀土对 Al_2O_3 夹杂物的变性作用并没有从根本上摆脱脆性夹杂物的危害，且在生产工艺上有很大的局限性。

（3）对于 $CaO-Al_2O_3-SiO_2$ 三元夹杂物，具有良好变形能力的组成范围是 Al_2O_3 在15% ~25%，$CaO/SiO_2 \leqslant 1.0$。对60Si2CrVA 而言与此相平衡的钢液［Al］应小于 15×10^{-6}，［Ca］$< 1 \times 10^{-6}$。为此，必须用含铝尽可能低的硅铁合金化，并用适宜组成的合成渣精炼钢液。

参考文献

［1］铃木三千彦．ばね材料の最近动向［J］．特殊钢（日），1989，(7)：12 ~16.

［2］杉木淳．ばね材料の发展动向［J］．特殊钢（日），1995，(8)：11 ~13.

［3］Malkiewicz T, Rudnik S. Deformation of non – metallic inclusion during rolling of steel［J］. J. of the Iron & Steel Institute, 1963, (1): 33 ~38.

［4］Kiessling R. The influence of non – metallic inclusion on the properties of steel［J］. J. of Metals, 1969, (10): 48 ~54.

［5］Bernard G. Oxide inclusions plasticity［J］. Revue de Metallurgie – CIT, 1981, (5): 421 ~433.

［6］Rudnik S. Discontinuities in hot – rolled steel caused by non – metallic inclusions［J］. JISI, 1966, 204 (4): 374 ~376.

［7］楮幼义．稀土在钢铁中的应用［M］．北京：冶金工业出版社，1987. 223 ~230.

［8］Malm S. On the precipitation of slag inclusions during solidification of high – carbon steel, deoxidized with aluminium and mish metal［J］. Scand. J. of Metall., 1976, 15: 248 ~257.

［9］Hiroki Ohta. Activities in $CaO-Al_2O_3-SiO_2$ slag and deoxidation equilibria of Si and Al［J］. Metallurgical and Material Trans. 1996, 27B: 943 ~953.

［10］Sigworth G K. The thermodynamics of liquid dilute iron alloys［J］. Metal Science, 1974, 8: 298 ~310.

［11］Suito H. Assessment of calcium – oxygen equilibrium in liquid iron［J］. ISIJ Int., 1994, 34 (3): 265 ~269.

Inclusion Modification in Spring Steel Production

Li Zhengbang Xue Zhengliang Zhang Jiawen

(Central Iron and Steel Research Institute)

Abstract The main reasons of fatigue broken of spring in the condition of higher stress and the limitation of using mish metal to control the form of inclusion in spring steel have been analysed. The composition range of ternary plastic inclusions in $MnO-Al_2O_3-SiO_2$ and $CaO-Al_2O_3-SiO_2$ system has been pointed out, the deoxidation conditions when steel – inclusion reactions reached balance have been calculated related to the ternary plastic inclusions as an example of 60Si2CrVA, and the processing measures have been given.

Key words spring steel; inclusion modification; deoxidation control; secondary refining

低铝硅铁与炼钢夹杂物控制*

摘　要　以高碳帘线钢和弹簧钢 SUP7 为例，分析了钢液残铝含量对脱氧产物组成的影响和硅铁的铝含量对脱氧合金化后钢液残铝含量的影响，指出进一步降低硅铁铝含量的必要性。

关键词　低铝硅铁；夹杂物；形态；影响

铝是炼钢生产中最常用也是最有效的脱氧元素，为使钢液良好脱氧，钢中酸溶铝大多控制在 0.020% ~0.040%。在这种情况下，以脱氧元素或合金元素加入的硅铁带入钢液的铝的数量对夹杂物的性质不会有任何影响，因为脱氧产物几乎全部是 Al_2O_3。但是有些钢种在脱氧过程中不允许析出 Al_2O_3 或其他脆性的含铝氧化物夹杂。如子午胎帘线钢、某些弹簧钢、轴承钢和重轨钢等要求脱氧产物为具有良好变形能力的塑性夹杂物，这时硅铁中铝的含量对钢的夹杂物组成和形态的控制产生决定性影响。

1　钢液残铝含量对氧化物夹杂组成的影响

在 $MnO - Al_2O_3 - SiO_2$ 和 $CaO - Al_2O_3 - SiO_2$ 三元系中常见的脱氧反应见表 1。

以高碳帘线钢（C 0.8%、Si 0.25%、Mn 0.6%）和弹簧钢 SUP7（C 0.6%、Si 1.8%、Mn 0.8%）为例，按表 1 给出的各脱氧反应热力学数据，计算了 1823K 时钢液残铝含量对脱氧产物组成的影响，其结果见图 1 和图 2。

表 1　常见的脱氧反应

反应方程	$\Delta G^{\ominus}$/J · mol^{-1}	文献
$2[Al] + 3[O] = Al_2O_{3(s)}$	$-1202000 + 386.3T$	[1]
$[Si] + 2[O] = SiO_{2(s)}$	$-581900 + 221.8T$	[1]
$[Mn] + [O] = MnO_{(s)}$	$-288100 + 128.3T$	[2]
$[Ca] + [O] = CaO_{(s)}$	$-638161 + 148.43T$	[3]
$3Al_2O_{3(s)} + 2SiO_{2(s)} = 3Al_2O_3 \cdot 2SiO_{2(s)}$	$-4354.27 - 10.467T$	[4]
$CaO_{(s)} + SiO_{2(s)} = CaO \cdot SiO_{2(s)}$	$-81416 - 10.498T$	[5]
$CaO + Al_2O_3 + 2SiO_2 = CaO \cdot Al_2O_3 \cdot 2SiO_{2(s)}$	$-13816.44 - 55.266T$	[4]

在 $CaO - Al_2O_3 - SiO_2$ 三元系中，具有良好塑性变形能力的脱氧产物是钙斜长石（$CaO \cdot Al_2O_3 \cdot 2SiO_2$）及其与假硅灰石（$CaO \cdot SiO_2$）相邻的共晶组成区域[6,7]。从图 1 和图 2 可知对高碳帘线钢和 SUP7，钢液残铝应分别控制在 3.5×10^{-6} 和 20×10^{-6} 以下，否则钢液中析出有害的 Al_2O_3 夹杂。

* 本文合作者：薛正良、张家雯。原发表于《铁合金》，1999，(5)：1 ~3。

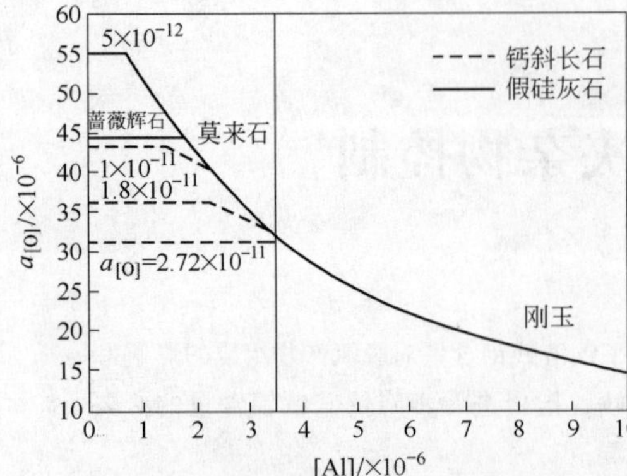

图 1　钢液残铝含量对高碳帘线钢脱氧产物的影响

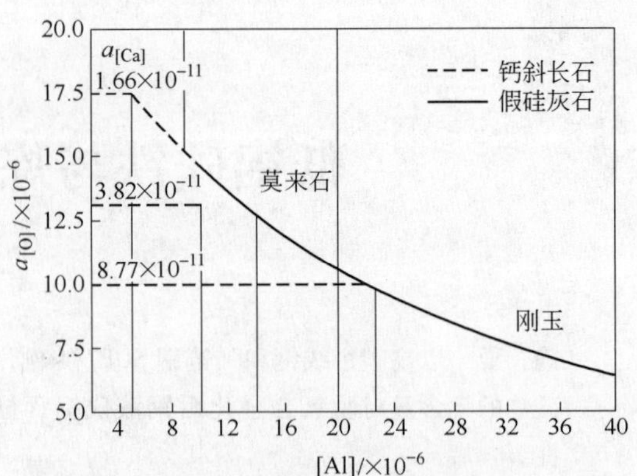

图 2　钢液残铝含量对 SUP7 脱氧产物的影响

2　硅铁的铝含量对脱氧合金化后钢液残铝的影响

钢液脱氧或合金化时，由硅铁带入钢中的总铝量 $[Al]_{Fe-Si}$ 可表达成：

$$[Al]_{Fe-Si}=\frac{G_{Fe-Si}\times Al\%_{Fe-Si}}{1000}\times 100\% \tag{1}$$

式中，G_{Fe-Si} 为钢中加入的硅铁量，kg/t；$Al\%_{Fe-Si}$ 为硅铁含铝量，%。硅铁中的铝将参与钢液脱氧反应 $2[Al]+3[O]=Al_2O_3$，反应达到热力学平衡时，将满足下列条件：

$$[Al]^2\cdot[O]^2=(f_{Al}^2\cdot f_O^3\cdot K_{1823})^{-1} \tag{2}$$

$$1.125([O]_{(Si)}-[O])=[Al]_{Fe-Si}-[Al] \tag{3}$$

解方程（1）~方程（3）可计算出脱氧合金化后钢液残铝含量［Al］与硅铁铝含量之间的关系。以高碳帘线钢和 SUP7 为例，计算结果见图 3 和图 4。

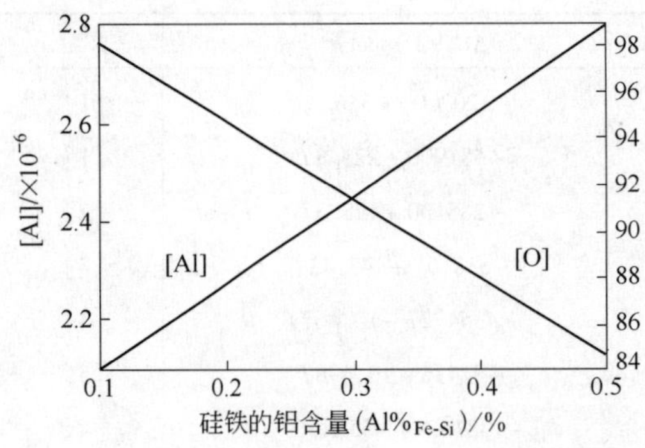

图 3　硅铁铝含量对高碳帘线钢钢液残铝的影响

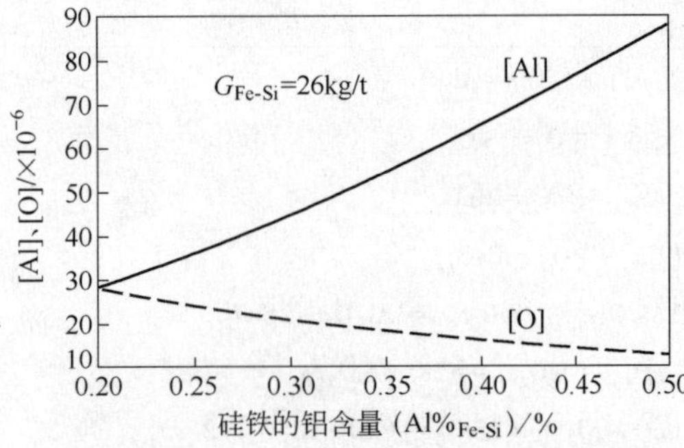

图 4　硅铁铝含量对 SUP7 钢液残铝的影响

图 3、图 4 表明，要使高碳帘线钢中残铝量低于 3×10^{-6}，FeSi75 含铝量应小于 0.5%，对 SUP7 而言，要使钢液残铝小于 20×10^{-6}，FeSi75 含铝量必须低于 0.15%。以上计算是在热力学平衡的基础上进行的，实际钢液残铝含量会高于理论计算值。

硅铁中的铝 70% ~80% 来源于还原剂灰分中的 Al_2O_3，使用低灰分低 Al_2O_3 含量的还原剂生产的硅铁只能生产出 Al 0.5% ~1.0% 的硅铁[8,9]。国产 FeSi75 精炼硅铁和低铝硅铁主要采用炉外脱铝工艺生产，可使铝含量降至0.2% ~0.4%。SUP7 用这样的硅铁合金化后，钢液平衡铝仍高达 $45 \times 10^{-6} \sim 65 \times 10^{-6}$（见图4）。必须采用严格控制的二次精炼工艺来降低钢中残铝，这意味着生产工艺的复杂化和生产成本的增加。

3 结论

（1）钢中夹杂物的性质、数量和尺寸分布对材料的加工性能和疲劳性能产生很大的影响。某些钢种脱氧时不希望析出 Al_2O_3，就必须严格控制钢中的残铝含量。

（2）作为脱氧元素或合金元素加入钢中的铁合金，其铝含量的高低直接影响到钢中残铝含量的准确控制。对于含硅较高的钢种的夹杂物控制需要使用含铝低于0.3%的硅铁，以缩短钢液精炼时间和降低生产成本。

参考文献

[1] Hideaki，I Ryo. ISIJ Int.，1996，36(5)：528 ~536.

[2] O Hiroki，S Hideaki. Metall. and Material Trans. 1996，27B：263 ~270.

[3] 曲英 . 炼钢学原理［M］. 北京：冶金工业出版社，1981：212，257.

[4] Rein R H. Chipman J. Trans. Metallurgical Society of AIME，1965，(233)：415.

[5] 张鉴 . 北京科技大学学报，1988，10（4）：412.

[6] 李正邦，薛正良，张家雯 . 钢铁，1999，34(4)：20 ~23.

[7] 薛正良，李正邦，张家雯 . 钢铁研究，1999，(5).

[8] 蒋永生，苏志刚 . 铁合金，1998，(1)：12 ~14.

[9] 李云海 . 铁合金，1997，(5)：12 ~15.

Controlling of Low Aluminium FeSi and Inclusion in Steelmaking

Xue Zhengliang　Li Zhenghang　Zhang Jiawen

(Central Iron and Steel Research Institute)

Abstract　As examples of high carbon tire coil steel and spring steel SUP7, it analyses the effect of surviving Al content in molten steel on the composition of oxide－type inclusion, and the effect of Al content in FeSi on the content of surviving Al in molten steel after deoxidation and alloying, and points out that it is necessary to further lower Al content in FeSi.

Key words　low alumium ferrosilicon; inclusion; modification; influence

洁净钢夹杂物形态控制*

摘　要　钢中夹杂物的性质主要决定于强脱氧元素的相对含量。为获得具有良好变形能力的塑性夹杂物，必须采用低铝铁合金合金化，然后用适宜组成的合成渣，通过渣－钢、夹杂物－钢之间建立的局部反应平衡控制钢液中强脱氧元素含量，达到控制夹杂物成分的目的。以弹簧钢为例，根据热力学理论，分析了炼钢工序中可能影响夹杂物组成的各种工艺因素，为夹杂物形态控制的实践提供理论依据。

关键词　合金化；合成渣精炼；夹杂物形态控制

现代炼钢工艺将钢中总氧量降到 10×10^{-6} 以下，在技术上已不存在任何困难，如日本山阳特钢的高碳铬轴承钢的总氧量降至（5～6）$\times10^{-6}$。但大量研究指出，材料的疲劳性能并不总与代表氧化物夹杂数量的总氧量成一一对应关系，而夹杂物的性质和颗粒对材料疲劳特性起着决定作用[1～5]。当钢中夹杂物为低熔点的多元塑性夹杂物时，它们在材料热轧时能随基体一起延伸并与基体保持良好的结合，从而大大降低了疲劳失效的风险。因此，以获得塑性夹杂物为主要内容的夹杂物形态控制技术已在重轨钢、轴承钢、弹簧钢和高碳帘线钢等钢种中展开研究，并在生产中得到应用[2,4～9]。本文以弹簧钢为例，根据热力学理论，计算分析了为获得具有良好变形能力的塑性夹杂物所需的脱氧和精炼工艺条件。

1　夹杂物组成目标控制范围

非金属夹杂物的变形能力用夹杂物变形指数 ν 表示，它代表材料热加工状态下夹杂物的真实延伸率与基体材料钢的真实延伸率之比[10]。材料热加工时，为避免钢与夹杂物界面上产生微裂纹，要求夹杂物的变形指数 $\nu=0.5\sim1.0$[11]。对 $MnO-Al_2O_3-SiO_2$ 和 $CaO-Al_2O_3-SiO_2$ 三元夹杂物，具有变形能力的夹杂物组成范围见图 1[12] 中的区域③，而夹杂物中 Al_2O_3 含量在20%左右时具有最好的变形能力，见图 2[8]。

2　夹杂物与钢液平衡热力学

对钢液中脱氧元素或合金元素与夹杂物之间的反应建立平衡关系，其化学反应为

$$[Si]+2[O]=\!=\!=SiO_{2(s)}$$

$$\Delta G^{\ominus}=-581900+221.8T^{[13]} \tag{1}$$

$$[Ca]+[O]=\!=\!=CaO_{(s)}$$

$$\Delta G^{\ominus}=-645121+146T^{[14]} \tag{2}$$

$$2[Al]+3[O]=\!=\!=Al_2O_{3(s)}$$

---

* 本文合作者：薛正良、张家雯。原发表于《武汉冶金科技大学学报（自然科学版）》，1999，22（3）：221～224。国家自然科学基金资助项目（E0405－98161010）。

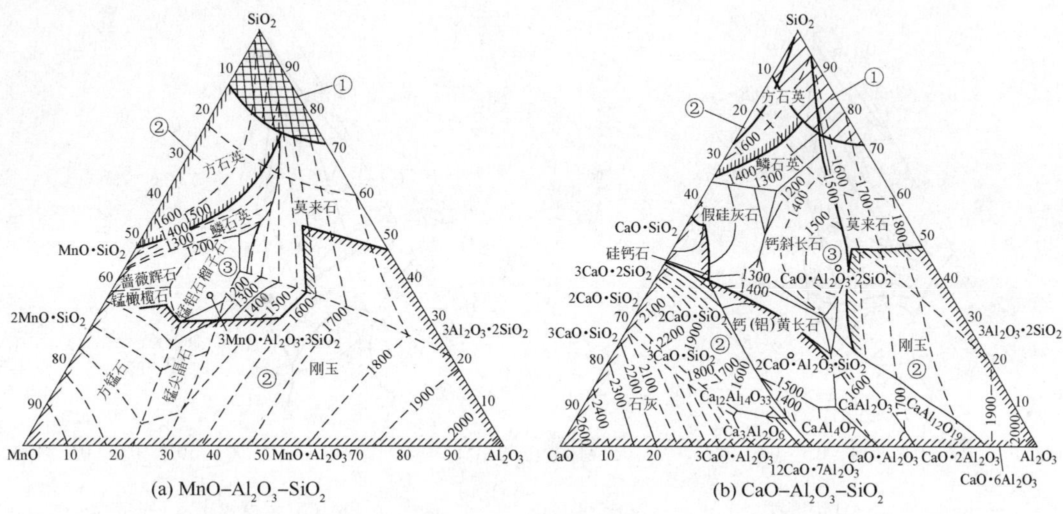

图1　MnO－Al_2O_3－SiO_2 和 CaO－Al_2O_3－SiO_2 夹杂物的变形能力（900～1100℃）

$$\Delta G^{\ominus} = -1202000 + 386.3T^{[13]} \qquad (3)$$

根据文献［15］提供的 1550℃ 时的 CaO－Al_2O_3－SiO_2 三元活度和有关热力学资料[13,16,17]，计算 1550℃时 60Si2Mn 中强脱氧元素［Al］，［Ca］含量与平衡夹杂物组成的关系见图 3。为获得具有良好变形能力的塑性夹杂物，必须控制钢液中［Al］$<15\times10^{-6}$，［Ca］$<1\times10^{-6}$。

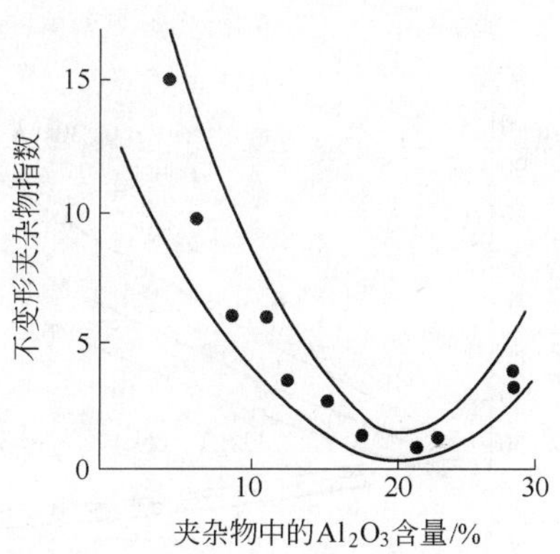

图2　夹杂物中 Al_2O_3 含量对不变形夹杂物指数的影响

3　钢液脱氧控制

3.1　合金化后钢液组成

钢液合金化的同时也进行着脱氧反应，除硅参与脱氧外，硅铁中的铝也将按式（3）和反应 $4[Al]+3SiO_{2(s)}=3[Si]+2Al_2O_{3(s)}$ 参与脱氧。图 4 为硅铁（FeSi75Al0.5）含铝量对 60Si2Mn 钢液平衡［Al］，［O］的影响（$a_{Al_2O_3}=1$ 时），当硅铁中含铝 0.3% 时，钢液平衡残铝量达 45×10^{-6}左右。显然，合金化后钢液中残铝量远高于可获得塑性夹杂物的［Al］含量范围。要继续降低钢中残铝量，必须借助于合成渣精炼脱氧。

3.2　合成渣精炼

图5 为根据式（1）～式（3）计算的 CaO－Al_2O_3－SiO_2 三元精炼渣组成对 60Si2Mn 钢液平衡［Al］含量的影响。碱度为 0.8～1.2 的精炼渣。当 $w_{Al_2O_3}<20\%$ 时，钢液平衡［Al］含量能够控制在 15×10^{-6}以下。考虑到实际生产时精炼时间的影响，反应不可能达到热力学意义上的平衡，因此实际精炼渣的 Al_2O_3 含量应取较低的值。

钢液精炼温度对钢渣之间的平衡产生很大的影响。图 6 为按反应 $4[Al]+3SiO_{2(s)}=3[Si]+2Al_2O_{3(s)}$ 计算的结果。1600℃时 CaO－Al_2O_3－SiO_2 三元活度见文献［18］。

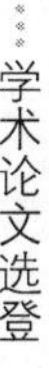

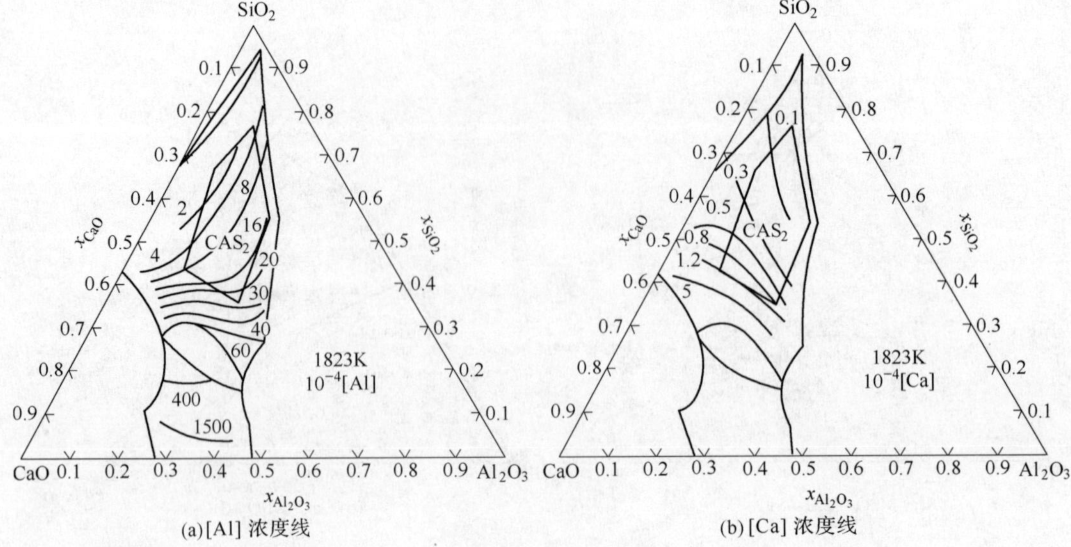

图 3　60Si2Mn 与 $CaO-Al_2O_3-SiO_2$ 系夹杂物平衡时的［Al］、［Ca］浓度线（1823K）

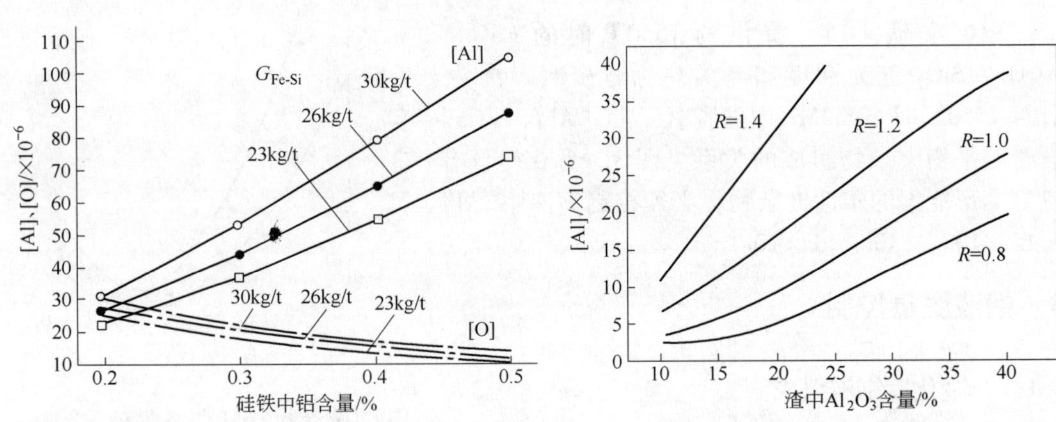

图 4　60Si2Mn 合金化后钢液平衡［Al］、［O］（1823K 理论计算值）

图 5　精炼渣组成对 60Si2Mn 平衡[Al]的影响（1823K 理论计算值）

图 6 表明，降低精炼渣中 Al_2O_3 含量，可减小精炼温度的波动对钢液残铝的影响。

精炼渣卷入钢中成为夹杂物时，也应具有良好的变形能力；同时考虑吸收少量初炼炉渣后碱度不应有较大的升高，适宜的合成渣碱度应控制在 1 左右。

3.3　真空处理、炉衬材质对钢液残铝含量的影响

在真空条件下，炉衬中的 Al_2O_3 将被钢中的碳还原，使钢液增铝：

$$Al_2O_{3(s)} + 3[C] = 2[Al] + 3CO$$

$$\Delta G^{\ominus} = 1301819 - 598.87T \quad (4)$$

（式中数据引自文献[19]）

当 $a_{Al_2O_3}=1$ 时，真空度对残铝的影响见图 7。

图 7 表明，不宜采用高真空来处理钢液，以免发生大量增铝。若精炼炉采用 MgO－CaO 质炉衬，就可避免真空处理时钢液增铝，这对低硅含量钢种的夹杂物控制是十分必要的。

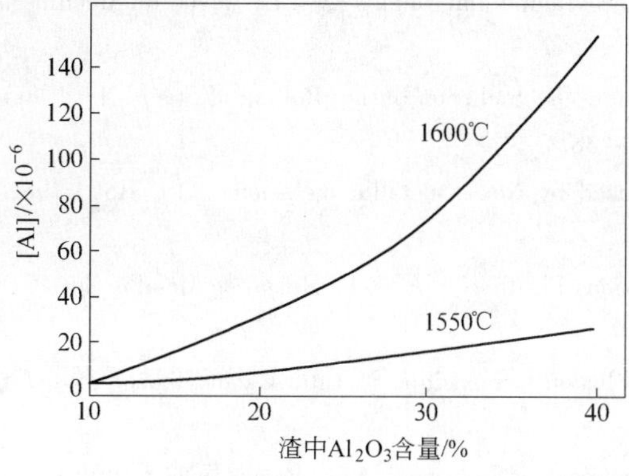

图6　精炼温度对60Si2Mn渣钢反应平衡铝的影响

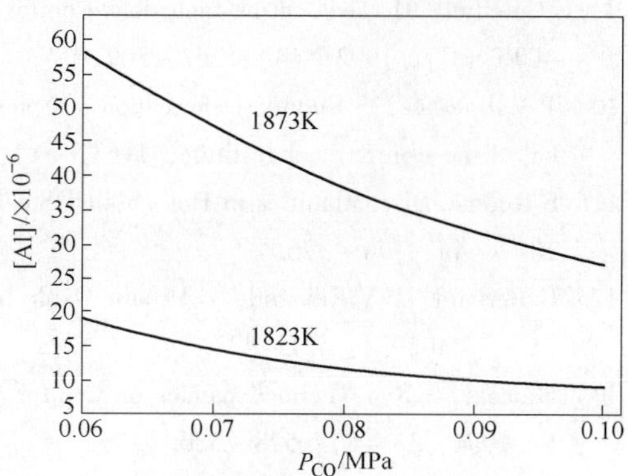

图7　真空度对60Si2Mn钢液平衡铝的影响（$a_{Al_2O_3}=1$）

4　结论

（1）夹杂物的性质和颗粒大小对材料的疲劳性能有着十分重要的影响。为获得具有良好变形能力的塑性夹杂物，必须严格控制钢液中强脱氧元素的含量。硅铁中的铝往往是不可控的，必须选择含铝量尽可能低的硅铁进行合金化。

（2）通过渣和钢液、夹杂物和钢液之间建立的局部反应平衡，可以依靠控制二次精炼渣的成分来调整钢液组成，达到控制夹杂物组成的目的。

（3）精炼反应温度、精炼渣组成以及炉衬材质均对钢液中强脱氧元素含量乃至夹杂物组成产生影响。

参考文献

[1] D·卢梭，L·塞拉芬，R·特里科．滚珠轴承钢非金属夹杂物的评定和疲劳性能［A］．吕高阳，刘德金编译，见：轴承钢的疲劳寿命与夹杂物评定［C］．北京：冶金工业出版社，1988，2：58～74.

[2] Li Zhengbang，Wang Qinghe. The Effect of ESR on Inclusion Compositions of Ball－bearing Steels［A］. Proceedings of the 1986 Vacuum Metallurgy Conference on Specialty Metals Melting and Processing［C］. Pittsburgh，Pennsylvania，1986：147～153.

[3] J Y Cogne，B Heritier，J Monnot. Cleanness and Fatigue life of Bearing Steel［A］. Production and Application of Clean Steels［M］. Balatonfured，Hungary，The Iron & Steel Inst，June 23～26，1970：26～31.

[4] Dieter Thiery，Rainer Bettinger，et al. Aluminium－free Bearing Steel［J］. Stahl und Eisen，1977，117（8）：79～89.

[5] J Kawahara，K Tanabe，et al. Advance of Valve Spring Steel［J］. Wire Journal International，1992，（11）：55～61.

[6] Ksat E. Die Erzeugung von Schienen mit Hohem Rein－heitsgrad［M］. Thyssen Technische Berichte，1993，（1）：1～17.

[7] Takehiko Ohshiro，Tatsuo Ikeda，et al. Improvement of the Service Life of Valve Spring Wire［J］. Stahl und Eisen，1989，109（21）：35～39.

[8] S Maeda，T Soejima，et al. Shape Control of Inclusions in Wire Rods for High Tensile Tire Cord by Refining with Synthetic Slag［A］. 1989 Steelmaking Conference Proceedings［C］，1989：379～385.

[9] C Gatellier, H Gaye, et al. Inclusions Control in Low – aluminum Steel [A] . La Revue de Metallurgie – CTT [C], 1992, (4): 362 ~ 369.

[10] T Malkiewicz, S Rudnik. Deformation of Non – metal – lie Inclusion during Rolling of Steel [J]. Journal of the Iron & Steel Institute, 1963, (1): 33 ~ 38.

[11] S Rudnik. Discontinuities in Hot – rolled Steel Caused by Non – metallic Inclusions [J] JISI, 1966, 204, (4): 374 ~ 376.

[12] G Bernard, P V Ribound, G Urbain. Oxide Inclusions Plasticity [A] . La Revue de Metallurgie – CTT [C], Mai 1981: 421 ~ 433.

[13] Hideaki, I Ryo. Thermodynamics on Control of Inclusion Composition in Ultra Clean Steels [J] . ISIJ Int. 1996, 36 (5): 528 ~ 536.

[14] T T Le, M Ichikawa. Optimization of Calcium Treatment at Dofasco [A] . Proceedings of the Second Canada – Japan Symposium on Modern Steelmaking and Casting Techniques [C] . Toronto, Ontario. August 20 ~ 25, 1994: 29 ~ 38.

[15] Hiroki Ohta, Hideaki Suito. Activities in $CaO – SiO_2 – Al_2O_3$ Slag and Deoxidation Equilibria of Si and Al [J] . Metall. and Material Trans, 1996, 27B: 943 ~ 953.

[16] G K Sigworth, J F Elliott. The Thermodynamics of Liquid Dilute Iron Alloys [J] . Metal Science, 1974, 18: 298 ~ 310.

[17] S W Cho, H Suito. Assessment of Calcium – oxygen Equilibrium in Liquid Iron [J] . ISIJ Int. , 1994, 34 (3): 265 ~ 269.

[18] Franz Oeters. Metallurgy of Steelmaking [M] . Veriog Stableisen MbGH, Dusseldorf, 1994: 69 ~ 85.

[19] 曲英．炼钢学原理 [M] . 北京: 冶金工业出版社, 1981: 257.

Inclusion Morphology Control for Super Clean Steel

Xue Zhengliang[1]　Li Zhengbang[2]　Zhang Jiawen[2]

(1. Wuhan Science and Technology University;

2. Central Iron and Steel Research Institute)

Abstract　The characteristics of inclusion in steel are determined by relative contents of easily oxidizable elements. In order to obtain the well deformable inclusion with tailored composition, the low aluminium alloy must be used. Then the synthetic flux with proper composition is used to control the deoxidation element concentration with the help of reaction balance between slag and steel, inclusion and steel. The paper analyzes various process factors which could affect inclusion composition based on thermodynamic calculation from an example of spring steel, which serves as a theoretical guidance to practice.

Key words　alloying; refining with synthetic flux; inclusion morphology control

高碳钢连铸方坯中心偏析*

摘　要　综述了高碳钢连铸方坯中心偏析的成因和控制方法，分析了电磁搅拌和接近液相线温度的低过热度浇铸技术对消除或改善高碳钢连铸方坯中心偏析的作用和效果。指出低过热度浇铸和二次水膜强化冷却是解决高碳钢连铸方坯中心偏析的有效途径，并可提高拉坯速度。

关键词　连铸坯；中心偏析；高碳钢；低过热度

中心偏析是连铸坯中最常见的宏观缺陷，由于它不能通过后续的轧制或退火处理来消除，因而对材料的机械性能和加工性能产生有害的影响。对含碳量大于0.45%（质量分数）的高碳钢种，当过热度大于15℃，并以较高的拉速浇铸成截面小于160mm×160mm的小方坯时，将产生十分严重的碳、硫中心偏析[1]。新一代结构材料的研制对钢材成分的均匀度提出了更为严格的要求。因此，减轻或消除连铸坯中心偏析成为具有重要现实意义的课题。

1　中心偏析的成因及其控制方法

钢液在凝固过程中，溶质元素在固液相间发生再分配，柱状晶的生长使枝晶间未凝固钢水的溶质元素得到了富集。而钢坯的鼓肚和液相穴末端的凝固收缩使中心产生强大的抽吸力。根据小钢锭理论，上部钢水受晶桥阻隔不能对下部凝固收缩进行及时补充，致使柱状晶枝晶间富集溶质的残液向中心流动形成中心偏析[2,3]，对方坯而言，在凝固区域末端的铸坯鼓肚量小于铸坯的凝固收缩量[4]。因此，方坯的中心偏析主要起因于铸坯凝固末端固液两相区（也称糊状区）的凝固收缩。

连铸坯的中心偏析和中心疏松等宏观缺陷可以通过增加铸坯断面上等轴晶比例来避免或改善，大量研究表明，当铸坯断面上等轴晶率达到35%～40%以上才能基本消除中心偏析[5,6]。生产中获得等轴晶常用的方法有电磁搅拌技术和低过热度浇铸技术，并适当降低浇铸速度。对特殊钢方坯的连铸，趋向于选择中型断面（4000～90000mm^2）的铸坯[7]。而对板坯则主要采取防止鼓肚、补偿凝固收缩，以消除或减轻糊状区钢液的流动的方法来消除中心偏析。如各种形式的轻压下技术[8]、受控平面压下法[9]、连续锻压法[10]等。

2　电磁搅拌技术

电磁搅拌技术能提高铸坯断面上的等轴晶率，从而有效改善中心偏析。根据电磁搅拌器安装位置的不同可分为结晶器内搅拌（M－EMS）、二冷区搅拌（S－EMS）和液相穴末端搅拌（F－EMS）。

* 本文合作者：薛正良、张家雯。原发表于《炼钢》，2000，16（1）：56～59。

结晶器内搅拌的主要作用是均匀钢液温度，提高凝固壳厚度的均匀性，促使夹杂物上浮和凝固界面上气泡的分离[11,12]。结晶器内搅拌提高等轴晶率的原因被认为是钢液的强制对流使枝晶末端折断或熔断，成为等轴晶核。此外，根据日本学者大野笃美提出的等轴晶形核的“结晶游离论”[13]，在电磁搅拌的作用下，弯月面处将产生等轴晶晶核的游离。但是，不管以哪种形式产生的等轴晶晶核，它们只有在液相线温度下才能稳定存在。若钢水过热度较高通过 M－EMS 仍然不能获得较高的等轴晶比。二冷区搅拌（S－EMS）的作用是使两相区内柱状晶枝晶破碎，有利于减轻“晶桥”现象，促进等轴晶凝固组织的形成[11]。液相穴末端搅拌（F－EMS）有利于减轻“晶桥”现象外，还能减轻大方坯中等轴晶滑移引起的 V 型偏析[4,11]。实践证明，高碳钢和高碳合金钢必须采用 M＋S＋F 三段搅拌才能使铸坯中心偏析和疏松得到显著改善。

连铸坯等轴晶率随电磁搅拌功率的增加而增加，与此同时，搅拌区产生严重的碳、硫负偏析，在硫印上呈“白亮带”。随搅拌强度的进一步增加，还会出现二次“白亮带”[15]。

3 接近液相线温度的低过热度浇铸技术

钢液的浇铸温度对等轴晶的形核和长大起着至关重要的作用，根据“自由晶”理论，在接近液相线温度的低过热度区会形成大量等轴晶的晶核，等轴晶的长大可进一步阻止柱状晶的发展。按大野教授的“结晶游离论”观点[13]，钢液流经低温的表面时由非均质形核产生的大量晶核因“颈缩”而游离进入钢液中，当钢水过热度很低时，游离的晶粒能保存下来，并增殖和长大。相反，当钢液过热度高时，游离出来的晶粒会重新熔化。因此，低过热度浇铸能大大提高铸坯的等轴晶率。

通常的连铸工艺要将钢水过热度降低到液相线附近浇铸几乎是不可能的，因为这会造成水口堵塞，钢包和中间包严重结壳，也不利于中间包内夹杂物的去除。

20 世纪 90 年代初，比利时冶金研究中心（CRM）开发了一种称为空心喷出式水口（Hollow Jet Nozzle）的新型水口[17,18]。这种水口可以在不改变中间包钢水温度，不改变连铸机主体结构的条件下实现接近液相线温度的低过热度浇铸。其基本思路是将普通的浸入式水口改造成换热器，见图 1。换热器内设一个用耐火材料制作的钢水分布帽使钢水改变流向，并与铜质水冷换热器发生热交换，达到降低结晶器内钢水过热度的目的。在卢森堡阿尔贝德铜质水冷换热器发生热交换，达到降低结晶器内钢水过热度的目的。在卢森堡阿尔贝德（Arbed）厂 6 流方坯（200mm×200mm）连铸机上进行的工业试验表明，当浇钢速度为 20～25t/h 时，中间包钢水过热度为 15℃时，结晶器内钢水过热度为 0℃。将这种新型水口浇铸板坯（2080mm×300mm）时，浇铸速度达到 80～160t/h，当中间包钢水过热度为 15℃时，结晶器内过热度为 7℃，见图 2。采用 HJN 低过热度浇铸后，高碳钢（C 0.8%）铸坯中心偏析基本消除，凝固组织得到细化。

英国钢铁公司用 3 年时间开发的低过热度浇铸技术[20]，所设计的换热器与 CRM 开发的略有不同，其主要区别在于前者用从中间包空心塞棒中吹出的惰性气体将钢水吹向换热器表面，形成高速流动的液膜，以加强水口的换热。扩大后的水口直径减小了因钢壳结厚造成的堵塞风险。他们用建立的数学模型分析传热、传质、凝壳结厚和水口内钢水流动特性。用试验数据对模型进行修整后，用于设计工厂应用的换热器。

英国钢铁公司的研究发现，当高碳钢（C 0.85%）浇铸温度降低到液相线或液相

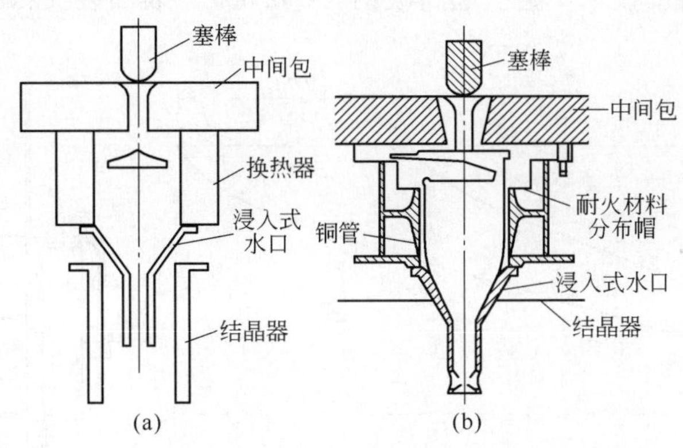

图 1　低过热度浇铸的空心喷出式水口（HJN）[17]

（a）用于方坯连铸；（b）用于板坯连铸

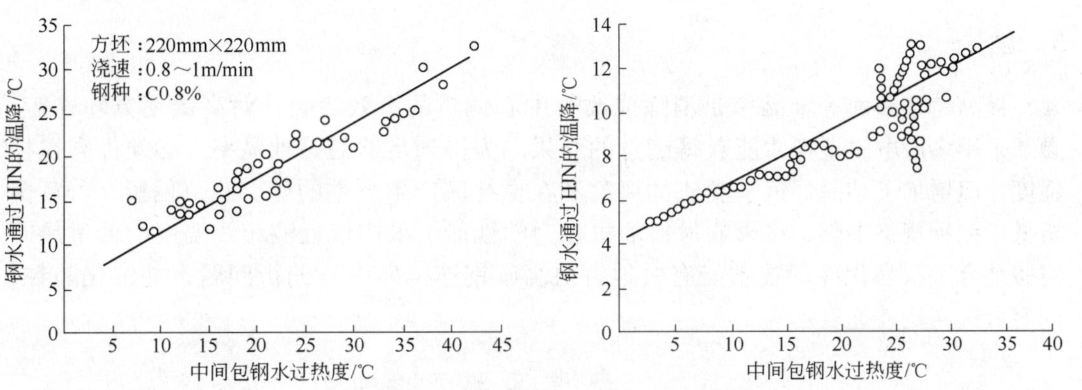

图 2　钢水流经 HJN 时的温降[17]

线温度以下时，能很好地控制中心偏析，但随过热度降低，V 型偏析有增加的倾向，这与 CRM 的研究结果相同[19]。

日本神户钢铁公司开发的低过热度浇铸技术[21]，采用带来电磁搅拌的空冷水口作为换热器来降低钢水过热度，水口用耐火材料制作。水口外面是不锈钢套，冷却用的压缩空气流经其间，风压 5kg/cm^2。电磁搅拌的作用是使水口内钢流强烈搅动，以增大水口传热系数，同时可有效防止水口堵塞。使用这一装置完成了 500kg 和 3t 级试验，表明当钢水流量在 18t/h 时，通过水口的温度降可达到 30℃。

4　连铸坯二次强冷却技术[19]

提高冷却强度除了能细化组织晶粒，还能缩短液相穴深度，增加坯壳厚度，从而减小鼓肚量。液相穴长度的缩短也有利于钢水补缩，减少产生 V 型偏析的倾向。根据这一思路，比利时冶金研究中心（CRM）开发了连铸坯二次冷却技术，并将该技术与低过热度浇铸相结合应用于工业生产。

二次强冷技术的基本原理是将冷却水通过加工在平板上的狭缝喷向铸坯，平板与铸坯间有一充满高速流动的水膜，该水膜的压力足以反抗钢水静压力，故能起到冷却和支撑钢坯作用。在阿尔贝德（Arbed）厂的二次强冷装置及冷却效果见图 3。工业试

验表明，二次水膜冷却技术不会引起高碳钢（C 0.8%）表面裂纹和皮下裂纹。

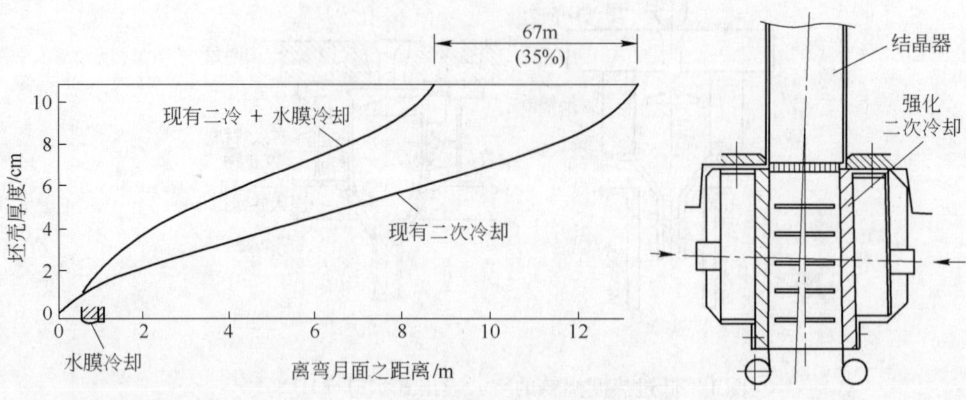

图3　二次水膜强冷装置及冷却效果[19]

5　结论

提高铸坯断面等轴晶率是消除或改善中心偏析的有效途径，对高碳钢方坯连铸，必须采用多段电磁搅拌才能获得满意的结果。为得到足够的等轴晶率，必须提高搅拌强度，但增加了结晶器钢水卷渣的风险和在搅拌区产生严重的碳、硫负偏析。若负偏析低于钢种规格下限，将影响材料的机械力学性能。采用接近液相线温度的低过热度浇铸结合二次强化冷却技术能有效地解决高碳钢连铸坯中心偏析问题，并细化晶粒，同时可提高浇铸速度。

参考文献

[1] Nitin A. Shah and John J. Moore，Macrosegregation in Continuously Cast High Carbon Steel Billets [C]. 1983 Steelmaking Proceedings，66：247 ~ 259.

[2] 川和高穗，土田裕，等. 连续铸造スヲゾの中央偏析の生成机构につひて [J]. 鉄と鋼. 1974，60，(11)：408.

[3] 梨和甫，安元邦夫，等. 连铸スヲズの中心偏析に及ほすロルアヲイメントの影响につひつ [J]. 鉄と鋼. 1974，60 (4)：96.

[4] Hiroshi Tomono，Yasuo Hitomi et al. Mechanism of a V – Shaped Segregation in a Large Section Concast Bloom [C]. 1986 Steelmaking Proceedings，69：371 ~ 376.

[5] N. A. Shah，J. J. Moor. A Review of the Effect of Electromagnetic Stirring (EMS) in Continuously Cast Steel Part Ⅰ [J]. Iron & Steelmaker. 1982，9，(10)：317 ~ 376.

[6] 熊井浩，浅野钢一，等. 连铸铁片内の凝固偏析现象と溶钢流动に关系すめ研究 [J]. 鉄と鋼，1974，60，(7)：894 ~ 914.

[7] 冶金部信息标准研究院，等. 特殊钢生产技术现状及发展趋势，1996：1.

[8] M. Suzuki，K. Kimura et al. Improvement in Centre Segregation of High Carbon Steel Continuous Casting Blooms [C]. 1989 Steelmaking Conference Proceedings：115 ~ 123.

[9] M. Hattori，S. Nagata et al. Development of Technology for Elimination of Segregation in Continuously Cast Slabs [C]. 1989 Steelmaking Conference Proceedings：91 ~ 96.

[10] Shinji K.，Takuo I. et al. Improvement of Conterline Segregation in Continuously Cast Strand by Continuous Forging Procees [C]. 4th International Conference Continuous Casting，Preprints 1：247 ~ 258.

[11] 吉井贤太、高木弥，等．电磁搅拌によめ连铸材品质［J］. R&D 神户制鋼技報．1981,34（4）：14～19.

[12] Yukio Katagiri, Hiroshi Takagi, Toshiyasu Ohnishi. Performance of High Quality Steel Products Produced by New Bloom Continuous Casting Process [C]. 1982 Steelmaking Proceedings：246～250.

[13] 大野笃美著，邢建东译．金属的凝固—理论、实践及实用［M］. 北京：机械工业出版社，1990.

[14] N A Shah, J J Moor. A Review of the Effect of Electromagnetic Stirring (EMS) in Continuously Cast Steel Part Ⅱ [J]. Iron & Steelmaker. 1982, 9 (11)：42～47.

[15] J F Longenecker, T W Lewis, et al. Electromagnetic Stirring on Lukens Slab Caster [C]. Proceeding of the 2nd Process Technology Conference, ISS of AIME, Chicago, 1981：308～316.

[16] 陈雷．连续铸钢［M］. 北京：冶金工业出版社，1994，5：111.

[17] P Naveau, S Wilmotte, C. Albreeq. Casting at Near Liquidus Temperature [C]. METEC Congress 94, 2nd European Continuous Casting Conference, 6th International Rolling Conference Dusseldorf, June 20～22, 1994：228～233.

[18] P Naveau. Development of a heat exchanger for casting with low superheat [J]. La revue de Metallurgie CIT, Mars 1993：395～401.

[19] S Wilmotte, P Naveau, Knaff F. A New Approach for Preventing Contral Segregation in High Carbon Blooms and Billets [C]. 4 th International Conference Continuous Casting, Preprints 1：235～246.

[20] Henderson, S Scholes A, Clarke B D. Continuous Casting of High Carbon Steel in Billet and Bloom Sections at Sub – Liquidus Temperatures [C]. Commission of the European Communities (EUR13623), 1991：108.

[21] Kenzo A., Hideo M, Kazuyuki T, Hiromu M. Low Superheat Teeming with Electromagnetic Stirring [J]. ISIJ Int. 1995, 35 (6)：680～685.

Centerline Segregation in Continuous Cast High – Carbon Steel Billet

Xue Zhengliang Li Zhengbang Zhang Jiawen

(Central Iron and Steel Research Institute)

Abstract The formation mechanism and control technology of centerline segregation in continuous cast high – carbon steel billets are reviewed in this paper. The effects of electromagnetic stirring and low surperheat casting at near liquidus temperature on eliminating or improving the centerline segregation in high – carbon steel billets are also analyzed. It is put forward that casting at near liquidus temperature and intensive secondary cooling are the effective way to solve the centerline segregation in continuous cast high – carbon steel billets, which also can increase casting speed.

Key words continuous cast billet; centerline segregation; high – carbon steel; low superheat

合成渣处理对弹簧钢脱氧及夹杂物控制的影响*

摘　要　在实验室条件下研究了酸性和碱性合成渣处理弹簧钢时钢中酸溶铝、钙和氧含量的变化规律，并通过工业生产试验比较了两种不同精炼工艺条件下（Ⅰ：高碱度渣精炼＋喂铝丝；Ⅱ：酸性渣精炼＋VD）钢中酸溶铝和氧含量随工艺过程的变化。分析结果表明：工艺Ⅱ生产的弹簧钢的夹杂物尺寸分布明显优于工艺Ⅰ。

关键词　合成渣精炼；脱氧；夹杂物控制；弹簧钢

通常的炼钢脱氧过程是先用 Si－Mn 预脱氧，然后加铝终脱氧，作为脱氧产物的硅酸锰和钢水中溶解的铝之间反应生成富含 Al_2O_3 的夹杂物。在铝加入钢液的过程中，由于脱氧反应速度远大于铝在钢液中熔化和扩散的速度，故易产生局部富铝而析出较大的夹杂物颗粒。而用合成渣精炼脱氧时，钢液中不会产生局部富铝，因而析出的夹杂物成分均匀而细小[1]。本研究工作旨在通过实验室试验和工业试验探索合成渣精炼过程对弹簧钢强脱氧元素和氧含量的影响，进而研究精炼过程对脱氧析出的夹杂物性质、组成和颗粒分布的影响。

1　弹簧钢用合成渣精炼脱氧的实验室研究

1.1　酸性渣精炼钢液

以工业纯铁为原料，用中频感应炉熔炼的 SUP7（成分（%）为：0.60C、2.00Si、0.85Mn、0.0045S、0.011P、0.006 7$Al_{sol.}$）浇铸成 25kg 钢锭。钢锭锻成 ϕ20mm 钢棒，然后用氧化镁坩埚（ϕ58 mm×83mm）在炭管炉内进行二次精炼。每次试验称取钢样 800g，在指定温度恒温后加入预熔精炼渣 40g，反应时间 40min。1823K 时钢水经酸性渣处理后的酸溶铝变化与精炼渣组成的关系见图 1 和图 2，钢样原始酸溶铝含量为 0.0067%。

实验结果表明精炼渣碱度、Al_2O_3 和 MgO 含量均对渣钢反应 $4[Al]+3(SiO_2)=2(Al_2O_3)+3[Si]$ 产生较大的影响。根据热力学预测，为避免钢中析出 Al_2O_3，必须使钢中酸溶铝降低到 0.00225% 以下（对 SUP7 而言）[2]，就应选择含 Al_2O_3 和 MgO 较低的酸性渣精炼钢液。此外，从图 3 钢中全氧含量随精炼渣碱度的变化趋势来看，精炼渣碱度不宜低于 1.0。

精炼反应的温度对渣钢反应也产生较大的影响，见图 4。但随渣中 Al_2O_3 含量的降低，温度对反应的影响减小。

* 本文合作者：薛正良、张家雯、王玉、甘朝福、李胜顺、李琦。原发表于《特殊钢》，2000，21（3）：10～13。国家自然科学基金资助项目（59874023）。

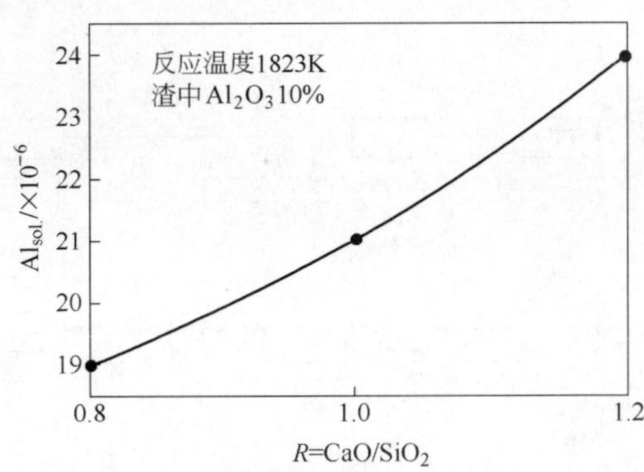

图1 精炼渣碱度对钢中酸溶铝的影响

Fig. 1 Effect of basicity of refining flux on acid soluble aluminium in steel

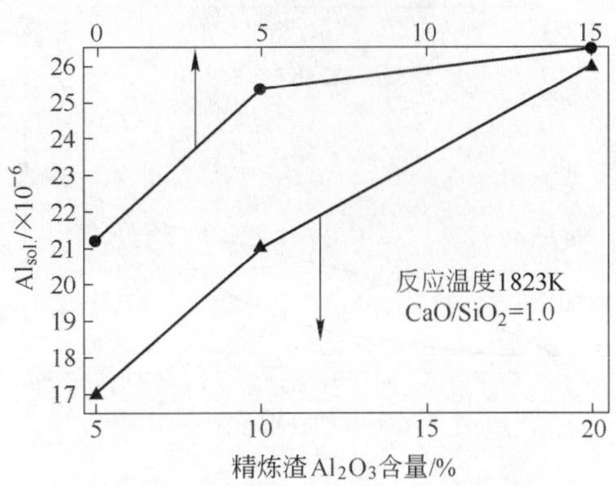

图2 精炼渣中Al_2O_3和MgO含量对钢中酸溶铝的影响

Fig. 2 Effect of Al_2O_3 and MgO content in refining flux on acid soluble aluminium in steel

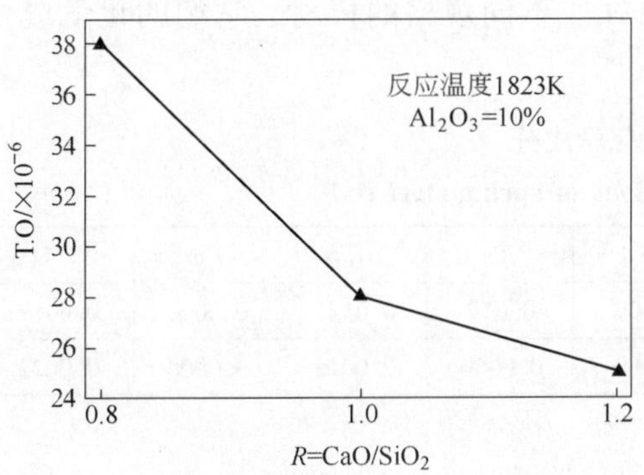

图3 精炼渣碱度对钢中全氧含量的影响

Fig. 3 Effect of basicity of refining flux on total oxygen content in steel

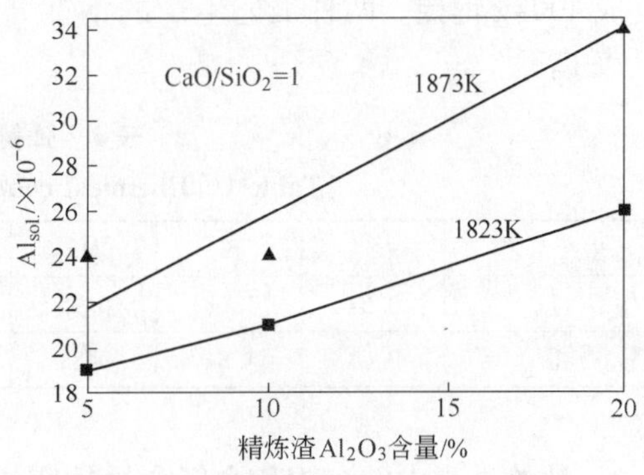

图4 反应温度对钢中酸溶铝的影响

Fig. 4 Effect of temperature on acid soluble aluminium in steel

1.2 碱性渣精炼钢液

将280g钢样（成分（%）为：0.61C、1.77Si、0.78Mn、0.008S、0.01P、0.0012 $Al_{sol.}$、0.0008T. Ca）置于氧化镁坩埚中，用炭管炉在1823K将钢样熔化，然后加入预熔高碱度渣（CaO/$SiO_2$2.3、$Al_2O_3$7%、MgO5.3%、$CaF_2$4%）50g精炼60min，每隔20min用ϕ7mm石英管吸取钢样检测其组成。实验结果见图5。图5表明高碱度渣精炼时，渣中Al_2O_3和CaO不断被钢液中的Si还原，使钢中酸溶铝和全钙含量随反应时间延长不断增加。

2 工业生产试验

2.1 生产工艺

工业生产试验在重庆特殊钢公司进行，采用的生产工艺流程见图6。LF精炼时，工艺Ⅰ用普通铁合金合金化和用高碱度渣精炼，喂铝丝终脱氧后用模铸法浇成400kg钢

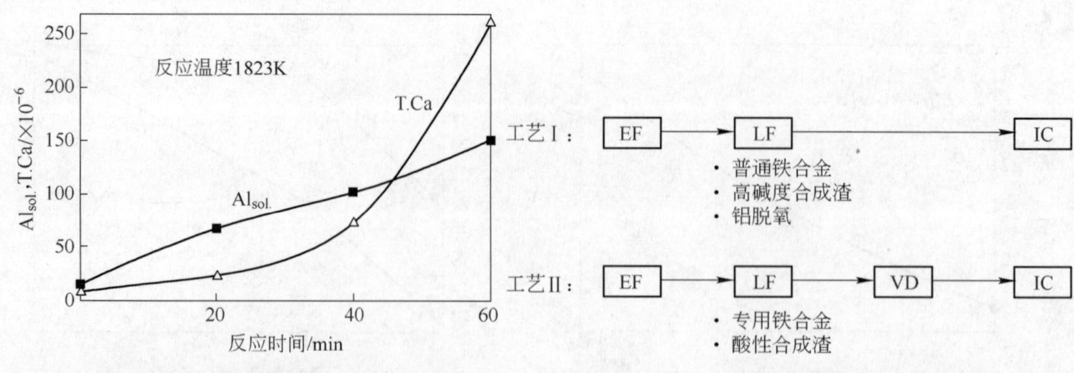

图5 高碱度渣对钢中酸溶铝和全钙的影响

Fig. 5 Effect of high basicity flux refining on acid soluble aluminium and total calcium content in steel

图6 工业生产试验工艺流程

Fig. 6 Flow sheet of pilot industrial production

锭；工艺Ⅱ用专用铁合金合金化，加酸性渣精炼，不用铝脱氧，经 VD 处理后用模铸法浇成 400kg 钢锭。两种工艺生产的钢锭分别热轧成不同规格的棒材，它们的化学成分见表 1。

表1 弹簧钢材化学成分

Table 1 Chemical compositions of spring steel rod （%）

生产工艺	C	Si	Mn	S	P	$Al_{sol.}$	Ca	T. O
Ⅰ	0. 64	1. 68	0. 75	0. 009	0. 019	0. 0181	0. 0006	0. 0019
Ⅱ	0. 63	1. 81	0. 81	0. 009	0. 0060	0. 0015	0. 0008	0. 0022

2. 2 精炼过程中酸溶铝和全氧含量的变化

在工艺Ⅱ中，为使钢中酸溶铝控制在很低的水平，采用酸性渣精炼。精炼过程中钢中酸溶铝从精炼开始时的 0. 0017% 下降到精炼结束时的 0. 0012%，经 VD 真空脱气（6min）后因发生化学反应 $3[C]+(Al_2O_3)=2[Al]+3CO$ 使钢液增铝至 0. 0020%；相应地，经 LF 过程中吹氩后，到 VD 前钢中 T. O 已降低到 0. 0025%，经 VD 处理后进一步降至 0. 0017%，棒材中 T. O 回升到 0. 0022% 说明浇钢过程中发生了二次氧化。

2. 3 棒材中夹杂物性质及尺寸分布

用扫描电镜和图像分析仪分析了上述两种工艺条件下生产的弹簧钢热轧棒材中夹杂物的性质和表层夹杂物尺寸分布。分析结果显示，用工艺Ⅰ生产的弹簧钢中脱氧产物主要是二氧化硅和氧化铝，其他夹杂物为硫化锰和氮化钛；用工艺Ⅱ生产的弹簧钢中脱氧产物主要是硅酸盐和二氧化硅，其他夹杂物为硫化锰和氮化钛。

弹簧零件疲劳断裂面通常沿与棒材轴线成 45°角的断面扩展[3]，故可用通过棒材轴线的纵截面上夹杂物的最大厚度作为夹杂物的特征尺寸。此外，由于零件表面往往承受最大的外应力，故对弹簧疲劳性能构成威胁的主要是位于零件表面及皮下的大颗粒脆性夹杂物。因此零件表层的夹杂物最大厚度分布最具有代表性。图 7 给出了上述两种不同精炼工艺条件下生产的弹簧钢棒材表层的夹杂物最大厚度分布。尽管工艺Ⅰ生产的棒材的T.O（0.0019%）低于工艺Ⅱ生产的棒材的T.O（0.0022%）含量（见表1），但工艺Ⅱ生产的棒材表层的夹杂物最大厚度明显小于工艺Ⅰ生产棒材的夹杂物最大厚度。

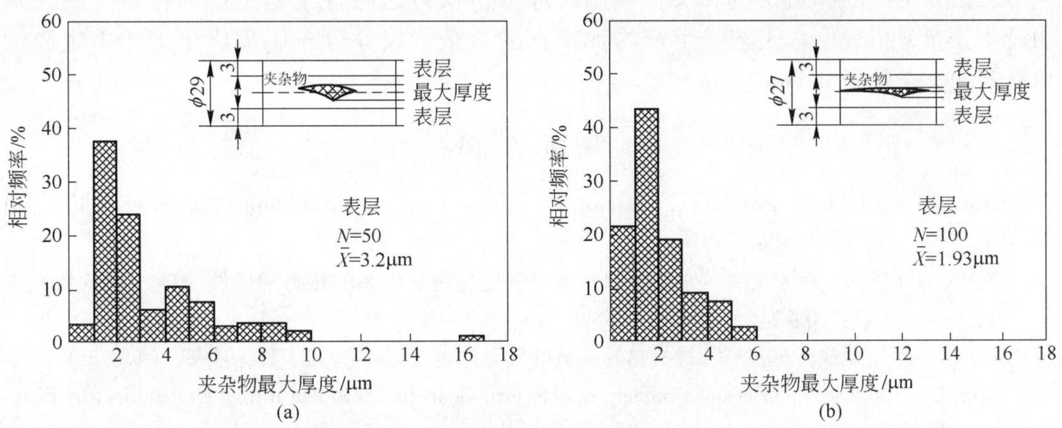

图7　不同精炼工艺条件下材料表层夹杂物最大厚度分布工艺Ⅰ（a）和工艺Ⅱ（b）

Fig. 7　Distribution of maximum thickness of inclusion in surface layer of string steel rod with refining processes Ⅰ（a）and Ⅱ（b）

3　讨论

目前工业上生产的弹簧钢大多加铝终脱氧，然后通过吹氩或其他的搅拌方式使夹杂物上浮。根据数模预测，在吹氩的条件下要使直径小于50μm的Al_2O_3颗粒从钢液中有效去除，最佳的气泡直径为0.5～2 mm[4]。但透气砖和吹氩枪吹气产生的氩气泡尺寸多半分布在10～20mm之间[5]。因此，即使将钢中氧含量降到0.001%以下，材料中仍然存在20～30μm的Al_2O_3颗粒[6]。

当钢中不单独喂铝线或加铝合金终脱氧时，钢中的铝主要来自合金化加入的铁合金中的残铝。随铁合金在钢液中溶化，铁合金中的残余铝也溶入钢液中并参与脱氧。这种情况下钢液中不太可能产生局部富铝，因而铝脱氧析出的单体夹杂物颗粒相对较小。当采用低铝铁合金对钢液进行合金化时，钢液中析出的Al_2O_3颗粒会更细小，甚至不析出Al_2O_3颗粒。当将钢液中铝和钙控制在适宜范围，钢液在冷却和凝固过程中会析出变形能力良好的塑性夹杂物[7]。这种使夹杂物细化或软化的措施可大大降低弹簧材料因夹杂引起的疲劳断裂，延长弹簧的疲劳寿命[8]。

钢液中酸溶铝含量很低时，溶解氧含量就会升高，如1823K时与SUP7中的硅平衡的氧含量高达0.005%，但钢液吹氩时气泡与钢液界面上发生的碳氧反应，可使钢液中的溶解氧含量降到较低的数值。

4　结论

（1）超低氧钢用铝终脱氧，并不能排除钢中存在危及材料疲劳性能的大颗粒夹杂物；若将钢中酸溶铝含量控制在较低或很低的范围，就可以避免可能析出的Al_2O_3对材料疲劳性能产生的危害。

（2）用酸性渣处理钢液时，渣的碱度、Al_2O_3和MgO含量对钢中酸溶铝的控制都存在较大的影响。降低 Al_2O_3 含量一方面降低了渣中 Al_2O_3 的活度，另一方面可减少温度波动对钢液增铝的影响。在实验室条件下碱性渣处理钢液使钢水有较大幅度的增铝和增钙。

（3）工业试验采用两种不同的二次精炼制度，尽管工艺Ⅰ生产的弹簧钢的 T.O 低于用工艺Ⅱ生产的弹簧钢的 T.O，但用图像分析仪对这两种工艺生产的棒材中的夹杂物尺寸分布分析表明，工艺Ⅱ生产的弹簧钢的夹杂物尺寸分布明显优于工艺Ⅰ生产的弹簧钢的夹杂物尺寸分布。

参考文献

[1] Hideaki, Ryo I. Thermodynamics on Control of Inclusion Composition in Ultra Clean Steels [J]. ISIJ Int, 1996, 36 (5): 528.

[2] 薛正良，李正邦，张家雯，等. 改善弹簧钢中氧化物夹杂形态的热力学条件 [J]. 钢铁研究学报，2000，(6)：20~24.

[3] 宋士中. 浅谈大截面60Si2Mn 材料热卷弹簧的质量控制 [J]. 弹簧工程，1998，(4)：35.

[4] Wang L, et al. Prediction of the Optimum Bubble Size for Inclusion Removal from Molten Steel by Flotation [J]. ISIJ Int, 1996, 36 (1): 7.

[5] Wang L, et al. A New Approach to Molten Steel Refining Using Fine Gas Bubbles [J]. ISIJ Int, 1996, 36 (1): 17.

[6] Melander A, Larsson M. The Effect of Stress Amplitude on the Cause of Fatigue Crack Initiation in a Spring Steel. International Journal of fatigue [J], 1993, 15 (2): 119.

[7] 薛正良，李正邦，张家雯. 夹杂物形态控制在阀门弹簧钢生产中的应用 [A]. 第九届钢质量与夹杂物年会论文集 [C]. 1999：10.

[8] Jun Kawahara, et al. Advance of Valve Spring Steel [J]. Wire Journal International, 1992, (11): 55.

Effect of Synthetic Flux Treatment on Spring Steel Deoxidation and Control of Inclusion

Li Zhengbang[1] Xue Zhengliang[1] Zhang Jiawen[1]
Wang Yu[2] Gan Chaofu[2] Li Shengshun[2] Li Qi[2]

(1. Central Iron and Steel Research Institute; 2. Chongqing Special Steel Co., Ltd.)

Abstract The variations of the acid - soluble aluminium, the total calcium and the total oxygen content in the spring steel treated respectively by acid and basic synthetic flux have been studied in laboratory. The varying of the acid soluble aluminium and total oxygen content in steel with two kinds of refining processes—high basicity slag refining + aluminium wire feeding (Ⅰ) and acid slag refining + VD (Ⅱ) —in pilot industrial production were compared. The analyzed results showed that the distribution of inclusion size in spring steel produced by refining process (Ⅱ) was appreciably better than that by refining process (Ⅰ).

Key words synthetic flux refining; deoxidation; inclusion control; spring steel

改善弹簧钢中氧化物夹杂形态的热力学条件*

摘　要　为了控制钢中析出氧化物夹杂的组成和形态，通过钢液—夹杂物、钢液—熔渣之间的化学平衡关系，以弹簧钢为例，计算了1823K时钢中强脱氧元素钙和铝的残余含量对析出夹杂物组成的影响，并给出了可使钢中析出具有良好变形能力的 $CaO \cdot Al_2O_3 \cdot 2SiO_2$ 夹杂物的钙、铝含量的控制范围和控制方法。

关键词　弹簧钢；氧化物；夹杂物形态；热力学

钢中析出夹杂物的形态主要是通过夹杂物的组成来控制的。传统的铝脱氧工艺是将钢液中溶解的氧转变成 Al_2O_3，然后利用各种方式的搅拌使脱氧产物碰撞、聚集、长大和上浮，并被熔渣或炉衬所吸收。这种方法可有效地将钢的总氧量降到 10×10^{-6} 以下，但要去除颗粒尺寸小于 20～30μm 的脱氧产物仍十分困难[1~3]。

对于高应力弹簧材料，皮下粒径大于10μm 的脆性夹杂物对其疲劳性能影响很大[1]；而对于碳含量为0.80%～0.85%（质量分数，下同）的高强度钢丝，当钢中存在尺寸超过钢丝直径2%的夹杂物颗粒时有可能导致钢丝在拉拔和捻股过程中断裂[4,5]；对于需要大量切削加工的零件来说，材料中存在的刚玉、尖晶石和铝酸钙等脆性夹杂物会大大缩短刀具寿命[6]。炼钢温度下，铝脱氧反应的速度远大于铝熔化和扩散的速度，因此在局部富铝区域形成颗粒较大的脱氧产物是不可避免的。为了避免钢液中析出较大颗粒的 Al_2O_3 夹杂物，对某些钢种可采取控制夹杂物成分和形态的生产工艺来避免析出有害夹杂物，即在采用硅锰脱氧或合金化后，通过二次精炼过程中渣—钢之间的化学反应，调整钢液中强脱氧元素的残余含量。这种渣—钢反应的脱氧产物和随后凝固析出的氧化物夹杂的颗粒细小。本文以弹簧钢为例，通过对钢液—夹杂物、钢液—熔渣之间的平衡热力学计算，预测钢中强脱氧元素残余含量与钢中析出的夹杂物组成之间的关系，为弹簧钢生产中夹杂物的控制提供依据。

1　夹杂物控制的热力学条件

在 $CaO-Al_2O_3-SiO_2$ 三元系中，当钢中钙和铝含量很低时，可能析出的脱氧产物为刚玉（Al_2O_3）、鳞石英（SiO_2）、莫来石（$3Al_2O_3 \cdot 2SiO_2$）、钙斜长石（$CaO \cdot Al_2O_3 \cdot 2SiO_2$）、钙铝黄长石（$2CaO \cdot Al_2O_3 \cdot SiO_2$）和假硅灰石（$CaO \cdot SiO_2$）等。脱氧反应如下：

$$2[Al] + 3[O] = Al_2O_3(s)$$

$$\Delta G^{\ominus} = -1202000 + 386.3T(J)^{[7]} \qquad (1)$$

$$[Si] + 2[O] = SiO_2(s)$$

* 本文合作者：薛正良、张家雯、甘朝福、王玉。原发表于《钢铁研究学报》，2000，12（6）：20～24。国家自然科学基金资助项目（59874023）。

$$\Delta G^{\ominus} = -581900 + 221.8T(\mathrm{J})^{[7]} \tag{2}$$

$$[\mathrm{Ca}] + [\mathrm{O}] = \mathrm{CaO(s)}$$

$$\Delta G^{\ominus} = -645421 + 146T(\mathrm{J})^{[8]} \tag{3}$$

$$3\mathrm{Al_2O_3(s)} + 2\mathrm{SiO_2(s)} = 3\mathrm{Al_2O_3} \cdot 2\mathrm{SiO_2(s)}$$

$$\Delta G^{\ominus} = -4354.27 - 10.467T(\mathrm{J})^{[9]} \tag{4}$$

$$\mathrm{CaO(s)} + \mathrm{SiO_2(s)} = \mathrm{CaO} \cdot \mathrm{SiO_2(s)}$$

$$\Delta G^{\ominus} = -81416 - 10.498T(\mathrm{J})^{[10]} \tag{5}$$

$$\mathrm{CaO(s)} + \mathrm{Al_2O_3(s)} + 2\mathrm{SiO_2(s)} = \mathrm{CaO} \cdot \mathrm{Al_2O_3} \cdot 2\mathrm{SiO_2(s)}$$

$$\Delta G^{\ominus} = -76912 - 33.02T(\mathrm{J})^{[9]} \tag{6}$$

$$2\mathrm{CaO(s)} + \mathrm{Al_2O_3(s)} + \mathrm{SiO_2(s)} = 2\mathrm{CaO} \cdot \mathrm{Al_2O_3} \cdot \mathrm{SiO_2(s)}$$

$$\Delta G^{\ominus} = -116204 - 38.87T(\mathrm{J})^{[9]} \tag{7}$$

根据化学反应式(1)～式(7),可得到以下化学反应方程：

$$6[\mathrm{Al}] + 2[\mathrm{Si}] + 13[\mathrm{O}] = 3\mathrm{Al_2O_3} \cdot 2\mathrm{SiO_2(s)}$$

$$\Delta G^{\ominus} = -4774154.3 + 1592T(\mathrm{J}) \tag{8}$$

$$[\mathrm{Ca}] + [\mathrm{Si}] + 3[\mathrm{O}] = \mathrm{CaO} \cdot \mathrm{SiO_2(s)}$$

$$\Delta G^{\ominus} = -1301477 + 359.73T(\mathrm{J}) \tag{9}$$

$$[\mathrm{Ca}] + 2[\mathrm{Al}] + 2[\mathrm{Si}] + 8[\mathrm{O}] = \mathrm{CaO} \cdot \mathrm{Al_2O_3} \cdot 2\mathrm{SiO_2(s)}$$

$$\Delta G^{\ominus} = -3088133 + 942.88T(\mathrm{J}) \tag{10}$$

$$2[\mathrm{Ca}] + 2[\mathrm{Al}] + [\mathrm{Si}] + 7[\mathrm{O}] = 2\mathrm{CaO} \cdot \mathrm{Al_2O_3} \cdot \mathrm{SiO_2(s)}$$

$$\Delta G^{\ominus} = -3190946 + 861.23T(\mathrm{J}) \tag{11}$$

对 60Si2Mn 弹簧钢（C 0.6%，Si 1.8%，Mn 0.8%），按公式 $\lg f_i = \sum_{ei}^{j}[i]$ 计算的 $f_{Si} = 2.03$，$f_{Al} = 1.11$。1823K 时，若不考虑钙参与脱氧反应，可得到图 1（a）所示计算结果。可见钢中铝含量［Al］$>20 \times 10^{-6}$时，将析出 Al_2O_3；［Al］$<8.7 \times 10^{-6}$时，析出 SiO_2；［Al］介于两者之间时，析出 $3Al_2O_3 \cdot 2SiO_2$。

当钢中钙和铝参与脱氧反应时，1823K 下钢中钙、铝含量对析出夹杂物组成的影响见图 1（b）。可见，［Al］$>22.5 \times 10^{-6}$时，钢中只析出 Al_2O_3；［Al］$<22.5 \times 10^{-6}$、$a_{[Ca]} < 1 \times 10^{-10}$时，钢中可析出 $CaO \cdot Al_2O_3 \cdot 2SiO_2$，但析出此脱氧产物的可控制范围比较小。

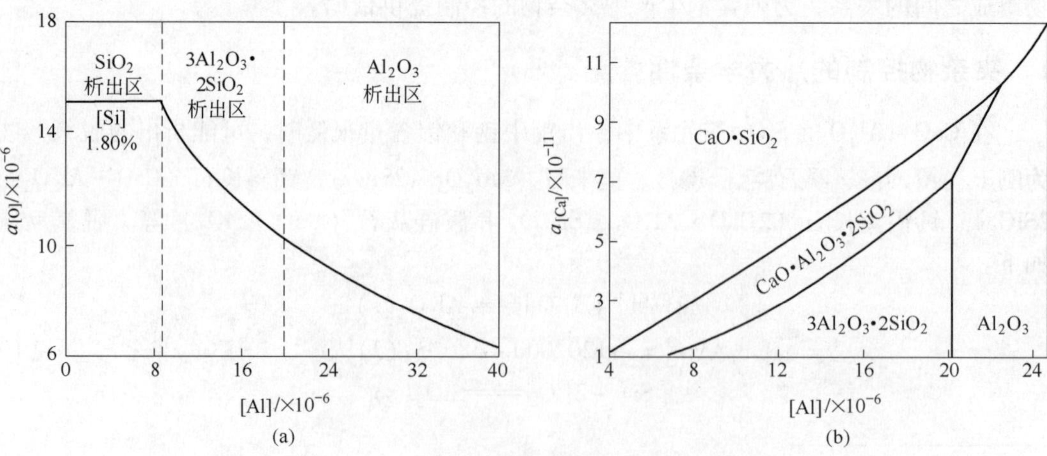

图 1　1823K 下 60Si2Mn 钢中残余钙含量和残余铝含量对析出物组成的影响

Fig. 1　Effect of Al and Ca contents on composition of deoxidizing products for 60Si2Mn at 1823K

图2为析出 $2CaO \cdot Al_2O_3 \cdot SiO_2$ 所需要的钙、铝含量范围。虽然图2（a）中的 A 点落在 $2CaO \cdot Al_2O_3 \cdot SiO_2$ 析出区内，但从图1（b）和图2（b）可知，在 A 点所示钙、铝含量范围内，将首先析出 $CaO \cdot SiO_2$。因此，实际上60Si2Mn钢中不可能析出 $2CaO \cdot Al_2O_3 \cdot SiO_2$。

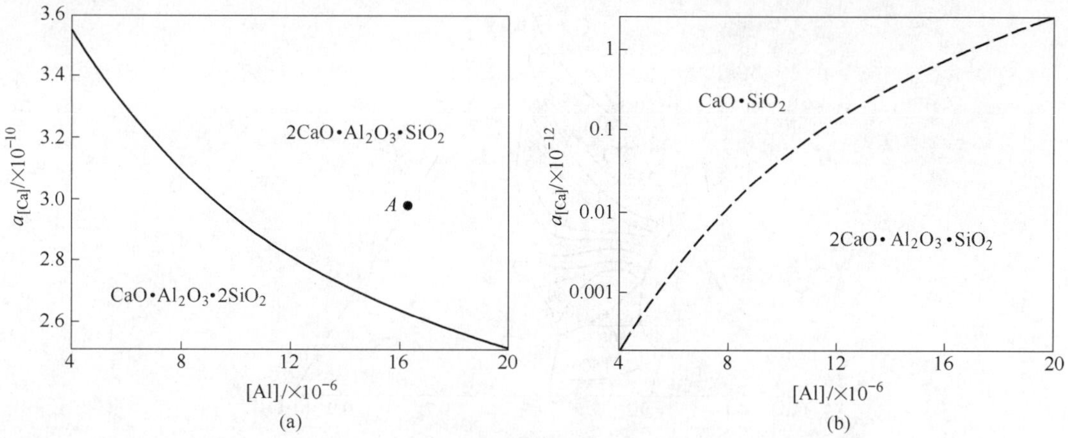

图2　析出 $2CaO \cdot Al_2O_3 \cdot SiO_2$ 所需要的钙、铝含量范围

Fig. 2　Composition range of Al and Ca needed for precipitating $2CaO \cdot Al_2O_3 \cdot SiO_2$

一般认为，$CaO \cdot Al_2O_3 \cdot 2SiO_2$ 在材料热加工温度下具有良好的塑性变形能力，它的存在对材料的疲劳性能和拉拔性能无害[11, 12]。因此，将钢中残余钙、铝含量控制在有利于 $CaO \cdot Al_2O_3 \cdot 2SiO_2$ 析出的范围是重要的。根据渣—钢之间建立的化学反应平衡，可以计算出有利于 $CaO \cdot Al_2O_3 \cdot 2SiO_2$ 析出的精炼渣成分。

渣—钢之间的化学反应为：

$$4[Al] + 3SiO_2(s) = 2Al_2O_3(s) + 3[Si]$$

$$\Delta G^{\ominus} = -658300 + 107.2T(J)^{[13]} \tag{12}$$

$$2[Ca] + SiO_2(s) = 2CaO(s) + [Si]$$

$$\Delta G^{\ominus} = -694422 + 75.06T(J)^{[13]} \tag{13}$$

根据渣—钢之间的化学反应以及文献［14］提供的1823K时 $CaO - Al_2O_3 - SiO_2$ 三元系的活度和有关热力学数据[13,15,16]，可计算出1823K时精炼渣组成对钢液残余铝和钙含量的影响，计算结果见图3和图4。

图3中与阴影部分的精炼渣组成相平衡的钙和铝含量有利于析出 $CaO \cdot Al_2O_3 \cdot 2SiO_2$。图4为精炼渣碱度 $R = (CaO)/(SiO_2)$ 和 Al_2O_3 含量对钢液平衡铝含量的影响。可见钢液平衡铝含量主要受精炼渣中 Al_2O_3 含量的影响；而精炼渣碱度对钢液平衡钙含量影响较大。

2　讨论

2.1　钢中的钙含量

上述计算中钢中钙的含量均以活度值表示，而钙的实际含量［Ca］取决于钙的活度系数 f_{Ca}，即：

$$[Ca] = a_{Ca}/f_{Ca} \tag{14}$$

$$\lg f_{Ca} = \sum e_{Ca}^{j}[j] \tag{15}$$

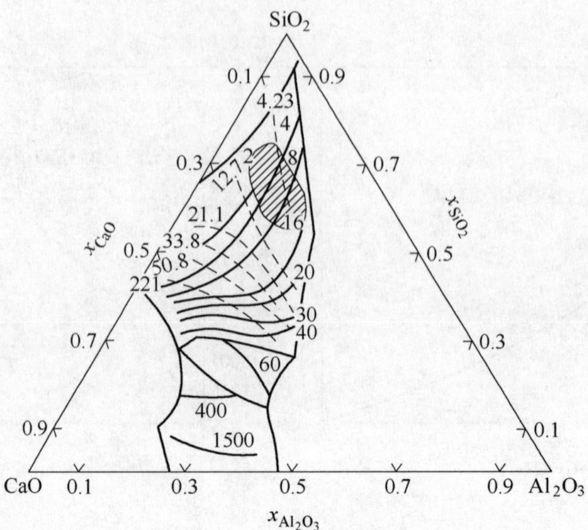

图 3　精炼渣组成对钢中残余铝含量和残余钙含量的影响

- - $[Al]/\times10^{-6}$；— $a_{[Ca]}/\times10^{-11}$

Fig. 3　Effect of composition of refining flux on residual contents of Al and Ca in molten steel

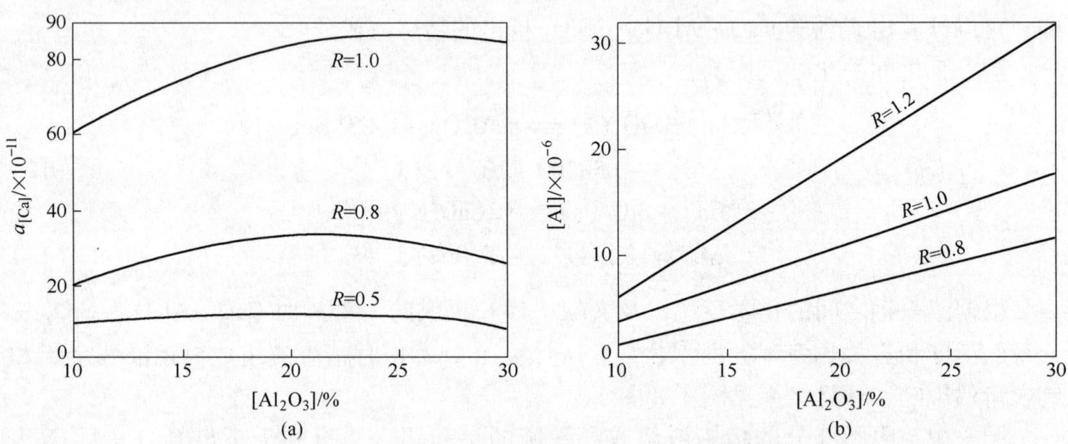

图 4　精炼渣组成对钢中残余铝含量的影响

Fig. 4　Effect of composition of refining flux on residual content of Al in molten steel

对钙的活度系数影响最大的元素是 S 和 O。1873K 时，$e_{Ca}^{S} = -336$[15]，但各研究者给出的 e_{Ca}^{O} 值相差甚远，如有 $e_{Ca}^{O} = -5600 \sim -5000$[17]、$-1300$[18]、$-1040$[2]、$-9000$（[Ca] + 2.51 [O] < 0.005%）[16] 和 -2500（[Ca] + 2.51 [O] = 0.005% ~ 0.016%）[16]。表 1 给出按 [S] = 0.01%、[O] = 0.002% 计算的 f_{Ca}。可见，1823K 下，若 $e_{Ca}^{O} = -1300$，则 60Si2Mn 钢的极限溶解钙含量应控制在 2.2×10^{-6} 以下。

表 1　钙的活度系数

Table 1　Activity coefficient of Ca

钢　种	e_{Ca}^{O}	f_{Ca}	[Ca]/%①
60Si2Mn	-1300 -2500	4.51×10^{-7} 1.80×10^{-9}	0.00022 0.0555

① $a_{Ca} = 1\times10^{-10}$。

2.2　夹杂物的控制范围

从图 1（b）可以看出，若想钢中析出单一的 $CaO\cdot Al_2O_3\cdot 2SiO_2$，则钙、铝含量的可控制范围比较窄，实际生产中控制起来比较困难。根据热力学原理，当钢液、夹杂物和熔渣之间达到化学反应平衡时，钢中夹杂物的组成应与熔渣组成相同，也就是说采用与 $CaO\cdot Al_2O_3\cdot 2SiO_2$ 组成相同的精炼渣（CaO 20.0%、Al_2O_3 36.5%、SiO_2 43.5%）来精炼钢液时，只析出 $CaO\cdot Al_2O_3\cdot 2SiO_2$，但实际上夹杂物与熔渣之间的反应不可能达到平衡。因此，不能只依靠渣—钢之间的反应来实现对夹杂物的控制。实际生产中必须使用低铝硅铁进行合金化，并采用 Al_2O_3 含量很低的中性渣精炼钢液，才能进一步控制钢中铝和钙的残余含量。事实上，在 $CaO-Al_2O_3-SiO_2$ 三元系中，Al_2O_3 含量为 20% 的非结晶相具有最佳的塑性变形能力[19, 20]。在 $CaO-Al_2O_3-SiO_2$ 三元系中，此组成相当于分布在 $CaO\cdot SiO_2$ 和 $CaO\cdot Al_2O_3\cdot 2SiO_2$ 的共晶线附近区域内。

3　结论

（1）对于 60Si2Mn 弹簧钢，在钢中无钙的条件下，$[Al] > 20\times10^{-6}$时，析出 Al_2O_3；$[Al] < 20\times10^{-6}$时，析出 $3Al_2O_3\cdot 2SiO_2$。在钢中有钙的条件下，$[Al] > 22.5\times10^{-6}$时，只能析出 Al_2O_3；$[Al] < 22.5\times10^{-6}$、$[Ca] < 2.2\times10^{-6}$（$e_{Ca}^{O} = -1300$）时，能析出 $CaO\cdot Al_2O_3\cdot 2SiO_2$。

（2）为使钢中残余钙、铝含量控制在有利于析出 $CaO\cdot Al_2O_3\cdot 2SiO_2$ 和 $CaO\cdot SiO_2$ 的范围内，一方面应使用铝含量尽可能低的硅铁脱氧合金化；另一方面，应采用 Al_2O_3 含量较低的中性精炼渣对钢液进行精炼。

参 考 文 献

[1] Melander A, Larsson M. The Effect of Stress Amplitude on the Cause of Fatigue Crack Initiation in a Spring Steel [J]. International Journal of Fatigue, 1993, 15 (2): 119 ~ 131.

[2] 陈襄武. 炼钢过程的脱氧 [M]. 北京：冶金工业出版社，1991.

[3] Faulring G M. Inclusion Modification in Semi - Killed Steels [J]. I & SM, 1999, (7): 29 ~ 36.

[4] 王建新. 影响钢帘线用钢丝的几个因素 [J]. 金属制品，1993，19（5）：33 ~ 34.

[5] Shinsho Y, Nozaki T. Influence of Secondary Steelmaking on Occurrence of Nonmetallic Inclusions in High - Carbon Steel for Tire Cord [J]. Wire Journal International, 1988, 21 (9): 145 ~ 153.

[6] Faulring G, Ramalingam S. Oxide Inclusions and Tool Wear in Machining [J]. Metallurgical Transactions, 1979, 10A (11): 1781 ~ 1788.

[7] Hideaki, Ryo I. Thermodynamics on Control of Inclusion Composition in Ultra Clean Steels [J]. ISIJ International, 1996, 36 (5): 528 ~ 536.

[8] Le T T, Ichikawa M. Optimization of Calcium Treatment at Dofasco [A]. ISIJ eds. Proceeding of the Sec-

ond Canada – Japan Symposium on Modern Steelmaking and Casting Tech – niques 1994 [C], Japan: ISIJ, 29 ~ 38.

[9] Richard H R, Chipman J. Activities in the Liquid Solution SiO_2 – CaO – MgO – Al_2O_3 at 1600℃ [J]. Transaction of Metal – lurgical Society of AIME, 1965, 233 (2): 415 ~ 425.

[10] 张鉴. CaO – SiO_2 渣系的作用浓度的计算模型 [J]. 北京钢铁学院学报, 1988, 10 (4): 412 ~ 418.

[11] Mcpherson N A, Mclean A. Non – metallic Inclusion in Continuously Cast Steel [M]. USA: ISS, 1995.

[12] Bernard G, Riboud P V, Urbain G. Oxide Inclusion Plasticity [J]. Revue de Metallurgie – CIT, 1981, (5): 421 ~ 433.

[13] Hideaki, Ryo I. Thermodynamics on Control of Inclusion Composition in Ultra Clean Steels [J]. ISIJ International, 1996, 36 (5): 528 ~ 536.

[14] Ohta H, Suito H. Activities in CaO – SiO_2 – Al_2O_3 Slag and Deoxidation Equilibria of Si and Al [J]. Metallurgical and Mate – rial Transaction, 1996, 27B (5): 943 ~ 953.

[15] Sigworth G K, Elliott J F. The Thermodynamics of Liquid Dilute Iron Alloys [J]. Metal Science, 1974, 18 (3): 298 ~ 310.

[16] Cho S W, Suito H. Assessment of Calcium – Oxygen Equilibrium in Liquid Iron [J]. ISIJ International, 1994, 34 (3): 265 ~ 269.

[17] Howard M P, Bhattacharya D. Thermodynamics of Nozzle Blockage in Continuous Casting of Calcium – Containing Steels [J]. Metallurgical Transaction, 1984, 15B (3): 547 ~ 562.

[18] Gloria M F, Ramallugam S. Inclusion Precipitation Diagram for the Fe – O – Ca – Al System [J]. Metallurgical Transaction, 1980, 11B (1): 125 ~ 130.

[19] Maeda S, Soejima T. Shape Control of Inclusion in Wire Rods for High Tensile Cord by Refining with Synthetic Slag [A]. ISS eds. 1989 Steelmaking Conference Proceedings [C], USA: ISS USA, 379 ~ 385.

[20] Ohshiro T, Ikeda T. Improvement of the Service Life of Valve Spring Wire [J]. Stahl Und Eisen, 1989, 102 (21): 35 ~ 39.

Thermodynamic Conditions for Oxide Inclusion Modification in Spring Steels

Xue Zhengliang[1] Li Zhengbang[1] Zhang Jiawen[1]
Gan Chaofu[2] Wang Yu[2]

(1. Central Iron and Steel Research Institute; 2. Chongqing Special Steel Co., Ltd.)

Abstract With the thermodynamics equilibrium calculation established among molten steel and oxide inclusion, refining slag, the relationship between inclusion composition and trace of easily oxidizable elements presented in molten spring steel at 1823 K were calculated as in order to control the composition and morphology of oxide inclusions. The content region of aluminum and calcium, and the controlling method in favor of precipitating the deformable inclusion anorthite were pointed out.

Key words spring steel; oxide; inclusion morphology; thermodynamics

钢的脱氧与氧化物夹杂控制*

摘　要　分析了加铝脱氧工艺和控铝脱氧工艺的特点、析出的一次脱氧产物的性质和数量，以及从钢液中去除一次脱氧产物的精炼工艺要点。

关键词　脱氧工艺；夹杂物去除；氧化物夹杂控制

工业生产中通常采用两种脱氧工艺，一种是加铝脱氧工艺，另一种是控铝脱氧工艺。前者是先用铝将钢中的溶解氧完全脱除，然后通过各种方式的搅拌将 Al_2O_3 夹杂尽可能多地去除；后者是仅用硅锰粗脱氧，并严格控制钢中的铝和钙含量，以便控制钢中析出的氧化物夹杂的成分、性质和形态。本文主要介绍后一种脱氧和精炼工艺。

1　钢液脱氧分析

钢中析出的氧化物夹杂主要来自三部分，一是在炼钢温度下合金化和铝终脱氧时析出的脱氧产物，称为一次脱氧产物；二是钢液从精炼温度冷却至液相线温度过程中析出的脱氧产物，称为二次脱氧产物；三是钢液从液相线温度冷却到固相线温度时析出的脱氧产物，称为三次脱氧产物。各次脱氧产物的比例主要决定于钢中铝的含量。以 60Si2MnA 为例，通过热力学计算得到的一次、二次、三次脱氧产物的比例见图 1。图 1 表明一次脱氧析出的脱氧产物的比例随钢液中铝含量降低迅速减少。如［Al］从 0.025% 降低到 10×10^{-6} 时，一次脱氧产物的比例从 93% 减少到 42%。

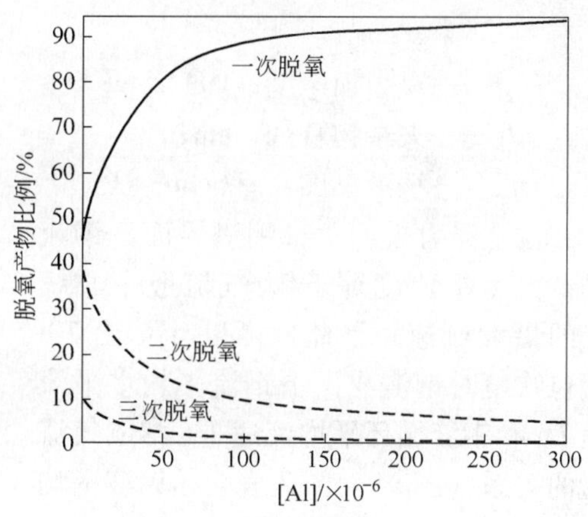

图 1　60Si2MnA 中析出的各次脱氧产物的比例

Fig. 1　Proportion of oxide inclusion precipitated during different phase of deoxidization in spring steel 60Si2MnA

一次脱氧产物颗粒比较粗大，其成分一般不能控制。如用 Si－Mn 合金化时，60Si2MnA 钢液中析出的平衡脱氧产物是 SiO_2[1]；当钢液用 Si－Al 脱氧合金化时，存在以下几种情况：（1）用普通硅铁脱氧合金化；（2）用普通硅铁脱氧合金化＋铝终脱氧。普通硅铁含有 1%～2% 的铝，60Si2MnA 合金化时由硅铁带入钢液的铝将达到 0.025%～0.035%。从 Al－Si－O 系统 1600℃ 脱氧平衡反应表明[2]，夹杂物组成为 Al_2O_3，合金化时析出的夹杂物仍然主要是 SiO_2，然后才是溶入钢中的铝与 SiO_2 夹杂物

* 本文合作者：薛正良、张家雯。原发表于《特殊钢》，2001，22（6）：24～27。国家自然科学基金资助项目（59874023）。

反应生成铝硅酸盐。当钢液用铝终脱氧时，钢中直接析出 Al_2O_3 夹杂。

2 一次脱氧产物的去除

2.1 钢液环流对夹杂物去除的影响

钢包吹氩时钢/气混合流股中气泡的平均上升速度 U_p 和钢水环流速度 U_m 可分别用公式（1）[3] 和公式（2）[4] 表示，而夹杂物自由上浮速度 u_m 按 Stocks 公式（3）[5] 计算：

$$U_p = 4.177 \times (1-\alpha)^{1/12} \cdot \frac{Q^{1/3} \cdot H^{1/4}}{R^{1/3}} \tag{1}$$

$$U_m = 0.86 \times \frac{Q^{1/3} \cdot H^{1/4}}{R^{0.58}} \tag{2}$$

$$u_m = \frac{(\rho_m - \rho_p) \cdot g \cdot d_p^2}{18\eta_m} \tag{3}$$

式中 α——钢/气泡混合流股中气泡体积百分比，%；

Q——氩气流量，m^3/s；

H——钢液深度，m；

R——钢包内半径，m；

ρ_m，ρ_p——分别为钢液和夹杂物密度，g/cm^3；

g——重力加速度，$10^{-5}N/g$；

d_p——夹杂物直径，cm；

η_m——钢液黏度，g/(cm · s)。

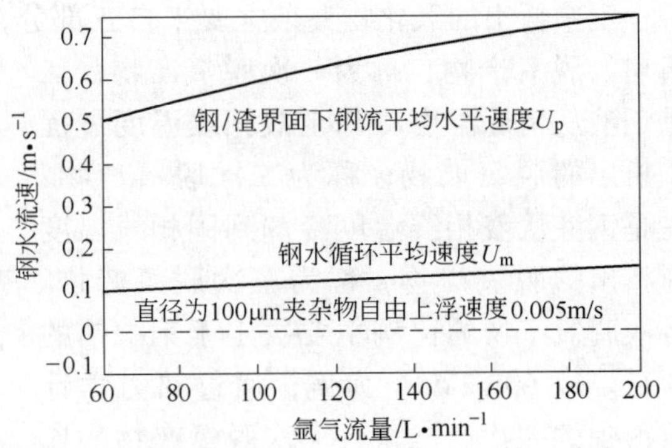

图2 钢液循环流动速度与氩气流量的关系

Fig. 2 Relation between circulative velocity of molten steel and argon blow rate

按全浮力模型[6]，钢渣界面下钢流的最大水平速度等于钢/气流股中心线上的最大流速。因此，可以计算出 70t 钢包吹氩时钢渣界面下钢流平均水平流速 U_p 和钢液循环平均流速 U_m 与氩气流量的关系（图2）。图2 表明，钢液平均循环流速远大于夹杂物自由上浮速度，因此不能通过夹杂物的自由上浮实现夹杂物的有效去除。

2.2 钢包吹氩时氩气泡对夹杂物的浮选作用

钢包吹氩条件下钢中固相夹杂物的去除主要依靠小气泡的浮选作用，即夹杂物与小气泡碰撞并黏附在气泡壁上，然后随气泡上浮而去除。夹杂物被气泡俘获的概率 P 等于夹杂物与气泡碰撞的概率 P_C 和碰撞发生后夹杂物黏附于气泡上的概率 P_A 的乘积[7]，即：

$$P = P_C \cdot P_A \tag{4}$$

Pan 等[8] 通过水模型研究发现当固体颗粒与溶液的接触角大于 90°时，几乎所有到达气泡表面的颗粒都能黏附在气泡上，而且与接触角的大小无关。当接触角小于 90°时，黏附率随接触角的减小锐减。Zheng 等[9] 用聚乙烯和 PVC（与水的接触角分别为

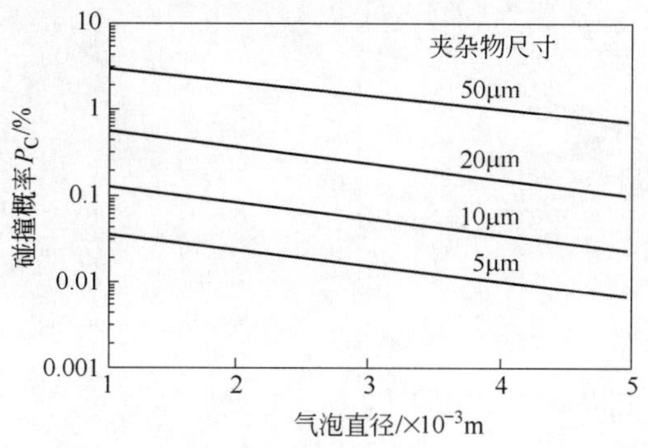

图 3　夹杂物和气泡尺寸对夹杂物碰撞气泡概率的影响

Fig. 3　Effect of bubble and inclusion size on collision probability between inclusion and gas bubble

91°和 87°）在水中进行的实验结果同样也发现这两种材料的颗粒被气泡去除的相对去除效率存在很大的差别，即 PVC 颗粒的去除效率远低于聚乙烯颗粒的去除效率。Al_2O_3 和 SiO_2 与钢液的接触角分别为 144°和 115°，表明它们不被钢液润湿，因此很容易黏附在钢中的气泡上。因而钢中夹杂物的去除效率主要决定于它们与气泡的碰撞概率 P_C，P_C 是夹杂物尺寸和气泡尺寸的函数，见图 3[7]。图 3 表明大颗粒夹杂物与气泡的碰撞概率远远大于小颗粒夹杂物与气泡的碰撞概率。

对钢包吹氩去除夹杂物的效率 η_N 的分析表明[10]，夹杂物被气泡俘获后的去除效率决定于吹入钢液中的气泡数量和气泡尺寸。气泡尺寸越小，夹杂物被气泡俘获的概率也越大，η_N 也就越大；吹入钢液的气泡数量越多，去除夹杂物的数量也越多。而吹氩产生的气泡尺寸主要决定于吹氩流量或吹氩强度。吹氩流量越大，气泡脱离吹气元件时的尺寸越大[11,12]。因此采用低强度吹氩并适当延长净化吹氩时间有利于夹杂物的去除，或采用多个吹气元件同时吹氩，可在有限的净化吹氩时间内向钢液中吹入更多的小气泡。

3　钢包吹氩去除钢中的溶解氧

图 4 为用 FeSi75 合金化后 60Si2MnA 钢液中平衡［Al］和［O］含量与硅铁中铝含量的关系[13]。当 FeSi75 含铝量为 0.1%，合金化后钢中的平衡［Al］≈14×16⁻⁶，［O］≈41×10⁻⁶。

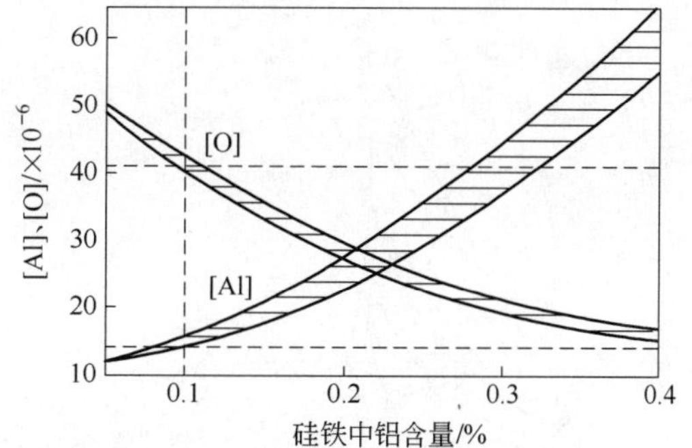

图 4　60Si2MnA 合金化后钢液［Al］、［O］平衡含量与硅铁中铝含量的关系（1550℃）

Fig. 4　Effect of aluminum content in ferrosilicon on aluminum and oxygen content in spring steel 60Si2MnA after alloying at 1550℃

溶解于钢中的氧一部分会在二次精炼钢包吹氩过程中通过氩气泡壁上的［C］-［O］反应去除，另一部分则在钢液冷却和凝固过程中以二次、三次脱氧产物析出。若假定氩气泡壁上［C］-［O］反应达到平衡，且钢液中［C］和［O］的扩散不存在阻力。那么，对氩气泡中的 Ar 和 CO 作质量衡算，可得到钢中［O］和吹氩脱氧率与吨钢吹氩量的关系[10,13]（图 5）。图 5 表明，在工业生产弹簧钢的吹氩量范围内，吹氩脱氧率可达 80% 左右。也就是说，当钢中初始［O］＝41×10⁻⁶时，吹氩结束后钢中溶解氧可降至 8×10⁻⁶～10×10⁻⁶，这些残余氧最后以二次、三次脱氧产物析出。试验研究表明[13,14]，当 $Al_{Sol.}$ 控制在 14×10⁻⁶～15×10⁻⁶时，钢中平均 T.O 含量低于用常规工艺生产的弹簧钢的 T.O 含量。

图 5　弹簧钢吹氩脱氧率与吹氩量的关系

Fig. 5　Relation between volume of argon blowing and deoxidization rate in spring steel

4　二次、三次脱氧产物成分的控制

为控制成品钢材中夹杂物的总量和尺寸分布，对弹簧钢、硬线和帘线钢、重轨钢等钢种可采取如下工艺路线：首先尽量减少一次脱氧产物的析出量，并用高效率的搅拌方式将一次脱氧产物去除；然后通过吹氩或真空碳脱氧（如 RH）去除钢中的部分溶解氧；最后通过控制钢液中强脱氧元素的相对含量实现对二次、三次脱氧产物成分的控制，使它们成为具有良好变形能力的氧化物夹杂。

以弹簧钢 60Si2MnA 为例，要使钢中最终析出的脱氧产物组成分布在具有良好变形能力的钙斜长石（$CaO \cdot Al_2O_3 \cdot 2SiO_2$）组成范围内。钢中铝和钙的浓度或活度值应该控制在 [Al] $<16\times10^{-6}$，$a_{Ca}<1\times10^{-10}\sim5\times10^{-10}$，见图 6[12]。

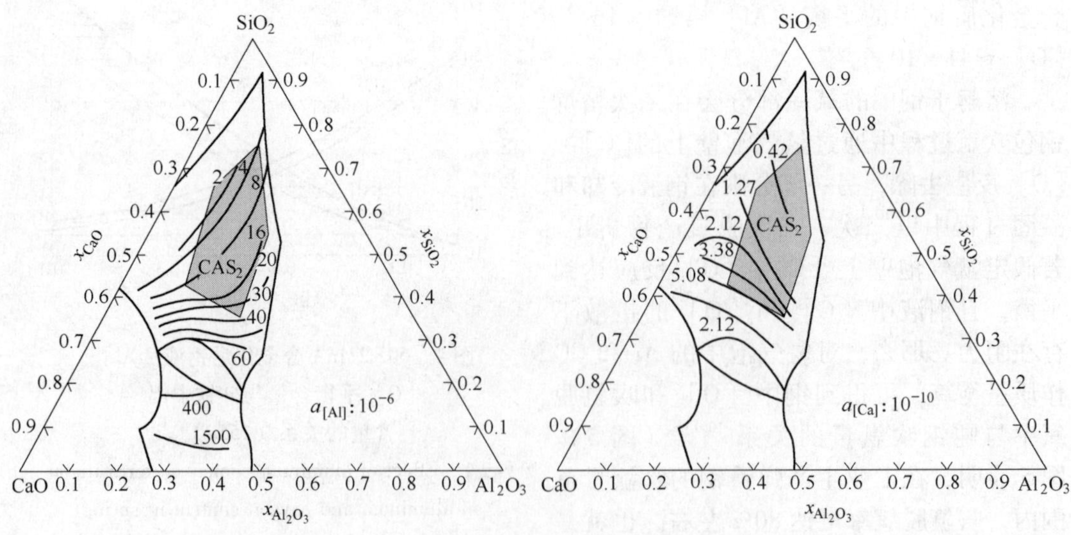

图 6　60Si2MnA 钢与 $CaO-Al_2O_3-SiO_2$ 三元夹杂物平衡时的等 $a_{[Al]}$ 和等 $a_{[Ca]}$ 线（1550℃）

Fig. 6　Iso – lines of $a_{[Al]}$ and $a_{[Ca]}$ for steel 60Si2MnA being equilibrium with $CaO-Al_2O_3-SiO_2$ at 1550℃

试验研究表明[2,13]，当弹簧钢 60Si2MnA 的 $Al_{Sol.}$ 降低到 $14 \times 10^{-6} \sim 15 \times 10^{-6}$，T. Ca $< 5 \times 10^{-6}$时，钢中析出的二次脱氧产物为 $CaO - Al_2O_3 - SiO_2$ 系塑性夹杂物。当连铸坯热轧成材后，用非水溶液电解萃取法萃取出钢中的非金属夹杂物在扫描电镜下观察到已延伸成长条状的钙铝硅酸盐夹杂，它们的横向尺寸分布在 10 ~ 20μm 之间，而观察到的颗粒较大的不变形夹杂物（40 ~ 60μm）仍然是没有去除的一次脱氧产物 SiO_2。

5 结论

（1）目前炼钢生产中采用加铝脱氧工艺和控铝脱氧工艺。前者的一次脱氧率大于 90%，脱氧产物主要是 Al_2O_3；后者一次脱氧析出的脱氧产物量大大减少，一次脱氧产物主要是 SiO_2。

（2）钢包精炼时向钢液中吹入数量更多、尺寸更小的氩气泡有利于一次脱氧产物的去除。

（3）当钢液中溶解有较高的［C］和［O］时，钢包吹氩具有去除钢中溶解氧的能力。吹氩脱氧率决定于单位钢水的吹氩量。

（4）浇钢时析出的二次、三次脱氧产物的成分可通过调整钢中强脱氧元素的相对含量来控制。

参考文献

［1］Franz Oeters. Metallurgy of Steelmaking［M］. Veriog Stahleisen GmbH，Dusselderf，1994：69.

［2］薛正良，李正邦，张家雯，等．不同脱氧条件下碳化硅氧化物夹杂的性质和形态［J］．特殊钢，2001，22（3）：24.

［3］Sahai Y，Guthrie R L L. Hydrodynamics of Gas Stirred Melts：Part Ⅰ. Gas/Liquid Coupling［J］. Metallurgical Trans. B，1982，13B（6）：193.

［4］Minion R L，Leckit C F，Legeard K J. Improved Ladle Stirring Using Vibration Technology at Stelco Hilton Works［C］. 1998 Steelmaking Conference Proceedings，Vol. 81，Toronto，March 22 ~ 25，1998：459.

［5］曲英．炼钢学原理［M］．北京：冶金工业出版社，1981. 2.

［6］Hsiao Tse - Chiang，et al. Fluid Flow in Ladles—Experimental Results［C］. Scand. Journal of Metallurgy，1980，9：105.

［7］Wang Laihua，et al. Prediction of the Optimum Bubble Size for Inclusion Removal from Molten Steel by Flotation［C］. ISIJ Int.，1996，3（1）：7.

［8］Pan Wei，Uemura K - I，Koyama S. Cold Model Experiment on Entrapment of Inclusions in Steel by Inert Gas Bubble［J］. Tetsu - to - Hagane，1992，78（8）：1361.

［9］Zheng Xiaofeng，Peter C. Hayis，H - G - Lee. Particle Removal from Liquid Phase Using Fine Gas Bubbles［J］. ISIJ Int. 1997，37（11）：1091.

［10］薛正良，李正邦，张家雯．LF 钢包精炼过程中的脱氧［J］．武汉科技大学学报，2001，24（2）：111.

［11］Anagbo P E，J Brimacombe K. Plume Characteristics and Liquid Circulation in Injection Through a Porous Plug［J］. Metallurgical Transaction B，1990，21B（8）：637.

［12］车得福，林宗虎，陈学俊．气泡在液体中形成的试验研究［J］．钢铁研究学报，1994，（1）：9.

［13］薛正良．弹簧钢氧化物夹杂成分及形态控制技术研究［D］．钢铁研究总院博士学位论文，2001，3.

[14] 薛正良，李正邦，张家雯，杨武，等. 不同脱氧条件下弹簧钢非金属夹杂物尺寸分布 [J]. 钢铁，2002，37.

Deoxidization and Oxide Inclusion Control of Steel

Xue Zhengliang[1] Li Zhengbang[2] Zhang Jiawen[2]

(1. Wuhan University of Science and Technology;
2. Central Iron and Steel Research Institute)

Abstract The characteristics of aluminum deoxidization and aluminum – free deoxidization processes, the properties and amount of deoxidizing product precipitated during first deoxidation, and the main points of refining process for removing the first deoxidizing product are analysed in this paper.

Key words deoxidization process; inclusion removal; oxide inclusion control

LF 钢包精炼过程中的脱氧*

摘　要　研究了钢包精炼过程中钢水流动现象及吹氩方式对钢液中固相脱氧产物去除行为的影响和不同脱氧条件下吹氩过程对钢中溶解氧的去除规律，指出合理的吹氩制度对钢液中固相脱氧产物的去除至关重要。当钢液不用铝脱氧时，吹氩过程对钢液中溶解氧的去除具有十分重要的意义。

关键词　钢包炉精炼；吹氩；脱氧；非金属夹杂物

LF 钢包精炼过程中钢液脱氧行为，其实质就是氧化物夹杂的去除行为。钢包精炼过程中氧化物夹杂可以通过两种途径与钢液分离：（1）按 Stocks 定律上浮[1]；（2）通过氩气泡的浮选作用与钢液分离[2]。搅拌钢液使夹杂物聚集长大，有利于它们通过上述机制与钢液分离。与此同时，吹氩引起钢水环流阻碍夹杂物的上浮[3]。本文通过对 LF 钢包精炼过程中夹杂物去除行为的研究，以及不同脱氧方式对 LF 精炼过程中钢液脱氧的分析，为 LF 钢包精炼过程的脱氧提供依据。

1　静止钢液中固体氧化物夹杂上浮

静止钢液中固体氧化物夹杂的上浮速度通常用 Stocks 定律来描述[1]：

$$u_p = (\rho_m - \rho_p) g d_p^2 / (18\eta_m) \tag{1}$$

式中　ρ_m，ρ_p——钢液和夹杂物的密度；

η_m——钢液黏度；

d_p——夹杂物直径。

在 1550℃ 时，若取 $\rho_m = 6.89\text{g/cm}^3$，$\rho_p = 2.3\text{g/cm}^3$，$\eta_m = 0.05\text{g/(cm}\cdot\text{s)}$，$g = 980 \times 10^{-5}\text{N/g}$，则可计算出钢液中不同尺寸的夹杂物颗粒的自由上浮速度和 70t 钢包（$H = 2.34\text{m}$，$R = 1.1\text{m}$）中不同尺寸的夹杂物上浮时间，见图 1。由图 1 可见，在 50min 左右的精炼时间内静止钢液中尺寸大于 40μm 的夹杂物均能上浮去除，但实际生产的弹簧钢棒材中有 14% 左右的夹杂物颗粒尺寸大于 40μm[4]。这是钢包吹氩条件下钢水环流运动的结果。

2　钢包吹氩时夹杂物随钢流作循环运动

2.1　吹氩条件下钢包内钢水的流动速度

LF 精炼钢包吹氩过程中钢水的环流运动可用图 2[5] 所示的模型表示，钢水/气泡流股中气泡平均上升速度 U_p 可用下式表达[6]：

* 本文合作者：薛正良、张家雯。原发表于《武汉科技大学学报（自然科学版）》，2001，24（2）：111～114，131。国家自然科学基金资助项目（59874023）。

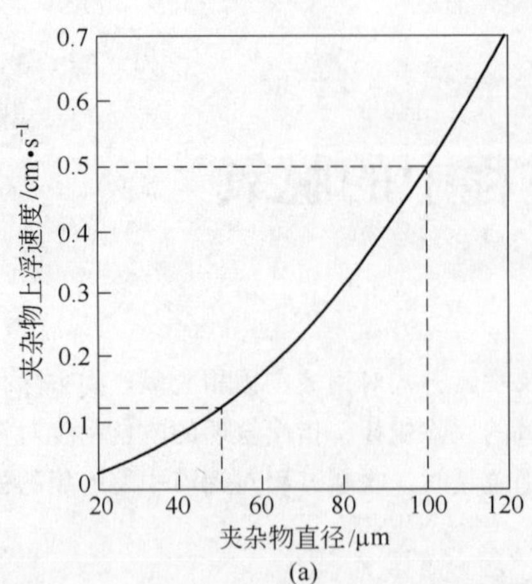

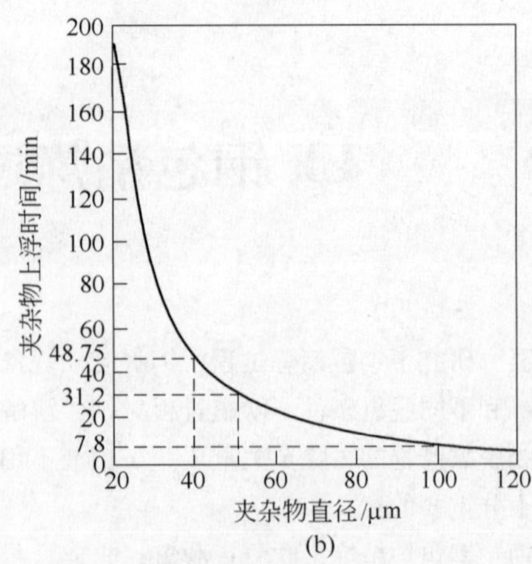

图 1　钢液中不同尺寸的固体夹杂物的自由上浮速度及上浮时间

（a）上浮速度；（b）上浮时间（70t 钢包）

$$U_p = \left[\frac{3.26 \times 10^4 Q v_t}{R}\right]^{\frac{1}{4}} \quad (2)$$

$$v_t = 5.5 \times 10^{-3} H[(1-\alpha) gQ/(2R)]^{1/3} \quad (3)$$

将式（3）代入式（2）可得：

$$U_p = 4.177(1-\alpha)^{1/12} Q^{1/3} H^{1/4} / R^{1/3} \quad (4)$$

式中　Q——吹氩流量，m^3/s；

H——钢水深度，m；

R——钢包内半径，m；

α——钢水/气泡流股中气泡体积百分率，2%～10%；

v_t——紊流速度，m/s。

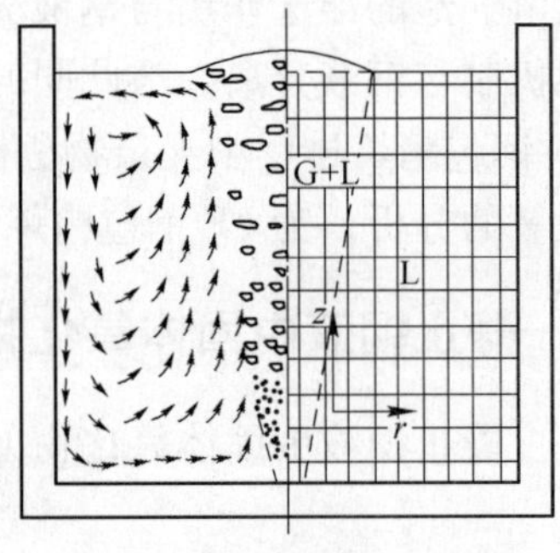

图 2　钢包吹氩钢液环流模型

当 $\alpha > 5\%$ 时，流股中气泡平均上升速度 U_p 等于钢水/气泡流股平均上升速度。在实际清洗吹氩流量范围（80～130L/min）内，70t 钢包按式（4）计算的钢水/气泡流股上升速度 $U_p = 0.55 \sim 0.64$m/s。

2.2　夹杂物与钢流作跟随运动

当钢包吹氩时，钢水对流运动加速了夹杂物的上浮，增加了夹杂物与顶渣和包衬接触的机会。钢水在钢渣界面处水平流动时，夹杂物在钢流的带动下一方面作水平运动，另一方面按 Stocks 定律上浮。因此，夹杂物在水平流层中的运动呈抛物线上升。按图 3 所示的全浮力模型[7]，钢渣界面下钢水的水平流速等于钢水/气泡流股中心线上的流速 U_m（$>U_p$）。假定 $U_m = U_p = 0.55 \sim 0.64$m/s，则 70t 钢包钢水在渣面下的水平流动时间 $t = 1.72 \sim 2$s。在这么短的时间内，只有在厚度为 10mm 的流层内尺

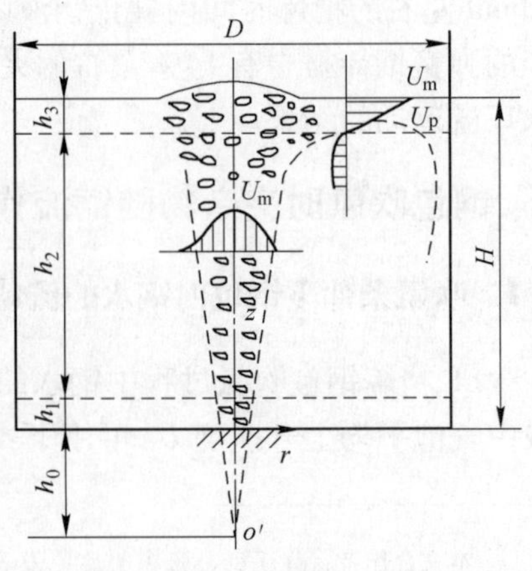

图 3　钢包吹氩全浮力模型

寸大于 100μm 的夹杂物才有可能被渣层吸收，其余的夹杂物将随钢流沿壁面向下流动。

当钢水沿着壁面以速度 u_m 向下环流时，没有来得及上浮的夹杂物跟随钢流以速度 u_p 向下运动，这时夹杂物的运动速度可用牛顿定律表示：

$$\frac{\pi}{6}d_p^2\rho_p\frac{du_p}{dt}=\frac{\pi}{6}d_p^3(\rho_p-\rho_m)+k\frac{\pi d_p^2}{4}\frac{\rho_m}{2g}(u_m-u_p)^2 \tag{5}$$

上式中等号右边第一项为作用在夹杂物上的重力和浮力；第二项为钢流对夹杂物的拖曳力，拖曳力系数 k 随 Re 不同分三个区域：$Re<2$ 时为 Stocks 阻力定律范围，$k=24/Re$；$2<Re<500$ 时为 Allen 阻力定律范围，$k=10/Re^{1/2}$；$Re>500$ 时为 Newton 阻力定律范围，$k=0.44$。$Re=|u_m-u_p|d_p/v$。当 $u_p\leqslant 0$ 时，夹杂物将脱离钢水而上浮，此时的钢流速度 u_m 为：

$$u_m=\sqrt{\frac{4}{3}\frac{gd_p}{k}\frac{\rho_m-\rho_p}{\rho_m}} \tag{6}$$

对 $d<150\mu m$ 的夹杂物，按 Stocks 阻力定律范围计算的钢水流速 u_m 为：

$$u_m=\frac{(\rho_m-\rho_p)gd_p^2}{18\eta_m} \tag{7}$$

式（7）形式上与静止钢水中夹杂物上浮的 Stocks 定律相同。若夹杂物直径 $d_p=100\mu m$，1550℃ 时按式（7）计算的钢水流速 $u_m=0.005m/s$。即钢水流速大于 0.005m/s时，直径小于 100μm 的夹杂物都随钢流作环流运动。实际生产过程中吹氩搅拌时的钢流速度远远大于此值。因此，钢流裹挟着挟杂物在钢包中作循环运动使夹杂物不能得到有效排除。

2.3 钢水卷渣

当吹氩流量过大时，钢渣界面发生卷渣现象，钢液发生卷渣时的临界韦伯数 $We=6.796$[8,9]：

$$We=F_s/\sqrt{F_gF_\sigma}=\rho_sU_m^2/[g\sigma_{s-m}(\rho_m-\rho_s)]^{1/2}=6.796 \tag{8}$$

$$U_m=\sqrt{6.796\frac{[g\sigma_{m-s}(\rho_m-\rho_s)]^{1/2}}{\rho_s}} \tag{9}$$

式中 U_m——钢液发生卷渣时的水平流速（图 3），m/s；

g——重力加速度，9.8m/s^2；

σ_{s-m}——钢渣界面张力，N/m；

ρ_m——钢液密度，kg/m^3；

ρ_s——熔渣密度，kg/m^3。

当取 $\sigma_{s-m}=1.2N/m$，$\rho_m=6890kg/m^3$，$\rho_s=3000kg/m^3$ 时，按式（9）计算的开始发生卷渣时钢水水平流速为 0.69m/s，再按式（4）计算 70t 钢包发生卷渣时的吹氩流量为 160L/min。

3 氩气泡对固相夹杂物的浮选作用

3.1 固相夹杂物被小气泡捕获的概率

钢包吹氩条件下钢中固相夹杂物的去除主要依靠小气泡的浮选作用，夹杂物与小气泡碰撞并黏附于气泡上的机制见图 4[2]。夹杂物被气泡俘获的概率 P 等于夹杂物与气

泡的碰撞概率 P_C 和碰撞发生后夹杂物黏附于气泡上的概率 P_A 之乘积[2]，即：

$$P = P_C P_A \tag{10}$$

根据该模型，夹杂物与气泡的碰撞概率 P_C 随气泡尺寸的减小和夹杂物尺寸的增大而增加，50μm 大小的夹杂物与直径为 1mm 的气泡碰撞的概率不足 5%，这意味着 20 个直径为 1mm 的气泡上浮过程中只有一个气泡会与 50μm 大小的夹杂物发生碰撞。夹杂物黏附于气泡上的概率主要决定于夹杂物尺寸。对 5 ~ 10μm 的夹杂物而言，气泡尺寸对 P_A 无明显影响，$P_A \approx 100\%$。对大颗粒而言，小气泡和大气泡比中等直径的气泡具有较高的 P_A。按该模型计算，去除 50μm 以下的夹杂物最适宜的气泡直径为 0.5 ~ 2mm。

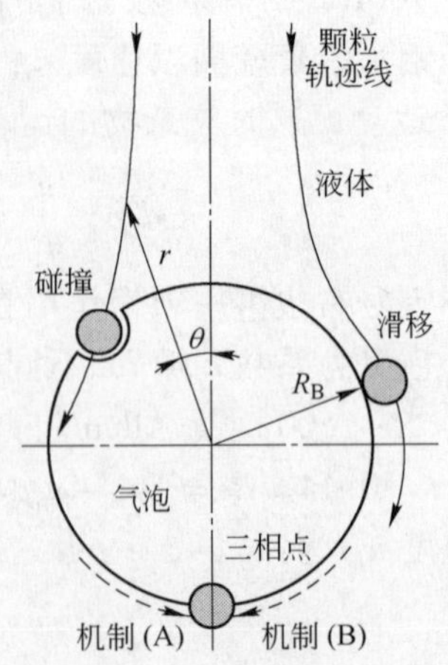

图 4　颗粒黏附于气泡的机制示意图

当氩气泡呈分散的气泡流时，气泡平均直径 d_b 可用下式表示[10]：

$$d_b = [(6\sigma d_n)/(\rho_m g)]^{1/3} \tag{11}$$

式中　σ——氩气氛下的界面张力；

d_n——吹嘴直径。

用透气砖吹氩所产生的气泡直径为 10 ~ 20mm[11]。采用高强度吹氩，只能使气泡粗化，而达不到有效去除夹杂物的目的[12]。

3.2　钢包吹氩去除夹杂物的效率

钢包吹氩去除夹杂物的效率可用下式表示：

$$-\frac{dN_P}{dt} = \left(\frac{\pi}{4} d_b^2 H\right)\left(\frac{N_P}{V}\right) \cdot P\left(\frac{1823}{293}\frac{6Q}{\pi d_b^3}\right) \tag{12}$$

式中，等号右边第一个括号内数据为单个气泡上浮过程中扫过的体积；第二个括号内数据为单位体积内夹杂物平均颗粒数；P 为夹杂物被气泡捕获的概率；第三个括号内数据为单位时间内吹氩产生的气泡数。

将式（12）积分得：

$$N_P = N_{P0}\exp\left(-9.33\frac{Q''HP\rho_m}{d_b}t\right) \tag{13}$$

式中　N_P——钢中夹杂物个数；

Q''——吨钢吹氩强度；

H——熔池深度；

ρ_m——钢水密度；

d_b——气泡直径。

夹杂物去除效率 η_N 为：

$$\eta_N = \frac{N_{P0} - N_P}{N_{P0}} = 1 - \exp\left(-9.33\frac{HP\rho_m}{d_b}\sum Q''\right) \tag{14}$$

从式（14）可见，夹杂物的去除效率随吨钢吹氩量 $\sum Q''$ 的增加和气泡尺寸的减小而增加，采用小的吹氩强度和延长吹氩时间，有利于去除更多的夹杂物。低吹氩强度不仅可以避免钢水卷渣，更主要的是可获得分散细小的气泡流[12]。

4 LF 精炼过程中钢包吹氩脱氧

4.1 不同脱氧条件下各次脱氧产物的析出比率

钢包吹氩过程中，钢液与气泡界面上发生的 C－O 反应对钢中溶解氧的去除具有十分重要意义。以弹簧钢 60Si2MnA 为例，考虑两种脱氧条件，一种是合金化后钢液的 $Al_{sol.}$（达到 0.02%，主要来自硅铁中的铝），另一种是合金化后钢中 $Al_{sol.}$（达到 0.0015%）。这两种情况下各次脱氧产物析出量的比率见图 5。第一种脱氧条件下 90% 以上的氧以一次脱氧产物析出，这时吹氩对钢中残余氧的去除意义不大；在第二种脱氧条件下，合金化后析出的一次脱氧产物量仅占 56.52%，其余氧仍溶解在钢液中，这时钢包吹氩对溶解氧的去除具有十分重要意义。

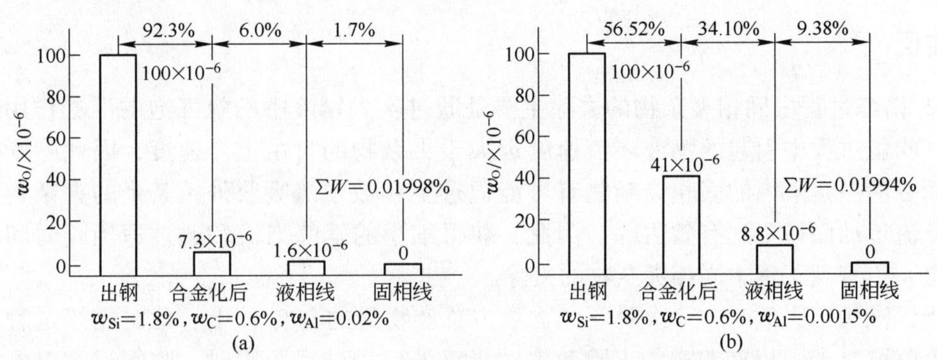

图 5 两种脱氧条件下各次脱氧产物析出量的比率

4.2 钢液吹氩脱氧

假定吹入钢液的氩气呈气泡流上浮，气泡界面上 C－O 反应达到平衡，对气泡中的 Ar 和 CO 作质量衡算，则得到：

$$\frac{n_{CO}}{n_{Ar}}=\frac{P_{CO}}{P_{Ar}}\approx\frac{Kf_Cf_O[C][O]}{P} \tag{15}$$

$$\frac{n_{CO}}{n_{Ar}}=\frac{\dfrac{-d[O]}{100\times16}\times10^6}{\dfrac{dQ_{Ar}}{22.4}\times10^3}=\frac{-224d[O]}{16dQ_{Ar}} \tag{16}$$

由式（15）和式（16）得：

$$\frac{-224d[O]}{16dQ_{Ar}}=\frac{Kf_Cf_O[C][O]}{P} \tag{17}$$

$$\frac{-d[O]}{[O]}=\frac{16Kf_Cf_O[C]}{224P}Q''_{Ar}dt \tag{18}$$

对上式积分得：

$$[O]=[O]_0\cdot\exp\left(-\frac{16Kf_Cf_O[C]\times101.325}{224P}Q''_{Ar}t\right) \tag{19}$$

式中 Q''_{Ar}——钢液吹氩强度，$m^3/(t\cdot min)$；

P——真空度，kPa。

在1823K时，钢液中C－O反应平衡常数 $K=432.83$，$f_C=1.64$，$f_O=0.304$，[C] =0.6%，[O]$_0$ =0.004%，常压下按式（19）计算的结果见图6。

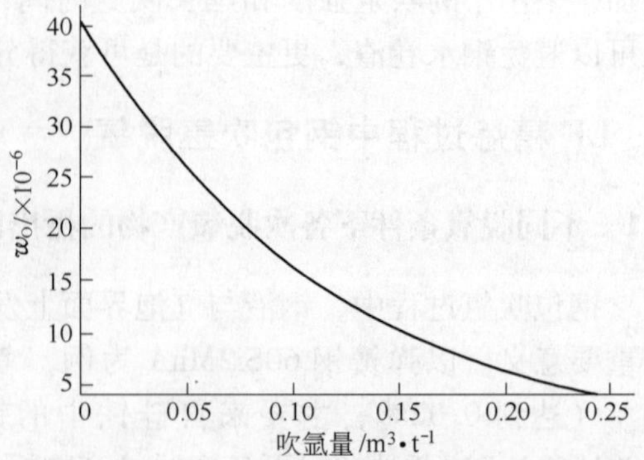

图6　在1550℃时60Si2MnA钢液吹氩脱氧

现代LF炉精炼，从出钢开始实行全程吹氩，冶炼弹簧钢时的吨钢平均吹氩量为0.17～0.25m^3/t。因此，吹氩对钢液溶解氧的去除将大大减少二次脱氧产物的数量，亦即减少精炼炉中析出的固相夹杂物总量。从工业生产统计的弹簧钢60Si2MnA棒材中T.O含量和夹杂物尺寸分布来看，采用低 $Al_{sol.}$ 脱氧方法较采用高 $Al_{sol.}$ 脱氧方法能获得更低的T.O含量和更小的夹杂物尺寸[4]。

5　结语

LF精炼过程中固相夹杂物的去除主要是通过吹入钢液中的氩气泡的浮选作用来实现的。吹氩过程中引起的钢液环流速度远大于夹杂物的自由上浮速度，因此除紧靠顶渣下面一薄层钢液内的固相夹杂物有可能通过上浮被顶渣吸收外，其余的夹杂物随钢流作环流运动而得不到有效去除。因此，获得细小的氩气泡流和通过适当长时间低强度吹氩，更有利于钢中固相夹杂物的去除。

当钢液用铝脱氧时，一次脱氧产物量占总产物量的90%以上，此时精炼过程中钢液脱氧就取决于固相夹杂物的去除效率；当钢液仅用硅锰脱氧时，吹氩过程对溶解氧的去除具有十分重要的意义。弹簧钢生产实际表明，控制钢液中 $Al_{sol.}$ 含量在0.002%以下时，成品材中的T.O和非金属夹杂物尺寸低于 $Al_{sol.}$ 含量在0.01%～0.2%之间的弹簧钢成品材。

参考文献

[1] 曲英. 炼钢学原理［M］. 北京：冶金工业出版社，1983：8～224.

[2] Laihua Wang, Hae－Geon Lee, Peter HAYES. Prediction of the Optimum Bubble Size for Inclusion Removal from Molten Steel by Flotation［J］. ISIJ Int. 1996, 36（1）：7～16.

[3] 曲英. 流动现象和夹杂物的去除［A］. 中国金属学会夹杂物学术委员会. 第六届钢质量及夹杂物学术研讨会论文集［C］，1993，10：1～6.

[4] 薛正良，李正邦，张家雯，等. 不同脱氧条件下弹簧钢非金属夹杂物尺寸分布［J］. 钢铁，2001，36（7）.

[5] Y Sahal, Rll Guthrie. Hydrodynamics of Gas Stirred Melts：Part Ⅱ. Axisymmetric Flows［J］. Metallurgical Trans. B，1982，13B：203～211.

[6] Y Sahal, Rll Guthrie. Hydrodynamics of Gas Stirred Melts：Part Ⅰ. Gas/Liquid Coupling［J］. Metallurgical Trans. B，1982，13B（6）：193～207.

[7] Hsiao Tse－chiang, Lehner, Theo, et al. Fluid Flow in Ladles——Experimental Results［J］. Scand. Journal of Metallurgy，1980，（9）：105～110.

[8] 萧泽强，胡立祥. 喷吹钢中偶见大颗粒夹杂物行为及其来源的研究［J］. 钢铁，1988，23（1）：23.

[9] 张华书，萧泽强．渣—钢混合状态对冶金速率的影响［J］．钢铁，1987，22（9）：21～25.

[10] Brimacombe J K, et al. Process Dynamics: Gas－Liquid [A]: Proc. of the Elliott Symp [C]. Cambridge, MA, 1990: 304～372.

[11] Laihua Wang, Hae－Geon Lee, Peter Hayes. A New Approach to Molten Steel Refining Using Fine Gas Bubbles [J]. ISIJ Int, 1996, 36 (1): 17～24.

[12] P E Anagbo, J K Brimacombe. Plume Characteristics and Liquid Circulation in Injection through a Porous Plug [J]. Metallurgical Transaction B, 1990, 21B (8): 637～648.

Deoxidization during Ladle Furnace Refining

Xue Zhengliang[1] Li Zhengbang[2] Zhang Jiawen[2]

(1. Wuhan University of Science and Technology;
2. Central Iron and Steel Research Institute)

Abstract The effect of flow phenomenon of molten steel in ladle furnace during refining and argon blowing mode on removal of solid deoxidization products in molten steel and the removal law of oxygen dissolved in molten steel at different deoxidization conditions during argon blowing were investigated. It's pointed out that the reasonable system of argon blowing is very important to the removal of solid deoxidization products from molten steel. The process of argon blowing has great significance on the removal of the dissolved oxygen from molten steel deoxidized without aluminum.

Key words ladle furnace refining; argon blowing; deoxidization; nonmetallic inclusion

连铸钢水增碳机理的研究*

摘　要　分析了连铸过程中钢水增碳的原因，富碳层是钢水增碳的主要原因。论述了保护渣的溶化机理，并研究了保护渣富碳层的形成机理。

1　前言

作为连铸重要辅料的结晶器保护渣在连铸工艺中起着重要的作用，它具有绝热、保温、吸收夹杂、润滑和传热等功能，其性能直接影响铸坯的内、外质量及铸机生产率。由于碳和基料间界面张力大，熔渣吸附、浸润和匀化碳质材料困难，碳对基料粒子的机械分隔能力、对熔渣流动和汇聚的阻滞作用都很强，因此除了能延缓渣粉中低熔点化合物的生成和聚合外，还将起阻碍熔渣熔珠聚合及下沉、控制保护渣的热传递和熔化速度的作用。保护渣利用碳作为阻隔层和骨架调节熔化速度，得到满意的渣层结构，从而实现其各项功能。显然，碳作为熔速控制剂直接影响保护渣的熔化，但在不同操作条件下，在浇铸过程中会对铸坯表面和内部的碳含量产生影响。

因此，当浇铸低碳钢种时，除易于产生常见的表面缺陷外，更易因保护渣造成铸坯增碳，影响钢的成材率。

2　连铸过程中钢水增碳的原因

连铸过程中钢水增碳是由于钢水与含碳物接触所引起。连铸过程中含碳物的来源主要有：

（1）结晶器保护渣的碳；

（2）浸入式水口和塞棒：含碳的水口和塞棒被侵蚀后，可形成含碳块状物，粘在坯壳表面；

（3）黏附在塞棒上和浸入式水口内的含碳聚集物：当塞棒内氩气压力超过一定值时，这些聚集物会被钢水冲走，与结晶器中钢水接触。

其中（2）、（3）可通过改善水口、塞棒的材质及连铸工艺条件得到抑制。本文仅探讨结晶器保护渣对连铸过程中钢水增碳的影响。

一般情况下，如果保护渣熔化速度控制合适，在结晶器液面上会形成合理的三层结构。当钢液面波动小，钢渣界面较平静时，熔渣中的碳消耗殆尽，不会造成钢水显著增碳；而在钢水液面波动严重时，由于富碳层的存在，使钢水有增碳现象。

碳是高温下易溶于钢液的元素，但在熔渣层中的溶解度却很小，仅0.1%～0.2%[1]，与熔渣的碱度和温度有关。保护渣中碳粒在熔渣形成过程中会在熔渣层与烧结层的界面上，形成一层0.3～3mm厚的富碳层（见图1），其碳含量最高可达保护渣

---

* 本文合作者：吴杰、林功文。原发表于《连铸》，2001，（2）：1～3。

原始碳含量的6倍左右，而且该富碳层具有非烧结特性，很容易与钢水混合[2]。

由于碳在熔渣中的扩散系数很小，富碳层的碳通过扩散进入钢液的可能性也很小。

虽然碳在熔渣中扩散速度非常慢，但由于富碳层与钢液弯月面距离很近，而且碳在钢水中的溶解度和溶解速度较高，一旦钢液面出现波动（尤其是换中间包、换水口和改变拉速等情况下），如果此时熔渣层厚度不够，就可能造成富碳层卷进结晶器与坯壳之间，或富碳层与坯壳接触，或富碳层与弯月面接触，这些都会造成钢水（或铸坯）增碳（见图2）[3]，这也是造成超低碳钢浇铸过程中增碳的主要原因。

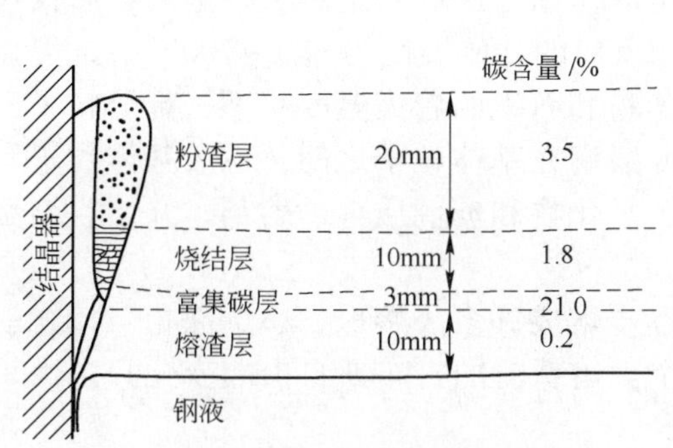

图1　保护渣各渣层碳含量

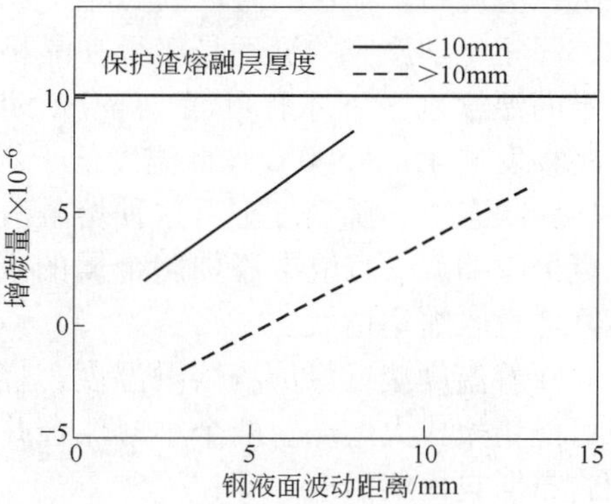

图2　铸坯增碳量与钢水液面波动的关系

另外还有两个原因易使连铸过程中钢水增碳：

（1）开浇时粉末层对钢水增碳。

开浇后，熔融层尚未形成时，粉渣与钢水接触可能被流动的钢水卷走，由于粉渣原始碳含量高于钢水含碳量，而使铸坯增碳。图3为浇铸长度方向板坯表面含碳量的变化，可观察到开浇时严重增碳[4]。

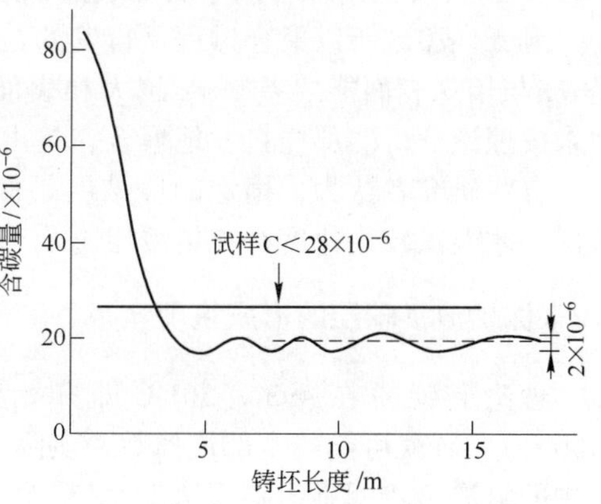

图3　浇铸方向上铸坯表面的含碳量

（2）保护渣的附着作用对铸坯增碳。

在结晶器出口处，如果熔渣对铸坯的润湿性好，则易于黏附在铸坯表面，该熔渣在冷却过程中结晶硬化，呈烧结态而不能剥离，从而被拉辊压入铸坯表层。铸坯温度只要超过462.5℃，其表面都可能渗碳，并且随铸坯温度增高，碳的扩散系数增大。

综上所述，保护渣富碳层是造成连铸过程中钢水增碳的主要原因。研究钢水增碳机理的实质就是研究保护渣富碳层的形成机理。

3　保护渣富碳层形成机理的研究

3.1　保护渣熔化机理

富碳层是在保护渣的熔化过程中形成的，有必要研究保护渣的熔化机理。

连铸保护渣随温度升高，其熔化过程如下：

$$粉渣\xrightarrow{固相反应}烧结\longrightarrow液珠\xrightarrow{聚合}液渣$$

首先是粉渣固相之间进行直接反应，反应温度远低于反应物的熔融温度或它们的低共熔点。如果保护渣中存在助熔剂如碱金属的碳酸盐、氧化物、氟化物和玻璃质等，其开始形成液相的温度远低于主要组成物质的低共熔温度，这些少量液相会对粉渣的固结起重要作用。液相将固体颗粒表面润湿，靠表面张力作用使粉渣颗粒靠近、拉紧、并重新排列。此即保护渣烧结层的形成机理。

除温度、压力、加热时间等因素外，凡是能促进外扩散及内扩散进行的因素都能促进粉渣烧结，如保护渣的细粉碎、多晶转变、脱水、分解等化学反应。

固相化学反应的机理是离子在晶格中的扩散作用。这个作用对于一定的物质仅在一定的温度水平下才有可能，$CaO + SiO_2$ 固相反应的开始温度为 500 ~ 700℃[5]，但显微观察发现 450 ~ 500℃（此温度低于炭黑、焦粉和石墨的着火温度）下一部分粒子已呈熔融状态[6]，随温度上升这种熔融渣增多并浸润在基体粒子之间，不久基体粒子互相凝聚收缩。一旦渣中添加碱金属的碳酸盐、氟化物和玻璃质等助熔剂，开始收缩温度降低且收缩率增大。

随着温度接近保护渣熔融温度，烧结相逐步熔成许多小熔珠，小熔珠相互接触就有可能集聚成大熔珠。两个小熔珠合并成一个大熔珠时的吉布斯自由能变化只是由表面吉布斯自由能引起，即：

$$\Delta G = \sigma_{SS} \cdot \Delta A$$

式中 σ_{SS}——液滴与固相渣间界面张力；

ΔA——大熔珠与两小熔珠表面积之差。

因 $\Delta A < 0$，所以聚合过程是自发的，σ_{SS}越大聚合过程越容易进行，聚合的推动力是 σ_{SS}与熔珠表面能之差，σ_{SS}越大和表面能越小，则熔珠越容易聚合。但实际上熔珠并未按理论分析的那样自发地聚合，是由于受到富碳层区域碳的阻隔作用。

有些研究者认为，稳定的烧结层是保证熔渣层厚度的先决条件。只有熔珠状的过渡层，才能以较快速度补充熔渣层[7]。

3.2 保护渣富碳层的形成机理

理论上碳粉在 493 ~ 561℃ 即开始氧化[8]，在升温到保护渣熔融温度前（约 1100℃），碳就可能被全部烧掉。而实际上有富碳层存在，是由于保护渣熔化过程中大气中的氧渗透较困难，碳无法完全燃烧；以及在造渣和保护渣烧结过程中形成的“碳核”中的碳在熔渣层上部不断集聚的结果。

由于保护渣基料大部分是离子结构，基料离子表面的离子键得不到满足，呈现极性；同时碳粒晶粒小（尤其是碳黑），晶格扭曲，单位质量的比表面积大，位于表面不同部位的碳原子的价力不饱和，也呈极性；因此碳质料能牢固地与基料粒子吸附。在制渣或运输过程中，有些碳粒被基料包裹，恰是一个碳核，外面附着基料层或者附着于基料层当中；碳粒越细，含量越低，越能被基料粒子很好地和均匀地包裹。

另外，保护渣在受热熔化过程中，其中的碳粒表层首先燃烧，局部放出大量的热，如果周围 $CaO + SiO_2$ 有合适比例，就会迅速形成低熔点液相。伴随碳粒的进一步燃烧，温度上升，液相形成的量也增加，流动性增强，会将未烧尽的碳粒包覆，形成所谓的“碳核”（见图 4）。

随熔渣层的消耗，“碳核”逐渐下移，到达熔渣层上部区域，此时的温度接近保护渣熔融温度。当“碳核”外部的液相汇入熔渣层，内部碳粒才暴露出来，但在有固体碳存在且温度超过1000℃时，气相中CO_2和O_2的量都甚微，这时碳的氧化被抑制[9]。由于碳的比重小于熔渣，便漂浮在熔渣层上部。此时上部渣层较厚，透气性较差，氧气很难扩散进来。而且，这些碳和该区域少量的氧气反应形成的CO气体，也起到保护膜的作用，阻碍了碳粒与其余氧气的接触，并且被气体包裹的碳粒更容易漂浮在熔渣界面上（从保护渣熔融模型的矿相显微照片观察到，该部位的碳往往富集于气孔中）。

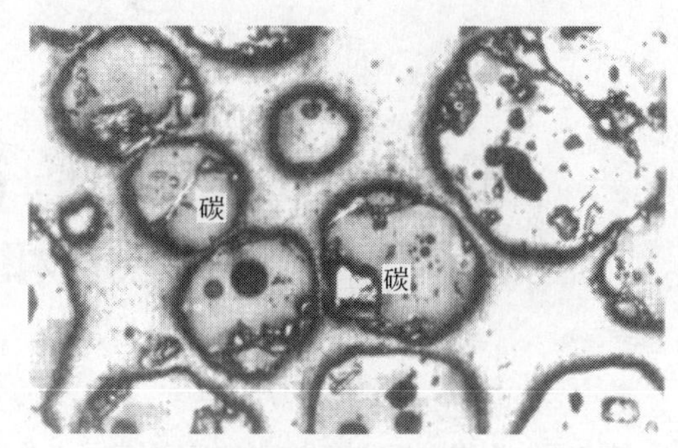

图4 保护渣熔化过程中的“碳核”（1450℃，×110）

随保护渣不断熔化，这些碳和经烧损后残余的碳在该部位不断累集，在熔渣层上部形成富碳层。

4 结论

（1）保护渣富碳层的存在是连铸过程中钢水增碳的主要原因；

（2）由于造渣工艺及局部烧结，保护渣中的碳在完全消耗之前形成“碳核”，碳的氧化受到抑制，只有在熔融渣上部“碳核”中的碳才可能暴露出来，浮在熔渣层上，并不断累积形成富碳层。

参考文献

[1] 黄希祜．模铸保护渣性能的作用及机理［J］．四川冶金，1987，(1)：30～33.

[2] S. Terada, et al. Development of Mold Fluxes for Ultra－Low－Carbon Steels［J］. I & SM, 1991, 9：41～44.

[3] K. Yamasaki, et al. Carborization by Mold Powder in Continuous Casting Steel［J］. CAMP－ISIJ, 1990, 181.

[4] 连铸保护渣（译文集）．上海浦东钢铁集团，1996.

[5] 周取定．铁矿石造块理论及工艺［M］．北京：冶金工业出版社，1989.

[6] 佐藤哲郎等．连铸保护渣熔融特性的改善［J］．武钢技术，1995，(4)：29～34.

[7] 蔡开科．连续铸钢［M］．北京：科学出版社，1990.

[8] C. A. Pinheiro. et al. Mold Flux for Continuous Casting of Steel［J］. I & SM, 1990, 7：41～43.

[9] 黄希祜．钢铁冶金原理［M］．北京：冶金工业出版社，1981.

The Research of Carbureting Mechanism of Melting Steel during Continuous Casting

Wu Jie　Li Zhengbang　Lin Gongwen

（Central Iron and Steel Research Institute）

Abstract　The carbureting reasons of molten steel during CC were analyzed, and it was pointed out that the carbon－enriched－layer was the dominating factor of the carbon pick－up for molten steel. The mechanism of powder melting and the forming of carbonenriched－layer were presented.

不同脱氧条件下弹簧钢氧化物夹杂的性质和形貌*

摘　要　用光学显微镜和扫描电镜研究了工业生产条件下用不同脱氧工艺生产的60Si2MnA弹簧钢氧化物夹杂 Al_2O_3、SiO_2 和铝硅酸盐的性质、形貌和控制。

关键词　弹簧钢；脱氧工艺；氧化物夹杂；夹杂物形态控制

用光学显微镜和扫描电镜对工业上采用不同脱氧工艺生产的弹簧钢（60Si2MnA）中的氧化物夹杂进行了系统的研究和分析，以了解弹簧钢中氧化物夹杂的性质和形貌与脱氧条件的关系，为弹簧钢生产过程中的夹杂物控制提供必要依据。

1　脱氧工艺

工业生产中采用三种脱氧工艺，工艺1用硅铁合金化加喂铝线终脱氧，钢中 $Al_{sol.}$ 通常达到0.020%～0.030%；工艺2用硅铁合金化不用铝终脱氧，钢中 $Al_{sol.}$ 通常在0.008%～0.020%之间；工艺3用专用硅铁合金化，钢中 $Al_{sol.}$ <0.002%。在前两种脱氧工艺下钢中T.O与 $Al_{sol.}$ 之间不存在相关关系，采用工艺3时钢中T.O并不因 $Al_{sol.}$ 低而升高。钢中T.O决定于精炼过程的吹氩制度。采用工艺1和2脱氧时，钢中90%以上的溶解氧在一次脱氧时析出，这时脱氧产物的去除效率就决定了最终钢中的T.O含量；采用工艺3脱氧时，一次脱氧量仅占总脱氧量的50%～60%，剩余溶解氧的绝大部分可通过精炼过程的吹氩来去除。因此吹氩方式、吹氩强度和精炼时间的分配最终影响到钢中T.O含量的高低。

2　不同脱氧工艺和脱氧阶段析出的夹杂物性质和形貌

2.1　检验方法

采用两种方法检验钢中的夹杂物，一是将热轧棒材磨制成金相试样，然后在光学显微镜和扫描电镜下观察试样抛光面上的夹杂物形貌；二是将钢样用四甲基氯化铵溶液电解萃取出钢中的夹杂物，然后将其单层地放置在抛光的平面上，再用扫描电镜观察其形貌，用能谱仪测定其化学成分。

2.2　铝终脱氧时析出的B类夹杂物

将经过铝终脱氧的弹簧钢热轧材金相试样用光学显微镜观察抛光面上的B类（Al_2O_3）夹杂形貌，见图1。图1（a）为已轧成串链状的B类夹杂物的典型形貌，它

* 本文合作者：薛正良、张家雯、杨武。原发表于《特殊钢》，2001，22（3）：24～26。国家自然科学基金资助项目（59874023）。

们是在钢液中聚集成簇后，在材料热轧时又被压碎，并沿轧制方向成串链状分布。图1（b）、（c）为被 MnS 包裹的单个 Al_2O_3 颗粒的形貌。

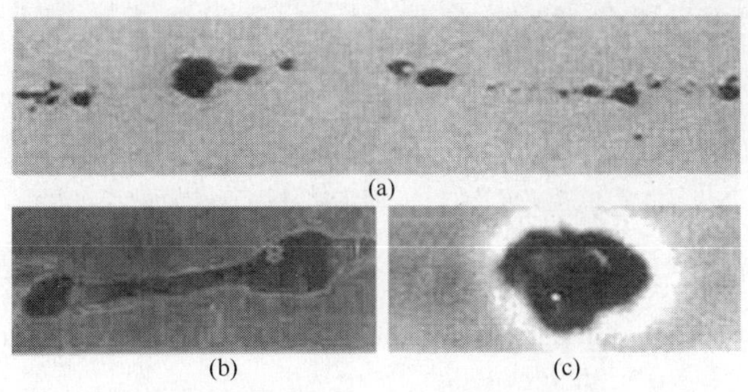

图1　铝终脱氧弹簧钢中典型的B类夹杂物

(a)光学显微镜(×300);(b)扫描电镜(×2000);(c)扫描电镜(×6000)

Fig. 1　Typical B - type inclusion in spring steel 60Si2MnA aluminium - killed

(a) OM (×300); (b) SEM (×2000); (c) SEM (×6000)

在电解萃取的夹杂物群中，扫描电镜下发现的单个 Al_2O_3 颗粒形貌见图2，它们的线径达到60~80μm。

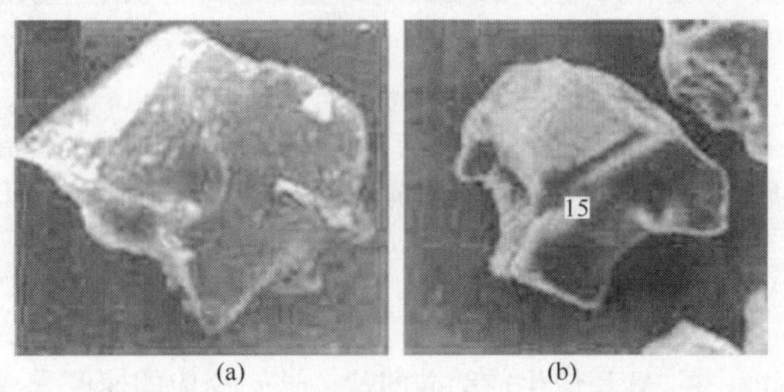

图2　铝脱氧弹簧钢中电解萃取的 Al_2O_3 单个颗粒扫描电镜照片

(a) 扫描电镜 (×300); (b) 扫描电镜 (×200)

Fig. 2　Single alumina particle electro - extracted from spring steel aluminium - killed

(a) SEM (×300); (b) SEM (×200)

2.3　专用硅铁合金化时析出一次脱氧产物 SiO_2

用专用硅铁合金化时钢中 $Al_{sol.}$ <0.0020%，此时钢中的一次脱氧产物为合金化时析出的 SiO_2 夹杂。由于弹簧钢60Si2MnA 含硅1.8%~2.0%，故合金化时析出的 SiO_2 量达到0.010%左右。在热轧棒材磨制的金相试样上，光学显微镜下观察到的 SiO_2 见图3。图4为电解萃取的夹杂物群中在扫描电镜下发现的单个 SiO_2 颗粒形貌，从能谱仪打出的成分看，它们几乎是纯粹的 SiO_2。

2.4　普通硅铁合金化时析出的 SiO_2 与铝反应生成的铝硅酸盐

硅铁中通常含有0.5%~2.0%的 Al，若硅铁含铝1.0%，用硅铁合金化时由硅铁带入钢液的铝达到0.025%。硅铁在钢液中溶解的同时参与脱氧反应析出 SiO_2，在精炼

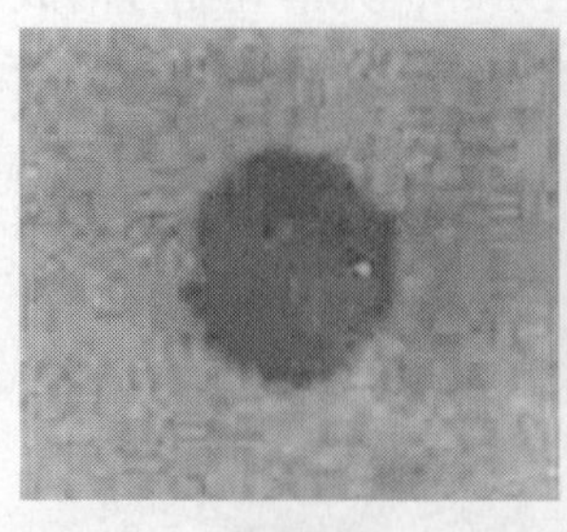
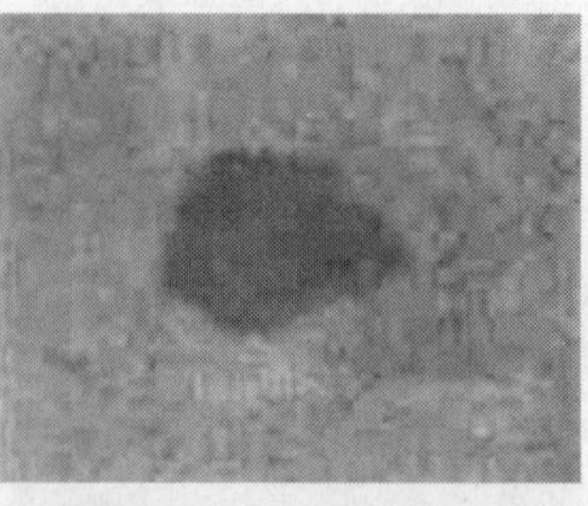

图3　硅铁合金化时析出的 SiO_2 夹杂（×800）

Fig. 3　SiO_2 inclusion precipitated in spring steel alloying with ferro silicon（×800）

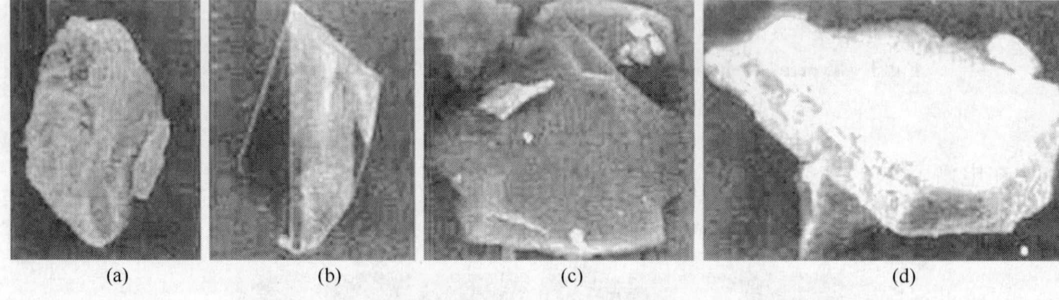

图4　硅铁合金化时弹簧钢中 SiO_2 夹杂颗粒，电解萃取

（a）扫描电镜（×350）；（b）扫描电镜（×350）；（c）扫描电镜（×600）；（d）扫描电镜（×500）

Fig. 4　Morphology of SiO_2 inclusions precipitated in spring steel alloying with ferro silicon，electro－extracting

（a）SEM（×350）；（b）SEM（×350）；（c）SEM（×600）；（d）SEM（×500）

过程中，它们与钢液中的 Al 反应生成铝硅酸盐。这一反应的速度受 Al 在反应产物层中的内扩散控制。根据动力学计算，当钢液含［Al］＝0.02%时，直径为 50μm 的 SiO_2 颗粒与 Al 反应全部转变成 Al_2O_3 的时间达 2.9 h，但工业生产时实际的精炼时间通常只有 45～60min。因此，用普通硅铁合金化生产的弹簧钢热轧棒材的电解萃取夹杂物群中绝大部分是如图5所示的铝硅酸盐。

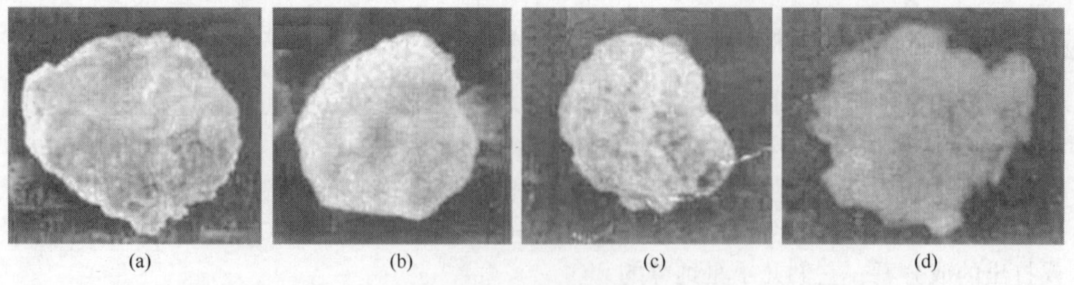

图5　铝硅酸盐夹杂的形貌，电解萃取

（a）扫描电镜（×400）；（b）扫描电镜（×1200）；（c）扫描电镜（×500）；（d）扫描电镜（×2000）

Fig. 5　Morphology of aluminum silicate inclusion，electro－extracting

（a）SEM（×400）；（b）SEM（×1200）；（c）SEM（×500）；（d）SEM（×2000）

2.5 普通硅铁合金化时析出的铝酸钙和铝硅酸钙

硅铁中除了含 0.5% ~2.0% Al 外还含有 1.0% ~1.5% 的钙，硅铁在钢中溶解时，Al 和 Ca 参与脱氧有形成铝酸钙和铝硅酸钙的热力学和动力学条件。图 6 为用普通硅铁合金化生产的弹簧钢热轧棒材中萃取出的铝酸钙和铝硅酸钙在扫描电镜下的形貌，其颗粒尺寸达 20 ~40μm。

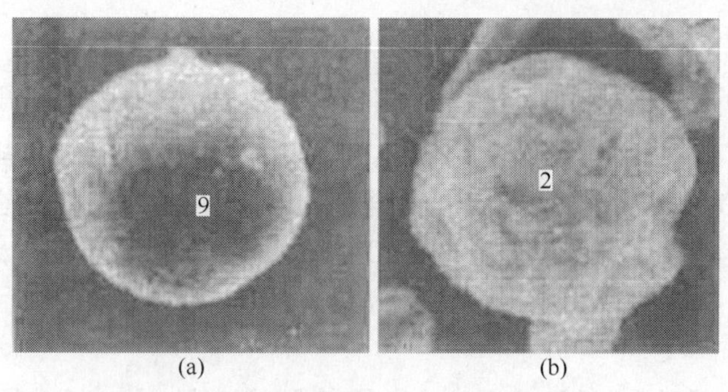

图 6　铝酸钙和铝硅酸钙的形貌，电解萃取

（a）扫描电镜（×500）；（b）扫描电镜（×1000）

Fig. 6　Morphology of calcium aluminate and calcium - aluminum silicate in spring steel，electro - extracting

（a）SEM（×500）；（b）SEM（×1000）

2.6 专用硅铁合金化时析出的二次脱氧产物

钢液用专用硅铁合金化时钢中 $Al_{sol.}$ 很低，钢液中溶解的氧在钢液冷却和凝固过程中以 $CaO - Al_2O_3 - SiO_2$ 硅酸盐夹杂析出。这类夹杂物具有良好的塑性，在钢材热轧过程中随基体流变沿轧制方向延伸成长条状，在电解萃取的夹杂物群中，可以发现许多如图 7 所示的长条状硅酸盐夹杂。

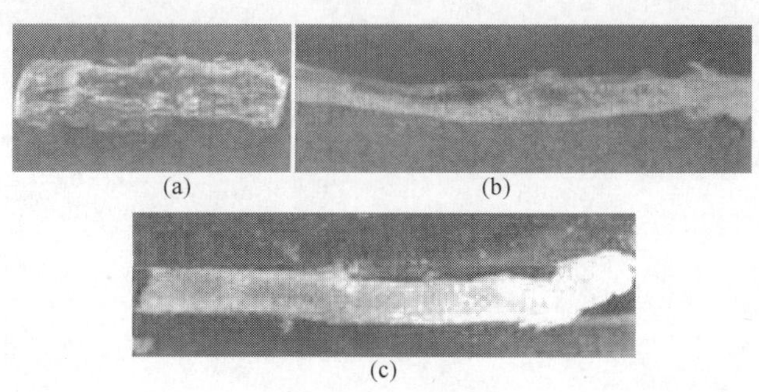

图 7　长条状硅酸盐夹杂物的形貌，电解萃取

（a）扫描电镜（×300）；（b）扫描电镜（×400）；（c）扫描电镜（×400）

Fig. 7　Morphology of elongated silicate inclusion in spring steel，electro - extracting

（a）SEM（×300）；（b）SEM（×400）；（c）SEM（×400）

在金相试样上观察到的长条状硅酸盐夹杂的宽度在 3 ~5μm，而在电解萃取的夹杂

物通常为 10 ~ 20μm，这种差异在其他类型的夹杂物中同样存在。如用图像仪统计金相试样上夹杂物平均宽度在 2 ~ 4μm，但从这些钢样中电解萃取出的夹杂物的平均宽度达到 20 ~ 30μm。其原因是钢中的夹杂物是随机分布的，金相试样的切面遇到大颗粒夹杂的几率很小，即使遇到也不一定刚好切在夹杂物的最大截面上。因此，金相试样上测定的夹杂物尺寸分布并不能代表钢材中夹杂物尺寸的分布，但金相试样上观察到的夹杂物形貌是它们在钢中的实际存在形貌。

3 结论

合金化时钢中主要析出 SiO_2，铁合金中的 Al 和 Ca 参与脱氧析出铝酸钙和铝硅酸钙。精炼过程中，钢中 Al 与合金化时析出的 SiO_2 反应生成铝硅酸盐。当用铝终脱氧时，钢中析出 Al_2O_3 颗粒。当用专用硅铁合金化时，钢中 $Al_{sol.}$ 控制在很低的水平，这时二次脱氧产物为具有良好变形能力的 $CaO-Al_2O_3-SiO_2$ 系硅酸盐，在钢材中它们的横向尺寸通常比一次脱氧产物小得多。

Property and Morphology of Oxide Inclusion in Spring Steel Produced with Different Deoxidization Processes

Xue Zhengliang[1] Li Zhengbang[1] Zhang Jiawen[1] Yang Wu[2]

(1. Central Iron and Steel Research Institute; 2. Jiangsu Huaiyin Iron and Steel Group Co., Ltd.)

Abstract The properties, morphology and control of oxide inclusion - Al_2O_3, SiO_2 and aluminum silicate in spring steel 60Si2MnA produced with different deoxidation processes of commercial production were studied by optical microscope (OM) and scanning electron microscope (SEM).

Key words spring steel; deoxidization process; oxide inclusion; inclusion morphology control

不同脱氧条件下弹簧钢非金属夹杂物尺寸分布*

摘　要　在工业生产条件下采用 3 种脱氧和精炼工艺生产弹簧钢 60Si2MnA，用四甲基氯化铵溶液电解萃取法从热轧弹簧钢棒材试样中萃取出非金属夹杂物，用扫描电镜和图像分析仪等检测非金属夹杂物形貌和尺寸分布。研究表明，采用连铸法较采用模铸法能大大降低大型夹杂的尺寸和数量。

关键词　弹簧钢；脱氧工艺；非金属夹杂物；尺寸分布

1　前言

众所周知，对弹簧材料产生有害影响的非金属夹杂物是那些在材料热轧状态下不变形的大颗粒脆性夹杂物，弹簧材料的强度越高，非金属夹杂物对其疲劳性能的影响就越敏感。因此对高质量弹簧钢必须严格控制大颗粒非金属夹杂物的尺寸和数量。弹簧钢中的非金属夹杂物主要由各类脱氧产物组成，如刚玉、石英、硅酸盐、铝酸盐等；其次是非脱氧产物，如硫化物、氮化物以及外来夹杂。一般而言，具有良好热轧变形能力的硫化锰和钙铝硅酸盐对弹簧材料的疲劳性能不会产生危害，钢中的氮化钛颗粒尺寸通常很小，故其对材料疲劳性能的危害程度也较氧化物夹杂小。作为构成弹簧钢大颗粒夹杂主体的脱氧产物，有可能通过控制脱氧工艺条件来控制脱氧产物在弹簧钢中的尺寸分布，以改善弹簧材料的疲劳性能。

2　脱氧和精炼工艺

工业生产中采用 3 种脱氧和精炼工艺。工艺Ⅰ：80 t 超高功率电弧炉（EAF－EBT），用普通硅铁合金化，LF 用 $CaO-CaF_2$ 系合成渣精炼，用连铸法浇铸成 150mm×150mm 小方坯。工艺Ⅱ：80 t 超高功率电弧炉（EAF－EBT），用专用硅铁合金化，LF 用 $CaO-SiO_2-CaF_2$ 系合成渣精炼，用连铸法浇铸成 150mm×150mm 小方坯。工艺Ⅲ：初炼炉为出钢 18 t 的电弧炉，用专用硅铁合金化，LF 用 $CaO-Al_2O_3-SiO_2$ 系合成渣精炼，经 VD 处理后浇铸成 400kg 钢锭。采用工艺Ⅰ时弹簧钢 60Si2MnA 的 T［O］和 Al_s 分布见图 1，按工艺Ⅱ生产时弹簧钢 60Si2MnA 的 T［O］和 Al_s 分布见图 2。当不用铝终脱氧时，钢中的酸溶铝含量决定于硅铁中的铝含量，当硅铁含铝 1.0% 时，合金化时由硅铁带入钢液的铝达到 0.025%，因此合金化后钢中的 Al_s 通常可达到 0.01%～0.02%。根据 Al－O 反应的化学平衡关系可知，钢中溶解氧将随 Al_s 升高而下降，但从图 1 和图 2 可以看出弹簧钢中 T［O］含量并不决定于钢中 Al_s 的含量水平，而是决定于 LF 精炼的吹氩制度。

* 本文合作者：薛正良、张家雯、杨武、王玉、甘朝福。原发表于《钢铁》，2001，36（12）：19～22。国家自然科学基金资助项目（59874023）。

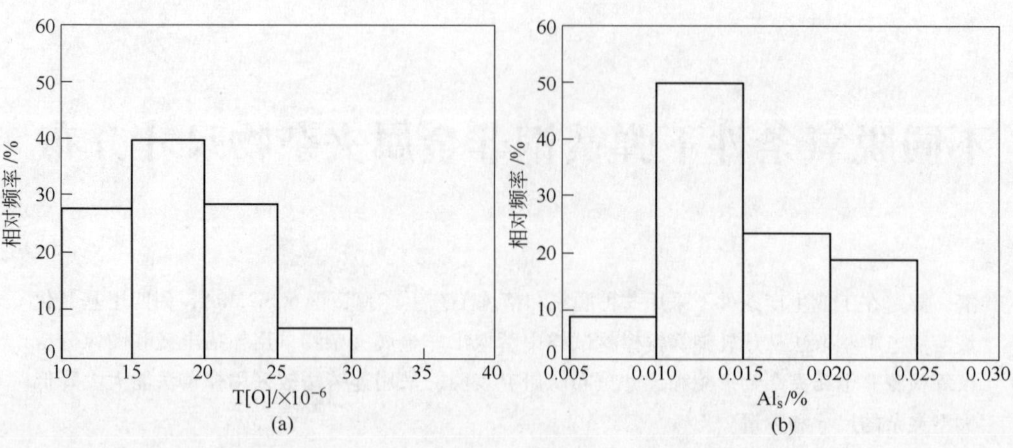

图 1　按工艺Ⅰ生产的 60Si2MnA 棒材中的 T［O］和 Al_s 分布

Fig. 1　Distribution of total oxygen and acid - soluble aluminum in spring steel produced by process Ⅰ

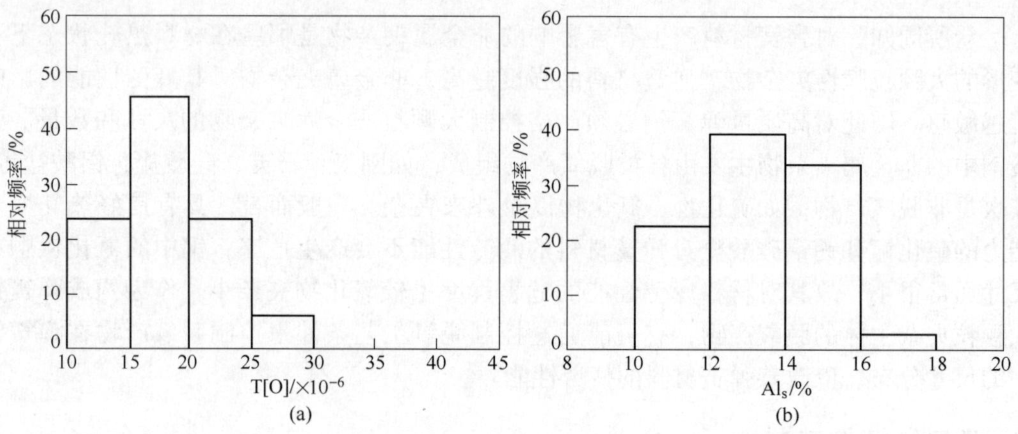

图 2　按工艺Ⅱ生产的 60Si2MnA 棒材中的 T［O］和 Al_s 分布

Fig. 2　Distribution of total oxygen and acid - soluble aluminum in spring steel produced by process Ⅱ

3　非金属夹杂物尺寸分布

3.1　检验方法

非金属夹杂物的尺寸分布通常是用图像分析仪检测和统计棒材纵截面金相试样上非金属夹杂物厚度分布来表示，但由于大颗粒夹杂物（>50μm）在钢中分布的随机性，金相试样的切面遇到大颗粒夹杂物的几率很小，即使遇到也不一定刚好切在夹杂物颗粒的最大截面上。因此，用这一方法测定的夹杂物尺寸远远小于钢中夹杂物的实际尺寸。为了客观反映弹簧钢中非金属夹杂物的尺寸分布，本研究工作采用四甲基氯化铵溶液电解萃取法萃取弹簧钢中的非金属夹杂物，然后将夹杂物单层地放置在抛光的铜片上，并喷上碳膜，在 S250MK3 型扫描电镜下观察夹杂物的立体形貌和表面特征，再用 IAS-4 型图像分析仪对夹杂物的尺寸进行自动测量和统计。非水溶液电解萃取法可以把各类非金属夹杂物从钢中无损伤地萃取出来[1]，因而用这种方法测定的非金属夹杂物尺寸分布能反映钢材中非金属夹杂物尺寸分布的真实状况。

3.2 弹簧钢中非金属夹杂物尺寸分布

采用不同脱氧和精炼工艺时从弹簧钢棒材中电解萃取出的夹杂物尺寸分布见图3和图4。比较图3（a）和图3（b）可以发现，当采用工艺Ⅰ时最大夹杂物颗粒尺寸达100～110μm，尺寸＞40μm的夹杂物颗粒占14.14%，夹杂物平均尺寸为26.16μm。当采用工艺Ⅱ时最大夹杂物颗粒尺寸为60～70μm，尺寸＞40μm的夹杂物颗粒占7.39%，夹杂物平均尺寸为18.8μm。采用模铸法浇铸时，最大夹杂物颗粒尺寸达160μm，尺寸＞40μm的夹杂物颗粒占48.11%，夹杂物平均尺寸为44.6μm。

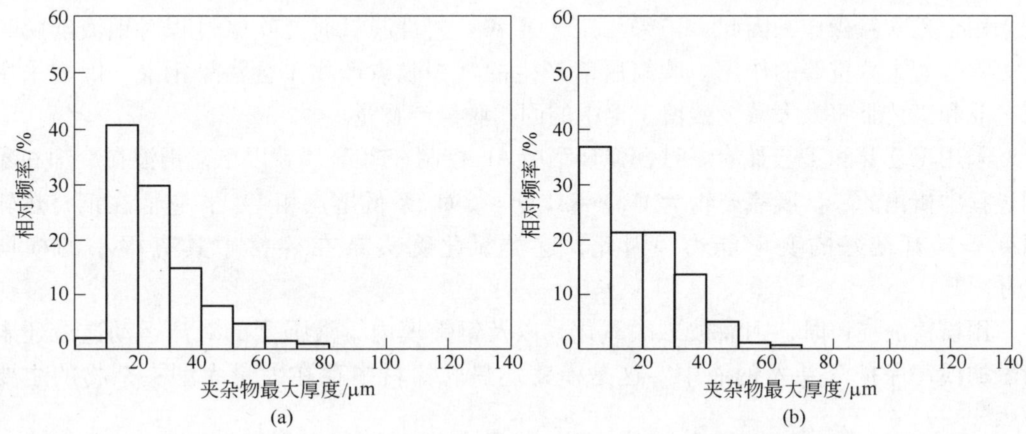

图3　弹簧钢电解萃取夹杂物尺寸分布（连铸法）

Fig. 3　Size distribution of non－metallic inclusion extracted from spring steel

（a）工艺Ⅰ；（b）工艺Ⅱ

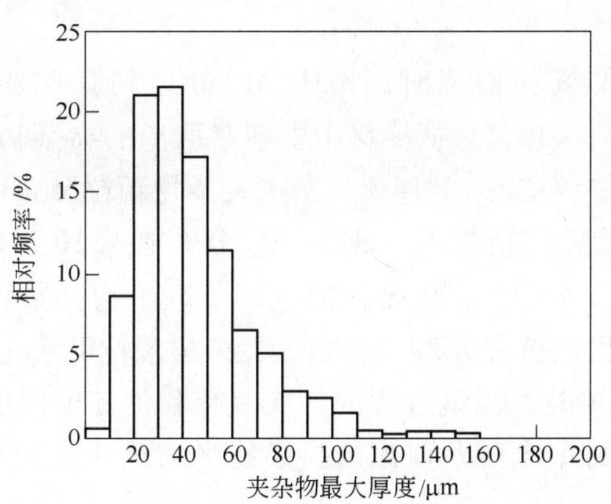

图4　弹簧钢电解萃取夹杂物尺寸分布（模铸法）

Fig. 4　Size distribution of non－metallic inclusion extracted from spring steel by process Ⅲ

上述结果表明，采用连铸法较采用模铸法能大幅度减少大型夹杂物的尺寸和数量。当采用连铸工艺时，用工艺Ⅱ生产的弹簧钢的夹杂物尺寸分布明显优于用工艺Ⅰ生产的弹簧钢的夹杂物尺寸分布。

4 讨论

弹簧钢中的氧化物夹杂主要来自合金化和终脱氧时析出的一次脱氧产物和钢液冷却与凝固过程中析出的二次脱氧产物，当采用工艺Ⅰ脱氧合金化时，一次脱氧产物量占总脱氧产物量的90%以上，因此钢液的脱氧过程实质上就是脱氧产物从钢中排除的过程。钢包吹氩一方面利用气泡的浮选作用使夹杂物上浮分离，另一方面吹氩引起钢液环流使脱氧产物作跟随运动而不能有效去除。因此，在这种情况下选择合理的吹氩制度十分重要。当采用工艺Ⅱ时，一次脱氧产物量仅占总脱氧产物量的50%左右，其余溶解在钢液中的氧将与碳在氩气泡壁上发生C—O反应而去除[2, 3]。现代二次精炼工艺采用全程吹氩操作，因此，当采用工艺Ⅱ和工艺Ⅲ脱氧时，吹氩过程对钢液溶解氧的去除起着十分重要的作用。吹氩脱氧产生的气相脱氧产物不会污染钢液，因而采用工艺Ⅱ和工艺Ⅲ将大大减少残留于钢中的固相脱氧产物量。

采用工艺Ⅱ和工艺Ⅲ冶炼时，弹簧钢中Al_s控制在20×10^{-6}以下，钢液在冷却和凝固过程中析出的二次脱氧产物为$CaO-Al_2O_3-SiO_2$系低熔点相[3~5]，它们在钢材热轧温度下具有良好的变形能力。因此，这类氧化物夹杂在棒材中具有很小的横向尺寸[3, 4]。

用模铸法浇铸时，钢液被二次氧化，以及钢锭模内钢液强烈的对流运动造成还未熔融的模铸保护渣卷入钢液中。这是模铸坯热轧棒材中存在大量大型夹杂物的主要原因[3]。

5 结论

（1）弹簧钢中大颗粒夹杂物的主体是合金化和终脱氧时析出的脱氧产物，改变脱氧工艺和钢液的脱氧精炼条件可以改变一次脱氧产物的数量和影响夹杂物的去除行为。

（2）采用工艺Ⅰ脱氧和精炼时，钢中Al_s可达到0.01%～0.02%，成品材中T［O］分布在（10～30）$\times10^{-6}$。从棒材中电解萃取出的夹杂物平均尺寸为26.16μm，尺寸大于40μm的夹杂物颗粒占14.14%，最大夹杂物颗粒尺寸达100～110μm。

（3）采用工艺Ⅱ脱氧和精炼时，钢中Al_s分布在（10～18）$\times10^{-6}$，成品材中T［O］分布在（10～30）$\times10^{-6}$。从棒材中电解萃取出的夹杂物平均尺寸为18.8μm。尺寸大于40μm的夹杂物颗粒占7.39%，最大夹杂物颗粒尺寸达60～70μm。

（4）采用模铸法浇铸时，浇钢过程的二次氧化和钢锭模内的卷渣造成成品材中存在大量大型夹杂。从棒材中电解萃取出的夹杂物平均尺寸达到44.6μm，40μm以上的夹杂物占48.11%。

参考文献

［1］方克明．冶金物理化学文集［M］．北京：冶金工业出版社，1995：15.

［2］薛正良．LF钢包精炼过程中的脱氧［J］．钢铁，2000，35（增刊）.

［3］薛正良．弹簧钢氧化物夹杂成分及形态控制技术研究［D］．北京：钢铁研究总院，2001.

［4］薛正良．不同脱氧条件下弹簧钢氧化物夹杂的性质和形态［J］．特殊钢，2001，22.

［5］薛正良．改善弹簧钢氧化物夹杂形态的热力学条件［J］．钢铁研究学报，2000，12（6）：20.

Size Distribution of Non – metallic Inclusions in Spring Steel Produced by Different Deoxidation Processes

Xue Zhengliang[1] Li Zhengbang[1] Zhang Jiawen[1] Yang Wu[2]
Wang Yu[3] Gan Chaofu[3]

(1. Central Iron and Steel Research Institute; 2. Jiangsu Huaiyin Iron and Steel Group Co. , Ltd. ; 3. Chongqing Special Steel Co. , Ltd.)

Abstract Three deoxidation and refining processes to produce spring steel 60Si2MnA have been used in production. Non – metallic inclusions in hot rolled spring steel rods were electrolytically extracted with quartermethyl ammonium chloride solution, then the morphology and the size distribution of non – metallic inclusions were observed by SEM and image analyzer. The results show that the continuous casting process could largely reduce the size and amount of large inclusions comparing with ingot casting.

Key words spring steel; deoxidation process; non – metallic inclusion; size distribution

不同生产工艺对高强度弹簧钢夹杂物尺寸分布及疲劳性能的影响*

摘　要　采用两种不同的生产工艺生产弹簧钢以控制氧化物夹杂的性质和尺寸分布。研究发现，钢中酸溶铝含量的高低并不影响弹簧钢的奥氏体晶粒度，但明显影响钢材中的非金属夹杂物尺寸分布，从而影响高强度弹簧钢的疲劳性能。

关键词　高强度弹簧钢；夹杂物尺寸分布；夹杂物控制；疲劳性能

1　前言

金属材料的疲劳特性主要决定于材料本身的强度（σ_b）或维氏硬度（HV）和材料内部的缺陷（夹杂物、白点、偏析等），对于没有内部缺陷的理想材料，疲劳极限（σ_{-1}）约为材料维氏硬度（HV）的1.6倍或材料强度（σ_b）的$\frac{1}{2}$[1]。现代钢铁材料生产过程中钢水脱氧析出的氧化物夹杂不可避免地会保留到成品材料中，它们对σ_b大于1200MPa或HV大于400的材料的疲劳性能会产生不同程度的影响。材料强度越高，夹杂物对材料疲劳性能的影响就愈显著[2]。因此，对高强度弹簧钢通过适当的脱氧和精炼工艺减少大颗粒夹杂物的数量，减小大颗粒夹杂物的尺寸就尤其重要。本文的研究工作主要针对60Si2MnA弹簧钢进行。

2　弹簧钢生产工艺

用两种工艺生产弹簧钢，工艺Ⅰ采用电弧炉—LF/VD精炼—IC—钢锭精整酸洗—热轧（ϕ29mm棒材）；工艺Ⅱ采用超高功率电弧炉—LF精炼—CC（150mm × 150mm）—修磨—热轧（ϕ25mm棒材）。采用两种工艺生产的弹簧钢化学成分见表1，棒材定量金相检验结果见表2。表2表明，工艺Ⅰ生产的弹簧钢中氧化物夹杂主要是B类夹杂；工艺Ⅱ生产的弹簧钢中氧化物夹杂主要是C类夹杂。

表1　弹簧钢化学成分

Table 1　Chemical composition of spring steel　(%)

生产工艺	C	Si	Mn	Cr	P	S	Al_s	N	T[O]
工艺Ⅰ	0.62	1.68	0.75	<0.30	0.019	0.0094	0.0181	0.0083	0.0019
工艺Ⅱ	0.58	1.78	0.75	<0.30	0.016	0.0100	0.0014	0.0059	0.0015

* 本文合作者：薛正良、张家雯。原发表于《钢铁》，2002，37（1）：22～25。国家自然科学基金资助项目（59874023）。

表 2　弹簧钢夹杂物评级

Table 2　Non－metallic inclusion rating in spring steel

生产工艺	T［O］	非金属夹杂物沾污度/%	A		B		C		D	
			粗	细	粗	细	粗	细	粗	细
工艺Ⅰ	0.0019	0.18	1	1.5	1	1.5	0	0	0	0.5
工艺Ⅱ	0.0015	0.09	0	2.0	0	0	0	3.0	0	0.5

3　弹簧钢力学性能和奥氏体晶粒度

3.1　弹簧钢力学性能

两种工艺生产的弹簧钢热轧棒材的力学性能见表 3。从表 3 可见，采用工艺Ⅰ生产的弹簧钢热轧棒材的 σ_s 和 σ_b 比采用工艺Ⅱ生产的弹簧钢热轧棒材分别高出 45MPa 和 35MPa，其原因一方面前者碳含量比后者高 0.04%，更主要的是前者锻压比（73.1）远高于后者（45.8）。

表 3　弹簧钢力学性能

Table 3　Mechanical behaviour of spring steel

生产工艺	σ_s/MPa	σ_b/MPa	δ/%	ψ/%
工艺Ⅰ	1545 /1565	1685 /1685	6 /6	40 /40
工艺Ⅱ	1520 /1500	1640 /1660	6/6	33/26

3.2　奥氏体晶粒度

奥氏体晶粒度是指热轧棒材的奥氏体实际晶粒度，当钢液用铝脱氧时，溶解在钢中的氮和铝在 1100℃以下以 AlN 粒子沿晶界弥散析出起到阻碍晶界迁移、细化晶粒的作用。根据 YB5148—93 用化学腐蚀法检测了按上述两种工艺生产的弹簧钢的奥氏体晶粒度。用工艺Ⅰ生产的弹簧钢（Al_s = 0.0181%），奥氏体晶粒度为 8 级；用工艺Ⅱ生产的弹簧钢（Al_s = 0.0014%），奥氏体晶粒度为 7.5 级。后者经 870℃油淬 + 440℃回火后，钢样的奥氏体晶粒度达到 8 级，见图 1。图 1 表明，对弹簧钢 60Si2MnA 而言，钢中 Al_s 含量的高低对奥氏体晶粒不产生明显影响，因而不会影响材料的力学性能。

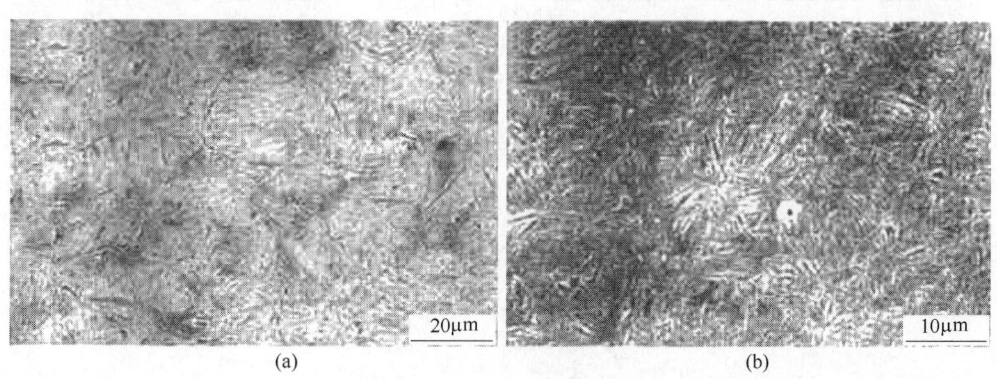

(a)　　(b)

图 1　弹簧钢奥氏体晶粒度

Fig. 1　Austenite grain size in hot rolled spring steel rod produced by process Ⅱ

（a）热处理前；（b）热处理后

4　弹簧钢非金属夹杂物尺寸分布

采用两种方法检测钢材中的非金属夹杂物尺寸分布，一种是将热轧棒材沿纵截面切割开加工成金相试样，然后用 IAS－4 型图像分析仪测定试样抛光面上紧靠棒材表面厚度约3mm 内的夹杂物厚度分布，结果见图2；另一种是先将非金属夹杂物用四甲基氯化铵溶液从棒材钢样中无损伤地电解萃取出来，然后将它们单层地放置在抛光的铜片上，再用 IAS－4 型图像分析仪对夹杂物尺寸进行检测和统计，测定结果见图 3。

从图 2 可以发现，按工艺Ⅱ生产的弹簧钢热轧棒材具有较小的夹杂物平均尺寸和最大夹杂物颗粒尺寸，尽管其锻压比低于按工艺Ⅰ生产的弹簧钢热轧棒材。图 2 还表明，在金相试样上检测不到厚度大于 20μm 的夹杂物，但从图 3 所示的电解萃取的夹杂物尺寸分布中，厚度大于 20μm 的夹杂物颗粒占 50% 以上。金相试样的某个切面遇到随机分布于钢中的大颗粒夹杂物的几率很小，即使遇到也不一定刚好切在夹杂物颗粒的最大截面上。因此，用第一种方法评价钢中非金属夹杂物尺寸分布并不能反映钢中非金属夹杂物尺寸分布的真实状况。从图 3 中还可以发现，工艺Ⅰ生产的弹簧钢存在少量尺寸达 200μm 以上的大型夹杂物（占 1.47%），其中尺寸大于 100μm 的夹杂物占

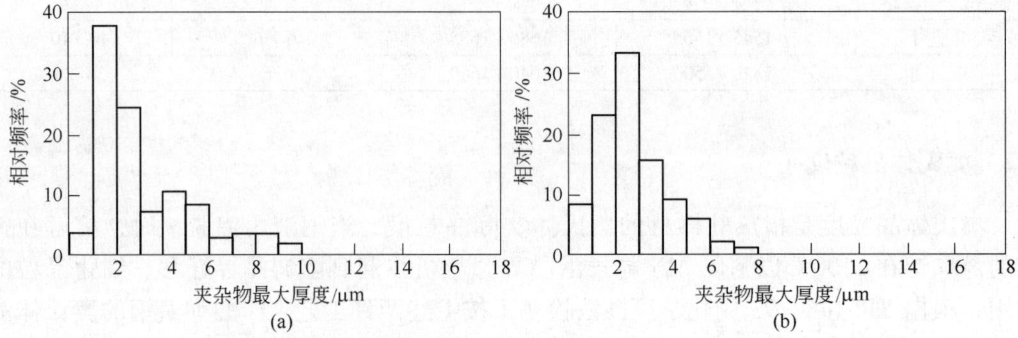

图2　棒材纵截面金相试样上测定的夹杂物尺寸分布

Fig. 2　Inclusion size distribution determined from longitudinal metallographic specimen of spring steel rod

(a) 工艺Ⅰ; (b) 工艺Ⅱ

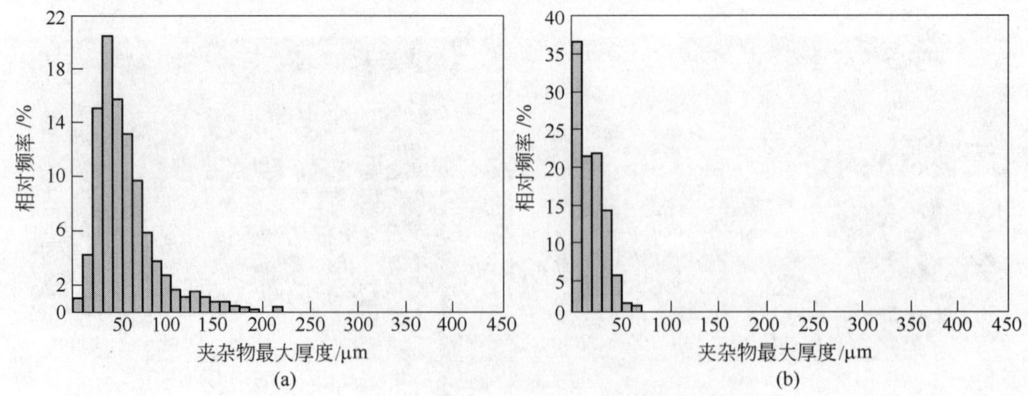

图3　电解萃取出的非金属夹杂物尺寸分布

Fig. 3　Size distribution of inclusion electrolytically extracted from spring steel rod

(a) 工艺Ⅰ; (b) 工艺Ⅱ

8.58%，尺寸大于40μm的夹杂占59.36%，尺寸在20~80μm的夹杂占80%，夹杂物平均尺寸55.13μm。采用工艺Ⅱ生产时，弹簧钢中夹杂物最大尺寸为62.4μm，尺寸大于40μm的夹杂物占7.39%，尺寸分布在0~30μm的夹杂物占80%，夹杂物平均尺寸为18.8μm。

5 材料疲劳性能

弹簧材料的疲劳性能参照GB4337—84进行测定，试样热处理条件为870℃油淬+440℃回火。旋转弯曲疲劳试验机型号PQ1-6，转速$n=3000$r/min，应力循环特征$R=-1$。以疲劳寿命达到10^7次时的中值疲劳强度作为条件疲劳极限。两种工艺生产的弹簧钢棒材的疲劳试验结果见图4。

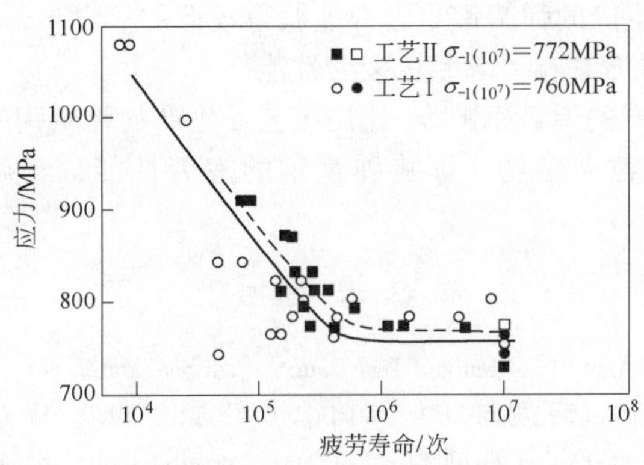

图4 弹簧钢$S-N$曲线

Fig. 4 $S-N$ curve from rotating bending fatigue test for spring steel rod

图4表明，尽管按工艺Ⅰ生产的弹簧钢棒材的σ_b比采用工艺Ⅱ生产的弹簧钢棒材的σ_b高35MPa，但前者的疲劳极限仍比后者低12MPa。σ_{-1}/σ_b值前者为0.451，后者为0.468。如能通过增加锻压比等措施使按工艺Ⅱ生产的弹簧钢的σ_b值达到按工艺Ⅰ生产的弹簧钢的σ_b值，那么后者的疲劳极限将比前者高28.4MPa。

6 讨论

弹簧在服役过程中承受最大应力的区域是弹簧表面，因此那些位于材料表面或皮下的大颗粒不变形夹杂对材料的疲劳性能最有害。研究表明，疲劳断口上成为疲劳源的夹杂物尺寸大多在25~30μm之间。由于大颗粒夹杂物在材料内部的分布是随机的，因此在同一级应力水平下，不同试样间断裂时的疲劳寿命是不同的。特别是在外加疲劳应力接近σ_{-1}时，试验数据点的分散程度可反映出钢中大颗粒夹杂物的危害状况。在采用工艺Ⅰ生产的弹簧钢中，尺寸大于40μm的夹杂占59.36%（图3），造成$S-N$曲线上σ_{-1}附近的试验点极其分散；相反，采用工艺Ⅱ生产的弹簧钢，因不存在大型夹杂，σ_{-1}附近的数据点很集中。

关于疲劳极限与夹杂物数量之间的关系，Murakami[3]总结的关系式很有代表性：

$$\sigma_{-1}=1.56(\mathrm{HV}+120)/(\sqrt{A_{\max}})^{1/6} \tag{1}$$

式中，$\sqrt{A_{\max}}$为垂直于材料最大拉伸应力平面上夹杂物投影面积的平方根，μm。Murakam i 等用极值统计法求 $\sqrt{A_{max}}$，并用式（1）计算 σ_{-1} 得到满意的结果。但笔者认为，式（1）仍然只能作为定性关系式，因为从金相试样上测到的 $\sqrt{A_{max}}$ 并不能反映钢材中大颗粒夹杂物的数量和分布状态。Kiessling 提出的夹杂物“临界尺寸”的概念[4]有助于理解不同尺寸夹杂物的危害程度，但迄今为止还无法计算某一强度的材料应具有多大的夹杂物“临界尺寸”值。因此，通过改进炼钢脱氧和精炼工艺来控制钢中大颗粒夹杂物的尺寸和数量对改进高强度弹簧钢的疲劳特性具有实际意义。

7 结论

（1）将钢中的酸溶铝含量控制在很低的水平可以改变弹簧钢中氧化物夹杂的性质和尺寸分布，但不影响弹簧钢的奥氏体晶粒度。

（2）用不同工艺生产的弹簧钢尽管都能获得较低的氧含量，但具有截然不同的夹杂物尺寸分布，因而明显影响弹簧钢的疲劳性能。

（3）用工艺Ⅰ生产的弹簧钢的 σ_b 比用工艺Ⅱ生产的弹簧钢的 σ_b 高 35MPa，但由于前者含有大量大颗粒夹杂物，影响弹簧钢的疲劳性能，其疲劳极限反而比后者低 12MPa。

参考文献

[1] Nishijima S. Statistical Analysis of Fatigue Test Data [J]. J. Soc. Mater. Sci. , 1980, 29: 24 ~ 29.

[2] 铃木三千彦，胁门惠洋 . ぼね材料の最近动向 [J]. 特殊钢，1989, 38 (7): 12 ~ 16.

[3] Murakami Y. Quantitative Evaluation of Effect of Non - metallic Inclusions on Fatigue Strength of High Strength Steel Ⅰ [J]. Int. J. Fatigue, 1989, 11 (5): 291 ~ 298.

[4] Kiessling R. Influence of Inclusions on Mechanical Properties of Steel. Critical Inclusion Size. Clean Steel [M]. Swedish Contribution ⅣA. 1971: 159 ~ 169.

Effect of Different Processes on Inclusion Size Distribution and Fatigue Property of High Strength Spring Steel

Xue Zhengliang Li Zhengbang Zhang Jiawen

(Central Iron and Steel Research Institute)

Abstract In order to control the property and size distribution of oxide inclusions, two different processes to produce spring steel were used. It was found that the acid - soluble aluminum content in the spring steel does not exert influence on the austenite grain size, but it obviously exerts influence on the size distribution of non - metallic inclusions and fatigue property of hot rolled spring steel rods.

Key words high strength spring steel; inclusion size distribution; inclusion control; fatigue property

弹簧钢氧化物夹杂成分和形态控制理论与实践*

摘　要　图像分析仪测定的用四甲基氯化铵溶液电解萃取的热轧弹簧钢夹杂物尺寸分布表明，采用传统工艺生产弹簧钢时，钢材中存在大量大颗粒夹杂物；而通过合金化和控制二次精炼钢中的 $Al_{sol.} < 20 \times 10^{-6}$ 的新工艺后，大颗粒夹杂物的数量和尺寸大幅度下降，材料的 σ_{-1}/σ_b 值从0.451升高到0.468，提高了弹簧材料的疲劳寿命。

关键词　弹簧钢；夹杂物成分和形态控制；疲劳极限

弹簧钢成品材中检测到的一次脱氧产物是石英、铝硅酸盐和刚玉[1]。为了减少这类对材料疲劳性能有害的不变形夹杂的尺寸和数量，需要控制一次脱氧产物的析出数量，并通过合理的吹氩工艺使它们与钢水分离[2]，然后通过调整钢液中强脱氧元素的含量，使钢水在冷却和凝固过程中析出的二次脱氧产物的组成控制在适宜的范围[3]，它们在钢材热加工温度下具有良好的变形能力，随基体金属的塑性变形而延伸细化。这是氧化物夹杂物成分和形态控制的基本思想。通过这种技术措施可以大大减少弹簧钢中氧化物夹杂的尺寸和数量[4]。

本文以弹簧钢60Si2MnA为例对氧化物夹杂成分和形态控制技术在工业生产中的应用进行总结。

1　氧化物夹杂的目标组成范围

非金属夹杂物的变形能力通常用Malkiewicz和Rudnik[5]提出的变形能力指数（ν）来表示，ν 为材料热加工状态下夹杂物的真实延伸率与基体材料钢的真实延伸率之比。变形能力指数 $\nu=0$ 表示夹杂物完全不能变形而只有金属变形，金属变形时夹杂物与基体间产生滑动，因而界面结合力下降，并沿金属形变方向产生微裂纹，成为疲劳裂纹源；$\nu=1$ 表示夹杂物与基体金属一起变形，因而变形后的夹杂物与基体仍保持良好结合。为防止钢与夹杂物界面上产生微裂纹，夹杂物应具有足够大的变形能力参与到钢的塑性变形中去。Rudnik[6]研究指出，只有当夹杂物变形能力指数 $\nu=0.5\sim1.0$ 才能避免钢与夹杂物界面上产生微裂纹。对 $CaO-Al_2O_3-SiO_2$ 三元系氧化物夹杂，具有良好变形能力的夹杂物组成分布在以钙斜长石为中心及其周边的低熔点区[7]。

2　氧化物夹杂成分控制热力学

$CaO-Al_2O_3-SiO_2$ 三元系中，当钢中溶解的钙和铝含量很低时可能析出的脱氧产物相为刚玉（Al_2O_3）、莫来石（$3Al_2O_3\cdot2SiO_2$）、钙斜长石（$CaO\cdot Al_2O_3\cdot2SiO_2$）和假硅灰石（$CaO\cdot SiO_2$），相应的脱氧反应如下[3]：

* 本文合作者：薛正良、张家雯。原发表于《特殊钢》，2002，23（1）：1～6。国家自然科学基金资助项目（59874023）。

$$2[Al]+3[O] = Al_2O_{3(s)}$$

$$\Delta G^{\ominus} = -1202000+386.3T \quad (1)$$

$$6[Al]+2[Si]+13[O] = 3Al_2O_3 \cdot 2SiO_2$$

$$\Delta G^{\ominus} = -4774154.3+1592T \quad (2)$$

$$[Ca]+[Si]+3[O] = CaO \cdot SiO_2$$

$$\Delta G^{\ominus} = -1301477+359.73T \quad (3)$$

$$[Ca]+2[Al]+2[Si]+8[O] = CaO \cdot Al_2O_3 \cdot 2SiO_2$$

$$\Delta G^{\ominus} = -3088133+942.88T \quad (4)$$

式中　T——化学反应温度，K；

$\Delta G^{\ominus}$——化学反应标准自由能变化，J。

根据方程 $\Delta G^{\ominus} = -RT\ln K_p$，可得以上各式的反应平衡常数：

$$K_{Al_2O_3} = \frac{a_{Al_2O_3}}{a_{[Al]}^2 \cdot a_{[O]}^3} \quad (5)$$

$$K_{A_3S_2} = \frac{a_{3Al_2O_3 \cdot 2SiO_2}}{a_{[Al]}^6 \cdot a_{[Si]}^2 \cdot a_{[O]}^{13}} \quad (6)$$

$$K_{CS} = \frac{a_{CaO \cdot SiO_2}}{a_{[Ca]} \cdot a_{[Si]} \cdot a_{[O]}^3} \quad (7)$$

$$K_{CAS_2} = \frac{a_{CaO \cdot Al_2O_3 \cdot 2SiO_2}}{a_{[Ca]} \cdot a_{[Al]}^2 \cdot a_{[Si]}^2 \cdot a_{[O]}^8} \quad (8)$$

设析出相的活度均为1，并按以下各式计算各组元的活度系数和活度值：

$$\lg f_i = \sum_j e_i^j [j] \quad (9)$$

$$a_i = f_i \cdot [i] \quad (10)$$

式中　R——理想气体常数（8.314）；

K_p——化学反应平衡常数；

$[i]$，$[j]$——钢液中元素 i 和元素 j 的质量百分比浓度，%；

f_i——元素 i 的活度系数；

e_i^j——元素 j 对元素 i 的相互作用系数。

根据文献[8~10]提供的元素相互作用系数 e_i^j，可得出1550℃、1500℃和液相线1474℃时钢水氧活度与钙和铝活度或浓度的关系，计算结果列于表1。

表1　不同温度下60Si2MnA钢液氧活度与钙、铝活度或浓度的关系

Table 1　Relation between oxygen activity and activity or concentration of calcium and aluminum in molten spring steel 60Si2MnA at different temperature

析出相	反应温度/℃		
	1550	1500	1474
Al_2O_3	$a_{[O]}=1.64\times10^{-5}[Al]^{-2/3}$	$7.84\times10^{-6}[Al]^{-2/3}$	$5.23\times10^{-6}[Al]^{-2/3}$
$3Al_2O_3 \cdot 2SiO_2$	$a_{[O]}=5.86\times10^{-5}[Al]^{-6/13}$	$3\times10^{-5}[Al]^{-6/13}$	$2.07\times10^{-5}[Al]^{-6/13}$
$CaO \cdot SiO_2$	$a_{[O]}=4.46\times10^{-7}a_{[Ca]}^{-1/3}$	$2.03\times10^{-7}a_{[Ca]}^{-1/3}$	$1.31\times10^{-7}a_{[Ca]}^{-1/3}$
$CaO \cdot Al_2O_3 \cdot 2SiO_2$	$a_{[O]}=1.173\times10^{-5}a_{[Ca]}^{-1/8}[Al]^{-1/4}$	$4.389\times10^{-6}a_{[Ca]}^{-1/8}[Al]^{-1/4}$	$2.98\times10^{-6}a_{[Ca]}^{-1/8}[Al]^{-1/4}$

根据表1可得到不同温度下各析出相所对应钙和铝的活度或浓度区域（图1）。

图1表明对60Si2MnA钢液在浇钢过程中完全不析出 Al_2O_3 相的条件是 $[Al] \leqslant$

12×10^{-6}，当［Al］$>20\times10^{-6}$时浇钢过程中将只析出 Al_2O_3 相。若［Al］$=14\times10^{-6}$，在钢液从1550℃冷却到1500℃时钢中将析出莫来石相或钙斜长石相，继续降温时析出刚玉或钙斜长石，具体析出哪一相决定于钢中的钙活度。

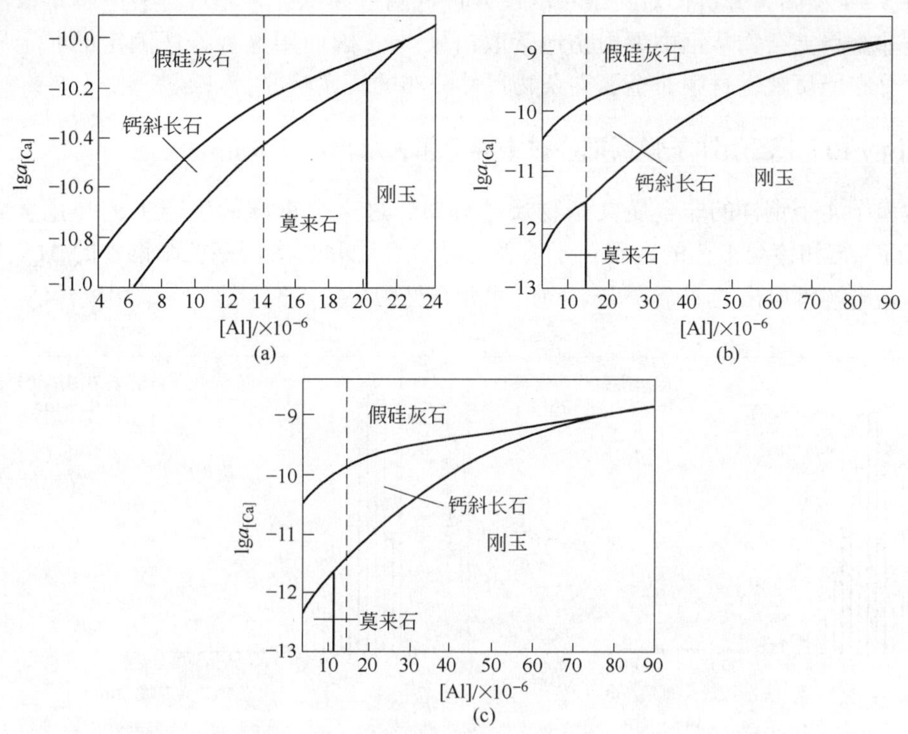

图1　钢液降温过程中各析出相所对应的钙活度和铝浓度范围

Fig. 1　Regions of calcium activity and aluminum content corresponding various phases precipitated from molten spring steel during cooling

（a）1550℃；（b）1500℃；（c）1474℃

3　工业生产条件下氧化物夹杂形态控制

工业生产中采用如下工艺生产弹簧钢60Si2MnA：（1）80t EF（EBT）—70t LF—CC（150mm×150mm）；（2）18t EF—20t LF/VD—IC。用低铝硅铁合金化和 $R_2=1.5\sim2.5$ 的 $CaO-SiO_2-CaF_2$ 渣系精炼钢液，连铸坯热轧成 $\phi25\sim29$mm 棒材，钢材中 T.O $=15\times10^{-6}\sim20\times10^{-6}$、$Al_{sol.}=14\times10^{-6}\sim16\times10^{-6}$、T.Ca $<5\times10^{-6}$。将弹簧钢棒材制成金相试样，以及用非水溶液电解法萃取出钢中的非金属夹杂物，用扫描电镜和能谱仪测定金相试样上和电解萃取出的长条状硅酸盐夹杂物的化学成分，它们主要分布在莫来石析出区域内，这与图1的热力学预测基本吻合。

4　非金属夹杂物尺寸分布

4.1　检测方法

非金属夹杂物的尺寸分布通常是用图像分析仪检测和统计棒材纵截面金相试样上非金属夹杂物厚度分布来表示，但由于大颗粒夹杂物在钢中分布的随机性，金相试样的切面遇到大颗粒夹杂物的几率很小，即使遇到也不一定刚好切在夹杂物颗粒的最大截面上。因此，用这一方法测定的夹杂物尺寸远远小于钢中夹杂物的实际尺寸[4]。为了客观反映弹簧钢中非金属夹杂物的尺寸分布，本研究工作采用四甲基氯化铵溶液电解萃取法萃取弹簧钢中的非金属夹杂物，然后将夹杂物单层地放置在抛光的铜片上，再用 IAS－4 型图像分析仪对夹杂物的尺寸进行测量和统计。非水溶液电解萃取法可以把各类非金属夹杂物从钢中无损伤地萃取出来[11]，因而用这种方法测定的非金属夹杂物尺寸分布能反映钢材中非金属夹杂物尺寸分布的真实状况。

4.2　不同生产工艺条件下弹簧钢棒材中非金属夹杂物尺寸分布

检验了 4 个钢样的非金属夹杂物尺寸分布，这 4 个钢样的生产工艺和化学成分见表2。新工艺和传统工艺的区别在于前者通过合金化和二次精炼控制钢中的 $Al_{sol.} < 20 \times 10^{-6}$。经电解萃取出的非金属夹杂物尺寸分布见图 2、图 3。图 2 为采用模铸法生产的

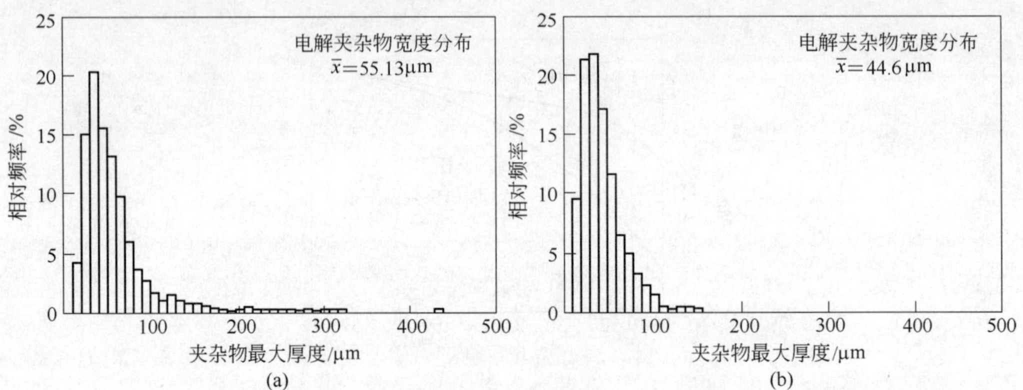

图 2　模铸法生产的弹簧钢棒材电解萃取夹杂物尺寸分布

（a）传统工艺；（b）新工艺

Fig. 2　Size distribution of inclusions electrolytically extracted from spring steel rod produced by ingot casting process

（a） Conventional process；（b） New process

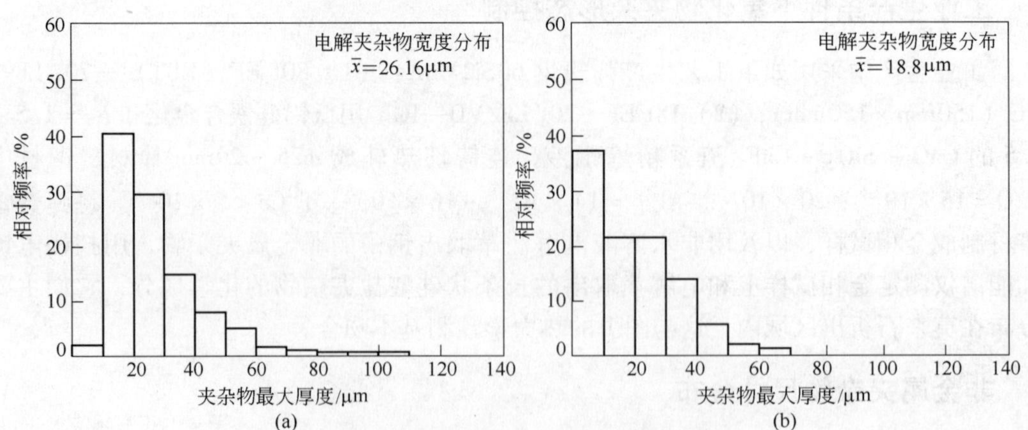

图 3　连铸法生产的弹簧钢棒材电解萃取夹杂物尺寸分布

（a）传统工艺；（b）新工艺

Fig. 3　Size distribution of inclusions electrolytically extracted from spring steel rod produced by continuous casting process

（a） Conventional process；（b） New process

弹簧钢棒材的夹杂物尺寸分布，图 3 为采用连铸法生产的弹簧钢棒材的夹杂物尺寸分布。

从图 2 和图 3 可以发现，采用连铸法较采用模铸法能显著减小非金属夹杂物的尺寸，特别是能显著减少超大型夹杂物的数量；此外，无论是采用模铸法还是采用连铸法，采用新工艺冶炼的弹簧钢较采用传统工艺冶炼时具有更小的夹杂物尺寸和更少大颗粒夹杂物（ >40μm）数量。如以尺寸大于 40μm 和 100μm 的夹杂物颗粒数量来比较，传统工艺—模铸法分别占 59. 36% 和 8. 58%、新工艺—模铸法分别占 48. 11% 和 2. 46%，传统工艺—连铸法分别占 14. 14% 和 0. 35%、新工艺—连铸法分别占 7. 39% 和 0%。

表 2　弹簧钢生产工艺和化学成分

Table 2　Production process and chemical compositions of spring steel　　（%）

生产工艺		C	Si	Mn	Cr	P	S	$Al_{sol.}$	T. O	N	T. Ca
传统工艺	EF—LF/VD—IC	0. 62	1. 68	0. 75	<0. 3	0. 019	0. 0094	0. 0181	0. 0019	0. 0083	0. 0006
	EF—LF—CC	0. 60	1. 78	0. 77	<0. 3	0. 007	0. 0050	0. 0110	0. 0016	0. 0080	<0. 0005
新工艺	EF—LF/VD—IC	0. 63	1. 81	0. 81	<0. 3	0. 006	0. 0091	0. 0015	0. 0022	0. 0072	<0. 0005
	EF—LF—CC	0. 58	1. 78	0. 75	<0. 3	0. 016	0. 0100	0. 0014	0. 0015	0. 0059	<0. 0005

5　夹杂物尺寸分布对材料疲劳性能的影响

按 GB4337—84 检测了两个钢样的疲劳性能，这两个钢样分别采用模铸法和连铸法生产，它们的非金属夹杂物尺寸分布见图 2（a）和图 3（b）。前者尺寸大于 40μm 的夹杂物占 59. 36%，尺寸大于 100μm 的夹杂物占 8. 58%，最大夹杂物尺寸达 330μm，个别达 440μm，夹杂物平均尺寸 55. 13μm；后者尺寸大于 40μm 的夹杂物占 7. 39%，最大夹杂物尺寸 65μm 左右，夹杂物平均尺寸 18. 8μm。试样热处理条件为 870℃油淬 +440℃回火。旋转弯曲疲劳试验机型号 PQ1 -6，转速 $n=3000$r/min，应力循环特征 $R=-1$，以疲劳寿命达到 1×10^7 次时的中值疲劳强度作为条件疲劳极限，即：

$$\sigma_{-1(10^7)} = \frac{1}{m}\sum_{i=1}^{n} v_i\sigma_i/\text{MPa} \tag{11}$$

式中，$\sigma_{-1(10^7)}$ 为试样疲劳寿命达 10^7 次时的条件疲劳极限；v_i 为第 i 级应力水平（σ_i）下的试验次数；n 为试验的应力水平级数；m 为有效试验总次数。两个弹簧钢样的疲劳试验结果见图 4 和表 3。

从图 4 和表 3 中可以看出，尽管模铸法生产的弹簧钢棒材的 σ_b 比连铸法生产的弹簧钢棒材的 σ_b 高 35MPa，但前者的疲劳极限仍比后者低 12MPa，前者的 σ_{-1}/σ_b 值为 0. 451，而后者的 σ_{-1}/σ_b 值为 0. 468。

表 3　模铸和连铸生产的弹簧钢疲劳性能对比

Table 3　Comparison of fatigue properties of spring steel produced by ingot casting and continuous casting process

生产工艺	材料锻压比	σ_b/ MPa	$\sigma_{-1(10^7)}$/ MPa	σ_{-1}/σ_b
模铸	73. 1	1685	760	0. 451
连铸	45. 8	1650	772	0. 468

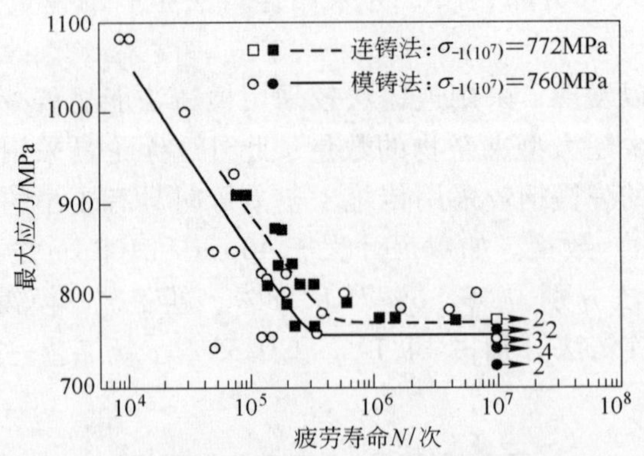

图4 弹簧钢旋转弯曲疲劳试验 S-N 曲线

Fig. 4 S-N curve of rotating bending fatigue testing for spring steel

6 讨论

6.1 钢中的大颗粒夹杂物

钢中的大颗粒夹杂物主要来自一次脱氧析出的氧化物夹杂，当采用新工艺生产时，这类夹杂物为 SiO_2；当采用传统工艺生产时，合金化时由硅铁带入钢液的铝达到 0.01% ~0.025%[4]，因而合金化时析出的 SiO_2 将与钢液中的［Al］反应生成铝硅酸盐[1]，用铝终脱氧时还会析出 Al_2O_3[1]。采用传统工艺生产时一次脱氧产物占总脱氧量的90%以上，而采用新工艺生产时，一次脱氧产物仅占总脱氧量的50% ~60%，其余溶解氧一部分在吹氩过程中通过气泡壁上的［C］－［O］反应去除，另一部分在浇钢过程中析出[2]。因此采用传统工艺时钢液脱氧实质上就是使一次脱氧产物上浮，而采用新工艺时吹氩过程对溶解氧的去除具有重要意义。

钢包吹氩去夹杂是依靠氩气泡对固相夹杂物的吸附作用，夹杂物去除的效率决定于夹杂物与气泡的碰撞概率，适当的吹氩强度形成细小的氩气泡流和延长吹氩时间有利于钢中大颗粒夹杂物的去除[2]。氧化物夹杂成分和形态控制主要是对二次脱氧产物而言，因此减少一次脱氧产物的析出数量和尽可能多地去除已析出的一次脱氧产物颗粒十分重要。

用模铸法浇铸时，钢液被二次氧化，以及钢锭模内钢液强烈的对流运动造成还未熔融的保护渣卷入钢液中，这是模铸坯热轧棒材中存在大量大型夹杂物的主要原因[12]。

6.2 夹杂物对材料疲劳性能的影响

材料的疲劳强度主要决定于材料本身的强度或硬度，以及材料内部的缺陷（如大型非金属夹杂物、粗大的晶粒和白点等）。对于没有内部缺陷的理想材料，疲劳极限（σ_{-1}）仅决定于材料本身的硬度（HV）或抗拉强度（σ_b）[13~15]，即：

$$\sigma_{-1} \approx 1.6\text{HV} \pm 0.1\text{HV} \tag{12}$$

$$\sigma_{-1} \approx 0.5\sigma_b \tag{13}$$

通常对于 $\sigma_b < 1200$MPa 或 HV < 400 的材料，材料的内部缺陷对其疲劳性能的影响较小，但材料的内部缺陷明显地影响高强度材料的疲劳性能。Murakami 等[16]将材料疲劳

极限与位于材料表面或皮下的夹杂物尺寸之间的关系归纳为下式：

$$\sigma_{-1} \approx 1.56(\mathrm{HV}+120)/(\sqrt{A_{\max}})^{1/6} \tag{14}$$

上式中 $\sqrt{A_{\max}}$ 为垂直于材料最大拉伸应力平面上夹杂物的投影面积的平方根。该公式只能定性地反映夹杂物尺寸对材料疲劳极限的影响，因为影响材料疲劳性能的是那些位于零件表层或皮下的大颗粒脆性或不变形夹杂物。根据本文作者的研究发现在金相试样上用图像分析仪测定的夹杂物尺寸分布中看不到厚度大于20μm 的夹杂物，但同一钢样用电解萃取法萃取的夹杂物尺寸分布中可发现很多100μm 以上的夹杂物[4]。而用基于金相试样测定的夹杂物面积来反映夹杂物尺寸对疲劳极限的影响必然带有很大的片面性。建立基于电解萃取的夹杂物尺寸分布、夹杂物数量与材料疲劳极限之间的关系能更好地反映出夹杂物信息对材料疲劳性能的影响规律。

σ_{-1}/σ_b 数值的大小可以反映出夹杂物对材料疲劳性能影响的程度。对于含有夹杂物的实际材料，σ_{-1}/σ_b 值越接近0.5，夹杂物对材料疲劳性能的影响就越小。当 σ_{-1}/σ_b 一定时，材料的抗拉强度值越高，意味着要求更为苛刻的夹杂物尺寸和数量。

7 结论

（1）弹簧钢中的氧化物夹杂包括一次脱氧产物和二次脱氧产物。高温下铁合金熔化和扩散速度远小于它们与钢液中氧反应的速度。因此，一次脱氧析出颗粒粗大且不能变形的脆性夹杂。钢液在冷却和凝固过程中析出的二次脱氧产物的性质可以通过控制钢液中强脱氧元素的含量来改变。因此，氧化物夹杂成分和形态控制的任务就是首先减少一次脱氧产物的析出量，并通过合理的吹氩工艺使它们与钢液分离，其次是控制钢液中强脱氧元素的残余含量，使得在浇钢过程中析出的脱氧产物具有热加工变形能力。对60Si2MnA 应将 $Al_{sol.}$ 控制在 $12\times10^{-6}\sim14\times10^{-6}$以下。

（2）用非水溶液电解萃取法萃取钢中的夹杂物，然后再用图像分析仪对夹杂物尺寸进行测定得到的夹杂物尺寸分布更能合理地反映钢中非金属夹杂物的尺寸分布。新工艺与传统工艺相比，一方面前者减少了一次脱氧产物的析出量，另一方面二次脱氧产物具有良好的热加工变形能力。因此，采用新工艺后弹簧钢材中大颗粒夹杂物的数量和尺寸均大幅度下降，从而提高了材料的疲劳极限和材料使用的安全性。

（3）为控制钢中的大颗粒夹杂物的数量和尺寸，采用连铸法优于模铸法。

参 考 文 献

[1] 薛正良，李正邦，张家雯，等. 不同脱氧条件下弹簧钢氧化物夹杂的性质和形态 [J]. 特殊钢，2001，22（3）：24.

[2] 薛正良，李正邦，张家雯，等. LF 钢包精炼过程中的脱氧 [J]. 武汉科技大学学报（自然科学版），2001，24（2）：111.

[3] 薛正良，李正邦，张家雯，等. 改善弹簧钢中氧化物夹杂形态的热力学条件 [J]. 钢铁研究学报，2000，12（6）：20.

[4] 薛正良，李正邦，张家雯，等. 不同脱氧条件下弹簧钢非金属夹杂物尺寸分布 [J]. 钢铁，2001，36（12）：20.

[5] Malkiewicz T and Rudnik S. Deformation of Non – Metallic Inclusion during Rolling of Steel [J]. Journal of the Iron & Steel Institute，Jan. 1963：33.

[6] Rudnik S. Discontinuities in Hot – Rolled Steel Caused by Non – Metallic Inclusions [J]. JISI，1966，

204 (4): 374.

[7] Bernard G, Riboud P V, Urbain G. Oxide Inclusions Plasticity [J]. Revue de Metallurgic - CIT, Mar 1981: 421.

[8] Sigworth G K and Elliott J F. The Thermodynamics of Liquid Dilute Iron Alloys [J]. Metal Science, 1974, 18: 298.

[9] 日本学术振兴会制钢第19委员会．制钢反应推奖平衡值（改订增补），1984，10：255.

[10] Cho S W, Suito H. Assessment of Calcium - Oxygen Equilibrium in Liquid Iron [J]. ISIJ Int., 1994, 34 (3): 265.

[11] 方克明，熊仲明，张鉴．钢中夹杂物研究方法的探索．冶金物理化学文集，庆祝魏寿昆教授九十华诞暨从事工程教育事业六十周年 [C]. 北京：冶金工业出版社，1998：15.

[12] Xue Zhengliang, Li Zhengbang, Zhang Jiawen, et al. Inclusion Control for Spring Steel Production [C]. ASIA Steel International Conference - 2000, Sept, 26 ~ 29, Beijing. Vol. C: Steelmaking, 2000, 527.

[13] Garwood M F, Gensamer M, et al. Interpretation of Tests and Correlation with Service [M]. American Society for Metal, 1951, 1.

[14] Nishijima S. Statistical Analysis of Fatigue Test Data [J]. J. Soc. Mater. Sci. Japan, 1980, 29 (316): 24.

[15] 齐钢钢研所，东北大学三传教研室．钢中非金属夹杂物控制—瑞典学术讨论会文集. 1982：195.

[16] Murakami Y and Eudo M. Effects of Hardness and Crack Geometries on ΔK_{th} of Small Cracks [J]. J. Soc. Mater. Sci. Japan, 1986, 35 (395): 911.

Theory and Practice to Control of Composition and Morphology of Oxide Inclusion in Spring Steel

Xue Zhengliang[1] Li Zhengbang[2] Zhang Jiawen[2]

(1. Wuhan Science and Technology University;

2. Central Iron and Steel Research Institute)

Abstract The size distribution of non - metallic inclusions extracted harmlessly with quartermethyl ammonium chloride solution from hot rolled spring steel rods showed that there were a great quantity of large inclusions in spring steel rod produced by conventional process; but by the new process - with alloying and controlling $Al_{sol.}$ less than 20×10^{-6} in secondary refining, the quantity and the dimension of large inclusions in spring steel rod dramatically decreased, the σ_{-1}/σ_b value of material increased from 0.451 to 0.468 and the fatigue life of spring steel was enhanced.

Key words spring steel; inclusion composition and morphology control; fatigue limit

“零夹杂”超级纯净钢精炼理论与工艺探讨*

摘　要　通过热力学计算，分析“零夹杂”超级纯净钢精炼过程中防止氧化物夹杂析出的工艺条件和在真空精炼过程中氧化物夹杂被碳还原气化的热力学条件，以及钢液中氮化钛析出的热力学条件。指出在真空条件下钢液中氧化物夹杂被还原气化的反应受反应动力学条件的限制，同时提出“零夹杂”超级纯净钢精炼工艺的要点。

关键词　零夹杂超级纯净钢；真空精炼；冷坩埚悬浮熔炼

“零夹杂钢”的概念是由 A. Mitchell 和 S. Fukumoto[1] 提出来的。所谓“零夹杂钢”，并非指钢中没有夹杂物存在，而是指在光学显微镜下作常规检验时观察不到夹杂物的钢。钢液在凝固以前析出的非金属夹杂物通常尺寸较大，而钢在固相状态下析出的非金属夹杂物是高度弥散分布的，其尺寸小于 1μm，这些夹杂物在光学显微镜下作常规检验是观察不到的。因此，“零夹杂钢”实际上是含亚微米级夹杂物的钢。金属材料的加工性能、疲劳性能和冲击韧性等主要取决于材料中非金属夹杂物的性质、尺寸和数量，只有当非金属夹杂物的尺寸小于 1μm，且其数量少到彼此间距大于 10μm 时，它们才不会对材料的宏观性能产生影响[2]。本文以结构钢 42CrMo 为例，从冶金热力学的角度分析精炼“零夹杂钢”的条件，并提出相应的精炼工艺要点。

1　“零夹杂钢”精炼热力学分析

1.1　基本数据

热力学计算以 42CrMo 为例，其化学成分见表 1。液相线温度（T_l）和固相线温度（T_s）分别按式（1）[2] 和式（2）[4] 计算，其结果为 $T_l = 1500℃$ 和 $T_s = 1420℃$。

表 1　42CrMo 钢化学成分　（%）

C	Si	Mn	Cr	Mo	Ni	P	S
0.38～0.45	0.20～0.40	0.50～0.80	0.90～1.20	0.15～0.25	≤0.35	≤0.04	≤0.04

$$T_l = 1535 - 65[C] - 30[P] - 25[S] - 8[Si] - 5[Mn] - 2.5[Ni] - 2.7[Al] - 1.7[Mo] - 1.5[Cr] - 6.5[Nb] - 1300[H] - 90[N] - 80[O] \tag{1}$$

$$T_s = 1538 - 175[C] - 280[P] - 575[S] - 20[Si] - 30[Mn] - 7.5[Al] - 5[Cr] - 3[Mo] - 60[Nb] - 160[O] \tag{2}$$

元素 i 的亨利活度系数和活度分别按式（3）和式（4）计算。1600℃时元素相互作用系数 e_i^j 见表 2[5,6]。1420℃时缺乏的热力学数据近似用表 2 中 1600℃时的数据代

* 本文合作者：薛正良、张友平、杨海森、张家雯。原发表于《武汉科技大学学报（自然科学版）》，2002，25（1）：1～4。国家自然科学基金资助项目（50174048），“973”重大基础研究资助项目（G1998061500）。

替。在固相线温度 1420℃ 时计算的 $f_{Al}=1.13$，$f_O=0.523$；在 1600℃ 时计算的 $f_{Al}=1.13$，$f_C=1.123$。

$$\lg f_i = \sum_j e_i^j [j] \tag{3}$$

$$a_i = f_i [i] \tag{4}$$

表 2　1600℃时元素相互作用系数 e_i^j

元素 i	元素 j								
	Al	C	Mn	P	S	Si	Cr	Mo	O
Al	0.011 + 63/T	0.091	—	0.033	0.03	0.0056	0.012	—	11.95 − 34740/T
C	0.043	0.058 + 158/T	−0.012	0.051	0.046	−0.008 + 162/T	−0.024	−0.0083	−0.34
O	7.15 − 20600/T	−0.436	−0.021	0.07	−0.133	−0.131	−0.0459	—	0.734 − 1750/T
Ca	−0.072	−0.34	−0.0156	—	−336	−0.097	0.02	—	−9000

1.2　固相线温度时的［Al］－［O］平衡

钢液在固液相线之间发生的脱氧反应[6]为：

$$2[\mathrm{Al}]+3[\mathrm{O}] = \mathrm{Al_2O_{3(s)}}$$

$$\Delta G^{\ominus} = -1202000 + 386.3T \tag{5}$$

$$K_{1420} = \frac{a_{\mathrm{Al_2O_3}}}{a_{\mathrm{Al}}^2 a_{\mathrm{O}}^3} = 8.09\times10^{16} \tag{6}$$

若析出相 Al_2O_3 的活度为 1，则由式（6）可得：

$$f_{Al}^2[\mathrm{Al}]^2 f_O^3[\mathrm{O}]^3 = 1.236\times10^{-17} \tag{7}$$

将 $f_{Al}=1.13$ 和 $f_O=0.523$ 代入式（7），得：

$$a_O = 2.13\times10^{-6}[\mathrm{Al}]^{-2/3} \tag{8}$$

$$[\mathrm{O}] = 4.074\times10^{-6}[\mathrm{Al}]^{-2/3} \tag{9}$$

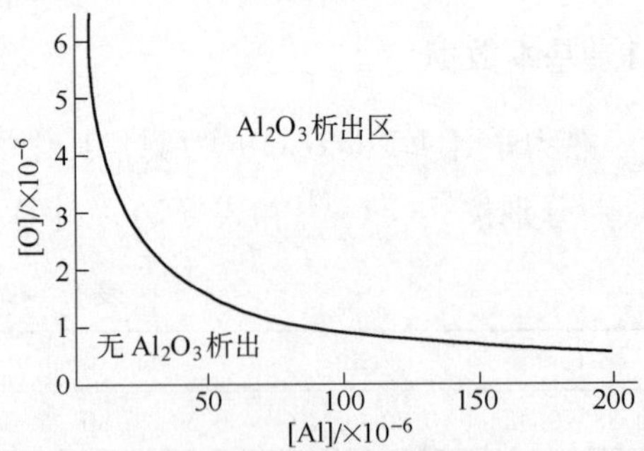

图 1　固相线温度 1420℃时的［Al］－［O］平衡

按式（9）的计算结果见图 1。图 1 表明，为避免钢液凝固前析出 Al_2O_3 夹杂，钢中允许存在的最高氧含量取决于钢中的铝含量。钢中铝含量越低，相应允许存在的平衡氧含量就越高。因此，在一定的钢液铝含量下，通过碳脱氧反应使钢中氧降至图 1 中平衡线以下，是防止钢液凝固过程中析出夹杂物的关键。

1.3　钢液真空精炼过程中的碳脱氧

为避免钢液在固相线温度以上析出 Al_2O_3，需使钢中氧活度低于用式（8）所得计算值。钢中氧通过真空精炼时的[C]－[O]反应去除[7]：

$$\begin{cases}[\mathrm{C}]+[\mathrm{O}] = \mathrm{CO}\\ \Delta G^{\ominus} = -22363-39.625T\end{cases} \tag{10}$$

$$K_{1600}=\frac{P_{CO}}{a_C a_O}=493.8 \quad (11)$$

将 $f_C=1.123$ 代入上式得：

$$a_O=0.00429P_{CO} \quad (12)$$

将式（8）代入上式得：

$$P_{CO}=0.000497[Al]^{-2/3} \quad (13)$$

计算结果见图 2。图 2 表明，为使钢液中的氧含量降低到固相线温度时的平衡值，钢液在 1600℃精炼时所需的真空度随铝含量增加而升高。尽管如此，即使是铝含量很高的钢液，精炼所需要的真空度也不要求很高。从热力学角度而言，这表明在真空下钢中的氧很容易通过［C］-［O］反应去除。

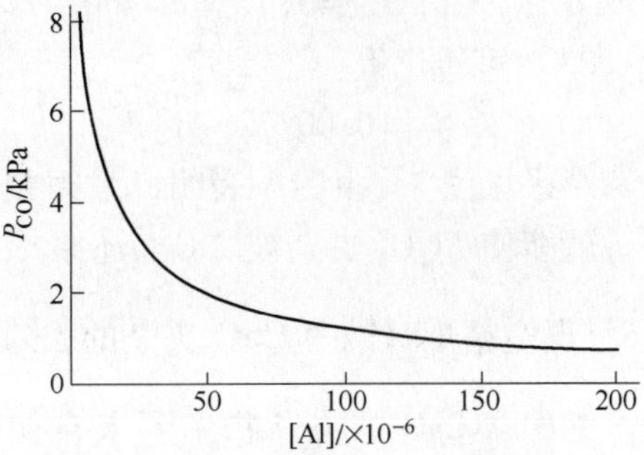

图 2　避免析出 Al_2O_3 钢液不同[Al]含量时所需的 CO 分区

1.4　真空精炼时钢中 Al_2O_3 夹杂的气化去除

即使在炼钢过程中不直接析出 Al_2O_3 夹杂，钢中仍然存在富含 Al_2O_3 的夹杂，它们主要来自原材料、炉衬和初炼炉的炉渣。这部分 Al_2O_3 夹杂可通过以下真空反应去除[5,6]：

$$\begin{cases}Al_2O_{(g)}=2Al_{(l)}+1/2O_2\\ \Delta G^\ominus=170544+49.32T\end{cases} \quad (14)$$

$$\begin{cases}2Al_{(l)}=2[Al]\\ \Delta G^\ominus=-126236-55.76T\end{cases} \quad (15)$$

$$\begin{cases}1/2O_2=[O]\\ \Delta G^\ominus=-117040-2.88T\end{cases} \quad (16)$$

$$\begin{cases}2CO=2[C]+2[O]\\ \Delta G^\ominus=44726+79.25T\end{cases} \quad (17)$$

由以上各式可得到：

$$\begin{cases}Al_2O_{3(s)}+2[C]=Al_2O_{(g)}+2CO_{(g)}\\ \Delta G^\ominus=1230006-456.23T\end{cases} \quad (18)$$

$$K_{1600}=\frac{P_{Al_2O_3}P_{CO}^2}{a_{Al_2O_3}a_C^2}=3.37\times10^{-11} \quad (19)$$

设 $a_{Al_2O_3}=1$，$a_C=1.123\times0.42=0.472$，则由式（19）转化得：

$$P_{Al_2O_3}P_{CO}^2=7.645\times10^{-12} \quad (20)$$

$$P=P_{Al_2O_3}+P_{CO}=37.5Pa \quad (21)$$

即 1600℃时要通过式（18）来去除 Al_2O_3 夹杂，需要很高的真空度。若通过下式反应使 Al_2O_3 夹杂被［C］还原，则要容易得多。

$$\begin{cases}Al_2O_{3(s)}+3[C]=2[Al]+3CO_{(g)}\\ \Delta G^\ominus=1134911-505.175T\end{cases} \quad (22)$$

$$K_{1600}=\frac{a_{Al}^2P_{CO}^3}{a_{Al_2O_3}a_C^3}=5.45\times10^{-6} \quad (23)$$

若取 $a_{Al_2O_3}=1$，$f_{Al}=1.13$，$a_C=0.472$，则由式（23）可转化得：

$$P_{CO}=0.00772[Al]^{-2/3} \quad (24)$$

计算结果见图3。由图3表明，只需粗真空精炼，就能使 Al_2O_3 夹杂被［C］还原。

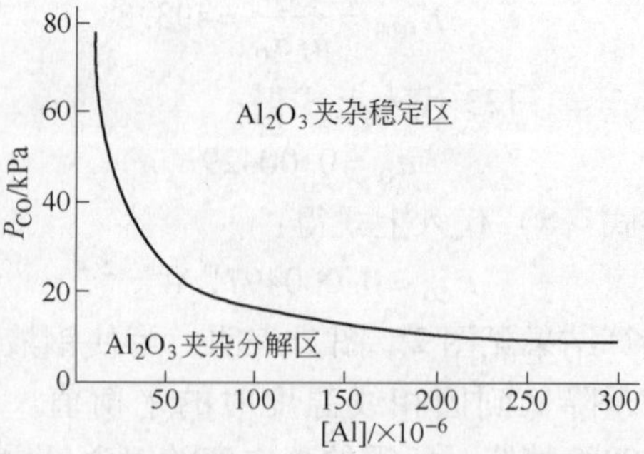

图3　真空下 Al_2O_3 夹杂被［C］还原所需的真空度与钢液中［Al］的关系

1.5　真空精炼时钢中CaO夹杂的去除

钢中含CaO的夹杂物主要来自初炼炉炉渣，在真空下与钢液发生以下反应[7,10]：

$$\begin{cases}CaO=\!=\!=[Ca]+[O]\\ \Delta G^{\ominus}=645421-146T\end{cases} \quad (25)$$

$$\begin{cases}[C]+[O]=\!=\!=CO_{(g)}\\ \Delta G^{\ominus}=-22363-39.625T\end{cases} \quad (26)$$

$$\begin{cases}CaO+[C]=\!=\!=[Ca]+[CO]\\ \Delta G^{\ominus}=623058-185.625T\end{cases} \quad (27)$$

$$K_{1600}=\frac{a_{Ca}^2P_{CO}}{a_{CaO}a_C}=2.088\times10^{-8} \quad (28)$$

取 $a_{CaO}=1$，$a_C=0.472$，则由式（28）转变得：

$$P_{CO}=0.99\times10^{-8}a_{Ca}^{-1} \quad (29)$$

若取 $e_{Ca}^{O}=-9000$[11]，$[O]=0.0002\%$，则按式（3）计算 $f_{Ca}=0.011$，并取 $[Ca]=0.0002\%$，则

$$P_{CO}=456Pa \quad (30)$$

由此可见，从热力学的角度来看，一般真空度下就能使钢中的CaO夹杂分解。

1.6　氮化钛控制热力学[11~13]

$$[Ti]+[N]=\!=\!=TiN_{(s)}$$

$$\Delta G^{\ominus}=-291000+107.91T \quad (31)$$

$$\lg([Ti][N])=\frac{-13850}{T}+4.01 \quad (32)$$

根据式（32），可计算出固液相线温度之间析出TiN的［Ti］、［N］浓度范围，见图4。图4表明，在一般的钛、氮浓度范围内，钢液凝固以前不会析出TiN夹杂。

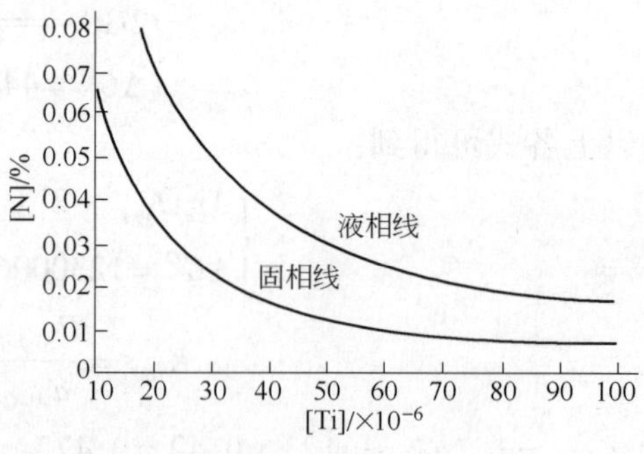

图4　［Ti］-［N］平衡

2　"零夹杂"超级纯净钢工艺分析

在现代洁净钢生产中，通常采用的脱氧工艺是，先用铝等强脱氧元素将钢中溶解的氧转变成氧化物夹杂，然后通过吹氩搅拌或其他搅拌方式使夹杂物上浮，并被顶渣吸收。但是由于钢液的环流使颗粒较小的夹杂物作跟随运动而得不到有效去除[14]，因此，即使将钢中的全氧含量降低到 $(5\sim6)\times10^{-6}$，钢中仍然存在20μm以上的夹杂物颗粒。由此可见，采用常规的精炼工艺是无法得到"零夹杂钢"的。

从上述热力学计算已经知道，对42CrMo这样的中碳结构钢，要使钢液在凝固过程

中不析出夹杂物，可采用两条工艺路线：一是预先用强脱氧元素将钢中的溶解氧脱死，即钢中的氧全部以氧化物夹杂形式存在；二是将钢中溶解的氧通过真空下的［C］-［O］反应降低到固相线温度时的平衡值以下。前者会在钢中析出大量氧化物夹杂（如Al_2O_3），其中大颗粒夹杂物会通过上浮去除，但大量小颗粒夹杂物因跟随钢流作循环运动而难以有效去除，它们只能依靠真空下被钢中的碳还原而气化。热力学计算表明，只要达到足够的真空度，氧化物夹杂的还原气化反应能顺利进行。但事实上，结构致密的氧化物夹杂被钢液中的碳还原的过程受反应动力学因素的限制。S. Fukumoto 和 A. Mitchell[1]用电子束冷坩埚熔炼法（EBCHM）熔炼用于电子元件的奥氏体不锈钢时，将钢中的［Ti］、［O］降低到（2～3）$\times 10^{-6}$，对钢样作金相检验，仍能发现3～5μm的氧化物夹杂。因此，作者提出冶炼“零夹杂”超级纯净钢工艺路线如下：

（1）初炼。以工业纯铁为原料在感应炉中，进行还原脱硫，然后向钢液吹氧脱除磷和铝等其他杂质元素。

（2）真空感应炉精炼。将初炼钢在真空下熔炼脱氧（真空碳脱氧），当钢中氧降低到双零水平时进行合金化，使钢液成分达到规格要求，这样可以避免真空精炼过程中的喷溅。在真空下精炼，直到全氧含量降低到三零水平。为避免或减轻真空下炉衬向钢液增氧，单炉钢液量不宜小于250kg。

（3）冷坩埚悬浮熔炼。为了避免炉衬和精炼渣对钢液的污染，钢液经感应炉初炼和真空感应炉精炼后，还必须用冷坩埚悬浮熔炼法进行深度精炼。冷坩埚悬浮熔炼在高真空下完成，悬浮于钢液中的各种氧化物夹杂最终在高真空下被碳还原气化。

（4）为避免浇钢过程中可能出现的氧和脱氧元素的凝固偏析，将钢液浇入水冷铜结晶器内，以加快凝固速度。

3 结语

（1）“零夹杂钢”是指在光学显微镜下作常规检验时观察不到夹杂物的钢。研究“零夹杂”超级纯净钢的生产工艺，一方面是为了满足某些航空航天材料和精密电子元件用材料生产的需要；另一方面，随着金属材料的细晶粒和超细晶粒化，迫切需要研究金属材料在极限夹杂条件下的机械力学性能。

（2）“零夹杂”超级纯净钢生产的关键是，首先要使钢中氧和脱氧元素的活度积小于固相线温度下的平衡值；其次，通过真空下碳的还原反应使钢液中已经存在的氧化物夹杂气化；最后，用悬浮熔炼技术深度精炼，以避免炉衬和熔渣的污染。

（3）必须考虑氧和脱氧元素的凝固偏析对夹杂物析出的影响。

参考文献

［1］S Fukumoto，A Mitchell. The Manufacture of Alloys with Zero Oxide Inclusion Content［A］. Proceedings of the 1991 Vacuum Metallurgy Conference on the Melting and Processing of Specialty Materials［C］. I & SS Inc.，Pittsburgh，USA，1991：3～7.

［2］J H Lowe，A Mitchell. Zero Inclusion Steels［A］. Clean Steel：Superclean Steel［M］. 6～7. 1995 London. UK by J Ntting and R Vismauathan，1995：223～232.

［3］陈恩普. 铁基、镍基、钴基合金熔点计算方法和经验公式［J］. 特殊钢，1992，13（2）：25～30.

［4］Maehara Y，Yotsumoto K，Tomono H，et al. Mter. Sci. Technol［M］. 1990，（6）：793.

［5］G K Sigworth，J F Elliott. The Thermodynamics of Liquid Dilute Iron Alloys［J］. Metal Science，1974，8：289～310.

［6］Hiroki Ohta，Hideaki Suito. Activities in CaO－SiO_2－Al_2O_3 Slag and Deoxidation Equilibria of Si and

Al [J]. Metall. and Material Trans., 1996, 27B: 943 ~953.

[7] 黄希祜. 钢铁冶金原理 [M]. 北京: 冶金工业出版社, 1981.

[8] E·T·特克道根著. 高温工艺物理化学 [M]. 魏季和, 傅杰译. 北京: 冶金工业出版社, 1988.

[9] 曲英. 炼钢学原理 [M]. 北京: 冶金工业出版社, 1983.

[10] T T Le, M Ichikawa. Optimization of Calcium Treatment at Dofasco [A]. Proceedings of the Second Canada - Japan Symposium on Modern Steelmaking and Casting Techniques [C]. Toronto, Ontario. Aug. 20 ~25, 1994: 29 ~38.

[11] S W Cho, H Suito. Assessment of Calcium - oxygen Equilibrium in Liquid Iron [J]. ISIJ Int., 1994, 34 (3): 265 ~269.

[12] 傅杰, 周德光, 等. 合金钢中氮、钛控制 [J]. 中国稀土学报, 2000, 18 (专辑): 394 ~398.

[13] W J Liu, J J Jonas. Calculation of the $Ti(C_y N_{1-y}) - Ti_4C_2S_2$ - MnS - Austenite Equilibrium in Ti - bearing Steel [J]. Metall. Trans, A 1989, 20A (8): 1361 ~1373.

[14] W J Liu, S You, J J Jonas. Characterization of Ti Carbosulfide Precipitation in Ti Microalloyed Steels [J]. Metall. Trans. A 1989, 20A (10): 1907 ~1915.

Thermodynamic Fundamentals for Zero Inclusion Super Clean Steel and the Refining Process

Xue Zhengliang[1] Li Zhengbang[2] Zhang Youping[2] Yang Haisen[2] Zhang Jiawen[2]

(1. Wuhan University of Science and Technology;
2. Central Iron and Steel Research Institute)

Abstract The refining conditions are discussed by means of thermodynamics in order to prevent the precipitation of oxide inclusions during the refinement of zero inclusion super clean steel; the thermodynamic conditions for oxide inclusions in molten steel to be reduced by carbon during vacuum refining are analyzed; and the precipitating conditions of nitride titanium in molten steel are as well discussed. It's pointed out that the reduction reaction of oxide inclusions by carbon in molten steel in the condition of vacuum is controlled by dynamical conditions. Finally the refining process of zero inclusion super clean steel has been analyzed.

Key words zero inclusion super clean steel; vacuum refining; cold crucible levitation melting

用氧化钙坩埚真空感应熔炼超低氧钢*

摘　要　在真空感应炉中用石灰砂捣打炉衬，熔炼高强度螺栓钢42CrMo时，可将钢中的T. O含量降低到（5～6）$\times 10^{-6}$，从金相试样上检测到的氧化物夹杂颗粒平均直径为1. 55μm。

关键词　真空熔炼；氧化钙坩埚；超低氧钢

为了提高机械零件的可靠性，降低机械零件使用过程中的疲劳失效率，一方面需要通过微合金化和细化晶粒来提高材料本身的强度；另一方面应减少作为疲劳裂纹源的氧化物夹杂的尺寸和数量。在一定的冶炼工艺下，通过降低钢中T. O含量，既能减少氧化物夹杂总量，又能降低随机分布于钢中的大颗粒氧化物夹杂的数量[1]。本文以高强度螺栓钢42CrMo为例，在真空感应炉中用氧化钙质耐火材料作炉衬，通过真空熔炼获得超低氧纯净钢。

1　冶炼工艺

42CrMo的化学成分（%）：C 0. 38～0. 45、Si 0. 2～0. 4、Mn 0. 5～0. 8、Cr 0. 9～1. 2、Mo 0. 15～0. 25。首先将高纯铁（成分（%）为：C 0. 01、Si 0. 001、Mn 0. 001、P 0. 002、S 0. 001、Al 0. 0003）在25kg真空感应炉中用碳脱氧，炉衬材质为镁砂，真空度200Pa，真空下熔炼15min左右熔池平静后充氩出钢；第二步在25kg真空感应炉中用氧化钙炉衬精炼钢液，对钢液用碳先进行深度脱氧，然后用纯金属合金化，真空度为0. 5Pa。为避免锰在真空下挥发，锰合金化在出钢前充氩状态下进行。

2　试验结果

经第一阶段在镁砂炉衬中真空熔炼的钢锭，其T. O含量已经从约0. 2%下降到0. 004%以下。钢锭经锻造和车削去表面氧化皮后作为氧化钙坩埚真空熔炼的原料。

2.1　预制氧化钙坩埚中钢液真空碳脱氧

在10kg真空感应炉中用预制氧化钙坩埚对钢液进行真空碳脱氧试验。预制氧化钙坩埚是用加入防吸水剂的石灰砂经等静压成型后烧结而成，炉衬中CaO含量87%左右，坩埚壁厚11mm。装料时每炉加入钢样7kg，待钢样熔化后补足C、Si、Cr、Mo，然后在6. 7Pa真空度下熔炼15min后充氩至炉内压力大于3 kPa后加电解锰，待锰全部溶解后出钢。钢中T. O含量的变化见图1。

图1表明，用预制氧化钙坩埚熔炼时，前3炉钢的氧含量可降低到（11～12）×

* 本文合作者：薛正良、张家雯、高银露。原发表于《特殊钢》，2003，24（1）：12～14。国家自然科学基金和宝钢集团联合资助项目（50174048），国家基础研究资助项目（G1998061500）。

10^{-6}，从第4炉开始氧含量逐渐升高，第6炉以后氧含量基本上维持在精炼前的水平。实验中发现预制氧化钙坩埚在熔炼第1炉后就在坩埚底与圆柱形本体的交界处形成环形裂缝；随炉龄增加裂纹逐渐扩展到上部，炉衬逐渐减薄，渣线部位局部已蚀穿裸露出外部捣打的镁砂层。这是造成钢液氧含量随炉龄增加而增加的主要原因。

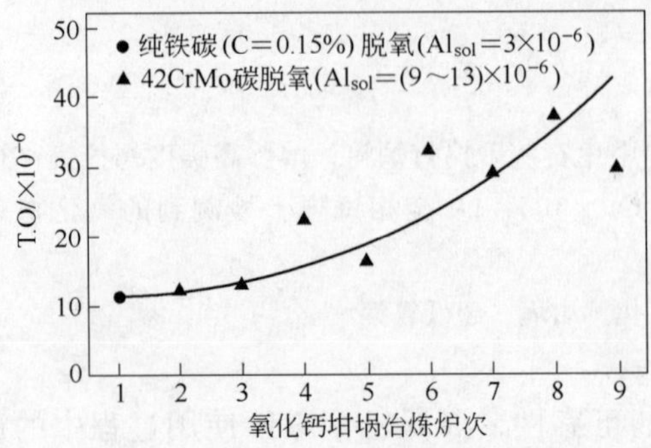

图1　预制氧化钙坩埚真空感应熔炼炉次对钢锭T. O含量的影响

Fig. 1　Effect of heats of VIM refining using prepared calcia crucible on total oxygen content in steel

2.2　石灰砂捣打成型坩埚中钢液真空碳脱氧

在25kg真空感应炉中用含95% CaO的石灰砂捣制炉衬对钢液进行深脱氧，每炉加入棒料21kg，熔清后补足合金（锰在出钢前充氩后补足）。真空度维持在0.5Pa，15min后钢液面不再冒黑泡。出钢后从钢锭取样分析钢的T. O含量，已经从（30~40）$\times10^{-6}$降低到（5~6）$\times10^{-6}$，见图2。

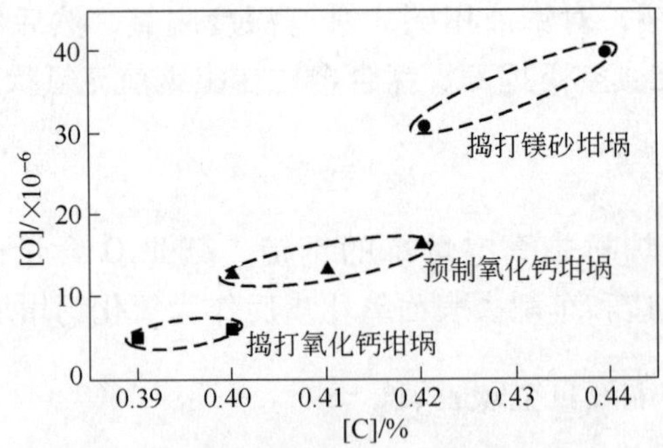

图2　炉衬材料对真空感应熔炼过程钢中氧含量的影响

Fig. 2　Effect of furnace lining material on oxygen content in steel during VIM refining

2.3　超低氧钢的夹杂物尺寸分布

将经过氧化钙坩埚熔炼的超低氧钢锻成ϕ20mm钢棒，然后取样磨成金相试样，在金相显微镜下放大200倍后用图像分析仪分别统计50个视场的夹杂物的尺寸（最大宽度）分布。测定结果见图3。图3表明，随钢的氧含量下降，钢中夹杂物颗粒数量明显减少、夹杂物尺寸明显变小，夹杂物平均尺寸从 T. O = 12×10^{-6}时的 2. 48μm 下降到 T. O = 6×10^{-6}时的 1. 55μm；当钢的氧含量降至 6×10^{-6}时，钢中尺寸小于 1μm 的夹杂物颗粒数占70%左右。由于原料纯铁中硫含量仅 10×10^{-6}，在金相试样上基本上看不到细条状的硫化锰夹杂。因此，图 3 的夹杂物尺寸分布实际上是钢中氧化物夹杂的尺寸分布。

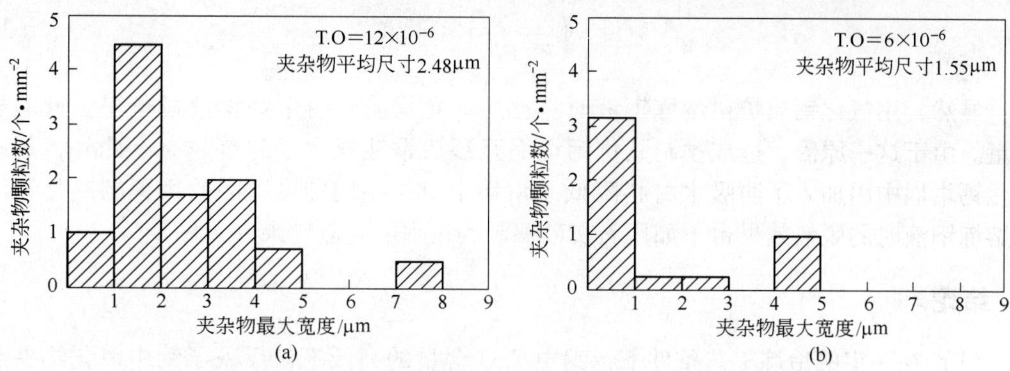

图 3　超低氧钢夹杂物尺寸分布

Fig. 3　Inclusion size distribution of extra – low oxygen steel refined by VIM using calcia crucible

3　讨论

真空精炼过程中钢液的脱氧速度受以下两方面的因素控制：（1）钢液中溶解氧的扩散速度；（2）真空下炉衬材料分解向钢液的供氧速度。综合考虑两方面因素的影响，可以得到钢中溶解氧含量随精炼时间的变化关系[2]：

$$[O]=\left(\frac{k_2}{k_1+k_2}\right)[O]_{炉衬}+\left([O]_0-\frac{k_2}{k_1+k_2}[O]_{炉衬}\right)e^{-(k_1+k_2)t} \tag{1}$$

式中 k_1 和 k_2 分别为钢液中氧的表观扩散传质系数和炉衬向钢液供氧的表观传质系数，它们与真空度无关；$[O]_{炉衬}$ 为真空熔炼时炉衬分解与钢液达成平衡时钢液中的平衡氧含量（%），它与炉衬材质的稳定性、真空度和熔炼温度有关[2]（图 4）；$[O]_0$ 为反应时间 $t=0$ 时钢液氧含量（%）。

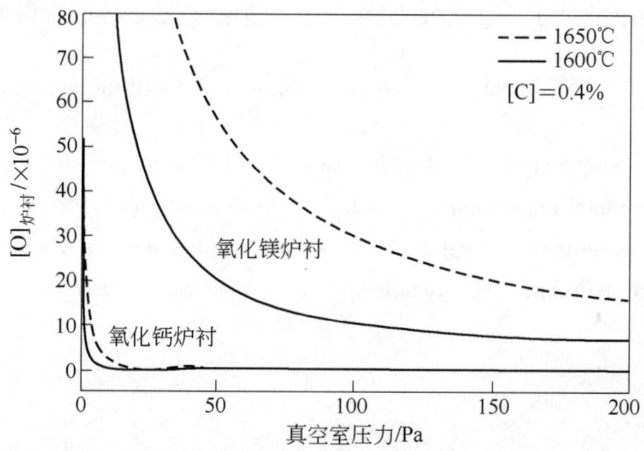

图 4　真空下与炉衬平衡时的钢液氧含量

Fig. 4　Oxygen content in steel established at reaction equilibrium between lining and molten steel in vacuum

从图4中可以发现，在真空下氧化钙的稳定性远远高于氧化镁；熔炼温度波动对氧化钙稳定性的影响也远远小于对氧化镁稳定性的影响。当钢液中的实际氧含量［O］<［O］$_{炉衬}$时，炉衬对钢液的增氧不可避免。在这种情况下，钢液所能达到的最低氧含量为：

$$[O]=\left(\frac{k_2}{k_1+k_2}\right)[O]_{炉衬} \tag{2}$$

显然，用氧化钙质炉衬熔炼钢液时将比用氧化镁质炉衬熔炼钢液可获得更低的氧含量。由于这一原因，造成预制氧化钙坩埚开裂后钢液氧含量越炼越高。此外，预制氧化钙坩埚中因加入了防吸水材料降低了坩埚中氧化钙的纯度，因此用预制氧化钙坩埚熔炼钢液时的脱氧效果也不如用石灰砂捣制的坩埚的脱氧效果（见图2）。

4 结论

（1）在一定的冶炼工艺条件下，钢中T.O含量的高低不仅反映了钢中氧化物夹杂数量的多少，同时也能反映钢中氧化物夹杂颗粒的大小。T.O含量越低，钢中氧化物夹杂颗粒数量越少，氧化物夹杂颗粒的尺寸也越小。

（2）在较高的真空度下熔炼钢液时，真空碳脱氧的速率决定于钢液中氧的扩散速率和炉衬分解对钢液的供氧速率。炉衬材质本身的稳定性和材质的纯净度对钢液脱氧产生重要影响。用高纯度的氧化钙材料作炉衬对钢液进行真空感应熔炼时可获得氧含量极低的钢液。

参考文献

［1］薛正良，张友平，李正邦，等．用小气泡从钢液中去除夹杂物颗粒［C］．庆祝钢铁研究总院建院五十周年科技论文集，2002：119.

［2］薛正良，李正邦，张家雯，等．用氧化钙坩埚真空感应熔炼超低氧钢脱氧动力学［J］．钢铁研究学报，2003，15（3）.

VIM Refining Extra – Low Oxygen Steel Using CaO Crucible

Xue Zhengliang　Li Zhengbang　Zhang Jiawen　Gao Yinlu

（Central Iron and Steel Research Institute）

Abstract　As high strength steel 42CrMo was refined by VIM（vacuum – induction melting）using the calcia lining，the total oxygen content in steel could be reduced to（5 ~ 6）$\times 10^{-6}$，and the average diameter of oxide inclusion determined in metallographic specimens was 1.55μm.

Key words　vacuum refining；CaO crucible；extra – low oxygen steel

钢的纯净度的评价方法*

摘　要　根据实验研究结果分析了用于评价非金属夹杂物数量、类型、形貌和尺寸分布的各种方法的特点及其相互关系，指出用不同冶炼工艺生产的氧含量相近的钢有可能具有完全不同的非金属夹杂物类型和尺寸分布。用图像分析仪检测金相试样中非金属夹杂物的尺寸分布并不能反映钢中非金属夹杂物的真实状况。

关键词　非金属夹杂物；化学分析；标准图谱；图像分析仪；电解萃取法

一般而言，钢的纯净度主要指与非金属夹杂物的数量、类型、形貌、尺寸及分布等有关的信息。目前工业生产和科研工作中常用的评价方法有化学分析法、标准图谱比较法，图像分析仪分析法、电解萃取分析法。各种评价方法都从某一个侧面反映了钢中非金属夹杂物的数量或其他属性，同时各种方法都存在局限性。本文对以上各种评价方法及其他们之间的相互关系进行了比较和分析。

1　非金属夹杂物数量的评价方法

1.1　化学分析法

化学分析法主要是通过检测钢中非金属夹杂物形成元素氧和硫的含量来估计非金属夹杂物的数量。室温下钢中的氧几乎全部以氧化物夹杂的形式存在[1]，因此钢中全氧含量可以代表氧化物夹杂的数量。但化学分析法并不能反映钢中非金属夹杂物的类型、形貌、尺寸大小和尺寸分布。用不同工艺冶炼的钢，即使其氧含量基本相同，仍有可能具有完全不同的氧化物夹杂类型和尺寸分布[2,3]。

1.2　标准图谱比较法

国际标准化组织（ISO）、美国材料试验协会（ASTM）和我国国家标准 GB10561—89 将高倍金相夹杂物分为 4 类[4]，即 A 类（硫化物类）、B 类（氧化铝类）、C 类（硅酸盐类）和 D 类（球状或点状氧化物类）。标准评级图谱的图片直径 80mm，相当于被检金相试样上直径 0.8mm 的视场放大 100 倍后的尺寸。A、B、C 和 D 类夹杂物按其厚度或直径不同又分为细系和粗系两个系列，每个系列按夹杂物沿钢材轧制方向的长度分成 5 个级别，JK 法分为 1 ~ 5 级、ASTM 法分为 0.5 ~ 2.5 级，后者用于评定高纯度钢。

标准图谱比较法可以根据非金属夹杂物的形态来区分夹杂物的类型。采用不同脱氧工艺生产的钢，即使其总氧量基本相同，仍可能具有不同的氧化物夹杂类型，见表 1[5]。

* 本文合作者：薛正良、张家雯。原发表于《钢铁研究学报》，2003，15（1）：62 ~ 66。国家自然科学基金资助项目（59874023，50174048）。

表1　非金属夹杂物的评级

Table 1　Rating of non－metallic inclusion using standard diagram

脱氧方法	酸溶铝含量/%	总氧含量/%	A类		B类		C类		D类	
			粗	细	粗	细	粗	细	粗	细
铝脱氧	0.0110	0.0016	0.5	1.0	1.0	1.5	0	0	0	0
	0.0181	0.0019	1.0	1.5	1.0	1.5	0	0	0	0.5
硅脱氧	0.0014	0.0015	0	2.0	0	0	0	3	0	0.5
	0.0015	0.0022	1.0	2.0	0	1.0	0	1.5	0.5	0

标准图谱比较法通常将 CaS 和不变形的硅酸盐夹杂物都归入 D 类夹杂物。对于用铝脱氧的钢种，B 类夹杂物的级别在一定程度上反映了钢中总氧含量，见图 1[6]。但对于总氧含量低于 10×10^{-6}的超低氧钢，标准图谱比较法已不适于用来评定钢的纯净度，这也从另一个侧面反映出钢中大颗粒夹杂物随氧含量的降低而减少的规律。

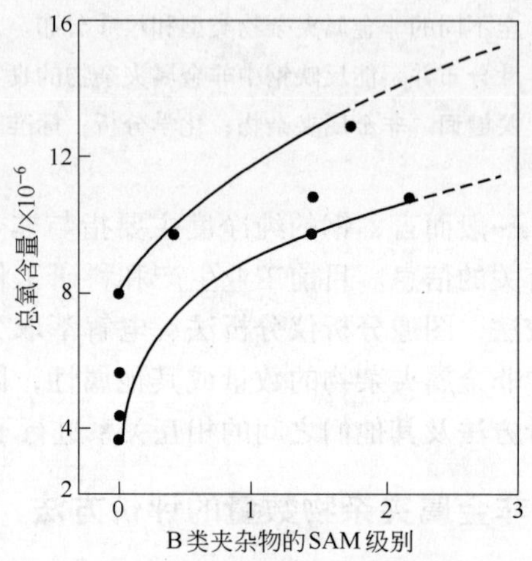

图1　钢中氧含量与 B 类夹杂物级别的关系

Fig. 1　Relationship between total oxygen content and rating of type B inclusions

1.3　图像仪分析法

图像仪分析法是将金相试样在光学显微镜下放大 100～200 倍，并通过摄像系统和计算机图像分析软件进行采集、处理和统计，可得到在所测视场内非金属夹杂物所占的面积分数（即非金属夹杂物的沾污度）、非金属夹杂物的最大宽度和长度、非金属夹杂物的尺寸分布以及单位被测面积内不同尺寸非金属夹杂物的个数等信息。通常用 50～100 个视场的被测数据的平均值表示结果。

用非金属夹杂物沾污度来表示钢中非金属夹杂物的相对数量是科研工作中常用的方法，但应该注意到金相试样的制作质量、抛光面上的洁净度和操作人员的素质等因素会对测试结果产生明显影响。

1.4　电解萃取法

电解萃取法是利用钢中夹杂物电化学性质的不同，在适当的电解液和电流密度下进行电解分离的方法。电解时以试样作为阳极，不锈钢作为阴极，夹杂物保留在阳极泥中，然后经过淘洗、还原、磁选等工序将夹杂物分离出来，并进行称量和化学分析。试样量为 2～3kg 的大样电解适用于连铸坯的夹杂物分析；对于钢材的夹杂物电解分析，通常试样尺寸为 $\phi(10\sim20)\text{mm}\times(80\sim120)\text{mm}$。

当用水溶液作电解液时，某些不稳定的夹杂物在电解过程中会分解。而采用四甲基氯化铵、三乙醇胺、丙三醇和无水甲醇等非水溶液作为电解液时，可以把非金属夹杂物从钢中无损伤地萃取出来[7]。

研究弹簧钢 60Si2MnA 在水溶液中电解萃取出的氧化物夹杂总量与钢中总氧含量的

关系时发现[5]，电解氧化物夹杂总量随钢中总氧含量的提高而增加，但两者并不呈正比关系。这是因为一方面夹杂物电解萃取只能收集到颗粒比较大的非金属夹杂物，且试验过程的每一步都会对检测结果产生影响；另一方面，当钢中存在不稳定氧化物夹杂时，它们在水溶液电解过程中一部分已经分解，造成测出的氧化物夹杂总量偏少。

2 非金属夹杂物尺寸分布的评价方法

2.1 检测方法

非金属夹杂物的尺寸分布一般用图像分析仪测定，并自动进行统计。通常检测金相试样上50～100个视场内所有夹杂物的尺寸分布。对于热轧材试样，塑性夹杂物（MnS和某些硅酸盐）已沿轧制方向延伸成长条状，这时用沿钢材纵剖面制备的金相试样测定的是夹杂物的最大宽度和长度。也可以根据夹杂物的不同类型分类统计它们的尺寸分布。对于B类夹杂物，它们在轧材中沿轧制方向呈不连续的串状分布，计算机将它们视为多个单体夹杂物颗粒来统计。

另一种方法是先将非金属夹杂物电解萃取出来，然后将它们单层地放置在一个平面上（如图2所示），再用图像分析仪进行测定并统计夹杂物的尺寸分布。在这种情况下，由于非金属夹杂物在平面上是随机分布的，当存在长条状夹杂物时，有可能将极个别夹杂物的长度尺寸按宽度尺寸来统计。实际检测中发现，在非水溶液中电解萃取时，长条状的MnS和硅酸盐大多断裂成短条状。

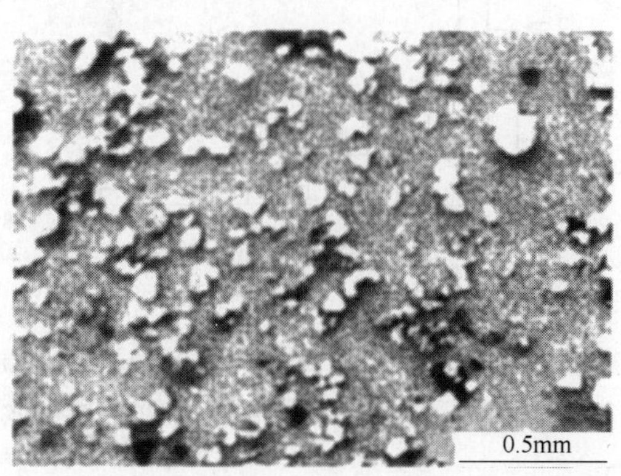

图2 电解萃取试样中非金属夹杂物的形貌

Fig. 2 Morphology of electrolytically non－metallic inclusions

2.2 不同检测方法的比较

图3为4个弹簧钢（60Si2MnA）金相试样在光学显微镜下放大200倍后用图像分析仪测定的试样边缘（宽度约3mm以内）处的夹杂物厚度（即最大宽度）分布。这4个试样的冶炼条件和化学成分见表2。

表2 试样的冶炼工艺和化学成分

Table 2 Refining process and composition of specimens

试样编号	脱氧方法	浇铸工艺	棒材直径/mm	锻压比/%	酸溶铝含量/%	总氧含量/%
a	铝脱氧	模铸	29	73.1	0.0181	0.0019
b	硅脱氧	模铸	27	86.4	0.0015	0.0022
c	铝脱氧	连铸	20	71.6	0.0110	0.0016
d	硅脱氧	连铸	25	45.8	0.0014	0.0015

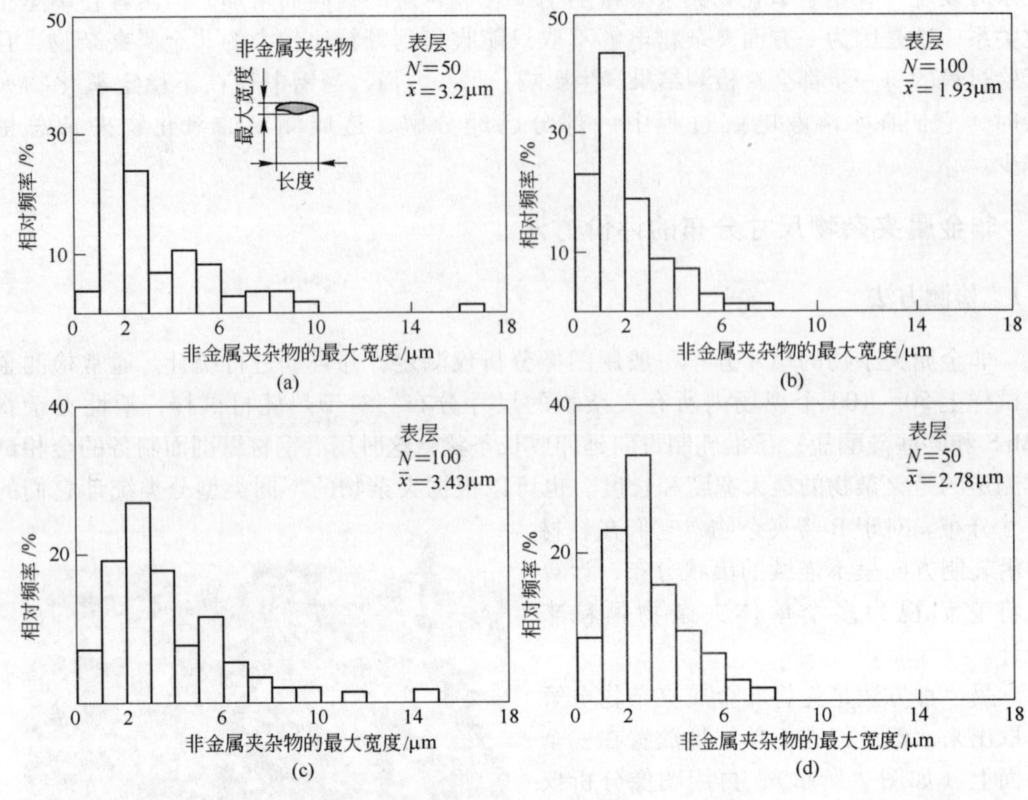

图3　金相试样中非金属夹杂物的尺寸分布

Fig. 3　Size distribution of non - metallic inclusions from metallographic specimens

（a）试样 a；（b）试样 b；（c）试样 c；（d）试样 d

比较图3中4个试样的非金属夹杂物的尺寸分布可以发现：（1）在金相试样上很难找到厚度大于20μm的非金属夹杂物；（2）尽管4个试样的生产工艺完全不同，但在金相试样上检测到的非金属夹杂物厚度分布十分接近，即主要分布在1～6μm之间，平均尺寸为1.93～3.43μm；（3）用硅脱氧的钢中的夹杂物平均厚度小于用铝脱氧的钢。

图4为上述4个试样中用四甲基氯化铵溶液电解萃取出的非金属夹杂物经图像分析仪测定的最大厚度分布。

比较图3和图4可以看出，用不同的检测方法测定同一个试样的非金属夹杂物尺寸分布会得到截然不同的结果。事实上，钢中存在的大颗粒夹杂物的尺寸绝大部分超过20μm，甚至存在尺寸在100μm以上的超大型夹杂物，但在金相试样上却看不到尺寸大于20μm的夹杂物。这主要是由于大颗粒夹杂物在钢中随机分布，金相试样剖面上遇到大颗粒夹杂物的几率很小，即使遇到也不一定刚好位于夹杂物尺寸最大的剖面上。此外，超大型夹杂物在磨样过程中很容易从试样表面脱落而造成漏检。

从图4还可以发现，用不同工艺生产的弹簧钢中非金属夹杂物的尺寸分布相差很大。采用连铸法生产的弹簧钢中的大型夹杂物（>40μm）比采用模铸法生产的钢少得多；采用硅脱氧的钢中的夹杂物尺寸明显小于采用铝脱氧的钢。

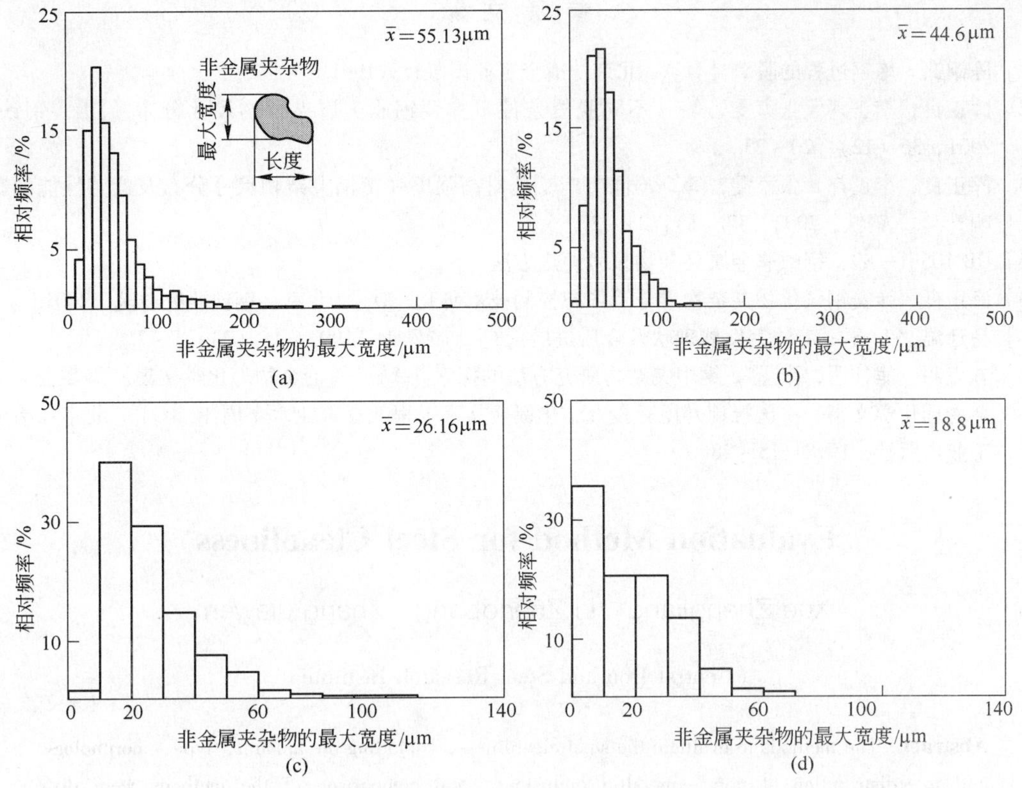

图 4　电解萃取试样中非金属夹杂物的尺寸分布

Fig. 4　Size distribution of non - metallic inclusions from electrolytically extracted specimens

（a）试样 a；（b）试样 b；（c）试样 c；（d）试样 d

3　结论

（1）目前工业生产和科学研究工作中用于评价非金属夹杂物的数量、类型和尺寸分布的方法有化学分析法、标准图谱比较法，图像分析仪分析法和电解萃取分析法等。化学分析法方法简单，应用最广，但它不能区分非金属夹杂物的类型和尺寸。

（2）标准图谱比较法可以区分非金属夹杂物的类型和相对数量，但它不能建立钢中总氧含量和硫含量与这些夹杂物之间明确的对应关系。此外，球状硫化钙和不变形的点状硅酸盐会被视为 D 类夹杂物。因而这种方法不适于评价高纯度钢。

（3）图像仪分析法可以统计出金相试样上被检视场内非金属夹杂物的沾污度，它与钢中非金属夹杂物的数量存在一定的对应关系，但测定结果与金相试样的制作质量、抛光面上的洁净度和操作人员的素质等因素有关。当用这一方法来检测金相试样中非金属夹杂物的尺寸分布时，很难检测到钢中实际存在的大颗粒夹杂物，也难以判断采用不同冶炼工艺生产的钢之间夹杂物尺寸分布的优劣。

（4）电解萃取法能检测到颗粒较大的非金属夹杂物，配合其他分析手段可以得到氧化物、硫化物及其他类型非金属夹杂物的数量。借助于图像分析仪还能检测出非金属夹杂物的尺寸分布。不同性质的电解液对不稳定夹杂物的萃取会产生影响。用这一方法检测出的非金属夹杂物的尺寸分布，可以反映不同冶炼工艺的影响。

参考文献

[1] 陈镶武．炼钢过程的脱氧［M］．北京：冶金工业出版社，1991.
[2] 薛正良，李正邦，张家雯，等．不同脱氧条件下弹簧钢非金属夹杂物尺寸分布［J］．钢铁，2001，36（12）：20~23.
[3] 薛正良，李正邦，张家雯，等．不同生产工艺对高强度弹簧钢夹杂物尺寸分布及疲劳性能的影响［J］．钢铁，2002，37（1）：24~27.
[4] GB 10561—89，钢中非金属夹杂物显微评定方法［S］.
[5] 薛正良．弹簧钢氧化物夹杂物成分及形态控制技术研究［D］．北京：钢铁研究总院，2001.
[6] 马廷温，王 平．清洁钢发展现状及今后进展［J］．特殊钢，1994，15（2）：1~7.
[7] 方克明，熊仲明，张 鉴．钢中夹杂物研究方法的探索［A］．《冶金物理化学文集》编委会．冶金物理化学文集——庆祝魏寿昆教授九十华诞暨从事工程教育事业六十周年［C］．北京：冶金工业出版社，1998：15~28.

Evaluation Method for Steel Cleanliness

Xue Zhengliang　Li Zhengbang　Zhang Jiawen

(Central Iron and Steel Research Institute)

Abstract The methods to evaluate the steel cleanliness, including the amount, type, morphology and size distribution of non - metallic inclusions, and comparison of the methods were discussed. The results showed that the steels produced by different processes with almost same content of total oxygen have different types and size distribution of non - metallic inclusions. The size distribution of non - metallic inclusions determined by image analyzer couldn't reflect the reality of non - metallic inclusions in steel.

Key words non - metallic inclusion; chemical analysis; standard diagram; image analyzer; electrolytic extraction method

真空感应熔炼碳脱氧研究*

摘　要　为制备无固相脱氧产物的高洁净钢，在真空感应炉内用碳对无铝高纯铁进行脱氧。研究发现，在较高的真空度下炉衬材料的热稳定性对钢液终点氧含量产生决定性的影响。当钢液实际氧含量高于炉衬分解平衡氧含量时，碳脱氧反应速度决定于钢液中氧的扩散速度；当钢液中实际氧含量低于炉衬分解平衡氧含量时，碳脱氧反应速度受炉衬向钢液供氧速度控制。

关键词　真空感应熔炼；碳脱氧；氧化钙炉衬

1　前言

为了研究细晶粒高强度钢的疲劳断裂和延滞断裂性能，需要熔炼出夹杂含量极低的钢，且钢中析出的夹杂物颗粒尺寸应小于材料的晶粒度。用强脱氧元素铝对钢液实施脱氧时，会在钢液中析出脱氧产物 Al_2O_3，这类脱氧产物一经析出就很难将它们与钢液完全分离。为此，本研究拟在真空感应炉中用碳对钢液进行真空脱氧，以便将钢中的溶解氧降低到钢种固相线温度下与相应脱氧元素含量对应的平衡值以下，从而防止钢液在精炼和凝固过程中析出固相脱氧产物。本文的研究工作主要探索真空感应熔炼条件下碳脱氧的基本规律。

2　原材料的准备与处理

为了排除强脱氧元素铝对钢液脱氧的影响，必须将原料纯铁中的铝含量降低到极限水平。为此，将经过深度脱硫和脱磷的纯铁在200kg 中频感应炉中进行脱铝处理，最后得到精炼高纯铁（表1）。高纯铁中氧已接近饱和，铝已降到 3×10^{-6}。第二步将精炼高纯铁在25kg 真空感应炉中用碳进行初脱氧，将氧含量从0.22%降低到（20~40）$\times10^{-6}$。

表1　纯铁化学成分

Table 1　Compositions of refined extra－clean iron　　(%)

元　素	C	Si	Mn	P	S	Al	T［O］	N
精炼高纯铁	0.01	0.001	0.001	0.002	0.001	0.0003	0.22	0.01
初脱氧纯铁	0.14~0.44	—	—	—	—	—	0.0021~0.0044	0.0006~0.0011

3　炉衬材质对真空碳脱氧的影响

3.1　真空下炉衬稳定性分析

真空感应熔炼时通常用电熔镁砂和石灰砂作炉衬，这两种炉衬的主要成分是 MgO

---

* 本文合作者：薛正良、张家雯、高银露。原发表于《钢铁》，2003，38（6）：12~14。国家自然科学基金资助项目（50174048）。

和 CaO，它们在高温下将发生分解。

随系统真空度提高（真空室压力下降）和熔炼温度升高，MgO 的热稳定性逐渐下降。1600℃时当系统压力低于 50Pa 时，MgO 的热稳定性急剧下降；相比而言 CaO 的热稳定性远比 MgO 好，1600℃时只有当系统压力低于 2Pa 时，CaO 的稳定性才迅速下降。温度变动对 CaO 热稳定性的影响也很小。由此可见，在较高的真空度下熔炼超低氧金属材料时，不宜采用镁砂制作炉衬，而应采用 CaO 质炉衬。

3.2 不同性质的炉衬对钢液真空碳脱氧的影响

实验选择电熔镁砂、石灰砂和整体成型预制氧化钙坩埚作炉衬对钢液进行真空脱氧。第一步在 25kg 真空感应炉中用捣打镁砂炉衬进行脱氧。考虑到较高真空度下镁砂的不稳定性，将真空度控制在 200Pa 左右对钢液进行初脱氧，同时避免了钢液剧烈喷溅现象。第二步分别在 10kg 和 25kg 真空感应炉中用氧化钙质炉衬对钢液进行深脱氧和合金化。10kg 真空感应炉用预制氧化钙坩埚，精炼真空度为 6.7Pa；25kg 真空感应炉用石灰砂捣打内衬，真空度为 0.5Pa。用捣打石灰砂作炉衬真空熔炼钢液时，钢液氧含量可降低到（4.5 ~6.0）$\times 10^{-6}$，用预制氧化钙坩埚时达到的氧含量为（12.3 ~ 16.3）$\times 10^{-6}$。

预制氧化钙坩埚是用加入防吸水材料的石灰砂经等静压成型后烧制而成，炉衬中氧化钙含量一般在 85% ~90%；而捣打炉衬用的氧化钙砂的氧化钙含量达到 95%，因而用后者作炉衬精炼钢液时的脱氧深度也高于前者。

4 钢液碳含量对真空碳脱氧的影响

真空下碳的脱氧反应可表达为[1]：

$$[C]+[O]=CO \quad (1)$$

从热力学角度看，当脱氧反应受碳氧反应控制时，在一定真空度下提高钢液碳含量对降低钢液氧含量有利。在本实验选定的钢液含碳范围内，钢液中实际达到的［O］并没有因［C］的增加而降低。表现在碳氧积（［C］［O］）上，随钢液［C］增加碳氧积升高，见图 1。在本研究选择的条件下，由于钢液中碳含量远比氧含量高得多，因此，真空下钢液碳脱氧速度主要受氧的扩散控制。在这种情况下，钢液中［C］的增加并不能提高碳脱氧反应的速度。相反，钢液中［C］的增加降低了［O］的活度，使深脱氧变得困难。

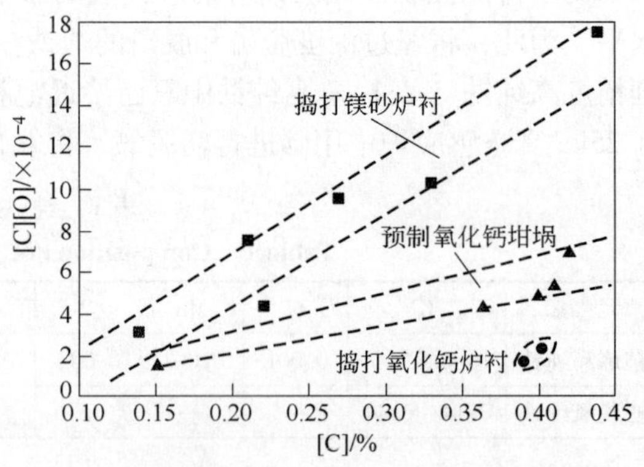

图 1　碳氧积与钢液碳含量和炉衬材质的关系

Fig. 1　Relationship among [C][O] and carbon content and linings

5 真空度对碳脱氧的影响

在 25kg 真空感应炉中用镁砂捣打内衬，将 21kg［C］= 0.33% 的钢样熔化后在

200Pa 真空度下保持 15min 后出钢。将该钢锭切除帽口，并将表面氧化皮去除后重新熔化，在 25Pa 真空度下保持 15min 后出钢。分析钢锭氧含量已从真空度为 200Pa 时的 32×10^{-6} 上升到真空度为 25 Pa 时的 54×10^{-6}。

在镁砂捣打的 10kg 真空感应炉中，将氧含量为 11.5×10^{-6} 的铝脱氧低碳钢和氧含量为 30×10^{-6} 的铝脱氧结构钢（工业生产的 42CrMo）在 6.7Pa 的真空度下重新熔炼，发现两个钢样均发生了增氧现象，见表 2。

表 2　铝脱氧钢真空精炼时的增氧现象

Table 2　Oxygen pick up in aluminum killed steel after VIM refining

钢　种	炉衬材质	真空度/Pa	全氧含量变化/ $\times10^{-6}$	
			精炼前	精炼后
低碳钢	镁砂	6.7	11.5	40.0
42CrMo	镁砂	6.7	30.0	44.5

上述试验结果与前面的热力学分析结果是一致的，它表明在镁砂捣打的坩埚内熔炼钢液时，采用较高的真空度对钢液脱氧是无济于事的，高真空下镁砂的分解只能使钢液进一步增氧。

当用氧化钙制作的坩埚熔炼钢液时，由于氧化钙优异的热稳定性，在真空精炼时它不会对钢液增氧。当钢液用碳脱氧时，由于熔池内钢液的脱氧速度决定于氧的扩散速度，这时过高的真空度无助于钢液内氧的扩散。另外，由于碳氧反应主要发生在钢液自由表面和钢液与炉衬的上部接触面上，而每 1mm 深的钢液将产生 70Pa 静压，这时过高的真空度并不能对整个熔池的碳氧反应产生实质性的影响。相反，过高的真空度会降低氧化钙的热稳定性（如系统压力小于 1Pa 时），不利于钢液的深度脱氧。

6　真空碳脱氧动力学分析

真空精炼过程中钢液的脱氧速度受以下两方面的因素控制：（1）钢液中溶解氧的扩散速度；（2）真空下炉衬材料分解向钢液的供氧速度。

在较高的真空度下对钢液进行碳脱氧时，当钢液中实际氧含量（[O]）降低到小于与炉衬平衡的氧含量 $[O]_{lining}$ 时，炉衬开始分解并向钢液供氧。随碳氧反应进行，钢液脱氧速度逐渐减小，炉衬供氧速度逐渐增加，当两者达到相等时钢液中的氧含量达到最低值。

对 MgO 炉衬，降低熔炼温度和选择较低的真空度均能使（$[O]_{lining}$）下降，从而有利于降低钢中的氧含量。

当使用氧化钙炉衬时，若系统压力高于 2Pa，则 $[O]>[O]_{lining}$，炉衬不向钢液供氧。

用外力加强熔池搅拌（如底吹氩），加快钢液表面的更新速度，同时适当延长真空保持时间可望将钢液氧含量降得更低。

7　结论

（1）用真空感应炉对钢液进行真空碳脱氧时，钢液的脱氧深度决定于炉衬材料在炼钢温度下的热稳定性。用热稳定性好的 CaO 材料制作的坩埚对钢液实施脱氧时可获得很低的钢液氧含量。

（2）当钢液中实际氧含量（[O]）低于炉衬分解平衡的氧含量（$[O]_{lining}$）时，炉衬开始向钢液供氧。钢液的最终氧含量决定于炉衬向钢液的供氧速度。高温和高真空精炼只会使钢液的氧含量升高。当钢液中实际氧含量（[O]）高于炉衬分解平衡的氧含量（$[O]_{lining}$）时，钢液的脱氧速度仅决定于钢液中氧向反应界面的扩散速度。因此，应根据钢液所需的脱氧深度合理选择炉衬材质和精炼真空度。

（3）当钢液的脱氧速度受钢液中氧的扩散控制时，提高钢液碳含量并不能提高碳脱氧反应的速度。在这种情况下，追求过高的真空度也不可能对整个熔池的碳氧反应产生实质性的影响，相反会降低炉衬的稳定性，对钢液的深脱氧不利。

参考文献

[1] 曲英. 炼钢学原理 [M]. 北京：冶金工业出版社，1980.

Study on Deoxidization by Carbon in VIM Refining

Xue Zhengliang　Li Zhengbang　Zhang Jiawen　Gao Yinlu

(Central Iron and Steel Research Institute)

Abstract In order to produce the extra clean steel without solid deoxidization products, aluminum - free super clean iron was deoxidized by carbon in VIM refining. It was found that the final oxygen content in molten steel is highly affected by the thermodynamic stability of lining materials at high vacuum. The carbon deoxidization rate is determined by diffusion rate of dissolved oxygen in molten steel if the oxygen content dissolved in molten steel is higher than the equilibrium oxygen content between lining and molten steel.

Key words VIM refining; deoxidization by carbon; calcia lining

用氧化钙坩埚真空感应熔炼超低氧钢的脱氧动力学*

摘 要 为了获得氧化物夹杂含量极低的超低氧钢铁材料，研究了在真空感应炉中用氧化钙坩埚冶炼钢液时在超低氧含量范围内的深脱氧动力学因素。指出，在超低氧范围内（$w_{TO}<5\times10^{-6}$）精炼钢液时，避免炉衬分解对钢液供氧是关键。炉衬材质一定时，炉衬是否向钢液供氧决定于精炼时的真空度和钢液温度。对氧化钙质炉衬而言，欲避免炉衬向钢液供氧，合理的真空度应控制在10~50Pa。为了提高在超低氧范围内碳脱氧速度，应选择浅平的熔池，并加强熔池搅拌，提高钢液中氧的表观传质系数。

关键词 超低氧钢；氧化钙坩埚；真空脱氧；动力学

降低钢的氧含量是减少残留于钢中的氧化物夹杂数量、减小氧化物夹杂尺寸的重要途径。在真空感应炉中用碳对钢液脱氧，其脱氧产物是气体CO，它不污染钢液。因此，真空碳脱氧是一种很好的脱氧方法。但真空条件下碳的脱氧能力因受到动力学因素的制约而得不到充分发挥，因此研究真空感应熔炼时钢液在超低氧条件下的碳脱氧动力学规律，对最大限度地发挥真空条件下碳的脱氧能力，获得更低的钢液氧含量具有重要意义，也可为探索“零氧化物夹杂”钢的单元脱氧工艺提供理论依据。

1 实验方法

在公称容量为25kg的真空感应炉中对钢液进行真空碳脱氧，炉衬由CaO含量为95%的石灰砂捣制而成。当感应炉内装有21kg钢液时，钢液体积$V=3000\text{cm}^3$、与钢液接触的炉衬面积$F_2=902\text{cm}^2$、钢液自由表面积$F_3=298.5\text{cm}^2$。钢液熔清后将真空度逐渐提高到0.5Pa，真空保持20min后待其不再冒黑泡、钢液面平静时，充氩气并补加锰，待锰熔化后出钢。真空感应炉精炼前、后钢的化学成分（质量分数）见表1。

表1 真空感应熔炼前、后钢的化学成分

Table 1 Composition of steel before and after VIM refining (%)

元素	C	Si	Mn	S	P	Cr	Mo	Al_s	TO
精炼前	0.41	0.26	0.50	0.001	0.002	0.94	0.26	0.0010	0.0030
精炼后	0.41	0.25	0.85	0.001	0.002	0.96	0.24	0.0013	0.0005

2 炉衬与钢液的反应

真空感应熔炼时最常用的炉衬材料是电熔镁砂，其主要成分是MgO。MgO在高温

* 本文合作者：薛正良、张家雯、高银露。原发表于《钢铁研究学报》，2003，15（5）：5~8，13。国家自然科学基金资助项目（50174048），“973”国家重大基础研究资助项目（G1998061500）。

下将发生如下分解反应[1]：

$$MgO \xlongequal{} Mg(g) + [O]$$

$$\Delta G^{\ominus} = 621984 - 208.12T \quad (1)$$

$$K_{MgO} = \frac{f_O \times w_{[O]} \times p_{Mg} \times 9.87 \times 10^{-6}}{a_{MgO}} \quad (2)$$

反应温度为1600℃和1650℃时，MgO 分解反应的平衡常数 K_{MgO} 分别为 3.34×10^{-7} 和 9.45×10^{-7}。当用氧化钙材料作炉衬时，高温下 CaO 将发生如下分解反应[1]：

$$CaO \xlongequal{} Ca(g) + [O]$$

$$\Delta G^{\ominus} = 677578 - 196.92T \quad (3)$$

$$K_{CaO} = \frac{f_O \times w_{[O]} \times p_{Ca} \times 9.87 \times 10^{-6}}{a_{CaO}} \quad (4)$$

反应温度为1600℃和1650℃时，CaO 分解反应的平衡常数 K_{CaO} 分别为 2.45×10^{-9} 和 7.59×10^{-9}。由于钢液中存在碳，炉衬分解产生的氧将与钢液中的碳反应生成 CO。因此，炉衬材料分解的综合反应方程为：

$$MgO + [C] \xlongequal{} Mg(g) + CO \quad (5)$$

$$CaO + [C] \xlongequal{} Ca(g) + CO \quad (6)$$

从反应式（5）和式（6）可以看出，系统中一氧化碳气体的分压与镁或钙蒸气的分压相等，即 $p_{CO} = p_{Mg}$（或 p_{Ca}）。因此，式（2）和式（4）中的 p_{Mg} 或 p_{Ca} 等于系统压力的 $\frac{1}{2}$。这样就可根据式（2）和式（4）计算出炉衬分解达到平衡时，钢液中平衡氧含量与系统真空度的关系（见图 1）。从图 1 可见，氧化钙的热稳定性远比氧化镁好，表现在：（1）在很高的真空度下氧化钙仍然十分稳定。1600℃、真空度高于 2Pa 时，氧化钙才呈现出分解倾向；（2）熔炼温度对氧化钙热稳定性的影响很小。只有当系统压力低于 10Pa 时，这一影响才比较明显。

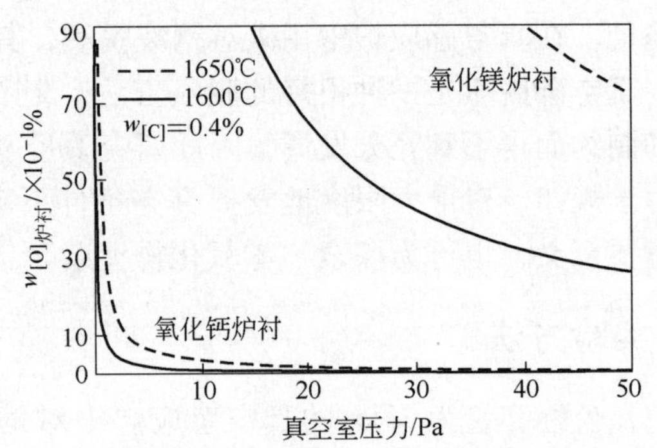

图 1　真空下钢液与炉衬反应平衡时钢液的氧含量

Fig. 1　Oxygen content of molten steel as equilibrium between lining and molten steel

3　碳的脱氧动力学

钢液中碳的脱氧反应可表述为[1]：

$$[C] + [O] \xlongequal{} CO$$

$$\Delta G^{\ominus} = -17138 - 42.47T \quad (7)$$

$$K_{CO} = \frac{p_{CO} \times 9.87 \times 10^{-6}}{f_C \times w_{[C]} \times f_O \times w_{[O]}} \quad (8)$$

1600℃时，钢液中碳与氧反应的平衡常数 $K_{CO} = 497$，用式（8）可以计算出碳与氧的反应达到平衡时钢液平衡氧含量与 p_{CO} 的关系（见图2）。经热力学分析可知，真空下碳具有很强的脱氧能力，如 $p_{CO} = 1000$Pa 时，钢液平衡氧含量可降到 1×10^{-6} 以下。但是图2的平衡关系只能反映熔池自由表面的碳氧平衡状态，由于受钢液静压力和气泡形核附加压力的作用，熔池内的一氧化碳分压远比熔池自由表面的一氧化碳分压高，这时控制碳与氧反应速度的因素将是钢液中碳和氧向气、液界面的传质速度。由于钢液中的碳含量远比氧含量高，碳的扩散系数也比氧的扩散系数大（$D_C = 2.0 \times 10^{-4} cm^2/s$，$D_O = 2.6 \times 10^{-5} cm^2/s$），因此真空下钢液中碳的脱氧速度受氧的扩散控制，其速率方程为：

$$-\frac{dw_{[O]_1}}{dt} = \frac{F_1}{V}k_{[O]}(w_{[O]} - w_{[O]_C}) \approx k_1 w_{[O]} \tag{9}$$

$$k_1 = \frac{F_1}{V}k_{[O]} \tag{10}$$

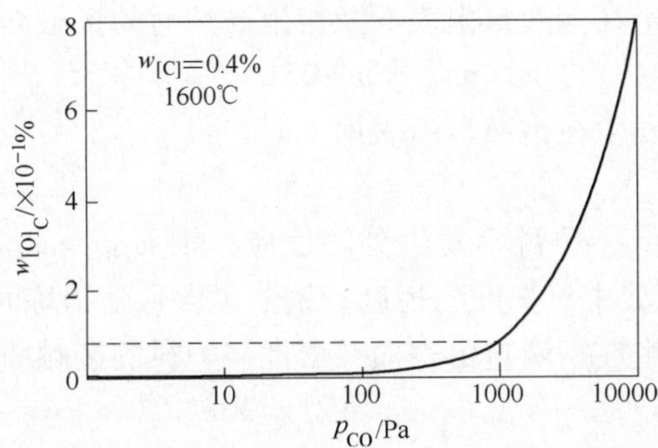

图2　碳氧反应平衡时钢液平衡氧含量与CO分压的关系

Fig. 2　Effect of p_{CO} on oxygen content of molten steel as equilibrium between carbon and oxygen

考虑到真空下炉衬分解向钢液供氧的速率为：

$$\frac{dw_{[O]_2}}{dt} = \frac{F_2}{V}k_{炉衬}(w_{[O]_{炉衬}} - w_{[O]}) = k_2(w_{[O]_{炉衬}} - w_{[O]}) \tag{11}$$

$$k_2 = \frac{F_2}{V}k_{炉衬} \tag{12}$$

则钢液中氧含量的净变化速率为：

$$-\frac{dw_{[O]}}{dt} = -\frac{dw_{[O]_1}}{dt} - \frac{dw_{[O]_2}}{dt} = (k_1 + k_2)w_{[O]} - k_2 w_{[O]_{炉衬}} \tag{13}$$

对式（13）积分，整理后得到：

$$w_{[O]} = \left(\frac{k_2}{k_1 + k_2}\right)w_{[O]_{炉衬}} + \left(w_{[O]_0} - \frac{k_2}{k_1 + k_2}w_{[O]_{炉衬}}\right)e^{-(k_1 + k_2)t} \tag{14}$$

随着真空碳脱氧时间的无限延长，钢液所能达到的最低氧含量为：

$$w_{[O]_{min}} = \left(\frac{k_2}{k_1 + k_2}\right)w_{[O]_{炉衬}} \tag{15}$$

加强熔池搅拌使 k_2 增加，提高了炉衬供氧的传质速度，不利于钢液的深脱氧。本研究在用石灰砂捣打炉衬的真空感应炉中进行真空碳脱氧时，真空度为0.5Pa，钢液的最低氧含量 $w_{[O]_{min}} = 5 \times 10^{-6}$；相应地，当真空度为0.5Pa、反应温度为1600℃时，氧化钙炉衬中的平衡氧含量 $w_{[O]_{炉衬}} = 14.8 \times 10^{-6}$。将它们代入式（15）得到：

$$\frac{k_2}{k_1+k_2}=\frac{w_{[O]_{min}}}{w_{[O]_{炉衬}}}=\frac{5\times10^{-6}}{14.8\times10^{-6}}=0.338 \tag{16}$$

真空熔炼时，钢液中氧向反应界面的传质系数[2]为 $k_{[O]}=(2\sim12)\times10^{-3}cm/s$，本实验取 $k_{[O]}=10\times10^{-3}cm/s$。当25kg真空感应炉中装有21kg钢液时，计算得到：$V=3000cm^3$，$F_2=902cm^2$ 和 $F_3=298.5cm^2$。若考虑脱氧反应发生在钢液自由表面及钢液与炉衬的接触面上，则 $F_1=F_2+F_3=1200.5cm^2$；若考虑脱氧反应仅发生在钢液自由表面上，那么 $F_1=F_3=298.5cm^2$。在前一种情况下，$k_1=(F_1/V)k_{[O]}=0.004s^{-1}=0.24min^{-1}$；按式（16），$k_2=0.002s^{-1}=0.12min^{-1}$，$k_{炉衬}=k_2(V/F_2)=0.00665cm/s$。在后一种情况下，$k_1=0.06min^{-1}$，$k_2=0.03min^{-1}$，$k_{炉衬}=0.00166cm/s$。

将 k_1、k_2 代入式（14），可得到炉衬供氧时钢液中氧含量的变化：

当碳与氧的反应发生在钢液自由表面及熔池与炉衬的接触面上时

$$w_{[O]}=5+25e^{-0.36t} \tag{17}$$

当碳与氧的反应仅发生在钢液自由表面上时

$$w_{[O]}=5+25e^{-0.09t} \tag{18}$$

若精炼时真空度较低，炉衬不发生分解反应，则 $w_{[O]}>w_{[O]_{炉衬}}$，这时式（14）中 $k_2=0$，脱氧反应只受钢液中氧扩散的控制，钢液氧含量随精炼时间的变化可表述为：

当碳与氧的反应发生在钢液自由表面及熔池与炉衬的接触面上时

$$w_{[O]}=w_{[O]_0}e^{-k_1t}=30e^{-0.24t} \tag{19}$$

当碳与氧的反应仅发生在钢液自由表面上时

$$w_{[O]}=w_{[O]_0}e^{-k_1t}=30e^{-0.06t} \tag{20}$$

这时钢液最终氧含量与初始氧含量有关。加强熔池搅拌促进钢液中氧的扩散，有助于钢液脱氧。

将式（17）~式(20）用图3表示。分析图3可见：（1）钢液中实际发生的碳与氧的反应应该介于上述两种情况之间，即在超低氧条件下炉衬仍然有形核作用；（2）当炉衬不供氧时，可将钢液氧含量降至更低。

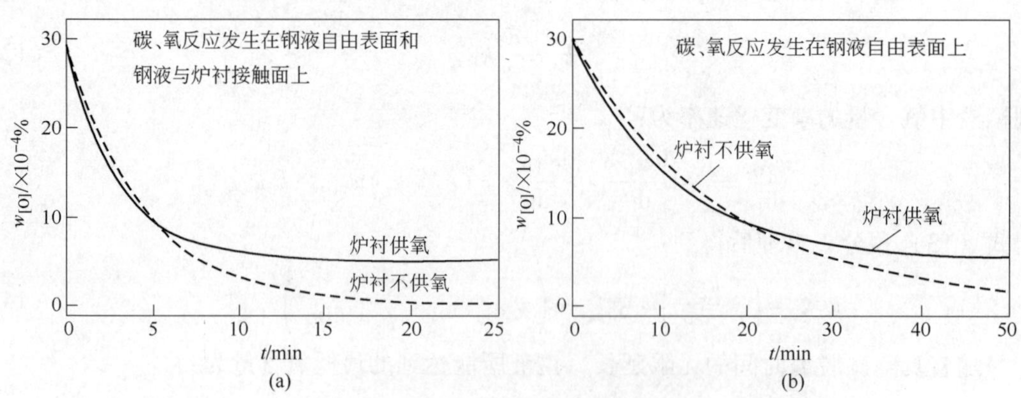

图3　炉衬供氧对超低氧钢液真空碳脱氧的影响

Fig. 3　Effect of oxygen coming from lining on deoxidization of extra - low oxygen steel by carbon under vacuum

炉衬材质一定时，炉衬是否向钢液供氧主要决定于真空度。真空度越高，炉衬的分解倾向越大，对钢液深脱氧越不利。因此，在超低氧条件下，为了获得更低的钢液氧含量，应合理选择熔炼真空度。对氧化钙质炉衬，系统压力应控制在 10～50Pa。从图 1 可见，在这一真空度范围内，炉衬分解达到平衡时的钢液氧含量 $w_{[O]炉衬} < 2.3 \times 10^{-6}$。当钢液实际氧含量大于 2.3×10^{-6}时，氧化钙就不会因分解而向钢液供氧。在这一真空度范围内，精炼温度对氧化钙热稳定性的影响也不大，同时又能保证碳与氧的反应有足够的化学驱动力。

通过以上分析可以认为，在使用氧化钙炉衬的条件下，若要使钢液氧含量降低到 5×10^{-6}以下，应采取以下措施来改善碳与氧的反应动力学：(1) 尽可能使用大直径的石墨芯捣打炉衬，以获得高径比小的熔池，扩大钢液自由表面积；(2) 加强熔池搅拌，提高钢液中氧的传质系数和表面更新速度。在不吹氩的条件下，加强熔池搅拌只能借助提高输入功率来增加搅拌熔池的电磁力，但此时熔池温度也会随之升高，导致炉衬的热稳定性下降。因此，选择适当的熔炼温度和真空度至关重要；(3) 选择氧化钙含量高的石灰砂制作炉衬，以便进一步提高炉衬材质的热稳定性；(4) 适当延长真空保持时间。

4 结论

(1) 氧化钙耐火材料具有很高的热稳定性，只有在 1600℃、真空度高于 2Pa 时才呈现出分解倾向；真空度高于 10Pa 时，温度对氧化钙热稳定性的影响比较明显。

(2) 在超低氧范围内 ($w_{TO} < 5 \times 10^{-6}$) 精炼钢液时，避免因炉衬分解向钢液供氧是关键；炉衬材质一定时，炉衬是否向钢液供氧决定于精炼的真空度和钢液温度。对于氧化钙质炉衬来说，合理的真空度应为 10～50Pa。

(3) 浅平的熔池能增加钢液的自由表面积，提高钢液中氧的表观传质系数，从而加快钢液脱氧速度。

(4) 加强熔池搅拌，可提高钢液中氧的传质系数和加快表面更新速度。在不吹氩的条件下，真空感应熔炼只能依靠提高输入功率来增加搅拌熔池的电磁力。但同时要避免过高的输入功率使熔池温度升高而降低炉衬的热稳定性。

符号总表

a_{MgO}，a_{CaO}——氧化镁和氧化钙的活度；

D_C，D_O——碳和氧的扩散系数，cm^2/s；

$dw_{[O]}/dt$——钢液中氧含量的变化速率，%/s；

f_C，f_O——钢液中碳和氧的活度系数；

F_1——真空下钢液碳脱氧时的氧扩散界面积，cm^2；

F_2——真空下炉衬分解向钢液供氧时的氧扩散界面积，cm^2；

K_{MgO}，K_{CaO}，K_{CO}——氧化镁和氧化钙的分解反应及碳氧反应的平衡常数；

$k_{[O]}$——钢液中氧向反应界面的传质系数，cm/s；

$k_{炉衬}$——炉衬分解出的氧向钢液的传质系数，cm/s；

k_1——真空下钢液碳脱氧时的表观传质系数，s^{-1}；

k_2——真空下炉衬分解向钢液供氧时的表观传质系数，s^{-1}；

p_{Mg}，p_{Ca}，p_{CO}——镁蒸气、钙蒸气和 CO 气体的分压，Pa；

T——反应温度，K；

t——反应时间，min；

V——钢液体积，cm^3；

$w_{[C]}$——钢液中的碳含量,%;

$w_{[O]炉衬}$——炉衬分解达到平衡时钢液中的平衡氧含量,%;

$w_{[O]}$——钢液中溶解氧含量,%;

$w_{[O]_0}$——反应时间 $t=0$ 时钢液中的氧含量,%;

$w_{[O]_C}$——碳与氧反应达到平衡时钢液中的氧含量,%;

$w_{[O]_{min}}$——真空碳脱氧时钢液达到的最低氧含量,%;

w_{TO}——钢液全氧含量,%;

$\Delta G^{\ominus}$——化学反应标准自由能, J/mol。

参考文献

[1] 曲英. 炼钢学原理 [M]. 北京:冶金工业出版社, 1980.

[2] 河合重德. 真空溶解イテトマ [J]. 铁と钢, 1997, 63 (13): 33~53.

Deoxidizing Dynamics of Refining Extra-Low Oxygen Steel during VIM in CaO Crucible

Xue Zhengliang　Li Zhengbang　Zhang Jiawen　Gao Yinlu

(Central Iron and Steel Research Institute)

Abstract In order to obtain the extra-low oxygen steel material with little oxide inclusion, the deoxidizing dynamics of VIM refining in CaO crucible has been researched. It is found that the key point of refining steel in the region of total oxygen content less than 0.0005% is to avoid increasing oxygen in the molten steel due to the decomposition of lining material. For a given lining material, the vacuum and temperature of refining are decisive factor. For calcia lining, the reasonable vacuum is from 10 Pa to 50 Pa. In order to raise the deoxidizing rate by carbon in extra-low oxygen region, the shallow pool and stirring are favourable to raise apparent mass-transfer coefficient of oxygen in molten steel.

Key words extra-low oxygen steel; CaO crucible; vacuum deoxidization; dynamics

CaO 坩埚的研制及其在真空熔炼超低氧钢中的应用*

摘　要　在真空感应炉中用 $w(\mathrm{CaO})>98\%$ 的 CaO 砂现场捣打成为坩埚，CaO 砂的粒级配比为：4～6mm 占5%～10%，1～4mm 占40%～50%，<1mm 占40%～60%，加入1%～2%的硼酸和氧化铝粉为结合剂，然后在低于 $\mathrm{CaC_2}$ 形成温度（1760℃）下烧结成整体性良好的氧化钙坩埚，并在该坩埚中对铁基合金进行真空熔炼，获得氧、氮和硫的含量均低于 7×10^{-6} 的超级纯净钢。探讨了在氧化钙坩埚真空感应熔炼过程中钢液的脱氧和脱氮机理，指出炉衬材料的化学稳定性对真空熔炼超低氧钢起决定性作用。

关键词　CaO 坩埚；真空冶金；超级纯净钢

钢中的 O 和 S 通常是以非金属夹杂物的形式存在于钢中，并对材料的某些性能产生有害影响。新世纪钢铁材料的发展方向之一是高纯净化。在未来的10～20年间，工业化大规模生产的钢材，其 S、P、N、T. O 和 H 的含量之和不大于 50×10^{-6}。碳在真空下具有很强的脱氧能力，且脱氧产物 CO 不污染钢液。为生产出 O、S 和 N 含量极低的超级纯净钢，在真空感应炉中用 CaO 砂做炉衬对铁基合金进行深度脱 O，脱 S 和脱 N 试验，成功地熔炼出各杂质的含量（质量分数）均低于 7×10^{-6} 的钢水。

1　真空下 CaO 耐火材料的化学稳定性分析

炉衬材料的化学稳定性是指高温下炉衬材料发生热分解的倾向，以及温度波动对这种热分解倾向的影响。在高真空下，炉衬材料的化学稳定性对钢液脱氧将产生重大影响。在真空感应炉内熔炼铁基合金时，精炼温度通常在1550～1650℃，真空度可达 10^{-2}Pa。在真空感应熔炼时，与钢液接触部分的 CaO 将发生如下分解反应[1]：

$$\mathrm{CaO} = \mathrm{Ca(g)} + [\mathrm{O}]$$

$$\Delta G^{\ominus} = 677578 - 196.92T \tag{1}$$

$$\lg\left(\frac{a_{[\mathrm{O}]}\cdot p_{\mathrm{Ca}}}{a_{\mathrm{CaO}}}\right) = -\frac{35369.6}{T} + 15.28 \tag{2}$$

由于钢液中有碳存在，炉衬分解出的氧会与钢液中的碳反应生成 CO，即：

$$\mathrm{CaO} + [\mathrm{C}] = \mathrm{Ca(s)} + \mathrm{CO} \tag{3}$$

系统中由炉衬分解出的钙蒸气的分压 p_{Ca} 与 CO 分压 p_{CO} 相等，等于系统压力的 $\frac{1}{2}$。公式（2）中 CaO 的活度 $a_{\mathrm{CaO}}=1$，钢液中氧的活度 $a_{[\mathrm{O}]}=f_{\mathrm{O}}\cdot[\mathrm{O}]$，就可计算出系统真空度和钢液精炼温度变化对钢液平衡氧含量 $[\mathrm{O}]_{炉衬}$ 的影响。用 $[\mathrm{O}]_{炉衬}$ 数值的大小来比较炉衬材料的化学稳定性。计算结果如图1[2]所示。为便于比较，图1同时给出了真

* 本文合作者：薛正良、张家雯。原发表于《耐火材料》，2003，37（5）：267～270。国家自然科学基金资助项目（50174048），“973”国家重大基础研究资助项目（G1998061500）。

空感应炉中最常用的 MgO 质炉衬的热稳定性。

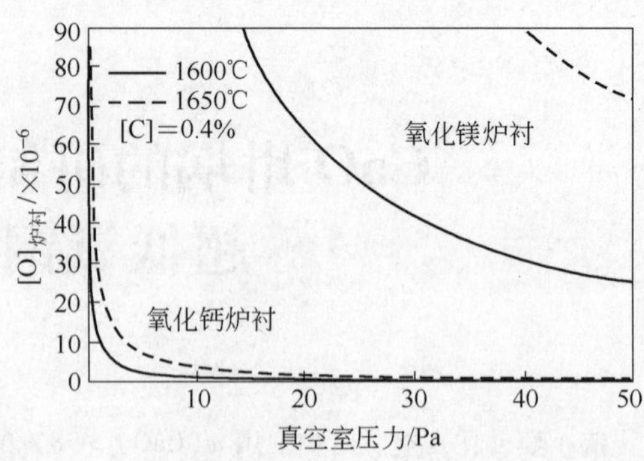

图 1　真空下与炉衬平衡时的钢液的氧含量

Fig. 1　Oxygen content established in the reaction equilibrium between lining and molten steel

从图 1 可以看出，与 MgO 相比，CaO 在真空下具有极好的化学稳定性；精炼温度波动对 CaO 稳定性的影响也远比对 MgO 的影响小。

2　CaO 坩埚的制作工艺

目前，工业上使用的 CaO 坩埚有整体成型预制 CaO 坩埚和 CaO 砂现场捣打烧结成型坩埚。前者一般采用添加防吸水材料的石灰砂通过等静压成型或 200t 液压试验机压制成型[3]。这种预制氧化钙坩埚的特点是不吸水，因而可以长期放置；但其不足是坩埚的大型化比较困难。此外，在冶炼试验过程中发现，预制 CaO 坩埚耐急冷急热性差，容易开裂[4]；坩埚材料中加入的防吸水剂降低了 CaO 的含量（CaO 的实际含量大于 85%），因而这种坩埚的脱氧效果也受到影响。为此，本研究在 25kg 真空感应炉上采用了用 $w(CaO)>98\%$ 的 CaO 砂现场捣打成型坩埚然后烧成，对 CaO 砂的粒级比例、结合剂种类和加入比例、捣打和烧结工艺进行了一系列研究。

2.1　CaO 砂的粒级配比和结合剂加入比例

CaO 砂的特点是致密性差，堆积密度小，打结成的墙体抗钢水冲刷能力不如镁砂；CaO 易水化，不能加水润湿，因此在捣打过程中易起灰，砂子易偏析，墙体密实性差。为了增加墙体的密实度，提高墙体的抗钢水冲刷能力，应选用比打结镁砂炉衬更粗的粒级配比。因此，确定 CaO 砂的粒级配比为：4 ~ 6mm 占 5% ~ 10%，1 ~ 4mm 占 40% ~ 50%，<1mm 占 40% ~ 60%。

结合剂为硼酸和氧化铝超细粉，其加入数量决定于炉衬的烧结温度，一般为 1% ~ 3%。由于氧化钙炉衬的烧结成型性能不如镁砂炉衬，因此，结合剂的加入量比制作镁砂炉衬时稍高。

2.2　CaO 坩埚的捣打和烧成

为改善作业环境，在捣制坩埚前可在 CaO 砂中喷入适量无水酒精润湿。用 CaO 砂捣制的墙体生坯强度差，为防止在通电烘炉初期型芯马粪纸烧毁时墙体发生松动甚至局部垮塌，一方面应选择表面完整的型芯，另一方面包裹型芯的马粪纸厚度不宜太厚。

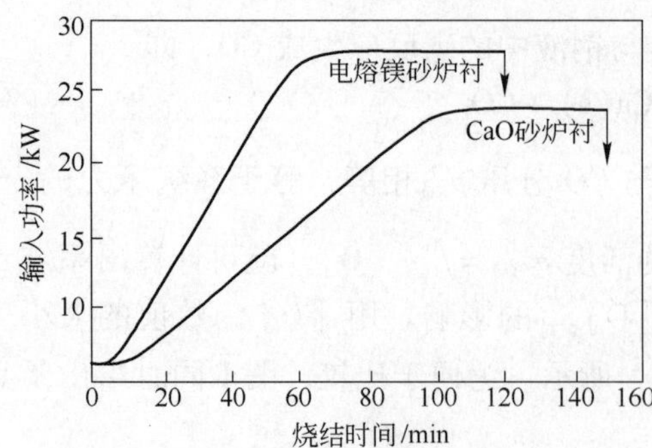

图 2　25kg 真空感应炉炉衬烧结功率曲线

Fig. 2　The sintering curves of lining of 25kg VIM

CaO 砂的热导率比电熔镁砂小，墙体保温性能好。与烧结镁砂炉衬相比，在制定烧成升温曲线时，应适当降低升温速度和最高保温输入功率，同时延长烧成时间。图 2 是 25kg 真空感应炉烧成电熔镁砂炉衬和 CaO 砂炉衬的感应圈输入功率曲线比较。

当用石墨芯做型芯时，适宜的烧成温度应低于 CaC_2 的生成温度：

$$CaO + 3C \xlongequal{} CaC_2 + CO$$

$$\Delta G^{\ominus} = 466550 - 229.6T^{[1]} \tag{4}$$

对于 CaC_2 生成反应（4），$\Delta G^{\ominus}=0$ 的温度为 1759℃。根据经验，在保温期感应圈外面靠下部几圈向外冒蓝色火焰时，表明已经发生 CaC_2 生成反应，一旦出现这种情况应减小输入功率。25kg 真空感应炉氧化钙坩埚的烧结时间为 150min，然后将石墨芯取出，立即装料洗炉、熔炼钢液。

3　CaO 坩埚的精炼效果

试验分别在 10kg 和 25kg 真空感应炉中进行，在 10kg 真空感应炉中用整体成型预制 CaO 坩埚，25kg 真空感应炉中用捣打 CaO 砂烧结坩埚。原料纯铁用 200kg 真空感应炉（镁砂炉衬）熔炼后备用。200kg 真空感应炉熔炼前后纯铁的化学组成见表 1。

表 1　熔炼前后纯铁的化学组成（*w*）

Table 1　Chemical composition of clean iron　（%）

	C	Si	Mn	S	P	T. O	N	Al
熔炼前	0.011	0.024	—	0.0020	<0.002	0.17	0.014	<0.0005
熔炼后	0.049	0.010	0.007	0.0030	<0.002	0.0029	0.0010	<0.0005

在 CaO 坩埚内熔炼时配入相应数量的合金元素，钢液精炼时间维持在 20min，钢液面平静后充氩出钢，从钢锭上取样分析气体含量和其他化学成分。两种 CaO 坩埚精炼的脱氧效果见图 3。从图 3 可见，用预制 CaO 坩埚精炼钢液时，T. O 含量从 29×10^{-6} 降低到 $(12\sim16)\times10^{-6}$，平均脱氧率为 52%；当用捣打 CaO 砂坩埚精炼钢液时，T. O 含量可降低到 $(4\sim6)\times10^{-6}$，平均脱氧率为 83%。若用镁砂作炉衬精炼钢液，对高氧含量的钢液进行真空碳脱氧时，T. O 含量仅能降低到 $(21\sim40)\times10^{-6}$，见图 4。

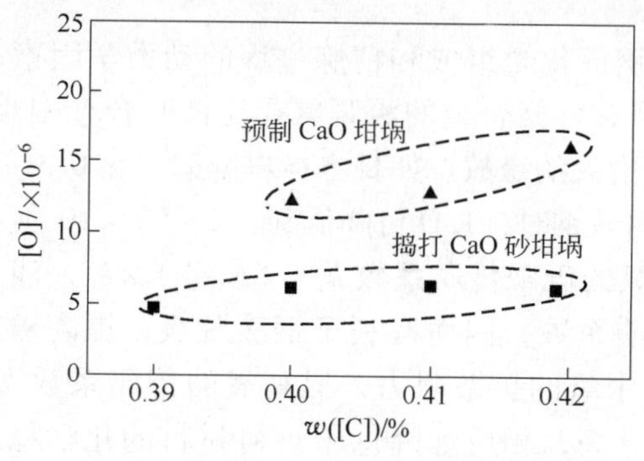

图 3　用 CaO 炉衬真空感应熔炼时钢液的氧含量

Fig. 3　Oxygen content in steels by VIM refining with CaO crucibles

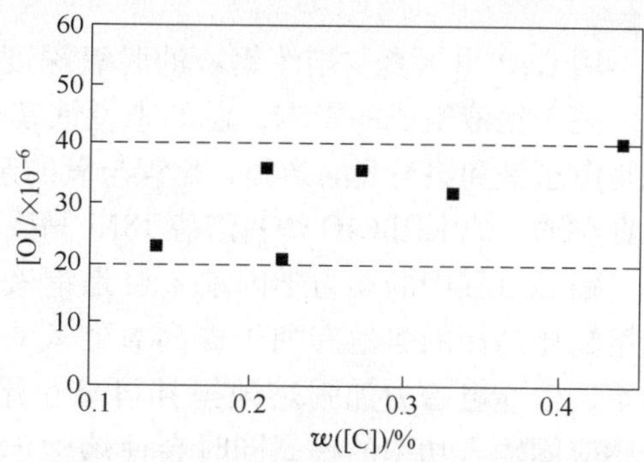

图 4　用镁砂炉衬真空感应熔炼时钢液的氧含量

Fig. 4　Oxygen content in steels by VIM refining with magnesia crucible

用 CaO 坩埚熔炼钢液的另一个作用是可以对钢液进行深脱硫。表 2 为捣打 CaO 砂炉衬真空感应熔炼钢液的化学组成。这 4 炉钢的硫含量从纯铁的 30×10^{-6} 降低到（3.8~

7.4)×10^{-6}，平均深度脱硫率达到81.3%。随着钢液中表面活性元素O和S的降低，有利于钢液的进一步深脱N，钢液的N含量从10×10^{-6}进一步下降到（3~7）×10^{-6}。

表2 用捣打CaO砂炉衬真空感应熔炼时钢液组成（w）

Table 2 Compositions of molten steel in VIM with CaO lining （%）

序号	C	Si	Cr	Mo	S	P	T.O	N
1	0.39	0.32	0.96	0.26	0.00069	<0.002	0.00045	0.0003
2	0.40	0.20	0.94	0.26	0.00038	<0.002	0.0005	0.0005
3	0.41	0.29	1.05	0.26	0.00043	<0.002	0.0006	0.0007
4	0.42	0.33	1.10	0.26	0.00074	<0.002	0.0005	0.0005

4 讨论

4.1 炉衬材料的化学稳定性对钢液深脱氧能力的影响

根据真空感应熔炼碳脱氧动力学分析[2]，精炼过程中钢液氧含量的变化规律为：

$$[\mathrm{O}]=\left(\frac{k_2}{k_1+k_2}\right)[\mathrm{O}]_{炉料}+\left([\mathrm{O}]_0-\frac{k_2}{k_1+k_2}[\mathrm{O}]_{炉料}\right)\mathrm{e}^{-(k_1+k_2)t} \tag{5}$$

随精炼时间的增加，式（5）中第二项逐渐变小，当精炼时间无限延长时，第一项就代表了钢液能够达到的最低氧含量，它决定于炉衬的稳定性 $[\mathrm{O}]_{炉衬}$和与钢液中氧传质有关的系数 k_1 和 k_2。事实上，在相同的精炼工艺条件下，钢液所能达到的最低氧含量仅与炉衬材料的化学稳定性有关。因此，在真空感应熔炼条件下，要想熔炼出氧含量极低的钢液，必须使用化学稳定性优良的CaO耐火材料作炉衬。试验结果充分证明了这一理论分析。

4.2 影响钢液深脱氧的其他因素

用CaO坩埚真空熔炼钢液的脱氧深度与钢液化学组成和精炼过程的动力学因素有关。关于钢液组成的影响，总的来说铁基合金和含铬合金的深脱氧要比镍基合金困难，这是由于铁和铬与氧的亲和力比镍与氧的亲和力大的缘故。如日本神户制钢[5]在0.3~2t的真空感应炉中用CaO炉衬熔炼18Ni马氏体时效钢时，T.O可降低到（2~5）×10^{-6}。

精炼过程中的动力学因素主要是钢液中氧的表观传质系数 $k_1=(F_1/V)\times k_0$，浅平的熔池比高深的熔池有利于提高氧的表观传质系数，因而有利于钢液脱氧；提高输入功率，依靠电磁力加强熔池搅拌可减小熔池中氧的扩散阻力，提高氧的传质系数 k_0。但感应圈输入功率的提高同时会使熔池温度升高，相应地降低了炉衬材料的化学稳定性。从图1可知，熔炼温度变化对CaO的化学稳定性影响很小，这对钢液的深脱氧具有十分重要的意义。

4.3 关于CaO制品

CaO耐火材料在真空冶炼超级纯净钢方面显示出的优异特性已得到理论和实践的验证。为了充分发挥和利用CaO耐火材料的优越性能，应研究CaO砂的焙烧和提纯工艺，获得结构致密，$w(CaO)>95\%$的高纯石灰砂，开发耐存放的氧化钙制品。

5 结论

（1）耐火材料的热分解对钢液的增氧是真空冶金条件下影响钢液深度脱氧的主要障碍。不同耐火材料在真空下的热分解特性存在很大的差异，CaO 耐火材料的优越品质体现在高真空下的热分解倾向很小，温度改变对其热分解的影响也很小。因此，CaO 耐火材料是真空冶炼极低氧钢的必选材料。

（2）用 CaO 耐火材料精炼钢液的另一个特点是可以对钢液进行深度脱硫。用 CaO 耐火材料真空精炼钢液时的深度脱氮能力也比 MgO 耐火材料强，其原因是因为钢液中氧和硫是表面活性元素，它们的存在阻碍氮向自由表面扩散，用 CaO 耐火材料精炼钢液进一步降低了钢液中的氧和硫含量，因而对深脱氮创造了良好的动力学条件。

（3）开展 CaO 砂的焙烧和提纯工艺研究，开发耐存放的氧化钙制品对新世纪超级纯净钢的冶炼具有十分重要的意义。

参考文献

[1] 曲英．炼钢学原理［M］．北京：冶金工业出版社，1980.

[2] 薛正良，李正邦，张家雯，等．氧化钙坩埚真空熔炼超低氧钢脱氧动力学［J］．钢铁研究学报，2003，15（5）：23～26.

[3] 刘彦海．石灰质耐火材料的生产与应用［J］．耐火材料，1998，32（3）：149～150.

[4] 薛正良，李正邦，张家雯，等．用氧化钙坩埚真空熔炼超低氧钢［J］．特殊钢，2003,24（1）：12～14.

[5] Seiji Nishi，Kanehiro Ogawa，et al. Melting of clean maraging steel by vacuum induction method［J］. R&D Kobe Steel Engineering Reports，1989，39（1）：73～76.

Development of Calcia Crucible and Its Application in Vacuum Refining Ultra – Low Oxygen Steel

Xue Zhengliang[1,2] Li Zhengbang[2] Zhang Jiawen[2]

（1. Wuhan University of Science and Technology；2. Central Iron and Steel Research Institute）

Abstract Calcia crucible used in vacuum induction furnace was prepared with lime sand in which the CaO content is more than 98%. Particle size composition of lime sand is that the portion of 4 to 6 mm is 5% to 10%，1 to 4mm is 40% to 50%，smaller than 1mm is 40% to 60%，and adding 1% to 2% boric acid and alumina powder as binder. The sintering temperature of calcia lining is controlled below 1760℃ at which CaC_2 is produced. By applying the calcia crucible to vacuum induction melting of iron alloy，ultra – clean steel was obtained. Oxygen，nitrogen and sulfur contents all decreased to below 7 ppm. The mechanisms of deoxidization and denitrification in vacuum induction melting of steel refining in calcia crucible are also discussed. It's pointed out that the chemical stability of lining materials has a fatal importance in vacuum metallurgy to refine ultra – low oxygen steel.

Key words calcia crucible；vacuum metallurgy；ultra – clean steel

超洁净钢和零非金属夹杂钢*

摘　要　应针对不同钢种和用途，应用相应的精炼技术，达到超洁净钢对纯净度的要求，诸如超低硫钢要求［S］≤(5～10)×10^{-6}，超低磷钢［P］≤20×10^{-6}，低氮钢［N］≤20×10^{-6}，显微夹杂钢要求钢中夹杂物尺寸≤20μm等。零非金属夹杂钢为钢中夹杂物高度弥散、夹杂物尺寸≤1μm的钢。从理论上分析了零非金属夹杂钢制备的可能性。探讨了采用冷坩埚真空感应悬浮熔炼制备零夹杂钢的冶金工艺。采用中频感应炉熔炼，真空感应炉初精炼，真空凝壳炉或真空电子束熔炼深精炼可使超洁净钢中的Al_{sol}＜10×10^{-6}，［S］＜10×10^{-6}，［T. O］＜2×10^{-6}，［N］＜15×10^{-6}。

关键词　超洁净钢；零非金属夹杂钢；冷坩埚悬浮熔炼

目前国内外大规模生产的IF洁净钢中C、S、P、N、H、T. O之和不大于100×10^{-6}，不少冶金学家将超洁净钢界定为C、S、P、N、H、T. O质量分数之和不大于40×10^{-6}，作者认为，针对不同钢种及要求，采用不同精炼手段，各个突破，可以达到上述洁净要求。

Kiedssling提出夹杂物“临界尺寸”的概念[1]，根据断裂韧性K_{IC}的要求，夹杂物“临界尺寸”为5～8μm。当夹杂物小于5μm时，钢材在负荷条件下，不再发生裂纹扩展，可将此界定为超洁净钢标准之一。

近年来，加拿大Mitchell教授和新日铁Fukumoto博士提出“零氧化物夹杂钢”的概念[2]，所谓“零氧化物夹杂钢”，并非钢中无夹杂物，而是其尺寸小于1μm，无法用光学显微镜观察到，预示其抗疲劳性能将有大幅度提高。本文分析研究制备“零夹杂钢”理论依据，提出其制备工艺技术。

1　超洁净钢

1.1　超低硫钢

1.1.1　超低硫钢的技术要求

硫在钢中以硫化物（MnS、FeS、CaS等）形式存在，对力学性能的影响是：(1)使钢材横向、厚度方向强度、塑性、韧性显著低于轧制方向（纵向），特别是钢板低温冲击性能；(2)显著降低钢材抗氢致裂纹能力，因此用于海洋工程、铁道桥梁、高层建筑、大型储氢罐，钢板［S］≤50×10^{-6}。硫还影响钢材抗腐蚀性能，用于输送含H_2S等酸性介质油气管线钢，［S］降至(5～10)×10^{-6}。此外硫对钢材热加工性能、可焊性均发生不利影响。

1.1.2　生产超低硫钢的技术

生产超低硫钢流程：

---

*　原发表于《特殊钢》，2004，25(4)：24～27。

（1）新日铁大分厂生产深冲钢板转炉流程：

铁水沟脱硅→铁水喷粉深脱硫→LB/OB 转炉脱碳→RH－PB 循环脱气喷粉。

用 $CaO + CaF_2$ 粉剂喷粉，脱硫率达 80%，［S］达 10×10^{-6}。技术关键在于提高转炉铁水装入比，减少铁水带入渣。真空喷粉 RH－PB 或 V－KIP 可避免钢水翻腾、氧化与吸氮，但真空设备昂贵。

（2）德国 Aosta 生产高速钢、不锈钢流程：

电弧炉初炼→Iop－VOD 脱磷→扒渣→LF 升温脱硫→VD 脱气。

在电弧加热钢包中脱硫，若渣系选择合适，［S］可降至 6×10^{-6}。

1.2 低磷钢与超低磷钢

由于磷是表面活性杂质，在晶界及相界面偏析严重，往往达到平均浓度的数千倍，因此洁净钢要求［P］$\leqslant 100 \times 10^{-6}$，超纯净钢如［Ni］9% 作低温储罐用钢，［P］$\leqslant 30 \times 10^{-6}$，川崎水岛厂生产极低磷低温容器罐用钢，在鱼雷车内将［Si］脱除［Si］$\leqslant$ 0.15%～0.20%，采用 $Fe_2O_3-CaO-CaF_2$ 系，碱度 $B = 2.5 \sim 5.0$ 的渣处理后［P］为 0.015%，氧气转炉内继续脱磷＋RH－KPB 深脱磷，［P］$\leqslant 20 \times 10^{-6}$。

对于含 Cr 高的不锈钢及耐热合金，可用喂线法加入微量 Mg 和 Ca 形成 Mg_3P_2 和 Ca_3P_2，实现还原脱磷。

1.3 低氮钢

1.3.1 低氮钢的技术要求

氮对钢材的危害是：（1）加重钢材时效；（2）降低钢材冷加工性能；（3）使焊接热影响区脆化。

新一代 IF 钢冷轧板［N］$\leqslant 25 \times 10^{-6}$。厚板为保证焊接热影响区韧性与塑性［N］$\leqslant 20 \times 10^{-6}$。

高纯铁素体不锈钢 Cr26Mo，铬很高，钢液中 N 溶解度极高，仍要求钢中［N］$\leqslant 50 \times 10^{-6}$。

1.3.2 生产低氮钢的技术

V－KIP 真空喷粉脱氮，［N］$\approx 35 \times 10^{-6}$，继续脱氮无效果。

在转炉、电弧炉氧化期、VOD、AOD 脱碳的同时，脱氮效果均非常明显。张柏汀等[3]提出转炉脱碳过程中脱氮速度与脱碳速度的关系式，由于吹氧脱碳，产生大量 CO，CO 气泡对氮来说是小真空室，所以它能带走氮，可用西华特定律来解释。［N］$\leqslant 30 \times 10^{-6}$时仍可进一步脱氮。对高纯铁素体不锈钢，作者采用 VCR 精炼冶炼。

1.4 显微夹杂钢

早年瑞典将尺寸为 1～100μm 夹杂划为“显微夹杂物”。近年较多著作将 1～20μm 定为显微夹杂。

1.4.1 夹杂物生成浓度积

脱氧反应：

$$x[M] + y[O] = M_xO_y$$

$$K = a_{M_xO_y} / a_{[M]}^x a_{[O]}^y$$

脱氧产物是纯物质，$a_{M_xO_y}=1$，脱氧常数为 m，即：

$$m = a_{[M]}^{x} a_{[O]}^{y} = [M]^{x}[O]^{y} f_{M}^{x} \cdot f_{O}^{y}$$

因此提出钢液凝固时析出非金属夹杂物饱和浓度积的概念。

为了控制夹杂物在凝固后析出，必须深脱氧，降低［a_O］同时；降低脱氧元素的［a_M］。m 系常数，因此钢液中残 Al 应严加控制。

1.4.2 真空下碳氧反应脱氧

$$[C]+[O]=\!=\!=\{CO\}$$

$$k_{CO}=\frac{P_{CO}/P^{0}}{a_{[C]}\cdot a_{[O]}}$$

$$\lg K_{CO}=\frac{1160}{T}+2.003$$

真空下碳脱氧能力是大气压力下的 100 倍以上，但会引起沸腾。

1.4.3 高真空下夹杂物的气化脱除

Al_2O_3 夹杂物在高真空度下有可能气化脱除：

$$Al_2O_{3(s)}+2[C]=\!=\!=Al_2O_{(s)}+2CO_{(s)}$$

$$\Delta G^{\ominus}=1230006-456.23T$$

$$K(1600℃)=\frac{p_{Al_2O}p_{CO}^{2}}{a_{Al_2O_3}a_{C}^{2}(p^{0})^{3}}=3.37\times10^{-11}$$

在 $a_{Al_2O_3}=1$、$a_C=f_c[C]=1.123\times0.42=0.472$ 时，

$$p=p_{Al_2O}+p_{CO}=37.5\text{Pa}$$

即要通过气化反应去除 Al_2O_3 夹杂需要 37.5Pa 的真空度。

1.4.4 复合脱氧剂

（1）Al +0.66Mn +0.27Si 脱氧比单独用 Mn、Si 的脱氧能力强，这是由于各种氧化物分子间作用力，使各氧化物活度下降。

（2）用复合脱氧剂 Al－Mn－Si，夹杂物为硅锰酸铝，熔点约 1545℃。熔点低，碰撞后易聚集、长大，加速上浮于钢－渣界面。

（3）用 Si－Mn 和 Al 复合脱氧，脱氧产物是锰铝榴石（$3MnO\cdot Al_2O_3\cdot 3SiO_2$），在 700～800℃变形性能转化，形成细小分散夹杂，对钢材性能影响不大。

1.4.5 要求显微级夹杂的几种典型超纯净钢

（1）深冲汽车板及易拉罐薄板。

IF 钢要求：［T.O］$\leqslant 20\times10^{-6}$，夹杂物尺寸≤20μm；

DI 钢要求：［T.O］$\leqslant 30\times10^{-6}$。

（2）子午线轮胎冷拉钢丝。

要求钢液中酸溶铝$[Al]_{sol}=(2\sim5)\times10^{-6}$，［T.O］$\leqslant 20\times10^{-6}$，夹杂物尺寸≤20μm，夹杂物成分中 Al_2O_3 尽量少，呈典型塑性夹杂物。

（3）阀门弹簧钢：夹杂物尺寸≤20μm，夹杂物为硅酸盐（$CaO\cdot Al_2O_3\cdot SiO_2$），夹杂物成分中（$Al_2O_3$）≤20%。

（4）轴承钢：超低氧，日本山阳特钢轴承钢［T.O］$\approx 5\times10^{-6}$。

1.4.6 生产显微夹杂钢关键技术

（1）深脱氧技术：在真空处理设备中（RH－KTB、VODC、LF－VD）钢水进行真

空碳脱氧，只要降低 P_{CO} 就可以达到降［O］的目的，由于氧的传质是反应限制性环节，深脱氧需要足够时间。随后进行沉淀脱氧，使用复合脱氧剂 Si-Mn-Al，脱氧产物熔点低，在钢液中碰撞易于聚合成大颗粒夹杂而浮出钢液表面。脱氧产物锰铝榴石（$3MnO \cdot Al_2O_3 \cdot 3SiO_2$）在加工后钢材中呈细小分散夹杂，对性能影响不大。

（2）夹杂物过滤器：一种是 ZrO_2 过滤器可过滤液态及固态夹杂[4]，一种是多孔隙泡沫筛可以将［O］降低 42%[5]；还有一种 MgO、Al_2O_3 及 ZrO_2 粉末填塞过滤层，使不锈钢中 Al_2O_3 夹杂物降低 20%～70%，用于 Ni 基合金过滤夹杂物降低 44%～55%[6]。

（3）连铸中间包，结晶器设电磁搅拌使夹杂物碰撞、聚合上浮。

（4）防止混渣：日本山阳 SNRP 精炼工艺：150t 偏心出钢电弧炉—LF—RH—立式连铸流程。偏心炉防止出钢混渣，RH 连通管上使用钢质锥形保护盖，防止吸炉渣。下渣量≤1.5 kg/t。

（5）微气泡法脱除夹杂：通过向钢液吹氩产生小气泡，使细小的夹杂物附着在气泡上一同浮出钢液。

2 零夹杂钢

2.1 零夹杂钢的意义及发展趋势

当材料和纯净度达到一定程度时，其性能会发生某些突变，如超纯铁（［Fe］>99.995%）的耐酸侵蚀能力与金或铂的抗腐蚀能力相当；18-Cr2NiMo 不锈钢中的［P］含量从 0.026% 降低到 0.002% 时，其耐硝酸的腐蚀能力得到极大提高[7]。金属材料的加工性能、疲劳性能和韧性等主要决定于材料中非金属夹杂物的性质、尺寸和数量，只有当非金属夹杂物的尺寸小于 1μm，且其数量少到彼此间距大于 10μm 时，它们才不会对材料的宏观性能产生影响[8]。

为了研究钢在极限夹杂物含量下的各项理化性能和机械力学性能，日本科技厅金属材料研究所用冷坩埚悬浮熔炼技术，通过去除夹杂物形成元素和钢中的夹杂物，生产超高洁净钢材料[7]；加拿大 Mitchell 教授[2,8]和新日铁 Fukumoto[2]提出了“零夹杂”钢的概念。所谓“零夹杂”并不是钢中没有夹杂物存在，而是指钢液在凝固以前不析出任何非金属夹杂物，钢液在固相状态下析出的非金属夹杂物是高度弥散分布的，其尺寸小于 1μm，这些夹杂物在光学显微镜下作常规检验时已观察不到。因此，“零夹杂”钢实际上是含亚微米夹杂物的钢。日本神户制钢的 Nishi 和 Ogawa 等[9]用真空感应炉（VIF）熔炼出航空工业用的 250 马氏体时效钢时，将 T.O、S 和 N 分别降低到（2～5）$\times 10^{-6}$、（2～3）$\times 10^{-6}$和（6～9）$\times 10^{-6}$，钢中的夹杂物尺寸最大为 6～8μm，主要分布在 2～4μm 之间。Fukumoto 和 Mitchell[2]用电子束冷坩埚熔炼法（EBCHM）熔炼适用于电子元件的奥氏体不锈钢时，将钢的［T.O］降低到（2～3）$\times 10^{-6}$，钢中的氧化物夹杂主要来自原始合金中的 CaO 夹杂。因此，可能存在的亚微米夹杂物来自两部分，一部分是由原始合金或初炼炉带来的含 Al_2O_3、SiO_2、CaO 的夹杂物，另一部分是钢液凝固过程中析出的氧化物、硫化物和氮化物夹杂。

钢液中析出硫化物和氮化物的溶度积远比析出氧化物的溶度积高，在一般情况下液相中不可能析出硫化物和氮化物。因此，所谓的“零夹杂”钢实质上是指“零氧化物夹杂”钢。要获得真正的“零夹杂”钢，除了控制钢中的氧含量以及脱氧元素含量及偏析，使它们的溶度积低于固相线温度时的平衡溶度积，以防止在固相线温度以前析出氧化物夹杂以外，还在于如何使原始合金带来的氧化物夹杂从钢中气化去除，即：

$$Al_2O_{3(s)} + 2[C] = Al_2O_{(g)} + 2CO_{(g)}$$

$$Al_2O_{3(s)} + 3[C] = 2[Al] + 3CO_{(g)}$$

$$SiO_{2(s)} + [C] = SiO_{(g)} + CO_{(g)}$$

$$CaO_{(s)} + [C] = [Ca] + CO_{(g)}$$

当金属材料的晶粒度由几十微米降到微米级及至亚微米级、纳米级时，材料的性能会发生质的变化。对这样的细晶粒材料，如何通过特殊的精炼工艺消除非金属夹杂物的影响对材料科学的发展有重要的影响。Mitchell、Fukumoto[2]、Nishi 和 Ogawa 等[9]对他们研制的超级纯净钢的性能研究仍停留在常规晶粒度下材料性能的比较，对微米级、亚微米级超级纯净钢的性能的研究还未见报道。目前我国正在开发“新一代钢铁材料（超级钢）重大基础研究”项目的研究，正是基于通过材料的形变和热处理实现材料超细晶粒化，达到提高材料强韧性的目的。因此，开展极限含量非金属夹杂物钢或“零夹杂”钢精炼理论及工艺研究，对制备“零夹杂”超级纯净钢以及超细晶粒超级纯净钢性能的研究具有十分重要的意义。

当夹杂物尺寸小于 1μm 时，夹杂物将发挥有益影响：（1）微细析出（碳氮化合物，硫化物，氧化物）对晶界起钉扎作用；（2）固溶夹杂拖拽晶界移动的效果；（3）可抑制再结晶和晶粒长大。

2.2 零夹杂超级纯净钢精炼工艺原则

根据热力学计算，精炼零夹杂超级纯净钢的关键是：（1）控制钢中的酸溶铝含量低于 10×10^{-6}；（2）避免原材料中存在含 CaO 的夹杂物；（3）避免炉衬污染；（4）高真空度精炼。工艺流程见表1。

冶炼效果：42CrMo 钢，T. O = $(2 \sim 4) \times 10^{-6}$，$\sigma_{-1}$ 在 720MPa，疲劳寿命由原商业产品 10^7 提高到 10^9。

表1　超洁净钢的初炼、初精炼和深精炼工艺

Table 1　Process of primary melting, primary refining and deep refining to produce super clean steels

工艺流程	熔炼炉	原　料	渣料	钢中夹杂物含量（最大值）/ $\times 10^{-6}$				
				Al_{sol}	P	S	T. O	N
初炼	中频感应炉	电解纯铁、金属硅、电解锰、金属铬、钼铁	酸性渣	5	10			
初精炼	真空感应炉	初炼钢	$CaO - CaF_2$	10	10	10	20	
深精炼	真空凝壳炉或真空电子束熔炼	初精炼钢		10		10	2	15

3　结论

（1）超洁净钢应针对不同钢种、不同用途的特殊要求，在工业生产中采取不同的精炼手段，达到各个突破，满足钢种性能要求，不追求泛泛的“超纯”。

（2）零夹杂钢，即钢中夹杂物尺寸小于 1μm。要获得零夹杂钢，既要控制钢中氧与脱氧元素的活度积，防止固相线温度以前析出夹杂物，还要使原始合金中带来的氧化物夹杂从钢中气化去除。

（3）金属材料的晶粒度已达微米级，消除非金属夹杂物的影响，对材料科学发展至关重要。

参 考 文 献

[1] Kiedssling R. Non – metallic Inclusion in Steel [M]. London：Met. Soc.，1978.

[2] Fukumoto S and Mitchell A. The Manufacture of Alloys with Zero Oxide Inclusion Content [C]. Proceedings of the 1991 Vacuum Metallurgy Conference on the Melting and Processing of Specialty Materials I & SS，Inc. Pittsburgh，USA，1991，3.

[3] 张柏汀．顶吹复合吹炼中氧行为 [J]. 钢铁，1988，23（12）：17.

[4] Robert W，Gairing. Operating Experience Using Inclusion Filtration Technology for Continuously Cast Steels [C]. Electric Furnace Conference Proceedings，1992：377.

[5] Суворов С А，Фищев В Н，Тебуев Н Ь. Рафинирование Раславов Путем Фильтрации [J]. Сталь，1992，(4)：18.

[6] Сосков Д А，Топилина Т А，Щалимов Ал Г. Зффективность Способа Фильтрования Коррозионностойкой Сталп Сплавов на Основе Никеля [J]. Сталь，1992，(4)：18.

[7] 日本科技厅金属材料研究所开发极低磷不锈钢 [J]. 世界金属导报，2001. 3. 13.

[8] Lowe J H and Mitchell A. Zero Inclusion Steels，Clean Steel. Super – clean Steel 6 ~ 7 [M]. 1995 London，UK by J. Ntting and R. Vismauathan，223.

[9] Seiji Nishi，Kanehiro Ogawa，et al. Melting of Clean Maraging Steel by Vacuum Induction Method [J]. R & D Kobe Steel Report，1989，39（1）：73.

Super Clean Steels and Zero Non – Metallic Inclusion Steels

Li Zhengbang

（Central Iron and Steel Research Institute）

Abstract According to different steel grade and use，appropriate refining technology should be used to meet the requirements of cleanliness of supper clean steels，such as super low sulfur steel requires [S] $\leqslant (5 \sim 10) \times 10^{-6}$，super low phosphorus steel [P] $\leqslant 20 \times 10^{-6}$，low nitrogen steel [N] $\leqslant 20 \times 10^{-6}$，and micro inclusion steel requires inclusion dimension in steel $\leqslant 20\mu m$. Zero non – metallic inclusion steels are the steels in which inclusions are highly dispersed distribution and the inclusion dimension is $\leqslant 1\mu m$. The possibility to produce zero non – metallic inclusion steel is analyzed and the metallurgical technology to produce zero non – metallic inclusion steel by using cold crucible levitation melting is discussed. The super clean steel with Al_{sol} in steel $< 10 \times 10^{-6}$，[S] $< 10 \times 10^{-6}$，[T. O] $< 2 \times 10^{-6}$ and [N] $< 15 \times 10^{-6}$ could be obtained by primary melting using medium frequency induction furnace，primary refining using vacuum induction furnace and deep refining using vacuum skull melting furnace or vacuum electron – beam melting furnace.

Key words super clean steel；zero non – metallic inclusion steel；cold crucible levitation melting

高钢级管线钢的性能要求与元素控制*

摘　要　综述了高钢级管线钢的性能要求，以及钢中碳、硫、磷、氧、锰、氢等元素的作用及其控制技术。管线钢开发的关键是将成分调整、冶金技术和TMCP工艺结合起来。探讨了我国的管线钢与国外的差距以及进一步发展的方向。

关键词　管线钢；强度；韧性；元素控制；性能

1　前言

随着石油、天然气工业的发展，管线钢的需求量增加。服役条件的日益恶化，对管线钢的质量要求愈来愈严格，在成分和组分上要求“超高纯、超均质、超细化”。西部大开发战略的实施，能源结构的调整和环境保护力度的加强，以“西气东输”为代表的一系列管线工程的立项标志着我国21世纪的前十年，将进入一个石油天然气长输管道建设的高峰期。

石油、天然气输送管道通常位于环境比较恶劣的地区，管道压力大、介质复杂，这就对管线钢提出了很高的性能要求，只有深入了解各成分的作用及其对性能的影响，选择合理的冶炼工艺进行精确的成分控制和夹杂物形态控制，才能满足管线钢高质量、高性能的要求。

2　高级管线钢的主要性能要求

2.1　高强度

加大管道直径，增加管道工作压力是提高管道运输效率的有力措施，也是油气管道发展的基本方向。管径增大和输送压力提高均要求管材有较高的强度。目前管线钢的强度已由最初的295～360MPa（相当于API标准的X42～X52级管线钢）提高到526～703MPa（相当于X80～X100级管线钢）[1]，而现在X120、X130级管线钢也在开发之中[2]。

随着钢等级的提高，屈强比增高，如Alliance管线的X70钢要求$\sigma_s/\sigma_b \leqslant 0.93$，实际测定为0.91[2]，我国的“西气东输”用管线钢要求$\sigma_s/\sigma_b \leqslant 0.90$。高屈强比表明钢的应变硬化能力降低，使管线抗侧向弯曲能力降低。应变硬化能力对于在土质不稳定区、不连续区及地震带铺设的管线钢是很重要的。

2.2　高韧性

随着高寒地带油气田的开发，对输送管的低温韧性要求日益增高。韧性是管线钢的重要性能之一，它包括冲击韧性和断裂韧性等。由于韧性的提高受到强度的制约，因此管线钢生产常常采用晶粒细化的强韧化手段，既可以提高强度又能提高韧性，另

* 本文合作者：王立涛、张乔英。原发表于《钢铁研究》，2004，(4)：13～17。

外，钢中杂质元素和夹杂物对管线钢的韧性具有严重的危害性，因此，降低钢中有害元素含量并进行夹杂物变性处理是提高韧性的有效手段。

2.3 焊接性

钢材良好的可焊性对保证管道的整体性和野外焊接质量也至关重要。对评价可焊性的指标“碳当量”，各个国家有不同的计算公式和要求。近年来，美国 Amoco 公司针对一些管道焊缝撕裂事故，提出了更为严格的控制指标[3]，即碳当量（C_{eq}）与裂纹敏感系数（P_{cm}）两个指标的合格界限是：

$$C_{eq} \leqslant 0.35\% \ (C \geqslant 0.12\%)$$

$$P_{cm} \leqslant 0.20\% \ (C < 0.12\%)$$

钢的化学成分对高强度钢的焊接性有直接的重大影响，提高焊接性能的有效措施是降低 C、P、S 含量和选择适当的合金元素。其次，适当控制 Ti、Al 等的氮化物和 Ti 的氧化物对降低淬硬性和防止冷裂纹及提高韧性也有好处，加 Ca、Re 等对防止裂纹和层状撕裂及提高韧性也有效果。

2.4 抗氢致裂纹（HIC）和硫化物应力腐蚀断裂（SCC）

氢致裂纹（HIC）是由腐蚀生成的氢原子进入钢后，聚集在 MnS/αFe 的界面上，沿着碳、锰和磷偏析的异常组织扩展或沿着带状珠光体和铁素体间的相界扩展，当氢原子结合成氢分子，导致在轧制过程中产生裂纹。

硫化物应力腐蚀（Stress Corrosion Cracking，SCC）是在 H_2S 和腐蚀介质及酸性离子等作用下生成的氢原子经钢表面进入内部，富集后产生沿垂直于拉伸力方向扩展而开裂。硫化物应力腐蚀断裂易造成突发性灾难事故。

3 高钢级管线钢的成分控制

为满足管线钢高强度、高韧性、良好的焊接性能及抗 HIC、SCC 性能的要求，除了采用合理的冶金技术以外，还要严格控制管线钢的成分。

3.1 碳的控制

碳是强化结构钢最有效的元素，然而碳对韧性、塑性、焊接性等有不利的影响，降低碳含量可以改善转变温度和钢的焊接性。对于微合金化钢，低的碳含量可以提高抗 HIC 的能力和热塑性，如图 1 所示。

按照 API 标准规定，管线钢中的 $w(C)$ 通常为 0.025% ~0.12%，并趋向于向低碳方向或超低碳方向发展，尤其是高钢级管线钢，如武钢三炼钢厂 X80 管线钢的 $w(C)$ 仅为 0.02% ~0.05%[4]。在综合考虑管线钢抗 HIC 性能、野外可焊性和晶界脆化时，最佳 $w(C)$ 应控制在 0.01% ~0.05% 之间。

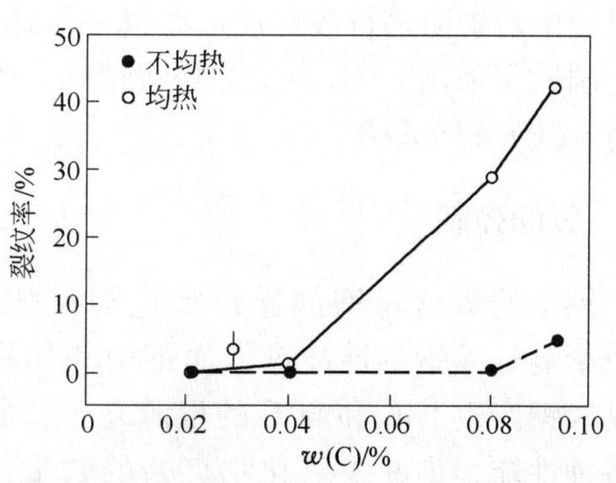

图 1 热轧钢板氢致裂纹敏感性与碳含量的关系

采用炉外精炼是实现精确控制碳含量的有效手段。日本钢管京滨厂的 50t 高功率电炉与 VAD 和 VOD 精炼炉相配。处理前 $w(C)$ 为0.40%～0.60%，处理后 $w(C)$ 可达0.03%～0.05%[5]。一些钢厂在 RH 上采用增大氩气流量、增大浸渍管直径和吹氧方式进行真空脱碳，保证了管线钢精确控制碳含量的要求。

3.2 硫的控制

硫是危害管线钢质量的主要元素之一，它严重恶化管线钢的抗 HIC 和 SCC 性能。法国 Schawwinhold D 等人研究表明[5]：随着钢中硫含量的增加，裂纹敏感率显著增加；只有当 $w(S)<0.0012\%$ 时，HIC 明显降低，甚至可以将其忽略，如图 2 所示。硫还影响管线钢的冲击韧性，硫含量升高冲击韧性值急剧下降。另外，硫还导致管线钢各向异性，在横向和厚度方向上韧性恶化。高钢级管线钢对硫含量的要求很苛刻，某些管线钢要求 $w(S)<20\times10^{-6}$ 甚至 10×10^{-6}。

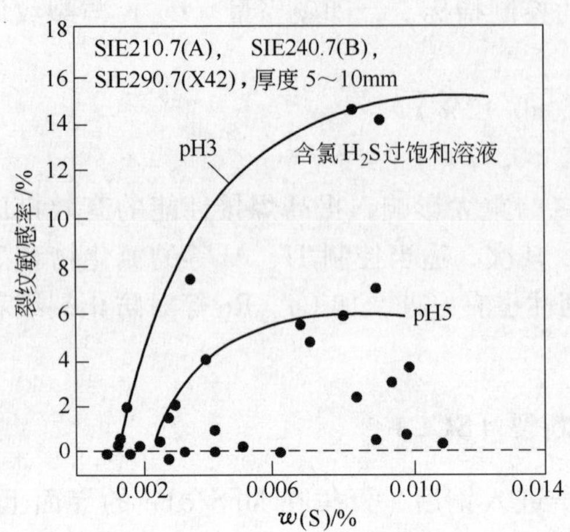

图2 硫含量对裂纹敏感比值的影响

管线钢对硫的控制要综合考虑铁水预处理、转炉冶炼、炉外精炼等各个环节上的诸多因素，尤其是采用合适的炉外精炼手段。如新日铁大分厂代用喷粉法精炼钢液后，钢中 $w(S)$ 可稳定在0.0005%左右。

3.3 磷的控制

磷在钢中是一种易偏析元素，偏析区的淬硬性约是碳的 2 倍。由碳当量与 2 倍磷含量（$C_{eq}+2P$）对管线钢硬度的影响可知[6]：随着 $C_{eq}+2P$ 的增加，碳质量分数为0.12%～0.22%的管线钢的硬度呈线性增加；而碳质量分数为0.02%～0.03%C 的管线钢，当 $C_{eq}+2P$ 大于0.6%时，管线钢硬度的增加趋势明显减缓，见图 3。除此之外磷还会恶化管线钢的焊接性能，显著降低钢的低温冲击韧性，提高钢的脆性转变温度，使钢管发生冷脆。对于高质量的管线钢应严格控制钢中的磷含量。

脱磷可以在炼钢的全过程中进行，如铁水预脱磷、转炉出钢深脱磷和二次精炼，最近出现的在 H 型炉内进行铁水预处理脱磷，反应容积大，并能充分发挥顶渣的作用。在出钢过程中对炉渣进行改性还可以进一步深脱磷。鹿岛制铁所采用 LF 分段工艺进行精炼，脱磷终了时 $w(P)<10\times10^{-6}$。

3.4 氧的控制

钢中的氧含量增加导致氧化物夹杂增多，严重影响管线钢的洁净度。而钢中氧化物夹杂是管线钢产生 HIC 和 SCC 的根源之一，危害钢的各种性能，为减少氧化物夹杂的数量，一般把铸坯中 $w(O)$ 控制在 $(10\sim20)\times10^{-6}$，目

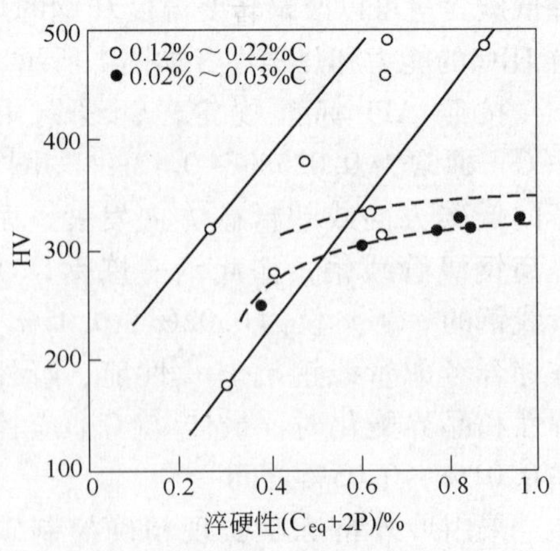

图3 管线钢硬度和淬硬性的关系

前世界上最具竞争力的管线钢的 $w(O)$ 可以达到≤0.001%[7]。

在转炉炼钢工艺方面，减少补吹、降低钢包渣中 FeO + MnO 含量、严格挡渣出钢和钢包除渣等方法都能降低终点氧含量。钢液中加稀土脱氧效果很好，通常加稀土脱氧后，钢的 $w(O)$ 可降低到 8×10^{-6} 以下[8]。

3.5 锰的控制

为保证高钢级管线钢中低的含碳量，通常靠锰来提高其强度。并且锰还可以推迟铁素体→珠光体的转变，并降低贝氏体的转变温度，有利于形成细晶粒组织。但如果锰含量过高对管线钢的焊接性能造成不利影响，有可能导致在管线钢铸坯内发生锰的偏析，且随着碳含量的增加，这种缺陷会更显著。

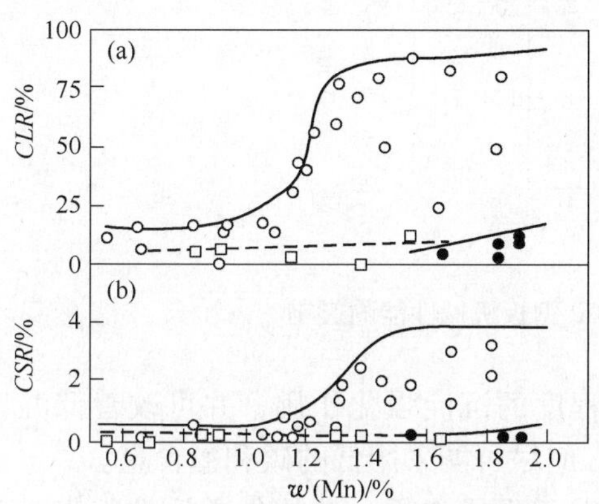

图4 $w(Mn)$ 对抗 HIC 能力的影响
○ 热轧（0.05% ~0.15% C）
● 热轧（<0.02% C）
□ QT（0.05% ~0.15% C）

如图4所示，锰对于管线钢抗 HIC 性能也有影响，主要分为3种情况[5]：含 C 0.05% ~0.15% 的热轧管线钢，当 $w(Mn)$ 为1.0%时，HIC 敏感性会突然增加；对于经过淬火和回火的管线钢，当 $w(Mn)$ 达到1.6%时，$w(Mn)$ 对钢的抗 HIC 能力没有明显影响；在偏析区，$w(C)$ 低于0.02%时，由于硬度降到低于300HV，这种情况下，即使钢中 $w(Mn)$ 超过2.0%，仍具有良好的抗 HIC 能力。

3.6 氢的控制

氢是导致白点和发裂的主要原因，管线钢中的氢的质量分数越高，HIC 产生的几率越大，腐蚀率越高，平均裂纹长度增加越显著，图5是氢的质量分数与平均裂纹长度的关系。

钢中的氢主要在炼钢初期通过 CO 剧烈沸腾去除，自从真空技术出现后钢中 $w(H)$ 已可稳定控制在 2×10^{-6} 的水平[9]。除此之外，要杜绝在后续工序中加入的造渣剂、变性剂、合金剂、保护渣、覆盖剂等受潮现象，避免碳氢化合物、空气与钢水接触，这样有助于降低钢中的氢含量。

3.7 钼、铌、钛、钒等元素的控制

钼是影响管线钢机械性能的重要元素之一，图6是 $w(Mo)$ 对 Nb－Mo 系 TMCP 钢板机械性能的影响，$w(Mo)$ 升高，抗拉强度升高，鞍钢[10]认为添加0.2%以上钼则可以满足 X100 的强度。低温韧性随着 $w(Mo)$ 的增加而降低，但即使添加0.3% Mo 也具有良好的强度值。

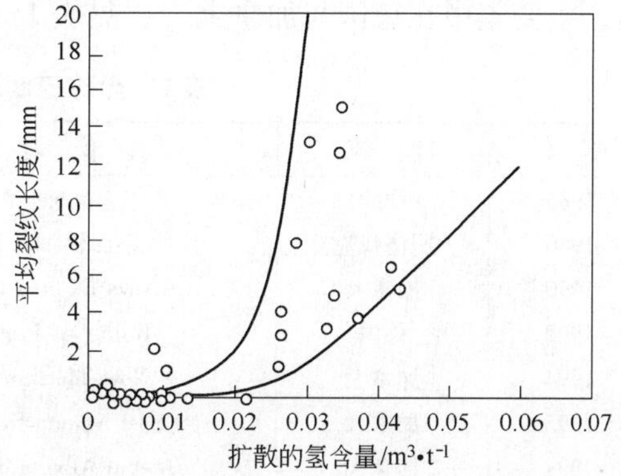

图5 可扩散的氢含量与平均裂纹长度的关系

铌是管线钢中唯一不可缺少的微合金

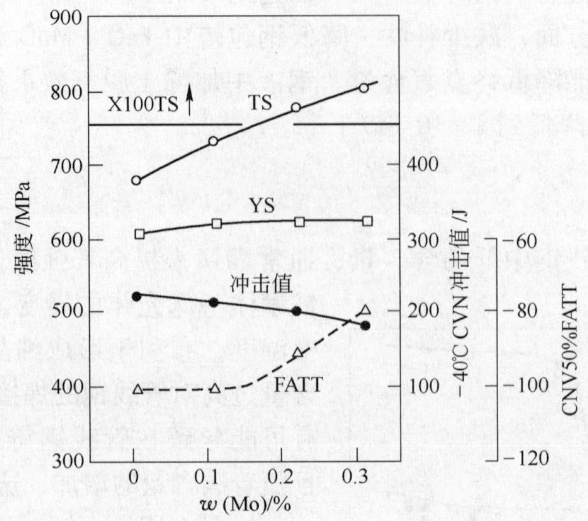

图 6 Mo 含量对 Nb – Mo 系 TMCP 钢板机械性能的影响

元素。铌可以产生非常显著的晶粒细化及中等程度的沉淀强化作用，并可改善低温韧性。为有效发挥铌对抑制奥氏体再结晶的作用，应尽可能采用低的碳和氮含量。

钛可以产生中等程度的晶粒细化及强烈的沉淀强化作用。钛的化学活性很强，易与钢中的 C、N 等形成化合物，为了降低钢中固溶氮含量，通常采用微钛处理使钢中的氮被钛固定，同时，TiN 可有效阻止奥氏体晶粒在加热过程中的长大，起直接强化作用。

钒的溶解度较低，对奥氏体晶粒及阻止再结晶的作用较弱，主要是通过铁素体中 C、N 化合物的析出对强化起作用。

4 管线钢的研究与开发现状

4.1 国外高钢级管线钢的开发

随着输送压力、输送介质以及自然环境的不断变化，高钢级管线钢的研制与开发已成为当今亟待解决的问题之一。目前高钢级管线钢主要指 X80 以上的钢。众所周知，随着钢的强度增加，在同样的输气量下，降低用钢量，减少运输及施工费用，经济效益显著。20 世纪 80 年代 X80 钢开始在一些管线中投入使用，全球已制成的 X80 输送管道，主要集中在德国与加拿大[2]，见表 1。

表 1 全球已制成的 X80 输送管道

年 份	国 家	工 程 名 称	长度/km	管径/mm	壁厚/mm
1985	德国	Megel	3. 2	1118	13. 6
1986	斯洛伐克	第四输油管道	1. 5	1422	15. 6
1990	加拿大	Nova Express East	2. 6	1219	10. 6
1992	德国	Ruhr Gas Project	250	1219	18. 4
1994	加拿大	Nova Matzhiwian	54	1219	12. 0
1995	加拿大	East Alberta System	33	1219	12. 0
1997	加拿大	Central Alberta System	91	1219	12. 0
1997	加拿大	East Alberta System	27	1219	12. 0

由表 1 可见，1985 年德国 Mannesmann 公司率先研制成功了 X80 钢级管线钢[11]，并投入实际应用，而加拿大 Transcanada 于 1990 年[12]开始小规模试用 X80 钢级的钢管并铺设了 2. 6km 长度的管道，至今已经铺设了超过 400km 的管道长度，成功应用于加拿大 Alberta 省北部永久冻土地带。

英国 BP 公司 1995 年开始与钢铁和制管企业合作，开发了 X100 管线钢钢管，并进行了冶金、理化性能评价、可焊性评估等试验[13]。欧洲钢管公司也生产出了几百吨 X100 管线钢，钢板厚度可达 20mm，用来制造口径 914mm 的钢管，但其焊接问题还没有得到有效解决[14]。加拿大正考虑用 X100 建造阿拉斯加斜北坡到 Noethern Alberta 的管线，更高等级的 X120 或 X130 也正在开发之中[2]。

国外 X80 管线钢生产技术已基本成熟，而 X100 以上钢级管线钢还处于研究或试制阶段。X100 以上钢级管线钢的研究和开发主要存在如下问题[15]：

（1）母材和焊缝金属强度的匹配与 HAZ 和焊缝金属的韧性之间的矛盾；

（2）屈强比的升高与稳定塑性变形能力的矛盾；

（3）止裂韧性与壁厚减薄之间的矛盾；

（4）目前还没有 X100 或更高钢级的通用标准，只有加拿大将 X100 钢级纳入其标准 CSAZ245. 1—2002 中。

4. 2 我国在管线钢发展方面存在的差距

宝钢和武钢是我国管线钢发展比较成熟的厂家，到目前为止，我国投入实际应用的钢管大部分是处于 X52 ~ X65 之间的管线钢，对于 X70 钢级以上的管线钢应用还是空白。在中国石油天然气集团公司在陕西主持召开的“西气东输”X70 大口径管线用钢板卷及螺旋焊钢管国产化鉴定会上，由宝钢和武钢生产的 X70 级管线钢钢板卷通过鉴定，标志着我国 X70 管线钢板已进入正常生产轨道，填补了国内 X70 钢级管线钢生产的空白，使我国管线钢的生产技术水平提升到一个新的高度。但应该看到，我国管线钢的开发与国际上还有很大的差距，一些发达国家早在 20 世纪 70 年代就用 TMCP 工艺代替了热轧和正火，将生产出的 X70 钢应用于工程建设中，20 世纪 80 年代德国开始应用 X80 级管线钢，而我国同钢级管线钢的开发与应用整整比发达国家晚了近 30 年！国外在 X100、X120 及 X130 管线钢的研究与开发中已经获得了巨大突破，X100 管线钢将立即投入使用，而我国的管线钢研究还基本处于 X80 钢级阶段，对 X100 钢级管线钢的研究极少。

5 结语

管线钢发展的最新趋势是：高纯净、高强度、高韧性、可焊性强及高抗腐蚀性。这就决定在生产中进行冶炼工艺选择时，仅考虑炉外精炼的功能和控制技术是不够的，还应考虑到各个生产环节上的诸多因素，进行复合冶炼。实践证明：合金成分调整、冶金技术的发展和 TMCP 工艺之间的最佳配合是高钢级管线钢开发中的关键。

随着环境保护要求的提高，我国能源结构将产生重大变化，油气管线的建设任重而道远，我国管线钢的开发与应用虽获得较大成绩，如 X70 钢的实际应用，X80 钢的深入研究等，但与国外还有很大的差距，国外已经发展到质量要求更高的 X100、X120 甚至 X130 级。我国应以 X70 钢的成功开发为起点，搞好技术进步和工艺创新，促进我国管线钢的发展。

参 考 文 献

[1] 肖冶. 国内外油气管道现状及发展趋势 [J]. 焊管，1992，15 (1)：42 ~ 46.

[2] 钱百年，国旭明，李晶丽，等. 高强度管线钢 X80 的焊接研究 [J]. 焊接，2002，(8)：14 ~ 17.

[3] 江士昂. 超过工业标准的 Amoco 管线管规格 [J]. 石油规划设计，1990，(3).

[4] 贾宝军，郑琳，郭斌. 武钢管线钢生产情况及发展规划 [J]. 焊管，2001，24 (1)：32 ~ 38.

[5] 战东平，姜周华，王文忠，等. 高洁净度管线钢中元素的作用与控制 [J]. 钢铁，2001，36 (6)：67 ~ 70，78.

[6] Taira T，Kobayashi Y，Matsumoto K，et al. Resistance of Pipeline Steels to Wet Sour Gas. Proceeding of the First International Conference on Current Solution to Hydrogen Problems in Steels. Washington D C：1982，173.

[7] 高惠临，董玉华，周好斌. 管线钢的发展趋势与展望 [J]. 焊管，1999，22 (3)：4 ~ 8.

[8] Kay D AR，Luw K，Mclena A. Sulfide Inclusions in Steel [J]. A S M，1975，23.

[9] 李桂荣，王宏明. 管线钢冶炼工艺的特点 [J]. 特殊钢，2002，23 (5)：23 ~ 26.

[10] 曹长娥. X100 管线钢的开发 [J]. 焊管，1999，22 (2)：26 ~ 53.

[11] Hillenbrand I H G. Production and service behavior of high – strength large – diameter pipe [R]. Pipe Dreamer's Conference, Yokohama，2002：203 ~ 216.

[12] Alan Glover. Application of grade 550 and grade 690 in arctic climates [R]. Pipe Dreamer's Conference, Yolohama，2002：33 ~ 52.

[13] Hammond J，et al. Challenges of girth welding X100 linepipe for gas pipeline [R]. Pipe Dreamer's Conference, Yokohama，2002：931 ~ 955.

[14] Schwinn V，et al. Production and progress of plates for pipes with strength leval of X80 and above [R]. Pipe Dreamer's Conference, Yokohama，2002：339 ~ 345.

[15] 黄开文. 国外高钢级管线钢的研究与使用情况 [J]. 焊管，2003，26 (3)：1 ~ 10.

Property Reequirements and Control of Elements for High Grade Pipeline Steel

Wang Litao[1] Li Zhengbang[1] Zhang Qiaoying[2]

(1. Central Iron and Steel Research Institute;
2. University of Science and Technology Beijing)

Abstract This paper describes the property requirements of high grade pipeline steel and discusses the effect of elements, such as C, S, P, O, Mn, H_2, on the steel properties as well as the control of the elements. The integration of compositions adjustment, metallurgical technology and TMCP can be considered the key poinst to develop high grade pipeline steels. A gap in high grade pipeline development between China and developed countries and the trend of its development are also reviewed in the paper.

Key words pipeline steel; strength; toughness; control of element; property

真空感应熔炼过程炉衬材料向钢液供氧现象的研究*

摘　要　通过50kg镁砂坩埚和25kg氧化钙砂坩埚真空感应炉进行了真空熔炼过程炉衬耐火材料向钢液供氧试验，以研究炉衬耐火材料向钢液供氧的基本规律和影响炉衬向钢液供氧的主要因素。试验结果表明，在超低氧范围内对钢液进行深度脱氧时，避免炉衬分解对钢液供氧是进一步脱氧的关键；在0.5～10Pa的真空下，随真空度和熔池钢水温度升高，炉衬分解向熔池供氧增加，并且钢中最终氧含量随钢液碳烧损量的增加而增加；镁砂炉衬向钢液的供氧量大于氧化钙炉衬向钢液的供氧量。

关键词　真空感应熔炼；坩埚；炉衬供氧

真空冶金条件下炉衬材料向钢液供氧意味着钢液中合金元素的烧损，严重时会造成碳和活泼合金元素成分出格；钢液中合金元素烧损的同时也造成氧化物夹杂的增加，在这种情况下，即使钢液成分合格，也会因氧化物夹杂含量升高而影响到钢材的使用性能。特别是在超低氧钢熔炼过程中，避免炉衬材料向钢液供氧至关重要。早在20世纪60年代，邵象华先生等[1]研究发现坩埚供氧的一个重要来源是渗透到坩埚壁中的部分金属在感应炉出钢后高温下破真空时被空气氧化，在下一次熔炼时重新进入熔池。

本研究工作主要是通过在真空感应熔炼过程中对熔池状态的观察和最终钢液化学成分的分析，探索炉衬材料分解向钢液供氧的基本规律，研究炉衬向熔池供氧的条件，为制定超低氧钢真空熔炼工艺提供实验依据。

1　用镁砂炉衬熔炼时的坩埚供氧现象

在50kg真空感应炉中用电熔镁砂捣打炉衬进行第1次试验，对经表面喷丸除锈的碳素钢棒进行增碳，使钢中碳含量从原始的0.33%增到0.55%。熔化功率保持在70～80 kW。由于钢棒原始氧含量不高（0.0013% T.O），见钢水后无喷溅现象，因此，钢棒熔化过程中机械泵（即旋片式真空泵）始终开启，真空度维持在10Pa左右。熔清后钢液温度偏高，观察熔池表面有亮气泡冒出；降低输入功率至30～40 kW后钢液面不再冒泡。随后向炉内充氩至60kPa左右，向熔池补碳，碳熔清后降温出钢。分析钢锭碳含量为0.47%，熔化过程中碳烧损量为0.08%，氧含量也从0.0013%升高到0.0017%。

第2次试验也是在50 kg真空感应炉中进行，炉衬仍为新捣电熔镁砂坩埚。试验目的是对含碳0.46%和0.48%的钢锭进行重熔，以便将钢中的碳含量降低到0.44%，稀释剂是含0.2% C、0.002% T.O的钢棒。钢锭和稀释剂都经喷丸除锈处理。熔炼结果见表1。由表1可见，第1炉钢碳烧损达0.13%，这炉钢在精炼前期熔池表面严重冒亮

* 本文合作者：薛正良、高俊波、齐江华、张家雯。原发表于《特殊钢》，2005，26（1）：6～8。国家自然科学基金和上海宝钢集团公司联合资助项目（50374054，50174048）。

泡，时间长达7min。当看到熔池温度偏高后将输入功率从60kW降低到30 kW，冒泡现象马上停止。在第2和第3炉钢的熔炼过程中，钢料熔清后即维持较低的输入功率，基本上未出现冒泡现象，钢的碳烧损仅为0.03%。

表1列出50 kg真空感应炉用镁砂坩埚熔炼的两次试验中钢中碳和氧含量的变化。

表1 50kg真空感应炉用镁砂坩埚熔炼时钢的碳和氧含量的变化

Table 1 Change of carbon and oxygen content in steel during refining in a 50kg vacuum induction furnace with magnesia crucible

试验次数	项目		C/%	T. O/$\times10^{-6}$
Ⅰ	目标含量		0.55	—
	原始含量		0.33	13
	实际含量		0.47	17
Ⅱ	目标含量		0.44	—
	原始含量	第1炉	0.46	16
		第2炉	0.48	15
		第3炉	0.48	8
	实际含量	第1炉	0.31	20
		第2炉	0.41	15
		第3炉	0.41	15

2 用氧化钙炉衬熔炼时的坩埚供氧现象

用氧化钙砂捣打的坩埚熔炼钢液是在25kg真空感应炉上进行的。用氧化钙坩埚熔炼的目的是为了进一步降低钢中的氧含量，同时在精炼过程中对钢水进行补碳。3个待熔钢锭经表面喷丸除锈，碳含量分别为0.31%、0.41%、0.41%（表2）。坩埚内见钢水后充氩至60 kPa左右，棒料熔清后补加碳至0.42%，然后开罗茨泵将真空度提高到0.5 Pa。在精炼8~10 min以后，3炉钢都不同程度出现冒亮泡现象。分析钢锭碳含量，碳实际烧损量在0.04%~0.08%。

表2 25kg真空感应炉用氧化钙砂坩埚熔炼时钢的碳和氧含量的变化

Table 2 Change of carbon and oxygen content in steel during refining in a 25 kg vacuum induction furnace with calcia crucible

试验次数	项目		C/%	T. O/$\times10^{-6}$
Ⅰ	目标含量		0.42	—
	原始含量	第1炉	0.31	20
		第2炉	0.41	15
		第3炉	0.41	15
	实际含量	第1炉	0.33	13
		第2炉	0.34	14
		第3炉	0.37	9
Ⅱ	目标含量		0.47	—
	原始含量		0.37	30
	实际含量	第1炉	0.46	13
		第2炉	0.48	13
		第3炉	0.48	8
		第4炉	0.47	6

用氧化钙坩埚进行第 2 次试验的钢棒原始含 0.37% C、0.003% T.O。考虑到熔炼过程中碳可能有烧损，配料时将总碳量提高到 0.47%。精炼过程中通过控制输入功率维持较低的熔池温度。在 20min 精炼时间内钢液面平静，无冒泡现象。分析 4 炉钢的碳含量基本上无烧损现象，钢中氧含量也很低。

表 2 列出 25kg 真空感应炉用氧化钙坩埚熔炼的两次试验中对钢中碳和氧含量的变化。

3 讨论

3.1 钢液中的碳氧反应

溶解于钢液中的碳和氧在真空下将按反应（1）反应产生 CO 气体：

$$[C]+[O]═══CO \tag{1}$$

$$\Delta G^{\ominus}=-22363-39.625T(J/mol) \tag{2}$$

钢液中的氧一方面来自原料中的氧，另一方面来自真空下炉衬材料的热分解反应：

$$MgO═══Mg_{(g)}+[O] \tag{3}$$

$$\Delta G^{\ominus}=621984-208.12T(J/mol) \tag{4}$$

$$CaO═══Ca_{(g)}+[O] \tag{5}$$

$$\Delta G^{\ominus}=677578-196.92T(J/mol) \tag{6}$$

当钢液中溶解有较高含量的碳时，真空下炉衬材料的热分解将变得更加容易：

$$MgO+[C]═══Mg_{(g)}+CO \tag{7}$$

$$\Delta G^{\ominus}=599621-247.75T(J/mol) \tag{8}$$

$$CaO+[C]═══Ca_{(g)}+CO \tag{9}$$

$$\Delta G^{\ominus}=655215-236.55T(J/mol) \tag{10}$$

当炉衬材料一定时，炉衬材料分解向熔池的供氧速度以及因炉衬材料供氧钢液可能达到的最高理论氧含量（$[O]_{炉衬}$）实际上决定于熔池温度和熔炼真空度，温度和真空度越高，炉衬供氧使熔池达到的最高理论氧含量（$[O]_{炉衬}$）也越高[2]。当钢液中实际氧含量高于炉衬供氧的最高理论氧含量（$[O]_{炉衬}$）时，炉衬材料不发生热分解，这时钢液中碳氧反应按（1）进行；当钢液中实际氧含量低于炉衬供氧的最高理论氧含量（$[O]_{炉衬}$）时，炉衬材料的热分解将对钢液供氧。这时熔池液面上冒出的 CO 气泡主要来自反应（7）和反应（9）。

3.2 熔池冒泡现象与钢液碳烧损和钢中氧含量的关系

用真空感应炉熔炼含碳合金过程中可以观察到两种不同的冒泡现象：第 1 种冒泡现象通常发生在熔清以后及精炼初期，气泡呈黑色，表明熔池温度并不高，这是钢液中溶解氧含量较高时按反应（1）进行的碳脱氧反应，这时的碳烧损量可以通过化学反应方程准确计算出来。第 2 种冒泡现象往往发生在精炼阶段，有时在精炼中期开始冒泡，气泡呈亮白色，表明熔池温度偏高。这时钢液中溶解氧含量已经低于相应熔池温度和熔炼真空度下炉衬供氧的最高理论氧含量（$[O]_{炉衬}$），钢液脱碳的氧源来自炉衬热分解，碳的烧损量将随冒泡时间延长而增加。

1600℃时氧化镁在 10Pa 真空度下的 $[O]_{炉衬}=0.0127\%$，氧化钙在 0.5Pa 真空度下的 $[O]_{炉衬}=0.0018\%$[2,3]。因此，在用镁砂坩埚真空感应熔炼时要完全避免坩埚供氧是十分困难的，通过控制感应圈输入功率来控制熔池温度在较低的水平，可以减轻坩埚供氧强度，减少碳的烧损和降低钢液氧含量（见表1 的第2、3 炉钢）。真空下氧化钙的热分解稳定性远高于氧化镁，尽管如此，在用氧化钙坩埚熔炼钢液时，仍然存在坩埚供氧现象（见表2），这主要是因为氧化钙导热率低，坩埚保温性能好，在一定输入功率下熔池温度仍在缓慢升高，造成精炼中期钢液的冒泡现象。对于氧化钙坩埚，只要严格控制感应圈输入功率是完全可以避免炉衬供氧现象的（见表2）。

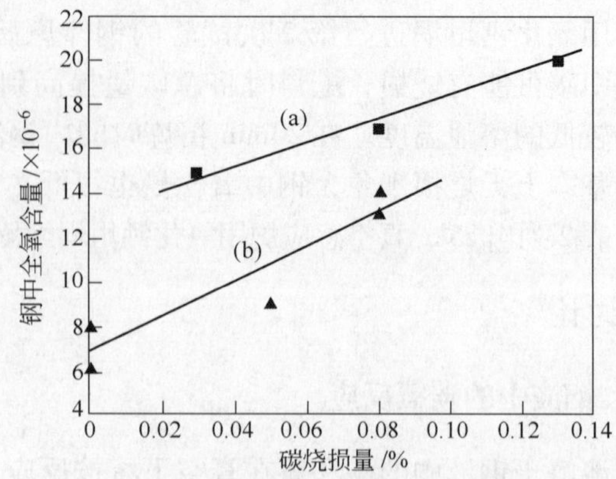

图1　真空感应熔炼时钢液碳烧损量对钢液氧含量的影响

（a）镁砂坩埚；（b）氧化钙坩埚

Fig. 1　Effect of carbon burning loss of molten steel on oxygen content in steel during vacuum induction refining

（a） magnesia crucible；（b） calcia crucible

钢中最终氧含量的高低与坩埚供氧直接相关，无论是镁砂坩埚还是氧化钙坩埚，钢中最终氧含量均随碳烧损量的升高而增加，见图1。由此可见，真空感应熔炼超低氧钢的关键是合理选择炉衬材质，适当控制熔炼温度和真空度，避免炉衬向钢液供氧。

4　结论

（1） 在超低氧范围内对钢液进行深度脱氧，避免炉衬分解对钢液供氧是关键。炉衬材质一定时，炉衬是否向钢液供氧决定于熔炼时钢液实际氧含量、熔炼真空度和熔池温度，真空度越高或熔池温度越高，炉衬分解向熔池供氧达到的最高理论氧含量（$[O]_{炉衬}$） 越高。当熔池实际氧含量低于 $[O]_{炉衬}$时，炉衬开始向钢液供氧。

（2） 炉衬向钢液供氧通常表现在精炼阶段熔池表面冒亮白色气泡，造成碳的烧损。碳烧损量越大，最终钢液中的氧含量也越高。

参 考 文 献

[1] 邵象华，知水，赵仁川，等. 间歇式真空感应炉中坩埚供氧的一个来源 [J]. 金属学报，1965，8 (3)：392.

[2] 薛正良，李正邦，张家雯，等. 用氧化钙坩埚真空感应熔炼超低氧钢脱氧动力学 [J]. 钢铁研究学报，2003，15 (4)：5.

[3] 薛正良，李正邦，张家雯，等. 用氧化钙坩埚真空感应熔炼超低氧钢 [J]. 特殊钢，2003，24 (1)：12.

Study on Oxygen Contamination from Crucible Material on Molten Steel during Vacuum Induction Melting

Xue Zhengliang[1]　Gao Junbo[1]　Qi Jianghua[1]
Li Zhengbang[2]　Zhang Jiawen[2]

(1. Wuhan University of Science and Technology；2. Central Iron and Steel Research Institute)

Abstract The phenomena of oxygen contamination from crucible materials on molten steel during vacuum melting has been studied by a 50 kg vacuum induction furnace with magnesia crucible and a 25 kg vacuum induction furnace with calcia crucible to research the basic law and main factors of oxygen contamination from crucible materials on molten steel. The results showed that avoiding oxygen contamination from crucible materials on molten steel during vacuum induction melting was key factcr for deep deoxidization of molten steel in extra – low oxygen content range; in 0. 5 ~ 10 Pa vacuum melting, with vacuum and temperature of molten steel in bath increasing the oxygen contamination from crucible materials on molten steel increased, and the final oxygen content in steel increased with carbon burning loss of molten steel increasing; the oxygen contamination of molten steel melting with magnesia crucible was more than that with calcia crucible.

Key words vacuum induction melting; crucible; oxygen contamination from crucible material

中间包内流体流动及夹杂物去除的研究*

摘　要　采用湍流流动的数学模型方法，对板坯中间包内的钢液流动及夹杂物去除率进行了模拟研究，系统分析了在中间包内设置控流设备对钢液流动状态、平均停留时间以及夹杂物颗粒排除率的影响。结果表明，设置挡墙和坝后，中间包内有效防止了短路流，延长了平均停留时间，夹杂物整体排除率明显提高，大大改善了中间包的冶金效果。

关键词　中间包；流场；停留时间；夹杂物；数学模型

随着对钢质量要求的日益严格，人们对中间包的冶金效果越来越重视[1~4]。中间包内的钢液流动状态和分布，以及钢液平均停留时间均对夹杂物的分布和排除效果有直接影响。

对中间包内流体的模拟一般有两种方法：一是物理模拟；二是数学模拟[5]。本文采用数学模拟的方法，对中间包内流体流动进行计算和分析，讨论了中间包内钢液流动对夹杂物去除的影响。

1　中间包内流体流动的数学模型

1.1　基本方法

假设中间包内的钢液流动为稳定态，忽略表面渣层的影响，钢液面为自由表面，钢液的流动为湍流流动，描述钢液流动的基本微分方程如下。

连续性方程：

$$\frac{\partial(\rho u_i)}{\partial x_i}=0 \tag{1}$$

动量方程（$N-S$ 方程）：

$$\frac{\partial(\rho u_i u_j)}{\partial x_j}=-\frac{\partial p}{\partial x_i}+\frac{\partial}{\partial x_j}\left[\mu_{\text{eff}}\left(\frac{\partial u_i}{\partial x_j}+\frac{\partial u_j}{\partial x_i}\right)\right] \tag{2}$$

湍流模型采用 $\kappa-\varepsilon$ 方程来描述。

湍流动能（κ）方程：

$$\frac{\partial(\rho u_i K)}{\partial x_i}=\frac{\partial}{\partial x_i}\left(\frac{\mu_{\text{eff}}}{\sigma_\kappa}\cdot\frac{\partial K}{\partial x_i}\right)+G-\rho\varepsilon \tag{3}$$

湍流动能耗散率方程（ε）：

$$\frac{\partial(\rho u_i \varepsilon)}{\partial x_i}=\frac{\partial}{\partial x_i}\left(\frac{\mu_{\text{eff}}}{\sigma_\varepsilon}\cdot\frac{\partial \varepsilon}{\partial x_i}\right)+(C_1\varepsilon G-C_2\varepsilon^2)K \tag{4}$$

式中

---

* 本文合作者：王立涛、张乔英。原发表于《炼钢》，2005，21（2）：26～29。

$$G = \mu_t \frac{\partial u_j}{\partial x_i}\left(\frac{\partial u_i}{\partial x_j} + \frac{\partial u_j}{\partial x_i}\right) \tag{5}$$

有效黏度：

$$\mu_{eff} = \mu_L + \mu_t \tag{6}$$

$$\mu_t = C_D \rho K^2 / \varepsilon \tag{7}$$

在以上方程中出现的 5 个常数：C_1、C_2、C_D、σ_κ、σ_ε 取值分别为 1.44、1.92、0.09、1.00、1.30。

1.2 边界条件

认为钢液表面为自由表面，在自由表面及对称表面上，所有的变量梯度为零，认为入口处的钢液流动为一维流动且流动方向与自由表面垂直。

1.3 计算方法

用有限差分法将以上微分方程离散化，采用 Phoenics 中的 Simplest 算法进行计算。所有的控制方程基于有限差分方法，离散方程采用隐式松弛技术，能量方程和组元守恒方程中的扩散性源项用中心差分离散。

1.4 结果分析

图 1 和图 2 是中间包内不加控流装置和加控流装置两种情况下钢液的流场分布。不加控流装置时，从长水口进入中间包的钢液，沿包底直接流向中间包水口，形成短路流，钢流中的夹杂物都没有机会或没有充足的时间上浮，便从水口排出进入结晶器。从图 2 可以看出，中间包内设置挡墙和坝后，基本上消除了短路流，并且钢液经挡墙和坝后向上直接流向中间包的自由表面，钢液中的夹杂物在较短的时间内即可浮至表面，表面的夹杂物的上浮机会增大，这都有利于夹杂物的去除。

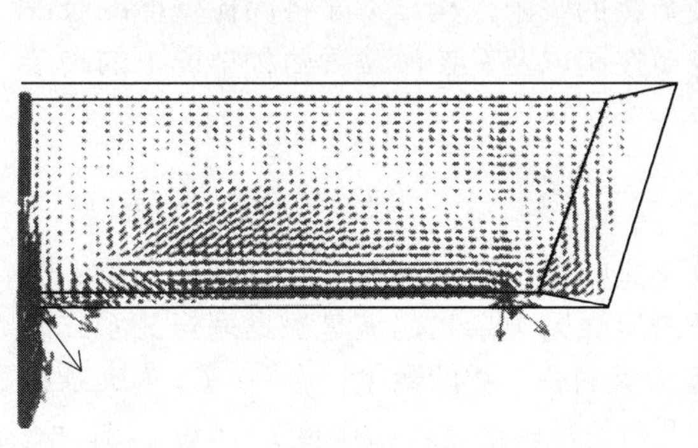

图 1　中间包内无挡墙和坝时流场

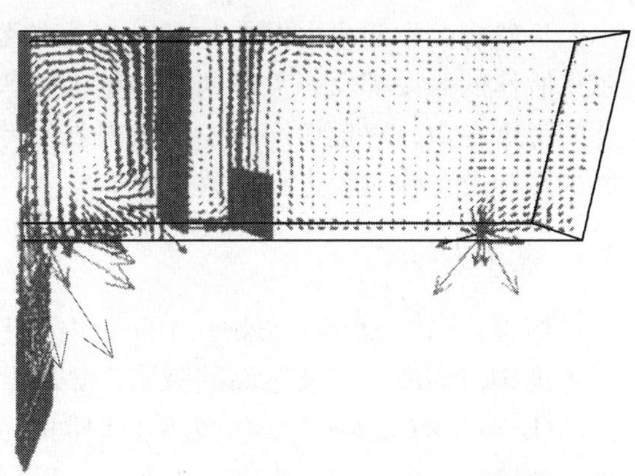

图 2　中间包内有挡墙和坝时流场

图 3 和图 4 是中间包内无挡墙和坝与有挡墙和坝两种情况下钢液的流线图。钢液的流线一方面代表钢液的流动轨迹，另一方面也代表了钢液中夹杂物尤其是较小尺寸的夹杂物的运动路线。中间包内挡墙和坝的存在消除了钢液的短路流，使强烈的湍流流动迅速变为平缓的层流流动，促进了钢液中夹杂物的上浮。

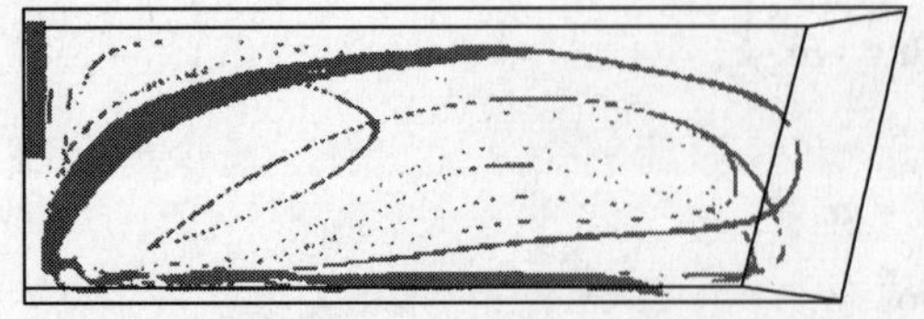

图3　中间包内无挡墙和坝时流线图

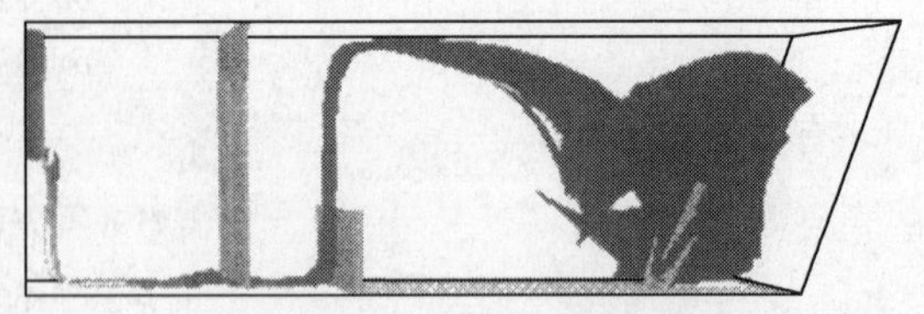

图4　中间包内有挡墙和坝时流线图

2　停留时间曲线

钢液在中间包内停留时间的长短及分布，对中间包的各种冶金功能有非常重要的影响，本文测定了中间包内钢液的停留时间分布，分析了中间包内钢液的流动状态及对其冶金性能的影响，示踪剂在包内流动和扩散状况可用质量传输方程来描述：

$$\frac{\partial(\rho C)}{\partial t}+\frac{\partial(\rho u_i C)}{\partial x_i}=\frac{\partial}{\partial x_i}\left(\rho D_{\mathrm{e}}\frac{\partial C}{\partial x_i}\right) \quad (8)$$

边界条件：在所有固体表面上，对示踪剂而言，其质量传输为零。

图5是由方程（8）计算得到的在无挡墙和坝与有挡墙和坝两种情况下中间包内停留时间曲线，在中间包内设置挡墙和挡坝，能有效地改善中间包内钢液的流动状态，消除了不设挡墙时的短路流现象，从而延长了钢液在中间包内的平均停留时间，为夹杂物上浮提供了充足的时间。

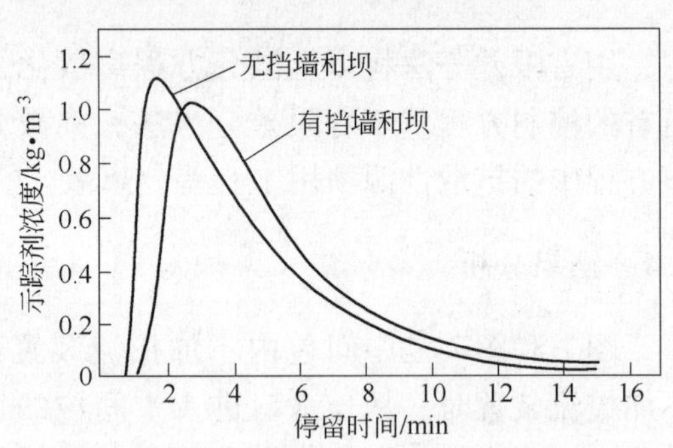

图5　停留时间曲线（拉坯速度为1.3m/min）

3　夹杂物去除模型

虽然有关中间包内夹杂物运动行为的数学模拟的文献经常出现[6~8]，但大多数文献中所作的假设都没有考虑到固体壁面对夹杂物的吸附作用，本文将固体壁面的吸附作用考虑在内，对板坯连铸中间包内没有流动控制以及有控流装置两种情况下的夹杂物的运动及排除过程进行了数值模拟。

3.1　基本方程

假设：（1）球形夹杂物在中间包内的上浮速度遵守Stokes方程；（2）夹杂物去除只考虑钢液面渣层以及壁面的吸附，钢液面渣层吸附夹杂物的流量根据理想关系式确定：$Q_{\mathrm{S}}=U_{\mathrm{P}}\times C_{\mathrm{PS}}\times A$[9]，$Q_{\mathrm{S}}$为单位时间内渣层吸附夹杂物的数量，个/s；$U_{\mathrm{P}}$为夹杂物的上浮速度，m/s；$C_{\mathrm{PS}}$为钢液表面的边界层夹杂物颗粒的无因次浓度，个/m^3；A为渣层的面积，m^2。

通过研究微元体夹杂物的质量平衡，可以得到中间包内钢液中夹杂物输送过程中的偏微分方程：

$$\frac{\partial\rho u_x C_i}{\partial x}+\frac{\partial\rho u_y C_i}{\partial y}+\frac{\partial\rho(w+w_{\mathrm{in}})C_i}{\partial z}+\frac{\partial\rho C_i}{\partial t}=\frac{\mu_{\mathrm{eff}}}{\sigma_{\mathrm{in}}}\left(\frac{\partial^2 C_i}{\partial x^2}+\frac{\partial^2 C_i}{\partial y^2}+\frac{\partial^2 C_i}{\partial z^2}\right)+S_i \quad (9)$$

夹杂物颗粒之间的碰撞概率用下式表示：

$$P_{in} = 1.3(r_1 + r_2)^3 C_1 C_2 \left(\frac{\varepsilon}{\upsilon}\right)^{\frac{1}{2}} \tag{10}$$

在此模型中不考虑上浮到渣钢界面的夹杂物被重新卷入钢液的可能性，认为到达钢渣界面的夹杂物全部能被顶渣吸收，顶渣捕获夹杂物的等式如下：

$$Q_{in} = C_{in} w_{in} \tag{11}$$

夹杂物与固体壁面之间的碰撞可以看作是通过湍流边界层的质量传输现象[2]，质量扩散通量和数量密度扩散通量如下表示：

$$F_c = \frac{0.029 f\pi}{\rho\upsilon} \cdot N \cdot d^4 \tag{12}$$

$$F_n = \frac{C}{1.817} \cdot N \cdot d \tag{13}$$

f 可用 $\kappa - \varepsilon$ 模型和壁函数的方法确定：

$$\sqrt{f/\rho} \approx C_\mu^{\frac{1}{4}} \varepsilon^{\frac{1}{2}} \tag{14}$$

3.2 结果分析

所模拟中间包在有挡墙和无挡墙两种情况下夹杂物排除能力如图 6 所示。曲线 1 是中间包内无控流装置时，计算的不同直径的夹杂物颗粒的排除率，从曲线变化规律可以看出，直径大于 100μm 的夹杂物无论中间包内有无控流装置，基本都可以从中间包通过上浮去除。而小于 100μm 的夹杂物在中间包内只有部分排除，尤其是直径小于 30μm 的夹杂，在中间包内的排除量很少。由曲线 2 可见，加控流设备以后，中间包内的夹杂物排除率明显提高，尺寸大于 50μm 的夹杂物在中间包基本都可有效上浮。

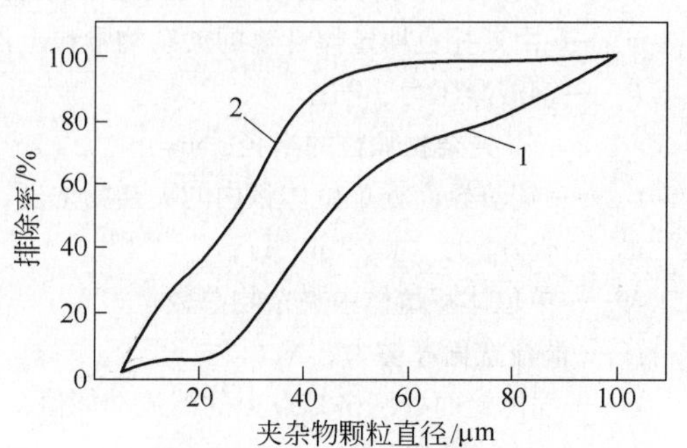

图 6　中间包夹杂物排除率

1—无挡渣墙和坝；2—有挡渣墙和坝

由曲线 1 和 2 可以看出，夹杂物越小，越不容易排除。直径小于 50μm 的夹杂物的排除率虽然比不设控流装置时有了明显提高，但还有相当一部分的夹杂物不能有效去除，进一步探索去除中间包内微小夹杂物的途径是很有必要的。

4 结论

（1）设置挡墙和坝，可以明显改善中间包内钢液流动状态，消除了中间包内部的短路流，将强湍流控制在注入区，中间包水口处钢液流动明显趋于平稳，流线加长，有利于夹杂物排除。

（2）中间包内钢液夹杂物的排除与钢液平均停留时间有直接关系，在中间包内设置合理的控流装置可以适当延长钢液平均停留时间，促进夹杂物的排除。

（3）夹杂物的排除率受中间包内钢液流动的影响明显，中间包内设置挡墙和坝可以明显促进小于 100μm 的夹杂物的去除，而对直径大于 100μm 的夹杂物的去除率几乎无影响。由于钢中微小夹杂物在中间包内的去除量有限，进一步探索其有效去除的方法意义重大。

符号表

u_i，u_j——钢液速度分量，m/s；

K——湍动能，m^2/s^2；

u_t，u_L——湍流黏度和层流黏度，kg/(m·s)；

u_x，u_y——夹杂物在 x 和 y 方向上的速度分量，m/s；

w——夹杂物在 z 方向上的速度分量，m/s；

P_{in}——碰撞概率,%；

Q_{in}——夹杂物通量；

x_i，x_j——直角坐标系中三个坐标方向上的距离，m；

G——质量力；

x，y，z——直角坐标系的三个方向；

t——时间，s；

μ_{eff}——有效黏性系数，kg/(m·s)；

C_i——单位体积内夹杂物颗粒的数量,%；

σ_{in}——夹杂物颗粒的施密特准数；

ρ——钢液的密度，kg/m^3；

S_i——源项，由夹杂物的碰撞率和表面渣的捕获率两部分组成；

w_{in}——由斯托克斯定律计算的夹杂物颗粒上浮速度，m/s；

P——钢液静压力，Pa；

r_1，r_2——夹杂物颗粒的半径，m；

C_{in}——钢渣界面处单位体积内的夹杂物浓度,%；

υ——动力黏度，kg/(m·s)；

N——单位体积熔体中夹杂物总数量；

f——湍流壁面摩擦力，N；

ε——固体壁面处网格结点上的湍流动能值，m^2/s^3；

C_μ——$\kappa-\varepsilon$ 模型常数；

d——夹杂物颗粒直径，mm；

C——示踪剂浓度,%；

D_e——示踪剂的有效扩散系数。

参考文献

[1] 贺友多，Y SAHAI. 连铸机中间包内的流体流动［J］. 金属学报，1988，24（2）：79～86.

[2] A K Sinha，Y Sahai. Mathematical Modeling of inclusion transport and removal in continuous casting tundishes［J］. ISIJ International，1993，33（5）：556～566.

[3] S K Das. Mathematical modeling of flow field in a continuous slab caster tundish including near wall turbulence effects［J］. Trans Indian Inst Met，2001，54（1～2）：21～25.

[4] 张胤，张捷宇，贺友多，等. 宣钢矩形连铸机中间包数学模拟研究［J］. 炼钢，2003，19（1）：45～49.

[5] 贺友多. 传输过程理论和计算［M］. 北京：冶金工业出版社，1999.

[6] 王建军. 中间包夹杂物运动行为的数模研究［J］. 炼钢，2001，17（4）：40～43.

[7] 赵连钢，刘坤，李超，等. 鞍钢板坯连铸机中间包挡墙设置优化与改进［J］. 炼钢，2003，19（2）：21～25.

[8] Cho Jung Soo，Lee Hae Geon. Cold model study on inclusion removal from liquid steel using fine gas bubbles［J］. ISIJ International，2001，41（2）：151～157.

[9] 盛东源，倪满森，邓开文．中间包内钢液流动、温度控制和夹杂物行为的数学模拟［J］．金属学报，1996，32（7）：742～748.

Study on Liquid Metal Flow and Impurity Removal inside Tundish

Wang Litao[1] Zhang Qiaoying[2] Li Zhengbang[1]

（1. Central Iron and Steel Research Institute；2. University of Science and Technology Beijing）

Abstract By mathematical modeling of turbulent flow the liquid steel flowing and removal of inclusions inside the tundish are simulated, and the effects of installation of the flow control equipments in the tundish on the flowing condition and average duration of liquid steel and removal rate of inclusions are systematically analyzed. Results show that the short circuit flow in the tundish has been effectively checked and average duration of the liquid steel prolonged and the removal rate of inclusions inside the tundish prominently raised since installation of dam and weir in the tundish, and thus the metallurgical results in the tundish are greatly improved.

Key words tundish；flow field；duration；inclusion；math model

焊丝钢新型脱氧剂的实验研究*

摘　要　焊丝钢中碳、硅和铝的质量分数较低，可以获得很好的拉拔性能和焊接性能，为满足生产优质焊丝钢宜采用低碳、硅和铝的质量分数的脱氧剂。采用新型脱氧剂 SiCaBaMgMnAl－1 号、SiCaBaMgMnAl－2 号、SiCaBaMgMn 以及作为对比实验的 FeAlMn，以 H10Mn2 为实验钢种在 $MoSi_2$ 炉内进行脱氧实验。结果表明，SiCaBaMgMnAl－1 号的脱氧效果最优，能够在较短时间内达到脱氧平衡，氧的质量分数降到较低水平，夹杂物以复合形式存在，熔点低而且易上浮排除。

关键词　焊丝钢；脱氧剂；夹杂物

随着焊接技术和工业自动化程度的提高，焊丝已被广泛应用于车辆制造、造船、工程机械、桥梁等制造业中，我国焊丝的产量以每年 1～2 万吨的速度递增[1]。焊丝的广泛用途决定了焊丝钢要有良好的拉拔性能和焊接性能，因而对钢中的碳、硅和铝的质量分数均有严格的要求。硅增加，会导致焊接强度不够，增大焊缝的开裂倾向，还会增大焊条电阻率，引起焊接过程中产生气孔[2]；钢中残留的铝过高会在凝固过程中产生大的 Al_2O_3 夹杂，引起拉拔过程中的拉断。因此，焊丝钢生产过程中脱氧剂的选择非常重要，要保证稳定的钢水成分和较高的纯净度。目前，脱氧剂的种类很多，但合金中的硅、铝的质量分数较高，用于焊丝钢脱氧易造成钢水成分超标。因此，实际生产中多用 Mn 或 FeAlMn 脱氧，但会使自由氧的质量分数较高，一般在 30×10^{-6}以上。

为了进一步降低钢水中的自由氧，提高钢的纯净度，本研究拟采用含碱土金属的低硅、低铝复合脱氧剂进行脱氧操作。以 H10Mn2（焊丝钢）为实验钢种，采用3 种新型脱氧剂 SiCaBaMgMnAl－1 号、SiCaBaMgMnAl－2 号、SiCaBaMgMn 进行实验，并用 FeAlMn 做了对比实验。

1　实验条件和方法

实验在 $MoSi_2$ 炉内进行，采用 ϕ65mm×80mm 高纯 MgO 坩埚，测温采用双铂铑热电偶，实验温度 1873K，实验过程中通氩气保护，流量 6L/min。实验钢种为 H10Mn2（$w(C)=0.06\%\sim0.10\%$，$w(Si)\leqslant0.06\%$，$w(Mn)=1.70\%\sim1.90\%$，$w(P)\leqslant0.020\%$，$w(S)\leqslant0.015\%$，$w(Al)\leqslant0.005\%$）。为保证综合冶炼效果，本实验的精炼渣碱度定为 4，加入量为钢质量的 5%。实验采用脱氧剂的种类及成分见表 1。

实验中向炉内加入 1kg 工业纯铁，温度达到 1873K 时，用定氧探头点测钢液中的溶解氧，为模拟现场情况，用石英管向钢液中吹入氧气，使钢水溶解氧的质量分数达到 0.08% 以上，取原始钢样。加入渣料 10min 后取渣样，加入 2.5g 复合脱氧剂和金属锰调节钢种成分。冶炼时间定为 40min，取样时间为 5、10、20、40min 各取一次钢样，

* 本文合作者：王厚昕、李阳、姜周华、张家雯、梁连科。原发表于《钢铁》，2005，40（5）：25～28。

同时测定溶解氧。

表 1 脱氧剂种类及成分

Table 1 Compositions of deoxidizers (%)

炉次	脱氧剂种类	w(C)	w(Si)	w(Al)	w(Mg)	w(Ba)	w(Ca)	w(Mn)	w(Fe)
1	FeAlMn	≤2.0	—	15~25	—	—	—	25~35	余量
2	SiCaBaMgMnAl-1 号	≤0.5	≤6	10~15	10~15	2~5	2~5	25~35	余量
3	SiCaBaMgMnAl-2 号	≤0.5	≤6	5~8	10~15	2~5	12~18	15~25	余量
4	SiCaBaMgMn	≤0.5	≤6	—	10~15	2~5	2~5	25~35	余量

2 实验结果及分析讨论

2.1 终点钢液化学成分分析

将各炉实验的终点钢样进行成分分析后发现，各炉实验的终点化学成分基本满足钢种的标准要求，各实验炉次中 w(C) = 0.06% ~0.10%，w(Si) = 0.02% ~0.05%，w(Mn) = 1.71% ~1.88%，w(P) = 0.008% ~0.010%，w(S) = 0.006% ~0.015%。受分析条件限制，对钢中的酸溶铝的质量分数未进行分析，仅进行了全铝的质量分数的分析。由表 1 中的合金成分可以看出，实验所考察的新型复合脱氧剂中的铝的质量分数远低于实际生产中使用的 FeAlMn 合金中的铝的质量分数，故实验炉次终点钢液的酸溶铝的质量分数不会超标。

2.2 实验过程中氧的质量分数的变化情况

图 1 为钢液中溶解氧的质量分数的变化情况。从图 1 可以看出，FeAlMn 合金脱氧实验过程中的溶解氧略有波动，而其他 3 组合金的脱氧实验过程溶解氧较稳定，在 5 ~10min 就基本达到平衡。4 组实验的终点溶解氧均在 0.0007% ~0.0011% 的水平上，其数值大体相当。从图 1 还可以明显看出，SiCaBaMgMnAl-1 号和 SiCaBaMgMn 合金脱氧实验的溶解氧较快达到平衡，且溶解氧的质量分数相对较低。

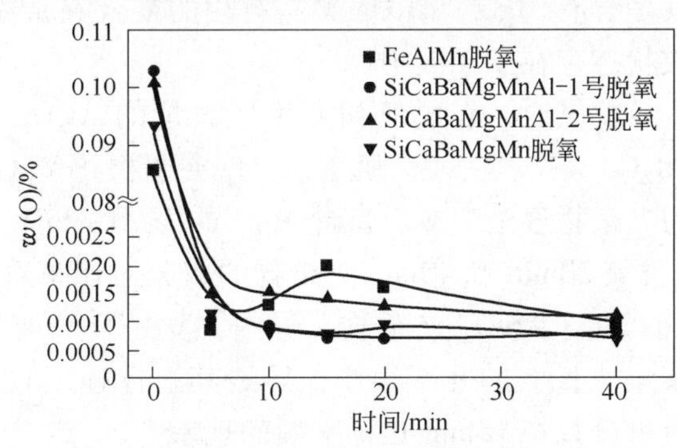

图 1 实验过程溶解氧的质量分数的变化

Fig. 1 Change of dissolved oxygen content during experiments

图 2 表示出了实验过程全氧的质量分数的变化情况。从图 2 可以看出，4 组实验的初始全氧的质量分数在 0.09% ~0.11%，实验进行到 5min 时，各组实验的全氧的质量

分数均降至0.01%以下。实验进行到终点时，SiCaBaMgMnAl－1号脱氧实验的全氧的质量分数最低，而SiCaBaMgMn脱氧实验的全氧的质量分数最高。从全氧的质量分数变化曲线还可以看出，SiCaBaMgMnAl－1号合金在整个实验过程中都表现出较强的脱氧能力，实验进行到10min之后的全氧的质量分数在4组实验中均保持在较低的水平，而FeAlMn和SiCaBaMgMnAl－2号脱氧的终点全氧的质量分数基本相当。

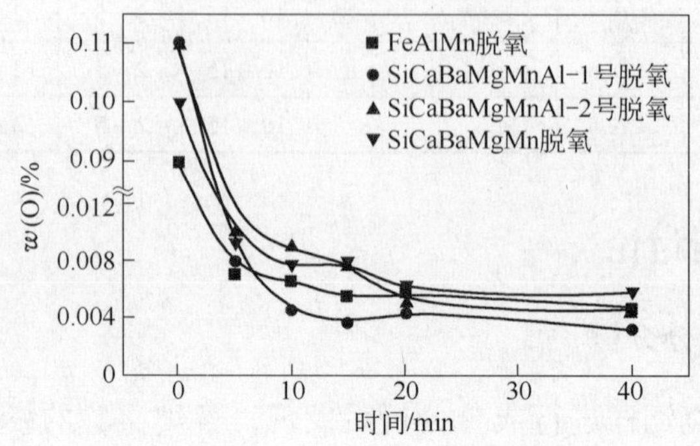

图2　实验过程全氧的质量分数的变化

Fig. 2　Change of total oxygen content during experiments

从全氧平衡时间上看，FeAlMn和SiCaBaMgMnAl－1号合金的脱氧实验在15 min左右即达到平衡，而SiCaBaMgMn和SiCaBaMgMnAl－2号合金的脱氧实验稍长一些，在20 min左右才达到平衡。

因此，从实验过程的溶解氧和全氧的质量分数看，在这4组实验中最优的脱氧剂是SiCaBaMgMnAl－1号合金。用SiCaBaMgMnAl－1号合金脱氧时，其终点全氧和溶解氧的质量分数最低，且其脱氧能够较快达到平衡。

2.3　典型夹杂物的成分和形貌分析

对脱氧实验试样的典型夹杂物用扫描电镜、能谱仪进行形貌和成分分析发现，FeAlMn脱氧时，终点的夹杂物多以$MnO-Al_2O_3$为主，含少量MgO、SiO_2的复合夹杂物形式存在于钢中，尤其是含有$MgO\cdot Al_2O_3$尖晶石相的复合夹杂物，由于其半径较小，不易上浮，从而以弥散状态存在于钢液中。

SiCaBaMgMnAl－1号脱氧时，在脱氧初期生成大量的Al_2O_3夹杂物和$MnO-SiO_2$夹杂物，在此阶段以Al_2O_3夹杂物为主。随着Al_2O_3夹杂物和$MnO-SiO_2$夹杂物的不断长大和上浮，钢液中的夹杂物逐渐变成以富含MnO的$MnO-SiO_2$夹杂物为主，其中含有极少量的Al_2O_3。从脱氧20min和40min夹杂物的成分对比来看，其夹杂物的基本组成均为富含MnO的细小$MnO-SiO_2$夹杂物，见图3。由于$MnO-SiO_2$夹杂物尺寸较小，相互之间碰撞、聚集、长大的几率很小，导致其上浮速度较慢，这进一步验证了前面观察到的全氧的质量分数在15min达到平衡的现象。

SiCaBaMgMnAl－2号脱氧终点时夹杂物是$MnO-SiO_2-Al_2O_3$、CaO较高的$CaO-MgO-MnO-SiO_2$复合夹杂以及硫的质量分数较高的$MnO-SiO_2-FeO$夹杂，而SiCaBaMgMn脱氧终点产物为MnO、Al_2O_3的质量分数较高的$MnO-Al_2O_3-SiO_2-MgO$复合夹杂和$MnO-Al_2O_3-SiO_2$复合夹杂。

从扫描电镜分析中发现，虽然使用了含钡的碱土金属合金脱氧，但终点脱氧产物

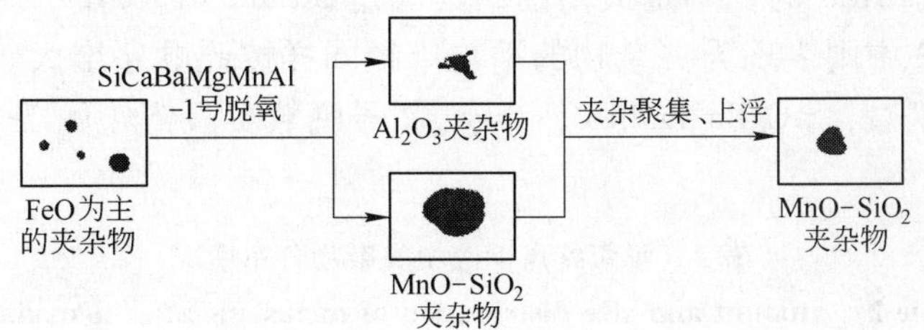

图3 SiCaBaMgMnAl-1号脱氧时夹杂物在各阶段的组成变化

Fig. 3 Evolution of inclusions during deoxidation using SiCaBaMgMnAl-1

中并未发现BaO，同先前的含钡合金对硬线钢的脱氧试验一致[3]。其主要原因是由于含钡的复合脱氧产物半径较大。由动力学可知，夹杂物上浮速度与夹杂物的半径成正比，故含钡的脱氧产物上浮速度较快，冶炼终点时其数量必然减少。

在用含镁的脱氧剂实验中，发现许多尺寸细小、不变形、随机分布的 $MgO \cdot Al_2O_3$ 尖晶石夹杂物，有的 $MgO \cdot Al_2O_3$ 尖晶石夹杂物还被 SiO_2 等其他氧化物所包裹，见图4。由此说明钢中的 Al_2O_3 极易与镁形成尖晶石相，从而使 Al_2O_3 等夹杂物变性，这与Saxena的观点一致[4]。而这种细小的 $MgO \cdot Al_2O_3$ 尖晶石夹杂物与簇状 Al_2O_3 夹杂或与有尖锐棱角的 Al_2O_3 夹杂不同，小的尖晶石夹杂物的边缘几乎都是圆滑的，因而在轧制过程中不能引发形成空穴和成为应力源，对钢的疲劳等性能有害程度较小。

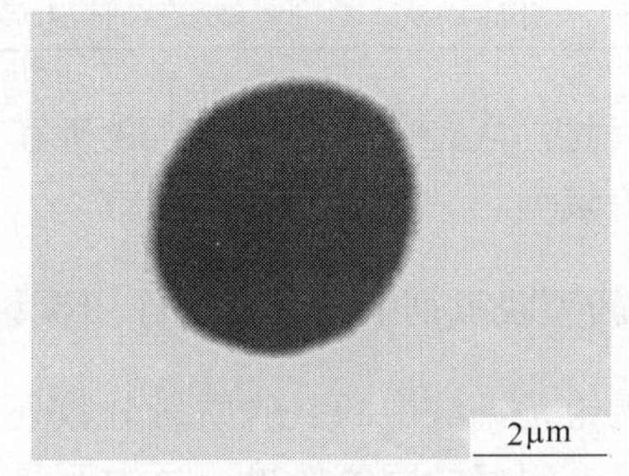

图4 $MgO \cdot Al_2O_3$ 尖晶石夹杂物的形貌

Fig. 4 Morphology of $MgO \cdot Al_2O_3$ inclusion

2.4 夹杂物定量分析

对4组脱氧实验的终点试样（40 min钢样）进行研磨、抛光后，用LEICA Q5501W图像仪、DMRME显微镜进行观察，放大倍率为500倍，每个试样观察30个视场，对有夹杂物的视场用图像处理系统进行自动与半自动处理。从观察中发现，在所有的终点钢样中，含夹杂物最少的视场中有9个夹杂物，含夹杂物最多的视场中有213个夹杂物，表2列出了30个视场中夹杂物的分布情况。

从表2可以看出，夹杂物数量最少的为FeAlMn脱氧实验，夹杂物总面积最小的为SiCaBaMgMnAl-2号脱氧实验，夹杂物平均半径最小的为SiCaBaMgMnAl-1号脱氧实验，而SiCaBaMgMn脱氧实验的夹杂物数量、总面积平均半径均较大。

FeAlMn脱氧终点夹杂物半径小于2μm的比例在4组实验中是最高的，但结合前面的能谱分析可以看出，FeAlMn脱氧终点夹杂物以MnO-Al_2O_3为主，同时，其脱氧终点钢液中不可避免地存在着 Al_2O_3 夹杂。因此，在脱氧终点钢液中含有半径超过20μm的较大型夹杂物，这对钢材的质量将产生一些不利影响，而在表2中则表现为FeAlMn脱氧终点夹杂物的平均半径最大。SiCaBaMgMnAl-1号、2号及SiCaBaMgMn脱氧终点夹杂物半径在各个区间的分布比较类似，而且均没有发现半径超过20μm的夹杂物存在。从其余三者夹杂物大小的分布上可以看出，SiCaBaMgMnAl-1号脱氧实验的半径分别低于2、5和10μm的比例是最高的，其次是SiCaBaMgMnAl－2号和SiCaBaMgMn脱氧实验，在表2中则表现为夹杂物的平均半径同样按此顺序增大。另外，从夹杂物的数量和总面积来看，SiCaBaMgMnAl－1号、2号脱氧实验依然优于SiCaBaMgMn脱氧实验。

表2 脱氧终点钢液中夹杂物分布情况

Table 2 Amount and size distribution of inclusions after deoxidation (%)

炉次	脱氧剂	夹杂物半径分布/μm						总数/个	总面积/μm^2
		0～2.0	2.1～5.0	5.1～10.0	10.1～20.0	20.1～50.0	平均		
1	FeAlMn	98.23	1.18	0	0.44	0.15	7.87	679	5344.212
2	SiCaBaMgMnAl－1号	96.26	3.32	0.32	0.11	0	3.57	935	3338.055
3	SiCaBaMgMnAl－2号	95.99	3.43	0.29	0.29	0	4.28	699	2997.089
4	SiCaBaMgMn	95.02	4.07	0.66	0.26	0	4.81	1525	7331.290

因此，从夹杂物的尺寸、数量和分布方面考虑，SiCaBaMgMnAl－1号、2号是较合适的脱氧剂。

2.5 新型脱氧剂中各元素的作用探讨

无论是钢液中的氧的质量分数还是钢中夹杂物的结果都表明成分合适的碱土金属合金具有很好的脱氧效果。这主要是因为碱土金属元素与氧有很强的亲和力，如Ba的脱氧能力仅次于Ca，远大于Al，Mg的脱氧能力虽低于Ba但仍强于Al。而且大量研究表明[5,6]，Ca、Mg、Ba在高温下互溶，Ba能降低Ca、Mg的蒸气压，明显减少Ca、Mg的氧化和蒸发，提高Ca、Mg、Ba的利用率，延长含Ca、Mg、Ba合金反应的时间，提高合金的脱氧、脱硫能力。此外，Ca、Ba、Mg、Sr等碱土金属与Si、Al结合力大，高温下互溶，可大幅度提高它们在钢中的溶解度。因此，在不影响钢种成分的情况下，本实验中用到的合金中加入了一定量的Si或Al。由此可以得到一个结论，用含几种元素的合金脱氧、脱硫时，会增强碱土金属合金中单个元素的脱氧、脱硫能力。

3 结论

（1）综合考虑4组脱氧实验结果，SiCaBaMgMnAl－1号脱氧剂对焊丝钢的脱氧效果最好。

（2）在脱氧合金中加入适量镁可以提高脱氧剂的脱氧能力和夹杂物的变性能力。

参考文献

［1］虞海燕．H08Mn2SiA CO_2 气体保护焊丝钢盘条开发与研制［J］．甘肃冶金，1996，（2）：7～13.（YU Haiyan. Research and Development of H08Mn2SiA CO_2 Protective Gas Welding Wire［J］. Gansu Metallurgy，1996，（2）：7～13.）

［2］陈勇．焊条钢硅含量对电阻率的影响［J］．甘肃冶金，2002，（1）：11～13.（CHEN Yong. Effect of Silicon Content on Electrical Resistivity in Welding Wire Steel［J］. Gansu Metallurgy，2002，（1）：11～13.）

［3］王厚昕，姜周华，李阳．含钡合金对硬线钢的脱氧试验［J］．特殊钢，2003，24（5）：19～21.

(Wang Houxin, Jiang Zhouhua, Li Yang. Test on Deoxidation of Hard – line Steel Using Barium Bearing Alloy [J]. Special Steel, 2003, 24 (5): 19 ~ 21.)
[4] Saxena S K. Refining Reaction of Magnesium in Steel at Steelmaking Temperature [A]. Proceedings of International Symposium on the Physical Chemistry of Iron and Steelmaking [C], 1982: 17 ~ 22.
[5] Hilty D C. Improving the Influence of Calcium on Inclusion Control [A]. Electric Furnace Proceedings [C], 1969: 52 ~ 66.
[6] Jager H. Chemical Metallurgy of Iron and Steel [M]. London: Iron and Steel Institute, 1973.

Experimental Study of New Deoxidizers for Welding Wire Steel

Wang Houxin[1] Li Yang[2] Li Zhengbang[1] Jiang Zhouhua[2]
Zhang Jiawen[1] Liang Lianke[2]

(1. Central Iron and Steel Research Institute; 2. Northeastern University)

Abstract The welding wire steel should be of high drawability and good weldability with low carbon, silicon and aluminum content. And then new deoxidizers containing low carbon, silicon and aluminum even without silicon and aluminum are favorable. The study was carried out for steel grade H10Mn2 in $MoSi_2$ furnace with new deoxidizers, namely, SiCaBaMgMnAl – 1, SiCaBaMgMnAl – 2 and SiCaBaMgMn. FeAlMn was also used as reference deoxidizer. The experiment showed that SiCaBaMgMnAl – 1 is the best one, with which the deoxidation balance can be reached within 15 min, with 8×10^{-6} of dissolved oxygen and 33×10^{-6} of total oxygen, and compound inclusions of low melting point as deoxidation products which can be removed easily.

Key words welding wire steel; deoxidizer; inclusion

冷镦钢冶炼用新型复合脱氧剂的研究*

摘　要　用1kg $MoSi_2$ 炉实验研究了成分（%）为≤0.08C，≤0.06Si，≥0.02Al 的SWRM6冷镦钢用2.5kg/t Al块+2.5kg/t 复合脱氧剂包芯线或5.0kg/t AlMgFe块脱氧后钢中溶解氧含量（[O]）和夹杂物成分的变化。结果表明，在1873K 钢中初始溶解氧为 $600\times10^{-6}\sim850\times10^{-6}$ 时，Al脱氧30min后，[O] 为 $6\times10^{-6}\sim17\times10^{-6}$，再经喂复合脱氧剂包芯线30min后，除喂FeCaAl线的炉次 [O] 较高为 13×10^{-6}，喂FeSiMgBaCaAl、FeMgCaAl、FeCa线炉次的 [O] 均达到 $3\times10^{-6}\sim4\times10^{-6}$。单用(70%~80%)Al-(10%~15%)Mg-Fe合金脱氧30min后的炉次的 [O] 即达到 4×10^{-6}。典型夹杂物分析表明，用AlMgFe合金脱氧产生较大颗粒夹杂物，易上浮排除。

关键词　冷镦钢；复合脱氧剂；溶解氧；夹杂物

冷镦钢金属塑性好，多用于生产互换性较高的标准件，如螺栓、螺母、螺钉、铆钉、自攻螺钉等各类紧固件和各种冷镦钢成型的零配件[1]。在冷镦钢加工过程中变形量大（60%~70%）[2]、变形速度快，要求冷镦钢必须具有良好的加工性能和机械性能。目前，国内标准件生产所需的冷镦钢原料大部分从美国、日本、韩国等国家进口。本研究试图研发含Ba、Mg等碱土金属元素的新型脱氧剂，以期望实现好的脱氧效果，提高钢水纯净度，从而获得具有良好加工性能、机械性能和可靠工作性能的冷镦钢以替代进口。

1　实验条件和方法

实验在 $MoSi_2$ 炉内进行，采用 ϕ65mm×80mm 高纯MgO坩埚，测温采用双铂铑热电偶，实验温度为1873K，实验过程中通Ar气保护，流量为6L/min。实验钢种为SWRM6，成分见表1。为保证综合冶炼效果，本实验的精炼渣碱度定为4，加入量为钢水质量的5%，精炼渣的成分（%）：60CaO，$15SiO_2$，$10Al_2O_3$，10MgO，$5CaF_2$。

表1　实验冷镦钢SWRM6的化学成分

Table 1　Chemical composition of test cold heading steel SWRM6　（%）

项目	C	Si	Mn	P	S	Al_s
标准	≤0.08	≤0.06	≤0.6	≤0.045	≤0.045	≥0.02
内控	≤0.06	≤0.03	0.25~0.55	≤0.03	≤0.03	0.02~0.05

从钢种成分看，冷镦钢属于低碳低硅铝镇静钢。目前，现场生产多采用DS—LD—Ar—LF—CC工艺流程，要求T.[O] 含量较低的情况下同时要防止钢水增硅和浇铸时水口结瘤。根据经验，在出钢时，钢渣混冲的良好动力学条件下，用Al进行强制脱

* 本文合作者：王厚昕、李阳、姜周华。原发表于《特殊钢》，2005，26（5）：23~26。

氧，把氧脱到最低。然后，经过吹氩站、LF 的长时间处理，使 Al_2O_3 夹杂物充分上浮。在 LF 结束时，采用钙处理使夹杂物球化变性。研制的关键是研究开发出无硅或低硅的新型脱氧剂。表 2 为几种脱氧剂的成分。

表 2 精炼脱氧剂的成分

Table 2 Chemical composition of deoxidants during refining (%)

编号	合金种类	C	Si	Al	Mg	Ba	Ca	Fe	状态
1	FeSiMgBaCaAl	≤2	≤10	20 ~ 30	20	2 ~ 5	10 ~ 15	余量	包芯线
2	FeCaAl	≤2	—	20 ~ 30	—	—	30 ~ 60	余量	包芯线
3	FeMgCaAl	≤2	—	25 ~ 35	15 ~ 20	—	25 ~ 35	余量	包芯线
4	FeCa	≤2	—	—	—	—	25 ~ 30	余量	包芯线
5	AlMgFe	≤2	—	70 ~ 80	10 ~ 15	—	—	余量	块状

实验过程中，将盛有 1kg 工业纯铁的 MgO 坩埚放入 $MoSi_2$ 炉内，升高温度达到 1873K 时钢水熔融，用定氧探头测定钢液中的溶解氧。为模拟现场情况，用石英管向钢液中吹入氧气，使钢水溶解氧含量尽可能达到 800×10^{-6} 以上，取原始钢样。首先用 Al 脱氧（加入量为 2.5kg/t 钢水），并调整钢水成分至钢种要求；30min 后喂入不同的包芯线（加入量为 2.5kg/t 钢水），继续进行 30min 的夹杂物变性实验。整个过程取 7 个时间点的样品，时间分别是：0，10，30，35，40，50 和 60min。随后，对样品进行夹杂物数量、种类、分布及尺寸检测分析。对于以块状形式加入的 AlMgFe（加入量为 5.0kg/t 钢水）合金，为增强对比性，冶炼时间同样定为 60min，并且在相应的时间点取样。

2 实验结果及分析讨论

2.1 终点钢液化学成分分析

对终点钢样进行常规化学元素分析，结果表明终点成分均满足钢种的标准要求，只是部分炉次的钢中 C、Si 含量偏高接近上限。出现 C 含量较高的原因：一方面是由于合金中含有一定的碳（合金是用石墨坩埚炼制的）；另一方面是由于 FeMn 中碳含量较高的缘故，也不排除操作时石墨保护套中的碳落入钢液中使钢水增碳。实验中的硅含量较高，主要原因是由于脱氧剂中的 Si 含量较高造成的。

2.2 实验过程中氧含量的变化情况

图 1 给出了实验过程中溶解氧变化曲线。从图中可以看出，由于初始溶解氧含量有所不同，导致 Al 脱氧末期（30min 时）各组实验的溶解氧含量有所不同，在 $(6 \sim 17) \times 10^{-6}$ 之间变化。而喂线后，除喂 FeCaAl 线的实验溶解氧较高（13×10^{-6}）外，其余 3 组实验的溶解氧均较低，在 $(3 \sim 4) \times 10^{-6}$ 之间。另外，AlMg 合金脱氧炉次的溶解氧含量也较低，为 4×10^{-6}。

2.3 典型夹杂物的成分和形貌分析

用扫描电镜、能谱仪对脱氧实验试样进行形貌和成分分析。当先用 Al 脱氧再分别

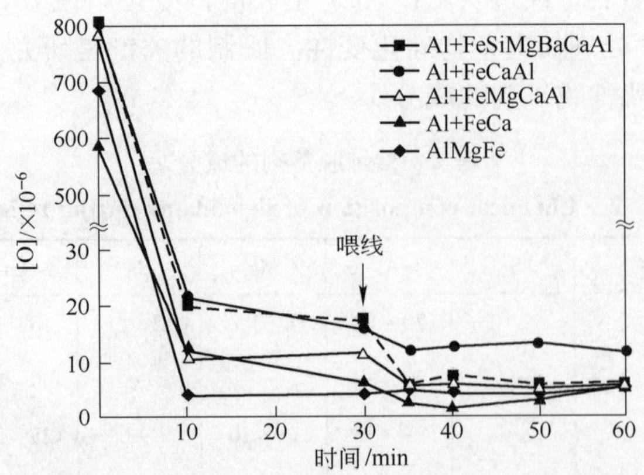

图1　使用不同脱氧剂精炼过程中溶解氧变化曲线

Fig. 1　Variation of dissolve oxygen content in molten steel in refining by different deoxidants

喂 FeCa 包芯线和 FeCaAl 包芯线时，终点典型夹杂物成分相似，多为 Al_2O_3-CaO 复合夹杂物，只是 FeCaAl 包芯线的终点脱氧产物中还有含微量 CaO 的 $Al_2O_3-SiO_2$ 夹杂，这是由于 FeCaAl 包芯线中含有一定的 Al，其脱氧产物易于与 SiO_2 反应生成 $Al_2O_3-SiO_2$ 夹杂的缘故。

先 Al 脱氧后喂入 FeSiMgBaCaAl 包芯线的实验过程中，夹杂物发生如下变化：首先，Al 脱氧生成絮状 Al_2O_3 夹杂；喂入 FeSiMgBaCaAl 包芯线后，生成大量的 $Al_2O_3-MgO-CaO-MnO$ 夹杂和 $Al_2O_3-SiO_2$ 夹杂；随着夹杂物变质的进行，喂线终点的夹杂物变成大量的 $Al_2O_3-MgO-CaO$ 夹杂，其中含有少量的 MnO 和 SiO_2，另外，还发现了 $CaO-Al_2O_3-SiO_2$ 夹杂，其中含有部分 MgO。

而 Al 脱氧后喂 FeMgCaAl 包芯线实验过程中夹杂物则发生如下变化：Al 脱氧生成大量 Al_2O_3 夹杂；喂入 FeMgCaAl 包芯线后，生成大量的 Al_2O_3 含量较高的 Al_2O_3-MgO 夹杂，夹杂物中不同程度地含有少量 MnO 和 CaO；喂线终点时，这种情况并没有多大改变，夹杂物仍然以 Al_2O_3 和 $Al_2O_3\cdot MgO$ 尖晶石的混合相为核心，外围是 CaO、MnO 的“包裹”结构。值得注意的是，喂线终点时，这种类型的夹杂物尺寸较小，夹杂物半径在 1 ~2μm。出现这种现象的原因主要是由于初期形成的夹杂物由于钙处理的原因易于聚集并长大而上浮，随着钙含量的降低，$Al_2O_3\cdot MgO$ 尖晶石相的夹杂物的聚集、长大变得很困难，从而以极细小的夹杂物形式均匀分布于钢中。

对 AlMgFe 合金脱氧实验终点时的试样的典型夹杂物用扫描电镜、能谱仪进行形貌和成分分析，发现夹杂物颗粒较小，形状比较规则，具体变化过程如图 2 所示。

在 AlMgFe 合金的脱氧初期，由于初始钢液中的溶解氧较高，Al、Mg 分别与钢液中的氧反应生成 Al_2O_3 和 MgO；同时，用于钢液成分调整的 Mn 也会与氧反应生成 MnO。随着夹杂物的生成、聚集、长大，钢液中将生成各种类型的夹杂物，如尺寸较大的不规则 Al_2O_3 夹杂、$Al_2O_3-SiO_2$ 及 $Al_2O_3-MnO-SiO_2$ 复合夹杂物。随着反应的进行，较大颗粒的夹杂物逐渐上浮排除，钢液中的夹杂物则以 Al_2O_3-MgO 复合夹杂为主，由于钢液中 Mn 含量较高，夹杂物中也会含有一定的 MnO。图 3 是典型 Al_2O_3-MgO 复合夹杂的面分布图。

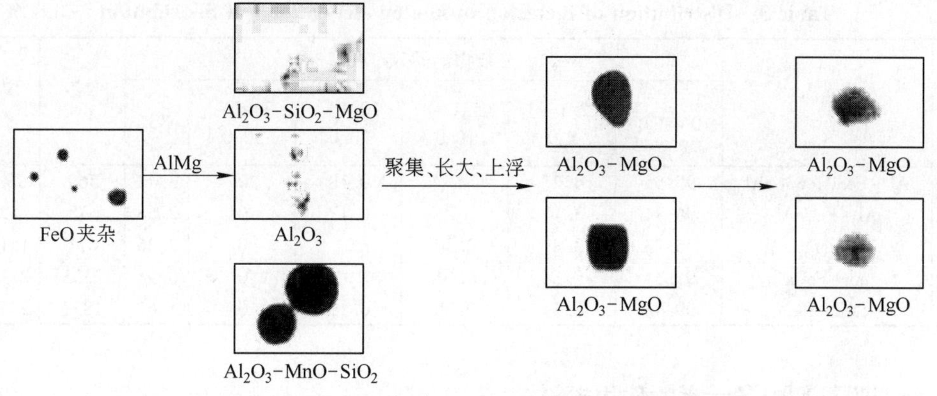

图 2　AlMgFe 合金脱氧过程中夹杂物组分的变化

Fig. 2　Change of ingredient of inclusions in steel during deoxidation by AlMgFe Alloy

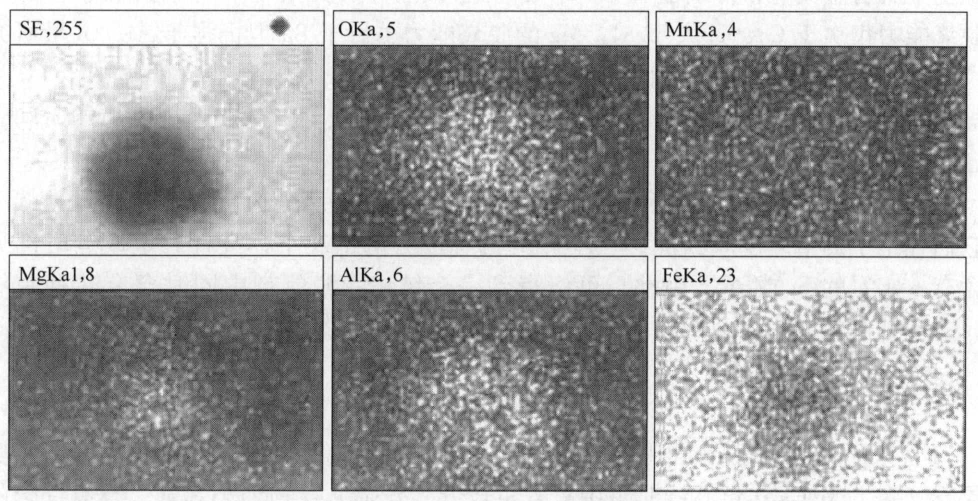

图 3　AlMgFe 合金脱氧 60 min 时夹杂物面分布

Fig. 3　Surface distributions of inclusions in steel deoxidized by AlMgFe alloy for 60 min

2.4　夹杂物定量分析

将 5 组脱氧实验的终点试样（60min 钢样）进行研磨、抛光后，用 LEICA Q5501W 图像仪、DM－RME 显微镜进行观察，放大倍率为 500 倍，每个试样观察 30 个视场，对各视场用图像处理系统进行自动与半自动处理，表 3 列出了 30 个视场中夹杂物的分布情况。

从表 3 可以看出，所有实验终点样品中夹杂物平均半径都小于 5μm，未发现半径超过 20μm 的大型有害夹杂物。由此看来，Al 脱氧产生的 Al_2O_3 夹杂转变为不同成分的复合夹杂，有较大的上浮去除速度，残余夹杂物尺寸均较小而且形态均得到明显改善，多为球状。AlMg 合金的脱氧终点夹杂物以 Al_2O_3－MgO 复合夹杂为主，其平均半径为 1.61μm，仅有少数夹杂半径大于 2μm，在钢中细小弥散分布。

表3 脱氧终点钢液中夹杂物分布

Table 3 Distribution of inclusion in molten steel at end of deoxidation (%)

炉次	脱氧剂	夹杂物半径分布/μm						总数/个	总面积/μm^2
		0~2.0	2.1~5.0	5.1~10.0	10.1~20.0	20.1~50.0	平均		
1	Al+FeSiMgBaCaAl	95.55	4.27	0	0.18	0	3.42	569	1945.32
2	Al+FeCaAl	96.71	3.11	0	0.17	0	2.68	578	1525.575
3	Al+FeMgCaAl	95.83	3.87	0.30	0	0	2.26	671	1518.143
4	Al+FeCa	99.31	0.64	0.04	0	0	0.91	2335	2118.585
5	AlMgFe	99.40	0.44	0.05	0.11	0	1.61	1831	2953.423

2.5 新型脱氧剂中各元素的作用探讨

冷镦钢要求低碳低硅，无论从钢中的氧含量还是从夹杂物结果看，为其设计的几种复合脱氧剂具有很好的脱氧效果，都能够满足该钢种的脱氧要求。这表明成分合适的碱土金属合金具有很好的脱氧效果。这源于碱土金属元素与氧有很强的亲和力。Ba的脱氧能力仅次于Ca，远大于Al，Mg的脱氧能力虽低于Ba但仍强于Al。大量研究证实[3~6]，Ca、Mg、Ba在高温下互溶，Ba能降低Ca、Mg的蒸气压，明显减少Ca、Mg的氧化和蒸发，提高Ca、Mg、Ba的利用率，延长含Ca、Mg、Ba合金反应的时间，提高合金的脱氧、脱硫能力。

此外，Ca、Ba、Mg、Sr等碱土金属与Si、Al结合力大，高温下互溶，可大幅度提高它们在钢中的溶解度。因此，在不影响钢种成分的情况下，设计合金成分时部分合金含有一定量的Si或Al。由此，可以得到一个结论：脱氧剂中同时含有几种脱氧元素，它们彼此相互作用会增强单个元素的脱氧能力和夹杂物变性能力。

3 结论

（1）采用先用Al脱氧再喂复合包芯线冶炼冷镦钢是一个可行的工艺路线，从实验结果看，喂FeMgCaAl包芯线时钢中氧含量较低、残余夹杂物细小弥散，具有综合的脱氧效果。

（2）直接采用AlMg脱氧剂也可以达到甚至超过先用Al脱氧再喂复合包芯线的效果，简化冷镦钢生产的脱氧工艺。

（3）含碱土金属的复合脱氧剂有较好的脱氧能力和夹杂物变性效果。

（4）含Mg的脱氧剂在脱氧过程中，易生成$Al_2O_3 \cdot MgO$尖晶石的混合相为核心而外围是CaO、MnO等氧化物的“包裹”结构，该结构细小弥散地分布在钢中。

参考文献

［1］宋维锡．金属学［M］．北京：冶金工业出版社，1984．

［2］吴瑞祥．影响冷镦钢质量的主要因素及控制措施研究［J］．湖南冶金，2002，（2）：22．

［3］Hilty D C，Popp V T. Improving the Influence of Calcium on Inclusion Control［C］. Electric Furnace Proceedings，1969，27：52．

［4］Jager H，Holzgruber W. Chemical Metallurgy of Iron and Steel［M］. London：Iron and Steel Inst.，1973．

［5］王忠英，张鉴，王福刚，等．硅铝钡合金对轴承钢脱氧实验研究［J］．钢铁研究，1997，25

(5): 7.
[6] 韩其勇，唐历，王庆奎. 含钡合金在钢生产中的应用 [J]. 钢铁研究学报，1992，4 (3): 98.

Study on New Deoxidants for Cold Heading Steel Refining

Wang Houxin[1] Li Zhengbang[1] Li Yang[2] Jiang Zhouhua[2]

(1. Central Iron and Steel Research Institute; 2. Northeastern University)

Abstract The variation of dissolved oxygen content in molten steel ([O]) and inclusion ingredient of SWRM6 cold heading steel (≤0.08C, ≤0.06Si, ≥0.02Al) deoxidized refining by 2.5kg/t Al block +2.5kg/t compound deoxidants or 5.0 kg/t AlMgFe block has been studied by 1 kg $MoSi_2$ furnace. The results showed that at 1873 K with dissolved oxygen content $600\times10^{-6}\sim850\times10^{-6}$ in steel and deoxidized by Al for 30 min, the [O] was $6\times10^{-6}\sim17\times10^{-6}$, and then feeding compound deoxidants to deoxidize for 30 min, the [O] in steel could decreased to $3\times10^{-6}\sim4\times10^{-6}$ by feeding FeSiMgBaCaAl, FeMgCaAl, or FeCa wire, except for heats by feeding FeCaAl for 30 min, of which the [O] in steel was 13×10^{-6}. Alone deoxidized by (70% ~80%) Al-(10% ~15%) Mg-Fe alloy for 30 min, the [O] in steel decreased to 4×10^{-6}. The analysis on typical inclusion in steel showed that the formed larger size inclusions in steel deoxidized by alloy AlMgFe easily went up and were removed from molten steel.

Key words cold heading steel; compound deoxidant; dissolved oxygen; inclusion

连铸结晶器保护渣的熔化*

1 保护渣熔化过程和机理

保护渣在钢水面上形成了所谓粉渣层—烧结层—液渣层的三层结构。

保护渣熔化过程为：

(1) 试样中有机物氧化（脱水和汽化）；

(2) 碳质料的燃烧损失，时间较长，说明了渣粒烧结和熔化过程的延缓程度，与渣内所含碳粒类型和数量有关；

(3) 熔化突然加快，取决于基料化学成分、矿物性质和粒度；

(4) 熔融。

连铸保护渣随温度升高，其熔化过程如下：

$$\text{粉渣}\xrightarrow{\text{固相反应}}\text{烧结}\rightarrow\text{液珠}\xrightarrow{\text{聚合}}\text{液渣}$$

保护渣烧结层的形成机理为：首先是粉渣固相之间进行直接反应，而反应温度远低于反应物的熔点或它们的低共熔点。如果保护渣中存在着一些助熔剂，如碱金属的碳酸盐、氧化物、氟化物和玻璃质等，它们开始形成液相的温度远低于主要组成物质的低共熔温度，这些少量液相会在反应中起极大的作用。虽然液相不多，但对粉渣的固结起重要作用。液相将固体颗粒表面润湿，靠表面张力作用使粉渣颗粒靠近、拉紧，并重新排列。

除了温度、压力、加热时间等因素外，凡是能促进外扩散及内扩散进行的因素都能促进粉渣烧结。如保护渣的细粉碎、多晶转变、脱水、分解等化学反应。

固相化学反应的机理是离子在晶格中的扩散作用。这个作用对于一定的物质仅仅在一定的温度水平下才有可能，$CaO + SiO_2$ 固相反应的开始温度为 500～700℃[1]，但显微观察发现 450～500℃一部分粒子已呈熔融状态[2]，随温度上升这种熔融液渣增多并浸润在基体粒子之间，不久基体粒子互相凝聚收缩。这与渣中添加的助熔剂有关。

随着温度接近保护渣熔点，烧结相逐步熔成一个个小液珠（见图1），小液珠相互接触就有可能集聚成大液珠。两个小液珠合并成一个大液珠时的吉布斯自由能变化只是由表面吉布斯自由能引起，即：$\Delta G=\sigma_{ss}\cdot\Delta A$。式中 σ_{ss} 是液滴与固相渣间界面张力，ΔA 是大液珠与两个小液珠表面积之差，因 $\Delta A<0$，所以聚合过程是自发的，σ_{ss} 越大聚合过程越容易进行，聚合的推动力是 σ_{ss} 与液珠表面能之差，σ_{ss} 越大和表面能越小，则液珠越容易聚合。有些研究者认为，稳定的烧结层是保证熔渣层厚度的先决条件。只

* 本文合作者：吴杰、林功文。原发表于《特殊钢》，1999，20（4）：43～44。

有液珠状的过渡层，才能以较快速度补充熔渣层[3]。

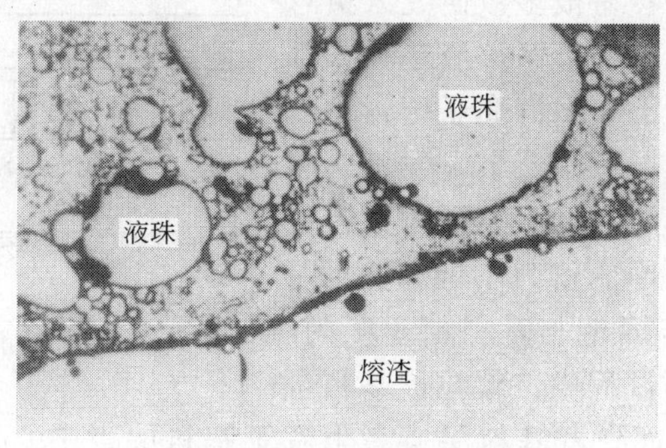

图1　液滴层示意图（×110）

Fig. 1　Schematic of liquid drop layer（×110）

2　保护渣熔化速度

在影响保护渣各层厚度的因素中，熔化速度直接关系到结晶器钢液面上能否形成稳定的三层结构和必需的液渣层厚度。

影响保护渣熔化速度的因素见图2。一般来说，随着（1）渣中游离碳含量的减少；（2）碳颗粒粒度的增大；（3）保护渣颗粒度的增大；（4）拉速的增加及（5）渣中碳酸盐的分解，渣的熔化速度增大。

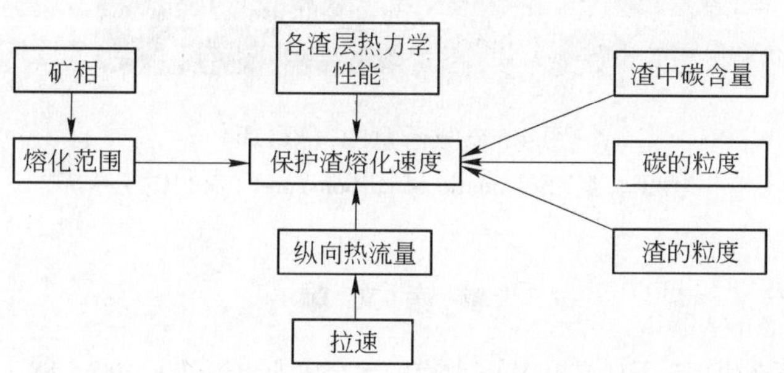

图2　影响保护渣熔化速度的因素

Fig. 2　Factors affecting melting rate of shielding slag

3　碳在保护渣熔化过程中的作用

连铸保护渣由粉末状态（或颗粒态）变为熔融状态，是在其中碳粒子的控制下完成的。

由于碳和基料间界面张力大，熔渣吸附、浸润和匀化含碳材料困难，对基料粒子的机械分隔能力、对液渣流动和汇聚的阻滞作用都很强[4]，因此除了能大大地延缓渣粉中低熔点化合物的生成和聚合外，还将起阻碍熔渣液珠聚合及下沉、控制保护渣的热传递和熔化速度的作用。

附着在基料颗粒表面的碳粒随着保护渣熔化逐渐被烧损，其燃烧反应简图见图3。碳粒的氧化速度一是受初始氧化温度的影响；二是受碳粒比表面积的影响；三是受碳粒结构的影响[4]。

另外，有一现象很容易被多数研究人员忽视，那就是碳核的存在。由于保护渣基料大部分是离子结构，基料离子表面的离子键得不到满足，呈现极性，同时碳粒晶粒小（尤其是碳黑），晶格扭曲，单位质量的比表面积大，位于表面不同部位的碳原子的价力不饱和，也呈极性，因此碳质料能牢固地与基料粒子吸附。有些碳粒在制渣或运输过程中，碳粒被基料包裹，恰是一个碳核，外面附着基料层或者附着于基料层当中，碳粒越细，含量越低，越能被基料粒子很好地和均匀地包裹（见图4）。只有待基料颗粒熔化后，碳粒才暴露出来，而此时上部渣层较厚，透气性较差，氧气很难渗透进来，这些碳和经烧损后残余的碳起到了阻隔液滴聚合的作用。

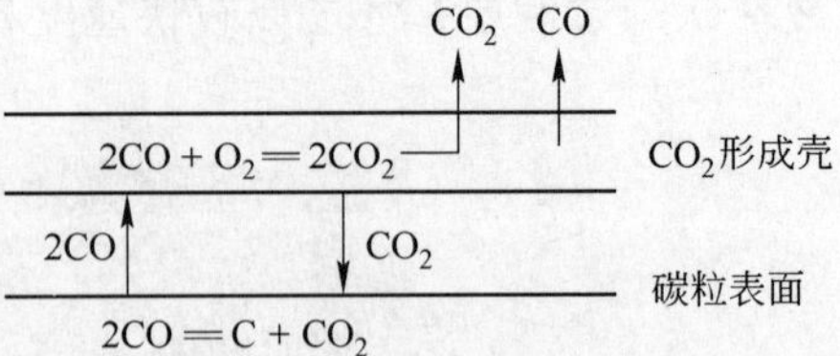

图3 碳颗粒燃烧反应简图

Fig. 3 Schematic of combustion reaction of granular carbon

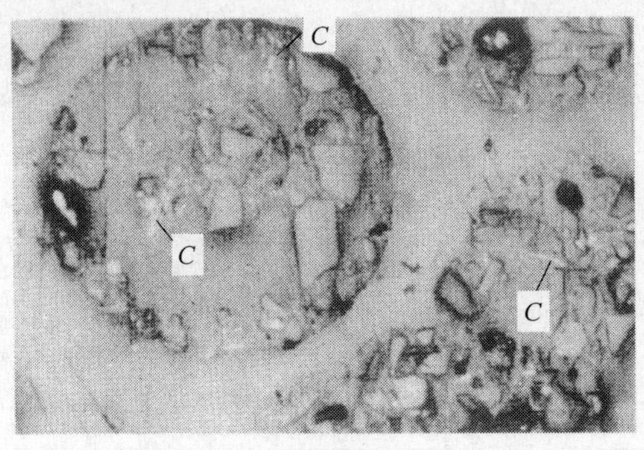

图4 碳核示意图（×110）

Fig. 4 Schematic of carbon core（×110）

参考文献

[1] 周取定．铁矿石造块理论及工艺［M］. 北京：冶金工业出版社，1989，88.

[2] 佐藤哲郎等．连铸保护渣熔融特性的改善［J］. 武钢技术，1995，(4)：29.

[3] 蔡开科．连续铸钢［M］. 北京：科学出版社，1990，516.

[4] 吴夜明，孙长悌．连铸保护渣中炭粉作用机构的探讨［J］. 钢铁，1989，(7)：17.

Melting of Mold Shielding Slag in Continuous Casting

Wu Jie　Li Zhengbang　Lin Gongwen

(Central Iron and Steel Research Institute)

超低碳钢连铸结晶器用保护渣研究现状*

摘　要　分析了浇铸过程中超低碳钢液增碳的原因，介绍了国内外在防止铸坯增碳方面开展的各项工作。

关键词　超低碳钢；结晶器保护渣；增碳量；熔渣层厚度

1　超低碳钢

超低碳钢具有各种优良的性能，随着 AOD（氩氧脱碳）、VOD（真空脱氧脱碳）、RH－OB 或 RH－KTB（循环脱气—吹氧脱碳）等精炼技术的发展，超低碳钢得到越来越广泛的应用。

超低碳钢的碳含量没有一个公认的严格标准，近来认为 $[C]\leqslant 1.5\times10^{-4}$，甚至 $[C]\leqslant 5.0\times10^{-4}$ 的钢种为超低碳钢。

这些钢种要求具有超低碳、超低硫、高铝含量的纯净钢质，冶炼、真空处理及保护渣是获得纯净钢质的重要环节。尤其值得注意的是，在整个浇铸过程中，由于使用含碳的保护渣、钢液或多或少都有增碳现象。图 1 为几种保护渣在稳定浇铸状态下，引起铸坯的增碳量，一般可增加 $(3.0\sim20.0)\times10^{-6}$ 的碳。因此，避免保护渣污染钢液是超低碳钢成功操作的关键因素，目前国内外控制增碳的最好水平为 1.0×10^{-6}。

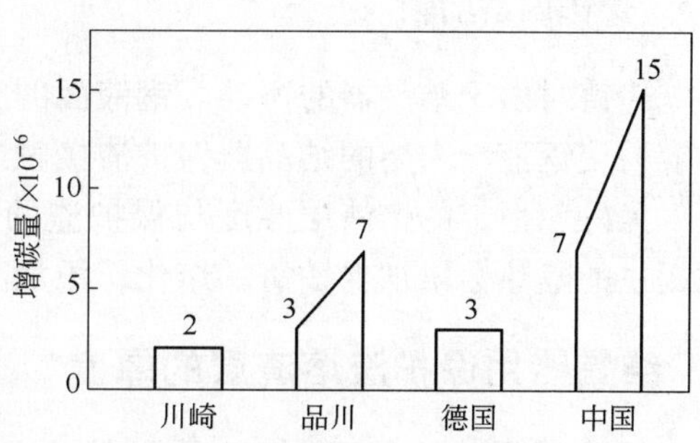

图 1　保护渣引起铸坯的增碳量

Fig. 1　Carbon pick－up of casting from mould flux

2　保护渣引起超低碳钢液增碳的原因

2.1　富集碳层增碳

一般来说，保护渣中必须配有碳素材料，它控制着保护渣的熔化速度、渣层结构，影响保护渣的铺展性能、保温性能，在保护渣使用过程中起着极为重要、难以替代的作用。当基料熔化形成熔渣后，配入的碳通常有四个去向：（1）与空气中的氧反应进入大气中；（2）在浮力的作用下浮出熔渣，在熔渣层和过渡层之间形成富集碳层；（3）溶于熔渣中；（4）扩散进入钢中。有研究表明[2]，碳在高温下易溶于钢液中，但在熔渣层的溶解度却很小，实际上大多数碳粒子是没有进入熔渣的，而保护渣通过熔渣层扩散进入钢液的碳亦是微乎其微的。另外燃烧了的碳对钢液增碳没有影响，因此，只有富集碳层最容易引起钢液增碳。

* 本文合作者：林功文、吴杰、刘良田、邱同榜。原发表于《钢铁》，1999，34（2）：67～69，73。

从实际浇铸的结晶器内取渣样分析碳含量如图2所示[3]。在结晶器熔渣层和过渡层之间有一层0.3~3mm的富集碳层，其碳含量甚至高于粉渣层的1.5~5倍。如果碳质材料和数量选择不当，造成熔渣层偏薄，一旦发生铸流扰动或液面不稳的情况，钢液就有可能同富集碳层接触，造成铸坯增碳。

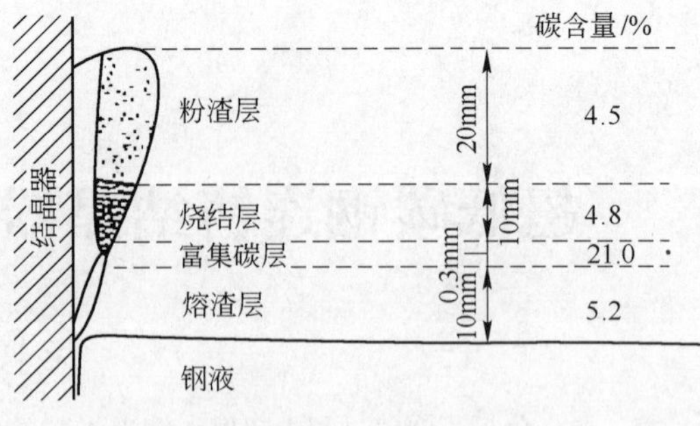

图2　钢液上每层保护渣的碳含量

Fig. 2　The carbon content of each layer of the mold flux on the molten steel

2.2　开浇增碳

开浇增碳是很严重的[4]，增碳量在$(4.0 \sim 6.0) \times 10^{-5}$范围波动，浇铸5m后方可稳定在$2.0 \times 10^{-6}$左右。这主要是由于开浇时钢液温度较低，熔渣尚未形成或熔渣层厚度不足，钢液直接与保护渣中的碳接触的缘故。

2.3　操作因素增碳

连铸时由于结晶器的振动、钢液面的波动、伸入式出口处的钢流对钢液的搅动等，均容易使钢液与未熔的结晶器保护渣接触或卷入，造成铸坯增碳。

另外，恒定的熔渣层厚度与保护渣的添加频率、添加量有很大关系[5]，新保护渣层提供的隔热会增加保护渣的熔化，添加频率太低易造成熔渣层太薄而增碳。

3　结晶器用保护渣熔渣层的厚度

熔渣层厚度对超低碳钢结晶器保护渣尤为重要，其过厚或过薄不仅直接引起铸坯的裂纹、夹渣、凹坑等缺陷的出现，更影响铸坯的表面增碳量：如前所述，无论是哪种原因增碳，都与熔渣层厚度有关。也就是说在整个浇铸过程中，保护渣必须保持一定的而且是稳定的熔渣层厚度，否则钢液必然增碳。

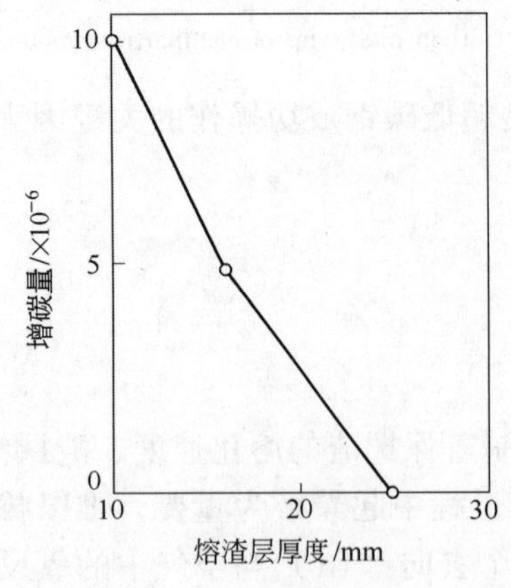

图3　增碳量与熔渣层厚度之间的关系

Fig. 3　Relation between the carbon pick - up and the molten flux thickness

图3示出超低碳钢结晶器保护渣熔渣层厚度与钢液增碳之间的关系，可以看出，超低碳钢结晶器保护渣熔渣层厚度最佳范围应保持在10~25mm左右，而一般保护渣熔渣层厚度最佳范围仅在6~12mm左右[6]。

保护渣中碳的含量、形式、粒度、保护渣的熔化温度、黏度等影响熔化速率的诸因素以及浇钢温度、拉坯速度等均能影响熔渣层的厚度。显然，控制合适的熔渣层厚度是避免超低碳钢液增碳的关键。

4　超低碳钢结晶器保护渣的研究现状

研究超低碳钢结晶器保护渣首先考虑到的就是降低保护渣中的碳含量，特别是游离碳的含量。因为这是减薄富集碳层厚度和碳含量最简单有效的方法。如表 1 所示，超低碳钢结晶器保护渣碳的配入量大都控制在 3% 以下，而且碳质材料多选用碳黑类：与石墨类碳质材料相比，碳黑类材料开始氧化的温度较低，氧化速度较快，在渣层温度较低的区域里，有很强的控制率，在高温区迅速燃烧，使富集碳层减薄，碳含量降低。另外，碳黑类碳质材料的粒径很小，对基料的分隔能力和对熔体的流动、汇聚的阻滞作用都很强，这有利于延缓保护渣的熔化速率，避免熔渣层因碳含量低而过厚。

表 1 几种超低碳钢结晶器用保护渣中碳和游离碳含量

Table 1 The carbon and free carbon contents of several mold flux for ultra - low - carbon steels

国 家	名 称	碳含量/%	游离碳/%
日本	川崎	2.9	1.00
日本	内陆	3.1	
日本	品川	2.3	
德国	ST C39/H12.5	2.7	1.14
德国	ST C39/H12.6	1.6	0.78

超低碳钢如无取向硅钢、超低碳不锈钢等一般导热性能较差，为了防止拉漏和鼓肚，拉坯速度比较慢，保护渣熔渣层厚度与拉坯速度的关系见文献［7］。由于拉坯速度低、熔渣层的厚度减薄、适当地提高保护渣的黏度可以弥补低拉速使熔渣层厚度减薄的影响。图 4 示出了黏度对保护渣消耗的影响[8]。随着保护渣黏度的增加，渣耗降低，熔渣层将增厚。日本 A. Kusano 等开发的高黏度、高表面张力和低结晶温度的保护渣，成功地浇铸了超低碳钢，增碳量小于 1.0×10^{-6}。

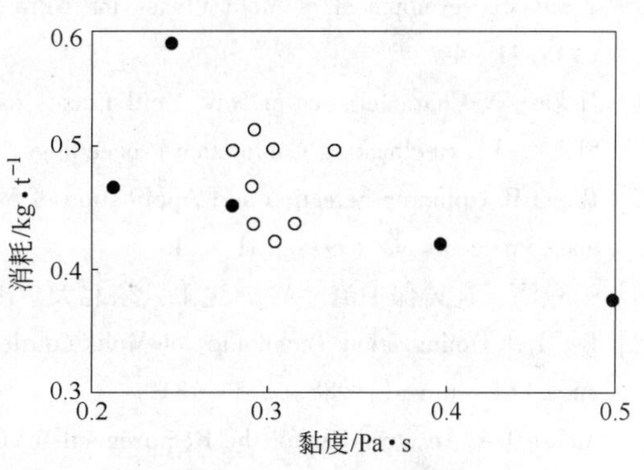

图 4 黏度对保护渣消耗的影响（1300℃）

Fig. 4 Effect of viscostly on flux consumption（at 1300℃）

由于保护渣中原始配碳量尽可能低，为弥补碳的骨架隔离作用的不足，向保护渣中添加适量熔点高、能够延缓保护渣熔化速率的碳化物，如碳化硅、碳化钙、碳化钨、碳化钛、碳化锆等，代替部分碳质材料，或者向保护渣中添加适量的强还原物质，如 Ca - Si 粉、Fe - Mn 粉和金属铝粉等。它们优先氧化，从而延缓保护渣中碳的烧损，控制熔渣层厚度，或者采用与碳质材料结构、性能相似的氮化物（如 BN）完全代替碳质材料，使用无碳保护渣等[9]，这些措施都是有效的。不过使用的碳化物的粒径必须小于基料粒径才能起到控制作用，磨细这些材料比较困难；而使用 BN 成本比较高，由于生成 B_2O_3，放出 N_2，降低了保护渣的熔化温度，渣面常发生鼓泡、膨胀现象。

对于没有大幅度降低原始配碳量的保护渣，向渣中添加适量的 MnO_2、Fe_2O_3 等氧化剂，可以促使渣中碳氧化，有效地抑制富集碳层及其碳含量，而且 MnO_2 的助熔作用可使熔渣层增厚。

为了得到适宜的熔渣层厚度，采用在升温过程中发生相变而吸热的硅酸二钙，或者分解时吸热的碳酸盐，如碳酸钙、碳酸镁、碳酸钠等，也有一定的效果[9]。

另外，使用发热型开浇渣[10]，采用空心颗粒渣改善绝热性能，改进制渣工艺、加渣操作[5]，以及控制液面波动等都是不可忽视的。

5 结语

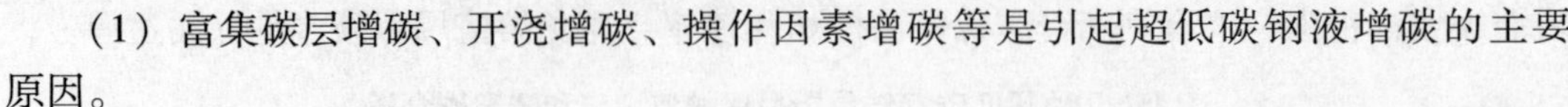

（1）富集碳层增碳、开浇增碳、操作因素增碳等是引起超低碳钢液增碳的主要原因。

（2）降低保护渣中游离碳含量，采用易氧化、粒度细的碳黑类碳质材料是避免超低碳钢液增碳最简单有效的方法。

（3）保持稳定的熔渣层厚度是防止超低碳钢液增碳的关键。提高渣的黏度、加入碳化物、强还原性物质、氧化剂以及吸热性物质等对增加熔渣层厚度均有一定的效果。

参 考 文 献

[1] Kosann A. Improvement of Mold Fluxes for Stainless and Titanium Bearing Steels. Steelmaking Conference Proceedings，1991：147～151.

[2] 贾强．连铸结晶器中保护渣行为的理论研究［J］．四川冶金，1987，（1）：25～33.

[3] Terada S. Development of Mold Fluxes for Ultra－low－carbon Steels［J］. Iron & Steelmaker，1991，（9）：41～44.

[4] Hakaru N. Characteristics of New Mold Fluxes for Strand Casting of Low and Ultra－low－carbon Steel Slabs［J］. Steelmaking Conference Proceedings，1991：639～646.

[5] Rama B. Optimum Selection and Application of Mold Fluxes for Carbon Steels［C］. Steelmaking Conference Proceedings，1991：131～146.

[6] 迟景灏．连铸保护渣［M］．沈阳：东北大学出版社，1993，126～129.

[7] Lee I R. Optimization Technology of Mold Powder According to Casting Conditions. Steelmaking Conference Proceedings，1988：175～181.

[8] Moore J A. An Overview for the Requirements of Continuous Casting Mold Fluxes. Steelmaking Conference Proceedings，1991：615～621.

[9] 陈炎．超低碳钢连铸结晶器保护渣的研究动向［J］．钢铁研究，1992，（5）：44～47.

[10] 市川健治．发热型结晶器保护渣的开发［J］．国外钢铁，1992，（12）：43～48.

The Present Research of Mold Flux for Ultra－Low－Carbon Steel

Lin Gongwen[1]　Wu Jie[1]　Li Zhengbang[1]　Liu Liangtian[2]　Qiu Tongbang[2]

（1. Central Iron and Steel Research Institute；2. Wuhan Iron and Steel（Group）Company）

Abstract　The reasons for the carbon pick－up in ultra－low－carbon steels during continuous casting have been analyzed. The approaches to prevent carbon pick－up of slabs have been introduced.

Key words　ultra－low－carbon steel；mold flux；carbon pick－up；thickness of molten flux

连铸结晶器保护渣对超低碳钢增碳的影响*

摘　要　分析了连铸结晶器保护渣引起超低碳钢铸坯增碳的原因。强调指出，除了富集碳层外，含有碳的熔渣层也是引起铸坯增碳不可忽视的原因。并阐述了铸坯增碳的机理，提出了防止铸坯增碳的措施。

关键词　超低碳钢；保护渣；富集碳层；含碳熔渣层

1　增碳现象

随着超低碳钢越来越广泛的应用，超低碳钢在连铸过程中的增碳问题得到人们的重视。超低碳钢碳含量通常小于 50×10^{-6}，在浇铸过程中，由于使用含碳的保护渣，钢液或多或少都有增碳现象，一般可增加 $20\times10^{-6}\sim30\times10^{-6}$ 的碳[1]，最好的水平为 1×10^{-6}[2]。表 1 和图 1 示出了在连铸机上浇铸超低碳钢使用进口渣 D、E、C 以及国产渣 A、B、F 的化学成分及铸坯或轧材增碳量的情况。尽管几种保护渣中原始自由碳很低（一般小于 2%）。因保护渣引起钢的平均增碳量大部分在 $5\times10^{-6}\sim20\times10^{-6}$ 之间波动。

表 1　保护渣的化学成分

Table 1　Chemical composition of flux　　(%)

渣号	SiO_2	Al_2O_3	CaO	MgO	Na_2O	F	B_2O_3	Fe_2O_3	Si - Ca	TC	C_f	CaO/SiO_2
A	35.24	3.12	28.98	1.36	10.54	8.84	—	1.22	—	—	1.42	0.82
B	34.87	4.94	35.02	6.70	5.67	6.57	—	1.29	3.61	—	1.30	1.00
C	40.00	4.50	32.10	0.70	12.10	6.70	—	—	—	2.30	1.90	0.80
D	35.50	4.50	30.00	—	11.25	6.75	—	1.50	—	4.50	1.00	0.85
E	35.30	1.30	33.10	4.20	8.80	6.60	—	0.56	—	2.70	1.14	0.93
F	32.25	6.00	32.75	—	8.50	4.50	2.45	—	—	—	5.25	1.01

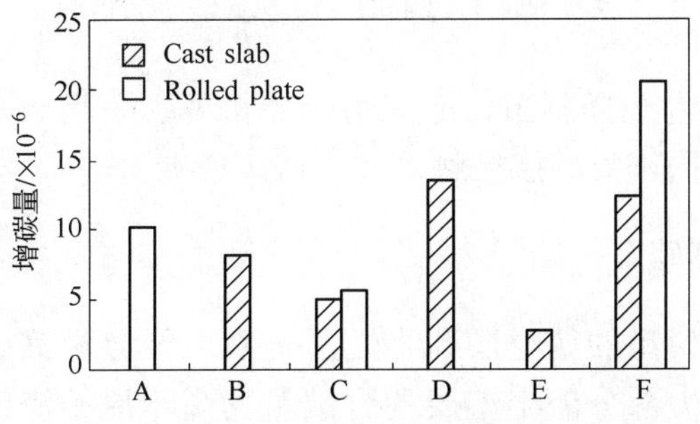

图 1　铸坯或轧材增碳量

Fig. 1　Carbon pick - up of cast slab or rolled plate

* 本文合作者：林功文、吴杰、刘良田、邱同榜、陈宝云。原发表于《特殊钢》，1999，(4)：15 ~ 18。

2 增碳原因分析

2.1 开浇引起增碳

从浇铸［C］≤28×10^{-6}超低碳钢板坯长度方向上表面碳含量的变化可得[3]，开浇增碳是很严重的，这主要是由于开浇时结晶器内钢液面不稳，钢液温度较低，熔渣层尚未形成或熔渣层厚度不足，钢液直接与保护渣中的碳接触的缘故。

2.2 富集碳层引起增碳

从实际浇铸的结晶器内取渣样分析碳含量分布，可见在结晶器熔渣层和过渡层之间有一层0.3~3 mm的富集碳层，其含碳量甚至高于粉渣1.5~5倍[4]。

在实验室，通过熔化模型制作的岩相照片，也可充分观察到富集碳层的存在。图2左侧照片显示了超低碳钢结晶器保护渣B（a）和F（b）熔化模型熔渣层与半熔层界面的状况，在界面处和熔珠周边有大量的亮白色的圆珠，用扫描电镜检测这些亮白色的圆珠，主要成分为Fe、Si、Ca等金属相；另外在F渣的半熔层靠近界面处还可以看到大片分布的碳。这些从熔渣中上浮的碳或半熔层未能燃烧的碳在熔渣层上界面聚合而形成富集碳层，这些金属相主要是富集在界面上的碳在高温下将渣中的金属氧化物如Fe_2O_3、SiO_2、CaO等还原的结果。

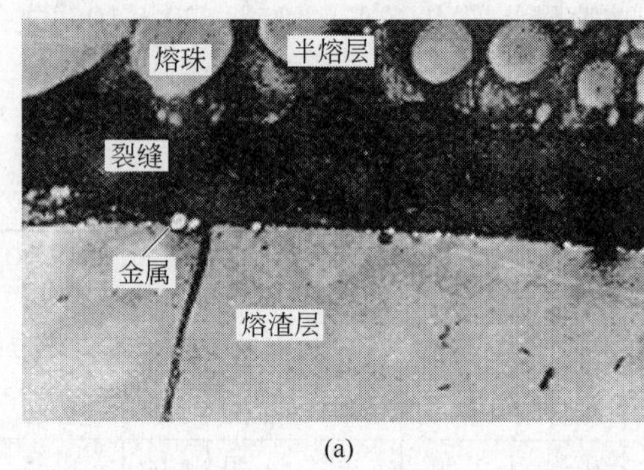

(a)

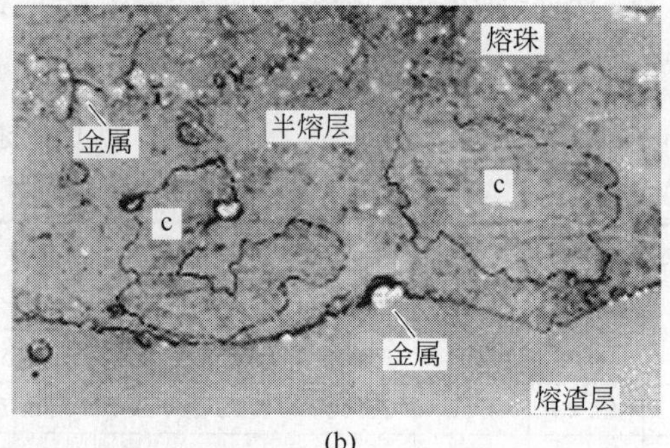

(b)

图2 界面上的富集碳层

Fig. 2 Enriched carbon layer at boundary

（a）Slag B，×110；（b）Slag F，×220

如果碳质材料和数量选择不当，造成熔渣层偏薄，一旦出现铸流扰动、液面不稳的情况，钢液就有可能同富集碳层接触，造成铸坯增碳。

2.3 熔渣层含碳引起增碳

将实验室所测熔化模型的熔渣层和半熔层分别取样分析其碳含量，结果如图3所示。从结果可以看出，大部分渣半熔层的含碳量均高于原始渣的含碳量，这也说明了碳在半熔层富集，有富集碳层存在。另外，特别值得注意的是，熔渣层均含有碳，以E渣最低，也已达600×10^{-6}，其余均在1300×10^{-6}以上。

在连铸现场，当浇铸WYK－1（框架荫罩钢）使用国产A渣，浇铸IF钢使用进口D渣时，分别取结晶器的熔渣层，并分析熔渣层的含碳量，结果如表2所示，熔渣层碳

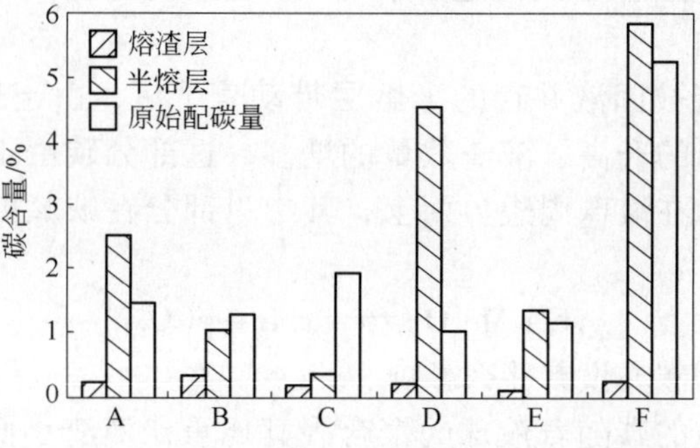

图3　熔渣层、半熔层碳含量与原始配碳量的比较

Fig. 3　Comparison of carbon content in slag layer, sintered layer and original flux

含量至少达 450×10^{-6}。

表2　结晶器中熔渣层的含碳量

Table 2　Carbon content of slag layer in mold

渣　号	浇 铸 钢 种	熔渣层含碳量/$\times 10^{-6}$
A	WYK-1	710
D	IF 钢	450

文献［4］得出实际浇铸碳小于0.003%的ULC钢时结晶器内渣圈上的碳含量，熔渣层中的碳含量高达 2000×10^{-6}，约为原始配碳量的6%。

因此，无论是从实验室熔化模型取样或是现场结晶器取样分析结果都说明，保护渣的熔渣层含有碳，而且含碳量比钢液含碳量高出一个数量级。熔渣层直接与钢液接触，这么高的碳含量，对于含碳量小于 50×10^{-6}、温度在1500℃左右的超低碳钢来说，无疑是引起铸坯增碳的主要原因之一。通常人们认为碳在熔渣中的溶解度很小，通过熔渣层进入钢液的碳是微乎其微的，超低碳钢液增碳主要是富集碳层造成的，上述结果表明，熔渣层的含碳量对钢液增碳的影响是不可忽视的。

3　增碳机理

配入保护渣的碳在加入结晶器后的去向如图4所示。

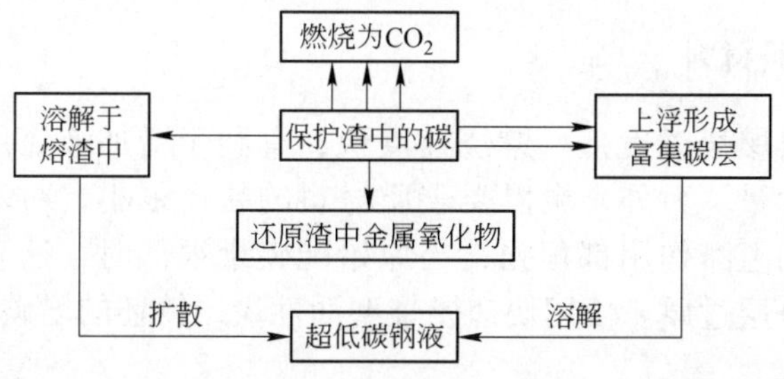

图4　钢液增碳示意图

Fig. 4　Schematic of carbon pick-up in melt steel

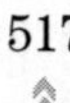

大部分的碳在控制保护渣成渣过程中与氧反应燃烧生成 CO_2 进入大气，这部分碳对钢液增碳没什么影响。

一部分未燃烧的碳被固液并存的半熔层带动着下沉，由于接触空气的机会减少，更不易氧化，随着渣温的升高、液渣数量的增多，这部分碳由于不易与液渣浸润而从液渣中分离出来，分布在液珠周边界面上，其中一部分在缺氧的情况下与渣中金属氧化物发生反应：

$$yC + Me_xO_y \xlongequal{\quad} xMe + yCO\uparrow$$

这部分碳对钢液增碳亦没有什么影响。

那些未能参与反应的碳随着液珠的聚合因其比重比液渣小而不断上浮，聚集在熔渣层与半熔层的界面上方，从而形成了含碳量很高的富集碳层。富集碳层是否引起铸坯增碳与熔渣层厚度及其稳定性有密切的关系，如果熔渣层厚度不足，只要结晶器液面稍有波动，钢液就极易与富集碳层接触，碳是高温下极易溶于钢液的元素，因而必然引起铸坯增碳。保护渣中碳的含量、碳的形式、碳的粒度、保护渣的熔化温度、黏度等影响熔化速率的诸因素以及浇钢温度、拉坯速度、保护渣的添加频率、添加量等均能影响熔渣层的厚度及其稳定性。也就是说，钢液是否与富集碳层接触、是否增碳均与这些因素有关。

另外，在高温下，碳在熔渣层中有一定的溶解度，约为 0.1% ~0.2%[5]，在保护渣熔化过程中，随着液渣的出现和不断增加，渣中很少一部分碳将被熔渣吸收，熔渣层的碳含量对于浇铸普碳钢可能影响不大，但对于浇铸超低碳钢来说，将对铸坯有明显的增碳影响。熔渣层的碳是通过熔渣层及熔渣—钢液的界面扩散进入钢液中的，其扩散系数与熔渣的性能（如黏度）、钢液的紊流强度、钢液与熔渣碳的浓度梯度等有关。

4 防止增碳措施

4.1 使用发热型开浇渣[6]

开浇渣在开浇初期能够迅速熔化，并向弯月面区域提供热量，同后续加入的超低碳钢保护渣一起形成足够厚的液渣层，从而可以大幅度降低开浇引起的超低碳钢液增碳。

4.2 降低保护渣中游离碳的含量

这是避免超低碳钢钢液增碳最简单、最有效的办法。通常超低碳钢结晶器保护渣的原始配碳量大都控制在 2% 以下。

4.3 采用炭黑类碳质材料

炭黑类碳质材料燃烧温度低、燃烧速度快，有利于增加液渣层厚度，减少富集碳层和熔渣层中碳的含量。另外，炭黑类碳质材料的粒径很小，对基料的分隔能力和对熔体的流动、汇聚的阻滞作用都很强，当原始配碳量很低时，这有利于延缓保护渣的熔化速率，避免熔渣层过厚。使用快速燃烧型活性炭，铸坯的增碳量明显降低[7]。

4.4 适当地提高保护渣的黏度

超低碳钢因导热性能较差，一般拉坯速度比较慢，熔渣层厚度减薄[8]，一旦操作不稳，钢液易与富集碳层接触而增碳，适当提高保护渣黏度，渣耗降低，液渣层将增厚[9]，同时，因熔渣黏度的增加，熔渣层中的碳向钢液的扩散速度将大大降低。

4.5 向保护渣中添加氧化剂

向保护渣中添加适量的氧化剂如 MnO_2 等，可以促使渣中的碳氧化，有效抑制富集碳层和熔渣层碳含量，而且 MnO_2 等的助熔作用可使熔渣层增厚[4]。

4.6 采用无碳保护渣

采用与石墨有相似结晶结构的氮化物如 BN、SiN_3、Cr_2N 等代替碳质材料，使用无碳保护渣[10]，可以从根本上防止超低碳钢液增碳。通常使用 BN，但是 BN 成本比较高，由于生成 B_2O_3 放出 N_2，渣面常常发生鼓泡、膨胀现象。

4.7 连铸操作工艺保持稳定

控制中包注流、拉坯速度、结晶器振动频率等工艺因素稳定，可以防止钢液面波动，采用勤加、每次少加的保护渣制度，可以改善保护渣的绝热保温效果，以保持稳定的液渣层厚度，为防止铸坯增碳这些都是不可忽视的。

参 考 文 献

[1] 迟景灏. 连铸保护渣 [M]. 沈阳：东北大学出版社，1993：126.

[2] Kusano A，et al. Improvement of Mold Fluxes for Stainless and Titanium Bearing Steels，Steelmaking Conference Proceedings，1991：147.

[3] Hakaru Nakato，等. 新的低碳和超低碳钢板坯连铸结晶器保护渣的特性. 连铸保护渣译文集，上海浦东钢铁集团，1996：134.

[4] Terada S，et al. Development of Mold Fluxes for Ultra Low Carbon Steels，Iron & Steelmaker，1991，(9)：41.

[5] 黄希祜. 模铸保护渣性能的作用及机理 [J]. 四川冶金，1987，(1)：30.

[6] 市川健治，等. 发热型结晶器保护渣的开发 [J]. 国外钢铁，1992，(2)：28.

[7] Yamasaki K，et al. Carburization by Mold Powder in Continuous Casting Steel，CAMPISI，1990，(3)：181.

[8] Lee I R，et al. Optimization Technology of Mold Powder According to Casting Conditions，Steelmaking Conference Proceedings ，1988：175.

[9] Moore J A，et al. An Overview for the Requirements of Continuous Casting Mold Fluxes，Steelmaking Conference Proceedings，1991：615.

[10] 竹内英磨，等. 连铸无碳保护渣的开发. 鉄と鋼，1978，(10)：58.

高碳锰铁氧化脱磷的理论分析*

摘　要　对高碳锰铁氧化脱磷保锰进行了理论分析。CaO 系渣不能实现氧化脱磷保锰；而 BaO 系渣可实现氧化脱磷保锰，但 MnO 活度及 BaO 活度必须很高，同时锰铁中硅含量必须很低。适当降低反应温度有利于氧化脱磷保锰，高碳锰铁中碳不利于脱磷，但适当降低温度能有效提高脱磷效率。1673K 条件下，当［%C］=3.8 时，脱磷效果最佳。

关键词　高碳锰铁；氧化脱磷；热力学

我国高炉锰铁磷含量高达 0.5%～0.6%，直接影响钢的品种与质量，因此开展高碳锰铁合金脱磷研究，对提高钢的质量有着重要意义。

还原脱磷能有效去除锰铁中的磷[1]，但是它只能针对低碳锰铁；对于高碳锰铁，还原脱磷几乎没有作用；另一方面，还原渣中含有 Ca_3P_2，遇水蒸气产生剧毒气体 PH_3，成为公害，目前还未有好方法处理含 Ca_3P_2 的还原渣。因此，开展氧化脱磷具有深远意义。

华东冶金学院对用 BaO 渣系的脱磷进行了实验室研究，取得了一定成果[2~6]，但未能系统地对氧化脱磷进行理论分析。本文将对高碳锰铁氧化脱磷进行理论分析，为合理选择工艺参数提供依据。

1　保锰条件

氧化脱磷必然使用氧化剂，为了不使锰铁合金中锰烧损或尽可能少烧损，必须对氧化气氛有一定要求。液态锰与氧气可发生如下反应[7]：

$$Mn_{(l)} + 1/2O_2 \xlongequal{} MnO_{(l)}$$

$$\Delta G^{\ominus} = -344933 + 57.15T \tag{1}$$

保锰条件为 $\Delta G \geqslant 0$，即 $\Delta G = \Delta G^{\ominus} + RT \cdot \ln \dfrac{a_{MnO}}{a_{Mn} \cdot P_{O_2}^{1/2}} \geqslant 0$

$$\lg P_{O_2} \leqslant -\frac{36030}{T} + 5.970 + 2\lg a_{MnO} - 2\lg a_{Mn} \tag{2}$$

研究氧化脱磷保锰用的高碳锰铁成分及其质量分数见表 1。

表 1　高碳锰铁成分及其质量分数

成　分	[C]	[Si]	[Mn]	[Fe]	[P]
质量分数/%	6	1	65	27.5	0.5
x	0.225	0.016	0.533	0.221	0.003

根据 $\ln\gamma_{Mn}/\gamma_{Mn}^{\ominus} = \ln\gamma_{Solv} + 0.018x_{Mn} - 2.11x_C - 8.06x_P - 3.3x_{Si}$[8]，可得 $\gamma_{Mn} = 0.35$，

* 本文合作者：郭培民、林功文。原发表于《铁合金》，2000，(3)：1～4。

于是 $a_{Mn} = \gamma_{Mn} \times x_{Mn} = 0.187$。氧化脱磷时保锰所需的氧势条件见表2。可见，渣中 MnO 活度越大，保锰所需氧势越高；锰铁熔体温度越高，保锰所需氧势越高。

表2　氧化脱磷时保锰所需的 P_{O_2}　　(Pa)

T/K	$a_{MnO}=1$	$a_{MnO}=0.5$	$a_{MnO}=0.1$
$T=1573$	$\leqslant 3.354\times10^{-11}$	$\leqslant 8.386\times10^{-12}$	$\leqslant 3.354\times10^{-13}$
$T=1673$	$\leqslant 7.867\times10^{-10}$	$\leqslant 1.966\times10^{-10}$	$\leqslant 7.867\times10^{-12}$
$T=1773$	$\leqslant 1.290\times10^{-8}$	$\leqslant 3.225\times10^{-9}$	$\leqslant 1.290\times10^{-10}$

2　渣系选择

2.1　CaO 系渣氧化脱磷保锰的可能性

根据：

$$2[P] + 5(FeO) + 4(CaO) = (4CaO \cdot P_2O_5) + 5[Fe]$$

$$\Delta G^{\ominus} = -767166 + 283.3T^{[9]} \tag{3}$$

可得：

$$2[P] + 5(MnO) + 4(CaO) = (4CaO \cdot P_2O_5) + 5Mn_{(1)}$$

$$\Delta G^{\ominus} = -173316 + 218.3T \tag{4}$$

$$\Delta G = \Delta G^{\ominus} + RT\ln\frac{a_{Mn}^5 \cdot a_{4CaO\cdot P_2O_5}}{a_{CaO}^4 \cdot a_P^2 \cdot a_{MnO}^5}$$

对于表1中的高碳锰铁，令 $a_{MnO}=1$，$a_{CaO}=1$，$a_{4CaO\cdot P_2O_5}=1$，可得：

$$\Delta G = -173316 + 151.7T$$

当 $\Delta G=0$ 时，$T=1142$K，即 $T<1142$K 才能实现氧化脱磷且保锰。因此，用 CaO 系渣不能实现锰铁氧化脱磷保锰。

2.2　BaO 系渣氧化脱磷保锰的可能性

BaO 系渣氧化脱磷且保锰的化学反应式如下：

$$2[P] + 5(MnO) + 3BaO = 3BaO \cdot P_2O_5 + 5Mn_{(1)}$$

$$\Delta G^{\ominus} = -414650 + 277.7T \tag{5}$$

$$\Delta G = \Delta G^{\ominus} + RT\ln\frac{a_{Mn}^5}{a_P^2 \cdot a_{MnO}^5}$$

当 $a_{Mn}=1$ 时，可得 $\Delta G = -414650 + 211.1T$

$\Delta G=0$ 时，$T=1964$K，即 $T<1964$K，可实现脱磷保锰。因此用 BaO 系渣能实现氧化脱磷且保锰。

3　锰铁合金平衡磷含量 $[\%P]_e$

根据 $\Delta G^{\ominus} = -RT\ln\dfrac{a_{Mn}^5}{a_P^2 \cdot a_{MnO}^5}$ 可得

$$a_P = \sqrt{\exp(\Delta G^{\ominus}/RT)} \cdot a_{Mn}^{5/2} \cdot a_{MnO}^{-5/2} \tag{6}$$

由式（6）可计算出不同条件下的 $[\%P]_e$，见表3。可见，在一定温度下，

(MnO) 活度较高时，锰铁合金中 [%P]$_e$ 较低。而温度高时，[%P]$_e$ 也随之变高。为使锰铁中 [%P]$_e$ = 0.1，1573K、1673K 和 1723K 条件下，渣中 a_{MnO} 应分别为 0.537、0.780 和 0.934。

表 3　不同条件下的 [%P]$_e$

T/K	$a_{MnO}=1$	$a_{MnO}=0.5$
1573	0.021	0.119
1673	0.055	0.307
1723	0.085	0.478

4　影响脱磷保锰的因素分析

4.1　渣中 MnO 活度的影响

根据式 (5) 可计算出不同 a_{MnO} 下的反应自由能，见表 4。可见，一定温度下，随着 a_{MnO} 的降低，脱磷保锰的反应自由能升高，当 a_{MnO} < 0.5 时，实现脱磷保锰的可能性大为降低；在一定 a_{MnO} 下，反应温度降低，脱磷保锰的反应自由能降低。因此，低温高氧化性渣有利于氧化脱磷保锰。

表 4　式 (5) 的反应自由能　　(kJ)

T/K	$a_{MnO}=1$	$a_{MnO}=0.5$	$a_{MnO}=0.1$
1573	-82.6	-37.3	68.0
1673	-61.5	-13.3	98.7
1773	-40.4	10.7	129.3

4.2　渣中 BaO 的影响

考虑渣中 BaO 对脱磷保锰的影响时，根据式 (5) 可得：

$$a_P = \sqrt{\exp(\Delta G^\ominus/RT)} \cdot a_{Mn}^{5/2} \cdot a_{MnO}^{-5/2} \cdot a_{BaO}^{-3/2} \tag{7}$$

对于表 1 所示的高碳锰铁

$$a_P = 0.09 \cdot a_{MnO}^{-5/2} \cdot a_{BaO}^{-3/2} \tag{8}$$

当 T = 1673K 时，a_{BaO} 对 [%P]$_e$ 的影响见表 5。渣中 a_{BaO} 越大，[%P]$_e$ 越低。因此氧化脱磷且保锰时，渣中 a_{BaO} 和 a_{MnO} 都必须很高。

表 5　不同 a_{BaO} 所对应的 [%P]$_e$

a_{BaO}	$a_{MnO}=1$	$a_{MnO}=0.78$
1	0.055	0.10
0.5	0.153	0.285

4.3　硅的影响

当锰铁中含有一定量硅时，氧化脱磷时可能发生如下反应：

$$[Si] + O_2 = (SiO_2)$$

$$\Delta G^{\ominus} = -810740 + 212.4T \tag{9}$$

将式（1）与式（9）关联可得：

$$[Si] + 2(MnO) \xlongequal{\quad} 2Mn_{(l)} + (SiO_2)$$

$$\Delta G^{\ominus} = -120754 + 98.1T \tag{10}$$

$$\Delta G = \Delta G^{\ominus} + RT\ln\frac{a_{Mn}^2 \cdot a_{SiO_2}}{a_{Si} \cdot a_{MnO}^2}$$

令 $a_{SiO_2}=1$，$a_{Si}=1$，$a_{Mn}=0.187$，可得：

$$\Delta G = -120754 + 70.2T - 2RT\ln a_{MnO}$$

当 $T=1673K$，$a_{MnO}=1$ 时，$\Delta G=-3309J$。在实际渣系中 SiO_2 与 BaO 结合生成 $2BaO \cdot SiO_2$，因此 $a_{SiO_2}<1$，故锰铁中的硅将被氧化生成 SiO_2 进入渣中。氧化脱磷时，BaO 系渣约占锰铁重量的 10%，即 100kg/t，当锰铁中含 1% Si，令硅被氧化至痕迹，生成 SiO_2 21.4kg/t，可见，如此多的 SiO_2 不仅稀释渣中 BaO 和 MnO 的浓度，而且 SiO_2 还与 BaO、MnO 生成稳定相 $2BaO \cdot SiO_2$ 和 $2MnO \cdot SiO_2$，降低了 BaO 和 MnO 的活度，因此对脱磷产生不利影响。由此可知，氧化脱磷之前必须先脱硅，保证脱磷时锰铁合金中 $[\%Si]<0.1$。

4.4 碳的影响

高碳锰铁合金中含碳高，碳接近饱和。碳与（MnO）发生如下反应：

$$C_{(s)} + (MnO) \xlongequal{\quad} CO + Mn_{(l)}$$

$$\Delta G^{\ominus} = 240160 - 146.98T \tag{11}$$

$$\Delta G = \Delta G^{\ominus} + RT\ln\frac{a_{Mn}}{a_{MnO} \cdot a_C}$$

对于表 1 中的高碳锰铁，$\Delta G = 240160 - 160.92T - RT\ln a_C - RT\ln a_{MnO}$

当 $T=1673K$ 时，假定 $a_C=1$，$a_{MnO}=1$，$\Delta G=-29058J$。

当 $T=-1673K$ 时，假定 $a_C=1$，$a_{MnO}=0.5$，$\Delta G=-19417J$。

可见，锰铁中碳比锰更容易氧化。将式（5）和式（11）关联，可得：

$$3BaO + 5CO + 2[P] \xlongequal{\quad} 3BaO \cdot P_2O_5 + 5C_{(s)}$$

$$\Delta G^{\ominus} = -1615450 + 1012.6T \tag{12}$$

$$\Delta G = \Delta G^{\ominus} + RT\ln\frac{a_C^5}{a_{BaO}^3 \cdot a_P^2} \tag{13}$$

当锰铁中碳饱和时，令 $a_{BaO}=1$，可得 $\Delta G = \Delta G^{\ominus} - 2RT\ln a_P$。

在 $T=1673K$ 条件下，当 $[\%P]=0.5$ 时，$\Delta G=83813J$；当 $[\%P]=0.3$ 时，$\Delta G=98023J$。在 $T=1573K$ 条件下，当 $[\%P]=0.5$ 时，$\Delta G=-17756J$；当 $[\%P]=0.3$ 时，$\Delta G=-4396J$。可见，在锰铁中碳饱和条件下，当 $T=1673K$ 时，碳能还原渣中 (P_2O_5)，但当 $T=1573K$ 时，碳不能还原渣中 (P_2O_5)。

实际上高碳锰铁中碳未达到饱和，其活度系数可根据 $\ln\gamma_C = -1.635 + 10.889x_C + 1.467x_{Fe}$ 估算[10]，如表 1 所示的高碳锰铁，$\gamma_C=3.251$，即 $a_C=0.732$。代入式（13）可得：

$$\Delta G = -1615450 + 999.6T - 2RT\ln a_P$$

根据上式可计算出 ΔG，见表 6。当 $\Delta G=0$ 时，$T=1598K([\%P]=0.3)$。

表6 式（12）的 ΔG（$a_C = 0.732$） (J)

T	1573K	1623K	1673K
[%P] = 0.5	-38206	11770	62064
[%P] = 0.3	-24845	25715	76274

因此对于高碳锰铁，在1673K条件下，用BaO系渣氧化脱磷时，[C] 比 [P] 易氧化，虽然 [C] 氧化反应生成CO改善脱磷动力学条件，但高碳锰铁中碳含量高，这将消耗大量氧化剂，另外脱磷时间不能过长，否则容易产生回磷现象。减少回磷的途径之一是降低反应温度，如 $T < 1598\text{K}$ 时，可保证 [%P] = 0.3 时不因为碳还原（P_2O_5）而回磷。

当 $T = 1673\text{K}$ 条件下，$\Delta G = 0$ 时，有

$$\ln a_C = 0.4\ln a_P - 1.132$$

当 [%P] = 0.3 时，可得 $a_C = 0.244$，即可算出 [%P] = 3.8，可知，锰铁中 [%C] = 3.8 时，（P_2O_5）不被 [C] 还原，此时 [P]、[C] 都会被氧化，[C] 被氧化产生CO可改善氧化脱磷的动力学，当 [%C] < 3.8 时，随着 [%C] 的降低，锰铁中锰活度提高，锰氧化损失增加。因此 [%C] 在3.8左右时，氧化脱磷效率最高，这与文献 [6] 的研究结果相一致。

5 结论

（1）对于高碳锰铁，氧化脱磷且保锰的氧势条件为：

$$\lg P_{O_2} \leqslant -\frac{36030}{T} + 5.970 + 2\lg a_{MnO} - 2\lg a_{Mn}$$

当 $T = 1673\text{K}$，$a_{MnO} = 1$ 时，$P_{O_2} < 7.867 \times 10^{-10}\text{Pa}$。

（2）CaO系渣不能实现氧化脱磷保锰，BaO系渣可实现氧化脱磷保锰。

（3）对于BaO系渣，渣中BaO和MnO活度很高时才可能实现氧化脱磷保锰，在 $T = 1673\text{K}$，$a_{BaO} = 1$，$a_{MnO} = 0.78$ 条件下，$[\%P]_e = 0.1$。

（4）适当降低反应温度，有利于氧化保锰脱磷。

（5）高碳锰铁中硅含量必须很低才能有效氧化脱磷保锰，否则脱磷效果很差，甚至无脱磷效果。

（6）高碳锰铁在1673K条件下，[C] 比 [P] 更易与（MnO）反应，因此降低了氧化剂利用率，同时还能产生回磷现象。适当降低温度，可有效减少 [C] 的氧化，同时提高脱磷效率。

（7）1673K下，当 [%C] = 3.8 时，脱磷效果最佳。

参考文献

[1] 汪大洲，邵象华. 锰铁脱磷的实验研究 [J]. 钢铁，1983，18（4）：14.

[2] 郭上型，董元篪. $BaCO_3$ 基对高炉脱硅脱磷联动处理的工艺研究 [J]. 钢铁研究学报，1999，11（1）：8.

[3] 朱本立，邓美珍. $BaCO_3 - BaCl_2$ 熔剂对锰铁熔体氧化脱磷的实验研究 [J]. 钢铁研究学报，1996，8（4）：6.

[4] 郭上型，董元篪. 锰铁合金用BaO－卤化物渣系脱磷的实验 [J]. 钢铁，1998，33（1）：26.

[5] 郭上型，董元篪. P、Mn在 $BaO - BaF_2 - MnO$ 渣和 $Mn - Fe - C - P$ 熔体间的平衡分配 [J]. 钢铁

研究学报，1997，9（6）：5.

[6] 郭上型，董元篪．锰铁合金碳含量对 BaO－BaF_2－MnO 渣和锰铁合金熔体间 P、Mn 平衡分配的影响［J］．华东冶金学院学报，1997，14（3）：209.

[7] Turekdogan E. T. Physical Chemistry of High Temperature Technology. Academic Press, New York, 1980.

[8] 王世俊，董元篪．锰铁熔体中磷和锰的热力学性质［J］．钢铁研究学报，1996，8（2）：1.

[9] 黄希祜．钢铁冶金原理［M］．北京：冶金工业出版社，1990：202.

[10] 董元篪．锰铁合金氧化脱磷的研究［C］//冶金物理化学论文集，北京：冶金工业出版社，1997：212～217.

Theoretic Analysis of Oxidizing Dephosphorization of High－Carbon Ferromanganese

Guo Peimin　Li Zhengbang　Lin Gongwen

（Beijing Central Iron and Steel Research Institute）

Abstract　The theoretic analysis is conducted on oxidizing dephosphorization for high－carbon ferromanganese. CaO－based Slag does not realize oxidizing dephosphorization and a good manganese recovery, while BaO－based does, which needs higher activity of MnO and BaO and lower content of silicon. Decreasing temperature of reaction suitably is advantageous to oxidizing dephosphorization and a good manganese recovery. Carbon in the ferromanganese is disadvantageous to dephosphorization, while decreasing temperature suitably can increase efficiency of dephosphorization. Under the condition of 1673K, effect is good when content of carbon is 3.8%.

Key words　high carbon ferromanganese；oxidizing dephosphorization；thermodynamics

高钒钢高铬钢用铝镁合金脱磷*

摘　要　通过热力学分析探讨了铝镁合金还原去磷的可能性，并在冶炼 0Cr18Ni9Ti 钢和 W6Mo5Cr4V2 钢中用铝镁合金进行还原脱磷工业性试验，钢液中的磷分别从 0.039% 降至 0.021% 及从 0.043% 降至 0.030%。

关键词　铝镁合金；还原去磷；0Cr18Ni9Ti 钢；W6Mo5Cr4V2 钢

1　氧化脱磷的缺点

当生产高钒或高铬钢时，氧化法脱磷时能否实现保钒去磷、保铬去磷可根据热力学判断。

由
$$4CaO + 2[P] + 5[O] = 4CaO \cdot P_2O_5$$
$$\Delta G_1^\ominus = -1336600 + 546.8T^{[1]} \tag{1}$$
和
$$2[V] + 3[O] = V_2O_3$$
$$\Delta G_2^\ominus = -810030 + 337.4T^{[1]} \tag{2}$$
可得：
$$4CaO + 2[P] + 5/3V_2O_3 = 4CaO \cdot P_2O_5 + 10/3[V]$$
$$\Delta G_3^\ominus = 13450 - 15.5T \tag{3}$$
冶炼 W6Mo5Cr4V2 高速钢，实际反应自由能：
$$\Delta G_3 = \Delta G_3^\ominus + RT\ln\frac{a_V^{10/3}}{a_P^2} = 13450 + 42.6T$$
因此，氧化脱磷时，钒比磷更易氧化。

[Cr] 与 [O] 在碱性渣中的反应如下：
$$2[Cr] + 3[O] = Cr_2O_3$$
$$\Delta G_4^\ominus = -707800 + 303.7T^{[1]} \tag{4}$$
式（1）与式（4）相联可得：
$$4CaO + 2[P] + 5/3Cr_2O_3 = 4CaO \cdot P_2O_5 + 10/3[Cr]$$
$$\Delta G_5^\ominus = -156933 + 40.6T \tag{5}$$

冶炼 W6Mo5Cr4V2 钢，当 $T = 1823$ K，$[\%P] = 0.03$ 时，$\Delta G = 82.6$ kJ，氧化脱磷时铬也将被氧化。冶炼 0Cr18Ni9Ti 钢，当 $T = 1823$ K，$[\%P] = 0.03$ 时，$\Delta G = 170.3$kJ，由此可见，氧化脱磷时铬氧化严重。

2　还原可能性

为实现还原脱磷，必须保证很低的氧势（$P_{O_2} < 2.23 \times 10^{-14}$Pa）[2]。从 Al、Ca、Mg

* 本文合作者：郭培民、薛正良。原发表于《特殊钢》，2000，21（5）：23~25。

和 CaC_2 等还原脱磷的平衡氧势可见，用 Al 作还原剂，达不到还原脱磷所需氧势，Ca、Mg、CaC_2 与 CaSi 等作还原剂可以达到还原脱磷所需氧势（表 1）[3,4]。Ca、Mg、CaC_2 与 CaSi 作还原剂，$[\%P]_e$ 低于钢种所需要求（表 2）[1]。

表 1　Al 等还原剂与氧反应的 ΔG^Θ 及平衡氧分压

Table 1　Equilibrium oxygen pressure and ΔG^Θ of reaction between oxygen and reductants such as aluminium

反　应　式	ΔG^Θ/J · mol^{-1}	平衡氧分压（T=1823K）
$2[Al]+3/2O_2 = Al_2O_3$	$-1556540+379.1T$	$[\%Al]=0.1, P_{O_2}=2.6\times10^{-11}$ Pa $[\%Al]=1, P_{O_2}=2.9\times10^{-12}$ Pa
$Ca+1/2O_2 = CaO$	$-640150+108.57T$	$P_{O_2}=4.5\times10^{-21}$ Pa
$Mg+1/2O_2 = MgO$	$-609570+116.52T$	$P_{O_2}=1.7\times10^{-18}$ Pa
$CaC_2+1/2O_2 = CaO+2[C]$	$-519920+48.78T$	$a_C=1, P_{O_2}=2.0\times10^{-20}$ Pa
$CaSi+1/2O_2 = CaO+[Si]$	$-550639+33.4T$	$a_{[Si]}=0.2, P_{O_2}=1.1\times10^{-24}$ Pa

表 2　还原去磷热力学

Table 2　Thermodynamics of reducing – dephosphorization

反　应　式	ΔG^Θ/J · mol^{-1}	$[\%P]_e$（T=1823K）
$Ca+2/3[P]=1/3(Ca_3P_2)$	$-146730+55.8T$	0.012
$Mg+2/3[P]=1/3Mg_3P_{2(s)}$	$-137689+53.88T$	0.012
$CaC_2+2/3[P]=1/3(Ca_3P_2)+2[C]$	$-26500-4T$	0.007
$CaSi+2/3[P]=1/3(Ca_3P_2)+[Si]$	$-57219-19.4T$	0.00002

3　铝镁合金的优越性

3.1　利用率较高

镁在钢中的溶解度高于钙在钢中的溶解度。从图 1 可见，镁在钢中的标准溶解自由能小于钙在钢中的标准溶解自由能。1873K 时钙在钢液中的溶解度约为 0.016%，而镁在钢中的溶解度约为 0.04%。因此镁比钙有更大的脱磷潜力。

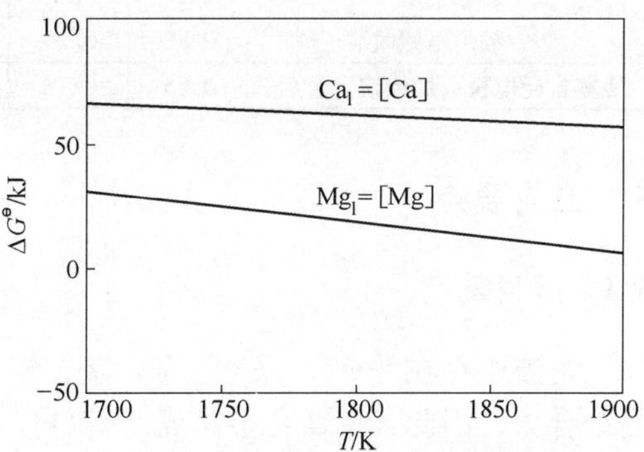

图 1　镁和钙在钢中的标准溶解自由能

Fig. 1　Standard solution Gibbs energy of Mg and Ca in molten steel

Ca、CaC_2、CaSi 在高温下易挥发，当 [C] 低于 0.5% 时，CaC_2 的分解速度很快[1]，钙受到很大的挥发损失，因此冶炼不锈钢时，CaC_2 的挥发损失竟达到 78.4% ~ 89.9%，另外一部分主要与氧、硫等反应，而用于脱磷的 CaC_2 只占 1.5% 左右，可见，CaC_2 的利用率极低[1]。而铝镁合金中的铝能起到终脱氧作用，减少部分镁与氧反应。通过喂丝法加入铝镁合金，可提高镁的利用率。

3.2　增碳甚微

冶炼超低碳 0Cr18Ni9Ti 钢时，如用 CaC_2 作还原剂，钢中很容易增碳，使钢成分出格。而用铝镁合金去脱 P，基本无增碳现象。

3.3 易于保存和运输

Ca 在空气中就能与氧气发生氧化反应，而碳化钙在运输过程中有发生爆炸的危险。而铝镁合金在空气中能保存，运输过程无危险。

4 铝镁合金还原脱磷工业试验

4.1 0Cr18Ni9Ti 钢还原脱磷

用 AOD 炉冶炼 0Cr18Ni9Ti 不锈钢，出钢后，钢液化学成分见表 3，可见，钢液中磷成分不合格。为此在钢包中加入铝镁合金（60% Al + 40% Mg）进行还原脱磷，结果如表 3 所示。可见，使用铝镁合金后脱磷效果显著。

表 3 0Cr18Ni9Ti 钢液化学成分

Table 3 Compositions of 0Cr18Ni9Ti liquid steel (%)

还原脱磷	C	Si	Mn	Cr	Ni	Ti	S	P
AOD 出钢时	0.06	0.63	1.07	18.45	9.17	0.42	0.028	0.039
钢包加铝镁合金后	0.07	0.61	1.07	18.33	9.20	0.39	0.025	0.021

4.2 W6Mo5Cr4V2 钢还原脱磷

用中频炉冶炼 W6Mo5Cr4V2 高速钢，出钢后，钢液化学成分见表 4，可见，钢液中磷成分不合格。为此在浇铸自耗电极前加入铝镁合金（60% Al + 40% Mg）脱磷，脱磷后成分见表 4。可见，使用铝镁合金后取得了一定脱磷效果。

表 4 W6Mo5Cr4V2 钢液化学成分

Table 4 Compositions of W6Mo5Cr4V2 liquid steel (%)

还原脱磷	C	Si	Mn	W	Mo	Cr	V	P
中频炉出钢时	0.86	0.24	0.31	6.05	5.09	4.04	2.07	0.043
浇铸自耗电极前加铝镁合金后	0.85	0.23	0.33	6.06	5.04	4.04	2.03	0.030

5 工艺要点

5.1 深脱氧

钢液中存在［O］、［S］等元素，铝镁合金与［O］、［S］的结合力大于与［P］的结合力，因此，铝镁合金将先与［O］、［S］结合，造成利用率不高。因此还原脱磷时，应先深脱氧。

5.2 深插入

铝在高温下蒸气压较高，而镁蒸气压则更高。计算公式如下[5,6]：

$$\lg(P_{Mg}/\text{kPa}) = 6.99 - \frac{6818}{T} \tag{6}$$

$$\lg(P_{Al}/\times 10^5\text{Pa}) = 5.887 - \frac{10153}{T} \tag{7}$$

铝、镁蒸气压与温度关系如图 2 所示。

因此，将铝镁合金插入钢液深处越深，钢水静压越大，对镁气泡的膨胀有抑制作用，因而镁气泡在钢液内停留时间延长，有利于提高镁的利用率。

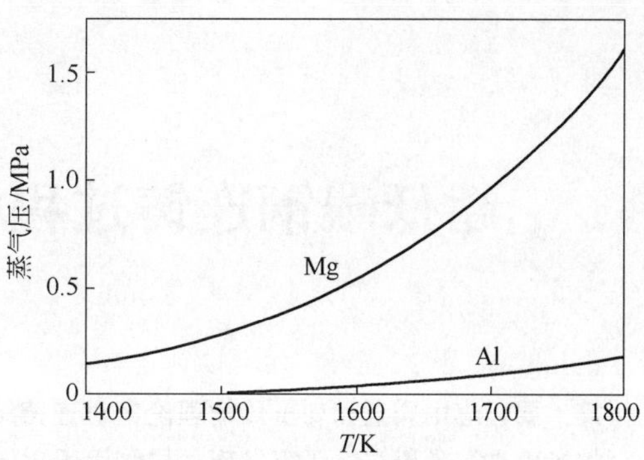

图 2 Al、Mg 蒸气压与温度之间的关系

Fig. 2 Relation between temperature and steam pressure of Al and Mg

5.3 含 Mg_3P_2 渣处理问题

为使还原脱磷法在生产中得到广泛应用，必须解决含 Mg_3P_2 炉渣问题。Mg_3P_2 与水汽作用，能放出有剧毒的 PH_3 气体，造成公害。采用挡渣出钢，或偏心炉底出钢将钢渣分离，然后在密封条件下对渣进行吹氧，将 Mg_3P_2 氧化成 $Mg_3(PO_4)_2$。

6 结论

（1）通过热力学计算与分析，用铝镁合金进行还原脱磷是可行的；

（2）铝镁合金与 Ca、CaC_2 相比有一定的优越性；

（3）用铝镁合金对 0Cr18Ni9Ti 不锈钢和 W6Mo5Cr4V2 高速钢进行了还原脱磷工业试验，取得了一定效果。

参 考 文 献

[1] 张德铭，张星，知水. 不锈钢还原脱磷和氧化脱磷 [C]//中国金属学会炼钢学会编. 包头：第六届全国炼钢学术会议论文集（包头），1990：447.

[2] 知水，张秉英，高峰，等. 不锈钢喷粉脱磷的工艺研究 [C]//北京金属学会主编. 学术会议论文集，1987：114.

[3] 陈家祥. 钢铁冶金学（炼钢部分）[M]. 北京：冶金工业出版社，1990：49.

[4] 梁英教，车荫昌. 无机物热力学数据手册 [M]. 沈阳：东北大学出版社，1994：123.

[5] 曲英. 炼钢学原理 [M]. 北京：冶金工业出版社，1980：74.

[6] Wiyk O. The Phosphorus Problem in Iron and Steelmaking [J]. Scand. J. Metallurgy，1993，(3)：130.

Dephosphorization of High Vanadium Steel and High Chromium Steel with Aluminium – Magnesium Alloy

Guo Peimin　Li Zhengbang　Xue Zhengliang

(Central Iron and Steel Research Institute)

Abstract The possibility of reducing – dephosphorization of high vanadium steel and high chromium steel with aluminium – magnesium alloy has been investigated using thermodynamic analysis. The commercial melting testing for producing steel 0Cr18Ni9Ti and steel W6Mo5Cr4V2 dephosphorized with aluminium – magnesium alloy has been carried out, with the phosphor in steel decreasing from 0.039% to 0.021% and 0.043% to 0.030% respectively.

Key words aluminium – magnesium alloy; dephosphorization; steel 0Cr18Ni9Ti; steel W6Mo5Cr4V2

超低碳钢连铸过程中增碳机理的探究*

摘　要　应用质量和动量传输理论，对连铸结晶器内含碳熔渣所引起的超低碳钢钢水增碳的机理进行了研究。研究发现，尽管用于超低碳钢的结晶器保护渣的原始碳含量已经很低，而且碳在熔渣中的溶解度也不高，但熔渣中这些碳对钢水的增碳却是明显的。

关键词　结晶器保护渣；超低碳钢；熔渣；增碳

1　前言

在浇铸超低碳钢时，最突出的问题是保护渣对钢水的增碳，它可能是连铸操作成功与否的关键。单纯降低原始渣的碳含量，固然能减少钢水增碳，但由此会引起一系列不良后果。目前的保护渣尚需利用碳作为阻隔层和骨架调节熔化速度，得到满意的渣层结构，从而实现其各项功能，碳是保护渣组成中不可或缺的成分。

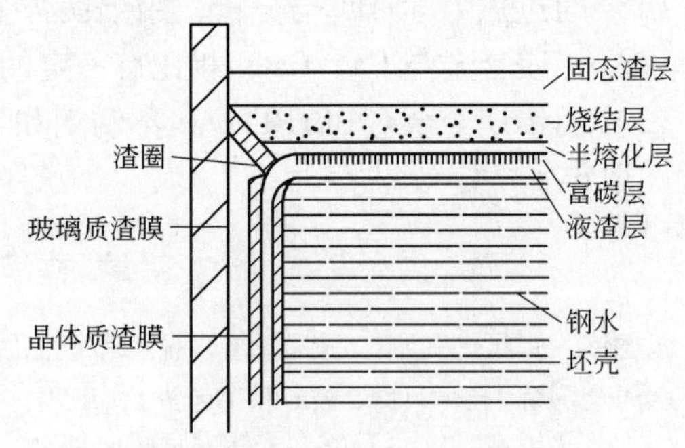

图 1　保护渣的层状结构

Fig. 1　Schematic representation of the various powder and flux layers

以前的文献普遍认为铸坯增碳的主要原因是保护渣的富碳层（图 1），该层的碳含量最高可达原始渣碳含量的 6 倍，而且呈非烧结性，当熔渣层薄并出现波动时，就容易导致富碳层与钢水接触甚至卷渣，造成钢水增碳，认为只要在浇铸状况稳定的条件下，保持熔渣层厚度足够（10 ~ 15mm），当原始渣中自由碳含量仅为 1% 左右时，保护渣不会对钢水增碳[1, 2]。这在通常钢水［C］< 0.02% 的情况下，增碳问题并不突出，但随着钢中要求的碳含量越来越低，尤其是一些超纯净钢要求［C］< 0.003%，并且在实际连铸过程中即使操作条件正常，或多或少都存在钢水增碳。目前国内增碳水平一般在 0.001% 左右，而国外先进厂家可将其控制在 0.0003% 范围内，所以必须解决增碳问题。

2　研究与分析

研究钢水增碳机理，有必要也应该对与钢水直接接触的熔渣进行分析研究。只有了解增碳来源，才能消除或使之最小。

保护渣的熔渣属硅酸盐熔体，碳在这类熔体中的溶解度为 0.1% ~ 0.2%[3]，笔者用刚玉坩埚做了数种超低碳钢连铸用保护渣熔融模型实验，将冷却后的熔渣进行碳量

* 本文合作者：吴杰、林功文、刘良田、邱同榜。原发表于《钢铁》，2000，35（1）：17 ~ 19。

分析，后来又去某钢厂连铸车间取现场结晶器内熔渣样分析，结果见表1。两者有一定的出入，这是由于碳的烧损情况不一样。但不管怎样，它们的含量仍大大的高于超低碳钢的碳量（[C]<0.003%）。

表1　几种超低碳钢连铸用保护渣熔渣碳含量

Table 1　Carbon content of mold fluxes for ultra - low - carbon steels　　（%）

渣　号	A	B	C	D	E	F
原始渣碳含量	1.0~2.0	1.44	2.30	5.00	1.63	1.14
坩埚中熔渣碳含量	0.17	0.18	0.13	0.14	0.30	0.06
结晶器中熔渣碳含量	0.045	0.071	—	—	—	—

保护渣熔渣中的碳包括溶解的和未溶解的。溶解碳以原子形态存在于熔渣中，通过扩散向钢水传质；而未溶解碳则是以细小颗粒的形态存在于渣中，这些颗粒碳在渣中一方面受浮力的作用上浮，另一方面随熔渣沿结晶器壁流失而下沉，两者同时进行，一旦碳颗粒下沉速度大于其上浮速度，碳粒子就会与钢水直接接触，由于碳在钢水中的溶解度较大，很容易造成钢水增碳。

2.1　与钢水接触的熔渣中溶解碳通过界面向钢水中的扩散

该过程由两液相内的传质和界面溶解环节组成。可以根据这串联相接的三个环节的速率在准稳态中趋于相等的原理导出总过程的速率式。如图2所示，熔渣中碳的浓度为 C_1（仅考虑溶解碳），当其达到相界面时，浓度降为 C_1^*，在此，通过溶解转变成界面浓度为 C_2^* 的钢水中的碳，然后再向钢水内扩散，浓度降到钢水的浓度 C_2。图中虚线代表两相内扩散边界层，其厚度分别为 δ_1 及 δ_2。整个过程由首尾相连的三个环节组成（图3）。

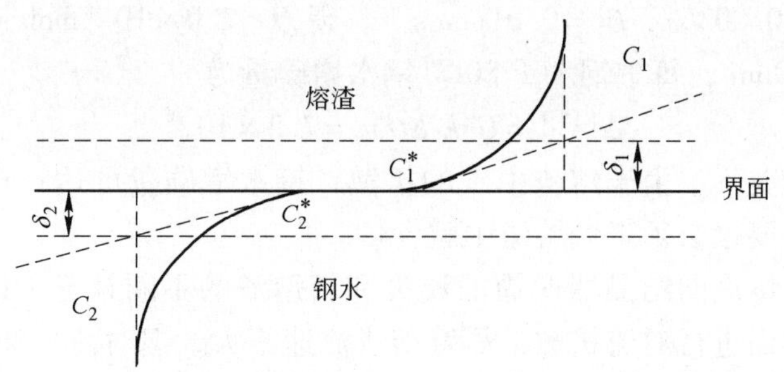

图2　渣—钢界面两侧浓度分布图

Fig. 2　Schematic representation of carbon content distribution at the flux - steel interface

$$(\mathrm{C}) \xrightarrow[\text{扩散}]{\beta_1} (\mathrm{C})^* \xrightarrow[\text{溶解}]{k} [\mathrm{C}]^* \xrightarrow[\text{扩散}]{\beta_2} [\mathrm{C}]$$

图3　碳在渣—钢界面溶解过程示意图

Fig. 3　Representation of the carbon solubilization process occurring at the flux - steel interface in the mold

三个环节的速率式如下：

渣中碳向相界面扩散

$$J_1 = \frac{dn}{dt} = \beta_1 (C_1 - C_1^*) A \tag{1}$$

界面溶解过程

$$r = \frac{dn}{dt} = k(C_1^* - C_2^*) A \tag{2}$$

碳离开相界面扩散

$$J_2 = \frac{dn}{dt} = \beta_2 (C_2^* - C_2) A \tag{3}$$

在浇铸温度下，$k \gg \beta$（β_1，β_2），所以仅需考虑由两扩散环节组成的溶解过程的速率式。由双膜理论，令 $1/k$ 为零，得出溶解过程的总速率式：

$$r_{\Sigma} = \frac{1}{A}\frac{dn}{dt} = \frac{C_1 - C_2/L}{1/\beta_1 + 1/L\beta_2} \tag{4}$$

扩散量

$$Q = Ar_{\Sigma} = \frac{ab\{\rho_s C_1 - \rho_m C_2/L\}}{100M_C(1/\beta_1 + 1/L\beta_2)} \tag{5}$$

L 可由（C）-［C］大致算出，以重量1%为标准态。

通常碳在熔渣中的传质系数比钢水中的小得多，即 $L\beta_2 \gg \beta_1$，所以过程的控制环节是碳在熔渣中的扩散。

式（5）可写为

$$Q = Ar_{\Sigma} = \frac{ab\beta_1\{\rho_s C_1 - \rho_m C_2/L\}}{100M_C} \tag{6}$$

由此看来，碳的扩散量与其在渣中的传质系数和含量成正比。

代入计算条件：结晶器尺寸 $a \times b = 20\text{cm} \times 100\text{cm}$，$\rho_s = 2.5\text{g/cm}^3$，$\rho_m = 7.2\text{g/cm}^3$，$C_1 = 0.05\%$，$C_2 = 0.003\%$，$\beta_1 = 0.01\text{cm/s}$[4]，得 $Q \approx 2.0 \times 10^{-2}\text{mol/s}$。

设浇铸时间40min，每炉钢水重80t。钢水增碳量为

$$\Delta[C] = QM_C \Delta t/m = 7.2 \times 10^{-6}$$

在一般正常情况下，由于熔渣中碳的扩散，钢水增碳量可达0.0007%，要想减少钢水增碳量，有必要也必须降低熔渣中碳含量。

实际上，随着熔渣向结晶器四周的流失和新熔渣的不断补充，以及钢水的持续注入，实际渣—钢界面进行对流扩散，尽管熔渣流速不大，但对流传质总比分子扩散大，更加有利于钢水的增碳。

2.2 熔渣中未溶碳即碳颗粒的行为

2.2.1 熔渣中碳颗粒上浮速率 u_1

首先，认为钢水表面的保护渣，当熔渣排出时，只有与钢水接触而处于最高温度下的黏度较低的熔渣层才可能向四周移动，而其他较黏的液渣层、烧结层和粉渣层仅仅下沉[5]。

设碳颗粒的直径 D_C，密度 ρ_C，熔渣密度 ρ_s，黏度为 η，在 Re 很小并且碳颗粒很小时，

$$u_1 = \frac{1}{18\eta}(\rho_s - \rho_C) g D_C^2 \tag{7}$$

2.2.2 熔渣流失引起的熔渣层下降速率

假定从结晶器弯月面处流入的熔渣在与结晶器铜壁接触的部分是静止的，而与凝壳接触的部分是运动的；不考虑沿结晶器的横向运动；熔体为牛顿液体；结晶器保护渣的密度和黏度认为是常数；在结晶器上部，认为凝壳中由于钢水的静压力所引起的应力可忽略不计（图4）。

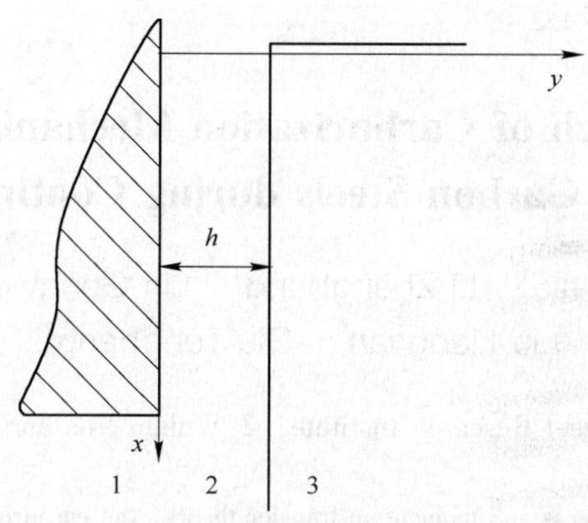

图4 铸坯凝壳与结晶器壁间保护渣运动示意图

Fig. 4 Schematic of the flow flux between strand and mold

1—铸坯凝壳；2—熔渣；3—结晶器器壁

x 方向的 Navier－Stokes 方程的解为

$$u = \frac{(\rho_m - \rho_s)g}{2\eta} y^2 - \left[\frac{(\rho_m - \rho_s)gh}{2\eta} + \frac{v_C}{h}\right] y + v_C \tag{8}$$

碳颗粒总的下降速率为

$$\Delta u = u_2 - u_1 = \frac{a+b}{6ab\eta}\left[6v_C h\eta - h^3 g(\rho_m - \rho_s)\right] - \frac{1}{18\eta}(\rho_s - \rho_C) g D_C^2 \tag{9}$$

代入计算条件：结晶器尺寸 $a \times b = 0.20\text{m} \times 1.00\text{m}$，$\rho_s = 2500\text{kg/m}^3$，$\rho_m = 7200\text{kg/m}^3$，$v_C = 0.7\text{m/min}$，$g = 9.8\text{m/s}^2$，$\eta = 0.2\text{Pa} \cdot \text{s}$，$D_C = 7.6 \times 10^{-7}\text{m}$，$h$ 取经验值0.3mm，得 $\Delta u = 2.0 \times 10^{-5}\text{m/s}$。

设熔渣层厚8mm，碳颗粒从上部降至下部需400s。

3 结语

（1）钢水中碳的溶解度非常大，而与之直接接触的熔渣中碳量高出一个数量级，钢水增碳是不可避免的。

（2）溶解碳向钢水扩散过程的控制环节是碳在熔渣中的扩散，扩散量与碳在渣中的传质系数成正比。

（3）为了避免或减少钢水增碳，必须降低熔渣中碳含量。可以在满足基本性能要求的基础上，尽量减少原始渣的配碳量，或采取其他一些措施阻止碳溶入熔渣。

参考文献

[1] Skoczylas G. Recent Development in High Viscosity Mold Powders for Ti SULC Steel Grades [C]//Steelmaking Conference Proceedings, 1996: 269 ~ 275.
[2] 白丙中．新型保护渣的设计、开发及应用［J］. 国外钢铁，1993，(6)：33 ~ 37.
[3] 黄希祜．模铸保护渣性能的作用及机理［J］. 四川冶金，1987，(1)：30 ~ 33.
[4] 盖格 G H. 冶金中的传热传质现象［M］. 北京：冶金工业出版社，1981：609 ~ 610.
[5] Delhalle A. Slag Melting and Behaviour at Meniscus Level in ACC Mold [C]//Steelmaking Conference Proceedings, 1986: 145 ~ 152.

Research of Carburization Mechanism for Ultra – Low – Carbon Steels during Continuous Casting

Wu Jie[1] Li Zhengbang[1] Lin Gongwen[1]
Liu Liangtian[2] Qiu Tongbang[2]

(1. Central Iron and Steel Research Institute; 2. Wuhan Iron and Steel (Group) Co.)

Abstract Applying the mass and momentum transfer theory, the carburization mechanism of ultra – low – carbon steel melt caused by the carbon containing flux has been investigated. Results show that, in spite of low carbon content of mold powder used for the ultra – low – carbon steel and low solubility of carbon in flux, the carbon of flux has a considerable influence on the carburization of the steel melt.

Key words mold powder; ultra – low – carbon steel; flux; carburization

奥氏体不锈钢焊缝金属氢致滞后断裂门槛值的研究*

摘　要　308L 和 347L 奥氏体不锈钢焊缝金属能发生氢致滞后断裂，而且比 304L 母材更敏感，用单边缺口试样动态充氢测出的氢致滞后断裂门槛应力强度因子 K_{IH} 随可扩散氢浓度 c_0 的对数而线性下降。即 $K_{IH}=85.2-10.7\ln c_0$（308L），$K_{IH}=76.1-9.3\ln c_0$（347L），$K_{IH}=91.7-10.1\ln c_0$（304L）。三种材料氢致滞后断口形貌与 K_I 以及 c_0 有关，当 K_I 较高或 c_0 较小时是韧窝断口，当 K_I 较低或 c_0 较高时是脆性断口。

关键词　奥氏体不锈钢；焊缝金属；氢致滞后断裂

广义的氢脆包括不可逆氢损伤，氢致塑性损失以及氢致滞后断裂[1]。对于容易发生氢致马氏体相变的不稳定的奥氏体不锈钢（如 304，304L），充氢后或在 H_2 中慢拉伸能发生氢致塑性损失，但对于较稳定的 316、309 以及 310 不锈钢来说是否能发生氢致塑性损失却有争议[1]。很多工作表明，在 H_2 中慢拉伸 309 和 310 不锈钢不显示氢脆（没有塑性损失）[2,3]，但用电解充氢或热充氢后却发现 316、309 和 310 不锈钢能发生明显的塑性损失[4,5]。由于 310 钢不发生氢致马氏体相变[1]，这就表明氢致马氏体相变并不是氢致塑性损失的必要条件。研究奥氏体不锈钢滞后断裂的工作较少。如采用恒位移试样，则无论是在 H_2 或动态充氢，均不发生氢致滞后断裂[6]；但如通过加工硬化或时效硬化使强度大幅度提高后则有可能[7]。因为强度较低的低合金钢也不发生氢致滞后断裂[8]，因而不宜用恒位移试样来研究低强度钢（包括奥氏体不锈钢）的氢致滞后断裂行为。如用恒载荷试样，则无论是 304、316 还是 310 不锈钢，在加载电解充氢或充氢后空气中加载都能产生氢致滞后开裂[1,6,9]。

奥氏体不锈钢焊缝金属为铸态的粗大柱状晶组织，它和基体不锈钢（是加工后经固溶处理的型材和板材）的组织不同。至今为止，尚未见有关奥氏体不锈钢焊缝金属的氢致滞后断裂行为的报道。本文将探讨奥氏体不锈钢焊缝金属（308L 和 347L）是否能发生氢致滞后断裂。如能发生，则进一步研究其规律以及它和基体不锈钢的区别。

1　实验方法

308L 和 347L 奥氏体不锈钢焊缝金属以及作为对比用的 304L 板材的成分见表 1。将三种材料均缓慢升温至 690℃，保温 29h 后炉冷。加工成单边缺口试样，试样尺寸如图 1 所示。所有试样退火（690℃，1h）后用 No. 400 砂纸打磨。对于单边缺口薄板恒载荷试样，其应力场强度因子为[1]

$$K_I = F(a/w)\sigma(\pi a)^{1/2} \tag{1}$$

* 本文合作者：潘川、梁东图、田志凌、褚武扬、乔利杰。原发表于《金属学报》，2001，37（3）：296～300。

$$F(a/w)=1.12-0.23(a/w)+10.6(a/w)^2-21.7(a/w)^3+30.4(a/w)^4$$

其中，σ 为名义应力（载荷除截面积）；a 为缺口深度；w 为试样宽度。

表1　实验材料的化学成分

Table 1　Chemical compositions of the materials　（mass fraction,%）

Material	C	Mn	Si	S	P	Cr	Ni	Nb	Fe
308L	0.040	0.87	0.83	0.014	0.023	20.30	9.90	—	Balance
347L	0.029	2.00	0.46	0.012	0.023	19.87	9.86	0.54	Balance
304L	0.028	0.86	0.49	0.010	0.017	18.98	8.87	—	Balance

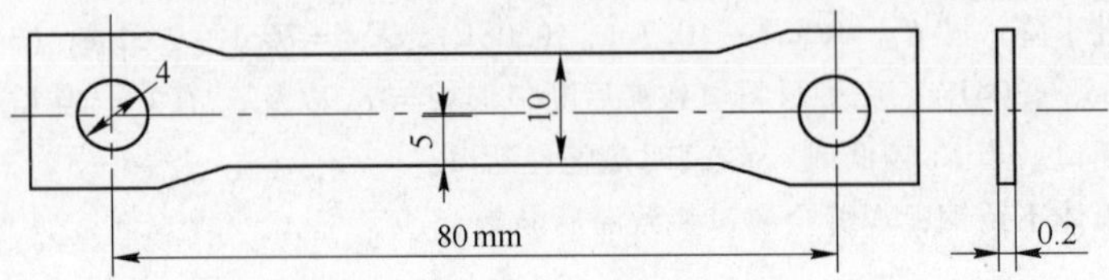

图1　单边缺口薄板试样

Fig. 1　Single - edge notched specimen

室温电解充氢用 0.5 mol/L H_2SO_4 +0.25g/L As_2O_3 溶液，充氢电流密度分别为 $i=$ 1，5，25，50，500mA/cm²。同一组试样加载到不同的 K_I 值，在溶液中用相同的电流 i 动态充氢，记录每个试样的滞后断裂时间 t_F。根据 K_I-t_F 曲线或下述方程可求出氢致滞后断裂的门槛应力强度因子 K_{IH}[10]

$$K_{IH}=(K_{Iy}+K_{In})/2 \tag{2}$$

其中，K_{Iy}是能发生滞后断裂的最小 K_I，而 K_{In}是不发生滞后断裂的最大 K_I。为了保证所测 K_{IH}和真实值的误差小于 10%，要求下述条件被满足

$$(K_{Iy}-K_{In})\leqslant 0.1(K_{Iy}+K_{In}) \tag{3}$$

如果这个条件不满足，则增加试样。由于试样很薄（0.2mm），故选 120h 作为滞后断裂的截止时间。

在不同 i 下充氢的拉伸试样放入充满水银的“U”型管内。H 扩散出试样就结合成 H_2，它占据带刻度玻璃管的顶端，从而可求出不同时刻试样放出的氢量。其稳态值就是充氢时进入试样的可扩散氢浓度 c_0。

2　实验结果

单边缺口试样在空气中加载至断裂的载荷为 P_C，把它代入式（1）中的 σ 可求出薄板缺口试样断裂的临界应力强度因子 K_C。结果表明，308L、347L 和 304L 三种材料的 K_C 分别为 65，61 和 68MPa · $m^{1/2}$。一组试样在溶液中加载到不同的 K_I/K_C 后恒电流动态充氢（所用的 i 分别为 1，5，25，50，500mA/cm²），K_I/K_C 随滞后断裂时间 t_F 的变化如图 2 所示。由方程（2）可求出三种材料在不同充氢电流下氢致滞后断裂的门槛应力强度因子 K_{IH}，见表 2。由于方程（3）的要求已满足，故表 2 列出的 K_{IH}和真实值的误差小于 10%。

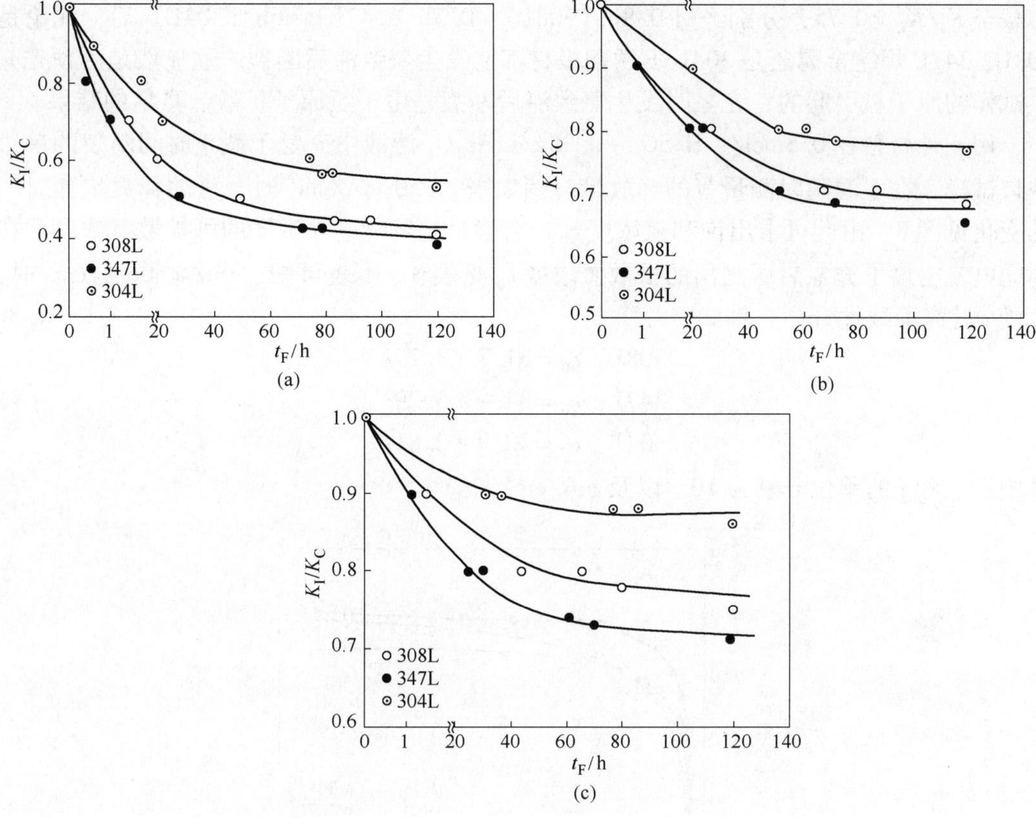

图 2　三种材料充氢时 K_I/K_C 随滞后断裂时间的变化

Fig. 2　K_I/K_C vs time to failure under dynamical charging of hydrogen

(a) $i=50mA/cm^2$; (b) $i=5mA/cm^2$; (c) $i=1mA/cm^2$

表 2　氢致滞后断裂门槛应力强度因子 K_{IH} 以及 K_{IH}/K_C

Table 2　Threshold stress intensity factor for hydrogen－induced failure, K_{IH} and K_{IH}/K_C

(mass fraction, %)

Material	$K_C/(MPa\cdot m^{1/2})$	$i/(mA\cdot cm^{-2})$	$K_{IH}/(MPa\cdot m^{1/2})$	K_{IH}/K_C
308L	65	500	25	0.38
		50	27	0.42
		25	32	0.49
		5	45	0.60
		1	49	0.76
347L	61	500	23	0.38
		50	24	0.40
		25	31	0.50
		5	40	0.66
		1	44	0.72
304L	68	500	35	0.51
		50	37	0.54
		25	42	0.62
		5	52	0.77
		1	59	0.87

三种材料的试样在溶液中用大电流（$i=500\text{mA/cm}^2$）预充氢48h，然后在空气中加载至$K_I/K_C=0.75$，分别经过0.8h（308L），0.5h（347L），6h（304L）后，无论是308L、347L焊缝金属还是304L不锈钢板材都能发生氢致滞后断裂。这显然是由预先充入试样的原子氢引起的，充氢时发生氢致滞后断裂是由于氢原子扩散、富集的结果。

用三种材料在0.5mol/L H_2SO_4 +0.25g/L As_2O_3 溶液中充氢于截止时间断裂的单边缺口试样，在室温随时测量氢的释放量。例如当$i=50\ \text{mA/cm}^2$时，氢的释放量随时间的变化见图3。由此可求出饱和氢浓度c_0，它就是充氢时进入试样的可扩散氢浓度。在不同电流密度下充氢后所测出的扩散氢浓度c_0见表3。由表可知，当$i\geqslant 50\text{mA/cm}^2$时，$c_0$随$i$升高而线性升高。例如

$$\begin{aligned} &308\text{L}：c_0=31.7+3.27i \\ &347\text{L}：c_0=34.0+3.29i \\ &304\text{L}：c_0=32.9+2.81i \end{aligned} \tag{4}$$

其中，c_0和i的单位分别为10^{-6}以及mA/cm^2。

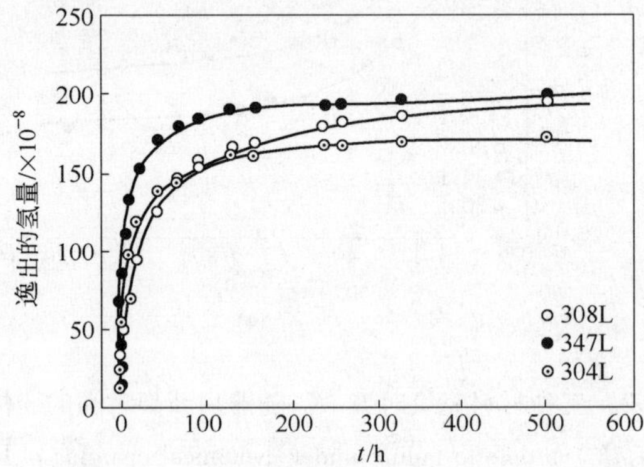

图3　预充氢（$i=50\text{mA/cm}^2$，120h）试样中逸出的氢量随时间的变化

Fig. 3　Hydrogen amount escaped from the precharged specimens（$i=50\text{mA/cm}^2$，120h）vs time

表3　不同充氢电流密度下试样中的可扩散氢浓度 c_0

Table 3　Diffusible hydrogen concentration corresponding to various current densites

（$\times 10^{-6}$）

$i/(\text{mA}\cdot\text{cm}^{-2})$	1	5	25	50	500
308L	30.5	52.6	114.3	194.7	361.8
347L	31.5	55.6	121.3	197.2	378.6
304L	30.3	50.9	110.8	171.4	366.5

由表2和表3的数据可作出K_{IH}随$\ln c_0$的变化曲线，见图4。由图4可以看出，K_{IH}随$\ln c_0$的升高而线性下降，即

$$\begin{aligned} &308\text{L}:K_{IH}=85.2-10.7\ln c_0 \\ &347\text{L}:K_{IH}=76.1-9.3\ln c_0 \\ &304\text{L}:K_{IH}=91.7-10.1\ln c_0 \end{aligned} \tag{5}$$

用扫描电镜研究了氢致滞后断裂的断口形貌。当 c_0 较低而且 K_I 较大时，获得韧窝断口，和空气中拉断断口相似。但是 c_0 较大而且 K_I 较小时，则获得脆性断口。总之，三种材料的氢致滞后断口形貌和外加 K_I 以及试样内部可扩散氢浓度 c_0 有关，见图 5。由图可知，存在一条分界线 AB，在这条线的右下方是脆性断口（c_0 高或 K_I 低，或两者合适的匹配），而在 AB 曲线的左上方则为韧窝断口（c_0 低或 K_I 高，或两者合适的匹配）。由此可知，对强度较低的奥氏体不锈钢焊缝金属以及基体不锈钢板材来说，能发生氢致滞后断裂，但其断口形貌并不一定为脆性断口。

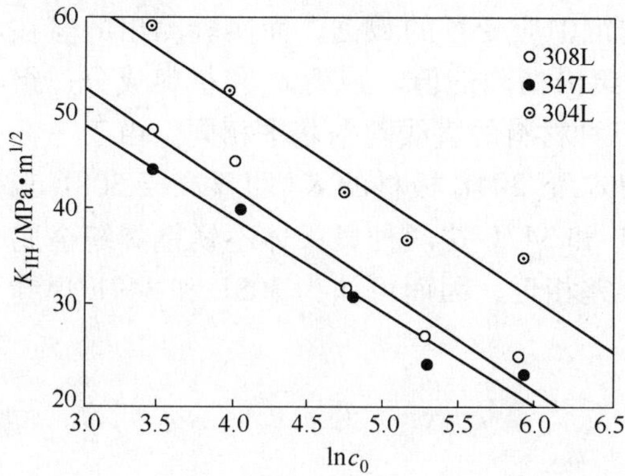

图 4　氢致滞后断裂门槛应力强度因子 K_{IH} 随 $\ln c_0$ 的变化

Fig. 4　K_{IH} for hydrogen – induced failure vs $\ln c_0$

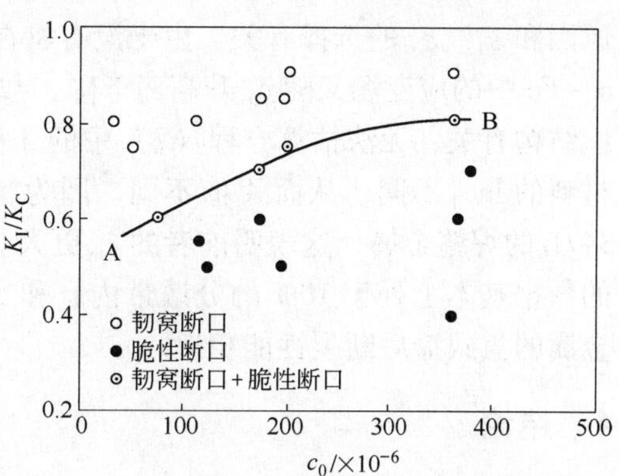

图 5　氢致滞后断口形貌对 K_I 和 c_0 的依赖关系

Fig. 5　Uariation of the morphology of hydrogen – induced delayed fracture surface with K_I and c_0

3　讨论

实验结果表明，无论是 308L 和 347L 奥氏体不锈钢焊缝金属，还是 304L 不锈钢板材，均能发生氢致滞后断裂。这三种材料动态充氢过程中能发生马氏体相变[10]。由于预充氢 48h 再加载也能发生滞后断裂，表明马氏体相变不是引发滞后断裂的必要条件。由于不发生氢致马氏体相变的 310 钢也能发生氢致滞后断裂[6,9]，表明预充氢或动态充氢发生滞后断裂是由于原子氢扩散、富集（它需要时间）引起的。马氏体相变可以促进滞后断裂，使 K_{IH}降低[9]，但它不起决定性作用。

通过应力诱导扩散，氢将富集，达到平衡时富集的氢浓度为[11]

$$c_\sigma = c_0 \exp[a^3(\sigma_1\varepsilon_1 + \sigma_2\varepsilon_2 + \sigma_3\varepsilon_3)/kT] \tag{6}$$

其中，c_0 是试样中的可扩散氢浓度；a 是晶格常数；σ_1，σ_2，σ_3 是缺口前端主应力；ε_1，ε_2，ε_3 是氢的应变场。对于曲率半径为 ρ 的缺口试样，在缺口顶端应力有最大值，$\sigma_1 = 2K_I/(\pi\rho)^{1/2}$，$\sigma_2 = 0$，$\sigma_3 = \nu(\sigma_1 + \sigma_2)$[12]。代入式（6）可得

$$c_\sigma = c_0 \exp[2a^3(\varepsilon_1 + \nu\varepsilon_3)K_I/kT(\pi\rho)^{1/2}]$$

该式表明随外加 K_I 升高，缺口顶端氢浓度 c_σ 也逐渐升高。当 c_σ 升高到等于临界值 c_{th} 时，就会通过某种机制使裂纹形核、扩展导致断裂。这时相应的 K_I 就是门槛值 K_{IH}。令 $K_I = K_{IH}$时，$c_\sigma = c_{th}$，从而就有

$$K_{IH} = A - B\ln c_0$$

$$A = B\ln c_{th} \tag{7}$$

$$B = \frac{kT(\pi\rho)^{1/2}}{2a^3(\varepsilon_1 + \nu\varepsilon_3)}$$

形式上它和实验结果（见方程（5））是一致的，即 K_{IH} 随 $\ln c_0$ 的升高而线性下降。对 α - Fe，实验测出当 $c_0 = 1.1\times10^{-6}$ 时，$\varepsilon_1 = 0.12$，$\varepsilon_2 = \varepsilon_3 = -0.01$[13]。奥氏体不锈钢 $a = 3.56\times10^{-10}$m，$\nu = 0.3$，$k = 1.38\times10^{-23}$ J/K，$T = 300$K，$\rho = 0.15$mm。代入上式可得 $B = 9.1\text{MPa}\cdot\text{m}^{1/2}$。而方程（5）给出的实验值为 $9.3\sim10.7\text{MPa}\cdot\text{m}^{1/2}$，计算值偏低的原因和 ε_1、ε_3 的选择有关。由于没有氢在不锈钢中应变场的数据，而实验测出的氢在 α - Fe 中的应变场又随 c_0 升高而下降，故无法给出精确的值。因为 c_{th} 和材料成分、组织结构有关，无法估算方程（7）中的 A 值。三种材料的直线斜率基本相同。由于三种材料的 $\ln c_{th}$ 不同，从而 A 值不同。因为相同的 c_0 下 304L 板材的 K_{IH} 明显高于 308L 和 347L 的焊缝金属，这表明前者的 c_{th} 更大。308L 和 347L 这两种奥氏体不锈钢焊缝金属的数据基本上处于 10% 的分散带内，和实验误差相近，因而可认为 308L 和 347L 焊缝金属的氢致滞后断裂性能相近。

4 结论

（1）308L 和 347L 奥氏体不锈钢焊缝金属能发生氢致滞后断裂，而且比母材（304L 不锈钢板材）更为敏感。

（2）氢致滞后断裂门槛值 K_{IH}（$\text{MPa}\cdot\text{m}^{1/2}$）随可扩散氢浓度 c_0（$\times10^{-6}$）的对数线性下降，即 $K_{IH} = 85.2 - 10.7\ln c_0$（308L）、$K_{IH} = 76.1 - 9.3\ln c_0$（347L）、$K_{IH} = 91.7 - 10.1\ln c_0$（304L）。

（3）三种材料氢致滞后断口形貌与 K_I 以及 c_0 有关。当 K_I 较高或 c_0 较小时是韧窝断口，当 K_I 较低或 c_0 较高时是脆性断口。

参考文献

[1] Chu W Y. Hydrogen Damage and Delayed Fracture. Beijing: Metallurgical Industrial Press, 1988: 1598（褚武扬. 氢损伤和滞后断裂. 北京：冶金工业出版社，1988：1598）.

[2] Schuster G. Altstetler C J. Metall Trans, 1983, 14A: 2077.

[3] Han G, He J. Fukuyama S, Yokozawa K. Acta Mater, 1998, 46: 4559.

[4] Holzworth M L. Corrosion, 1969, 25: 107.

[5] Abraham D P. Altstetler C J. Metall Trans, 1995, 26A: 2849, 2859.

[6] Chu W Y, Yao J. Hsiao C M. Metall Trans, 1984, 15A: 729.

[7] Soxton M I, West A T, Thompson A W, et al. Effect of Hydrogen on Behavior of Materials, NY: AIME: 1976: 631.

[8] Chu W Y, Liu T H, Hsiao C M. Corrosion, 1981, 37: 320.

[9] Qiao L J, Chu W Y, Hsiao C M. Corrosion, 1987, 43: 479.

[10] Pan C. Ph D Thesis, Beijing: Central Iron & Steel Research Institute. 2000（潘川. 博士学位论文，北京：钢铁研究总院，2000）.

[11] Zhang T Y, Chu W Y, Hsiao C M. Metall Trans, 1985, 16A: 1649.

[12] Chu W Y, Hsiao C M, Zhao X Z. Metall Trans, 1988, 19A: 1067.

[13] Bai X Z, Chu W Y, Hsiao C M. Scripta Metall, 1987, 21: 613.

The Threshold Stress Intensities for Hydrogen – Induced Delayed Failure of Weld Metal of Austenitic Stainless Steel

Pan Chuan[1] Li Zhenbang[1] Liang Dongtu[1] Tian Zhiling[1]
Chu Wuyang[2] Qiao Lijie[2]

(1. Central Iron and Steel Research Institute;
2. University of Science and Technology Beijing)

Abstract It was found that the hydrogen – induced delayed failure could occur in 308L and 347L weld metals, and the threshold stress intensities for 308L and 347L are lower than 304L austenitic stainless steel. When dynamically charged to single – edge notched specimen under load, the threshold stress intensities for 308L, 347L and 304L decrease with the increase in the diffusible hydrogen content c_0 and the experimental results are as follows: $K_{IH}=85.2-10.7\ln c_0$ (308L), $K_{IH}=76.1-9.3\ln c_0$ (347L), $K_{IH}=91.7-10.1\ln c_0$ (304L). The modes of hydrogen – induced delayed fracture in the three materials are correlated with the K_I and c_0 values.

Key words austenitic stainless steel; weld metal; hydrogen – induced delayed failure

不锈钢焊缝金属的氢脆*

摘　要　用慢应变速率拉伸方法研究了不稳定型奥氏体不锈钢焊缝金属（308L 和 347L）以及母材（304L）的氢脆敏感性，分别研究了原子氢以及氢致马氏体对氢致塑性损失的贡献。结果表明，当可扩散的氢浓度 C_0 大于临界值（约 $25\times10^{-6}\sim30\times10^{-6}$）后，三种不锈钢均会出现氢致马氏体（$\varepsilon+\alpha'$），其含量 M 随 C_0 升高而升高，即 $M(\varepsilon+\alpha')=54.2-25\exp(-C_0/153)$。氢致马氏体引起的塑性损失 $I_\delta(M)$ 随马氏体含量线性升高，即 $I_\delta(M)=0.45M=24.4-11.3\exp(-C_0/153)$。100% 马氏体引起的最大塑性损失约为 45%。动态充氢引起的塑性损失 I_δ 减去充氢除气试样的塑性损失就是原子氢引起的塑性损失 $I_\delta(\mathrm{H})$，它随 C_0 升高而升高。但当 $C_0>10^{-4}$ 后，$I_\delta(\mathrm{H})$ 趋于最大值（对应 $\dot{\varepsilon}=5\times10^{-6}/\mathrm{s}$），即 $I_\delta(\mathrm{H})_{\max}=44\%$(308L)，$I_\delta(\mathrm{H})_{\max}=45\%$(347L) 以及 $I_\delta(\mathrm{H})_{\max}=40\%$(304L)。随应变速率 $\dot{\varepsilon}$ 升高，$I_\delta(\mathrm{H})$ 逐渐下降，直至为零（对应 $\dot{\varepsilon}=0.018\sim0.032/\mathrm{s}$），即 $I_\delta(\mathrm{H})=-16.4-10.6\lg\dot{\varepsilon}$(308L)，$I_\delta(\mathrm{H})=-20.9-12.1\lg\dot{\varepsilon}$(347L)，$I_\delta(\mathrm{H})=-21.9-9.9\lg\dot{\varepsilon}$(304L)。

关键词　氢脆；不锈钢焊缝金属；氢致马氏体

加氢反应器的内壁要堆焊一层 308 或 347 奥氏体不锈钢以抗 H_2S 腐蚀。实验发现，反应器在运行时堆焊层中出现氢致裂纹[1]，以往没有人研究过不锈钢堆焊金属的氢脆敏感性。因此，本文的一个目的是研究上述两类堆焊层金属的氢脆敏感性。

308 和 347 奥氏体不锈钢的 Ni、Cr 含量和 304 相近，在加工或充氢时能发生马氏体相变。对于这种不稳定型奥氏体不锈钢，无论是在氢气中拉伸或是预充氢后拉伸均能显示明显的塑性损失[2,3]，在恒载荷下也能发生氢致滞后断裂[4]。在透射电镜中的原位观察表明，304 钢中氢致裂纹沿 α'马氏体[6]或 ε 马氏体[7]形核、扩展。因而早期很多人认为氢致马氏体相变是导致不稳定型奥氏体不锈钢氢脆的主要原因[3]。但随后一系列工作表明，像 310 这种不发生氢致马氏体相变的不锈钢也能发生氢致塑性损失以及滞后断裂[7~11]。由此可知，氢致马氏体相变并不是奥氏体不锈钢氢脆的主要原因[8~12]。

究竟氢致马氏体相变在不稳定型不锈钢的氢脆中起什么作用呢？Pering 等发现[4]，301 不锈钢的氢致开裂门槛值 K_{IH} 随冷加工引入的 α'马氏体含量的升高而升高，$\mathrm{d}a/\mathrm{d}t$ 则随 α'升高而下降，即冷加工引入的 α'马氏体能降低氢脆敏感性。但大多数工作表明，随冷加工引入马氏体量的升高，氢脆敏感性也升高[12]。应当指出，冷加工引入的马氏体和氢致马氏体并不等同。因为冷加工引入马氏体的同时也会使位错密度升高，并改变位错结构甚至产生织构；而且很难分离冷加工马氏体和位错密度升高对氢脆的影响。

---

* 本文合作者：潘川、田志凌、梁东图、宿彦京、乔利杰、褚武扬。原发表于《金属学报》，2001，37（9）：985~990。国家重点基础研究资助项目 G19990650。

到目前为止，尚未见人定量研究氢致马氏体对氢脆敏感性的影响。也没有人把原子氢的影响和氢致马氏体的影响定量地加以区分，更没有人研究不锈钢焊缝金属的氢脆敏感性。因此，本文的另一个目的在于定量研究原子氢和氢致马氏体在不稳定型不锈钢氢致塑性损失中的作用。

1 实验方法

三种不锈钢的成分见表1。用308L或347L焊条对304L厚板进行对接焊，焊后经690℃，29h退火。用焊缝金属及母材加工成0.2mm×8mm×80mm的光滑拉伸试样，经690℃，1h退火后磨光。

表1 试验钢成分

Table 1 Chemical compositions of type 308L, 347L and 304L ASS used in this study

（mass fraction, %）

Steel	C	Mn	Si	S	P	Cr	Ni	Nb
308L	0.040	0.87	0.83	0.014	0.023	20.3	9.9	—
347L	0.029	2.00	0.46	0.012	0.023	19.87	9.86	0.54
304L	0.028	0.86	0.49	0.01	0.017	18.98	8.87	—

充氢溶液为0.5mol/L H_2SO_4 +0.25g/L As_2O_3，所用电流密度为$i=1$，5，25，50，500mA/cm^2。光滑试样在空气中以及溶液中动态充氢慢拉伸后的延伸率分别为δ_0和δ_H，由此可得动态充氢时的塑性损失为$I_\delta=(1-\delta_H/\delta_0)\times100\%$，也可用相对强度变化来定义动态充氢时的强度损失，应变速率为$\dot{\varepsilon}=5\times10^{-6}/s$。

预充氢至饱和的小试样放入充满水银的“U”型玻璃管内，可测出室温放出的氢量，从而可获得试样中和特定i所对应的可扩散氢浓度C_0[13]。用铁素体测量仪测量充氢前试样中的铁素体含量，用直接对比法测量充氢及时效后ε以及α′马氏体的含量。

2 实验结果

X射线衍射测量表明，三种不锈钢退火试样中均没有马氏体；充氢后立即测量仅出现ε马氏体；停止充氢，时效过程中部分α′逐渐转变成α′马氏体；但ε+α′的总量基本不变，时效24h后就趋于稳定。预充氢（$i=50$mA/cm^2，24h）及时效后的ε和α′含量（体积分数，下同）见表2第1、2两行。对308L和347L焊缝金属，为了防止焊接裂纹，分别加入4.2%和5.1%的铁素体，其含量不随充氢及时效而改变。由于X射线衍射无法区分铁素体和α′马氏体（均为bcc相），故对这两种不锈钢，测出的bcc相总量扣除原始铁素体含量就是α′马氏体含量。

试样在空气中拉断，断口附近的马氏体含量见表2第3行。在动态充氢（$i=50$mA/cm^2）条件下慢拉伸（$\dot{\varepsilon}=5\times10^{-6}/s$）至断裂，断口附近的马氏体含量见表2最后两行。考虑到X线测量误差及不同试样的波动，可认为动态充氢拉断后的马氏体总量等于充氢时效后的马氏体加上未充氢试样拉断后的马氏体。

表 2 三种不锈钢在各种条件下测出的马氏体含量

Table 2 The amount of the martensits measured under various conditions

(volume fraction, %)

Condition	308L			347L			304L		
	ε	α′	ε+α′	ε	α′	ε+α′	ε	α′	ε+α′
Charging 50mA/cm², 24h	39	0	39	41	0	41	51	0	51
Aging RT, 24h	30	9	39	31	10	41	31	20	51
Extending in air	8	6	14	7	3	10	11	16	27
Extending during charging	41	17	58	42	13	57	45	28	73
	48	17	65	45	12	57	51	28	80

三种材料在不同 i 下充氢 100h，在室温放出的氢量就是可扩散氢浓度 C_0，见表 3。实验表明，预充氢 100h 后在空气中拉断所获得的塑性损失 I_δ 等于相同电流下动态充氢慢拉伸（$\dot{\varepsilon}=5\times10^{-6}$/s）的塑性损失。三种钢不同 i 下动态充氢获得的塑性损失 I_δ、预充氢 100h 后除气（300℃，24h）在空气中拉断所获得的塑性损失 $I_\delta(M)$ 以及原子氢引起的塑性损失 $I_\delta(\mathrm{H})=I_\delta-I_\delta(M)$ 均列于表 4。动态充氢时总的塑性损失 I_δ、充氢后除气引起的塑性损失 $I_\delta(M)$ 以及原子氢引起的塑性损失 $I_\delta(H)$ 随可扩散氢浓度 C_0 的变化见图 1。可以看到，当 $C_0<10^{-4}$时，原子氢引起的塑性损失 $I_\delta(\mathrm{H})$ 随 C_0 升高而升高，其最大值为 $I_\delta(\mathrm{H})_{max}\approx44\%$(308L)，45%(347L)，40%(304L)。不同 i 下充氢慢拉伸断裂后所测出的马氏体中包含有拉伸应力诱发的马氏体，但它和 i 无关。由表 2 可知，它们分别为 $M(\varepsilon+\alpha')=14\%$(308L)，10%(347L)，27%(304L)。扣除这个值就可获得不同 i 下充氢时的氢致马氏体（$\varepsilon+\alpha'$），见表 5。表 5 中 $i=50\mathrm{mA/cm^2}$ 的数据和表 2 略有不同，这是不同试样的测量误差。由表 5 和表 3 的数据，可获得氢致马氏体 $M(\varepsilon+\alpha')$ 随 C_0 的变化，见图 2。图 2 表明，出现氢致马氏体的最小氢浓度为 $C_0^*=(25\sim30)\times10^{-6}$，当 $C_0>C_0^*$ 后，随 C_0 升高，马氏体含量 M 也升高，符合下列方程

$$M=54.2-25\exp[-C_0/153] \tag{1}$$

把充氢后除气引起的塑性损失 $I_\delta(M)$ 对氢致马氏体含量 $M(\varepsilon+\alpha')$ 作图，三种钢的数据均落在过原点的一条直线上，见图 3。直线方程为

$$I_\delta(M)=0.45M \tag{2}$$

表 3 三种不锈钢不同充氢电流对应的 C_0

Table 3 Hydrogen concentration, C_0, 10^{-6}, at various charging current density

(mass fraetion, %)

i/(mA·cm^{-2})	308L	347L	304L
1	30.5	31.5	30.3
5	52.6	55.6	50.9
25	114.3	121.3	110.8
50	194.7	197.2	191.4
500	361.8	378.6	366.5

表 4　三种不锈钢不同条件下的塑性损失 I_δ，$I_\delta(M)$ 以及 $I_\delta(\mathrm{H})$

Table 4　The plasticity loss I_δ, $I_\delta(M)$ and $I_\delta(\mathrm{H})$ for three kind of ASS under various i

i/(mA·cm^{-2})	308L			347L			304L		
	I_δ	$I_\delta(M)$	$I_\delta(\mathrm{H})$	I_δ	$I_\delta(M)$	$I_\delta(\mathrm{H})$	I_δ	$I_\delta(M)$	$I_\delta(\mathrm{H})$
1	33.1	2.4	30.7	30.9	2.1	28.8	26.0	1.4	24.6
5	41.8	5.8	36.0	48.8	7.7	41.1	36.6	6.3	30.3
25	55.0	14.3	40.7	52.6	11.2	41.4	52.3	13.7	38.6
50	60.4	19.8	40.6	63.9	18.2	45.7	58.3	18.3	40.0
500	71.1	27.3	44.4	72.3	27.7	44.6	62.3	25.7	36.6

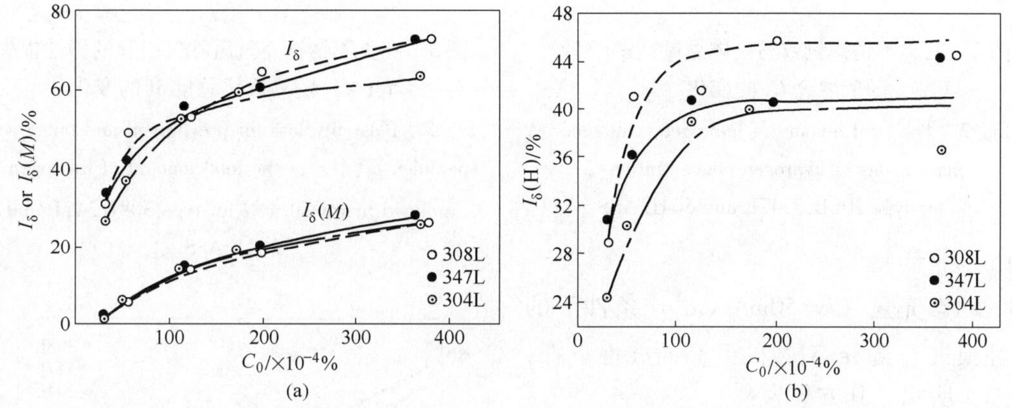

图 1　三类不锈钢动态充氢塑性损失 I_δ 和充氢后除气的塑性损失 $I_\delta(M)$(a) 以及原子氢引起的塑性损失 $I_\delta(\mathrm{H})$(b) 随氢浓度 C_0 的变化

Fig. 1　Plasticity loss during dynamically charging I_δ and after pre-charging and out-gassing $I_\delta(M)$(a), and plasticity loss induced by atomic hydrogen $I_\delta(\mathrm{H})$(b) *vs* hydrogen concentration C_0 for type 308L, 347L and 304L ASS

表 5　不同电流充氢后氢致马氏体总量 $M_\mathrm{H}(\varepsilon+\alpha')I_\delta(M)$ 以及 $I_\delta(\mathrm{H})$

Table 5　Total content of hydrogen-induced martensites $M_\mathrm{H}(\varepsilon+\alpha')$

(volume fraction, %)

i/(mA·cm^{-2})	308L	347L	304L
1	4	5	1
5	14	15	12
25	33	32	33
50	44	44	47
500	60	64	62

由此可知，充氢除气后的塑性损失 $I_\delta(M)$ 只和马氏体总量有关。大电流（i = 500mA/cm^2）充氢后在时效过程中会沿马氏体产生微裂纹，这些微裂纹会引起附加的塑性损失，但由于这些微裂纹均发生在马氏体上，故仅仅由马氏体总量就可确定充氢后不可逆损伤（马氏体和微裂纹）引起的塑性损失。因此，即使 i 很大，也可把充氢后除气测出的 $I_\delta(M)$ 看成是马氏体引起的塑性损失。把方程（4）外延至 100%M，则可得氢致马氏体引起的最大塑性损失为 $I_\delta(M)_{\max}=45\%$。把式（1）代入式（2），可得

$$I_\delta(M)=24.4-11.3\exp(-C_0/153) \tag{3}$$

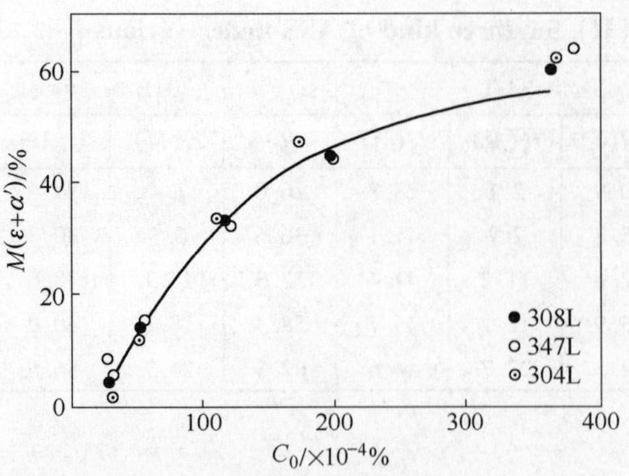

图 2　三类不锈钢氢致马氏体总量（$\varepsilon+\alpha'$）随氢浓度 C_0 的变化

Fig. 2　The total amount of hydrogen - induced martensites *vs* hydrogen concentration C_0 for type 308L, 347L and 304L ASS

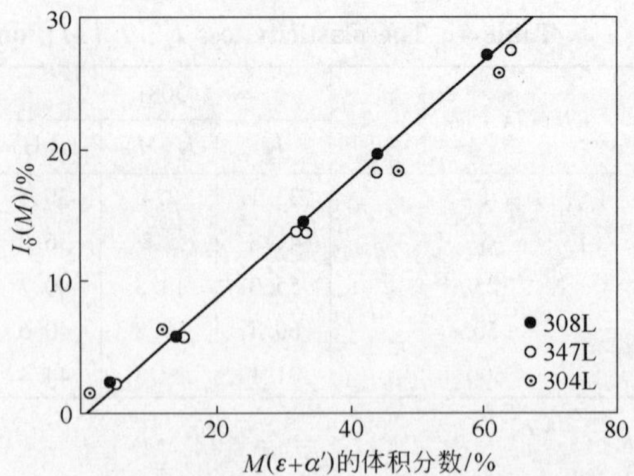

图 3　三类不锈钢充氢后除气引起的塑性损失 $I_\delta(M)$ 随马氏体总量 M 的变化

Fig. 3　Plasticity loss for precharged and outgassed specimen $I_\delta(M)$ *vs* the total amount of hydrogen - induced martensites M for type 308L 347L and 304L ASS

动态充氢（$i=50\text{mA/cm}^2$）条件下的塑性损失 I_δ 随 $\dot{\varepsilon}$ 对数的升高而线性下降，如图 4 所示。其方程为：

$$I_\delta(\%)=3.4-10.6\lg(308\text{L})$$
$$I_\delta(\%)=-2.7-12.1\lg(347\text{L})$$
$$I_\delta(\%)=3.6-9.9\lg(304\text{L}) \quad (4)$$

表 4 表明，$i=50\text{mA/cm}^2$ 时氢致马氏体引起的塑性损失分别为 $I_\delta(M)=19.8\%$（308L），18.2%（347L）以及 18.3%（304L）。因为 $I_\delta(M)$ 和 $\dot{\varepsilon}$ 无关，上式中扣除 $I_\delta(M)$ 后可得 $I_\delta(\text{H})$ 随 $\dot{\varepsilon}$ 的变化。把该方程外延至 $I_\delta(\text{H})=0$，可得 $\dot{\varepsilon}_c=0.028/\text{s}$（308L），$0.018/\text{s}$（347L）以及 $0.032/\text{s}$（304L）。这就表明，当 $\dot{\varepsilon}\geqslant\dot{\varepsilon}_c$ 后，原子氢来不及扩散、富集，从而不会引起氢致开裂和塑性损失。

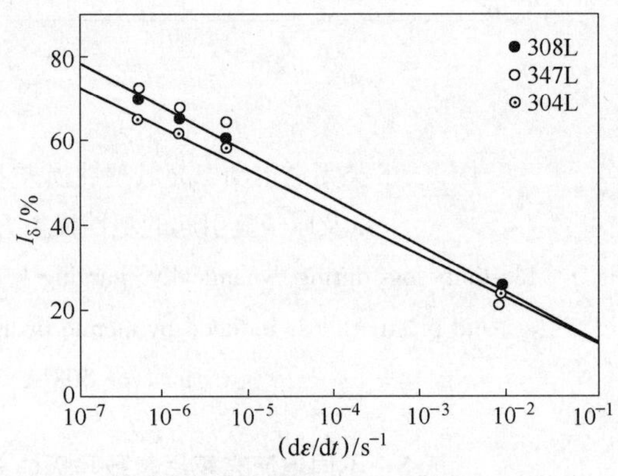

图 4　三类不锈钢动态充氢塑性损失随应变速率的变化

Fig. 4　Plasticity loss during dynamically charging *vs* the strain rate for type 308L 347L and 304L ASS

3　讨论

加恒应力（或 K_I）后通过应力诱导扩散，原子氢能富集在最大应力处，其稳态值（扩散时间足够长）为[14]

$$C_\sigma=C_0\exp(\sigma_\text{h}V_\text{H}/RT)$$
$$C_\sigma=C_0\exp[a^3(\sigma_1\varepsilon_1+\sigma_2\varepsilon_2+\sigma_3\varepsilon_3)/kT] \quad (5)$$

其中，$\sigma_\text{h}=(\sigma_1+\sigma_2+\sigma_3)/3$，是静水应力；$V_\text{H}$ 是氢的偏摩尔体积；a 为晶格常数；ε_i 是氢的应变场。如认为氢在 Fe 中的应变场球对称，即 $\varepsilon_1=\varepsilon_2=\varepsilon_3$，则方程（5）中第二式可退化为第一式。

慢拉伸和恒载荷试验不同，单向拉伸时氢致裂纹往往从长条状夹杂处形核，夹杂处的应力集中系数为 α，我们实测的 $\alpha=7$[13]。三种奥氏体不锈钢慢拉伸的实验数据列于表 6 第 2 ~ 9 列，慢拉伸时外载荷从零增至断裂应力 σ_b，最大应力集中为 $\alpha\sigma_b$。我们用平均应力 $\alpha\sigma_b/2$ 来计算慢拉伸断裂时的 C_σ。把 $\sigma_1=\alpha\sigma_b/2$，$\varepsilon_2=\sigma_3=0$，$\varepsilon_1=0.12$ 代入式（5）就可获得慢拉伸时的 C_σ，见表 6 第 9 列。另一方面，慢拉伸时如不是特别慢，富集的氢浓度来不及达到 C_σ 就已被拉断，氢致塑性损失就和这个未达到平衡的氢浓度 $C(t)$ 有关。如何定量计算两者之间的关系呢？首先来计算 $C(t)$。如果尚未达到平衡，则氢浓度 $C(t)$ 随时间升高而升高，可通过应力诱导扩散方程获得[15,16]。$C(t)$ 随 $4Dt/B^2$ 的变化（其中 D 为扩散系数，B 为试样厚度）如文献［16］图 14。根据实验测出的慢拉伸断裂时间 t_F 算出 $4Dt_F/B^2$，由文献［16］的图上可查出不同断裂时间（t_F）所对应的 $C(t)/C_\sigma$，见表 6 第 10 列。由此就可获得试样断裂时的氢富集浓度 $C(t)$，见表 6 第 11 列。三种钢原子氢引起的塑性损失 $I_\delta(H)$（表 6 第 8 列）随断裂时氢浓度 $C(t)$ 的变化见图 5。图 5 表明，两种焊缝金属的数据落在一条直线上，而 304L 母材则是另一条直线。其原因主要是焊缝金属是铸造组织，故不论是否充氢，其延伸率均比相同条件下的轧板（304L）要低（见表 6 第 6 列）。故相同 C_0 和 $\dot{\varepsilon}$ 下焊缝金属的断裂时间 t_F 就比 304L 要低，从而 $C(t)$ 也小。但三种钢相同 C_0 和 $\dot{\varepsilon}$ 下的相对塑性损失 $I_\delta(H)$ 都基本相同，从而就导致相同 $C(t)$ 下焊缝金属的 $I_\delta(H)$ 高于 304L，即图 5 焊缝金属的直线处在 304L 直线的上方。应当指出，高速加载（如 $\dot{\varepsilon}_c=0.032/s$）时氢来不及扩散、富集，从而氢致微裂纹也来不及形核、扩展就发生过载断裂。故不论初始 C_0 有多高，仍不发生氢致塑性损失，即 $I_\delta(H)=0$。

表 6　不锈钢慢拉伸断裂时的氢浓度 $C(t)$

Table 6　Hydrogen concentration $C(t)$ of three kinds of ASS at fracture

Steel	i/(mA·cm^{-2})	$\dot{\varepsilon}$ /($10^{-6}s^{-1}$)	C_0 /10^{-6}	σ_b /MPa	δ_H/%	t_F /($10^{-4}s^{-1}$)	$I_\delta(H)$ /%	C_σ /10^{-6}	$C(t)$ /C_σ	$C(t)$/ 10^{-6}
308L	1	5	30.5	468	19.6	3.9	30.7	260	0.72	187
347L			31.5	465	19.7	3.9	28.8	265	0.72	191
304L			30.3	511	25.9	5.2	24.6	320	0.81	260
308L	5	5	52.6	451	153	3.2	36.0	415	0.69	286
347L			55.6	452	14.6	2.9	43.2	440	0.68	300
304L			50.9	503	22.2	4.4	30.6	510	0.75	380
308L	25	5	114.3	432	13.2	2.6	40.7	827	0.66	546
347L			121.3	421	13.5	2.7	38.9	834	0.67	559
304L			110.8	489	16.7	3.4	38.6	1040	0.70	730
308L	50	5	194.7	396	11.6	2.3	40.6	1194	0.63	752
347L			197.2	401	10.3	2.2	45.7	1237	0.62	767
304L			171.4	435	14.6	2.9	40.0	1260	0.68	860
308L	50	1.41	194.7	396	10.3	7.2	45.1	1194	0.84	1000
347L			197.2	401	9.4	6.6	48.8	1237	0.82	1010
304L			171.4	435	13.2	9.6	42.6	1260	0.90	1130
308L	50	0.473	194.7	396	8.7	18.4	50.5	1194	1.0	1194
347L			197.2	401	7.9	16.7	54.1	1237	1.0	1237
304L			171.4	435		25.8	46.8	1260	1.0	1260

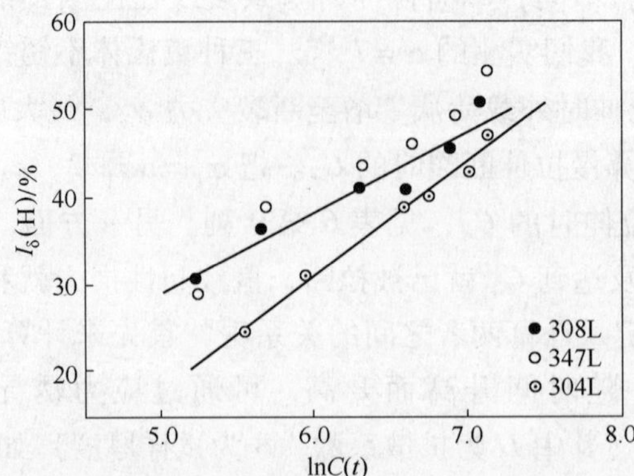

图5　原子氢引起的塑性损失 $I_\delta(\mathrm{H})$ 随慢拉伸断裂时氢浓度 $C(t)$ 对数的变化

Fig. 5　Plasticity loss induced by atomic hydrogen $I_\delta(\mathrm{H})$ vs logarithm of hydrogen concentration at fracture transient SSRT, for type 308L, 347L and 304L ASS

4　结论

（1）当氢浓度 C_0 超过临界值 $C_0^* = (25 \sim 30) \times 10^{-6}$ 后，不锈钢焊缝金属和304L就会出现氢致马氏体 $M(\varepsilon + \alpha')$，它随 C_0 升高而升高，即 $M = 54.2 - 25\exp(-C_0/153)$。氢致马氏体引起的塑性损失 $I_\delta(M)$ 随马氏体量升高而线性升高，即 $I_\delta(M) = 0.45M = 24.4 - 11.3\exp(-C_0/153)$。

（2）当 $C_0 < 10^{-4}$时，原子氢引起的塑性损失 $I_\delta(\mathrm{H})$ 随 C_0 升高而升高，$\dot{\varepsilon} = 5 \times 10^{-6}/\mathrm{s}$ 时最大值为 $I_\delta(\mathrm{H})_{\max} \approx 44\%(308\mathrm{L})$，$45\%(347\mathrm{L})$，$40\%(304\mathrm{L})$。

（3）随应变速率 $\dot{\varepsilon}$ 升高，$I_\delta(\mathrm{H})$ 逐渐下降至零，即 $I_\delta(\mathrm{H}) = a - b\lg\dot{\varepsilon}$，不发生氢致塑性损失的临界应变速率为 $\dot{\varepsilon}_c = 0.028/\mathrm{s}(308\mathrm{L})$，$0.014/\mathrm{s}(347\mathrm{L})$，$0.032/\mathrm{s}(304\mathrm{L})$。

参考文献

[1] Iwadate T, Watanabe J, Tanaka Y. J press uessel Tech, 1985, 8: 230.
[2] Louthan M R, Caskey G R, Donovan J A, Rawl D E. Mater Sci Eng, 1972, 10: 357.
[3] Holzworth M L, Louthan M R. Corrosion, 1968, 24: 110.
[4] Perng T P, Altstetter C J. Metall Trans, 1988, 19A: 145, 651.
[5] Chu W Y, Wang H L, Hsiao C M. Corrosion, 1984, 40: 487.
[6] Nakayama T, Takano M. Corrosion, 1980, 36: 47.
[7] Odegard B C. In: Thompson A W, Bernstein I M eds. Effect of Hydrogen on Behavior of Materials, AIME, Warrendale PA, 1976: 116.
[8] Brooks J A, West A J. Metall Trans, 1981, 12A: 213.
[9] Chu W Y, Yao J, Hsiao C M. Metall Trans, 1980, 15A: 729.
[10] Qiao L J, Chu W Y, Hsiao C M. Corrosion, 1987, 43: 479.
[11] Qiao L J, Chu W Y, Hsiao C M. Corrosion, 1988, 44: 50.
[12] Huang T H, Altstetter C J. Metall Trans, 1991, 22A: 2605.
[13] Yu G H, Cheng Y H, Qiao L J, Wang Y B, Chu W Y. Corrosion, 1997, 53: 762.
[14] Zhang T Y, Chu W Y, Hsiao C M. Metall Trans, 1985, 16A: 1649.
[15] Leeuwen H P. Eng Frac Mech, 1974, 6: 141.

[16] Li J C M. Metall Trans, 1978, 9A: 1353.

Hydrogen Embrittlement of Weld Metal of Austenitic Stainless Steels

Pan Chuan[1] Li Zhengbang[1] Tian Zhiling[1] Liang Dongtu[1]
Su Yanjing[2] Qiao Lijie[2] Chu Wuyang[2]

(1. Central Iron and Steel Research Institute;
2. University of Science and Technology Beijing)

Abstract Using slow strain rate tests (SSRT), the role of atomic hydrogen and hydrogen - induced martensites in hydrogen embrittlement (HE) of weld metals of type 308L and type 347L austenitic stainless steel (ASS) and type 304L plate was quantitatively studied. The results indicated that hydrogen - induced martensites ($\varepsilon + \alpha'$) formed in the three kinds of ASS when diffusible hydrogen concentration C_0 exceeded $(25 - 30) \times 10^{-6}$, and the total amount of the hydrogen - induced matensites increased with increasing C_0, i. e., $M(\varepsilon + \alpha') = 54.2 - 25\exp(-C_0/153)$. The relative plasticity loss caused by the hydrogen - induced martensites increased linearly with increasing the amount of the matensites, i. e., $I_\delta(M) = 0.45M = 24.4 - 11.3\exp(-C_0/153)$, and the maximum of plasticity loss induced by the matensites is about 45%. The plasticity loss caused by atomic hydrogen $I_\delta(\mathrm{H})$ for the three kinds of ASS increased with increasing C_0 and reached a saturation value, i. e. $I_\delta(\mathrm{H})_{max} = 44\%$ (for 308L), $I_\delta(\mathrm{H})_{max} = 45\%$ (for 304L) and $I_\delta(\mathrm{H})_{max} = 40\%$ (for 304L) when $C_0 > 10^{-4}$ and the strain rate $\dot{\varepsilon} = 5 \times 10^{-6}/\mathrm{s}$. $I_\delta(\mathrm{H})$ decreased with increasing strain rate $\dot{\varepsilon}$, i. e., $I_\delta(\mathrm{H}) = -16.4 - 10.6\lg\dot{\varepsilon}$ (for 308L), $I_\delta(\mathrm{H}) = -20.9 - 12.1\lg\dot{\varepsilon}$ (for 347L) and $I_\delta(\mathrm{H}) = -21.9 - 9.9\lg\dot{\varepsilon}$ (for 304L) and was equal to zero when $\dot{\varepsilon} = 0.018/\mathrm{s} - 0.032/\mathrm{s}$.

Key words hydrogen embrittlement; type 308L, 347L and 304L stainless steel; hydrogen - induced matersites

奥氏体不锈钢焊缝金属的氢致马氏体相变*

摘　要　用X射线衍射的方法，研究了充氢以及随后的时效过程中氢致奥氏体不锈钢焊缝金属（308L和347L）的马氏体相变和晶体结构的变化规律。结果表明，充氢能造成奥氏体点阵的膨胀和畸变。氢引起的奥氏体不锈钢焊缝金属的晶格畸变分别为2.7%（308L）和2.9%（347L），明显大于奥氏体不锈钢基体所产生的晶格畸变1.2%（304L）。充氢过程中，奥氏体不锈钢焊缝金属能发生ε马氏体相变。并且在随后的时效过程中，一部分ε马氏体转变为α′马氏体。即相变的顺序是γ→ε→α′。充氢后以及随后的时效过程中ε+α′马氏体的总量大体保持不变，时效24h后，ε和α′马氏体的相对含量达到稳定，并且长时间时效也不消失。

关键词　奥氏体不锈钢；焊缝金属；氢致马氏体相变；X射线衍射

0　序言

热壁加压反应器长期在高温、高压和临氢的环境中运行，工况条件十分苛刻、严峻。为防止晶间腐蚀，经常采用在Cr－Mo耐热钢内壁堆焊奥氏体不锈钢。但氢对反应器所造成的损伤是不可避免的，这些年来陆续发现的一些反应器堆焊层产生裂纹、剥离和腐蚀等现象，已成为加氢反应器安全运行的隐患。

奥氏体不锈钢中奥氏体的稳定性对其抗氢脆性能起着比较重要的作用。而稳定与不稳定是一个相对的概念，主要是指不锈钢在通常的生产和使用条件下奥氏体向马氏体转变的趋势。不稳定的18－8型不锈钢会发生比较严重的氢脆，同时还观察到钢中出现ε和α′马氏体[1,2]。而稳定的310不锈钢在高压热充氢后或直接在氢气中拉伸没有氢脆现象产生，也未观察到α′马氏体的出现（但有可能产生ε马氏体）[3]。因此，有人认为氢致马氏体相变在氢致脆断中起着主要的作用。

焊接过程中，为防止出现热裂纹，奥氏体不锈钢焊缝金属一般均含有少量δ铁素体（5%～10%）。而一般的奥氏体不锈钢经固溶处理后几乎不含δ铁素体。另外，奥氏体不锈钢焊缝金属为铸态的柱状晶组织，晶格缺陷和夹杂较多。至今为止，还没有人对奥氏体不锈钢焊缝金属的氢致马氏体相变和充氢引起的晶体结构的变化进行过研究。因此，本文的目的就是用X射线衍射的方法，结合透射电镜、铁素体测定仪等技术，研究充氢以及随后的时效过程中氢致奥氏体不锈钢焊缝金属（308L和347L）的马氏体相变和晶体结构的变化规律。对相变的机理。相变的顺序以及各生成相的本质进行了深入的探讨，并与基体不锈钢（304L）做了对比。

1　试验过程

以奥氏体不锈钢304L为母材（厚度为20mm），加工成60°的V形坡口，分别使用

* 本文合作者：潘川、田志凌、梁东图、乔利杰、褚武扬。原发表于《焊接学报》，2002，23（2）：83～88。

308L 和 347L 焊条进行对接焊，焊成两副焊接试板。所用的焊接工艺如表 1 所示。308L 和 347L 奥氏体不锈钢焊缝金属以及作为对比用的 304L 板材的成分如表 2 所示。将三种材料均缓慢升温至 690℃，保温 29h 后炉冷，然后将三种材料加工成 1mm 厚的小片试样，最后用 1000 号的金相砂纸打磨、抛光。采用 0.5mol/L H_2SO_4 + 0.25g/L As_2O_3 的电解液进行常温电解充氢，充氢电流密度为 $50mA/cm^2$。用光学显微镜和透射电镜观察充氢前后及随后时效过程中组织的变化。晶体结构分析是在日本理学公司制造的 Max/RB 旋转阳极（12kW）衍射仪上进行。衍射条件为 Cu－Kα，电压为 40kV，电流为 150mA，扫描速度为 1°/min。

表 1　焊接工艺参数

Table 1　Welding parameters

Electrode	Diameter d/mm	Current I/A	Voltage U/V	Speed v/($m \cdot h^{-1}$)	Run temperature T/℃
308L	3.2	90～110	22	12	≤120
347L	3.2	90～110	22	12	≤120

表 2　试验材料的化学成分（质量分数，%）

Table 2　Chemical compositions of materials

Material	C	Mn	Si	S	P	Cr	Ni	Mo	N	Nb
308L	0.040	0.87	0.83	0.014	0.023	20.30	9.90	—	—	—
347L	0.029	2.00	0.46	0.012	0.023	19.87	9.86	—	—	0.54
304L	0.028	0.86	0.49	0.010	0.017	18.98	8.87	—	—	—

试样经不同时间充氢后，立即进行 X 射线衍射分析，间隔不超过 5min。时效试验是将充氢后试样固定在衍射仪的样品台上，在室温下经不同时效时间对同一试样上的同一部位进行 X 射线衍射分析。

根据不同衍射峰值的位置来确定新相是否出现。各相所占的体积百分比则采用直接对比法来确定，即利用试样中各相中某一衍射线的积分强度进行直接对比，从而得出各相所占的体积百分含量[4]。设试样中有 n 个相，用衍射仪测得第 j 相的某一 HKL 衍射线的积分强度为

$$I_j = \left(\frac{I_0}{32\pi R} \cdot \frac{e^4\lambda^3}{m^2c^4}\right)\left[\frac{1}{V_0^2}\varphi(\theta) \cdot |F|^2 \cdot p \cdot e^{-2D}\right]_j \frac{V_j}{2\mu} \quad (1)$$

式中，V_0 为 j 相单胞体积；$\varphi(\theta)$ 为角因子；p 为 j 相 HKL 晶面的重复因子；$|F|^2$ 为结构因子；e^{-2D} 为温度因子；μ 为试样线吸收系数；V_j 为 j 相参加衍射的体积。设

$$K_j = \left[\frac{1}{V_0^2} \cdot \varphi(\theta) \cdot |F|^2 \cdot p \cdot e^{-2D}\right] \quad (2)$$

式中，K_j 为 j 相的反射本领。

$$C_j = \left(\frac{I_0}{32\pi R} \cdot \frac{e^4\lambda^3}{m^2c^4}\right) \quad (3)$$

则

$$I_j = C_j K_j \frac{V_j}{2\mu} \quad (4)$$

对于每个相都可以写出一个这样的方程，如有 n 个相，则式（4）中 $j=1$ 到 n 共有 n 个方程。用其中某一相 m 的方程去除 j 相的方程，可得

$$\frac{I_j}{I_m} = \frac{K_j}{K_m} \cdot \frac{V_j}{V_m} \quad (5)$$

由式（5）得

$$V_j = \frac{I_j}{K_j} \cdot \frac{K_m}{I_m} \cdot V_m \tag{6}$$

因为

$$\sum_{j=1}^{n} V_j = 1$$

所以

$$V_m = \frac{\frac{I_m}{K_m}}{\sum_{j=1}^{n}\left(\frac{I_j}{K_j}\right)} \tag{7}$$

式（7）就是采用直接对比法求出的某一 m 相所占的体积百分含量。在本章中取同一相的不同衍射峰值的平均值来计算各相的体积百分含量。各相的晶格常数则根据其晶格间距 d 来确定。

2 试验结果

2.1 充氢对马氏体相变和晶体结构变化的影响

为防止焊接时出现焊接热裂纹，在化学成分设计时要求 18－8 型奥氏体不锈钢焊缝金属（308L 和 347L）在结晶过程中首先析出 δ 铁素体，以减少硫和其他低熔点共晶物的偏析。随后的冷却过程再发生 δ→γ 的转变。例如在 308L 和 347L 的奥氏体不锈钢焊缝金属中 δ 铁素体的含量一般在 5%～10% 左右。但铁素体测定仅仅测出约 4% 左右的 δ 铁素体。这是因为在焊后热处理过程中，一部分 δ 铁素体已发生 δ→γ＋σ 的转变。固溶处理的 304L 基体不锈钢基本上是纯奥氏体组织，试验测出 δ 铁素体 <0.6%。

图 1（a）、（b）、（c）分别给出了 308L 和 347L 奥氏体不锈钢焊缝金属以及 304L 奥氏体不锈钢母材充氢前和充氢后（$i=50\text{mA/cm}^2$，24h）的 X 射线衍射谱线。从图中可以清楚地看到，奥氏体相的衍射峰变宽（半高宽增大），而且峰位向低角度方向移动。充氢前三种材料奥氏体晶格常数分别 0.3599nm（308L），0.3599nm（347L）和 0.3604nm（304L）。充氢后三种材料的奥氏体晶格常数分别增加到 0.3693nm（308L），0.3701nm（304L）和 0.3648nm（304L），如表 3 所示。由表 3 可知，焊缝金属充氢引起的晶格畸变比母材（304L）更为明显。同时，从图 1 可看出，对 308L 和 347L 奥氏体不锈钢焊缝金属来说，（200）面衍射峰远比其他峰要高，这说明晶体沿（200）面存在择优取向。表明焊缝金属存在明显的各向异性。

表 3　充氢前后奥氏体相晶格常数的变化

Table 3　Variation of lattice parameters of γ austenite for uncharged specimens and specimens hydrogen charged

Material	Uncharged/nm	Charged/nm	Lattice parameter change/%
308L	0.3599	0.3693	2.7
347L	0.3599	0.3701	2.9
304L	0.3604	0.3648	1.2

三种材料充氢后在（101）面上都立即出现了 ε 马氏体，其晶格常数分别为 $a=0.2611\text{nm}$，$c=0.4252\text{nm}$（308L）；$a=0.2622\text{nm}$，$c=0.4270\text{nm}$（347L）；$a=0.2586\text{nm}$，$c=0.4212\text{nm}$（304L）。由于氢致 ε 马氏体中固溶有氢，它也能使晶格膨

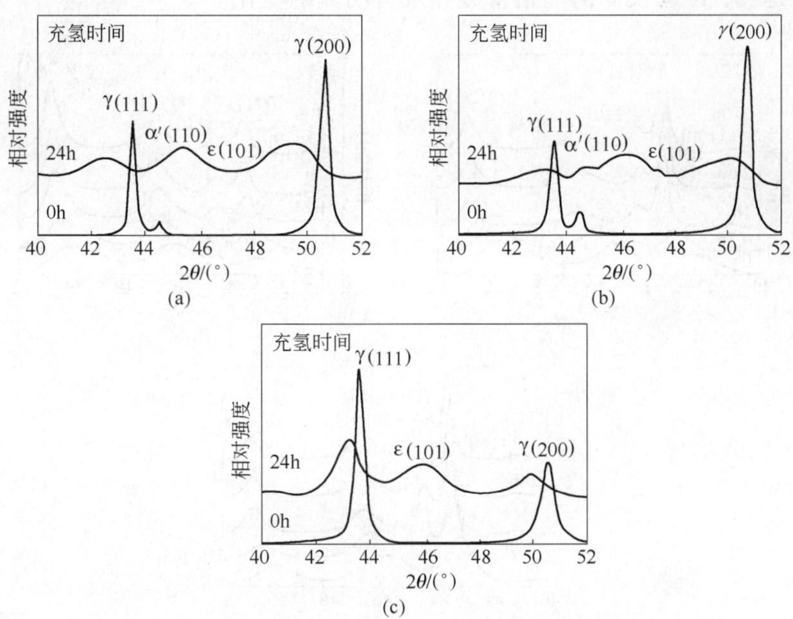

图 1 三种材料充氢前和充氢后的 X 射线衍射谱

（i = 50mA/cm^2，24h）

Fig. 1 X - ray diffraction patterns of uncharged specimens and specimens hydrogen charged at 50mA/cm^2 for 24h

（a）308L；（b）347L；（c）304L

胀，因此其晶格常数比自发相变产生的 ε 马氏体（a = 0.2532nm，c = 0.4114nm）[5] 以及通过形变产生的 ε 马氏体（a = 0.2531nm，c = 0.4137nm）[5] 的晶格常数要大。

304L 母材充氢后没有立即出现 α′马氏体，见图 1（c）。由于 δ 铁素体和 α′马氏体同为体心立方相并有磁性，从 X 射线衍射谱线上分辨不出。308L 和 347L 焊缝金属的衍射谱线中所出现的（110）峰是体心立方相（bcc），它可能是 δ 铁素体或 α′马氏体或两者之和。由（110）峰算出的体心立方相含量分别为 3.6%（308L）和 4.2%（347L）。X 射线衍射谱线相分析表明，充氢前 308L 和 347L 焊缝金属 δ 铁素体的含量分别为 3.1% 和 3.7%。而用铁素体测定仪测出的结果分别为 4.2%（308L）和 5.1%（347L）。由此可知，308L 和 347L 焊缝金属充氢后所出现的 bcc 峰对应于原来存在的 δ 铁素体。因此，三种 18 - 8 型奥氏体不锈钢充氢后均没有立即出现 α′马氏体。

2.2 充氢后时效的影响

图 2（a）、（b）、（c）分别给出了三种材料在 24h 充氢后（i = 50mA/cm^2），经不同时间时效后的 X 射线衍射谱线。最明显的特征是在时效约 30min 后出现了 α′马氏体。对 304L 钢（图 2（c））出现体心立方相衍射峰，对 308L 和 347L 焊缝金属则原来的体心立方相衍射峰明显增强。这表明时效 30min 后出现了 α′马氏体。图 2 也表明，随时效时间升高，α′马氏体的含量逐渐增加，但时效 24h 后基本趋于稳定。充氢后时效产生的 α′马氏体的晶格常数为 a = 0.2869nm，它同自发相变产生的 α′马氏体（a = 0.2868nm）[5] 以及形变产生的 α′马氏体（a = 0.2865nm）[6] 的晶格常数基本相同。而且

随时效时间延长，α′马氏体的晶格常数并没有明显的变化。

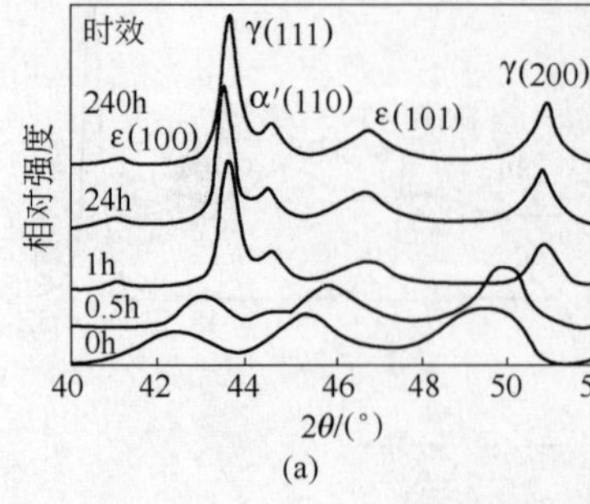

(a)

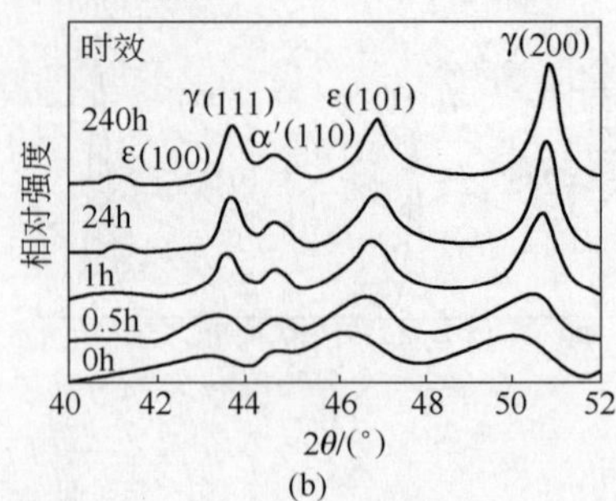

(b)

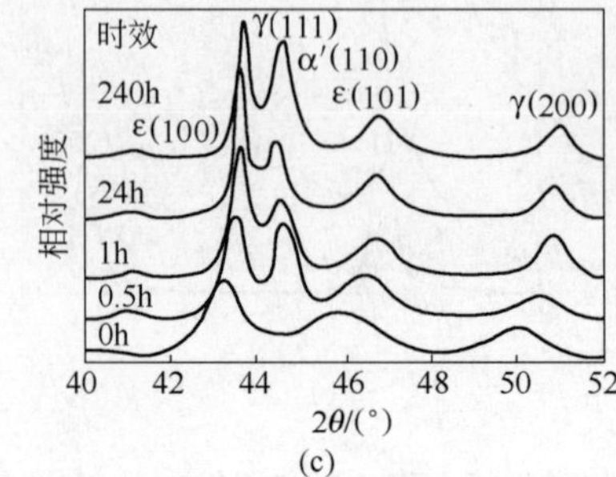

(c)

图 2　三种材料充氢（$i=50mA/cm^2$，24h）以及时效不同时间后的 X 射线衍射谱线

Fig. 2　X－ray diffraction patterns of specimens hydrogen charged at $50mA/cm^2$ for 24h after aging for indicated times

（a）308L；（b）347L；（c）304L

图 2 也表明，ε 马氏体的含量随时效时间的延长而逐渐减少，时效 24h 后也基本趋于稳定，而且不会消失。三种材料在充氢后产生的 ε 马氏体的晶格膨胀可以通过时效（氢不断从 ε 马氏体中逸出）而逐渐恢复，例如时效 24h 后 ε 马氏体的晶格常数分别为 $a=0.2535$nm，$c=0.4128$nm（308L）；$a=0.2528$nm，$c=0.4118$nm（347L）；$a=0.2535$nm，$c=0.4128$nm（304L），如表 4 所示。由表 4 可知，充氢后时效，氢致 ε 马氏体的晶格常数已和自发相变和形变产生的 ε 马氏体的晶格常数相近。图 3 表示了三种材料 ε 马氏体（101）面衍射峰的半高宽和（101）衍射峰所在位置随时效时间的变化。从图 3 也可以看出 308L 和 347L 奥氏体不锈钢焊缝金属充氢产生的 ε 马氏体晶格膨胀比 304L 母材要大。

表 4　各种 ε 马氏体的点阵常数（a/nm 和 c/nm）

Table 4　Lattice parameters of the various ε martensites（a and c axis）

Material	During charging/nm	During aging/nm	Formed by phase transformation	Formed by plastic deformation
308L	$a=0.2611$ $c=0.4137$	$a=0.2535$ $c=0.4128$		
347L	$a=0.2622$ $c=0.4270$	$a=0.2528$ $c=0.4118$	$a=0.2532$ $c=0.4114$	$a=0.2531$ $c=0.4137$
304L	$a=0.2586$ $c=0.4212$	$a=0.2535$ $c=0.4128$		

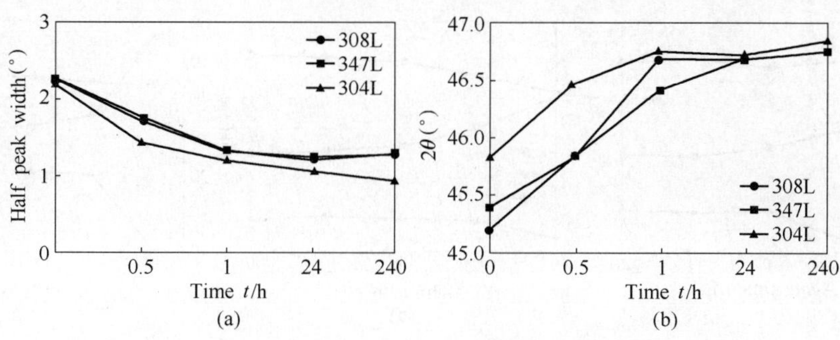

图 3　三种材料 ε 马氏体（101）面衍射峰半高宽（a）和峰所在位置 2θ（b）随时效时间的变化

Fig. 3　Variation of half peak width（a）and 2θ（b）of（101）plane of ε martensite with aging time

图 4 给出了奥氏体（200）面衍射峰的半高宽以及（200）衍射峰所在位置随时效时间的变化。由此可知，充氢后产生的奥氏体晶格膨胀可以通过时效（原子氢不断放出）逐步得到恢复。

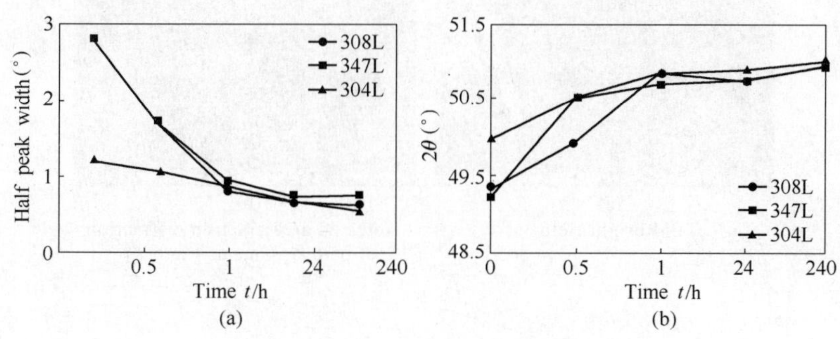

图 4　三种材料奥氏体（200）面衍射峰半高宽（a）和峰所在位置 2θ（b）随时效时间的变化

Fig. 4　Variation of half peak width（a）and 2θ（b）of（200）plane of γ austenite with aging time

相分析计算表明，在充氢后的时效过程中，虽然 ε 和 α′马氏体的含量是不断变化的，但其奥氏体相的含量基本保持不变，大体上分别为 58%（308L），59%（347L）以及 48%（304L），这就是说 ε + α′马氏体的总量是基本不变的（347L 焊缝金属时效 1h 奥氏体相的含量逐步增加到 59%）。时效 24h 后，各相（γ，ε，α′）的含量基本保持不变。三种材料的 ε、α′马氏体和 γ 奥氏体的含量随时效时间的变化如图 5（a）、（b）、（c）所示。图 6 显示了透射电镜下 308L 焊缝金属充氢并时效 24h 后出现的 α′马氏体。

3　结果讨论

本文的研究表明，奥氏体不锈钢焊缝金属（308L 和 347L）以及母材（304L）在电解充氢过程中仅产生氢致 ε 马氏体，只有在随后的放氢时效过程中，ε 马氏体逐渐转变成 α′马氏体，而且 ε + α′马氏体的总量基本保持不变。试验也表明，对奥氏体不锈钢

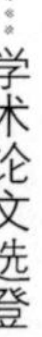

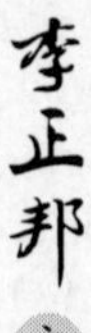

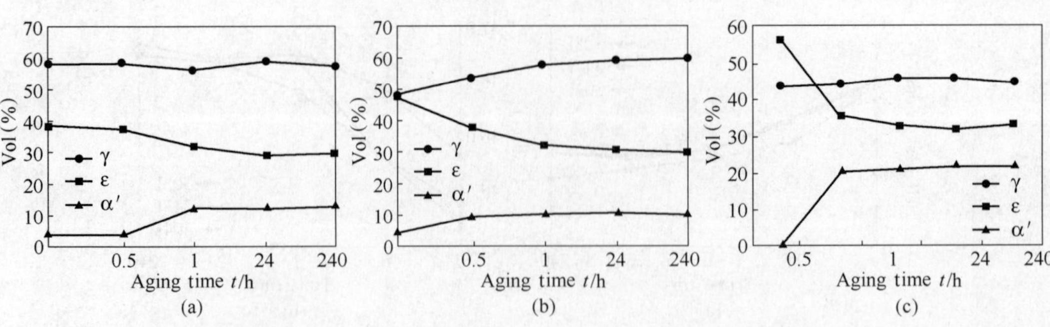

图5　三种材料中 ε、α′马氏体以及 γ 奥氏体的含量随时效时间的变化

Fig. 5　Variation of volume percent of ε、α′ martensite and γ austenite with aging time after hydrogen charging for 24h at $50mA/cm^2$

(a) 308L; (b) 347L; (c) 304L

焊缝金属来说，固溶氢引起的晶格畸变要明显大于 304L 不锈钢。

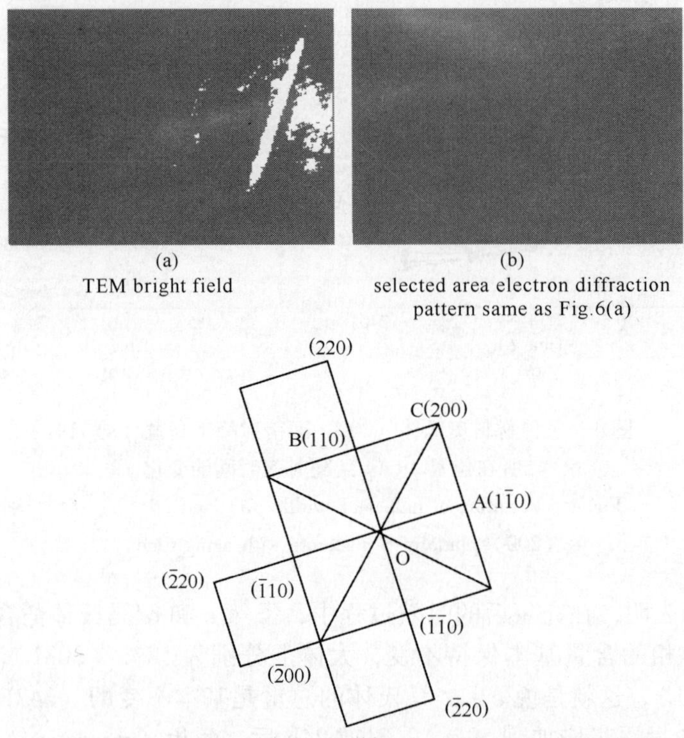

(a) TEM bright field

(b) selected area electron diffraction pattern same as Fig.6(a)

(c) schematic diffraction pattern giving matrix of α′ martensite phase

图6　308L 焊缝金属充氢并时效 24h 后出现的 α′马氏体

Fig. 6　α′ martensite in the γ matrix in 308L weld metal for 24h aging time after hydrogen charging

充氢能导致奥氏体不锈钢焊缝金属产生大量的马氏体。电解充氢时，由于表层氢浓度远高于体内，故表层存在很高的压应力[7]。这个压应力本身就能引起 ε 马氏体相变。另外，原子氢能降低奥氏体的层错能，使奥氏体的稳定性降低，氢也使奥氏体的

晶格发生膨胀。

在较高的电流密度下电解充氢时，表面产生的压力经计算至少可以达到 10^8Pa[8]。这就导致表面氢浓度在平衡状态时可达到摩尔分数为12%[9]，即 2250×10^{-6}。因为计算表明，如此高的氢浓度造成γ奥氏体相的晶格畸变约为1%[9]，这和本试验测出304L的晶格畸变相吻合（见表3）。而奥氏体不锈钢焊缝为铸态的柱状晶组织，其表面状态同固溶处理的不锈钢大不相同，组织较疏松且存在着局部偏析、不均匀。因此在同一电流密度下充氢时，表面局部氢浓度可能更高，从而造成更大的晶格畸变（见表3），即2.7%（308L）和2.9%（347L）。

在面心立方相中，通过Schlckley位借在{110}面上的运动形成的层错排列可得到密排六方结构[10]。溶解氢能降低奥氏体不锈钢的层错能[1]，从而提高了密排六方结构的ε马氏体开始转变温度（M_s）和形变马氏体转变的最高温度（M_d），因此降低了奥氏体的稳定性，促进了ε马氏体的形成[11]。

在随后的时效过程，氢通过外表面逸出，表面氢浓度迅速下降。由于氢在奥氏体γ相中的溶解度较大，而扩散系数非常小，因此在表层以下1~2μm处存在着相当高的氢浓度。当氢从ε马氏体相中逸出变为无氢的ε马氏体（见图2），表面将收缩15%[12]，这样导致表面产生较高的拉应力。由于体心立方α′马氏体的形成伴随着体积的膨胀（计算表明约1.5%~3.5%[12]），因此，拉应力和自由的表面将有助于α′马氏体的形成。

从试验结果中可以看出，α′马氏体不同于γ奥氏体和ε马氏体，其晶格常数在时效过程中基本保持不变。X衍射谱线相计算的结果表明，在充氢和随后的时效过程中，ε+α′马氏体的总量大体上保持不变，因此可以认为α′马氏体是由ε马氏体转变而来，即相变的顺序是γ→ε→α′。并且时效24h后，各相均达到一平衡状态，其含量基本保持不变。α′马氏体和ε马氏体都达到稳定态，继续时效时不会消失。

4 结论

（1）充氢能造成奥氏体点阵的膨胀和畸变。氢引起的奥氏体不锈钢焊缝金属的晶格畸变分别为2.7%（308L）和2.9%（347L），明显大于奥氏体不锈钢基体所产生的晶格畸变1.2%（304L）。

（2）充氢过程中，奥氏体不锈钢焊缝金属能发生ε马氏体相变。并且在随后的时效过程中，一部分ε马氏体转变为α′马氏体。即相变的顺序是γ→ε→α′。

（3）充氢后以及随后的时效过程中ε+α′马氏体的总量大体保持不变，时效24h后，ε和α′马氏体的相对含量达到稳定，并且长时间时效也不消失。

参考文献

[1] Holzwoth M L, Louthan M R. Hydrogen - induced phase transformations in type 304L stainless steels [J]. Corrosion, 1968, 24 (4): 110~124.

[2] Nartia N, Birmbaum H. On the role of phase transitions in the hydrogen embrittlement of stainless steels [J]. Scripta Met, 1980, 14 (12): 1355~1358.

[3] Liu R. Narita N, Altstetter C, et al. Studies of the orientations of fracture surfaces produced in austenitic stainless steels by stress corrosion cracking and hydrogen embrittlement [J]. Metall. Trans. A, 1980, 11A (9): 1563~1574.

[4] 赵伯麟．金属物理研究方法［M］．北京：冶金工业出版社，1981.

[5] Breedis J，Robertson W. The martensitic transformation in single crystals of iron－chromium－nickel alloys［J］. Acta. Met.，1962，10（11）：1077～1088.

[6] Reed R. The spontaneous martensitic transformations in 18% Cr，8% Ni Steels［J］. Acta Met.，1962，10（8）：865～877.

[7] 褚武扬．氢损伤和滞后断裂［M］．北京：冶金工业出版社，1988.

[8] Kumnick A，Johnson H. Steady state hydrogen transport through zone refined irons［J］. Metall. Trans. A，1975，6A（5）：1087～1091.

[9] Louthan M，Derrick R. Hydrogen transport in austenitic stainless steel［J］. Corr. Sci，1975，15（9）：565～577.

[10] Breedis J. Robertson W. Martensitic transformation and plastic deformation in iron alloy single crystals［J］. Acta. Met，1963，11（6）：547～561.

[11] Jani S，Marek M，Hochman R F，et al. A mechanistic study of transgranular stress corrosion cracking of type 304 stainless steel［J］. Metall. Trans. A，1991，22A（6）：1453～1461.

[12] Bentley A P，Smith G C. Phase transformation of austenitic stainless steels as a result of cathodic hydrogen charging［J］. Metall. Trans. A，1986，17A（9）：1593～1599.

生产不锈钢母液的铬矿粉利用技术*

摘　要　根据铬矿还原热力学，对熔融还原、烧结、球团等铬矿粉利用技术的分析，提出了固态还原磁选和铬矿粉还原渣金分离两种铬矿粉利用方法。

关键词　不锈钢；铬矿；熔融还原；固态还原

1995 年末，我国探明的铬矿总量仅为 1×10^7t，当年我国铬铁矿总产量约 2.0×10^5t，而同年需求量约为 7.2×10^5t，供需缺口很大。同时，我国铬矿资源主要分布在西藏、新疆等西部地区[1]。

另外，世界上的铬矿资源以粉状铬矿为主，适合冶金要求的块状铬矿仅占铬矿总产量的 20% ~25%。因此在国际市场上，每吨块状铬矿价格比粉状铬矿高 25.5 美元以上[2]。世界各国都在积极研究由粉状铬矿冶炼碳素铬铁。为此，开发铬铁合金生产新工艺，特别是铬矿粉利用技术，对我国国民经济具有重要意义。

1　铬矿还原特性

海外有工业价值的铬矿大部分集中在南非、津巴布韦、印度和芬兰等国家。我国铬矿少，主要靠进口（表 1）[1]。

表 1　我国进口铬铁矿的组成和铬铁比

Table 1　Ingredient and Cr/Fe of input chromite ore

产　地	矿石化学成分/%						Cr/Fe
	Cr_2O_3	SiO_2	Fe_2O_3	Al_2O_3	CaO	MgO	
菲律宾	42	9	14	13	1 ~2	18	3/1
印　度	54 ~56	3 ~5	15 ~16	10	0.5 ~1	13 ~15	3/0.9
阿尔巴尼亚	40 ~44	10 ~12	13 ~14	7 ~8	1.5	22	3/1
伊　朗	48 ~50	8 ~9	13 ~14	7 ~8	1.2 ~1.5	20 ~21	3/0.8
马达加斯加	41 ~42	12 ~12.5	15 ~17	12 ~13	1.13	15.5 ~16.5	2.5/1
新喀里多尼亚	48 ~52						3/1
巴基斯坦	46 ~48	<6					3/1
希　腊	38	5		21			2.4/1
越　南	45.5				<2		3/1
南　非	44.08	2.41	25.47(FeO)			10.22	1.5/1

虽然几乎所有铬矿都可炼出含铬铁合金，但不同铬矿生产铬铁工艺的技术经济指标不同，所以必须在冶金理论的指导下，对其冶炼工艺进行优化。

铬矿中 Cr_2O_3 大多以 MgO 和 Al_2O_3 含量各不相同的尖晶石（MgO，FeO）·（Cr_2O_3，Al_2O_3）形式存在，Cr_2O_3 在高温下可以被碳、硅和铝等还原。

* 本文合作者：张友平、薛正良。原发表于《特殊钢》，2003，(1)：32 ~35。

三氧化二铬碳热还原按下式进行[3]：

$$Cr_2O_3 + 3C \Longrightarrow 2Cr + 3CO$$

$$\Delta G^{\ominus} = 819936 - 541.2T(\text{J/mol}) \tag{1}$$

如果考虑到生成碳化铬，则反应为：

$$Cr_2O_3 + 13/3C \Longrightarrow 2/3Cr_3C_2 + 3CO$$

$$\Delta G^{\ominus} = 755927 - 552.03T(\text{J/mol}) \tag{2}$$

或按下式反应：

$$Cr_2O_3 + 27/7C \Longrightarrow 2/7Cr_7C_3 + 3CO$$

$$\Delta G^{\ominus} = 766692 - 546.86T(\text{J/mol}) \tag{3}$$

如果 Cr_2O_3 以镁铬尖晶石形式存在，则：

$$MgO \cdot Cr_2O_3 + 3C \Longrightarrow 2Cr + MgO + 3CO$$

$$\Delta G^{\ominus} = 806587 - 520.4T\ (\text{J/mol}) \tag{4}$$

铬矿石主要成分为 $FeO \cdot Cr_2O_3$ 时，反应为：

$$FeO \cdot Cr_2O_3 + C \Longrightarrow Fe + Cr_2O_3 + CO$$

$$\Delta G^{\ominus} = 163830 - 138.43T(\text{J/mol}) \tag{5}$$

同时生成铬时的反应为；

$$FeO \cdot Cr_2O_3 + 4C \Longrightarrow Fe + 2Cr + 4CO$$

$$\Delta G^{\ominus} = 983772 - 679.6T(\text{J/mol}) \tag{6}$$

金属热还原时有如下反应[4]：

$$2/3Cr_2O_3 + Si \Longrightarrow 4/3Cr + SiO_2$$

$$\Delta G^{\ominus} = -155078 + 0.42T(\text{J/mol})(T \leqslant 1700\text{K}) \tag{7}$$

$$\Delta G^{\ominus} = -205656 + 30.5T(\text{J/mol})(T \geqslant 1700\text{K}) \tag{8}$$

或

$$2/3Cr_2O_3 + 4/3Al \Longrightarrow 4/3Cr + 2/3Al_2O_3$$

$$\Delta G^{\ominus} = -384602 - 10.45T\lg T + 83.93T(\text{J/mol}) \tag{9}$$

由上述方程可以计算出，用碳还原铬矿（$FeO \cdot Cr_2O_3$）生成金属铁的反应开始温度为911℃，而生成金属铬的反应开始温度为1175℃，若生成碳化铬，则温度更低。由此可知，当温度较低时，铬和铁同时从尖晶石里还原出来，生成 FeC_3 和（Cr，Fe）$_3C_2$ 型碳化物；当温度较高时，生成（Cr，Fe）$_7C_3$ 型碳化物。若用 Si 或 Al 进行金属热还原，则开始反应温度更低。

图1 比较了 Cr、Fe、Mn 氧化物用碳直接还原的开始反应温度。由图1 可知，用碳还原 Cr_2O_3 生成金属铬的开始反应温度为1240℃（按反应（1）计），高于 FeO 的开始还原温度（小于800℃），而低于 MnO 的开始还原温度（1400℃以上）。但在实际生产中，使用块状的矿热炉仍然是目前冶炼铬铁的主要方法。“六五”以来，我国曾对铬铁粉利用技术做了大量研究[2, 5, 6]，但如何利用铬矿粉生产铬铁或含铬铁水，仍是冶金工作者面临的一项重要课题。

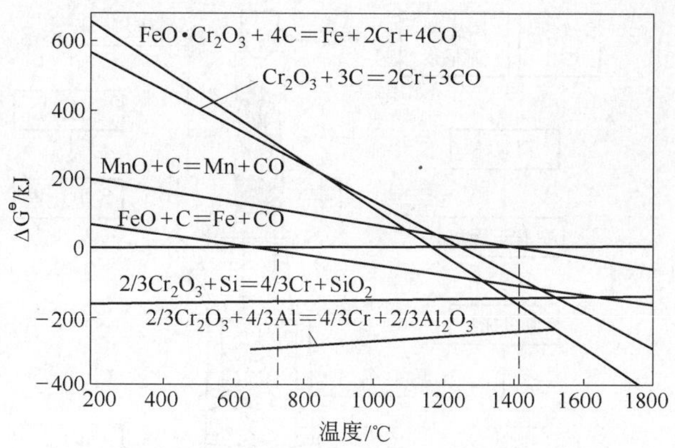

图1　Cr、Fe、Mn 氧化物碳直接还原热力学状态图

Fig. 1　State diagram of Cr, Fe and Mn oxide direct reducing thermodynamics by carbon

2　铬矿粉的直接应用技术

2.1　等离子法

等离子技术直接利用粉矿和廉价碳质还原剂生产高碳铬铁。美国、南非、英国等采用等离子技术还原粉状铬铁进行了一系列的研究，研制出了多种等离子炉，其中有的已进入工业应用阶段。英国 Tetronics 研究和发展公司研制的 TRD 等离子炉，其原料由加料口加入，经发生在弧区的闪烁反应和熔池的渣－金反应两个还原过程，获得了较高的金属收得率[7]。

南非萨曼克公司米德堡厂用 65MW 的直流等离子炉来冶炼铬铁。铬矿粉、煤粉和熔剂通过中空的石墨电极加入到熔池，在电弧区完成还原过程和渣铁分离。该工艺为间歇式操作，金属回收率达 90% 以上[8]。

目前工业上大规模应用等离子炉还存在等离子枪寿命短、能耗高等技术问题。随着现代技术的发展，这些问题有望逐步得到解决[9]。

2.2　填充焦炭竖炉法（STAR 炉）

日本川崎钢铁公司千叶厂于 1983 年开发了一种填充焦炭的竖炉熔融还原生产含铬铁水的方法，并于 1986 年进行了半工业试验[10]。该方法先用流化床预还原粉状铬矿，然后将经预还原的铬矿粉或未经还原的铬矿粉通过竖炉的上层风口吹入填充焦炭的炉内熔融还原，可生产出含 Cr 10% ~50% 的高碳含铬铁水。此工艺采用双排风口，可以很容易达到炉内热区的范围和还原状态，同时，由于粉矿不是从炉顶加入，对焦炭强度要求不高，可以使用低质焦炭。但由于在 STAR 炉内的还原反应全部是直接还原，因此焦比很高，如当铁水含硅 4%、铬 30% 时，焦比达 4t；当铁水含硅 6% ~8%、铬 50% 时，焦比高达 5 ~6t。目前这种方法仅用来回收转炉生产不锈钢车间的二次含 Cr、Ni 粉尘，或处理含 Zn 炉尘，图 2 为回收炼钢炉尘的 STAR 炉[11,12]。

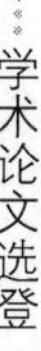

2.3　熔融还原法

日本川崎钢铁公司千叶厂于 1994 年开发出了直接将铬矿粉喷入复吹转炉钢液中进

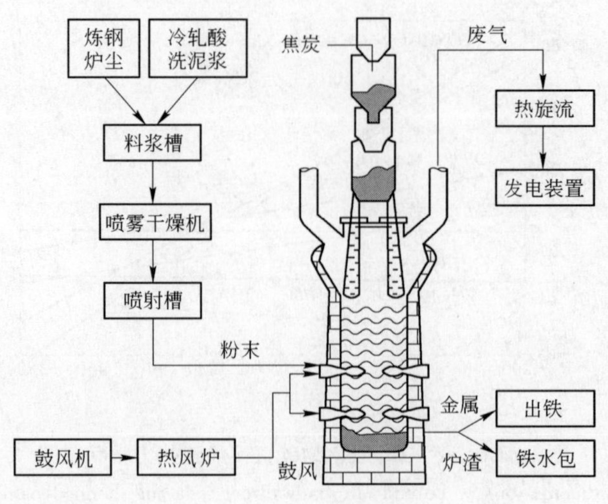

图 2　STAR 工艺简图

Fig. 2　Schematic of STAR process

行熔融还原生产不锈钢的冶炼工艺[13,14]。该流程由铁水脱磷预处理、铬精矿熔融还原复吹转炉（SR－KCB）、脱碳复吹转炉（DC－KCB）和 VOD 构成。该工艺的核心设备是熔融还原复吹转炉，其作用是向第 2 台转炉提供液态金属。该方法需要将复吹转炉进行彻底改造，以满足熔融还原所需的自由空间。同时还必须采用强力搅拌、二次燃烧等技术，促进熔融还原速度。由于精矿粉很细，如果在复吹转炉内加入方式不当就会被炉气卷走，因此专门设计了一支独立的，仅在熔融还原期加料时插入炉内的喷枪。该喷枪由通水冷却的三层同心套管组成，最内层衬有耐磨陶瓷材料。试验表明，使用这种喷枪加料，铬矿收得率可达 97% 以上。

我国对铬矿熔融还原进行了大量研究，但使用的多为块矿[15~19]。

3　铬矿粉的预处理技术

3.1　铬矿粉烧结技术

针对铬矿粉熔化温度高的特点，必须配加特殊熔剂，促进烧结过程的固相反应，增加烧结过程液相生成，并控制合适的烧结温度。

烧结铬矿具有强度高、透气性好、还原性好等优点，适合矿热炉或高炉冶炼铬铁。锦州铁合金厂曾在烧结窑内用铬矿粉生产出了符合电弧炉冶炼要求的烧结铬矿[20]。其熔剂为酸性或中性工业废渣（尘），硅质或硅酸盐质材料，烧结燃料用冶金焦粉、煤气焦粉、褐煤或无烟煤。在烧结过程中使铁、铬的氧化物尽可能还原，为冶炼过程的节能创造条件。所生产的烧结矿经 5000kV · A 和 1800kV · A 矿热炉代替原生块矿冶炼碳素铬铁，产量可增加 10% ~17%，冶炼电耗降低 260 ~265kW · h/t，焦耗降低 23 ~41 kg/t，取得了较好经济效益。

3.2　铬矿粉蒸养球团

这一工艺的基本原理是在高温蒸汽作用下，球团中 SiO_2 部分溶解并与 $Ca(OH)_2$ 发生化学反应，生成微晶凝胶物质（$2CaO \cdot SiO_2 \cdot H_2O$），从溶液中析出。随着反应的进行，无数晶体连成骨架，将固态颗粒黏结在一起，使球团具有一定强度[8]。此工艺的关键在于控制物料水分和粒度组成。

当配料比为8%消石灰，4%硅石粉，88%铬矿粉，压力为0.3 MPa时，在150℃的蒸汽中蒸养8h，球团所受的抗力达500~600 N[21]。试验表明，水泥也可以作为蒸养球团的固化剂。

以上两种铬矿粉固化方法，均可获得满足矿热炉冶炼要求的铬矿蒸养球团。

3.3 含碳球团法

用含碳球团工艺处理铬矿粉，要首先确定工艺路线、物料配比、粒度组成、黏结剂选择和加入量、干燥时间、成球压力、搅拌效果等参数[22]。其工艺流程为：将烘干筛分后的精矿，粉矿按一定比例混合后，掺入一定量的焦粉和消石灰粉，经轮碾机混碾后，加入适当的黏结剂（糖蜜最好）。搅拌均匀的混合料送至压球机，制成含碳球团，干燥后作为炉料使用。此工艺造球的关键是保证球团的机械强度。该含碳球团（或预还原后）既可用于铁浴式熔融还原生产不锈钢母液[16]；也可用于直接合金化代替部分铬铁[17,18]；还可用于矿热炉或竖炉冶炼碳素铬铁[2,19]。

4 铬矿粉利用技术的设想

4.1 半熔态还原渣金分离技术

文献［23］曾用铁精矿粉和碳粉做成球团，在1350℃下发生反应，由于渣金表面张力的不同，形成金属铁球，实现了渣金的良好分离。对于铬铁矿，若将反应温度控制在介于碳素铬铁固液相线温度之间，用廉价的煤作还原剂，实现金属和脉石先还原后分离，同时将矿粉中有害元素P和S尽可能留在脉石中，得到低脉石的高金属化铬铁球团，进一步用竖炉熔融终还原，可获得含铬铁水供不锈钢冶炼作为原料。

4.2 固态还原磁选分离技术

铬矿中MgO、SiO_2、Al_2O_3的最佳组成比例为39%、34%、27%，有利于冶炼造渣[1]。而一般铬矿的自然熔渣距此成分点较远，熔点较高，必须配加大量的熔剂才能进行冶炼。若不配加熔剂，保持铬矿粉和碳的充分接触，可在较高温度下进行快速固态还原，然后进行磁选分离，得到低碳铬铁粉，该铬铁粉可直接喷入转炉熔化而省去还原过程。此工艺的关键在于铬矿粉还原后的可选性和铬铁粉与脉石的分离程度。

5 结论

（1）矿热炉仍是冶炼铬铁的主要方法。等离子炉、填充焦炭床和转炉喷吹熔融还原可以直接利用铬矿粉生产铬铁。

（2）铬矿粉预处理技术包括烧结、造球等工艺，可为电弧炉或竖炉提供合格炉料，也可代替部分铬铁冶炼低合金钢，或用来生产不锈钢母液。

（3）半熔态还原作为利用铬矿粉的一种新思路，可用来生产低脉石、高金属化球团，作为电弧炉、竖炉或转炉的炉料。

（4）固态还原磁选分离可以生产出低碳铬铁粉，直接喷入转炉生产不锈钢母液。

参考文献

[1] 矿产资源综合利用手册［M］. 北京：科学出版社，2000.
[2] 李人泰，贾振海，李聪贤，等. 粉状铬矿球团预还原冶炼高碳铬铁的研究［J］. 浙江冶金，1996，(2)：2.
[3] 周进华. 铁合金生产技术［M］. 北京：冶金工业出版社，1991.
[4]［德］G. 福尔克特，等. 铁合金冶金学［M］. 上海：上海科技出版社，1978.
[5] 程包进. 高炉冶炼铬铁的理论探讨［J］. 铁合金，1989，(3)：7.
[6] 上海第一钢铁有限公司 $255m^3$ 高炉试炼铬铁水暨不锈钢试验生产简报，2000，10.
[7] 杨双平. 粉状铬矿的等离子还原法研究［J］. 铁合金，2000，(6)：20～25.
[8] 戴维，舒莉. 铁合金冶金工程［M］. 北京：冶金工业出版社，1999.
[9] 李正邦. 钢铁冶金前沿技术［M］. 北京：冶金工业出版社，1997.
[10] Yasuo K. etc. Smelting test on high carbon ferrochrome［J］. Tetsu to Gague，1987，(4)：S128.
[11] Shinji Hasegawa，Haruo Kokubu，Yoshiiaki Hara. Development of a smelting reduction process for recycling steelmaking dust［J］. Kawasaki steel technical report No. 38 April 1998：32.
[12] Masahito Suito，Yoshiaki Hara. Construction and operation of advanced dust smelting furnace (Z－star) －recovery of valuable minerals and fuel gas［J］. 川崎制铁技报，2000，(4)：312.
[13] Yasuo Kishimoto. Keizo Taoka，Syuji Takeuchi. Development of high－efficiency stainless steelmaking by Cr ore smelting reduction method［J］. Kawasaki steel technical report，No. 37 October，1997：51.
[14] Tatsuo Kawasaki. Stainless steel production technologies at Kawasaki Steel－features of production facilities and material development［J］. Kawasaki steel technical report，No. 40 May 1999：5.
[15] 徐建伦，郭曙强，蒋国昌，等. 含碳铬团块熔融还原的实验室研究［J］. 上海金属，1995，17 (4)：31.
[16] 侯树庭，徐明华，等. 15t 铁浴熔融还原工业性试验［J］. 钢铁，1995，30 (8)：16.
[17] 夏金刚，孙炯，等. 铬精矿直接合金化冶炼不锈钢［J］. 上海金属，1991，13 (1)：7.
[18] 莫叔迟，李荣讯，等. 铬矿粉团块（粉）用于炼钢合金化［J］. 钢铁，1990，25 (5)：49.
[19] 任大宁，万天骥，袁章福，等. 竖炉用含碳铬矿球团冶炼铬铁合金［J］. 铁合金，1990 (4)：22.
[20] 张明俊，刘福泉. 铬矿烧结工艺研究［J］. 铁合金，1994 (3)：7.
[21] 王首元，黄仁哲. 铬矿粉蒸养球团试验［J］. 铁合金，1993 (6)：37.
[22] 邱伟坚. 铬矿粉冷压球团工艺的实践［J］. 上海金属，1992 (4)：11.
[23] Kobayashi I，et al. A new process to produce iron directly from fine ore and coal［J］. Iron & Steel Making，September，2001：19.

Application Technology of Chromite Ore Fines for Producing Stainless Steel Master Alloy

Zhang Youping　Li Zhengbang　Xue Zhengliang

(Central Iron and Steel Institute)

Abstract　Two kinds of processes for chromite ore fines application－solid state reducing magnetic separation and chromite ore fines slag－metal separating technology are proposed based on chromite ore thermodynamics by analysis on the application technology of chromite ore fines including smelting reduction，sintering and pelletization.

Key words　stainless steel；chromite ore；smelting reduction；solid state reduction

竖炉冶炼含铬铁水的可行性*

摘　要　基于对高炉炼铁过程的认识，分析了竖炉冶炼含铬铁水的特点，提出了铁水铬含量和相应渣系组成的确定原则和减少冶炼渣量的措施，并分析了用含碳铬矿金属化球团冶炼含铬铁水和进行整体工艺优化的必要性。

关键词　竖炉；含铬铁水；渣系组合；工艺优化

目前，冶炼不锈钢所用的高碳铬铁主要由矿热炉生产，该工艺主要用块状铬铁矿作为原料，粉矿需经处理后方可使用，而世界上的铬矿资源以粉状铬矿为主（占75%～80%）[1]，因此，粉铬矿的利用已成为冶金所要解决的几个重要课题之一。目前，粉铬矿利用技术的研究可分为两大类：第一类是应用烧结、造球等手段，将粉矿块状化后用于矿热炉或竖炉[2～6]；第二类是粉铬矿的直接利用技术，如等离子法、填充焦炭竖炉法和喷粉铁浴熔融还原法[7～12]等。第一类中，矿热炉仍没有摆脱使用冶金焦和电耗高的问题，竖炉虽然避免了电能的应用，但难以生产高铬含量铁水；第二类虽已有工业应用的范例，但此技术在我国的应用还有许多问题需要解决。

随着不锈钢冶金技术的不断发展，炉料级铬铁或含铬铁水（如含铬30%）完全可以用来生产不锈钢。本文根据高炉炼铁的实践，结合铬铁冶炼过程的特点，对竖炉冶炼含铬铁水进行工艺分析。

1　竖炉冶炼含铬铁水的理论和实践

由图1可知[13]，用碳还原 Cr_2O_3 的开始反应温度为1200℃，高于 FeO 的开始还原温度（800℃以下），而低于 MnO 的开始还原温度（1400℃以上），所以很早以来人们就试图用高炉冶炼铬铁。第一次高炉冶炼铬铁是在1880年，风温为600℃，得到含 Cr 特种生铁，焦比达5000～6000 kg/t，获得的铬铁流动性很差，炉渣很黏稠，以致无法正常生产。后来，德国用含 MgO 和 Al_2O_3 很高的铬铁矿生产出含铬15%～25%的特种生铁，由于采用 MnO 来降低渣的熔点，铁水中 Mn 含量达5%，铬收得率为90%～95%。美国也曾在小高炉上进行过冶炼含铬15%的铁水实验。但生产中都遇到如下问题：铬铁含 Cr 量低；炉顶温度高；含 Cr 铁水凝固倾向强；炉顶煤气中 CO 浓度高；焦比高[14]。根据马伦巴赫的试验，在高炉中生产铬铁的含铬实际上限为40%。

文献［15］从热力学上计算了生产 Cr＞60% 的铬铁生产条件，当 $Cr_2O_3/FeO>2.5$，渣相选在尖晶石区域，采用高风温（1000℃）和富氧（25%），可保证高炉冶炼高碳铬铁。2000年，上钢一厂曾在255m^3 高炉上试炼含铬铁水，铁水含铬21.3%，热风温度高达1150℃，焦比1.3～1.8t，冶炼过程顺行，铁渣温度可达1500～1600℃，其生产成本比用高碳铬铁制备不锈钢母液高[2]。

* 本文合作者：张友平、薛正良、张家雯、周渝生。原发表于《铁合金》，2003，(6)：21～24。

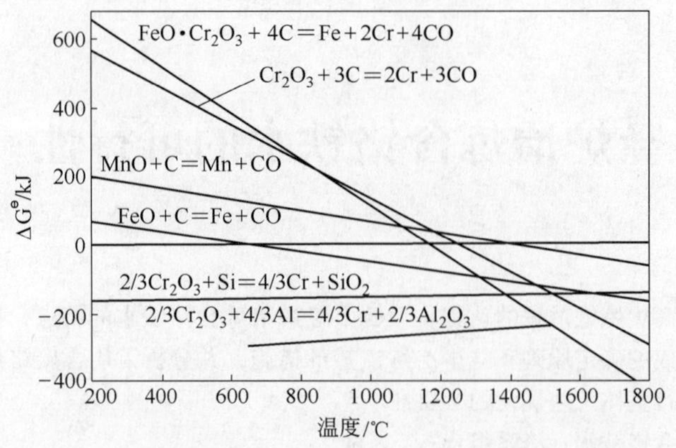

图1　碳直接还原 Cr、Fe、Mn 氧化物热力学状态图

Fig. 1　Thermodynamical state diagram on direct reduction of Cr、Fe、Mn oxides with carbon

与高炉炼铁相比，由于生产原料和产品的不同，竖炉冶炼含铬铁水具有自己的特点，必须根据竖炉内炉料运行的特点和铬矿的还原特性，确定合适的冶炼工艺。

2　竖炉生产含铬铁水的工艺分析

与铁矿石不同，铬矿中的脉石成分以熔点较高的 MgO 和 Al_2O_3 为主；与 FeO 的化渣作用相反，冶炼过程中 Cr_2O_3 对炉渣有稠化作用；从冶炼产物看，含铬铁水熔点（随铬含量而变化）比生铁熔点高，其炉渣熔点也应高于炼铁炉渣；与高炉炼铁相比，Cr_2O_3 的还原以直接还原为主，是强吸热过程。因此，在竖炉内冶炼含铬铁水，其铬含量应有一个上限，如何在竖炉内顺利并经济地生产出含铬尽可能高的铁水，是一个从理论和工艺上亟待解决的问题。

2.1　预还原含碳铬球团是竖炉冶炼含铬铁水的理想原料

铬铁矿中 Cr_2O_3 的直接还原反应为[16]：

$$Cr_2O_3 + 3C = 2Cr + 3CO$$

$$\Delta G^{\ominus} = 819936 - 541.2T \tag{1}$$

碳的气化反应[17]：

$$CO_2 + C = 2CO$$

$$\Delta G^{\ominus} = 170544 - 174.6T \tag{2}$$

由式（1）和式（2）得：

$$Cr_2O_3 + 3CO = 2Cr + 3CO_2$$

$$\Delta G^{\ominus} = -308304 - 17.4T \tag{3}$$

由反应（3）计算可知，在冶炼温度下，CO 还原 Cr_2O_3 的平衡气相中 CO 分压接近 100%，因此铬矿的还原主要是直接还原，实际也证明，矿热炉冶炼高碳铬铁时，直接还原度大于 90%，炉气中 CO 含量高达 70% ~ 90%，而高炉内铁直接还原度在 40% 左右。

铬矿的直接还原是强烈的吸热反应，由反应（1）得出，Cr_2O_3 还原生成金属铬过程中吸热为 22776kJ/(kg·℃)，远高于 FeO 直接还原的吸热量（12719kJ/(kg·℃)[18]）。并且此还原主要在初渣穿过焦炭层过程中实现，因此对落下后熔体的热量储备存在着负面影响。同时，在软熔带以下，含 Cr_2O_3 较高的出渣熔点较高，可能比较黏稠，严重时会影响高炉顺行。

因此，从热量利用和高炉操作来考虑，铬矿的预还原是必要的。在竖炉内用预还原含碳球团冶炼含铬铁水，不但能够充分利用廉价的粉铬矿资源，而且也有利于竖炉的冶炼操作。

目前，对于可节省电能的铬矿球团预还原研究较多，对其还原反应动力学进行的研究表明，含碳铬矿球团具有良好的快速还原特性。而针对高炉生产含铬铁水的自熔性预还原铬矿球团，有待于进一步研究。

2.2 风口前的理论燃烧温度是确定冶炼含铬铁水工艺的基准点

我国高炉理论燃烧温度为 2100℃左右，日本大型高炉的理论燃烧温度为 2300℃左右，随着喷煤量的提高，理论燃烧温度有进一步降低的趋势。由炼铁高炉的造渣过程可以看出，初渣在软熔带下的焦炭空间滴落过程中，其温度不断升高，到达熔池时，终渣温度基本是由风口前燃烧区的温度决定的，金属熔体的温度也有类似的规律。因此，在燃料比一定的条件下，风口前的理论燃烧温度基本上决定了炉缸熔体所能达到的温度水平。

由 Fe－Cr－C 状态图可知[7]，在一定含铬量条件下，存在一最佳含碳量，使铬铁熔点最低。在竖炉内若能得到该成分铁水，可使高炉操作温度降低。但在竖炉内，由于焦炭过量，在一定温度下，碳含量可达到饱和，即竖炉内铁水含碳量的不可控性。因此必需首先确定不同铬含量碳饱和铁水的熔点。

由图 2 可知，当铬铁含铬 60%，碳 5%～7% 时，合金熔点为 1500～1600℃；当含碳 7%～10% 时，合金熔点高达 1600～1700℃，如此高的温度，在竖炉内是很难达到的。因此单从温度方面考虑，高炉生产高碳铬铁面临巨大的困难。但当碳含量为 5%～7% 时，含铬 30% 的铁水熔点为 1400～1500℃，当铁水含 Si、Mn 时，其熔点还可进一步降低。因此，竖炉内冶炼含铬 30% 左右的铁水是可能的，关键在于根据理论燃烧温度确定合适的铁水含铬量。

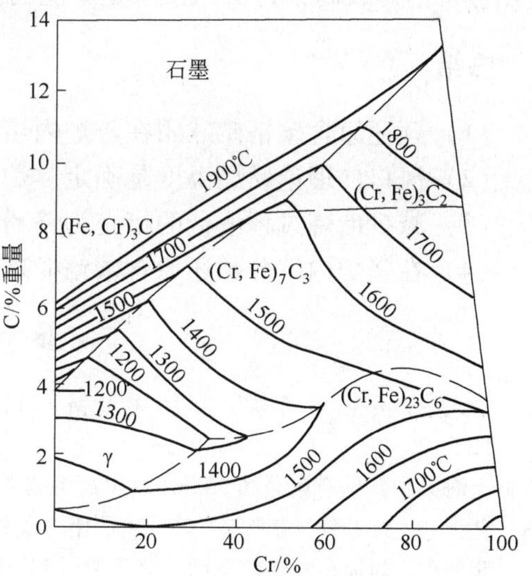

图 2　Fe－Cr－C 状态图

Fig. 2　Fe－Cr－C phase diagram

在理论燃烧温度所确定的含铬铁水熔点基础上，进一步确定渣系的熔点，一般来说，渣的熔点应至少高于合金熔点 50℃。研究和实践表明，用矿热炉冶炼铬铁时，铬矿中 MgO、SiO_2、Al_2O_3 相对比例为 39%、34%、27%（三者之和为 100%）时为最佳配分，有利于冶炼造渣和促使渣金分离。根据 MgO－SiO_2－Al_2O_3 三元相图，渣的熔点大于 1700℃，显然不能在竖炉内使用。

渣熔点的确定，应根据 $CaO - MgO - SiO_2 - Al_2O_3$ 相图和原料条件，在保证正常的冶炼前提下，尽量减少渣量。文献［15］认为高炉内冶炼高碳铬铁的炉渣熔点选择1600～1650℃为宜。以此为基础，根据我国常用铬铁矿和焦炭灰分的化学组成，粗略计算了炉渣组成为 MgO 25.65%、SiO_2 20.95%、Al_2O_3 20.00%、CaO 33.40%，渣金比为1.87，而高炉炼铁的渣金比为0.3。因此从高炉炼铁的实践可知，在竖炉内冶炼高碳铬铁是不可能的。

笔者在文献调研和分析的基础上，认为竖炉冶炼含铬铁水，依据铁水铬含量不同，终渣熔点应选在1500～1600℃为宜。

另外，与高炉炼铁相比，高炉内冶炼含铬铁水的一个显著特点是渣量大，影响高炉操作。如何降低渣量，将对高炉操作和节能产生巨大的影响。减少渣量的主要措施有：

（1）冶炼低铬铁水，由铬矿带入的 MgO 和 Al_2O_3 含量少，可以使渣的熔点降低，从而减少渣量；

（2）粉铬矿的进一步选矿，去除部分 MgO、Al_2O_3 等高熔点脉石，从而减少溶剂的加入量，使渣量降低；

（3）铬矿球团在预还原过程中实现渣金的部分分离，文献［13］中介绍了这一技术思想。

2.3 竖炉冶炼含铬铁水的工艺方案

根据以上分析，以粉铬矿为原料，竖炉内冶炼含铬铁水应采用预还原含碳铬矿的竖炉熔分工艺。该工艺的切入点在于铁水铬含量和相应渣系组成的确定，因为其前面工序必须以此为基础进行研究。总之，根据高炉炼铁的成熟工艺，采取适当的措施，应用竖炉冶炼较高铬含量的铁水是可能的。

3 总结

（1）预还原含碳铬矿球团在竖炉内熔分生产含铬铁水，是利用铬矿粉的有效途径。

（2）风口前理论燃烧温度是确定竖炉冶炼含铬铁水工艺的主要依据。

（3）减少冶炼过程渣量的措施为铬粉矿的选矿和预还原过程中的渣金部分分离。

（4）在竖炉内熔分预还原含碳铬矿球团，是生产含铬铁水的理想工艺。

参考文献

［1］李人泰，贾振海，李聪贤，等．粉状铬矿球团预还原冶炼高碳铬铁的研究［J］．浙江冶金，1996，(2)：2.

［2］上海第一钢铁有限公司255m³ 高炉试炼铬铁水暨不锈钢试验生产简报，2000，10.

［3］任大宁，万天骥，袁章福，等．竖炉用含碳铬矿球团冶炼铬铁合金［J］．铁合金，1990，(4)：22.

［4］张明俊，刘福泉．铬矿烧结工艺研究［J］．铁合金，1994，(3)：7～10.

［5］王首元，黄仁哲．铬矿粉蒸养球团试验［J］．铁合金，1993，(6)：37～40.

［6］邱伟坚．铬矿粉冷压球团工艺的实践［J］．上海金属．1992，(4)：11～14.

［7］杨双平．粉状铬矿的等离子还原法研究［J］．铁合金，2000，(6)：20～25.

［8］Yasuo K. etc. Smelting test on high carbon ferrochrome［J］. Tetsu to Gague，1987，(4)：S128.

［9］Shinji Hasegawa，Haruo Kokubu，Yoshiiaki Hara. Development of a smelting reduction process for recycling steelmaking dust［J］. Kawasaki steel technical report，No. 38 April 1998.

[10] Masahito Suito, Yoshiaki Hara. Construction and operation of advanced dust smelting furnace (Z - star) - recovery of valuable minerals and fuel gas [J]. 川崎制铁技报, 2000, (4): 312 ~317.

[11] Yasuo Kishimoto. Keizo Taoka, Syuji Takeuchi. Development of high - efficiency stainless steelmaking by Cr ore smelting reduction method [J]. Kawasaki steel technical report, No. 37 October, 1997: 51 ~58.

[12] Tatsuo Kawasaki. Stainless steel production technologies at Kawasaki Steel - features of production facilities and material development [J]. Kawasaki steel technical report, No. 40 May 1999.

[13] 张友平, 李正邦, 薛正良. 生产不锈钢母液的铬矿粉利用技术 [J]. 特殊钢. 2003, (1): 33.

[14] [德] G. 福尔克特, 等. 铁合金冶金学 [M]. 上海: 上海科技出版社, 1978.

[15] 程包进. 高炉冶炼铬铁的理论探讨 [J]. 铁合金, 1989, (3): 7.

[16] 周进华. 铁合金生产技术 [M]. 北京: 冶金工业出版社, 1991.

[17] 傅崇说. 有色冶金原理 [M]. 北京: 冶金工业出版社, 1990.

[18] 文学铭, 糜克勤, 等. 宝钢炼铁生产工艺 [M]. 北京: 冶金工业出版社, 1996.

Feasibility of Producing Cr - Containing Hot Metal in Shaft Furnace

Zhang Youping[1] Xue Zhengliang[1] Li Zhengbang[1]
Zhang Jiawen[1] Zhou Yusheng[2]

(1. Central Iron and Steel Institute; 2. Baoshan Iron and Steel Co., Ltd.)

Abstract Based on the knowledge of hot metal production in blast furnace, the characteristics of producing Cr - containing hot metal in shaft furnace were analyzed. The principle of determining the Cr content and relevant slag constituent was proposed. At the same time, the necessity for pretreatment of chromite and optimization of the whole process was also discussed.

Key words shaft furnace; Cr - containing hot metal; slag constituent; process optimization

连铸中间包内钢液流动特性及控流技术*

摘　要　中间包内钢液的流动状态对钢中夹杂物的去除效率影响较大。增加中间包容量可使铸坯内弧一侧 Al_2O_3 总量显著降低，在中间包使用挡墙和坝可减少内、外侧钢流温度差和拉漏发生率，去除钢中夹杂物。过滤器、湍流缓冲器和旋涡控制装置等相关技术的应用均提高了铸坯的清洁度。

关键词　中间包；钢液；流动特性；控流技术

近年来，中间包已不是一个简单的储存器及分配器，而是一种重要的钢液精炼设备。为改善中间包内钢液的流动特性，国内外研究人员及厂家已采取了相当多的措施，对现有技术进行了改进，并开发了一些新技术。

1　中间包内钢液的流动特性

通过水模型研究，得出中间包内无任何控流装置情况下钢液的流动特性为：（1）中间包内钢液流速的分布极不均匀，注入流区域速度很高；（2）高速下降的钢流抽吸周围的液体一同下降，中心速度逐渐减小，但到达包底时仍有较大的流速，钢液和包底撞击后，转成较强的水平流动，向四周散开；（3）如注入流不采取保护措施，会抽吸大量的空气进入液相，在注入区形成大量的气泡；（4）在注流靠近包壁的三侧，钢液形成回流，而另一侧则形成沿包底扩张的流动流向出钢口，包底钢液流动速度较大；（5）中间包出水口上方很大的区域内流速小，易形成旋涡[1]。

中间包内钢液流场存在液—液射流、驻点流动、汇流流动及旋涡等流动现象。当处于非等温状态时，中间包内还存在自然对流，驱动力是液体的密度差，自然对流的存在对中间包内夹杂物去除的影响不容忽视[2]。

2　中间包内钢液流动控制技术新进展

2.1　增大中间包容量

增大中间包容量可以使钢液在中间包内有较长停留时间，利于夹杂物上浮，提高钢液洁净度。

对中间包进行的扩容研究得出，当中间包容量从 40t 增加到 65t，可以使换包期间无缺陷铸坯比例从 75% 提高到 92%[3]。

S. Hiraki 等人[4]认为大容量中间包可以提高高速连铸板坯的纯净度，对低液位操作时夹杂物上浮起到了很大的促进作用。

McPherson N A 等人[5]研究结果表明：中间包扩容以后，表面流速和湍流强度变

---

* 本文合作者：王立涛、薛正良、张乔英。原发表于《特殊钢》，2004，25（2）：32～34。

小。将英国 Ravenscraig 厂的中间包由 25t 扩容至 45t 后，氧化铝夹杂不仅数量减少，而且由于停留时间延长，更多的微小夹杂得以有效上浮，铸坯内弧侧的夹杂物含量明显降低。

在控制流动形态上，日本的一些厂家还发明了一种 H 型中间包[3]，可以使钢液流动平稳，在更换钢包时杜绝了钢液面波动及卷渣现象。

近年来，国内一些工作者也对中间包扩容问题进行了深入探讨。贺友多等人[6]通过研究认为，对大型板坯连铸机而言，长度（L）和高度（H）之比是中间包关键几何参数，$L/2H$ 值不宜过小，否则入口射流的钢液在达到包底之后，向上运动不足，短路流向中间包水口，致使夹杂物不能充分上浮，其值应保持在 3.5 以上。武汉钢铁集团公司的吴永生等人[7]通过实际应用得出：扩容中间包有利于改善钢水流动状态，稳定生产，中间包加高延长了钢液停留时间，提高连铸坯的质量。

2.2 挡墙、坝及导流墙的使用

对无任何挡墙和坝与设置挡墙和坝两种情况进行模拟结果表明：在中间包内设置挡墙和坝有利于改善流场，延长钢液在中间包内停留时间，提高夹杂物去除效率[8]。

POSCO 不锈钢厂[9]采用物理模型的方法对冶炼不锈钢的中间包结构进行了优化试验，找出了挡墙和坝的最优位置，在设置挡墙和坝的情况下，最小停留时间延长了 15%，对较大尺寸的夹杂物颗粒去除效果明显，冷轧卷材表面质量提高。

英国的 Sahay S K 等人[10]通过试验在六流中间包上应用陶瓷质导流隔墙，与不设控流装置时的冶金效果相比，内、外侧水口的钢流温度差降低了 7℃，拉漏现象的发生率降低 40%，拉坯成型率提高了 8%，并且无水口阻塞现象。

中间包内控流装置在国内也得到了普遍关注，宝钢开发的中间包三重堰结构使钢水清洁度比仅使用挡墙和坝时提高了 30%，这种三重堰结构在国际上还极少应用。

张立峰[11]比较了未设置控流装置、设置一挡墙一坝和设置一挡墙二坝并在挡墙安装直通孔过滤器的流速分布，设置挡墙和坝将激烈湍动区限制在挡墙上游，而且阻碍了两侧的底部流股。过滤器的设置使钢液一部分从过滤孔中流过，增加了去除夹杂物的机会并使下游更加平稳。

对于大容量中间包结构优化问题目前尚有不同的观点，有的研究者认为大容量中间包不需安装控流装置也可生产洁净钢，如 Tacke[12]和 Kaufmann[13]等人认为放置挡墙和坝对夹杂物去除效果不明显，因此对于大容量中间包的结构优化应进一步深化研究。

2.3 过滤器的应用

国外钢液过滤器主要有 CaO 质、ZrO_2 质、Al_2O_3 质、SiC 质等。如，美国高技术陶瓷公司生产的 Uolicell 牌钢液过滤器能够把铸坯中的非金属夹杂物含量减少 20% 左右。该公司还设计了一种在八边形星形浇口内安装的网状陶瓷过滤器，可使钢液中的非金属夹杂物含量降低 30 倍[14]。

日本千叶厂[15]研制了陶瓷狭孔过滤器，在最佳情况下使钢水总氧量降至（2 ~ 6）$\times 10^{-6}$，过滤后能全部去除 ≥20μm 的夹杂，又能有效去除 ≤5μm 的夹杂。

我国从20世纪80年代开始研制中间包用过滤器，其材质有CaO质、Al_2O_3质，其中CaO质过滤器在柳州钢铁板坯连铸机上应用，使钢液中的非金属夹杂物减少了22.7%~40%[14]；近来，我国还开发出了刚玉—莫来石—碳化硅质钢液过滤器，可使钢中非金属夹杂物降低30.3%[16]。

攀钢在1、3、4号中间包上安装过滤器后，总氧量比以前降低了28%左右[17]。

北京工业大学的周智青等人[18]设计了一种不对称分布的钙质过滤器，使夹杂物含量降低14.6%，并使内流与边流夹杂物浓度差由3.9%降至0.5%。

钟良才等人[19]认为湍流控制装置的几何结构对中间包钢液流动特性有明显影响，方形无顶缘和圆形无顶缘的湍流控制装置对抑制钢包注流动能的作用不大，而方形带顶缘和圆形带顶缘的湍流控制装置能够较好地改善中间包内流体的流动特性。

2.4 湍流缓冲器

在中间包底部冲击点处设置湍流缓冲器是最常用的一种，LTV钢公司分别对三种缓冲器进行了试验[20]，认为回流型缓冲器优于通用型缓冲器和阻断型缓冲器，前者能够有效的减弱钢流对包底冲击产生的反射流的强度。由于这种湍流缓冲器显著地降低了钢液进入中间包的流速，WCI钢厂只用防湍流垫作为唯一的钢流控制装置[21]。

Morales等人[22]对设置不同控流装置的中间包流场和温度场进行了水模型和数学模型实验。结果得出：装有湍流控制器和导流隔墙的中间包比装有堰和导流隔墙或无控流装置的中间包产生了更大体积的活塞流区，能更有效地消除钢液表面的湍流和扰动现象，促进夹杂物的上浮。

2.5 旋涡控制装置

旋转阀[23]是英国钢铁公司研制的一种新型中间包钢流控制系统，下部圆形水口固定，通过旋转塞棒控制钢液流量大小，出钢口上口开在旋转塞棒侧面。实践表明，用旋转阀浇铸比用定径水口浇铸时钢轨中氧化物夹杂含量降低44%。

旋转管阀（RTV）[24]是德国Didier耐火材料公司开发的一种新型中间包控制装置，该系统由两个均开有水平侧孔的同心耐火材料管组成，下管固定在中间包包底，上管通过操纵机构做升降运动与下管实现连接或分离。上管旋转运动实现钢液流量的调控。因为水平流不形成汇流旋涡，此装置可有效地消除旋涡的影响，减少卷渣量。

除此之外，还有日本开发的具有不同形状阀体的浮游阀[25]，可有效提高更换盛钢桶时两包交接处的铸坯清洁度。

双功能塞棒[26]是我国开发的一种旋涡控制装置，塞头直径至少比水口内径大2倍，塞头上有抑制旋涡的结构。

3 结束语

在中间包内合理地应用控流装置可以有效控制钢液的流动状态并能显著地提高其洁净度。异形中间包、过滤器、涡流缓冲器等设备无疑是改善钢液流场的有效手段，但进一步开发新技术，扩大现有设备的应用范围并延长其使用寿命仍是今后致力解决的问题之一。

参考文献

[1] 包燕平，曲英．连铸中间包内钢液流动及其控制［J］．北京科技大学学报，1991，13（4）：83.

[2] 王建军．中间包夹杂物运动行为的数模研究［J］．炼钢，2001，17（4）：40.

[3] 张立峰，蔡开科．中间包冶金技术的发展［J］．炼钢，1997，13（4）：42.

[4] Hiraki S，Kanazawa T，Kumakura S，et al. Influence of Tundish Operation on the Quality of Hot Coils During High Speed Continuous Casting［J］. I&SM，1999（3）：47.

[5] McPherson N A. The Effect of Tundish Design on the Quality of Continuously Cast Steel Slabs［J］. MPT International，1986（3）：40.

[6] 贺友多，Sahai Y. 不同因素对连铸机中间包流场的影响［J］．金属学报，1989，25（4）：B272.

[7] 吴永生，喻承欢，骆忠汉，等．扩容中间包冶金效果的研究［J］．炼钢，2001，17（1）：38.

[8] Dos S K. Mathematical Modeling of Flow Field in a Continuous Slab Caster Tundish Including Near Wall Turbulence Effects. Trans. Indian Inst. Met，2001，54（1－2）：21.

[9] Kim J J，Kim S K，Shim S D，et al. Numerical and Experimental Study of Tundish Flow During Continuous Casting of Stainless Steel. Electric Furnace Conference Proceedings，2001：395.

[10] Sahay S K，De T K，Basu D S，et al. Strand Performance Improvement Through Use of Asymmetric Baffles in Tundish of Six Strand Billet Caster at DSP［J］. I&SM，2001（7）：71.

[11] 张立峰．纯净钢钢水清洁度的工艺及理论研究［D］．北京：北京科技大学，1998.

[12] Tacke K H. Steel Flow and Inclusion Separation in Continuous Casting Tundishes［J］. Steel Research，1987，58（6）：262.

[13] Kaufmann B. Separation of Nonmetallic Particles in Tundishes［J］. Steel Research，1993，64（4）：203.

[14] 魏同，桂明玺．连铸用耐火材料的现状及其今后发展趋向［J］．国外耐火材料，1999（11）：3.

[15] 李扬洲，张大德，赵克文，等．高速板坯连铸的钢水净化技术及效果［J］．钢铁，2000，35（8）：21.

[16] 宋君祥，刘华，寇志奇，等．刚玉—莫来石—碳化硅质过滤器的开发［J］．耐火材料，1997，31（3）：156.

[17] 陈炎．中间包钢液净化的新动向［J］．炼钢，1993，9（6）：46.

[18] 周智青，孙兆宽，陈超，等．中间罐内去除夹杂物的理论与实践（1）［J］．连铸，1999（2）：16.

[19] 钟良才，张立，黄耀文，等．湍流控制装置的结构对中间包流体流动特性的影响［J］．钢铁研究学报，2002，14（4）：6.

[20] Crowley R W，Lawson G D. Cleanliness Improvements Using a Turbulence-Suppressing Tundish Impact Pad. Steelmaking Conference Proceedings，1995，78：629.

[21] 李学军．中间包用新型耐火材料防湍流垫［J］．武钢技术，1996，34（10）：6.

[22] Morales R D，López－Ramírez S，Palafox-Rams J，et al. Numerical and Modeling Analysis of Fluid Flow Heat Transfer of Liquid Steel in a Tundish with Different Flow Control Devices［J］. ISIJ International，1999，39（5）：455.

[23] Purdie J，Mcphersom N A. The Development and Operational Experience of Rotary Valve for Tundish Flow Control，Steelmaking Conference Proceedings，1988，71：447.

[24] Berhdt M. Revolving Tube Valve－Experience with a New Teeming System［J］. MPT International，1993（4）：98.

[25] 王建军，包燕平，曲英．中间包冶金学［M］．北京：冶金工业出版社，1996. 124.

[26] 黄晔．防止盛钢桶和中间罐出流中卷渣的装置．中国专利公报 ZL91103631，1991，8.

Flow Control Technology and Flow Feature of Liquid Steel in Tundish for Concasting

Wang Litao   Li Zhengbang   Xue Zhengliang

(Central Iron and Steel Research Institute)

Zhang Qiaoying

(University of Science and Technology Beijing)

Abstract The effect of flow status of liquid steel in tundish on removing efficiency of inclusion in steel is relatively obvious. The total amount of Al_2O_3 inclusion in casting billet at inside curve decreases obviously by increasing tundish capacity; it is available to use baffle and dam for decreasing the temperature difference between inside and outside of strand and the breaking out rate of concasting, and removing the inclusion form liquid steel in tundish. The cleanliness of casting billet is improved by using filter, turbulence inhibitor, vortex controlling device and relative technologies.

Key words tundish; liquid steel; flow feature; flow control technology

含碳铬矿球团的预还原和熔分研究*

摘　要　以3种典型的铬矿为原料，生产铬的质量分数为20%～40%的铁水为目标，对含碳铬矿球团在1300℃温度下还原30min，然后在1550～1600℃温度下恒温10min，进行渣金分离。考察了球团铬铁比（Cr_2O_3/FeO）对铁水铬含量和铬收得率的影响，试验结果表明：用南非UG2生产的铁水铬含量最高，而印度铬矿具有最少的渣量。3种铬矿的铬收得率较低，约60%～75%，其原因是由于熔分时间较短，高Al_2O_3和高MgO渣的熔点较高，表面张力较大，影响渣金分离。

关键词　含碳铬矿球团；预还原；熔分；含铬铁水

冶炼不锈钢所用的碳素铬铁主要由矿热炉生产，该工艺主要采用块状铬矿作为原料，粉矿需经处理后方可使用，而世界上的铬矿资源以粉状铬矿为主（75%～80%）[1]。目前，铬矿粉利用主要是应用烧结、造球等手段，将粉矿块状化后用于矿热炉或竖炉[2~6]。预还原铬矿球团用于矿热炉冶炼碳素铬铁，可以利用廉价的铬矿粉，并节约电能，但仍没有摆脱使用冶金焦和电耗高的问题；竖炉虽然避免了电能的应用，但难以生产高铬含量铁水。

多年来，德国和美国都曾在竖炉上进行过冶炼铬的质量分数为15%铁水的试验。但生产中都遇到如下问题：铬铁铬含量低，炉顶温度高，含铬铁水凝固倾向强，炉顶煤气中CO浓度高，焦比高。根据马伦巴赫的试验，在高炉中生产铬铁的铬的质量分数实际上限为40%[7]。2000年，上钢一厂曾在255m^3高炉上试炼含铬铁水，铁水中铬的质量分数为21.3%，热风温度高达1150℃，焦比1.3～1.8t/t（铁），冶炼过程顺行，铁渣温度达1500～1600℃，其生产成本比用高碳铬铁制备不锈钢母液高。

随着不锈钢冶炼技术的不断发展，炉料级铬铁或含铬铁水（如铬的质量分数为30%）完全可以用来生产不锈钢。本文选择3种具有代表性的铬矿粉，采用含碳铬矿球团预还原熔分工艺，考察生产铬的质量分数为20%～40%铁水可能性，为竖炉生产适当铬含量的铁水提供依据。

1　试验原料

试验原料及其成分见表1。含铬原料分别为南非UG2矿（提取铂后的尾矿）、澳大利亚铬矿粉和印度铬矿粉；用赤铁矿来调节球团的铬铁比；以石英砂和消石灰调节终渣成分，其中消石灰兼作黏结剂；还原剂为焦炭粉。

配料原则为：预计熔分后合金中铬的质量分数（以Fe－Cr二元合金计）为20%、25%、30%、35%和40%（相应的球团铬铁比（$w(Cr_2O_3)/w(FeO)$）分别为0.28、0.38、0.49、0.61和0.76）；终渣中Al_2O_3的质量分数为20%，二元碱度为1.0；球团

* 本文合作者：张友平、薛正良、张家雯、杨海森、周渝生。原发表于《钢铁》，2005，40（6）：17～20，58。

配碳量为 1.2 倍理论量（铬铁氧化物完全被还原成单质并生成 CO 产物所消耗的碳量，计算时铬矿中的铁以 FeO 计）。

将配料混匀润湿后压制成 ϕ20mm × 20mm 的圆柱（称为球团），在 150℃ 温度下烘干 3h 备用。试验方案和预计熔分后理论渣成分见表 1。

表 1　试验原料及其成分

Table 1　Chemical composition of raw materials　（%）

原料	$w(TFe)$	$w(Cr_2O_3)$	$w(FeO)$	$w(CaO)$	$w(SiO_2)$	$w(Al_2O_3)$	$w(MgO)$	$w(TiO_2)$	$w(MnO_2)$
UG2 矿	21.32	43.00		1.00	0.80	16.28	10.50		
印铬矿	11.16	52.82		0.23	3.04	11.28	11.46		
澳铬矿	16.60	36.74		1.30	10.61	10.77	13.68		
赤铁矿	65.66		0.74	0.33	3.80	0.81	0.14	0.12	0.30
石英砂					98.07				
消石灰				71.38				烧损 28.33	
焦粉		固定碳 86.05		0.63	5.63	4.05	0.33	挥发分 1.54	

2　试验结果

将一定量的球团放入称重后的 MgO 坩埚内，由石墨坩埚保护放入氩气保护的碳管炉内，快速升温至 1300℃ 并恒温 30min，随后再快速升温至 1600℃ 并恒温 10min（南非 UG2 矿在 1550℃ 恒温 10min），冷却取出称重后进行渣金分离，将金属称重并化验其成分，结果见表 2。

表 2　试验方案及试验结果

Table 2　Experimental scheme and results

铬矿种类	炉号	$w(Cr_2O_3)$/$w(FeO)$	w(渣)/w(金)	理论渣成分/%				实际失重率/%	理论失重率/%	实测金属成分/%		
				$w(CaO)$	$w(SiO_2)$	$w(Al_2O_3)$	$w(MgO)$			$w(Cr)$	$w(Fe)$	$w(C)$
南非 UG2 矿	1	0.28	0.68	34.55	34.55	20	10.89	31.09	31.58	15.94	76.90	5.92
	2	0.38	0.81	34.36	34.36	20	11.29	28.44	30.32	18.42	75.12	6.04
	3	0.49	0.95	34.21	34.21	20	11.58	27.04	29.19	21.88	71.03	6.36
	4	0.61	1.08	34.10	34.10	20	11.79	25.99	28.15	26.64	66.25	6.65
	5	0.76	1.21	34.02	34.02	20	11.96	25.69	27.23	32.92	59.57	7.05
印度铬矿	6	0.28	0.45	32.58	32.58	20	14.84	34.09	33.66	16.15	74.71	6.31
	7	0.38	0.52	32.12	32.12	20	15.75	32.42	32.76	18.62	72.96	6.60
	8	0.49	0.60	31.78	31.78	20	16.44	31.59	31.88	22.91	68.89	6.88
	9	0.61	0.67	31.51	31.51	20	16.97	31.30	31.06	26.50	63.54	7.05
	10	0.76	0.74	31.30	31.30	20	17.40	30.21	30.29	31.28	59.46	7.30
澳大利亚铬矿	11	0.28	0.56	29.98	29.98	20	20.03	33.26	31.99	13.78	78.82	5.76
	12	0.38	0.66	29.47	29.47	20	21.05	32.54	30.78	17.48	73.76	6.42
	13	0.49	0.76	29.10	29.10	20	21.80	31.17	29.62	20.70	70.35	6.71
	14	0.61	0.86	28.82	28.82	20	22.37	29.69	28.60	24.95	66.48	6.88
	15	0.76	0.96	28.59	28.59	20	22.82	28.72	27.63	28.30	62.80	7.07

3　讨论

3.1　球团铬铁比对铁水铬含量的影响

根据表 2 作图 1。由图 1 可知，铁水实际铬含量与以二元 Fe - Cr 合金计算的铬含量（曲线1）差别较大，即使考虑到合金中碳的质量分数为7%，铁水实际铬含量与理论计算值（曲线2）仍有较大差别。

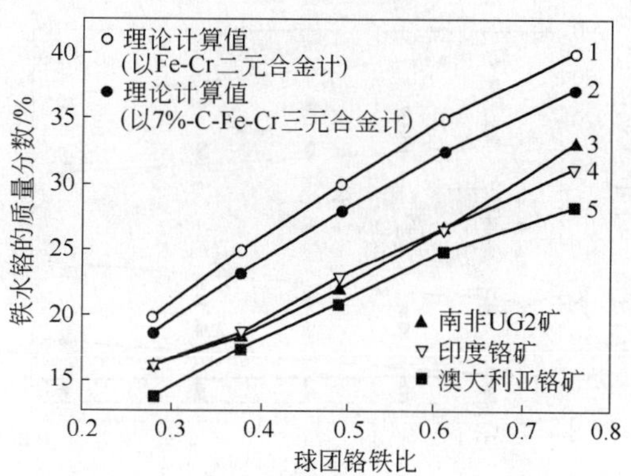

图1　球团铬铁比对铁水铬含量的影响

Fig. 1　Influence of Cr_2O_3/FeO on the Cr content in hot metal

比较曲线4和5，由于试验条件相同，唯一的差别在于铬矿种类不同而引起的终渣成分的变化，其MgO的质量分数从14.84%～17.40%增加到20.03%～22.82%，使渣的冶金性能变差，影响渣金分离，因此澳大利亚铬矿生产的铁水铬含量较低。

同样，比较曲线3和4可知，南非UG2矿MgO含量较低，而印度铬矿熔分温度较高，终渣MgO含量的差别被温度的差别所抵消，因此这两种矿所生产的铁水铬含量差别不大。由以上分析可知，如果在相同试验条件下，铁水铬含量顺序为：南非UG2矿＞印度铬矿＞澳大利亚铬矿。

铁水实际铬含量远低于理论计算值的事实表明，有相当一部分铬损失于渣中，造成铬的收得率较低，大部分炉次铬的收得率为60%～75%（图2）。研究铬在渣中的存在形式，对提高铬的收得率有重要意义。

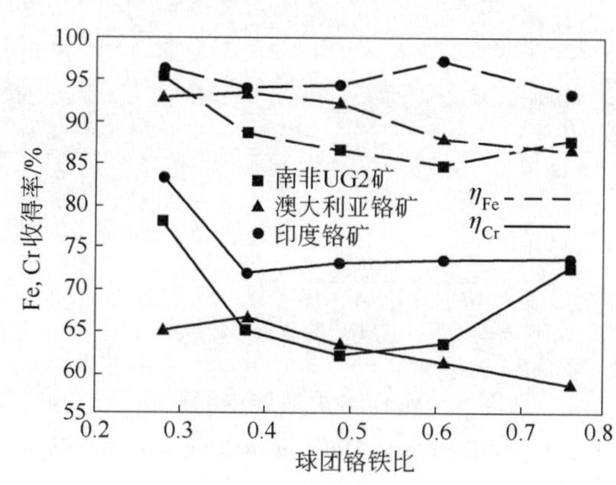

图2　球团铬铁比对铬收得率的影响

Fig. 2　Influence of Cr_2O_3/FeO in pellets on the yield of Cr

试验过程中发现，渣的表面有少部分碳粉剩余，并嵌有部分金属颗粒。取铬收得率最低的15号渣样，剥去表面的金属珠，分析得知其中铬的质量分数为2.84%（折合Cr_2O_3质量分数为4.15%）。假设其他炉次渣中铬含量与15号渣相同，则可根据试验结果计算出渣中以化合态形式存在的铬和以金属颗粒形式存在的铬的比例（图3），渣中以化合态形式存在的铬的质量分数小于10%。

为进一步验证球团最终的还原程度，对球团还原前后失重率与理论失重率进行了比较。理论失重率由以下几部分组成：铬铁氧化物中的氧及其消耗的碳量，消石灰的烧损，焦炭中的挥发分，其他原料的烧损及少量氧化物的还原以及硫的气化等忽略不计，根据原料配比即可计算出球团的理论失重率。

实际失重率＝(球团还原前质量－还原后质量)/还原前质量

理论失重率与实际失重率的变化如图4所示。该图表明，南非UG2矿的还原失重率小于理论计算值，而澳大利亚铬矿则相反，印度铬矿的还原失重率几乎等于理论计算值。这可能是受不同铬矿烧损率的影响。

渣的成分分析和失重率计算表明，铬铁氧化物基本被完全还原，金属收得率低的原因在于渣金分离状况差，最终原因是受渣的熔点和表面张力等物理性质的影响。

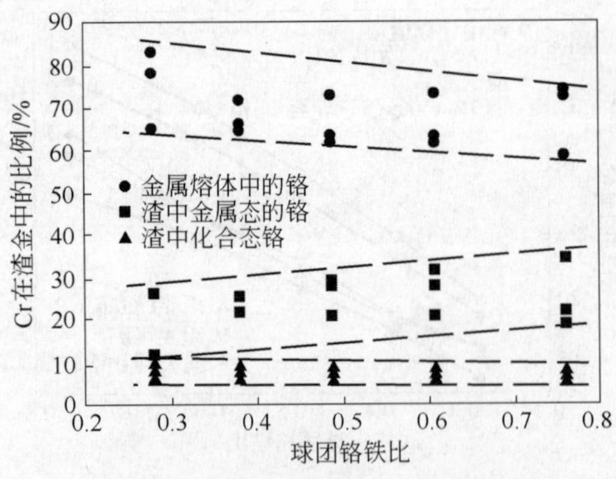

图3 铬在渣金中的存在比例

Fig. 3 Distribution of Cr between slag and metal

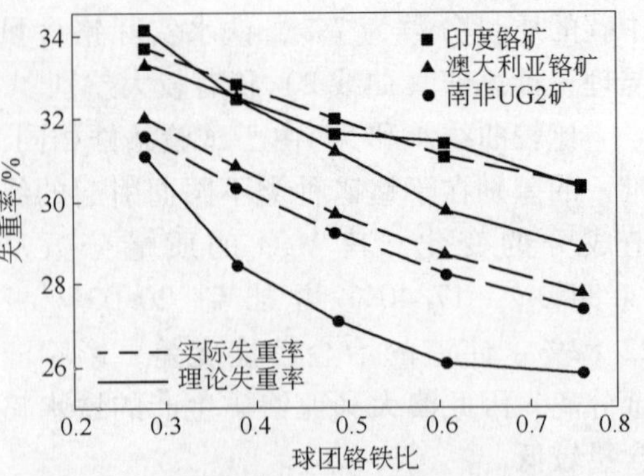

图4 还原熔分前后不同铬矿的失重率

Fig. 4 Weight loss before and after reduction melting and smelting separation

3.2 高 MgO、高 Al_2O_3 炉渣的性质

对于 $w(Al_2O_3)=20\%$ 的 $CaO-SiO_2-Al_2O_3-MgO$ 渣系，当二元碱度 $R=1.0$，MgO 的质量分数由 10% 增加到 25% 时，其熔点由 1400℃ 升高到 1600℃。笔者利用化学纯试剂，采用半球法测定了 $w(MgO)=10\%\sim25\%$ 时该渣系的熔点，结果见图 5，其值为 1350 ~ 1450℃。对于冶炼含铬铁水，渣中还含有 MnO、FeO、CrO 等氧化物，使渣的熔点发生变化。在试验过程中，南非 UG2 矿球团 1550℃ 时可完全熔化，而印度铬矿和澳大利亚铬矿球团 1600℃ 时才能完全熔化，一方面由于过剩碳的存在，另一方面未还原的铬氧化物使球团初熔温度升高。

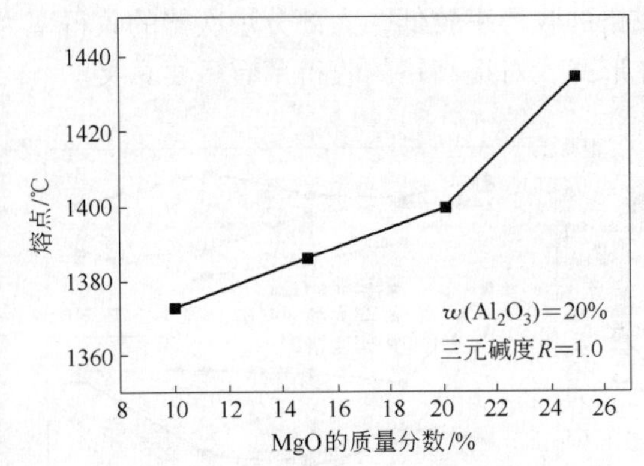

图5 MgO 对炉渣熔点的影响

Fig. 5 Influence of MgO on melting point of slag

试验发现，熔渣内部无金属颗粒，说明金属颗粒在渣中能顺利沉降，熔渣表面的金属颗粒是由于熔渣表面张力较大的结果。金属颗粒在熔渣中受到两个方向相反的作用力，一是金属颗粒因熔渣表面趋于收缩而受到的方向朝上的熔渣最大表面张力支撑力，其值相当于颗粒圆周的表面张力 $2\pi\cdot r_j\cdot\sigma_z$，一是金属颗粒向下的力，其值为$\frac{4}{3}\pi\cdot r_j^3\cdot(\rho_j-\rho_z)\cdot g$。

当上述两个作用力相等时，颗粒将悬浮于熔渣表面，此时的颗粒半径即为临界半径，比临界半径小的颗粒将不能进入渣中。即

$$2\pi\cdot r_j^0\cdot\sigma_z=\frac{4}{3}\pi\cdot r_j^{03}\cdot(\rho_j-\rho_z)\cdot g$$

$$r_j^0=\left|\frac{3\sigma_z}{2(\rho_j-\rho_z)g}\right|^{1/2} \tag{1}$$

式中 r_j^0——金属颗粒的临界半径，m；

ρ_j，ρ_z——金属熔体和熔渣的密度，kg/m^3；

σ_z——炉渣表面张力，N/m；

g——重力加速度，9.8 m/s^2。

熔渣的表面张力可由公式（2）计算：

$$\sigma_z = \sum \sigma_i \cdot \chi_i \tag{2}$$

式中 σ_i——渣中各组元的表面张力因数；

χ_i——渣中各组元的摩尔分数。

根据数据外推，得到1600℃时各组元的表面张力因数：CaO为0.661，SiO_2为0.223，Al_2O_3为0.602，MgO为0.492，因此由公式（2）可以计算出1600℃时32.5% CaO－32.5% SiO_2－20% Al_2O_3－15% MgO渣的表面张力为0.476N/m。

假定含铬铁水密度为$7.0\times10^3 kg/m^3$，熔渣的密度为$2.7\times10^3\ kg/m^3$，则根据公式（1）计算得到金属颗粒的临界半径为4.12mm。因此，在本试验条件下，熔渣表面被还原出来的金属颗粒将浮于熔渣表面而无法沉降，使铬的收得率较低。

3.3 球团铬铁比对渣量的影响

高炉炼铁产生的渣量一般在300～500kg/t，但冶炼含铬铁水，由于原料含MgO和Al_2O_3高，需配加CaO和SiO_2降低其浓度，从而使渣量增加。配料计算过程表明，理论渣量随Al_2O_3取值的增大而减少，由于SiO_2和CaO为另外配入，故渣量与碱度无关。在本计算条件下，渣量除受铬铁比影响外，受铬矿种类的影响也较大，图6给出了利用不同铬矿，渣量随铬铁比的变化规律。该图表明，在铬铁比相同的条件下，使用印度铬矿渣量最少，南非UG2矿渣量最大。因此，从渣量考虑，印度铬矿更适合竖炉冶炼含铬铁水。

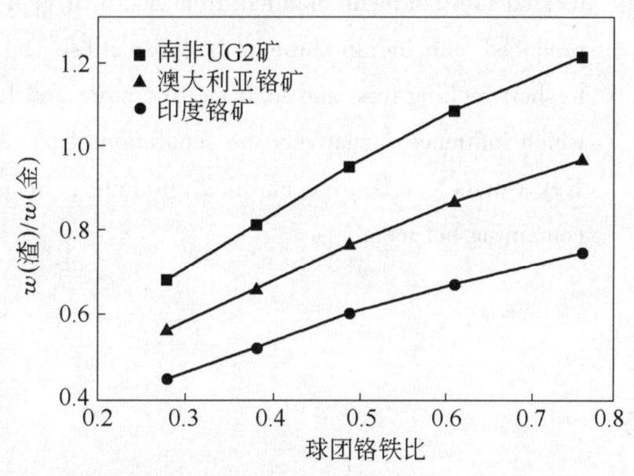

图6 渣量与球团铬铁比的关系

Fig. 6 Relation between slag volume and Cr_2O_3/FeO

4 结论

不同铬铁比（$w(Cr_2O_3)/w(FeO)=0.28\sim0.76$）的预还原含碳球团，在1550℃、1600℃温度下熔分可以得到铬的质量分数为16.38%～32.26%的铁水。3种铬矿中，南非UG2矿得到的铁水铬含量最高，而印度铬矿渣量最少。提高熔分温度和延长熔分时间，可提高铬的收得率。高MgO、高Al_2O_3炉渣熔点高，表面张力大，影响渣金分离，其冶金性能有待于进一步研究。

参考文献

[1] 李人泰，贾振海，李聪贤，等．粉状铬矿球团预还原冶炼高碳铬铁的研究［J］．浙江冶金，1996，(2)：2～7.

[2] 蒋国昌，徐建伦，徐匡迪．铬矿团块还原过程的基础研究［J］．铁合金，1989，(5)：23～30.

[3] 任大宁，万天骥，袁章福，等．竖炉用含碳铬矿球团冶炼铬铁合金［J］．铁合金，1990，(4)：22～28.

[4] 张明俊，刘福泉．铬矿烧结工艺研究［J］．铁合金，1994，(3)：7～10.
[5] Ding Y L, Warner N A. Kinetics and mechanism of reduction of carbon－chromite composite pellets［J］. Ironmaking and steelmaking, 1997, 24 (3): 133～143.
[6] 徐荣军，倪瑞明，张圣弼，等．含碳铬矿球团还原热力学研究［J］．烧结球团，1996，(5)：1～4.
[7]［德］G. 福尔克特，等．铁合金冶金学［M］．上海：上海科技出版社，1978.

Study on Pre－reduction and Smelting Separation of Carbon－bearing Chromite Pellets

Zhang Youping[1] Xue Zhengliang[1] Li Zhengbang[1]
Zhang Jiawen[1] Yang Haisen[1] Zhou Yusheng[2]

(1. Central Iron and Steel Institute; 2. Baoshan Iron and Steel Co., Ltd.)

Abstract Aimed at production of hot metal containing Cr from 20% to 40%, the carbon－containing chromite pellets made from three kinds of typical chromite were reduced at 1300℃ for 30 minutes and then melted at 1550～1600℃ for 10 minutes and the slag was separated. The effect of Cr_2O_3/FeO in pellets on Cr content in hot metal and the yield of Cr were investigated. The results indicated that hot metal obtained from South African UG2 ore contains the highest Cr, but slag volume produced with Indian chromite is the smallest. The yield of Cr was only 60%～75% in all cases due to short melting time and high melting point and large surface tension of high Al_2O_3 and MgO slag, which influences negatively the separation of metal from slag.

Key words carbon－containing chromite pellet; pre－reduction; smelting and separation; Cr－containing hot metal

含氮双相不锈钢及其冶金工艺*

摘　要　铁素体－奥氏体双相不锈钢比奥氏体不锈钢有较高的机械性能、优良的耐应力腐蚀和点腐蚀性能以及较低的价格（Ni 含量低），特别是通过降低钢中的碳含量和增加氮含量而改善了钢的可焊性。双相钢中含较高的氮含量有两个有利的因素：抑制 δ－铁素体的形成和提高抗点蚀当量。介绍了 4 种不同类型的含氮双相不锈钢和常用双相不锈钢的牌号和化学成分、双相不锈钢 5 种冶金工艺、太钢双相不锈钢的生产、高氮双相不锈钢的形变热处理以及双相不锈钢的研究和发展趋势。

关键词　含氮；双相不锈钢；冶金工艺

双相不锈钢自 70 多年前问世以来，经过不断改进以满足各种要求。为提高性能，一个重要的手段就是合金化加氮。国内的双相不锈钢目前只处于国外第 2 代双相不锈钢的发展水平，钢中的氮含量在 0.20% 以下，而国外已经步入市场的含氮在 0.25% ~0.35% 的超级双相不锈钢，属于第 3 代双相不锈钢，在我国仍处于研发阶段。

1　含氮双相不锈钢的特点

双相不锈钢（duplex stainless steel）已构成一个钢类，表现为铁素体—奥氏体双相组织，两相中的铬含量均超过 13%，且铁素体和奥氏体的体积分数大体相当。

与奥氏体不锈钢相比，双相不锈钢的优势为高的机械性能（固溶强化，晶粒细化，沉淀硬化），优良的耐应力腐蚀和点腐蚀性能以及较低的价格（镍含量低），特别是通过降低碳含量和增加氮含量从而改善了钢的可焊性[1,2]。

由于双相钢的细晶粒组织，在退火状态下其屈服强度为退火奥氏体钢类的两倍而钢的韧性不会降低。与奥氏体不锈钢相比，双相不锈钢因铁素体在 250℃ 以上和 －50℃ 以下具有脆性（475℃ 脆性，σ 相脆性）而不宜使用。

目前至少有 4 种不同类型的双相不锈钢：

（1）23Cr－4Ni－0.10N 类低价不含钼双相不锈钢，替代 304 和 316 奥氏体不锈钢；PRE 值（抗点蚀当量）约 25；

（2）22Cr－5Ni－3Mo－0.17N 型双相不锈钢，耐蚀性介于 316 奥氏体不锈钢和 6% Mo＋N 超级奥氏体钢之间，PRE 值约 35；

（3）含不同钼和氮（有时加铜和钨）的 25% Cr 双相不锈钢，PRE 值为 30 ~39；

（4）25Cr－7Ni－3.7Mo－0.27N 型超级双相不锈钢，PRE 值 >40。

抗点蚀当量 PRE 值由下式确定[1,3]：

* 本文合作者：李学锋。原发表于《特殊钢》，2006，27（4）：36 ~38。

$$RRE = \%Cr + 3.3 \times \%Mo + 16 \times \%N$$

当量 PRE 值增加则提高耐局部腐蚀性能。钢中氮含量较高有两个有利因素：抑制δ-铁素体的形成和提高抗点蚀当量。

目前，在 GB4237—1992 标准中只有 0Cr26Ni5Mo2 和 00Cr18Ni5Mo3Si2 两个牌号列入国家标准，其余生产品种全部采用企业标准生产或直接采用国外标准生产。表 1 列出了常用双相不锈钢的牌号、制造商及化学成分。

表 1 常用含氮双相不锈钢的牌号、制造商及化学成分

Table 1 Designation, producer and chemical compositions of conventional nitrogen-bearing duplex stainless steel

标准号	制造商	牌号	化学成分/%							抗点蚀当量 PRE
			C	Cr	Ni	Mo	N	Cu	W	
UNS S32304	Sandvik	SAF2304	0.03	23.0	4.0	0.2	0.10	0.2	—	25
	Industeel	UR35N	0.03	23.0	4.0	0.2	0.10	0.2	—	25
	Sumitomo	DP11	0.03	23.0	4.0	—	0.10	—	—	25
UNS S31803	Sandvik Avesta	SAF2205 2205	0.03	22.0	5.2	3.1	0.18	—	—	35
	Industeel	UR45N	0.03	22.0	5.5	3.0	0.15	—	—	34
	Industeel	UR45N +	0.03	22.8	6.0	3.3	0.18	—	—	36
	Krupp Stahl	FALC223	0.03	22.0	5.3	3.0	0.17	—	—	35
	Sumitomo	DP8	0.03	22.0	6.0	3.0	0.14	—	—	34
	DMV	2205	0.03	22.0	5.2	3.1	0.17	—	—	35
UNS S31500	Sandvik	3RE60	0.03	18.5	5.0	2.7	0.10	—	—	29
	Sumitomo	DP1	0.03	18.5	5.0	2.7	—	—	—	27
UNS S32900	Sandvik	5RD58	0.08	25.0	4.5	1.5	—	—	—	30
	Sumitomo	DP6	0.08	25.0	5.0	2.0	—	—	—	32
UNS S32950	Carpenter	Carp7Mo +	0.03	27.0	4.8	1.8	0.25	—	—	35
UNS S32550	Langly	Ferralium255	0.05	25.0	6.0	3.0	0.18	1.8	—	38
	Climax	Alloy381	0.03	25.0	7.0	3.9	0.15	—	—	38
	Industeel	UR52N	0.03	25.0	6.5	3.0	0.17	1.5	—	38
UNS S31200	Industeel	UR47N	0.03	25.0	6.5	3.0	0.17	0.2	—	38
UNS S31250	DMV	25.7	0.03	25.0	6.5	3.0	0.18	—	—	38
	VEW	A905	0.03	26.0	3.7	2.3	0.34	—	—	39
UNS S31260	Sumitomo	DP3	0.03	25.0	6.5	3.0	0.16	0.5	0.3	38
	Sumitomo	DP12	0.03	25.0	7.0	2.6	0.14	—	—	36
UNS S32750	Sandvik	SAF2507	0.03	25.0	7.0	4.0	0.27	—	—	42
UNS S32760	Weil	Zeron100	0.03	25.0	7.0	3.2	0.25	0.7	0.7	41
UNS S32520	Industeel	UR52N +	0.03	25.0	6.0	3.3	0.24	1.5	—	40
	DMV	25.7N	0.03	25.0	7.0	4.0	0.25	0.5	0.5	43
UNS S39274	Sumitomo	DP3W	0.03	25.0	6.7	3.1	0.26	—	2.0	43
UNS S39277	CSM	DTS25.7NWCu	0.03	25.0	7.5	3.9	0.28	1.7	1.0	44

2 含氮双相不锈钢的冶炼工艺

氮的溶解度随气氛中氮分压的增加而显著提高，随着温度的降低也有一定程度提高。因此在 AOD 冶炼条件下，倾向于在较低温度下向钢液吹氮，增加不锈钢中的氮含量。

Mo、Mn、Cr、V、Nb、Ti 等元素降低氮在钢液中的活度从而提高氮的溶解度。如需在热处理期间溶解氮化物，可加少量 V、Nb 和 Ti。Ni、Cu、Si、C 等元素降低钢液中氮的溶解度，应尽可能控制在下限含量[4]。

作为实用的氮合金化冶炼方法，有以下几种：

（1）等离子炉合金化。等离子加热器将气体加热到 5000～30000K 使部分离子化，根据等离子钢液吸氮热力学计算，压力为 1MPa，仅用氮气增氮，使奥氏体氮含量达 0.87%[5]。

（2）真空感应炉合金化。真空感应炉熔炼提供密闭的熔炼空间，使熔炼期间保持所需要的氮气压力，可以控制氮的添加量。钢水在这种炉中进行大量氮合金化是通过气相来实现的，日本不锈钢公司曾使用该法生产出了含氮达 0.80% 的 20Cr－10Ni 奥氏体不锈钢[6]。

（3）增压电渣重熔法。即采用一定成分的电极，在具有一定压力的密封容器中重熔。在 PESR 过程中，超过溶解度极限的氮合金化需要采用固态含氮添加剂，如 FeCrN、CrN、SiN 等进行连续加氮，此法可获得含氮量超过 1% 的不锈钢[4,6,7]。

（4）钢液底吹氮气合金化。通过 AOD 或 VOD 底部透气孔向熔池进行吹氮，在增氮同时还促进了钢液的搅拌作用。上钢五厂钢研所采用真空感应加电渣重熔工艺路线，冶炼出含氮量为 0.45%～0.65% 的高氮不锈钢；浙江久立公司采用 AOD 底吹氮并添加含氮合金，冶炼了含氮量达 0.56% 的 2Cr－15Mn 含氮不锈钢[8]；太钢采用 AOD 精炼工艺，成功使用该法大批量冶炼出含氮量为 0.10%～0.16% 的双相不锈钢。

（5）粉末冶金生产法。固态最适合在低于、甚至高于溶解度极限的情况下使氮化物析出而加进高的氮含量。通过热等静压的粉末冶金法将氮化物（CrN）嵌入钢的基体中[4]。

3 高氮双相不锈钢的形变热处理

双相不锈钢通过普通机械热处理（形变热处理），可以得到 1～3μm 超细晶粒的 $\alpha+\gamma$ 组织，即经热轧的 $\alpha+\gamma$ 组织的双相不锈钢在 α 单相区固溶处理，随后进行过饱和 α 相大变形量（85%）冷轧，接着在 $\alpha+\gamma$ 区时效。因为变形 α 相在时效过程很易回复，γ 相在 α 亚晶界上析出。这种细的组织也可以通过热轧材大变形量冷轧后进行短时退火后形成条形的 $\alpha+\gamma$ 组织[9]。

第二相的存在增加了基体相的应变硬化速率，在氮合金化的双相不锈钢中，铁素体是更有延展性的相，采用正确的轧制道次和工艺制度，即使是高氮合金化的双相不锈钢也能加工成形[10]。

4 太钢含氮双相不锈钢的生产

自 1998 年起，太钢开发了 00Cr18Ni5Mo3Si2N、00Cr22Ni5Mo3N、00Cr25Ni7Mo3N 等含氮双相不锈钢。其主要生产工艺流程为：18t EF 化钢→40t AOD 精炼→1280mm 立式连铸→ϕ1000mm 初轧开坯→4 辊轧机中厚板轧制。

太钢 AOD 在冶炼前期吹氮，后期吹氩脱氮，进行氮含量精确控制，氮控制精度达

±0.0135%，最大精度可达±0.01%。表2是AOD冶炼各期氮含量的变化。

表2 太钢AOD冶炼含氮不锈钢时各期钢中氮含量的变化

Table 2 Variation of nitrogen content in steel during each phase of AOD melting nitrogen – bearing stainless steel at Taiyuan Steel

冶炼各期	氮含量/10^{-6}
兑钢	470
Ⅰ期末	1386
Ⅱ期末	2199
Ⅲ期末	2598
预还原	2806
精炼期	1930
出钢	1271

5 双相不锈钢的研发动向

节约型双相不锈钢由于降低了钢中镍含量而以锰、氮代之，显著降低了双相不锈钢的制造成本。其中较为典型的钢种有：2101LDX双相不锈钢，其有效成分范围（%）：0.03~0.05C、4~6Mn、21~22Cr、1.0~1.5Ni、0~1Cu、0.20~0.25N；AK-

NIRONIC 19D双相不锈钢，主要成分为5% Mn、20% Cr、1.1% Ni、0.13% N。这两个钢种屈服强度与其他双相不锈钢处于同一水平，耐腐蚀性能在很多情况下与316相同，同时由于较低的铬、钼含量，热稳定性强。

参考文献

[1] Vannevik H, Nilsson J O, Frodigh J, et al. Effect of Elemental Partitioning on Pitting Resistance of High Nitrogen Duplex Stainless Steels [J]. ISIJ International, 1996, 36 (7): 807.

[2] Liao J. Nitride Precipitation in Weld HAZS of a Duplex Stainless Steel [J]. ISIJ International, 2001, 41 (5): 460.

[3] Uggowitzer P J, Magdowski R, Speidel M O. Nickel Free High Nitrogen Austenitic Steels [J]. ISIJ International, 1996, 36 (7): 901.

[4] Berns H. Manufacture and Applieation of High Nitrogen Steels [J]. ISIJ.

[5] 李正邦. 特种冶金新技术 [J]. 特殊钢, 2002, 23 (6): 1.

[6] 颜慧成, 刘浏. 含氮奥氏体不锈钢及其冶炼工艺 [J]. 不锈钢, 2003 (4): 12.

[7] 李正邦. 21世纪电渣冶金的新进展 [J]. 特殊钢, 2004, 25 (5): 1.

[8] 高亦斌, 陈根保, 金卫强. AOD精炼高氮奥氏体不锈钢1Cr22Mn15N的工艺实践 [J]. 特殊钢, 2005, 26 (2): 51.

[9] Maki T, Furuhara T, Tsuzaki K. Microstructure Development by Thermomechanical Processing in Duplex Stainless Steel [J]. ISIJ International, 2001, 41 (6): 571.

[10] Akdut N, Foct J. Microstructure and Deformation Behavior Nitrogen Duplex Stainless Steels [J]. ISIJ International, 1996, 36 (7): 883.

Nitrogen – Bearing Duplex Stainless Steel and Its Metallurgical Technology

Li Xuefeng[1] Li Zhengbang[2]

(1. Taiyuan Iron and Steel (Group) Co., Ltd.;
2. Central Iron and Steel Research Institute)

Abstract As compared with austenite stainless steel, the ferrite – austenite duplex stainless steel has higher mechanical properties, excellent stress and pitting corrosion, and lower cost due to lower Ni content, especially improve weldability of steel due to lower carbon content and higher nitrogen content in steel. Higher nitrogen content in duplex stainless steel has two favourable factors: depressing formation of δ – ferrite and increasing pitting resistance equivalent. The 4 kinds of nitrogen – bearing duplex stainless steel grades, and designation and chemical compositions of conventional duplex stainless steel; 5 kinds of metallurgical processes; production of duplex stainless steel at Taiyuan Steel, thermomechanical processing for duplex stainless steel and trend of research and development of duplex stainless steel are presented in this article.

Key words nitrogen – bearing; duplex stainless steel; metallurgical process

Si_3N_4 用于生产 HRB400Ⅲ级钢筋的试验研究*

摘　要　HRB400 是钢铁产业政策中重点推广的高强度热轧钢筋。通过 3 种试验方案，系统研究了 Si_3N_4 合金作为增氮剂用于生产 V 微合金化Ⅲ级钢筋的可行性。结果表明，采用 0.5kg/t Si_3N_4 合金和 0.6kg/t FeV 合金完全可以达到甚至超过采用 0.5kg/t VN 时的合理 V、N 配比，且钢筋性能优良稳定，是生产 HRB400Ⅲ级钢筋的一种新合金化工艺。

关键词　HRB400；微合金化；钢筋；Si_3N_4

热轧 HRB400Ⅲ级钢筋强度高、塑性好、焊接性能和抗震性能优良，是国家重点推广的钢筋混凝土用热轧带肋钢筋升级换代产品。目前，生产 HRB400Ⅲ级钢筋主要采用微合金化技术，包括 V、Nb、Ti 以及它们间的复合微合金化等方法。用 V 微合金化时，采用常规轧制工艺就可以得到性能合格稳定的 HRB400Ⅲ级钢筋。这对于我国仍在采用横列式轧机、半连续轧机的钢铁企业是一种非常简便适宜的工艺。FeV 和 VN 合金则是钒微合金钢筋最常选用的合金添加剂。当 V 存在于钢中时 N 是有益的合金元素[1~5]，它能够改变 V 在相间的分布，促进 V(C，N) 析出，增强 V 的沉淀强化作用，提高 V 的利用率。研究和生产实践表明,采用 VN 合金化时通常会比采用 FeV 合金节约 20% ~ 40% 的钒用量，由此 VN 成为人们生产钒微合金化钢筋的首选合金。但是，国内市场的 VN 合金成分波动大、价格高，造成钢筋生产成本偏高。本试验研究试图采用一种新的冶炼工艺，即采用 FeV 和 Si_3N_4 进行合理配比取代 VN 合金来生产 HRB400Ⅲ级钢筋。

在新冶炼工艺中，Si_3N_4 的主要作用是提高钢中的氮含量，强化 FeV 合金的微合金化作用，达到类似于添加 VN 合金的综合效果。Si_3N_4 的分子量为 140.24，氮的质量分数高达39.48%，是除 BN 外氮含量最高的常用氮化物。Si_3N_4 的熔点较高，为1810℃，在钢液中的增氮过程是一个溶解过程。本研究通过 3 种试验方案考察了 Si_3N_4 合金的增氮效果及其对钢材性能的影响。

1　试验条件

1.1　工艺流程

炼钢炉为 20t 的氧气顶吹转炉，出钢前往钢包内加入全部的 Si_3N_4 合金和 2/3 总量的脱氧剂 SiAlBa，SiC、SiMn 以及 FeV 合金料在钢水出至 1/4 ~ 1/3 时开始加入，随后加入余下部分的 SiAlBa，出钢至 2/3 ~ 3/4 时加完全部合金；出钢后吹氩时间不小于 2.5min，进行均匀化处理和增强 Si_3N_4 溶解动力学条件；浇注过程中并没有采取保护，拉速控制在 2.5 ~ 3.2m/s。

* 本文合作者：王厚昕。原发表于《钢铁》，2007，42（1）：59 ~ 62。国家自然科学基金资助项目（50574032）。

轧制生产线采用半连轧机组，主要设备有加热炉、ϕ500mm × 2/ϕ350mm × 4/ϕ300mm × 4 轧机机组、冷床收集系统、60t 切头事故飞剪、40t 倍尺飞剪和 250t 定尺冷剪等。开轧温度和终轧温度分别控制在 1080 ~ 1150℃和 1030 ~ 1060℃。限于轧制设备能力，开轧温度和终轧温度相对较高，但相对较高的温度有助于微合金化元素碳、氮化合物的固溶，充分发挥合金元素的有效作用，提高微合金化元素在轧制过程中及轧制后的析出量，强化晶粒细化和第二相析出。

1.2　试验主要原料及钢种成分控制

修订中的 HRB400Ⅲ级钢筋标准，只规定了各主要成分的上限，重在强调满足力学性能要求。试验中适当地调整了各成分含量，可以在保证性能要求的同时降低生产成本，具体成分控制范围见表 1。炼钢试验用的 Si_3N_4 和 FeV 合金的主要成分见表 2。

表 1　试验钢的化学成分控制范围（质量分数）

Table 1　Chemical composition of test steel　（%）

C	Si	Mn	P	S	N
0.19 ~ 0.25	0.40 ~ 0.60	1.20 ~ 1.50	≤0.040	≤0.040	0.008 ~ 0.0120

表 2　Si_3N_4 和 FeV 合金的主要成分（质量分数）

Table 2　Main composition of Si_3N_4 and FeV　（%）

项　目	Si	N	V
Si_3N_4	54.0	≥37.0	
FeV	≤2.0		≥50.0

2　试验方案

为了研究 Si_3N_4 的增氮效果和最优加入量，针对 Si_3N_4 和 FeV 新合金化工艺设计了 3 组方案，同时做了 1 组 VN 合金的对比试验。此外，任意选取并分析了 2 炉 HRB335 作为基准试验，以考察不添加增氮剂的情况下转炉炼钢的氮含量水平。各试验炉的具体方案列于表 3。

表 3　各试验炉的具体方案

Table 3　Trial schemes

钢　种	组　别	炉　号	合金加入量/kg · t^{-1}		
			Si_3N_4	FeV	VN
HRB400	Ⅰ	1	0.4	0.6	
		2			
	Ⅱ	3	0.5	0.6	
		4			
	Ⅲ	5	0.6	0.6	
		6			
	Ⅳ	7			0.5
		8			
HRB335	Ⅴ	9			
		10			

3 试验结果与讨论

3.1 化学成分分析结果

表4为化学成分分析结果，从数值上看，除2炉（6号、7号）的硅含量稍超过目标值外，所有元素的含量都很好地控制在目标范围内，且波动较小，有较强的可比性。碳能够显著提高钢强度，对于亚共析钢，每增加碳的质量分数0.1%，抗拉强度增加8MPa，然而又会显著降低塑性和韧性。各炉钢中碳的质量分数控制在平均值为0.20%的水平，既充分利用了碳的强化作用同时尽量避免其有害作用。锰的质量分数控制在中限，平均值为1.38%，保证其强化作用的同时，适当减少其含量以降低生产成本。硅固溶于铁素体和奥氏体中可提高硬度和强度，在常见元素中，仅次于磷，而较锰、镍、铬、钨、钼、钒等为强，但和碳、锰元素一样，过高的含量将会显著降低钢的塑性、韧性和延展性，本试验将硅含量控制在较低的水平也是出于这方面的考虑。从整体看，试验钢的各元素含量控制在一个较好的范围内，碳当量平均值仅为0.444，远小于国标的规定值（<0.54），保证了较高的强度和良好的韧性、焊接性等综合性能。

表4 各炉钢的化学成分

Table 4 Chemical composition of trial heats of HRB400 (%)

炉号	质量分数						
	C	Si	Mn	P	S	V	C_{eq}
1	0.23	0.55	1.49	0.027	0.016	0.033	0.485
2	0.20	0.57	1.40	0.032	0.034	0.030	0.439
3	0.20	0.50	1.38	0.029	0.018	0.030	0.436
4	0.20	0.55	1.37	0.024	0.018	0.032	0.435
5	0.20	0.60	1.38	0.021	0.016	0.033	0.437
6	0.20	0.63	1.36	0.022	0.028	0.034	0.433
7	0.20	0.64	1.47	0.029	0.028	0.030	0.451
8	0.21	0.47	1.36	0.017	0.019	0.031	0.443
平均	0.20	0.56	1.38	0.026	0.024	0.032	0.444
9	0.19	0.52	1.26	0.029	0.038	—	0.400
10	0.21	0.56	1.29	0.025	0.029	—	0.425

3.2 Si_3N_4 合金增氮效果分析

增氮剂的增氮效果是本试验主要研究内容之一。图1为各炉钢的氮含量分析结果，表明 Si_3N_4 合金有较好的增氮效果。第Ⅳ组VN两炉对比试验的氮的质量分数分别为0.0095%和0.0098%。随着 Si_3N_4 合金加入量的提高，第Ⅰ、Ⅱ及Ⅲ组试验钢的氮含量明显增加。与第Ⅳ组试验比较来看，每吨钢加入0.5kg和0.6kg时氮含量水平已经达到甚至超过第Ⅳ组对比试验。但是，比较第Ⅱ和Ⅲ组试验结果发现，Si_3N_4 合金加入量由0.5kg/t提高到0.6kg/t后钢中氮含量并没有相应地增加。这主要是由 Si_3N_4 的密度较低（2.8 ~

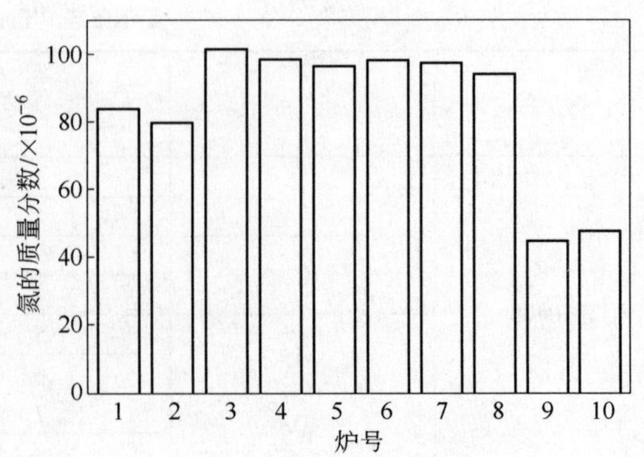

图1 各炉钢的氮含量

Fig. 1 Nitrogen content of trial heats

3.5g/cm^3）而试验中所用的 Si_3N_4 块度较大（50～100mm）造成的。试验中发现钢包液面有块状漂浮物，以前并没有这种情况，估计是未来得及完全溶解的 Si_3N_4 合金。如采用喂线或者喷粉等加入方式，一定会提高 Si_3N_4 的收得率。在本试验工艺条件下，炉号 9 和 10 的氮含量分析结果表明，在通常冶炼情况下氮的质量分数在 0.0045%～0.0050% 范围内。也就是说，每往钢中加入 0.1kg/t 的 Si_3N_4，可增加质量分数约 0.0010% 的氮。由此看来，往钢中加入 0.5kg/t Si_3N_4 合金是新工艺较为合理的加入量。

3.3 力学性能

HRB400Ⅲ级钢筋强度高、韧性好，要求 $R_{eL}\geqslant 400$MPa，$R_m\geqslant 570$MPa 及 $A\geqslant 17\%$。在 WES－1000 数显液压万能试验机上测定了试样的力学性能，结果绘于图 2。第Ⅰ组试验加入 0.4kg/t 的 Si_3N_4，氮的质量分数在 0.0080%～0.0085% 范围内，屈服强度 R_{eL} 刚刚满足要求而抗拉强度 R_m 达不到要求；第Ⅳ组 VN 合金对比试验的氮的质量分数比第Ⅰ组试验高出 0.0010% 之多，相应地性能显著提高；与第Ⅳ组试验氮含量相当的第Ⅱ和Ⅲ组试验，其力学性能亦表现一致，屈服强度和抗拉强度均完全满足国标要求且有一定的富余。对于伸长率，尽管各炉钢氮含量不同，但都表现出良好的延伸性能。综合增氮效果分析和力学性能结果，可以断定采用合理配比的 Si_3N_4 和 FeV 合金生产 HRB400Ⅲ级钢筋是完全可行的，能够替代采用 VN 合金的生产工艺。

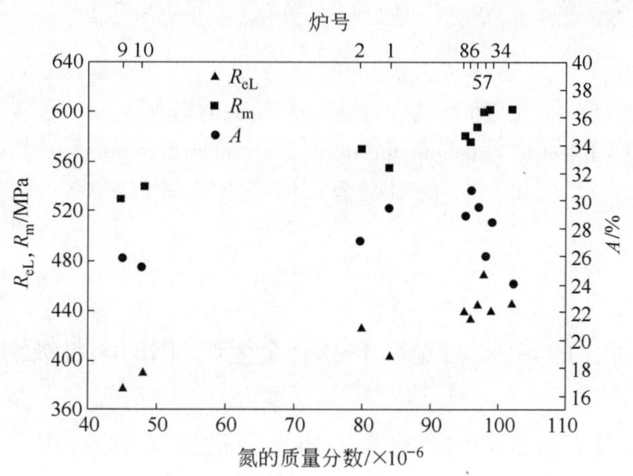

图 2　试验钢的氮含量和力学性能

Fig. 2　Nitrogen contents and mechanical properties of trial steels

从图 2 中可以看出，随着氮含量的提高钢材的力学性能基本上呈现上升趋势，氮的存在明显改善了 V 的微合金化作用。钒不仅能与钢中的 C 生成 VC，更易与 N 结合形成 VN，在钢中通常以碳氮化物的形式存在于基体和晶界上，起到第二相强化和晶粒细化的作用。氮含量的提高会促进 V(C，N) 析出并使析出相尺寸明显减小，改变了 V 在相间的分布，大幅度提高钢的强度。氮通过促进 V(C，N) 析出，有效地钉扎 γ－α 晶界，细化 α 相晶粒。细小的 V(C，N) 析出相促进晶内铁素体（IGF）的形成，会进一步细化显微组织。在本试验条件下，对于 V 的质量分数约 0.03% 的Ⅲ级钢，图 2 表明 N 的质量分数在 0.0090%～0.0110% 范围内可以获得较高而稳定的强度性能，即当 V、N 的摩尔比约为 1∶1.2，稍高于化学理想配比时，能够很好地发挥 V、N 微合金化的作用。由于晶粒细化的作用，强度的升高并没有恶化延伸性能，最低伸长率仍大于24%。

3.4 金相组织

采用 Nikon OPTIPHOT－100 光学显微镜和 LUZEX－F 图像分析仪检测了试样的金相组织。从图3中可以看出，显微组织主要是铁素体和珠光体。钒和氮的加入明显细化了晶粒，增加了珠光体的体积分数，这解释了钢筋强韧性提高的原因。

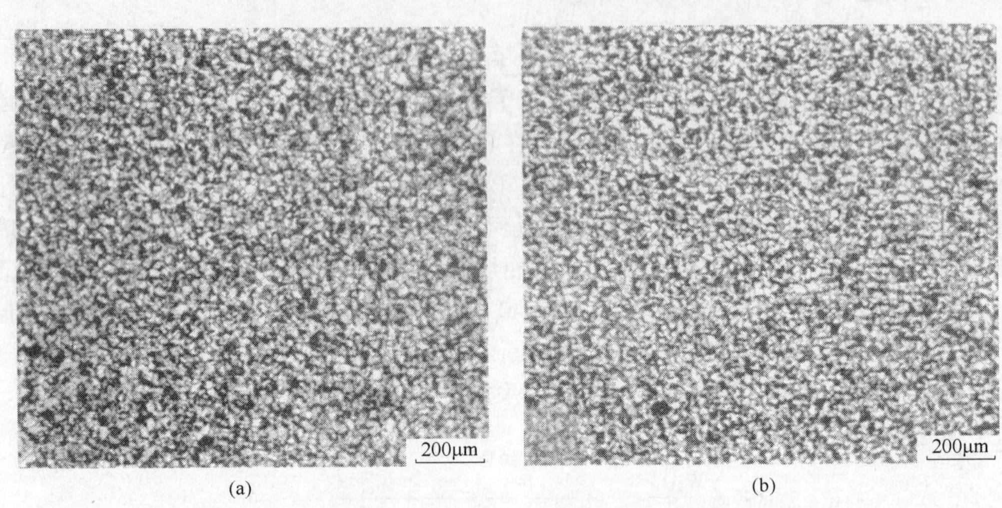

图3　钒、氮对金相组织的影响

Fig. 3　Effect of vanadium and nitrogen on microstructure of trial steels

（a）第Ⅰ组，晶粒度8级；（b）第Ⅱ组，晶粒度9级

4　结论

（1）采用合理配比的 Si_3N_4 合金和 FeV 合金生产 HRB400Ⅲ级钢筋是一种可行的新工艺。

（2）Si_3N_4 合金具有较好的增氮效果。当加入量为0.5kg/t时，就完全达到甚至超过相应钒含量下 VN 合金的增氮效果。

（3）综合增氮效果、力学性能及生产成本，第Ⅱ组试验方案是最优的生产工艺。

参考文献

［1］Zajac S，Lagneborg R，Siwecki T. The Role of Nitrogen Microalloyed Steels［A］. Korchynsky M，Deardo A J，Repas P，et al. eds. Microalloying'95 Conference Proceedings［C］. Pittsburgh，USA：The Iron and Steel Society Inc，1995：321～328.

［2］Prikryl M，Kroupa A，Weatherly G C，et al. Precipitation Behavior in a Medium Carbon，Ti－V－N Microalloyed Steel［J］. Metallurgical and Materials Transactions，1996，27A（5）：1149～1165.

［3］Sage A M. Effect of Vanadium，Nitrogen，and Aluminium on the Mechanical Properties of Reinforcing Bar Steels［J］. Metals Technology，1976，（2）：65～70.

［4］杨才福，张永权. 钒氮微合金化技术在 HSLA 钢中的应用［J］. 钢铁，2002，37（11）：42～47.（Yang Caifu，Zhang Yongquan. Applications of VN Microalloying Technology in HSLA Steels［J］. Iron

and Steel, 2002, 37 (11): 42 ~47.)
[5] 冯运莉，刘国强. VN 微合金化 HRB400 热轧钢筋的研究 [J]. 河北冶金，2002，(6)：14 ~17. (Feng Yunli, Liu Guoqiang. Development of VN Alloy HRB400 Hot - Rolled Reinforced Bar [J]. HEBEI YEJIN, 2002, (6): 14 ~17.)

Experiment of Producing HRB400Ⅲ Steel with Si_3N_4 Alloy

Wang Houxin Li Zhengbang

(Central Iron and Steel Research Institute)

Abstract HRB400 is a kind of high strength hot rolled reinforced bar emphatically promoted by the national policy of steel industry. Three experimental schemes were executed to validate the feasibility of producing the V - bearing HRB400 bar with Si_3N_4 alloy as nitrogen alloy reagent. Results show that 0. 5kg/t VN can be replaced by 0. 5kg/t Si_3N_4 and 0. 6kg/t FeV for alloying to obtain rational V/N ratio and stable properties of reinforced bars. Thus a new alloying technology for nitrogen addition is to be emerged.

Key words HRB400; microalloying; reinforced bar; Si_3N_4

固溶温度对00Cr21Mn5Ni1N节镍型双相不锈钢组织和性能的影响*

摘　要　试验和测试了00Cr21Mn5Ni1N双相不锈钢在900～1200℃固溶处理时的相组成、力学性能以及耐腐蚀性能。结果表明，00Cr21Mn5Ni1N钢在较宽的温度区间内具有良好的相平衡及组织稳定性，其最佳热处理温度为1050℃。该双相不锈钢比00Cr19Ni9奥氏体不锈钢具有更好的强度及耐腐蚀性能，是一种结构用新型不锈钢材料。

关键词　双相不锈钢；00Cr21Mn5Ni1N；固溶处理；组织；性能

由于奥氏体+铁素体双相不锈钢中含有较高的铬和钼元素，因此该钢具有良好的耐局部腐蚀能力。但是这些合金含量的提高导致了双相不锈钢的热稳定性变差，在中温500～900℃时效后会析出σ相和其他金属间相，从而导致钢的韧性、耐蚀性以及焊接性能下降。

00Cr21Mn5Ni1N是一种节镍型双相不锈钢（典型成分质量分数,%：Cr 21、Mn5，Ni 1.5，N 0.22），具有双相不锈钢的强度和耐局部腐蚀性能。由于氮含量较高，所以该钢的高温组织稳定性及相比例平衡均优于其他传统双相不锈钢。另外，镍、钼等贵重金属含量低，从而该钢对原材料价格的波动敏感性很低[1]。

1　试验材料和方法

1.1　试验材料

试验用00Cr21Mn5Ni1N节镍型双相不锈钢经电炉+氩氧炉冶炼，由立式连铸机浇注成厚180mm、宽1238mm板坯，再经2300mm四辊万能轧机轧制成厚度为12mm的钢板。其化学成分（质量分数,%）为：C 0.02，Si 0.58，Mn 4.65，P 0.027，S 0.0043，Cr 21.03，Ni 1.26，Cu 0.02，Mo 0.03，N 0.236，Fe余量。

1.2　试验方法

将试验材料加工成所要求的试样尺寸后分别加热到900℃、950℃、1000℃、1050℃、1100℃和1200℃共6个温度点保温30min，水淬。

根据GB/T 228标准进行拉伸试验测试；按照GB/T 229标准对不同温度固溶处理后的试样进行冲击测试；晶间腐蚀测试按GB 4334.3标准进行；点腐蚀测试按照GB 4334.7标准进行；金相侵蚀溶液为10%的氢氧化钾、20%的铁氰化钾，采用IAS图像分析仪软件8.0版测定相比例，根据GB 6401和GB/T 13305标准对每个试样测量15个视场。

* 本文合作者：李学锋、郭海生、宋志刚、郑文杰。原发表于《钢铁研究学报》，2007，19（10）：44～47。

2　试验结果及分析讨论

2.1　固溶温度对相比例的影响

图 1 为 00Cr21Mn5Ni1N 钢经不同固溶温度处理后的组织。00Cr22Ni5Mo3N 钢（成分质量分数,%：C 0.020，Cr 22.5，Ni 5.43，Mo 3.18，N 0.12，Mn 1.82 和 Si 0.40）经不同固溶温度处理后的组织见图 2[2]。

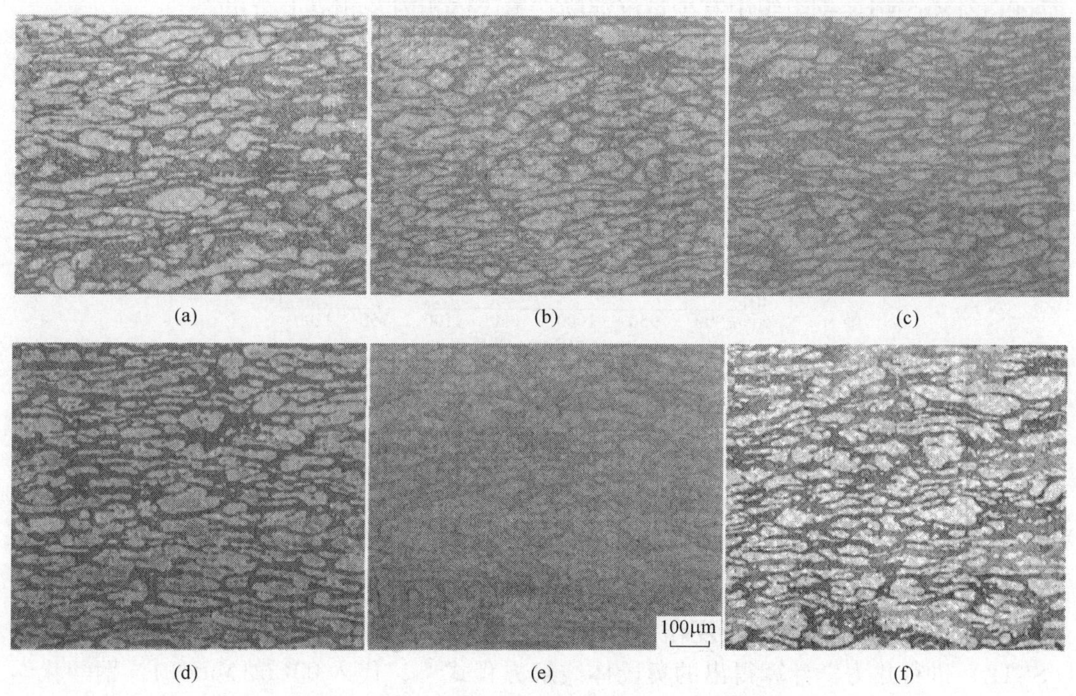

(a)　(b)　(c)　(d)　(e)　(f)

图 1　经不同固溶温度处理后 00Cr21Mn5Ni1N 钢的组织

Fig. 1　Structure of steel 00Cr21Mn5Ni1N at different solution treatment temperature

白色—γ 相；灰色—α 相

（a）900℃；（b）950℃；（c）1000℃；（d）1050℃；（e）1100℃；（f）1200℃

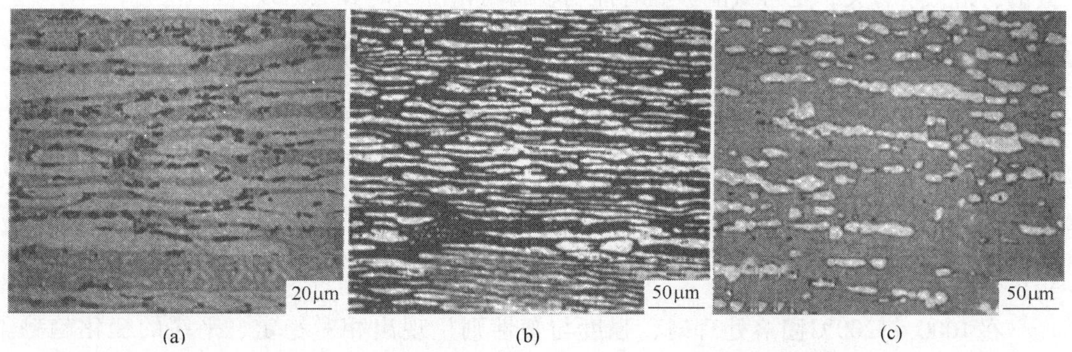

(a)　(b)　(c)

图 2　经不同固溶温度处理后 00Cr22Ni5Mo3N 钢的组织

Fig. 2　Structure of steel 00Cr22Ni5Mo3N at different solution treatment temperature

白色—γ 相；灰色—α 相；黑色—σ 相

（a）950℃；（b）1050℃；（c）1200℃

从图1和图2可以看出，随固溶处理温度提高，00Cr21Mn5Ni1N钢中铁素体相比例增加，奥氏体相比例下降。与00Cr22Ni5Mo3N钢一样，在1000～1050℃固溶温度范围内，铁素体：奥氏体基本达到50：50；固溶温度较高时，奥氏体呈岛状分布在铁素体基体上；固溶温度低时，由于铁素体分解，奥氏体逐渐长大呈长条岛状，但并不与00Cr22Ni5Mo3N双相不锈钢一样呈长条状连续分布；在900～1200℃内固溶处理时，00Cr21Mn5Ni1N钢中铁素体、奥氏体两相比例的变化幅度远小于00Cr22Ni5Mo3N钢[3]（图3）；在900～1000℃之间保温时，00Cr22Ni5Mo3N钢组织中约有10%的σ相析出，而00Cr21Mn5Ni1N钢组织中有少量沉淀物在奥氏体相内及相界上析出。

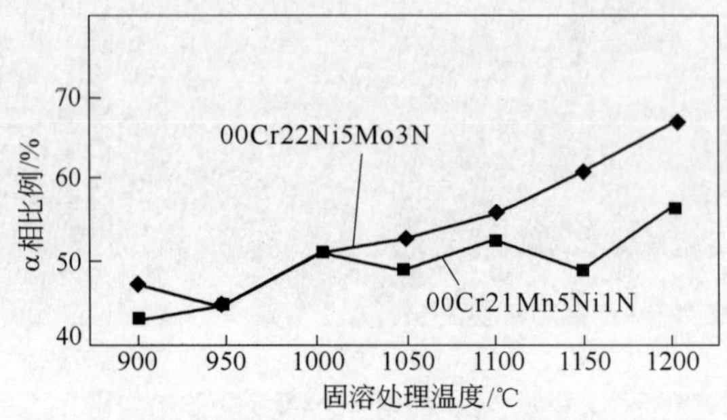

图3　不同固溶处理温度对00Cr22Ni5Mo3N和00Cr21Mn5Ni1N钢α相比例的影响

Fig. 3　Effect of different solution treatment temperature on α－phase proportion of 00Cr22Ni5Mo3N and 00Cr21Mn5Ni1N

近年来，国外发展和利用热力学数据计算合金元素与相平衡的关系，以双相不锈钢的化学成分和固溶处理温度作为计算奥氏体数量的基础。根据欧洲热力学数据库（SGTE）进行热力学计算得出的奥氏体线解方程式[3]，代入00Cr21Mn5Ni1N钢的化学成分和固溶处理温度，得知在1000～1100℃固溶处理时的结果与实测结果相吻合，而在高温下固溶处理时，实测结果却略高于热力学计算结果。这显示出氮稳定奥氏体的重要作用。

在已进行的上述温度区间试验项目中，尚未发现σ相显著析出。这与该钢种含少量铬、钼元素有关，也与氮能够显著抑制金属间相析出的观点一致[3]。

2.2　固溶温度对力学性能的影响

图4示出固溶处理温度对00Cr21Mn5Ni1N钢室温力学性能的影响。可见，在900～1000℃范围固溶处理时，00Cr21Mn5Ni1N钢的强度［抗拉强度（R_m）、屈服强度（R_{eL}）］下降幅度较大；与其相对应的伸长率（A）、断面收缩率（Z）等塑性指标则有一定程度的提高。这与在900～1000℃范围内固溶处理时，奥氏体相内及相界上的沉淀析出物强化有关。

在1000～1200℃固溶处理时，强度与塑性则呈现出相对稳定、平缓的变化趋势。这是因为在此温度区间，氮起到了扩大和稳定奥氏体的作用，两相比例变化不大，使其整体强度性能相对稳定；另一方面，随奥氏体量的小幅度下降，氮富集于奥氏体中，强化了奥氏体相，消除了因晶粒长大而引起的强度下降，使材料强度维持稳定。

在900～1000℃之间，随固溶温度升高冲击值（A_{KV}）提高，固溶温度为1050℃

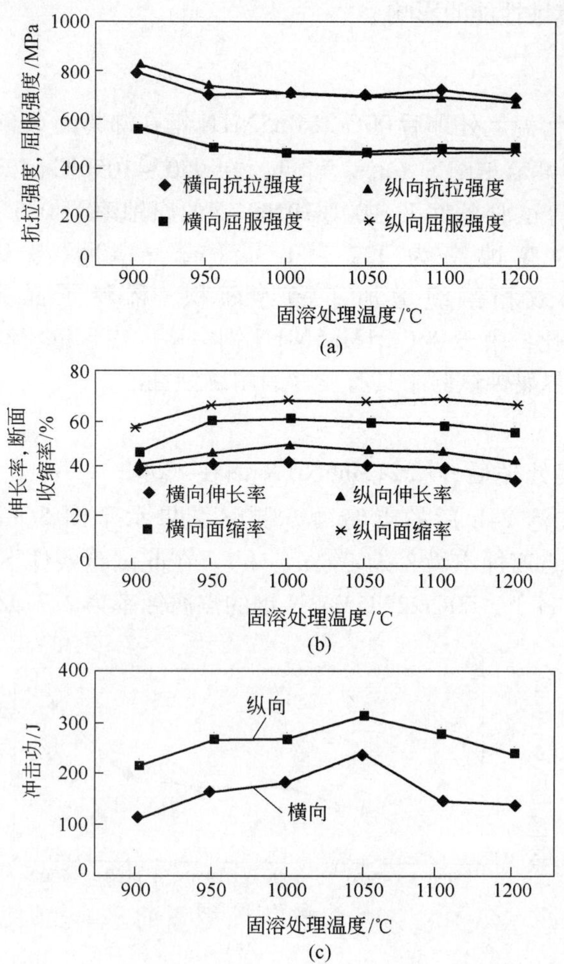

图4　固溶处理温度对00Cr21Mn5Ni1N钢力学性能的影响

Fig. 4　Effect of solution treatment temperature on mechanical properties of steel 00Cr21Mn5Ni1N

（a）强度；（b）塑性；（c）冲击功

时，冲击值达到最高；在1100～1200℃之间，随固溶温度提高冲击值下降。这是由于在900～1000℃固溶处理时，奥氏体相内及相界上的析出物逐渐溶解于基体中，使冲击值得以提高；当固溶处理温度在1100～1200℃范围时，析出物显著增加，整体晶粒度变大，导致冲击值下降，材料变脆，试验结果与文献［3］吻合。

将00Cr21Mn5Ni1N钢与1050℃固溶处理的00Cr19Ni9钢及00Cr22Ni5Mo3N钢的力学性能进行对比，结果示于表1。可见3个钢种的室温力学性能处于同一水平。

表1　00Cr21Mn5Ni1N、00Cr19Ni9和00Cr22Ni5Mo3N钢的纵向力学性能

Table 1　Mechanical properties of 00Cr21Mn5Ni1N, 00Cr19Ni9 and 00Cr22Ni5Mo3N steels

钢　种	R_m/MPa	R_{eL}/MPa	A/%	Z/%	A_{KV}/J
00Cr21Mn5Ni1N	698	480	49.5	69.0	316
00Cr19Ni9	631	323	54.1	72.0	274
00Cr22Ni5Mo3N	725	526	35.3	59.4	236

2.3 固溶温度对耐腐蚀性能的影响

2.3.1 晶间腐蚀

测定了经不同固溶温度处理后00Cr21Mn5Ni1N钢在沸腾的65% HNO_3 中（48h）的耐晶间腐蚀性能。结果示于图5（a）。可见，在950～1050℃固溶处理时，腐蚀率为0.43g/(m^2·h)。同等试验条件下，00Cr19Ni9钢的腐蚀率为0.5～0.6g/(m^2·h)[4]；00Cr22Ni5Mo3N钢的腐蚀率为1.2～1.3g/(m^2·h)。与00Cr19Ni9钢相比，00Cr21Mn5Ni1N钢的双相组织增加了晶界面积，稀释了晶界析出物浓度；与00Cr22Ni5Mo3N钢相比，由于00Cr21Mn5Ni1N钢中铬、钼含量较低，σ相的析出量少，所以在65% HNO_3 晶界腐蚀试验中具有良好的耐腐蚀性能。

2.3.2 点腐蚀

经不同固溶温度处理后00Cr21Mn5Ni1N钢在（50±1）℃，50g $FeCl_3 \cdot 6H_2O$ + 950mL H_2O 溶液中浸泡24h后的点腐蚀率测试结果示于图5（b）。可见在1000～1100℃固溶温度内，点腐蚀率为8.21g/(m^2·h)。在此试验条件下，00Cr19Ni9钢的点腐蚀率为15g/(m^2·h)[5]，00Cr22Ni5Mo3N钢的点腐蚀率为2.71g/(m^2·h)[6]。

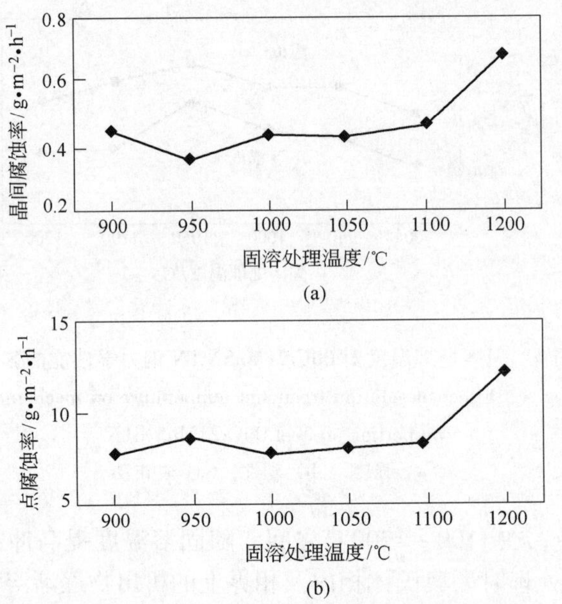

图5 不同固溶处理温度对00Cr21Mn5Ni1N钢晶间腐蚀率（a）和点腐蚀率（b）的影响

Fig. 5 Effect of solution treatment temperature on intergranular corrosion rate (a) and pitting corrosion rate (b)

不锈钢的耐点蚀性能主要由铬、钼、氮含量决定。为描述合金含量与耐点腐蚀性能的关系，学者们给出了合金点蚀指数PRE值的数学关系式 $PRE = w(Cr) + 3.3w(Mo) + 16w(N)$，作为基于化学成分判断点腐蚀是否容易发生的依据[7]，也就是随着铬、钼、氮等元素含量的增加，双相不锈钢的耐点蚀性能随之提高，其中氮元素的贡献是铬元素的16倍。根据此公式计算得到00Cr21Mn5Ni1N钢的PRE = 25，00Cr19Ni9钢及

00Cr22Ni5Mo3N 钢的 PRE 分别为 20 和 35。可见 00Cr21Mn5Ni1N 钢的耐点蚀性能处于 00Cr19Ni9 钢与 00Cr22Ni5Mo3N 钢之间。

3 结论

（1）经 1050℃ 固溶处理后，00Cr21Mn5Ni1N 双相不锈钢具有良好的综合性能。

（2）由于 00Cr21Mn5Ni1N 双相不锈钢中氮含量较高（w(N)=0.20%～0.25%），在较宽的温度区间内具有良好的相平衡，同时具有比 00Cr22Ni5Mo3N 钢更好的组织稳定性。

（3）00Cr21Mn5Ni1N 双相不锈钢具有比 00Cr19Ni9 钢更高的强度及耐腐蚀性能，是一种可供结构用的节约型双相不锈钢。

参考文献

[1] 朗宇平，吴玖．一种供结构用双相不锈钢［J］．不锈钢，2004，(1)：19～22.

[2] ZHENG Hong-guang, LI Bu-ming, YU Min, et al. Effect of Nitrogen on Microstructure and Properties of 00Cr22Ni5Mo3N Stainless Steel［A］. Proceedings of International Conference on High Nitrogen Steel［C］. Beijing: Metallurgical Press, 2006: 230～234.

[3] 吴玖．双相不锈钢［M］．北京：冶金工业出版社，1999.

[4] 刘斌．18-8 奥氏体不锈钢晶间腐蚀的评价方法［A］．中国金属学会特殊钢学会不锈钢学术委员会．不锈钢论文集［C］．北京：中国金属学会特殊钢学会不锈钢学术委员会，1990：186～195.

[5] 康喜范，荣凡．氮对 18-8 型超低碳奥氏体不锈钢性能的影响［J］．不锈钢，2004，1：14～18.

[6] Mudali U K. Effect of Eleent on Pitting Resistance of High Nitrogen Duplex Stainless Steel［J］. ISIJ International, 1996, 36: 807～812.

[7] Kamachi U, Baldev Raj. 高氮钢和双相不锈钢［M］．李晶，黄运华，译．北京：化学工业出版社，2006.

Influence of Solution Temperature on Structure and Properties of Ni-Free Type Dual Stainless Steel 00Cr21Mn5Ni1N

Li Xuefeng[1,2] Li Zhengbang[2] Guo Haisheng[2] Song Zhigang[2] Zheng Wenjie[2]

(1. Taiyuan Iron and Steel (Group) Co., Ltd.; 2. Central Iron and Steel Research Institute)

Abstract The phase composition, mechanical properties and corrosion-resistant properties have been studied and measured at solution treatment temperature of 900～1200℃. The results showed that dual stainless steel 00Cr21Mn5Ni1N have excellent phase balance and microstructure stability in wide temperature zone, it's optimum solution treatment temperature is 1050℃. This kind of steel which has higher strength and corrosion-resistance than 00Cr19Ni9, is a new type of stainless steel for structure.

Key words dual stainless steel; 00Cr21Mn5Ni1N; solution treatment; structure; properties

AOD 炉冶炼含氮不锈钢氮成分控制的研究*

摘　要　对氮在不锈钢熔体中溶解的热力学和动力学行为进行了理论分析，指出氮在不锈钢熔体中溶解度随钢水温度降低和铬、锰、钼含量增加而升高，而随着镍和碳含量的增加而降低；对 AOD 炉冶炼不锈钢吹氮合金化工艺控制模型进行了理论研究和实际应用，指出在 AOD 炉中氮含量随着钢水碳含量、温度、供氧强度、吹氩强度的变化而变化，该工艺适合冶炼钢种的氮含量小于该钢种在常压下理论氮溶解度的 90%，为保证氮成分精度，以小于 80% 为宜。

关键词　Fe－Cr－Ni－Mn－Mo 熔体；热力学；动力学

氮元素在不锈钢中可以扩大并稳定形成奥氏体组织，在镍当量计算中，氮当量是镍的 30 倍；氮作为固溶强化元素可以提高奥氏体不锈钢的强度，每增加 0.01% 的氮可以提高奥氏体不锈钢的室温强度 6～10MPa，对 350℃时的高温强度提高 4～7MPa，且并不降低它们的塑韧性指标[1]；氮还可以显著改善奥氏体不锈钢和双相不锈钢的耐一般腐蚀、点腐蚀、应力腐蚀和晶间腐蚀的性能；在双相不锈钢中氮能够减轻铬、钼等元素在两相中的差异，维持足够的相平衡，改善钢的焊接性能。

含氮不锈钢的增氮工艺基本可以分为两类[2]：用富氮合金进行合金化；用氮气增氮。氮气增氮工艺可采用真空感应炉、氩氧炉、等离子炉等装备进行冶炼，需要根据炉容量的大小、钢中氮含量的要求以及氮成分允许的波动范围等具体情况进行合理选择。其中 AOD 炉由于其侧吹气体流量调节范围大而且具有良好的动力学条件，气体类型切换自由，是一种适合于在敞开气氛中进行中低氮含量不锈钢工业化生产的工艺。

1　氮在 Fe－Cr－Ni－Mn－Mo 熔体中的溶解度

1.1　氮在铁液中的溶解度

氮气在纯铁液中的溶解反应为：

$$\frac{1}{2}N_2(g)=\!=\!=[N] \tag{1}$$

据西华特定理，得

$$\lg w([N])=\frac{1}{2}\lg P_{N_2}+\lg K_N-\lg f_N \tag{2}$$

式中，$w([N])$ 为钢水中氮的质量分数；P_{N_2} 为［N］在体系中的平衡分压；f_N 为钢液中［N］的活度系数；K_N 是式（1）的反应平衡常数。

$$\lg K_N=-188.1/T-1.246 \tag{3}$$

* 本文合作者：李学锋。原发表于《钢铁》，2007，42（7）：18～21。

1.2 Fe－Cr－Ni－Mn－Mo 熔体中氮活度系数的计算

对于 Fe－Cr－Ni－Mn－Mo 多组元合金，Wagner 定理表明，利用泰勒公式展开并略去高次项，则活度系数可以表示为：

$$\lg f_{N}=e_{N}^{N}\times w([N])+e_{N}^{Cr}\times w([Cr])+r_{N}^{Cr}\times w([Cr])^{2}+e_{N}^{Ni}\times w([Ni])+r_{N}^{Ni}\times w([Ni])^{2}+e_{N}^{Mn}\times w([Mn])+r_{N}^{Mn}\times w([Mn])^{2}+e_{N}^{Mo}\times w([Mo])+r_{N}^{Mo}\times w([Mo])^{2}+r_{N}^{CrMn}\times w([Cr])\times w([Mn])+r_{N}^{CrNi}\times w([Cr])\times w([Ni]) \quad (4)$$

式中，$w([i])$ 表示元素 i 在钢水中的质量分数；e_{N}^{i} 表示元素 i 对氮元素的一级作用系数；$r_{N}^{j(k)}$ 表示元素 j（和元素 k）对氮元素的二级作用系数。

对于双相钢各组分浓度一般≥2%～3%，为保证计氮溶解度的精确性，通常利用一级相互作用系数和二级相互作用系数的项，更高级的相互作用系数的项则可以略去；对组分≤2%的元素二次项也可以忽略。有很多的研究者实验测量了合金元素与氮的相互作用系数[3]，及它们同温度的关系，见表 1。

表 1　各元素与氮元素活度的相互作用系数

Table 1　Activity interaction parameters of various element in molten Fe－Cr－Ni－Mn－Mo

相互作用系数	与温度的关系式	1600℃时的值	实验测定者
e_{N}^{Cr}	$-164/T+0.0415$	-0.047	Raghavan, 1988
e_{N}^{Mn}	$-133/T+0.035$	-0.021	Sigworth, 1973
e_{N}^{C}		-0.013	Anson, 1996
e_{N}^{Ni}	$32.4/T-0.056$	0.011	Kunze, 1990
e_{N}^{Mo}	$-42.5/T+0.01$	-0.011	Kunze, 1990
e_{N}^{O}		0.050	Sigworth, 1973
e_{N}^{Si}	$171/T-0.031$	0.047	Grigerrenko, 1994
e_{N}^{S}		0.007	Sigworth, 1973
r_{N}^{Cr}	$1.65/T+0.00001$	0.00138	Grigerrenko, 1994
r_{N}^{Mn}	$17.63/T-0.011$	0.00158	Raghavan, 1988
r_{N}^{Ni}		0.00912	
r_{N}^{CrMo}	$2.16/T-0.005$	0.00353	Kunze, 1990
r_{N}^{CrMn}	$-6.41/T-0.0028$	0.00155	Zheng et al, 1994

1.3 Fe－Cr－Ni－Mn－Mo 熔体中氮的溶解度

将式（3）、式（4）代入式（2），得到氮在 Fe－Cr－Ni－Mn－Mo 熔体中的溶解度：

$$\lg w([N]) = \frac{1}{2}\lg P_{N_2} + (-188/T - 1.246) - \sum e_{N}^{i}\times w([i]) - \sum r_{N}^{j}\times w([j])^{2} \quad (5)$$

很多学者在式（5）的基础上，根据具体钢种的化学成分及实验数据，得到不锈钢中的氮平衡溶解度的多种计算式，可供计算时查阅并引用。

在合金熔体中，Mo、Mn、Ta、Cr、Nb、V 元素含量的增加能够使氮的溶解度增加，C、Si 元素含量的增加则显著降低氮的溶解度，Ni、Co、Cu、Sn、W 等元素含量的变化对氮的溶解度影响不大。且氮的溶解度随着熔体温度的降低而升高。也就是说要提高不锈钢的氮溶解度就需要有较高含量的 Cr、Mn、Mo 等元素，以及较低的 C、Si 元素含量和较低的熔体温度。

至于在奥氏体固溶体以及在铁素体固溶体中氮溶解度的急剧变化（图1），则是由于两种组织的原子堆垛差异所致。显然，对于氮含量高于在常压下氮平衡溶解度的不锈钢，则需要通过加压冶金、粉末冶金等工艺获得。

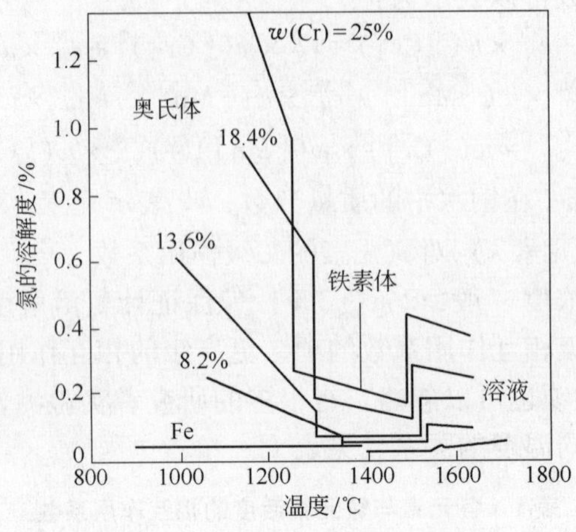

图1　氮溶解度与温度的关系

Fig. 1　Relationship between temperature and nitrogen solubility

2　Fe－Cr－Ni－Mn－Mo 熔体氮合金化的动力学分析

2.1　氮在 Fe－Cr－Ni－Mn－Mo 熔体中的溶解和脱除

关于吸氮和脱氮的动力学比较一致的看法是，在大多数情况下，钢液吸氮和脱氮的速率受液相传质和界面反应混合控制。在高氧位、高硫位条件下，主要受界面反应的控制，这是因为钢液中氧、硫等界面活性物质对氮在气泡表面的吸附和解离有显著阻碍作用。在低氧位、低硫位下，反应速率受液相传质控制[4]。

在一级反应时，将吸氮和脱氮的反应速度表达式积分，则可以计算出 t 时间后熔体中的氮含量：

$$\ln\frac{w([\mathrm{N}]_e)-w([\mathrm{N}]_0)}{w([\mathrm{N}]_e)-w([\mathrm{N}])}=\frac{A}{V}k\mathrm{t} \tag{6}$$

式中，A 为气液反应的界面积；V 为钢液体积；k 为传质系数；$w([\mathrm{N}]_e)$ 为与气相平衡时钢液氮的质量分数；$w([\mathrm{N}])$ 是某一时刻钢液中实际氮的质量分数；$w([\mathrm{N}]_0)$ 是起始时刻（$t=0$）钢液中氮的质量分数。

2.2　表面活性元素氧和硫的影响

表面活性元素氧和硫的存在会降低氮在钢中的溶解度，同时还会影响氮在钢中的溶解和脱除速率。这是由于表面活性元素的存在降低了氮原子的自由表面积，从而降低了氮的溶解和脱除速率。在同样的质量分数下，氧的影响约为硫的2倍。

图2表明了硫含量和氧含量对氮吸收速率的影响[5]。

3　AOD 炉氮合金化过程氮成分的控制

AOD 炉冶炼含氮不锈钢时，前期采用以氮代氩工艺，根据产品氮成分的目标要求，

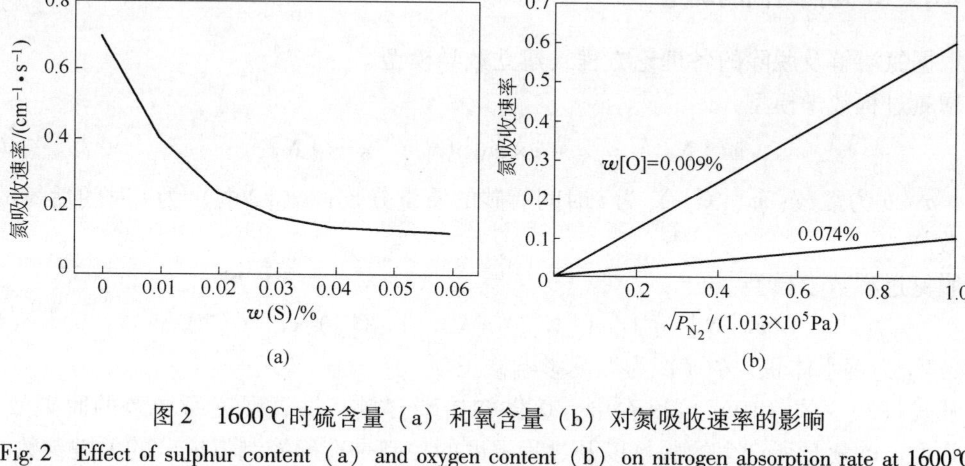

图2　1600℃时硫含量（a）和氧含量（b）对氮吸收速率的影响

Fig. 2　Effect of sulphur content（a）and oxygen content（b）on nitrogen absorption rate at 1600℃

在后期吹入氩气，去除部分氮，使氮成分达到目标成分要求。一般来讲，在 AOD 冶炼过程中，氮含量能够很快达到其理论溶解度的 90%，但如果再想提高，则需要延长钢水吹氮的时间，且在温度控制上也很难保持稳定，难以适应工业化生产。鉴于在冶炼后期需要采用吹氩，用于调整氮成分及温度，所以在工业生产中，AOD 炉适合冶炼钢种的氮含量应该小于钢种理论氮溶解度的 70% ~80%，如果氮含量需要高于该值，则需要采用其他工艺。

3.1　吹氮过程中氮含量的变化

在 AOD 吹入氧气氧化精炼的过程中，由于 C－O 反应，氮元素的加入始终伴随着氮元素的脱除，在这个阶段能溶解在不锈钢中的最高氮水平由式（7）表示：

$$w([N]_a)=\sqrt{\frac{F_N}{F_N+2F_O\times CRE}}\times w([N]_e) \tag{7}$$

式中，$w([N]_a)$ 为钢水中氮的实际质量分数,%；F_N 为氮气流量，m^3/h；F_O 为氧气流量，m^3/h；CRE 为脱碳效率，即 O_2 与碳反应的比例,%。

由式（7）可知，在吹炼初期，由于碳含量较高，CRE 在 70% ~80% 的高范围，可以认为吹入炉内的大部分 N_2 没有被钢水吸收而被直接排放。随着脱碳反应的进行，$w([C])$降低，CRE 变小，$w([N]_a)$则迅速上升。在氧化末期或还原期吹入氮气进行氮合金化，氮利用率则更高，氮的吸收速度也更快一些，在此阶段氮含量的增幅将达到 $1.5\times10^{-4}min^{-1}$，且随着时间的延长而接近饱和。

3.2　吹氩过程中氮的脱除

在精炼后期为了保证钢中［N］的准确命中，需要将 N_2 切换为 Ar 脱除过剩的［N］，用以脱除［N］的氩气消耗量如式（8）表示：

$$V_{Ar}=-8\times K_N^2\times P_{N_2}\times[1/w([N])-1/w([N]_a)] \tag{8}$$

式中，V_{Ar}为脱氮过程中氩气消耗量，m^3/t；K_N 为氮溶解反应平衡常数；P_{N_2}为反应过程中氮气分压；$w([N]_a)$ 为 N_2－Ar 切换前氮的质量分数。

3.3 N_2 – Ar 切换时间的确定

根据氮溶解及脱除的各理论方程式建立数学模型。

增氮过程数学模型：

$$w([N]_t) = [a + b \times w([C]_t)] \times w([N]_e) \quad (9)$$

式中，a、b 为常数；$w([C]_t)$ 为 t 时间后碳的质量分数；$w([N]_t)$ 为 t 时间后氮的质量分数。

脱氮过程数学模型：

$$1/w([N]) - 1/w([N]_a) = K \times (V_{Ar}/V_M) \times t \times G(T) \quad (10)$$

式中，V_M 为钢水体积；$G(T)$ 为温度影响修正项。

从式（7）~式（10）可以看出，熔体初始碳含量、供氧强度所导致的脱碳效率、供氮强度、吹氩量所产生的脱氮以及过程温度的控制是准确控制氮成分的关键参数。

3.4 AOD 冶炼过程中［N］的变化

采用 40t AOD 冶炼 00Cr22Ni5Mo3N，吹炼过程中 $w([N])$ 的变化见图 3。在冶炼初期，由于碳含量较高，钢中氮变化不大，在脱碳中后期及预还原期，随着碳含量的降低，以及在预还原期氧、硫等表面活性元素含量的降低，氮含量迅速增加，并接近该温度下理论溶解度的 90%，然后切换为氩气，根据冶炼终点氮成分要求，采用不同的吹氩量（或吹氩时间）来“驱氮”，以获得不同氮含量的产品，如图 3 中所示的曲线 1 ~ 曲线 4。

以上研究限制在 AOD 炉冶炼过程中 $w([N])$ 的变化，未包含在出钢、钢包吹氩以及在浇注过程中 $w([N])$ 的变化。

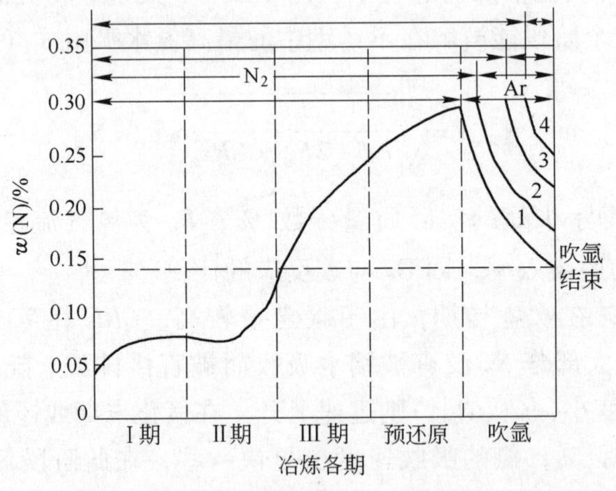

图 3　吹炼中 $w([N])$ 的变化

Fig. 3　Variation of $w([N])$ during refining processing

4　结论

（1）氮在 Fe – Cr – Ni – Mn – Mo 熔体中的溶解度随着温度降低而增加；随着 Cr、Mn、Mo 元素含量提高而增加，而随着 Ni、C 元素含量的提高而降低。

（2）氮在 Fe – Cr – Ni – Mn – Mo 熔体中理论溶解度可由式（5）及表 1 中提供的参

数进行计算。

（3）采用AOD炉适合冶炼钢种的氮含量应该小于该钢种在常压下理论氮溶解度的90%，且以小于80%为宜，如果氮含量需要高于该值，则需要采用其他工艺。

参考文献

[1] 康喜范，荣凡．氮对18－8型超低碳奥氏体不锈钢性能的影响［J］．不锈钢，2004，(1)：14～17.（Kang Xifan，Rong Fan. Effect of Nitrogen on Properties of 18－8 Type Ultra－Low Carbon Stainless Steel［J］. China Stainless，2004，(1)：14～17.）

[2] 冯珊，张树格．高氮钢［J］．机械工程材料．1993，(6)：1～3.（Feng Shan，Zhang Shuge. High Nitrogen Steel［J］. Materials for Mechanical Engineering，1993，(6)：1～3.）

[3] Balachandran G. Some Theoretical Aspect on Designing Nickel Free High Nitrogen Austenitic Stainless Steel［J］. ISIJ international，2001，41 (7)：1023～1029.

[4] 姜周华，陈兆平，黄宗泽．不锈钢冶炼及凝固过程氮的控制［J］．钢铁，2005，40 (3)：32～35.（Jiang Zhouhua，Chen Zhaoping，Huang Zongze. Control of Nitrogen in Stainless Steel During Melting and Solidification［J］. Iron and Steel，2005，40 (3)：32～35.）

[5] 周世祥，迪林，傅杰，等．VD真空吹氩脱氮模型［J］．钢铁研究学报，2001，13 (6)：5～9.（Zhou Shixiang，Di Lin，Fu Jie，et al. Model of Nitrogen Removal by Vacuum Argon Blowing in VD Processing［J］. Journal of Iron and Steel Research，2001，13 (6)：5～9.）

Study of Controlling Nitrogen Content of N－Bearing Stainless Steel During AOD Process

Li Xuefeng[1,2]　Li Zhengbang[2]

(1. Taiyuan Iron and Steel (Group) Co., Ltd.; 2. Central Iron and Steel Research Institute)

Abstract The solution of nitrogen in molten stainless steel was studied thermodynamically and kinetically. The results showed that the solubility of nitrogen is increased with decreasing temperature and increasing Cr，Mn，Mo content. The theory and practice of nitrogen alloying model by blowing nitrogen into AOD were studied，and it was indicated that nitrogen content is changed with the changing of carbon content and temperature of molten，oxygen and argon gas flowing rate. The process is suitable to produce N－bearing stainless steel which nitrogen content value below 90% and to assure the accuracy of nitrogen content control，the nitrogen content should be below 80% of solubility under normal pressure.

Key words Fe－Cr－Ni－Mn－Mo molten；thermodynamic；kinetics

节镍型双相不锈钢00Cr21Mn5Ni1N的热加工性能*

摘　要　采用热压缩和热拉伸试验方法，对节镍型双相不锈钢00Cr21Mn5Ni1N的高温变形抗力、高温塑性及高温变形时奥氏体相的数量进行了研究。结果表明，00Cr21Mn5Ni1N双相不锈钢在950～1200℃之间变形时，具有良好的热加工性能，钢中奥氏体相量可以控制在适合热加工的范围。

关键词　00Cr21Mn5Ni1N双相不锈钢；热拉伸；热压缩；热加工性能

00Cr21Mn5Ni1N双相不锈钢是一种节镍型双相不锈钢（w(Cr)=21%、w(Mn)=5%，w(Ni)=1.5%，w(N)=0.22%），具有优良的强度和耐局部腐蚀性能。由于具有较高的氮含量，因此该钢的高温组织稳定性及相比例平衡优于其他传统双相不锈钢，同时也使该钢的焊接性能得到改善。然而在高温状态下，该双相不锈钢的热加工性能却比奥氏体不锈钢差。

为了保证双相不锈钢在热加工过程中具有足够的塑性，在热加工温度下必须保证组织中的奥氏体数量不超过8%～10%，在热变形结束时奥氏体相的数量不高于25%～30%[1]。笔者采用热压缩和热拉伸试验方法，对00Cr21Mn5Ni1N双相不锈钢的高温塑性、高温变形抗力以及在高温下的组织进行了试验研究，以期了解该钢的热变形能力。

1　试验材料的制备

节镍型双相不锈钢00Cr21Mn5Ni1N经EAF+AOD冶炼，由立式连铸机浇注成为160mm（厚度）×1238mm（宽度）板坯，再经2300mm四辊万能轧机轧制成12mm钢板。试验用钢的化学成分（质量分数）见表1。

表1　试验用钢的化学成分

Table 1　Chemical composition of test steel　(%)

C	Si	Mn	P	S	Cr	Ni	Cu	Mo	N	Fe
0.02	0.58	4.65	0.027	0.0043	21.03	1.26	0.02	0.03	0.236	余量

2　试验方法

采用热压缩和热拉伸方法评定00Cr21Mn5Ni1N双相不锈钢的热加工性能。热压缩和热拉伸试验在美国DSI公司制造的Gleeble-3800热力学模拟试验机上进行。

2.1　试验参数的确定

用二辊轧机开坯时，经过13～15个道次轧制，铸坯由160mm减薄到40mm；在四

* 本文合作者：李学锋、董瀚、郑文杰。原发表于《钢铁研究学报》，2008，20（1）：40～43。

辊万能轧机上轧制时，经 9～10 道次轧制，钢板由 40mm 轧制成成品。

根据式（1）计算得出[2]，二辊轧制时，道次应变速率为 $3\sim5s^{-1}$；四辊轧制时，道次应变速率为 $1\sim16s^{-1}$。所以，在平面应变过程中选用 $5s^{-1}$、$15s^{-1}$两种应变速率。

$$\dot{\varepsilon}=\frac{\omega\times l_{d}\times\ln(H/h)}{H-h}\tag{1}$$

式中 $\dot{\varepsilon}$ 为应变速率，s^{-1}；ω 为轧辊角速度，r/s；l_d 为钢板与轧辊的接触弧长，mm；H 为道次轧制前钢板的厚度，mm；h 为道次轧制后钢板厚度，mm。

2.2 平面压缩应变试验

在 850～1250℃温度范围内进行了单道次平面应变平面压缩应变试验。平面压缩应变试验试样尺寸为 20mm × 15mm × 10mm。将试样加热到 1250℃ 保温 3min，然后以 3℃/s 速度冷却到试验温度进行试验。单道次压缩平面应变按 $\dot{\varepsilon}=5s^{-1}$、$15s^{-1}$两种应变速率进行试验，压下量为 60%，在变形结束的同时，采用自动喷水装置水淬，以冻结高温组织，以便测定高温相比例。

2.3 高温拉伸试验

为研究 00Cr21Mn5Ni1N 双相不锈钢在加热温度范围内的高温变形性能，在 850～1250℃范围内进行高温拉伸试验。试样尺寸为 ϕ10mm × 120mm。将试样加热到试验温度，保温 3min 后以 1×10^{-3}的应变速率将试样拉断，并测定其抗拉强度（R_m）和断面收缩率（Z）。

2.4 相比例测定

为研究 00Cr21Mn5Ni1N 双相不锈钢在高温变形时的显微组织，将高温水淬后的平面应变试样从变形区剖成两半，制成金相试样，并用图像仪在试样的不同部位捕俘图像，选取 10 个视场测定两相面积比例。

3 试验结果及分析

3.1 单道次平面压缩

图 1、图 2 分别是 00Cr21Mn5Ni1N 钢在不同应变速率和不同变形温度下的单道次平面压缩的应力—应变曲线。在不同应变速率和不同变形温度的压缩变形过程中，当达到一定的变形量时，变形抗力出现一个峰值，在峰值应力后，应力—应变曲线出现稳态的平台，应力在一定应变范围内变化幅度减小。这是因为钢的变形硬化速率与软化速率达到平衡而形成的。稳态区越大，说明钢在这个温度范围内的热塑性越好。

从图 1、图 2 可以看出，在 850～1250℃范围内，在同一应变速率下，对应于同一应变值，变形温度越高，所对应的应力值越低，并且随着变形温度的降低，应力峰值向应变增大的方向移动。这是由于在较低温度下变形时，加工硬化率较高，而变形温度越高，更易于发生奥氏体动态再结晶[3]。当变形温度降低时，应力峰值向应变增大的方向移动。这表明了变形温度对奥氏体动态再结晶发生的临界变形量的影响趋势，即峰值应变越大，再结晶越难进行。

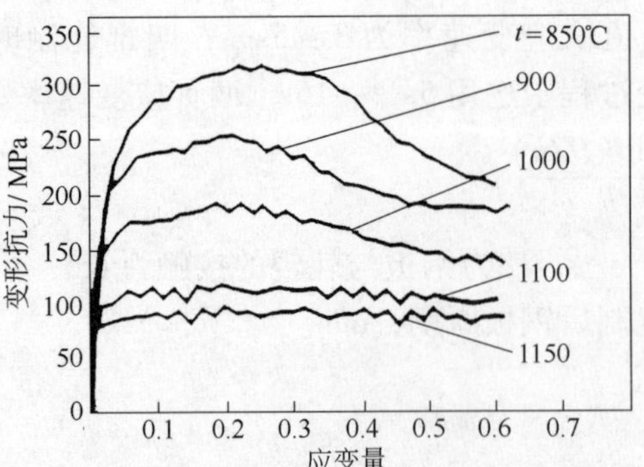

图1　00Cr21Mn5Ni1N 钢在 $\dot{\varepsilon}=5s^{-1}$、不同变形温度下的压缩应力—应变曲线

Fig. 1　Thermocompression stress - strain curve of 00Cr21Mn5Ni1N steel for $\dot{\varepsilon}=5s^{-1}$ at different temperature

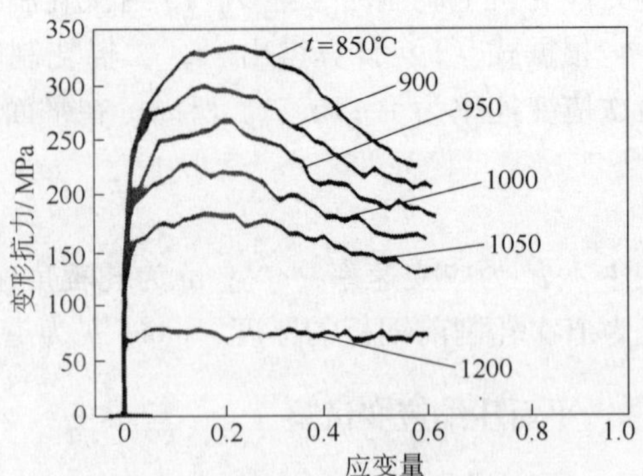

图2　00Cr21Mn5Ni1N 钢在 $\dot{\varepsilon}=15s^{-1}$、不同变形温度下的压缩应力—应变曲线

Fig. 2　Thermocompression stress - strain curve of 00Cr21Mn5Ni1N steel for $\dot{\varepsilon}=15s^{-1}$ at different temperature

应变速率从 $5s^{-1}$ 提高到 $15s^{-1}$，在热变形过程中，相对于低应变速率，高应变速率下的铁素体未充分回复，其回复程度比低应变速率下小。这时有更多的应变传递到奥氏体组织中，促进了奥氏体的动态再结晶，致使在高速变形过程中，奥氏体在不断动态再结晶软化和硬化的过程中，高应变速率时的变形抗力略高于低应变速率时的变形抗力，且回复的特征也更加明显。

3.2　高温拉伸

图3和图4示出了00Cr21Mn5Ni1N双相不锈钢在不同温度下的抗拉强度与断面收缩率。可见，随着变形温度的升高，钢的变形强度逐步下降，而断面收缩率则逐渐提高，在1000～1250℃范围内，则保持了较高且相对稳定的断面收缩率，显示出良好的热塑性。

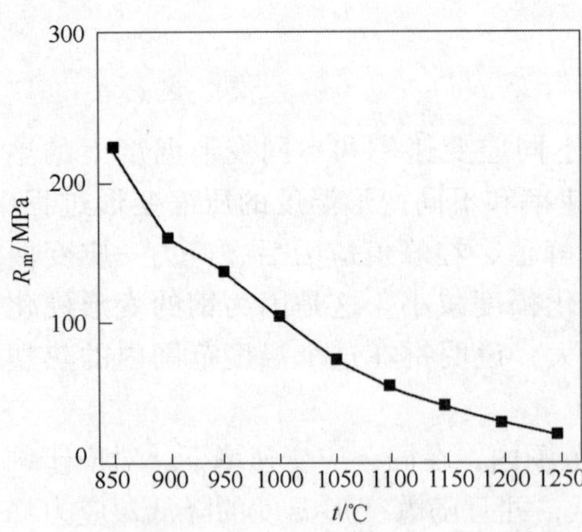

图3　00Cr21Mn5Ni1N 钢的抗拉强度与温度的关系

Fig. 3　Relationship between tensile strength of 00Cr21Mn5Ni1N steel and temperature

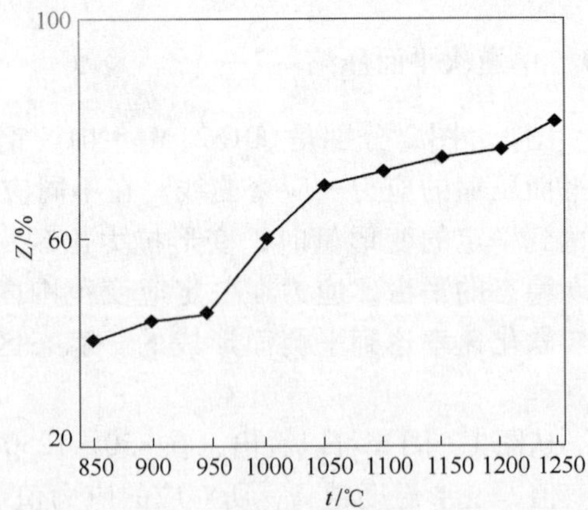

图4　00Cr21Mn5Ni1N 钢的断面收缩率与温度的关系

Fig. 4　Relationship between area reduction of 00Cr21Mn5Ni1N steel and temperature

3.3 变形区奥氏体相比例

表2列出了00Cr21Mn5Ni1N钢的部分热压缩试样的奥氏体相面积含量的测定结果。图5是00Cr21Mn5Ni1N钢变形区的部分金相照片。

表2 00Cr21Mn5Ni1N钢变形区的奥氏体相含量

Table 2 Quantity of austenitic phase in deformation zone （%）

应变速率/s^{-1}	变形温度/℃			
	950	1050	1100	1200
5	28.7	22.3	17.8	12.9
15	25.4	19.1	15.2	11.4

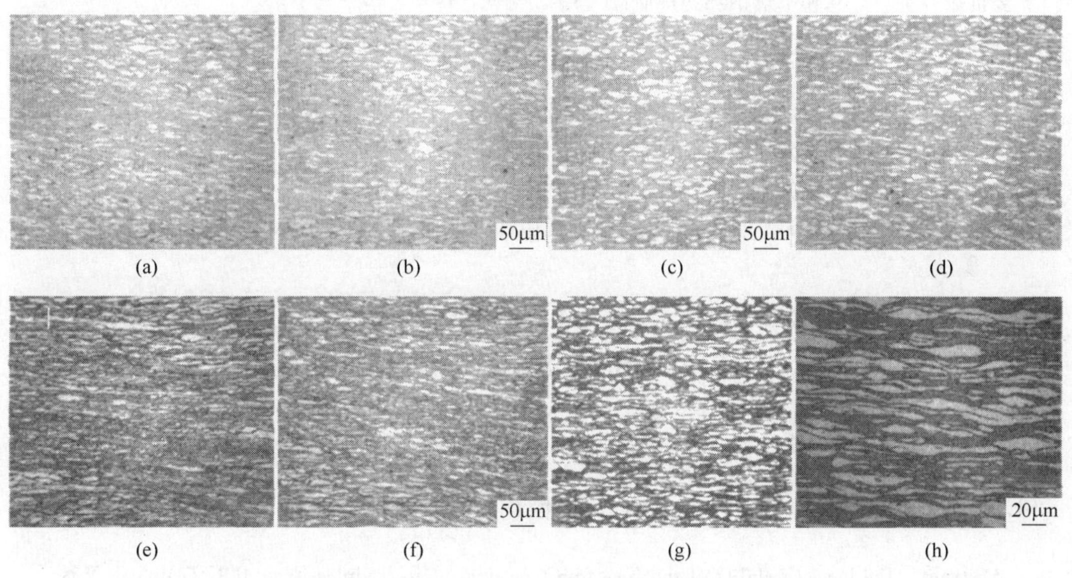

图5 00Cr21Mn5Ni1N钢变形区的金相照片

Fig. 5 Metallograph of 00Cr21Mn5Ni1N steel in deformation zone

（a）$\dot{\varepsilon}=5s^{-1}$，$t=950℃$；（b）$\dot{\varepsilon}=5s^{-1}$，$t=1050℃$；（c）$\dot{\varepsilon}=5s^{-1}$，$t=1100℃$；（d）$\dot{\varepsilon}=5s^{-1}$，$t=1200℃$；（e）$\dot{\varepsilon}=15s^{-1}$，$t=950℃$；（f）$\dot{\varepsilon}=15s^{-1}$，$t=1050℃$；（g）$\dot{\varepsilon}=15s^{-1}$，$t=1100℃$；（h）$\dot{\varepsilon}=15s^{-1}$，$t=1200℃$；

在双相不锈钢的热变形过程中，铁素体组织在很宽的温度区间都能获得良好的动态回复软化，而奥氏体只有在较高的温度下才能软化。当变形温度较低时，由于奥氏体较硬而铁素体较软，其变形抗力主要由奥氏体硬度决定[4]，此时，双相不锈钢的软化也主要由奥氏体的再结晶软化所控制。因此，其应力－应变曲线主要呈动态再结晶形态。随着变形温度的提高，奥氏体和铁素体两相组织的硬度逐渐趋于一致，其变形抗力由奥氏体和铁素体两相控制，其应力－应变的奥氏体动态再结晶形态逐渐弱化。

00Cr21Mn5Ni1N双相不锈钢的相比例在很大程度上取决于钢的成分和加热温度。由图5看出，随着变形温度的提高以及应变速率的增大，变形区奥氏体相比例在逐渐变小，由28.7%降低到11.4%。

由试验结果得知，在950～1200℃温度范围内变形时，00Cr21Mn5Ni1N双相不锈钢组织仍为铁素体＋奥氏体，且随着温度升高，铁素体比例逐渐增加，热塑性必然也得到提高[5]。若以断面收缩率$Z\geqslant70\%$作为高合金钢热加工性能良好的评定指标[6]，则

00Cr21Mn5Ni1N 双相不锈钢在 950 ~ 1200℃的变形温度范围内具有较高的热塑性。

4 结论

（1）00Cr21Mn5Ni1N 双相不锈钢在 950 ~ 1200℃温度范围内进行热加工，变形终止时奥氏体相比例可以控制在 30% 以内，呈现出良好的热塑性。

（2）结合工厂生产实际情况，钢坯的加热温度宜控制在 1250℃左右，同时应高温快轧，以保证终轧温度控制在 950℃以上。

（3）低温区轧制时，要适当加大道次应变量，从而降低变形抗力，提高热塑性。

参 考 文 献

[1] 姜世振，吴玖．双相不锈钢热塑性研究［J］．钢铁，1995，30（7）：55.

[2] 邱红雷，胡贤磊，矫志杰．中厚板轧制过程中高精度轧制力预测模型［J］．钢铁，2005，40（5）：49.

[3] 古恩 ГЯ. 金属压力加工理论基础［M］．北京：冶金工业出版社，1989.

[4] 冯端．金属物理学（第三卷）［M］．北京：科学出版社，1999.

[5] 索科尔 И Я. 双相不锈钢［M］．北京：原子能出版社，1979.

[6] 吴玖．双相不锈钢［M］．北京：冶金工业出版社，1996.

Hot Workablity of Ni – Free Type 00Cr21Mn5Ni1N Dual Phase Stainless Steel

Li Xuefeng[1,2]　Li Zhengbang[2]　Dong Han[2]　Zheng Wenjie[2]

（1. Taiyuan Iron and Steel（Group）Co.，Ltd.；2. Central Iron and Steel Research Institute）

Abstract　The hot workability of the Ni – free type dual phase stainless steel 00Cr21Mn5Ni1N is studied by thermocompression test and thermal tensile test. The emphasis is put on the high temperature deformation resistance，high temperature plasticity and the quantity of austenitic phase during deformation at high temperature. The result shows that the quantity of austenitic phase can be controlled in a proper range so as to ensure better hot workability in the temperature range between 950 ~ 1200℃.

Key words　00Cr21Mn5Ni1N dual phase stainless steel；thermal tensile；thermocompression；hot workability

Fe－C－N－Al－Ti－V 系在奥氏体中析出的热力学计算*

摘　要　建立了 Fe－C－N－Al－Ti－V 系在奥氏体中析出的热力学模型，计算结果显示：尽管 VN(VC) 的浓度积较大，但是通过增加钒的含量和氮的含量，也可以促进 V 在奥氏体中的析出，在氮含量较高的情况下，碳对 V 的析出影响较小；即使增加 V、C 和 N 的含量，V(CN) 也主要是在较低的奥氏体温度析出，在较高温度析出较少；正因为 V(CN) 的浓度积较大，与 Nb(NC) 不同，在轧制之前采用较低的加热温度就可以使大部分的钒都固溶到奥氏体中，这样可以获得较小的初始奥氏体晶粒。

关键词　微合金钢；奥氏体；热力学模型；V(CN)；析出

0　引言

微合金元素添加到钢中主要有两个目的：晶粒细化和析出强化。为了获得细小的奥氏体晶粒，微合金元素应该在奥氏体中析出。而如果要达到析出强化的效果，微合金元素应该在相间或铁素体中析出，这些微合金元素在奥氏体中应该是溶解状态[1]。很多研究表明，在钢中添加微量钒的情况下，通过提高钢中氮的含量，促进钒在铁素体中的析出，提高了材料的性能[2~4]。在再结晶控制轧制（RCR）中，Ti－V－N 微合金钢可以获得和通过 CR 轧制的 Nb 钢相同的性能[5~6]。最近的研究表明，尽管钒的化合物在高温奥氏体中的溶解度较大，抑制奥氏体再结晶的能力较差，但是如果增加钢中氮的含量，生成的 V(CN) 析出物可以细化奥氏体再结晶后的晶粒；同时在奥氏体中析出的 VN 可以作为铁素体晶内形核的异质核心，促进铁素体晶粒的细化[7~13]。

为了充分发挥 V 在微合金钢，特别是在高温奥氏体中的作用，重要的一点是搞清楚 V 在奥氏体中的物理化学行为，确定 V 在不同温度下的析出情况及碳、氮含量对 V 析出的影响，为设计微合金钢的成分及工艺条件提供理论指导。

关于微合金元素析出的热力学计算，有各种不同的模型[1,13,14]，Gladman 教授[1]所提出的模型与实际分析结果比较吻合，因此笔者以此作为基础，进行 Fe－C－N－Al－Ti－Nb 系在奥氏体中析出的热力学计算。

1　计算所采用的钢种

在 C－Mn 钢的基础上添加适量的微合金元素钒、氮，计算 V(CN) 在奥氏体中的析出情况。在加热过程中，为了防止奥氏体晶粒粗化，在钢中添加适量的 Ti（~0.01%），通过产生难分解的 TiN 粒子来抑制奥氏体的长大。由于钛是易氧化元素，为了准确控制钛，必须控制钢液中的氧含量，通常是在钢液中添加一定量的铝（~0.02%）。

* 本文合作者：常立忠、杨海森。原发表于《钢铁钒钛》，2010，31（2）：42~48。

根据以上分析，计算中采用的钢种成分如下：0.08% V－(0.1%,0.4%)C－0.01% Ti－0.02% Al－(0.01%～0.02%)N；0.12% V－(0.1%,0.4%)C－0.01% Ti－0.02% Al－(0.01%～0.02%)N。

2 分析方法

在所研究的微合金体系中，含有微合金元素 Ti、V，同时为了脱氧还加入了适量的 Al，理论上应该形成五种析出物：AlN、VN、VC、TiN、TiC。其中 VN、VC、TiN、TiC 晶体结构相同，可以形成固溶体；而 AlN 与这四种物质晶体结构不一样，单独形成一相。因此在奥氏体中析出物以两个相存在，其中 AlN 为单独一相，其活度为 1。复杂碳氮化物 VTi(CN) 的形成过程如下：

$$x[\mathrm{Ti}]+(1-x)[\mathrm{V}]+[\mathrm{C}]=\!=\!=\mathrm{Ti}_x\mathrm{V}_{1-x}\mathrm{C} \tag{1}$$

$$y[\mathrm{Ti}]+(1-y)[\mathrm{V}]+[\mathrm{N}]=\!=\!=\mathrm{Ti}_y\mathrm{V}_{1-y}\mathrm{N} \tag{2}$$

$$\begin{aligned}&xz[\mathrm{Ti}]+(1-x)z[\mathrm{V}]+z[\mathrm{C}]+y(1-z)[\mathrm{Ti}]+\\&(1-y)(1-z)[\mathrm{V}]+(1-z)[\mathrm{N}]=\\&\mathrm{Ti}_{zx+(1-z)y}\mathrm{V}_{z(1-x)+(1-z)(1-y)}\mathrm{C}_z\mathrm{N}_{1-z}\end{aligned} \tag{3}$$

因此复杂碳氮化物的分子式可写为：$\mathrm{Ti}_{zx+(1-z)y}\mathrm{V}_{z(1-x)+(1-z)(1-y)}\mathrm{C}_z\mathrm{N}_{1-z}$。假设所形成的复杂碳氮化物固溶体为理想溶液，那么各种析出物的活度为复杂碳氮化物中各个单独析出物的摩尔分数，即：$a_{\mathrm{TiN}}=(1-z)y$，$a_{\mathrm{TiC}}=zx$，$a_{\mathrm{VN}}=(1-z)(1-y)$，$a_{\mathrm{VC}}=z(1-x)$。

Al、V、Ti 与 C、N 的反应如下：

$$[\mathrm{Al}]+[\mathrm{N}]=\!=\!=\mathrm{AlN}$$

$$K_{\mathrm{AlN}}=[\mathrm{Al}][\mathrm{N}] \tag{4}$$

$$[\mathrm{Ti}]+[\mathrm{N}]=\!=\!=\mathrm{TiN}$$

$$K_{\mathrm{TiN}}=[\mathrm{Ti}][\mathrm{N}]/a_{\mathrm{TiN}}=[\mathrm{Ti}][\mathrm{N}]/(1-z)y \tag{5}$$

$$[\mathrm{Ti}]+[\mathrm{C}]=\!=\!=\mathrm{TiC}$$

$$K_{\mathrm{TiC}}=[\mathrm{Ti}][\mathrm{C}]/a_{\mathrm{TiC}}=[\mathrm{Ti}][\mathrm{C}]/zx \tag{6}$$

$$[\mathrm{V}]+[\mathrm{N}]=\!=\!=\mathrm{VN}$$

$$K_{\mathrm{VN}}=[\mathrm{V}][\mathrm{N}]/a_{\mathrm{VN}}=[\mathrm{V}][\mathrm{N}]/(1-z)(1-y) \tag{7}$$

$$[\mathrm{V}]+[\mathrm{C}]=\!=\!=\mathrm{VC}$$

$$K_{\mathrm{VC}}=[\mathrm{V}][\mathrm{C}]/a_{\mathrm{VC}}=[\mathrm{V}][\mathrm{C}]/z(1-x) \tag{8}$$

奥氏体中，不同微合金元素的浓度积如下[1]：

$$\lg K_{\mathrm{AlN}}=-6770/T+1.03$$

$$\lg K_{\mathrm{TiN}}=-8000/T+0.32$$

$$\lg K_{\mathrm{TiC}}=-10300/T+5.12$$

$$\lg K_{\mathrm{VN}}=-8330/T+3.46$$

$$\lg K_{\mathrm{VC}}=-9500/T+6.72$$

设 [N] 为基体中固溶的氮含量，那么 VTi(CN) 中的氮含量为：

$$\mathrm{N}_{\mathrm{VTi(CN)}}=\mathrm{N}_{\mathrm{T}}-[\mathrm{N}]-\mathrm{N}_{\mathrm{AlN}}=\mathrm{N}_{\mathrm{T}}-[\mathrm{N}]-14/27\cdot(\mathrm{Al}_{\mathrm{T}}-[\mathrm{Al}]) \tag{9}$$

VTi(CN) 中的碳含量：

$$\mathrm{C}_{\mathrm{VTi(CN)}}=\frac{\mathrm{N}_{\mathrm{VTi(CN)}}}{14(1-z)}\cdot 12z=\frac{\mathrm{N}_{\mathrm{T}}-[\mathrm{N}]-14/27\cdot(\mathrm{Al}_{\mathrm{T}}-[\mathrm{Al}])}{14(1-z)}\cdot 12z \tag{10}$$

VTi(CN) 中的 Ti 含量：

$$\mathrm{Ti}_{\mathrm{VTi(CN)}} = \frac{\mathrm{N}_{\mathrm{VTi(CN)}}}{14(1-z)} \cdot 48[zx + (1-z)y]$$

$$= \frac{\mathrm{N_T} - [\mathrm{N}] - 14/27 \cdot (\mathrm{Al_T} - [\mathrm{Al}])}{14(1-z)} \cdot 48[zx + (1-z)y] \tag{11}$$

VTi(CN) 中的 V 含量：

$$\mathrm{V}_{\mathrm{VTi(CN)}} = \frac{\mathrm{N}_{\mathrm{VTi(CN)}}}{14(1-z)} \cdot 51[z(1-x) + (1-z)(1-y)]$$

$$= \frac{\mathrm{N_T} - [\mathrm{N}] - 14/27 \cdot (\mathrm{Al_T} - [\mathrm{Al}])}{14(1-z)} \cdot 51[z(1-x) + (1-z)(1-y)] \tag{12}$$

根据以上的分析，基体中［C］、［Ti］、［V］为：

$$[\mathrm{C}] = \mathrm{C_T} - \mathrm{C}_{\mathrm{VTi(CN)}} = \mathrm{C_T} - \frac{\mathrm{N}_{\mathrm{VTi(CN)}}}{14(1-z)} \cdot 12z = \mathrm{C_T} - \frac{\mathrm{N_T} - [\mathrm{N}] - 14/27 \cdot (\mathrm{Al_T} - [\mathrm{Al}])}{14(1-z)} \cdot 12z \tag{13}$$

$$[\mathrm{Ti}] = \mathrm{Ti_T} - \mathrm{Ti}_{\mathrm{VTi(CN)}} = \mathrm{Ti_T} - \frac{\mathrm{N_T} - [\mathrm{N}] - 14/27 \cdot (\mathrm{Al_T} - [\mathrm{Al}])}{14(1-z)} \cdot 48[zx + (1-z)y] \tag{14}$$

$$[\mathrm{V}] = \mathrm{V_T} - \mathrm{V}_{\mathrm{VTi(CN)}} = \mathrm{V_T} - \frac{\mathrm{N_T} - [\mathrm{N}] - 14/27 \cdot (\mathrm{Al_T} - [\mathrm{Al}])}{14(1-z)} \cdot 51[z(1-x) + (1-z)(1-y)] \tag{15}$$

在式（9）~式(15）中：

$\mathrm{N_T}$——钢中总的氮含量,%；

［N］——不同温度时固溶的氮含量,%；

$\mathrm{N_{AlN}}$——形成氮化铝所需要的氮含量,%；

$\mathrm{Al_T}$——钢中总的铝含量,%；

［Al］——不同温度时固溶的铝含量,%；

$\mathrm{N}_{\mathrm{VTi(CN)}}$——形成 VTi(CN) 所需的氮含量,%；

$\mathrm{C}_{\mathrm{VTi(CN)}}$——形成 VTi(CN) 所需的碳含量,%；

$\mathrm{Ti}_{\mathrm{VTi(CN)}}$——形成 VTi(CN) 所需的钛含量,%；

$\mathrm{V}_{\mathrm{VTi(CN)}}$——形成 VTi(CN) 所需的钒含量,%；

$\mathrm{C_T}$——钢中总的碳含量,%；

［C］——不同温度时固溶的碳含量,%；

$\mathrm{Ti_T}$——钢中总的钛含量,%；

［Ti］——不同温度时固溶的钛含量,%；

$\mathrm{V_T}$——钢中总的钒含量,%；

［V］——不同温度时固溶的钒含量,%。

将方程（13）~方程（15）代入式（4）~式（8），整理得：

$$K_{\mathrm{AlN}} = [\mathrm{Al}][\mathrm{N}] \tag{16}$$

$$(1-z)y\cdot K_{TiN}=\left|Ti_T-\frac{N_T-[N]-14/27\cdot(Al_T-[Al])}{14(1-z)}\cdot 48[zx+(1-z)y]\right|\cdot[N] \tag{17}$$

$$K_{TiC}\cdot zx=\left|Ti_T-\frac{N_T-[N]-14/27\cdot(Al_T-[Al])}{14(1-z)}\cdot 48[zx+(1-z)y]\right|\cdot \left\{C_T-\frac{N_T-[N]-14/27\cdot(Al_T-[Al])}{14(1-z)}\cdot 12z\right\} \tag{18}$$

$$(1-z)(1-y)\cdot K_{VN}=\left|V_T-\frac{N_T-[N]-14/27\cdot(Al_T-[Al])}{14(1-z)}\cdot 51[z(1-x)+(1-z)(1-y)]\right|\cdot[N] \tag{19}$$

$$z(1-x)\cdot K_{VC}=\left|V_T-\frac{N_T-[N]-14/27\cdot(Al_T-[Al])}{14(1-z)}\cdot 51[z(1-x)+(1-z)(1-y)]\right|\cdot\left|C_T-\frac{N_T-[N]-14/27\cdot(Al_T-[Al])}{14(1-z)}\cdot 12z\right| \tag{20}$$

联立方程（16）~方程（20），求解，即可求得［N］、［Al］、x、y、z，进一步求得其他相关参数。

3 计算结果及分析

根据上面的分析，在奥氏体区对平衡状态的 Fe－C－N－Al－Ti－V 系进行了热力学计算。计算温度采用 1250℃、1200℃、1150℃、1100℃、1050℃、1000℃、950℃、900℃，分别计算不同的钒含量时（0.08%、0.12%），系统达到热力学平衡时固溶的［N］、［V］、［Ti］、［Al］及析出物的组成。

3.1 钢中钒含量为 0.08%

在 N 为 0.01%，C 分别为 0.1%、0.4% 时的计算结果如图 1 所示。

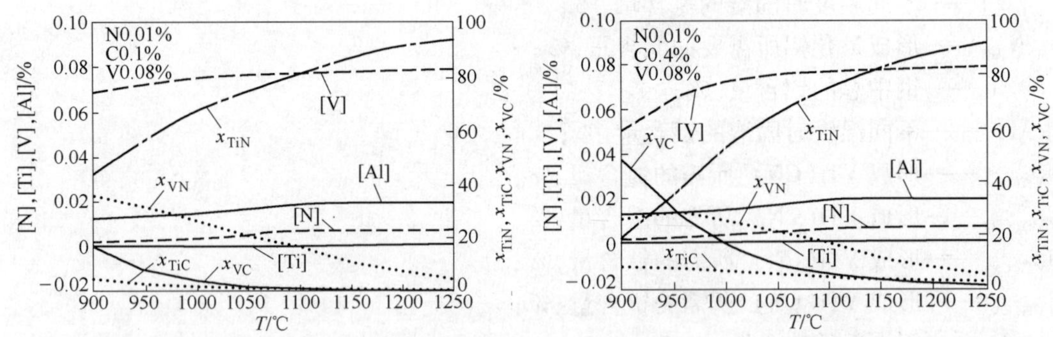

图 1　N 为 0.01% 时，不同碳含量和温度对 TiV(CN) 和 AlN 析出的影响
（x_{TiN}、x_{TiC}、x_{VN}、x_{VC} 为 TiN、TiC、VN、VC 在 TiV(CN) 中物质的量分数）

Fig. 1　Effect of carbon content and temperature on precipitation of TiV(CN) and AlN ($w_N=0.01\%$)

从图 1 看出，在高温时，钒大部分都已溶解，固溶的 V 很高，这主要是 V 的析出物在高温时稳定性较低的缘故；铝在 1100℃ 左右开始析出；固溶的钛即使在高温也很少析出，这是由于 TiN 稳定性很高。在高温复杂析出物中主要是 TiN，随着温度降低 TiN 含量也降低。

碳在高温时对 V 析出影响不大，仅仅在低温产生一定的影响。在较低温度时，碳促进了 V 的析出。如 C 0.4% 时，析出物中 VC 物质的量分数从 1250℃ 的 1% 增加到 900℃时的 48%。

将氮含量增加到 0.015%、0.02%，计算 C 含量 0.1%、0.4% 的析出情况如图 2、图 3 所示。

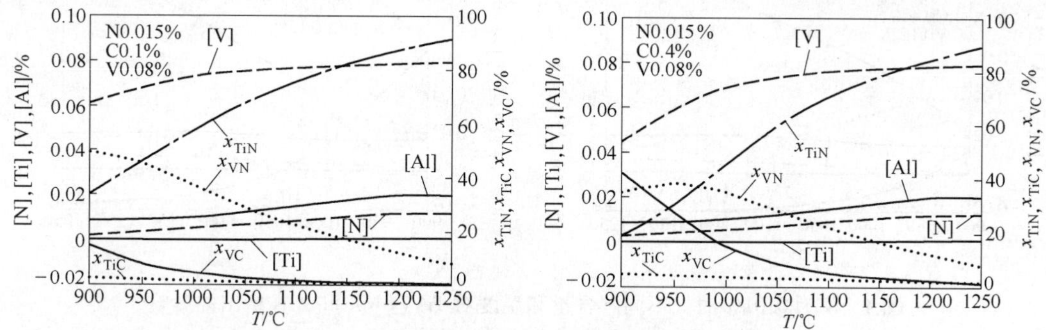

图 2　N 为 0.015% 时，不同碳含量和温度对 TiV(CN) 和 AlN 析出的影响

Fig. 2　Effect of carbon content and temperature on precipitation of TiV(CN) and AlN (w_N = 0.015%)

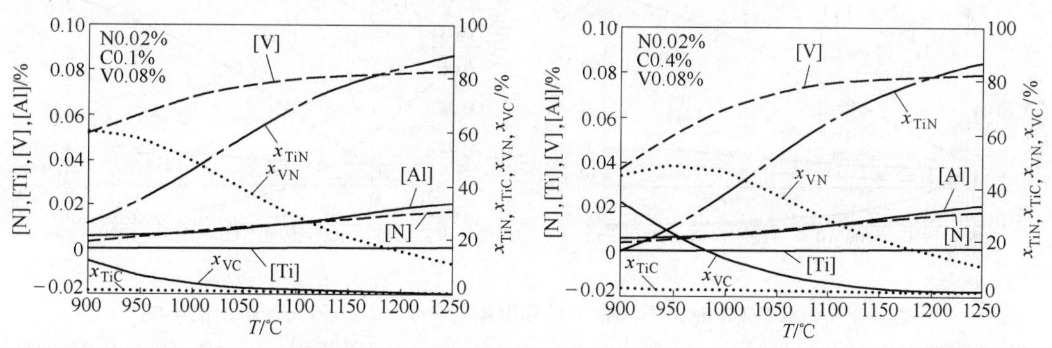

图 3　N 为 0.02% 时，不同碳含量和温度对 TiV(CN) 和 AlN 析出的影响

Fig. 3　Effect of carbon content and temperature on precipitation of TiV(CN) and AlN (w_N = 0.02%)

从图 2、图 3 看出，即使增加氮的含量，V 在高温也很少析出，只有温度降低时才能开始析出。如对于图 3，在 1000℃，析出的钒占总量的 22%（C 0.1%）。这也说明为了提高 V 在高温的析出，有必要进一步增加钒、氮的含量。

3.2　钢中钒含量为 0.12%

在 N 0.01%，C 0.1%、0.4% 时的计算结果如图 4 所示。从图 4 可以看出，即使把 V 增加到 0.12%，在高温时大部分钒仍固溶在奥氏体中，低温时析出少许；在低温时固溶的氮已经很少，大部分以析出物形式存在于奥氏体中；固溶的 Ti 即使在高温也很少析出。高温时析出物成分主要是 TiN，随着温度的降低，析出物中 VN 和 VC 含量逐渐增大；TiC 含量非常少，主要是因为形成了更稳定的 TiN。

即使增加 V 含量，碳含量在高温时对 V 的析出影响也不大，V 主要固溶在基体中；在低温时碳的存在大大促进了 V 的析出，同时随温度降低析出物中 VC 的含量快速增加。

将氮含量增加到 0.015%、0.02%，计算 C 含量为 0.1%、0.4% 的析出情况如图 5、图 6 所示。

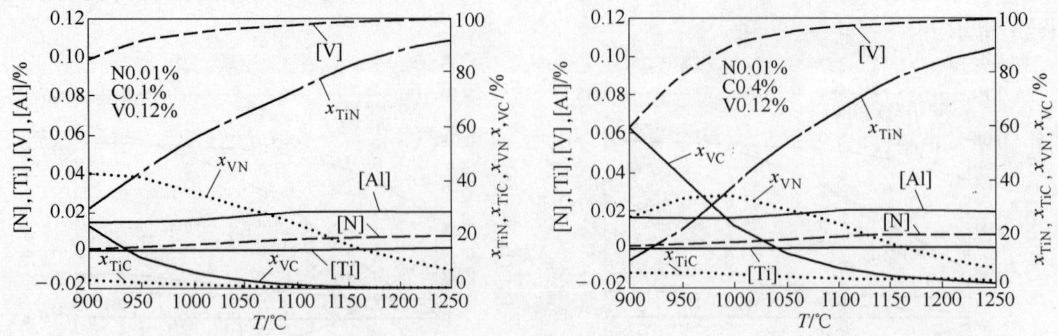

图 4　N 为 0.01% 时，不同碳含量和温度对 TiV(CN) 和 AlN 析出的影响

Fig. 4　Effect of carbon content and temperature on precipitation of TiV(CN) and AlN（$w_N = 0.01\%$）

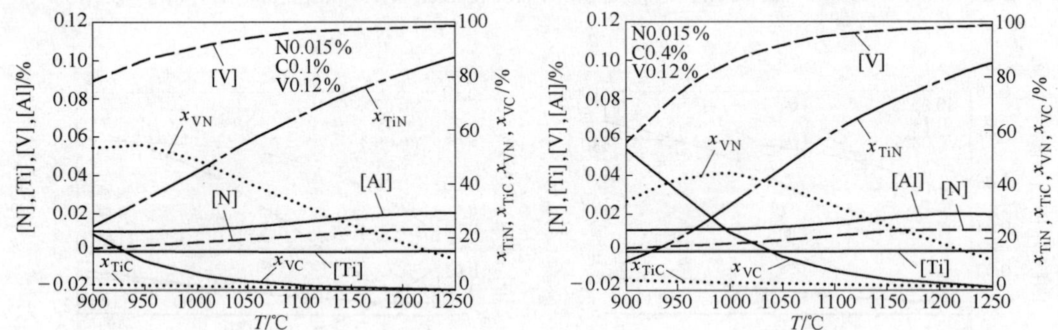

图 5　N 为 0.015% 时，不同碳含量和温度对 TiV(CN) 和 AlN 析出的影响

Fig. 5　Effect of carbon content and temperature on precipitation of TiV(CN) and AlN（$w_N = 0.015\%$）

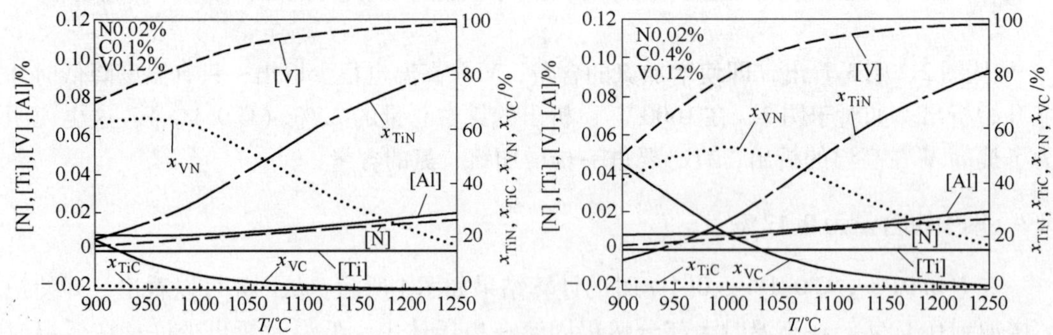

图 6　N 为 0.02% 时，不同碳含量和温度对 TiV(CN) 和 AlN 析出的影响

Fig. 6　Effect of carbon content and temperature on precipitation of TiV(CN) and AlN（$w_N = 0.02\%$）

从图 4 ~ 图 6 看出，氮的增加促进了钒的析出，但是由于钒的析出物高温稳定性较差，大部分的钒在高温仍处于固溶状态，只有温度降低时才能析出。碳的增加对钒

在高温的析出影响不大，但促进了钒在低温的析出。

为了进一步分析 C、N 对钒析出的影响，做温度 - 氮含量 - ［V］三维图，如图 7、图 8 所示。

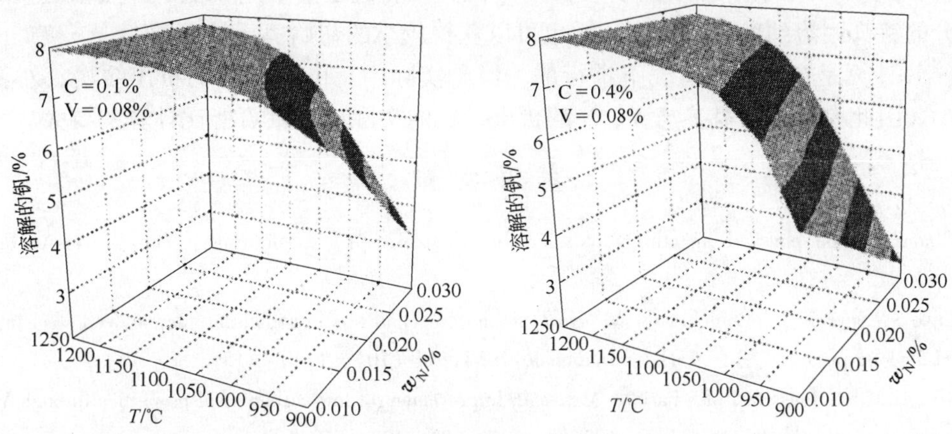

图 7 ［V］随温度和氮含量的变化（V 0.08%）

Fig. 7 Change of vanadium in solution with the temperature and nitrogen content（V 0.08%）

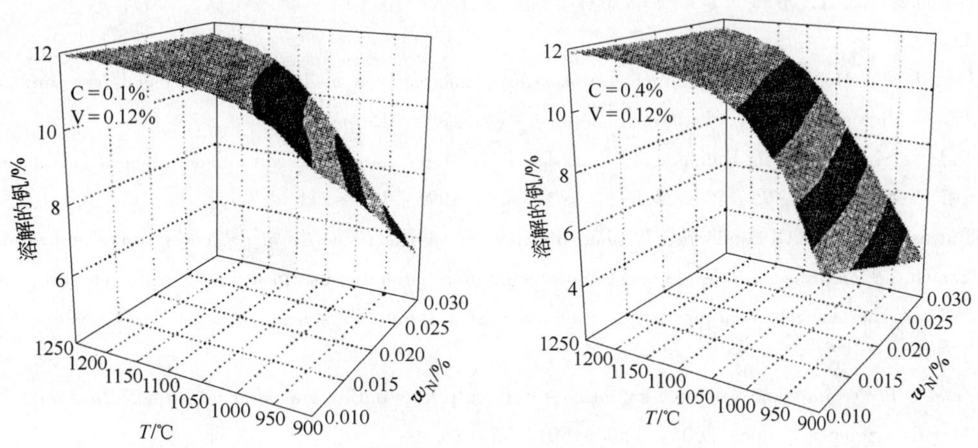

图 8 ［V］随温度和氮含量的变化（V 0.12%）

Fig. 8 Change of vanadium in solution with the temperature and nitrogen content（V 0.12%）

从图 7、图 8 看出，由于 VN、VC 高的浓度积，在高温时（1100℃以上）绝大部分钒固溶在奥氏体中，碳和氮对 V 析出的影响甚小。在较低温度时随着氮的增加，析出的钒迅速增加。在较低氮含量时，增加碳促进了 V 在低温的析出，氮含量较高时，碳对析出的影响变小。

应该说明的是，上述计算是在含铝（0.02%）的情况下进行的，铝的存在消耗了一定量的氮。但是在实际生产中，由于 AlN 的析出缓慢，对氮消耗较少，因此有较多的氮参与 V、N 的析出，钒的实际析出量可能比所计算的要大。

4 结论

（1）尽管钒的浓度积较大，但是通过增加钒的含量和氮的含量，可以促进 V 在奥氏体中的析出，在氮含量较高的情况下，碳对 V 的析出影响较小。

（2）即使增加 V、C 和 N 的含量，V(CN）也主要是在较低的奥氏体温度析出，在较高温度析出很少。

（3）正因为钒的浓度积较大，与 Nb 不同，在轧制之前采用较低的加热温度就能使大部分的钒都固溶到奥氏体中，这样也可以获得较小的初始奥氏体晶粒。

（4）计算是在含铝的情况下进行的。但是实际中，由于 AlN 的析出缓慢，对氮消耗较少，因此有较多的氮参与 V、N 的析出，钒的实际析出量可能比计算的要大。

参考文献

[1] Gladman. The physical metallurgy of microalloyed steel [M]. Cambridge: The University Press, 1997: 123 ~ 131.

[2] Zajac S, Siwecki T, Bhutchinson W, *et al.* Strength mechanisms in vanadium microalloyed steel intended for long products [J]. ISIJ International, 1998, 38 (10): 1130 ~ 1139.

[3] Ali I H M l, Moustafa I M, Farid A M, *et al.* Improvement of low carbon steel properties through V – N microalloying [C]. Science Forum, 2005, 500 ~ 501: 503 ~ 510.

[4] Lu Xiangyang, Liu Ming, Jia Bin, *et al.* Application of VN alloy in non – quenched and tempered steel [J]. Iron Steel Vanadium Titanium. 2000, 21 (3): 29 ~ 33.
(卢向阳，刘明，贾斌，等. VN 合金在非调质钢中的应用 [J]. 钢铁钒钛，2000，21 (3):29 ~ 33.)

[5] DeArdo A J. Modern thermomechanical processing of microalloyed steel: A physical metallurgy perpective [C]. Microalloying'95, Pittsburgh: June 11 ~ 14, 1995: 15 ~ 33.

[6] Tadeusz Siwecki, Bevis Hutchinson, Stanislaw Zajac. Recrystallization controlled rolling of HSLA steels [C]. Microalloying'95, Pittsburgh: June 11 ~ 14, 1995: 197 ~ 211.

[7] Tadeusz Siwecki, Alf Sandberg, William Roberts, *et al.* The influence of processing route and nitrogen content on microstructure development and precipitation hardening in vanadium microalloyed HSLA steel [C] //Thermomechanical processing of microalloyed austenite. Pittsburgh: August 17 ~ 19,1981:163 ~ 195.

[8] Zajac S L. Precipitation of microalloy carbo – nitrides prior, during and after γ/α transformation [C]. Materials Science Forum, 2005, V500 ~ 501: 75 ~ 86.

[9] Hernandez D, Lopez B, Rodriguez – lbabe J M. Intragranular ferrite nucleation in V microalloyed structural steels [C] //Proceedings from Materials Solution Conference 2002. Columbus:October 7 ~ 9:64 ~ 70.

[10] Wu K M. Intragranular ferrited in association with inclusion in a vanadium microalloyed steel [J]. Acta Metallurgical (English Letters), 2004, 17 (6): 785 ~ 789.

[11] Medina S F, Gomez M, Chaves J I, *et al.* Study on ferrite intragranular nucleation in a V – microalloyed steel [C]. Mater Sci Forum, 2005, V500 ~ 501: 371 ~ 378.

[12] Fusao Ishikawa, Toshihiko Takahashi, Tatsurou Ocgi. Intragranular ferrite nucleation in medium – carbon vanadium steels [J]. Metallurgical and Materials Transactions A, 1994, 25 (5): 921 ~ 936.

[13] Henrky Adrian. Thermodynamic calculations of carbonitride precipitation as a guide for alloy design of microalloyed steel [C]. Microalloying'95, Pittsburgh: June 11 ~ 14, 1995: 285 ~ 305.

[14] Keown S R, Wilson W G. Prediction of precipitation phases in microalloy steels containing niobium, carbon, nitrogen and aluminum [C] // Thermomechanical Processing of Microalloyed Austenite. Pittsburgh: August 17 ~ 19, 1981: 43 ~ 356.

Thermodynamic Calculation of Microalloyed Precipitation in Austenite Region for Fe – C – N – Al – Ti – V Steel

Chang Lizhong Yang Haisen Li Zhengbang

(Central Iron and Steel Research Institute)

Abstract A thermodynamic model of themicroalloyed elements precipitation in austenite region for Fe – C – N – Al – Ti – V steel has been established. The computing results show that vanadium can precipitate from the austenite as long as the amount of nitrogen and vanadium can be increased although the solubility of V(CN) is high. When the nitrogen content in the steel is higher, effect of carbon on vanadium precipitation is slight. Even though increasing the amount of vanadium, nitrogen and carbon, V(CN) precipitates at the lower temperature of austenitic mainly too. Because of the great solubility of V(CN) in the austenite which is different from the Nb(CN), the lower reheating temperature can be adopted before rolling and so the smaller initial grains can be gained.

Key words microalloyed steel; austenite; thermodynamic model; V(CN); precipitation

Thermodynamic Calculation of Microalloyed Precipitation in Austenitic Region for Fe–C–N–Al–Ti–V Steel

附录

主要著作(译著)目录

1. 冶金工业部钢铁研究院炼钢室，编．电渣重熔知识．冶金工业出版社，1974.
2. 冶金工业部钢铁研究院炼钢室，译．电渣重熔译文集Ⅰ．冶金工业出版社，1975.
3. 李正邦，洪彦若，张祖贤，等编．电渣熔铸．国防工业出版社，1981.
4. 李正邦，黄桂煌，等译．电渣炉．国防工业出版社，1983.
5. 唐朝瑛，张家雯，译．李正邦，校．电渣熔铸．机械工业出版社，1985.
6. 李正邦，张家雯，林功文，等译．电渣重熔译文集2. 冶金工业出版社，1990.
7. 李正邦，著．电渣冶金原理与应用．冶金工业出版社，1997.
8. 李正邦，著．钢铁冶金前沿技术．冶金工业出版社，1997.
9. 李正邦，著．矿物直接合金化冶炼合金钢——理论与实践．冶金工业出版社，2007.
10. 郭培民，赵沛，李正邦，著．矿物炼钢．化学工业出版社，2008.
11. 李正邦，著．电渣冶金的理论与实践．冶金工业出版社，2010.
12. 李正邦，编著．电渣冶金设备及技术．冶金工业出版社，2012.

主要论文目录

1. 冶金建筑研究院焊接组，衡阳冶金机械修造厂．利用电渣法减少铸钢件冒口．焊接，1959（11）：25～27.
2. 冶金建筑研究院焊接组．高速钢的电渣熔炼试验．焊接，1959（10）：38～40.
3. 李正邦，李谊大，叶耀武，宋志昌．电渣重熔滚珠轴承钢工艺参数对去除夹杂物的影响．钢铁，1966（1）：20～24.
4. 李正邦，周文辉，李谊大．电渣重熔去除夹杂的机理．钢铁，1980（1）：20～26.
5. 李正邦，姜晋文，杨德琦，张家雯．降低电渣重熔电耗的途径．新技术新工艺，1982（3）：2～4.
6. 李正邦，张家雯，黄国强．电渣熔铸30CrMnSiNiA钢性能的研究．钢铁，1982（8）：48～54.
7. 李正邦，周文辉，王庆和．自耗电极原始夹杂物成分对电渣重熔精炼效果的影响．钢铁，1983（5）：13～20.
8. 茅洪祥，李正邦．低氟渣及无氟渣电渣重熔研究．钢铁研究总院学报，1983（3）：597～611.
9. 李正邦，张家雯，王庆和，阎禄令，高文明，杨海森，姜晋文，杨德琦，崔文波，陶润波，阎英林．渣系及充填比对电渣重熔电耗的影响．特殊钢，1983（3）：32～46.
10. 李正邦．电渣冶金技术的新发展．特殊钢，1984（1）：58～69.
11. 李正邦．国外电渣重熔高速工具钢技术的现况及发展．特殊钢，1984（5）：43～52.
12. 车向前，李正邦．控制电渣重熔高速钢凝固质量的研究．钢铁研究学报，1987（7）：37～45.
13. 郑天河，李正邦．大充填比电渣重熔热平衡与凝固研究．钢铁研究学报，1989（增刊）：163～171.
14. 张家雯，李正邦，杨海森，郭元枢，胡荣．无氟渣电渣重熔及铸锭的凝固组织．钢铁研究学报，1990（2）：1～8.
15. 杨海森，李正邦．电渣熔铸3Cr2W8V模块．钢铁研究学报，1992（4）：19～26.
16. 李正邦，车向前，张家雯．孕育剂对电渣重熔高速钢组织的影响．钢铁，1993（2）：20～24.
17. 林功文，李正邦，杨海森，卞根兴．电渣精铸裂解炉弯管．钢铁研究学报，1994（6）：19～26.
18. 周德光，王昌生，钱励，徐明德，李正邦，张家雯．Ca－Si脱氧及酸性渣重熔改善轴承钢的夹杂物．钢铁，1994（7）：25～28.
19. 车向前，李正邦，何榜全，高彦彬．采用高电阻渣电渣重熔高速钢的研究．钢铁，1995（8）：27～30.
20. 李正邦．毛坯生产新技术——近终成形．特殊钢，1996（6）：1～6.
21. 程鸣涛，林功文，李正邦．稀土元素对离心铸造耐热合金管件持久性能的影响．钢铁研究学报，1996（6）：35～37.
22. 李正邦，张家雯，车向前．电渣重熔钢中非金属夹杂物含量及成分的控制．钢铁研究学报，1997（2）：7～12.
23. 李正邦，张家雯．电渣重熔铸锭中微量元素镁的控制．钢铁，1997（5）：25～29.
24. 林功文，李正邦，程鸣涛．动态效应对电渣离心浇铸耐热合金凝固组织的影响．钢铁，1997（7）：22～25.
25. 李正邦，程鸣涛，林功文．动态效应在电渣离心铸造中的应用．钢铁研究学报，1997（6）：9～12.
26. 王建军，戴朝珊，周俐，李正邦，萧泽强．钢水密度对中间包流场影响的数模研究. 华东冶金学院学报，1997（4）：347～351.
27. 王建军，戴朝珊，周俐，张玉柱，李正邦，萧泽强．板坯中间包钢水流动的热态水模．金属学报，1997（5）：509～514.
28. 林功文，李正邦，杨海森．电渣离心浇铸耐热钢管．特殊钢，1998（2）：28～32.
29. 林功文，李正邦，程鸣涛．电渣离心铸管动态效应的研究．铸造，1998（1）：4～8.
30. 林功文，李正邦，杨海森，程鸣涛．电渣离心浇铸炼镁还原罐．特种铸造及有色合金，1998（3）：49～52.
31. 薛正良，李正邦．超纯铁素体不锈钢精炼过程中的脱氮．钢铁研究，1998（1）：7～10.
32. 薛正良，李正邦，张家雯．弹簧钢超低氧精炼技术．特殊钢，1998（3）：31～35.
33. 王建军，戴朝珊，李正邦，萧泽强．钢水密度对板坯中间包流场影响的数学模型．钢铁研究学报，1998（3）：13～16.
34. 郭培民，张家雯，李正邦．电渣重熔体系渣池运动分析及数学模型发展．钢铁研究，1999（4）：15～19.
35. 李正邦，郭培民，张和生．用白钨矿、氧化钼和钒渣冶炼合金钢的热力学分析．钢铁研究学报，1999（3）：14～18.
36. 李正邦，郭培民，张和生，林功文，冯仲渝，邓旭初，李顺成，李琦．白钨矿和氧化钼直接还原合金化的理论分析及工业试验．钢铁，1999（10）：20～23.
37. 吴杰，李正邦，林功文．结晶器保护渣对超低碳钢增碳的影响．钢铁研究学报，1999（1）：66～72.
38. 李正邦，薛正良，张家雯．弹簧钢夹杂物形态控制．钢铁，1999（4）：20～23.
39. 薛正良，李正邦，张家雯．低铝硅铁与炼钢夹杂物控制．铁合金，1999（5）：1～3.
40. 薛正良，李正邦，张家雯．洁净钢夹杂物形态控制．武汉科技大学学报（自然科学版），1999（3）：221～224.
41. 吴杰，李正邦，林功文．连铸结晶器保护渣的熔化．特殊钢，1999（4）：43～44.
42. 林功文，吴杰，李正邦，刘良田，邱同榜．超低碳钢连铸结晶器用保护渣研究现状. 钢铁研究学报，1999（2）：67～69.
43. 林功文，吴杰，李正邦，刘良田，邱同榜，陈宝云．连铸结晶器保护渣对超低碳钢增碳的影响．特殊钢，1999（4）：13～16.
44. 李正邦，傅杰．电渣重熔技术在中国的应用和发展．特殊钢，1999（2）：7～13.

45. 李正邦．电渣冶金的回顾与展望．特殊钢，1999（5）：1~6.
46. 李正邦，张和生，郭培民，林功文．中国高速钢和模具钢的发展建议．中国钨业，1999（5~6）：35~37.
47. 李正邦，张和生，郭培民．利用白钨矿、氧化钼的直接还原合金化冶炼钨钼合金钢. 钢铁研究，1999（3）：52~56.
48. 李正邦，郭培民，张和生，冯仲渝，邓旭初，李顺成，李琦．白钨矿和氧化钼直接还原合金化冶炼高速钢．特殊钢，1999（5）：26~28.
49. 薛正良，李正邦，张家雯．夹杂物控制技术在阀门弹簧钢生产中的应用．钢铁研究，1999（5）：10~13.
50. 李正邦，薛正良．不锈钢二次精炼的转炉化．钢铁，1999（5）：14~18.
51. 李正邦．等离子冶金理论与进展．特殊钢，1999（3）：1~4.
52. 李正邦．真空冶金新进展．特殊钢，1999（4）：1~6.
53. Guo Peimin，Zhang Jiawen，Li Zhengbang. Development of Mathematical Model of Slag Flow Field and Temperature Field in ESR System． Journal of Iron and Steel Research，International，2000（2）：27~31.
54. Guo Peimin，Zhang Jiawen，Yang Haisen，Li Zhengbang. Study on Electro - Capillary Oscillation in ESR System. Journal of Iron and Steel Research，International. 2000（2）：23~26.
55. 郭培民，张家雯，李正邦．电渣重熔体系影响渣池运动因素的解析．钢铁研究学报，2000（6）：7~10.
56. 张家雯，郭培民，李正邦．电渣重熔体系电毛细振荡的研究．钢铁，2000（5）：23~25.
57. 李正邦，郭培民，张和生，林功文．用白钨矿、氧化钼和钒渣冶炼 M2 钢的脱磷研究．炼钢，2000（1）：34~37.
58. 郭培民，李正邦，林功文，张和生．用白钨矿冶炼合金钢的动力学分析．钢铁研究学报，2000（4）：10~13.
59. 薛正良，李正邦，张家雯．高碳钢连铸方坯中心偏析．炼钢，2000（1）：56~59.
60. 李正邦，薛正良，张家雯，王玉，甘朝福，李胜顺，李琦．合成渣处理对弹簧钢脱氧及夹杂物控制的影响．特殊钢，2000（3）：10~13.
61. 薛正良，李正邦，张家雯，甘朝福，王玉．改善弹簧钢中氧化物夹杂形态的热力学条件．钢铁研究学报，2000（6）：20~24.
62. 郭培民，李正邦，林功文．高碳锰铁氧化脱磷的理论分析．铁合金，2000（3）：1~4.
63. 郭培民，李正邦，薛正良．高钒钢高铬钢用铝镁合金脱磷．特殊钢，2000（5）：23~25.
64. 潘川，李正邦，田志凌，梁东图，褚武扬，乔利杰．308L 和 347L 焊缝金属的氢致滞后断裂行为．钢铁研究学报，2000（增刊）：65~69.
65. 吴杰，李正邦，林功文，刘良田，邱同榜．超低碳钢连铸过程中增碳机理的探究．钢铁研究学报，2000（1）：17~19.
66. 张家雯，郭培民，杨海森，李正邦．电渣重熔体系电毛细振荡的动态模拟．钢铁研究学报，2000（5）：10~12.

67. 林功文，郭培民，李正邦．白钨矿和氧化钼冶炼工模具钢技术．中国钨业，2000 (4)：31～33.
68. 李正邦，郭培民，林功文，张和生．发展钨精矿、钼精矿、钒渣直接还原合金化技术．中国钨业，2000 (1)：26～29.
69. 郭培民，李正邦，林功文．发展钨精矿、氧化钼、钒渣直接合金化技术．特殊钢，2000 (4)：23～25.
70. 薛正良，李正邦，张家雯．钢的脱氧与氧化物夹杂控制．特殊钢，2001 (6)：24～27.
71. 薛正良，李正邦，张家雯．LF 钢包精炼过程中的脱氧．武汉科技大学学报（自然科学版），2001 (2)：111～114.
72. 吴杰，李正邦，林功文．连铸钢水增碳机理的研究．连铸，2001 (2)：1～3.
73. 薛正良，李正邦，张家雯，杨武．不同脱氧条件下弹簧钢氧化物夹杂的性质和形貌. 特殊钢，2001 (3)：24～26.
74. 薛正良，李正邦，张家雯，杨武．不同脱氧条件下弹簧钢非金属夹杂物尺寸分布．钢铁研究学报，2001 (12)：19～22.
75. 潘川，李正邦，梁东图，田志凌，褚武扬，乔利杰．奥氏体不锈钢焊缝金属氢致滞后断裂门槛值的研究．金属学报，2001 (3)：296～300.
76. 潘川，李正邦，田志凌，梁东图，宿艳京，乔利杰，褚武扬．不锈钢焊缝金属的氢脆．金属学报，2001 (9)：985～990.
77. 李正邦，郭培民，林功文，冯仲渝，邓旭初．资源开发工程——氧化物矿冶炼合金钢技术．中国钨业，2001 (5～6)：45～48.
78. 薛正良，李正邦，张家雯．不同生产工艺对高强度弹簧钢夹杂物尺寸分布及疲劳性能的影响．武汉科技大学学报（自然科学版），2001 (3)：221～224.
79. 林功文，吴杰，李正邦，郭培民，刘良田，邱同榜，石文光，陈宝云．超低碳钢结晶器用保护渣富集碳层的研究．特殊钢，2001 (1)：6～8.
80. 郭培民，李正邦，林功文．成分对白钨矿渣系熔点的影响．特殊钢，2002 (4)：16～19.
81. 薛正良，李正邦，张家雯．不同生产工艺对高强度弹簧钢夹杂物尺寸分布及疲劳性能的影响．钢铁，2002 (1)：22～25.
82. 薛正良，李正邦，张家雯．弹簧钢氧化物夹杂成分和形态控制理论与实践．特殊钢，2002 (1)：1～6.
83. 薛正良，李正邦，张友平，杨海森，张家雯．“零夹杂”超级纯净钢精炼理论与工艺探讨．武汉科技大学学报（自然科学版），2002 (1)：1～4.
84. 潘川，李正邦，田志凌，梁东图，乔利杰，褚武扬．奥氏体不锈钢焊缝金属的氢致马氏体相变．焊接学报，2002 (2)：83～87.
85. 杨武，薛正良，李正邦，张家雯．淮钢弹簧钢连铸小方坯质量的提高．钢铁，2002 (4)：21～23.
86. 李正邦．超洁净钢的新进展．材料与冶金学报，2002 (3)：161～165.
87. 潘川，褚武扬，李正邦，田志凌，梁东图，宿彦京，乔利杰．氢和氢致马氏体导致不锈钢氢脆的定量研究．中国科学 E 辑：技术科学，2002 (3)：343～349.
88. 李正邦．特种冶金新进展．中国冶金，2002 (1)：19～22.

89. 李正邦．特种冶金新进展（续）．中国冶金，2002（2）：24~25.
90. 李正邦．特种冶金新技术．特殊钢，2002（6）：1~5.
91. 薛正良，李正邦，张家雯，高银露．用氧化钙坩埚真空感应熔炼超低氧钢．特殊钢，2003（1）：12~14.
92. 薛正良，李正邦，张家雯．钢的纯净度的评价方法．钢铁研究学报，2003(1):62~65.
93. 薛正良，李正邦，张家雯，高银露．真空感应熔炼碳脱氧研究．钢铁，2003（6）：12~14.
94. 薛正良，李正邦，张家雯，高银露．用氧化钙坩埚真空感应熔炼超低氧钢的脱氧动力学．钢铁研究学报，2003（5）：5~8.
95. 薛正良，李正邦，张家雯．CaO 坩埚的研制及其在真空熔炼超低氧钢中的应用．耐火材料，2003（5）：267~270.
96. 张友平，李正邦，薛正良．生产不锈钢母液的铬矿粉利用技术．特殊钢，2003（1）：29~32.
97. 张友平，薛正良，李正邦，张家雯，周渝生．竖炉冶炼含铬铁水的可行性．铁合金，2003（6）：18~20.
98. 李正邦．21 世纪电渣冶金的展望．炼钢．2003（2）：6~12.
99. 李正邦．应用高新技术，发挥资源优势，发展我国工具钢生产．中国钨业，2003（1）：24~29.
100. 李正邦．熔融还原冶炼高速钢．中国钨业，2003（5）：30~35.
101. 薛正良，王义芳，王立涛，李正邦，张家雯．用小气泡从钢液中去除夹杂物颗粒．金属学报，2003（4）：431~434.
102. 王龙妹，杜挺，卢先利，李正邦，盖玉春．稀土元素在钢中的热力学参数及应用．中国稀土学报，2003（3）：251~254.
103. 郭培民，李正邦，林功文．Activity Model and its Application in CaO－FeO－SiO_2－MoO_3 Quarternary System. 北京科技大学学报（英文版），2004（5）：406~410.
104. 李正邦．超洁净钢和零非金属夹杂钢．特殊钢，2004（4）：24~27.
105. 王立涛，李正邦，张乔英．高钢级管线钢的性能要求与元素控制．钢铁研究，2004（4）：13~17.
106. 王立涛，李正邦，薛正良，张乔英．连铸中间包内钢液流动特性及控流技术．特殊钢，2004（2）：32~34.
107. 李正邦．电渣冶金与电渣熔铸在中国的发展．铸造，2004（11）：855~861.
108. 李正邦．21 世纪电渣冶金的新进展．特殊钢，2004（5）：1~5.
109. 李正邦．熔融还原法冶炼高速钢．钢铁研究学报，2004（4）：11~17.
110. 李正邦．熔融还原冶炼高速钢．中国有色金属学报，2004（S1）：30~35.
111. 李正邦．发展我国高速钢的战略．中国钨业，2004（5）：1~7.
112. 李正邦．零夹杂钢精炼的理论与工艺．真空，2004（3）：1~4.
113. 吴光亮，李士琦，郭汉杰，朱荣，李正邦．高温低氧空气燃烧（HTAC）技术在我国冶金工业中应用的现状分析．钢铁，2004（9）：69~73.
114. 薛正良，胡会军，张友平，李正邦，周渝生．含碳铬矿团块高温还原特性研究．武汉科技大学学报（自然科学版），2004（1）：1~3.

115. 薛正良，胡会军，张友平，李正邦，周渝生．含碳铬矿团块高温还原过程中金属相的凝聚．铁合金，2004（5）：1～5.
116. 薛正良，高俊波，齐江华，李正邦，张家雯．真空感应熔炼过程炉衬材料向钢液供氧现象的研究．特殊钢，2005（1）：6～8.
117. 王立涛，张乔英，李正邦．中间包内流体流动及夹杂物去除的研究．炼钢，2005（2）：26～29.
118. 王厚昕，李阳，李正邦，姜周华，张家雯，梁连科．焊丝钢新型脱氧剂的实验研究．钢铁，2005（5）：25～28.
119. 王厚昕，李正邦，李阳，姜周华．冷镦钢冶炼用新型复合脱氧剂的研究．特殊钢，2005（5）：23～26.
120. 张友平，薛正良，李正邦，张家雯，杨海森，周渝生．含碳铬矿球团的预还原和熔分研究．钢铁，2005（6）：17～20.
121. 李正邦．发展我国高速钢的战略分析．钢铁，2005（1）：1～7.
122. 王立涛，薛正良，张乔英，李正邦．钢包炉吹氩与夹杂物去除．钢铁研究学报，2005（3）：34～38.
123. 周勇，李正邦．钨钼钒氧化物矿直接合金化冶炼高速钢的理论及技术．中国钨业，2006（1）：13～18.
124. 郭培民，赵沛，李正邦．钼酸钙直接还原动力学的研究．中国钼业，2006（4）：44～45.
125. 郭培民，赵沛，李正邦．添加剂对氧化钼（MoO_3）高温挥发的影响．特殊钢，2006（4）：44～45.
126. 周勇，李正邦．V_2O_5 直接合金化的热力学分析．钢铁钒钛，2006（4）：38～42.
127. 李学锋，李正邦．含氮双相不锈钢及其冶金工艺．特殊钢，2006（4）：36～39.
128. 李正邦．发展我国高速钢的战略分析．特殊钢，2006（1）：1～6.
129. 周勇，李正邦．电弧炉钨钼钒氧化物矿直接合金化冶炼高速钢工业试验．特殊钢，2006（1）：42～44.
130. 周勇，李正邦，郭培民．钒氧化物矿直接合金化冶炼含钒合金钢工艺的研究．钢铁研究，2006（3）：54～57.
131. 王厚昕，李正邦．微波在钢铁冶金中的应用．钢铁研究，2006（4）：59～62.
132. 常立忠，李正邦．基于 BP 神经网络的转炉静态模型．炼钢，2006（6）：41～44.
133. 王厚昕，李正邦．中国热轧带肋钢筋的发展和现状．中国冶金，2006（6）：6～9.
134. 王厚昕，李正邦．我国热轧钢筋的发展和现状．材料与冶金学报，2006(2)：141～145.
135. 王义芳，王立涛，李晓辉，张乔英，胡志刚，李正邦．从长水口吹入氩气对中包钢液传输行为的影响．钢铁研究，2006（5）：1～5.
136. 常立忠，李正邦．电渣重熔过程中金属凝固的控制方法．炼钢，2007（4）：56～62.
137. 常立忠，李正邦．电渣重熔过程中氢行为的分析及控制．钢铁研究，2007（3）：24～26.
138. 常立忠，李正邦．电渣重熔板锭过程中温度场的动态模拟．特殊钢，2007（5）：34～36.

139. 常立忠，李正邦．电渣重熔板锭的温度场计算．钢铁钒钛，2007（4）：62～66.

140. 郭培民，赵沛，李正邦．碳、硅铁及碳化硅对白钨矿还原动力学的影响．特殊钢，2007（2）：7～9.

141. 郭培民，李正邦．白钨矿直接合金化过程中渣量控制．中国钨业，2007（2）:16～18.

142. 王厚昕，李正邦．Si_3N_4 用于生产 HRB400Ⅲ级钢筋的试验研究．钢铁，2007（1）：59～62.

143. 李学锋，李正邦，郭海生，宋志刚，郑文杰．固溶温度对00Cr21Mn5Ni1N 节镍型双相不锈钢组织和性能的影响．钢铁研究学报，2007（10）：44～47.

144. 李学锋，李正邦．AOD 炉冶炼含氮不锈钢氮成分控制的研究．钢铁，2007（7）：18～21.

145. 周勇，李正邦．直接合金化冶炼高速钢的生命周期评价研究．中国钨业，2007（2）：11～15.

146. 李正邦．熔融还原法冶炼高速钢．中国钨业，2007（1）：11～15.

147. 周勇，李正邦，郭培民．$CaO-SiO_2-V_2O_3$ 三元系活度模型及其应用．钢铁研究学报，2007（6）：30～33.

148. 王厚昕，李正邦．Si_3N_4 用于 400MPa 高强钢筋的工艺研究．材料与冶金学报，2007（3）：180～183.

149. 常立忠，杨海森，李正邦．电源频率对电渣重熔锭质量的影响．钢铁，2008（9）：33～37.

150. 常立忠，李正邦．Numerical Simulation of Temperature Fields in Electroslag Remelting Slab Ingots．Acta Metallurgiac Sinica（English Letters），2008（4）：253～259.

151. 李学锋，李正邦，董瀚，郑文杰．节镍型双相不锈钢00Cr21Mn5Ni1N 的热加工性能．钢铁研究学报，2008（1）：40～43.

152. 常立忠，杨海森，李正邦．氩气保护对低合金钢电渣重熔锭质量的影响．特殊钢，2009（4）：59～60.

153. 常立忠，杨海森，李正邦．电渣重熔过程中氧行为研究．炼钢，2010（5）:46～50.

154. 常立忠，杨海森，李正邦．Fe－C－N－Al－Ti－V 系在奥氏体中析出的热力学计算．钢铁钒钛，2010（2）：42～48.

155. 朱航宇，李正邦，王堇青，杨海森．$CaCO_3$ 与 MoO_3 固相反应机理．过程工程学报，2012（2）：227～230.

156. 朱航宇，李正邦，杨海森，刘吉刚．三氧化钼低温挥发性能及抑制挥发方法．钢铁研究学报，2012（7）：10～12.

157. 刘吉刚，李正邦，刘彦华，杨海森，梁林宝．$CaO-SiO_2-FeO-MnO$ 四元熔渣活度模型的研究．钢铁研究学报，2012（11）：11～15.

158. 朱航宇，李正邦，杨海森，刘吉刚．$CaCO_3$ 抑制三氧化钼挥发热力学及动力学分析. 特殊钢，2012（1）：12～14.

159. 刘吉刚，李正邦，刘彦华，杨海森，梁林宝．二氧化锰低温分解动力学研究．有色金属（冶炼部分），2012（12）：8～12.

160. 刘吉刚，李正邦，刘彦华，杨海森，梁林宝．硅还原钨酸钙固相反应实验研究．

特殊钢，2013（1）：9 ~ 12.

161. 刘吉刚，李正邦，刘彦华，杨海森，梁林宝．钨酸钙球团碳化硅还原试验研究．有色金属（冶炼部分），2013（3）：20 ~ 23.

162. 朱航宇，李正邦，杨海森．Carbothermic Reduction of MoO_3 for Direct Alloying Process. 钢铁研究学报（英文版），2013（10）：51 ~ 56.

163. 朱航宇，李正邦，杨海森．氧化钼直接合金化炼钢的发展．钢铁研究学报，2013（2）：1 ~ 3.